DICTIONNAIRE TOPOGRAPHIQUE

DE

LA FRANCE

COMPRENANT

LES NOMS DE LIEU ANCIENS ET MODERNES

PUBLIÉ

PAR ORDRE DU MINISTRE DE L'INSTRUCTION PUBLIQUE

ET SOUS LA DIRECTION

DU COMITÉ DES TRAVAUX HISTORIQUES ET DES SOCIÉTÉS SAVANTES.

1865

DICTIONNAIRE TOPOGRAPHIQUE

DU

DÉPARTEMENT DE L'HÉRAULT

COMPRENANT

LES NOMS DE LIEU ANCIENS ET MODERNES

RÉDIGÉ

SOUS LES AUSPICES DE LA SOCIÉTÉ ARCHÉOLOGIQUE

DE MONTPELLIER

PAR M. EUGÈNE THOMAS

PRÉSIDENT DE CETTE SOCIÉTÉ

CORRESPONDANT DU MINISTÈRE DE L'INSTRUCTION PUBLIQUE POUR LES TRAVAUX HISTORIQUES

ARCHIVISTE DU DÉPARTEMENT

PARIS

IMPRIMERIE IMPÉRIALE

—

M DCCC LXV

1865

INTRODUCTION.

Versant de la Méditerranée, le département de l'Hérault s'étend entre 43° 15′ et 44° de latitude et entre 0° 10′ et 1° 38′ de longitude E.

Il est séparé du Gard, à l'orient, par le Vidourle, au nord, par une partie des Cévennes et la Vis; de l'Aveyron, au nord-est, par la chaîne commune du Larzac; du Tarn et de l'Aude, à l'occident, par les montagnes de l'Espinouse et la rivière d'Aude. Il est baigné au midi par la mer.

La plus grande longueur du département de l'ouest à l'est, des limites du Tarn, vers Ferrals-lez-Montagnes, à Marsillargues, est d'environ 13 myriamètres. Sa plus grande largeur, depuis les confins du Gard, vers Sorbs, jusqu'à la mer, à Vendres, est d'environ 8 myriamètres. La longueur du littoral de la Méditerranée est de 106 kilomètres, de la rivière d'Aude à l'étang de Mauguio.

Suivant le cadastre, sa superficie est de 619,800 hectares, divisés comme il suit:

Terres labourables.	158,973h
Prés.	12,774
Vignes.	104,464 [1]
Bois.	80,357
Vergers, pépinières, jardins.	2,413
Oseraies, aunaies, saussaies.	167
Carrières et mines.	9
Mares, canaux d'irrigation, abreuvoirs.	36

[1] S'il nous était permis de modifier ce chiffre, nous l'élèverions de beaucoup aux dépens d'autres cultures ou des terres vaines et vagues, par suite de l'extension donnée dans le département à la plantation de la vigne. D'après les statistiques les plus récentes, la superficie du département serait de 624,362 hectares, dont le quart environ, c'est-à-dire 160,000 hectares, serait occupé par la vigne.

INTRODUCTION.

Canaux de navigation	519[h]
Landes, pâtis, bruyères, tourbières, marais, rochers, montagnes incultes, terres vaines et vagues	202,895
Étangs	11,714
Olivets	6,024
Châtaigneraies	16,421
Propriétés bâties imposables	1,267
Routes, chemins, rues, places et promenades publiques	9,662
Rivières, lacs, ruisseaux	7,905
Forêts de l'État, domaines non productifs	660
Cimetières, presbytères, bâtiments d'utilité publique, superficie des églises	158
Autres objets non imposables	3,382

Placé sous un beau ciel, jouissant d'un air pur et salubre, si l'on excepte quelques parages marécageux près des bords de la mer, l'Hérault est en possession d'un climat doux, mais plus chaud que tempéré. En établissant l'altitude de Montpellier, place du Peyrou, à 52 mètres au-dessus du niveau de la Méditerranée, la plus grande chaleur observée a été de 35° à 36° centigrades; la plus basse, — 5° à — 7°; la moyenne de l'année est 14° 5, de l'hiver 6°, du printemps 14°, de l'été 22°, de l'automne 15°.

Les températures extrêmes sont, comme on le voit : en été, 35° à 36°; en hiver, — 5° à — 7°. Mais, dans les années exceptionnelles, le thermomètre est monté à 40° à l'ombre en été, et il est descendu en hiver jusqu'à — 12° et — 15°. On compte, en moyenne, vingt-cinq jours de gelée par an. Les plus grands froids ont lieu ordinairement du 5 au 20 janvier. La plus grande chaleur s'observe vers le 20 juillet. Il est rare que la neige n'apparaisse pas en hiver au moins une fois; mais elle ne persiste pas et fond presque toujours en tombant.

Le département est plus fréquemment exposé à une longue sécheresse qu'à une grande humidité. Si les années sèches se reproduisent plusieurs fois de suite, il en résulte une période nuisible aux sources et à la végétation. Il tombe annuellement 80 centimètres de pluie, dont 25 centimètres en hiver, 20 au printemps, 10 en été, 25 en automne. Ces nombres sont le résultat d'une moyenne entre un grand nombre d'années d'observation; mais, en réalité, le régime des pluies est, à Montpellier, excessivement irrégulier. En 1770 il ne tomba que 33 centimètres d'eau, et en 1862 il en est tombé 130.

La répartition des pluies entre les divers mois de l'année n'est pas plus régulière. Quelquefois un mois entier ne donne pas une goutte d'eau. Juillet en donne toujours très-peu. Les grandes pluies arrivent indifféremment en septembre, octobre, novembre, décembre ou février, mais, en général, vers les équinoxes ou au commencement de l'hiver.

Les pluies diluviales, celles qui en peu d'heures apportent une énorme quantité d'eau, ne sont pas rares à Montpellier; le 11 octobre 1862, il est tombé en six heures 22 centimètres d'eau.

Le nombre des jours de pluie, si l'on nomme ainsi tous les jours où il a plu, est d'environ 80; mais le nombre des jours entièrement pluvieux n'atteint pas 70. Les 80 jours de pluie sont, en moyenne, ainsi répartis : hiver, 23; printemps, 21; été, 10; automne, 26. Sur les 365 jours de l'année, il y en a environ 175 où l'état du ciel est généralement *beau*, 105 *nuageux* et 85 *couvert*. Les brouillards sont peu ordinaires; on les observe parfois dans les parties basses de la ville. On compte une douzaine d'orages par an; les cas de tonnerre foudroyant sont beaucoup plus rares. La grêle est peu fréquente et n'occasionne guère de dommages, parce qu'elle tombe le plus souvent accompagnée de pluie.

La hauteur moyenne du baromètre, réduite au niveau de la mer, est d'environ 762^{mm},3. Les pressions extrêmes observées sont 738 millimètres et 780 millimètres.

Au chef-lieu du département, la rose des vents se divise en quatorze rumbs principaux : nord (*tramontana*), nord-nord-est (*tramontana bassa, aguiélas*), nord-est (*grec*), est (*levant, doura roussa*), sud-est-quart-est, sud-est, sud-est-quart-sud, sud-quart-sud-est, sud (*marin*), sud-sud-est (*marin blanc*), sud-sud-ouest (*garbin*), sud-ouest (*labech*), ouest-sud-ouest (*narbonnés*), nord-ouest (*magistráou*).

L'air est généralement sec, principalement sous l'influence des vents du nord. Il atteint même quelquefois un degré de sécheresse comparable à celui qu'on observe en Algérie sous l'influence du vent du désert. Au contraire, les vents entre l'est et le sud, désignés par le nom de vents *marins*, sont très-humides; et le vent d'Afrique, en passant sur la Méditerranée, y dépose la plus grande partie de sa violence et de sa haute température.

La fréquence relative des différents vents est représentée par les nombres suivants[1]. Sur 365 jours, ont régné :

| N. 74, | N. E. 58, | E. 52, | S. E. 29, |
| S. 31, | S. O. 10, | O. 35, | N. O. 76. |

Les vents du nord et de l'ouest sont les plus fréquents, et ordinairement froids et

---

[1] Poitevin, *Essai sur le climat de Montpellier*, p. 67.

secs; ceux du nord-ouest sont souvent très-forts. Les vents d'est et de sud, chauds et humides, apportent la pluie.

Ces données, ces observations, ont principalement pour objet le climat de Montpellier. Quand on quitte le littoral et qu'on s'élève vers le nord du département, le climat se modifie; car un accroissement de hauteur au-dessus du niveau de la mer équivaut, on le sait, à une augmentation de latitude. Dans cette marche ascensionnelle, la température s'abaisse sensiblement, la quantité de pluie devient plus considérable, la neige plus fréquente, etc. et l'on peut dire que la limite nord du département, qui touche aux Cévennes et au plateau du Larzac, est un climat, sinon inverse, au moins tout à fait différent de celui de la région méditerranéenne [1].

Au point de vue de la composition géologique et orographique, le département de l'Hérault est un des plus variés; il renferme la presque totalité des termes de la série des terrains; depuis la formation la plus ancienne jusqu'à l'époque tertiaire la plus récente. On peut le considérer d'abord comme divisé en deux parties inégales, limitées réciproquement par la rivière qui lui donne son nom. La partie orientale, à partir du nord jusqu'aux deux tiers de son étendue, est formée de montagnes plus ou moins élevées, composées de roches calcaires; l'autre tiers, voisin de la mer et des rivières du Vidourle et de l'Hérault, est un atterrissement partagé en collines et en plaines basses. La partie occidentale est beaucoup plus diversifiée; elle est aussi mieux cultivée et plus productive que l'autre. Ici l'atterrissement s'étend immédiatement jusqu'à la mer.

Sous un autre rapport, on peut également regarder le sol départemental comme formé de deux régions : celle de la plaine, composée de terrains plats ou faiblement ondulés, et celle des hauteurs, constituant toute la partie septentrionale et se rattachant à la chaîne de la montagne Noire.

La plus grande partie de la région montagneuse, qui s'étend particulièrement dans les arrondissements de Saint-Pons et de Béziers, se compose des schistes anciens et des granites formant les plus grandes hauteurs de la contrée. Le micaschiste constitue la montagne de Caroux et passe insensiblement aux roches granitoïdes de l'Espinouse. Une gradation également insensible dans la schistosité de la roche établit un lien non moins étroit entre les micaschistes et les schistes proprement dits. Ces derniers contiennent, dans leur partie supérieure, des fossiles qui tendent à les faire considérer comme siluriens. Les terrains paléozoïques, qui renferment ce dernier étage, et, en outre, le devonien, le carbonifère, le houiller et le permien, sont particulièrement

---

[1] Nous devons la plus grande partie de ces éléments météorologiques à l'amitié de M. Roche, professeur à la Faculté des sciences de Montpellier.

développés dans un horizon embrassé par vingt-huit communes de l'arrondissement de Béziers. Parmi ces communes, celles dont le nom est souvent cité dans les ouvrages de géologie, grâce aux travaux de MM. Fournet et Graff, sont Neffiès et Cabrières, près de Clermont-l'Hérault. Chaque étage est caractérisé par une faune spéciale, et nos contrées ont souvent fourni des matériaux précieux pour l'histoire du globe à la paléontologie de ces époques reculées. Les trilobites, les goniatites, les productes, y sont représentés par des individus atteignant quelquefois des dimensions très-considérables. Le terrain houiller, peu productif aux environs de Neffiès, est fort riche à Graissessac (arrondissement de Béziers); les affleurements y sont nombreux, et le charbon d'excellente qualité. Le terrain permien, qui se trouve dans ces mêmes localités, se continue jusqu'à Lodève, où il renferme des schistes ardoisiers exploités pour tuiles et ardoises, et présente de nombreux débris d'une végétation offrant des différences essentielles avec celle du terrain houiller. On y trouve encore des empreintes de poissons qui établissent un parfait parallélisme entre ces terrains et ceux où se produisent les mêmes caractères en Allemagne et en Russie.

La partie nord des arrondissements de Lodève et de Montpellier est constituée principalement par le terrain jurassique, se manifestant par les étages du lias inférieur, du lias moyen et du lias supérieur, de l'oolithe inférieur et du calcaire oxfordien. Les fossiles y abondent. Le mont Saint-Loup, au nord de Montpellier, présente à sa base les systèmes du lias et de l'oolithe, sur lesquels repose un massif de calcaire oxfordien nettement relevé et plissé, indiquant par ce relèvement que la vallée qui le sépare de l'abrupt opposé a été produite par fracture. Cet abrupt est formé d'un terrain plus récent, bien qu'encore secondaire, le terrain néocomien, qui constitue l'état le plus ancien du terrain crétacé. Le même étage se retrouve dans le bassin de Montpellier; il se développe au nord de la ville et se continue jusque dans le département du Gard.

La région de la plaine présente les différents termes de la série tertiaire, depuis l'étage des lophiodons jusqu'aux couches les plus voisines de celles qui se déposent aujourd'hui sur les bords de la mer. Parmi les débris fossiles de cette grande époque, il faut signaler le genre paléothérium qui présente un parallélisme remarquable entre nos formations et celles du bassin de Paris. Les sables sur lesquels la ville de Montpellier est assise fournissent des ossements de grands animaux marins et terrestres qui les ont rendus classiques; ils reposent sur une épaisseur considérable de marnes bleues et sur des couches calcaires donnant d'excellents matériaux de construction. Enfin, parmi les autres produits de même nature, nous ne devons pas omettre les nombreuses carrières de gypse qu'on trouve dans le terrain du trias, lequel affleure au-dessous du terrain jurassique, particulièrement dans l'arrondissement de Lodève [1].

En résumé, le département de l'Hérault, dans ses parties méridionale et orientale, est presque entièrement composé de terrains tertiaires, marins et d'eau douce, du moins jusqu'auprès de Capestang. La ville de Béziers, voisine de ce bourg, est bâtie sur une colline ou butte calcaire de même nature, appartenant aux étages *éocène* et *pliocène*. — La partie centrale, ainsi que la portion nord-est, est due aux terrains secondaires, soit jurassiques, soit crétacés inférieurs, qui suivent et côtoient les rives de l'Hérault; ils forment la chaîne de la *Sérane*. A cette chaîne vient s'attacher, en s'abaissant considérablement, le chaînon transversal, de l'est à l'ouest, au-dessus duquel s'élève le mont Saint-Loup, composé de trois formations secondaires, le lias, l'oolithe inférieur, et l'oxfordien, qui en couronne le sommet. — La partie nord, surtout celle qui correspond à l'extrémité occidentale du département, appartient essentiellement aux formations primaires métamorphiques, composées de schistes phylladiens sans fossiles, ainsi qu'aux terrains plutoniques ou primordiaux. Là se montrent les plus hautes sommités, là sont assises les villes de Saint-Pons et de la Salvetat au-dessus des autres cités du département. — La partie occidentale de l'Hérault, la plus rapprochée de l'Aude, est aussi constituée particlement par des formations premières, surmontées par les terrains tertiaires lacustres, qui reçoivent tout leur développement près de la Caunette, d'Aigues-Vives et d'Azillanet.

Cessons d'analyser les entrailles du département, jetons un regard d'ensemble sur le sol dont nous venons de décrire la constitution. Au nord s'élève la chaîne des Cévennes, se ramifiant d'un côté jusqu'aux Alpes, d'un autre côté jusqu'aux Pyrénées. Le haut Larzac sépare l'arrondissement de Lodève du département de l'Aveyron. Plus bas l'Escandorgue se lie à cette chaîne, et l'Espinouse, dont la hauteur égale presque celle du Larzac, est la barrière du département au couchant. Le mont Saint-Loup, qu'on croirait égaré au delà de ces sommités, est comme un point de repère où toutes elles viennent rattacher leurs derniers anneaux. Les noires hauteurs d'Agde, les prismes basaltiques de Saint-Thibéry et de Montferrier, apparaissent en signes vivants des bouches volcaniques qui bouleversèrent ces terrains. A ces anciens brasiers se chauffent encore les thermes de Balaruc, Avène, la Malou, Foncaude, Buzignargues, Pérols. Le Vidourle, le Lez, la Mausson, l'Hérault, l'Orb, se précipitent des montagnes et apportent à la mer ou au bassin des étangs, qui la borde au midi, les nombreux affluents dont le versant départemental est sillonné. Les vallées circonscrites par les

---

[1] C'est à l'obligeance de M. Paul de Rouville, professeur à la Faculté des sciences de Montpellier, que nous sommes redevable de ces notions géologiques.

montagnes se dirigent presque toujours du nord au sud, comme les principaux courants qui les ont creusées. Disséminées sur cette surface, les béantes houillères du Bousquet d'Orb, de Boussagues, Graissessac, Saint-Gervais, Saint-Geniès-de-Varensal, Castanet-le-Haut, la Tour, Caylus, le Bousquet de Roquebrune, Moniau; le bassin de lignite d'Azillanet; les mines de fer de Courniou; de cuivre, de plomb, de manganèse, de Vieussan; les immenses excavations d'où sortent les marbres de Félines-Hautpoul, la Caunette, Saint-Pons, Faugères, Cournonsec, Castelnau, Montarnaud, Saint-Gervais, Cette; les pierres à bâtir de Saint-Geniès, Saint-Jean-de-Védas, Assas, Castries, Vendargues, Pignan, Caunelle, Lavérune, Juvignac, Lunel-Viel, Brégines, Pézenas, Bédarieux, le Poujol, Servian, Nissan, Agde, le Pouget, Lunas, Madières, Villeneuvette, Pouzols, Ceyras, Formis, contrastent avec les profondeurs naturelles, comme la main de l'homme avec l'œuvre de Dieu.

Ce ne sont ni les forêts ni les bois qui verdissent le sol de l'Hérault. Les taillis de chênes verts et de chênes blancs percent les calcaires et couvrent les hauteurs; les collines se parfument de lavande, d'aspic, de thym, de sauge, de serpolet, de romarin. Les plages cachent leur aridité sous le tamaris et le salicot, et les terres moins basses sous la gaude, la garance et le tournesol. Mais l'œil se promène plus satisfait sur le large tapis qui du levant au couchant, entre les plus hautes assises de la région montagneuse et les sables monotones de la mer, soulève de vigoureux ceps à la fécondité si prodigieuse. Les vignobles sont les prairies de l'Hérault, bien que la nature et l'art aient enrichi cette région de fourrages, d'arbres sauvages et cultivés, de fruits et de légumes dont l'exportation considérable justifie la réputation.

Il n'entre pas dans notre plan d'examiner la faune du pays, de parler de l'abondance poissonneuse de la côte, des migrations de ces oiseaux qui, durant les frimas du Nord, viennent s'abattre sur les étangs, ni de ce gibier, ou de cette population ailée des champs et des taillis incessamment détruite par une armée de chasseurs, et constamment renaissante pour le salut de l'agriculture; moins encore de l'animal malfaisant, toujours rare sur un sol trop peu ombragé.

Il serait difficile de préciser les premières circonscriptions de ce sol. Les plus anciens habitants connus, les *Celtes*, les *Gaulois*, ne nous ont rien laissé. La Celtique, dans laquelle le territoire de l'Hérault était compris, fut pour les Grecs une dénomination vague du couchant de l'Europe, sans limites et sans divisions, à peu près comme ces îles de l'Océan que les Hébreux ne nommaient pas, parce qu'ils ne les connaissaient pas, et qui représentaient les bornes du monde. Seulement, quelques noms antiques paraissent appartenir aux langues sémitiques importées par les Phéniciens chez les Ligures, sur le littoral de cette Celtique inconnue et bientôt envahie par les colonies phocéennes de Marseille, mère de notre Agde, Béziers, Cessero, etc. Quand Rome (u. c. 633) fit la conquête du midi des Gaules, elle trouva sur notre territoire deux populations d'origine celto-belge, les *Volces-Tectosages* et les *Volces-Arécomiques*[1]. Du mélange du sang gaulois et du sang romain se forma la population *gallo-romaine*, sous laquelle le pays reçut à la fois sa constitution, ses limites et sa civilisation. C'est en effet à cette époque qu'il faut rapporter les premières divisions du sol de l'Hérault. Les *civitates* et les *pagi Agathensis, Bitterensis, Lutevensis, Magalonensis*, ne sont autre chose que nos anciens diocèses d'Agde, de Béziers, de Lodève, de Maguelone; fait reconnu par d'Anville[2] et acquis désormais à la vérité historique.

La vaste région des Celtes est distinguée de la Gaule italique par la dénomination de *Gallia transalpina*, et une partie de la Gaule méridionale, convertie en province de l'Empire, reçoit les noms de *Braccata, Togata* et *Lugdunensis*, qu'elle abandonne pour prendre celui de *Narbonensis*. Les divisions se multiplient bientôt et se confondent successivement avec les appellations. La Narbonnaise embrasse un moment la *Lyonnaise* et la *Viennoise*; puis elle s'en sépare, au moins nominalement, pour se diviser elle-même en Première et Seconde Narbonnaise, notre pays restant dans la première : labyrinthe d'obscurités profondes, de noms, de temps et de circonscriptions où il est trop facile de s'égarer. Nous ne nous arrêterons pas davantage sur la question de savoir si la partie de la Gaule à laquelle le territoire de l'Hérault appartenait s'appelait *Quinque provinciæ* ou bien *Septem provinciæ*. C'est avec plus de certitude que, durant les trois siècles de la domination visigothique, nous le plaçons dans la *Gothie* ou *Septimanie*. — Les Sarrasins n'eurent pas le temps, dans leurs courses désolantes, d'imposer des noms nouveaux au pays, ni de lui assigner de nouvelles circonscriptions. A peine quelques mots de leur langue ont été retenus par notre nomenclature géographique, pour rappeler la présence du mahométisme dans nos contrées.

Nous devons aux vainqueurs des Sarrasins, et la conservation des formes géographiques des Romains, et la nomination de la plupart de nos localités. Toutefois, parmi les divisions territoriales conservées ou établies par les Francs, il en était une qui ne devait ni ne pouvait subsister autant que les autres dans le pays de la Langue d'Oc : nous voulons parler de la puissance féodale, institution qui morcela cette province en petits domaines seigneuriaux que se partagèrent le roi, la noblesse et le clergé. Le Languedoc ne disait pas, comme ailleurs, *nulle terre sans seigneur*; grâce à son franc alleu, on y trouvait inversement des terres sans seigneur et des seigneurs sans terre. Sur le territoire de l'Hérault en particulier, si l'on excepte la vicomté de Béziers, celle

---

[1] Pour leurs limites respectives, voir l'article Volces du Dictionnaire. — [2] *Notice de l'ancienne Gaule*, p. 27.

d'Agde, la seigneurie de Montpellier, la baronnie de Lunel, le comté de Pézenas, le comté de Substantion et de Melgueil, dévolu à l'évêque de Maguelone[1], et les seigneuries plus nominales que réelles des autres évêques, presque tous les fiefs se résument en un domaine aussi étroit que le titre qui le représente.

Les plus importants furent, dans le diocèse de Montpellier, les baronnies de Lavérune, de Fabrègues, de Ganges, de Castries, de Montlaur; le marquisat de Cournonterral; — dans le diocèse de Béziers, les baronnies de Thézan, de Puissalicon, de Magalas, de Murviel et de Villeneuve, de Corneilhan, de Sauvian, d'Espondeilhan, de Roquebrune, de Faugères, de Tressan, de Margon, de Boussagues, de Lunas; les vicomtés d'Aumelas et du Poujol; — dans le diocèse d'Agde, la baronnie de Florensac; — dans le diocèse de Lodève, les baronnies du Caylar, des Deux Vierges et de Montpeyroux, de Lauzières; le comté de Clermont; — dans le diocèse de Saint-Pons, les baronnies de Cruzy, d'Olargues, de Villespassans, de Pardailhan; le comté de Cessenon. — Il est évident d'ailleurs qu'il ne s'agit ici que de certaines circonscriptions territoriales, et non des grandes et nobles maisons qui ont illustré d'autres localités, telles que celles de Londres et de la Roquette, de Murles, de Hautpoul, de Murviel, de Poilhes, de Gaujac, de Ginestet, de Gourgas, de Villeraze, de Montarnaud, de Bouzigues, de Castelnau-de-Guers, de la Valette, de Saint-Félix, etc.

Il est vrai que les seigneurs languedociens, avant la guerre des Albigeois, étaient souverains d'un plus grand fonds de terre; mais, depuis, leurs domaines furent confisqués ou tombèrent en quenouille[2]. Plusieurs se morcelèrent en petites réunions de feux dont la seigneurie temporelle, ou au moins la dîmerie, échut en partage à une autre maison privilégiée, à un abbé, à une abbesse, à une chantrerie ou à une sacristie capitulaire. Les abbés de Saint-Aphrodise et de Saint-Jacques de Béziers eurent leurs officiers et leurs districts de justice séparés. Le chapitre de Lodève possédait Olmet et Villecun, etc. L'abbé d'Aniane était seigneur d'Aniane, Argelliers, Celleneuve, la Boissière, Puéchabon, etc. L'abbesse du monastère de Saint-Geniès était aussi *seigneuresse* du même lieu. Le prévôt du chapitre cathédral de Montpellier était seigneur de Saint-Drézéry, et ce chapitre partageait avec son évêque la souveraineté des fiefs de Pérols et de Villeneuve. Si nous considérons le titre de seigneur comme purement féodal et honorifique, et que nous regardions le décimateur comme le seigneur véritable et le souverain réel, nous trouverons l'abbesse de Gigean en possession de ce titre à Montbazin et à Saint-Bauzille-de-Montmel; les bénédictins d'Aniane, à Fon-

---

[1] D. Vaissete dit, en parlant de la Marquerose, *dont les évêques de Montpellier se disent seigneurs. Géogr.* in-4°, Hérault.

III, 95. — V. l'art. MARQUEROSE dans le Dictionnaire.
[2] *Mémoires de Basville*, p. 102.

tanès, à Saint-Clément, à Sainte-Croix-de-Quintillargues, à Saugras, à Valflaunès, à Viols; les bénédictins de Saint-Guillem, au château de la Roquette et à Frouzet; l'aumônier du chapitre épiscopal de Montpellier, à Vérargues; le sacristain, à Saint-André-de-Buéges et à Saint-Étienne-d'Issensac; le chantre, à Saint-Gély-du-Fesc, etc.

Le Languedoc, *Occitania*, formé des domaines réunis des anciens comtes, passa vers 1271 aux mains du roi Philippe le Hardi; il reçut ses limites de Louis XI, en 1469. Soumis postérieurement à de petites variations dans son étendue, il resta constamment l'un des trente-deux grands gouvernements de la France, et se divisa en deux *généralités* : le haut et le bas Languedoc. Dans la seconde division de ce gouvernement, Montpellier, siége presque habituel des États provinciaux aux derniers siècles, devint la métropole de douze diocèses, qui n'étaient pas seulement des juridictions ecclésiastiques, mais qui formaient aussi des circonscriptions civiles et administratives.

Des douze diocèses contenus dans le bas Languedoc, le territoire actuel du département de l'Hérault en comprenait cinq : Maguelone, Béziers, Agde, Lodève, Saint-Pons. — Le diocèse de Maguelone, qui prit le nom de Montpellier depuis que le siége épiscopal fut transféré dans cette dernière ville, en 1536, répondait à peu près à l'arrondissement de Montpellier. Il était borné, au levant, par celui de Nîmes; au nord, par celui d'Alais; au couchant, par ceux de Lodève, de Béziers et d'Agde; et au midi, par la Méditerranée. On y comptait cent dix paroisses, faisant quatre-vingt-dix-huit communautés, partagées en neuf archiprêtrés: Assas, Baillargues, Brissac, Cournonterral, Frontignan, Montpellier, Restinclières, Tréviers, Viols[1]. — Le diocèse de Béziers était situé entre ceux d'Agde, de Montpellier ou de Maguelone et de Lodève, au levant; le Rouergue, au nord; les diocèses de Castres, de Narbonne et de Saint-Pons, au couchant; et la Méditerranée, au midi. Il contenait cent trois paroisses, partagées en cent deux communautés, distribuées en trois archiprêtrés : Cazouls, Boussagues, le Pouget. Ce diocèse et celui d'Agde forment, de nos jours, la plus grande partie de l'arrondissement de Béziers. — Le diocèse d'Agde s'étendait le long de la côte de la Méditerranée. Il avait, au levant, le diocèse de Montpellier, et celui de Béziers, au nord et au couchant. Il ne comprenait que vingt paroisses, qui étaient autant de villes ou de gros bourgs. — Le diocèse de Lodève était séparé, au levant, de ceux de Montpellier et de Béziers par l'Hérault; le dernier diocèse le bornait aussi au midi et au couchant. Il avait, au nord, le Rouergue et le diocèse d'Alais. Il comprenait cinquante-trois paroisses, qui faisaient cinquante communautés. — Le diocèse de Saint-Pons, démem-

---

[1] Le Dictionnaire donne à chacun de ces articles le développement convenable.

brement de celui de Narbonne en 1317-18, actuellement compris dans l'arrondissement de Saint-Pons, était séparé, au nord, du diocèse de Castres par la montagne de l'Espinouse, et situé entre ce diocèse et ceux de Béziers, Narbonne et Lavaur. Il renfermait quarante et une paroisses, formant quarante communautés ou consulats.

Ces notices montrent, comme nous l'avons indiqué, que les circonscriptions administratives ne répondaient pas toujours précisément aux divisions ecclésiastiques; d'ailleurs, le nombre des paroisses variait encore plus que celui des communautés. Mais des anomalies autrement considérables s'observaient entre ces divisions et les ressorts établis pour l'administration de la justice. Le Languedoc comprenait anciennement trois *sénéchaussées* : 1° Toulouse; 2° Carcassonne; 3° Beaucaire et Nîmes, lesquelles étaient divisées en *jugeries, judicatures* ou *vigueries*. Les diocèses de Saint-Pons, de Béziers, d'Agde et de Lodève, c'est-à-dire le pays de Minervois, le comté de Cessenon, les vigueries de Béziers et de Gignac, la baronnie d'Aumelas, dépendaient de la sénéchaussée de Carcassonne; le diocèse de Montpellier était dans le ressort de la sénéchaussée de Beaucaire et Nîmes, où se trouvaient par conséquent la baronnie de Lunel, la seigneurie et la viguerie de Montpellier. Ces trois anciennes sénéchaussées furent démembrées au milieu du xvi° siècle (1552), et portées par le roi Henri II au nombre de huit en Languedoc. *Béziers* et *Montpellier* devinrent alors des siéges de sénéchaussée où furent établis des juges *présidiaux* : nouvelle circonscription juridictionnelle qui jeta une grande confusion dans la géographie judiciaire. Nous avons cherché à l'éclaircir par l'analyse du pouillé de 1649 conservé dans nos archives départementales.

Le ressort du sénéchal et présidial de Béziers s'étendait sur les diocèses d'Agde et de Lodève en entier; sur celui de Béziers, sauf onze villages séquestrés (justices bannerètes) qui allaient au gouvernement de Montpellier et parfois au siége de Béziers quand bon leur semblait, à savoir : Adissan, Aumelas, Paulhan, Plaissan, Popian, le Pouget, Pouzols, Saint-Amans, Saint-Bauzille-de-la-Silve, Tressan, Vendémian; du diocèse de Narbonne, sur Capestang, Montels, Nissan, Poilhes, Puisserguier, Quarante; du diocèse de Montpellier, sur Aniane, la Boissière, Puéchabon; du diocèse de Saint-Pons, sur Assignan, Berlou, Cébazan, Cessenon, Cruzy, Ferrières, Montouliers, Olargues, Pierrerue, Prémian, Riols, Saint-Chinian, Saint-Martin-de-l'Arçon, Villespassans, la Voulte. Saint-Pons-de-Thomières avait l'option d'aller au sénéchal de Carcassonne ou à celui de Béziers; mais les communautés du diocèse de Saint-Pons, Agel, Aignan, Aigues-Vives, Angles, Azillanet, la Bastide, Beaufort, Boisset, Cassagnolles, la Caunette, Cesseras, Félines, Ferrals, Fraisse, la Livinière, Minerve, Olonzac, Oupia, Pardailhan, Rieussec, le Roy, la Salvetat, Siran, Vélieux, Ventajou, répondaient au sénéchal de Carcassonne.

INTRODUCTION.

Le sénéchal et présidial de Montpellier comprenait dans son ressort les communautés du diocèse de Montpellier, sauf Aniane, la Boissière et Puéchabon, qui, ainsi que nous l'avons dit, répondaient au siége de Béziers, et le diocèse de Béziers cédait en retour au siége de Montpellier Bélarga et Puilacher. Au même ressort venaient répondre, du bailliage de Sauve, au diocèse de Nîmes : Baucels, Claret, Ferrières, Montoulieu, Moulès, Sauteyrargues, Vacquières; de la viguerie de Marsillargues, au diocèse de Nîmes : Galargues-le-Montueux et Marsillargues; et de la viguerie de Sommières, au même diocèse de Nîmes, la communauté de Fontanès.

Enfin, l'*Intendance* provinciale, confirmée plutôt qu'établie par le roi Louis XIII en 1635, eut aussi ses subdivisions administratives, qu'on appela *subdélégations*, et qui, suivant les temps, varièrent dans leur nombre et leur étendue. Au dernier siècle, le territoire du département avait des subdélégués à Montpellier, Lunel, Cette, Agde, Béziers, Pézenas, Lodève et Saint-Pons.

Telles étaient les principales circonscriptions, divisions, subdivisions et ressorts d'un rouage d'administration très-compliqué lorsque, la carte géographique de France prenant une nouvelle forme en vertu des décrets de l'Assemblée nationale des 15 janvier, 16 et 20 février 1790, le territoire français fut divisé en 83 départements. Le Languedoc en compta huit : la Haute-Garonne, le Tarn, l'Aude, l'Hérault, le Gard, la Lozère, l'Ardèche, la Haute-Loire [1].

Le département de l'Hérault, formé de 5 des anciens diocèses [2], fut subdivisé en 4 districts, dont les chefs-lieux étaient les mêmes que ceux des 4 arrondissements actuels : Béziers, Lodève, Montpellier, Saint-Pons. Le district de Montpellier se composa de 15 cantons et de 110 communes; le district de Béziers comprit 15 cantons et 96 communes; le district de Lodève eut 13 cantons et 81 communes; et le district de Saint-Pons renferma 9 cantons et 48 communes : en sorte que le nombre des cantons du département fut de 52 et celui des communes de 335.

La loi du 19 vendémiaire an IV, conformément à la constitution de l'an III, ne modifia cette division territoriale qu'en supprimant les districts; elle maintint les cantons, mais ce mode de division cessa bientôt avec la constitution de l'an VIII. Une loi du 28 pluviôse (17 février 1800) sanctionna le rétablissement des premières circonscrip-

---

[1] Plus tard le Tarn-et-Garonne a été formé d'une partie de quelques-uns de ces départements.

[2] Les communautés de la Bastide-Rouvairouse (*la Bastide-Rouairoux*) et de Marniès, du diocèse de Saint-Pons, furent cédées au département du Tarn. En retour, le district ou arrondissement de Montpellier reçut du diocèse de Nîmes 4 communautés : Claret, Marsillargues, Sauteyrargues, Vacquières; de celui d'Alais, 3 : Moulès-et-Baucels, Ferrières, Montoulieu. L'arrondissement de Béziers prit au diocèse de Narbonne 7 communautés : Capestang, Creissan, Montels, Nissan, Poilhes, Puissarguier, Quarante; et à celui de Castres 4 : Castanet, Saint-Gervais, Saint-Gervais-Terre-Foraine (*Rosis*), Saint-Geniès-de-Varensal.

tions administratives sous le nom d'*arrondissements*. Enfin, d'après la loi du 8 pluviôse an x, ordonnant la réduction des justices de paix, un arrêté des consuls, du 3 brumaire du même an, établit les divisions du département à peu près telles qu'elles existent aujourd'hui. Le nombre des cantons fut réduit à 36. Le canton d'Aniane, qui était dans le district de Lodève, et celui de Mèze, dans le district de Béziers, passèrent dans l'arrondissement de Montpellier. Le canton d'Angles, dans le district de Saint-Pons, fut cédé au Tarn, en échange de Saint-Gervais, qui fut donné à l'arrondissement de Béziers. Le canton de Montpellier fut partagé en 3 sections, et celui de Béziers en 2. Nous présentons toutes ces modifications en détail dans le dictionnaire. Le tableau suivant fait connaître les divisions actuelles du département de l'Hérault.

DÉPARTEMENT.

(4 arrondissements, 36 cantons, 331 communes, 409,391 habitants.)

I. ARRONDISSEMENT DE BÉZIERS.

(12 cantons, 99 communes, 142,287 habitants.)

1° CANTON D'AGDE.

(4 communes, 17,989 habitants.)

Agde, Bessan, Marseillan, Vias.

2° CANTON DE BÉDARIEUX.

(8 communes, 14,175 habitants.)

Bédarieux, Boussagues, Camplong, Carlencas-et-Levas, Faugères, Graissessac, Pézènes, le Pradal.

3° CANTON 1ᵉʳ DE BÉZIERS.

(9 communes, 16,907 habitants.)

Béziers-Nord, Bassan, Boujan, Cers, Corneilhan, Lieuran-lez-Béziers, Lignan, Portiragnes, Villeneuve-lez-Béziers.

4° CANTON 2° DE BÉZIERS.

(8 communes, 21,699 habitants.)

Béziers-Sud, Cazouls-lez-Béziers, Colombiers, Lespignan, Maraussan, Sauvian, Sérignan, Vendres.

INTRODUCTION.

5° CANTON DE CAPESTANG.
(9 communes, 9,997 habitants.)

Capestang, Creissan, Maureilhan-et-Ramejan, Montady, Montels, Nissan, Poilhes, Puisserguier, Quarante.

6° CANTON DE FLORENSAC.
(4 communes, 6,926 habitants.)

Castelnau-de-Guers, Florensac, Pinet, Pomérols.

7° CANTON DE MONTAGNAC.
(12 communes, 10,231 habitants.)

Adissan, Aumes, Cabrières, Cazouls-d'Hérault, Fontès, Lézignan-la-Cèbe, Lieuran-Cabrières, Montagnac, Nizas, Péret, Saint-Pons-de-Mauchiens, Usclas-d'Hérault.

8° CANTON DE MURVIEL.
(11 communes, 8,400 habitants.)

Autignac, Cabrerolles, Causses-et-Veyran, Caussiniojouls, Laurens, Murviel, Pailhès, Puimisson, Saint-Geniès-le-Bas, Saint-Nazaire-de-Ladarez, Thézan.

9° CANTON DE PÉZENAS.
(5 communes, 12,313 habitants.)

Caux, Nézignan-l'Évêque, Pézenas, Saint-Thibéry, Tourbes.

10° CANTON DE ROUJAN.
(11 communes, 7,466 habitants.)

Fos, Fouzilhon, Gabian, Magalas, Margon, Montesquieu, Neffiès, Pouzolles, Roquessels, Roujan, Vailhan.

11° CANTON DE SAINT-GERVAIS.
(11 communes, 8,707 habitants.)

Les Aires, Castanet-le-Haut, Combes, Hérépian, le Poujol, Rosis, Saint-Geniès-de-Varensal, Saint-Gervais, Taussac-et-Douch, Villecelle, Villemagne.

12° CANTON DE SERVIAN.
(8 communes, 7,477 habitants.)

Abeilhan, Alignan-du-Vent, Coulobres, Espondeilhan, Montblanc, Puissalicon, Servian, Valros.

INTRODUCTION.

II. ARRONDISSEMENT DE LODÈVE.
(5 cantons, 73 communes, 57,691 habitants.)

1° CANTON DU CAYLAR.
(8 communes, 3,424 habitants.)

Le Caylar, le Cros, Pégairolles-de-l'Escalette, les Rives, Saint-Félix-de-l'Héras, Saint-Maurice, Saint-Michel, Sorbs.

2° CANTON DE CLERMONT.
(15 communes, 14,324 habitants.)

Aspiran, Brignac, Canet, Celles, Ceyras, Clermont, la Coste, Liausson, Mourèze, Nébian, Paulhan, Saint-Félix-de-Lodez, Salasc, Valmascle, Villeneuvette.

3° CANTON DE GIGNAC.
(21 communes, 15,178 habitants.)

Arboras, Aumelas, Bélarga, Campagnan, Gignac, Jonquières, Lagamas, Montpeyroux, Plaissan, Popian, le Pouget, Pouzols, Puilacher, Saint-André-de-Sangonis, Saint-Bauzille-de-la-Silve, Saint-Guiraud, Saint-Jean-de-Fos, Saint-Pargoire, Saint-Saturnin, Tressan, Vendémian.

4° CANTON DE LODÈVE.
(16 communes, 18,097 habitants.)

Le Bosc, Fozières, Lauroux, Lodève, Olmet-et-Villecun, Parlatges, les Plans, Poujols, le Puech, Saint-Étienne-de-Gourgas, Saint-Jean-de-la-Blaquière, Saint-Privat, Soubès, Soumont, Usclas, la Vacquerie-et-Saint-Martin-de-Castries.

5° CANTON DE LUNAS.
(13 communes, 6,668 habitants.)

Avène, Brenas, Ceilhes-et-Rocozels, Dio-et-Valquières, Joncels, Lunas, Mérifons, Octon, Romiguières, Roqueredonde-de-Tiendas, Saint-Martin-de-Combes, Saint-Martin-d'Orb, la Valette.

III. ARRONDISSEMENT DE MONTPELLIER.
(14 cantons, 114 communes, 162,151 habitants.)

1° CANTON D'ANIANE.
(7 communes, 6,868 habitants.)

Aniane, Argelliers, la Boissière, Montarnaud, Puéchabon, Saint-Guilhem-du-Désert, Saint-Paul-et-Valmalle.

INTRODUCTION.

2° CANTON DE CASTRIES.
(20 communes, 8,087 habitants.)

Assas, Baillargues-et-Colombiers, Beaulieu, Buzignargues, Castries, Clapiers, Galargues, Guzargues, Jacou, Montaud, Restinclières, Saint-Brès, Saint-Drézéry, Saint-Geniès, Saint-Hilaire. Saint-Jean-de-Cornies, Sussargues, Teyran, Valergues, Vendargues.

3° CANTON DE CETTE.
(1 commune, 22,438 habitants.)

Cette.

4° CANTON DE CLARET.
(8 communes, 2,197 habitants.)

Campagne, Claret, Ferrières, Fontanès, Garrigues, Sauteyrargues-Lauret-et-Aleyrac, Vacquières. Valflaunès.

5° CANTON DE FRONTIGNAN.
(5 communes, 5,630 habitants.)

Balaruc-les-Bains, Frontignan, Mireval, Vic, Villeneuve-lez-Maguelone.

6° CANTON DE GANGES.
(9 communes, 9,435 habitants.)

Agonès, Brissac, Cazilhac-Bas, Ganges, Gorniès, Montoulieu, Moulès-et-Baucels, la Roque, Saint-Bauzille-de-Putois.

7° CANTON DE LUNEL.
(12 communes, 14,168 habitants.)

Boisseron, Lunel, Lunel-Viel, Marsillargues, Saint-Christol, Saint-Just, Saint-Nazaire, Saint-Seriès, Saturargues, Saussines, Vérargues, Villetelle.

8° CANTON DES MATELLES.
(14 communes, 3,696 habitants.)

Cazevieille, Combaillaux, les Matelles, Murles, Prades, Saint-Bauzille-de-Montmel, Saint-Clément, Sainte-Croix-de-Quintillargues, Saint-Gély-du-Fesc, Saint-Jean-de-Cuculles, Saint-Matthieu-de-Tréviers, Saint-Vincent-de-Barbeyrargues, le Triadou, Vailhauquès.

9° CANTON DE MAUGUIO.
(4 communes, 4,792 habitants.)

Candillargues, Lansargues, Mauguio, Mudaison.

INTRODUCTION.

10° CANTON DE MÈZE.

(7 communes, 16,001 habitants.)

Bouzigues, Gigean, Loupian, Mèze, Montbazin, Poussan, Villeveyrac.

11° CANTON 1ᵉʳ DE MONTPELLIER.

(1 commune, 18,131 habitants.)

Montpellier-Centre.

12° CANTON 2ᵉ DE MONTPELLIER.

(6 communes, 26,390 habitants.)

Montpellier-Est, Castelnau, Lattes, Montferrier, Palavas, Pérols.

13° CANTON 3ᵉ DE MONTPELLIER.

(12 communes, 19,879 habitants.)

Montpellier-Ouest, Cournonsec, Cournonterral, Fabrègues, Grabels, Juvignac, Lavérune, Murviel, Pignan, Saint-Georges, Saint-Jean-de-Védas, Saussan.

14° CANTON DE SAINT-MARTIN-DE-LONDRES.

(10 communes, 4,439 habitants.)

Causse-de-la-Selle, Mas-de-Londres, Notre-Dame-de-Londres, Pégairolles-de-Buéges, Rouet, Saint-André-de-Buéges, Saint-Jean-de-Buéges, Saint-Martin-de-Londres, Viols-en-Laval, Viols-le-Fort.

IV. ARRONDISSEMENT DE SAINT-PONS.

(5 cantons, 45 communes, 47,262 habitants.)

1° CANTON D'OLARGUES.

(12 communes, 10,577 habitants.)

Berlou, Colombières, Ferrières, Mons, Olargues, Prémian, Roquebrun, Saint-Étienne-d'Albagnan, Saint-Julien, Saint-Martin-de-l'Arçon, Saint-Vincent, Vieussan.

2° CANTON D'OLONZAC.

(13 communes, 8,834 habitants.)

Aigne, Azillanet, Beaufort, Cassagnolles, la Caunette, Cesseras, Félines-Haulpoul, Ferrals-lez-Montagnes, la Livinière, Minerve, Olonzac, Oupia, Siran.

Hérault.

3° CANTON DE SAINT-CHINIAN.

(11 communes, 10,253 habitants.)

Agel, Aigues-Vives, Assignan, Cazedarnes, Cébazan, Cessenon, Cruzy, Montouliers, Pierrerue, Saint-Chinian, Villespassans.

4° CANTON DE SAINT-PONS.

(6 communes, 11,262 habitants.)

Boisset, Pardailhan, Rieussec, Riols, Saint-Pons, Vélieux.

5° CANTON DE LA SALVETAT.

(3 communes, 6,336 habitants.)

Fraisse, la Salvetat, le Soulié.

Nous compléterons cette introduction par quelques observations sur la nomenclature géographique du département. On peut la considérer sous le rapport de l'idiome formateur des noms et sous celui de l'origine occasionnelle des appellations. Ce double objet demanderait plus de développements que nous ne pouvons lui en donner ici; d'ailleurs, par rapport à la linguistique, les systèmes d'après lesquels cette nomenclature serait établie sont aujourd'hui si divers, si opposés les uns aux autres, qu'on doit craindre, dans une analyse rapide, d'égarer le lecteur sans l'éclairer.

L'opinion la plus répandue est que, dans notre Midi au moins, le vocabulaire géographique est absolument d'origine néo-latine. Mais ce vocabulaire ne laisse-t-il pas parfois apparaître un fond celtique, hellénique, sémitique, qui, d'accord avec l'histoire, nous fait soupçonner des origines antérieures à la conquête romaine? L'illustre de Humboldt, élargissant les limites du bassin de l'Èbre en même temps que celles de l'idiome basque, voudrait puiser toutes nos origines dans cette dernière source. D'autres, à la suite de Bailly et de Gossellin, s'appuyant sur des données très-incertaines, cherchent, dans les temps qui ont précédé l'établissement des colonies phéniciennes, un peuple inconnu dont nous aurions reçu les restes d'une science et d'une langue primitives.

Quant aux Celtes, aux Gaulois, ils ne nous ont transmis aucun monument entier où nous puissions étudier leur linguistique. Dans les travaux modernes, Pezron est contredit par Bullet, qui est contredit par Astruc, qui est contredit par M. Roget de Belloguet. Aussi ne faut-il attribuer aux étymologies celtiques en général qu'une simple valeur de curiosité.

INTRODUCTION.

A l'égard des origines des noms, indépendamment de la langue qui les a formés, les incertitudes sont moins considérables, il est vrai, pour l'ordinaire; mais ces incertitudes n'en existent pas moins lorsqu'on veut soumettre toutes ces origines à des principes fixes, à des règles générales ou à une classification exacte. De plus, une classe s'enchevêtre souvent dans une autre, ce qui rend difficile, impossible même, tout système de divisions et de subdivisions absolues.

Nous nous bornerons donc, pour l'une et l'autre source de notre nomenclature, à un choix de citations parmi les origines qui nous paraissent le moins douteuses.

Un très-petit nombre de noms locaux ont conservé la physionomie sémitique. Ils s'éloignent peu des côtes de la mer, et doivent être considérés comme une importation des colons de Phénicie qui s'y établirent. לעב peut être le primitif de *Blasco, Brescou*. בית *sedes, domus*, et נהר *fluvius*, pourraient avoir donné naissance aux noms de *Béziers* et de *Bédarieux, Bittera, Betarrivæ*; מעון *habitaculum*, serait attribué à Maguelone[1]; et שטה ou שטים *expansio*, à l'île, au prolongement, au cap de Cette, qu'il faudrait écrire *Sète*. *Cessero* (Saint-Thibéry) devrait le sien à ses basaltes, כשר *rectus*; et *Taur, tauri stagnum, Tau*, l'étang de la *montagne*, au syriaque et chaldéen טור *mons*[2]. D'autre part, nous avancerions-nous trop avec Bochart en disant que nos dénominations commençant par *Gb, Gabian, Gibret*, etc. descendraient de גב *dorsum, arx*? que la série des *Cass, Cassan, Cassagnolles, Cassillac* (Cazilhac), etc. aurait son origine dans le syriaque קצי *finis, confinium*, et que certaines désinences en *ac* et en *ec*, dans nos montagnes, seraient traduites de כרך *saxum*[3]? Il est remarquable que בערי *in pagis* correspond exactement au nom générique des hameaux languedociens *barry*, de même que εἰς τὴν πόλιν correspond à *Istamboul, Constantinople*.

Les comptoirs phocéens remplacèrent les établissements phéniciens, et les aspirations rudes de ces derniers firent place aux douces consonnances des premiers. C'est ainsi que la civilisation grecque, en Asie et en Afrique, avait fait disparaître les aspérités de la langue de Sem. Sur les bords méditerranéens nous trouvons Ἀγάθη, *Agde*, Ἄμβων, *Ambône*, près d'Agde, Βλασκών, *Brescou*, Σήτιον ὄρος, *montagne de Cette*; dans l'intérieur des terres et sur la grande voie des Gaules en Espagne, rétablie par Domitius Ænobarbus : Βλίτερα, Βαιτίραι, *Béziers*, Κεσσερώ, *Cessero*; et nos grands cours d'eau : Ἄταξ, l'*Aude*, Ὄρβις, Ὀρόβιος, l'*Orb*, Ῥαύραρις, l'*Hérault*.

Cette transformation ne s'arrêta pas seulement à la langue importée par les Phéniciens; elle agit aussi efficacement sur les dénominations celtiques ou gauloises qui étaient les plus nombreuses, mais de telle sorte qu'il n'est pas possible de dire à la-

---

[1] Bochart, *Canaan*, I, 42. — [2] *Id. ibid.* I, 28. — [3] *Id. ibid.* loc. cit. *Phaleg*, IV, 32.

quelle de ces deux sources les Grecs furent redevables de la première racine, à moins de supposer une affinité parfaite entre la langue celtique de l'Occident et les langues sémitiques de l'Orient. Quoi qu'il en soit, il est au moins singulier de retrouver dans le celtique des appellations que l'hébreu a déjà prêtées au grec, par exemple, dans *Araw*[1], le nom du fleuve auquel notre département doit le sien; dans *Bet-ar*, ceux de Béziers et de Bédarieux; dans *Ceus-ros*, celui de *Cessero*; dans *Orbet*, celui d'Orb; dans *Syth*, celui de *Sète*. Quelle que soit notre répugnance à convenir du fait, il faut bien que ce caractère gallo-hellénique, tout déformé qu'il est sous l'appareil latin, ait, au moins historiquement, un fond de réalité, puisque, au rapport de Varron, les Gaulois méridionaux étaient appelés *trilingues* ou *triglottes*[2], et qu'il est constant que sur les rivages méditerranéens la langue celtique fut usitée, concurremment avec le grec et le latin, jusqu'à la fin du ve siècle. Nous repoussons le panhébraïsme de Bochart comme le panceltisme de quelques étymologistes; nous n'en croyons pas moins que l'origine gauloise n'est pas tout à fait étrangère à plusieurs dénominations locales de nos contrées, telles que *Balaruc, Lattes, Lez, Mas, Pérols, Pézenas, Thomières, Vène* ou *Avène, Vidourle, Vernazoubres,* etc.

Mais il est plus vrai de dire que c'est aux armes romaines que la géographie du département doit la plus grande partie de son vocabulaire. Rome n'impose pas seulement son joug aux nations, disait l'évêque d'Hippone, elle leur impose aussi sa langue[3]. Le latin absorba tout, éteignit tous les autres idiomes. Cette absorption fut telle que ni l'occupation trois fois séculaire des Visigoths[4], ni l'invasion moins durable, mais plus violente, des Sarrasins[5], n'ont pu altérer notre synonymie latine. Jusqu'au viiie siècle où apparaissent nos monuments écrits, nous retrouvons les noms latins, enfants des langues sémitiques et helléno-celtiques. La géographie de notre pays dans Pline et Mela n'a pas d'autre origine. Au commencement du ixe siècle, une nouvelle nomenclature latine vient enrichir le vocabulaire précédent : c'est la série de noms de saints, série activée par la réforme et les créations de saint Benoît d'Aniane, et rapidement divergente dans les siècles suivants. Le xiie siècle voit jaillir deux sources de cette langue, deux filles de la même mère : la romane et la française; l'une vulgaire, lan-

[1] Davies, *Dict. latino-britannicum.* Lond. 1632.
[2] Ap. Hieron. in præm. in Ep. ad Gal. II, 3.
[3] *De Civit. Dei,* XIX, 7.
[4] Voudrait-on faire dériver *Saint-Pons-de-Mauchiens,* que le vulgaire appelle *dé las Mascas,* et *Valmascle* du gothique *Masca, sorcière,* parce qu'on trouve dans les lois lombardes, lib. I, tit. II, leg. 9, ce mot avec la même signification que dans notre languedocien?

[5] La terminaison *lhan, llan,* du latin *anum,* a fait penser à quelques personnes que c'était une abréviation de l'espagnol *llano,* qui signifie *plan, plaine;* en sorte que le nom de *Maureilhan,* par exemple, rappellerait la *plaine des Maures.* Malheureusement pour ces étymologies, tous les lieux dont les noms se terminent ainsi ne sont pas toujours situés dans une plaine.

guedocienne, montrant dans tous ses traits l'origine maternelle, à la voix pleine de sonorité; l'autre officielle, tenant moins à son origine, plus libre dans ses allures de famille, et plaçant entre elle et sa sœur aînée une barrière infranchissable, l'e muet[1].

Ces deux sources, ayant la même origine latine, sont le principal élément étymologique de notre dictionnaire. Le procédé ordinaire de formation est l'abréviation soit au commencement soit à la fin des mots. Dans le premier cas : Ganges de *Aganticum*, Guzargues de *Agusanicæ*, Lieuran de *Aureliacum*, Mausson de *Amancio*, Nissan de *Aniscianum*, Nizas de *Anizanum*, Villa Aniciatis, Nize de *Anisa*, Saint-Gély de *Sanctus Egidius*, Veyran de *Averanum*, Vias de *Aviacium*, etc. Souvent l'article se mêle et reste confondu avec le nom : La Boissière de *Boxeria*, Lacoste de *Costa*, Lagamas de *Agamaucum*, Latude de *Tuda*, Lauzières de *Elzeria*, Lavérune de *Veruna*. — Dans le second cas, elles font d'*Agellus* Agel, de *Brixiacum* Brissac, de *Columberiæ* Colombiers, de *Galazanicus* Galargues, de *Gorneriæ* Gorniès, de *Lunellum vetulum* Lunel-Viel, de *Melgorium* Melgueil (Mauguio), de *Mons petrosus* Montpeyroux, de *Murus vetulus* Murviel, de *Podium* Puy, Puech, de *Podium Abbonis* Puéchabon, de *Poium ad alaires* (*Mons lacteus*) Puilacher, de *Podium Misonis* Puimisson, de *Podium Scrigarii* Puisserguier, de *Villa Florani* Valflaunès, etc.

Le tableau suivant comprend les formes finales les plus ordinaires des noms locaux du département avec les terminaisons latines correspondantes. Nous y ajoutons quelques exemples pour en compléter le sens :

a, ac, as	acum	*Opiniacum*, Oupia; *Alayracum*, Aleyrac; *Ceiracum*, Ceyras.
a, an	anum	*Opianum*, Oupia; *Tesanum*, Thézan. Cette dernière forme est très-commune.
aud,	altus	*Mons altus*, Montaud.
aux,	olæ	*Combalholæ*, Combaillaux.
argues,	anicæ	*Agusanicæ*, Guzargues; *Vendranicæ*, Vendargues. Forme très-fréquente.
el, els	ellum, ellæ	*Lunellum*, Lunel; *Rocosellum*, Roquessels, Rocozels; *Juncellæ*, Joncels.
ès,	esium	*Agonesium*, Agonès. Iès a des origines diverses : *Neffianum*, *Neffiariæ*, Neffiès; *Gornerium*, Gorniès.
et,	etum	*Claretum*, Claret; *Pinetum*, Pinet.
ette,	etta, eta	*Caunetta*, la Caunette; *Villa noveta*, Villeneuvette, Villenouvette.
ieux,	iæ	*Bedeiriæ*, Bédarieux; *Valleliæ*, Vélieux.

[1] Le languedocien n'emploie que l'*e* plus ou moins fermé des Italiens ou des Espagnols.

INTRODUCTION.

iers		*Argillariæ*, *Argileriæ*, Argelliers; *Bitteræ*, Béziers; *Ferreriæ*, Fer-
ière	*ariæ, eriæ, eræ*	rières; *Liveriæ*, la Livinière, bien que cette dernière terminaison
ières		ait son origine plus naturelle au singulier *Lavineria*, *Lavineira*.
ol,	*olum*............	*Podiolum*, le Poujol.
olles,	*-olæ, ellæ*........	*Capraliolæ*, Cabrerolles; *Cassanellæ*, Cassagnolles; *Pegairolæ*, Pégairolles.
ols,	*oli*	*Pozoli*, *Podoli*, Pouzols; *Pujoli*, Poujols.
on	*onum, enum, one.*..	*Boisedonum*, Boisseron; *Censenum*, *de Cessenone*, Cessenon; *de Jacone*, Jacou.
ou		
ons	*ons*.............	*Mons*, Mons; *Fons*, las Fonts, la Font.
ont		
un,	*um*.............	*Villacum*, Villecun.
une,	*una*	*Veruna*, Lavérune.

Il nous reste à montrer par quelques citations l'origine occasionnelle des noms géographiques de notre département. Cette origine est, comme partout, très-diversifiée. Nous n'en présenterons ici que les principales divisions.

La position topographique, le site, l'aspect, le climat, un accident de terrain, le voisinage des eaux, etc. sont les causes les plus fréquentes de ces dénominations. — Autignac (*Altiniacum*), Cazilhac-Bas, Castanet-Haut; Clapière, Clapiers (*pierreux*), l'Escalette, Gabian; Mons, Clermont, Soumont, Montagnac, Montpellier, Montouliers, Montoulieu, Montpeyroux; Puech, Puy (*Podium*), Puilacher, Puimisson, Puissalicon, Puisserguier; Serre (de l'espagnol *Sierra*), Séranes; Roc et ses dérivés, la Roque, Roqueredonde, Rochelongue, Rocozels, Roquessels (*Roca celsa*), Roquebrun; Pégairolles (*Petrolianum*), Pierrerue; Causses, Caussiniojouls, Caux; Combe et ses composés, Combas, Combejean, Combelles; Cros et ses dérivés, Marquerose, Saint-Martin-des-Crozes; Fos, Fozières, Saint-Jean-de-Fos (*de gurgite nigro*); Balmes, Baume; Malpas; Val, Valcreuse, Valergues, la Valette, Viols-en-Laval. — Campagne, Campagnan, Campagnolles, Garrigues, Saint-Guillem-du-Désert, Saint-Félix-de-l'Héras; Hérépian, les Plans; — Camplong; Roujan, Valros, Verdus; — Tréviers (*Tres viæ*), Triadou; — Aubeterre (*Alba terra*), Terral, Cournonsec, Cournonterral, Rieussec (*Rivus siccus*), Ruissec, Rieutort (*Rivus tortus*); — Aiguebelle, Beaulieu, Bellevue, Belvezé, Belair, Mireval, Saint-Hilaire-de-Beauvoir; — Aiguelongue, Aigues-Vives, Aubaignes (*Albæ aquæ*), Capestang (*Caput stagni*), Rives, Ribaute (*Ripa alta*), Saint-Clément-de-Rivière, Saint-Jean-d'Ognon, Saint-Martin-d'Orb, etc.

L'agriculture et les produits naturels forment une classe presque aussi nombreuse que la précédente. Abeilhan, Agel, Agre, Aires, Amilhac, Aumelas (*Amenlarius*), Arboras, Argelliers; Baillargues (*Balanicæ*), Baugros (*Boscus grossus*), Boissière, Bosc;

Cabrerolles, Capralongue, Cabrières, Cabrials, Ceilhes (*Silicis*), Colombières, Colombiers, Coquillouse; Espinouse; Fage, Félines, Fenouillède, Ferrals, Ferrières, Figairolles, Fraisse; Jonquières; Lauroux, Lézignan-de-la-Cèbe (*Cepæ*), Loupian; Olmet; Pailhès, Pignan, Pradal, Prades, Pomérols, Poussan (*Porcianus*); Rosis, Rouet (de *Rover*, basse lat. *chêne blanc*); Saint-Bauzille-de-la-Silve, Saint-Bauzille-de-Montmel, Sainte-Marie-de-l'Olivète, — du Rosier, — des Horts; Saint-Pierre-de-la-Fage; Salasc, Saussan, Sauvian; Vacquerie, Vacquières, Valflaunès, Vendémian, Vignogoul, Viols.

Les vocables religieux, les *Saints*, les *Notre-Dame*, en s'associant aux autres classes, composèrent une série très-considérable. C'est en effet l'œuvre de dix siècles, à laquelle les créations de saint Benoît d'Aniane, le retour des croisades, la guerre des Albigeois, prêtèrent un puissant concours. Les *villa*, les *mansus*, se groupèrent successivement autour de l'autel du patron, et le nom de ce patron resta au hameau, à la communauté. On en a déjà vu plusieurs exemples. Citons encore : Saint-André-de-Novigens (*Villa de novis gentibus*), Celles, Celleneuve, Navacelle (*Nova cella*), Saint-Aunès, Aigne (*Sancta Agnes*), Saint-Chinian (*Sanctus Anianus*), Saint-Geniès-des-Mourgues (*des Moinesses*), Saint-Jean-de-Cuculles (*de Cucullis*), etc.

Souvent le vocable est dû à un monument, à un ancien établissement industriel : Aire-Vieille, Bastides, Bégude, Borie ou Mas (*Mansus, barry*, hameau en languedocien) et leurs composés, Cazevieille, Cazilhac, Cazouls, Fabrègues, Font (*Fons*), Gourgas, Graissessac, Martinet, Mudaison (*de Mutationibus*), Poujol, Poujols, Pouzolles, Pouzols (*Putei, Puteoli*), Saint-Geniès-des-Fours, les Verreries, Vic, Villemagne-l'Argentière.

Les noms d'homme apportent aussi un contingent remarquable à cette nomenclature : Adeillan, Alajou (*Ara Jovis*), Ambroix, Aniane, Benoîte, Corneilhan, Encivade (*Mansus D. Sivatæ*), Florensac (de *Sainte-Florence*), Gorniès, Marseillan, Marsillargues, Médeillan, Montarnaud (*Mons Arnaudi*), Montauberon, Paulhan, Plauchude, Puisserguier (*Podium Serigarii*), Roquemengarde (*Roche Ermengarde*), Sainte-Croix-de-Quintillargues, Sainte-Madeleine-d'Octavian, Sainte-Marie et Saint-Saturnin-de-Lucian, Saint-Thibéry (de *Saint-Tibère*), Saint-Vincent-de-Barbeyrargues, Sauvian, Sérignan (*Villa Erignani*), Sorbs, Soubès, Tressan.

La féodalité a laissé peu de traces dans notre nomenclature, si toutefois on ne veut pas placer dans cette catégorie tous les *castrum*, les *castellum*, les *fortia*, etc. et des appellations telles que Beaufort, Castries, Gibret, Hautpoul, Latour, Saint-Gély-du-Fesc (*de fisco*), Saint-Jean-de-Fos (*Sanctus Joannes de fortia*), le Château-des-Deux-Vierges (*Fortia de duabus virginibus*), Viols-le-Fort, etc.

Plusieurs noms réclament une origine historique ou légendaire : les Deux-Vierges, dont nous venons de parler, Gigean (*Giganum*), Malevieille, Maureilhan, Maurin, Minerve, Murviel, Nézignan-de-l'Évêque, Quarante, Saint-Pons-de-Mauchiens (*Sanctus Pontius de malis canibus*), Valmalle, Valmascle, Vendres (*terminium, portus Veneris*).

Enfin, il faut aussi faire une part aux augmentatifs et surtout aux diminutifs. Parmi les premiers nous nommons seulement Castelas, Lunas, Magalas, etc. dans les seconds : Azillanet, Baillarguet, Baraquet, Baraquette, Basset, Bellonnette, Boisset, Cabrierettes, Canet (*petit champ*), Cardonnet, Castanet, Castelet, Caunette, Claret, Crouzet, Crouzette, Curette, Escoutet, Estagnol, Stagnol (*petit étang*), Figaret, Ginestet, Grangette, Ilette, Lauret, Mazet, Orquette, Pinet, Roquette, Rouquet, Rouquette, Terraillet, Villeneuvette, Villenouvette, Villettes, etc.

Nous arrêtons ici nos observations. Il suffit d'avoir ouvert la voie au lecteur curieux de ces sortes de recherches, en désirant que le travail auquel elles servent d'introduction lui permette de la parcourir plus complétement.

INTRODUCTION.

LISTE ALPHABÉTIQUE

DES SOURCES

OÙ L'ON A PUISÉ LES RENSEIGNEMENTS CONTENUS DANS CE DICTIONNAIRE.

DOCUMENTS MANUSCRITS.

Abbayes. — Voir *Aniane, Gellone* ou *Saint-Guillem-du-Désert, Gigean* ou *Saint-Félix-de-Montceau, Quarante* (*Sainte-Marie-de-*), *Saint-Thibéry, Vignogoul.*
Abeilhan. — Voir *Délibérations, Registres, Terrier.*
Actes du Consulat de mer de Montpellier. — Registre de 1250 à 1428 : Arch. de l'Hérault.
Affranchissements des biens nobles. — Registres de 1693 à 1699 : Arch. de l'Hérault.
Agde. — Voir *Cartulaire, Chartes.*
Amirauté de Cette et de Montpellier. — Titres : Arch. de l'Hérault.
Aniane (Abbaye d'). — Voir *Cartulaire, Chartes.*
Annales gellonenses. — Auctore Joseph Sort, priore monasterii Gellonensis. Manuscrit de 1705 : Arch. de l'Hérault.
Armoire dorée. — Manuscrits du XIIIe au XVIe siècle : Arch. de la ville de Montpellier.
Aumelas. — Voir *Terrier.*
Azillanet. — Voir *Terrier.*
Bessan. — Voir *Chartes.*
Béziers. — Voir *Chroniques, Colombiers, Lettres patentes, Libro, Livre, Registre, Sceau, Vente.*
Boujan. — Voir *Terrier.*
Bulla Pauli III translationis et secularisationis ecclesiæ Magalonensis. — Manuscrit de 1536; a été imprimé in-4°, Montpellier, 1748 : Arch. de l'Hérault.
Bullaire de l'évêché de Maguelone. — Manuscrit du XIVe siècle : Arch. de l'Hérault.
Cahier des biens nobles. — Manuscrit du XVIe siècle : Arch. de la commune de Saint-Saturnin.
Cahier des doléances des États provinciaux de Languedoc. — Manuscrit du XVe siècle : Arch. de l'Hérault.
Campagnan. — Voir *Terrier.*
Carlencas. — Voir *Terrier.*
Caunas. — Voir *Terrier de Lunas.*
Carte du diocèse de Montpellier. — Manuscrit de 1641, par Cavalier, conseiller du Roi et contrôleur général des fortifications du Languedoc : Arch. de l'Hérault.
Carte hydraulique du département de l'Hérault. — Dressée par l'ingénieur en chef des ponts et chaussées en 1860 : Arch. de l'ingénieur du service hydraulique.
Cartes des chemins vicinaux de l'Hérault. — Dressées par les agents voyers en 1850 : Arch. de l'Hérault.
Cartes des îlots de la province de Languedoc. — Manuscrit du XVIIIe s° : Arch. de l'Hérault.
Cartulaire de l'abbaye d'Aniane. — Manuscrit du VIIIe au XIIIe siècle : Arch. de l'Hérault.
Cartulaire de l'abbaye de Gellone ou de *Saint-Guillem-du-Désert.* — Manuscrit du IXe au XIIIe siècle : Arch. de l'Hérault.
Cartulaire (2°) de l'abbaye de Gellone. — Manuscrit du XVIIe siècle : Arch. de l'Hérault.
Cartulaire de l'église Saint-Nazaire de Béziers. — Voir *Livre noir, Tonsura antiquior.*
Cartulaire de l'évêché de Maguelone. — Manuscrit du XIVe siècle en 6 vol. in-f° : Arch. de l'Hérault.
Cartulaire du chapitre épiscopal d'Agde. — Copie faite par Martin-Jacques de Gohin, chanoine camérier de la cathédrale, abbé commendataire de Saint-Polycarpe, vicaire général du diocèse. Manuscrit du XVIIe siècle : Bibliothèque de la ville de Montpellier.
Cartulaire du château de Foix. — Souvent cité sous ce nom par l'Histoire générale de Languedoc, ce manuscrit du XIIe et du XIIIe siècle est le cartulaire des Trencavels de Béziers : Arch. de la société archéologique de Montpellier.
Cartulaire seigneurial de Poussan. — Manuscrit du XVIe siècle : Arch. de la société archéologique de Montpellier.
Cassan (Prieuré de). — Voir *Nécrologe.*
Causses. — Voir *Terrier.*
Caussiniojouls. — Voir *Délibérations, Procédures, Registres.*
Cazouls d'Hérault. — Voir *Terrier.*
Cazouls-lez-Béziers. — Voir *Terrier.*
Cébazan. — Voir *Terrier.*
Cette. — Voir *Ordonnance.*
Chambre des comptes de Montpellier. — Voir *Cour des comptes.*
Chapitre épiscopal d'Agde. — Voir *Cartulaire.*
Chapitre épiscopal de Béziers. — Voir *Livre, Statuta, Tonsura.*
Chapitre épiscopal de Maguelone ou de *Montpellier.* — Voir *Bulla, Délibérations, Inventaire, Statuta.*
Chapitre Saint-Sauveur de Montpellier. — Voir *Plan.*
Chartes de l'abbaye d'Aniane. — VIIIe-XIIe siècle : Arch. de l'Hérault.
Chartes de l'abbaye de Gellone ou de

INTRODUCTION.

Saint-Guillem-du-Désert, VIIIe-XIIe siècle : Arch. de l'Hérault.

Chartes de l'abbaye de Gigean ou de Saint-Félix-de-Montseau.— XIIe siècle : Arch. de l'Hérault.

Chartes de l'abbaye du Vignogoul. — XIIe siècle : Arch. de l'Hérault.

Chartes de la commanderie de Saint-Jean-de-Jérusalem de Montpellier. — XIIe-XIVe siècle : Arch. de l'Hérault.

Chartes de la communauté de Bessan.— XIIe siècle : Arch. de la commune de Bessan.

Chartes de la communauté de Cournonterral. — XIIIe siècle : Arch. de la commune de Cournonterral.

Chartes de la communauté de Jonquières. — XIVe siècle : Arch. de la commune de Jonquières.

Chartes de la communauté de Loupian. — XIIe siècle : Arch. de la commune de Loupian.

Chartes de la communauté de Margon. — XVIe siècle : Arch. de la commune de Margon.

Chartes de la communauté de Marseillan. — XIVe siècle : Arch. de la commune de Marseillan.

Chartes de la communauté de Murviel (dioc. de Béziers). — XVIe siècle : Arch. de la commune de Murviel.

Chartes de la communauté de Murviel (dioc. de Montpellier).— XVe siècle : Arch. de la commune de Murviel.

Chartes de la communauté de Roujan. — XIIIe-XVIe siècle : Arch. de la commune de Roujan.

Chartes de la ville d'Agde.— XIIe siècle : Arch. de la ville d'Agde.

Chartes de la ville de Frontignan.— XIVe et XVe siècle : Arch. de la ville de Frontignan.

Chartes de la ville de Lodève. — XIIIe, XIVe et XVe siècle : Arch. de la ville de Lodève.

Chartes de la ville de Lunel.— XIVe siècle : Arch. de la ville de Lunel.

Chartes de la ville de Montagnac. — XIIe siècle : Arch. de la ville de Montagnac.

Chartes de la ville de Montpellier. — Voir Armoire dorée, Grand Chartrier.

Chartes de la ville de Pézenas.— XIVe siècle : Arch. de la ville de Pézenas.

Chartes de l'évêché d'Agde. — XIIe-XVIIe siècle : Arch. de l'Hérault.

Chartes de l'évêché de Maguelone ou de Montpellier. — XIIe-XIVe siècle : Arch. de l'Hérault.

Chartes de l'hospice de Béziers. — 1450-1511 : Arch. de l'hospice de Béziers.

Chartes du monastère de la Visitation de Montpellier. — XIVe-XVIIe siècle : Arch. de l'Hérault.

Chronique de Bardin. — Manuscrit du XVIIe siècle, imprimé dans l'Histoire générale de Languedoc, preuves du tome IV : Arch. de l'Hérault.

Chronique des abbés de Saint-Guillem. — Manuscrit appartenant à M. de Laurès, à Gignac.

Chroniques consulaires de la ville de Béziers. — IXe-XVIIe siècle. Ce manuscrit a été publié par la société archéologique de Béziers en 1840, in-8° : Arch. de la ville de Béziers.

Claret. — Voir Terrier.

Collection générale et chronologique des manuscrits des archives des principales villes de Languedoc. — Manuscrit en 12 vol. in-f° de la fin du XVIIIe siècle : Arch. de l'Hérault.

Colombières-la-Gaillarde. — Voir Terrier.

Colombiers-lez-Béziers. — Voir Délibérations, Terrier, Vente.

Commanderie. — Voir Saint-Jean-de-Jérusalem.

Consulat de mer de Montpellier. — Voir Actes, Inventaire.

Corneilhan. — Voir Terrier.

Coulobres. — Voir Terrier.

Cour des comptes, aides et finances de Montpellier. — Enregistrement des actes de l'autorité supérieure, XVIe-XVIIIe siècle : Arch. de l'Hérault.

Cournonterral. — Voir Chartes, Procédure.

Cruzy. — Voir Terrier.

Délibérations du chapitre cathédral de Maguelone ou de Montpellier. — XVIe-XVIIIe siècle : Arch. de l'Hérault.

Délibérations du conseil politique d'Abeilhan.— Manuscrit du XVIIIe siècle : Arch. de la commune d'Abeilhan.

Délibérations du conseil politique de Caussiniojouls. — Manuscrits du XVIIe et du XVIIIe siècle : Arch. de la commune de Caussiniojouls.

Délibérations du conseil politique de Colombiers (dioc. de Béziers). — Manuscrit de 1668 à 1673 : Arch. de la commune de Colombiers-lez-Béziers.

Délibérations du conseil politique de Marseillan. — XVIIe et XVIIIe siècle : Arch. de la commune de Marseillan.

Délibérations du conseil politique de Mireval. — XVIIe et XVIIIe siècle : Arch. de la commune de Mireval.

Délibérations du conseil politique de Montarnaud. — Manuscrit du XVIIe siècle : Arch. de la commune de Montarnaud.

Délibérations du conseil politique de Saint-Just. — Manuscrit du XVIIIe siècle : Arch. de la commune de Saint-Just.

Délibérations du conseil politique des Matelles. — Manuscrit du XVIIe siècle : Arch. de la commune des Matelles.

Délibérations du conseil politique d'Olargues. — Manuscrit du XVIIIe siècle : Arch. de la commune d'Olargues.

Délibérations du conseil politique d'Olonzac. — Manuscrit du XVIIe siècle : Arch. de la commune d'Olonzac.

Dénombrements de la province de Languedoc. — Manuscrits du XVIIe siècle : Arch. de l'Hérault.

Dominicains de Montpellier. — Titres de ce monastère, XVe-XVIIIe siècle : Arch. de l'Hérault.

Espondeilhan. — Voir Terrier.

État officiel des archiprêtrés du dioc. de Béziers. — 1780 : Arch. de la ville de Béziers.

État officiel des archiprêtrés du dioc. de Montpellier. — 1756 : Arch. de l'Hérault.

Évêché d'Agde. — Voir Cartulaire, Chartes.

Évêché de Béziers. — Voir État officiel.

Évêché de Maguelone ou de Montpellier. — Voir Bulla, Bullaire, Cartulaire, Chartes, État officiel, Index, Lettres royaux, Visites pastorales.

Fabrègues. — Voir Terrier.

Faugères. — Voir Terrier.

Fontès. — Voir Terrier.

Fos. — Voir Terrier.

Fraisse. — Voir Terrier.

Frontignan. — Voir Chartes.

Gabian. — Voir Terrier.

Gellone (Abbaye de). — Voir Saint-Guillem-du-Désert.

Gigean (Abbaye de). — Voir Saint-Félix-de-Montseau.

Gigean (Commune de).— Voir Terrier.

INTRODUCTION.

Grand chartrier de Montpellier. — Chartes du XIIIᵉ au XVIᵉ siècle : Arch. de la ville de Montpellier.

Hôpital général de Montpellier. — Voir *Successions.*

Hôpital Saint-Éloi de Montpellier. — Voir *Successions.*

Hospice de Béziers. — Voir *Chartes.*

Index des actes contenus dans le cartulaire de Maguelone. — Manuscrit du XIVᵉ siècle : Arch. de l'Hérault.

Inventaire des actes de l'abbaye de Gigean ou de Saint-Félix-de-Montseau. — Manuscrit de 1695 : Arch. de l'Hérault.

Inventaire des actes du monastère de la Visitation de Montpellier. — Manuscrit de 1775 : Arch. de l'Hérault.

Inventaire des archives de la ville de Lunel. — Manuscrit de 1702 : Arch. de la ville de Lunel.

Inventaire des archives des ouvriers de la commune clôture de Montpellier. — 1377 : Arch. de la ville de Montpellier.

Inventaire des archives du chapitre cathédral de Montpellier. — 1673 : Arch. de l'Hérault.

Inventaire des archives du chapitre cathédral Saint-Nazaire de Béziers. — 1682 : Arch. de l'Hérault.

Inventaire des archives du consulat de mer de Montpellier. — Manuscrit du XVIIᵉ siècle : Arch. de l'Hérault.

Inventaire des titres de la sénéchaussée de Carcassonne. — Manuscrit du XVIIᵉ siècle : Arch. de l'Hérault.

Inventaire des titres de la sénéchaussée de Nîmes. — Manuscrit du XVIIᵉ siècle : Arch. de l'Hérault.

Joncels. — Voir *Terrier.*

Jonquières. — Voir *Chartes, Notaires.*

Lattes (Château de). — Titres : Arch. impériales, sect. historique, cart. J 340 ; trésor des chartes, reg. XLV.

Lespignan. — Voir *Terrier.*

Lettres du viguier d'Aumes du 22 janvier 1692. — Manuscrit de l'évêché d'Agde : Arch. de l'Hérault.

Lettres patentes de la sénéchaussée de Nîmes. — Manuscrit du XVIIᵉ siècle : Arch. de l'Hérault.

Lettres patentes données à Saint-Cloud le 29 mai 1826. — Armoiries de Montpellier : Arch. de la ville de Montpellier.

Lettres patentes ou du grand sceau pour l'amortissement des biens des communautés de Languedoc. — 1688 : Arch. de l'Hérault.

Lettres patentes pour la ville de Béziers. — Du 13 mars 1471 : Arch. de la ville de Béziers.

Lettres royaux d'appel au parlement de Toulouse. — 1556-1562 : Arch. de l'Hérault.

Lettres royaux de l'évêché de Maguelone. — Manuscrit du XIVᵉ siècle : Arch. de l'Hérault.

Liber Rectorum Monspeliensium. — Actes du XVᵉ et du XVIᵉ siècle, manuscrit du XVIIᵉ siècle : Arch. de l'Hérault.

Libre de memorias. — Chronique manuscrite de Jacques Mascaro, du XIVᵉ siècle, publiée par la société archéologique de Béziers en 1836, in-8° : Arch. de la ville de Béziers.

Lieuran-lez-Béziers. — Voir *Terrier.*

Lignan. — Voir *Terrier.*

Livinière (La). — Voir *Terrier.*

Livre de Omnibus. — Aussi appelé noir, du chapitre cathédral de Béziers, par Philippe de Gaynard, 1643 : Arch. de l'Hérault.

Livre noir, Cartulaire de l'église cathédrale Saint-Nazaire de Béziers. — Copie manuscrite du XVIIIᵉ siècle : Arch. de l'Hérault.

Lodève. — Voir *Chartes, Reconnaissances, Registres.*

Loupian. — Voir *Chartes.*

Lunas. — Voir *Terrier.*

Lunel. — Voir *Chartes, Inventaire.*

Magalas. — Voir *Terrier.*

Maguelone. — Voir *Chapitre, Évêché.*

Maraussan. — Voir *Terrier.*

Margon. — Voir *Chartes.*

Marseillan. — Voir *Chartes, Délibérations.*

Matelles. — Voir *Délibérations, Terrier.*

Mauguio. — Voir *Terrier.*

Maureilhan. — Voir *Terrier.*

Mémoires sur le Languedoc. — Par de Basville, intendant de cette province ; manuscrit du XVIIᵉ siècle, imprimé en 1734, in-8° : Arch. de l'Hérault.

Mémorial des nobles. — Manuscrit du XIIIᵉ siècle : Arch. de la ville de Montpellier.

Minerve. — Voir *Registres, Terrier.*

Minutes d'Arnaud Calvin, notaire. — XVIᵉ siècle : Arch. de l'Hérault.

Mireval. — Voir *Délibérations, Registres, Terrier.*

Montady. — Voir *Terrier.*

Montagnac. — Voir *Chartes, Terrier.*

Montarnaud. — Voir *Délibérations, Registres.*

Montbazin. — Voir *Terrier.*

Montblanc. — Voir *Terrier.*

Montels (cᵒⁿ de Capestang). — Voir *Registres, Terrier.*

Montpellier. — Voir *Armoirie dorée, Grand chartrier, Inventaire, Lettres patentes, Mémorial des nobles, Terrier, Thalamus (Grand), Thalamus (Petit).*

Montpeyroux. — Voir *Terrier.*

Mudaison. — Voir *Terrier.*

Murviel (arrond. de Béziers). — Voir *Chartes, Terrier.*

Murviel (cᵒⁿ de Montpellier). — Voir *Chartes, Terrier.*

Mus. — Voir *Terrier de Murviel (arrond. de Béziers).*

Nébian. — Voir *Terrier.*

Nécrologe du prieuré de Cassan. — Manuscrit du XIIIᵉ siècle : Arch. de la ville de Roujan.

Observance de Montpellier. — Titres de ce monastère, XVᵉ-XVIIIᵉ siècle : Arch. de l'Hérault.

Olargues. — Voir *Délibérations, Registres.*

Olonzac. — Voir *Délibérations, Terrier.*

Omnibus (Abrégé du Livre de). — Voir *Livre de Omnibus.*

Oratoire de Montpellier. — Titres de ce monastère, XIIIᵉ-XVIIIᵉ siècle : Arch. de l'Hérault.

Ordonnance royale octroyant à Cette le rang de bonne ville, etc. — 8 avril 1816 : Arch. de la ville de Cette.

Oupia. — Voir *Registres, Terrier.*

Pailhès. — Voir *Terrier.*

Pardailhan. — Voir *Registres.*

Pézenas. — Voir *Chartes.*

Plaissan. — Voir *Terrier.*

Plan des étangs de l'Hérault. — Dressé par l'ingénieur Gaschon en 1820 : Arch. de l'Hérault.

Plan du terroir de Lattes. — Parchemin du XVIᵉ siècle, fonds du chapitre collégial Saint-Sauveur : Arch. de l'Hérault.

Plans géométriques de la commanderie du Grand et du Petit Saint-Jean-de-Jérusalem de Montpellier. — Par E. Baudon, 1751 : Arch. de l'Hérault.

Popian. — Voir *Terrier.*

Pouillé 1518-1528. — Cotisation des

decymes dans les diocezes de Languedoc : Arch. de l'Hérault.
Pouillé 1625. — Estat des lieux qui composent les 22 dioceses de Languedoc, avec le tariffe de l'impozition de chacun d'eux : Arch. de l'Hérault.
Pouillé 1649. — Tariffe des sept seneschaussées de Languedoc, avec l'impozition de chaque lieu : Arch. de l'Hérault.
Pouillé 1684. — Formules pour les visites pastorales : Arch. de l'Hérault.
Pouillé 1688. — Formules pour les visites pastorales : Arch. de l'Hérault.
Pouillé 1760. — De la province de Narbonne avec le revenu de chaque bénéfice : Arch. de la société archéologique de Montpellier.
Poussan. — Voir *Cartulaire*.
Pouzolles. — Voir *Terrier*.
Pouzols. — Voir *Terrier*.
Procédures contre le seigneur de Nizas, etc. — Manuscrits du xvii° et du xviii° siècle : Arch. de la commune de Caussiniojouls.
Procédures en revendication de terrain. — Manuscrit du xviii° siècle : Arch. de la commune de Cournonterral.
Procès-verbal des limites du département de l'Hérault. — 1790, imprimé à la même époque in-f° : Arch. de l'Hérault.
Procès-verbaux de l'assemblée des États provinciaux de Languedoc. — Manuscrits des xvi°, xvii° et xviii° siècles, imprimés in-f° de 1777 à 1789 : Arch. de l'Hérault.
Puilacher. — Voir *Terrier*.
Puimisson. — Voir *Terrier*.
Puissergnier. — Voir *Vente*.
Quarante (Commune de). — Voir *Terrier*.
Quarante (Sainte-Marie de). — Titres de cette abbaye, xvii° et xviii° siècle : Arch. de l'Hérault.
Recensements de la population de l'Hérault. — 1809, 1841, 1851, 1856, 1861. Quand l'article du Dictionnaire est sans date, cela signifie qu'il a été pris sur le tableau de recensement de 1856 : Arch. de l'Hérault.
Reconnaissances pour la communauté de Roujan — Manuscrits de 1379 et de 1644 : Arch. de la commune de Roujan.
Reconnaissances pour la ville de Lodève. — Manuscrit du xv° siècle : Arch. de la ville de Lodève.
Réformation des bois de la maîtrise de Montpellier. — Par de Froidour, général réformateur des eaux et forêts, 1673 : Arch. de l'Hérault.
Réformation des forêts du consulat d'Angles, maîtrise de Saint-Pons. — Par de Froidour, 1669 : Arch. de l'Hérault.
Registre des recettes et des dépenses de la communauté de Roujan. — Manuscrit de 1388 : Arch. de la commune de Roujan.
Registre des sépultures de la paroisse de Béziers. — De 1622 à 1648 : Arch. de la ville de Béziers.
Registres de l'état civil de Lodève. — xvii° et xviii° siècle : Arch. de la ville de Lodève.
Registres de l'état civil de Minerve. — xvii° siècle : Arch. de la commune de Minerve.
Registres de l'état civil de Mireval. — xvii° et xviii° siècles : Arch. de la commune de Mireval.
Registres de l'état civil de Montarnaud. — xviii° siècle : Arch. de la commune de Montarnaud.
Registres de l'état civil de Montels (canton de Capestang). — xvii° siècle : Arch. de la commune de Montels.
Registres de l'état civil de Nébian. — xviii° siècle : Arch. de la commune de Nébian.
Registres de l'état civil de Pardailhan. — xvii° et xviii° siècle : Arch. de la commune de Pardailhan.
Registres de l'état civil des Rives. — xvii° et xviii° siècle : Arch. de la commune des Rives.
Registres de l'état civil de Viols-le-Fort. — xvii° siècle : Arch. de la commune de Viols-le-Fort.
Registres de l'état civil d'Olargues. — xvii° et xviii° siècle : Arch. de la commune d'Olargues.
Registres de l'état civil d'Oupia. — xvii° et xviii° siècle : Arch. de la commune d'Oupia.
Registres de minutes de notaires. — Appartenant à M. de Lansade, à Jonquières.
Registres des notaires du clergé du diocèse de Montpellier. — xiv°-xvi° siècle : Arch. de l'Hérault.
Restinclières. — Voir *Terrier*.
Rives (Les). — Voir *Registres, Terrier*.
Rôle des dîmes des églises du diocèse de Béziers. — Parchemin du 24 décembre 1323 : Arch. de l'Hérault.
Roquebrun. — Voir *Terrier*.
Roquessels. — Voir *Terrier*.
Rouet. — Voir *Terrier*.
Roujan. — Voir *Chartes, Nécrologe, Reconnaissances, Registres, Terrier*.
Saint-Bauzille-de-la-Silve. — Voir *Terrier*.
Saint-Chinian. — Voir *Terrier*.
Saint-Christol. — Voir *Terrier*.
Saint-Drézéry. — Voir *Terrier*.
Saint-Félix-de-Montseau, autrement *Abbaye de Gigean.* — Voir *Chartes*.
Saint-Geniès-des-Mourgues. — Voir *Terrier*.
Saint-Guillem-du-Désert ou *Gellone (Abbaye de).* — Voir *Cartulaire, Chartes*.
Saint-Guiraud. — Voir *Terrier*.
Saint-Hilaire-de-Beauvoir. — Voir *Terrier*.
Saint-Jean-de-Jérusalem (Commanderie de). — Voir *Chartes, Plans*.
Saint-Julien. — Voir *Terrier*.
Saint-Just. — Voir *Délibérations, Terrier*.
Saint-Pargoire. — Voir *Terrier*.
Saint-Saturnin. — Voir *Cahier, Terrier*.
Saint-Thibéry (Abbaye de). — Titres xvii° et xviii° siècle : Arch. de l'Hérault.
Salvetat (La). — Voir *Terrier*.
Sauvian. — Voir *Terrier*.
Sceau annexé à un acte de 1296. — Arch. de la ville de Béziers.
Séminaire de Montpellier. — Titres, xii°-xviii° siècle : Arch. de l'Hérault.
Sénéchal de Montpellier. — Titres, xvi° et xvii° siècle : Arch. de l'Hérault.
Sénéchaussée de Carcassonne. — Voir *Inventaire*.
Sénéchaussée de Nîmes. — Voir *Inventaire*.
Sérignan. — Voir *Terrier*.
Servian. — Voir *Terrier*.
Société archéologique de Montpellier. — Voir *Cartulaire, Pouillé, Thalamus*.
Statuta antiqua ecclesiæ cathedralis Bitterensis ex antiquissimo libro descripta. — Manuscrit de 1620 : Arch. de l'Hérault.

INTRODUCTION.

Statuta Magalonensis ecclesiæ. — Manuscrit de 1333 : Arch. de l'Hérault.

Statuta venerabilis collegii medicorum Montispessulani. — Manuscrit du xve siècle : Arch. de l'Hérault.

Successions en faveur de l'hôpital général de Montpellier. — xviie et xviiie siècle : Arch. de l'hôpital général de Montpellier.

Successions en faveur de l'hôpital Saint-Éloi de Montpellier. — xviie et xviiie siècle : Arch. de l'hôpital Saint-Éloi de Montpellier.

Tableaux des anciens diocèses du Languedoc. — xviie et xviiie siècle ; sont aussi imprimés : Arch. de l'Hérault.

Tableaux des communes, des officiers municipaux, etc. de l'Hérault. — An iv; imprimés à la même époque : Arch. de l'Hérault.

Tableaux des rivières et ruisseaux du département de l'Hérault. — xixe s^e : Arch. de l'Hérault.

Tariffe des impositions du Languedoc. — Voir Pouillé 1625 et 1649.

Terrier d'Abeilhan. — 1768 : Arch. de l'Hérault.

Terrier d'Aumelas. — 1779 : Arch. de l'Hérault.

Terrier d'Azillanet. — 1772 : Arch. de l'Hérault.

Terrier de Boujan. — 1724 : Arch. de l'Hérault.

Terrier de Campagnan. — 1778 : Arch. de l'Hérault.

Terrier de Capestang. — 1659 : Arch. de la commune de Capestang.

Terrier de Carlencas. — xviiie siècle : Arch. de l'Hérault.

Terrier de Causses-et-Veyran. — 1779 : Arch. de l'Hérault.

Terrier de Cazilhac. — 1636, 1680 : Arch. de la commune de Cazilhac.

Terrier de Cazouls-d'Hérault. — 1729 : Arch. de l'Hérault.

Terrier de Cazouls-lez-Béziers. — 1597 : Arch. de l'Hérault.

Terrier de Cébazan. — 1780 : Arch. de l'Hérault.

Terrier de Claret. — xviie siècle : Arch. de l'Hérault.

Terrier de Colombières-la-Gaillarde. — 1680 : Arch. de l'Hérault.

Terrier de Colombiers-lez-Béziers. — 1778 : Arch. de l'Hérault.

Terrier de Corneilhan. — 1778 : Arch. de l'Hérault.

Terrier de Coulobres. — Fin du xviiie siècle : Arch. de l'Hérault.

Terrier de Cruzy. — 1786 : Arch. de l'Hérault.

Terrier d'Espondeilhan. — 1770 : Arch. de l'Hérault.

Terrier de Fabrègues. — 1776 et 1778 : Arch. de l'Hérault et Arch. de la commune de Fabrègues.

Terrier de Faugères. — 1778 : Arch. de l'Hérault.

Terrier de Fontès. — 1745 : Arch. de l'Hérault.

Terrier de Fos. — 1626 et 1667 : Arch. de l'Hérault et de la c^{ne} de Fos.

Terrier de Fraisse. — 1777 : Arch. de l'Hérault.

Terrier de Gabian. — 1778 : Arch. de l'Hérault.

Terrier de Ganges. — 1636 : Arch. de la ville de Ganges.

Terrier de Gigean. — 1782 : Arch. de l'Hérault.

Terrier de Joncels. — xvie siècle et 1778 : Arch. de l'Hérault.

Terrier de la Livinière. — 1672 : Arch. de l'Hérault.

Terrier de la maison consulaire de Montpellier. — 1435 : Arch. de la ville de Montpellier.

Terrier de Lespignan. — 1650 et 1721 : Arch. de l'Hérault.

Terrier de Lieuran-lez-Béziers. — xvie siècle : Arch. de l'Hérault.

Terrier de Lignan. — 1778 : Arch. de l'Hérault.

Terrier de Lunas et Caunas. — 1778 : Arch. de l'Hérault.

Terrier de Magalas. — 1636 : Arch. de la commune de Magalas.

Terrier de Maraussan. — 1685 et 1728 : Arch. de l'Hérault.

Terrier de Mauguio. — 1770 : Arch. de l'Hérault.

Terrier de Maureilhan. — 1771 : Arch. de l'Hérault.

Terrier de Minerve. — 1703 : Arch. de l'Hérault et Arch. de la commune de Minerve.

Terrier de Miroval. — 1681-1682 : Arch. de l'Hérault.

Terrier de Montady. — xviiie siècle : Arch. de l'Hérault; 1767 : Arch. de la commune de Montady.

Terrier de Montagnac. — 1787 : Arch. de l'Hérault.

Terrier de Montbazin. — 1774 : Arch. de l'Hérault.

Terrier de Montblanc. — An ii : Arch. de l'Hérault.

Terrier de Montels (c^{on} de Capestang). — 1722 : Arch. de la c^{ne} de Montels.

Terrier de Montpeyroux. — 1500 et 1586 : Arch. de la commune de Montpeyroux.

Terrier de Mourcairol. — 1702 : Arch. des communes des Aires et de Villecelle.

Terrier de Mudaison. — xviiie siècle : Arch. de l'Hérault.

Terrier de Murviel (c^{on} 3e de Montpellier). — 1601 : Arch. de la commune de Murviel.

Terrier de Murviel et Mus (arrond. de Béziers). — 1733 : Arch. de l'Hérault.

Terrier de Nébian. — 1768 et 1780 : Arch. de l'Hérault et Arch. de la commune de Nébian.

Terrier de Pailhès. — 1781 : Arch. de l'Hérault.

Terrier de Plaissan. — xviiie siècle : Arch. de l'Hérault.

Terrier de Popian. — 1778 : Arch. de l'Hérault.

Terrier de Pouzolles. — 1600 : Arch. de l'Hérault.

Terrier de Pouzols. — 1782 : Arch. de l'Hérault.

Terrier de Puilacher. — 1624 : Arch. de l'Hérault.

Terrier de Puimisson. — 1673 et 1779 : Arch. de l'Hérault.

Terrier de Quarante. — 1671 : Arch. de l'Hérault.

Terrier de Restinclières. — 1777 : Arch. de l'Hérault.

Terrier de Roquebrun. — 1778 : Arch. de l'Hérault.

Terrier de Roquessels. — 1778 : Arch. de l'Hérault.

Terrier de Rouet. — 1661 : Arch. de l'Hérault.

Terrier de Roujan. — 1637 et 1779 : Arch. de l'Hérault.

Terrier de Saint-Bauzille-de-la-Silve. — 1592, 1779 et 1783 : Arch. de l'Hérault.

Terrier de Saint-Chinian. — 1778 : Arch. de l'Hérault.

Terrier de Saint-Christol. — 1772 : Arch. de l'Hérault.

Terrier de Saint-Drézéry. — 1789 : Arch. de l'Hérault.

Terrier de Saint-Geniès-des-Mourgues. — 1786 : Arch. de l'Hérault.

INTRODUCTION.

Terrier de Saint-Guiraud. — 1791 : Arch. de l'Hérault.
Terrier de Saint-Hilaire-de-Beauvoir. — 1786 : Arch. de l'Hérault.
Terrier de Saint-Julien. — 1778 : Arch. de l'Hérault.
Terrier de Saint-Just. — 1771 : Arch. de l'Hérault.
Terrier de Saint-Pargoire. — 1779 : Arch. de l'Hérault.
Terrier de Saint-Saturnin. — xvi° siècle : Arch. de la commune de Saint-Saturnin.
Terrier de la Salvetat. — 1783 : Arch. de l'Hérault.
Terrier de Sauvian. — xvii° siècle : Arch. de l'Hérault.
Terrier de Sérignan. — 1776 : Arch. de l'Hérault.
Terrier de Servian. — 1547 et 1777 : Arch. de l'Hérault.
Terrier des Matelles. — xvi° siècle : Arch. de la commune des Matelles.
Terrier des Rives. — 1668 : Arch. de la commune des Rives.
Terrier de Thézan. — 1778 : Arch. de l'Hérault.
Terrier de Tourbes. — 1778 : Arch. de l'Hérault.
Terrier de Tressan. — 1770 : Arch. de l'Hérault.
Terrier d'Usclas-d'Hérault. — xvii° siècle et 1776 : Arch. de l'Hérault.
Terrier de Vacquières. — 1639 : Arch. de l'Hérault.
Terrier de Vendres. — 1384 et 1672 : Arch. de l'Hérault.
Terrier de Vieussan. — xvii° siècle et 1778 : Arch. de l'Hérault.
Terrier de Villemagne. — 1778 : Arch. de l'Hérault.
Terrier de Villeneuve-lez-Maguelone. — 1774 : Arch. de l'Hérault.
Terrier de Villenouvette. — 1597 : Arch. de l'Hérault.
Terrier de Viols-le-Fort. — 1648, 1664 et 1696 : Arch. de l'Hérault et Arch. de la c°° de Viols-le-Fort.
Terrier de la Voulte. — 1778 : Arch. de l'Hérault.
Terrier d'Olonzac. — 1643 : Arch. de la commune d'Olonzac.
Terrier d'Oupia. — xvii° siècle, 1773 et 1784 : Arch. de l'Hérault et Arch. de la commune d'Oupia.
Thalamus (Grand) de Montpellier. — Manuscrit du xiii° siècle : Arch. de la ville de Montpellier.
Thalamus (Petit) de Montpellier. — Manuscrit du xiv°-xvi° siècle ; publié par la société archéologique de Montpellier en 1841, in-4° : Arch. de la ville de Montpellier.
Thézan. — Voir *Terrier*.
Tonsura antiquior. — Petit cartulaire de l'église Saint-Nazaire de Béziers, manuscrit du xiv° siècle : Arch. de l'Hérault.
Tourbes. — Voir *Terrier*.
Trésor des chartes. — Voir *Lattes, Vic*.
Tressan. — Voir *Terrier*.
Usclas-d'Hérault. — Voir *Terrier*.
Vacquières. — Voir *Terrier*.
Vendres. — Voir *Terrier*.
Vente de la baronnie et châtellenie de Puisserguier. — Manuscrit du xviii° siècle : Arch. de l'Hérault.
Vente de la haute justice de Colombiers-lez-Béziers. — 1537 : Arch. de la ville de Béziers.
Ventes des biens nationaux faites par les districts et le département de l'Hérault. — 1790-1816 : Arch. de l'Hérault.
Veyran. — Voir *Terrier de Causses*.
Vic. — Enquête des commissaires de Philippe le Bel, Arch. impér. tr. des ch. J. 892.
Vieussan. — Voir *Terrier*.
Vignogoul (Abbaye du). — Voir *Chartes*.
Villemagne. — Voir *Terrier*.
Villeneuve-lez-Maguelone. — Voir *Terrier*.
Villenouvette. — Voir *Terrier*.
Viols-le-Fort. — Voir *Registres, Terrier*.
Visitation de Sainte-Marie-de-Montpellier. — Voir *Chartes*.
Visites pastorales du diocèse de Montpellier. — 1684, 1688, 1777 à 1782. Les formules des visites de 1684 et de 1688 sont souvent désignées comme des pouillés : Arch. de l'Hérault.
Voulte (La). — Voir *Terrier*.

OUVRAGES IMPRIMÉS.

Académie des Sciences et Lettres de Montpellier. — *Mémoires,* 1847-1863.
Aguirre. — *Collectio maxima conciliorum Hispaniæ.*
Andoque. — *Catalogue des évêques.*
Anonymi Ravennatis *de Geographia.*
Anselme (Le P.). — *Histoire généalogique de France,* t. VII.
Arnaud de Verdale. — *Notitia præsul. Magalonens.* apud d'Aigrefeuille, *Hist. de Montp.* II ad calcem, et in Labb. *Bibl. nov. mss.*
Arrêts du Conseil d'État. — *Collection.*
Astruc. — *Mém. pour l'hist. nat. de la province de Languedoc.*
Avienus (Rufus-Festus). — *Ora maritima.*
Baluze. — *Capitularia, Concilia, Miscellanea.*
Baudrand. — *Novum lexicum geographicum, Dictionnaire géographique.*
Bochart. — *Phaleg, Canaan.*
Bullet. — *Mémoires sur la langue celtique.*
Capella (Martianus). — *Satiricon lib.* VII.
Carte. — Voir *Peutinger.*
Cartes des diocèses du Languedoc, gravées par ordre des États de cette province, xviii° siècle.
Cassini. — *Cartes.*
Catalogue du cabinet de Bonnier de La Mosson.
Catel. — *Hist. des comtes de Toulouse; Mém. de l'Hist. de Languedoc.*
Cavalier. — *Cartes.*
César. — *Comment. de bello gallico.*
Chroniques de Saint-Denis.
Clerville (Chevalier de). — *Discours sur les ouvertures vulgairement appelées graus,* 1665, in-8°.
Creuzé de Lesser (Hippolyte). — *Statistique de l'Hérault,* 1824.
Crouzat. — *Histoire de Roujan et du prieuré de Cassan,* 1859, in-8°.
D'Achery. — *Spicilegium.* — Voir Mabillon.
D'Aigrefeuille. — *Histoire de Montpellier.*
D'Anville. — *Notice de l'ancienne Gaule.*
Du Cange. — *Glossarium mediæ et infimæ latinitatis.*

INTRODUCTION.

Durand. — Voir Martène.
Estienne (Charles). — Dictionnaire historique.
Expilly. — Dictionn. géogr. histor. et polit. des Gaules et de la France.
Frédégaire. — Epitome et Chronicon apud Gregor. Tur.
Gariel. — Series præsulum Magalonensium et Monspeliensium.
Gastelier de La Tour. — Armorial des États de Languedoc.
Gregorii Turonensis Historia; de Gloria martyrum.
Guasco (L'abbé de). — Dissertation sur le temps que les sciences et les arts commencèrent d'être cultivés chez les Volces, 1749, in-4°.
Guiranus (G.). — Explicatio duorum vetustor. numismatum nemausensium ex ære, in-4°.
Itinerarium Antonini.
Itinerarium Benjamini Tudelensis.
Itinerarium Burdigalense.
Jordan. — Histoire de la ville d'Agde, 1824, in-8°.
Labbe. — Concilia.
Louisa. — Not. ad Concil. Lucense.
Longuerue (L'abbé de). — Description hist. et géogr. de la France.
Mabillon et d'Achery. — Acta Sanctorum ordinis S. Benedicti.

Mabillon. — Annales ordinis S. Benedicti; de Re diplomatica.
Marca (Petrus de). — De concordia sacerdotii et imperii; Marca Hispanica.
Mariana. — Histor. de rebus Hispaniæ.
Martène. — Anecdotorum (Thesaurus novus).
Martène et Durand. — Collectio amplissima veterum scriptorum.
Martyrologium romanum.
Martyrologium Usuardi.
Mela (Pomponius). — De Situ orbis.
Ménard. — Hist. de Nîmes.
Montfaucon. — Antiquité expliquée.
Neubrigensis (Guil.). — Chronica.
Ordonnances des rois de France (Collection des).
Peutinger (Carte de).
Plantavit de la Pause. — Chronologia præsulum Lodovensium.
Pline. — Histor. natur. (de Geographia).
Ptolémée. — De Geographia (gr.).
Roger de Howden. — Annales ad ann. 1191.
Sabatier. — Histoire de la ville et des évêques de Béziers, 1854, in-8°.
Sammarthani fratres. — Gallia christiana in-fol. præsertim instrumenta tom. VI (Provincia Narbonensis).

Sanctus Julianus Toletanus. — Ars grammatica, etc.
Saugrain. — Dénombrement du Royaume, 1709, in-12; 1720. in-4°.
Sévère-Sulpice. — Sacra Historia.
Sirmond. — Concilia antiqua Galliæ.
Société archéologique de Montpellier. — Mémoires, 1840-1863.
Société libre des Sciences et Belles-Lettres de Montpellier. — Recueil de Bulletins, 1803-1813; 6 vol. in-8°.
Société royale des Sciences de Montpellier. — Histoire et Mémoires. 1766-1778, 2 vol. in-4°.
Solinus. — De Situ orbis.
Stephanus Byzantinus. — De Urbibus (græc.).
Strabon. — Geographia (gr.).
Theodulfi Parænesis ad Judices apud Astruc, Mém. sur le Languedoc.
Thomas. — Annuaire du département de l'Hérault, 1818-1863.
Usuard. — Voir Martyrologium.
Vaissete (Dom) et dom de Vic. — Histoire générale de Languedoc : Preuves.
Valois (De). — Notitia Galliarum.
Vibius Sequester. — De Fluminibus.
Vic (Dom de). — Voir Vaissete (Dom).

EXPLICATION
DES
ABRÉVIATIONS EMPLOYÉES DANS LE DICTIONNAIRE.

abb.	abbaye.	év.	évêché.
acad.	académie.	f.	ferme.
Acta ss.	Acta sanctorum.	G. christ.	Gallia christiana.
Agath.	Agathensis.	Gell.	Gellone, Saint-Guillem.
allod.	allodium.	h.	hameau.
anc.	ancien.	H. L.	Histoire générale de Languedoc.
Anecd.	Anecdotorum thesaurus Marten.	hôp.	hôpital.
Anian.	Anianensis.	instr.	instrumenta.
ann.	annales.	inv.	inventaire.
ap.	apud.	lett. du gr. sc.	lettres du grand sceau.
archev.	archevêché, archevêque.	lett. pat.	lettres patentes.
archipr.	archiprêtré.	Lib. de memor.	Libre de memorias.
arch.	archives.	Lod.	Lodova, Lodovensis.
arm. dor.	armoire dorée.	Magal.	Magalonensis.
arrond.	arrondissement.	mém.	mémoires.
Béz.	Béziers.	Monspel.	Monspeliensis.
bibl.	bibliothèque.	mont.	montagne.
Bitt.	Bitteræ, Bitterensis.	mⁱⁿ	moulin.
bull.	bullaire.	Narb.	Narbonensis.
c.^{on}	canton.	nécrol.	nécrologe.
cart.	cartulaire.	præs.	præsulum.
Cass.	Cassini.	pr.	preuves.
catal.	catalogue.	prov.	province.
cath.	cathédral.	recens.	recensement.
chap.	chapitre.	reconn.	reconnaissances.
ch.	charte.	réform.	réformation.
chât.	château.	reg.	registre.
ch.-l.	chef-lieu.	ressort.	ressortissant, ressortissait.
chron.	chronique.	riv.	rivière.
c. cc.	columna, columnæ, colonne, colonnes.	ruiss.	ruisseau.
		sect.	section.
comm^{rie}.	commanderie.	sec.	seculum.
c^{ne}	commune.	sénéch.	sénéchaussée.
départ.	département.	s^e	siècle.
dép.	dépendance, dépendait.	soc. arch.	société archéologique.
dioc.	diocèse.	spicil.	spicilegium.
éc.	écart.	stat.	statuta.
eccl.	ecclesia.	tabl.	tableaux.
égl.	église.	terr.	terrier.
épisc.	épiscopal.	tr. des ch.	trésor des chartes.
ét. offic.	état officiel.	vis. past.	visites pastorales.

DICTIONNAIRE TOPOGRAPHIQUE

DE

LA FRANCE.

DÉPARTEMENT

DE L'HÉRAULT.

A

ABAUZIT, f. c^{ne} de Montpellier, sect. G.
ABDAL, jⁱⁿ, c^{ne} de Bédarieux.
ABEES, m^{ie}, sur la Vèbre, c^{ne} de Bédarieux.
ABNÉS (CAMPAGNE DES), f. c^{ne} de Montpellier, sect. A; mense du séminaire de cette ville.
ABBES (LES), c^{ne} des Aires, faisait partie de l'anc. c^{se} de Mourcairol avant 1845.
ABEILHAN, c^{on} de Servian. — *Castellum de Abelino*, 1059 (chât. de Foix, H. L. II, pr. col. 231). — *Castrum de Abellano*, 1142 (cart. Gell. 184 v°; H. L. II, pr. col. 494). — *Ecclesia, prioratus, vicaria S. Petri de Abeliano*, 1106 (cart. Anian. 31 v°); 1107 (cart. Agath. 320); 1171, 1189 (Livre noir, 129 v° et 242); 1323 (rôle des dîmes de l'église de Béz.). — *De Abiliano*, 1154 (bull. Adrian. IV, charte de l'abb. d'Aniane). — *Albinianum, Anbilianum*, 1167 (cart. Agath. 41; cart. Anian. 53 v° et 58). — *Villa d'Abrillanicis* (leg. *Abeillanicis*), 1187 (mss d'Aubais, H. L. III, pr. col. 161). — *Abeillanum*, 1210 (Reg. cur. fr. *ibid.* 222). — *Aveilhan*, seigneurie, 1529 (dom. de Montpellier, *ibid.* V, col. 87). — *Abeilhan*, 1625 (pouillé); 1688 (lett. du gr. sc.). — *Abeilhan*, 1649 (pouillé); 1768 (terr. d'Abeilhan; arch. d'Abeilhan, B B 1). — *Abaillan*, 1760 (pouillé; tabl. des anc. dioc.). — Paroisse de l'archiprêtré de Cazouls-lez-Béziers, sous le vocable de B. Maria pietatis, 1780 (état offic. des égl. de Béz.). — Abeilhan était une justice royale et bannerète dans le ressort du présidial de Béziers.

ABENCALS ou ABINCALS, f. c^{ne} de Joncels.

ABYSSE, endroit de l'étang de Tau où se jette l'Avène, riv. — *Abyssus, Abysse, Avysse*, 1737 (Astruc, mém. 307).

ACARIÈS, f. c^{ue} de Montpellier, sect. J.

ACHARD, f. c^{ne} de Montpellier, sect. G.

ADEILLAN, h. — Voy. SAINT-MARCEL-D'ADEILLAN.

ADILLAN, f. anc. villa, c^{ne} d'Agde. — *Adillanum*, 990 (Marten. Anecd. I, 179). — *Adelianum*, xiie s^e (cart. Agath. 315).

ADISSAN, c^{on} de Montagnac. — *Rector de Deyssano* 1323 (rôle des dîm. de l'égl. de Béz.). — *Villa cum eccl. S. Adriani de Adissano*, 1536 (G. christ. VI, inst. coll. 390 et 394). — *Adissan*, 1625 (pouillé); 1649 (*ibid.*); 1688 (lett. du gr. sc.). — xviiie s^e, paroisse de l'anc. dioc. de Béziers (tabl. des anc. dioc.); 1780 (ét. offic. des égl. de Béz.). — *Chapelles de S. Marcellin et de S. Antoine, à Adissan*, 1760 (pouillé). — Le prieuré d'Adissan dépendait de l'ouvrerie du chap. cathédral de Montpell. (*ibid.*) — Communauté, Adissan répondait, pour la justice, au sénéchal de Montpellier et parfois à celui de Béziers.

Adissan faisait d'abord partie du c^en de Fontès, supprimé par arrêté des consuls du 3 brumaire an x et réuni depuis cette époque au c^en de Montagnac.

Adisse (L'), h. c^ue de Montpeyroux; l'un des trois bourgs (l'*Adisse*, *le Barry*, *l'Amelinde*) qui composent cette commune. — *Villa, eccl. S. Martini de Adiciano*, 804 (cart. Gell. 4); 1097 (charte de l'abb. de St-Guill.); 1122 (cart. Gell. 59 v° et 135); 1133 (cart. Anian. 89); 1146 (bulle d'Eugène III, G. christ. VI, inst. col. 280). — Quelques personnes écrivent, mais à tort, *la Disse* et *la Dysse*.

Adouzes (Les), f. c^ne de Roquessels.

Affaniès, f. c^ne de Magalas. — Restes d'un prieuré, à deux kilomètres de cette c^ne, sous le vocable de St Affanian. — *Villa, S. Maria de Affriano*, 1156 (bulle d'Adrien IV, cart. Agath. 1); 1195 (*ibid.* 64); 1107-1203 (Liv. noir, 95 et 69 v°); 1212 (arch. de S. Tibér. G. christ. VI, inst. col. 333). — *Affanianum*, 1230 (*ibid.* 155); 1323 (rôle des dim. de l'égl. de Béz.); 1335 (stat. eccl. Bit. 118 v°). — *Prieuré d'Effiuant*, 1518 (pouillé). — *Affanhan*, 1760 (pouillé). — Voy. Magalas.

Agamas, c^ne. — Voy. Lagamas.

Agange, ville. — Voy. Ganges.

Agard, f. 1809, c^ne de Montpellier.

Agathe ou Agatha, île qui, suivant Ptolémée, était située près de la côte de la Gaule narbonnaise, avec une ville du même nom, dans le voisinage de Brescou et de l'embouchure de l'Hérault. Ἀγαθή μὲν νῆσος κατὰ τὴν ὁμώνυμον πόλιν (Ptol. Geogr. l. II, c. 10). — Voy. Mém. sur *Agathe*, dans les publications de la soc. arch. de Montpell. t. I, p. 462.

Agde, arrond. de Béziers. — Ἀγαθή (Strab. l. IV; Ptol. Geogr. l. II, c. 10). — Ἀγαθὴ τύχη (Steph. Byzant.). — *Agatha* (Mela, l. II, c. 5; Plin. Hist. Nat. l. III, c. 4). — *Agathe* (Anonym. Ravenn. l. IV, § 28). — *Agatæ* (*ibid.* l. V, § 3; Theodulf. in Parænesi, vers. 135). — *Agatha, civitas Agathensis*, 506 (concil. Agath.); 546, 653 (Aguirr. concil. Hisp. II, 354, 387) : ces deux noms, plus ou moins altérés par les copistes, reparaissent dans tous les cartulaires; 1155 (cart. Agath. 21); 1156 (bulle d'Adr. IV, *ibid.* 1). — *Agda* (Roger de Howden, annal. ad ann. 1191). — *Agde*, 1107 (cart. de Foix, 37, 151, H. L. II, pr. col. 370); 1172 (cart. Agath. 30); 1213 (cart. Anian. 48); 1625 (pouillé); 1649 (*ibid.*); 1688 (lett. du gr. sc.); 1760 (pouillé, tabl. des anc. dioc.).

Agde, chef-lieu d'un comté ou d'une vicomté. — *Pagus, comitatus, vicecomitatus Agathensis*, 541 (Greg. Tur. de Glor. mart. I, 79); 837 (arch. Anian. act. Bened. sect. 4, part. I, p. 223; cart. Gell. *passim*); 1155, 1172 (cart. Agath. I, 19, 30 et *passim*). — *Agades*, 1119 (cart. de Foix, 37). — Le comté ou vicomté fut transporté à l'évêque d'Agde en 1187. — Voir H. L. II, p. 577.

Église d'Agde. — Ville épiscopale dès le IIIe ou le IVe siècle. — *Ecclesia, sedes, episcopatus, diœcesis Agathensis*, 506 (concil. Agath.); 589, 653 (Aguirr. concil. Hisp. II, 350, 703); 848, 872 (cart. Agath. *passim*); 1064, (Marten. collect. ampl. I, 463). — *Eccl. B. Stephani Agath.* IXe siècle (cart. Agath. 4); 1173 (*ibid.*). — *Eccl. S. Andreæ Agath.* 1150, 1158 (*ibid.* 16 et 27). — *Eccl. S. Mariæ*, 1156 (bulle d'Adr. IV, *ibid.* 1). — L'évêque prenait les titres suivants : évêque et comte d'Agde, comte de Cette, vicomte de Brescou, seigneur en toute justice de Marseillan et de Nézignan, baron de Mèze, seigneur haut justicier de Bouzigues et d'Aulmes et pour la quatrième partie de la moyenne et basse justice dudit Aulmes (év. d'Agde, lettres du viguier d'Aumes, du 22 janvier 1693). — Le diocèse d'Agde s'étendait le long de la côte de la Méditerranée, qui le bornait au midi, et avait au levant le diocèse de Montpellier et au nord et au couchant celui de Béziers. Il comprenait, au dernier siècle, vingt paroisses ou communautés dans le tableau des anciens diocèses du Languedoc : Agde *ville*, Aulnes *bourg*, Bessan *ville*, Bouzigues, Castelnau-de-Guers, Cette *ville*, Connas (réuni dans le XVIIIe siècle à Pézenas), Florensac *ville*, Loupian, Marseillan, Mèze *ville*, Montagnac *ville*, Nézignan-l'Évêque, Pézenas *ville*, Pinet, Pomérols, Saint-Pons-de-Mauchiens, Saint-Thibéry *ville*, Valmagne ou Villeveyrac, Vias.

Le diocèse d'Agde était compris dans la sénéchaussée de Carcassonne.

La ville d'Agde envoyait deux députés aux États généraux de la province de Languedoc. Ses armoiries sont *d'or, à trois fasces ondées d'azur; deux palmes de sinople, liées de champ, accompagnent l'écu et lui servent d'ornement*.

Le canton d'Agde, depuis la formation des départements, se compose de quatre communes : Agde, Bessan, Marseillan, Vias.

Agde, ancienne île. — Voy. Agathe.

Agde (Cap d'), pointe de Rochelongue, c^ne d'Agde, en avant de l'étang de Luno, à six kilom. E. de l'embouchure de l'Hérault.

Agde (Grau d'). — *Gradus Agathensis* (cart. Anian. et cart. Gell. *passim*). C'est l'embouchure même de l'Hérault. — Éc. de la ville d'Agde, poste de douanes, batterie.

Agde (Môle d'), *poste de douanes*, c^ne d'Agde.

AGDE (VOLCAN D'), montagne. — Voy. SAINT-LOUP.
AGEL, c⁰ⁿ de Saint-Chinian. — *Agellum*, 782 (arch. de l'égl. de Narb. Bibl. imp. Baluz. Lang. n. 1). — *Allodium de Agel*, 1182 (G. christ. VI, inst. col. 88); 1625 (pouillé); 1649 (*ibid.*); xviiiᵉ sᵉ (tabl. des anc. dioc.). — Cette communauté répondait, pour la justice, au sénéchal de Carcassonne. — Commune, elle appartint d'abord au cᵒⁿ de Cruzy; mais, par suite de l'arrêté des consuls du 3 brumaire an x, qui supprima ce canton, elle fut ajoutée à celui de Saint-Chinian.
AGEL, f. — Voy. SAINT-MARTIN-D'AGEL.
AGEL, mⁱⁿ sur la Cesse, cⁿᵉ d'Agel.
AGINIOS ou GIMIOS, h. cⁿᵉ de Pardailhan. — *Gimianum*, xiᵉ siècle (cart. Agath. 226).
AGNAC, anc. chât. voisin du domaine de Launac, cᵈᵉ de Fabrègues. — *Agtania*, 1236 (cart. Mag. E 330). — *Anhacum*, 1319 (*ibid.* B 222).
AGONÈS, cᵒⁿ de Ganges. — Viguerie du diocèse de Maguelone, *vicaria Agonensis*, 804 (cart. Gell. 3 vᵒ; Arn. de Verd. ap. d'Aigrefeuille, II, 417). — *De Agaunico*, 1173 (Livre noir, 223 vᵒ). — *Vallis de Agonosio*, 1323 (cart. Mag. D. 241). — *Eccl. S. Saturnini de Agon.* 1536 (bull. Paul. III, translat. sed. Magal.). — *Agounès*, 1649 (pouillé). — *Agonès*, 1688 (lett. du gr. sc.). — *Agonnès*, 1625 (pouillé); 1760 (pouillé; tabl. des anc. dioc.); — Agonès appartenait à la mense épisc. de Montpellier, l'évêque en étant le prieur, 1779 (visit. past.).
AGOUDET, f. cⁿᵉ de Saint-Julien.
AGOUT, riv. qui prend sa source au Rec-d'Agout, cᵈᵉ de Saint-Julien, traverse les territoires de Fraisse et de la Salvetat, fait mouvoir quinze usines, arrose quatre-vingt-dix hect. et, après un cours de 34 kilomètres, se jette dans le Tarn. — *Agud*, 1118 (dom. de Montp. H. L. II, pr. col. 404). — *Agout*, 1669 (réform. des forêts d'Angles, *passim*).
AGOUT ou AGOT, ruiss. du h. de Baucels, qui se perd dans l'Hérault. — *Fluv. Agotis*, 820 (cart. Anian. 14).
AGOUT, h. — Voy. REC-D'AGOUT (LE).
AGRE ou AYGRE (MAS D'), h. cⁿᵉ de Saint-Guillem-du-Désert. — *Villare quem vocant Agre cum ipso bosco* (*alit. fisco*), 804-820 (testam. de Juliofroi, cart. Gell. 3; G. christ. VI, inst. col. 265). — *Acre*, 1230 (*ibid.* col. 154).
AGRÈS, h. cⁿᵉ de la Boissière. — *Agres seu Dagres*, 1204 (cart. Anian. 133).
AGUSARGUES, cⁿᵉ. — Voy. GUZARGUES.
AHUT, f. cⁿᵉ de Mèze.
AIGNE, cᵒⁿ d'Olonzac. — *Eccl. S. Agnetis*, 1101 (G. christ. VI, inst. col. 82). — *Aigne*, 1625 (pouillé). —

Aigne, 1649 (pouillé); 1760 (pouillé; tabl. des anc. dioc.). — Le même que *Sanctus-Martinus ad Aigne*. *ad aquas, de inter aquis*, 1213 (cart. Anian. 48). — Saint-Martin entre deux Aigues, seigneurie de la viguerie de Béziers, 1529 (dom. de Montp. H. L. V, pr. col. 87). — *Aignan*, au dioc. de Sᵗ-Pons. répondait, pour la justice, au sénéchal de Carcassonne, 1649 (pouillé).
AIGOIN, f. cⁿᵉ de Montpellier, sect. A. — Voy. SIQUET.
AIGOUAN, f. cⁿᵉ de Montpellier, sect. F.
AIGUEBELLE, anc. nom de l'étang de Balaruc. — *Stagnum d'Aiguebella de Balazuco et mediletas molendini dicti loci*, 1295 (cart. Magal. F 230). — *Aquabella*, 1316 (*ibid.* 257). — Voy. AIGUES.
AIGUEBELLE DE COUFIGNET, f. cⁿᵉ de la Salvetat.
AIGUELONGUE (COL DE L'), tènem. cⁿᵉ de Montpellier, au S. et au N. O. de la métairie Vialars, sur la rive droite du Lez. — *Ega longa*, 1190 (mss d'Aubaïs, H. L. III, pr. col. 166; inv. de la sénéch. de Nimes. arch. de l'Hérault, B 8).
AIGUES ou AIGNES, *Aquæ*, étang faisant partie de celui de Tau, cⁿᵉ de Frontignan. — *Stagnum Ayggues*. 1295, 1297 (Arn. de Verd. ap. d'Aigrefeuille, II. 448, 449); 1299 (cart. Mag. A 210). — Voy. AIGUEBELLE.
AIGUES-VIVES, cⁿ de Saint-Chinian. — *Allodium de Aqua viva*, 782 (arch. de l'égl. de Narb. Bibl. imp. Baluz. Lang. n. 1). — *Mansus seu villa*, 977 (Marten. Anecd. I, 95); 1182 (G. christ. VI, inst. c. 88). — *Aqua vivæ fiscum, rectoria*, 990 (*ibid.* 101; H. L. II, pr. ᵉc. 145); 1323 (rôle des dîmes de l'égl. de Béz.); 1502 (lib. Rectorum, 19). — *Aigue vive*. 1518 (pouillé). — *Aigues vives*, 1625 (*ibid.*); 1649 (*ibid.*); 1760 (pouillé; tabl. des anc. dioc.). — C'était un prieuré de la mense capitulaire de Sᵗ-Nazaire de Béziers. — Communauté, elle répondait. pour la justice, au sénéchal de Carcassonne. — La commune d'Aigues-Vives, d'abord placée dans le canton de Cruzy, passa dans celui de Saint-Chinian en conséquence de l'arrêté des consuls du 3 brumaire an x.
AIGUES-VIVES, f. cⁿᵉ d'Aspiran. — *Aqua viva*, 1213 (cart. Anian. 51 vᵒ).
AIGUES-VIVES, f. cⁿᵉ de Pézenas. — *Aqua viva*, 1176 (cart. Agath. 25).
AIGUES-VIVES, h. cⁿᵉ de Cabrerolles.
AIGUES-VIVES, ruiss. qui prend sa source à la fontaine de la cⁿᵉ de Baillargues, passe à Mudaison et, après un cours de 8 kilomètres, se jette dans les marais de la Paluselle, cⁿᵉ de Candillargues.
AIN (GRANGE D'), f. cⁿᵉ de Cabrerolles.

Ain (Grange de l') ou Aine, h. c^{ne} d'Aumes. — *Villa de Areis*, 1202, (cart. Agath. 63). — *Aires*, 1208 (*ibid.* 61).

Aire de Frézals, h. c^{ne} de Cazilhac. — *Aira*, 1239 (cart. Mag. B 216).

Aire d'Henri Bengeon (Mas de l'), f. c^{ne} de Montaud.

Aires, f. c^{ne} de Prades.

Aires (Les), c^{ne} de Saint-Chinian. — Voy. Sainte-Marie-de-Nazareth.

Aires (Les), c^{on} de Saint-Gervais. — Commune formée, en 1845, des sect. C, D et E de l'ancienne commune de Mourcairol. — *Airas*, XIe s^e (cart. Gell. 150 v°). — *Les Aires*, 1702 (terrier de Mourcairol); 1787 (arch. de Caussiniojouls, D D 1); 1760 (pouillé). — *Les Ayres*, paroisse de l'archiprêtré de Boussagues, sous le vocable de *S. Michael*, 1780 (ét. offic. des égl. de Béz.). — Cette localité, comme le c^{on} de Saint-Gervais, appartenait primitivement au département du Tarn; elle est entrée dans celui de l'Hérault par suite de l'arrêté des consuls du 3 brumaire an X.

Aires (Les), chap. — Voy. Sainte-Marie-de-Nazareth.

Airête (L'), f. c^{ne} de Mons.

Airevieille (L'), h. c^{ne} de Colombières.

Alajou, *Ara Jovis*. — On dit Saint-Michel-d'Alajou, le Cros-d'Alajou, le Caylar-d'Alajou, Saint-Félix-d'Alajou : voy. ces mots. — La place de l'autel de Jupiter est au centre de ces localités, partie c^{ne} du Cros, partie c^{ne} de Saint-Michel, à cent pas de la route impériale et sur l'embranchement qui va de Saint-Michel à Sorbs. Débris romains.

Alary (Mas d'), h. c^{ne} de Soumont. — *Mas d'Alary*, 1793 (affranch. reg. II, 176 v°).

Alaux, f. c^{ne} de Montpellier, sect. G.

Alayrac, h. — Voy. Aleyrac.

Albagnan, h. — Voy. Saint-Étienne-d'Albagnan.

Albairac, anc. chât. au dioc. de Lodève. — *Albara*, 1209 (cart. Anian. 60, H. L. II, tabl.).

Albarède, f. c^{ne} de Ganges.

Albe, f. c^{ne} de Montpellier. — *De Albehanicis*, 1279 (cart. Mag. E 163).

Albe, jⁱⁿ, c^{ne} de Saint-Thibéry. — *De Albariis*, 1224 (G. christ. VI, inst. c. 337).

Albès, h. c^{ne} de Saint-Geniès-de-Varensal.

Albian, anc. nom de l'étang de Palavas. — Voy. ce dernier nom.

Albières (Château des), c^{ne} de Berlou. — *Castellum de Albegaria*, V. 1116 (cart. Gell. 85).

Albine, ruiss. qui prend son origine sur la montagne de Caroux, c^{ne} de Colombières, fait mouvoir un moulin à huile, arrose deux hect. dans son cours de cinq kilomètres et se perd dans l'Orb.

Al-Bouis, ruiss. qui prend sa source au lieu de Jourdou, c^{ne} de Prémian, arrose trois hect. et se jette dans le Jaur. — *Albouis*, 1760 (pouillé).

Aldebert, f. c^{ne} de Mauguio.

Alègre, f. c^{ne} de Montpellier. — *Castrum Alegre*, 1163 (cart. Mag. A 91).

Alengri, h. c^{ne} de Ferrals.

Alengry, f. c^{ne} d'Agde.

Alet ou Bedos-Allet, jⁱⁿ, c^{ne} de Florensac.

Alexandre (Mas d'), f. c^{ne} de Saint-André-de-Buéges.

Aleyrac (mieux Alayrac), h. réuni en 1836, avec celui de Lauret, à la c^{ne} de Sauteyrargues. — *Villa Alairanicos*, 804 (cart. Gell. 4). — *Alairanichos*, 961 (*ibid.* 7). — *Alairanicum*, 1206 (*ibid.* 206). — *Alairacum*, 1168 (mss d'Aubaïs, H. L. II, pr. c. 609). — *Villa de Alairanicis*, 1177 (charte de St-Jean de Jérus.); 1254 (cart. Mag. C. 89). — *Alayracum*, 1263, 1312, 1340 (*ibid.* B 39; D 70: E 3); 1427 (charte appart. à M. Peyre de Montpell.). — *Lairac*, 1684 (pouillé). — *Aleyrac*, 1625 (*ibid.*); 1649 (*ibid.*); 1760 (*ibid.*). — *Alairac*, 1688 (lett. du gr. sc.). — *Aleirac*, XVIIIe siècle (tabl. des anc. dioc.). — *Aleyrargues*, 1688 (vis. past.). — Les Bénédictins qui ont écrit l'Histoire de Languedoc l'appellent aussi *Alairargues*. — C'était une seigneurie de l'évêque de Montpellier. — L'église était sous le vocable de *B. M. V.* 1780 (vis. past.). — Voy. Lascours et Sauteyrargues.

Alezieu ou Alizieu, f. c^{ne} de Balaruc.

Alger, mⁱⁿ, sur la Cesse, c^{ne} de la Livinière.

Aliberts (Les), f. c^{ne} de Minerve.

Aliez ou Aliès, jⁱⁿ, c^{ne} de Saint-Thibéry.

Alignan-du-Vent, c^{on} de Servian. — *Alinia*, 1127 (arch. de S. Tiber. G. christ. VI, inst. c. 318). — *Alinana*, 1183 (mss d'Aubaïs, H. L. III, pr. c. 155). — *Alignanum*, 1210 (reg. Cur. Fr. *ibid.* 222); 1323 (rôle des dîm. de l'égl. de Béz.). — *Alinanum*, 1176 (Livre noir, 99 v°). — *Alignau*, 1153-1216 (*ibid.* 153 v° et 109). — *Eccl. S. Martini de Aliniano*, 1194 (*ibid.* 315). — *Linhanum Venti*, 1518 (pouillé). — *Allignan-du-Vent*, 1600 (terr. de Pouzolles). — *Alignan-du-Vent*, 1625 (pouillé); 1649 (*ibid.*); 1760 (pouillé; tabl. des anc. dioc.). — Paroisse de l'anc. dioc. de Béziers, dans l'archiprêtré du Pouget, sous le vocable de St-Martin, 1780 (ét. offic. des égl. de Béziers). — Cette commune fit d'abord partie du canton de Roujan; mais, par suite de l'arrêté des consuls du 3 brumaire an X, elle fut placée dans celui de Servian.

Allègre (Mas d'), f. c^{ne} du Mas-de-Londres.

Allien ou Ailhen, h. c^{ne} de la Boissière.

ALLIER, f. cⁿᵉ de Montpellier, sect. K.
ALLISSIERS (MAS D'), f. cⁿᵉ d'Aspiran. — *Allecium*, 1180 (Livre noir, 16).
ALMERAS (JARDIN D'), f. cⁿᵉ de Florensac.
ALPHONSE (L'), f. cᵇᵉ de Mèze.
ALQUIER, f. cⁿᵉ de Montpellier, sect. G.
ALTIMURIUM, ruines d'une ville gauloise, cⁿᵉ de Murviel, cᵒⁿ de Montpellier (Chron. de Sᵗ-Denis, LVII, 27; Hist. de France, III, 312; notice de M. Ricard, dans les Mém. de la soc. arch. de Montpell. I, 31, 517). — *Hauts-Murs*; *Castellas d'Hault-Mur*, *Haute-Meure*, 1402, 1785 (arch. de l'anc. év. de Montpell. et de Murviel; reconnaissances).
ALZIEU, jⁱⁿ, cⁿᵉ de Béziers.
ALZON, ruiss. qui prend sa source aux roches de Valette (cⁿᵉ de Montoulieu), traverse le territoire de cette commune et celui de Saint-Bauzille-de-Putois, fait mouvoir un moulin à blé dans cette dernière localité, arrose un hectare, court pendant 8,600 mètres et se perd dans l'Hérault.
ALZOU ou ALZON, h. cⁿᵉ de Boussagnes. — *Alzanicum*, 1115 (cart. Gell. 128 v°).
ALZOU, h. — Voy. PONT-D'ALZON.
AMADOU, h. cⁿᵉ de la Boissière.
AMALOU (L'), f. cⁿᵉ de Brissac.
AMANS (AUBERGE D'), éc. cⁿᵉ de Laurens.
AMANS (BARAQUE D'), f. cⁿᵉ de Faugères.
AMANS (GRANGE D'), f. cⁿᵉ de Bédarieux. — *De Amatio*, 1207 (Liv. noir, 187). — *De Amantio*, 1346 (stat. eccl. Bitt. 121 v°).
AMAZONES (LES), f. cⁿᵉ de Cournonsec.
AMBEYRAN, h. et mont. — Voy. EMBAYRAN.
AMBONE ou EMBOUNES, ruines d'une anc. ville, avec un étang du même nom sur le bord de la mer, à cinq kilom. S. O. d'Agde. — *Étang d'Embounes*, XVIIIᵉ sᵉ (carte de Cassini). — *Ruines d'Embounes* (cart. des états provinc. de Languedoc).
AMBROIX ou AMBRUEIX, *vicus*, *mutatio*, sur la voie domitienne de Nîmes à Substantion, bâti en deçà ou en delà du Vidourle, peut-être même sur les deux rives, à un kilom. S. de Villetelle, où cette rivière sert de limite au départ. de l'Hérault et à celui du Gard. — *Ambrosium* (itiner. Burdig.). — *Ambrussium* (cart. Peuting.). — *Ambrussum* (Itiner. Anton. et vases du Musée du collége romain). — Au même point, le PONT AMBROIX, dont il reste deux arches et une culée. — *Pons Ambrussi* (Cæs. de Bell. gall.). Voir le plan dans le supplém. de l'Antiq. expl. de Montfaucon, t. IV, l. V, ch. 1.
AMELINDE, cⁿᵉ de Montpeyroux; l'un des trois bourgs qui, avec *l'Adisse* et *le Barry*, forment cette commune.

AMILHAC, f. cⁿᵉ de Servian. — *Amiliacum villa*, 1178 (G. christ. VI, inst. c. 140); 1162 (Liv. noir, 90). — *Amilacum*, 1190 (ibid. 30 v°). — *Roreria de Amillaco* (ibid. 47 v°, 99 v°, 100 v°, 109). — *Amiliacum* (ibid. 47 v°). — *Amillarium*, 1194 (cart. Agath. 191).
AMILHOU ou AMILHON (MAS D'), f. cⁿᵉ de Servian.
AMIRAT ou MARONE, LA MADOUNE, 1809, f. cⁿᵉ de Marseillan.
ANAIA, ANAJA, au dioc. de Lodève. — Dotation de quatre masures faite au monastère de Saint-Guillem par le comte Guillaume, 804 (cart. Gell. 3; Mabill. Annal. II, 718; G. christ. VI, inst. c. 265).
ANDIAU (MAS D'), éc. cⁿᵉ de Saint-Nazaire-de-Ladarez.
ANDABRE, h. cⁿᵉ de Rosis. — *Andabrum*, 1325 (stat. eccl. Bitt. 91 v°).
ANDOS (MAS D'), f. cⁿᵉ de Villeneuve-lez-Maguelone.
ANDRÉ, jⁱⁿ, cᵉ de Florensac.
ANDRÉ, jⁱⁿ, cⁿᵉ de Montpellier, sect. G.
ANDRIEU, f. cⁿᵉ d'Argelliers.
ANDUZE, f. cⁿᵉ de Montpellier, sect. J.
ANFORARIAS, villa, dioc. de Saint-Pons. — *Anforarias in pago Minarbensi*, 870 (Bibl. imp. Baluz. ch. des R. n. 17).
ANGÈNES, f. — Voy. OZIÈNES.
ANGLAS, f. cⁿᵉ de Brissac. — *Anglares villa*, dioc. Lod. 804 (cart. Gell. 3; Mabill. Annal. II, 718; G. christ. VI, inst. c. 265). — *Anglars*, 1156 (cart. Gell. 201 v°). — *De Anglaris*, 1340 (cart. Magal. B, 63). — *De Anglariis* (ibid.).
ANGLAS, h. — Voy. CROIX-D'ANGLAS.
ANGLE (ÉTANG DE L'), partie orientale de l'étang de Tau, cⁿᵉ de Balaruc; 1587 (charte de l'év. de Montpellier).
ANGLEVIEL, f. cⁿᵉ de Cazilhac.
ANGULI ou ANGULOS, villa au dioc. de Lodève; 804 (cart. Gell. 3 v°, 13 et 16 v°). — Probablement le même que *Castrum Engliæ*, 1164 (ibid. 209 v°).
ANIANE, arrond. de Montpellier. — *Anianum*, 782 (cart. Anian. 15); 799 (tr. des ch. Acta ss. Bened. s. 4, part. I, 222). — *Aniana*, 804 (arch. Gell. Acta ss. ibid. 88); 853 (cart. Anian. passim). — *Agnana*, 961 (Mabill. diplom. 572); 990 (Marten. Anecd. I, 179). — *Anania*, 1177 (Livre noir. 139 v°). — *Anyana*, 1484 (chron. consul. de Béz. 69 v°). — *Aniane*, 1625 (pouillé); 1649 (ibid.): 1684 (ibid.); 1688 (lett. du gr. sc.); 1760 (pouillé; tabl. des anc. dioc.).
Monastère fondé par saint Benoît d'Aniane au dioc. de Maguelone. — *Anianum, Anianense, Agnanense monasterium*, IXᵉ-XIIIᵉ sᵉ (cart. Anian. cart. Gell. passim; cart. Agath. 250, etc.). — *Monasterium*

Agnanense, id est sancte Marie et sancti Salvatoris (cart. Anian. *passim*). — *Ecclesia S. Salvatoris de Anania*, 1177 (Livre noir, 139 v°). — *Eccl. S. Johannis d'Aniana*, 1146 (cart. Anian. 35); 1154 (bull. Adrian. IV, charte de l'abb. d'Aniane); 1198 (cart. Magal. E 327; 1335, B 145).

La ville d'Aniane répondait, pour la justice, au sénéchal de Béziers. — Elle avait pour patron saint Jean-Baptiste. — Le chapitre Saint-Sauveur en était le prieur décimateur, et l'abbé du monastère (*Anianensis abbas*, 1099, charte de cette abb.) était le seigneur d'Aniane (1777, vis. past.).

Aniane était une des sept villes du diocèse de Montpellier qui envoyaient par tour leur premier consul aux états provinciaux. Ses armes sont *d'azur, à une crosse d'or issante d'une rivière d'argent.*

Le canton d'Aniane faisait d'abord partie de l'arrondissement de Lodève et ne comprenait que cinq communes : Aniane, Argelliers, la Boissière, Puéchabon, Saint-Guillem-du-Désert. Mais, conformément à l'arrêté des consuls du 3 brumaire an x, ce canton passa alors dans l'arrondissement de Montpellier, avec deux autres communes : Montarnaud et Saint-Paul-et-Valmalle, qui étaient du canton de Saint-Georges-d'Orques, supprimé à la même époque.

Astérieu, f. c^{ne} de Montpellier, sect. H.

Anthora, villa au dioc. de Lodève; 804 (cart. Gell. 3; G. christ. VI, inst. c. 265; Mabill. Ann. II, 718). — *Antayracum*, 1324 (cart. Magal. F, 328).

Antonègre, f. c^{ne} de Montbazin. — *Parrochia S. Juliani de Antonegues*, 1181 (cart. Magal. A 45 v°). — *De Antoniano*, 1173 (charte du Vignogoul). — *De Antonnano*, 1176 (charte de St-Jean de Jérus.). — *Antonnegre*, 1760 (pouillé).

Aout, f. c^{ne} de Cazouls-lez-Béziers.

Aprat, f. c^{ne} de Saint-Pons.

Aqueduc (Rigole de l'), ruiss. qui prend sa source à Capestang, traverse le territoire de Boussagues, fait aller un moulin à blé, court pendant 2 kilomètres et se perd dans l'étang de Capestang.

Aquitaine, *Aquitania*. Ce nom ne figure ici que parce qu'au ive siècle il désignait les cinq ou les sept provinces dans lesquelles était comprise l'ancienne Narbonnaise, et, par conséquent, le pays occupé aujourd'hui par le département de l'Hérault.

Arbessous, f. c^{ne} de Saint-Pargoire. — *Arbuissellum*, 1157 (Livre noir, 47 v°). — *De Arbuissello*, 1203 (*ibid.* 69 v°).

Arboras, c^{ne} de Gignac. — *Villa de Arboracis, seu de Arboratis*, 804 (cart. Gell. 4, 12 v°, 34 v°). — *Arborascium*, 1170 (cart. Anian. 132). — *Arboracium*, 1180 (Livre noir, 14). — *Castrum, villa de Arboratio*, 1224 (Plant. chron. præs. Lod. 135); 1255 (*ibid.* 186). — Moulins d'Arboras sur le ruisseau d'Agamas ou Lagamas: *Molendini in rivo de Agamanco*, 1328 (*ibid.* 297). — *Arboras*, 1193 (tr. des ch. H. L. III, pr. c. 174). — Seigneurie, ressort. à la viguerie de Gignac, 1529 (dom. de Montp. *ibid.* V, pr. c. 87); 1760 (pouillé; tabl. des anc. dioc.). — *Arbouras*, 1625 (pouillé); 1649 (*ibid.*); 1688 (lett. du gr. sc.).

Église anciennement annexe du prieuré de Saint-Saturnin, *ecclesia Arboriacensis*, 1101 (arch. de Saint-Guillem-du-Désert); 1224 (Plant. chr. præs. 135 et *passim*). — Cette commune, primitivement placée dans le canton de Montpeyroux, passa dans celui de Gignac après la suppression du premier de ces cantons par arrêté des consuls du 3 brumaire an x.

Arboras, f. c^{ne} de Lansargues. — *Villa de Arboratis*, ixe s^e (Arn. de Verd. ap. d'Aigrefeuille, II, 417). — Ancien prieuré: *Prioratus monialium sancte Catharine et sancti Egidii d'Arboras prope Lansargues et Lunellum novum ordinis sancti Augustini Montispessulani diocesis*, 1603 (formul. de serm. charte de la Visit. de Ste-Marie).

Arbousse, f. c^{ne} de Joncels.

Arboussien (L'), f. c^{ne} de Saint-Guillem-du-Désert. — *Mansus de Arborkes*, 984, 1122 (cart. Gell. 12 v° et 60). — *Arbosserium*, 1332 (cart. Magal. E, 314). — *Nemus Arbossier*, 1306 (*ibid.* 315).

Archimbaud, jⁱⁿ, c^{ne} de Castries.

Ardaillon, ruiss. qui prend sa source à Bassan, traverse le territoire de Boujan, court pendant un demi-myriamètre et se jette dans le Libron. — *Rivus Ardallon*, 1231 (cart. Agath. 311). — *Fl. de Aldellario*, 1237 (cart. Gell. 215 v°).

Ardenne, h. — Voy. Fauzan.

Ardouane, h. c^{ne} de Riols.

Arécomiques, anc. peuple. — Voy. Volces.

Arenasses (Baraque des), éc. c^{ne} de Faugères.

Aresquiens, f. c^{ne} de Vic. — *Aresquiez*, 1114 (d'Aigrefeuille, Hist. de Montp. II, 28). — *Aresquerii*, 1394 (chap. épisc. de Maguelone, Casset. Aresquiers). — *Aresquiès*, xviiie s^e (Cassini). — *Canal des Aresquiers*, dans les étangs, 1742 (fonds de l'amirauté de Montpell. et Cette, B, 288).

Argelliers, c^{on} d'Aniane. — *S. Stephanus de Argillariis*, 1154 (cart. Anian. 35 v°). — *De Argileriis*, 1211 (*ibid.* 52); 1154 (bull. Adrian. IV, charte d'Aniane); *Argelarios*, 1133 (cart. Anian. 89 v°). — *Arguilhagueris*, 1299 (cart. Magal. C, 180). — *Argeliès*, 1649 (pouillé). — *Argelliès*, 1625 (*ibid.*);

1688 (lett. du gr. sc.); 1760 (pouillé). — *Argeliers*, 1634 (pouillé; tabl. des anc. dioc.). — L'abbé d'Aniane était seigneur prieur d'Argelliers, 1688, 1780 (vis. past.). — Cette commune, avec tout le canton d'Aniane, comprise d'abord dans le district de Lodève, passa dans l'arrondissement de Montpellier conformément à l'arrêté des consuls du 3 brumaire an x.

Argelliens, f. c^{ne} de Vacquières.

Argentière (L'), f. c^{ne} de Montblanc.

Argentières, h. c^{ne} de Félines-Hautpoul. — *Argentiere*, 1695 (affranch. reg. VII, 60 v°).

Arguzac, f. c^{ne} de Pardailhan. — *Arguzac*, 1100 (spicil. X, 163).

Ariéges (Écluse d') ou Guiraudou, éc. c^{ne} de Villeneuve-lez-Béziers. — *Aregum* et *Aregui*, 1193 (Livre noir, 212 et 212 v°).

Ariéges, Riéges, 1841, Oriéges, 1809, f. c^{ne} d'Octon. — *Villa de Urganicis*, 1153 (charte de l'abb. du Vignogoul).

Arifat, f. c^{ne} de la Salvetat.

Anisdium (*Baronia*), située dans les dioc. de Nîmes, de Lodève et de Maguelone, 1283 (G. christ. VI, inst. c. 159).

Arles, ruiss. prenant sa source au h. de Douch, dans la c^{ne} de Rosis. Il court pendant 7,800 mètres, fait marcher quatre usines, arrose 4 hectares, passe à Colombières et tombe dans l'Orb.

Armand, f. c^{ne} de Montpellier, sect. K.

Armand (Mas d'), f. c^{ne} de Saint-Nazaire-de-Ladarez.

Armely, f. c^{ne} de Montpellier, sect. K.

Arnal, j^{in}, c^{ne} de Montpellier, sect. D.

Arnal, m^{io}. — Voy. Larché.

Arnaud, f. c^{ne} de Soumont. — *Mas d'Arnaud*, 1693 (affranch. reg. VI, 176 v°).

Arnaud, mét. — Voy. Fontcouverte, Puech, Reboul.

Arnaud (Mas d'), h. c^{ne} d'Aumelas.

Arnaudy (Mas d'), f. c^{ne} de Magalas.

Arnel (L') ou l'Arnal, étang, c^{ne} de Villeneuve-lez-Maguelone, ancien domaine des seigneurs de Montpellier. — *Laborivum de Arneir*, 1156 (mss d'Aubaïs, spicil. III, 194). — *Stagnum Arnerii*, xvie s^e (plan du fonds du chap. St-Sauveur).

Arnet, manse détruite qui a donné son nom à un tènement de la c^{ne} d'Arboras, où se divisent les territoires des c^{nes} de Montpeyroux, d'Arboras et de Saint-Saturnin. — *Mansus de Arneto*, 1107 (G. christ. VI, 587). — *Mansus de Arnet*, 1122 (cartul. Gell. 59 v°).

Arniéu, pic, c^{ne} de Saint-Martin-de-Londres. — Point le plus élevé des trois sommets du pic, 252 mètres (Ann. de l'Hérault, 1852).

Arnoy, ruiss. qui sort de la Dalmerie, c^{ne} de Joncels, parcourt 7 kilomètres, met en mouvement un m^{in} à blé, arrose 94 hectares et se jette dans l'Orb.

Arnoyes, h. — Voy. Saint-Barthélemy-d'Arnoye.

Arquinet, f. c^{ne} de Pézenas.

Arrière (L'), ruiss. qui prend sa source à Saint-Clément-des-Rivières, passe à Grabels et, après 8 kilomètres de cours, va se perdre dans le Merdanson sur le territoire de Montpellier.

Artaud, f. c^{ne} de Cette.

Artenac, mont. de Saint-Pons; haut. 1,036 mètres.

Artix, autrement *métairie d'Ivennès*, f. c^{ne} et c^{on} de Murviel.

Arts, h. c^{ne} de Combes. — *Artigum*, 1210 (cart. Gell. 61).

Asognade, h. — Voy. Saugras.

Aspes (Plaine des), c^{ne} de Montady, 1767 (terr. de Montady).

Aspiran, c^{on} de Clermont. — *Aspirianus*, 844 (arch. de l'égl. de Béziers; app. capit. Baluz. II, 1444). — *Aspiranum*, 1125 (cart. Gell. 136); 1185, 1193 (Livre noir, 60 v°, 94 et *passim*); 1190 (cart. Agath. 9); 1213 (cart. Anian. 51 v°). — *Aspira de Cabrayres*, 1380 (Lib. de memor. chron. consul. de Béz. 6). — *Aspiran*, 1625 (pouillé); 1649 (ibid.); 1688 (lett. du gr. sc.). — *Saint-Rome-d'Aspiran*, 1760 (pouillé).

Aspiran, avant 1790, était une paroisse de l'anc. dioc. de Béziers (tabl. des anc. dioc.); 1780 (état offic. des égl. de Béz.). — *Ecclesia S. Juliani de Aspiriano*, 1146 (cart. Anian. 35); 1154 (bull. Adrian. IV, charte d'Aniane). — *Prieuré de Saint-Rome.* — *Villa de Aspirano cum eccl. prior. S. Romani*, 1153 (Livre noir, 153 v°); 1178 (G. christ. VI, inst. c. 140); 1323 (rôle des dîm. de l'égl. de Béz.); 1325 (stat. eccl. Bitt. 91 v°).

Aspiran fut primitivement le chef-lieu d'un c^{on} composé de trois c^{nes} : Aspiran, Canet, Paulhan. Ce c^{on} fut supprimé par arrêté des consuls du 3 brumaire an x, et les trois c^{nes} furent réunies au c^{on} de Clermont.

Aspiran ou Aspiran-Ravanes, 1840; Asperan, 1809; f. c^{ne} de Thézan.

Aspres (Mas des), f. c^{ne} de Montaud, dans la vallée de même nom. — *Asperas vallis*, 990 (cart. Gell. 30 v°). — *Cum eccl. S. Christofori*, 1130 (Livre noir, 250 v°). — *Asperella?* 1112 (cart. Gell. 84).

Assas, c^{on} de Castries. — *Arsads*, 1103 (mss d'Aubaïs, H. L. II, pr. c. 363). — *Arzas*, 1129 (Gall. christ. VI, inst. c. 354). — *Arciaz*, 1132 (charte de l'abb. d'Aniane). — *Arciacium*, 1164 (H. L. ibid. 600). — *Castrum de Arsacio*, 1154, 1280,

1339 (cart. Magal. E, 214, 257, 299). — *De Arsacio*, 1176 (charte de St-Jean de Jérus.). — *Arsatium*, 1230 (Arn. de Verd. ap. d'Aigrefeuille, II, 440). — *De Arssacio*, 1304 (fonds du monastère de la visit. de Montp.). — *Assacium*, 1528 (pouillé). — *Assas*, seigneurie de la sénéch. de Beaucaire et Nîmes, 1455 (dom. de Montp. H. L. V. pr. c. 16); 1625 (pouillé); 1649 (*ibid.*); 1684 (*ibid.*); 1688 (lett. du gr. sc.); 1760 (pouillé; tabl. des anc. dioc.). — La juridiction de l'archipr. d'Assas, suivant un tabl. de 1756, s'étendait sur Baillarguet, Clapiers, le Crès, Guzargues, Jacou, Prades, Saint-Clément, Saint-Gély, Saint-Vincent, Teyran. — L'église d'Assas avait pour patron saint Martial, 1780 (vis. past.). — Le château d'*Assas* qui figure au recensement de 1851 est autre que l'ancien château d'*Assas*, dont il n'existe plus que des ruines.

ASSIGNAN, c^{on} de Saint-Chinian. — *Asinianum*, 936 (arch. de l'égl. de Saint-Pons, Catel, comt. 88; G. christ. VI, inst. c. 77). — *Azinianum*, 974 (arch. de l'égl. d'Alby; Marten, Anecd. I, 126). — *Assinhanum*, 1271 (mss. de Colb. H. L. III, pr. c. 602). — *Assigna*, 1625 (pouillé). — *Assignan*, 1649 (*ibid.*); 1688 (lett. du gr. sc.); 1760 (pouillé; tabl. des anc. dioc.). — Cette communauté ressortissait, pour la justice, au sénéchal de Béziers.

ASTIER, f. c^{ne} de Montpellier, sect. B.

ASTIÉS, f. c^{ne} de Thézan.

ASTRE, f. c^{ne} de Montpellier, 1809.

ASTRUC, éc. c^{ne} de Montpellier, sect. D.

ASTRUC, f. c^{ne} de Pézenas.

ASTRUC (AUBERGE D'), éc. c^{ne} de Laurens.

ASTRUC (GRANGE D'), f. c^{ne} de Clermont. — *Astrugas*, 990 (arch. de St-Tibér. G. christ. VI, inst. c. 315).

ASTRUC (MAS D'), f. c^{ne} de Gignac.

AUBAGNAC, jⁱⁿ, c^{ne} de Caux.

AUBAGNE, h. séparé de la c^{ne} de Saint-Étienne-de-Gourgas par la route imp. n° 9. — *Albaiga*, 1119 (cart. Gell. 9 v°). — *Podium Albayga*, 1324 (Plant. chr. præs. 291). — *Albaicum*, 1153 (cart. Gell. 192 v°). — *Eccl. S. Bartholomæi de Albanhanicis*, v. 1100 (Arn. de Verd. ap. d'Aigrefeuille, II, 425). — *Eccl. S. Bartholomei d'Albanegues*, 1210 (cart. Gell. 61 v°). — *Albargna*, 1162 (tr. des ch. H. L. II, pr. c. 588). — *Castrum de Albanicis*, 1193 (*ibid.* III, c. 174). — *Albegua*, seigneurie ressort. à la vig. de Gignac, 1529 (dom. de Montp. *ibid.* V, c. 87). — *Albaigne*, 1625 (pouillé). — *Albaigue*, 1649 (*ibid.*). — *Aubaigues*, xviiie s^e, paroisse de l'anc. dioc. de Lodève (tabl. des anc. dioc.). — Ce h. formait d'abord une c^{ne} du c^{on} de Soubès, lequel fut supprimé par arrêté des consuls du 3 brumaire an x; elle fut alors réunie au c^{on} de Lodève, et, en 1832, à la c^{ne} de Saint-Étienne-de-Gourgas.

AUBAIGUES, h. — Voy. PUECH.

AUBANEL, f. c^{ne} de Brissac.

AUBANEL, ruiss. qui prend son origine à Moulès, court pendant 4 kilomètres sur le territoire de cette c^{ne} et sur celui de la Roque et se perd dans l'Hérault.

AUBARET, f. — Voy. FARRAT-AUBARET.

AUBARET (MAS), f. c^{ne} de Magalas.

AUBAYGNES, ruiss. — Voy. RAGOUST.

AUBERGE (MÉTAIRIE DE L') ou AUBERGE DU PÉLICAN, f. c^{ne} de Montady.

AUBERGES (LES), éc. — Voy. BROCHAIN.

AUBERT, f. — Voy. FERMAUD.

AUBERTES (LES) ou LES AUBERTS, h. c^{ne} de Gorniès. — *Auberta*, 1178 (Livre noir, 225). — *Prioratus de Auberta*, 1323 (rôle des dîm. de l'égl. de Béz.).

AUBÈS, h. c^{ne} de Rosis.

AUBES (LES), mⁱⁿ sur le Vidourle, c^{ne} de Lunel.

AUBETERRE anc. égl. — Voy. SAINT-ANDRÉ-D'AUBETERRE.

AUCELAS, f. — Voy. MOUNES.

AUDE, riv. — Elle forme la limite extrême entre le départ. de l'Aude et celui de l'Hérault. Cette rivière, qui prend sa source dans les Pyrénées, n'a pas 4 kilom. de cours sur la frontière du dernier département. Elle y alimente cependant un moulin à blé dans la c^{ne} de Lespignan et va se perdre dans la mer par l'étang de Fleury et le Grau de Vendres. Tous les anciens géographes l'ont nommée. — *Atax ex Pyrenæo monte digressus* (Mel. II, 5; Plin. Hist. nat. III, 4; Theodulf. in Parœn. v. 112; Sidon. Apoll. in Panegyr. Majorian. v. 210): — D'après Ptolémée, les embouchures de la rivière d'Aude: Ἀτάγος ποταμοῦ ἐκβολαί, 21° 30' long. 42° 45' lat. — *In æquor annis Attagus ruit* (Fest. Avien. or. marit. v. 588). — *Edas* (Anonym. Ravenn. l. IV, § 28). — *Aude* (Cassini, cart. des Ét. prov. de Langued. etc.).

AUDIBERT, f. c^{ne} de Montpellier, sect. J.

AUDRAN, f. c^{ne} de Saint-Félix-de-l'Héras.

AUDRAN (MAS), h. c^{ne} de Lacoste.

AUGÈNES, f. — Voy. OZIÈNES.

AUGUY, jⁱⁿ, c^{ne} de Gignac.

AUJARGUES, f. c^{ne} de Marsillargues.

AULAS, village détruit, c^{ne} de Saint-Saturnin. C'est encore le nom d'un tènement de cette commune, où se croisent les chemins de Jonquières à Arboras, de Saint-Saturnin à Gignac et de Montpeyroux à Saint-Guiraud. — *Villa de Aulanis*, 1204 (G. christ. VI, inst. c. 150). — *Villa de Aulaco*, 1265 (Plant. chr. præs. 205). — *Aulatium*, xive s^e (arch. du chât. de Jonquières, et act. de notaires reçus à Aulas, chez

M. de Lansade). — On a trouvé à Aulas de nombreux débris romains.

Aumelas, c^{on} de Gignac. — *Omelares castellum*, 1036 (arch. du chât. de Foix; H. L. II, pr. c. 199). — *Villa Amellan*, 1126 (cart. Gell. 158 v°). — *Amelaz*, 1148 (cart. Mag. F 89). — *De Amenlario*, 1166 (ch. de St-Jean de Jérusalem). — *Omellacium, Omellatium, Omelacium, Omelassium, de Omellatis*, xiie et xiiie siècle (arch. de l'Hérault, ch. div. cart. Gell. etc. *passim*). — *Omellas, Omelaz, Omelas, Aumelaz*, xiie et xiiie siècle (H. L. *passim*); 1163 (ch. de l'abb. de Gigean). — *Valdras et Homelas*, 1518 (pouillé). — *Aumellas*, 1649 (ibid.). — *Aumelas*, 1688 (lett. du gr. sc.); 1779 (terr. d'Aumelas; tabl. des anc. dioc.).

Le château d'*Aumelas* fut aussi le chef-lieu d'une baronnie réunie à la seigneurie de Montpellier en 1194, *Castrum de Omelats* (mss d'Aubais, H. L. III, pr. c. 176). — Dans la première moitié du xive s^e, il prend le titre de vicomté, *vicecomitatus Omeladesii*, 1352 (tr. des ch. ibid. IV, c. 219). De cette vicomté dépendaient les lieux de Pouget, Saint-Bauzille-de-la-Silve, Pouzols, Vendémian. — *Baronia Homeladesii*, 1510 (arch. de l'hôp. gén. de Montp. B 589). — D'après le Dom. de Montpellier, la baronnie d'*Aumelas* ou d'*Homelas* (H.L.IV, pr. c. 304), en la sénéchaussée de Carcassonne, comprenait trois cent sept feux; en 1387 et 1388, la même baronnie d'*Omelas* ou d'*Omelau* ne contenait que quatre-vingts feux. Elle répondait, pour la justice, au sénéchal de Montpellier et parfois à celui de Béziers.

L'église *Saint-Pierre d'Aumelas* paraît déjà dans les archives de l'abb. de Saint-Thibéry, vers la fin du xe s^e, *Ecclesia S. Petri ad Amenlarios in ripa fluminis Arauri*, 990 (G. christ. VI, inst. c. 315; H. L. II, pr. c. 144). — Prieuré de *Notre-Dame d'Aumelas, B. M. de Omelacio*, 1323 (rôle des dîm. de l'égl. de Béz.). — *De Homelacis, de Homelays, Homelaiz*, 1518 (pouillé). — *Notre-Dame d'Aumelas*, 1625 (ibid.); 1760 (ibid.). — *Aumelas*, paroisse de l'anc. diocèse de Béziers, archiprêtré du Pouget, xviiie s^e (tabl. des anc. dioc.); patr. *Assumptio B. M. V.* 1780 (ét. offic. des égl. de Béz.).

Aumelas (Les), h. — Voir Bastit.

Aumes, c^{on} de Montagnac. — *Almas*, 1119 (cart. Gell. — *Castrum, villa, eccl. S. Albini de Almis*, 1156 (bull. d'Adr. IV, cart. Agath. 2); 1173 (ibid. 252 et G. christ. VI, inst. c. 327); seigneurie de la viguerie de Béziers, 1529 (dom. de Montp. H. L. V, pr. c. 87). — Cette seigneurie d'*Aulmes* appartenait à l'évêque d'Agde, 1693 (arch. de l'Hérault, évêché d'Agde. Lettre du viguier d'Aulmes) 1649 (pouillé); 1688 (lett. du gr. sc.); xviiie s^e (tabl. des anc. dioc.). — *Aumes*, 1625 (pouillé); 1760 (ibid.).

Aupenac, f. c^{ne} de Roquebrun. — *Aupenac*, xviie s^e et 1778 (terr. de Vieussan).

Aupigno ou Aupinio, h. c^{ne} de Riols. — *Opinio*, xviiie s^e (Cassini).

Aupinio, ruiss. sorti du lieu dit *Marcory*, c^{ne} de Riols; il fait aller un mⁱⁿ à blé, arrose cinq hect. court pendant 2 kilomètres, se jette dans la Margue, et de là dans le Jaur.

Aureilhe ou Aureille, f. c^{ne} de Capestang, 1809.

Aureillan, c^{ne}. — Voy. Lieuran-Cabrières et Saint-Jean-d'Aureillan.

Aurelles, anc. égl. — Voy. Saint-Martin-d'Aurelles.

Auroux, h. — Voy. Saint-Aunès et Saint-Étienne-de-Pernet.

Ausède, anc. village détruit, près de Saint-Pons. — *Consilium Ausedinense*, 937 (cart. de l'égl. de Saint-Pons; Catel, Comt. 90). — *Antsabes villa in terminio Minerbesio*, 1110 (arch. de l'abb. de la Grasse; H. L. II, pr. c. 375).

Aussargues, f. — Voy. Daussargues (Mas).

Aussel (Mas d'), f. c^{ne} du Caylar.

Aussel (Mas d'), f. c^{ne} de Prades.

Autenact, f. c^{ne} de Montpellier, 1809.

Autheron, f. c^{ne} de Lavérune.

Autrèze, h. c^{ne} de Ferrals. — *Alciacum*, 1107 (cart. Gell. 70). — *Sant-Amans de Valthesa*, 1341 (Libr. de memor.). — *Autheze* (carte de Cassini).

Autignac, c^{on} de Murviel. — *Altinalgas villa*, 990 (arch. de St-Tibér. G. christ. VI, inst. c. 315). — *Altiniacum castrum*, 1120 (cart. Gell. 77 v°; G. christ. ibid. 276); 1156 (chât. de Foix, H. L. II, pr. c. 560); 1160 (Liv. noir, 26). — *Autiniacum*, 1180 (Liv. noir, 12 v°); 1197 (cart. Agath. 300); 1210 (reg. Cur. Fr. H. L. III, pr. c. 221). — *Altignacum*, 1211 (cart. Mag. C. 228). — *Autignac*, 1518 (pouillé); 1625 (ibid.); 1649 (ibid.); 1688 (lett. du gr. sc.).

Église d'*Autignac*, *Eccl. S. Mariæ de Altiniaco*, 1135 (cart. de Joncels, G. christ. VI, inst. c. 135). — Paroisse de l'anc. dioc. de Béziers, xviiie siècle (tabl. des anc. dioc.); dans l'archiprêtré de Cazouls-lez-Béziers, sous le vocable de *B. Maria et S. Martinus*, 1780 (ét. offic. des égl. du dioc. de Béz.). — Chapelle des *Onze mille Vierges*, à Autignac, 1760 (pouillé). — Autignac était une justice royale non ressortissante. — Commune du c^{on} supprimé de Magalas, elle passa, par suite de l'arrêté des consuls du 3 brumaire an x, dans le c^{on} de Murviel.

Autignaguet ou Autignanet (Notre-Dame d'), h. c^{ne} de Roqueredonde-de-Tiendas. — *Cagnago*, 987 (cart.

de Lod. G. christ. VI, inst. c. 269). — *Caguanonas*, 1116 (cart. Gell. 85, v°). — *Eccl. S. Marie de Cagatio*, 1216 (bull. Honor. III, Liv. noir, 109). — *Lainago*, 987 (cart. de Lod. ibid.). — *Lainanum*, 1156 (ibid. c. 359). — *Autignaguetum*, 1518 (pouillé). — Prieuré d'*Autignaguet*, 1760 (pouillé), dans l'archiprêtré de Boussagues, sous le vocable de B. M. V. 1780 (ét. offic. des égl. du dioc. de Béz.).

Autours, jⁱⁿ, c^{ne} de Puisserguier.

Auverne, tènement et mont. c^{er} de Lacoste. — *Tenementum de Alvernia*, 1270 (reconn. à l'évêque de Lodève par le seigneur de Clermont. Plant. chron. Præs. 210).

Auziale, h. c^{ne} de Saint-Julien.

Avène, c^{on} de Lunas. — *Avenna*, 1115 (cart. Gell. 128 v°). — *Eccl. S. Martini de Avena*, 1135 (cart. de Joncels; G. christ. VI, inst. c. 135); 1183 (mss d'Aubaïs, H. L. III, pr. c. 155); 1180, 1216 (Liv. noir, 14 v° et 109); 1323 (rôle des dîm. de l'égl. de Béz.); 1505 (chron. consul. de Béz. 12); seigneurie ressortissant à la viguerie de Gignac, 1529 (dom. de Montp. H. L. V, pr. c. 87). — *Avene*, 1518 (pouillé); 1625 (ibid.); 1649 (ibid.); 1688 (lett. du gr. sc.); xviii° siècle, paroisse de l'anc. dioc. de Béziers (tabl. des anc. dioc.); dans l'archiprêtré de Boussagues, sous le vocable de *S. Martinus*, 1780 (ét. offic. des égl. de Béz.). — *Avenne*, 1760 (pouillé).

Avène, riv. qui prend sa source au lieu dit *Grémian*, c^{ne} de Cournonsec, passe sur les territoires de Montbazin, Gigean, Poussan, et se jette dans l'étang de Balaruc entre les bains de cette c^{ne} et Bouzigues. Son cours est de 10 kilomètres. Elle fait mouvoir six usines et arrose trente hectares. Astruc (Mém. pour l'hist. nat. de Lang. 306, 424) l'appelle aussi *Avenne*, en confondant ce cours d'eau avec l'*Avèze*, ruisseau de Brissac. — Voy. Abysse.

Avène, ruiss. qui a son origine dans le territoire de Montpeyroux, passe à Lagamas, parcourt 6 kilomètres, arrose deux hect. et se perd dans l'Hérault.

Avène, ruiss. — Voy. Avèze.

Avenza, villa au dioc. de Maguelone, sur la paroisse d'Agonès, 922 (cart. des comt. de Melgueil; mss d'Aubaïs, H. L. II, pr. c. 61).

Averne (L'), h. dépendant de celui d'Aubagne, c^{ne} de Saint-Étienne-de-Gourgas. — *Avernum*, 1113 (cart. Anian. 51 v°).

Avèze ou Ruisseau de Brissac, petite rivière dont le cours est de 3 kilomètres, sur le territ. de Brissac. Elle alimente trois usines, arrose quinze hectares et se jette dans l'Hérault. — *Avisus qui discurrit in flum. Araur*, 804 (cart. Gell. 64). — *Fons de Avesa cum molend. vocato lo Moli Mejam*, dans le voisinage de Brissac et de Ganges, 1252 (cart. Mag. F 214; 1273, ibid. A 281). — *La Vize*, 1587 (charte de l'évêché de Montp.). — Astruc (Mém. pour l'hist. nat. de Lang. 306, 424) ne fait qu'un cours d'eau de l'*Avèze* et de l'*Avène*.

Avinens (Les), f. c^{ne} d'Argelliers.

Avinens (Les), f. c^{ne} de Viols-le-Fort.

Avizas, anc. égl. — Voy. Saint-Julien-d'Avizas.

Avoiras, c^{ne}. — Voy. Bosc-d'Avoiras (Le) et Loiras.

Avranches, pêcherie dans l'étang de Mauguio, entre cette commune et celle de Pérols.

Axès, faubourg, c^{ne} de Saint-Pons.

Ayalet-le-Bas, f. c^{ne} de la Salvetat.

Ayalet-le-Haut, f. c^{ne} de la Salvetat.

Ayès, f. c^{ne} d'Olargues.

Aygarelles, ruiss. c^{ne} de Montpellier, naît au midi de la ville et se jette dans le canal du Lez, près du pont Juvénal. — *Aygarela*, 1272 (cart. Magal. E 119). — *Agarelles*, 1751 (plans géom. de St-Jean de Jérusalem).

Aymard, h. c^{ne} de Ferrals.

Aymand ou Sous-Vielle, f. c^{ne} de Boisseron.

Aymes, f. c^{ne} de Cette, 1809.

Ayrolle (Chemin de l'), éc. c^{ne} de Graissessac. — *Airola*, 1323 (cart. Mag. F 15).

Ayrolle (L'), h. c^{ne} de Graissessac. — *Airola*, 1323 (cart. Mag. F 15).

Azaïs, usine à foulon, c^{ne} de Saint-Pons.

Azaïs (Mas d'), h. c^{ne} de la Salvetat.

Azam ou la Plane, 1809; la Plaine, 1840-1851, f. c^{ne} de Quarante.

Azéma, f. c^{ne} d'Alignan-du-Vent.

Azéma, jⁱⁿ, c^{ne} de Nébian.

Azéma (Moulin d'), éc. c^{ne} de Caux.

Azémar, bergerie, c^{ne} de Combaillaux.

Azillanet, c^{on} d'Olonzac. — *Azilhanet*, 1649 (pouillé); 1772 (terr. d'Azillanet). — *Azillanet*, seigneurie, 1529 (dom. de Montp. H. L. V, pr. c. 85); paroisse de l'anc. dioc. de Saint-Pons; 1625 (pouillé); 1688 (lett. du gr. sc.); 1760 (pouillé; tabl. des anc. dioc.). —Cette communauté répondait, pour la justice, au sénéchal de Carcassonne.

Azirou, f. — Voy. Puech-d'Azirou.

B

Babeau, h. c^{ne} de Saint-Chinian. — *Baboira*, 1127 (cart. Gell. 61).
Babio, h. c^{ne} de la Caunette.
Baboulet, f. c^{ne} de Capestang.
Bac de Bessan, éc. c^{ne} de Bessan.
Bac de Castelnau ou de Pailhès, éc. c^{ne} de Castelnau-de-Guers.
Bac de Garrigue ou la Barque, éc. c^{ne} d'Aspiran.
Bac de Gignac ou la Barque, éc. c^{ne} de Gignac.
Bac de Saint-Thibéry ou la Barque, éc. c^{ne} de Saint-Thibéry.
Bachélerie, 1851, Bachelery, 1840, Bassélerie, 1809, f. c^{ne} de Béziers.
Badieu, f. — Voy. Puech-Badieu.
Badonnes, éc. c^{ne} de Béziers. — *Badonnas villa*, 1178 (bull. Alexand. III, G. christ. VI, inst. c. 140). — *Villa de Badonnis*, 1179, 1182, 1208 (Liv. noir, 7, 20, 109 et *passim*). — *S. Maria de Badonis*, 1271, 1305 (stat. eccl. Bitt. 66, 154 v°); 1323 (rôle des dîm. de l'égl. de Béz.); 1518 (pouillé). — *Prieuré de Badonnes*, 1760 (*ibid.*). — *Badones*, dans l'archiprêtré de Cazouls, patr. B. M. V. 1780 (ét. offic. des égl. du dioc. de Béz.).
Bagassière (La), f. c^{ne} de Ferrals.
Bages, f. c^{ne} de Saint-André-de-Sangonis. — *Mansus de Baias*, 1031 (cart. Gell. 16); 1122 (*ibid.* 60). — *Bages in territ. Bagense, parrochia S. Andree Sanguivomensis*, 1041, 1101 (*ibid.* 74 v° et 82).
Bagnas, étang, c^{ne} d'Agde. — Entre l'étang de Tau et celui de Luno. — *Stagnum de Banars*, 1208 (cart. Agath. 61). — *Bagnas*, 1279 (charte de Marseillan).
Bagnas, poste de douanes, éc. c^{ne} d'Agde.
Bagnas, salines, éc. c^{ne} d'Agde.
Bagnas (Écluse du), éc. c^{ne} d'Agde.
Bagnènes, ruiss. c^{ne} de Saint-Nazaire-de-Ladarez. — Après un cours de 2 kilomètres sur le territ. de cette commune, il se perd dans le ruiss. de Bernède, qui se jette dans le Crouzet, affluent de l'Orb.
Bagnols, h. c^{ne} de Béziers. — *Bagnolas*, 1114 (tr. des ch. H. L. II, pr. c. 389).
Bagnols, m^{ins} sur l'Orb, c^{ne} de Béziers. — *Ad Bagnolas*, 1114 (tr. des ch. H. L. II, pr. c. 389). — Voy. sur ces moulins E. Sabatier, Étud. et not. archéolog. 87.
Bagué, f. c^{ne} de Montpellier, 1809.
Bagués ou Baguet, f. c^{ne} de Lunel.

Baigno, f. c^{ne} de Joncels.
Bailheron, Baillaronne, Bailleron, 1809, f. c^{ne} de Béziers.
Baillargues-et-Colombiers, c^{on} de Castries. — *Villa de Bajanicis*, v. 825 (Arn. de Verd. ap. d'Aigrefeuille, II, 417); 1155 (tr. des ch. H. L. II, pr. c. 552). — *De Belanicis*, 1156 (mss d'Aubaïs, H. L. II, pr. c. 559). — *De Balanegges*, 1154 (bull. Adrian. IV, ch. de l'abb. d'Aniane). — *De Ballanicis*, 1150 (ch. de Saint-Jean-de-Jérusalem); 1162 (mss d'Aubaïs, *ibid.* 585); 1176 (ch. de Saint-Jean-de-Jérusalem). — *Eccl. S. Juliani de Valanegues* (Valergues) *et de Balanegues*, 1254 (cart. Anian. 35 et 35 v°). — *SS. Juliani et Basilisse de Balhanicis*, 1280 (Arn. de Verd. ap. d'Aigrefeuille, II, 447); 1333 (stat. Mag. 12 et 50 v°); 1503 (arch. de l'Hérault, not. d'Arnaud Calvin); 1536 (G. christ. VI, inst. c. 391). — *Baliargues*, 1625 (pouillé). — *Baillargues*, 1684 (*ibid.*). — *Baillargues*, 1649 (*ibid.*); 1688 (lett. du gr. sc.); 1760 (pouillé; tabl. des anc. dioc.). — L'archiprêtré de Baillargues, suivant un tableau de 1756, avait juridiction sur Candillargues, Castries, Lansargues, Leyrargues, Lunel-Viel, Lunel-Ville, Mauguio, Montels près de Lunel, Mudaison, Saint-Aunès-d'Auroux, Saint-Brès, Saint-Denis-de-Ginestet, Saint-Just, Saint-Nazaire, Valergues, Vendargues. — Cette communauté était une dépendance de la seigneurie de Castries, 1688 (vis. past.). — Le chap. cath. de Montpell. était prieur de cette église, laquelle avait pour patr. *S. Julianus et S. Basilissa*, 1779 (vis. past.). — Les deux localités formoient d'abord deux communes distinctes; elles furent réunies en une seule commune en l'an x. — Voy. Colombiers.
Baillarguet, h. c^{ne} de Montferrier. — C'était une paroisse de l'anc. diocèse de Montpellier, sous le vocable de St-Barthélemy, 1780 (vis. past.). — Fief du marquisat de Montferrier (*ibid.*) — *Balharguetum*, 1528 (pouillé). — *Baillarguet*, 1625 (*ibid.*); 1649 (*ibid.*); 1688 (lett. du gr. sc.); 1760 (pouillé; tabl. des anc. dioc.). — Primitivement commune du canton de Montpellier, Baillarguet fut réuni à Montferrier par décret du 22 mars 1813.
Baille, mⁱⁿ sur le Libron, c^{ne} de Laurens, 1809.
Baille (Mas de), f. c^{ne} de Villeveyrac, 1809.
Bains (Les), éc. c^{ne} d'Avène. — *Loc. de Balneis*, 1311 (stat. eccl. Bitt. 115 v°).

Baissan, ruiss. — Voy. Navaret.
Baissan (Le Bas-), f. c^{ne} de Béziers.
Baissan (Le Haut-), f. c^{ne} de Béziers.
Baisse (La), f. c^{ne} d'Avène.
Baisse (La) ou la Biasse, f. c^{ne} de Fraisse. — *Baixasis*, 1149 (cart. de Foix; H. L. II, pr. c. 523).
Baisseplegade, f. c^{ne} du Soulié.
Baïsseries, f. — Voy. Vaisseries.
Baïssescure, h. c^{ne} de Fraisse.
Baladasse, f. c^{ne} de Tourbes.
Balagou, f. c^{ne} de Ricussec.
Balagou (Serre de), mont. près de Sainte-Colombe, sur la route de Saint-Pons à Béziers : haut. 762 mèt.
Balaruc-les-Bains, c^{on} de Frontignan. — *Balarug*, 961 (Mabill. diplom. 572). — *Castrum de Balasuco*, 1120 (mss d'Aubaïs, H. L. II, pr. c. 414); 1257, 1295 (Arn. de Verd. ap. d'Aigrefeuille, II, 444, 448). — *Bazalucum*, 1120 (cart. Gell. 77 v°), d'où *Bazaluch*, 1130 (mss d'Aubaïs, *ibid.* c. 457). — *Balazuc*, 1146 (*ibid.* c. 513). — *Balarucum castrum*, 1238 (*ibid.* c. 370, H. L. chr. III, pr. c. 108); 1269 (cart. Mag. F 208); 1279 (*ibid.* B 113); 1292 (*ibid.* A 102, D 246). — *Baladucum*, 1163 (Livre noir, 33 v°). — *Vallarucum*, 1528 (pouillé). — *Balaruc*, 1625 (*ibid.*); 1649 (*ibid.*); 1688 (pouillé; lett. du gr. sc.) — *Ballaruc*, 1760 (pouillé).

Église de Balaruc : *Eccl. S. Martini de Casello q. vocatur Ballaruc*, 1082 (Estienne, ant. Bened. occit. H. L. II, pr. c. 314). — *Eccl. S. Mauricii de Baladuc*, 1182 (G. christ. VI, inst. c. 89). — *Balaruc*, paroisse de l'anc. dioc. de Montp. 1587 (charte de l'év. de Montp.); xviiie s^e (tabl. des anc. dioc.). — *Bains de Balaruc*, sous le nom de *Notre-Dame d'Aix*, prieuré, 1760 (pouillé). — Ce bénéfice avait pour prieur le chap. cath. de Montp. 1777 (vis. past.) : voy. Notre-Dame-d'Aix. — Balaruc, sous le patronage de saint Maurice, avait pour seigneur prieur l'év. de Montp. 1777 (vis. past.) arch. du chap. cath. de Montp. casset. bénéfices de l'évêché; hôpital général de Montpellier, succession Colbert) : voy. Saint-Maurice-de-Balaruc.

Cette commune a donné son nom à un *cap* dans l'étang de Tau.

Balaruc-le-Vieux, éc. c^{ne} de Balaruc-les-Bains. — Voy. Saint-Maurice-de-Balaruc.
Balaussan, f. c^{ne} de Roquebrun.
Balayrac ou Baleyrac, h. c^{ne} de Joncels. — *Balayrac*, xvie s^e (terr. de Joncels).
Balayrac-le-Neuf, f. c^{ne} de Joncels.
Balbonne, f. c^{ne} de Saint-Julien. — *Balbonne, Valbonne*, 1778 (terr. de Saint-Julien).

Baldy, f. c^{ne} d'Agde.
Baldy, f. c^{ne} de Bédarieux.
Baldy, f. c^{ne} de Saint-Thibéry.
Balescut, f. c^{ne} de Saint-Pons.
Balestier, f. c^{ne} de Lattes.
Balestras, éc. c^{ne} de Palavas, depuis le 29 janvier 1850, précédemment c^{ne} de Mauguio. — Ancien *Grau, Gradus*, ou passage de la mer, dans l'étang de Méjan ou de Lattes, que mentionnent souvent les titres de l'évêché de Montp. des consuls de mer de cette ville, etc. Ce grau, situé vis-à-vis de l'ancienne embouchure du Lez dans l'étang, a été remplacé au commencement de ce siècle par celui de Palavas, à quelques mètres à l'E. (Plans géom. des dom. de la comm^{rie} du grand et petit Saint-Jean de Montp. 1751. — Voy. aussi le plan qui accompagne l'Histoire du commerce de Montp. par M. Germain, 1861.)
Baleyrac, h. — Voy. Balayrac.
Balguerie, f. c^{ne} de Bessan.
Ballet (Mas de), h. c^{ne} de Vailhan.
Ballongue, mⁱⁿ. — Voy. Ciffre.
Balme (La), h. c^{ne} de Cassagnolles. — *Balma*, 1157 (cart. Agath. 300). — *Balme*, 1760 (pouillé).
Balmes (Les), mⁱⁿ sur le ruisseau de la Cessière, c^{ne} d'Aigues-Vives. — *Balme*, 1181 (cart. Anian. 54).
Balsan ou Fraisse, éc. c^{ne} de Castelnau (2e canton de Montpellier).
Balzabé, f. c^{ne} de Cesseras.
Banal, f. — Voy. Piquetalen.
Banal (Mas de), f. c^{ne} de Saint-Bauzille-de-Putois.
Bancal, f. c^{ne} de Frontignan.
Bandolles, f. c^{ne} de Mauguio. — *Castrum Davollanum*, 1161 (mss d'Aubaïs, H. L. II, pr. c. 580).
Banel, f. c^{ne} de Saint-Pons.
Banès (Le), h. c^{ne} du Soulié.
Banne, f. c^{ne} de Montpellier, sect. K.
Bannières, f. c^{ne} de Castries. — *Mansus de Beyoneiras*, 1123 (cart. Gell. 186 v°). — *De Banneriis*, 1177 (charte du fonds de Saint-Jean de Jérusalem). — *S. Micahel de Bañeyras, S. Michael de Bagneriis*, 1211, 1273 (charte du fonds de Saint-Jean de Jérusalem); commanderie (cart. dioc. de Montpellier et de Cassini).
Banon, jⁱⁿ, c^{ne} de Pézenas.
Banquière, f. c^{ne} de Mauguio, 1809.
Bapex, h. c^{ne} de Saint-Pons.
Baptiste, f. c^{ne} de Frontignan.
Baraciago, f. — Voy. Begot-le-Bas.
Baralier, f. c^{ne} de Montpellier, 1809.
Barandon, f. c^{ne} de Montpellier, sect. G.
Barandons (Les), h. c^{ne} de Saint-Bauzille-de-Montmel.

BARAQUE (LA), éc. c^{ne} de Mireval.
BARAQUE (LA), éc. c^{ne} de Poussan.
BARAQUE (LA), f. c^{ne} de Brissac.
BARAQUE (LA), f. c^{ue} de Claret.
BARAQUE (LA) ou LES BARAQUES DE LA PATTE, f. c^{ue} du Cros.
BARAQUE (LA), f. c^{ne} de Ganges.
BARAQUE (LA), f. c^{ne} de Saint-Julien.
BARAQUE (LA), h. c^{ne} de Ceilhes-et-Rocozels.
BARAQUE (LA), h. c^{ne} des Matelles.
BARAQUE (LA), h. c^{ne} de Saint-Jean-de-Védas.
BARAQUE (LA), h. c^{ne} du Puech.
BARAQUE (LA GRANDE-) ou LA BARAQUE-VIEILLE, f. c^{ne} du Pouget.
BARAQUE-DE-LAURIER (LA), h. c^{ne} de Lunas.
BARAQUE-DES-CANTONNIERS (LA), éc. c^{ne} de Brissac.
BARAQUE-DES-CANTONNIERS (LA), éc. c^{ne} des Matelles.
BARAQUE-EN-BOIS (LA), éc. c^{ne} de Sérignan.
BARAQUES (LES), h. c^{ne} de Laurens.
BARAQUET-DE-LA-GINESTE, éc. c^{ne} de Rosis.
BARAQUETTE (LA), éc. c^{ne} de Castanet-le-Haut.
BARAQUETTE (LA), h. c^{ne} de Cazilhac.
BARASQUES (LES), éc. c^{ne} de Pégairolles, c^{on} du Caylar. — Masures ruinées sur le plateau du Larzac, près de la route imp. n° 9. — *Mansus de Brasca qui est in municipio S. Vincentii*, 1206 (Plant. chr. præs. 106). Voy. SAINT-VINCENT-DE-LA-GOUTTE. — L'usage nous a fait écrire *Barasques*. On dit aussi vulgairement *Barascas*. Les agents voyers de l'arrondissement de Lodève ont écrit *Baraques* sur leur carte des chemins vicinaux. C'est *Brasque* qu'il faudrait dire et écrire. Cassini met *les Barasques*.
BARASQUETTE, f. c^{ne} de Pégairolles, c^{on} du Caylar. — *Les Barasquetes*, xvııı^{e} s^{e} (Cassini).
BARAUSAM. — Voy. SAINT-PONS-DE-BARAUSAM.
BARBARIGNE, ruiss. qui prend son origine au h. du Bosc près de la Valette, passe dans la c^{ne} de Lunas, court pendant 3,500 m. arrose un demi-hect. et se perd dans le Gravaisons. — *Berbilius fluv.* 1176 (Livre noir 105).
BARBAYRAC (GRANGE DE), f. c^{ne} de Vias. — *Barbairanum*, 1185 (Livre noir, 71). — *Barbeianum*, 1209 (cart. Agath. 69).
BARBEYRARGUES, h. — Voy. SAINT-VINCENT-DE-BARBEYRARGUES.
BARBOUSSIÈRE, f. — Voy. BOUSSIÈRE (MAS).
BARBUT, f. c^{ne} de Marsillargues, 1809.
BARCOUSE (LA), f. c^{ne} de Vieussan.
BARDEJAN, h. c^{ne} de Villecelle. — *Berbeianum villare*, 990 (arch. de St-Tibér. G. christ. VI, inst. c. 315).
BARDON, f. c^{ne} de Montpellier, 1809.

BARDON, vulgairement BARDOU, f. c^{ne} de Saint-Nazaire-de-Ladarez.
BARDOU, f. c^{ne} de Montpellier, sect. C.
BARDOU, h. c^{ne} de Mons.
BARDOU, h. c^{ne} de Saint-Pons.
BARDOU, m^{in} sur le Lez, c^{ne} de Montpellier, sect. C.
BARLANDIÉ, f. c^{ne} de Liausson.
BARLET, f. c^{ne} de Montpellier, sect. F.
BARNARIUM, BARNARIAS, fief, c^{ne} de Saint-Jean-de-Buéges. — *Honor de Barnario qui fuit quondam in villa S. Johannis de Buata*, 990 (arch. de St-Tibér. G. christ. VI, inst. c. 315). — *Barronarias*, x^{e} s^{r} (cart. Gell. 27 v°).
BARON, f. c^{ne} de Montpellier, 1809.
BARON (MÉTAIRIE), f. — Voy. MOULIN-À-VENT.
BARONS (LES), f. c^{ne} d'Azillanet.
BAROU, f. c^{ne} de Cette, près de la chapelle Saint-Joseph (Cassini).
BAROU (CAP), c^{ne} de Cette. — Il est formé par une pointe du monticule Saint-Joseph qui s'avance dans l'étang de Tau.
BAROU (LE), h. c^{ne} de Valflaunès.
BARRAC (DOMAINE DE) ou BORIES, f. c^{ne} de Saint-Nazaire-de-Ladarez.
BARRAL, f. c^{ne} de Gignac.
BARRAL (MAS DE), f. c^{ne} d'Aumelas. — Prieuré, 1760 (pouillé).
BARRALE (LA), f. c^{ne} de Marseillan.
BARRALES (LAS), h. c^{ne} du Mas-de-Londres.
BARRE, f. c^{ne} de Lavérune.
BARRE (LA), f. c^{ne} de Saint-Maurice. — *Labarra*, 1217 (cart. Gell. 214).
BARRE (PONT DE), éc. c^{ne} de Saussan.
BARRÈS, f. c^{ne} de Quarante.
BARRIÈRE, h. c^{ne} de Colombières. — *Barreria*, 1182 (cart. Anian. 53 v°).
BARRIÈRE (LA), f. c^{ne} de Saint-Pons-de-Mauchiens.
BARRIÈRE (LA), f. c^{ne} de Servian.
BARRIS (LES), bourg, c^{ne} de Sauvian.
BARRIS (LES), h. c^{ne} des Matelles.
BARROUBIO, h. c^{ne} de Pardailhan. — Le ruiss. de Barroubio, dans la même c^{ne}, court pendant 6,500 mèt. arrose 20 hect. fait aller un m^{in} à blé et afflue dans la Cesse.
BARRY (LE), bourg, c^{ne} de Montpeyroux. — Ce bourg appelé *de l'Église*, parce qu'on y trouve l'église de Saint-Martin-d'Adisse ou de Montpeyroux, est l'une des trois parties (l'Adisse, l'Amelinde, le Barry) qui composent cette commune. — *Bardicum villare*, 1162 (trésor des ch. H. L. II, pr. c. 588). — *Bardineum*, 1210 (bibl. reg. G. christ. VI, inst. c. 284).

Barry (Le), h. c^{eu} de Cabrerolles.
Barry (Le), h. c^{ne} de Graissessac.
Barry (Le), h. c^{ne} de Lacoste.
Barry (Mas de), h. c^{ne} d'Aumelas.
Barque (La), éc. — Voy. Bac de Saint-Thibéry.
Bartasse (La), f. c^{ne} de Béziers. — *Bardas*, 1164 (Liv. noir, 143).
Barthas (Le), Bartas, 1840; le Bartus, 1809, f. c^{ne} de Castanet-le-Haut.—*Bartas*, 1164 (Liv. noir, 143).
Barthas (Le), f. c^{ne} de la Salvetat.
Barthe (La), f. c^{ne} de la Salvetat. — *Mansus de Barta*, 1158 (cart. de l'abb. de Saint-Pons; H. L. II, pr. c. 572).
Barthe (La), jⁱⁿ, c^{ne} de Béziers. — Voy. Ladarthe.
Barthe (La), mⁱⁿ sur le ruisseau de Caplong, c^{ne} de Siran.
Barthélemy, jⁱⁿ, c^{ne} de Montpellier, sect. D.
Barthez-Enjalvin, f. c^{ne} de Montpellier, 1809. — Voy. Ollier.
Barthezou, f. c^{ne} de la Salvetat.
Bascoulèdes, h. c^{ne} de Fraisse.
Bassac, f. c^{ne} de Puissalicon.
Bassan, c^{on} (1er) de Béziers. — *Bacianum villa, eccl.* 990 (Marten. Anecd. I, 179); 1207 (Livre noir, 187). — *Basianum*, 1210 (reg. cur. Fr. H. L. III, pr. c. 222).— *Eccl. S. Felicis de Baxano*, 1129 (Livre noir, 286); 1305 (stat. eccl. Bitt. 73 v°). — *Bassanum*, 1323 (rôle des dîmes de l'égl. de Béz.); 1325 (stat. eccl. Bitt. 91; Livre noir, 9, 58, 100 et *passim*). — *Bassan*, 1625 (pouillé); 1649 (*ibid.*); 1688 (lett. du gr. sc.); 1760 (pouillé); paroisse de l'anc. diocèse de Béziers sous le vocable de *S. Petrus ad Vincula*, 1780 (ét. offic. des égl. de Béz.; tabl. des anc. dioc.). — Bassan était le siège d'une justice royale et bannerète, dans le ressort du présidial de Béziers. Comprise d'abord dans le c^{on} de Servian, cette commune fut, en conséquence de l'arrêté des consuls du 3 brumaire an x, placée dans le c^{on} (1er) de Béziers.
Bassanel, f. c^{ne} d'Olonzac.
Bassanet, f. c^{te} d'Aumes.
Bassélerie, f. — Voy. Bachélerie.
Bassels (Les) ou lous Bassels, f. c^{ne} de Colombières, 1809.
Basses, h. c^{ne} d'Octon.— *Batas*, 934 (cart. Gell. 74 v° et 75).
Basset, f. c^{ne} de Castanet-le-Haut.
Basset, f. c^{ne} de Magalas.
Basset, f. c^{ne} de Montpellier, sect. C.
Basset, f. c^{ne} de Rosis, 1809.
Bassez (Le), f. c^{ne} de la Salvetat.

Bassière (Rec de), f. c^{ne} de Riols. — *Vaissière* (cart. de Cassini).
Basson, 1856; Besson, 1851, f. c^{ne} de Lunel.
Bassouille, f. c^{ne} de Servian.
Bassoul, f. c^{ne} de Montels.
Bastard, f. c^{ne} de Gabian.
Bastian (Mas de), f. c^{ne} de Vailhauquès.
Bastide, campagne Fournier, 1851; *grange et usine* Fournier, 1809-1840; c^{ne} de Bédarieux.
Bastide, f. c^{ne} de Montpellier, 1809.
Bastide, f. c^{ne} de Rouet. — *Villa Bastida in parochia Sancti-Stephani de Roveto*, 1031 (cart. Gell. 40 v° et 41).
Bastide, f. — Voy. Palliers (Les).
Bastide (Grange de), f. c^{ne} de Castelnau-de-Guers.
Bastide (La), f. c^{ne} de Quarante.
Bastide (La), 1851; la Bâtisse, 1840; f. c^{ne} de Tourbes. — *Bastida*, 1210 (reg. cur. Franc.; H. L. III, pr. c. 222).
Bastides, h. c^{ne} de la Roque. — *Bastida villa*, 1031 (cart. Gell. 41).
Bastide-Vieille (La), f. c^{ne} de Capestang.
Bastit, f. c^{ne} de Montpellier, sect. J.
Bastit et les Aumelas ou Omelas, h. c^{ne} de Béziers, 1809.
Bâteau (Le), f. c^{ne} du Pouget, 1809.
Bâtisse (La), f. c^{ne} de Jacou.
Bâtisse (La), f. c^{ne} de Villeneuvette.
Bâtisse (La), f. — Voy. Bastide (La).
Bau (Col de) ou de la Bàou, sur la mont. de l'Ortus, à l'O. de la c^{ne} de Valflaunès; haut. 378 mètres.
Baucels, h. c^{ne} de Moulès. — *Bella cella super fluvium Agotis*, 820 (cart. Anian. 14). — *Villa de Baucio*, 1151 (bibl. reg. Baluz. Lang. H. L. II, pr. c. 536). — *De Baucellis*, 1293 (cart. Mag. F, 339 et 340). — *Prieur de Beaucelz*, 1527 (pouillé). — *Église de Saint-Jean-Baptiste de Baussels*, 1693 (G. christ. VI, inst. c. 234); 1760 (pouillé). — *Bauzels*, 1625 (*ibid.*). — *Bauzelz*, 1649 (*ibid.*).—*Bausels*, 1709-1720 (Saugrain). — *Baussels*, XVIIIe s^e (tabl. des anc. dioc.). — *Ginestous ou Baucels* (cart. de Cassini). — Baucels et Moulez étaient, avant 1790, une paroisse du dioc. d'Alais, bailliage de Sauve, répondant, pour la justice, au sénéchal de Montpellier. Ces deux hameaux formaient deux communes distinctes dans le canton de Ganges; ils ont été réunis en 1836, pour ne faire qu'une seule commune.
Baudière ou Beaudière, f. c^{te} de Fraisse.
Baudon-Roques, deux f^{es}, c^{ne} de Montpellier, sect. G.
Baudran, f. c^{ne} de Cazilhac, 1809.
Baudran, h. c^{ne} de Saint-Martin-de-Londres.

Baugros, village détruit, aujourd'hui *ténement*, c^{ne} de la Vacquerie. — *Boscus grossus*, 1325 (Plant. chr. præs. 291). — *Beaugros*, mal écrit, sur la carte des chemins vicinaux. — La plaine de *Baugros* s'étend entre la c^{ne} de la Vacquerie et celle de Saint-Maurice. On chercherait vainement de nos jours la trace de la forêt qui couvrait cette plaine ailleurs que dans le nom et la tradition locale.

Baume (La), chât. c^{ne} de Roujan.

Baume (La), f. c^{ne} de Puisserguier.

Baume (La), f. c^{ne} de Servian.

Baume-Auriol (La), f. c^{ne} de Saint-Maurice. — Anc. seigneurie, *Balma de Auriolis*, 1223 (Plant. chr. præs. 134). — *Balma Aureoli*, 1365 (ibid. 306). — *Balma-Auriol*, 1529 (dom. de Montp. H. L. V, pr. c. 87).

Baume des Fées. — Voy. Demoiselles (Grotte des).

Baumes, f. c^{ce} de Ferrières, c^{on} de Claret. — *Balmas*, 990 (cart. Gell. 30 v°). — *Balma Folcherio in Corcon*, v. 1031 (ibid. 32 v°).

Baumes (Enclos), f. c^{ne} de Lunel. — *Balmæ*, 1303 (cart. Mag. D, 289).

Baussou, riv. qui prend sa source à Saint-Geniès-le-Haut, passe à Castanet, parcourt 9,500 mètres, fait marcher cinq usines, arrose 25 hectares et se jette dans la Mare, affluent de l'Orb.

Bauton, f. c^{ne} de Béziers (1er c^{on}).

Bautugade, f. c^{ne} de Servian. — *Botenach*, 1160 (cart. Anian. 57 v°).

Baye, métairie Caliman, f. c^{ne} de Montpellier, 1809.

Bayelle, f. c^{ne} de Caux. — *Begolæ ad fluv. Ruveia* (Rouviéges), 922, 1123 (cart. Gell. 56 v° et 184 v°). — *Balnialos, Baturellas villa*, 987 (cart. Lod.; G. christ. VI, inst. c. 269). — *Begola*, 1184, 1185 (Livre noir, 85 et 216).

Bayelle, ruiss. qui prend sa source à Nefliès, passe sur le territoire de Caux, court pendant 2 kilomètres, fait aller un mⁱⁿ à blé et se jette dans la riv. de Peyne, affluent de l'Hérault. — *Begola*, 922, 1123 (cart. Gell. 56 v° et 184 v°).

Bayle (Mas), f. — Voy. Fonts (Las).

Bazille, f. c^{ne} de Castelnau (2e c^{on} de Montpellier).

Bazille, f. c^{ne} de Montpellier, sect. B.

Béals, mⁱⁿ. — Voy. Réals.

Beaudésert, h. c^{ne} d'Avène.

Beaudière, f. — Voy. Baudière.

Beaufort, c^{on} d'Olonzac. — *Allod. de Belfort*, 1060, 1095, 1145 (cart. de l'abb. de Moissac et de Narb. H. L. II, pr. c. 237, 340, 509); 1182 (G. christ. VI, inst. c. 88). — *Eccl. B. Martini de Bello forti*, 1135 (2e cart. de la cathédr. de Narb. H. L. II, pr. c. 480); 1442 (arch. de l'Hérault, chron. de Bardin, ms). — *Beaufort*, seigneurie, 1529 (dom. de Montp. H. L. V, pr. c. 85). — Anc. paroisse du dioc. de Saint-Pons, 1625 (pouillé), 1649 (ibid.), 1760 (pouillé; tabl. des anc. dioc.). — Beaufort répondait, pour la justice, au sénéchal de Carcassonne.

Beaugrane, f. — Voy. Belgrane.

Beaulac (Jardin de), éc. c^{ne} de Pézenas.

Beaulieu, c^{on} de Castries. — *Bel-log*, 1142 (abb. de la Grasse et de Fontfroide; H. L. II, pr. c. 495). — *Belloc*, 1150 (ibid. c. 522). — *Villa de Bellolocu*, 1158 (chât. de Foix; ibid. 569); 1159 (cart. Agath. 151); 1213 (cart. Anian. 48); 1389 (chron. H. L. ibid. 199).

Église de Beaulieu : *Eccl. S. Mariæ de Bello loco*, 1178 (G. christ. VI, inst. c. 140); 1216 (Livre noir, 109); 1211 (cart. Mag. A 251); 1330 (ibid. 182); 1340 (ibid. D 11); 1323 (rôle des dîm. de l'égl. de Béz.). — *De Bellopodio*, 1296 (G. christ. VI, inst. c. 379). — Beaulieu, anc. paroisse du dioc. de Montpellier, 1625 (pouillé); 1649 (ibid.); 1688 (lett. du gr. sc.); 1760 (pouillé; tabl. des anc. dioc.). — Vocable : *S. Petrus ad Vincula*, 1779 (vis. past.). — Cette c^{ne} fit d'abord partie du c^{on} de Restinclières, supprimé par arrêté des consuls du 3 brumaire an x; elle fut alors comprise dans le c^{on} de Castries.

Beaulieu, f. c^{ne} de Cournonterral.

Beaume (La), h. c^{ne} du Causse-de-la-Selle. — *Balma*, 990 (cart. Gell. 30 v° et 32 v°).

Beaumelle, f. c^{ne} de Lunel-Viel.

Beaumevieille, f. c^{ne} de Saint-Saturnin.

Beauprès, jⁱⁿ, c^{ne} de Pouzolles.

Beauquiniès, h. c^{ne} de Gorniès.

Beauregard, f. c^{ne} de Marsillargues.

Beauregard, f. c^{ne} de Villeneuve-lez-Maguelone. — *Bellum podium de Frontiniano*, 1296 (G. christ. VI, instr. c. 379).

Beau-Séjour, f. c^{ne} de Béziers (2e c^{on}).

Beau-Séjour ou Métairie Belliol, f. c^{ne} de Nébian.

Beautes (Les), f. c^{ne} de Saint-Bauzille-de-Putois. — *Batas*, v. 934 (cart. Gell. 74 v°). — *Villa de Bethano*, 1164 (ibid. 209 v°).

Beauvezet, f. c^{ne} de Montarnaud.

Beauvoir, c^{ne}. — Voy. Saint-Hilaire-de-Beauvoir.

Beauzes, f. c^{ne} de Montpellier, 1809.

Becamel (Mas de), f. c^{ne} de Saint-Hilaire.

Beccandy, éc. c^{ne} de Saint-Nazaire-de-Ladarez, 1809.

Bédarieux, arrond. de Béziers. — *Bedeiriæ*, 1164 (chât. de Foix, cart. H. L. II, pr. c. 601). — *Vicarius de Bitterivis*, 1323 (rôle des dîmes de l'église de Béz.). — *Bedarrious*, 1625 (pouillé). — *Bedarrieux*,

1649 (pouillé). — *Bedarieux*, 1563 (mss de Coaslin. H. L. V, pr. c. 154); 1688 (lett. du gr. sc.).
— Paroisse de l'ancien diocèse de Béziers, dans l'archiprêtré de Boussagues, sous le vocable de *S. Alexander*, 1760 (pouillé; tabl. des anc. dioc.); 1780 (ét. offic. des égl. de Béz.).

Astruc appelle cette ville *Betarrivæ*, ou *Petit-Béziers* (Mém. 425). — On lit aussi *Bidanum de Aleriis (demeure d'oiseaux)*, 1222 (hôtel de ville de Narb. H. L. III, pr. c. 274).

En 1790, le canton de Bédarieux fut composé de 9 communes : Bédarieux, Boussagues, Camplong, Carlencas-et-Levas, Faugères, Fos, le Pradal, Montesquieu, Pézènes. Par suite de l'arrêté des consuls du 3 brumaire an x, Fos et Montesquieu passèrent dans le canton de Roujan. Enfin, le hameau de Graissessac, dépendant de la commune de Boussagues, ayant été érigé en commune en 1859, le canton de Bédarieux se trouve aujourd'hui formé de 8 communes.

BEDOS, f. c^ne de Montpellier, 1809.
BEDOS, f. c^ne de Pézenas.
BEDOS, m^in sur la Nazoure, c^ne de Cruzy.
BEDOS (GRANGE DE), éc. c^ne d'Abeilhan, 1809.
BEDOS (MAS DE), f. c^ne de Parlatges.
BEDOS-ALLET, j^in. — Voy. ALET.
BEDRINES, j^in, c^ne de Magalas. — *Villa de Bedorinis*, 1182 (Livre noir, 317 v°).
BEGOT-LE-BAS, f. c^ne de Saint-Pons. — Nom resté d'une ancienne viguerie sur le territoire de Saint-Pons et de Riols. — Martène cite une *villa Baraciaco seu de Barciaco in vicaria Begosense*, 990 (Anecd. I, 179; cart. de Béziers; G. christ. VI, inst. c. 142).
BEGOT-LE-HAUT, f. c^ne de Riols. — Voy. l'art. précédent.
BEGUDAS (LAS), éc. c^ne de Saussan.
BÉGUDE (LA), f. c^ne de Servian.
BÉGUDE-BASSE (LA), f. c^ne de Puimisson.
BÉGUDE-HAUTE (LA), éc. c^ne de Puimisson.
BÉGUDES (LES), éc. c^ne de Gigean.
BEL-AIR (BARAQUE DE), éc. c^ne de Grabels.
BEL-AIR (BARAQUE DE), éc. c^ne de Castanet-le-Haut.
BEL-AIR, f. c^ne de Marseillan.
BEL-AIR, f. c^ne de Quarante.
BEL-AIR, f. c^ne de Vacquières.
BEL-AIR, relais, éc. c^ne de Montarnaud.
BEL-AMAN, h. c^ne de Fraisse.
BÉLARGA, c^on de Gignac. — *Belesgar*, 1236 (cart. Gell. 215). — *Belorgarium*, 1518 (pouillé). — Seigneurie de *Belerga*, ressort à la viguerie de Gignac, 1529 (dom. de Montp. H. L. V, pr. c. 87). — *Belarga*, 1625 (pouillé); 1649 (*ibid.*); 1688 (lett. du gr. sc.). — *Belarge*, 1760 (pouillé). — *Balarga*, paroisse de l'anc. dioc. de Béziers, xviii° s° (tabl. des anc. dioc.), dans l'archipr. du Pouget, patr. *S. Stephanus*, 1780 (ét. offic. des égl. de Béz.).
— Pour la justice, Bélarga répondait au sénéchal de Béziers.

Cette commune appartenait primitivement au c^on de Saint-Pargoire, supprimé par arrêté des consuls du 3 brumaire an x; elle passa alors dans le c^on de Gignac.

BEL-ARNAUD, f. — Voy. TOUR DE BEL-ARNAUD.
BELBÉZÉ, atelier de laine, éc. c^ne de Lacoste.
BELBÈZE, f. c^ne de la Salvetat.
BELESTA, f. c^ne de Cazedarnes, depuis 1850 que Cazedarnes a été érigée en commune. — Sur les tableaux de recensement de 1809, Belesta appartient à la c^ne de Cessenon.
BELET, f. c^ne de Saint-Pons.
BELGRANE ou BEAUGRANE, f. c^ne de Montoulieu.
BELLAS, éc. c^ne de Lodève. — *Bella villar*. 1177 (Livre noir, 24).
BELLAUD, f. c^ne de Castelnau (2° c^on de Montpellier).
BELLAURE, h. c^ne de la Boissière. — *Sancta-Maria de Bella*, 1154 (cart. Anian. 35 v°). — Voy. SAINTE-MARIE-DE-BELLA.
BELLEFONTAINE, f. c^ne de Nébian.
BELLEFONTAINE, filature, éc. c^ne de Lieuran-Cabrières.
BELLENAZE, h. c^ne de Pardailhan.
BELLES-EAUX, f. c^ne de Caux.
BELLET ou MAS DE CAYLA, f. c^ne de Saint-Pargoire.
BELLEVAL, f. c^ne de Montpellier, 1809. — Voy. PISCINE.
BELLEVUE, f. c^ne de Cazouls-lez-Béziers.
BELLEVUE, f. c^ne de Claret.
BELLEVUE, f. c^ne de Lattes.
BELLEVUE, f. c^ne de Marseillan.
BELLEVUE, f. c^ne de Mèze, 1809.
BELLEVUE, f. c^ne de Montblanc.
BELLEVUE, f. et chât. c^ne de Montpellier, sect. G.
BELLEVUE, f. c^ne de Quarante.
BELLEVUE, f. c^ne de Saint-Georges-d'Orques.
BELLEVUE, f. c^ne de Saint-Pons-de-Mauchiens.
BELLEVUE, f. c^ne de la Salvetat.
BELLEVUE, f. — Voy. COUDERC (MAS DE) et MINISTRE (MAS DU).
BELLEVUE, h. c^ne de Guzargues.
BELLEVUE (MAS DE), f. c^ne de Saint-Jean-de-Védas.
BELLIOL (MÉTAIRIE), f. — Voy. BEAU-SÉJOUR.
BELLOC, f. c^ne de Lacoste, 1809.
BELLONET, f. c^ne de Pinet, 1840.
BELLONET (GRANGE DE), f. c^ne de Florensac, 1809.
BELLONNETTE (LA), f. c^ne de Marseillan.

Bellonnette (La), f. c^ne de Servian, 1840. — *Villa de Boloniaco*, 1154 (Livre noir, 3 v°).
Belot, h. c^ne de la Salvetat.
Belous, f. c^ne de Clermont, 1809.
Bel-Soleil, f. c^re de Boisset.
Bel-Soleil, f. c^re de Félines-Hautpoul.
Belvezé, f. c^re de Cazouls-lez-Béziers, 1809. — *Belvedin*, 1121 (tr. des ch. H. L. II, pr. c. 419). — *Belveder*, 1138 (cart. Agath. 172).
Bencker, f. c^ne de Frontignan.
Bencker, f. c^re de Montpellier, sect. G.
Benech, manse ruinée, c^ne de Montpeyroux.
Bénel, f. c^ne de Montpellier, 1809.
Benezech, f. c^ne de Frontignan.
Benezet, f. c^ne de Montpellier, sect. C.
Benezet, f. c^ne de Puéchabon, 1838.
Benist (Mas de), f. c^ne de Mèze, 1809. — *Mansus de Benedicto*, 987 (cart. Lod. G. christ. VI, inst. c. 271).
Benoïdes (Les), station du chemin de fer, éc. c^ne de Saint-Brès.
Benoit, f. c^ne de Bédarieux.
Benoit, j^in, c^ne de Béziers (2e c^on).
Benoite, f. c^ne de Montagnac.
Benottes, f. c^ne de la Salvetat.
Bénovie, riv. qui prend sa source dans la c^ne de Sainte-Croix-de-Quintillargues. Son cours est de 19 kilomètres. Elle arrose Galargues, Saint-Bauzille-de-Montmel, Fontanès, Saussines, Boisseron, fait aller quatre moulins à blé ou à huile et se jette dans le Vidourle.
Bensa, f. c^ne de Cette, 1809.
Beq, f. c^ne de Fraisse, 1809.
Béqueny, f. c^ne de la Salvetat.
Bérange, riv. qui a son origine dans la commune de Saint-Drézéry, parcourt 20,500 mètres, en traversant les territoires de Sussargues, Castries, Saint-Geniès, Saint-Brès, Mudaison, Lansargues, Candillargues, fait mouvoir sept moulins à huile ou à blé, arrose 125 hectares et se perd dans l'étang de Mauguio. — *Fluvius Besangue*, 1123 (cart. Anian. 74). — *Berange*, xviiie s^e (cart. de Cassini).
Bérand, f. c^ne de Montpellier, sect. K.
Bergeon, f. — Voy. Aîné d'Henri Bergeon (Mas de l').
Bergeron, f. c^ne de Balaruc-les-Bains, 1809.
Bergue (La), f. c^ne de Saint-Pons.
Berlou, c^on d'Olargues. — Anc. paroisse du dioc. de Saint-Pons. — *Berlon*, 1625 (pouillé); 1649 (ibid.). — *Berlou*, xviiie s^e (tabl. des anc. dioc.). Cette communauté répondait, pour la justice, au sénéchal de Béziers. — Berlou faisait d'abord partie du c^on de Cessenon, supprimé par arrêté des consuls du 3 brumaire an x. Cette c^ne passa alors dans le c^on d'Olargues.
Bernadon, f. — Voy. Cazes-Bernadon.
Bernagues, h. c^ne de Lunas. — *Bertanagas*, v. 1150 (cart. Anian. 68).
Bernard, f. c^ne de Clermont, 1809.
Bernard, m^in sur le Vidourle, c^ne de Marsillargues.
Bernatis, anc. villa, dans le comté de Substantion, 960 (arch. de l'abb. de Montmajour; Mabill. ad ann. 960, n. 33).
Bernède, ruiss. dans la c^ne de Saint-Nazaire-de-Ladarez. Son cours est de 4 kilomètres; il arrose un hectare et se jette dans le Crouzet, affluent de l'Orb.
Bernesac, f. — Voy. Terraillet.
Bernicot, h. c^ne du Soulié.
Bernouvre, f. c^ne de la Salvetat.
Berry (Mas du), f. c^ne de Guzargues.
Bert, m^in sur la Mare, c^ne de Saint-Gervais-Ville.
Berthassade, f. c^ne de Montpeyroux. — *Bers*, 1141 (cart. Gell. 160). — Les bois des environs : *silva Bitoranda*, 861 (Baluz. bibl. reg. ch. reg.; H. L. I, pr. c. 106).
Berthe, f. c^ne de Montpellier, 1809.
Berthès, f. c^ne de Vic, 1838.
Berthézène ou Mas de Valentin, j^in, c^ne de Mauguio.
Berthèzes (Les), h. c^ne de la Salvetat.
Berthol, f. c^ne de Mèze.
Berthomieu, j^in, c^ne de Bédarieux.
Berthuel, j^in, c^ne de Saint-Thibéry.
Bertin, f. c^ne de Montpellier, sect. B.
Bertin (Mas de) ou Serres, f. c^ne de Castelnau (2e c^on de Montpellier).
Bertrand, éc. c^ne de Montpellier, sect. F.
Bertrand, f. c^ne de Montpellier, sect. D.
Bertrand, f. c^ne de Saint-Pargoire.
Bertrand, h. c^ne du Causse-de-la-Selle.
Bertrand, j^in, c^ne de Villeneuve-lez-Béziers.
Bertrand, m^in sur le Buéges, c^re du Causse-de-la-Selle.
Bertrand, tuilerie et j^in, c^ne d'Hérépian.
Bertrand, f. — Voy. Delboly.
Bertrand (Grange de), f. c^ne d'Hérépian.
Bertrand (Mas de), j^in, c^ne de Saint-André-de-Sangonis.
Bès, m^in. — Voy. Saint-Christol.
Besac, étang ou palus, limitant autrefois celui de Lattes et confinant avec le mas de l'Estelle. — *Palus de Besac*, 1527 (arch. de Lattes, act. de vent.). — *Bojat*, 1749 (ibid. arrêt du Conseil d'État).
Bescaume (Le), h. c^ne de Graissessac. — *Vennaschum*, 1079 (cart. Gell. 58 v°).

BESSAN, c^on d'Agde. — *Betianum*, 940 (Mabill. ann. III, 711). — *Bitignanum* aut *Bitinianum villa*, 1053 (cart. de la cath. de Béziers; H. L. II, pr. c. 222-223). — *Becianum castrum*, 1134 (synod. Monspel.); 1139 (concil. Uticens.). — *Bessanum*, 1150 (abb. de Villelongue; H. L. II, pr. c. 527); 1209 (cart. Anian. 60); 1339 (arm. dor. liasse M, n° 9). — *Bezanum*, 1162 (mss d'Aubais; H. L. *ibid.* 583). - *Bessianum*, 1194, 1211 (G. christ. VI, inst. c. 143; cart. Anian. 64 v°). — *Becanum*, 1211 (*ibid.* 52). — *Baissanum, Baissan*, 1271 (stat. eccl. Bitt. 67 et 67 v°); 1184, 1216 (Livre noir, 61, 109 et *passim*). — *Bayssanum*, 1323 (rôle des dîm. de l'égl. de Béz.). — *Bessan*, 1625 (pouillé); 1649 (*ibid.*); 1688 (lett. du gr. sc.); 1760 (pouillé).

Église de Bessan. — *Eccl. S. Marie de Betiano vel Beciano*, 940 (arch. de Saint-Pons de Thom.; Mabill. ann. III, 711); 1187 (cart. Agath. 6; ch. de Bessan). — *Eccl. S. Petri de Beciano*, 1134 (concil. Monspel.); 1156 (bulle d'Adrien IV, cart. Agath. 1); 1216 (arch. de Saint-Tibér.; G. christ. VI, inst. c. 333). — *Bessan*, paroisse de l'anc. dioc. d'Agde, 1760 (pouillé; tabl. des anc. dioc.). — La ville de Bessan était le siége d'une justice royale non ressortissante.

BESSES, ruiss. qui prend sa source au h. de Montblanc, c^ne de la Salvetat, court pendant 4,300 mètres, arrose 16 hectares et se jette dans l'Agout, affluent du Tarn.

BESSES (LAS), h. c^ne de Saint-Maurice. — *Bezzas*, 1122 (art. Gell. 60).

BESSES-BASSES, h. c^ne de la Salvetat.

BESSES-BASSES, h. c^ne de Saint-Pargoire.

BESSES-HAUTES, h. c^ne de la Salvetat.

BESSES-HAUTES, h. c^ne de Saint-Pargoire.

BESSIÈRE, f. c^ne de Béziers, 1809.

BESSIÈRE, f. c^ne de Gabian, 1809.

BESSIÈRE, h. c^ne de Fraisse. — *Mansus de Vaisseria*, 1087 (cart. Gell. 163 v°).

BESSILLES, f. c^ne de Montagnac. — *Villa de Vezuis*, 1114, 1164 (cart. Gell. 110 v° et 209 v°).

BESSODES, f. et j^in, c^ne de Florensac, 1809.

BÉTIRAC, f. c^ne d'Hérépian. — *Bitinianum et Betinianum*, 1165, 1179 (Livre noir, 45 et 171 v°). — *Betenac*, 1175 (cart. Agath. 47). — *Betignanum*, 1325 (stat. eccl. Bitt. 92 v°).

BEULAC, tuilerie, éc. c^ne de Saint-Thibéry.

BEULAIGUE, f. c^ne de Saint-Pons, 1809. — Cassini écrit simplement *Laïgue*.

BEULLAC, tuilerie, éc. c^ne de Vias.

BÉVIOUNÈS, h. c^ne de Brissac.

BEZ (LE) ou LÉENHARDT, m^lin sur le Lez, c^nt de Castelnau (2e c^on de Montpellier).

BÉZARD, f. c^ne de Pézenas.

BÉZARD (ENCLOS), f. c^ne de Lunel.

BÉZIERS, ch.-l. d'arrond. — Βλίτερα et Βλίτερα (Strab. l. IV). — Βαίτερα, *ibid.* pour Βλίτερα, d'après d'Anville (not. des Gaul.). — Βαιτίραι (Ptol. Geogr. l. II, c. 10). — Βητηρράτων (méd. rapp. par Peiresc et Harlay). — Βλίταρρα, Βήτερρα, Βηίταρρα (Steph. Byzant.). — *Septumanorum Bæterra* (Mela, l. II, c. 5). — *Bæterræ* (*ibid.* et vases du Musée du collége romain), d'où l'inscr. rapp. par Gruter : *Sept. Bæt. Septimani Bæterrenses.* — *Beterræ, Bliterræ* (Plin. Hist. nat. III, 4). — *Blitera* (Senec.). — *Besará* (Fest. Avien. or. marit. v. 590). — *Biterræ* (itiner. Burdigal. Theodulf. v. 136). — *Beteræ* (carte de Peuting.; itiner. Antonin.). — *Beteroris* (Anonym. Ravenn. l. IV, § 28). — *Bætiras*, Constantin, l'empereur, tr. par *Bedras* et *Bidrasch* (itiner. Benj. Tudel.). — *Bittera, Biterra, civitas Biterrensis* (Sulp. Sev. Julian. Tolet. Greg. Tur. III, 21). — *Biteris* (Frédégaire). — *Bederensis* (Guill. Neubrig.). — *Bliterium* (Vie de Hugues, abbé de Cluny). — La plupart de ces noms latins, *civitas Biterrensium, civitas Biterrensis, Bliterra, Bæterra, Biterræ*, se reproduisent à chaque instant dans les auteurs et dans nos archives depuis le VIIIe jusqu'au XIe et au XIIe s^e. Alors commencent à paraître les noms français : *Beders, Bedeirez, Biterris civitae et totum Bedеrrez* (le pays Biterrois), 1118 (dom. de Montp. cart. de Foix; H. L. II, pr. cc. 403, 405); 1154 (*ibid.* c. 550); 1285 (gr. chartrier de Montpell. arm. A, cass. VI, n° 5); 1358 (chron. consul. de Béz. 70 v°). — *Bezer, Bezerez, Bezers*, 1129 (H. L. ibid. c. 450; Livre noir, *passim*); 1209 (chronique consul. de Béz. 30). — *Bezes*, 1247 (libr. de memor.). — *Besiers*, 1202 (chron. Albig.; H. L. III, pr. c. 3). — *Bedier*, 1257 (dom. de Montpell.; *ibid.* c. 528; stat. eccl. Bitt.; cart. Agath. *passim*). — *Besiers*, 1525 (proc.-verb. des états de Lang.); 1625 (pouillé); 1688. (lett. du gr. sc.). — *Beziers*, 1299-1419 (Liv. omnibus); 1515, 1518 (chron. consul. de Béz. 84 v°, 89 v°); 1649 (pouillé); 1688 (lett. du gr. sc.); 1760 (pouillé).

L'église de Béziers remonte aux premiers siècles du christianisme. — *Ecclesia Biterrensis* (Usuard ad XI calend. april. Sulp. Sever. Hist. II, ad ann. 353); 569-962 (Aguir. concil. II, 301-728); 791 (concil. Narb.); 990 (Marten. Anecd. I, 179); 1065 (Mabill. diplom. 572). — Ce diocèse était situé entre ceux d'Agde, de Montpellier et de Lodève, au levant; le Rouergue, au nord; les diocèses de Castres, de Narbonne et de Saint-Pons, au couchant, et la Méditerranée, au midi. La rivière d'Orb le traversait du nord au midi, depuis sa source jusqu'à son embouchure dans la mer; l'Hérault en arrosait la partie orientale. — L'évêché de Béziers comprenait, dans le dernier siècle, 103 paroisses ou communautés, savoir : Abeilhan, Adissan, Alignan-du-Vent, Aspiran, Aumelas, Autignac, Avène, Bassan, Bédarieux (ville), Bélarga, Béziers (ville), Boujan, Boussagues, Cabrerolles, Cabrières, Campagnan, Carlencas, Causses et Veyran, Caussiniojouls, Caux (ville), Cazouls-d'Hérault, Cazouls-lez-Béziers, Ceilles (bourg), Cers, Colombières-la-Gaillarde, Colombiers, Corneilhan, Coulobres, Dio et Valquières, Espondeilhan, Faugères, Fontès, Fos, Fouzilhon, Gabian, Gignac (ville), Hérépian, Jaussels (Joncels), Laurens, Lespignan, Levas, Lézignan-la-Cèbe, Lieuran-Cabrières ou Aureilhan, Lieuran-lez-Béziers, Lignan, Lunas et Caunas, Magalas, Maraussan, Margon, Maureilhan, Montady, Montblanc, Montesquieu, Mourcairol, Murviel (ville) et Mus, Neffiès, Nisas et Cissan, Pailhès, Paulhan, Peret, Pézènes, Plaissan, Popian, Portiragnes, le Pouget, le Poujol, Pouzoles, Pouzols, le Pradal, Puilacher, Puimisson, Puissalicon, Ramejan (xviii° s°), Ribaute, Rocozels, Romiguières, Roquebrun, Roqueredonde, Roquessels, Roujan, Sauvian, Sérignan (ville), Servian (bourg), Saint-Amans (xviii° s°), Saint-Bauzille-de-la-Silve, Saint-Geniès, Saint-Nazaire-de-Ladarez, Saint-Pargoire, Saint-Pierre-de-Valmascle, Taussac, Terre-Foraine-du-Poujol, Thezan (ville), Tourbes, Tressan, Usclas, Vailhan, Valros, Vendémian, Vendres, Vieussan, Villemagne-l'Argentière, Villeneuve (ville), Villenouvette (xviii° s°). Ces églises paroissiales étaient divisées en trois archiprêtrés qu'on peut voir aux noms de Boussagues, Cazouls, Pouget.

On trouve dans le Recueil des conciles : *Conciliabulum Biterrense*, 356 (cf. annuaire de l'Hérault de 1850). — *Concilium Biterrense*, 1234, 1246, 1279, 1299, 1351. — Voy. Saint-Aphrodise et Saint-Jacques, abbayes.

Béziers était le chef-lieu de l'une des huit sénéchaussées de Languedoc, et, plus anciennement, de la grande sénéchaussée de Carcassonne. A la sénéchaussée et au présidial de Béziers ressortissaient, en première instance, la viguerie de Béziers, la viguerie de Gignac, la cour royale de Thezan, les justices royales et bannerètes de Montady, Corneilhan, Bassan, Maraussan, Boujan, Abeilhan, Autignac, Puissalicon, Roquebrun, Agel, Causses, Servian, Vendres, Caux, Cabrières, Lieuran-Cabrières, Montblanc, Valros, Tourbes (Expilly, dict. des Gaul.; Basville, mém.). — Mais, suivant le tarifpouillé (ms de la province de 1649), on peut établir plus explicitement le ressort du sénéchal de Béziers, à savoir : du diocèse de Narbonne : Capestang, Crusy, Montelz, Nissan, Poilles, Puechserguier, Quarante; Saint-Pons de Thomières pouvait aller au sénéchal de Carcassonne ou à celui de Béziers; le diocèse d'Agde; le diocèse de Béziers, sauf onze villages séquestrés qui allaient au sénéchal de Montpellier, mais qui allaient parfois aussi à celui de Béziers quand bon leur semblait (Adissan, Aumelas, Paulhan, Plaissan', le Pouget, Popian, Pouzols, Saint-Amans, Saint-Bauzille-de-la-Silve, Tressan, Vendémian, ainsi que les communautés de Bélarga et de Puechlacher, qui ressortissaient à la cour du sénéchal de Montpellier); le diocèse de Lodève; du diocèse de Montpellier : Aniane, la Boissière, Puéchabon; enfin, du diocèse de Saint-Pons : Assignan, Cessenon, Berlon, Ferrière, Montoulès, Olargues, Peyrerue, Prémian, Riols, Sabazan (Cebazan), Saint-Chinian, Saint-Martin-de-Larson. Villespassans, la Voulte.

D'après les arch. du dom. de Montp. la viguerie de Béziers, comprise alors en la sénéch. de Carcassonne, contenait 11,499 feux (1370, II. L. IV, pr. c. 304). En 1387 et 1388, on y comptait 3,423 feux (*ibid.* c. 305). — Le ressort de cette viguerie, en 1299, s'étendait sur les évêchés de Béziers, d'Agde et de Lodève, les abbayes d'Aniane, de Saint-Guillem-du-Désert, de Saint-Thibéry, de Joncels, de Valmagne, de Saint-Sauveur de Lodève, de Villemagne et de Cassan (tr. des ch. *ibid.* c. 115). En outre, en 1529, se trouvent dans la même viguerie les seigneuries de Florensac, le Poujol, Montesquieu, Pézenas, Castelnau-de-Guers, Sérignan, Aumes, Fozières, Magalas, Laurens et Fouzilhon, Maureilhan, Saint-Geniès, Colombiers et Caussiniojouls, Margon, Villenouvette, Pouzols, Cojan, Murviel, Saint-Martin-entre-deux-Aigues, Puissalicon, Espondeilhan, avec le Caylar, Saint-Nazaire-de-Ladarez, Savignac, Abeilhan, Puimisson, Lespignan, Fos, Avène, Saint-Pomat, Neffiès, Fontès, Bouzigues, Colombières-la Gaillarde, Conas, le Pouget, Prouilhan, Poilhes, la Voute et Blanhe, lo Baticras, Montagut, Nisas, Pailhès, Gabian, Lunas, Lieuran, etc. (dom. de Montpellier; H. L. V, pr. cc. 84 et 87).

Le comté de Béziers est fréquemment nommé dans les titres de Languedoc *pagus*, *comitatus Biderrensis*, 808 (ch. de Saint-Guill. cart. Gell. 91).

— *Biterrensis*, 822 (arch. d'Anian.; Mabill. ann. II, 724); v. 1031 (ch. de l'abb. d'Aniane); 1085 (cart. de Saint-Pons; H. L. II, pr. c. 322, etc.); 1123 (bull. Calixt. II, ch. de Saint-Guill.). — Le *vicecomitatus Biterrensis* n'est pas moins fréquent que le nom de *comitatus*, avec lequel il est souvent confondu : 845 (Aguir. concil. Hisp. III, 131); 1129, 1132 (dom. de Montp.; H. L. II, pr. cc. 450 et 463, etc.). — Voir, sur la vicomté de Béziers, *ibid.* II, not. c. 577. — L'évêque prenait le titre de comte et seigneur de Béziers, seigneur de Cazouls-lez-Béziers, Gabian, Vailhan, Lieuran-lez-Béziers et autres lieux.

Le cartulaire d'Agde mentionne assez souvent la monnaie de Béziers : *L solidos Biterrenses, moneta Bitterrensis*, 1164 (f° 36 et *passim*).

Béziers fut aussi le chef-lieu d'une commanderie de Saint-Jean-de-Jérusalem, *domus S. Johannis Ierosolymitani*, 1170 et 1421 (cart. et arch. de Béziers; H. L. III, 25, et IV, pr. c. 417).

Anciennes armoiries de Béziers : *cavalier avec le pot en tête, armé d'une lance, sur un cheval bardé et houssé*. Légende circulaire : *Comune civium Bitterensium*. Au revers, l'agneau pascal, avec la légende : *Agnus Dei qui tollis peccata mundi, dona nobis pacem*. Sceau attaché à un acte de 1226 (arch. municip. de Béz.). Armoiries plus récentes de la ville de Béziers : *d'argent, à trois fasces de gueules, au chef de France, c'est-à-dire d'azur chargé de trois fleurs de lys d'or; l'écu accolé de deux palmes de sinople, liées du champ* (Gasteller de la Tour, armor. du Lang. 179. — Ordonn. de Louis XVIII du 25 novembre 1815).

La ville de Béziers envoyait aux États généraux de la province son premier consul et un autre député. — Le diocèse envoyait toujours le premier consul de Gignac.

Béziers fut, en février 1790, créé chef-lieu de l'un des quatre districts du département de l'Hérault; ce district comprenait 15 cantons : Béziers, Agde, Bédarieux, Capestang, Cazouls-lez-Béziers, Florensac, Fontès, Magalas, Mèze, Montagnac, Murviel, Pézenas, le Poujol, Roujan, Servian, maintenus par la loi du 28 pluviôse an VIII. Mais, suivant la loi du 8 pluviôse an X, un arrêté consulaire du 3 brumaire de la même année réduisit ce nombre à 12, en supprimant les chefs-lieux de canton de Cazouls-lez-Béziers, Fontès, Magalas, le Poujol, en séparant Mèze de l'arrond. de Béziers pour en donner le c°ⁿ à l'arrond. de Montpellier, et en augmentant celui de Béziers de la deuxième section de Béziers, ainsi que de Saint-Gervais, détaché du Tarn; en sorte que l'arrond. de Béziers se compose aujourd'hui des cantons suivants, comprenant 99 communes : Agde, Bédarieux, Béziers (deux), Capestang, Florensac, Montagnac, Murviel, Pézenas, Roujan, Saint-Gervais, Servian.

Chacun des deux cantons ou sections de Béziers comprend une partie des bourgs et faubourgs de la ville et les communes rurales dont les noms suivent, savoir : 1° partie nord de la ville et Bassan, Boujan, Cers, Corneilhan, Lieuran-lez-Béziers, Lignan, Portiragnes, Villeneuve-lez-Béziers; 2° partie sud de la ville et Cazouls-lez-Béziers, Colombiers, Lespignan, Maraussan, Sauvian, Sérignan, Vendres.

Bézis, h. cⁿᵉ de Saint-Étienne-d'Albagnan. — *El mas del Bez*, 1116, (cart. Gell. 85 v°).

Biard, f. cⁿᵉ de Lavérune. — *Biar*, 1692 (arch. de l'hôp. gén. de Montp. B. 182).

Biasse (La), f. — Voy. Baisse (La).

Biaude (Mas de), f. cⁿᵉ de Lagamas. — *Buata*, 990 (G. christ. VI, inst. c. 315). — *Eccl. de Buada*, 1178 (*ibid.* c. 140). — *Bua*, 1215 (cart. Anian. 52 v°).

Biaures, mont. cⁿᵉ de Valflaunès. — *Biaurum*, 966 (arch. de St-Paul de Narb. Marten. Anecd. I, 85). — *Biaures* (carte de Cassini).

Bibian, f. — Voy. Saint-Jean-de-Bibian.

Bidiour (Col de), sur la montagne de Biaures. — *Biaurum*, 966 (Marten. Anecd. I, 85). — Haut. 312 m.

Bieisses, ruiss. qui prend sa source dans la cⁿᵉ de Saint-Vincent, cᵒⁿ d'Olargues, passe sur le territoire de cette dernière commune, court pendant un kilomètre, arrose un hectare et se perd dans le Jaur, affluent de l'Orb.

Billière, h. cⁿᵉ de Taussac-et-Douch.

Bionne ou Tissien, f. cⁿᵉ de Montpellier, sect. J. — *Bionne* (carte de Cassini).

• Biranques, h. cⁿᵉ de Notre-Dame-de-Londres. — *Bisancas villa*, 922 (cart. Gell. 29 v°). — La vallée de ce nom, *vallis Virencha*, 957 (*ibid.* 50).

Binot, f. cᵇᵉ de Fraisse.

Binot, f. — Voy. Cayla.

Bisset, f. cⁿᵉ de Félines-Hautpoul. — *Becet*, 1116 (cart. Gell. 85 v°).

Bissonne, rochers au milieu desquels passe le ruiss. de Verdus, cⁿᵉ de Saint-Guilhem-du-Désert. — Son nom lui vient de son double écho, *bis sonat*, vulg. *Bissona*; haut. 269 mètres.

Bistoule (La), f. cⁿᵉ de Vendres.

Biterrois (Pays). — Voy. Béziers.

Bizard (Mas de), f. oᵘᵉ de Saint-Drézéry.

Blacarède (La), f. cⁿᵉ de Riols.

Blaise, f. cⁿᵉ de Lunel, 1809.

BLAIZE, éc. c^ne de Montady.
BLANC, éc. c^ne de Montpellier, sect. G.
BLANC, f. c^ne de Frontignan.
BLANC, f. c^ne de Lunel.
BLANC, f. c^ne de Lunel-Viel, 1809.
BLANC, h. c^ne de Claret.
BLANC, m^in sur la Dourbie, c^ne de Nébian.
BLANCARDI, f. c^ne de Moulès-et-Baucels.
BLANCHIS, f. c^ne d'Agde.
BLANCHISSAGE, f. c^ne de Pinet.
BLANCHISSAGE (LE), éc. c^ne de Canet.
BLANCHISSAGE (LE), éc. c^ne de Montferrier.
BLANHE, f. — Voy. SAINT-BAUZILLE-DE-FOURCHES.
BLANQUE (BARAQUE DE), éc. c^ne de Nébian.
BLANQUE (LA), f. c^ne du Soulié.
BLANQUE (LA), m^in sur la riv. de Larn, c^ne du Soulié.
BLANQUIÈRE (LA), f. c^ne de Cessenon.
BLANQUIÈRE (LA), tuilerie, éc. c^ne de Cessenon.
BLAQUIÈRE (LA), h. c^ne de Ceilhes-et-Rocozels. — *El mas de la Blaquira*, 1116 (cart. Gell. 85 v°). — Ce b. appartenait primitivement à la c^ne de Joncels. Il en fut séparé et fut réuni à celle de Ceilhes-et-Rocozels par ordonnance des Cinq-Cents du 9 vendémiaire an VI.
BLAQUIÈRE (LA), h. c^ne du Pradal. — *La Blaquiera*, 1116 (cart. Gell. 85 v°).
BLAQUIÈRE (LA), c^ne, c^ne de Lodève. — Voy. SAINT-JEAN-DE-LA-BLAQUIÈRE.
BLAY, f. c^ne de Pézenas.
BLAZOU, j^in, c^ne de Lodève.
BOIRARGUES, h. c^ne de Lattes. — C'était aussi, dans le dernier siècle, le nom de l'étang de Lattes et d'une pêcherie (*le Mazet*) dans cet étang (arch. départ. série C, Pêcheries des étangs).
BOIS-BAS ou BOSC-BAS, f. c^ne de Minerve.
BOIS-HAUT ou BOSC-HAUT, f. c^ne de Minerve.
BOIS-NÈGRE ou BOSC-NÈGRE, f. c^ne de Saint-Nazaire-de-Ladarez.
BOISSENON, c^on de Lunel. — *Castrum de Boisedono*, 1168 (mss d'Aubaïs; H. L. II, pr. c. 608). — *Castr. de Buxodone*, 1219 (cart. Mag. A 290); 1243 (*ibid.* E 316); 1332 (*ibid.* B 317). — *Bouisseron*, 1649 (pouillé); 1684 (*ibid.*); 1688 (pouillé; lett. du gr. sc.). — *Boisseron*, paroisse de l'anc. dioc. de Montp. 1625 (pouillé); 1760 (pouillé; tabl. des anc. dioc.); patr. *S. Laurentius*, 1779 (vis. past.). — Cette commune, qui en 1790 faisait partie du c^on de Restinclières, supprimé par arrêté des consuls du 3 brumaire an X, fut alors ajoutée au c^on de Lunel.
BOISSET, c^on de Saint-Pons. — *Eccl. S. Urici de Bezet*, 1135 (cart. de Joncels; G. christ. VI, inst. c. 135). — *Boissetum*, 1182 (cart. Anian. 53 v°). — *Boisetum*, 1211 (*ibid.* 52). — *Bouisset*, paroisse de l'anc. dioc. de Saint-Pons, 1625 (pouillé); 1649 (*ibid.*); XVIIIe siècle (tabl. des anc. dioc.). — *Boisset*, 1610 (regist. du parlem. de Toulouse; H. L. V, pr. c. 355. — Bulletin des Lois; Annuaires de l'Hérault, etc.). — Boisset répondait, pour la justice, au sénéchal de Carcassonne.

BOISSET (LE), f. c^ne de Valflaunès. — *Honor de Boisset*, 1156 (G. christ. VI, inst. c. 359); 1213 (cart. Anian. 48).
BOISSEZON, h. c^ne de Vieussan.
BOISSIER, f. c^ne de Claret.
BOISSIÈRE, f. c^ne de Montpellier, 1809.
BOISSIÈRE (LA), c^on d'Aniane. — *Villa mala Boixeria seu mala Boxeria*, 1031 (cart. Gell. 16 et 17 v°). — *Vaisseira vel Vaisseria*, 1106, 1116 (*ibid.* 167 v° et 85 v°). — *Mala Buisseria*, 1123 (*ibid.* 189). — *Boixeras*, 1121 (tr. des ch. H. L. II, pr. c. 419). — *Bosseiras*, 1125 (mss d'Aubaïs, *ibid.* c. 437). — *Buxeria*, 1310 (cart. Mag. D 232). — *Laboussière*, 1625 (pouillé); 1649 (*ibid.*). — *La Boussière*, 1673 (réform. des bois, 114). — *La Boissière*, 1684 (pouillé); 1688 (vis. past. lett. du gr. sc.). — Paroisse de l'anc. dioc. de Montpell. 1760 (pouillé; tabl. des anc. dioc.); patr. *S. Martinus ep.* 1780 (vis. past.). — *La Boissière*, dont l'abbé d'Aniane était seigneur, ressortissait, pour la justice, au sénéchal de Béziers. — La c^ne de la Boissière, comme tout le c^on d'Aniane, a été comprise dans les district et arrondissement de Lodève jusqu'au 3 brumaire an X. — Les bois qui environnent ce village et les villages voisins : *Silva Bitoranda*, 861 (bibl. reg. Baluz. ch. reg. H. L. I, pr. c. 106).

La montagne de la Boissière a 282 mètres d'élévation.
BOISSIÈRE (LA), h. c^ne de Joncels.
BOISSIÈRE (LA), f. c^ne de Notre-Dame-de-Londres. — *Boseira*, 1114 (cart. Gell. 82 v°). — *Mansus de las Boisseras*, XIIIe s^e (cart. Mag. A 257).
BOISSIÈRE (LA), anc. oratoire, c^ne de Peret. — Voy. NOTRE-DAME-DE-LA-BOISSIÈRE.
BOISSIÈRE (MAS), f. — Voy. BOUSSIÈRE (MAS).
BOISSIÈRE (MAS DE), f. c^ne de Clermont.
BOITEL, f. c^ne de Montpellier, 1809.
BOJAT (ÉTANG DE). — Voy. BESAC.
BOMBEQUIOULS, f. c^ne de Saint-André-de-Buèges.
BOMPAIRE, f. c^ne de Bédarieux.
BOMPAR, f. c^ne de Montpellier, sect. A.
BONFILS, f. c^ne de Montpellier, sect. K.
BONI, f. c^ne de Marsillargues.
BONLIEU, f. — Voy. VIGNOGOUL.

Bonnabou, h. c⁽ᵉ⁾ de la Salvetat. — *Bonatias*, 936 (arch. de l'égl. de S¹-Pons, Catel, Comt. 88; G. christ. VI, inst. c. 77). — *Bonastre*, 1204 (ibid. c. 150). — *Bona aut Vezanum mans.* 1210 (cart. Gell. 61).

Bonnafé (Mas), éc. c⁽ⁿᵉ⁾ de Joncels.

Bonnafous, deux ff. c⁽ⁿᵉ⁾ de Montpellier, 1809.

Bonnaric, f. c⁽ⁿᵉ⁾ de Montpellier, sect. K. — Voy. Gros.

Bonnefont, h. c⁽ⁿᵉ⁾ de Saint-Étienne d'Albagnan. — *Mans. de Bonofonte*, 1438 (stat. eccl. Bitt. 29).

Bonnefoy ou l'Enterreur, ferme, c⁽ⁿᵉ⁾ de Montpellier, 1809.

Bonnel (Mas de), h. c⁽ⁿᵉ⁾ de Cournonsec.

Bonnepause ou Bonnepose, f. c⁽ⁿᵉ⁾ de Mauguio.

Bonnes, atelier de lainage, éc. c⁽ⁿᵉ⁾ de Bédarieux.

Bonnet, j⁽ⁿ⁾, c⁽ⁿᵉ⁾ de Pézenas. — Voy. Roquessols.

Bonnet (Grange), f. c⁽ⁿᵉ⁾ de Florensac, 1809.

Bonnet (Grange), f. c⁽ⁿᵉ⁾ de Vias.

Bonneterre ou Golfin, f. c⁽ⁿᵉ⁾ de Lattes.

Bonneterre ou Rigaud, f. c⁽ⁿᵉ⁾ de Lattes.

Bonneval, f. c⁽ⁿᵉ⁾ de la Salvetat.

Bonneval, m⁽ⁱⁿ⁾, c⁽ⁿᵉ⁾ de la Salvetat.

Bonnevialle, j⁽ⁿ⁾. — Voy. Foncerazes.

Bonneville (Mas de), j⁽ⁿ⁾, c⁽ⁿᵉ⁾ de Clermont.

Bonnier, éc. c⁽ⁿᵉ⁾ de Montpellier, sect. D.

Bonnier, f. c⁽ⁿᵉ⁾ de Montpellier, sect. B.

Bonnier, m⁽ⁱⁿ⁾. — Voy. Naviteau.

Bonnier, tuilerie, éc. c⁽ⁿᵉ⁾ de Cournonterral.

Bonniol, f. c⁽ᵉ⁾ d'Aniane.

Bonniol, f. c⁽ⁿᵉ⁾ de la Boissière.

Bonniol, h. c⁽ⁿᵉ⁾ de Saint-Jean-de-Fos, 1809.

Bonniol ou Mas de Gros, f. c⁽ᵉ⁾ de Grabels.

Bonniol (Mas), f. c⁽ⁿᵉ⁾ de Gignac.

Bordenon, f. c⁽ⁿᵉ⁾ de Montagnac.

Bordeville, h. c⁽ⁿᵉ⁾ de Riols.

Bordigues, pêcheries. — Voy. aux étangs de Cette, de Maguelone et de la Pourquière.

Borie, Barry, terme qui répond, dans le département, à celui de *mas*, *métairie*, *hameau*, *ferme*. *Boire*, *Boraria*, a le même sens que *Borie*, *Boria* (Du Cange, Gloss. et Raynouard, Lexiq. roman, II, 238). — *Boria* (tit. de 1275, Bibl. imp. F. de Villevieille). — *Boris* (lett. de rém. 1456; Carpentier, 't. I, c. 195). — De là tous les noms *Borie*, *Boriette*, *Borio de Borano*, 1230 (G. christ. VI, inst. c. 155), qui suivent, et les diminutifs *Bouriates*, *Bouriette*, *Bouriotte*, qu'on trouvera également ci-après.

Borie (La), f. c⁽ⁿᵉ⁾ du Mas-de-Londres.

Borie-Blanque, f. c⁽ⁿᵉ⁾ de Capestang.

Borie-Nouvelle ou Borio-Nouvelle, h. c⁽ⁿᵉ⁾ de Cabrerolles, 1809.

Borie-Nove-de-la-Gachette, f. c⁽ⁿᵉ⁾ de la Salvetat.

Bories (La) ou Borio de Mas, éc. c⁽ⁿᵉ⁾ de Saint-Nazaire-de-Ladarez. — *Boranum*, 1230 (G. christ. VI, inst. c. 155).

Bories (Les), h. c⁽ⁿᵉ⁾ de Clermont. — Près de ce h. se trouve une montagne de même nom dont la hauteur est de 305 mètres.

Boriette (La), f. c⁽ⁿᵉ⁾ de Félines-Hautpoul.

Boriette (La) ou Petite Borio, f. c⁽ⁿᵉ⁾ de Saint-Pons.

Borio (La), f. c⁽ⁿᵉ⁾ de Pézènes, 1809.

Borio (La), f. c⁽ᵉ⁾ de Vélieux.

Borio (La), h. c⁽ⁿᵉ⁾ de Colombières.

Borio-Basse, f. c⁽ⁿᵉ⁾ de Fraisse.

Borio-Basse (La), h. c⁽ⁿᵉ⁾ du Poujol.

Borio-Crémade, f. c⁽ⁿᵉ⁾ de Siran.

Borio-Crémade, h. c⁽ⁿᵉ⁾ de Rieussec.

Borio-Crémade, h. c⁽ⁿᵉ⁾ de Saint-Pons.

Borio-de-Lognos, éc. c⁽ⁿᵉ⁾ de Saint-Nazaire-de-Ladarez. — *Boranum*, 1230 (G. christ. VI, inst. c. 155).

Borio-de-Roque, f. c⁽ⁿᵉ⁾ de Riols.

Borio-Nove, f. — Voy. Métairie-Neuve.

Bornier, f. c⁽ⁿᵉ⁾ de Mauguio. — *Mas Bornier*, 1695 (arch. dép. affranch. VII, 4).

Bory, f. c⁽ⁿᵉ⁾ de Lunel.

Bosc, chât. c⁽ⁿᵉ⁾ de Mudaison. — *Chapelle du chât. du Bosc*, 1760 (pouillé).

Bosc, éc. c⁽ⁿᵉ⁾ de Saint-Martin-d'Orb. — *Boscus*, 1102 (cart. Gell. 73 v°); 1167 (Livre noir, 39). — *Molend. S. Petri de Boscho*, 1197 (ibid. 51).

Bosc, f. c⁽ⁿᵉ⁾ de Saint-Bauzille-de-Putois.

Bosc, f. — Voy. Coste (Grande-) et Tandon.

Bosc (Le), f. c⁽ⁿᵉ⁾ de Capestang. — *Boschus*, 1151 (Liv. noir, 29 v°). — *M. de Bosco*, 1297 (stat. eccl. Bitt. 145 v°).

Bosc (Le), h. c⁽ⁿᵉ⁾ de la Valette. — *Terra, feudum, castrum de Bosco*, 1112 (1ᵉʳ cart. de la cath. et cart. de S¹-Paul de Narb. H. L. II, pr. c. 384); 1286 (Plant. chr. prœs. 239).

Bosc (Logis du), f. c⁽ⁿᵉ⁾ de Notre-Dame-de-Londres. — *Boschet villa*, 1093 (cart. Gell. 172 v°).

Bosc-d'Avoiras (Le), c⁽ᵒⁿ⁾ de Lodève. — *Castrum de Bosco*, 1162 (tr. des ch. H. L. II, pr. c. 588). — *El Boes*, 1219 (cart. Gell. 215). — *El Bosc*, seigneurie, 1529 (dom. de Montp. H. L. V. pr. c. 87). — *Lebosc*, 1625 (pouillé). — *Lebosq*, 1649 (ibid.). — *Bosc*, 1688 (lett. du gr. sc.); 1760 (pouillé). — *Le Bosc*, paroisse de l'anc. dioc. de Lodève (tabl. des anc. dioc.). — La seigneurie du *Bosc* dépendait de la viguerie de Gignac; la justice ressortissait au présidial de Béziers. — La c⁽ⁿᵉ⁾ du Bosc-d'Avoiras, qui dès 1790 faisait partie du c⁽ᵒⁿ⁾ de la Blaquière, fut, à la suppression de ce canton, le 3 brumaire an x, réunie à celui de Lodève.

Bosque (La), h. c^ne de Pierrerue. — *Boscus*, 1076 (cart. Anian. 118 v°).
Bosquet, f. c^ne de Magalas, 1809. — *Bosquetum*, 922 (cart. Gell. 24).
Bouaïrat, f. — Voy. Bouayral.
Bouaïrat, ruiss. qui prend sa source au lieu de Bec-Fraisse, c^ne de Fraisse, court pendant trois kilomètres, arrose 6 hectares et va se perdre dans l'Agout, affluent du Tarn. — *Voltoreira*, *Vultureyras*, 1107-1127 (cart. Gell. 60, 86).
Bouat, f. c^ne de Cette, 1809.
Bouat, f. c^ne de Montpellier, sect. B.
Bouat (Mas de), 1809; Bouet, 1851, f. c^ce de Saint-Pargoire. — *Buat*, 1203 (cart. de Foix: H. L. III, 122). — *Buata*, 1323 (rôle des dim. de l'égl. de Béziers).
Bouayral, Boueyrat ou Bouaïrat, f. c^ne de Fraisse. — El mas de *Voltoreira*, *Voltureyras*, 1107, 1114, 1127 (cart. Gell. 60, 82 v°, 84 v°, 86). — Voy. Bouaïrat, ruiss.
Boudals, h. c^ne de Boussagues.
Boudals, ruiss. affluent de la Vèbre, qui se jette dans l'Orb. Il parcourt 7 kilomètres sans quitter le territoire de Bédarieux, où il arrose 11 hectares et fait marcher trois usines.
Bouboulès, f. c^ne de Gabian.
Bouchand, f. c^ne de Murviel.
Bouchette, f. c^ne de Montpellier, sect. G.
Boudeil, j^in. — Voy. Jardins (Les).
Boudelle (La), f. c^ne de Montagnac, 1809. — *Bradolla*, 1170 (cart. Anian. 58).
Boudels (Mas de), ferme, c^ne de Castelnau-de-Guers, 1809.
Bouderle, f. c^ne de Fraisse.
Boudet, f. c^ne de Montpellier, 1809.
Boudet, f. c^ne de Roquebrun, 1809.
Boudet, j^in, c^ne de Saint-Pons, 1809.
Boudet, m^in sur le Lez, c^ne de Montpellier.
Boudet (Mas de), f. c^ne de Saint-Pargoire.
Boudon, f. c^ne de Montpellier, sect. K. — Voy. Campagne et Maubos.
Boudre, f. c^ne de la Salvetat.
Bouet, f. c^ne de Montpellier, sect. D.
Bouet, f. c^ne de Mudaison.
Boufardin, f. c^ne de Montpellier, 1809.
Bougette, f. c^ne de Saint-Jean-de-Buéges. — *Mansus de Bogeta* (G. christ. VI, inst. c. 589).
Bougués, f. c^ne de Frontignan.
Bouillet, j^in. — Voy. Foncerabes.
Bouillon, f. c^ne de Frontignan.
Bouillon, j^in, c^ne de Pézenas.
Bouis, f. c^ne de Minerve.

Bouïs (Le), h. c^ne de Saint-Gervais-Ville. — En 1809, c^ne de Saint-Gervais, terre foraine, autrement *Rosis*, 1830.
Bouis (Mas), f. c^re de Roujan.
Bouïs (Mas) ou le Bouys, f. c^ne de Saint-Martin-de-Londres.
Bouissas, éc. c^ne de Ricussec.
Bouisse, h. c^ne de Prémian. — *Allod. de Buciniana*, 1182 (G. christ. VI, inst. c. 88).
Bouisset (Mas de), f. c^ne de Murviel-lez-Montpellier.
Bouissière, h. c^ne de Riols. — *Buxeria*, 1438 (stat. eccl. Bitt. 31 v°).
Bouissounade, f. c^ne de Gignac.
Boujan, c^on de Béziers. — *Boianum*, 937 (cart. de la cath. de Béziers; H. L. II, pr. c. 77); 1323 (rôle des dim. de l'égl. de Béz.). — *Buianum villa*, 990 (Marten. Anecd. I, 179). — *Bojanum*, 1157, 1163 (Liv. noir, 33 et 47 v°); 1170 (cart. Anian. 57 v°); 1236 (cart. Agath. 247); 1325 (stat. eccl. Bitt. 91). — *Bojan*, 1518 (pouillé). — *Boujan*, 1625 (ibid.); 1649 (ibid.); 1688 (lett. du gr. sc.); 1724 (terr. de Boujan). — Paroisse de l'anc. dioc. de Béziers, 1760 (pouillé; tabl. des anc. diocèses). — Le prieuré de Boujan, *S. Stephanus*, dans l'archipr. de Cazouls, 1780 (ét. offic. des égl. de Béz.), dépendait du chap. Saint-Nazaire de Béziers. — La justice royale et bannerète de Boujan ressort. au présidial de Béziers.
Boulabert, deux ff. c^ne de Montpellier, 1809.
Bouldou, atelier de lainage, éc. c^ne de Lodève.
Bouldoux, h. c^ne de Saint-Chinian.
Bouldouyres (Las), f. c^ne de la Salvetat.
Boulet, f. c^ne de Magalas, 1809.
Boulidou, grotte, c^ne de Cazilhac. — Il en sort un ruisseau qui se jette dans l'Hérault. — *Boulidou*, 1636 (terr. de Cazilhac).
Boulidou, source d'eau thermale, c^ne de Pérols.
Bouliège, f. c^ne de Montpellier, sect. A.
Boulles (Mas de), f. c^ne de Saussines.
Bouloc, f. c^ne de Ceilhes-et-Rocozels. — *Fevum Bulletarum*, 1122 (cart. Gell. 60). — *Eccl. S. Petri de Bulionago*, 1130 (Liv. noir, 250 v°). — *Prior de Abolenicis*, 1323 (rôle des dîmes de l'égl. de Béz.). — *Bouloc*, 1529, seigneurie de la viguerie de Gignac, ressortissant au présidial de Béziers (dom. de Montp. H. L. V, pr. c. 87).
Bouniol, f. c^ne d'Agde.
Bouquet, f. c^ne de Montpellier, sect. B.
Bouquier, m^in, c^ne de Bédarieux.
Bouran (Mas de), c^ne de Servian. — *Mans. de Borracis*, 1194 (Livre noir, 314 v°). — *Boronia*, 1194 (ibid. 316). — *Broa*, 1344 (stat. eccl. Bitt. 83).

Bourbon, f. c^re de Pézenas.
Bourbon, f. c^ne de Saint-Thibéry.
Bourbouille ou Bourboulle, h. c^ne de Taussac-et-Douch.
Bourboujas, f. c^ne de Clermont, 1809.
Bourdel, f. c^ne de Montpellier, sect. A.
Bourdelet-le-Bas, f. c^ne de Riols.
Bourdelet-le-Haut, f. c^ne de Riols.
Bourdelles (Les), h. c^ne du Pradal. — *Villa de Bordelis*, 1197 (arch. de Villemag. G. christ. VI, inst. c. 147).
Bourgade, f. c^ne de Béziers.
Bourgade, f. c^ne de Montpellier, sect. D.
Bourgade, j^in, c^ne de Montpellier, sect. D.
Bourgades (Les), f. c^ne du Soulié.
Bourgette (La), f. c^ne de Riols.
Bourillou, f. c^ne de Castelnau (2e c^on de Montpellier).
Bourniotte (La), f. c^ne de la Salvetat. — Sur ces trois derniers noms, voy. l'art. Borie.
Bournac, h. c^ne de Ceilhes-et-Rocozels.
Bourquenod, f. c^ne de Montpellier, sect. F. — Voy. Pont-Trinquat.
Bourquenod, f. c^ne de Montpellier, sect. K.
Bouscade (La), f. c^ne de Cazouls-lez-Béziers.
Bouscarel, h. c^ne de Vailhan. — *Bucharius mansus*, 1060 (cart. Gell. 15). — *El mas Burlarent*, 1115 (*ibid.* 85). — *Boscairolas*, 1148 (cart. Agath. 26).
Bousquet, f. c^ne d'Agde.
Bousquet (Ferme de). — Voy. Poitevin-de-Bousquet.
Bousquet (Grange du), éc. c^ne d'Abeilhan, 1809.
Bousquet (Le), f. c^ne de Cébazan, 1809.
Bousquet (Le), f. c^ne de Colombiers, c^on de Béziers. — *Boscetus*, 1171 (Livre noir, 269 v°).
Bousquet (Le), c^ne de Florensac.
Bousquet (Le), h. c^ne de Saint-Martin-d'Orb; faisait partie de la c^ne de Camplong jusqu'en 1844. — *Boschetus*, 922 (cart. Gell. 24). — Voy. Bousquet (Verrerie du).
Bousquet (Mas), f. c^ne de Lunas.
Bousquet (Mas), h. c^ne de Pézenas.
Bousquet (Mas de), f. c^ne de Ceilhes-et-Rocozels.
Bousquet (Verrerie du), éc. c^ne de Camplong.
Bousquet-la-Balme, h. c^ne de Boussagues.
Bousquette (La), f. c^ne de Cessenon.
Boussagues, c^on de Bédarieux. — *Castellum de Bociacas*, 1117; *de Buciagas*, 1118; *de Bociagas*, 1145, 1164 (arch. du chât. de Foix; H. L. II, pr. cc. 396, 404, 506, 601, etc.). — Plus ordinairement *de Bociacis*, 1247 (arch. de l'inquisit. de Carcass. *ibid.* III, pr. c. 460, etc.). — *De Boysiaciis et de Bociasse*, 1269 (mss de Colbert; *ibid.* c. 585). — *Bozagas*, 1123 (G. christ. VI, inst.

c. 279). — *Bozachas, Bocecas*, 1164 (Livre noir, 140 v°). — *Buciacum*, 1203 (cart. Anian. 52). — *De Bosciatis*, 1271, 1351 (stat. eccl. Bitt. 67 et 196). — *Boussagues*, 1625 (pouillé); 1649 (*ibid.*); 1688 (lett. du gr. sc.); 1760 (pouillé). — C'est à tort, selon nous, que les Bénédictins auteurs de l'Hist. gén. de Languedoc et Martène ont considéré l'alleu *de Buzingis*, 974, comme étant le même que celui de *Boussagues*; nous pensons que cet alleu est plutôt celui de *Bouzigues* (voir H. L. II, pr. c. 128, ainsi que la table de ce vol. et Marten. Anecd. I, 126). — De même, Piantavit de la Pause confond ces deux localités: *de Bociacis ni fallimur de Boussagues diœcesis Biterrensis vel de Bousigues Magalonensis*, 1279 (chron. præs. Lod. 218).
Église de Boussagues: *eccl. S. Georgii de Busiaco*, 1123 (G. christ. VI, inst. c. 278). — *Rector de Clayraco et Bociacis*, 1323 (rôle des dim. de l'égl. de Béz.). — Paroisse de l'anc. dioc. de Béziers, xviiie s^e (tabl. des anc. dioc.); 1760 (pouillé). — Suivant un état officiel dressé en 1780 (arch. municip. de Béz.), Boussagues était l'un des chefs-lieux des trois archiprêtrés de l'anc. dioc. de Béziers. Voici les noms des paroisses ou annexes de ce ressort avec leurs anc. vocables: Boussagues, *archipresb. B. M. V.* Clairac, *S. Saturninus*; Avène, *S. Martinus*; Rieussec, *S. Andreas*; Serviès, *N. Antignaguet, B. M. V.* les Ayres, *S. Michael*; Bédarieux, *S. Alexander*; Brenas, *B. M. V.* Camplong, *B. M. V.* Caunas, *S. Saturninus*; Carlencas, *S. Martinus*; Colombières-la-Gaillarde, *S. Petrus*; Ceilles, *S. Joannes-Baptista*; Campillergues, *S. Eusebius*; Douls, *Nostra Domina*; Dio, *S. Stephanus*; Graissessac, *S. Salvator*; Hérépian, *S. Martialis*; Jaussels ou Joncels, *S. Petrus ad Vincula*; Lunas, *S. Pancratius*; Levas, *S. Petrus*; Mas-Blanc, *S. Martinus*; de Monis, *S. Magdalena*; Mas-de-Mourié, *B. M. ad Nives*; Nissorgues, *S. Joannes-Baptista*; Nize, *Nativit. B. M. V.* Poujol, *S. Petrus de Reddes*; Pézènes, *S. Salvator*; Ourgas, *B. M. V. S. Martinus hujus diœc.* Vinas, *B. M. V.* Rouvignac, *S. Petrus*; Rocozels, *S. Joannes*; Sansixt, *S. Quiritus et S. Julita*; Frangouille, *B. Maria*; de Mursan, *S. Stephanus*; Ferreiroles, *S. Laurentius*; Clemensan, *S. Martinus*; Arnoye, *S. Bartholomæus*; Soumartre, *Nostra Domina*; Taussac, *Assumpt. B. M. V.* Villemagne, *S. Gregorius*; Valquières, *S. Andreas*; Valmascle, *S. Petrus*.
Boussairolles, deux chât. et ff. c^ne de Montpellier, sect. F. — Ces deux châteaux portent aussi les noms de Flaugergues et de Limousin.
Boussenon, f. c^ne de Saint-André-de-Buéges.

Boussière (Mas), f. c⁾ᵉ de Cabrières. — *Barboussière*, 1809; *Marboussière*, 1840; *Mas Boissière*, 1851.
Boussuges, f. cⁿᵉ du Pouget.
Boutigné, h. cⁿᵉ de Saint-Nazaire-de-Ladarez. — *Botanum*, 1191 (Livre noir, 120); 1192 (*ibid.* 217). — *Botenacum* (*ibid.* 91 v°).
Boutiques (Les), h. cⁿᵉ de Graissessac.
Boutonnet, faubourg de Montpellier. — Anc. seigneurie. — *Mansus seu mansura de Botoneto*, 1170 (arch. de l'hôp. gén. de Montpellier, B 175; mss d'Aubaïs; H. L. III, pr. c. 166); 1191 (cart. Mag. D 48); 1309 (*ibid.* E 124); 1339 (*ibid.* B 32).
Boutonnet, jⁱⁿ, cⁿᵉ de Béziers.
Boutonnet, jⁱⁿ, cⁿᵉ de Lunel.
Bouty (Mas de), f. cⁿᵉ de Mèze.
Bouvien, f. cⁿᵉ de Vacquières.
Bouyrou, f. cⁿᵉ de Montpellier, sect. F.
Bouys (Le), h. cⁿᵉ du Causse-de-la-Selle.
Bouzanquet, f. cⁿᵉ de Lunel.
Bouzenac, h. cⁿᵉ de Saint-Clément.
Bouzigues, cⁿᵉ de Mèze. — *Tenuis censu civitas Polygium* (Fest. Avien. or. marit. v. 612). — Nous croyons avec Astruc qu'il faut lire *Bozigium* (Mém. sur le Lang. 80). — De même *Allod. Biliganum* pour *Bisiganum*, 1182 (G. christ. VI, inst. c. 88). — *Eccl. S. Jacobi de Bocigis*, 1146 (cart. Anian. 35). — *De Bozicis*, 1154 (bull. Adrian. IV, charte de l'abb. d'Aniane). — *De Bosigiis*, 1219 (arch. d'Agde; G. christ. VI, inst. c. 335); 1252 (cart. Mag. E 151). — *Stagnum de Bosigüs*, 1304 (*ibid.* 3). — *De Bozasinis*, 1344 (*ibid.* D 80). — *Bosigue*, seigneurie, 1529 (dom. de Montp. H. L. V, pr. c. 87). — *Bouzigues*, 1625 (pouillé); 1649 (*ibid.*); 1760 (*ibid.*). — *Bousigues*, paroisse de l'anc. dioc. d'Agde, 1688 (lett. du gr. sc.; tabl. des anc. dioc.).
L'évêque d'Agde était seigneur de Bouzigues, 1693 (évêché d'Agde, lett. du viguier d'Aumes). — Nous croyons que l'alleu de *Buzingis*, 974, que Martène, les Bénédictins et Plantavit de la Pause ont appliqué à Boussagues, appartient à Bouzigues (voir Mart. Anecd. I, 126; H. L. II, pr. c. 128, la table du même vol. Plant. chr. præs. Lod. 218 et notre art. Boussagues). — La cⁿᵉ de Bouzigues faisait partie du cⁿ de Poussan en 1790. Ce cⁿᵉ ayant été supprimé par arrêté des consuls du 3 brumaire an x, cette cⁿᵉ passa dans le cⁿ de Mèze.
Boyer, f. cⁿᵉ d'Agde, 1809.
Boyer ou Trifontaine, f. cⁿᵉ de Montpellier, sect. G.
Boyne ou Boëne, riv. qui prend sa source au lieu dit *Liandes*, commune de Valmascle. Dans son cours de 21,700 mètres, elle fait marcher six usines, arrose cinq hectares, traverse les territoires de Cabrières, Fontès, Adissan, Nizas, et se jette dans l'Hérault. La vallée secondaire de la Boyne a 2 myriamètres d'étendue.
Brabet, f. cⁿᵉ de Saint-Chinian.
Braccata (Gallia). — Voy. Narbonnaise.
Bradu, poste de douanes, éc. cⁿᵉ d'Agde.
Bragol, ruiss. qui a son origine dans la cⁿᵉ de la Livinière, passe à Siran, court pendant 4 kilomètres, arrose deux hectares et se perd dans l'Ognon, affluent de l'Aude.
Bragues, ruiss. qui a sa source sur le territoire de Florensac et dont le cours, de trois kilomètres, traverse les cⁿᵉˢ de Pinet, de Pomérols et d'Agde, où il se perd dans les terres.
Bralle (Baraque de), f. cⁿᵉ de Lunas.
Brama, f. cⁿᵉ de Félines-Hautpoul. — *Brom*, 1208 (Livre noir, 6 v°).
Bramafam, f. cⁿˢ et cⁿ de Murviel.
Bramafam, f. cⁿˢ de Saint-Chinian.
Brancas, h. cⁿᵉ de Cazilhac.
Bras, trois ff. de ce nom, cⁿᵉ de Montpellier, sect. D.
Brasque, éc. — Voy. Barasques (Les).
Brassac ou Bressac, h. cⁿᵉ de Saint-Pons. — *Brassianum*, 936 (arch. de l'église de Saint-Pons; Catel, comt. 88, et G. christ. VI, inst. c. 77). — *Braciancum*, 1151 (Livre noir, 106). — *Braxianum*, 1307 (stat. eccl. Bitt. 37 v°). — *Brassacum*, 1323 (rôle des dîm. de l'égl. de Béz.).
Brassac ou Moure, ruiss. qui a son origine au Saumail, dans le bois communal appelé *Brdous de Brassac*, cⁿᵉ de Saint-Pons, parcourt 6 kilomètres, arrose vingt hectares, fait marcher quatre usines et se jette dans le Jaur, affluent de l'Orb. — Voy. l'article précédent.
Braugne (La) ou la Baugne, h. cⁿᵉ de Pézènes.
Braujou, f. cⁿᵉ d'Aniane.
Brécou ou Brescou, 1809, f. cⁿᵉ d'Alignan-du-Vent. — *Brocia*, 1202 (Livre noir, 80).
Brégines (Les) ou les Brézines, f. cⁿᵉ de Béziers (2ᵉ cⁿ), 1809.
Brémont (Grange), f. cⁿᵉ de Florensac, 1809.
Brenas, cⁿ de Lunas. — *Villa de Brenanto*, 806 (cart. Gell. 3; Mabill. annal. II, 718). — *Brenaz*, 1149 (cart. Gell. 99 v°). — *Honor in Brenatio*, 1174 (*ibid.* 207 v°). — *Rector de Brenacis*, 1323 (rôle des dîmes de l'égl. de Béz.); 1518 (pouillé). — *Brenac*, seigneurie, 1529 (dom. de Montp. H. L. V, pr. c. 87). — *Brenas*, 1625 (pouillé); 1649 (*ibid.*); 1688 (lett. du gr. sc.); 1760 (pouillé). — Paroisse de l'anc. dioc. de Lodève, sous le vocable de B. M. V. 1780 (ét. offic. des égl. de Béz. tabl. des anc. dioc.). — La seigneurie de Brenas était

dans la viguerie de Gignac, dont la justice ressortissait au présidial de Béziers. — La c^ne de Brenas, comprise dans le canton d'Octon en 1790, fut, à la suppression de ce c^on par arrêté des consuls du 3 brumaire an x, ajoutée au c^on de Lunas.

Brès, f. c^ne de Pézenas.

Brès, h. c^ne d'Avène.

Brescou, f. c^ne de Servian.

Brescou, f. — Voy. Brécou.

Brescou, île et fort, c^ne d'Agde. — Cette île, avec la montagne de Cette, partage en deux le golfe du Lion. — Βλάσκων νῆσος (Strab. Geogr. IV; Ptolem. Geogr. II, 10). — *Blascon* (Pline, Hist. nat. III, 5). — *Blasco insula* (Fest. Avienus, or. maritim. v. 600). — *Blascorum* (Martian. Capella, VI). — *Briscou* (Roger de Howden, ad ann. 1191). — Voir notre notice sur les anciennes îles et presqu'îles du départ. Mém. de la Soc. arch. de Montp. I, 453; Annuaire de l'Hérault, 1842, p. 33; Genssane, Hist. nat. de Lang. III, 273 et suiv. Bullet. de la soc. des sc. et bell. lett. de Montp. IV, 14 et suiv. et 475; Cellarius, d'Anville, etc.

L'évêque d'Agde prenait le titre de vicomte de Brescou, 1693 (év. d'Agde, lett. du viguier d'Aumes).

Bressac, h. — Voy. Braassac.

Bressol, tuilerie, éc. c^ne de Mèze.

Bressolles, f. c^ne de Marsillargues.

Bresson, f. c^ne de Cette, 1809.

Brestalou, riv. qui prend sa source au m^in de Lafoux, c^ne de Saint-Clément, passe sur les territoires de Sauteyrargues, Vacquières, Claret, fait mouvoir deux usines à blé, et, après un cours de 5 kilomètres, se jette dans le Vidourle.

Breton, f. c^ne de Montpellier, sect. K.

Brettes, h. c^ne de Riols. — *Bretas*, 1197 (arch. de Villemag. G. christ. VI, inst. c. 147). — Le ruiss. de *Brettes*, qui naît au lieu appelé *Baraille*, dans la même c^ne, court pendant un kilomètre, arrose un hectare et se jette dans le Jaur, affluent de l'Orb.

Brettes, h. — Voy. Montlaur.

Brèze, riv. qui prend son nom à Saint-Étienne-de-Gourgas, au confluent des fontaines de Gourgas et des ruisseaux de Primelle et d'Aubaigne. Dans son cours de 10 kilomètres, elle fait mouvoir sept usines, arrose treize hectares, passe sur les territ. de Saint-Étienne-de-Gourgas, de Parlatges et de Soubès, et se jette dans la riv. de Lergue, affluent de l'Hérault.

Brézines (Les), f. — Voy. Brégines (Les).

Brian, c^ne de Rieussec.

Brian, ruiss. qui prend sa source au lieu dit *Cousses*, dans la commune de Rieussec. La longueur de son cours est de 12,100 mètres. Il fait aller cinq usines et arrose soixante et quinze hectares dans les territ. de Rieussec, Boisset, Vélieux et Minerve. — *Biaurus*, 977 (arch. de l'égl. St-Paul de Narbonne; Marten. Anecd. I, 95).

Briandes, h. c^ne de Lunas.

Bricogne, chât. — Voy. Grammont, c^ne de Montpellier.

Bridau, f. c^ne de Castelnau-de-Guers.

Briffaude (La), h. c^ne de Montagnac.

Brigas (La), f. — Voy. Nabrigas.

Brignac, c^on de Clermont. — *Abroniacum villa*, 1119 (cart. de St-Guill. H. L. II, pr. c. 410). — *Abriniacum castrum*, 1182 (cart. Anian. 53 v° et Plant. chr. præs. Lod. ad ann. 1243, 1285, fol. 155 et 236); 1341 (cart. Mag. F 33). — *Brigniacum*, 1202 (cart. Anian. 98 v°). — *Brigniacum*, 1536 (G. christ. VI, inst. c. 400). — *Brignac*, 1625 (pouillé); 1649 (*ibid.*); 1688 (lett. du gr. sc.). — Paroisse de l'anc. diocèse de Lodève, *Brignac et Cambous*, 1760 (pouillé; tabl. des anc. dioc.).

Brignac, h. c^ne de Montagnac.

Brignac, m^in, sur l'Hérault, c^ne de Saint-Thibéry.

Brinouier, m^in à vent, c^ne de Montpellier, sect. G.

Brinouier (Mas de), f. c^ne de Saint-Pargoire.

Briol (Le), f. c^ne de Saint-Pons.

Brissac, c^on de Ganges. — *Breisach, Breixac*, 922 (cart. Gell. 13a). — *Breissac*, 1156 (*ibid.* 201 v°); 1170 (G. christ. VI, inst. c. 591). — *Brissiacum*, 1189 (cart. Mag. A 262 et 263). — *Brixiacum castrum*, 1221, 1280 (Arn. de Verd. ap. d'Aigrefeuille, II, 440, 447); 1270, 1318, 1339 (cart. Magal. D 261; C. 305, 308; A 1, B 6); 1464 (G. christ. VI, inst. c. 387). — *Mansus de Brixagueto*, 1271 (cart. Mag. D 259). — *Brissac*, 1054 (mss d'Aubais; H. L. II, pr. c. 225); 1625 (pouillé); 1649 (*ibid.*); 1688 (lett. du gr. sc.); 1760 (pouillé).

Brissac était une baronnie dépendante du comté de Melgueil et de Montferrand, c'est-à-dire de l'évêché de Montpellier, *feud. episcop. Brixagesii*, 1348 (lett. roy. de Mag. 62); 1559 (lett. royaux d'appel, B 30).

Le prieuré ou paroisse de Saint-Nazaire de *Brissac, Breixac ou Breissac*, 1123, 1170 (G. christ. VI, inst. c. 588, 591). — *Parochia S. Nazarei, vel SS. Nazarii et Celsi de Brixiaco*, 1270 (cart. Mag. D 261); 1536 (bull. Paul. III, Transl. sed. Mag.). — La Vis. past. de 1779 ajoute à ces patrons *S. Victor*. — Brissac était aussi le chef-lieu d'un archiprêtré qui, d'après le tableau officiel de 1756, avait juridiction sur les paroisses suivantes : Agonez, le Causse-de-la-Selle, Cazilhac, Frouzet, Ganges, Gorniez, Pegueirolles, la Roque, Saint-André-de-Buèges, Saint-Bauzille-de-

Putois, Saint-Étienne-d'Yssensac et Saint-Jean-de-Buéges.

Brissac, ruiss. — Voy. Avèze.

Brochain et les Auberges, éc. c^{ne} de Graissessac.

Bronc (Le), mⁱⁿ sur la riv. de Lergue, c^{ne} de Pégairolles-de-l'Escalette.

Bros, f. c^{ne} de Montpellier, sect. K.

Brouet, f. — Voy. Bouat.

Brouillet, éc. c^{ne} de Nébian.

Brousdouil, f. c^{ne} de Pomérols. — *S. Maria de Bundilione*, 1154 (cart. Anian. 44).

Brousse, éc. c^{ne} de Lespignan.

Brousse, f. c^{ne} de Castelnau-lez-Lez.

Brousse, f. c^{ne} de Montpellier, sect. J.

Brousson, ruines d'un chât. c^{ne} de Bédarieux.

Broutille (La), f. c^{ne} de la Salvetat.

Brozet, h. — Voy. Frouzet.

Bru (Mas de) ou Mas de Riols, f. c^{ne} de Soumont.

Bruanous (Jasse de), f. c^{ne} de la Salvetat.

Brue, ruiss. c^{ne} de Pignan, où il prend sa source; traverse les territ. de Saussan et de Fabrègues, arrose cinquante hectares et se perd dans la Mausson, qui afflue dans le Lez.

Bruel, f. — Voy. Vilaris.

Bruguière ou La Bruyère, f. c^{ne} de Montoulieu. — *Bruguerias*, 1072 (cart. Gell. 21 v°). — *El Mas de la Brugueira*, 1116 (ibid. 85 v°). — *Brucherin* (ibid. 1156 et 201 v°). — *Brugeriæ*, 1225 (cart. Mag. E 229). — *Burgueria*, 1235 (ibid. 239). — *Burgeria*, 1331 (ibid. D 51).

Brun, f. c^{ne} de Montpellier, sect. B.

Brun, f. c^{ne} de Montpellier, sect. F.

Brun, jⁱⁿ, c^{ne} de Montpellier, sect. D.

Brunant, vallée et mⁱⁿ, c^{ne} de Saint-Guilhem-du-Désert. — La vallée aboutit à l'Hérault, au mⁱⁿ qui a quitté le nom de *Brunant* pour prendre celui *des Crottes, Las Crottas*. On voit encore dans le torrent, à l'entrée de la vallée, des débris de vieux fourneaux à fondre les métaux. — *Villa Brunante*, 804 (Mahill. ann. II, 718; G. christ. VI, inst. c 265). — *Vallis Brumantis*, 1122 (cart. Gell. 59 v°); 1100 (G. christ. VI, 586). — *Molendinum de Brunanto*, 1311 (ibid. 595).

Brunel, f. c^{ne} de Saint-Pargoire.

Brunet, h. c^{ne} du Causse-de-la-Selle.

Brunet (Mas de), f. c^{ne} de Saint-Guiraud.

Brusque (Mas de), f. c^{ne} de Montpeyroux. — *S. Martinus de Brusca*, 1213 (cart. Anian. 81).

Bruyère (La), f. — Voy. Bruguière.

Budel, f. c^{ne} de Montpellier, sect. C.

Buéges (La), riv. qui donne son nom aux trois communes de Pégairolles, Saint-Jean et Saint-André. — Elle prend sa source au hameau de Méjanel, c^{ne} de Pégairolles, c^{on} de Saint-Martin-de-Londres, parcourt 14 kilomètres, arrose huit hectares, fait mouvoir cinq usines et se jette dans l'Hérault. — *Boia, Boja, Bodia, Buia, Baia, Bajas*, 1031 (cart. Gell. 27 v°); 1153 (ibid. 29 et passim). — *Buada*. v. 983 (cart. Agath. 224); 1204 (ibid. 314). — *Bodia*, 1296 (Plant. chr. præs. Lod. 249). — *Burjoulz* (ibid. 393). — La vallée de Buéges, *vallis Boia*, xie et xiie s^{cles} (cart. Gell. loc. cit.). — Les différents pouillés écrivent *Bueges*, 1625, 1649, 1760, etc.

Buis (Mas de), f. c^{ne} de Guzargues.

Bulletin (Le), f. c^{ne} de Bessan, 1809.

Bureau, mⁱⁿ sur le ruiss. du même nom, c^{ne} de Fraisse.

Bureau, ruiss. qui naît au lieu dit *Penchenière*, c^{ne} de Fraisse, passe à Riols, court pendant 8 kilomètres, fait mouvoir quatre usines, arrose huit hectares et se perd dans le Jaur, affluent de l'Orb. — *Buran*, 1777 (terr. de Fraisse).

Burgas, f. c^{ne} et c^{on} de Murviel.

Burguet, h. c^{ne} de Berlou.

Burguet (Le), f. c^{ne} de la Salvetat, 1809.

Butte-Ronde, h. c^{ne} de Cette.

Buzarem, f. c^{ne} d'Assas.

Buzignargues, c^{on} de Castries. — Eccl. *S. Stephani de Bezanicis*, 1095 (G. christ. VI, inst. c. 353). — *Buzighargues*, 1625 (pouillé). — *Businhargues*, 1649 (ibid.). — *Busignargues*, 1684 (ibid.); 1688 (ibid. lettres du gr. sceau; tabl. des anc. dioc.). — *Buzignargues*, 1760 (pouillé); 1779 (vis. past.). — Cette paroisse et communauté de l'anc. dioc. de Montpellier faisait partie de la baronnie de Montredon (Gard). — En 1790, elle fut comprise dans le canton de Restinclières, supprimé par l'arrêté consulaire du 3 brumaire an x; elle devint alors c^{ne} du c^{on} de Castries.

Bysson ou Byssou, mont. — Voy. Cabrières (Pic de).

C

Cabakanes, anc. villa. — Voy. Cagakanes.

Cabalet, ruiss. qui prend sa source au lieu dit *la Tourne*, c^{ne} de Saint-Julien. Après un cours d'environ 1,340 mètres, et après avoir arrosé trois hectares sur le territ. de cette commune, il se perd dans le ruiss. de Mauroul et dans la riv. de Jaur.

CABANASSE (BASSE-), f. c^ne de la Salvetat.

CABANASSES (LES), h. c^ne du Soulié. — *Cabanarium*, 936 (Catel. Coml. 88; G. christ. VI, inst. c. 77).

CABANE-DE-L'ÉTANG, éc. c^ne de Vic.

CABANE-DE-LOUISETTE, f. c^ne du Soulié.

CABANE-DE-PIERRE, f. c^ne du Soulié.

CABANEL, f. c^ne de Cazouls-lez-Béziers, 1809.

CABANÈS ou CABANAS, f. c^ne de Puimisson. — *Cabacia* 1170 (cart. Anian. 107).

CABANES, f. c^ne de Quarante.

CABANES, f. c^ne de Saint-Pons.

CABANES, h. c^ne du Soulié.

CABANES, mont. près de la c^ne de Camplong; hauteur, 973 mètres.

CABANES (LES), f. c^ne de Brenas. — *Mansus de Cabannis*, 996 (cart. Gell. 10 v° et 53 v°). — *De Cabanis*, 1098 (*ibid.* 125).

CABANES (LES), h. c^ne de Candillargues.

CABANES-DE-MAGUELONE, éc. c^ne de Palavas.

CABANES-DU-LEZ, éc. c^ne de Palavas.

CABANIS, f. c^ne de Fontanès. — *Cabanis*, 1310 (cart. Mag. E 129).

CABANIS, f. c^ne de Montpellier, sect. D.

CABANON, éc. c^ne de Capestang, 1809.

CABANON (MAS DE), h. c^ne de Vailhan.

CABANOT, f. c^ne de la Salvetat.

CABARET (LE), h. c^ne de Rosis.

CABARETON (LE), f. c^ne de Riols.

CABILASSE (LA), f. c^ne de Fraisse.

CABORET, f. c^ne de Montpellier, 1809.

CABRALONGA, bois. — Voy. CAPRALONGUE.

CABREROLLES, c^on de Murviel. — *Villa de Caprariolas*, 987 (cart. Lod. G. christ. VI, inst. c. 270). — *Capranoila* (Caprarolla), 1182 (Livre noir, 133 v° et 134 v°). — *Caprairola*, 1184 (*ibid.* 132) — *Villa de Cabreyrolis*, 1289 (cart. Mag. B 127). — *De Capreolis*, 1292 (G. christ. *ibid.* c. 376). — *Cabrairolles*, 1625 (pouillé). — *Cabreyrolles*, 1649 (*ibid.*). — *Cabreroles*, 1688 (lett. du gr. sc.). — *Cabrerolles*, par. de l'anc. dioc. de Béziers, du ress. de l'archiprêtré de Cazouls, sous le vocable de *B. M. V.* vulgo dict. *de Laroque*, 1780 (tabl. de l'anc. dioc. de Béziers). Doisy écrit *Cabrierolles* (le Royaume de F. 1753).

Cette commune faisait partie du c^on de Magalas dès 1790; ce canton ayant été supprimé par arrêté des consuls du 3 brumaire an x, Cabrerolles passa alors dans celui de Murviel.

CABRERROLLES ou CABREIROLES, 1809; CABRAIROLLES, 1851, f. c^ne d'Espondeilhan. — *Cabrairola*, 1146 (cart. Agath. 44). — *Cabrairola*, 1199 (arch. de Villemagne; G. christ. VI, inst. c. 147).

CABRIALS, f. c^ne de la Salvetat. — *Cabril*, 1210 (G. christ. VI, inst. c. 151).

CABRIALS, h. c^ne de Béziers. — *Villa Caprelis*, 990 (Marten. Anecd. I, 179). — *Villa de Cabrioneris*, 1123 (G. christ. VI, inst. c. 278). — *Eccl. de Caprilis*, 1156-1158 (arch. du prieuré de Cassan, *ibid.* c. 139). — *S. Petrus de Caprelis*, 1158 (Livre noir, 33 v° et 333 v°). — L'église de Cabrials était un bénéfice de l'évêché de Béziers, concédé au prieuré de Cassan, 1156 (bulle d'Adrien IV; G. christ. *ibid.* 138). — *S. Pierre de Caprilz*, vicairie, 1518 (pouillé).

CABRIALS, ruiss. qui naît sur le territoire de la c^ne de Combes, court pendant 2 kilomètres, passe au Poujol, fait aller un moulin et se perd dans l'Orb.

CABRIALS (MAS DE), h. c^ne d'Aumelas. — *Cabrilis*, 1209 (cart. Anian. 60). — *Cabrils* (Concil. Monspell.). — *Podium Caprarium*, 1211 (cart. Anian. 51 v°). — *Cabrias*, Causses d'Amelas, dans l'archiprêtré du Pouget, sous le vocable de *SS. Petrus et Paulus*, 1780 (état offic. des égl. du dioc. de Béziers).

CABRIÉ (MAS DE), f. c^ne de Teyran. — *Mans. de Capreriis*, 1333 (stat. eccl. Mag. 72 v°).

CABRIÈRES, c^on de Montagnac. — *Capraria castellum*, 533 (Greg. Tur. Hist. III, 21; H. L. I, 265); 1066 (Baluz. Miscell. VI, 480); 1197 (Liv. noir, 55 v°); 1323 (rôle des dîm. de l'égl. de Béz.). — *Suburbium Caprariense*, 867 (arch. de l'abb. de St-Tibér. Mabill. diplom. 541). — *Cabreria*, 1054 (mss d'Aubaïs; H. L. II, pr. c. 225); 1082, 1122 (cart. Gell. 60 v°); 1163 (Liv. noir, 249 v°); 1187 (cart. Agath. 70). — *Cabreira*, 1186 (mss d'Aubaïs; H. L. *ibid.* 512; Liv. noir, 18). — *Cabraria*, 1180 (Liv. noir, 27). — *Capreria*, 1138 (abb. de Valmagne, H. L. II, pr. c. 483). — *Cabriera*, 1146 (arch. du prieuré de St-Gilles; *ibid.* c. 497). — *Caprunianum*, 1181 (cart. Anian. 121). — *Caprinont*, eccl. S. Stephani, 1178 (G. christ. VI, inst. c. 140); 1216 (bulle d'Hon. III; Liv. noir, 109). — *Archidiaconus Caprariensis*, 1323 (rôle des dîm. de l'égl. de Béz.). — *Caprariæ*, 1290 (dom. de Montp. H. L. III, pr. c. 542). — *Lo castel de Cabrieyra, Aspira de Cabrayres*, 1380 (chron. consul. de Béz. 6). — *Podium Cabrerium*, 1491 (Liber Rector. 311). — *Capreres*, 1518 (pouillé). — *Caprieres*, 1527 (*ibid.*). — *Cabrieres*, 1455 (H. L. V, pr. c. 16); 1625 (pouillé); 1649 (*ibid.*); 1688 (lett. du gr. sc.); 1760 (pouillé; tabl. des anc. dioc. 1780). Paroisse de l'anc. dioc. de Béziers, dans l'archiprêtré du Pouget, sous le patronage de *S. Étienne*, 1780 (état offic. des égl. de Béz.).

La justice roy. et bannerète de Cabrières ressortissait au présidial de Béziers. Cabrières fut en 1790 comprise dans le c°⁰ de Fontès, supprimé par arrêté des consuls du 3 brumaire an x; cette commune fut alors ajoutée au c°⁰ de Montagnac. — Voy. Lieuran-Cabrières.

Cabrières, c⁰ᵉ. — Voy. Lunel-Viel.

Cabrières (Pic de), c°ᵉ de Cabrières, connu dans le pays sous le nom de *Bysson* ou *Byssou*, est un signal dont l'élévation est de 482 mètres.

Cabrierettes ou Cabrières, h. c°ᵉ de Joncels. — *Cabrella*, 1178 (Livre noir, 226 v°).

Cabriols, f. c°ᵉ de Saint-Vincent, c°ⁿ d'Olargues. — *Cabril*, 1210 (arch. de Narb. G. christ. VI, inst. c. 151). — *Cabrials*, 1779 (terr. de Sᵗ-Pargoire).

Cabrol, f. c°ᵉ de Montpellier, sect. C.

Cabrol (Pné de), j^in, c°ᵉ de Saint-Pons.

Cabroulasse (La), la Cabrette, 1809, f. c°ᵉ de la Salvetat. — *Cabraresza*, 1157 (cart. Anian. 86). — *Caprarezia*, 1181 (ibid. 54). — *Caprarizia*, 1203 (ibid. 52). — *Molendinum apud Caprereciam*, 1213 (ibid. 87 v°).

Cacavel, f. c°ᵉ de la Salvetat. — *Cavallanum*, 996 (cart. Gell. 27). — *Vallis de Cavaillano*, 1187 (mss d'Aubaïs; H. L. III, pr. c. 161).

Cadables, f. c°ᵉ de Gabian.

Cadas, f. c°ᵉ de Cessenon.

Cadas, f. — Voy. Fondouce (Pézenas).

Cadastres, f. c°ᵉ de Pomérols.

Cadé (Le), bourg, c°ᵉ de la Salvetat.

Cadé (Le), f. c°ᵉ de Magalas. — *Villa Cuduxatis*, 922 (cart. Gell. 56).

Cadenat, f. — Voy. Coustande (La).

Cadenat (Grange de), éc. c°ᵉ d'Abeilhan, 1809.

Cadenet, f. c°ᵉ de Castries.

Cadenet, f. c°ᵉ de Montpellier, sect. H.

Cadière, h. — Voy. Saint-Michel-de-Cadière.

Cadirac, f. c°ᵉ d'Olonzac. — *Cadirac*, 1625 (pouillé).

Cadirac, j^in, c°ᵉ d'Olonzac.

Cadole (La) ou la Cadolle, f. c°ˢ de Balaruc-les-Bains. — *Cadolla*, 1169 (cart. Anian. 57 v° et 58 v°).

Cadolle (Mas de), f. c°ᵉ de Saint-Just. — *Mansus de Stampiis*, 1168 (mss d'Aubaïs; H. L. II, pr. c. 608). — *Kadolla, Cadolla*, 1169 (cart. Anian. 57 v° et 58 v°). — *Cadolle dit Tasque* (carte de Cassini).

Cadoule (La), riv. qui prend sa source dans la c°ᵉ de Montaud, passe sur les territ. de Guzargues, Castries, Vendargues, Mauguio, court pendant 21 kilomètres, fait aller un moulin et se jette dans l'étang de Mauguio. — *Cadolla*, 1177 (charte du fonds de Sᵗ-Jean-de-Jérusalem); 1296 (Gall. christ. VI, inst.

c. 379). — *Cadoule*, 1521 (chap. cath. de Montp. Cassett. églises paroiss. de Montp.).

Cadoule (La), station de chemin de fer, éc. c°ᵉ de Mauguio.

Cagakanes ou Cabakanes, anc. villa près de Nissan: 990 (arch. de Sᵗ-Paul de Narb. Marten. Anecd. I, 101). — *Cagapanes, Cagapanies*, 1031 (cart. Gell. 16 et 51). — *Podium Concagatum*, 1116 (ibid. 76).

Cagarot, ruisseau qui a son origine sur le territ. de Cessenon, qu'il ne quitte pas, et se jette dans l'Orb. — Probablement de *Caragaulerium*, 1208, qu'on retrouve souvent (Liv. noir, 6 v°, 33, 34, 336 v°. 341 v°, etc.).

Caguerolle, f. c°ᵉ de Montpellier, sect. A.

Caila ou le Cayla, h. c°ᵉ de Saint-Martin-de-Londres. — *Caslarium*, 1179 (cart. Mag. B 101); 1213 (ibid. F 309).

Cailho, f. c°ᵉ de la Salvetat.

Cailho, h. c°ᵉ de Saint-Vincent (c°ⁿ d'Olargues).

Cailhol, h. c°ᵉ d'Aigues-Vives.

Caillan, f. c°ᵉ de Bessan. — *S. Martinus de Callano*, 1173 (cart. Agath. 252). — *Callianum*, 1187 (ibid. 68). — *Calianum*, 1171 (Livre noir, 65 v°); 1220 (stat. eccl. Bitt. 73 v°, 161 v°, 159; Tonsur. antiq. 11 v°). — *Calhan*, 1518 (pouillé). — *Calhanum*, 1527 (ibid.). — Le domaine de Caillan dépendait de la mense épiscopale d'Agde.

Caille, j^in, c°ᵉ de Nissan, 1809.

Cainé (Le), f. c°ᵉ de Vieussan, 1809.

Cairoche ou Lalande, 1809; f. c°ᵉ de Montpellier.

Cairol (Mas), f. c°ᵉ de Servian.

Cairou, 1809; Caynou, 1840; f. c°ᵉ de Béziers.

Cairou, h. — Voy. Caynou.

Caissenols, h. c°ᵉ de Rosis. — *Cassanciolum*, 1182 (Livre noir, 107 v°).

Caisserol, f. c°ᵉ de Montpellier, sect. G.

Caisson, f. c°ᵉ de Montpellier, sect. C.

Caizergues, f. c°ᵉ de Brissac.

Caizergues, f. c°ᵉ de Montpellier, sect. A.

Caizergues, f. c°ᵉ de Montpellier, sect. B.

Caizergues, f. — Voy. Pont-Trinquat.

Caizergues, j^in, c°ᵉ de Montpellier, sect. D.

Calage, f. c°ᵉ de Mauguio.

Calage, f. c°ᵉ de Viols-en-Laval. — *Calagium, Calagerium mansus*, 1304 (cart. Mag. E 297).

Calamiac (Bas-), f. c°ᵉ de la Livinière.

Calamiac (Haut-), h. c°ᵉ de la Livinière.

Calanda, f. c°ᵉ de Montpellier, sect. D.

Calandes (Les), f. c°ᵉ d'Avène. — *Calatorium*, 1107 (cart. Gell. 85 v°).

Calas, f. c°ᵉ de Bédarieux.

Calas, h. c°ᵉ de la Salvetat.

Calas, j^{in}, c^{ne} de Villeneuve-lez-Béziers.
Calas (Borio de), éc. c^{ne} de Saint-Nazaire-de-Ladarez, 1809.
Calemar, f. c^{ne} de Montpellier, sect. C.
Calimar, f. — Voy. Baye et Fondude (La).
Caliole (La), bourg, c^{ne} de Péret.
Calissa, f. c^{ne} de Berlou. — *Cauchaleria villa*, 1031 (cart. Gell. 54 v°). — *Calcadiza*, 1090 (*ibid.* 121).
Calmel (Pont de), éc. c^{ne} de Rieussec.
Calmels ou Caumels, f. c^{ne} du Cros. — *Terminium de Calmels in parochia B. M. de Pruneto*, 1204, 1330 (Plant. chron. præs. Lod. 104 et 297). — On trouve des vestiges de dolmens dans le voisinage de cet anc. *mansus*.
Calmes, anc. villa, c^{ne} de Puimisson. — *Calmes*, 804 (Mabill. ann. II, 718; G. christ. VI, inst. c. 265; cart. Gell. 3, 4, 153). — *Calmis*, 1050 (*ibid.* 81); 1115 (*ibid.* 151 v°). — *Calme*, 1123 (Liv. noir, 5).
Calmette ou Mas de Fabre, f. c^{ne} de Mauguio.
Calmette ou la Caumette, h. c^{ne} de Faugères.
Calmette (La), h. c^{ne} de Ferrières.
Calmette (La), h. c^{ne} de Mons. — *La Calmette*, 1778 (terr. de la Voulte).
Calmettes (Mas de), éc. c^{ne} de Saint-Nazaire-de-Ladarez, 1809.
Calmidios, anc. village du dioc. de Lodève, 804 (cart. Gell. 3; G. christ. VI, inst. c. 265; Mabill. ann. II, 718).
Calumbo ou Catumbo, manse au dioc. de Lodève, 987 (cart. Lod. G. christ. VI, inst. c. 269).
Calvates, vill. — Voy. Carlencas-et-Levas.
Calvel, f. c^{ne} d'Olargues. — *Podium Calvellum*, 990 (arch. de Saint-Tibér. G. christ. VI, inst. c. 315).
Calvélarié (La), h. c^{ne} de Riols. — *Calvaurola*, 1271 (mss de Colb. H. L. III, pr. c. 402).
Calvellum *podium*, manse dans l'ancienne paroisse de Montauberon, près de Montpellier; 1340 (cart. Mag. B 47).
Calvet, f. c^{ne} de Bédarieux. — *Calvetum*, 1197 (Livre noir, 184).
Calvet, h. c^{ne} de Ferrals. — *Castrum Calvenzing*, 1121 (tr. des ch. H. L. II, pr. c. 419).
Camal, f. — Voy. Cammal.
Camarié (La) ou la Camarerie, f. c^{ne} de Maureilhan, 1809.
Cambaissy, h. c^{ne} de Fraisse.
Cambarot, f. c^{ne} de la Salvetat.
Cambasselieu, 1856; Combe-Lieu, 1809, f. c^{ne} de Fraisse.
Cambis, f. c^{ne} de Cessenon.
Cambis, f. c^{ne} de Montpellier, 1809.
Cambon, éc. c^{ne} de Montpellier, sect. D.

Cambon, f. c^{ne} de Castelnau.
Cambon, f. c^{ne} de Montpellier, sect. A.
Cambon, f. c^{ne} de Valflaunès.
Cambon, h. c^{ne} de Saint-Julien. — *Allod. ecclesiæ S. Petri de Cambonis*, 1182-1458 (bulles des papes Lucius III et Pie II; Gall. christ. VI, inst. c. 88). — L'alleu du Cambon dépendait de la mense capitulaire de Saint-Pons.
Cambonnet, f. c^{ne} de Saint-Julien.
Cambonnet (Mas de), f. c^{ne} de Gignac.
Cambou (Le), f. c^{ne} de la Salvetat. — *Allodium de Cambonis*, 1182-1458 (bull. de Lucius III et de Pie II; G. christ. VI, inst. c. 88). — Cet alleu était une dépendance de la mense capitulaire de Saint-Pons. — Voy. Cambon, h.
Cambou-Nòou, f. c^{ne} de la Salvetat.
Cambous, chât. c^{ne} de Viols-en-Laval. — *Cambos*, 1178 (cart. Anian. 103 v°). — *Camboux*, 1683 (délibérations du conseil politique des Matelles, BB 1).
Cambous, h. c^{ne} de Saint-André-de-Sangonis. — *Cambones*, 804 (cart. Gell. 4). — *Villa Cambonis*, 986 (*ibid.* 20 v°). — *Cambos*, 1122 (*ibid.* 60). — *Notre-Dame-de-Cambous*, eccles. *B. M. de Cambono. priorat.* 1284 (Plant. chr. præs. Lod. 231 et suiv.). — Le prieuré de *Cambous* appartenait à l'abb. de Bénédict. de Saint-Guilhem-du-Désert (voir Plant. *ibid.* où sont réglés les droits de l'évêque de Lodève et du prieur). — Cambous réuni à Brignac formait une paroisse de l'anc. dioc. de Lodève.
Cambrenous, f. c^{ne} de Castelnau.
Camel, chaîne de collines. — Voy. Montcamel.
Cami dé la Mounéda, chemin de la monnaie, partie de la voie Domitienne qui menait du *Pons ærarius*, sur la rivière du Lez, à Substantion (itiner. Burdig.). — *Via monetæ*, par corruption de *Via munita seu militaris*, lou cami mounit ou munit (Astruc, mém. sur le Lang. 94 et 210). — Voy. Monnier (Mont).
Cami Roumiou, Cami das Roumious, chemin romain, chemin des Romains. — C'est le nom vulgaire que, dans plusieurs communes, notamment depuis Lavérune jusqu'au canton de Florensac, on donne à la voie Domitienne.
Camichel, f. c^{ne} de Jacou.
Camille, f. c^{ne} de Vias.
Caminade (La), h. c^{ne} de Prémian.
Cammal, anc. hospice ou manse, dans la paroisse de Saint-Jean-de-Buéges. — *Hospicium seu mansus de Campo Malo*, 1351 (cart. Mag. C 329).
Cammal, 1840; Camal, 1809; f. c^{ne} de Villemagne. — *Caput de Malles*, 1185 (Livre noir, 71).
Camman, j^{in}, c^{ne} de Béziers (2e c^{on}).
Camp (Le), h. c^{ne} de Rouet.

CAMPAGNAN, c^on de Gignac. — *Campaniacum*, 804 (cart. Gell. 3; G. christ. VI, inst. c. 265; Mabill. Annal. II, 718; 807-808 (act. ss. Bened. sec. 4, part. I, 90; G. christ. VI, inst. c. 266; cart. Gell. 91; charte de l'abb. de Saint-Guill.); 990 (abb. de Saint-Tibér. H. L. II, pr. c. 144); 1151, 1180 (Livre noir, 13 v° et 105 v°); 1237 (cart. Gell. 215 v°). — *Campagnianum*, 1175 (Livre noir, 354 v°). — *Campanhacum*, 1285 (arch. de Montp. gr. chartrier, arm. A, casset. vi, n° 5). — *Campaignanum*, 1385 (stat. eccl. Bitt. 128 v°). — *Campaignan*, 1625 (pouillé). — *Campanhan*, 1649 (ibid.). — *Campagnan*, 1688 (lett. du gr. sceau); 1760 (pouillé); 1778 (terr. de Campagnan).

Église de Campagnan. Mabillon énumère *Campaniacum* comme une dépendance de l'église de Saint-Pargoire (Ann. II, 718). C'était une paroisse de l'anc. dioc. de Béziers, du ressort de l'archipr. du Pouget. — *Eccl. S. Martini cum fisco Campaniaco*, 990 (arch. de Saint-Tibér. G. christ. VI, inst. c. 315). — *Eccl. S. Genesii de Campaniano*, 1146 (cart. Gell. 215 v°). — *S. Saturninus de Campaniano*, 1203 (Livre noir, 67). — L'État officiel des paroisses du dioc. de Béziers de 1780 lui donne pour patrons SS. *Genesius et Genesius*.

Le fief de *Saint-Martin de Campagnan,* que nous venons de nommer, était une commanderie que les auteurs de l'Hist. du Lang. appellent *Campagnac*, bien qu'on lise *de Campanhano*, 1265 (arch. du chât. de Foix; H. L. III, pr. c. 578); et 1323 (rôle des dîmes de l'égl. de Béz.).

Campagnan fut incorporé au c^on de Saint-Pargoire en 1790; mais, par suite de la suppression de ce c^on en vertu de l'arrêté consulaire du 3 brumaire an x, il fut compris dans le c^on de Gignac.

CAMPAGNE, c^on de Claret. — *Casellæ Campaniæ*, 855 (cart. Gell. 100 v°). — *De Campaniis*, 1144 (tr. des ch. H. L. II, pr. c. 508). — *Campaniæ seu Campanias*, 1162 (G. christ. VI, inst. c. 282). — *De Campaneis*, 1207 (cart. Agath. 258); 1528 (pouillé). — *Campagnes*, 1649 (ibid.). — *Campagne*, 1688 (lett. du gr. sc.); 1760 (pouillé). — *Campaignes*, fief de la viguerie de Sommières, 1625 (pouillé); dépendait de la baronnie de Montredon (Gard). — *Patr. S. Martinus*, 1779 (vis. past.).

La c^ne de Campagne, comprise dans le c^on de Restinclières en 1790, fut, le 3 brumaire an x, époque de la suppression de ce c^on par arrêté des consuls, ajoutée au c^on de Claret.

CAMPAGNE ou BOUDON, f. c^ne de Montpellier, 1809.

CAMPAGNE (MAS), h. c^ne de Bédarieux, 1809.

CAMPAGNOLES, anc. égl. de l'archipr. de Cazouls-lez-Béziers, sous le vocable de *S. Andreas*, 1780 (tabl. offic. des anc. paroisses du dioc. de Béz.).

CAMPAN, f. c^ne de Montpellier, sect. II.

CAMPANIÈS, f. c^ne de Béziers.

CAMPARINES, autrement métairie de LAUX, c^ne et c^on de Murviel. — *Mans. de Camprinano*, 1184 (Liv. noir, 153 v°). — *Camprinnanum*, 1216 (bulle d'Honorius III; ibid. 109); 1178 (G. christ. VI, inst. c. 140).

CAMP-ATBRAND, ancien bourg au dioc. de Montpellier. — *Campus Atbrandi*, 1238 (G. christ. VI, inst. c. 369).

CAMPAUSSELS, f. c^ne de Montagnac. — *Campus de Campinacio*, 1366, 1368 (stat. eccl. Bitt. 171, 175 v°).

CAMPAUTIÉ, h. c^ne de Fraisse.

CAMPBLANC, f. c^ne de Prémian.

CAMP-D'ALTOU, h. c^ne de Sorbs.

CAMP-DE-CÉSAR, dénomination vulgaire prodiguée à presque tous les restes d'antiquités romaines dans le pays. Il suffit d'indiquer ici FABRÈGUES et SAINT-THIBÉRY.

CAMP-DE-LÈGUE, f. c^ne d'Avène.

CAMP-DEL-TOUR, f. c^ne de la Salvetat.

CAMP-DE-PÉRIER, h. c^ne de Ferrals.

CAMP-DES-POUS ou CAMP-DEL-POUS, f. c^ne de Saint-Nazaire-de-Ladarez.

CAMPEDOU, f. — Voy. CAMPREDON.

CAMPELS, h. c^ne de Saint-Étienne-d'Albagnan.

CAMPEMAN, bourg, c^ne de la Salvetat. — *Campus miliarius*, v. 1160 (cart. Anian. 44).

CAMP-ESPRIT, f. c^ne de Villemagne.

CAMPESTRE (MAS DE), h. c^ne de Lodève.

CAMPEYRAS ou FRESCATIS, ruiss. qui, après 4 kilomètres de cours sur le territoire de Saint-Pons et avoir arrosé huit hectares, se perd dans la rivière de Salesses, laquelle se joint au Jaur.

CAMPEYROUS, f. c^ne de Prémian.

CAMPEYROUX, f. c^ne des Plans.

CAMPFOUALS, f. c^ne d'Avène.

CAMPGRAND, f. c^ne de la Salvetat.

CAMPILLERGUES, h. c^ne de Brenas. — *Campaniolus*, 1167 (Livre noir, 32 v°). — *Campanolas*, 1169 (cart. Anian. 59 v°). — *Eccl. de Campaneolis*, 1184 (Liv. noir, 133). — *Campillergues*, 1760 (pouillé). — C'était une paroisse du dioc. de Béziers, archipr. de Boussagues, sous le vocable de *S. Eusebius*, 1323 (rôle des dim. de l'égl. de Béz.); 1780 (état offic. des anc. paroisses du dioc. de Béz.).

CAMPLONG, c^on de Bédarieux. — *Campus longus*, 1080 (arch. de l'abb. de Caunes; H. L. II, pr. c. 311); 1095 (2° cart. de la cathéd. de Narbonne, ibid. 340); 1122 (cart. Gell. 132 v°); 1191 (cart. Mag.

E 326); 1527 (pouillé). — *Camplont*, 1353 (Lib. de memor.). — *Camplong*, 1529 (dom. de Montp. H. L. V, pr. c. 85); 1625 (pouillé); 1649 (*ibid.*); 1760 (*ibid.*).

Camplong était une cure de l'anc. diocèse de Béziers. — *Ecclesia S. Stephani de Campolongo*, 1118 (Baluz. Bull. n°⁸ 12 et 38); mais, soit qu'il s'agisse ici d'une simple chapelle, soit que la paroisse eût quitté le patronage de saint Étienne pour adopter celui de la sainte Vierge, on trouve *Sainte-Marie de Champlong*, 15·8 (pouillé), et *B. M. V. de Camplong*, 1780 (état offic. des égl. de Béz.).

Camplong fut aussi une seigneurie de la viguerie de Carcassonne.

CAMPLONG, f. cᵘᵉ de Clermont. — *Camslonx*, 1114 (cart. Gell. 82 v°).

CAMPLONG, f. cⁿᵉ de Lodève.

CAMPLONG, h. cⁿᵉ de Félines-Hautpoul.

CAMPOLUTS, f. cⁿᵉ de la Salvetat, 1809.

CAMPOUJOL, h. cⁿᵉ de Pardailhan.

CAMPRAFAUD, h. cⁿᵉ de Ferrières.

CAMPREDON, 1856; CAMPEDOU, 1809; f. cⁿᵉ de Saint-Chinian.

CAMPREDON, h. cⁿᵉ de Ferrals. — *Campus rotundus villa*, 804 (cart. Gell. 4).

CAMPROGER, h. cⁿᵉ de Saint-Vincent.

CAMP-ROUCH ou CANROUCH; CANROUPE, 1809, f. cⁿᵉ de Pégairolles-de-l'Escalette.

CAMPSALÈS, f. cⁿᵉ de Fraisse.

CANABALIÈS, f. cⁿᵉ de la Salvetat.

CANAGUE (LA), f. cⁿᵉ de Capestang. — *La Canague*, 1695 (reg. des affranch. V, 163).

CANAGUE-NEUVE (LA), f. cⁿᵉ de Capestang.

CANAL. — Les principaux canaux qui sillonnent le département sont : le canal du Languedoc, du Midi ou des Deux-Mers, — des Étangs, — de Cette, — de la Peyrade, — de la Robine-de-Vic, — de Lunel, — de Grave, — du Grau-du-Lez, — latéral de l'étang de Mauguio, — le Canalet, aujourd'hui comblé. — Voy. ces différents articles.

CANAL (LE) ou LE PONT DU CANAL, éc. cⁿᵉ de Béziers (2ᵉ cⁿ).

CANAL DE GRAVE, écart et canal. — Voy. ÉCLUSE et GRAVE (CANAL DE).

CANALASSE (LA), f. cⁿᵉ de la Salvetat.

CANALET (LE), cⁿᵉ de Mauguio. — Petit canal allant de l'étang de l'Or à la mer, aujourd'hui comblé.

CANALS (GRANGE DE), f. cⁿᵉ de Bédarieux, 1809.

CANARIÉ (LA), h. cⁿᵉ de Saint-Étienne-d'Albagnan.

CANAUX (RUISSEAU DES). — Voy. FONTAINE (RUISSEAU DE LA).

CANCOLLAS, anc. villa, au dioc. de Lodève, *in comitatu Lutevensi*, 1032 (cart. Gell. 52 v°). — Les Bénédictins qui ont écrit l'Histoire de Languedoc ont mal lu *Camollas* (II, pr. c. 188).

CANDEJAMAS, anc. villa, dioc. de Lodève; 996 (cart. Gell. 28). — Voy. CUMBA PUTANA.

CANDILLARGUES, cⁿ de Mauguio. — *Candianicæ*, 960 (arch. de l'abb. de Montmajour; Mabill. ad ann. 960, n° 33). — *Candianicum villa*, 985 (cart. des comtes de Melgueil; mss d'Aubais; H. L. II, pr. c. 139). — *Candelacis*, 1031 (cart. Gell. 28 v°). — *Candeianeges*, 1093 (*ibid.* 126). — *Castrum de Candilhanicis*, 1304, 1340, 1354, 1357 (cart. Mag. B 53, et C 22, 29, 290, 322). — Astruc (Mém. sur le Lang. 375) l'appelle *Cantillianicæ*, sans indiquer la source où il a puisé, mais probablement de *Vallis Cantillan*, 1123 (cart. Gell. 188 v°). — *Candilhargues*, 1649 (pouillé). — *Candillargues*, 1625 (*ibid.*); 1684 (*ibid.*); 1688 (lett. du gr. sc.); 1760 (pouillé; tabl. des anc. dioc.).

On trouve l'église de Candillargues dès le xiᵉ s°. — *Eccl. S. Mariæ de Candillargues*, 1099 (G. christ. VI, inst. c. 187). — Cependant, en 1684, le patron de cette paroisse de l'anc. dioc. de Montpellier est *S. Blaise* (vis. past.), et en 1779 (vis. past.) on voit pour prieur le chap. cathédral d'Alais et pour patrons SS. *Côme et Damien*.

Le pouillé de 1625 place Candillargues dans la viguerie de Mauguio; le pouillé de 1649 met cette communauté dans la viguerie d'Aigues-Mortes.

CANEL (LE), ruiss. qui prend sa source à Pichardoux, cⁿᵉ de Garrigues, arrose aussi Campagne et Galargues, et, après 10 kilomètres de cours, se jette dans la Bénovie, affluent du Vidourle.

CANET, cⁿ de Clermont. — *Cannetum villa*, chapelle fondée par l'abb. de Gellone; 804 (arch. Gell. Act. ss. Bened. sect. 4, part. I, 88); 806 (cart. Gell. 64 v°). — *Channetum villa*, v. 954 (cart. Agath. 222). — *Canetum castrum*, 1110, 1124, 1125 (cart. de la cath. de Narb. arch. du chât. de Foix; H. L. II, pr. cc. 375, 426, 430); 1178 (Livre noir, 22); 1190 (*ibid.* 66 v°); 1203 (cart. Anian. 51 v°); 1253, 1285, 1510 (Plant. chr. præs. Lod. 182, 236, 355). — *Canned*, 1112 (Marten. Anecd. I, 334). — *Caned*, 1132 (chât. de Foix; H. L. II, pr. cc. 397, 463). — *Cannet*, 1625 (pouillé). — *Canet*, 1117 (H. L. *ibid.*); 1649 (pouillé); 1688 (lett. du gr. sc.); 1760 (pouillé).

Cette communauté, voisine du confluent de l'Hérault et de la Lergue, formait au midi l'extrémité du dioc. de Lodève, dont elle était une paroisse, et la limite de ce dioc. avec celui de Béziers. — La cⁿᵉ de Canet, comprise dans le cⁿ d'Aspiran en 1790, fut, à la suppression de ce c°⁰, le 3 brumaire an x, réunie au c⁰ⁿ de Clermont.

CANET, f. et m¹⁰ sur le Libron, cⁿᵉ de Puissalicon.

CANET, h. cⁿᵉ de Mérifons.

CANET (LE), f. cⁿᵉ de Cessenon. — *Canneta villa*, 936 (G. christ. VI, inst. c. 77).

CASIMALS, f. cⁿᵉ de Pierrerue.

CASIMALS, f. cⁿᵉ de Saint-Chinian.

CANNAU, f. cⁿᵉ de Lunel, 1809. — *Campus novus*, 1152 (ch. du Vignogoul).

CANNES, f. cⁿᵉ de Mudaison. — *Mansus de Canoys*, 1340 (cart. Mag. B 40); 1355 (*ibid.* C 19).

CANONNIER (MAS DU), éc. cⁿᵉ de Saint-Geniès.

CANOURGUE (LA), f. cⁿᵉ de Saint-Étienne-de-Gourgas.

CANROUCH ou CANROUPE, f. — Voy. CAMP-ROUCH.

CANTACRILS, f. cⁿᵉ d'Argelliers.

CANTALOUP, anc. terre, dioc. de Lodève. — *Terra de Cantalupis*, 804 (cart. Gell. 3 v°); 1031 (*ibid.* 16 et 17 v°).

CANTA-MERLE, f. cⁿᵉ de Fraisse, 1809.

CANTARANNE, f. cⁿᵉ de la Salvetat.

CANTARANNE, m¹⁰ sur le ruiss. de la Cessière, cⁿᵉ de la Caunette.

CANTAUSSEL, f. cⁿᵉ de Siran.

CANTAUSSELS-LE-BAS, h. cⁿᵉ de Servian.

CANTAUSSELS-LE-HAUT, h. cⁿᵉ de Servian.

CANTEMERLES, h. cⁿᵉ des Aires. — Dans les recensements de 1809 et de 1840, ce h. fait partie de la cⁿᵉ de Mourcairol, réunie en 1845 à celles des Aires et de Villecelle.

CANTIGNERGUES, h. cⁿᵉ de la Livinière.

CANTIGNOUS, éc. cⁿᵉ de Rieussec.

CANTOGAL, f. cⁿᵉ de Béziers.

CANTON, deux ff. cⁿᵉ de Montpellier, sect. H.

CANTONNIER (MAS DU), f. cⁿᵉ de Villeneuve-lez-Maguelone.

CAP. — Les principaux caps du département sont ceux d'*Agde*, de *Balaruc*, de *Barou*, des *Joncs*, des *Moures* : voy. ces différents noms.

CAPBLANC, f. cⁿᵉ de Fraisse.

CAP-DANIEL, f. cⁿᵉ de Gignac. — *Mans. de Capite dolio, de Capite doio*, 1181 (Livre noir, 164 et 165 v°).

CAP-DE-VILLE, f. cⁿᵉ de Vendres.

CAPE (LA), f. cⁿᵉ de Saint-Nazaire-de-Ladarez.

CAPEL, f. cⁿᵉ de Cazouls-lez-Béziers.

CAPELIERIE, f. — Voy. CAPILIÈRE (LA).

CAPELLE, f. cⁿᵉ de Montpellier, 1809.

CAPELLE (LA), f. cⁿᵉ de Notre-Dame-de-Londres.

CAPELLIÈRE (LA), f. — Voy. CAPILIÈRE (LA).

CAPESTANG, arrond. de Béziers. — *Cabestan, Pegan*, faisait partie de l'anc. dioc. de Narbonne. — *Pons Septimus*, par corruption *Pont-Sepme* et *Serme*, 782 (arch. de l'égl. de Narb. Baluz. Lang. I; II. L. l, pr. c. 25). — *Villa Peganum quæ vocatur Caput Stanio*, 862 (arch. de l'abb. de Montolieu; H. L. I, pr. c. 114). — *Caput Stagnum*, 1527 (pouillé). — *Capestagnum*, 1107 (arch. de l'archev. de Narb. H. L. II, pr. c. 370). — *Castellum de capite stagni*. 990 (arch. de S¹-Paul de Narb. Marten. Anecd. I, 101); 1118 (dom. de Montp. H. L. *ibid.* c. 403). — *De Capite Stagno*, 1153 (arch. de la vicomté de Narb. *ibid.* c. 548); 1163 (cart. de Foix, 8); 1180 (Livre noir, 12 v°); 1185 (*ibid.* 58 v° et 62); 1202 (cart. Agath. 118). — *Cabestan*, 1162 (mss d'Aubaïs; H. L. *ibid.* c. 585). — *Cabestag*, 1169 (Livre noir, 65 v°). — *Capestan*, 1760 (pouillé; tabl. des anc. dioc.); 1767 (proc.-verbaux des états provinc.). — *Capestang*, 1149 (arch. du chât. de Foix; H. L. *ibid.* c. 523); 1625 (pouillé); 1649 (*ibid.*); 1659 (terrier de Capestang); 1688 (pouillé et lettres du grand sceau).

Église de Capestang : *Eccl. S. Felicis de Capite Stagni*, 1118 (Baluz. Bull. nn. 12 et 38). — Le pouillé de Narbonne, de 1760, mentionne, outre le chapitre de Capestan, les chapelles de la S¹ᵉ-Trinité, de N. S., de S¹-Michel et de S¹-Jean. — Le portefeuille de Baluze (Bibl. reg.) indique la chapelle de S¹-Nicolas, du même lieu, 1241 (H. L. III, pr. c. 406). — *Prior de Pedano*, 1182 (Livre noir, 317 v°). — *Prior de Pesano*, 1323 (rôle des dîm. des égl. de Béz.). — *Rector de Pesano et Montillis* (Montels, *ibid.*). — L'archevêque de Narbonne était seigneur de Capestang. — Ce lieu était aussi le siége d'une commᵉⁱᵉ de l'ordre de Saint-Jean-de-Jérusalem.

Bien que du diocèse de Narbonne, qui ressortissait au sénéchal de Carcassonne, Capestang répondait pour la justice au sénéchal de Béziers. C'était l'un des vingt-quatre lieux du diocèse de Narbonne qui envoyaient par tour un député aux États généraux de Languedoc. Ses armoiries sont : parti, *au premier d'argent, à une aigle essorante de sable de profil, la tête contournée, la patte dextre levée; au deuxième d'argent, au lion de gueules*.

Le c⁰ⁿ de Capestang, en 1790, comptait seulement six communes : Capestang, Creissan, Montels, Nissan, Poilhes et Quarante; mais par suite de la suppression du c⁰ⁿ de Cazouls-lez-Béziers, conformément à l'arrêté des consuls du 3 brumaire an x, celui de Capestang reçut les cⁿᵉˢ de Maureilhan-et-Ramejan et de Puissergnier. La cⁿᵉ de Montady, qui appartenait au c⁰ⁿ de Béziers, fut également, à la même époque, ajoutée au c⁰ⁿ de Capestang; en sorte qu'aujourd'hui ce dernier est composé de ces neuf communes.

Capestang, éc. c^ne de Béziers.
Capilière (La), Capelierie, 1840; la Capellière, 1809, f. c^ne de Béziers. — *Capolieyra*, 1384 (terrier de Vendres).
Capimont, éc. — Voy. Notre-Dame-de-Capimont.
Capiou, f. c^ne de Gignac.
Capiscol, f. c^ne de Béziers.
Capitou, f. c^ne de Villeneuve-lez-Maguelone. — Ce domaine tire son nom du chapitre (*Capitulum*) cath. de Montpellier, auquel il appartenait. Il fut vendu nationalement en 1791 (arch. départ. reg. des ventes nationales).
Capitouls, m^ins sur la riv. de Lergue, c^ne de Lodève.
Caplong, ruiss. qui prend sa source au lieu dit Roqueconquier, c^ne de Siran, et se perd dans l'Ognon, affluent de l'Aude, après avoir arrosé deux hectares dans son cours de 2 kilomètres.
Capoulade ou Capolade, h. c^ne de Combes.
Capralongue, vulg. Cabralonga, c^ne de Saint-Saturnin. — Garrigue et bois entre cette commune et le m^in d'Agamas, dont la pleine juridiction appartenait à l'évêque de Lodève. — *Tenementum, Devesium de Capralonga*, 1256, 1270, 1328 (Plant. chron. præs. Lod. 188, 211, 297).
Caprarle, anc. villa. — Voy. Lieuran-Cabrières.
Caprimont, éc. — Voy. Notre-Dame-de-Capimont.
Capucin, f. c^ne de Claret.
Capus, source d'eau minérale, c^ne de Villecelle. — *Capusium*, 1153 (bulle d'Eugène III, Livre noir, 153 v°). — *Capuz*, 1197 (arch. de Villemagne; G. christ. VI, inst. c. 146). — Voy. La Malou.
Capusard, f. c^ne de Quarante.
Carabotes, m^ins sur l'Hérault, c^ne de Gignac. — Ces moulins appartenaient à l'abbaye de Saint-Guilhem. — *Molendini de Carabotis*, 1284 (Plant. chr. præs. Lod. 234). — L'abbé de Saint-Guilhem les vendit à l'évêque de Lodève et le roi de Majorque en approuva l'aliénation, 1286 (*ibid.* 239).
Caraman, h. c^ne du Soulié.
Caranoves, j^in, c^ne de Montpeyroux.
Carascauses, f. — Voy. Fourques.
Caratié, f. — Voy. Carratier (Grange).
Caratier, f. — Voy. Curatier.
Caraussanne, f. c^ne de Cette. — *Curcionatis villa*, 837 (cart. Anian. 22 v° et H. L. I, pr. c. 70). — *Carajacum*, 837 (arch. Anian. act. Bened. sect. 4, part. I, 223, et cart. Anian. 21). — *Carsanum*, 1343 (cart. Mag. D 170).
Caravettes, f. c^ne de Murles. — Ce domaine se trouvait dans le val et ancien comté de Montferrand. — *Mansus de Caravetis*, 1215 (cart. Mag. F 160); 1364 (*ibid.* C 25). — *Cavargues*, 1371 (lett. pat. de la sénéch. de Nîmes, III, 67 et 78 v°); 1464 (G. christ. VI, inst. c. 388).

Carbonnel, f. c^ne de Cessenon.
Carbonnel, f. — Voy. Tandon.
Carbonnier, f. c^ne de Montpellier, sect. F.
Carnou, f. c^ne de Saint-Pons-de-Mauchiens.
Carbounel, f. c^ne de Riols.
Carbouniers (Les), h. c^ne de Fraisse.
Carcanès, ancien prieuré. — Voy. Saint-Martin-de-Carcanès.
Cardaine, h. c^ne de Sauteyrargues-Lauret-et-Aleyrac.
Cardilhac, fief de la viguerie de Gignac. — Ét^ne Peyrot, conseigneur de Soubez et conseigneur de *Cardilhac*, 1529 (dom. de Montp. H. L. V, pr. c. 87).
Cardonnet, anc. prieuré. — Voy. Saint-Martin-de-Cardonnet.
Cardonnille (La), f. c^ne de Brissac.
Carel, f. c^ne de Romiguières.
Carie (Mas de), f. c^ne de Saint-Jean-de-Védas.
Caritas, f. c^ne de Causses-et-Veyran, 1809.
Carlencas-et-Levas, c^ne de Bédarieux. — *Calvatres villa*, 804 (cart. Gell. 3; Mabill. Ann. II, 718); 806 (G. christ. VI, inst. c. 265). — *Carnencaz*, 1152 (cart. Gell. 191). — *Carnencas, Carnencando*, 1164 (Liv. noir, 140 v° et 141); 1178 (G. christ. *ibid.* 141); 1216 (bulle d'Honorius III, Liv. noir, 109). — *Rector de Calencatis*, 1518 (pouillé). — *Carlincas*, seigneurie de la viguerie de Gignac, 1529 (dom. de Montp. H. L. V, pr. c. 87). — *Carlencas*, 1625 (pouillé); 1649 (*ibid.*); 1760 (pouillé; terrier de Carlencas, tabl. des anc. dioc.).

Les villages de Carlencas et de Levas formaient deux paroisses ou communautés distinctes dans l'anc. diocèse de Béziers. *Carlencas, Rector de Carnencacia*, 1323 (rôle des dîm. des égl. de Béziers), avait pour vocable de son église *S. Martinus*, 1780 (état off. du dioc. de Béz.), et *Levas, alod. et eccl. de Levaz*, 974 (arch. de l'église d'Alby, Marten. Anecd. I, 126), avait pour patron *S. Petrus*, 1780 (état off. du dioc. de Béz.). — Toutefois, on trouve *eccl. S. Marie de Carnencaz*, 1154 (bulle d'Adrien IV, charte d'Aniane, cart. Anian. 35 v°).

Ces deux paroisses furent réunies en 1790 pour ne faire qu'une seule commune. — Voy. Levas.

Carles, f. c^ne de Montpellier, sect. D.
Carles, h. c^ne d'Octon.
Carlet, m^in sur l'Orb, c^ne de Lignan. — *Molendina de Carleto*, 1216 (bulle d'Honorius III, Livre noir, 110 v°). — On peut faire remonter l'origine de ce moulin à 1167, date gravée sur une pierre du bâtiment existant encore. — C'est à tort qu'on trouve quelquefois écrit *Carrelet*.

Carmedoule, f. c^{te} de Maraussan.
Carnon, h. et étang, c^{ne} de Pérols. — Le nom de ce fief (baronnie), qui revient fréquemment dans nos arch. notamment dans celles de l'anc. év. de Montp. était attaché au titre de comte de Melgueil, que prenaient les évêques de cette ville; on le voit figurer comme *château*, *port*, *grau* ou *passage*, surtout comme *étang*. — *Castrum de Carnone*, 1115 (cart. Mag. B 210). — *Portus et passus*, 1303 (*ibid.* D 23). — *Stagnum*, 1189 (Mém. des nobles, 37); 1339 (cart. Magal. A 162; B 21). — *Étang de Carnon*, 1155-1770 (arch. de l'év. de Montp. n. 81).
Caron, f. c^{ne} de Frontignan.
Caroux, f. c^{ne} de Rosis.
Caroux, mont. c^{ne} de la Salvetat. — Le mont Caroux forme la limite des départ. de l'Hérault et du Tarn. Élév. 1,093 mètres. — *Cairosus mons*, 987 (cart. Lod. G. christ. VI, inst. c. 269). — *Grande montagne de Caroux* (carte de Cassini).
Carquet, f. c^{ne} de Montpellier, 1809.
Carral (La), f. c^{te} de Combes. — *Carral*, 1127 (cart. Gell. 134).
Carrat (Mas), f. c^{ne} de Saint-Drézéry.
Carratier (Grange), Caratié, 1809, f. c^{ne} de Saint-Nazaire-de-Ladarez.
Carratiers (Les) ou Fontanilles, h. c^{ies} et c^{on} de Murviel.
Carreaux, usine, éc. c^{ne} de Saint-Chinian.
Carreliés (Les), f. c^{ne} de la Salvetat.
Carrière, f. c^{ne} de Claret, 1809.
Carrière, f. c^{ne} de Marsillargues.
Carrière, f. c^{ne} et c^{on} de Murviel, 1809. — *Carreria*, 1166, 1184 (Livre noir, 133 v° et 290 v°).
Carrière (Mas), f. c^{ne} de Ganges.
Carrière de la Mounéda. — Voy. Voie Domitienne.
Carron, f. c^{ne} de Montpellier, 1809.
Carrouillo, f. c^{ne} de Saint-Pons.
Carrumbellum. — On trouve deux *mansus* de ce nom dans l'ancien diocèse de Lodève, 987 (cart. Lod. G. christ. VI, inst. c. 270).
Cartanié (La), jⁱⁿ, c^{ne} de Béziers (2° c^{on}).
Carteyrade, f. c^{ne} de Jacou, 1809.
Carteyrade, jⁱⁿ, c^{ne} de Capestang.
Carteyrade (La), f. c^{ne} de la Salvetat.
Carteyral, f. c^{ne} de Gorniès.
Cartels, h. c^{ies} du Bosc.
Cartels, mⁱⁿ sur la riv. de Lergue, c^{ne} du Bosc.
Cartels (Baraque du pont de), éc. c^{ne} du Bosc.
Cartien (Mas), f. c^{ne} de Mèze.
Cartouine, h. c^{ne} de Saint-Pons. — *Carturanis villa*, 936 (arch. de l'égl. de St-Pons, Catel. comt. 88; G. christ. VI, inst. c. 77).

Cartoule, f. c^{ne} de Servian.
Casasmalas, *mansus* ruiné près du château de Montferrand, c^{ne} de Saint-Matthieu-de-Tréviers, dans l'anc. dioc. de Montpellier, dépendant de l'évêché de cette ville; 1101 (cart. Gell. 124). — *Mansus de Casismalis*, 1225 (cart. Mag. E 309); 1234 (*ibid.* et Arn. de Verd. ap. d'Aigrefeuille, II, 441).
Cascals (Les), f. c^{ne} d'Azillanet.
Case ou Caze (Mas de), f. c^{ne} de Montpellier, sect. D. — *Villa de Casis*, 1060 (cart. Gell. 150 v°). — *Casa*, 1164 (mss d'Aubais; H. L. II, pr. c. 600).
Caselles, anc. villa, c^{ne} de Popian, dans le comté de Béziers. — *Casellas villa in comitatu Bitterense, in vicaria Pupianense, cum casis, casalicis, molinis, hortis*, etc. 968 (cart. Anian. 112).
Casle-Bas, f. c^{ne} de la Salvetat.
Casle-Haut, f. c^{ne} de la Salvetat.
Cassaderon (Le), ruiss. qui prend sa source dans la c^{ne} de Murviel, c^{on} (3°) de Montpellier, traverse les territ. de Saint-Georges, Pignan, Lavérune, arrose cinq hectares et, après un cours de 11,200 mètres, se jette dans la Mausson, affluent du Lez. — *Causalon*, 1153 (charte de l'abb. du Vignogoul); 1206 (cart. Anian. 66 v°).
Cassagnes ou Cassagnols, 1840, f. c^{ue} de Sauvian. — *Calsanum*, 990 (arch. de l'abb. de St-Tibér. H. L. II, pr. c. 145). — *Caissanas*, 1116 (*ibid.* 85 v°). — *Caissaigne*, 1518 (pouillé).
Cassagnole, ruisseau qui prend sa source dans la c^{ne} d'Assas, passe à Teyran, court pendant 6 kilomètres et se joint au Salaison, lequel se perd dans l'étang de Mauguio.
Cassagnoles, h. c^{ne} de Saint-Vincent, c^{on} d'Olargues. — *Casalos*, 1080 (cart. Gell. 95 v°).
Cassagnolles, c^{on} d'Olonzac. — *Villa de Cassanollas*, 1110 (arch. de l'abb. de la Grasse; H. L. II, pr. c. 375). — *De Caussanatolio*, 1271 (mss de Colb. ibid. III, c. 602). — *Cassagnole*, 1529 (dom. de Montp. ibid. V, c. 85). — Les Bénédictins auteurs de l'*Hist. de Lang.* (tome V) écrivent *Cassanhols* et *Caussignoles*. — *Cassignolles*, 1518 (pouillé). — *Cassagnolles*, 1625 (*ibid.*). — *Cassaignoles*, 1649 (*ibid.*). — *Cassagnoles*, 1760 (*ibid.*).
Cassagnole était une seigneurie de la viguerie de Carcassonne; 1529 (dom. de Montp. *loc. cit.*). — Communauté du dioc. de Saint-Pons, elle répondait, pour la justice, au sénéchal de Carcassonne; 1649 (pouillé).
En 1790, Cassaignoles faisait partie du c^{on} de la Livinière, qui fut supprimé par arrêté des consuls du 3 brumaire an x; cette commune fut alors comprise dans le c^{on} d'Olonzac.

Cassagnols, f. — Voy. Cassagnes.

Cassan, chât. c^{ne} de Roujan. — *Cayssanum villa*, 1210 (arch. de l'égl. de Narb. G. christ. VI, inst. c. 151); 1323 (rôle des dîm. des égl. de Béz.). — Prieuré royal de Notre-Dame-de-Cassan. — *Eccl. prioratus, monasterium B. Marie de Cassiano*, 1080 (arch. du prieuré de Cassan; H. L. II, pr. c. 307; G. christ. ibid. 417); 1323 (rôle des dîm. des égl. de Béz.); 1527 (pouillé). — *De Carsano*, 1116 (bulle d'Honorius III, Liv. noir, 109). — *De Catiano*, 1148 (cart. Agath. 25); 1153 (bulle d'Eugène III; *ibid.* 153 v°). — *De Cazano*, 1154 (arch. de Foix, H. L. *ibid.* 550); 1181 (cart. Magal. A 46). — *De Caciano*, 1165 (cart. de l'abb. de Salvanez; *ibid.* 603); 1180 (Liv. noir, 13 v°); 1185 (*ibid.* 59); 1182 (cart. Agath. 51). — *Eccl. de Caisano*, 1178 (G. christ. *ibid.* 140). — *Abbatia Cacianensis*, 1180 (Liv. noir, 14 v°). — *El prior e los canonges de Cassa*, 1359 (Libre de memorias). — Le prieuré de Cassan, d'un revenu de 8,000 livres, était un bénéfice simple dép. de l'église de Béziers, 1760 (pouillé).

Cassan, jⁱⁿ, c^{ne} de Florensac, 1809.

Casseinol, f. c^{ne} de Montpellier, 1809.

Casseloubres, ruiss. qui naît dans la c^{ne} de Rosis, passe sur le territoire de Saint-Gervais, arrose un demiare, fait mouvoir trois usines et, après un cours de 7,800 mètres, se joint à la Mare, affluent de l'Orb.

Cassillac, h. c^{ne} de Riols. — *Boaria de Cassiliaco*, 1116 (bulle d'Honorius III, Livre noir, 110 v°). — *De Casiliaco*, 1174 (*ibid.* 276 v°). — *Castrum de Casilhaco*, 1366 et 1368 (stat. eccl. Bitt. 172 v°).

Cassillac, ruiss. dont l'origine est placée à la division des communes de Riols, Pardailhan et Ferrières. Il traverse le territoire de Riols, arrose dix-huit hectares, fait marcher trois usines et, après avoir parcouru 3,500 mètres, se perd dans le Jaur, affluent de l'Orb.

Castagners ou Castagnés, h. c^{ne} de Saint-Julien. — *Castanerium*, 1307 (stat. eccl. Bitt. 103 v°).

Castagners (Lous), ruiss. qui prend sa source au lieu dit *de Lau*, c^{ne} de Saint-Julien, court pendant 4 kilomètres sur le territoire de cette commune, arrose 2 hectares et se perd dans le Jaur, affluent de l'Orb.

Castan, f. c^{ne} de Gabian, 1809.

Castan, deux ff. de ce nom, c^{ne} de Lunel.

Castan, f. c^{ne} de Montpellier, sect. C.

Castan, h. c^{ne} de Graissessac.

Castanet, jⁱⁿ, c^{ne} de Gignac.

Castanet-le-Bas, h. c^{ne} de Saint-Gervais. — Dans le recensement de 1809, ce hameau fait partie de la c^{ne} de Saint-Gervais, terre foraine ou sur Mare, aujourd'hui Rosis. — *Castagnum mansus*, 990 (arch. de l'abb. de St-Tibér. G. christ. VI, inst. c. 315; H. L. II, pr. c. 145).

Castanet-le-Haut, c^{en} de Saint-Gervais. — *Castanetum*, 1257 (Bibl. reg. Baluz. Portefeuil. de Montp. H. L. III, pr. c. 529); 1516 (pouillé). — *Castanet* 1625 (*ibid.*); 1649 (*ibid.*); 1760 (*ibid.* tabl. des anc. dioc.).

Avant 1790, cette communauté était comprise dans le diocèse de Castres et répondait, pour la justice, au sénéchal de Carcassonne. En 1790, la commune de Castanet appartenait au département du Tarn; mais, par suite de l'arrêté des consuls du 3 brumaire an x, Angles, qui dépendait de l'Hérault, ayant été donné au Tarn, le c^{en} de Saint-Gervais, par conséquent Castanet-le-Haut, passa, en échange, dans le département de l'Hérault.

Castan-Grenier, f. c^{ne} de Pézenas, 1809.

Castanier, jⁱⁿ, c^{ne} de Caux.

Castans (Les), f. c^{ne} et c^{on} de Murviel.

Castans (Les), f. c^{ne} de Saint-Thibéry.

Castel (Mas), f. c^{ne} de Graissessac.

Castel (Mas), f. c^{ne} de Puisserguier.

Castel (Mas), h. c^{ne} de Montesquieu.

Castel (Mas), h. c^{ne} de Vailhauquès. — *El mas del castel*, 1116 (cart. Gell. 85 v°).

Castelas, éc. c^{ne} du Mas-de-Londres.

Castelas (Le), redoute sur la plage, entre la mer et l'étang de Tau, c^{ne} de Cette.

Castelbouqui, f. c^{ne} de la Livinière.

Castelbouze, h. c^{ne} de Saint-Chinian.

Castelpadèse, f. c^{ne} de Saint-Pons.

Castelfort, f. c^{ne} de Montblanc. — *Castell. Villafort.* 1152 (cart. de Foix; H. L. II, pr. c. 541).

Castelet, jⁱ, c^{ne} de Marsillargues.

Castelet (Le), f. c^{ne} de Saint-Maurice.

Castelle (La), h. c^{ne} de Lattes.

Castelnau, f. c^{ne} de Vendres. — *Castellum novum*, v. 1119 (cart. Gell. 107). — *Castrum novum juxta mare*, 1174 (Livre noir, 266).

Castelnau-de-Guers, c^{on} du chât. de Florensac. — *Castrum novum*, 1069 (arch. de l'abb. de Foix; H. L. II, pr. c. 268); 1119 (arch. de l'abb. de St-Guill. *ibid.* 410). — *Castellum novum*, 1101 (*id. ibid.* 356); 1124 (chât. de Foix, *ibid.* 429); 1203 (Liv. noir, 86 v°). — *Castrum de Guers*, 1123 (cart. Anian. 60 v° et H. L. *ibid.* 423). — *Chastelnau*, 1518 (pouillé). — *Castelnau, Castelnau de Guers*, 1625 (*ibid.*); 1649 (*ibid.*); 1688 (lett. du gr. sc.); 1760 (pouillé; tabl. des anc. dioc.). — Église de Castelnau de Guers : *Eccl. S. Sulpicii de castr. nov.* 1116 (arch. de St-Tibér. G. christ. VI, inst. c. 316). — *Eccl. S. Johannis de castr. nov.* 1216 (*ibid.* c. 333).

Castelnau-de-Guers était une seigneurie de la viguerie de Béziers, 1529 (dom. de Montp. H. L. V, pr. c. 85). — La communauté, comme toutes les autres du diocèse d'Agde, répondait pour la justice au sénéchal de Béziers.

La montagne dite de Castelnau-de-Guers a 105 mètres d'élévation.

Castelnau-lez-Lez, c^on (2e) de Montpellier. — *Castellum novum*, 1083 (mss d'Aubaïs; H. L. II, pr. c. 314); 1096 (chambre des comptes de Montp. vig. de Montp. *ibid.* 340); v. 1100 (Arn. de Verd. ap. d'Aigrefeuille, II, 425); 1163 (ch. des chevaliers de St-Jean-de-Jérusalem). — *Kastellum novum*, 1153 (ch. du même fonds). — *Castrum novum*, 1110 (mss d'Aubaïs; *ibid.* 331); 1130, 1146 (*ibid.* 357, 512); 1198 (cart. Anian. 56); 1090, 1218 (Arn. de Verd. *ibid.* 441); 1333 (stat. eccl. Mag. 10). — Le moulin *du Roc* et l'ancien pont de *Substantion* sur le Lez, près du village de Castelnau : *Molend. de Roca quod est in flumine Lezi super pontem castr. nov.* 1242 (cart. Mag. E 135). — *Castelnau-lez-Lez*, 1625 (arch. de l'égl. de Castelnau). — *Châteauneuf*, 1688 (pouillé). — *Castelnau*, 1625 (*ibid.*); 1649 (*ibid.*); 1688 (lett. du gr. sc.); 1760 (pouillé; tabl. des anc. dioc.).

Église de Castelnau : *Eccl. S. Ciricii de Castel. nov.* v. 1100 (Arn. de Verd. *ibid.* 425). — *Eccl. B. Marie de Castr. nov.* 1348 (cart. Magal. E 19); 1536 (Bull. Secul. Sed. Magal. G. christ. VI, inst. c. 391). — Le chapitre cath. de Montp. était prieur de cette église : elle avait dernièrement, comme aujourd'hui, pour patron S. Jean-Baptiste, 1777 (vis. past.).

D'après ces mêmes pouillés, la communauté était formée des trois villages de *Castelnau*, du *Crès* et de *Salezon*, qui constituaient aussi une baronnie dépendante du marquisat de Castries, 1735 (arch. de l'hôp. St-Éloi de Montp. liasse B 26).

Castelsec, f. c^ne de Magalas.

Castelsec ou l'Épine, f. c^ne de Pézenas.

Castelseq, f. c^ne de Bessan, 1809.

Castignan, f. c^ne de Villespassans.

Castillon ou Manissy, chât. c^ne de Montpellier, sect. B.

Castillon, f. c^ne de Montpellier, sect. C.

Castillonne, f. c^ne de Mèze, 1809.

Castillonne (La), f. c^ne de Montagnac. — *Castellaro villa*, 987 (cart. Lod. G. christ. VI, inst. c. 270). — *Villa de Castellario* (*ibid.* 271). — *De Castallio*, 1164 (Livre noir, 145 v°).

Castries, arrond. de Montpellier. — *Castra*, ixe siècle (cart. Anian. 14 et 20). — *Castris*, *Castriis*, *Castras*, *Castrias*, xie et xiie s^es (H. L. pr. *passim*). —

De Castris, 1099 (G. christ. VI, inst. c. 354); 1134 (cart. Gell. 189); 1218 (Arn. de Verd. ap. d'Aigrefeuille, II, 441. — *Castrias*, 1182 (Liv. noir, 108). — *De Castriis*, 1177 (ch. des cheval. de St-Jean-de-Jérusalem); 1181 (cart. Mag. A 46); 1353 (*ibid.* D 56; E 315). — *Castriæ*, 1533 (stat. eccl. Mag. 7 v° et 17); 1536 (G. christ. *ibid.* 391). — *Castries*, 1625 (pouillé); 1649 (*ibid.*); 1684 (*ibid.*); 1688 (lett. du gr. sc. pouillé); 1760 (pouillé; tabl. des anc. dioc.).

Église de Castries : *Eccl. S. Stephani de Castriis*, 1247 (Arn. de Verd. *ibid.* 443); 1536 (G. christ. *ibid.* 391). On voit dans le pouillé de 1684 et dans la vis. past. de 1779 que cette église, sous le même vocable, a conservé pour patronage *l'invention de saint Étienne*. — L'archidiacre de la cathédrale de Montpellier en était le prieur.

Castries fut successivement baronnie et marquisat. La *baronnie de Castries* remonte au xiie s^e, à Raimond de Castries, *Raimundus de Castriis*, 1135 (mss d'Aubaïs; H. L. II, pr. c. 478 *et passim*). La *seigneurie et baronnie* fut acquise le 19 avril 1495 de Guillaume de Pierre, seigneur de Ganges, par Guillaume de La Croix, gouverneur de Montpellier depuis 1493 et cinquième aïeul de René-Gaspard de La Croix, maréchal des camps et armées du roi, gouverneur et sénéchal de Montpellier, créé *marquis de Castries* en mars 1645. — Une ordonnance de Pierre de La Croix de Castries, archevêque d'Alby, du 5 septembre 1735, donne à noble Charles-Gabriel Le Blanc, écuyer, seigneur de Puech-Villa, l'état et l'office de viguier général tant du *marquisat de Castries* que des baronnies de Castelnau, du Crès et de Salaison et des terres de Saint-Brès et de Figaret (arch. de l'hôp. St-Éloi de Montp. liasse B 26). — La baronnie de Castries donnait entrée aux États généraux de Languedoc.

En 1790, le c^on de Castries ne comprenait que 11 communes : Castries, Assas, Baillargues, Clapiers, Colombiers, Jacou, Saint-Brès, Saint-Geniès, Teyran, Valergues et Vendargues; mais un arrêté des consuls, du 3 brumaire an x, ayant supprimé le c^on de Restinclières, dix communes de ce c^on passèrent dans celui de Castries. En outre, Baillargues et Colombiers ne formèrent plus qu'une seule commune; ce qui porta définitivement à vingt le nombre des communes du canton de Castries. Les dix communes qui furent alors ajoutées aux onze primitives sont : Beaulieu, Buzignargues, Galargues, Guzargues, Montaud, Restinclières, Saint-Drézéry, Saint-Hilaire, Saint-Jean-de-Cornies et Sussargues.

Castries, h. — Voy. Saint-Martin-de-Castries.

CATHALA, éc. c^ne de Saint-Geniès-de-Varensal.
CATHALA, f. c^ne de Rosis.
CATHALA, f. du h. de Courgnou, c^ne de Saint-Pons.
CATHALO, h. c^te de Pardailhan.
CATHEDRA, anc. m^in. — Voy. VADA.
CATUMBO, manse. — Voy. CALUMBO.
CAUCALIÈRES, manse ruinée, c^ne de Montpeyroux.
CAUDEZAURES, h. c^ne du Soulié.
CAUDOU (MAS), f. c^ue du Puech.
CAUDURO, h. c^ne de Saint-Chinian.
CAUDURO, m^in sur la Vernazoubres, c^ne de Saint-Chinian.
CAUJAN, f. — Voy. COUJAN.
CAUMELS, f. — Voy. CALMELS.
CAUMETTE, grange, c^ne de Saint-Thibéry.
CAUMETTE (LA), f. c^ne de Béziers, 1809 et 1840.
CAUMETTE (LA), h. c^ne de Notre-Dame-de-Londres.
CAUMETTE (LA), h. — Voy. CALMETTE.
CAUMEZELLES, h. c^ne de la Salvetat.
CAUNAS, h. c^ne de Lunas. — *Cotnag* pour *Colnag*, qu'on lit dans Martène, 974 (Anecd. I, 126), ne se rapporte point à *Caunas*, mais au *Coulet de Saint-Maurice* (voy. ce mot). — Lunas et Caunas formaient une paroisse de l'anc. diocèse de Béziers; *le Coulet* appartenait au dioc. de Lodève. — *S. Saturninus de Canaonas*, 1135 (Bull. Innoc. II; G. christ. VI, instr. c. 135). — *Caunas villa*, 1207 (cart. Anian. 116 v°). — *Vicarius de Caunacis*, 1323 (rôle des dim. des égl. de Béz.). — *Caunats*, 1518 (pouillé). — *Lunas et Caunas*, 1625 (ibid.); 1649 (ibid.); XVIIIe s^e (tabl. des anc. dioc.). — *Lunas et Conas*, 1760 (pouillé). — *Notre-Dame de Caunas*, 1778 (terr. de Lunas). — L'état officiel des paroisses de l'égl. de Béziers dressé en 1780 écrit *Caunas*, sous le vocable de *S. Saturninus*.
CAUNE (LA), h. c^ne de Cassagnolles.
CAUNE (LA), h. c^ne de Prémian.
CAUNE (LA), ruiss. qui naît dans le h. de même nom, arrose deux hectares sur le territ. de la c^ne de Cassagnolles, court pendant un kilomètre, puis se joint au ruisseau de l'Église, lequel se perd dans la Cesse, affluent de l'Aude.
CAUNELLES, chât. et f. c^ne de Juvignac. — *Parroch. de Caunellis*, 1263 (Arn. de Verd. ap. d'Aigrefeuille, II, 445). — *Caunelas*, 1484 (arch. de l'hôp. de Montp. liass. B 586). — *Château de Caunelle* (Cass.).
CAUNETTE (LA), c^on d'Olonzac. — *Cauneta villa*, 936 (arch. de l'égl. de Saint-Pons; Catel, cont. 88). — *La Caunette*, 1625 (pouillé); 1649 (ibid.); 1688 (lett. du grand sceau); 1760 (pouillé). — Cette communauté, du diocèse de Saint-Pons, répondait pour la justice au sénéchal de Carcassonne.

CAUPERT, f. c^ne de Montpellier, sect. A.
CAUPERT (MAS), f. c^ne do Guzargues.
CAUQUIL, éc. c^ne de Saint-Thibéry, 1809.
CAUQUILLOUSE (GRAU DE). — Voy. COQUILLOUSE.
CAUSSADE (LA), f. c^ne de Saint-Pons.
CAUSSE ou SIGALAS, f. c^ne de Boisseron.
CAUSSE, f. c^ne de Lattes.
CAUSSE, m^in sur l'Orb, 1809; tuilerie, 1851, c^ne de Bédarieux.
CAUSSE (LE), éc. c^ne de Laurens.
CAUSSE (LE) ou LE CAUSSI, deux ff. de ce nom, c^ne de Pézènes.
CAUSSE-DE-LA-SELLE (LE), c^on de Saint-Martin-de-Londres. — *Regal de Caucino*, 820 (cart. Anian. 14). — *El mas Chausineux*, 1116 (cart. Gell. 85 v°). — *Chasaleis*, 1120 (ibid. 166 v°). — *Cellas*, 1121 (ibid. 120). — *Le Causse de la Figarède*, 1684 (pouillé). — *Le Causse-de-la-Selle-Bas*, 1688 (lett. du gr. sc.). — *Le Causse-de-la-Scelle*, 1688 (pouillé); 1760 (pouillé). — *Le Causse-de-la-Selle*, XVIIIe s^e (tabl. des anc. dioc.); idem, sous le vocable de la *Sainte-Vierge*, *S. Maria*, ayant pour prieur le chapitre cath. de Montp. 1779 (vis. past.). — Le nom de *Causse*, qui reparaît si fréquemment dans nos contrées, signifie *montagne calcaire*. — Voy. SAINTE-MARIE-DU-CAUSSE.
CAUSSES D'AMELAS. — Voy. GABRIALS (MAS DE).
CAUSSES-ET-VEYRAN, c^ne de Murviel. — *Villa Cauciana*, 1210 (reg. cur. Franc. H. L. III, pr. c. 222). — *Caussa*, 1327 (stat. eccl. Bitt. 79). — *Coya Couja*, 1501 (ch. des arch. de Murviel). — *Causserez*, 1518 (pouillé). — *Venranegges*, 804 (cart. Gell. 4). — *Villa Vairago*, 990 (Marten. Anecd. I, 179). — *De Veiraneis*, 1156 (mss d'Aubais; Spicil. III, 194). — *Eccl. S. Severi de Vayrano*, 1156 (arch. de Cassan. G. christ. VI, inst. c. 139). — *Castrum de Veranio*, 1182 (ibid. 88). — *Causses et Vairan*, 1625 (pouillé). — *Causses et Veiran*, 1688 (lett. du grand sceau). — *Causses et Vayran*, 1649 (pouillé); 1760 (ibid.; terr. de Causses et Veyran).

D'après tous les pouillés et les tableaux des anc. diocèses de la province, ces deux villages réunis formaient une paroisse ou communauté de l'anc. dioc. de Béziers; toutefois, dans l'État officiel des paroisses de ce dioc. de 1780, Causses figure seul et a pour patrons : *B. M. V.* et *S. Martinus.* — Causses-et-Veiran était aussi une justice royale et bannerète dans le ressort du présidial de Béziers.
CAUSSI (LE), ff. — Voy. CAUSSE (LE).
CAUSSINE (LA), h. c^ne de Pardailhan. — *Gaussino*, 799 (Acta ss. Bened. sect. 4, part. I, 222; H. L. I, pr.

c. 30). — On y lit *super fluvium Araurem*. Nous croyons qu'il faut corriger *Jaurem*, le Jaur.

CAUSSINIOJOULS, c^on de Murviel. — *Cauguciachum*, 804 (cart. Gell. 3; Mabill. II, 718; G. christ. VI, inst. c. 265). — *Caucinogulo*, 966 (arch. de St-Paul de Narbonne, Marlen. Anecd. I, 85). — *Villa de Caucionoiolo*, 1142 (G. christ. ibid. 322); 1178 (ibid. 22 v°); 1179 (ibid. 21). — *De Cancionojolo*, 1177 (Livre noir, 23 v°). — *De Cauciniogolo*, 1184 (ibid. 151 v°). — *Caucionojoh*, 1199 (arch. de Villemagne, G. christ. ibid. 147). — *Cossaneujols*, 1529 (dom. de Montp. H. L. V, pr. c. 87). — *Caussignojouls*, 1625 (pouillé); 1688 (lett. du gr. sc.). — *Caussigniojoulx*, 1649 (pouillé). — *Caussiniojouls*, 1691 (arch. communales, BB 1); 1787 (ibid. FF 5). — Paroisse du dioc. de Béziers, dans l'archiprêtré de Cazouls, sous le vocable de *S. Stephanus*, 1780 (ét. offic. de l'égl. de Béz. tabl. des anc. dioc.). — *Colombiers et Cossaneujols* composaient une seigneurie de la viguerie de Béziers, 1529 (dom. de Montp. H. L. V, pr. c. 87).

Caussigniojouls, en 1790, faisait partie du c^on de Magalas, lequel fut supprimé par arrêté consulaire du 3 brumaire an X. *Caussiniojouls* fut alors une des communes de ce canton qui furent placées dans celui de Murviel.

CAUSTÈTE (LA) ou LA COUSTÈTE, f. c^ne de Saint-Pons.
CAUVAS, f. c^ne de Montpellier, sect. D.
CAUVY, f. c^ne de la Boissière.
CAUX, c^on de Pézenas. — *Cauchos villa*, 823 (cart. Gell. H. L. I, pr. c. 62). — *Villa, castellum Calci*, 861 (Bibl. reg. Baluz. ch. des rois, n. 25). — *Alod. de Caucos, Castrum de Caucio*, 961 (Mabill. Diplom. 572). — *Cum Cauchis villis*, 855 (cart. Gell. 100 v°); 971 (cart. Gell. H. L. II, pr. c. 123). — *Calsanum* (le pays de Caux), 990 (abb. de St-Tibér. G. christ. VI, inst. c. 315). — *Chaucs*, 1098 (cart. Gell. 100). — *Caux*, 1111 (ibid. 103 v°). — *Coches*, 1124 (arch. du chât. de Foix; H. L. II, ibid. 428). — *Villa de Calce*, 1138 (cart. Agath. 100). — *Cals*, 1150 (mss d'Aubaïs; H. L. ibid. 529). — *Caucs*, 1157, 1173 (cart. Agath. 117 et 252); 1172 (bulle d'Alexandre III, charte de St-Guillem). — *Villa, Castrum de Calcio*, 1172, 1180, 1201, 1203 (Livre noir, 13 v°, 67, 70 et 295). — *Castrum de Caucio*, 1175 (cart. Anian. 94). — *Cautium*, 1305 (stat. eccl. Bitt. 73 v° et 150 v°, et tonsur. antiq. 11). — *Caux*, 1625 (pouillé); 1649 (ibid.); 1688 (lett. du gr. sc.); 1760 (pouillé; tabl. des anc. dioc.).

Église de Caux : *Eccl. S. Martini de Cauchos*, alors dans le comté d'Agde, 823-824 (cart. Gell. 101 v°; H. L. I, pr. c. 62); 984 (cart. Gell. 13); 1100 (ch. de l'abb. de St-Guillem); 1119 (cart. Gell. 106 v°). 1123 (bulle de Calixte II; ch. de St-Guill.); 1146 (cart. Gell. G. christ. VI, inst. c. 280). — Une charte de 1162 la place dans l'évêché de Lodève (mss d'Aubaïs; H. L. II, pr. c. 588). — *Eccl. S. Martini de Chauz*, 1156 (cart. Agath. 197). — *De Caucio*, 1267 (ibid. 33). — *De Caucx*, 1213 (cart. Anian. 50). — *Parochia S. Gervasii de Caucio*, 1176 (Liv. noir, 99). — *Rector de Caucibus*, 1323 (rôle des dim. des égl. de Béz.). — Le prieuré de Caux dép. du chapitre de Saint-Nazaire de Béziers. — Sur l'État officiel des églises du dioc. de Béziers dressé en 1780, on porte pour patrons de Caux : SS. *Gervasius et Protasius*.

Il ne faudrait pas confondre la seigneurie de Caux en la viguerie de Carcassonne avec notre *ville de Caux* au diocèse de Béziers, qui était une justice royale et bannerète non ressortissante de cette dernière sénéchaussée.

Le sommet du *Plateau de Caux, Podium Caucis*. 1152 (cart. Agath. 181), est élevé de 120^m 21 au-dessus de la Méditerranée.

CAVAILLÉ, f. c^ne de Mauguio.
CAVAILLER, deux ff. de ce nom, c^ne de Montpellier, sect. K.
CAVAILLER, f. — Voy. GRANGETTE (LA).
CAVAL, anc. église — Voy. SAINT-ÉTIENNE-DU-CANAL.
CAVALIER (MAS), f. c^ne de Magalas.
CAVE-À-FROMAGE, éc. c^ne de la Vacquerie.
CAVEIRAC, éc. c^ne de Mauguio. — *Cavayracum*, 1343 (cart. Mag. B 95). — *Decimaria S. Martini de Cavairaco*, 1226 (ibid. 102).
CAVENAC, h. c^ne de Saint-Pons.
CAVENAC, m^in sur l'Ognon, c^ne de Siran.
CAVENAC ou LA FOUN, ruiss. qui prend sa source au h. de Cavenac. Dans son cours de 6,900 mètres, il arrose 20 hectares et fait mouvoir un moulin à blé. Il se jette dans la Salesse, affluent du Jaur.
CAVERNE (LA), f. c^ne des Plans.
CAVERNES, GROTTES ou BAUMES. — Nous signalons les principales cavernes du département aux articles COQUILLE, DEMOISELLES (GROTTE DES), LUNEL-VIEL, MAGDELEINE, MINERVE ou PONTS NATURELS, SAINT-GUILLEM-DU-DÉSERT.
CAVIALE, éc. c^ne de Montpellier, sect. F.
CAVILLE, f. c^ne du Soulié.
CAYLA ou MAS BINOT, f. c^ne de Pégairolles, canton du Caylar.
CAYLA, f. — Voy. BELLET.
CAYLA (LE), f. c^ne d'Agel.
CAYLA (LE), f. c^ne de Brissac.

CAYLA (LE), h. — Voy. CAILA.
CAYLAR (LE), arrond. de Lodève.—*Castlar*, 1098 (cart. Gell. 100). — *Castlarium*, 1117 (tr. des ch.; H. L. II, pr. c. 397). — *Caslarium*, 1138 (*ibid.* 397 et 483); 1175-1177 (ch. des chev. de S¹-Jean-de-Jérus.). — *Caslar*, 1146, 1164 (chât. de Foix; H. L. *ibid.* 512, 600); 1159 (cart. Agath. 151); 1170 (cart. Gell. 203); 1177 (ch. de S¹-Jean-de-Jérus.). — *Oppidum S. Martini de Cayslario, de Caslaro*, 1122 (tabul. Gell.; G. christ. VI, instr. c. 277). — Un plaid tenu à Saint-Martin-du-Caylar en cette même année 1122 montre que cet *oppidum S. Martini de Caslaro* était dans le diocèse de Lodève (arch. de l'abb. de Joncels; H. L. *ibid.* 421). — L'évêque de Lodève achète *Mansum ubi munitissimum castrum oppidi de Castellari exstructum est*, 1197 (Plant. chr. præs. Lod. 99). — Ce *castrum* était encore en construction en 1207 : *constructionem arcis munitionis oppidi de Caslari ab antecessore cœptam absolvisset præsul* (*ibid.* 107). La grande tour construite en 1250 (*ibid.*). — Foires déjà établies *in loco de Caslari*, 1281 (*ibid.* 220). — *Le Caylar*, seigneurie de la viguerie de Béziers, 1529 (dom. de Montp.; H. L. V, pr. c. 87). — *De Caylaris*, 1536 (G. christ. VI, instr. c. 400). — *Le Cailla*, 1625 (pouillé). — *Le Cayla*, 1649 (*ibid.*). — *Le Cailar*, XVIII⁸ s⁸ (tabl. des anc. dioc.). — *Le Caylar*, 1688 (lett. du gr. sc.); 1760 (pouillé).

Le Caylar d'Alajou (voy. ALAJOU), paroisse de l'anc. dioc. de Lodève, avec le titre de *ville* dans les anc. dénombrements de la France, ressort. quant à la justice au sénéchal de Béziers.

En 1790, le canton du Caylar ne comprenait que sept communes : le Caylar, le Cros, les Rives, Saint-Félix-de-l'Héras, Saint-Maurice, Saint-Michel et Sorbs. L'arrêté des consuls du 3 brumaire an x en porta le nombre à huit, en y ajoutant celle de Pégairolles, qui faisait partie du canton de Sorbès, supprimé à cette époque.

Les *rochers* dolomitiques du Caylar ont 810 mèt. de haut.

CAYLET, jⁱⁿ, c^{ne} de Cers.
CAYNEL, f. c^{ne} de Montpellier, sect. F.
CAYNOL, grange, éc. c^{ne} de Causses-et-Veyran.
CAYNOL, jⁱⁿ, c^{ne} de Thézan.
CAYNOLS, f. c^{ne} de Sauteyrargues-Lauret-et-Aleyrac. — *Mansus del Cayret aliter Naguiraudeta*, 1311 (cart. Mag. E 230). — Ce *mansus* était alors situé dans la juridiction de Sainte-Croix-de-Quintillargues (*ibid.*).
CAYROU ou CAIROU, h. c^{ne} d'Aumelas. — Voy. SAINTE-MARIE-DE-CAIROU.
CAYROU ou LE CAIROU, jⁱⁿ, c^{ne} de Puimisson, 1809.

CAYROUX-BAS, f. c^{ne} de Fraisse.
CAYROUX-HAUT, f. c^{ne} de Fraisse.
CAZAL, f. c^{ne} de la Caunette.
CAZALET, f. c^{ne} de Ganges.
CAZALETS (LES), f. c^{ne} de Graissessac. — *Caslucium*, 1342 (stat. eccl. Bitt. 82 v°).
CAZAL-FÉVRIER, f. c^{ne} de Cessenon.
CAZALIS-TUTEIN, f. c^{ne} de Montp. 1809.
CAZALS, éc. c^{ne} d'Agde. — *Villa de Casalibus*, 1199 (Livre noir, 78 v°).
CAZALS, f. c^{re} de Magalas. — Voy. TUILERIES (LES).
CAZALS-DURAND, f. c^{ne} de Saint-Gervais.
CAZALSEQUIER, f. c^{ne} de Saint-Bauzille-de-Putois. — *Casales, de Casalibus, in juridictione Brixiaci*, 1288 (cart. Mag. A 274; C 156).
CAZAL-VIEL, f. c^{ne} de Cessenon.
CAZABELS, h. c^{ne} de Saint-Jean-de-Cuculles.
CAZARILS (MAS), f. c^{ne} de Saint-Martin-de-Londres.
CAZE (LA), f. c^{be} de Joncels, 1809. — *Villa de Caseis*, 1184 (Livre noir, 62).
CAZE (LA), f. c^{ne} de Saint-Vincent.
CAZE (MAS DE), f. c^{ne} — Voy. CASE.
CAZEDARNES, c^{on} de Saint-Chinian. — *Carsumaium*, 936 (arch. de l'égl. de St-Pons; Catel, Comt. 88 et G. christ. VI, inst. c. 77). — Cette commune a été formée, en 1850, des hameaux de *Cazedarnes-Bas* et de *Cazedarnes-Haut*, qui faisaient précédemment partie de la c^{ne} de Cessenon.
CAZEJUST, jⁱⁿ, c^{ne} de Bessan.
CAZELLES, h. c^{ne} d'Agel. — *Casellas villa*, 1100 (Spicil. X, 163).
CAZELLES, h. c^{ne} d'Aigues-Vives.
CAZENOVE, f. 1809; CAZENEUVE, h. 1851, c^{ne} de Sauteyrargues-Lauret-et-Aleyrac. — *Casanova sive Gordanicum*, 820 (cart. Anian. 14).
CAZES-BERNADON, f. c^{ne} de Montpellier, 1809.
CAZETTE (LA), f. c^{ne} de Montagnac.
CAZEVIEILLE, c^{on} des Matelles. — *S. Almeradus de Casubiano*, 1025 (G. christ. VI, inst. c. 348). — *Eccl. de Caza veteri*, 1122, 1331 (Arn. de Verd. ap. d'Aigrefeuille, II, 430, 451). — *Eccl. S. Stephani de Casaveteri*, 1536 (Bull. Secul. Sed. Magal. G. christ. *ibid.* 394). — *Cazevieille*, 1625 (pouillé). — *Cazavieille*, 1649 (*ibid.*). — *Cazevieille*, 1688 (lett. du gr. sc.); 1760 (pouillé). — La paroisse de Cazevieille, sous le vocable de St-*Étienne M.*, était une dépendance de la temporalité de l'évêché de Montpellier, c'est-à-dire que l'évêque de Montpellier était à la fois seigneur et prieur de Cazevieille, 1684 (vis. past.).
CAZILHAC, c^{on} de Ganges. — Commune formée par deux hameaux : *Cazilhac-Bas*, ch.-l. de la commune,

et *Cazilhac-Haut.* — *Casiliacum,* 1107 (cart. Gell. 128 v°). — *Eccl. de Cazillaco,* 1184 (G. christ. VI, inst. c. 362). — *Cassilhacum,* 1164 (cart. Mag. D n63; E 304). — *Cassillacum,* 1339 (*ibid.* B 6). — *Cassilhac, Cussilliac, Cassilhac, Cassilhiac, Casilhac,* 1636, 1680 (terriers de Ganges et de Cazilhac). — *Cazilhac,* 1649 (pouillé). — *Cazillac,* 1625 (*ibid.*); 1688 (lett. du gr. sceau); 1760 (pouillé). — La paroisse de *Cazilhac,* sous le vocable de S. *Leontius,* était une dépendance de la temporalité de l'évêché de Montpellier, 1779 (vis. past.). — Cazilhac faisait partie du marquisat de Ganges.

CAZILHAC, chât. c^{ne} de Pouzolles. — *Villa de Casilaco,* 1150 (cart. de Foix, 155 v°).

CAZILLAC, f. c^{ne} de Viols-le-Fort. — *Cassanhacum,* 1267 (cart. Mag. E 304).

CAZILLAC, h. c^{ne} de Saint-Martin-d'Orb. — Dans ce hameau se trouvent un *château* et un *atelier* qui portent le même nom. — Le recensement de 1809 le place dans la commune de Camplong. Il appartient depuis 1844 à Saint-Martin-d'Orb, érigé en commune à cette dernière époque.

CAZILLAC, mⁱⁿ sur l'Orb, c^{ne} de Saint-Martin-d'Orb. — Il appartenait à la commune de Camplong avant l'érection de la commune de Saint-Martin-d'Orb, en 1844.

CAZIMBAUD, deux m^{ins} sur l'Aude, c^{ne} de Lespignan, 1809.

CAZO, h. c^{ne} de Saint-Chinian.

CAZOTTES, f. — Voy. CHAZOTTES.

CAZOULS-D'HÉRAULT, c^{on} de Montagnac. — *Casules,* 825 (cart. Anian. 26). — *Casellas in comit. Agath.* 971 (cart. Gell. H. L. II, pr. c. 123). — *Casols,* 1150 (mss d'Aubaïs, *ibid.* 529). — *Villa de Casulis,* 1173 (arch. d'Agde; G. christ. VI, inst. c. 327; cart. Agath. 252); 1181 (cart. Anian. 54); 1222 (hôtel de ville de Narb. H. L. III, pr. c. 274). — *Cazoux,* 1577 (Mém. mss de Charretier, *ibid.* V, c. 248). — *Cazouls d'Herault,* 1625 (pouillé); 1688 (lett. du grand sceau); 1649 (pouillé); 1760 (*ibid.*). — *Cazouls d'Heraut,* 1729 (terr. de Cazouls). — *Cazouls-d'Herault,* paroisse de l'ancien diocèse de Béziers, sous le vocable de SS. *Petrus et Paulus,* 1780 (état officiel de l'égl. de Béziers).

En 1790, Cazouls-d'Hérault appartenait au canton de Fontès, qui fut supprimé par arrêté des consuls du 3 brumaire an x. Cette commune passa alors dans le c^{on} de Montagnac.

CAZOULS-LEZ-BÉZIERS, sur l'Orb, c^{on} (2e) de Béziers. — *Castrum de Casulis,* 1053 (cart. de la cath. de Béziers, H. L. II, pr. c. 222); 1185 (Livre noir, 58 v°); 1216 (bulle d'Honorius III, *ibid.* 109). — *Casulz,* 1518 (pouillé). — *Casouls,* 1597 (terr. de Cazouls). — *Cazouls-les-Béziers,* 1625 (pouillé); 1688 (lettr. du gr. sceau). — *Cazouls-les-Béziers,* 1649 (pouillé); 1760 (*ibid.*).

Église de Cazouls-lez-Béziers : *Eccles. de Cazullis,* 1103 (cart. de l'égl. de St-Pons; H. L. II, pr. c. 365). — *De Casulis,* 1164 (bulle d'Honorius III, *ibid.* 144); 1323 (rôle des dim. des égl. de Béz.). — L'évêque de Béziers prenait le titre de *seigneur de Cazouls-lez-Béziers.* — Cette église était le chef-lieu d'un archiprêtré et avait pour patron S. *Saturninus.*

Voici les paroisses qui en dépendaient, avec le nom de leurs anciens vocables, d'après l'état officiel dressé en 1780 : Antignac, *B. Maria* et *S. Martinus;* Abeillan, *Beata-Maria Pietatis;* Bassan, *S. Petrus ad Vincula;* Boujan, *S. Stephanus;* Badones, *Beata Maria V.* Campagnoles, *S. Andreas;* Colombiers, *S. Sylvester;* Gers, *SS. Genesius et Genesius;* Corneilhan, *S. Leontius;* Causses, *B. M. V.* et *S. Martinus;* Cabreroles, *B. Maria V. vulgo dicta de Laroque;* Caussiniojouls, *S. Stephanus;* Coulobres, *S. Petrus ad Vincula;* Clairac, *S. Michael;* Espondeilhan, *B. M. de Pinio;* Lespignan, *S. Petrus ad Vincula;* Lignan, *S. Vincentius;* Laurens, *S. Joannes Baptista;* Lieuran-Béziers, *S. Martinus;* Maraussan, *S. Symphorianus;* Maureilhan, *S. Baudilius;* Montady, *SS. Genesius et Genesius;* Murviel, *S. Joannes-Baptista;* Magalas, *S. Laurentius;* Montblanc, *S. Eulalia;* Portiragnes, *S. Felix;* Paillhès, *S. Stephanus;* Puimisson, *S. Martinus;* Puissalicon, *S. Stephanus;* Ramejan, *S. Petrus ad Vincula;* Roquebrun, *S. Andreas;* Ceps, *S. Pontianus;* Ribaute, *SS. Julianus et Basilissa;* Servian, *SS. Julianus et Basilissa;* Sauvian, *SS. Cornelius et Cyprianus;* Sérignan, *B. M. de Gratia;* Saint-Geniès, *SS. Genesius et Genesius;* Aureillan, *S. Joannes;* Divisan, *S. Martinus;* Ladarès, *SS. Nazarius et Celsus;* Thézan, *SS. Petrus et Paulus;* Vendres, *S. Stephanus;* Villenouvette, *Nativ. B. Mariæ V.;* Villeneuve, *S. Stephanus;* Valros, *S. Stephanus;* Vieussan, *S. Martinus.*

Dès 1790, Cazouls-lez-Béziers forma un canton composé de 4 communes : Cazouls-lez-Béziers, Maraussan-et-Villenouvette, Maureilhan-et-Ramejan, Puisserguier. Mais ce canton ayant été supprimé par arrêté des consuls du 3 brumaire an x, la commune de Cazouls-lez-Béziers fut ajoutée au 2e canton de Béziers, ainsi que Maraussan-et-Villenouvette. — Maureilhan-et-Ramejan et Puisserguier passèrent dans le canton de Capestang.

CEBAZAN, c^on de Saint-Chinian. — *Zebezan*, 859 (bibl. du roi, Baluz. ch. des R.). — *Eccl. S. Martini de Sabaza*, 1101 (G. christ. VI, inst. c. 82). — *Sabazan*, 1625 (pouillé); 1649 (*ibid.*). — *Sebazan*, xviii° siècle (tabl. des anc. dioc.). — *Cebazan*, 1780 (terr. de Cebazan).

CÈBES ou SÈBES, f. c^ne de Lunel-Viel.

CÉBOT, f. c^ne d'Olargues.

CÉCÉLÈS, f. c^ne de Saint-Matthieu-de-Tréviers. — *Eccl. de Celesio*, 1090 (Arn. de Verd. ap. d'Aigrefeuille, II, 429). — *Eccl. S. Mariæ et eccl. S. Matthæi de Coceletis*, 1099 (G. christ. Vi, inst. c. 187). — *Parochia de Cecollecio*, 1288 (cart. Mag. E 264). — *Mansus de Cecelecio*, 1332 (*ibid.* 306).

CEILHES-ET-ROCOZELS, c^on de Lunas. — *Silias*, 1101 (cart. Gell. 67); 1135 (cart. de Joncels; G. christ. VI, inst. c. 135). — *Celianum*, 1222 (hôtel de ville de Narb. H. L. III, pr. c. 275); 1271 (mss de Colbert, *ibid.* 602). — *Rocozellum*, 1271 (*ibid.* 606). — *Ceilles et Roquesels*, 1625 (pouillé). — *Ceilhes et Roqueselz*, 1649 (*ibid.*). — *Ceilles et Rocozels*, 1688 (lett. du gr. sc.). — *Ceilles*, 1760 (pouillé). — *Ceilles et Roquezels* (tabl. des anc. dioc.).

Ces deux villages formaient une paroisse de l'anc. dioc. de Béziers. — *Prior de Celliis*, 1323 (rôle des dîmes des égl. de Béziers). — *Vicarius de Siliis*, (*ibid.*). — *De Sailhæsio*, 1325 (stat. eccl. Bitter. 91). — *Ceilles* était un prieuré, bénéfice simple de cette église, 1760 (pouillé). L'État officiel des paroisses de la même juridict. eccl. dressé en 1780 lui donne pour patron *S. Joannes Baptista*. — Lors de la création des départements, en 1790, ces deux localités, également réunies, prirent le nom de commune; celle-ci fut augmentée des deux hameaux de *Savagnac* et de *la Blaquière*, qui faisaient partie de la commune de Joncels (ordonnance des Cinq-Cents du 9 vendémiaire an VI). — Voy. ROCOZELS.

CEILLES, ancien prieuré. — Voy. SAINT-MARTIN-DE-CEILLES.

CÉLICATE, f. c^ne de Capestang.

CELLARIÉ, f. c^ne et j^io, c^ne de Gignac, 1809.

CELLARIER, f. — Voy. GAY.

CELLA-VINARIA. — Voy. SAINT-ÉTIENNE-DE-CELLA-VINARIA.

CELLENEUVE, faubourg, c^ne de Montpellier. — Ancien monastère; prieuré du dioc. de Maguelone ou de Montpellier, dépendant de l'abbaye de Bénédictins d'Aniane, dans l'archiprêtré de Montpellier. — *Infra fiscum nostrum nuncupante Juviniacum, antiquo vocabulo vocatum fonte Agricole, nunc autem Nova-Cella*, 799 et vidimus de 1314 (tr. des ch. Anian. n. 1; Act. SS. Bened. sect. 4, part. I; 222); 804 (cart. Gellon. 4); 837 (archives d'Aniane, tr. des ch. *ibid.* 223). — *Cella nova*, 820 (cart. Anian. 14). — *Eccl. S. Crucis de Cella nova*, 1146 (cart. Anian. 35); 1154 (bull. Adrian. IV; ch. de l'abb. d'Aniane); 1172 (ch. des chevaliers de St-Jean-de-Jérusalem); 1173 (ch. de l'abb. du Vignogoul). — *Sælla*, 1120 (mss d'Aubaïs; H. L. II, pr. c. 414). — *Hospicium*, 1365 (cart. Mag. B 145). — *Vicaria*, 1340 (*ibid.* E 28); 1510 (arch. de l'hôp. gén. de Montpell. liasse B, 586). — *Celleneuve prieuré*, 1760 (pouillé). — D'après la Visite pastorale de 1777, donnant pour patron à cette cure l'*Invention de la Croix*, l'abbé d'Aniane et le curé en étaient les prieurs décimateurs. Les seigneurs étaient l'abbé d'Aniane et le baron de Saint-Hilaire.

CELLES, c^on de Clermont. — *Cella villa*, 804 (cart. Gell. 3; Mabill. Ann. II, 718; G. christ. VI, inst. c. 265). — *Villa de Cellis*, 1078 (cart. de l'abb. de Conques; H. L. II, pr. c. 301); 1271 (Plant. chr. præs. Lod. 213). — *Cellas*, 1121 (abb. de Saint-Guill. H. L. *ibid.* 412); 1152 (cart. Agath. 181). — Le pape Jean XXII unit les dîmes de *Celles* à la mense épiscopale de Lodève, *decimas Cellarum mensæ episcopali in perpetuum procuravit*, 1324 (Plant. *ibid.* 291). — *Selles*, 1518 (pouillé). — *Celles*, 1625 (*ibid.*); 1649 (*ibid.*); 1688 (lett. du gr. sc.); 1760 (pouillé; tabl. des anc. dioc.).

Cette paroisse de l'anc. dioc. de Lodève devint, en 1790, une commune du canton d'Octon, qui fut supprimé par arrêté consulaire du 3 brumaire an X; elle passa alors, avec d'autres communes du même canton, dans celui de Clermont.

CELLIOS (LES), ou LES CELLIERS, f. c^ne de Prémian.

CELTIQUE. — Nous nous bornons à rappeler ici que le territoire actuel du département de l'Hérault fut habité jadis par les peuples auxquels les Grecs et les Romains donnèrent le nom vague de *Celtes*. César ne comprend pas dans la division des Gaules la *Gallia braccata* ou *Celtique narbonnaise*, parce que de son temps elle était déjà province romaine. Strabon, au contraire, paraît avoir conservé le nom de *Celtique* à cette seule province.

CENAS, h. c^ne de Saint-Gervais-sur-Mare-Terre foraine, 1809.

CENTEILLES, f. c^ne de Siran. — *N.-D. de S. Taille* (carte du dioc. de St-Pons). — *N.-D. de Centeilles* (carte de Cassini). — Voy. SAINT-NAZAIRE-DE-VENTAJOU.

CENTON, villa ou mansus dép. de l'abb. d'Aniane, c^ne d'Aumelas. — *Centones villa a sancto Salvatore de Agnana*, 990 (Marten. Anecd. I, 179). — *Mansus de Centon*, 1156 (mss d'Aubaïs; H. L. II, pr. c. 559). — *Centou*, *Sentou* (cartes de Cassini et du dioc. de Béz.).

CEPS, h. c^{se} de Roquebrun. — On trouve souvent dans les anciens dénombrements ce hameau réuni à Roquebrun pour ne faire qu'une seule communauté. Toutefois, dans l'État officiel des paroisses de l'église de Béziers dressé en 1780, on considère ces deux localités comme deux paroisses distinctes ayant pour patrons : Roquebrun, *S. Andreas*, et Ceps, *S. Pontianus*.

CÈRE, f. c^{ne} de Bédarieux, 1809.

CEREIRÈDE (LA), 1856, ou LA CERAIRÈDE, 1851, f. c^{ne} de Lattes. — *Cerarios*, 804 (cart. Gell. 4).

CERS, c^{on} (1er) de Béziers. — *Circum villa*, 993 (cart. de la cath. de Béziers; H. L. II, pr. c. 152). — *Charos castellum*, 1036 (chât. de Foix; *ibid.* 199). — *De Cariis*, 1059 (*ibid.* 231). — *Circium*, 1107-1194 (cart. Agath. 56 et 320); 1166 (Livre noir, 37); 1170 (*ibid.* 95); 1199 (*ibid.* 119). — *Cirsum*, 1210 (cart. Gell. 61). — *Castrum de Cers*, 1166 (cart. Agath. 140). — *Cers*, 1625 (pouillé); 1688 (lett. du gr. sc.); 1760 (pouillé). — *Sers*, 1649 (*ibid.*).

L'église de Cers était un prieuré dépendant du chapitre de Saint-Nazaire de Béziers, *S. Michael de villa Circi*, 993 (cart. de la cathédrale de Béziers *ut suprà*). — *Rector, vicaria de Circio*, 1323 (rôle des dîm. des égl. de Béziers); 1385 (stat. eccl. Bitter. 129). Néanmoins l'État officiel des paroisses de l'église de Béziers dressé en 1780 donne pour patrons à Cers *SS. Genesius et Genesius*.

CERSETUM, villa dans le comté de Lodève, 937 (cart. Gell. 22 v°).

CESSE ou MOULIN DE MONSIEUR, m^{in} sur la Cesse, c^{ne} de Cesseras.

CESSE (LA), riv. qui prend sa source dans la c^{ne} de Ferrals et parcourt les territoires de Cassagnolles, la Livinière, Cesseras, Azillanet, Minerve, la Caunette, Aigues-Vives et Agel. Après avoir arrosé cinquante hectares et fait mouvoir six moulins à blé dans son cours de 29 kilomètres, elle se jette dans l'Aude. — On donne à la *vallée de la Cesse* une étendue de 1 myriamètre 7 kilomètres.

CESSENON, c^{on} de Saint-Chinian. — *Castellum*, *Castrum de Cenceno*, 973 (cart. de St-Pons, dans Étienot, Antiq. Bened. occit. mss, part. I, 504; H. L. II, pr. c. 125); 1118 (dom. de Montp. *ibid.* c. 403). — *De Cencenone, de Cencenono*, 1130 (cart. de Foix, 124; Baluz. Auv. II, 488); 1185 (Livre noir, 59).
— *Castel de Cosseno*, 1354 (Libre de memorias).
— *Cessenon*, 1625 (pouillé); 1649 (*ibid.*); 1760 (pouillé; tabl. des anc. dioc.).

Église de Cessenon au dioc. de Saint-Pons. — *Capella de Cencennone*, 974 (arch. de l'égl. d'Alby; Marten. Anecd. I, 126). — *Capella S. Petri de Cenceno* (*id. ibid.*). — *Eccl. de Cessenone, alit. S. Petri de la Salc*, 1612 (G. christ. VI, inst. c. 98).

Cessenon ville, châtellenie, était une seigneurie royale non ressortissante. — D'après les arch. du dom. de Montp. le *comté de Cessenon*, en la sénéchaussée de Carcassonne, comprenait 200 feux, 1387-1388 (H. L. IV, pr. c. 305). Toutefois, suivant le pouillé de 1749, le lieu de *Cessenon* répondait pour la justice au sénéchal de Béziers.

A la formation du département de l'Hérault, en 1790, Cessenon fut le chef-lieu d'un canton comprenant 4 communes : Cessenon, Berlou, Roquebrun, Vieussan. Ce canton ayant été supprimé par arrêté des consuls du 3 brumaire an x, Cessenon fut ajoutée aux communes qui composaient le canton de Saint-Chinian, et les trois autres passèrent dans celui d'Olargues.

CESSENAS, c^{on} d'Olonzac. — *Cesaranus seu Bassianum villa*, 898 (arch. de l'église de Narb. H. L. II, pr. c. 28). — *Sesseraz*, 1095 (2e cart. de la cath. de Narb. *ibid.* 340). — *Saisseras*, 1100 (Spicil. X, 163). — *Eccl. S. Martialis de Seisseria in territorio Minerbensi*, 1102 (arch. de l'égl. de St-Pons; H. L. *ibid.* 357). — *De Cesseratis*, 1135 (2e cart. de la cath. de Narb. *ibid.* 480). — *Allod. de Cesserad*, 1182 (G. christ. VI, inst. c. 88). — *Cesserats*, 1222 (hôtel de ville de Narb. H. L. III, pr. c. 275).
— *Cesseratium*, 1256 (mss de Colbert, *ibid.* 521).
— *Cesseras*, seigneurie de la viguerie de Carcassonne, 1529 (dom. de Montp. *ibid.* V, c. 85); 1625 (pouillé); 1649 (*ibid.*); 1760 (*ibid.*). — Cette paroisse, du dioc. de Saint-Pons, répondait pour la justice au sénéchal de Carcassonne.

CESSERO. — *Voy.* SAINT-THIBÉRY.

CESSIÈRE (LA), ruiss. qui prend sa source au lieu dit de *Marcory*, c^{ne} de Pardailhan, dont il traverse le territoire, et passe sur ceux d'Aigues-Vives et de la Caunette. — Après un cours de 11,200 mètres, durant lequel il fait mouvoir trois moulins à blé et arrose seize hectares, il se jette dans la Cesse, affluent de l'Aude.

CESSO, f. c^{ne} d'Olargues.

CESSO, ruiss. dont l'origine se trouve dans la c^{ne} de Saint-Julien. Il parcourt aussi les territ. de Saint-Vincent et d'Olargues, fait mouvoir un moulin à blé et un moulin à huile, arrose quinze hectares dans un cours de 7,600 mètres, et se perd dans le Jaur, affluent de l'Orb.

CESSO (PONT DE), f. c^{ne} de Saint-Vincent-d'Olargues.

CESTEIRARGUES, anc. chapelle. — *Voy.* SAINTE-MARIE-DE-VALCREUSE.

CETTE, arrond. de Montpellier. — Τὸ Σίγιον ὄρος, mons Sigius (Strab. IV), que Grente-Mesnil a heureusement corrigé en écrivant Σίτιον. — Σήτιον ὄρος (Ptol. Geogr. II, 10). — Setius inde mons tumet, procerus arcem (Fest. Avien. Or. marit. vv. 605-606). — Vossius in Melam, 180, dit : Et pinifer Setii jugum, attachant moins heureusement l'épithète de pinifer au mont Fecyus. — Ligures ad undam semet interni maris Setienâ ab arce, et rupe saxosi jugi, procul extulere (Or. marit. vv. 623-625). — Cf. notre travail sur Cette (Mém. de la Soc. arch. de Montpellier, I, 128; Annuaire de l'Hérault de 1839). — Mons Setius (Itinér. dressé sous l'empereur Théodose). — Grangent (Faits hist. sur l'île ou la presqu'île de Sète, 12). — Sita, salinæ Sitæ, 822 (cart. Anian. 14 et 20); 853 (ibid. 19 v°); 837 (arch. d'Anian. Acta SS. Bened. sect. 4, part. I, 223). — Le même nom se retrouve dans un vidimus de 1314 (tr. des ch. H. L. I, pr. c. 101). — Seta, 1173 (cart. Agath. 252; G. christ. VI, inst. c. 327); 1189 (mss d'Aubais, H. L. III, pr. c. 164); 1198 (cart. Anian. 78). — Insula de S. 1219 (G. christ. ibid. 335). — Septa et Zeuta (anc. cartes). — Bernard Guido, au XIVe siècle, n'est pas le premier qui ait écrit ce nom par un C, comme le dit Grangent, 25. Le cartulaire de Maguelone avait déjà adopté cette orthographe, Ceta, 1250 (F 34); 1304 (E 3). — Cette, 1693 (év. d'Agde, lett. du vig. d'Aumes; tabl. de anc. dioc.). — Sette, 1760 (pouillé).

Église et fief de Cette. — Des bulles du pape Eugène III, du 11 novembre 1146, et des papes Anastase IV et Adrien IV portent : Eccl. S. Dii de Seta et locus de Seto, 1154 (bull. Adrian. IV; charte d'Aniane et Grangent, 24). — On lit également : S. Dius, 1146 (cart. Anian. 35). — L'évêque d'Agde prenait le titre de comte de Cette, 1693 (év. d'Agde, lettres du viguier d'Augmes). — Le fief de Cette, Sita, fut confirmé dans la possession de l'abbaye d'Agde par un diplôme de Louis le Débonnaire de 822. Il fut concédé en 1183 par Bernard Athon, vicomte de Nîmes et d'Agde, à Bernard et Guillaume Fontanus frères, sous la promesse faite par ceux-ci d'en doter quelque monastère. Il fut aliéné à l'abbé d'Aniane en 1187, et passa bientôt après au monastère de Saint-Ruf. En 1247, l'île de Sète fut cédée à l'évêque d'Agde. Ces détails font comprendre comment le territoire de cette ville a, jusqu'en 1791, fait partie du dioc. d'Agde, par une profonde échancrure dans l'anc. dioc. de Montpellier.

Une ordonnance royale du 8 avril 1816 a mis Cette au rang des bonnes villes et lui a donné des armoiries portant d'azur semé de fleurs de lys d'or, à la baleine de sable lançant un jet d'obus et de grenades flambantes, surmontées d'une couronne murale avec deux ancres en sautoir pour supports.

Le canton de Cette, depuis la création du département de l'Hérault, en 1790, ne comprend que le territoire de cette commune. On écrivait alors officiellement Sette.

La montagne de Cette, qui a 180 mètres d'élévation, paraît devoir être distinguée du mont Fecyus de Festus Avienus, qui serait Pié Féguié. — Voy. ce mot, et cf. Marc. Hispan. I, 10; Astruc, Mém. 77.

Le port de Cette, dont l'établissement remonte à 1666, est situé au fond du golfe du Lion par 1° 20' 50" de longitude et 43° 23' 37" de latitude. Il communique aux étangs par un grand canal.

Le canal de Cette forme directement la communication entre le port et l'étang de Tau, du nord au sud. Une partie du canal prend le nom de bordigue de Cette.

CÉVENNES. Nous ne donnons ici ce nom qu'aux montagnes du département circonscrites entre l'Hérault et le Vidourle, et qui sont une prolongation de la chaîne des Cévennes proprement dites vers la mer. La plus élevée du département est le pic Saint-Loup, de 550 mètres de hauteur, à 10 kilomètres de Montpellier. Le pic Saint-Clair, dans la presqu'île de Cette, dépend aussi de cette prolongation (voir ces articles). — Τὸ Κέμμενον ὄρος, τὰ Κέμμενα ὄρα (Strab. IV; Ptol. Geogr. II, 7 et 8; IV, 9). — Cebenna (Cæs. de Bello Gall. VII). — Gebennicæ, Gebennæ (Mela, II, 5). — Gebenna, ou plutôt Cebenna (Plin. Hist. nat. III, 4.) — Cimenice (Cemmenice) regio (Fest. Avien. Or. marit. v. 617). — Cebennæ (Auson. de Clar. Urbib. ubi de Narb.).

CEYRAS, c^{on} de Clermont. — Villa, fiscus Saturatis, 804-820 (cart. Gell. 3, 24, 64; Mabill. Annal. II, 718; G. christ. VI, inst. c. 265); 1123 (bull. Calixt. II, ch. de St-Guill.). — Ceiracum, 1029 (cart. Gell. 5). — Sedratis, Seirac, Seiras, 1008-1212 (Chr. ms des abbés de St-Guill.). — Municipium Ceyratii, 1223 (Plant. chr. præs. Lod. 134). — Ceyras, 1243 (ibid. 155). — Castrum de Ceyratio (ibid. 210). — Castrum de Cerracio, 1270 (ch. des arch. de Lodève). — In loco de Cognatio, sive de Ceratio, 1350 (cart. de Gorjan; G. christ. VI, inst. c. 290). — Seiras, 1529, seigneurie de la vig. de Gignac (dom. de Montp. H. L. V, pr. c. 87). — Seyras, 1625 (pouillé). — Ceyras, 1649 (pouillé); 1688 (lett. du gr. sc.); 1760 (pouillé; tabl. des anc. dioc.).

Église de Ceyras. — *Eccl. S. Saturnini de Sedratis, villa Saturatis cum eccl. S. Saturnini*, 804-820 (cart. Gell. Mabill. G. christ. *ut suprà*. — *Eccl. S. Saturnini de Seiraz*, 1059 (cart. Gell. Mabill. ann. II, 718; Acta ss. Bened. sect. 4, p. I, 88); 1146 (bulle d'Eugène III; cart. de Lod. G. christ. VI, inst. c. 280). — *S. Saturninus de Seiracio*, 1153 (cart. Gell. 192 v°). — *De Serramb*, 1172 (bulle d'Alexandre III; ch. de S¹-Guill.). — Suivant Plantavit de La Pause, le territoire de l'église de Ceyras, à la fin du xvi° s°, s'étendait au delà de la Lergue, au lieu appelé *Domergadure* (Plant. 353).

Ceyras appartenait dès 1790 au c⁰ⁿ de Saint-André, qui fut supprimé par arrêté consulaire du 3 brumaire an x. Cette c¹¹⁰ fut alors comprise dans le c⁰ⁿ de Clermont.

CHABAUD, f. c¹¹⁰ de Saint-Privat.
CHABAUDY, f. c¹¹⁰ de Combaillaux.
CHALLIÉS, tuilerie et éc. c¹¹⁰ de Florensac, 1809.
CHALON, j¹ⁿ, c¹¹⁰ de Montpellier, sect. D.
CHAMBERT, f. c¹¹⁰ de Siran.
CHAMBON, f. c¹¹⁰ de Lunel.
CHANIS, éc. c¹¹⁰ de Montpellier, sect. D.
CHANUC, f. c¹¹⁰ de Montpellier, sect. D.
CHAPEL, tuilerie et éc. c¹¹⁰ de Florensac, 1809.
CHAPERTIS, f. c¹¹⁰ de Saint-Pons.
CHAPPERT OU LA CHAPPERTE, j¹ⁿ, c¹¹⁰ de Béziers. — *Chaptaurum*, 1368 (stat. eccl. Bitt. 194).
CHARBONNIER, f. — Voy. CARBONNIER.
CHAROLOIS, f. c¹¹⁰ de Montpellier, 1809.
CHARTREUSE (LA), f. anc. monastère, c¹¹⁰ de Corneilhan. — *Vallis S. Mariæ de Chartuissia*, 1180 (Liv. noir, 224 v°). — On lit : *in vicariâ Kadiniase, in villa Pleuvigios*, 988 (cart. Anian. H. L. II, pr. c. 150), et *Chatunianense in villa Plebegius* (ibid. c. 151). Nous supposons qu'il faut lire *Kartiniase, Chartunianense*.

CHARTREUX OU MÉTAIRIE DESSALLE, f. c¹¹⁰ de Montpellier, 1809.
CHASSEFIÈRE, f. c¹¹⁰ de Montpellier, sect. D.
CHATAL (MAS DE), f. c¹¹⁰ de Saint-Geniès.
CHÂTEAU, h. c¹¹⁰ de Mas-de-Londres. — *Castrum de Londris*, 1225 (cart. Mag. F 231); 1341 (ibid. E 221). — Voy. MAS-DE-LONDRES.
CHÂTEAU (LE), faubourg, c¹¹⁰ de Bédarieux. — Voy. BÉDARIEUX.
CHÂTEAU (LE), f. c¹¹⁰ d'Aumelas. — Voy. AUMELAS.
CHÂTEAU (LE), f. c¹¹⁰ de Beaufort. — Voy. BEAUFORT.
CHÂTEAU (LE), f. c¹¹⁰ de Colombières. — Voy. COLOMBIÈRES.
CHÂTEAU (LE), f. c¹¹⁰ de Grabels. — *Castrum de Grabellis*, 1339 (cart. Mag. B 35). — Voy. GRABELS.

CHÂTEAU (LE), f. c¹¹⁰ de Moulès-et-Baucels. — Voy. MOULÈS-ET-BAUCELS.
CHÂTEAU (LE), f. c¹¹⁰ de Popian. — Voy. POPIAN.
CHÂTEAU (LE), f. c¹¹⁰ de Sauvian. — Voy. SAUVIAN.
CHÂTEAUBON OU CHÂTEAU DE SAINT-HILAIRE, anc. marquisat, c¹¹⁰ de Montpellier. — *Castrumbonum*, 1218 (tr. des ch. Mag. H. L. III, pr. c. 259).
CHÂTEAU D'EAU OU PUECHVILLA, chât. et f. c¹¹⁰ de Montpellier. C'est à tort qu'on écrit quelquefois *château d'O*. Ce château appartenait à Charles-Gabriel Leblanc, seigneur de Puechvilla, décédé le 12 avril 1750, après avoir fait héritier de ses biens l'hôpital Saint-Éloi de Montpellier (arch. de l'hôp. S¹-Éloi, B 26). Il passa successivement par aliénation aux mains d'un sieur Duranty, en 1763, de M. de Saint-Priest, intendant de Languedoc, qui, à cause de l'abondance des eaux, remplaça le nom de *Puechvilla* par celui de *château d'Eau*, de M. Vignolles de Lafarelle, auquel l'intendant le vendit en 1789, enfin, en 1821, de Msʳ Marie-Nicolas Fournier, évêque de Montpellier, qui l'avait acquis des héritiers Jammes et qui, à sa mort, en 1834, le légua à ses successeurs au même siège.

CHÂTEAU-DE-LONDRES, anc. paroisse. — Voy. MAS-DE-LONDRES.
CHÂTEAU-DE-ROUET, f. — Voy. ROUET.
CHÂTEAU-SEIGNEURIAL, f. — Voy. PAILHÈS.
CHATUNIAN, anc. viguerie du comté de Béziers. — *In vicaria Kadiniase et Chatunianense, in comitatu Bitterensi*, 988 (cart. Anian. H. L. II, pr. c. 150 et 151). — Voy. CHARTREUSE (LA).
CHAULET, f. c¹¹⁰ de Montpellier, sect. G. — *Villa de Chaulet*, v. 825 (Arn. de Verd. ap. d'Aigrefeuille, II, 417). — *Chauletum*, 1100 (ibid.); 1340 (cart. Mag. B 82). — *Cauletum* (ibid. A 58).
CHAUMIER, f. c¹¹⁰ de Bédarieux.
CHAUVET, f. c¹¹⁰ de Marsillargues.
CHAUVET, f. c¹¹⁰ de Montpellier, sect. K.
CHAUVIN, f. c¹¹⁰ de Frontignan.
CHAVARDÈS, f. c¹¹⁰ de Mons.
CHAZOTTES OU CAZOTTES, f. c¹¹⁰ de Cers, 1809.
CHEMIN DE BRUNEHAULT OU DE BRUNICHEUTZ; — DE LA MONNAIE; — DE LA REINE JULIETTE; — DES ROMAINS; — MOULARÈS; — ROMAIN, ROMIEU. — Voy. VOIE DOMITIENNE.
CHICHIBI OU GIGERI, f. — Voy. FONZES.
CHIFFRE, h. c¹¹⁰ de Cassagnolles.
CHIGNOU (MAS DE) OU DE CHINON, f. c¹¹⁰ de Gignac, 1809.
CHINCHIDOU, éc. c¹¹⁰ du Soulié.
CHIVAUD, f. c¹¹⁰ de Montpellier, 1809.
CHRESTIEN, f. — Voy. PONT-TRINQUAT.

CHRISTOFLE, f. cne d'Agde.
CHRISTOL, f. cne de Magalas.
CHRISTOL, f. cne de Montpellier, sect. F.
CIBADIERS ou CIBADIÉS, f. cne de Capestang.
CIFFRE ou MOULIN SUR LA BALLONGUE, min, cne d'Autignac, 1809.
CIFFRERIE (LA), h. cne d'Avène.
CINQ-FRÈRES (LES), rochers, près du sommet de la côte d'Arboras, sur le plateau du Larzac. — Élévation, 739 mètres.
CINQ, tuilerie, éc. cne de Bédarieux.
CISSAN, h. cne de Nizas; autrefois réuni à la paroisse de Nizas, anc. dioc. de Béziers. — *Cincianum, Cincinianum*, 822, 837, 853 (cart. Anian. 20 v° et 26); 1314 (Act. SS. Bened. s. 4, part. I, p. 223). — *Prior de Cissano*, 1323 (rôle des dîmes des égl. de Béz.). — *Nizas et Cissan*, 1625 (pouillé); 1649 (*ibid.*); 1760 (pouillé; tabl. des anc. dioc.). — *Sissan*, patr. *S. Ferréol*, 1780 (état offic. des égl. de Béz.). — Voy. SAINT-FERRÉOL.
CISTERNETTE, f. cne de Saint-Maurice.
CITERNE (LA), f. cne de Moulès-et-Baucels.
CITOU, f. cne de la Salvetat.
CIVIÈRES, jin, cne de Clermont. — Voy. FONTENAY.
CLAIRAC, f. cne de Béziers.
CLAIRAC, f. cne de Cazouls-lez-Béziers. — L'État officiel des églises de Béziers, dressé en 1780, porte *Clairac*, dans l'archiprêtré de Cazouls-lez-Béziers, comme une paroisse de ce diocèse, sous le vocable de *S. Michaël*.
CLAIRAC, h. cne de Boussagues. — *Clairatum*, 987 (cart. Lod. G. christ. VI, inst. c. 270); mais il faut lire *Clairacum*, comme on le trouve, *eccl. de Clairaco*, 1156 (arch. de Cassan, *ibid.* c. 139); 1204 (*ibid.* c. 150); 1177 (Livre noir, 23 v°); 1197 (*ibid.* 54). — *Eccl. S. Saturnini de Cl.* 1194 (*ibid.* 314 v°). On lit dans le même ms *Clairanum*, 1180 (fol. 15). — *Rector de Clayraco et Bociacis*, 1323 (rôle des dîmes des égl. de Béz.). — *Clairac*, paroisse de l'anc. dioc. de Béz. 1760 (pouillé); 1780 (ét. offic. des égl. de Béz.). — Voy. PAPETERIE (LA).
CLAMOUSE (FONT), min sur l'Hérault, cne de Saint-Jean-de-Fos. — *Molendini qui sunt in Clamoso fonte*, 1122 (cart. Gell. 59 v°).
CLAN (LE), ruiss. qui prend son origine dans la cne de Saint-Pons, arrose quinze hectares sur son territoire, parcourt 4,300 mètres, fait mouvoir un moulin à blé et se jette dans la rivière de Salesses, affluent du Jaur.
CLANS (LES), h. cne de Celles. — *N.-D. de Clans* (cartes du dioc. de Lodève et de Cassini).
CLAOU (LE), f. cne de Sauteyrargues-Lauret-et-Aleyrac.

CLAPANÈDE, bourgade, cne du Causse-de-la-Selle.
CLAPANÈDE, f. cne de Montpellier, sect. A.
CLAPANÈDES (LES), f. cne de Montoulieu. — *Las Claparedas*, 1107 (cart. Gell. 85 v°).
CLAPE (LA), f. cne d'Agde.
CLAPET, f. cne de Saint-Clément.
CLAPIÈRE, f. cne de Montagnac.
CLAPIERS, con de Castries. — *Clipiago, Clipiagum*, 922 (cart. Gell. 31 v°). — *Clapers*, 1107 (*ibid.* 85 v°). — *Ad Claperium malæ vetulæ, versus Montem Ferrarium*, 1132 (mss d'Aubaïs; H. L. II, pr. c. 464). — *Ad locum qui dicitur Vetula* (*id. ibid.* c. 468); 1190 (*ibid.* III, pr. c. 166,). — *De Clapiis*, 1333 (stat. eccl. Bitt. 17, 21 v°, 22). — *Mansus de Claperiis* (*ibid.*); 1339 (cart. Mag. B 9); 1359 (*ibid.* E 238). — *Eccl. B. Mariæ de Cl.* v. 1100 (Arn. de Verd. ap. d'Aigrefeuille, II, 445); 1536 (bull. Pauli III, transl. sed. Magal. G. christ. VI, inst. c. 391). — Toutefois aujourd'hui, et depuis longtemps, cette succursale, dont le chap. cathédral de Montpellier était prieur, se place sous le vocable de *Saint-Antoine*, comme on le trouve dans les pouillés suivants. — *Clapiés*, 1625 (pouillé); 1760 (pouillé; tabl. des anc. dioc.); 1777 (vis. past.). — *Clappiers*, 1582 (sénéch. de Montpellier, B 34). — *Clapiers*, 1649 (pouillé); 1684 (*ibid.*); 1688 (lett. du gr. sc.). Cette localité dépendait du marquisat de Castries. — Voy. MALAVIEILLE.
CLAPIERS ou CLAPIÉS, f. cne de Vendres.
CLAR, anc. église. — Voy. SAINT-PIERRE-DE-CLAR.
CLAR (MAS), f. — Voy. MASCLAR.
CLARENCE ou CLARENSAC, mansus, con de Saint-Matthieu-de-Tréviers. — *Mansus de Clarencia seu de Clarenciaco in parochia de Tribus viis*, 1331 (cart. Mag. E 305). — Voy. MASCLAR.
CLARET, arrond. de Montpellier. — *Claretum castrum*, 1029 (cart. Gell. 4 v° et 138 v°); 1122, 1130 (mss d'Aubaïs; H. L. II, pr. cc. 422 et 456); 1148 (Livre noir, 29 v°); 1174 (cart. Anian. 99 v°); 1312, 1340 (cart. Mag. D 70; B 39). — *Parroch. S. Felicis de Vetula*, 1293 (cart. Magal. A 151). — *Claret*, 1146 (mss d'Aubaïs; H. L. *ibid.* 512); 1527 (pouillé); 1625 (*ibid.*); 1649 (*ibid.*); 1688 (lett. du gr. sc. terr. de Claret); 1760 (pouillé; tabl. des anc. dioc.).

Claret, du bailliage et viguerie de Sauve, au dioc. de Nîmes, répondait pour la justice au sénéchal de Montpellier.

Le canton de Claret, en 1790, comprenait 8 communes : Claret, Aleyrac, Ferrières, Fontanès, Lauret, Sauteyrargues, Vacquières et Valflaunès. Il s'accrut des deux communes de Campagne et de Garrigues par la suppression du canton de Restinclières, dont ces communes faisaient partie, le 3 brumaire an x. Enfin, une ordonnance royale du 26 juin 1836 ayant réuni en une seule commune Sauteyrargues, Lauret et Aleyrac, le canton de Claret compte définitivement 8 communes, comme en 1790.

Claret, f. c^{ne} de Montpellier, sect. F.
Clanis, f. c^{be} de Montpellier, sect. E.
Clanis, f. c^{ne} de Montpellier, sect. J.
Clastre (La), éc. c^{ne} du Triadou.
Clastre (La), ermitage, c^{ne} de Murles.
Clastre (La), h. anc. presbytère, c^{ne} de Saint-Clément.
Clastre (La), h. c^{ne} de Saint-Maurice.
Clastre (La) ou la Clastrace, h. c^{ne} de Saint-Martin-de-Londres.
Clau (Le), f. c^{ne} de Saint-Gély-du-Fesc.
Claud (Le), f. c^{ne} de Saint-Jean-de-Védas.
Clausade (La), f. c^{ne} de Mauguio.
Clause (La), f. c^{ne} de Buzignargues.
Clauses (Les), f. c^{ne} de Ferrals.
Claux (Le), éc. c^{ne} de Nissan.
Claux (Le), h. c^{ne} de Gorniès.
Clauzel, f. c^{ne} de Montpellier, 1809. — *Clausel*, 922 (cart. Gell. 27).
Clauzels (Les), f. c^{ne} d'Avène.
Clauzels (Les), h. c^{ne} de Viols-le-Fort.
Clavel, f. c^{ne} d'Aumelas.
Clavel, f. c^{ne} de Montpellier, 1809.
Claveyroles, f. c^{ne} de Saint-Maurice.
Cledèle (La), h. c^{ne} de la Salvetat.
Clèdes (Las), f. c^{ne} de Castanet-le-Haut.
Clédou (Le), ruiss. qui commence à paraître dans la c^{ne} de Camplong, d'où il passe sur les terres de Boussagues, parcourt 6 kilomètres, fait mouvoir deux moulins à blé et se perd dans la Mare, affluent de l'Orb.
Clémensan, h. — Voy. Saint-Martin-de-Clémensan.
Clément ou Fontaine de Dégout, c^{ne} de Balaruc-les-Bains.
Clément, f. c^{ne} de Frontignan.
Clergues (Les), h. c^{ne} d'Octon. — *Cleucarias villa cum eccl. S. Michaelis*, 987 (cart. Lod. G. christ. VI, inst. c. 270).
Clermont, arrond. de Lodève. — *Clarus mons*, *de Claro monte*, 1101 (cart. Gell. 74 v°). — *De Claramonte*, 1124 (chât. de Foix; H. L. II, pr. c. 427); mais *de Claromonte*, 1130 (mss d'Aubaïs; *ibid.* 457); 1180 (Livre noir, 14); 1185 (*ibid.* 71); 1184 (cart. Agath. 51); 1209 (nécrol. du prieuré de Cassan); 1326 (stat. eccl. Bitt. 80). — *Clarmon*, 1341 (Libre de memorias). — *Clarmont*, 1504 (chron. cons. de Béziers, 25 v°).— *Claremont*, 1518 (pouillé). — *Clermont*, 1528 (chr. de Béz. 102); 1625 (pouillé); 1649 (*ibid.*); 1688 (lett. du gr. sc.); 1760 (pouillé; tabl. des anc. dioc.).

La *baronnie de Clermont*, en la viguerie de Gignac, remontait au ixe s^e, 1529 (dom. de Montp. H. L. V, pr. c. 85). — Cette ville était la seule du dioc. de Lodève qui envoyât un *député diocésain* aux États généraux de Languedoc. — Elle portait *d'argent, à la fasce de gueules, accompagnée en chef de deux mouchetures d'hermine de sable, et en pointe d'un tourteau du second émail; au chef d'azur, chargé de deux fleurs de lys d'or. L'écu accolé de deux branches de laurier de sinople, liées d'argent.* — Elle ressortissait pour la justice, comme tout le diocèse de Lodève, au sénéchal de Béziers.

A la formation des départements, en 1790, le canton de Clermont ne compta que six communes : Clermont, Brignac, Lacoste, Mourèze, Nébian, Villenouvette; mais, par suite de la suppression des cantons d'Aspiran, d'Octon et de Saint-André, en vertu de l'arrêté consulaire du 3 brumaire an x, celui de Clermont reçut neuf nouvelles communes, savoir : les trois communes composant le canton d'Aspiran : Aspiran, Canet, Paulhan; quatre communes du canton d'Octon : Celles, Liausson, Salasc, Valmascle; et deux communes du canton de Saint-André : Ceyras, Saint-Félix-de-Lodez; en sorte que le canton de Clermont contient aujourd'hui quinze communes.

Clot (Le), f. c^{ne} de Nizas. — *Mansus de Clavo*, 1179 (Livre noir, 178).
Clotinières, f. c^{ne} de Lespignan.
Clottes (Las), f. c^{ne} de Ferrals.
Cocon, anc. vill. — Voy. Saint-Jean-de-Cocon.
Cocul, f. c^{ne} de Marsillargues. — *Coguletum*, 1298 (cart. Mag. F 283).
Coculles, c^{ne}. — Voy. Saint-Jean-de-Cuculles.
Codouls (Les), f. c^{ne} de Saint-Vincent, c^{on} d'Olargues. — *Codella*, 1203 (cart. Mag. A 288).
Codure, f. c^{ne} de Mauguio.
Codure, station du chemin de fer, c^{ne} de Mauguio.
Coffinières, f. c^{ne} de Montpellier, sect. B.
Coffre (Le), f. c^{ne} de Saint-André-de-Sangonis.
Cogne ou Cojan, anc. abb. — Voy. Villemagne.
Colazon, riv. — Voy. Coulezou.
Colbert, f. c^{ne} d'Argelliers.
Col-dal-Bouisson, f. c^{ne} de Cassagnolles.
Col-dal-Rey, éc. c^{ne} de Saint-Pons.
Col-de-Besoin, f. c^{ne} de Ferrals.
Col-de-la-Belle, c^{ne} de Saint-Nazaire-de-Ladarez, 1809.
Col-del-Pradel, f. c^{ne} de la Salvetat.

Col-de-Moussans, f. c^ne de Rieussec.
Col-d'Empy, f. c^ne de la Salvetat.
Col-de-Senières, f. c^ne de Ferrals.
Col-Fumat, h. c^ne d'Olargues. — *Lou col fumat*, 1778 (terr. de St-Julien).
Colin, f. c^ne de Montpellier, sect. C.
Collet, f. c^ne de Lunel.
Colnas, anc. égl. — Voy. Saint-Martin-de-Conas.
Colobre, petit ruiss. qui naît près de l'église de Balaruc et qui se jette dans l'étang de cette commune. — *Coulobres, Colobres*, 1587 (ch. de l'évêché de Montpell.). — Voir Astruc (Mém. pour l'Hist. nat. de Lang. 308) et ci-après le mot Embersac.
Colombié (Le), f. c^ce de Saint-Julien.
Colombié (Le), ruiss. qui prend sa source à Caunelles, c^ne de Saint-Julien, et arrose trois hectares du territ. de cette commune. Après un cours de 10 kilomètres, il se perd dans le Jaur, affluent de l'Orb.
Colombier (Le), f. c^ne de Saint-Pons.
Colombier (Mas), h. c^ne de Lunas.
Colombière (La), bois, c^ne de Montpellier, sect. B.
Colombières, c^n d'Olargues. — *Comberiæ de Gaillarde*, 1518 (pouillé); *Colombiers la Galharde*, 1529, seigneurie de la viguerie de Béziers; ress. au sénéchal de Béziers (dom. de Montp. H. L. V, pr. c. 87). — Anc. paroisse du dioc. de Béziers. — *Coulombières la Gaillarde*, 1625 (pouillé). — *Colombieres la Gailharde*, 1680 (terr. de Colombières). — *Colombière*, 1688 (lett. du gr. sc.). — *Colombière la Gaillarde*, 1649 (pouillé); 1760 (pouillé; tabl. des anc. dioc.). L'État officiel des églises de Béziers, dressé en 1780, porte *Colombières la Gaillarde*, patr. *S. Petrus*.
Colombiers, c^n de Béziers. — *Columbarios villa*, 990 (arch. de St-Paul de Narb. Marten. Anecd. I, 101); v. 1031 (charte de l'abb. d'Aniane); 1170 (cart. Anian. 109 v°). — *Columbarium*, 1035 (chât. de Foix; H. L. II, pr. c. 195); 1178 (Livre noir, 96). — *Villa de Columberiis*, 1180 (ibid. 55). — *Villa Columbarii, Columbers*, 1180, 1193 (ibid. 95 v°, 226). — *Villa, castrum de Columberiis vel de Columbariis*, 1118 (Livre noir, 28); 1222 (hôtel de ville de Narb. H. L. III, pr. c. 275); 1247 (arch. de l'inquis. de Carcass. ibid. 460). — *Columberia*, 1271 (mss de Colbert; ibid. 602). — *Colombies*, 1510 (Chr. cons. de Béziers, 79 v°); 1643 (Livre de Omnibus); 1649 (pouillé). — *Coulombiez*, 1709-1720 (Saugrain, dénombr.). — *Colombiers*, 1529 (dom. de Montp. H. L. V, pr. c. 87); 1534 (Chr. cons. de Béziers, 104 v°); 1537 (ch. des arch. de Béziers); 1625 (pouillé); 1760 (pouillé; tabl. des anc. dioc.); 1778 (terr. de Colombiers).

Église de Colombiers. — *S. Albanus de Columbaria*, 1173 (G. christ. VI, inst. c. 327, d'après les arch. d'Agde; mais le cartulaire d'Agde porte, à la même date, *S. Albinus de Columb.* 252). — *Prioratus SS. Albini et Jacobi de Columberiis*, 1211, 1589 (ibid. 66, 286). — *Rector de Columbariis*, 1323 (rôle des dîmes des égl. de Béziers). — *Vicaria de Columberiis* (ibid.). — *Église paroissiale S. Sylvestro de Colombiers*, 1671-1673 (arch. de Colombiers, reg. du conseil général de la c^ne). — *Colombiers*, paroisse de l'archipr. de Cazouls, patr. *S. Sylvester*, 1780 (état offic. des égl. de Béziers).

Colombiers et Caussiniojouls formaient une seigneurie de la viguerie de Béziers, 1529 (dom. de Montp. H. L. V, pr. c. 87). — Le roi vendit la haute justice du lieu en 1537 (ch. des arch. munic. de Béziers). Ressort. au sénéchal de Béziers.

Colombiers, h. c^ne de Baillargues-et-Colombiers. — *Columbarium*, 1339 (cart. Mag. B 14). — *Baliargues et Coulombiers*, 1625 (pouillé). — *Colombies*, 1649 (ibid.). — Les deux villages de Baillargues et de Colombiers formèrent, en 1790, deux communes distinctes du canton de Castries, mais ils furent réunis en une seule commune en exécution des mesures réductives prescrites par l'arrêté consulaire du 3 brumaire an x. — Voy. Baillargues.

Colombiés, f. c^ne de Marsillargues.
Colrat, f. c^ne du Pouget, 1809.
Comairas, f. c^ne de Cessenon.
Combaillaux, c^n des Matelles. — *Villa S. Juliani de Cassanhacio in comit. Melgoriensi*, 1163 (cart. Magal. A 91). — *Castrum de Cambalholis*, 1226, 1319, 1321 et 1322 (cart. Mag. B 269, 270, 274, 275). — *Eccl. S. Juliani de Casalignüs*, 1247 (Arn. de Verd. ap. d'Aigrefeuille, II, 443). — *Cambaliols*, 1625 (pouillé). — *Combaliolz*, 1649 (ibid.). — *Combaliols*, 1688 (ibid.). — *Combaillaux*, 1657 (vis. past.); 1688 (lett. du gr. sceau). — *Combaillloux*, 1684 (pouillé); 1760 (ibid.). — *Combalioux*, xviiie siècle (tabl. des anc. dioc.). — Les visites pastorales de 1684 portent *Combaillloux*, sous le vocable de *Saint-Julian ou Julien et Sainte-Basilisse*. Cette paroisse de l'anc. dioc. de Montpellier était comprise dans l'archiprêtré de Viols; le chapitre cathédral en était le prieur, 1780 (vis. past.).

Combaillère, f. c^on de Claret.
Combajargues, f. — Voy. Saint-Jean-de-Combajargues.
Combal, f. c^ne de Montpellier, sect. K.
Combals (Les), h. c^ne de Saint-Geniès-de-Varensal.
Combals, h. c^ne de Valmascle.
Combaril, f. c^ne d'Azillanet.
Combas ou l'Ermitage, f. c^ce de Servian. — Le prieuré

de *Combas* était un bénéfice simple de l'église de Béziers (pouillé de 1760).

Combe (La) ou Lacombe, f. c^{ne} de Causses-et-Veyran.

Combe (La), f. c^{ne} de la Salvetat.

Combe-Basse, f. c^{ne} de Fraisse.

Combe-Belle, f. c^{ne} de Villespassans.

Combe-Besses, f. c^{ne} de Villespassans, 1809.

Combe-Candon, f. c^{ne} de la Salvetat.

Combe-Crose, f. c^{ne} de Fraisse.

Combe-Crose, f. c^{ne} de Saint-Julien.

Combe-de-Cabanette, f. c^{ne} de Cette.

Combe-de-la-Baïsse, f. c^{ne} de Boisset.

Combe-de-Rounel (La), f. c^{ne} de la Salvetat.

Combe-Grasse, j^{in}, c^{ne} de Béziers. — *Comba grassa*, 1166 (Liv. noir, 8); 1185 (*ibid*. 57). — *Condamina de terra grassa*, 1184 (*ibid*. 62); 1305 (stat. eccl. Bitt. 154 v°).— *Cumbas de Grosa*, 1178 (bulle d'Adrien IV, ch. de l'abb. d'Aniane).

Combe-Lieu, f. — Voy. Cambasselieu.

Combe-Rouge, f. c^{ne} de la Salvetat.

Combe-Salat, f. c^{ne} de la Salvetat.

Combefère, f. c^{ne} des Rives.

Combejean, h. c^{ne} de Pierrerue. — *Cuminjanum villa*, 889 (cart. de l'égl. de Béziers; H. L. II, pr. c. 25). — *Eccl. Cumexanos*, 959 (Liv. noir, 103). — *Villa Commiuranum* (*ibid*.). — *Cuminranum*, 1157 (*ibid*. 46). — Voy. Lunas.

Combeliovert, h. c^{ne} de Saint-Pons.

Combelizarne, f. c^{ne} de Siran.

Combelles, f. c^{ne} de Cazouls-lez-Béziers. — *Combellæ*, 1167 (Livre noir, 39). — *De Combellis, ad Cumbellas*, 1202 (*ibid*. 80 et 80 v°).

Combelles, f. c^{ne} de Siran.

Combelles (Les), éc. c^{ne} de Saint-Pons.

Combelufe ou Combellasse, h. c^{ne} du Soulié.

Combenalle, f. c^{ne} de Montpellier, sect. K.

Comberivaud, f. c^{ne} de Riols.

Combes, f. c^{ne} de Clermont, 1809.

Combes, h. c^{ne} du Soulié.

Combes, h. — Voy. Saint-Martin-de-Combes.

Combes (Mas de), éc. c^{ne} de Valergues. — *Mansus de Combas*, 1181 (cart. Mag. A 45 v°).

Combes-de-Poujol (Las), f. c^{ne} de Saint-Pargoire.

Combes, terre foraine du Poujol, c^{on} de Saint-Gervais. — *Locus qui vocatur ad Combas*, 1107 (Liv. noir, 95). — *Combatium*, 1210 (Reg. Cur. Fr. H. L. III, pr. c. 222). — *De Combis*, 1257 (bibl. du R. Baluz. portef. de Montp.; *ibid*. 529). — *Rector de Combacio*, 1323 (rôle des dîm. des égl. de Béz.).

Avant 1790, Combes n'était qu'un hameau de la communauté du Pujol, diocèse de Castres.—Quand le département de l'Hérault fut formé, ce hameau, érigé en commune, prit le nom de *Terre foraine du Poujol* et fut compris dans le canton du Poujol; mais ce canton ayant été supprimé par l'arrêté consulaire du 3 brumaire an x, la nouvelle commune passa dans le canton de Saint-Gervais avec le double titre de *Combes, terre foraine du Poujol*.

Combescure, éc. c^{ne} de Gabian.

Combesinières, f. c^{ne} de Rieussec.

Combette (La), f. c^{ne} de la Salvetat.

Comboulette (La), 1851; la Coumoulette, 1809, f. c^{ne} de Lespignan.

Combour, anc. église. — Voy. Saint-Pierre-de-Combour.

Combres, f. c^{ne} de la Salvetat.

Combriès, h. c^{ne} de Rouet.

Commeilho ou Coumeillo, h. c^{ne} de Prémian. — Les auteurs de l'Hist. de Lang. en écrivant *Camollas villa*, pourraient faire supposer qu'il s'agit là du h. de *Coumeillo*; mais, outre que cette villa était située dans le comté de Lodève, au lieu que Coumeillo est dans le canton d'Olargues, qui en est fort éloigné, il faut aussi remarquer que les Bénédictins ont écrit à tort *Camollas*, tandis que le cartulaire de Saint-Guilhem-du-Désert, que nous possédons encore, porte très-lisiblement *Cancollas* (52 v°) : voy. ce mot.

Communauté (La), f. c^{ne} de Marsillargues.

Compeyre, h. c^{ne} de Rosis.

Comte (Mas de), f. — Voy. Grasset.

Conas, h. c^{ne} de Pézenas. — *Cognaz*, 1180 (cart. Anian. 61 v°). — *Conas*, seigneurie de la viguerie de Béziers, 1529 (dom. de Montp. H. L. V. pr. c. 87). — *Connas*, anc. paroisse du dioc. d'Agde, 1625 (pouillé); 1649 (*ibid*.); 1760 (pouillé; tabl. des anc. dioc.). — *Pézenas et Conas* ou *Connas* était une justice royale non ressortissante. — Voy. Saint-Martin-de-Conas.

Conas, m^{in} sur l'Hérault, c^{ne} de Pézenas.

Concous-le-Bas, f. c^{ne} de Causses-et-Veyran. — *Churchuciacum villa*, 990 (arch. de St-Tibér. G. christ. VI, inst. c. 315).

Concous-le-Haut, f. c^{ne} de Causses-et-Veyran. — *Churchuciacum villa*, 990 (arch. de St-Tibér. G. christ. VI, inst. c. 315).

Condades, h. c^{ne} de Riols. — *Condadas*, 936 (arch. de l'égl. de St-Pons; Catel, Comt. 88; G. christ. VI, inst. c. 77).

Condamine, f. c^{ne} de Sauvian.

Condamine (La), f. c^{ne} de Paulhan.

Condamines (Les), f. c^{ne} de Ganges.— *Las Condamines*, 1696 (Affranch. VIII, 48 v°).

Condamines (Les), h. c^{ne} de Lauroux. — *Condamina vel Condomna villa*, 987 (cart. Lod. G. christ. VI, inst. c. 270).

Condax, h. c^{ne} de la Salvetat.
Condomine, f. — Voy. Coudonnio.
Congras, h. c^{ne} de Pézenas.
Connangles, f. c^{ne} de Brissac.
Conque (La), h. c^{te} de Cette.
Conque (La), h. c^{ne} de Saint-Martin-de-Londres. — *Locus de Conchis*, 1344 (cart. Mag. E 209).
Conque (La), f. c^{ne} de Saint-Nazaire-de-Ladarez. — *De Budonas ad Concas*, 1221 (Livre noir, 40).
Conque (La), ruisseau qui a son origine au lieu dit *Pichardoux*, c^{ne} de Garrigues. Il parcourt pendant 8 kilomètres le territoire de cette commune et celui de Campagne, et se perd dans le Vidourle.
Conques, manse ruinée, c^{ne} de Saint-Michel. — *Mansus de Conchis*, 1204 (Plant. chr. præsul. Lod. 104). — Il y reste un puits communal appelé *de las Conquas*. On trouve dans le voisinage les débris d'un dolmen.
Conquette (Mas de), h. c^{ne} de Saint-Martin-de-Londres.
Conquix, f. — Voy. Couqquets (Les).
Consul (Baraque du), h. c^{ne} du Bosc. — *Cosellarium*, 804 (cart. Gell. 4). — *Consilianum* (*ibid*. 156 v°).
Contentes (Les), f. c^{ne} de Saint-Pons.
Contes (Les), h. — Voy. Usclats-les-Contes.
Contourner, f. c^{ne} de Saint-Julien.
Contran, f. c^{ne} de Quarante. — *Villa de Corano*, 1116 (bulle d'Honorius III, Livre noir, 109).
Contrôle (Le), f. c^{ne} de Béziers.
Coquille (Grotte ou Baume de la), aussi appelée *de Minerve*, c^{ne} de Cesseras. — Grotte à stalactites, dont le nom paraît venir d'une espèce de grande coquille qu'on voit au pied des concrétions de cette caverne. — *Le moulin de la Coquille*, dans le voisinage, sur la Cesse, paraît avoir pris son nom de la grotte.
Coquillouse, anc. *Grau* (voy. ce mot) dans l'étang de Lattes, entre le grau de Balestras et le lieu dit de la Porquière ou Porquerie. — *Gradus de Vico, de Canquilhoza et de Carnone*, 1299 (enquête des commiss. de Philippe le Bel; arch. de l'Emp. trés. des ch. J. 892); 1320 (cart. Mag. B 198); 1334 (*ibid*. A 186). — *Gradus vocatus de la Cauquilhosa*, 1328 (*ibid*. C 192).
Corbian, anc. prieuré. — Voy. Notre-Dame-de-Corbian et Saint-Martin-de-Corbian.
Corbière (La), f. c^{ne} de Pézenas. — *Corberia*, 1167 (Livre noir, 32 v°).
Corbière (La), ruiss. qui a ses sources dans les c^{es} de Puéchabon et d'Aniane, traverse le territoire de cette dernière ville, court durant 6 kilomètres, arrose douze hectares, et, après avoir mis en jeu une filature de coton, se jette dans l'Hérault. — *Corbaria*, 1181 (cart. Anian. 77 v°). — Le même cartulaire mentionne un moulin sur ce cours d'eau : *Molinare quoddam in flumine Corberie*, 1123 (f° 87).

Corbigon, anc. *villa*, c^{ne} de Béziers. — *Villa de Corbigone in territorio Bitterense*, 1154 (Livre noir, 308).

Corbin, jⁱⁿ, c^{ne} de Florensac, 1809.

Corneilhan, c^{on} (1er) de Béziers. — *Cornelanum*, 1070 (arch. de Barcel. Marc. Hispan. 1157). — *Cornelianum*, 1035 (chât. de Foix; H. L. II, pr. c. 195); 1080 (prieuré de Cassan; *ibid*. 307); 1131 (év. de Béziers, *ibid*. 518); 1134 (Livre noir. 6 v°); 1157 (*ibid*. 45 et 74 v°); 1160 (*ibid*. 26); 1173 et 1176 (cart. Agath. 9 et 23). — *Cornilium podium*, 1162 (tr. des ch. H. L. loc. cit. 588). — *Corneillanum*, 1325 (stat. eccl. Bitt. 95). — *Cornilianum*, 1340 (cart. Mag. B 49 v°). — *Cornelha*, 1363 (Libre de memorias); 1460 (chr. cons. de Béziers, 6). — *Corneilhan*, 1509 (*ibid*. 79 v°); 1649 (pouillé). — *Corneillan*, 1625 (*ibid*.); 1688 (lett. du gr. sceau); 1760 (pouillé; tabl. des anc. dioc.); 1778 (terr. de Corneilhan).

Église de Corneilhan. — *Eccl. S. Leontii in villa Corneliano*, 1180 (Livre noir, 250 v°). — *Eccl. S. Leoncii de Cornel*. 1297 (stat. eccl. Bitt. 144). — *Rector de Cornel*. 1323 (rôle des dîm. des égl. du dioc. de Béz.). — L'État officiel des paroisses de l'église de Béziers, dressé en 1780, place cette paroisse dans l'archiprêtré de Cazouls et lui donne également pour patron *S. Leontius*.

Corneilhan était une justice royale et bannerète dans le ressort du présidial de Béziers.

Cornils, ruines d'un monastère de femmes, c^{ne} de Lacoste. — *Ecclesia et villa de Cornelio*, 1154 (bulle d'Adrien IV; Plant. chr. præs. Lod. 85). — *Eccl. B. M. de Cornel. cum ejus monte et appenditiis* donnée au monastère de Nonnenques, 1190 (*ibid*. 97). — *S. Maria de Cornilio*, 1138 (G. christ. VI, inst. c. 279). — On trouve sous Cornils de nombreux débris romains.

Corrady, autrement Louis, *école de natation*, éc. c^{ne} de Montpellier, sect. D.

Corts. — Voy. Saint-Jacques-de-Corts.

Costa roumiva, c^{ne} de Montpeyroux. — Vieux chemin qui communique avec le Larzac.

Costaing, f. c^{ne} de Lodève.

Costaing (Mas), dit *Métairie Basse*, f. c^{ne} de Fozières.

Coste, deux éc. c^{ne} de Vias.

Coste, f. c^{ne} de Pézenas.

Coste, h. c^{se} de Rosis. — En 1809, c^{ne} de Taussac-et-Douch. — *Costa*, 1158, 1180 (Liv. noir, 13 v° et 205).

Coste (Grande), f. c^{ne} de Vias. — *Grange Bosc*, 1809. — *Jardin Bosc*, 1851.
Coste (La), f. c^{ne} de Prémian.
Coste (La), f. c^{ne} de la Salvetat.
Coste (La), h. c^{ne} de Mons.
Coste (La), h. c^{ne} de Saint-Bauzille-de-Putois. — *Mans. de La Costa*, 1289 (cart. Mag. F 240). — Le même cart. mentionne un moulin de même nom sur l'Hérault : *Molendinus situs in flumine Erani in parochia S. Baudilii de Pedusio, ac mansus de Costa*, 1339 (ibid. B 7).
Coste (La), h. c^{ne} de Vailhauquès. — *Costa*, 1199 (cart. Gell. 214). — *Podium de Costis*, 1283 (cart. Mag. A 274 ; C 156).
Coste (La), c^{on} de Clermont. — L'usage officiel nous oblige à renvoyer cet article à l'L. — Voy. Lacoste.
Coste-Caude, f. c^{ne} de Saint-Julien.
Coste-de-la-Mouline, éc. c^{ne} de Rosis, 1809.
Coste-de-la-Tour, éc. — Voy. Redoute de la Tour, c^{ne} de Portiragnes.
Coste-Guillem ou Coste-Guillou, h. c^{ne} de Fraisse.
Coste-Sèque ou Triadou, éc. c^{ne} de Béziers (2e c^{on}).
Cotieux (Motte de), île et bois dans le comté de Melgueil, c^{ne} de Mauguio. — *Insula de Cottius et de Mota*, 1214 (cart. Mag. A 181). — *Salvagardia de Coytius*, 1296 (ibid. C 193). — *Silva de Coyt.* 1314 (ibid. 217). — *Mota de Coytieus usque ad montem de Ceta*, v. 1340 (ibid. C 195).
Couillou, f. c^{ne} de Villecelle, 1809 et 1851. — *Couvillon*, 1840. — Cette métairie appartenait à la commune de Mourcairol ; elle a passé dans celle de Villecelle depuis que, par ordonnance royale en date du 16 mai 1845, les Aires et Villecelle, qui formaient la commune de Mourcairol, ont été érigées en deux communes distinctes.
Couchon-Bas, h. c^{ne} de Cassagnolles.
Couchon-Haut, h. c^{ne} de Cassagnolles.
Coucouruques (Las), f. c^{ne} de Prémian.
Coucut (Le), f. c^{ne} de la Salvetat.
Couderc (Le), f. c^{ne} de la Salvetat.
Couderc (Mas de) ou Bellevue, f. c^{ne} de Montagnac.
Coudonnio, 1856 ; Coudonnié, 1809 ; Condomine, 1840, f. c^{ne} de Cabrerolles.
Coudougnan, f. c^{ne} de Montpellier, 1809.
Coudoussa, f. c^{ne} de Vacquières.
Couffins, f. c^{ne} de Saint-Pons.
Coufignet, h. c^{ne} de la Salvetat.
Cougouille (Mas), h. c^{ne} de Lunas. — *El mas de Coguilla*, 1116 (cart. Gell. 85 v°).
Coujan, 1856 ; Fabre-Coujan, 1809 ; Caujan, 1840 ; f. c^{ne} et c^{on} de Murviel. — *Cojanum*, 974 (arch. de l'égl. d'Alby ; Marten. Anecd. I, 126). — *Eccl. de*

Coj. 1194 (Livre noir, 314 v°). — *Cojau*, 1529, seigneurie de la viguerie de Béziers (dom. de Montp. H. L. V, pr. c. 87).
Coulas, f. c^{ne} de Montpellier, 1809.
Coulet, f. c^{ne} de Brissac.
Coulet, f. c^{ne} de Cette.
Coulet, f. c^{ne} de Ceyras.
Coulet, f. c^{ne} de Montpellier, sect. G.
Coulet, h. c^{ne} de Saint-Maurice. — *Colnates villa*, 804 (cart. Gell. 3 v°). — *Colnaz*, 922 (ibid. 50 v°). — *Cotnag* (lis. *Colnag*), 974 (arch. de l'égl. d'Alby ; Marten. Anecd. I, 126). — *Colnatis in Comitatu Lutevensi, parochia S. Mauricii*, 1031 (ibid. 23) ; 1119 (ibid. 9 v°) ; 1182 (Livre noir, 137). — *Le Coulet de Saint-Maurice*, 1688 (lett. du gr. sc.). — *Cure de Coulet*, 1760 (pouillé).
Coulet, f. — Voy. Gache et Montels.
Coulet (Mas), jⁱⁿ, c^{ne} de Saint-André-de-Sangonis.
Coulet (Mas de), f. c^{ne} de Clermont.
Coulette (La), f. c^{ne} de Montagnac.
Coulezou ou Colazon, riv. qui prend sa source dans le bois des Taillades de Gignac, arrose cinquante hectares sur les territ. d'Argelliers, Saint-Paul, Murviel, Saint-Georges, Cournonterral, Pignan, Saussan, Fabrègues, et se jette dans la Mosson, après avoir parcouru plus de 16 kilomètres. S'il faut en croire Astruc, il faudrait lire *Colasius* ou *Colasus amnis* au lieu de *Classius amnis* dans Festus Avienus (Or. marit. v. 616 ; v. Mém. pour l'Hist. nat. du Lang. 80).
Couloubres, c^{on} de Servian. — *Villa Calobrices*, 881 (cart. de l'égl. de Béziers ; H. L. II, pr. c. 19). — *Cobraz*, 1119 (cart. Gell. 9 v°). — *Cantober, Cantalobre*, 1162 (Livre noir, 179 et 241). — *Cantobrium*, 1171 (ibid. 271). — *Cantobre*, 1180 (ibid. 27). — *Couloubres*, 1625 (pouillé). — *Coulobres*, 1649 (ibid.) ; 1688 (lett. du gr. sc.) ; 1760 (pouillé ; tabl. des anc. dioc. terr. de Couloubres).
Église de Couloubres. — *Eccl. de Calobris*, 1088 (arch. du prieuré de Cassan ; G. christ. VI, inst. c. 131). — *Eccl. S. Fœlicis de Calobricis*, 1156 (ibid. 139). — Sur l'État officiel des égl. de Béziers, dressé en 1780, la paroisse de Couloubres a pour patron *S. Petrus ad Vincula*.
La c^{ne} de Couloubres, en 1790, faisait partie du c^{on} de Magalas. Elle fut réunie au c^{on} de Servian par ordonnance des Cinq-Cents du 15 ventôse an vi.
Couloures (Les), f. c^{ne} de Beaulieu.
Coulon, f. c^{ne} de Montpellier, sect. G.
Coulon, f. c^{re} de Vacquières.
Coulon, jⁱⁿ, c^{ne} de Gignac.
Coulon (Mas), f. c^{ne} de Jacou.
Coulon (Mas), f. c^{ne} de Saint-Seriès.

Coulondres, f. c^{ne} de Saint-Gély-du-Fesc.
Coulondres, grange, éc. c^{ne} de Saint-Thibéry. — *Colongas*, 990 (arch. de l'abb. de St-Tibér. H. L. II, pr. c. 145).
Coulondres (Mas de), f. c^{ne} de Saint-Jean-de-Védas.
Couloubrine, f. c^{ne} de Ferrières (c^{on} de Claret), 1809.
Couloügnon, f. c^{ne} de Frontignan.
Coulouma, h. c^{ne} de Pardailhan.
Coumayres (Las), f. c^{ne} de Riols.
Coumbes (Las), f. c^{ne} de Cessenon, 1809.
Coumeillo, h. — Voy. Commeilho.
Coumjac ou Couniac, f. c^{ne} de Cessenon.
Coumoulette (La), f. — Voy. Comboulette.
Counquets (Les) ou Conquin, f. c^{ne} de Pardailhan.
Coupiac, h. c^{ne} de Brissac.
Couque (La), f. c^{ne} de Roquebrun.
Couquette, f. c^{ne} de Quarante, 1809. — *Allod. de Monte Cuculio in canonica S. Mariæ quadraginta*, 1005 (arch. de l'égl. de Narb. H. L. II, pr. c. 162). — *Couquets*, XVIIIe s^e (cart. de Cassini).
Coural (Le), h. c^{ne} d'Avène. — *Villa de Cursuale (Curta valle)*, 987 (cart. Lod. G. christ. VI, inst. c. 269).
Couran, f. c^{ne} de Lattes. — *Mansus de Coyrano*, 1064 (arch. de l'abb. de Fontfroide; H. L. II, pr. c. 250).
Courbessac, h. c^{ne} de Saint-Drézéry. — *Corbessaz*, 1121 (tr. des ch. H. L. II, pr. c. 419).
Courbessac, ruiss. dont l'origine se trouve sur le territ. de Saint-Drézéry. Dans son cours de 4 kilomètres, il arrose les terres de cette c^{ne} et celles de Sussargues, puis il se perd dans le Bérange, qui s'écoule dans l'étang de Mauguio. — *Duo mansi in Corbessaz*, 1121 (tr. des ch. Toulouse; H. L. II, pr. c. 419).
Courbezou ou Courvezou, f. c^{ne} de Pézènes.
Courbissac, f. c^{ne} de Cesseras.
Courbou, h. c^{ne} de Mons.
Courbou, ruiss. qui naît sur le territ. de Mons et court 2 kilomètres avant de se jeter dans le Jaur, affluent de l'Orb.
Courby, f. c^{ne} de Mauguio.
Courchant, ruiss. qui prend son origine dans la c^{ne} de Boisseron, passe sur les territ. de Saint-Christol et de Saint-Seriès et, après un cours d'environ 12 kilomètres, se jette dans le Vidourle.
Courdelles, mⁱⁿ, c^{ne} de Camplong, 1809.
Cournairet, h. c^{ne} de Sauteyrargues-Lauret-et-Aleyrac.
Courniou, h. c^{ne} de Saint-Pons. — *Cornon villa*, 936 (arch. de l'égl. de St-Pons; Catel, Comtes 88). — *Villa de Cornione*, 1025 (G. christ. VI, inst. c. 348). — *Cure de Courgnou*, 1760 (pouillé).
Cournon, f. c^{ne} d'Argelliers. — *Cornum* pour *Cornium castellum*, 1114 (mss d'Aubaïs; H. L. II, pr. c. 391).

Cournonsec, c^{on} (3e) de Montpellier. — *Castrum, Castellum de Cornone*, 1099, 1119, 1120, 1146 (mss d'Aubaïs; H. L. II, pr. cc. 351, 411, 413, 512); 1173 (ch. de l'abb. du Vignogoul); 1172, 1175 (ch. des chevaliers de Saint-Jean-de-Jérusalem); 1182 (cart. Anian. 53 v°); 1151 (cart. Magal. E 150); 1176 (*ibid.* F 230); 1181 (*ibid.* A 46); 1193 (*ibid.* G 225); 1319 (*ibid.* A 4). — *De Cornone sicco*, 1063 (cart. Gell. 117 v°); 1121 (mss d'Aub. *ibid.* 415). — *Villa de S. Georgio de Corn. sic.* 1156 (*id. ibid.* 558); 1220 (cart. Mag. F 122). — *De Corno*, 1103 (H. L. II, *ibid.* 363). — *Cornon*, 1127 (cart. Gell. 61); 1192 (cart. Agath. 55); 1333 (stat. eccl. Mag. 21 v°). — *Cornonsec*, 1657 (vis. past.); 1684 (pouillé). — *Cournonsec*, 1625 (*ibid.*); 1688 (lett. du gr. sc.); 1760 (pouillé). — C'est à tort qu'Expilly écrit *Cournousec*.

Église de Cournonsec. — *Eccl. S. Petri de Cornone*, 1121 (cart. Gell. 120); 1181 (cart. Mag. A 46); 1247 (Arn. de Verd. ap. d'Aigrefeuille, II, 443). — Le pouillé de 1684 et la visite past. de 1777 donnent pour patron de cette église S. Christophle.

Cournonsec dépendait de la baronnie de Montpellier. — En 1790, Cournonsec fut compris dans le c^{on} de Pignan, qui fut supprimé par arrêté consulaire du 3 brumaire an x; dès lors cette commune passa dans le canton (3e) de Montpellier.

Cournonterral, c^{on} (3e) de Montpellier. — *Castrum de Cornone terrallio*, 1120 (cart. Anian. 71). — *Castr. de Cornone terrallo*, 1238 (arch. de Cournont. ch. col. 2). — *Castr. de Cornone*, 1299 (cart. Mag. B 220); 1344 (arch. de Cournont. Procédure de 1345 f. 11 v°). — *Castr. de Cornone terralli*, 1215 (cart. Mag. B 213); 1319 (*ibid.* A 4); 1333 (stat. eccl. Mag. 17 et 21 v°); 1300, 1329, 1331, 1339, 1344 (arch. de Cournont. ch. 70, 47, 31, 110, 86). — *De Cornone terali*, 1434 (lett. pat. de la sénéch. de Nîmes, II, 342). — *Villa Cornonis terrali*, 1434 (arch. de Cournont. ch. 96 et 124). — *Cornonterrail*, 1521, 1560, 1561 (*ibid.* ch. 125). — *Cornonterral*, 1560 (*ibid.* ch. 126); 1657 (vis. past.). — *Cournonterral*, 1649 (pouillé). — *Cournonterrail*, 1684 (*ibid.*). — *Cournonterral*, 1625 (*ibid.*); 1760 (pouillé, tabl. des anc. dioc.).

Église de Cournonterral. — *Eccl. S. Crucis de Cornone terralio*, 1536 (bull. transl. sed. Magal. G. christ. VI, inst. c. 391). — Le pouillé de l'an 1684 lui conserve le même vocable : *Exaltation de la sainte Croix*. — Suivant le tableau officiel des paroisses de l'anc. diocèse de Montpellier, dressé en 1756, cette église était le siège d'un archiprêtré qui comprenait, avec Cournonterral, Cournonsec, Fabrègues, Montbazin, Murviel, Pignan, Poussan et Saussan. — La Visite past. de 1777 lui donne pour patron *S. Pierre* et pour prieur le chap. cathédral de Montpellier.

Cournonterral dépendait de la rectorie de Montpellier et avait le titre de ville. — Saugrain, dans son dénombrement du royaume, 1709-1720, lui assigne un marquisat sous le nom de *Vignolles*; mais on voit dans la Vis. past. de 1777 que les seigneurs de Cournonterral étaient l'évêque de Montpellier, comme seigneur dominant, et le sieur de Portalès, comme seigneur justicier. Expilly commet une double erreur en écrivant *Courmonterral* ou *Vignolles*.

Comme Cournonsec, Cournonterral fut compris en 1790 dans le canton de Pignan, supprimé par arrêté des consuls du 3 brumaire an x; il passa dès lors dans le c^{on} (3e) de Montpellier.

Cournut, f. c^{ne} de la Salvetat. — *Castrum Cornucii*, 1122 (cart. Gell. 60).

Couronne, f. c^{ne} de Sauvian.

Couronelle (La), f. c^{ne} de Minerve.

Courpouyran, h. c^{ne} de Juvignac. — *Mansus de Coupouilar*; *Mansus de Corpoirano seu de Corpouirano*, 1484, 1501, 1510 (arch. de l'hôp. gén. de Montp. liasse B 586). — *Courpoiran* (Cassini).

Courregis ou la Courrège, f. c^{ne} et c^{on} de Murviel.

Courrèje (La) ou Courrèze, f. c^{ne} de Maureilhan.

Cours, h. c^{ne} de Rosis, appelée *Saint-Gervais terre foraine* avant 1830. — *Villa de Curiis*, 1127 (chât. de Foix; H. L. II, pr. c. 444).

Courtade (La), f. c^{ne} de Béziers (2e c^{on}).

Courtarelles, éc. c^{ne} de Castelnau-lez-Lez.

Courtès, éc. c^{ne} de Saint-Nazaire-de-Ladarez. — *Cortizellas*, 1154 (Liv. noir. 5 v° et 6); 1180 (*ibid.* 17 v°). — *Villa, rector. de Curtibus*, 1311 (tonsur. antiq. 26; stat. eccl. Bitt. 75); 1323 (rôle des dîmes des égl. de Béz.).

Courtès, f. c^{ne} de Cazevieille.

Courtès-Bottes, *métairie Fabre*, c^{ne} de Montpellier, 1809. — Voy. Montauberon.

Courvezou, f. — Voy. Courbezou.

Cousines, éc. c^{ne} de Saint-Pons.

Cousines, f. c^{ne} du Soulié.

Coussat, f. c^{ne} de Servian.

Coussenas, f. c^{re} de Saint-André-de-Sangonis. — Anc. prieuré du nom de *Saint-Martin de Coussenas*, dép. de l'abbaye d'Aniane. — *Fiscus de Curcenato*, 837 (arch. d'Aniane, Acta ss. Bened. sect. 4, part. I, 223). — *Grangia seu villa de Cossenatio*, 1265, 1311, 1427 (Plant. chr. præs. Lod. 203, 262, 333). — *Cassenas*, 1518 (pouillé).

Coussergues, chât. c^{ne} de Montblanc. — *Caixanegos*, 804 (cart. Gell. 4). — *Cosanegues*, 1079 (*ibid.* 108). — *Caissanigis*, 1107 (*ibid.* 89 v°). — *Caissanegues*, 1122 (*ibid.* 60 v°). — *Villa de Codicianicis*, 1118 (cart. Agat. 141). — *De Cotcianicis*, 1203 (*ibid.* 161). — *Cohtsanegues*, *Cotsangues*, *de Coccianeges*, 1156 (*ibid.* 1). — *Cousergues*, 1760 (pouillé).

Église de Coussergues. — *Eccl. S. Martini de Cotsanegues*, 1156 (bulle d'Adrien IV; cart. Agath. 1). — *De Coccianegis* (*ibid.*); 1203 (*ibid.* 162). — *De Cotsanicis*, 1211 (*ibid.* 318, et *passim*). — *S. Martinus de Cotssargas*, 1311 (ch. de l'év. d'Agde). — Le pouillé de 1760, au dioc. d'Agde, est le seul qui donne : *Canonicat de Cossanicis* et *Cure de Cousergues*.

Cousses, h. c^{ne} de Rieussec.

Cousta, f. c^{ne} de la Salvetat.

Coustande (La) ou Coustans de Treize-Vents, 1856; Cadenat, 1851, f. c^{ne} de Pézenas.

Coustète (La), f. — Voy. Caustète (La).

Coustorgues, h. c^{ne} de Fraisse.

Coustorgues ou las Vals, ruiss. qui prend sa source dans la c^{ne} de Fraisse et coule sur le territ. de celle de Saint-Vincent, c^{on} d'Olargues. Son cours est de 7,700 mètres. Il arrose trente hectares, fait mouvoir deux moulins à blé et se jette dans le Jaur, affluent de l'Orb.

Coutoune-Basse, h. c^{ne} de Valros.

Coutoune-Haute, h. c^{ne} de Valros.

Couve, f. c^{ne} de Montpellier, sect. D.

Couvillon, f. — Voy. Coubillou.

Cransac, dit Lestan, 1809; l'Estang, 1851, f. c^{ne} de Pézenas.

Creissan, c^{on} de Capestang. — *In Creciantis*, 804 (cart. Gell. 4). — *Creixanum*, 952, 959 (cart. de la cath. de Narb. H. L. II, pr. cc. 94 et 100). — *Crexanum*, 977 (*id. ibid.*). — *Villa et eccl. B. Martini de Crcyssano*, 1132 (G. christ. VI, inst. vi, c. 35). — *Crastinhanum*, 1271 (mss de Colb. H. L. III, pr. c. 602). — *Eccl. de Cressano*, 1323 (rôle des dîm. des égl. de Béz.). — *Creyssan*, 1649 (pouillé). — *Creissan*, 1625 (*ibid.*); 1688 (lett. du gr. sc.). — *Creissan*, avant 1790, appartenait au diocèse de Narbonne (tabl. des anc. diocèses du Languedoc).

Creissel, ancien château et prieuré. — Voy. Saint-Saturnin.

Creissels, ruiss. qui naît dans la sect. H de la c^{ne} de Clermont, dont il parcourt le territ. pendant 3 kilomètres, arrose huit hectares, alimente une usine à draps, et se joint au Salagou, affluent de la Lergue.

Crémade (La); la Crémade et l'Espitalet, 1809, f. c^{ne} de Béziers (2e c^{on}).
Crémade (La), f. c^{ne} de Saint-Vincent, c^{on} d'Olargues.
Crémieux et Rocé, atelier, éc. c^{ne} de Lieuran-Cabrières.
Crès (Le), f. c^{ne} de Galargues.
Crès (Le), h. c^{ne} de Castelnau-lez-Lez. — *Villa S. Martini de Crecio*, 1096 (ch. des comptes de Montp. H. L. II, pr. c. 340). — *De Cretio*, 1154 (dom. de Montp. *ibid.* 549); 1176, 1180 (ch. du fonds de St-Jean-de-Jérusalem). — *Le Crez*, 1657 (vis. past.); 1684 (pouillé). — *Le Crès*, 1625 (*ibid.*); 1649 (*ibid.*); 1688 (lettres du grand sceau); 1760 (pouillé).
Église du Crès. — *Altare, eccl. S. Martini de Crecio*, 1101 (Arn. de Verd. ap. d'Aigrefeuille, II, 429); 1125 (mss d'Aubaïs; H. L. *ibid.* 437); 1162 (ch. de l'abb. du Vignogoul); 1177 (ch. des chevaliers de Saint-Jean-de-Jérusalem); 1183 (cart. Anian. 55); 1257 (cart. Mag. F 191). — *Parochia S. Martini de Cressio*, 1315, 1353 (*ibid.* F 280 et D 56); 1779 (vis. past.). Castelnau, le Crès et Salezon formaient une baronnie dépendante du marquisat de Castries.
Crès (Le), h. c^{ne} de Rouet. — *Mansus del Crez*, 1122 (cart. Gell. 133).
Crès (Les), j^{in}, c^{ne} de Saint-Thibéry, 1840.
Crespi ou Crespin, f. — Voy. Massanne, *tuilerie*, et Piquetalen.
Crespi (Mas), f. c^{ne} de Teyran, 1809.
Creyssels, f. c^{ne} de Mèze.
Cristol, f. c^{ce} de Frontignan.
Cristol, f. c^{ne} de Saint-André-de-Sangonis.
Croisade (La), f. c^{ne} de Cruzy.
Croisée-du-Lez, éc. c^{ne} de Villeneuve-lez-Maguelone.
Croix (La), h. c^{ne} de Brissac.
Croix-d'Anglas, h. c^{ne} de Saint-Bauzille-de-Putois.
Croix-de-Mounis, éc. c^{ne} de Castanet-le-Haut.
Croix-des-Treize-Vents, col de montagne près de Saint-Gervais. Élévation, 585 mètres.
Cros, f. c^{ne} de Montpellier, sect. F.
Cros, f. — Voy. Bonniol, c^{ne} de Grabels.
Cros, f. — Voy. Saint-Martin-de-Cros, c^{ne} de Caux.
Cros, m^{in} sur la riv. de Peyne, c^{ne} de Pézenas.
Cros, m^{in} à foulon sur le Jaur, c^{ne} de Saint-Pons.
Cros (Le), c^{on} du Caylar. — *Crocho*, 804 (cart. Gell. 3). — *Crosos vel Graissimo*, 987 (cart. Lod. G. christ. VI, inst. c. 269). — *Eccl. S. Petri de Crozo*, 1123 (*ibid.* 278); 1159 (cart. Agath. 151). — *Eccl. B. Mariæ de Croso*, 1230 (Plant. chr. præs. Lod. 141). — *Le Cros*, paroisse du diocèse de Lodève, 1688 (lettres du grand sceau); 1760 (pouillé; tabl. des anc. diocèses).

Le Cros d'Alajou (voy. ce dernier nom) s'appelait autrefois *Sainte-Marie de Prunet*; mais l'église de N.-D. était éloignée du village, et la métairie voisine en a pris le nom de *Gleia liôna, église éloignée*, que les agents voyers ont traduit sur leur carte par *Église Léon*.
Cros (Le), h. c^{ne} de Rosis, appelée *Saint-Gervais terre foraine* avant 1830.
Cros (Le), h. c^{ne} de Saint-Julien.
Cros (Le), h. c^{ne} de Taussac-et-Douch.
Cros (Le), ruiss. qui naît au Rocfourçat, c^{ne} de Saint-Julien, traverse le territ. de cette localité et celui d'Olargues, arrose six hectares et, après un cours de 5 kilomètres, se jette dans le Jaur, affluent de l'Orb.
Cros (Pont-du-), m^{in} sur le Jaur, c^{ne} de Saint-Vincent, c^{on} d'Olargues.
Cros-Bas (Le), h. c^{ne} de Saint-Vincent, c^{on} d'Olargues.
Cros de Henri (Le), f. — Voy. Val-Durand.
Cros-Haut (Le), h. c^{ne} de Saint-Vincent, c^{on} d'Olargues.
Crodunum, Cros Londanum, Crosus Longuenos, 1082, 1142 (cart. Gell. 77 et 185).
Croses (Lous), montagne et bois, c^{ne} de la Vacquerie. — *Locus vocatus Crosets*, 1215, vendu par Pierre Raymond de Montpeyroux à l'évêque de Lodève (Plant. chr. præs. Lod. 131).
Crottes (Les), m^{in} sur l'Hérault, c^{ne} de Saint-Guillem-du-Désert. — Voy. Brunant.
Crouste (La), seigneurie de la viguerie de Gignac, 1529 (dom. de Montp. H. L. V. pr. c. 87). — Voy. Lacoste.
Crouzat, ruiss. affluent de l'Agout, c^{ne} de Saint-Julien. — Voy. Valdonne.
Crouzat, j^{in}. — Voy. Rey-et-Crouzat.
Crouzats (Les), h. — Voy. Usclats-les-Crouzats.
Crouzet, 1851; la Crouzette, 1809, éc. c^{ne} de Bédarieux.
Crouzet, h. c^{ne} de Saint-Nazaire-de-Ladarez.
Crouzet, ruiss. qui naît sur le territ. de Saint-Nazaire-de-Ladarez et passe sur celui de Causses. Dans son cours de 6 kilomètres il arrose deux hectares. Il se perd dans l'Orb.
Crouzet (Le), f. c^{ne} de Cessenon. — *Crozatum*, 936 (G. christ. VI inst. c. 77).
Crouzet (Le), f. c^{ne} de Mons.
Crouzet (Le), f. c^{ne} de la Salvetat.
Crouzet-le-Haut, f. c^{ne} de la Salvetat.
Crouzets (La), f. c^{ne} de Béziers.
Crouzette (La), h. c^{ne} de Mauguio.
Crouzilhac, f. c^{ne} d'Agde.
Crouzillac, f. c^{er} et c^{on} de Murviel, 1809.
Croye (La), f. c^{ne} de la Salvetat.

Crozes (Les), h. c⁽ⁿᵉ⁾ de Cabrières.
Crozes (Les), ruiss. qui naît et court trois kilomètres sur le territ. de Cabrières, où il arrose cinq hect. et fait mouvoir un moulin à blé. Il reçoit le ruisseau de Thiberels et se jette dans la Boyne, affluent de l'Hérault.
Crozes (Les), anc. église. — Voy. Palavas (Étang de) et Saint-Martin-des-Crozes.
Cruveiller, f. cⁿᵉ de Montpellier, sect. G.
Cruvellié, éc. cⁿᵉ de Bédarieux.
Cruzy, cⁿ de Saint-Chinian. — *Crozatum*, 936 (arch. de l'égl. de Saint-Pons; Catel, com. 88; G. christ. VI, inst. c. 77). — *Curcium, Curcy*, 970 (Livre noir, 24 v°). — *Cruzi*, 1166 (ibid. 294). — *Crusi*, 1271 (mss de Colb. H. L. III, pr. c. 602). — *Crusy*, seigneurie, 1529 (dom. de Montpell. ibid. V, c. 86); 1760 (pouillé). — *Cruzy*, 1625 (ibid.); 1649 (ibid.); 1688 (lett. du gr. sc.). — *Creuzy*, 1709-1720 (Saugrain; tabl. des anc. diocèses); 1786 (terr. de Cruzy). — *Cruzy*, au diocèse de Saint-Pons, avait le titre de *ville* et répondait, pour la justice, au sénéchal de Béziers.
En 1790, Cruzy fut le chef-lieu d'un canton du district de Saint-Pons, comprenant cinq communes : Cruzy, Agel, Aigues-Vives, Montouliers et Villes-passans. Par suite de la suppression de ce canton, le 3 brumaire an x, ces communes passèrent dans le canton de Saint-Chinian.
Cruzy, riv. qui naît à Roquefourcade, dans la commune de Quarante, traverse le territ. de Cruzy, arrose 70 hectares, fait mouvoir un moulin à blé et, après un cours de 4 kilomètres, se perd dans l'étang de Capestang.
Cuculles, h. cⁿᵉ de Saint-Jean-de-Cuculles. — Voy. ce dernier nom et Saint-André-de-Cuculles.
Cugnets, f. cⁿᵉ de Riols.
Cuilleret, f. cⁿ de Frontignan.
Cumba Alamandesca, villa dans l'anc. dioc. de Béziers, relatée en 1181 (cart. Aniao. 119 v°).
Cumba Putana, villa au dioc. de Lodève, *in termino de villa quœ vocatur Candejamas*, 996 (cart. Gell. 28).
Curatier, 1856; Curatié, 1809; Caratier, 1840; f. cⁿᵉ de Quarante.
Cure, f. cⁿᵉ de Castelnau-de-Guers, 1809.
Cure, f. cⁿᵉ de Cazouls-lez-Béziers.
Cure (La), presbytère, éc. cⁿᵉ de Colombières.
Cure-Blanc, f. cⁿ de Cazouls-lez-Béziers.
Cure-Grenier, f. cⁿ de Florensac.
Curette (La), f. cⁿᵉ de Pézenas.

D

Dalarié (Prat), f. — Voy. Pratararié.
Dalbis, f. cⁿᵉ de Montpellier, sect. G.
Dalmerie (La) ou la Doumarie, h. cⁿᵉ de Joncels. — *La Dalmaria*, xvıᵉ sᵉ (terr. de Joncels).
Damassan, h. — Voy. Saint-Michel-de-Damassan.
Dames-de-Charité, éc. cⁿᵉ de Lunel.
Dammartin, f. cⁿᵉ de Grabels.
Danyzy, f. cⁿᵉ de Montpellier, 1809.
Darac, f. cⁿᵉ de Montpellier, sect. B.
Dardaillon (Le), riv. qui naît dans la commune de Restinclières, parcourt les territ. de Saint-Seriès, Vérargues, Lunel-Viel, Saint-Just, Saint-Nazaire, court pendant 13 kilomètres et arrose six hectares. Elle se perd dans le canal de Lunel, ou, pour mieux dire, dans l'étang de Mauguio.
Dardaillon (Le), ruiss. *fl. Dauzzanum cum molend.* 1008 (cart. Gell. 74 v°). — Formé de diverses sources réunies dans la commune d'Aumelas, au-dessus du mas de Lunès, il coule aussi dans celles de Plaissan, de Campagnan et de Bélarga. Son cours est d'un kilomètre. Il se jette dans l'Hérault.
Dardé, f. cⁿᵉ de Cessenon.
Dardé, jⁿ, cⁿᵉ de Villeneuve-lez-Béziers.
Darlay, jⁿ, cⁿᵉ du Pouget, 1809.
Dartis-Gay, f. cⁿᵉ de Montpellier, sect. G.
Dasports, f. cⁿˢ de Marsillargues, 1809.
Daude, jⁿ, cⁿᵉ de Montpellier, sect. D.
Daubinelle (La), f. cⁿᵉ de Béziers.
Daudé, éc. cⁿˢ de Saint-Thibéry.
Daumas, f. cⁿᵉ de Montpellier, 1809.
Daumas (Mas), h. cⁿᵉ d'Aniane.
Daumas (Petit Mas), f. cⁿᵉ de Lattes.
Daumaze (La) ou la Daumause, f. cⁿˢ de Béziers.
Daumière (Mas), f. cⁿᵉ de Gignac.
Daurel, jⁿ et f. cⁿᵉ de Vias.
Daussangues, f. cⁿˢ de Montpellier, 1809.
Daussangues (Mas), f. cⁿᵉ de Saint-Jean-de-Védas. — *Cast. do Aussanicis*, 1484, 1501, 1510 (arch. de l'hôpital général de Montpellier, liasse B 586). — *Aussargues* (Cassini).
Dausse, f. cⁿᵉ de Saint-Vincent (cⁿ d'Olargues). — *Datsi*, 1271 (mss de Colb. H. L. III, pr. c. 602).
Dausso (Le), jⁿ, cⁿᵉ de Saint-André-de-Sangonis. — *Dauzzanum*, 1008 (cart. Gell. 74 v°).

DAVID, f. cne de Cette, 1809.
DAVID, jin, cne de Sérignan.
DAVID (MAS DE), f. cne de Teyran.
DAVILIÉ, f. cne de Mauguio.
DÉCAMPS, f. cne de Bassan.
DECENGUES, fief, cne de Lunel, 1226 (reg. cur. Franc. H. L. III, pr. c. 317).
DECÈVRE, h. — Voy. ILICE (MAS D').
DEDOUNE (LA); DOUDOUNE, 1809; DEDONE, 1840, poste des douanes, éc. cue de Vendres.
DEDOUX, f. cne de Montpellier, sect. E.
DEIDIER ou MANISSY, 1809, f. cre de Montpellier.
DÉJEAN, mln sur l'Aude, cne de Lespignan, 1809.
DEJOLY, f. cne de Montpellier, 1809.
DEJON, f. cne de Montpellier, sect. G.
DELACOMBE, f. cne de Montpellier, 1809.
DELANDRE, four à chaux, éc. cne de Montpellier, sect. B.
DELAS, f. cne de Sauvian.
DELBEAUX, f. cne de Saint-Jean-de-la-Blaquière, 1809.
DELBOLY ou BERTRAND, f. cne de Montpellier, 1809.
DELETTRE, f. cne de Montpellier, 1809.
DELEUZE (MAS), jin, cne de Saint-André-de-Sangonis.
DELDON (MAS), f. cne de Magalas.
DELISLE, f. — Voy. ILE (L').
DELMAS, f. cne de Montpellier, 1809. — Voy. SABATIER.
DELMAS, f. cne de Roquebrun.
DELMAS, jin, cne de Montpellier, sect. D.
DELON, éc. cne de Lespignan.
DELON, f. cne de Montpellier, 1809.
DELON (MAS), h. cne de Mauguio.
DELON (MAS), h. cne de Puech.
DELON (MAS), f. cne de Servian.
DELOUNS, f. cne de Lattes.
DELPY (MAS) ou LE PY, h. cne de Lunas, 1809.
DEL RANK, chât. cne de Claret.
DELZEUZE, jin, cne de Gignac.
DEMOISELLES (GROTTE DES) ou BAUME DES FÉES, en langage du pays : Bdouma de las Fadas, cne de Saint-Bauzille-de-Putois. — Son nom lui vient des formes colossales que prennent les stalactites et les stalagmites de la caverne. L'albâtre, le spath calcaire, y sont des plus beaux et en immense quantité. Cette grotte, qui est une suite de grottes les unes dans les autres, est dans une masse de rochers ou contreforts de la chaîne des Seranes, appelée le *Roc de Thaurac*, sur la rive gauche de l'Hérault, et qui se prolonge jusqu'au village de la Roque.
DEMOISELLES (LES), f. cne de Marsillargues.
DENTAL (LE), f. cne de Cazouls-lez-Béziers.
DESFAIRE ou DESFERRE, f. cne de Lunel.
DESMAZES, jin, 1809-1840, f. 1856, cne de Pézenas.

DESPLAN (MAS), f. cne de Lattes.
DESPORTS, f. cre de Marsillargues.
DESPUECH, f. cne de Saint-Bauzille-de-Putois, 1809.
DESPUECH, f. — Voy. RESTOUBLE.
DESSAILLEN, f. cne de Montpellier, sect. J.
DESSALES, f. cne de Pézenas.
DESSALLE, f. cne de Castelnau.
DESSALLE, f. — Voy. CHARTREUX.
DESSOL (MAS), h. cne de Boussagues.
DESTAURAC, f. — Voy. ESTAURAC (LE MAS D').
DESTRECH, f. cne de Marsillargues.
DEUX-GIGOTS, anc. vignoble, cne de Grabels. — *Vinearium de duabus gigosis*, 1166 (cart. Mag. D 202). — L'acte porte deux fois *de duabus guozis*, sans signe aucun d'abréviation; mais la table du cartulaire, qui est contemporaine du recueil, écrit explicitement *de duabus gigosis*.
DEUX-MERS (CANAL DES). — Voy. LANGUEDOC (CANAL DU).
DEUX-OUARES, f. cne de Villeneuve-lez-Maguelone, 1809.
DEUX-VIERGES (MONT ou ROCHER DES), cne de Saint-Saturnin. — Chât. souvent cité dans les cart. de Saint-Guillem, d'Aniane et d'Agde, où la tradition et quelques mss particuliers font naître saint Fulcran et placent la retraite des *deux sœurs* de cet illustre évêque de Lodève. La famille des *Deux-Vierges* se fondit dans celle de Montpeyroux. Un abbé de ce nom fit bâtir le narthex de Saint-Guillem. — *Castrum de duas virgines*, 922 (cart. Gell. 11 v° et 19). — *Castrum, Fortia de duabus virginibus*, 1060, 1122 (*ibid*. 72 et 60 v°); 1183 (cart. Anian. 49 v°); 1190 (cart. Agath. 9); 1270 (ch. des arch. de Lod.). — *Pædagium duarum virginum*, 1323 (Plant. chron. præs. Lod. 283). — Le Gallia christ. mentionne plusieurs membres de la famille de *Duabus Virginibus*, 1059 (t. VI, c. 837); 1100 (c. 586); 1134, 1140 (c. 589); 1153 (c. 720); 1339 (c. 784), et *in instrum.* 1138 (c. 279); 1173 (c. 329); 1214 (c. 332); 1362 (c. 91). — De même l'Histoire de Languedoc, 1074 (t. II, p. 233); 1076 (*ibid*. pr. c. 296); 1096 (*ibid*. c. 344); 1103 (c. 363); 1119 (c. 410); 1462 (t. V, p. 26). — La carte de Cassini porte *Rocher des Deux-Vierges*. Le château n'existe plus.
DEVAUX, éc. — Voy. ROUQUET, MARRÉAU ET DEVAUX.
DEVÈS, éc. cne du Soulié.
DEVÈS, f. cne de Castanet-le-Haut.
DEVEZ (LE), f. cne de la Salvetat.
DEVÈZE (LA), chât. cne de Vérargues.
DEVÈZE (LA), f. cne de Béziers.
DEVÈZE (LA), f. cne de Ganges.

Devèze (La), f. c^{ne} de Montoulieu.
Devèze (La), f. c^{ne} de Riols.
Devèze (La), f. c^{ne} de la Salvetat.
Devèze (La), f. c^{ne} de Servian.—*Ladevese*, 1213 (cart. Anian. 51 v°).
Devezel, ruiss. qui naît au lieu dit *las Douvières*, c^{ne} de la Salvetat, et ne sort pas du territoire de cette c^{ne}, où il parcourt 1,800 mètres et arrose quarante-cinq hectares. Il se perd dans l'Agout, affluent du Tarn.
Devezel (Le), f. c^{ne} de la Salvetat.
Devron, f. c^{ne} de Montpellier, 1809.
Diable, mⁱⁿ à foulon sur le Jaur, c^{ne} de Saint-Pons.
Diable (Mas du) ou Maurin, f. c^{ne} de Castelnau-lez-Lez.
Diane (Mas de), f. — Voy. Vianne.
Didien, jⁱⁿ, c^{ne} de Montpellier, sect. D.
Dio-et-Valquières, c^{on} de Lunas. — *Dio*, chât. au dioc. de Béziers. — *Deas*, 533 (Greg. Tur. III, c. 21; H. L. II, pr. cc. 363 et 592). — *Castr. et rector de Diano*, 1206 (bulle d'Honorius III; Livre noir, 109); 1323 (rôle des dîm. des égl. de Béziers). — *Prieuré de Dio*, 1760 (pouillé).—*Die*, 1709-1720 (Saugrain); paroisse de l'église de Béziers, archiprêtré de Boussagues, patr. *S. Stephanus*, 1780 (état offic. des églises de Béziers). — *De Virclaruïs vel Vercleruïs*, 1152 (Livre noir, 140 et 140 v°). — *Valquieres*, 1688, 1709, 1720 (Saugrain); 1760 (pouillé; lettres du gr. sc.). — *Patr. S. Andreas*, 1780 (état offic. des égl. de Béziers). — Ces deux localités formaient autrefois une communauté du dioc. de Béziers: *Dio et Valquieres*, 1625 (pouillé). — *Die et Valquieres*, 1649 (ibid.). — En 1790, elles ont été maintenues en une seule c^{ne} dans le c^{on} de Lunas, arrond. de Lodève.
Divisan, anc. église. — Voy. Saint-Martin-de-Divisan.
Dodosa, villa. — Voy. Rocueta.
Dolgue, h. c^{ne} de Claret.
Domergue, f. c^{ne} de Cessenon.
Domergue, f. c^{ne} de Montoulieu.
Domergue (La), f. (Béziers). — Voy. Doumergue (La).
Domergue (La) ou la Doumergue, f. c^{ne} de Sauvian.
Domitius. — Voy. Voie Domitienne et Forum Domitii.
Don Juan, anc. chât. ruiné sur les dolomies qui sont au-dessus de Saint-Guilhem-du-Désert; haut. 349 mètres.
Donnadieu, h. c^{ne} de Berlou.
Donnadieu, h. c^{ne} de Saint-Chinian.
Donnadieu (Grange de), éc. c^{ne} d'Abeilhan, 1809.
Donnadieu (Grange de), f. c^{ne} de Bédarieux, 1809.
Donnadille, atelier de draps, éc. c^{ne} de Bédarieux.
Donnadive, f. c^{ne} de Nissan.
Donnet, f. c^{ne} de Florensac.
Donza, anc. église. — Voy. Saint-Martin-de-Divisan.

Doreau, f. c^{ne} de Castries.
Doscanes, f. c^{ne} d'Assas. — *Mansus de duabus casis*, 1289 (cart. Mag. F 206).—*Mas de Doscares*, 1694 (affranch. 2e reg. 170 v°).
Doscares, f. c^{ne} de Mauguio.
Douane, caserne, éc. c^{ne} de Palavas.
Douane, poste du salin, éc. c^{ne} de Villeneuve-lez-Maguelone.
Douanes, poste de l'est du salin de Bagnas, éc. c^{ne} de Marseillan.
Douanes, poste, éc. c^{ne} de Vias.
Douarche, f. c^{ne} de Cette, 1809.
Doucu, h. c^{na} de Rosis.
Douch, h. réuni à la c^{ne} de Taussac. — *Alod. Ductos cum ipsa ecclesia S. Mariæ*, 966 (arch. de l'abb. de St-Paul de Narb.; Marten. Anecd. I, 85). — *Rector de Dotz*, 1323 (rôle des dîm. des égl. de Béziers). — *Doutz*, 1709-1720 (Saugrain). — *Douts*, paroisse de l'archiprêtré de Boussagues, au dioc. de Béziers, sous le vocable de *Nostra Domina*, 1780 (état offic. des égl. de Béziers; carte de Cassini; cartes dioc.); 1760 (pouillé).
Taussac et *Douch*, déjà réunis en 1790, furent compris dans le c^{on} du Poujol, qui fut supprimé le 3 brumaire an x. A cette dernière époque, ces deux localités, toujours réunies, formèrent une commune du c^{on} de Saint-Gervais, lequel fut donné au départ. de l'Hérault en échange du c^{on} d'Angles, qui passa dans le Tarn. — Voy. Taussac-et-Douch.
Douch-d'Usclas (La), ruiss. qui prend sa naissance à la source d'Usclas (Saint-Pons), arrose six hectares sur le territoire de cette commune, et, après deux kilomètres de cours, va se jeter dans la Salesses, affluent du Jaur.
Doudoune, éc. — Voy. Dedoune (La).
Doumarie, h. — Voy. Dalmerie (La).
Doumergue (La) ou la Domergue, f. c^{ne} de Béziers (2e c^{on}).
Doumergue (La), f. (Sauvian). — Voy. Domergue (La).
Doumergue (Mas de), f. c^{ne} de Saussines.
Doumet, f. c^{ne} de Vias.
Doumet, jⁱⁿ, c^{ne} d'Agde.
Dourbie, atelier, éc. c^{ne} de Nébian.
Dourbie, riv. formée de plusieurs branches, dont la principale naît à Mourèze, une autre à Salasc, une troisième à Villeneuvette. Elle court pendant 18 kilomètres dans les c^{nes} de Mourèze, Villeneuvette, Nébian, Aspiran, Lieuran-Cabrières; fait marcher dix usines, arrose une surface de seize hectares et afflue dans l'Hérault. — *Fluvius Urbio*, 859 (Bibl. imp. R. H. L. I, p. c. 105).—*Durbienca*, 1060 (cart. Gell. 150). — *Dorbia flumen*, 1110 (ibid. 95). —

Molinum de Dorb. 1123 (cart. Gell. 184 v°). — *Dourbie,* 1770 (terr. de Tressan).

La *vallée de la Dourbie,* vallée secondaire de l'Hérault, a une étendue d'un myriam. 8 kilom. — *Vallis quæ dicitur Durbia,* 996 (cart. Gell. 54 v°).

Dourbie (La), f. c^ne d'Aspiran. — *Mansus de Dorbieta,* 1080 (cart. Gell. 146).

Dournie (La), f. c^ne de Saint-Chinian.

Dournier (La) ou la Dournio, f. c^ne de Lunas.

Doussiou (Piocn), f. c^ne de Pégairolles-de-l'Escalette, près de Saint-Vincent-de-la-Goulte, c^on du Caylar. — *Mansus de Podio Dossino,* 1204 (Plant. chr. præs. Lod. 104).

Douvières (Las), f. c^ne de la Salvetat.

Dragonne, f. c^ne de Béziers.

Draparnaud, f. c^ne de Montpellier, 1809.

Drayes (Les), f. c^ne de la Salvetat.

Drossie (La) ou la Drossio, f. c^ne de Servian.

Drouille, h. c^ne de Vieussan. — *Ecclesia S. Johannis Duraliola,* 1182 (G. christ. VI, inst. c. 88).

Druncheta, mans. c^ne de Jonquières, 988 (cart. Gell. 54).

Ducnos (Mas de), f. c^ne de Saint-Clément.

Duffour, f. c^ne de Montpellier, sect. A.

Duffour, grange, f. c^ne de Vias.

Duffours, f. c^ne de Montpellier, sect. K.

Dullague (La), f. c^ne de Béziers, 1840.

Dumas, f. c^ne de Montpellier, 1809.

Dumas ou Montels, f. c^ne de Montpellier, sect. G.

Dumazel, f. c^ne de Saint-Bauzille-de-Putois, 1809.

Dunes (Poste des), éc. c^ne de Mauguio.

Dupin, f. c^ne de Lattes. — Voy. Fitz-Gerald.

Dupin ou la Paillade, f. c^ne de Montpellier, sect. K. — Voy. Paillade (La).

Dupin, j^in, c^ne de Béziers (2e c^on).

Dupont, f. c^ne de Montpellier, sect. A.

Durand, bergerie, éc. c^ne de Frontignan.

Durand, f. c^ne d'Agde.

Durand, f. c^ne de Lattes.

Durand, deux ff. c^ne de Montpellier, sect. C.

Durand, f. c^ne de Montpellier, sect. H.

Durand (Grange), f. c^ne de Bédarieux, 1809.

Durand (Mas), f. c^ne du Pouget.

Durand (Mas), f. c^ne de Saint-Hilaire.

Durion, f. c^ne de Caux.

Dussou, f. c^ne de Montpellier, sect. B.

Dussol, f. c^ne de Montpellier, sect. E.

Duval, f. c^ne de Montpellier, sect. D.

Duverger, f. c^ne de Montpellier, 1809.

Duvern, f. 1856; j^in, 1840-1851; bergerie, 1851, c^te de Vias. — Voy. Medeillan.

Dysse (La) h. — Voy. Adisse.

E

Écluse, éc. c^ne de Vias.

Écluse, éc. c^ne de Villeneuve-lez-Béziers.

Écluse (1re), m^in sur le canal du Lez, c^ne de Montpellier, sect. D.

Écluse du canal de Grave (1re, 2e, 3e), éc. c^ne de Lattes.

Écluse du canal du Midi, éc. c^ne de Portiragnes.

Écluses (Les), éc. c^ne de Béziers.

Écluses-d'Ognon (Les), éc. c^ne d'Olonzac.

École (L'), éc. c^ne de Moulès-et-Baucels.

Église (L'), h. c^ne de Cébazan. — *Mas de l'Église,* 1780 (terr. de Cébazan).

Église (L'), h. c^ne de Vailhan. — *Castr. de Ecclesiis,* 1174 (Livre noir, 271 v°).

Église (L'), ruisseau qui commence au lieu dit *Mas Naguine,* c^ne de Cassagnolles, passe sur le territ. de Ferrals, arrose trois hectares, et, après avoir parcouru 4 kilomètres, se perd dans la Cesse, affluent de l'Aude.

Église (Mas de l'), h. c^ne de Liausson. — *Gleiza Feuzalo,* 1116 (cart. Gell. 85).

Église (Mas de l'), h. c^ne de Saint-Clément.

Église (Mas de l'), h. c^ne de Saint-Étienne-d'Albagnan.

Église-Lointe, Église-Yon, f. — Voy. Gleyse-Yone.

Embargnanis, 1840; Embagnanès, 1809, f. c^ne de Thézan.

Embayran ou Ambeyran, h. c^ne des Plans. — *Priorat. de Ambayrano,* 1323 (rôle des dîmes de l'égl. de Béziers). — *Ambairan,* 1760 (pouillé).

La montagne d'*Embayran,* dans la même commune, est une dépendance de l'Escandorgue, sur la route de Lodève à Cailhes. Sommet, 616 mètres.

Embersac (L'), Embressac ou Enversac, c^ne de Balaruc, gouffre près de l'église de Notre-Dame, qui donne naissance à un ruisseau de même nom, ou plutôt appelé *Colobre,* lequel se jette dans l'étang de Tau. Astruc (Mém. pour l'Hist. nat. de Lang. p. 308) conjecture que son nom lui vient de *inversa aqua,* cette appellation paraissant convenir à ce ruisseau, dont l'eau a deux mouvements opposés.

Embougette, f. c^ne du Causse-de-la-Selle.

Embounes, ruines. — Voy. Ambone.

EMBRUC (REC), ruiss. qui naît au lieu dit *As Cuns*, c^(ne) de Riols, arrose cinquante ares, dans son cours de 2 kilomètres, et se perd dans le Jaur.

EMBRUSCALLES (LES), h. c^(ne) de Claret.

EMPIRE (CABANE DE L'), éc. c^(ne) de Saint-Nazaire.

ENBLANC (MAS D'), h. c^(ne) d'Aumelas.

ENCIVADE (MAS D'), f. c^(ne) de Lattes. — L'origine de ce nom date de l'inféodation de cette métairie, faite en 1243 par Jacques, roi d'Aragon, à Étienne Civata (*Stephanus Civata*), vulgairement *En Civata*. — Inféod. du 14 octobre 1243 (arch. dép. de l'Hérault; fonds des PP. Jésuites de Montp.). — *Civate*, 1254 (mss d'Aubaïs; H. L. III, pr. c. 511).

ENCLAUSES (LES), f. c^(ne) de Saint-Pons.

ENCLAUX (L'), f. c^(ne) de Claret, 1809.

ENCONTRE, f. — Voy. PIOCH-BOUQUET et SAUZARÈDE.

ENCONTRE, h. c^(ne) du Causse-de-la-Selle.

ENCOSTE (MAS D'), f. c^(ne) de Saint-Pargoire.

ENCOSTE (MAS D'), h. c^(ne) d'Aumelas.

ENFADRE (MAS D'), h. c^(ne) d'Aumelas.

ENFIGUIÈRES (MAS D'). f. c^(ne) d'Aumelas.

ENGARRAN, f. c^(ne) de Lavérune. — *Mansus d'Engarrigas*, 1501 (arch. de l'hôp. gén. de Montp. liasse B 586). — *Engarran*, 1536 (bull. transl. sed. Magal. G. christ. VI, inst. c. 400). — *Lengaran* (Cassini).

ENGARRIÈRE, ruiss. qui prend sa source au lieu dit *la Sergine de l'Engarrière*, coule sur les territoires de Romiguières et de Roqueredonde, en parcourant 2,500 mètres, arrose vingt-sept hectares, fait aller trois usines et se perd dans l'Orb.

ENGRIL (ÉTANG D'), c'est-à-dire *des grains*, nom de l'étang qui longe le territ. de Frontignan depuis les Aresquiers jusqu'à la chaussée de la Peyrade.

ENJALVIN, f. — Voy. OLLIEN.

ENSUQUE, f. c^(ne) de Lunel-Viel, 1809.

ENTALÈGRE, éc. c^(ne) de Saint-Nazaire-de-Ladarez, 1809.

ENTERREUR (L'), f. — Voy. BONNEFOY.

ENTRE-DEUX-EAUX, f. c^(ne) de Caux.

ENVERSAC, gouffre. — Voy. EMBERSAC (L').

ÉPANCHOIRS (RIGOLE DES), ruiss. qui coule pendant un kilomètre sur le territoire de Capestang et, après avoir fait mouvoir un moulin à blé, se perd dans l'étang de cette commune.

ERGUE (L'), petit ruiss. dans la c^(ne) d'Agonès qui, après avoir arrosé un hectare, en courant pendant deux kilomètres, se perd dans l'Hérault.

ERGUE (L'), riv. — Voy. LERGUE.

ERMITAGE (L'), éc. c^(ne) de Saint-Guilhem-du-Désert; fondé en 1332 dans les montagnes de cette c^(ne) sur la paroisse de Saint-Barthélemy. — *Oratorium infra parochiam S. Bartholomæi* (G. christ. VI, c. 596).

ERMITAGE (L'), f. c^(ne) de Montpellier, sect. J.

ERMITAGE (L'), f. — Voy. COMBAS.

ESCABRILS, f. — Voy. SCABRILS.

ESCAGNES, ruiss. qui prend son origine sur le territ. de Vieussan, passe sur celui de Roquebrun, court pendant 4,300 mètres, arrose quatre hectares, fait mouvoir un moulin à blé et se perd dans l'Orb.

ESCAGNÈS (LE BAS-), h. c^(ne) de Roquebrun.

ESCAGNÈS (LE HAUT-), h. c^(ne) de Roquebrun.

ESCALE, f. c^(ne) de Magalas, 1809.

ESCALE (GRANGE D'), f. c^(ne) de Bédarieux, 1809. — *El mas de l'Escaillo*, 1116 (cart. Gell. 85 v°).

ESCALETTE ou MAS VALETTE, f. c^(ne) de Pégairolles-de-l'Escalette.

ESCALETTE (L'), passage en échelle du plateau du Larzac, d'où la c^(ne) de Pégairolles-de-l'Escalette, c^(on) du Caylar, a pris son nom. L'entrée de la gorge de l'Escalette est élevée de 686 mètres. — *Scaleriæ*, 1213 (cart. Anian. 136). — *Scaleniæ*, 1226 (cart. Mag. A 39).

ESCALIÈRE, f. c^(ne) de Montouliou.

ESCAMPATS, h. c^(ne) de Riols.

ESCANDORGUE, chaîne de mont. dont l'origine est dans la c^(ne) des Rives, c^(on) du Caylar; elle est contiguë au Larzac du côté du S. O. Ces hauteurs se continuent jusqu'à Agde et Béziers. Elles sont bornées à l'E. par la droite des riv. de Lergue et d'Hérault, à l'O. par la gauche de l'Orb, et s'étendent du N. au S. jusqu'aux plaines voisines de la mer. On trouve dans cette chaîne des indices de volcans en toute sa longueur. Sa hauteur, aux Rives, est de 667 mètres; près de Ceilhes, 899 mètres, et entre Avène et Lunas, un autre sommet est élevé de 907 mètres.

ESCANDOUNE ou ESCANDONNE, f. c^(ne) de Villecelle.

ESCARY ou ESCARRI (COMBE DE L'), c^(ne) de Saint-Bauzille-de-Putois. — Le *Pioch d'Escarri* a 412 mètres d'altitude. — Au pied de ce sommet était un *mansus* dépendant de la mense épiscopale de Maguelone : *Mansus Descaric*, 1488 (cart. Mag. E 4).

ESCARY (MAS), f. c^(ne) de Saussan.

ESCLAPS, h. c^(ne) de Colombières. — *Esclatianum*, 1069 (Livre noir, 170). — *Esclattanum*, 1189 (*ibid*. 127).

ESCLAVON ou ESCLAVAUX, île et partie de l'étang de Maguelone, c^(ne) de Villeneuve-lez-Maguelone. — *Insula de Esclaone*, 1156 (G. christ. VI, inst. c. 358).

ESCOUGOUSSOU (L'), f. c^(ne) de Roquebrun. — *Eccl. S. Petri Descosse*, 1612 (G. christ. VI, inst. c. 98).

ESCOUTET (L'), h. c^(ne) de Gorniès.

ESCURET (MAS), j^(in), c^(ne) de Saint-André-de-Sangonis.

ESPAGNAC, f. c^(ne) de Béziers.

ESPAGNAC, f. c^(ne) de Sauvian.

ESPANASO, ruiss. qui naît dans le bois des Albières, commune de Berlou, passe à Saint-Étienne-d'Albagnan, court pendant 7,800 mètres, arrose dix hectares et se jette dans le Jaur, affluent de l'Orb.

ESPARROU, h. c^ne des Plans. — *Esparro, de Esparrone*, 1182 (Livre noir, 108).

ESPAZE, ruisseau qui a son origine dans le territoire de Camplong, passe sur celui de Boussagues, court pendant 7,800 mètres, arrose un hectare, fait mouvoir un moulin à blé et se jette dans la Mare, affluent de l'Orb.

ESPÈNE, riv. dont l'origine se trouve à Saint-Michel, f. de la commune de Siran. Elle passe sur le territoire d'Olonzac, parcourt 13 kilomètres, arrose quatre hectares et se jette dans l'Ognon, affluent de l'Aude.

ESPINAS, f. c^ne de Clapiers.

ESPINASSE, f. c^ne de Saint-Julien. — *Lespinasse*, 1778 (terr. de Saint-Julien).

ESPINASSIER, h. c^ne de Rieussec.

ESPINOUSE, f. c^ne de Castanet-le-Haut.

ESPINOUSE (L'), mont. dont la hauteur est d'environ 1,280 mètres (1,084 mètres à Saint-Geniès-de-Varensal). — Elle borne le département de l'Hérault du côté du Tarn; au levant, elle est côtoyée par la droite de l'Orb. Elle s'étend par des pentes soutenues dans les départements de l'Aveyron et du Tarn. Au midi, elle descend par une pente ménagée jusqu'au canal du Midi. — *Espinosa*, 922 (cart. Gell. 143). — *L'Espinouse*, 1778 (terr. de la Voulte).

ESPITALET (L'), f. — Voy. CRÉMADE (LA) et HÔPITAL-MAGE (L').

ESPONDEILHAN, c^on de Servian. — *Espondeilla*, 1170 (cart. Gell. 203). — *Spondelianum*, 1190 (Liv. noir, 31 v°). — *Spondeilanum*, 1210 (reg. cur. Franc. H. L. III, pr. c. 222). — *Espondelhanum*, 1518 (pouillé). — *Spondilhan* (ibid.). — *Espondeilhan*, 1649 (ibid.); 1688 (lett. du gr. sc. Cassini); 1770 (terr. d'Espondeilhan). — *Espondillan*, 1709-1720 (Saugrain). — *Espondeillan*, 1625 (pouillé); 1760 (ibid.). — Les auteurs de l'Hist. de Lang. écrivent, suivant l'orthographe latine, *Spondeillan* (tabl. du t. III). — Le château de *Spondeilhan* était le chef-lieu d'une seigneurie de la viguerie de Béziers, 1529 (dom. de Montp. H. L. V. pr. c. 87).

Espondeilhan, avant 1790, était une paroisse de l'église de Béziers, archiprêtré de Cazouls, sous le vocable de *B. M. de Pinib.* 1780 (état offic. des égl. de Béziers).

Cette commune fut, en 1790, comprise dans le canton de Magalas; mais à la suppression de ce c^on, par arrêté consulaire du 3 brumaire an x, elle passa dans le canton de Servian.

ESTAGNOL (L'), éc. c^ne de Villeneuve-lez-Maguelone. — Ce nom est aussi celui d'une partie de l'étang de cette commune. — *Stagneolum de Exindrio*, 1160 (cart. Mag. E. 150). — Voy. LATTES.

ESTAGNOL (L'), h. c^ne de Saint-Guillem-du-Désert. — Voy. STAGNOL.

ESTAGNOLA (L'), f. c^ne d'Aspiran.

ESTAIGNEGUE, partie de l'étang de Baluruc, 1587 (ch. de l'év. de Montp.).

ESTANG, f. c^ne de Pézenas. — Voy. CRANSAC.

ESTANG, f. c^ne de Roujan.

ESTANG (L') ou LESTANG, f. c^ne de Fontès, 1809. — *L'Estang*, 1745 (terr. de Fontès).

ESTANG (L') ou LESTANG, f. c^ne du Pouget. — Voy. SAINTE-MARIE-DE-L'ÉTANG.

ESTAUNAC (EL MAS D') ou DESTAUNAC, au dioc. de Lodève, 1116 (cart. Gell. 85 v°).

ESTAUSSAN, h. c^ne de Vieussan.

ESTELLE (L'), f. c^ne de Lattes. — *Astella*, 1336, 1340, 1343 (Actes des consuls de mer, 172, 194, 206 et passim). — *Mas de l'Estele*, 1751 (plan des fiefs du grand et du petit Saint-Jean de Montp. U).

ESTERPAS, f. c^ne de Fraisse.

ESTÈVE, f. c^ne de Lattes.

ESTÈVE, f. c^er de Mas-de-Londres.

ESTÈVE, f. c^ne de Montpellier, sect. C.

ESTIENNE, f. c^ne de Ganges.

ESTORC, f. c^ne de Montpellier, 1809.

ESTOUC (MAS D'), éc. c^ne de Gignac.

ESTOUL, f. c^ne de Montpellier, 1809.

ESTOURNET, j^in, c^ne d'Agde.

ÉTANG (MAS DE L'), f. c^ne de Vic.

ÉTANG (CANAL DES). — Ce canal, commencé en 1701, forme la continuation de la navigation depuis l'étang de Tau jusqu'à l'étang de Mauguio. Il traverse les étangs des eaux blanches de Frontignan, de Palavas ou de Vic, de Villeneuve et de Méjan ou Pérols.

ÉTANGS SALÉS. — Ils règnent sur le littoral du département, depuis son extrémité orientale jusqu'à la montagne d'Agde, et communiquent avec la mer par des ouvertures étroites qu'on appelle *graus* (*gradus*). Les principaux de ces étangs sont, après celui de *Tau*, ceux de *Vendres*, de *Saint-Martin*, du *Bagnas*, d'*Emboune* ou *Ambone*, de *Luno*, de *Frontignan* ou d'*Engril* (des Grains), de *Palavas* ou de *Vic*, de *Maguelone*, de *Villeneuve*, de *Pérols*, de *Méjan* ou de *Lattes*, du *Grec* ou de *la Pourquière*, du *Radel*, de *Mauguio* ou de *l'Or*, des *Jones*. — Voy. ces noms; voy. aussi ESTAGNOL (L') et EXINDRIUM à Lattes. Tous ces étangs étaient connus de l'antiquité sous la dénomination commune de *Stagna Volcarum* (Plin. Hist. nat. III, 4; IX, 8; Pomp. Mela, XI, 5; Fest. Avien. Or. Marit. v. 608).

ÉTOFFES, f. c^ne de Lunel.

DÉPARTEMENT DE L'HÉRAULT.

Eugues (Mas d'), f. c^{ne} de Mèze.
Eustache, jⁱⁿ, c^{ne} de Béziers.
Eustache (Grange d'), écart, c^{ne} d'Alignan-du-Vent, 1809.
Euzèdes, h. c^{ne} de Riols. — *Exita villaris*, 804-806 (cart. Gell. 3; Mabill. Annal. II, 718; G. christ. VI, inst. c. 265).
Euzes ou les Euses, f. c^{ne} de Mèze.
Euzes (Les), h. c^{ne} de Gorniès. — *Mansus de Euzeriis*, 1202 (cart. Mag. E 2).
Euzet, f. c^{ne} de Montpellier, 1809.
Euzet (Mas d'), f. c^{ne} de Saint-Matthieu-de-Tréviers.

— *Mansus de Euseto*, 1202 (cart. Mag. E 2); 1322 (*ibid.* 200); 1323 (rôle des dîmes de Béz.).
Euzières, h. — Voy. Lauzières.
Évêque (L'), f. c^{ne} de Montpellier, sect. J.
Évêque (L'), mⁱⁿ sur le Lez, c^{ne} de Montpellier, sect. D. — *Moulin de l'Évêque*, 1662 (arch. de l'hôp. gén. de Montp. B 32).
Exénié (L') ou Lixinié, f. c^{ne} de la Salvetat.
Exindre. — Voy. Lattes.
Extrechoux, h. c^{ne} de Camplong.
Extrechoux, h. c^{ne} de Graissessac.
Eyran (Mas), jⁱⁿ, c^{ne} de Saint-André-de-Sangonis.

F

Fabas, 1851; Fabre, 1809, mⁱⁿ sur l'Ognon, c^{ne} de la Livinière.
Fabié (Mas de), h. c^{ne} de Vailhan.
Fabre, éc. c^{ne} de Saint-Martin-d'Orb.
Fabre, f. 1809-1840, c^{ne} d'Agde.
Fabre, f. c^{ne} de Bédarieux.
Fabre, f. c^{ne} de Lodève, 1809.
Fabre, f. c^{ne} de Montpellier, sect. A.
Fabre, ff. c^{ne} de Montpellier, sect. E.
Fabre, f. c^{ne} de Saint-André-de-Sangonis.
Fabre, f. c^{ne} de Saint-Jean-de-la-Blaquière, 1809.
Fabre, f. — Voy. Montauberon et Randon.
Fabre (Grange de), f. c^{ne} de Florensac, 1809.
Fabre (Les), mⁱⁿ sur la Lergue, c^{ne} de Saint-Félix-de-l'Héras.
Fabre (Mas de), f. c^{ne} de Mauguio.
Fabre-Coeuret, f. et j^{ins}, c^{ne} de Pézenas.
Fabre de la Grange, f. c^{ne} de Pézenas, 1809.
Fabregat, f. c^{ne} de Corneilhan.
Fabregat, jⁱⁿ, c^{ne} de Bédarieux.
Fabrèges, f. c^{ne} de Montpellier, sect. G.
Fabrègue (La), h. c^{ne} de Saint-Julien.
Fabrègues, c^{on} (3e) de Montpellier.— *Fabricas*, 1057 (Livre noir, 93). — *Fabrigas*, 1079 (Chamb. des comptes de Montp. mss d'Aubaïs; H. L. II, pr. c. 302). — *Fabregas*, 1137 (cart. Agath. 183). — *Castrum de Fabricis*, 1122 (H. L. *ibid.* c. 422); 1130 (*ibid.* c. 457); 1156 (*ibid.* c. 559); 1158 (Livre noir, 219); 1175 (ch. fonds de Saint-Jean-de-Jérusalem); 1250 (cart. Mag. F 192); 1322 (*ibid.* 203); 1354 (*ibid.* G 20); 1333 (stat. eccl. Magal. 17). — *De Fabriciis*, 1125 (mss d'Aubaïs; H. L. *ibid.* c. 437).—*Villa et castrum de Fabricolis*, 1149 (G. christ. VI, inst. 324); 1156 (cart. Agath. bulle d'Adrien IV, cart. Agath. 1). — *De Fabrigolas*,

1179 (Livre noir, 178). — *Fabrègues* était une seigneurie en la baronnie de Montpellier, 1455 (arch. du dom. de Montp. H. L. V. pr. c. 16). — Cette communauté, ayant titre de ville, formait une paroisse de l'ancien diocèse de Montpellier. *Ecclesia Sancti Petri de Fabricolis*, 1156 (bulle d'Adrien IV, cart. Agath. 1). — *Ecclesia Sancti Jacobi de Fabricis*, 1536 (bulle de Paul III, pr. transl. sed. Magal.). — *Fabregues*, 1625 (pouillé); 1649 (*ibid.*); 1672 et 1684, sous le patronage de Saint-Jacques le Majeur (titre du fonds de Saint-Jean-de-Jérusalem et pouillé); 1688 (lett. du gr. sc.); 1776-1778 (terr. de Fabrègues).— *Canonicat de Fabricolis et cure de Fabregues*, 1760 (pouillé; tabl. des anc. dioc.). Cette cure dépendait de l'archiprêtré de Cournonterral, d'après le tableau officiel des paroisses du diocèse de Montpellier dressé en 1756. — Le chapitre cathédral de Montpellier en était le prieur, 1777 (vis. past.). — Cette paroisse renfermait en outre les églises de Launac, Mujolan et Saint-Martin-de-Colombe.

En 1790, Fabrègues faisait partie du canton de Pignan, supprimé par arrêté consulaire du 3 brumaire an x; dès lors cette commune passa dans le 3e canton de Montpellier.

C'est à tort que quelques-uns ont cru y retrouver le *Forum Domitii*. Voy. ce mot.
Fabrègues, f. c^{ne} d'Aspiran.— *Fabregueta*, 1116 (cart. Gell. 76).—*Chapelle de Fabrègues*, 1760 (pouillé).
Fabrègues, f. c^{ne} d'Azillanet, 1809.
Fabrègues, ff. et bois, c^{ne} de Cabrerolles. — *Faberzanum*, 1194 (Livre noir, 113).
Fabrerie, h. c^{ne} de Saint-Martin-de-Tréviers. — *Fedaria*, 1195 (cart. Mag. A 287).
Facture-Vieille, éc. c^{ne} de Villeneuvette.
Fadèze ou Fadèse (La), f. c^{ne} de Marseillan, 1809.

Fage (La) ou Lafage, h. c^{ne} de Rosis. — Le recensement de 1809 le place dans la c^{ne} de Taussac-et-Douch.

Fage (La), h. — Voy. Saint-Pierre-de-la-Fage.

Fages, f. c^{ne} de Montpellier, sect. F.

Fages, f. c^{ne} de Saint-Pargoire.

Faget, c^{ne}. — Voy. Montagnac.

Faïsan, Faïssas, h. — Voy. Fayssas.

Faisse-Castelle, 1838; Faille-Castelle, 1809, f. c^{te} d'Argelliers.

Faitis, mⁱⁿ. — Voy. Feytis.

Fajas (Le), f. c^{ne} de Rosis. — *Faia*, 1185 (Livre noir, 216).

Fajo (Le), f. c^{ne} de Saint-Julien.

Fajolle (La), f. c^{ne} de Saint-Pons.

Fajolle (La), h. c^{ne} du Soulié.

Fajon, f. c^{ne} de Montpellier, sect. K.

Falgairolles, h. c^{ne} de Castanet-le-Haut. — Dans le recensement de 1809, ce hameau faisait partie de la commune de Saint-Gervais-Terre-Foraine, ou Rosis depuis 1830. — *Mansus de Falgueyrollis*, 1206 (Plant. chr. præs. Lod. 106).—*Falgairoles*, xviiie s^e (carte de Cassini).

Falgouse, h. c^{ne} de Riols.

Falip, f. c^{ne} de Valflaunès.

Fallières, f. c^{ne} de Boissel.

Fangouse, f. c^{ne} de Lattes.

Faniès, f.—Voy. Affaniès.

Fanjaud, éc. c^{ne} de Bédarieux, 1809.

Farans (Mas de), 1841; Mas de Farraud, 1809, h. c^{ne} de Saint-Jean-de-Fos. — *Molend. de Ferran*, 1217 (cart. Mag. G 95).

Farel, ff. c^{ne} de Montpellier, 1809.

Farges, f. — Voy. Tour-de-Farges.

Fargoussière, h. c^{ne} de Quarante.—*Farrago, de Ferragine*, 1181 (Livre noir, 36 v°).

Fargue (La), f. c^{ne} de Riols.

Fargue (La), ruiss. qui naît au lieu dit *Al-Sahuc*, c^{ne} de Riols, dont il arrose un hectare, court pendant un kilomètre, et se jette dans le Jaur, affluent de l'Orb.

Fargues ou Farguos, f. c^{ne} de Cessenon.

Farguettes (Las), f. c^{ne} de la Salvetat.

Farjon, f. c^{ne} de Claret.

Farjon, f. c^{ne} de Montpellier, sect. J.

Farlet, f. c^{ne} de Mèze.

Farrat-Audaret, f. c^{ne} de Montpellier, sect. B.

Farraud (Mas de), h. — Voy. Farans (Mas de).

Fau (Le), h. c^{ne} de Castanet-le-Haut.

Fau (Le), h. c^{ne} de Fraisse.

Fau (Le), ruiss. qui commence au lieu dit *Flacheraud*, c^{ne} de Fraisse; dans son cours de 2 kilomètres sur le territoire de cette commune, il arrose quatre hectares, et se perd dans l'Agout, affluent du Tarn.

Faubis, f. c^{ne} de Montpellier, sect. K.

Faucillon, f. c^{ne} de Montpellier, sect. G.

Fauger, papeterie, éc. c^{ne} de Bédarieux.

Faugères, c^{on} de Bédarieux. — *Villa de Felgarias*, 934 (cart. Gell. 14); 1080 (arch. du prieuré de Cassan; G. christ. VI, inst. c. 132); 1184 (Livre noir, 152 v°). — *Castrum de Felgarras*, 1084 (cart. de la cath. de Béz. H. L. II, pr. c. 318). — *Felgaras*, 1097 (cart. de Saint-Paul de Narb. *ibid*. c. 346). — *Felgueiras*, 1121 (tr. des ch. *ibid*. c. 420). — *Felgeria*, *1110 (G. christ. VI, inst. c. 156). — *Felgeira*, 1167 (cart. Agath. 108). — *De Filgariis*, 1131 (arch. de l'év. de Béz. H. L. *ibid*. c. 461). — *De Felgeriis*, 1185 (Livre noir, 59 v°); 1196 (cart. Agath. 288). — *De Felguerüs, de Felgariis*, 1150 (*ibid*. 292); 1157 (ch. des cheval. de Saint-Jean-de-Jérus.); 1194 (G. christ. c. 143); 1210 (reg. cur. Franc. H. L. III, pr. c. 222). — *De Faugeriis*, 1518 (pouillé). — *Faugiere*, seigneurie, 1529 (dom. de Montp. H. L. V, pr. c. 87). — *Faugeres*, 1625 (pouillé); 1649 (*ibid*.); 1688 (lett. du gr. sc.); 1778 (terr. de Faugères).

Église de Faugères: *Ecclesia de Felgerüs*, 1178 (G. christ. VI, inst. c. 140).—*Eccl. Sancti Christophori de Felger*. 1194 (Livre noir, 314 v°).—*Eccl. de Felguer*. 1216 (bulle d'Honorius III, *ibid*. 109). — *De Falguerüs*, 1323 (rôle des dîm. des égl. de Béz.). — *Cure de Faugères*, 1760 (pouillé); 1780 (état offic. des égl. de Béz.).

Les auteurs de l'Histoire générale de Languedoc écrivent *Faugeres, Felgueres* ou *Fougeres*. Ils placent même le château de Fougères au diocèse de Lodève (voy. la table du t. II), confondant ainsi le château de *Fougères, castrum de Foderia*, qui est Fozières (voy. ce mot), au diocèse de Lodève, avec notre Faugères, paroisse et château avec titre de baronnie, au diocèse de Béziers.

Faulquier ou Villodève, éc. c^{ne} de Montpellier, sect. D.

Faure, h. c^{ne} de la Salvetat.

Fautrier, f. c^{ne} de Montpellier, 1809.

Faux-Escun, f. c^{ne} de Fraisse.

Fauzan, h. c^{ne} de Cesseras.—*Fezanum*, 1080 (prieuré de Cassan; G. christ. VI, inst. c. 130).—*Ecclesia de Faysen*, 1178 (*ibid*. c. 140). — *De Fangeain*, 1194 (*ibid*. c. 143). — *Chapel. de Fauzans*, au dioc. de Saint-Pons, 1760 (pouillé). — *Grotte de Fauzan*, d'Ardenne ou de Minerve, près de ce hameau.

Favairoles, h. c^{ne} de Boissel.

Favas, h. c^{ne} de Saint-Bauzille-de-Montmel.

Favet, f. c^{ne} de Marsillargues.

FAVIER, m^{in} sur la Lergue, c^{ne} de Fozières.
FAVIER (MAS DE), f. c^{ne} de Saint-Martin-de-Londres.
FAVIÈS (LES), éc. c^{ne} de Ganges.
FAVINES, ruiss. qui a son origine au lieu dit *As Cuns*, c^{ne} de Riols, parcourt pendant un kilomètre le territoire de cette commune, y arrose un hectare et se perd dans le Jaur, affluent de l'Orb.
FAVRE, f. c^{ne} de Montpellier, sect. H.
FAYET, f. c^{ne} de Montpellier, 1809.
FAYET (LE), f. c^{ne} de la Salvetat.
FAYSSAS, FAÏSSAS ou FAÏSAN, h. c^{ne} de Saint-Guillem-du-Désert. — *Villa quam vocant Faxatis*, dioc. de Lodève, 804-806 (cart. Gell. 3; Mabill. Ann. II, 718; G. christ. VI, inst. c. 265). — *Vallis Faixenerias*, 996 (cart. Gell. 112). — *Faiseneria*s *et Faxenarias*, 1060 (ibid. 61). — *Villa de Faxineriis*, 1123 (ibid. 184 v°). — *Faiseneiras*, 1164 (ibid. 209 v°).
FÉAU, f. c^{ne} de Montpellier, sect. K.
FÉDOU, h. c^{ne} de Cassagnolles.
FÉCUIÉ (LOU PIÉ), mont. c^{ne} de Cette. — *Podium vel Jugum Fecyi* (Fest. Avien. Or. Marit. vv. 605-607). — Il importe de remarquer que Festus Avienus distingue le mont Fecyus d'avec la montagne de Cette : *Setius inde mons tumet procerus arcem, et pinifer Fecyi jugum radice fusa iuusque Taurum pertinet* (ibid.). — *Lou Pié Féguié* ou *la montagne de Saint-Félix*, au-dessus de Vic et de Frontignan, commence au village de Balaruc et s'étend jusqu'à Mireval, où cette chaîne a 248 mètres d'élévation. (Voy. Astruc, Mém. pour l'hist. nat. de Lang. 77 et 373; Mém. de la Soc. archéol. de Montp. I, 128, et Ann. de l'Hérault de 1839, p. 39.)
FÉLIEU, f. c^{ne} de Cette, 1809.
FÉLINES, f. c^{ne} d'Azillanet.
FÉLINES-GUERRE, f. c^{ne} de Mèze.
FÉLINES-HAUTPOUL, c^{ne} d'Olonzac. — *Fellinas villa*, 899 (arch. de l'égl. de Narb. Marten. Anecd. I, 58). — *Eccl. Sancti Juliani de Fellin.* 1135 (cart. de Joncels; G. christ. VI, inst. c. 135). — *Rector de Felinis*, 1527 (pouillé). — *Felines*, seigneurie de la viguerie de Carcassonne, 1529 (dom. de Montp. H. L. V. pr. c. 85). — *Felinès*, 1625 (pouillé). — *Félines*, 1649 (ibid.); 1688 (lett. du gr. sc.); 1760 (pouillé; tabl. des anc. dioc.). — *Felines*, paroisse du diocèse de Saint-Pons, répondait, pour la justice, au sénéchal de Carcassonne.

Le hameau de *Hautpoul* fait partie de cette commune depuis 1790. Le nom de *Castrum de Altopullo*, *Alt-Pol* ou *Alt poll* se lit fréquemment dans les actes du xie et du xiie siècle (voy. Hist. de Lang. II, pr. cc. 319, 420, 428, 463, 473, 515, 534, 539, 547, 601, etc. G. christ. VI, inst. c. 84, 496, etc.);

1162 (cart. de Foix, 29 v°); 1180 (Livre noir, 26 v°, etc.).

La commune de Félines-Hautpoul fut d'abord comprise dans le canton de la Livinière (1790); mais ce canton ayant été supprimé par suite des dispositions de l'arrêté consulaire du 3 brumaire an x, elle fut alors placée dans le canton d'Olonzac.

FÉLINES-PRIVAT, f. c^{ne} de Mèze.
FÉLINES-ROUQUET, f. c^{ne} de Mèze.
FENEYROUX, f. c^{ne} de Saint-Saturnin.
FENOUILLÈDE, h. c^{ne} de Mons. — *Fenolletum*, 922 (cart. Gell. 33); 1211 (cart. Agath. 72). — *Fenoletum*, 1116 (abb. de St-Tibér. G. christ. VI, inst. c. 316). — *Eccl. Sancti-Martini de Fenoleto*, 1216 (ibid. c. 333). — *Fenoulhede*, 1778 (terr. de St-Julien).
FENOUILLÈDE (LA), f. c^{ne} de Vailhauquès.
FENOUILLET, f. c^{ne} du Causse-de-la-Selle, 1809.
FENOUILLET, f. c^{ne} de Vacquières.
FERMAUD, f. c^{ne} de Montpellier, sect. B.
FERMAUD, f. c^{ne} de Montpellier, sect. C.
FERMAUD, trois fermes de ce nom, c^{ne} de Montpellier, sect. G.
FERMAUD, f. c^{ne} de Montpellier, sect. H.
FERMAUD, f. — Voy. SORES (LAS).
FERMAUD (JASSE DE), f. c^{ne} de Mauguio.
FERMAUD-AUBERT, f. c^{ne} de Montpellier, 1809.
FERRALS, f. c^{ne} de Prémian.
FERRALS-LEZ-MONTAGNES, c^{on} d'Olonzac. — *Villa Ferrales*, 804 (cart. Gell. 3). — *Villa de Ferralibus*, 1110 (arch. de l'abb. de la Grasse; H. L. II, pr. c. 375); 1527 (pouillé). — *Baronia de Ferrals*, 1402 (ibid. III, c. 110). — *Ecclesia Sancti Petri de Ferr.* 1612 (G. christ. inst. c. 98). — *Ferralz*, 1625 (pouillé); 1649 (ibid.). — *Ferrals*, 1688 (lett. du gr. sc.); 1760 (pouillé).

Le dénombrement de Saugrain, 1709-1720, porte *Ferals et Authèse ville*: voy. AUTHÈZE. — *Ferrals*, au diocèse de Saint-Pons, répondait, pour la justice, au sénéchal de Carcassonne.

En 1790, cette commune fut placée dans le canton de la Livinière, supprimé par arrêté des consuls du 3 brumaire an x; elle fut alors comprise dans celui d'Olonzac.

FERREYROLES, anc. succursale. — Voy. SAINT-LAURENT-DE-FERREYROLES.
FERRIER, f. c^{ne} de Montpellier, sect. A.
FERRIÈRE (LA), f. c^{ne} de Mons.
FERRIÈRE (LA), h. c^{ne} de Ferrals.
FERRIÈRES, c^{on} de Claret. — *Ferrerias*, 1206 (cart. Anian. 66 v°). — *Mansus de Ferreiris*, 1211 (ibid. 52). — *De Ferreria*, 1253 (cart. Mag. E 312). — *Mansus de Ferrer. cum hospitio fortalitatis*, 1291

(cart. Mag. E 312). — *Mansus de Ferrariis*, 1306 (*ibid.* 198). — *Castrum de Ferreriis*, 1312 (*ibid.* F 5). — *Eccl. S. Joh. Bapt. de Ferreires*, 1693 (G. christ. VI, inst. c. 234). — *Ferrieres*, 1527 (pouillé); 1625 (*ibid.*); 1649 (*ibid.*). — *Prieuré cure de Saint-Jean de Ferrière*, 1760 (*ibid.*).

La paroisse et communauté de Ferrières, de la viguerie et bailliage de Sauve, au dioc. de Nîmes, fut comprise dans le dioc. d'Alais à la formation de ce dernier diocèse, en 1694. Elle répondait pour la justice, avant et après cette époque, au sénéchal de Montpellier.

Ferrières, c°ⁿ d'Olargues. — *Eccl. S. Marie de Feireras*, 940 (arch. de S¹-Pons-de-Tom. Mabill. Ann. III, 711). — *Eccl. S. Petri de Ferreriis*, 1102 (arch. de l'égl. de S¹-Pons; H. L. II, pr. c. 357); 1197 (cart. Agath. 309). — *Farrieres*, 1649 (pouillé). — *Ferrieres*, 1625 (*ibid.*); 1688 (lett. du gr. sc. tabl. des anc. dioc.).

Ferrières, au diocèse de Saint-Pons, répondait pour la justice au sénéchal de Béziers. — En 1790 elle fut placée dans le c°ⁿ de Saint-Chinian; mais, par suite des dispositions de l'arrêté consulaire du 3 brumaire an x, elle fut comprise, à cette dernière époque, dans le c°ⁿ d'Olargues.

Fernouil, m¹ⁿ sur le Libron, c°ᵉ de Laurens, 1809.

Ferrussac, f. dans l'anc. paroisse de Saint-Martin-de-Castries, c°ᵉ de la Vacquerie. — *Ferroussat*, 814 (cart. Anian. 20). — *Ferruciacum*, 1120, dans la donation de cette métairie faite par l'abbé de Saint-Sauveur de Lodève aux moines de Saint-Guillem (G. christ. VI, inst. c. 276); 1122 (cart. Gell. 60). — *Ferussacum*, 1194 (Livre noir, 310). — *Ferrocinctum*, 1174 (ch. de l'abb. du Vignogoul).

Feutilières, f. c°ᵉ de Cournonterral.

Fesc, c°ᵉ. — Voy. Saint-Gély-du-Fesc.

Fesc (Le), f. c°ᵉ de Montagnac. — *Fesc*, 1181 (cart. Anian. 54). — *Fiscum*, 1271, 1325 (stat. eccl. Bitter. 63 v° et 91).

Fesq (Le), h. c°ᵉ de Mas-de-Londres.

Fesq (Le), h. c°ᵉ de Notre-Dâme-de-Londres. — *Fiscum*, 1238 (G. christ. VI, inst. c. 370); 1536 (bulle de Paul III, transl. eccl. Magal.).

Fesquet, f. c°ᵉ de Brissac.

Fesquet (Mas), f. c°ᵉ de Montpellier, sect. B. — *Mas Fesquet*, 1695 (reg. des affranch. VII, 113 v°).

Feuillade (La), h. c°ᵉ de Rieussec.

Feuille (Col de la), mont. au S. du h. de Courniou, c°ᵉ de Saint-Pons; haut. 480 mètres.

Février, f. c°ᵉ de Moulès-et-Baucels.

Feynes, f. c°ᵉ de Maraussan. — *Fanians*, 1194 (Livre noir, 310 v°).

Feytis ou Faitis, m¹ⁿ sur la rivière de Peyne, c°ᵉ de Roujan.

Ficnoux, ruiss. qui naît et coule dans la c°ᵉ de Puisserguier pendant 1,330 mètres, fait mouvoir deux moulins à blé et va se perdre dans le Liron, affluent de l'Orb.

Figairolles, f. c°ᵉ de Cazouls-lez-Béziers, 1809.

Figairolles, faubourg de Montpellier. — *Figairolas*, 1153 (ch. de l'abb. du Vignogoul). — *Figairol*, 1176 (ch. fonds de Saint-Jean-de-Jérusalem).

Figarède, f. c°ᵉ de Cazevieille. — *Mas de la Figarède*, 1695 (reg. des affranch. VII, 92).

Figaret, f. c°ᵉ de Frontignan.

Figaret, f. c°ᵉ de Guzargues. — *Castr. Figaretum in parochia de Agusanicis*, 1266 (cart. Mag. E 320); 1320 (*ibid.* 321). — Les terres de Saint-Brès et de Figaret étaient une dépendance du marquisat de Castries; 1710-1752 (arch. de l'hôtel-Dieu Saint-Éloi de Montpellier, liasse B 26).

Figaret ou Mas de la Figarède, hameau, c°ᵉ de Saint-André-de-Buéges. — *Figaretum*, 1213 (cart. Anian. 48).

Fignols, f. c°ᵉ de Soumont.

Figuier, f. c°ᵉ de Vacquières.

Figuière, f. c°ᵉ de Mauguio.

Figuière, f. c°ᵉ de Rieussec.

Figuière, f. c°ᵉ de Saint-Just, 1809.

Figuières, f. c°ᵉ de Montpellier, 1809.

Figuières, h. c°ᵉ de la Vacquerie. — *Ficherias*, 1110 (cart. Gell. 67 v°). — *Figueira*, 1134 (*ibid.* 178). — *De Figueriis*, 1156 (*ibid.* 201 v°). — *Eccl. S. Fidis de Ficheras*, 1154 (bulle d'Adrien IV; ch. de l'abb. d'Aniane). — *De Ficheiras*, 1154 (cart. Anian. 35 v°). — *De Figariis*, 1181 *ibid.* 46 v°).

Figuières, f. — Voy. Saint-Pierre-de-Figuières.

Figuières (Les), m¹ⁿ sur l'Hérault, c°ᵉ d'Argelliers. — *Villa de Figueruis quæ est in parrochia S. Petri de Volio (Viols) cum territorio, nemoribus, aquis, riperiis, etc.* 1323 (cart. Mag. E 294).

Finet, f. c°ᵉ de Saint-Gély-du-Fesc.

Fitz-Gerald, métairie Dupin, f. c°ᵉ de Lattes. — *Mans. de Folciniano*, 966 (abb. de S¹-Paul de Narb. Marten. Anecd. I, 85). — *Termini stagni sunt à Lezo veteri ad Folzerats*, 1129 (G. christ. VI, inst. c. 355). — Cette similitude singulière de noms nous oblige de faire remarquer que ce n'est pas la ressemblance entre le nom ancien et le nom moderne qui nous a fait placer ici ces textes: Fitz-Gerald, d'origine écossaise, membre de l'ancienne Société des sciences de Montpellier, fut le propriétaire de cette métairie. Mais nous avons été guidés seulement par l'identité des positions géographiques et par l'impossibilité absolue de placer ailleurs qu'à *Fitz-Gerald* l'ancien *Folze-rats.*

FLAISSIÈRE (LA), f. c^{ne} de Joncels. — *La Flayssieyra*, xvie siècle (terr. de Joncels).

FLAMMAN, j^{in}, c^{ne} de Bédarieux.

FLAMMAN ET VIDAL, j^{in} et m^{in} à foulon sur la Vèbre, c^{ne} de Bédarieux.

FLANCHERAUD, 1856; FLACHORAUD, 1809, h. c^{ne} de Fraisse.

FLAUGERGUES, chât. c^{ne} de Montpellier, 1809. — Voy. BOUSSAIROLLES.

FLEUCHER, f. c^{ne} de Montpellier, sect. A. — *Flocaria*, 1183 (cart. Mag. E 143). — *Floqueria*, 1211 (ibid. 137).

FLEURET, j^{in}, c^{ne} de Béziers.

FLORENSAC, arrond. de Béziers. — *Floirachum*, 804 (cart. Gell. 4). — *Florenciagum*, 966 (abb. de St-Paul de Narb. Marten. Anecd. I, 85). — *Florensiacum mansus*, 977 (ibid. 95). — *Villa*, 990 (ibid. 179). — *Florentiacum*, 1036 (chât. de Foix; H. L. II, pr. c. 199). — *Florencianum*, 1200 (Livre noir, 65). — *Castrum de Florenciaco*, 1202 (ibid. 73). — *Florensac*, 1625 (pouillé); 1649 (ibid.); 1688 (lettres du gr. sceau); xviiie siècle (tabl. des anc. dioc.).

Église de Florensac: *Eccl. S. Johannis et S. Petri et S. Susannæ de Florenciaco*, 990 (abb. de St-Tibér. G. christ. VI, inst. c. 316; H. L. ibid. c. 145); 1156 (bulle d'Adrien IV; cart. Agath. 2). — *Cure de Florensac*, 1760 (pouillé). — La ville de Florensac avait titre de baronnie, en la viguerie de Béziers, et fournissait au Roi deux hommes d'armes et six archers (H. L. V, pr. c. 84).

Florensac, qui appartenait à l'anc. dioc. d'Agde, devint, en 1790, le chef-lieu d'un canton composé de quatre communes : Florensac, Castelnau-de-Guers, Pinet et Pomérols. Ce canton n'a pas varié dans sa formation jusqu'à ce jour.

FLORIS, h. — Voy. PRADE (LA).

FLORY, f. c^{ne} de Montpellier, sect. A.

FLOURENCE, f. c^{ne} de la Salvetat. — *Villa de Florranquó*, 1203 (Livre noir, 69 v°). — *Floiranum*, 1204 (G. christ. VI, inst. c. 150; Livre noir, 70).

FLOURENS, j^{in}, c^{ne} de Béziers.

FOMPETIÈRE, f. c^{ne} de la Salvetat.

FONBETOU, f. c^{ne} de Valflaunès.

FONBETOU (CHAÎNE DE), mont. c^{ne} de Saint-Martin-de-Londres; haut. 269 mètres. — Le col de Fonbetou, qui sépare la vallée de Masclar de celle de Saint-Martin-de-Londres, est élevé de 256 mètres.

FONDINE, h. c^{ne} d'Avène.

FONCAUDE, abb. — Voy. FONTCHAUD.

FONCAUDE, f. c^{ne} d'Avène.

FONCAUDE, f. c^{ne} de Cazedarnes. — Cette métairie faisait partie de la c^{ne} de Cessenon avant 1850, époque où les hameaux du haut et du bas Cazedarnes ont été réunis et érigés en commune.

FONCAUDE, f. c^{ne} de Fraisse. — *Fontcaude* (carte de Cassini).

FONCAUDE, f. eaux minérales, c^{ne} de Juvignac. — *Fons calidus*, 1220 (cart. Gell. 215 v°).

FONCERANES, j^{in}, 1809; métairie *Fraissinet*, 1856, c^{ne} de Béziers.

FONCLARE, éc. foulon, c^{ne} de Saint-Pons.

FONCLARE, f. c^{ne} de Riols.

FONCLARE, h. c^{ne} du Soulié.

FONCLARE, ruiss. qui naît au lieu appelé *la Ramelière*, c^{ne} de Riols, arrose vingt hectares sur le territ. de cette commune, fait mouvoir deux moulins à blé et, après avoir parcouru 6 kilomètres, se perd dans le Jaur, affluent de l'Orb.

FONDARGUES ou MALVENT, mont. c^{ne} de Peret. — *Fons Euruginarii*, 1208 (cart. Gell. 214). — Haut. au pied de la fontaine du village, 146^m,42; sommet au-dessus et au N. du même village, point principal de sortie des roches basaltiques, 327 mètres; plateau formé en partie par les grès de Keuper, 237 mètres.

FONDESPIERRE, f. c^{ne} de Castries.

FONDOUCE, f. c^{ne} de Villeveyrac.

FONDOUCE, métairie CADAS, f. c^{ne} de Pézenas.

FONDUDE (LA), métairie CALIMAR, 1809, f. c^{ne} de Montpellier.

FONJUN, h. c^{ne} de Cébazan.

FONMOURGUE, f. c^{ne} de Saint-Jean-de-Fos. — *Fonmourgue*, 1696 (reg. des affranch. VIII, 163).

FONT (LA), f. c^{ne} de Saint-Jean-de-Fos. — *Villa de Fontalio*, 1213 (cart. Mag. C 175).

FONT (MAS DE LA), f. c^{ne} de la Valette.

FONT-AGRICOLE, anc. monastère. — Voy. CELLENEUVE et JUVIGNAC.

FONT-BERTIÈRE, f. c^{ne} de Siran.

FONT-BLANQUE, f. c^{ne} de la Salvetat.

FONT-BLANQUE-DE-BINEL, h. c^{ne} de la Salvetat.

FONT-BONNE, f. et j^{in}, c^{ne} de Quarante.

FONT-BRAVE, 1856; FONT-DE-BOURMEL, 1809, f. c^{ne} de Fraisse.

FONT-CLAMOUSE, m^{in}. — Voy. CLAMOUSE.

FONT-COUCUT, f. c^{ne} de Saint-Julien.

FONT-COUVERTE, métairie ARNAUD, 1809, f. c^{ne} de Montpellier.

FONT-COUVERTE, f. c^{ne} de Quarante.

FONT-D'AURELLE, fontaine, c^{ne} de Grabels.

FONT-DE-GARRISSON, f. — Voy. GARRISSON.

Font-de-Lacan (Mas de la), f. c^ne de Saint-Pargoire.
Font-de-la-Peyre, f. c^ne de Lagamas.
Font-de-Lisse, éc. c^ne de Lespignan.
Font-de-Rulle, f. c^ne de Mudaison.
Font-Froide, f. c^ne de Saint-Clément. — *Fons frigidus*, 1122 (cart. Gell. 59 v° et 72).
Font-Garrigue, f. c^ne de Mons.
Font-Grande, f. c^ne de la Salvetat.
Font-Maynoux, f. c^ne de Sorbs.
Font-Nadonne, j^in, c^ne de Bessan.
Font-Neuve, j^in et f. c^ne de Béziers.
Font-Rames, 1856; Fonames, 1809, f. c^ne de Nissan.
Font-Rami, f. c^ne de Cessenon.
Font-Reboulle, h. c^ie de Lauroux.
Font-Salade, f. c^ne de Causses-et-Veyran.
Font-Vieille, f. c^ne de Cessenon.
Font-Vive, ruisseau qui se joint au Navaret. — Voy. Navaret.
Fontabre, f. c^ne de la Salvetat.
Fontaine (Auberge de la), éc. c^ne du Bosc.
Fontaine (Ruisseau de la), dit *des Canaux*, qui naît à la fontaine de la c^ne de Clapiers, parcourt 2 kilomètres sur le territ. de cette commune et se perd dans le Lez.
Fontaine-de-Dégout. — Voy. Saint-Clément.
Fontainebleau, f. c^ne de Clermont.
Fontanès, c^on de Claret. — *Fontalez*, 1153 (ch. de l'abb. du Vignogoul). — *Castr. de Fontaleriis*, 1163 (ch. du même fonds). — *C. de Fontanis*, 1172 (tr. des ch. mss d'Aubaïs; H. L. III, pr. c. 128). — *De Fontaniis*, 1183 (cart. Anian. 55). — *Fontenes*, 1213 (*ibid.* 136). — *Fontaynas*, 1371 (Libr. de memorias). — *Fontanes*, 1625 (pouillé); 1649 (*ibid.*); 1684 (*ibid.*). — *Fontanes du Terral*, 1688 (lett. du gr. sc.); 1760 (pouillé).
Avant 1790, Fontanès, réuni à Sainte-Croix-de-Quintillargues, formait une paroisse du dioc. de Montpellier, sous le nom de *Sainte-Croix-de-Fontanès*. — *Eccl. S. Stephani de Fontanes*, 1146 (cart. Anian.); 1154 (bulle d'Adrien IV, ch. de l'abb. d'Aniane). — *S. Crux de Fontanesio*, 1263 (cart. Mag. E 300); 1293 (*ibid.* A 144; D 236); 1310 (*ibid.* E 129). — *Cure de Fontanès*, 1760 (pouillé). — Le pouillé de 1684 lui donne Saint-Laurent pour vocable. — La Visite past. de 1780 lui attribue S. Étienne M. pour patron, comme on le voit dans le cart. d'Aniane et dans la bulle d'Adrien IV, les bénédictins d'Aniane pour prieur et l'évêque de Montpellier pour seigneur.

Fontanès, qui appartenait à la viguerie de Sommières, répondait pour la justice au sénéchal de Montpellier.

Fontanès, f. c^ne de Marsillargues, 1809.
Fontanier (Mas), f. — Voy. Gnos (Mas de).
Fontanilles, f. c^ne de Cabrerolles.
Fontanilles, h. — Voy. Carratiers (Les).
Fontarèche, j^in, c^ne de Caux.
Fontchaud ou Foncaude, anc. abb. d'hommes, de l'ordre de Prémontré, à 16 kilomètres S. E. de Saint-Pons. — *Abbatia Fontis calidi*, 1269 (mss Colb.; H. L. III, pr. c. 585). — *Abbaye de Foncaude*, au dioc. de Saint-Pons, 1760 (pouillé).
Fontenay, f. c^ne de Lattes. — Voy. Laborie.
Fontenay-Civières, f. c^ne de Clermont.
Fontenche, f. c^ne de Quarante.
Fontenelle (La), faubourg, c^ne de Péret.
Fontenille, f. et j^in, c^ne de Florensac.
Fontenilles, f. c^ne de Clermont.
Fontenilles, f. c^ne de Saint-Julien. — *Fontavillas*, 1100 (Spicil. X, 163).
Fontenilles, h. c^ne de Camplong, 1809.
Fontenilles, h. c^ne de Saint-Martin-d'Orb.
Fontès, c^on de Montagnac. — *Villa Fons dicta in vicaria S. Aphrodisii Lapraviense*, 990 (Marten. Anecd. I, 179). — *Ad Fontes*, 1187 (mss d'Aubaïs; H. L. III, pr. c. 161). — *De Fontesio*, 1325 (stat. eccl. Bitter. 91 v°); 1518 (pouillé). — *Fonteses* (*ibid.*). — *Fontez*, seigneurie de la viguerie de Béziers, 1529 (dom. de Montpell. H. L. V, pr. c. 87). — *Fontes*, 1380 (Libr. de memorias); 1625 (pouillé). — *Fontés*, 1649 (*ibid.*); 1688 (lett. du gr. sc.); 1745 (terr. de Fontès); 1760 (pouillé; tabl. des anc. dioc.).

Église de Fontès : *Paroch. S. Hipoliti de castro Fontes*, 1080 (cart. Gell. 95 v°). — *S. Salvator de Fonte*, 1159 (Estiennot, Fragm. hist. mss; H. L. II, pr. c. 573). — *S. Genesius de Font.* 1089, 1154 (Livre noir, 1 v°); 1180 (*ibid.* 13 v°). — *Rector de Fontesio*, 1323 (rôle des dîm. des égl. de Béz.). — *Chapelle S. Pierre-de-Fontés*, 1760 (pouillé). — Cure (*ibid.*). — Paroisse de l'archiprêtré du Pouget, au dioc. de Béziers, patr. *S. Hypolitus*, 1780 (état offic. des égl. de Béz.).

En 1790, Fontès fut le chef-lieu d'un c^on de l'arrond. de Béziers, composé de 9 communes : Fontès, Adissan, Cabrières, Cazouls-d'Hérault, Lézignan-la-Cèbe, Lieuran-Cabrières, Nizas, Péret, Usclas-d'Hérault. Ce canton fut supprimé par arrêté consulaire du 3 brumaire an x; alors toutes ces c^nes passèrent dans le c^on de Montagnac.

Fontmagne, chât. c^ne de Castries.
Fontmars, f. — Voy. Saint-Pierre-de-Fontmars.
Fontongus, j^in, c^ne de Saint-André-de-Sangonis.
Fonts (Las), f. c^ne de Roquebrun.

Fonts (Las), f. c^ne de la Salvetat. — *De Fontainis*, 1362 (G. christ. VI, inst. c. 92).

Fonts (Las) ou Mas Bayle, f. c^ne de Saint-André-de-Sangonis. — *Castrum quod dicitur Fontes*, 1080 (cart. Gell. 95 v°). — *Las Fonts*, 1122 (ibid. 71 v°).

Fonzes-Guichini, 1851; Gigeri, 1809, f. c^ne de Pézenas.

Forames, f. — Voy. Font-Rames.

Forestien, m^in sur la riv. de Lergue, c^ne de Soumont.

Forêt (La), f. c^ne de Fraisse.

Forêt (La), f. c^ne de Siran, 1809.

Foreville, j^in, c^ne de Florensac. — *Forovilla, Forasvilla*, 1147 (cart. Agath. 125).

Formis, f. c^be de Lodève.

Formit (Mas de), Formis ou Fournet, f. c^ne de Roqueredonde. — *Lo Mas de Formit*, XVIe siècle (terr. de Joncels).

Font (Le), chât. ruiné, c^ce de Montarnaud.

Fontins. — Voy. Redoutes.

Fonts. — Voy. Richelieu, Saint-Louis, Saint-Pierre.

Forum Domitii, d'après les anc. itinéraires de Bordeaux et d'Antonin et la carte de Peutinger (*Forum Domiti*, sur des vases du musée du Collége romain), était placé entre Substantion et Saint-Thibéry. Gariel (Ser. præs. 6) croit qu'il s'agit de Murviel ou plutôt de Fabrègues. Catel (Recherches sur l'histoire du Lang. 333) ne sait s'il faut se décider entre Fabrègues, Murviel ou Frontignan. De Valois (Not. Gall. verb. *Forum Domitii*) se détermine pour Frontignan. L'abbé Baudran (Dict. géogr. franç.) place ce *Forum* à Fabrègues; mais dans son dictionnaire latin il adopte Frontignan. Les Bénédictins (Hist. de Lang. I, 41, 60, 601; V, 662) combattent l'opinion de Gariel et préfèrent, avec de Valois et avec l'abbé Baudran, Frontignan. D'Aigrefeuille (Hist. de Montpellier, disc. prélim. XXVII) met le *Forum Domitii* à Poussan. L'abbé Expilly (Dict. géogr. v° *Gaules*) indique Valmagne, c'est-à-dire Villeveyrac; Astruc (Mém. sur le Lang. 112) suit la même indication. De Plantade (Soc. roy. des sc. de Montp. II, 68) établit ce *Forum* sur des ruines romaines qu'il découvrit à 1 kilomètre à l'orient de Fabrègues. Mais on doit à Jean-Pierre-Thomas, oncle de l'auteur de ce dictionnaire, la découverte du véritable emplacement du *Forum Domitii* à Montbazin (voy. son Mém. dans l'Annuaire de l'Hérault de 1820 et dans les Mém. hist. sur Montpellier et le départ. de l'Hérault, publ. en 1827 (Montpellier, in-8°).

Forum Nenonis. — Voy. Lodève.

Fos, c^on de Roujan. — *Villa de Fossibus*, 1262 (dom. de Montp. H. L. III, c. 556). — *Foz*, 1048 (cart. de la cathédr. de Narb. ibid. II, pr. c. 214). — Seigneurie en la viguerie de Béziers (dom. de Montp. ibid. V, c. 87); 1636 (arch. de Fos; terr.). — *Fos*, 1649 (pouillé); 1626, 1667 (terr. de Fos); 1688 (lettres du gr. sc.); 1760 (pouillé; tabl. des anc. dioc.).

L'église de Fos, avant la Révolution, était un prieuré sous le vocable de Sainte-Nathalie; un ruisseau de ce nom prend sa source sur le territoire de cette commune. Enfin nous trouvons dans la nomenclature des églises qui relevaient du prieuré de Cassan, au c^on de Roujan, *S. Natalia de Fano*. Nous admettons donc, avec l'auteur de l'Hist. de Roujan et du prieuré de Cassan (pp. 197 et 243), qu'il s'agit ici de *Fos, Fanum mansus*, 1150 (mss d'Aubais; H. L. II, pr. c. 528), et non de *Fanier* ou *Affanian*, qui ne reproduisent aucune de ces circonstances. — *Eccl. S. Nataliæ de Fano*, 1156 (arch. de Cassan; G. christ. VI, inst. c. 139). — *Prior de Fanis et S. Natalie*, 1323 (rôle des dim. de l'égl. de Béz.). — *Fos*, paroisse de l'archipr. du Pouget, au dioc. de Béziers, ayant pour patronne *S. Natalita*, 1780 (état offic. des égl. de Béz.). — Depuis la Révolution, cette paroisse a été placée sous le vocable de Saint-André.

En 1790, Fos appartenait au c^on de Bédarieux; par suite des dispositions de l'arrêté consulaire du 3 brumaire an X, cette commune fut alors comprise dans le c^on de Roujan.

Fosse (Mas de), h. c^ne de Saturargues. — *Mansus de la Fossa*, 1150 (mss d'Aubaïs; H. L. II, pr. c. 528).

Fossèvne, éc. c^ne de Saint-Nazaire-de-Ladarez.

Fougères, chât. — Voy. Faugères.

Fouiluo, h. c^ne de Prémian. — *Feviles villa*, 804 (cart. Gell. Mabill. Ann. II, 718; G. christ. VI, inst. c. 265).

Fouillan, j^in. — Voy. Fouylans.

Foulaquier, h. c^ne de Claret.

Foulery, 1856; Foureny, 1809, f. c^ne de Servian.

Foulon, f. c^ne de Cessenon.

Foulon-Molinien, éc. c^ne du Soulié.

Foun (La), ruiss. — Voy. Cavenac.

Foun-del-Saloz, ff. c^ne de la Salvetat.

Four-à-Chaux, éc. c^ne de Bédarieux.

Four-à-Chaux, éc. c^ne de Béziers.

Four-à-Chaux, éc. c^ne de Lagamas.

Four-à-Chaux, éc. c^ne de Pinet.

Four-à-Chaux, éc. c^ne de Valergues.

Foundedié (La), f. c^ne de Riols.

Fourcade, f. c^ne de Mèze.

Fourcade, m^in à foulon, c^ne de Saint-Pons.

Fourcade (La), f. c^ne de Maureilhan.

Foureny, f. — Voy. Foulery.

Fourgues, 1809; Founques, 1851, f. c^ne de Lunel.

Fourille (La), 1856; la Sourille, 1809, h. c^ne du Puech.

Fourmendouïne, f. c^ne de Mons.

Fournaque (La), h. c^ne de Graissessac. — *De Furno*, 1198 (Livre noir, 275). — *Fuacum*, 1180 (*ibid.* 231).

Fournas, h. c^ne de Ferrals.

Fournel, f. c^ne de Valflaunès.

Fournel, h. c^ne de Saint-Clément.

Fourneliers, h. c^ne de Cassagnolles.

Fournels (Les), f. c^ne de Prémian. — *Villa de Fornellis*, 1153 (cart. Agath. 195). — *Fornels* (*ibid.* 200).

Fournes, h. c^ne de Siran.

Fournès, éc. c^ne de Capestang, 1809.

Fournet, f. — Voy. Fournit (Mas de).

Fournier, f. c^ne de Montpellier, sect. C.

Fournier, f. — Voy. Bastide.

Fournols, h. c^ne de Montesquieu.

Fourques, f. c^ne de Juvignac. — *Mansus de Carascausas*, 1150 (mss d'Aubaïs; H. L. II, pr. c. 528). — *Carcaus*, 1171 (*ibid.* c. 559). — *Mansus de Cariscausis*, 1303, 1320 (cart. Mag. B 170; A 6; C 181). — *Carascause*, xviiie siècle (carte de Cassini).

Fous, f. c^ne de Brissac. — *Villa de Furno*, 1213 (cart. Anian. 51 v°).

Fouscaïs, h. c^ne de Clermont. — *Foscaniolios*, 804 (cart. Gell. 4). — *Fuscum*, 1163 (Livre noir, 33 v°). — *Villa de Fonte-Cassio*, 1270 (Plant. chr. præs. Lod. 208).—Oratoire: *S. Vincentius de F. C.* 1275 (*ibid.* 215). — *Cure de Fousquays*, 1760 (pouillé, au dioc. de Lodève).

Fouylans ou Fouillan, j^in, c^ne de Capestang, 1809.

Fouzilhon, c^on de Roujan. — *Castr. de Fonzillone*, 1127 (chât. de Foix; H. L. II, pr. c. 444). — *De Fonshilione*, 1131 (év. de Béziers; *ibid.* c. 461). — *De Fonzilone*, 1179 (Livre noir, 168). — *De Fouzilon*, 1193 (*ibid.* 94). — *De Fozillono*, 1203 (*ibid.* 86 v°). — *Fozillon*, 1310 (reg. cur. Franc. H. L. III, pr. c. 221). — *Fosillon*, 1421 (*ibid.* IV, 458). — *Foussilhan* (leg. *Foussilhon*), seigneurie en la viguerie de Béziers, 1529 (dom. de Montpellier, *ibid.* V, pr. c. 87). — *Fouzilliou*, 1625 (pouillé). — *Fouzilou*, 1649 (*ibid.*). — *Fouzillon*, 1688 (lettres du grand sceau). — *Fouzillon*, 1760 (pouillé).

Église de Fouzilhon : le bénéfice de *Fouzillon*, paroisse de l'anc. dioc. de Béziers, fut donné par l'évêque de cette ville à l'église Saint-Nazaire de Béziers en 1478 (voy. Crouzat, Hist. de Roujan, p. 209). — *Rector de Fodilione*, 1323 (rôle des dim. des égl. de Béz.).—Cette paroisse, dépendante de l'archiprêtré du Pouget, était sous le vocable de Saint-Étienne, *S. Stephanus*, 1780 (état officiel des égl. de Béz.).

Fouzillon, en 1790, fut une commune du canton de Magalas, supprimé par arrêté des consuls du 3 brumaire an x; elle passa alors dans le canton de Roujan.

Fozières, c^on de Lodève. — *Villa Foderias*, 987 (cart. Lod. G. christ. VI, inst. c. 270). — *Fozaria*, 1153 (cart. Anian. 134). — *Fozeria*, 1197 (Livre noir, 47 v°). — *Fuzeria*, 1031 (cart. Gell. 51). — *Fonzers*, 1236 (tr. des ch. H. L. III, pr. c. 379). — *Castrum de Foderia*, 1093 (cart. Gell. 86 v°); 1206 (*ibid.* 210); 1162 (tr. des ch. H. L. II, pr. c. 588); 1166 (ch. du fonds de St-Jean-de-Jérus.); 1255 (Plant. chr. præs. Lod. 186).— *De Foderiis*, 1419 (arch. de Lod. reg. de reconnaiss.). — *Fausiere*, seigneurie en la viguerie de Gignac, 1529 (dom. de Montp. II. L. V, pr. c. 87). — *Fouzieres*, 1625 (pouillé); 1649 (*ibid.*); 1688 (lett. du gr. sc.).

Église de Fozières : *Villa Foderias cum eccl. S. Mariæ*, 987 (cart. Lod. G. christ. VI, inst. c. 270). — Prieuré : *Eccl. B. M. de Foderia vulgò de Fousieres*, 1187 (Plant. chr. præs. Lod. 94). — *Cure de Fozieres*, 1760 (pouillé). — *Fousieres*, xviiie s^e (tabl. des par. du dioc. de Lodève).

Foderia signifie *carrière*, *mine*. Il y avait en effet ici des mines qui furent probablement exploitées par les Romains.

Cette commune fut, en 1790, placée dans le c^on de Soubès, lequel fut supprimé par arrêté consulaire du 3 brumaire an x; elle fut alors comprise dans le c^on de Lodève. — Il ne faut pas confondre *Fozières* avec *Faugères*, comme ont fait les Bénédictins qui ont écrit l'Histoire de Languedoc.— Voy. Faugères.

Fozières, ruisseau qui naît au lieu dit *les Graves*, c^ne de Fozières, parcourt 4 kilomètres sur le territ. de cette commune, arrose cinq hectares, fait mouvoir une usine et se jette dans la Lergue, affluent de l'Hérault.

Frairet, f. c^ne de Magalas, 1809.

Fraisse, c^on de la Salvetat. — *Fraixinetum villa cum bosco*, 804 (cart. Gell. 4). — *Fraissenæ*, 1122 (*ibid.* 60). — *Fraxinum*, 1164 (chât. de Foix; H. L. II, pr. c. 602); 1194 (Livre noir, 314 v°); 1229 (chap. St-Paul de Narb. H. L. III, pr. c. 337). — Il est bon de remarquer qu'à cette date, 1229, les Bénédictins paraissent avoir confondu notre *Fraisse* au dioc. de Saint-Pons avec *Fraissines, Fraissinel*, au dioc. d'Alby (voy. H. L. III, la table au mot *Fraisse*, et pr. c. 344). — *Fraisse*, 1625 (pouillé); 1649 (*ibid.*); 1688 (lettres du gr. sc.); 1760 (pouillé; tabl. des anc. dioc.); 1777 (terr. de Fraisse).

Église de Fraisse: *Eccl. S. Johannis de Frayssa*, 940 (arch. de Saint-Pons-de-Tom. Mabill. Ann. III, 711). — *Eccl. S. Johannis de Frays*, 973 (cart. de Saint-Pons; H. L. II, pr. c. 125). — *Alod. et eccl. de Fraxino*, 974 (arch. de l'égl. d'Alby; Marten. Anecd. I, 126); 1527 (pouillé). — *Eccl. S. Johannis de Fracxis*, 1182 (G. christ. VI, inst. c. 88). — *Eccl. S. Johannis de Fraisses*, 1612 (bull. secul. eccl. S. Pontii Thom. G. christ. inst. c. 98). — Paroisse de l'anc. diocèse de Saint-Pons, xviiiᵉ sᵉ (tabl. des anc. dioc.).

Fraisse ou *Fraisses*, au dioc. de Saint-Pons, répondait pour la justice au sénéchal de Carcassonne. — Quant au fief, c'était une seigneurie royale non ressortissante.

FRAISSE, atelier de draps, éc. cⁿᵉ de Saint-Pons.
FRAISSE, éc. — Voy. BALSAN.
FRAISSE, h. cⁿᵉ de Combes. — *S. Maria de Fraissens*, 1153, 1216 (bulles d'Eugène III et d'Honorius III; Livre noir, 109 et 153 vº).
FRAISSE (LE), f. cⁿᵉ de Boussagues.
FRAISSE (LE), f. cⁿᵉ de Cébazan.
FRAISSINÈDE (LA), f. cⁿᵉ de Mas-de-Londres. — *Mansus de Fraissineto*, 1202 (cart. Mag. E. 200).
FRAISSINÈDE (LA), f. cⁿᵉ de Saint-Martin-de-Londres. — *Mansus de Fraisseto vel de Frayceto*, 1257 (cart. Mag. E 284).
FRAISSINIER, jⁿ. — Voy. FONCERANES.
FRANC-BOUTEILLE, ruiss. qui a son origine au Sommail, cⁿᵉ de Saint-Vincent, court pendant 5,200 mètres sur le territ. de cette commune et sur celui de Saint-Étienne-d'Albagnan, arrose douze hectares et va se perdre dans le Jaur, affluent de l'Orb. — *Francigenilacus (Franca lagena)*, 1122 (cart. Gell. 60 et 79).
FRANCS, métairie SABRONEN, f. cⁿᵉ de Montpellier, 1809.
FRANGOUILLE, h. 1856; église, 1840, cⁿᵉ de Boussagues. — *Villa Franconicas*, 1120 (cart. Anian. 122). — *S. Maria de Frangolia*, 1135 (cart. de Joncels; G. christ. VI, inst. c. 135). — *Faruscleiras, Faruscleiras*, 1128 (Livre noir, 100 vº et 101). — *S. Maria de Frangolano*, 1153, 1216 (bull. d'Eug. III et d'Honorius III, *ibid.* 109 et 153 vº); 1178 (cart. de Joncels; G. christ. VI, c. 140). — L'État officiel des églises de Béziers, dressé en 1780, place *Frangouille* parmi les paroisses de l'archiprêtré de Boussagues, patr. B. M. V. — *Chapelle de Frangouille*, 1760 (pouillé).

FRANK (MAS DE), f. cⁿᵉ de Castelnau-lez-Lez.
FRAUZIL, f. cⁿᵉ de Maureilhan.
FRAYSSINES, deux ff. cⁿᵉ de Montpellier, sect. D.
FRÉDÉRIC, f. cⁿᵉ de Clermont.
FREGEON (LE), éc. cⁿᵉ de Saint-Nazaire-de-Ladarez.
FRÉGÈRE (LA) ou LA FREGEIRE, h. cⁿᵉ de Carlencas-et-Levas.
FRÉGEVILLE, chât. — Voy. GRAMMONT.
FREJAC, éc. — Voy. FRISSAC.
FRÉJORGUES, f. cⁿᵉ de Mauguio. — *Eccl. S. Marcelli de Fratribus*, 1095 (G. christ. VI, inst. c. 353). — *De Ferrayrolis*, 1163 (cart. Mag. A 91). — *De Frayres*. v. 1100 (Arn. de Verd. ap. d'Aigrefeuille, II, 425). — *Eccl. S. Marcelli de Fraires sive de Frejorgues*. 1536 (bulle de Paul III; transl. sed. Mag.). — *S. Egidius de fratribus in parroch. S. Marcelli*, 1176, 1177 (ch. du fonds de Sᵗ-Jean-de-Jérusalem). — *Frejorgues* (carte de Cassini). — Voy. SAINT-MARCEL-DES-FRÈRES.
FRÉJORGUES, anc. prieuré. — Voy. SAINT-JEAN-DE-FRÉJORGUES.
FRÉMIAN, anc. égl. — Voy. SAINT-SÉBASTIEN-DE-FRÉMIAN.
FRÊNES (LES), jⁿ, cⁿᵉ de Béziers, 1851.
FRESCALY ou FRESKILI, cⁿᵉ de Poussan, f. et mⁿ sur le ruiss. alimenté par la source de Lissanca, entre Cette et Poussan. — *Molendinus Fescalini*, reconnaissance du 1ᵉʳ février 1327-28, faite au seigneur de Poussan, Guy de la Roque (cart. de Poussan. 259).
FRESCATI, f. cⁿᵉ de Villeneuve-lez-Béziers.
FRESCATIS, éc. et jⁿ, cⁿᵉ de Saint-Pons.
FRESCATIS, ruiss. — Voy. CAMPEYRAS.
FRESCATIS-DU-SOMMAIL, éc. cⁿᵉ de Saint-Pons.
FRESCATY, filature de laine, éc. cⁿᵉ de Lodève.
FRESCAUD, 1856; FESCAU, 1809, mⁿ sur la Mausson. cⁿᵉ de Juvignac.
FRESKILI, f. et mⁿ. — Voy. FRESCALY.
FRÈZE (LA), h. cⁿᵉ de Ferrières (cⁿ de Claret). — *Frezols*, 1138 (abb. de Valmag. H. L. II, pr. c. 484). — *Molendin. vocat. den Frezel de la Roca sit. in riperia Erani*, 1289 (cart. Mag. F 240).
FRIGOULET, f. cⁿᵉ de Saint-Bauzille-de-Putois.
FRISSAC, éc. cⁿᵉ de Mauguio, 1809. — *Parrochia S. Johannis de Frejonicis*, 1150, 1172 (ch. fonds de Sᵗ-Jean-de-Jérusalem). — *De Fregonicis*, 1174 (*ibid.*). — *De Frigonicis*, 1177 (*ibid.*). — Au xviiiᵉ siècle, Cassini, avec la carte du dioc. de Montpellier, qui la copie, écrit mieux *Frejac*.
FROMIGA, f. cⁿᵉ de Lattes.

FRONTIGNAN, arrond de Montpellier. — *Frontinianum castrum seu castellum*, Frons Stagni (Astruc, Mém. 375); 1051 (cart. Gell. 122 v°); 1181 (cart. Anian. 78); 1154 (bulle d'Adrien IV; ch. d'Aniane); 1172 (ch. fonds de S¹-Jean-de-Jérus.); 1114 (mss d'Aubais; H. L. II, pr. c. 391); 1121 (*ibid.* c. 415); 1156 (*ibid.* c. 558); 1171 (*ibid.* c. 559); 1194 (*ibid.* III, c. 176); 1297 (Arn. de Verd. ap. d'Aigrefeuille, II, 449); 1300 (cart. Mag. E 47); 1333 (stat. eccl. Mag. 10; ch. des arch. de Frontignan). — *Frontenha*, 1381 (Libr. de memor.). — *Frontignan*, seigneurie de la sénéchaussée de Beaucaire et de Nimes, 1455 (dom. de Montp. H. L. V, pr. c. 16); 1587 (ch. fonds de l'év. de Montp.); 1625 (pouillé); 1649 (*ibid.*); 1688 (*ibid.*); 1760 (pouillé; tabl. des anc. dioc.).

Le chapitre cath. de Montpellier était prieur de Frontignan, et cette église, sous le patron. de la Conversion de S. Paul (1779, vis. past.), était le chef-lieu d'un archiprêtré, dioc. de Montp. qui, suivant l'État officiel de 1756, comprenait, outre le chef-lieu, Balaruc-les-Bains, Gigean, Miravaux et Vic.

Frontignan était une justice royale non ressortissante. C'était une des sept villes du diocèse de Montpellier qui envoyaient leur premier consul aux États généraux de la province comme diocésain. Les armoiries de Frontignan portent *de gueules, à la tour donjonnée de trois donjons d'argent*.

En 1790, le canton de Frontignan fut composé de cinq communes, qu'il a gardées jusqu'à ce jour : Frontignan, Balaruc-les-Bains, Mireval, Vic, Villeneuve-lez-Maguelone.

Étang de Frontignan ou *d'Engril*, *Stagnum Frontiniani*, 1202 (cart. Anian. 97 v° et 98). — Voy. ENGRIL (ÉTANG D').

Salines de Frontignan. — Voy. SALINES.

FROUZET ou FROZET, h. c^{te} de Saint-Martin-de-Londres. — *Brocias*, 804 (cart. Gell. 4). — *Frozethum villa*, (*ibid.* 3 v°). — *Brozethum*, 1060 (*ibid.* 61 v°). — *Frosetum*, 1103 (*ibid.* 127). — *Brucias*, 1114 (*ibid.* 67 v°). — *Brozet*, 1137 (*ibid.* 179 v°). — *Villa de Frodeto*, 1140 (G. christ. VI, c. 589). — *Molendin. de Frod.* 1143 (*ibid.*). — *Brozetum*, 1184 (cart. Mag. F 284). — *Brodetum*, 1344 (*ibid.* A 135). — *Brouzet*, 1649 (pouillé).

Frouzet, aujourd'hui annexé à la cure de Saint-Martin-de-Londres, était, au dernier siècle, une paroisse du dioc. de Montpellier. Outre les origines déjà citées, on trouve le hameau et l'église mentionnés dès le xe s^e : *Villa Frozetum in vicaria Agonensi, circa* 911 (ch. des abb. de S¹-Guill. ms). — *Parrochia S. Silvestri de Bruciis*, 1183 (cart. Anian. 49 v°). — *Cure de Frouzet*, 1760 (pouillé; tabl. des anciens diocèses). — Cette église, sous le patronage de la Sainte-Vierge, *B. M. V.*, avait pour prieur les Bénédictins de Saint-Guillem, 1779 (vis. past.). — Voy. SAINT-SILVESTRE-DE-BROUSSES.

FULCRAND, f. c^{ne} de Montpellier, sect. C.

FUMADE (LA), h. c^{ne} de Saint-Étienne-d'Albagnan.

FUNOU, f. c^{ne} de Roqueredonde.

G

GADACH (LE), f. c^{ne} de Rieussec.
GABAIEL. — Voy. TONNEUS.
GABARGER, c^{he}. — Voy. GALARGUES (LE PETIT-).
GADELOS (LE BAS-), f. c^{ne} de Cruzy.
GADELOS (LE HAUT-), f. c^{ne} de Cruzy.
GABIAC, f. c^{ne} de Roqueredonde.

GABIAN, c^{on} de Roujan. — *Villa Gabiana*, 954 (cart. Agath. 222). — *Castrum Gabiani*, 1080 (arch. du prieuré de Cassan; H. L. II, pr. c. 307; G. christ. VI, inst. c. 130); 1138 (abb. de Valmag. H. L. *ibid.* 484; G. christ. *ibid.* 319); 1148, 1196 (cart. Agath. 26 et 288); 1153 (bulle d'Eugène III; Livre noir, 153 v°); 1202 (cart. Anian. 98 v°); 1216 (bulle d'Honorius III; Livre noir, 109); 1226 (cart. Mag. B 102). — *Gabianum sive Gabianellum* (Spicil. XIII, 265). — *Gabian*, 1529, seigneurie de la viguerie de Béziers (dom. de Montp. H. L. V, pr. c. 87); 1625 (pouillé); 1649 (*ibid.*); 1688 (lettres du gr. sc.). — *Cure*, 1760 (pouillé; tabl. des anciens diocèses); 1778 (terr. de Gabian). — Paroisse de l'archiprêtré du Pouget, anc. dioc. de Béziers, patr. *S. Julianus*, 1780 (état offic. des égl. de Béziers). — A l'angle N. E. du cimetière, sur une colline qui domine le village, on voit les restes d'une très-ancienne église appelée *Sainte-Croix*.

GABIAN (SOURCE DE) ou SOURCE DES MOULINS, ruisseau qui naît sur le territ. de Gabian, passe sur celui de Pouzoles, fait marcher quatre usines, arrose quatre hectares et, après un cours de 1,800 mètres, se jette dans la Tongue, affluent de l'Hérault.

La source de pétrole de Gabian est située sur la rive droite de la Tongue, à 500 mètres en aval du pont de cette commune et à 1 kilomètre du village.

Gabriac, h. c^{ne} de Mas-de-Londres. — *Gabriacum fiscus*, 804 (cart. Gell. 3; Mabil. Ann. II, 718; G. christ. VI, inst. c. 265). — *Prioratus S. Stephani de Gabr.* 1279, 1289, 1359 (cart. Mag. C 155, 156, E 238); 1333 (stat. eccl. Mag. 17). — *Cura de Gabriac*, 1760 (pouillé). — Le chapitre cathédral de Montpellier était prieur de *Saint-Étienne de Gabr.* dans l'archiprêtré de Viols, 1684 (pouillé); 1779 (vis. past.).

Gache, métairie Coulet, f. c^{ne} de Montpellier, 1809.

Gache (La), h. c^{ne} de la Salvetat.

Gache (La), ruiss. qui naît au lieu appelé *Coufignet*, c^{ne} de la Salvetat, arrose quarante hectares sur le territoire de cette commune et y fait mouvoir un moulin à blé. Son cours est de 4,300 mètres. Il se perd dans l'Agout, affluent du Tarn.

Gaches, h. c^{ne} de Cébazan.

Gachette (La), f. c^{ne} de la Salvetat.

Gachon, f. c^{ne} de Lunel-Viel.

Gaffinel, f. c^{ne} de Cette, 1809.

Gaffinel, f. c^{ne} de Frontignan.

Gailhac, jⁱⁿ, c^{ne} de Béziers (2e c^{on}); la Gaillague, jⁱⁿ et métairie, 1809.

Gaillague (La), f. c^{ne} de Colombiers (2e c^{on} de Béziers). — *Gallacum villa*, 1032 (cart. Gell. 52 v°).

Gaillague (La), jⁱⁿ. — Voy. Gailhac.

Gaillarde (La) ou Rigal, f. c^{ne} de Montpellier, sect. K.

Gaillarde (La) ou la Guerande, f. c^{ne} de Vendres, 1809.

Gal., jⁱⁿ, c^{ne} de Béziers (2e c^{on}).

Galabert, f. c^{ne} de Montpellier, 1809.

Galabert, h. c^{ne} des Matelles.

Galargues (Le Petit-), c^{on} de Castries. — On confond souvent *le Petit-Galargues* ou *Galargues-le-Montueux* avec *le Grand-Galargues*: ils sont en effet voisins l'un de l'autre, mais le premier appartient à l'Hérault, le second au Gard. *Le Petit-Galargues*, sur la Bénovie, affluent du Vidourle, était une paroisse de l'anc. dioc. de Montpellier; *le Grand-Galargues*, sur le Vidourle, formait une paroisse du dioc. de Nîmes. C'est au *Grand-Galargues*, et non au *Petit-Galargues*, que fut fondé près de Saint-Jean-de-Noix, en 1027, un monastère de religieuses dépendant de celui de Saint-Geniès-des-Mourgues (voy. ce nom). — *In terminium de villa Galazanicus et de Nozedo..... in ipsis terminiis de Vidurlo*, 1027 (abb. de St-Geniès; H. L. II, pr. c. 180). — *Eccl. de Galadanicis*, 1156 (cart. de l'égl. de Nîmes; G. christ. VI, inst. c. 198). — *Castrum Galargues*, 1226 (reg. cur. Fr. H. L. III, pr. c. 317).

Notre *Petit-Galargues* faisait partie de l'ancienne baronnie de Montredon, presque toute comprise aujourd'hui dans le département du Gard. Nous lui attribuons *Mansus de Galhiargo vel Gabarger*, 987 (cart. de Lod. G. christ. *ibid.* 270). — *Guarelia*, 1031 (cart. Gell. 23). — *Prioratus de Cornone et de Galazigiis*, 1333 (stat. eccl. Mag. 21 v°). — *Gallargues*, 1649 (pouillé); xviiie s^e (tabl. des anc. dioc.). — *Galargués*, 1684 et 1688 (pouillés). — *Galargues*, 1523 (Cour des comptes de Montp. B 341); 1625 (pouillé); 1688 (lettres du gr. sc.). — Le *Petit-Galargues* ne figure point dans le pouillé de 1760; mais dans celui de 1684 il a pour patronne *Notre-Dame-de-l'Assomption*. L'État offic. des égl. du diocèse de Montpell. le place dans l'archiprêtré de Restinclières.

D'après les pouillés de 1684 et de 1688, le Roi était seigneur du *Petit-Galargues* pour 5/6. — Le pouillé de 1649 nous apprend que cette localité, qu'il nomme aussi *Gailhargues le Montus*, dép. de la viguerie de Massillargues (dioc. de Nîmes), répondait toutefois pour la justice au sénéchal et gouverneur de Montpellier.

Le *Petit-Galargues* fut d'abord compris dans le canton de Restinclières en 1790; mais ce canton ayant été supprimé par arrêté consulaire du 3 brumaire an x, cette commune passa dès lors dans le canton de Castries.

Galibert, f. c^{ne} de Lattes.

Galibert, f. c^{ne} de Saint-Vincent-de-Barbeyrargues.

Galibert, moulin sur le ruisseau de Lagamas. c^{ne} d'Arboras.

Galibert (Mas de), f. c^{ne} de Magalas.

Galiberte, f. c^{ne} de Béziers (2e c^{on}).

Galière (Mas), f. — Voy. Pomessargues.

Galinier, h. c^{ne} de Rieussec.

Galinière (La), f. c^{ne} de Béziers.

Gallera, f. c^{ne} de Montpellier, sect. K.

Gallia braccata, Narbonnaise, Transalpine, etc. — Voy. Narbonnaise.

Gallinier (Plan), éc. c^{ne} de Guzargues.

Gallot (Mas de), f. c^{ne} de Saint-Jean-de-Védas.

Galtier, f. c^{ne} de Mauguio.

Gamboules (Les), f. c^{ne} de Saint-Michel. — *Mansus de Gambolis*, 1204 (Plant. chr. pr. Lod. 104).

Gamelas, f. c^{ne} de la Salvetat.

Gandials (Les), f. c^{ne} de Ceilhes-et-Rocozels.

Gandil (Le) ou le Peyregous, f. c^{ne} de Vieussan.

Ganges, arrond. de Montpellier. — *Villa de Agange*, 1140 (tr. des ch. H. L. II, pr. c. 492). — *Aganthicum*, 1168 (Arn. de Verd. ap. d'Aigrefeuille, II, 433). — *Castrum, villa de Agantico, de Agantiguo*, 1155 (H. L. *ibid.* 552, et G. christ. VI, inst. c. 358); 1189 (Mém. des nobles, 37); 1221, 1286,

1331 (Arn. de Verd. *ibid.* 440, 447, 451); 1116 (cart. Mag. F 159); 1152 (*ibid.* 7); 1162 (*ibid.* 209); 1168 (*ibid.* A 261); 1222 (*ibid.* D. 257); 1262 (*ibid.* F 205); 1307 (*ibid.* A 67); 1318 (*ibid.* 1 et C 305 et 308); 1319 (*ibid.* F 216); 1320 (*ibid.* B. 116). — *Ganges*, 1455 (dom. de Montp. II. L. V, pr. c. 15 et 17); 1625 (pouillé); 1649 (*ibid.*). — *Ganges*, 1636 (terr. de Ganges); 1641 (carte de Cavalier); 1688 (lettres du gr. sceau); 1760 (pouillé; tabl. des anc. dioc.).

Église de Ganges : *Ecclesia de Agantico et de Roca* (la Roque-Aynier, près de Ganges), 1158 (bulle d'Adrien IV; cart. Mag. F 119). — *Eccl. S. Petri de Agant.* 1184 (bull. Lucii III; G. christ. VI, inst. c. 362). — *Gange* et *Cazilhac* ne forment qu'une seule paroisse dans les pouillés de 1625 et de 1649; deux cures ou paroisses, dans l'archiprêtré de Brissac, 1756 (état offic. des par. du dioc. de Montp.); 1760 (pouillé et tabl. des anc. dioc.). — La cure de *Ganges* ressortissait, pour les portions congrues, à l'évêché de Montpellier; 1724 (arch. de l'hôp. gén. B 242). — Les titres féodaux de l'évêque de Montpellier relatifs à *Ganges* occupent les pp. 173-185 de la table du cartulaire épiscopal de Maguelone.

Le marquisat-baronnie de *Ganges* remonte à Pierre de Pierre, seigneur de *Ganges*, lequel vivait en 1116, selon les lettres d'érection de la terre de Saint-Marcel d'Ardèche en marquisat, sous le nom de Pierre Bernis, datées d'avril 1751. Le baron de Ganges entrait aux États de Languedoc. En outre, *Ganges* était l'une des sept villes du diocèse de Montpellier qui, indépendamment du chef-lieu diocésain, entraient par tour aux États de cette province. Ses armes étaient *écartelé d'argent et de sable*.

En 1790, Ganges devint le chef-lieu d'un canton composé de dix communes : Agonès, Baucels, Brissac, Cazilhac-Bas, Ganges, Gorniès, la Roque, Montoulieu, Moulès et Saint-Bauzille-de-Putois; mais Moulès et Baucels ayant été réunis en 1836 pour ne former qu'une seule commune, le canton de Ganges n'en compte aujourd'hui que neuf.

GANIBENQ, jⁱⁿ, c^{ne} de Sérignan.

GARCIN, f. c^{ne} de Pinet. — *Garcin*, 1695 (Affranch. VII, 10 v°).

GARDE (LA), f. c^{ne} d'Olonzac.

GARDIE (LA), f. c^{ne} de Florensac. — *Gardia*, 1166 (Livre noir, 35 v°); 1198 (cart. Agath. 296).

GARDIES, f. c^{ne} d'Argelliers. — *Guardia*, 1031 (cart. Gell. 23). — *Mansus de Gardias*, 1151 (*ibid.* 190). — *Mans. de Gardia*, 1175 (ch. fonds de St-Jean-de-Jérusalem); 1182 (cart. Anian. 53 v°). — *De Gardiis*, 1181 (*ibid.* 54). — *De Garda*, 1363 (G. christ. VI, inst. c. 384).

GARDIOL, f. c^{ne} de Mas-de-Londres. — *Mansus de Gardiolis parrochia S. Stephani de Volio*, 1276 (cart. Mag. E 295). — *Mansus de Gard.* sit. in jurisdict. de *Montifferandi*, 1338 (*ibid.* 328).

GARDIOLLE (LA), f. c^{ne} de Ceilhes-et-Rocozels.

GARENC (GRANGE DE), éc. c^{ne} d'Alignan-du-Vent, 1809.

GARENG (MAS DE), h. c^{ne} de Murviel (3e c^{on} de Montpellier). — *El mas de Garengau*, 1116 (cart. Gell. 85 v°).

GARGAILHAN, jⁱⁿ et f. c^{ne} de Béziers (2e c^{on}).

GARGNE (LA), jⁱⁿ, c^{ne} de Saint-Pons.

GARIMOND, f. c^{ne} de Montpellier, 1809.

GARIT (MAS), h. 1856; *Moulin du Mas de Gari*, 1841; *Gari*, f. 1809; c^{ne} de Roqueredonde-de-Tiendas. — *Lo mas Gary*, xvie siècle (terr. de Joncels).

GARONNE, f. c^{ne} de Castelnau-lez-Lez.

GARONNE, f. c^{ne} de Frontignan.

GARONNE, h. — Voy. VERNASSAL.

GARONNE (LA), ruisseau qui naît au lieu appelé *Foutbelette*, c^{ne} d'Argelliers, court pendant 6 kilomètres sur le territoire de cette localité et sur celui de Montarnaud et se perd dans la Mausson.

GAROUTY (LE), f. c^{ne} de Fraisse.

GARRIC (MAS DE), f. c^{ne} de Mèze.

GARRIGUE, mⁱⁿ sur l'Hérault, c^{ne} d'Aspiran.

GARRIGUE (LA), f. c^{ne} de Nissan.

GARRIGUE (LA), f. — Voy. PUECH-AUSSEL.

GARRIGUE (LA), h. c^{ne} de la Caunette.

GARRIGUE (LA), h. c^{ne} de Pardailhan.

GARRIGUE (LA), jⁱⁿ, c^{ne} de Saint-Jean-de-Fos.

GARRIGUE (MAS DE LA), f. c^{ne} de Magalas.

GARRIGUE (NOTRE-DAME-DE-LA), anc. paroisse du dioc. de Lodève. — *Ecclesia S. Mariæ de Guarringa*, 1146 (bulle d'Eugène III; cart. Gell. G. christ. VI, inst. c. 280). — *De Gairigua*, 1172 (bulle d'Alexandre III, ch. de l'abb. de St-Guill.). — *Homines, eccl. de Garriga*, 1162 (G. christ. *ibid.* 590; Plant. chr. præs. Lod. 231); 1153, 1163 (cart. Gell. 192 v°, 204 v°); 1154, 1213 (cart. Anian. 36, 48, 50). — *Eccl. B. M. de Saltu seu de Garrig.* 1284 (Plant. *ibid.* 228); 1368 (stat. eccl. Bitt. 193 v°).

Le village de *la Garrigue*, qui avait ses seigneurs, n'existe plus. La statue en pierre de la Vierge dont le sanctuaire fut autrefois célèbre, et qui n'est pas encore oublié, car cette église a été reconstruite il y a peu de temps, a été transférée dans la chapelle de Lagamas. La chapelle de N.-D. de la Garrigue dépendait de Montpeyroux : c'est même aujourd'hui une annexe de cette commune. — Il est parlé d'une assemblée tenue dans cette église en 1284 (Plant.

chr. præs. Lod. 228); un moine de l'abbaye de Saint-Guillem-du-Désert en était prieur (*ibid.*). Le pouillé de 1760 nomme la cure-prieuré et la chapelle de la Garrigue, qui figure aussi sur le tableau des anc. par. du diocèse de Lodève; mais ce même pouillé ne dit pas que le prieuré dépendait du chapitre de Saint-Nazaire de Béziers, comme on le voit dans un anc. état de la mense de ce chapitre (Sabatier, Hist. de Béz. 119).

GARRIGUES, c^{on} de Claret. — *Mansus de Garricis*, 1097 (cart. Gell. 143 v°); 1144 (Hôt. de ville de Nîmes; H. L. II, pr. c. 507). — *De Garriga*, 1247 (*ibid.* 229). — *De Gairigis*, 1193 (H. L. *ibid.* 174). — *De Garigiis*, de 1189 à 1229 (*ibid.* III, pr. cc. 158, 172, 174, 213, 224). — *Garrigues*, 1229 (tr. des ch. *ibid.* 335); 1625 (pouillé); 1649 (*ibid.*); 1684 (*ibid.*); 1683 (lettres du gr. sceau); 1760 (pouillé; tabl. des anc. dioc.).

L'église de Garrigues, *Ecclesia de Garricis*, 1147 (cart. Mag. F 310), faisait partie de l'anc. diocèse de Montpellier. — *Eccl. de Gariga*, 1154 (bulle d'Adrien IV; ch. de l'abb. d'Aniane). Le pouillé de 1684 lui donne pour patron *S. Barthélemy*, apôtre. L'État officiel des paroisses de ce diocèse, dressé en 1756, la place dans l'archiprêtré de Restinclières, et le pouillé de 1760 lui donne le titre de prieuré-cure.

Garrigues, comme le Petit-Galargues, appartenait à l'ancienne baronnie de Montredon, aujourd'hui presque toute dans le département du Gard. Cette communauté dépendait de la viguerie de Sommières. On voit par les pouillés de 1684 et de 1688 que le Roi en était seigneur pour 5/6.

Le nom de *Garrigues* est commun à plusieurs de nos localités. Du Cange (v° *Garricæ, Garrigæ*) dit : *Hæc vox ab Occitano Garric, ilex : unde Occitanis Garrigues (Garrigas) agri sunt virgultis obsiti*. Cf. Astruc (Mém. 471). — Aujourd'hui, dans le Languedoc, les garrigues sont *agri inculti*.

Garrigues forma, en 1790, une commune du canton de Restinclières, supprimé par arrêté des consuls du 3 brumaire an x; elle fut alors placée dans le canton de Claret.

GARRIGUES (MAS DE), f. c^{ne} de Mèze. — *S. Martinus de Garriga*, 1173, 1187 (cart. Agath. 68 et 252; G. christ. VI, inst. c. 327). — *Garrigues*, 1760 (pouillé). — La carte diocésaine d'Agde et celle de Cassini portent *Saint-Martin-du-Crau*.

GARRIGUETTE (LA), f. c^{ne} de Corneilhan.

GARRISSON, vulgairement GARRISSOU, f. c^{ne} de Béziers. — *Fons, villa de Garitione*, 972 (Livre noir, 307). — *Via discurrens ad Garrucionem et ad Bojanum* (Boujan), 1163 (*ibid.* 33); 1180 (*ibid.* 338). — *Terminium et villa de Garrutione*, 1190 et 1195 (*ibid.* 156 et 157 v°). — *De Garussano*, 1325 (stat. eccl. Bitt. 91 v°). — *Garrissou*, xviii° siècle (carte de Cassini).

GAPSONES (LOS) ou LAS GASSONAS, tènement, c^{ne} de Notre-Dame-de-Londres. — 1271 (cart. Magal. E. 224).

GARTOULE, f. c^{ne} de Riols.

GAS, f. c^{ne} de Montpellier, 1809.

GASC, m^{in} sur le Liron, c^{ne} de Puisserguier.

GASCARIÈS (LAS), usine, éc. c^{ne} de Prémian.

GASCHON, f. — Voy. ERMITAGE.

GASCONET (LE), f. c^{ne} de Montferrier. — *Gasconnel* (carte de Cassini).

GASCOU, f. c^{ne} de Mauguio.

GASCOU, f. c^{ne} de Valmascle.

GASCOU (LE), f. c^{ne} de Castelnau-de-Guers.

GASQUET, f. c^{ne} d'Aumes.

GASQUINOY, éc. c^{ne} de Béziers. — *Gaschiniolas*, 1046 (chât. de Foix; H. L. II, pr. c. 213).

GASSAC (LE), ruisseau qui naît au *Mas Daumas*, c^{ne} d'Aniane, arrose sur le territ. de cette ville et celui de Gignac quatorze hectares, fait mouvoir deux moulins à blé, parcourt 8,900 mètres et se jette dans l'Hérault. — *Usque ad Garciacum et usque ad flumen Erauris*, 1122 (mss d'Aubaïs; H. L. II, pr. c. 422). — *Molendini de Gassac*, 1173 (cart. Anian. 114); xviii° siècle (carte de Cassini).

GASSE (LA), f. c^{ne} de Cazouls-lez-Béziers, 1809. — *Honor de Gora* (Goza) *in episcopatu Bitterensi*, 973 (cart. de St-Pons-de-Tom. Étiennot mss; H. L. II, pr. c. 125). — *Goza*, 1204 (Livre noir, 323 v°, et G. christ. VI, inst. c. 150). — *La Gasse*, xviii° s° (carte de Cassini).

GASSONAS (LAS), tènement. — Voy. GARSONES (LOS).

GASTON, usine, éc. c^{ne} de Bédarieux.

GATIMORT, f. c^{ne} de Fraisse.

GATINIER ou GATINIÉ, f. c^{ne} des Aires. — Cette métairie appartenait à la commune de Mourcairol avant le 16 mai 1845, époque de l'érection en communes des villages des Aires et de Villecelle, qui formaient celle de Mourcairol.

GAU, f. c^{ne} de Lattes.

GAUBERT, f. c^{ne} de Mèze.

GAUBERT, f. c^{ne} du Pouget, 1809.

GAUCH, f. c^{ne} et c^{on} de Murviel.

GAUFFRE (MAS DE), f. c^{ne} de Ceilhes-et-Rocozels.

GAUFINE, chât. — Voy. GOLFINE.

GAUFRÈGE (LA), f. c^{ne} de Florensac.

GAUJET ou GAUGET, f. c^{ne} de Fraisse.

GAUJOUX, f. c^{ne} de Lattes.

Gaule (Mas de), f. c^{ne} de Montaud.
Gaule narbonnaise. — Voy. Narbonnaise.
Gauphine, chât. — Voy. Golfine.
Gaussinet, f. c^{ne} de Montpellier, sect. J.
Gauthier, f. c^{ne} de Lunel-Viel.
Gauzy, éc. c^{ne} de Saint-Thibéry.
Gauzy, f. c^{ne} d'Agde.
Gauzy (Mas de), f. c^{ne} de Montaud, 1809.
Gavach, éc. c^{ne} de Lignan.
Gay, f. c^{ne} de Montpellier, sect. H.
Gay, 1856, ou Cellarier, 1809, f. c^{ne} de Florensac.
Gay, f. — Voy. Dartis-Gay.
Gay (Mas del), h. c^{ne} de Saint-Maurice, 1688 (lett. du gr. sc.).
Gayère (Mas), f. — Voy. Golfin.
Gayonne (La), f. c^{ne} de Béziers (2e c^{on}).
Gayraud, f. c^{ne} de Saint-Pons.
Gayraud (Chaumière), éc. c^{ne} de Saint-Thibéry.
Gaz (Usine à), éc. c^{ne} de Bédarieux.
Gaz (Usine à), éc. c^{ne} de Béziers (2e c^{on}).
Gaz (Usine à), éc. c^{ne} de Lodève.
Gazel (Le), h. c^{ne} de la Salvetat.
Gazelle (La), ruiss. c^{ne} d'Aspiran; il parcourt 5 kilomètres, fait mouvoir un moulin à blé et se perd dans l'Hérault.
Gèdre ou Grand-Gèdre, sommet élevé de 227 mètres au-dessus de la mer et dépendant du système du Salagou, entre Clermont-l'Hérault et Lodève.
Gellone, anc. abb. — Voy. Saint-Guillem-du-Désert.
Gély (Mas de), f. c^{ne} de Saint-Vincent-de-Barbeyrargues.
Gély (Mas de Pierre), f. c^{ne} de Saint-Vincent-de-Barbeyrargues.
Gendras, f. c^{ne} de Montpellier, sect. E.
Geniez, mⁱⁿ sur la Dourbie, c^{ne} de Nébian.
Geniez (Mas), f. c^{ne} d'Aspiran.
Genson, jⁱⁿ. — Voy. Fonceranes.
Gentil, f. c^{ne} de Combaillaux.
Georges, mⁱⁿ sur le Rounel, c^{ne} de Cessenon.
Gept (Grange de), f. c^{ne} de Coulobres, 1809.
Gérard, f. c^{ne} de Lodève.
Géraud, mⁱⁿ, c^{ne} de Saint-Privat. — *Mansus Geraldenchi qui est in serro in Durbienca*, 1060 (cart. Gell. 150).
Germain, éc. c^{ne} de Frontignan.
Germane, f. c^{ne} de Clermont.
Gervais, f. c^{ne} de Montpellier, sect. G.
Gervais, f. — Voy. Gros (Mas de) et Rouel.
Gervais, h. c^{ne} du Causse-de-la-Selle.
Gibily (Mas de), f. c^{ne} de Saint-Clément.
Gibret, mamelon basaltique qui sépare la commune du Bosc-d'Avoiras, ou plutôt le hameau de Saint-Martin-du-Bosc, de la commune de Saint-Guiraud, et au sommet duquel, sur le flanc sud-ouest, était perché un château, devenu un repaire de brigands, célèbre dans la Vie de saint Fulcran et détruit vers la fin du xe s^e. Au midi et au pied de la montagne était l'église de *Saint-Vincent-de-Manzonis*, dont le titulaire a été transféré au hameau de Salelles, c^{ne} du Bosc. — *Mansus Guitberti*, 1098 (cart. Gell. 166). — *Podium, castrum Gibretum*, 987 (cart. Lod. G. christ. VI, inst. c. 270); 1162 (tr. des ch. H. L. II, pr. c. 588). — *Gibret*, 1119 (cart. Gell. H. L. ibid. c. 410). — La carte de Cassini figure ce mamelon sans le nommer et désigne l'église de Saint-Vincent par ces mots : *Vieille église*.

Gibre est une montagne distincte et à côté du mamelon de *Gibret*, près du hameau de Saint-Martin-du-Bosc.

Gigean, c^{on} de Mèze. — *Gija*, 1113 (cart. Gell. 118 v°). — *Gijanum castrum*, 1115 (*ibid.* 110 v°; cart. Magal. *passim*); 1174 (F 91); 1176 (*ibid.* 230); 1181 (G 98); 1193 (C 225; F 124, etc.); 1204, 1206 (F 92, 93, 94); 1249 (B 36); 1265 (A 104); 1282 (F 98); 1341 (*ibid.* A 241, B 117); 1339 (F 228); 1163 (cart. Agath. 178). — *Giganum*, 1128 (mss d'Aubaïs; H. L. II, pr. c. 446); 1162 (cart. Gell. 197 v°); 1507 (Livre noir, 93). — *Gigeanum*, 1155 (tr. des ch. H. L. II, pr. c. 552). — *Gijan*, 1587 (ch. de l'év. de Montp.). — *Gigean*, 1625 (pouillé); 1649 (*ibid.*); 1688 (pouillé et lett. du gr. sc.); 1760 (pouillé; tabl. des anc. dioc.); 1782 (terr. de Gigean).

Église de Gigean : *Ecclesia de Gigeano*, 1095 (G. christ. VI, inst. c. 353); 825, 1123, 1241 (Arn. de Verd. ap. d'Aigrefeuille, II, 417, 430, 442). — *Parrochia de Gijano*, 1125 (cart. Magal. C 234). — *Platea, prior. S. Genesii de Gij.* 1126 (*ibid.* 223); 1153 (*ibid.* 272). — *Ecclesia S. Genesii de Gij.* 1184 (G. christ. VI, inst. c. 362). — Gigean, par. de l'anc. dioc. de Montpellier, dép. de l'archipr. de Frontignan, 1756 (état des égl. du dioc. de Montp.). C'était un prieuré-cure ressort. pour les portions congrues à l'év. de Montp. 1724 (arch. de l'hôp. gén. B 242). — Outre la cure de Gigean, le pouillé de 1760 fait mention de l'*abbaye de Gigean*, qui était un monastère de filles de l'ordre de Citeaux : voy. Saint-Félix-de-Montseau. — L'évêque de Montpellier était seigneur de Gigean, 1688 (pouillé).

En 1790, Gigean fut compris dans le canton de Poussan, qui fut supprimé par arrêté consulaire du 3 brumaire an x; cette commune fut alors placée dans le canton de Mèze.

Gigeri, f. — Voy. Fonzes-Chichini.

GIGNAC, arrond. de Lodève. — Les auteurs de l'Hist. de Lang. croient que le château de *Jubinianum*, dont parle Mariana sous l'an 610 (de Reb. Hisp. VI, 2), peut être *Gignac*, sinon *Juvignac*. La suite du présent article démontrera que nos anciens documents ne donnent jamais à Gignac le nom de *Jubinianum*, qui convient beaucoup mieux à Juvignac. — Voici les noms de Gignac depuis le x° s° : *Gignachum*, *Gigniachum*, 922 (cart. Gell. 11 et 11 v°). — *Ginnac*, 934 (ibid. 74 v°). — *Ginhacum*, 1097, et *Giniachum*, 1127 (ibid. 61 et H. L. II, pr. c. 345); 1155 (dom. de Montp. ibid. 555). — *Ginnachum*, v. 1031 (ch. de l'abb. d'Aniane). — *Giniacum*, 1173, 1185 (ch. de l'abb. du Vignogoul). — *Gigniacum*, 1202 (cart. Agath. 310); 1205 (Livre noir, 70 v° et 263 v°) — *Ginhac*, 1341 (Libre de memor. et de même dans les actes du xv° et du xvi° siècle). — *Gignac*, 1625 (pouillé); 1649 (ibid.); 1688 (lett. du gr. sc.); 1760 (pouillé; tabl. des anc. dioc.). — D'après un ms qui existe à Gignac, écrit il y a un demi-siècle par M. Laurès, cette ville aurait porté le nom de *Tourrette*, sans doute à cause de sa vieille tour romaine.

L'église de Gignac était une paroisse de l'anc. dioc. de Béziers : *Eccl. S. Petri de Ginniacho*, 1154 (bulle d'Adrien IV; ch. fonds de l'abb. d'Aniane). — *Ecclesia S. Petri de Giniaco vel de Gignaco in Comit. Bitter.* 1096 (cart. Anian. H. L. II, pr. c. 344). — Selon nos propres recherches, il faudrait lire 1106 (bulle de Pascal II; cart. Anian. 31 v°); 1146 (ibid. 35). — *Prior de Gin.* 1323 (rôle des dîmes des égl. de Béz.). — Le pouillé de 1760 mentionne *le prieuré et la cure de Gignac* et *le monastère des religieuses de Notre-Dame*. — L'État offic. des églises du diocèse de Béziers de 1780 fait connaître que cette église dépendait de l'archiprêtré du Pouget et qu'elle avait pour patron, comme au xi° s°, *S. Petrus ad Vincula*.

Viguerie de Gignac : *Vicaria Giniacensis*, 897 (cart. Lod. G. christ. VI, inst. c. 270). — D'après le dom. de Montp. la viguerie de Gignac, en la sénéchaussée de Carcassonne, comprenait 3,028 feux; 1370 (H. L. IV, pr. c. 304). — On ne trouve que 2,036 feux en 1387 et 1388 (ibid. c. 305). — Les hommes d'armes de la viguerie étaient : l'évêque de Lodève, comte de Montbrun, et le seigneur de Clermont-de-Lodève. Les archers de la même viguerie étaient les seigneurs de Popian, de Saint-Félix, de Seiras (Ceyras), de la Crouste, de Bouloc, de Rocares, de Pompeiroux, d'Avena, du Bosc, de Malavielle, de Faugères, de Puydalbegue, de Parlatges, de la Valette, de Vilaqueil, de Soubez, d'Arboras, de Fouzières (Fozières), de Brenac (Brenas) et de la Vernede, d'Albegua (Aubagne), de Luzeire, de Gourgas, de Tressan, de Paulhan, de Jonquières, de la Juda, de Belarga, de Tourmac, de Cardilhac, de Carlencas, de la Balma-Auriol.

Le diocèse de Béziers était toujours représenté aux États provinciaux de Languedoc par le premier consul de Gignac. Les armes de cette ville sont *de gueules à la tour d'argent, accompagnée en chef de trois fleurs de lys d'or; l'écu accolé à dextre d'une branche de laurier et à senestre d'une palme, le tout de sinople; les tiges passées en sautoir et liées de gueules.*

En 1790, Gignac devint le chef-lieu d'un canton composé d'abord de 8 communes: Gignac, Aumelas, Popian, le Pouget, Pouzols, Saint-Amans-de-Teulet, Saint-Bauzille-de-la-Silve et Vendémian; mais par suite de l'arrêté consulaire du 3 brumaire an x. qui supprima les cantons de Montpeyroux, de Saint-André et de Saint-Pargoire, le canton de Gignac s'accrut de nouvelles communes, savoir : du canton de Montpeyroux : Arboras, Lagamas, Montpeyroux, Saint-Jean-de-Fos; du canton de Saint-André : Jonquières, Saint-André, Saint-Guiraud, Saint-Saturnin; et de toutes les communes du canton de Saint-Pargoire : Bélarga, Campagnan, Plaissan, Puilacher, Saint-Pargoire, Tressan. — La commune de Saint-Amans fut aussi supprimée à la même époque, et ce hameau fut réuni à la commune du Pouget, en sorte que, depuis l'an x, le canton de Gignac est composé de 21 communes.

GILES, éc. c^{ne} de la Boissière.
GILLES, f. c^{ne} de Castelnau-lez-Lez.
GIMEL, f. c^{ne} de Grabels.
GIMIOS, h. — Voy. AGINIOS.
GINESTE, jⁱⁿ, c^{ne} de Capestang, 1809.
GINESTE (LA), f. c^{ne} de Pierrerue.
GINESTET, égl. — Voy. SAINT-DENIS et SAINT-ÉTIENNE-DE-GINESTET.
GINESTET, f. c^{ne} de Beaulieu. — *De Genesteto*, 1165 (dom. de Montp. H. L. II, pr. c. 599).
GINESTET, f. c^{ne} de Béziers.
GINESTET ou GINESTE, h. c^{ne} de Castanet-le-Haut. — *Ginestars*, 1200 (Livre noir, 73 v°). — *Genestars*, 1203 (cart. Agath. 161). — *Ginestet*, xviii° s° (carte de Cassini). — Un ruisseau du même nom sort de son territoire, passe sur celui de Rosis, parcourt 4 kilomètres, fait mouvoir un moulin à blé, arrose un are et se perd dans le Dourdou.
GINESTET ou GINESTE, h. c^{ne} de Rosis.
GINESTET (LE), f. c^{ne} de Mèze. — *Terminium de Genestedo*, 1167, 1184 (cart. Agath. 44 et 108).
GINESTIÈS, f. c^{ne} de Boisset.

GINESTOUS, f. c^{ne} de Moulès-et-Baucels. — *Ginestous* ou *Baucels* (carte de Cassini).
GINESTOUS, h. c^{ne} du Soulié. — *Genestaga vel Genefredo seu Genestado villa*, 987 (cart. Lod. G. christ. VI, inst. cc. 270 et 271).—*Eccl. de Genestos*, 1182 (*ibid.* 88).
GINIÉIS, j^{in}, c^{ne} de Villeneuve-lez-Béziers.
GINIEISSE (LA), 1856; GINIESSE, 1840; GÉNIEISE, 1809, f. c^{ne} de Béziers (2e c^{on}).
GINOUL (MAS DE), f. c^{ne} de Gignac.
GIPIÈRE (LA), f. c^{ne} de Saint-André-de-Buéges.
GIRAL, f. — Voy. LA BORIE.
GIRARD ou GIRAREL, f. c^{ne} d'Agde.
GIRARD, f. c^{ue} de Lodève.
GIRARD, j^{in}. — Voy. PLAISANCE, c^{ne} de Claret.
GIRARDOT, f. c^{ne} de Montpellier, sect. K.
GIRAUD, f. c^{ne} de Montpellier, sect. K.
GIRONDEL, f. c^{ne} de Saint-Gervais. — *Girunda*, 1158 (Livre noir, 219 v°).
GIROUARD, f. c^{ne} de Montpellier, 1809.
GIVERNIS, m^{in} sur la Rigole de l'aqueduc, c^{ne} de Capestang, 1809.
GLACIÈRE (LA), éc. c^{ne} de Bédarieux, 1809.
GLACIÈRE (LA), éc. c^{ne} de Montferrier.
GLAIZE, f. c^{ne} de Montpellier, sect. G.
GLAUDETTE (LA), f. c^{ne} de Roquebrun.
GLAUZY, sommets sur la route de Pézenas à Autignac. — Le *Grand-Glauzy* a une altitude de 301 mètres; celle du *Petit-Glauzy* est de 231 mètres.
GLEIZES, ruiss. qui commence au lieu dit *Cazelasse*, c^{ne} de Rieussec, arrose quarante hectares sur le territoire de cette commune, parcourt 6 kilomètres et se perd dans le Brian, affluent de l'Aude.
GLEYSE-YONE, 1856; ÉGLISE-YON, 1851; ÉGLISE-LOINTE, 1841; GLEISE-VIEILLE, 1809, f. c^{ne} du Cros. — On l'appelle vulgairement *Gleia Liôna* (*église éloignée*), parce que cette ancienne église était éloignée du village du Cros. La carte des agents voyers n'aurait pas dû la nommer *Église Léon*.
GODON (JARDIN DE), éc. c^{ne} de Pézenas, 1809.
GOLFE GAULOIS. — Voy. LION (GOLFE DU).
GOLFIN ou MAS GAYÈRE, f. c^{ne} de Montpellier, sect. F.
GOLFIN, f. — Voy. BONNETERRE.
GOLFINE, GAUFINE ou GAUFHINE, chât. c^{ne} de Cazouls-lez-Béziers. — La carte de Cassini écrit *la Gauphine*.
GONTIÉ, f. 1856; j^{in}, 1809, c^{ne} de Pézenas.
GORGE-BASSE (LA), f. c^{ne} de la Salvetat.
GORGE-HAUTE (LA), f. c^{ne} de la Salvetat.
GORGE (LA), f. c^{ne} de Mons.
GORJAN, anc. abbaye. — Voy. SAINT-ÉTIENNE-DE-GORJAN.
GORNIÉ, f. c^{ne} de Ferrières (c^{on} de Claret), 1809.

GORNIÈS, c^{on} de Ganges. — *Mansus de Garneriis* (*Gorneriis*), 1262 (cart. Magal. 176). — *Prioratus de Gornerio*, 1333 (stat. eccl. Magal. 22). — *Eccl. B. M. de Gorn.* v. 1100 (Arn. de Verd. ap. d'Aigrefeuille, II, 425); 1536 (bulle de Paul III, transl. sed. Magal.).—Le prieuré de *Gorniès* ne figure, ni comme paroisse, ni comme consulat, sur aucun pouillé du XVIIe s^e. — L'État officiel des paroisses du dioc. de Montp. dressé en 1756 place *Garniez* dans l'archiprêtré de Brissac. — Le pouillé de 1760 dit : *Cure de Gournies*. — Le registre des visites pastorales de 1779 désigne le chapitre cathédral de Montpellier comme prieur de cette cure et la *Sainte-Vierge* pour patronne. — Cassini écrit *Gornies*. Cette localité dépendait du marquisat de Ganges.
GORNIÈS (LE), riv. qui commence à Corconne (Gard), reçoit le ruiss. de Pas-Ferrier en entrant dans le départ. de l'Hérault, coule sur les territ. de Claret et de Sauteyrargues, fait mouvoir un moulin à blé dans la première de ces deux communes, et, après un cours de 4 kilomètres, afflue dans le Brestalou, tributaire du Vidourle ou plutôt des étangs de Mauguio et de Repaussel.
GOS, f. c^{ne} et c^{on} de Murviel, 1809.
GOR, éc. c^{ne} de Montpellier, sect. G.
GOTHIE ou SEPTIMANIE, royaume ainsi nommé des Visigoths, qui l'occupèrent dès le milieu du ve s^e; érigé en 817 en duché ou gouvernement général, qui comprenait la Marche d'Espagne et la Septimanie, et séparé en deux marquisats différents en 865 (H. L. I). — *Gocia sive Aquitania*, 782 (*ibid.* pr. c. 18 et 19). — *Regnum Gociæ*, 960 (archives de l'abb. de Montmajour; Mabill. ad. ann. 960 n. 33, etc.). — Voy. l'article NARBONNAISE (GAULE) et notre *Introduction*.
GOUDAL, h. c^{ne} de la Salvetat.
GOUDARD, f. c^{ne} de Cette, 1809.
GOUDARD, f. c^{ne} de Frontignan.
GOUDISSARD, éc. — Voy. REDON.
GOUDON ou GOUDOU, f. c^{ne} de Vias.
GOUDON (MAS DE), f. c^{ne} de Villeveyrac, 1809.
GOULDOUY, f. c^{ne} de la Salvetat.
GOURAU, f. c^{ne} de Caux, 1840.
GOURD ou MONTELS, f. c^{ne} de Montpellier, sect. G.
GOURDIDEAU, f. c^{ne} d'Aspiran.
GOURDOU ou GOURDON, h. c^{ne} de Valflaunès. — *Feudum de Gordone*, 1161 (cart. Magal. D 113). — *Mansus de Gordono vallis Montisferrandi*, 1323 (*ibid.* 151); 1344 (*ibid.* B 256). — *Mans. de Gordo in paroch. S. Petri de Vallefennesia*, 1344 (*ibid.* F 234).
GOURG (LE), h. c^{ne} de la Salvetat.
GOURGAS, f. c^{ne} de Saint-Julien.

Gourgas, h. c⁻ⁿᵉ de Saint-Étienne-de-Gourgas. — Ce hameau, avec un château, a donné son nom à la vallée où il est situé. — *Vallis de Gorgatio*, 1303 (Plant. chron. præs. Lod. 257). — *Gorgas,* 1529, seigneurie de la viguerie de Gignac (dom. de Montp. H. L. V, pr. c. 87). — *Gourgas*, 1688 (lettres du gr. sc.); xviiiᵉ s⁻ (carte de Cassini). — Voy. Saint-Étienne-de-Gourgas.

Gourgasse, f. cⁿᵉ de Béziers (2ᵉ cᵒⁿ).

Gourgazeau, 1856; Gourgazaut, 1809, f. cⁿᵉ de la Livinière.

Gourgoubès, f. cⁿᵉ de Saint-André-de-Buéges.

Gourgues, f. cⁿᵉ de Siran.

Gournios, f. cⁿᵉ d'Azillanet.

Gourlaury, h. cⁿᵉ de Saint-Vincent (cⁿ d'Olargues).

Gournier (Le), ruiss. qui prend sa source au quartier de Vallongue, cⁿᵉ de Ferrières (cᵒⁿ de Claret), où il fait aller un moulin à blé, parcourt 11 kilomètres, arrose cinquante hectares sur les territoires de Ferrières, de Notre-Dame-de-Londres, de Rouet et de Saint-Martin-de-Londres, et se jette dans la Malou, affluent de l'Hérault.

Gours ou Gounes, h. cⁿᵉ de Lunas.

Gours (Les), h. cⁿᵉ de Vélieux.

Goutimpère, f. cⁿᵉ de la Salvetat.

Goutin-Fabre, f. cⁿᵉ de la Salvetat.

Goutine-de-Maur, h. cⁿᵉ de la Salvetat.

Goutinemans, h. cⁿᵉ de la Salvetat.

Goutte, Goutlas, f. — Voy. Saint-Vincent-de-la-Goutte.

Gouty, mⁿ à foulon, cⁿᵉ de Saint-Pons.

Gouyrs (Les), ruiss. qui parcourt pendant 2 kilomètres les territ. d'Alignan et d'Abeilhan et se perd dans la Thongue, affluent de l'Hérault.

Gouzin, mⁿ sur la Dourbie, cⁿᵉ de Nébian.

Grabels, cⁿ (3ᵉ) de Montpellier. — *Grabellum villa*, 1171 (mss d'Aubaïs; H. L. III, c. 121). — *Castrum de Grabellis*, 1320 (cart. Magal. E 321); 1214, 1250, 1263 (Arn. de Verd. ap. d'Aigrefeuille, II, 439, 443, 445). — *Grabelz*, 1649 (pouillé); 1684 (ibid.). — *Grabels*, dépendant de la rectorie de Montpellier, 1625 (pouillé); 1688 (lett. du gr. sc.); 1760 (pouillé; tabl. des anc. dioc. carte de Cassini).

Église de Grabels : *parochia S. Johannis de Grabels*, 1120 (ms d'Aubaïs; H. L. II, pr. c. 414). — *Eccl. de Grabellis*, 1169 (cart. Magal. G 130). — *Parochia S. Juliani de Grab.* 1222 (ibid. E 284). — *Par. S. Gervasi de Grab.* 1347 (ibid. 272); 1536 (bulle de Paul III, transl. sed. Magal.). — L'église de Grabels faisait partie de l'archiprêtré de Montpellier, 1756 (état offic. des égl. de Montp.); 1760 (pouillé). — Elle avait pour patrons dans les deux derniers siècles : *S. Julien et Sᵗᵉ Basilisse*. Le chapitre cathédral de Montp. en était le prieur, 1684 (pouillé); 1780 (vis. past.).

Grabels appartint, en 1790, au canton de Saint-Georges-d'Orques, qui fut supprimé par arrêté consulaire du 3 brumaire an x; alors cette commune passa dans le canton (3ᵉ) de Montpellier.

Graïs, f. cⁿᵉ de Vieussan.

Graissessac, cⁿ de Bédarieux. — Ce hameau, qui faisait partie de la cⁿᵉ de Boussagues, a été érigé en commune en 1859. — *Graixantarias villaris*, 804, 806 (cart. Gell. 3). — Nous nous sommes assuré de cette orthographe sur le cartulaire même de l'abbaye de Saint-Guilhem. Les Bénédictins ont mal lu en écrivant *Graixamarias* (Mabill. Ann. II, 718; G. christ. VI, inst. c. 265; H. L. I, pr. c. 33). — *Rector de Gressiaco*, 1516 (pouillé). — *Cure de Graissac; prieuré de S. Sauveur-Graissessac et Camplong*, 1760 (ibid.). — *Graissessac*, dans l'archiprêtré de Boussagues, patr. *S. Salvator*, 1780 (état offic. des égl. du dioc. de Béziers). — La carte de Cassini écrit exactement *Graissessac*; le Dictionnaire des Postes, 1837, *Graicessac*. — Voy. Saint-Sauveur-du-Puy.

Gramenet, f. cⁿᵉ de Lattes. — *Mansus de Granoleriis*, 1175 (ch. de Sᵗ-Jean-de-Jérus. liasse de Launac).

Gramenet, salines, cⁿᵉ de Lattes.

Grammont, Grandmont, Frégéville, Bricogne, chât. cⁿᵉ de Montpellier. — Ancien prieuré dépendant de la mense du séminaire de cette ville. — Peut-être *Agremont*, de *Agrimonte*, de *Acrimonte*, comme pour le château de Grammont dans le Toulousain (H. L. III, 275 et p. 429); peut-être aussi *Gerard-Mont*. Notre ancien prieuré de Grammont a pris son nom du voisinage du monastère de Montauberon, de l'ordre de Grandmont, fondé par S. Étienne dans le Limousin en 1076. — *Monasterium B. M. de Monte Albedone ordinis Grandis montis*, 1242 (Arn. de Verd. ap. d'Aigrefeuille, II, 442); 1529 (titr. des PP. de l'Orat. arch. de l'Hérault). — *Grandmont*, bois dépendant du prieuré de Montauberon, 1673 (réformat. des bois de Montp. 17). — *Prieuré de Grammont*, 1760 (pouillé). — Cassini écrit *Grandmont prieuré*.

Grammont ou Grandmont, f. cⁿᵉ de Saint-Privat. — Anc. prieuré sous le vocable de *S. Michel de Grammont*. L'évêque de Lodève donna à ce prieuré l'église de Saint-Vincent de Salelles et le bois dit de Grammont pour l'établissement de douze moines du même ordre (de Grandmont) dans le prieuré. — *Prioratus S. Michaelis Grandi-Montensis ordinis....... ut in eodem prioratu collegium XII monachorum ejusdem ordinis institueretur*, 1259 (Plant. chr. præs. Lod. 192). — Prieuré de *Grammont*, 1760 (pouillé).— *Gramont* (carte de Cassini).

GRAND, f. c^ne de Montpellier, sect. H.

GRAND, filature, éc. c^ne de Bédarieux.

GRAND'GRANGE, f. c^ne de Mèze.

GRAND-TRAVERS, éc. c^ne de Mauguio.

GRANDVERGNE, f. c^ne de Fraisse.

GRANGE (LA), f. c^ne du Causse-de-la-Selle.

GRANGE (LA), f. c^ne de Fraisse.

GRANGE-BASSE, f. c^ne de Bessan.

GRANGE-BASSE, f. c^ne de Mèze.

GRANGE-BASSE, f. c^ne de Quarante.

GRANGE-BASSE, f. c^ne de Vendres.

GRANGE-BASSE, f. c^ne de Villeneuvette.

GRANGE-DES-PRÉS, f. c^ne de Pézenas. — L'ancien chât. de la Grange-des-Prés avait été bâti par le connétable Henri de Montmorency, gouverneur du Languedoc. Il y avait au dernier siècle une manufacture considérable de draps, simple ferme aujourd'hui. La carte de Cassini écrit *Grange des preds*.

GRANGE-HAUTE, f. c^ne de Quarante.

GRANGE-HAUTE, f. c^ne de Villeneuvette.

GRANGE-NEUVE, f. c^ne de Cessenon.

GRANGE-NEUVE, f. c^ne de Montblanc.

GRANGE-ROUGE (LA), f. c^ne d'Agde.

GRANGE-VIEU, j^in. — Voy. VIEU.

GRANGES (LES), éc. c^ne de Laurens.

GRANGES (LES), f. c^ne de Cessenon.

GRANGES (LES), h. c^ne de Pinet.

GRANGETTE (LA), f. c^ne de Béziers.

GRANGETTE (LA), f. c^ne de Capestang.

GRANGETTE (LA), f. c^ne de Castelnau-de-Guers.

GRANGETTE (LA), f. c^ne de Cazouls-lez-Béziers.

GRANGETTE (LA), f. c^ne de Lieuran-lez-Béziers.

GRANGETTE (LA), f. c^ne de Montagnac.

GRANGETTE (LA) ou CAVAILLER, f. c^ne de Pézenas.

GRANGETTE (LA), f. c^ne de Sauvian.

GRANGETTE (LA), f. c^ne de Sérignan.

GRANGETTE (LA), f. c^ne de Servian.

GRANGETTE (LA), f. c^ne de Thézan.

GRANGEVILLE, f. c^ne de Villeveyrac, 1809.

GRANIÉ, f. c^ne de Pailhès.

GRANIER, éc. trois filatures ou fabriques, c^ne de Montpellier, sect. D.

GRANIER, éc. au port Juvénal, c^ne de Montpellier, sect. E.

GRANIER, f. c^ne de Mauguio, 1809.

GRANIER, f. c^ne de Montpellier, sect. J.

GRANIER, f. c^ne d'Olmet-et-Villecun.

GRANIER AÎNÉ, tuilerie, éc. c^ne de Castries.

GRANIER (JEAN), tuilerie, éc. c^ne de Castries.

GRANIER (MAS DE), f. c^ne de Gignac. — *Graniers*, 1181 (cart. Anian. 54).

GRANIENS, f. c^ne de Minerve.

GRANIOS, f. c^ne de Saint-Chinian.

GRANOUPIAC, f. c^ne de Saint-André-de-Sangonis, sur la rive droite de l'Hérault. C'était une anc. paroisse ou un ancien prieuré sous le vocable de *S. Pierre*, uni à la mense épiscopale de Lodève par le pape Clément II. Il ne reste aucune trace de l'église; une maison de campagne en a pris la place et en rappelle le nom. — *Gazum Granopiacum*, 1098 (cart. Gell. 88). — *Eccl. Fani S. Petri de Granop.* 1044 (Plant. chr. præs. Lod. 76). — *Municipium S. Petri de Gran.* 1259 (ibid. 194). — *Feudum de Gran. Naimeriga seu Naimeriga nuncupatum*, 1265 (ibid. 205). — Nos pouillés ne nomment pas ce prieuré. La carte de Cassini ne figure que la métairie, avec le nom de *Granoupiac*.

GRAISSAGNES, h. c^ne du Soulié. — *Gasanus villa*, 936 (arch. de l'égl. de Saint-Pons; Catel, comt. 88; G. christ. VI, inst. c. 77).

GRASAC, c^ne de Lodève, fief reconnu à l'évêque Bérenger par Guillaume de Lodève. — *Feudum de Gra-Sacco*, 1287 (Plant. chr. præs. Lod. 240).

GRASSET, f. c^ne de Montpellier, sect. E.

GRASSET ou MAS DE COMTE, f. c^ne de Montpellier, sect. A.

GRASSET, m^ias. — Voy. GUILLEMS (LES).

GRASSETTE (LA), f. c^ne de Servian.

GRATE-MERLE, ruiss. qui a son origine au lieu nommé *Saint-André*, c^ne de Cassagnolles, dont il ne quitte pas le territ. et où il court pendant 2 kilomètres et arrose un hectare avant de se perdre dans la Cesse, affluent de l'Aude.

GRATET, f. c^ne de Claret.

GRAU, *Gradus*. — On donne ce nom aux passages que la mer se fait dans les étangs qui bordent le littoral. Le nom de *Gradus*, pris dans ce sens, se rencontre fréquemment dans nos archives, notamment dans les cartulaires des évêchés de Maguelone et d'Agde, dans les actes de la juridiction consulaire de mer de Montpellier, etc. Les principaux graus du département de l'Hérault, que nous mentionnons dans notre dictionnaire, sont, de l'ouest à l'est, ceux de Vendres, de Valleras, de Sérignan, d'Agde, de N.-D.-du-Grau, de Maguelone, du Lez ou de Palavas où aboutit le canal du Lez, de Pérols. Nous citons en outre quelques graus dont les noms figurent dans les anciens documents, mais qui sont aujourd'hui comblés. — Voy. COQUILLOUSE.

GRAU D'AGDE. — Voy. NOTRE-DAME-DU-GRAU.

GRAU-DE-PÉROLS, éc. c^ne de Palavas.

GRAU-PHILIPPE. — Voy. MAGUELONE.

GRAVAISON, rivière qui prend sa source au lieu dit *les Cuns* ou *la Flaissière*, c^ne de Joncels, dont elle parcourt le territoire, passe sur celui de Lunas, arrose quarante-quatre hectares, fait mouvoir deux moulins à blé et, après un cours de 6,650 mètres, se jette dans l'Orb.

GRAVE (CANAL DE), concédé au mois d'octobre 1666 au marquis de Solas, en faveur duquel la rectorie de Montpellier fut aliénée en baronnie de Lattes. Il passa dans la famille de Grave par le mariage de la fille unique du marquis de Solas avec le marquis de Grave. — Ce canal, dans la direction du nord au sud, fait communiquer le port Juvénal, près de Montpellier, avec le canal des Étangs et la mer; il traverse les communes de Montpellier, de Lattes et de Villeneuve. Sa longueur est de 9,500 mètres, et de 11,000 mètres en y comprenant celle du canal du Grau du Lez, qui n'est qu'une prolongation de la rivière du Lez, laquelle n'est elle-même que le canal de Grave depuis le port Juvénal.

GRAVE (DE), éc. au port Juvénal, c^ne de Montpellier, sect. D.

GRAVE (DE), f. c^ne de Pézenas.

GRAVE (DE), j^in, c^ne de Montpellier, sect. D.

GRAVE (ÉCLUSES DU CANAL DE), éc. — Voy. ÉCLUSE.

GRAVE (LA), scierie, éc. c^es de Grabels.

GRAZAN, f. — Voy. GREZAN.

GREC (ÉTANG DU). — Voy. PORQUIÈRES.

GREFFIER (MAS DU), f. c^ne de Sainte-Croix-de-Quintillargues.

GRÉMIAN, f. c^ne de Cournonsec. — *Gremianum villa*, 804 (cart. Gell. 4); 928 (*ibid.* 116). — *Terminium de Grem.* 1121 (*ibid.* H. L. II, pr. c. 412). — *Ecclesia S. Michaelis de Grimiano*, 1127 (cart. Gell. 61 v°); 1146 (*ibid.* G. christ. VI, inst. c. 280); 1123 (bulle de Calixte II; ch. de l'abb. de St-Guilhem); 1153 (cart. Gell. 192 v°); 1181 (cart. Magal. A 45 v°). — Prieuré de *Gremian*, 1760 (pouillé). — La carte de Cassini figure cet ancien prieuré et un moulin *Gremian* sur la Vène.

GRENATIÈRE (LA), f. c^ne de Marseillan. — Anc. prieuré du dioc. d'Agde. — *Granularias cum eccl. S. Martini in ipsa villa*, 990 (Marten. Anecd. I, 179; arch. de l'abb. de St-Tibér. H. L. II, pr. c. 145; G. christ. VI, inst. c. 316). — *Granoleirias*, 1046 (chât. de Foix; H. L. *ibid.* 213). — *Granarium villa*, 1114 (cart. Anian. 84 v°). — *Villa, mansus de Granoleriis*, 994 (Livre noir, 188 v°); 1175 (ch. des chevaliers de Saint-Jean-de-Jérusalem); 1209 (cart. Agat. 69). — *Ecclesia S. Martini de Granol.* 1216 (arch. de St-Tibér. G. christ. *ibid.* 333). — *Prieuré de S. Martin de Grenouillères*, 1760 (pouillé). — *Grenatiere* (carte de Cassini).

GRENATIÈRE (LA), f. c^ne de Puisserguier.

GRENIER, f. c^ne de Cette, 1809.

GRENOUILLÈS ou GRENOUILLUÉ, h. c^ne de Gorniès. — *Mansus de Granolheriis*, 1115 (cart. Magal. A 20).

Gnès, j^in, c^ne de Saint-Thibéry.

GRÈS (GRANGE DE), f. c^ne de Florensac, 1809.

GRÈS (MAS DE), f. c^ne de Saint-Nazaire.

GRÈSES (MAS DE), h. c^ne de Roqueredonde. — *El mas dels Gredors*, 1116 (cart. Gell. 85 v°). — On lit *Mas de Greze* sur la carte de Cassini.

GREZAN ou GRAZAN, f. c^ne de Laurens. — Chef-lieu d'une commanderie de l'ordre de Saint-Jean-de-Jérusalem qui avait donné son nom à Saint-Geniès-le-Bas. — *Gradanum*, 1085 (Livre noir, 247 v°). — *Eccl. de Braxiano et de Grad. prope Bitteris*, 1307 (stat. eccl. Bitter. 37 v°). — *Grazanum*, 1118 (Livre noir, 49 v°). — *Ecclesia S. Genesii de Graz.* 1130 (*ibid.* 249 v°); 1152 (*ibid.* 248). — *Eccl. S. Joannis de Graz.* 1297 (stat. eccl. Bitt. 147). — *Gracianellum villa*, 1152 (Livre noir, 250 v°). — *Rector de Grasano juxta Bitteris*, 1323 (rôle des dîmes des égl. de Béziers). — *Juxta Lauren.* (*ibid.*). — *Grazan*, 1507 (Livre noir, 94). — *Grezan* (carte de Cassini).

GRIFFOULET (LE), f. c^ne de Prémian.

GRILLE (MAS DE), f. c^ne de Saint-Jean-de-Védas.

GRILLÈRES (LES), éc. c^ne de Puisserguier.

GRILLONNE (LA), f. c^ne de Montagnac.

GRIMAL (MAS DE), f. c^ne du Cros.

GRIMAUD, c^ne de Montpellier, 1809.

Gnos, f. c^ne de Montpellier, sect. C.

Gnos, f. c^ne de Vacquières.

Gnos (MAS DE) ou GERVAIS, 1809; BONNARIC, 1861, f. c^ne de Montpellier, sect. K. — *Mas Fontanier* 1742 (arch. de l'hôp. gén. de Montp. B 35).

GROTTES. — Voy. CAVERNES.

GRUALGUE, f. c^ne de la Salvetat.

GRUALGUE (LA), h. c^ne de Fraisse.

GRUASSE (LA), f. c^ne de la Salvetat.

GRUVEL, f. c^ne de Lunel.

GUA (MAS DU), h. c^ne de Saint-Vincent (c^on d'Olargues).

GUA DES BRASSES, f. c^ne de la Salvetat.

GUA-TRAVÈS, f. c^ne de la Salvetat.

GUADUS-FRANCISCUS, anc. villa et m^ins sur l'Orb. — Voy. MOULINS-NEUFS, c^ne de Béziers.

GUADUS-PEROSUS, anc. villa. — Voy. PREIGNES, c^ne de Vias.

GUÉRANDE (LA), f. — Voy. GAILLARDE (LA).

GUÉRIN, f. c^ne de Ganges.

GUÉRIN, f. c^ne de Grabels.

Guers, c^{ne}. — Voy. Castelnau-de-Guers.
Guény, f. c^{ne} de Capestang.
Guibal, j^{in}, c^{ne} de Villeneuve-lez-Béziers.
Guilhermin ou Guilhermet, f. c^{ne} de Mauguio, 1809.
Guilhou, f. c^{ne} de la Salvetat.
Guilhou-Bas, f. c^{ne} de la Salvetat.
Guillems (Les), m^{ins} sur la riv. du Lez, c^{ne} de Castelnau. — Ces moulins ont conservé le nom des anc. Guillems ou Guilloumes, seigneurs de Montpellier du xe au xiiie s^e. — *Guillems*, 1435 (Compoix de la maison consulaire de Montp.). — *Grasset*, 1856.
Guillot, j^{in}, c^{ne} de Saint-Pons.
Guillou, h. c^{ne} de Saint-Maurice.
Guisard, f. c^{ne} de Cette, 1809.
Guinand, f. c^{ne} de Montpellier, 1809.
Guinarde (La) ou Saint-Claude, f. c^{ce} de Bessan. — *Guignard* (carte de Cassini).
Guinardette (La), f. c^{ne} de Bessan. — *La Guignardette* (Cassini).
Guinet (Mas), h. c^{ne} de Saint-Maurice.
Guinguette (La), éc. c^{ne} d'Agde, 1840.
Guiraud, f. c^{ne} de Montpellier, 1809.
Guiraud, j^{in}, c^{ne} de Sérignan, 1840.
Guiraud (Baraque de), éc. c^{ne} de Clermont, 1840.
Guiraud (Mas de), f. c^{ne} de Vic.
Guiraude (La), f. c^{ne} de Puisserguier. — *Alodium ad reg de Gairald*, 1118 (Livre noir, 53 v°). — *Gairacum*, 1163 (*ibid.* 289 v°).
Guiraudou, éc. — Voy. Ariéges (Écluse d').

Guineaux (Les), h. c^{ne} de Montaud.
Guittard, m^{in} sur le Jaur, c^{ne} de Saint-Pons, 1809.
Gurgum nignum. — Voy. Saint-Jean-de-Fos.
Gutta, Goutlas, Goutte, f. — Voy. Saint-Vincent-de-la-Goutte.
Guzargues, c^{on} de Castries. — *Villa, Castrum de Agusanicis*, 922 (cart. des comtes de Melgueil; ms d'Aubaïs; H. L. II, pr. c. 61); v. 825, 1248 (Arn. de Verd. ap. d'Aigrefeuille, II, 417, 443). — *Ecclesia de Agus.* 1111 (cart. Magal. A 27). — *Eccl. S. Michaelis de Aguzanicis*, 1183 (bulle de Lucius III, *ibid.* B 212); 1184 (*ibid.* 362). — *De Aguzano*, 1197 (arch. de Villemag. G. christ. VI, inst. c. 147). — *Parochia de Agusano*, 1332 (cart. Magal. E 314 et 315). — *Gusargues*, 1688 (pouillé; lettres de gr. sc.). — *Guzargues*, 1625 (pouillé); 1649 (*ibid.*); sous le vocable de *S. Michel*, 1684 (*ibid.*); prieuré-cure, 1760 (pouillé; tabl. des anc. dioc.); 1780 (vis. past. Cassini). — Cette cure faisait partie de l'archiprêtré d'Assas. L'évêque de Montpellier était seigneur de Guzargues. — Il ne faudrait pas confondre cette localité, *Agusanicæ*, que les Bénédictins appellent *Agusargues*, 1733 (H. L. II, p. c. 61 et tabl.), avec *Saint-Martin d'Aguzan*, dans le dioc. d'Alais (G. christ. VI, inst. c. 234).

En 1790, Guzargues dépendait du canton de Restinclières, lequel fut supprimé par arrêté consulaire du 3 brumaire an x; cette commune fut alors comprise dans le canton de Castries.

H

Haguenot, chât. et m^{in} sur l'Hérault, c^{ne} de Saint-Thibéry.
Haguenot, f. c^{ne} de Montpellier, sect. J.
Haquinos, j^{in}, c^{ne} de Pézenas.
Haut-Bois (Mas du), f. c^{ne} de Teyran.
Hautpoul, h. — Voy. Félines-Hautpoul.
Hébrard (Mas), f. c^{ne} d'Octon.
Hémies, h. c^{ne} du Pouget.
Hérailles (Grange des), 1851; Hérail, 1809, f. et j^{in}, c^{ne} de Castelnau-de-Guers.
Héras, c^{ne}. — Voy. Saint-Félix-de-l'Héras.
Héraud, f. c^{ne} de Lunel, 1809.
Hérault, riv. qui donne son nom au département, qu'elle traverse dans sa largeur du nord au midi; la vallée où elle coule a une étendue de 4 myriam. — L'Hérault prend sa source à Valleraugue (Gard), passe, dans l'arrondissement de Montpellier, sur les territoires de Ganges, Cazilhac, la Roque, Agonès,

Brissac, Saint-Bauzille-de-Putois, Saint-Martin-de-Londres, le Causse-de-la-Selle, Saint-Guilhem-du-Désert, Argelliers, Puéchabon, Aniane; dans l'arrondissement de Lodève, sur les communes de Saint-Jean-de-Fos, Lagamas, Gignac, Saint-André, Popian, Pouzols, Canet, le Pouget, Tressan, Puilacher, Aspiran, Bélarga, Campagnan, Paulhan, Saint-Pargoire; dans l'arrondissement de Béziers, sur les territoires d'Usclas-d'Hérault, Saint-Pons-de-Mauchiens, Cazouls-d'Hérault, Lézignan-la-Cèbe, Montagnac, Pézenas, Castelnau-de-Guers, Nézignan-l'Évêque, Saint-Thibéry, Florensac, Bessan et Agde. — Cette rivière, après avoir fait marcher vingt-quatre usines et arrosé cent trente hectares durant son cours de 99 kilomètres dans le département, sert de port, vers son embouchure, à la ville d'Agde et se décharge dans la mer. Parmi ces usines il convient de signaler spécialement les anciens moulins de l'évêque d'Agde, convertis aujourd'hui en minoterie, et qui furent construits sous l'épiscopat de Pierre Bérenger, de 1271 à 1276 (Jordan, Hist. de la ville d'Agde, 188, 363, 384).

Il est peu de noms de cours d'eau dont l'orthographe ait plus varié, soit en grec ou en latin, soit en français, que celle du nom de ce fleuve, appelé par l'usage rivière : Ὁ Ῥαύραρις, Strab. IV (leg. Ἀραύραρις vel potius Ἀραύρις). — Ἀραυρίου ποταμοῦ ἐκβολαί, «les embouchures de l'Hérault» (Ptol. II, 10). — Araris (leg. Arauris) (Plin. Hist. nat. III, 4). — Elauris vel Elavris (Theodulf. Parœn. ad Judic. v. 112). — Arauris (Mela, II, 5; Vibius Sequester, de fluminib.); 799 (tr. des ch. Act. SS. Bened. sect. 4, part. I, 222). — Araou, 804 (arch. Gell. ibid. 88). — Araur, 807, 808 (id. ibid. 90 et 91; ch. de l'abb. de St-Guill.); 814 (cart. Anian. 20); 837 (arch. Gell. Act. SS. Bened. ibid. 223); 853 (cart. Anian. H. L. I, pr. c. 101); 1314 (tr. des ch. H. L. I, pr. c. 101). — Araurum flumen, 922 ou 996 (cart. Gell. 11). — Araurus, Eraurum (ibid.). — Eraur (ibid. 12); 990 (abb. de St-Tibér. H. L. II, pr. c. 144); 1029 (cart. de St-Guill. ibid. c. 185). — Flumen Erauri, 1171 (mss d'Aubaïs, H. L. ibid. c. 559; 1190 (id. ibid. III, c. 166); xie s^e et 1190 (cart. Agath. 92 et 300); 1213 (cart. Anian. 48). — Flumen Erauris, 1122 (mss d'Aubaïs, ibid. c. 422). — Molendinus medius situs in flumine Er. 1173 (cart. Anian. 88). — Paxeria (chaussée) super fluvium Er. 1206 (ibid. 67 v°). — Flumen Eravi, 1187 (mss d'Aubaïs, H. L. III, pr. c. 161); 1216 (arch. de St-Tibér. G. christ. VI, inst. c. 334). — Omnes molendini de Er. 1203 (cart. Anian. 48 v°). — Euranus, 1105 (chât. de Foix, cart. H. L. II, ibid. pr. c. 368). — Herau, 1118 (id. ibid. c. 404). — Molendinus situs in flumine Erani in parrochia S. Baudilii de Pedusio (Saint-Bauzille-de-Putois), 1339 (cart. Magal. B 7). — Cyrta (Vibius Sequester).

On ne s'étonnera pas, en voyant cette nomenclature depuis les premiers siècles chrétiens, si le nom de notre rivière a tant varié parmi les écrivains français. Catel (Mém. du Lang.), Andoque (Hist. du Lang.), d'Anville (Not. de l'anc. Gaule), Mandajors (Hist. crit. de la Gaule narb.), écrivent *Eraut;* Valois (Not. Gall.), *Airau, Erau, Erhau;* Expilly (Dict. géogr.), *Erau, Eraut, Hérault;* La Martinière (Dict. géogr.), *Erault;* l'abbé de Longuerue (Descript. de la France), *Erau;* l'abbé Baudrand, d'après Ferrari (Lexic. geogr.), *Arauraris, Araurius, Eraud,* et (Dict. géogr. franç.), *Eravus, Araura, Arauraris, Rauraris, Erault;* le P. Hardouin (Not. in Plin.),

Airau, Erhau; Astruc (Mém. pour l'Hist. nat. du Languedoc), *Eraut* ou *Airaut;* les Bénédictins (Hist. gén. du Languedoc), *Eraut.* — Nous ne parlons pas d'autres auteurs moins connus qui ont orthographié *Ayraut, Eraud, Erhaud, Eraux, Heraud,* etc. Voy. Dissert. sur la manière dont il faut écrire le nom de ce fleuve, par Paulin Crassous (Bulletin de la Société des sciences et belles-lettres de Montpellier, t. III, 77).

La loi du 4 mars 1790, qui a divisé la France en départements, a définitivement fixé cette orthographe en écrivant *Hérault.*

Le département de l'Hérault fut formé à peu près des cinq diocèses languedociens de Montpellier, Béziers, Agde, Lodève, Saint-Pons. Il fut divisé en quatre districts, qui en l'an viii prirent le nom d'arrondissement, en conservant les noms de leurs chefs-lieux : Montpellier, Béziers, Lodève, Saint-Pons. Ces districts furent divisés en cantons, dont le nombre, suivant la Constitution de l'an III, et conformément aux lois du 19 vendémiaire an iv et du 28 pluviôse an viii, fut porté à 52, savoir : Montpellier, Castries, Cette, Claret, Frontignan, Ganges, Lunel, Marsillargues, les Matelles, Mauguio, Pignan, Poussan, Restinclières, Saint-Georges-d'Orques, Saint-Martin-de-Londres; — Béziers, Agde, Bédarieux, Capestang, Cazouls-lez-Béziers, Florensac, Fontès, Magalas, Mèze, Montagnac, Murviel, Pézenas, le Poujol, Roujan, Servian; — Lodève, Aniane, Aspiran, la Blaquière, le Caylar, Clermont, Gignac, Lunas, Montpeyroux, Octon, Saint-André, Saint-Pargoire, Soubès; — Saint-Pons-de-Thomières, Angles, Cessenon, Cruzy, la Livinière, Olargues, Olonzac, Saint-Chinian, la Salvetat.

Mais, selon la loi du 8 pluviôse an x, un arrêté des consuls du 3 brumaire suivant supprima les chefs-lieux de canton ci-après : Marsillargues, Pignan, Poussan, Restinclières, Saint-Georges, Cazouls-lez-Béziers, Fontès, Magalas, le Poujol; Aspiran, la Blaquière, Montpeyroux, Octon, Saint-André, Saint-Pargoire, Soubès; Angles, donné au département du Tarn en échange de Saint-Gervais, Cessenon, Cruzy et la Livinière. En même temps, le canton d'Aniane, de l'arrondissement de Lodève, et celui de Mèze, de l'arrondissement de Béziers, passèrent dans l'arrondissement de Montpellier; Béziers fut divisé en deux sections et Montpellier en trois. En sorte que, depuis l'an x, le département de l'Hérault est divisé en 4 arrondissements et 36 cantons, comme il suit : Montpellier (3), Aniane, Castries, Cette, Claret, Frontignan, Ganges, Lunel, les Matelles, Mauguio, Mèze, Saint-Martin-de-Londres; — Béziers (2),

Agde, Bédarieux, Capestang, Florensac, Montagnac, Murviel, Pézenas, Roujan, Saint-Gervais, Servian; — Lodève, le Caylar, Clermont, Gignac, Lunas; — Saint-Pons, Olargues, Olonzac, Saint-Chinian, la Salvetat. Le département de l'Hérault compte 332 communes. — Voy. l'Introduction.

Herdoüsse (L'), h. c^{ne} de Saint-Étienne-d'Albagnan.

Hérépian, c^{on} de Saint-Gervais. — Le nom de cette commune paraît avoir la même origine que ceux des *Aires* et de *Mourcairol*, qui en sont voisines, *Area plana*. — *Erepian*, 1625 (pouillé). — *Herepian*, 1649 (*ibid.*); 1688 (lett. du gr. sceau). — La *cure d'Herepian*, 1760 (pouillé), dioc. de Béziers, faisait partie de l'archiprêtré de Boussagues; patr. *S. Martialis*, 1780 (état offic. des égl. de Béziers; tabl. des anc. dioc.). — Cassini et la carte diocésaine écrivent aussi *Herepian*.

Cette commune fut d'abord comprise dans le canton du Poujol, qui fut supprimé par arrêté consulaire du 3 brumaire an x; elle fit alors partie du canton de Saint-Gervais.

Héric, h. c^{ne} de Rosis. — Dans le recensement de 1809, ce hameau se trouve compris dans la commune de Taussac-et-Douch; il appartient à celle de Rosis depuis 1830.

Héricault, éc. c^{ne} de Cette.

Héricourt, salines, c^{ne} de Cette.

Hermitage (L'), f. c^{ne} de Servian. — Voy. Combas.

Hermite (Jardin de l') ou Jardin de Saint-Michel, f. c^{ne} d'Olonzac.

Hens (Les), h. c^{ne} de Fraisse.

Hers (Les), ruiss. qui a son origine aux Landes, c^{ne} de Saint-Julien, arrose deux hectares dans son cours d'environ 1,340 mètres sur le territoire de cette commune et se perd dans l'Agout, tributaire du Tarn. — *Lous Hers*, 1778 (terr. de St-Julien).

Heulz ou Hulz, f. c^{ne} de Saint-André-de-Sangonis.

Hilaire, mⁱⁿ sur le Vidourle, c^{ne} de Boisseron.

Hippolyte (Mas d'), f. c^{ne} du Pouget.

Hinic, ruiss. qui naît au lieu dit *la Calmette*, c^{ne} de Mons, arrose trente hectares, court pendant 6 kilomètres sur le territoire de cette commune et se jette dans l'Orb.

Holatian, monastère de la vallée du Vernasoubre, où prit naissance l'abbaye de Saint-Chinian. — *Holatianus*, 826 (arch. de St-Chinian; G. christ. VI, inst. c. 73). — *Olocianus*, 844 (*ibid.* 74). — Voy. Saint-Chinian.

Homejan ou Mejan, anc. abbaye. — Voy. Villemagne.

Homies, h. c^{ne} du Puech, 1809. — *Les Emiès* (carte de Cassini).

Homme-Mort (Baraque de l'), éc. c^{ne} de Joncels.

Hôpital (Mas de l'), f. c^{ne} de Gignac. — *Octava pars molendini Megerii qui dicitur de Hospitali, qui est in flumine Arauri*, 1204 (cart. Gell. 212 v°). — *Quarta pars dicti molendini*, 1205 (*ibid.* 211).

Hôpital-Mage (L') ou l'Espitalet, f. c^{ne} de Vendres, 1809.

Hortalessie, f. c^{ne} de Cessenon, 1809.

Horte (L'), h. c^{ne} de Saint-Étienne-d'Albagnan.

Horts (L'), h. c^{ne} de Taussac-et-Douch.

Hortes, f. c^{ne} de Bessan.

Hortes, f. c^{ne} de Béziers.

Hortes, f. c^{ne} de Saint-Thibéry.

Hortes (Les), jⁱⁿ ou tuilerie Mas, c^{ne} de Puisserguier.

Hortet (L'), jⁱⁿ, c^{ne} de Béziers.

Hortolès, jⁱⁿ, c^{ne} de Lattes.

Horts ou Jardin Pasquié, c^{ne} du Pouget. — Voy. Sainte-Marie-des-Horts.

Horts (Les), h. c^{ne} de Saint-Julien. — *Les Hors*, 1778 (terr. de St-Julien).

Hortus, f. c^{ne} de Magalas, 1809.

Hubac, f. c^{ne} de Cazevieille.

Huglaz, f. — Voy. Ugla.

Hugounenc, f. c^{ne} de Lattes.

Huguettes (Les), h. c^{ne} de la Salvetat.

Huguières (Les), f. — Voy. Uyènes (Les).

Huile (Mas de l'), vulgairement *Mas de l'Oli*, h. c^{ne} de Montferrier.

Hulz, f. — Voy. Heulz.

Huttes (Les), h. c^{ne} de la Vacquerie. — Voy. Utes (Les).

I

Icuis, h. c^{ne} de Prémian.

Ile (L') ou Delisle, f. c^{ne} de Lunel.

Ile (L'), f. c^{ne} de Saint-Thibéry.

Iles. — On peut en compter trois sur les côtes du département : le fort *Brescou*, près d'Agde; l'*Esclaveron* ou l'*Esclavaux*, dans l'étang de Maguelone, et celle de *Maguelone*, près de Villeneuve. — Voy. ces articles.

Ilette, petite île dans l'Orb, au-dessus des moulins de Bagnols, c^{ne} de Béziers, où, sous Charles IX, les religionnaires de cette ville se réunissaient pour leur culte (Andoque, Catal. des évêq. 1096).

ILICE (Mas d'), h. c^{ne} de Parlatges. — *Mansus de Ilice vel Decovra*, 987 (cart. Lod. G. christ. VI, inst. c. 270). — Ce nom et la position du lieu font supposer qu'il s'agit ici de l'ancienne appellation de *Saint-Pierre-de-la-Fage*. — Voy. ce mot.

IMAN, éc. c^{ne} de Villeneuve-lez-Béziers, 1809.
IMBERT, f. c^{ne} de Lattes.
INARD (Mas d'), f. c^{ne} de Mauguio.
INLANDÈS, f. c^{ne} de Montpellier, sect. D.

ISSAC, j^{in}, c^{ne} de Pézenas, 1840.
ISSENSAC, h. — Voy. SAINT-ÉTIENNE-D'ISSENSAC.
ITIER, f. c^{ne} de Montpellier, 1809.
IVERNÈS, f. — Voy. ARTIX.
IZARD (LA BASTIDE D'), f. c^{ne} de Castelnau-de-Guers.
IZARN, ruisseau qui a son origine au mas de Merou, c^{ne} de Lodève, parcourt un kilomètre, arrose vingt-deux hectares, alimente quatre auges à foulon et va se perdre dans la Soulondres, affluent de la Lergue.

J

JACOU, c^{on} de Castries. — *Villa de Jacone*, v. 825 (Arn. de Verd. ap. d'Aigrefeuille, II, 417). — *Villa de Jocone*, 1156 (G. christ. VI, inst. c. 359). — *Jaconum*, 1528 (pouillé). — *Jacon*, 1649 (*ibid.*). — Jacou, dans la baronnie de Montpellier, était un prieuré-cure de l'archiprêtré d'Assas, sous le vocable de *S. Pierre-aux-Liens*, 1625 (pouillé); 1684 (*ibid.*); 1688 (pouillé et lett. du gr. sceau); 1756 (état offic. des églises de Montp.); 1760 (pouillé); 1777 (vis. past. tableau des anc. diocèses; carte de Cassini).
JACQUELS, f. — Voy. MALDINNAT.
JACUE (LA), f. c^{ne} de Béziers. — *Jaca villa*, 1199 (Livre noir, 119).
JALABERT ou SALABERT, f. c^{ne} de Nissan, 1809.
JALAGUIÈRES, h. c^{ne} de la Roque.
JALBERT, f. c^{ne} de Boisset.
JAMES, f. c^{ne} de Montpellier, 1809.
JAMMON, f. c^{ne} de la Salvetat.
JANAS, f. c^{ne} de la Salvetat.
JANDOS, f. c^{ne} de Saint-André-de-Sangonis.
JANHUC, JANUC ou JEAN-HUC, h. c^{ne} de Rouet.
JANIN, f. c^{ne} d'Agde.
JANTON (Mas), h. c^{ne} d'Aumelas.
JAOUL, f. c^{ne} de Montpellier, sect. F.
JAQUELS, j^{in} et ff. c^{ne} de Florensac, 1809.
JARDIN-NEUF, f. c^{ne} de Vendres.
JARDINIER (Mas DU), f. c^{ne} de Montferrier.
JARDINS (LES) ou JARDIN SOUS LE CANAL et JARDIN DE BOUDEIL, c^{ne} de Colombiers-lez-Béziers, 1809.
JASSE (LA), f. c^{ne} de Fraisse.
JASSE (LA), f. c^{ne} de Mas-de-Londres.
JASSE (LA), f. c^{ne} de Mons, 1809.
JASSE (LA), f. c^{ne} du Soulié.
JASSE (LA) ou SAINT-JEAN, f. c^{ne} de Valflaunès.
JASSES (LES), f. c^{ne} de Ferrières (c^{on} de Claret).
JASSETTE (LA), f. c^{ne} de Lunel.
JASSETTE (LA), f. c^{ne} de Notre-Dame-de-Londres.

JAUME, f. c^{he} de Lattes.
JAUMES, f. c^{ne} d'Agde.
JAUMES (GRANGE DE), f. c^{ne} de Vias, 1840.
JAUR (LE), riv. qui prend sa source dans la ville même de Saint-Pons-de-Thomières. Son cours, de 25 kilomètres sur les territoires de Saint-Pons, Riols, Prémian, Saint-Étienne-d'Albagnan, Saint-Vincent, Olargues, Saint-Julien, Mons, alimente vingt-trois usines et arrose cinquante-cinq hectares. Il afflue dans l'Orb. — La vallée de cette rivière a 2 myriamètres. — *Jaur*, 940 (arch. de Saint-Pons; Mabill. Ann. III, 711). — *Fluvius de Jauro*, 936 (arch. de l'égl. de St-Pons, Catel, comt. 88); 969 (cart. de la cath. de Narb. H. L. II, pr. c. 118). — *Vallis Jaur*. 1102 (arch. de l'égl. de St-Pons; *ibid.* c. 357). — *S. Poncius de Jaur*. 1132 (Livre noir, 168). — *Jaure*, 1518 (pouillé).
JAUSAS, éc. c^{ne} d'Agde.
JAUSSAN, j^{in}, c^{ne} de Béziers, 1809.
JAUSSAN, j^{in}, c^{ne} de Sérignan, 1840.
JAUSSAN, j^{in}, c^{ne} de Villeneuve-lez-Béziers.
JAUSSERAN, f. c^{ne} de Montpellier, 1809.
JEAN, f. c^{ne} de Lattes.
JEAN, f. c^{ne} de Montpellier, sect. B.
JEAN-ANDRIEU, h. c^{ne} de la Salvetat.
JEAN-HUC, h. — Voy. JANHUC.
JEANJEAN, f. c^{ne} de Jacou.
JEANJEAN, f. c^{ne} de Lattes.
JEANJEAN, f. c^{ne} de Montpellier, 1809.
JEANJEAN, poste de douanes, éc. c^{ne} de Cette.
JEANOU, f. c^{ne} de Sauteyrargues-Lauret-et-Aleyrac.
JEANTET, f. c^{ne} de Montpellier, sect. B.
JEAUMES, f. c^{ne} de Montpellier, sect. J.
JEBRA, fief. — Voy. TENERO.
JERUNDENSIS, anc. église. — Voy. SAINT-FÉLIX-DE-JONCELS.
JÉSUITES (LES), f. c^{ne} de Béziers, 1809.
JIEUSSELS, f. c^{ne} de la Salvetat.

Joindri, anc. paroisse. —Voy. Notre-Dame-de-Londres.

Jolimont, f. c^{ne} de Villeveyrac, 1809.

Joncelets ou Joncelet, 1841, h. c^{on} de Joncels. — *Jancelletz*, xvie siècle (terr. de Joncels). —*Jausselets* (carte de Cassini).

Joncels, c^{on} de Lunas. — Ce nom rappelle l'abbaye de Joncels ou de Saint-Pierre de Lunas, de l'ordre de Saint-Benoît, antérieure au viiie s°; 759 (Baluz. Not. in capitul. II, 1099, 1104, et Append. 1393 et 1519). — *Isiates villa*, 804-6 (cart. Gell. 3 et 4; Mabill. Ann. II, 718; G. christ. VI, inst. c. 265). — *Monasterium Juncellense*, 909 (abb. de Psalmodi; Mabill. *ibid.* III, 696); 975 (Plant. chron. præs. Lod. 62). — *S. Petrus de Joncellos*, 961 (Mabill. Diplom. 572); 977 (Marten. Anecd. I, 95). — *S. Petrus Juncell.* 988 (Testam. de S. Fulcran; cart. Gell. 54; G. christ. *ibid.* 272). — *Abbatia de Juncels*, 1118 (cart. de Foix; H. L. II, pr. c. 404). — *In ipsa villa Juncellensi ecclesia S. Felicis, S. Machaelis et S. Saturnini*, 1135 (cart. Juncell. G. christ. inst. c. 135). — *Abbatia, monasterium S. Petri de Juncellis*, 1178 (ibid. 140); 1176 (Livre noir, 14 et suiv.). — *De Vincellis*, 1153 (ibid. 153 v°); 1170 (fol. 24 v°). — *Abbas Vincellensis, monasterium Vincellense*, 1176 (fol. 14 et suiv.). — De même que nous avons rapporté à Joncels *Villa Isiates*, de même ne faudrait-il pas rapporter à *Isiates* le *Castrum Iseranum*, 1271 (mss de Colb. H. L. III, pr. c. 602)? Ce qui nous ferait adopter ce sentiment, c'est que le Livre noir, qui défigure assez souvent l'orthographe des anciens noms, dit *Ecclesia S. Petri in villa Iriniano (Isiniano)*, 1152 (fol. 250 v°). — *Vicarius de Jussellis, abbas Jussellensis*, 1323 (rôle des dîmes des égl. de Béziers). — *Juncelles*, 1518 (pouillé). — *Janselz*, xvie s° (terr. de Joncels). — *Jausselz*, 1649 (pouillé). — *Jaussels*, 1625 (ibid.); 1688 (lett. du gr. sc.); 1710, 1720 (Saugrain, Dénombr.); 1764 (Expilly, Dictionn.); 1778 (terr. de Joncels). — *Abbaye, cure*, 1760 (pouillé; tabl. des anc. dioc.). — *Jaussels* ou *Joncels*, archiprêtré de Boussagues, patr. *S. Petrus ad vincula*, 1780 (état offic. des égl. de Béz.). — Cassini écrit *Joncels*.

La commune de Joncels a toujours fait partie du canton de Lunas; mais son territoire a perdu les hameaux de la Blaquière et de Savagnac, qui ont été réunis à la commune de Ceilhes-et-Rocozels par ordonnance des Cinq-Cents du 9 vendémiaire an vi.

Joncs (Étang des) ou de Jonquières. — On donnait ce nom à une partie du palus de Lattes ou de Méjan, limitrophe de l'étang de Mauguio. Une pointe de terre dans ce palus était appelée *Cap des Joncs*. — *La canal dels Seignors cossols de mar de Montpeylier, so es assaber de Morre (cap) de Joncs*, 1340 (criées des consuls de mer de Montpellier, B 47, 193). — *Stagnum Jonquier vel de Jonqueriis*, xvie s^e (arch. dép. Plan sur peau; fonds du chap. coll. de St-Sauveur).

Jonquières, c^{en} de Gignac. — *Concil. in regno Septimaniæ, apud Juncarias, in ecclesia S. Vincentii*, 909 Baluz. Concil. Narb. 5; Gariel, Ser. præs. Magal. 49; II. L. II, pr. c. 51). — *Troncheta*, ixe s^e (cart. Gell. 4). — *In villa Juncar. mansum quem nominant Druncheta*, 988 (Testam. de S. Fulcran; cart. Gell. 54). — *Castrum de Jonqueriis*, 1323 (cart. Magal. A 72); 1324 (Plant. chron. præs. Lod. 291). — *Junquiera*, 1536 (bull. transl. sed. Magal. et G. christ. VI, inst. c. 400). — En 1540, le seigneur de Jonquières était vassal de l'évêque de Lodève, en ce sens que cet évêque comptait *Dominus de Jonquerio* parmi ses *Fiduciarii seu clientes seculares* (Plant. ibid. 363). — *Jonquieres*, fief de la viguerie de Gignac, 1529 (dom. de Montp. H. L. V, pr. c. 87); 1625 (pouillé); 1649 (ibid.); 1688 (lett. du gr. sceau); 1710, 1720 (Saugrain, Dénombr. tabl. des anc. diocèses; carte de Cassini). — Toutes ces autorités placent cette localité dans le diocèse de Lodève; les Bénédictins seuls l'ont mise dans le diocèse de Maguelone, bien que l'instrument par eux cité ne le dise pas (voy. Hist. de Lang. II, 44).

Jonquières fut d'abord comprise dans le canton de Saint-André, supprimé par arrêté consulaire du 3 brumaire an x; cette commune fut alors ajoutée à celles du canton de Gignac.

Jouillé, éc. c^{ne} de Montpellier, sect. D.

Jouillé, f. c^{ne} de Castelnau-lez-Lez.

Jouines, f. c^{te} de Mèze.

Jounié (Le), h. c^{ne} de la Salvetat.

Jounié (Le), h. c^{ne} du Soulié.

Jouncin, f. c^{ne} de Montpellier, sect. E.

Jourdan, éc. c^e du Bosc.

Jourdan (Mas de), f. c^{ne} de Montaud, 1809.

Jourdan, f. c^{ne} de Vias.

Jourdes, f. c^{ne} de la Vacquerie.

Jourjon, jⁱⁿ, c^{ne} de Lodève.

Jourmac, h. c^{ne} de Gignac. — *Alodes in comitatu Biterense, in vicaria Popianense, infra terminium de villa que vocatur Jurmacho*, 1012 (cart. Gell. 57 v°). — *In terminio de Jusmacho, in fluvio Arauris, unum molendinum*, 1098 (ibid. 88). — Ancien château et métairie, fief épiscopal du siége de Lodève, tenu du roi de Majorque, *tenementum de Jusm.* 1284 (Plant. chr. præs. Lod. 234). — Les moines de Saint-Guillem furent autorisés par le pape à vendre le fief

Stare de Jormaco, 1485 (G. christ. VI, inst. c. 599).
— Voy. TOURNAC.

JUBINIANUM. — Voy. les articles de GIGNAC et de JUVIGNAC.

JUDA (LA), seigneurie de la viguerie de Gignac, 1529 (dom. de Montp. H. L. V, pr. c. 87).

JUFFET, f. cᵒ de Montbazin.

JUGE, éc. station du chemin de fer, cᵒ de Lunel-Viel. — Voy. TOUR-DE-FARGES.

JUGE, f. cᵒ de Marsillargues.

JUGE (GRANGE DU), f. cᵒ de Bessan.

JUGE (LE), f. cᵒ de Saint-Pons.

JUGE (MAS DU), éc. cᵒ de Vic.

JUGE (MOULIN DU), sur le Vidourle, cᵒ de Lunel.

JULIO, h. cᵒ de Saint-Vincent (cᵒ d'Olargues).

JULLIAN (AIRES DE), f. cᵒ de Bessan, 1809.

JUSTY, deux ff. cᵒ de Montpellier, sect. A.

JUVENEL (FERME DE), cᵒ de Pézenas.

JUVIGNAC, cᵒ (3°) de Montpellier. — Nous avons dit (voy. GIGNAC) que nous attribuions de préférence à Juvignac le *Jubinianum* de Mariana (de Reb. Hisp. 610, lib. VI, 2). — *Infra fiscum nostrum nuncupante Juviniacum, antiquo vocabulo fonte Agricolæ, nunc autem Nova-Cella appellatur* (Dipl. de Charlem. de 799 et Vidim. de 1314; tr. des ch. Act. SS. Bened. sect. IV, part. I, 222); 837 (ch. de Louis le Débonn. arch. d'Aniane, *ibid.* 223). — *Molina duo infra ipsius fisci terminum*, 853 (ch. de Charles le Chauve; cart. Anian. et Vidim. de 1314; tr. des ch. H. L. I, pr. cc. 30, 71 et 101): voy. CELLENEUVE. — *In comitatu Substantionense ipsum fiscum cum ecclesia*, 898 (ch. de Charles le Simple; arch. de l'égl. de Narb. H. L. II, pr. c. 34); v. 1100, 1248, 1263 (Arn. de Verd. ap. d'Aigrefeuille, II, 425, 443, 445). —

Eccl. S. Johannis de Juvin. 1146 (cart. Anian. 35). — *Parochia S. Gervasii de Jovennac*, 1130 (mss d'Aubais; *ibid.* 457). — *Decimaria, parrochia de Juvihaco*, 1303 (cart. Magal. B. 168 et 170); 1330 (*ibid.* E 166). — *De Juvinhaco et S. Gervasii de Grabellis*, 1347 (*ibid.* 272). — *Parroch. SS. Gervasii et Protasii ecclesiæ de Juvignaco*, 1484, 1501, 1510 (arch. de l'hôp. gén. de Montp. B 587). — *Eccl. de Juvigniaco*, 1536 (bull. Paul. III, transl. sed. Magal.). — *Juviniac*, dans l'archiprêtré de Montpellier, 1649 (pouillé); 1756 (état offic. des églises de Montp.); 1777 (vis. past. carte de Cassini). — *Juvignac*, dans la baronnie de Montpellier, 1625 (pouillé); 1684, sous le patron. des SS. Gervais et Protais (*ibid.*); 1688 (pouillé; lett. du gr. sceau); 1760 (pouillé; tabl. des anc. dioc.). — Le chapitre cathédral de Montpellier était prieur de *Juvignac*. — Cassini indique cette église; mais on voit (vis. past. de 1684 et 1688) qu'elle n'existait pas antérieurement, et que le service divin de la paroisse se faisait dans une salle basse du château de Caunelles. — Ces derniers documents montrent encore que la dame de la Roche était dame de Juvignac. La même seigneurie passa dans la maison de Castelmore, 1777 (vis. past.).

Juvignac fut d'abord placé dans le canton de Saint-Georges-d'Orques, supprimé par un arrêté des consuls du 3 brumaire an X. Cette commune fut alors ajoutée à celles qui formaient le canton (3°) de Montpellier.

JUZE, ruisseau qui naît au lieu appelé *Parabirac*, près de Rocozels, arrose neuf hectares sur le territoire de Ceilhes, parcourt 3 kilomètres et va se perdre dans l'Orb.

K

KADINJAN, ancienne viguerie du comté de Béziers. — Voy. CHATUNIAN.

KAMANELLUM, *Villar.* — Voy. RAMANELLA.

KLECH ou KLÈCHE, f. cᵒ de Balaruc-les-Bains.

L

LABADIÉ, h. cᵒ de Ferrières (cᵒ d'Olargues).

LABARTHARIÉ, h. cᵒ de Ferrières (cᵒ d'Olargues).

LABARTHE, f. cᵒ de Cournonterral.

LABARTHE, jᵢⁿ, cᵒ de Béziers.

LABARTHE (MAS), f. cᵒ de Frontignan.

LABAU, f. cᵒ de Valflaunès.

LABEL, f. cᵒ de la Salvetat.

LABEL ou LABEIL, h. cᵒ de Lauroux. — *In valle de Gorgatio* (la vallée de Saint-Étienne-de-Gourgas) *in loco vocato Labellaria*, 1303 (Plant. chron. præs. Lod. 257).

LABEURADOU ou LABEOURADOU (*l'Abreuvoir*), h. cᵒ de Félines-Hautpoul.

LABOISSIÈRE, cᵒ. — Voy. BOISSIÈRE (LA).

La Borie, Fontenay ou Gibal, f. c^{ne} de Castelnau-lez-Lez. — *La Volhe,* 1792 (arch. dép. O 2).

Laboussière (Mas de), f. c^{ne} de Pardailhan. — *Laboussiere,* 1695 (Affranch. VII, 15a).

Labranche, f. c^{ne} de Poujols, 1809.

Labranche, usine à foulon, éc. c^{ne} de Lodève.

Lacan, h. c^{ne} de Montarnaud.

Lacan, h. c^{ne} de Vélieux.

Lacarolle, f. c^{ne} de Montpellier, sect. D.

Lacombe, f. — Voy. Combe (La) et Martin-Lacombe.

Lacoste, c^{on} de Clermont. — *Costa villa, castrum,* 881 (cart. de l'égl. de Béz. II. L. II, pr. c. 20); 1270 (Plant. chr. præs. Lod. 210); 1286 (*ibid.* 238). — *La Costa,* 1171 (mss d'Aubaïs; H. L. II, pr. c. 559); 1187 (cart. Anian. 47 v°). — Nous supposons qu'il faut rapporter à Lacoste la seigneurie de la Crouste de la viguerie de Gignac, 1529 (dom. de Montpellier, H. L. V, pr. c. 87). — *La Coste,* 1625 (pouillé); 1649 (*ibid.*); 1688 (lett. du grand sceau). — *Cure de Coste,* 1760 (pouillé); xviiie siècle (carte de Cassini; tableau des anciens diocèses). — Le tableau officiel des communes du département dressé en l'an iv écrit encore *La Coste;* mais le même tableau de l'an x et celui de l'an xiii portent *Lacoste,* orthographe officielle adoptée par le Dictionnaire des postes et que nous avons dû adopter aussi. — Pour les chapelles Saint-Jean et Saint-Barthélemy, voy. Saint-Étienne-de-Rongas.

Lacoste, f. c^{ne} de Castanet-le-Haut.

Lacoste, sommet volcanique près de Clermont; haut. 277 mètres.

Lacroix, f. c^{ne} de Saint-André-de-Buéges.

Lacroix, jⁱⁿ, c^{ne} de Florensac, 1809.

Lacroze, f. c^{ne} de Montpellier, sect. H.

Lacs (Les), f. c^{ne} de Minerve.

Ladarez, c^{ne}. — Voy. Saint-Nazaire-de-Ladarez.

Ladisse, h. — Voy. Adisse (L').

Lafage, h. — Voy. Fage (La).

Lafeuillade, f. c^{ne} de Montpellier, sect. E.

Lafleuride-Basse, f. c^{ne} de Pailhès.

Lafleuride-Haute, f. c^{ne} de Pailhès.

Lafon, f. c^{ne} de Soumont.

Lafon (Mas de), f. c^{ne} de Montferrier.

Lafont, f. c^{ne} de Montpellier, sect. E.

Lafont, f. c^{ne} de Montpellier, sect. G.

Lafoux, f. c^{ne} de Claret.

Lafoux, mⁱⁿ à la source de la riv. de Buéges, c^{ne} de Pégairolles-de-Buéges.

Lafoux, mⁱⁿ sur le Lez, c^{ne} de Saint-Clément.

Lafoux, ruiss. qui court sur le territoire de Saint-Jean-de-Buéges pendant 5,200 mètres, arrose trois hectares, fait mouvoir deux usines et se jette dans la rivière de Buéges, affluent de l'Hérault.

Lagamas, c^{on} de Gignac. — C'est un de ces mots comme la Coste, la Vérune et autres, où l'usage a contracté l'article et le nom pour en former un appellatif. Le petit village chef-lieu de la commune est appelé dans le pays *Mas d'Agamas.* — Ancienne dépendance de la paroisse de Notre-Dame-de-la-Garrigue, qui constituait une communauté, Lagamas, qui lui a succédé, dépend aujourd'hui, comme annexe, de la paroisse de Montpeyroux. — *Mas d'Agamas-lez-Montpeyroux,* 1560 (actes de Durand, notaire, chez Me Poulaud, notaire à Montpeyroux). — *Mas Dagamas,* xviiie s^e (carte de Cassini). — *Lagamas,* 1837 et 1860 (Dict. des postes).

La commune de Lagamas fut d'abord placée dans le canton de Montpeyroux; mais ce canton ayant été supprimé par arrêté des consuls du 3 brumaire an x, elle passa alors dans le canton de Gignac.

Lagamas, jⁱⁿ, c^{ne} de Montpeyroux.

Lagamas, ou plutôt Agamas, mⁱⁿ ruiné sur le ruisseau de même nom, c^{ne} d'Arboras. — *Molendinum de Agamanco,* 1315 (procès entre l'évêque de Lodève et Raymond d'Arboras; Plant. chr. præs. Lod. 270). — *Molendina de Arboratio in rivo de Agam. prope devesium de Capra-longa,* 1328 (*ibid.* 297).

Lagamas, mieux Agamas, rivière qui prend sa source dans la commune de Saint-Saturnin, à l'extrémité septentrionale d'Arboras, sous la côte de ce nom (route de grande communication n° 9), entre les communes d'Arboras et de Saint-Saturnin, que son cours sépare d'abord. Elle traverse ensuite les territoires de Montpeyroux et de Saint-André et, après avoir parcouru 16 kilomètres, arrosé deux hectares et fait marcher cinq usines, elle se rend dans l'Hérault au Mas de Simon, entre la commune de Lagamas et celle de Saint-André, vis-à-vis de Gignac. — *Rivus de Agamanco,* 1328 (Plant. chronol. præs. Lodov. 297).

Lagarde, f. c^{ne} de Castelnau-lez-Lez.

Lagarde, f. c^{ne} de Montagnac.

Lagarde, f. c^{ne} de Montpellier, 1809.

Lagarde, h. c^{ne} de Notre-Dame-de-Londres.

Lagarde (Grange de), f. c^{ne} d'Hérépian.

Lagare, f. c^{ne} de Lodève.

Lagare, f. c^{ne} d'Olmet-et-Villecun.

Lagarel (Le), ruiss. qui naît et court sur le territoire de Saint-André-de-Sangonis, où il arrose quatre hectares. Il se perd dans l'Hérault après avoir parcouru 3,550 mètres.

Lagnas, f. c^{ne} de Lunas.

Lagube, h. c^{ne} de Villemagne.

Laidès, f. — Voy. Ledès.
Lairargues, f. — Voy. Leyrargues.
Lairolle, f. c^{ne} de la Salvetat.
Lajard, f. — Voy. Rouchen.
Lalande, f. c^{ne} de Montpellier, sect. E. — Voy. Cainoche.
Lalande, f. — Voy. Pastourel (Mas).
Lalle ou Lalles, f. c^{ne} de Capestang.
Lallemand (Mas de), f. c^{ne} de Saint-Pargoire.
Lamalou, h. — Voy. Malou (La).
Lamanage ou Lamassage, éc. c^{ne} d'Agde.
Lamarche, f. — Voy. Marche (La).
Lamatane, f. c^{ne} de Claret, 1809.
Lambert (Pnés-), f. c^{ne} de Magalas, 1809.
Lambeyran, f. c^{ne} de Caux. — *Laimeria*, 1146 (Livre noir, 165 v°).
Lamothe-Tenet, f. c^{te} d'Agde.
Lamougère, f. c^{té} de Mauguio.
Lamourlanié, h. c^{ne} de Rieussec.
Lamouroux (Mas de), f. c^{ne} d'Aumelas. — *Mas de Lamouroux*, 1779 (terr. d'Aumelas).
Lancyre, h. c^{ne} de Valflaunès. — *Prior de Lancyros*, 1527 (pouillé). — *Lancire*, 1715 (arch. de l'hôp. gén. de Montpellier, B 174). — *Lancyre* (carte de Cassini).
Landayrou, Landayron ou Landayran, ruiss. qui a son origine dans la commune de Saint-Nazaire-de-Ladarez, passe sur le territoire de Cessenon, parcourt 11,300 mètres, fait mouvoir un moulin à blé et se jette dans l'Orb.
Lande (La), 1856; Lalande, 1840, f. c^{ne} de Saint-Nazaire-de-Ladarez.
Lando, f. — Voy. Pinède (La).
Landottes, h. c^{ne} de Fraisse.
Landure ou Lendure, f. c^{ne} de Fraisse. — *El Landre*, 1122 (cart. Gell. 60).
Langlade, h. c^{ne} de Riols.
Languedoc. — Ce nom, dont l'origine ne peut être placée au delà du xiiie siècle, nous rappelle la province qui fut démembrée en 1790 pour former de nouvelles divisions. Le département de l'Hérault et les départements ou parties des huit départements de l'Ardèche, de l'Aude, du Gard, de la Haute-Garonne, de la Haute-Loire, de la Lozère, du Tarn, de Tarn-et-Garonne, composaient cette province, qui, après avoir eu plus ou moins d'étendue, reçut enfin de Louis XI, en 1469, les limites qu'elle a gardées jusqu'en 1790. Ce n'est pas ici le lieu d'en présenter l'historique; il suffit d'ailleurs de jeter un coup d'œil sur les tables de l'Hist. gén. de Languedoc, et plus particulièrement sur les pages 631 du tome II et 536 et 591 du tome IV. On peut voir aussi dans ce Dictionnaire les mots: Aquitaine, Gothie, Narbonnaise, Septimanie, etc.

Nous n'avons pas non plus à nous occuper des différentes divisions que subit la province de Languedoc, par exemple des trois grandes sénéchaussées de ce pays: Toulouse, Carcassonne, Nîmes et Beaucaire. Le département de l'Hérault était compris en partie dans chacune des deux dernières sénéchaussées. Quant aux 23 et même 24 diocèses de la province de Languedoc, cinq seulement sont restés au département de l'Hérault: Agde, Béziers, Lodève, Montpellier, Saint-Pons.

Enfin, nous ferons observer que l'usage constant, dans les actes et les diplômes latins du xiiie et du xive siècle, est d'écrire *Provincia seu Patria linguæ Occitanæ*, d'où est venu dans la suite *Provincia* ou *Patria Occitana* et *Occitania*, *Comitia Occitaniæ*, et non *Auscitana*, *Auscitania*, *Auscitaniæ*, comme quelques-uns ont écrit. — Cf. Astruc, Mém. pour l'Hist. nat. de Lang. 7. — Voy. notre Introduction.

Les noms qu'on trouve le plus ordinairement sont: *Lingua Occitana*, *Occitaniæ*, 1363 (ordonn. des rois de France, IV, 240). — *Lengadoc*, 1361 (Libre de memor.). — *Lo pays de Lengadoch*, 1424 (cahier des doléances). — *Lenguadoc*, 1514 (chr. cons. de Béz. 84). — *Lenguedoc*, 1515 (*ibid*. 85). — *Lauguedoc*, 1397-8 (grand chartrier de Montp. arm. II. cassett. VI, 62; arch. de Lunel, parch. 4; arm. 4. paq. 15); 1490 (ordonn. de Charles VIII); 1538 (chr. cons. de Béz. et tous les actes postérieurs).

Languedoc (Canal de), du Midi ou des Deux-Mers, parce qu'il joint la Méditerranée à l'Océan. — Cet ouvrage immortel de Paul Riquet, qui provoqua l'établissement du port de Cette, avait été projeté sous François Ier; mais ce fut Louis XIV qui eut la gloire de l'entreprendre en 1666. Il commence à Agde et même à Cette et se termine un peu au-dessous de Toulouse, où il s'unit à la Garonne. La ligne totale de navigation, depuis Toulouse jusqu'à l'étang de Tau, est de 239,507^m,880; dans le département de l'Hérault, elle est de 66,639^m,970. Largeur de la surface, 19^m,482; du fond, 15^m,391. Profondeur, 1^m,948. Largeur des francs-bords, 11^m,688.
— Le canal des Étangs forme la continuation de la navigation, depuis l'étang de Tau jusqu'à celui de Mauguio, et le canal latéral des Étangs conduit le canal des Étangs jusqu'aux canaux de la Radelle et de Beaucaire, et par conséquent jusqu'aux limites du département.

Lansade, chât. c^{ne} de Jonquières.
Lansargues, c^{on} de Mauguio. — *Villa quæ appellat. de Lauzargues*, 1152 (mss d'Aubais; H. L. II, pr. c.

545). — *De Lauzanicis* (*ibid.*). — *Lancergas*, 1226 (reg. cur. Fr. H. L. III, pr. c. 317). — L'une des douze villettes de la baronnie de Lunel : *habitantes universitatis villetarum de Lansanicis*, 1174 (abb. de Valmagne, H. L. III, pr. c. 134 ; Astruc, mém. 375) ; 1440 (lett. pat. de la sénéch. de Nîmes, VII, 257 v°). — *Lansargues*, 1625 (pouillé) ; 1684 (*ibid.*) ; 1688 (pouillé ; lett. du gr. sc.). — *Cure de L.* dans l'archiprêtré de Baillargues, 1756 (état offic. des par. du dioc. de Montp.) ; 1760 (pouillé). — Sous le vocable de *Saint-Martin*, 1779 (vis. past.). — Le chapitre Saint-Sauveur de Montpellier en était le prieur décimateur, et le roi le seigneur (*ibid.*).

LAPEYRADE, f. c^{ne} de Magalas, 1809.

LAPEYRADE (CANAL DE). — Ce canal et celui de Cette établissent la communication, celui-ci, entre le port de Cette et l'étang de Tau, dans la direction du nord au sud, et celui-là, entre le canal des Étangs et celui de Cette, en partant de cette ville, dans la direction de l'est-nord-est.

LAPIERRE OU GRANGE DE LAPIERRE, jⁱⁿ, 1809, c^{ne} de Bédarieux.

LAPIN, f. c^{ne} d'Assas.

LAPOURDOUX, h. c^{ce} de Saint-Guillem-du-Désert.

LAPOZA, anc. église. — Voy. SAINT-JULIEN.

LAPRUNARÈDE, f. c^{ne} de Lodève, 1809.

LAR, f. c^{ne} de Riols, 1809.

LARCADE, LERCANO, 1809, château, c^{ne} de Pouzols. — *L'Arcade* (Cassini).

LARCAS, mⁱⁿ sur le ruisseau de Prémian, c^{ne} de Prémian.

LARCHÉ, mⁱⁿ ou atelier D'ARNAL, sur la Brèze, c^{ne} de Saint-Étienne-de-Gourgas.

LARECH, ruisseau qui naît au lieu dit *Estalabard*, c^{ne} de Prémian, parcourt 4,700 mètres, arrose vingt hectares sur le territoire de cette commune et se rend dans le Jaur, affluent de l'Orb.

LARENAS, h. c^{ne} de la Salvetat, 1809.

LARET, f. c^{ne} de Saint-Thibéry.

LARGUÈZE, f. c^{ne} de Montpellier, sect. E.

LARLOC, f. c^{ne} de la Salvetat.

LARN, riv. qui prend sa source au lieu appelé *la Matte des Abeilles*, c^{ne} de Fraisse, traverse les territoires de cette commune, de Riols et du Soulié, court pendant 16 kilomètres, arrose dix-huit hectares, fait aller dix usines et afflue dans le Thoré, tributaire de l'Agout, tributaire lui-même du Tarn. — *Larn* (réform. des forêts de 1669) ; XVIIIe siècle (carte de Cassini).

La rivière de Larn forme une vallée secondaire d'un myriamètre d'étendue.

LARNAN, f. c^{ne} de Saint-Gély-du-Fesc. — *Larnan*, 1696 (affranch. VII, 141 v°).

LAROQUE, ff. et h. — Voy. ROQUE (LA).

LARRET, f. c^{ne} de Pégairolles-de-Buèges. — *Mansus de Lericio*, 1263 (cart. Magal. B 300).

LARRET, f. c^{ne} de Saint-Maurice, 1809.

LARSAC, f. c^{ne} de Pézenas, 1809.

LARZAC, plateau désolé qui, pour le département de l'Hérault, s'étend des limites de celui de l'Aveyron à la division des communes de Montpeyroux et de la Vacquerie, celle-ci seulement appartenant au Larzac, et de la rivière de Vis à celle de Lergue. Circonscrit par la droite de la Vis jusqu'à son confluent avec l'Hérault, et par la Lergue depuis le pas de l'Escalette jusqu'à Lodève, il est coupé presque à pic du côté du midi ; mais il présente des pentes naturelles cultivées vers les cantons de Lodève, de Lunas et de Clermont. La partie montueuse s'infléchit dans le canton de Gignac. Hauteur du plateau du Larzac (*larga saxa?*), point culminant, 788 mètres ; hauteur moyenne, 770 mètres ; au N.-O. et près de Saint-Pierre-de-la-Fage, 697 mètres.

Les Bénédictins ont rapporté au pays d'Arsat ou de Larsat le *pagus Arisitensis*, ainsi nommé d'un village ou bourg appelé *Arisitum*, et *terra Arisdii* ou *Erisdii*, la baronnie d'Yerle, le pays d'Arssaguez, 533 (H. L. I, 266 et not. 670). — *Larzacum*, 1031 (cart. Gell. 36). — *Larsaegus*, 1087 (G. christ. VI, inst. c. 585). — *Larzach*, 1098 (*ibid.* 586). — *Larzac*, 1060 (cart. Gell. 59) ; 1126 (*ibid.* 159) ; 1178 (ch. de l'abb. du Vignogoul) ; 1217 (chr. du Petit Thalamus de Montpellier).

LAS-COUNS, f. c^{ne} de Ceilhes-et-Rocozels.

LASCOURS-ALEYRAC, h. c^{ne} de Sauteyrargues-Lauret-et-Aleyrac. — *Lascours*, 1715 (arch. de l'hôp. gén. de Montp. B 174). — *Lascourd*, XVIIIe s^e (carte de Cassini).

LASPARETS, f. c^{ne} de Quarante.

LASSALLE (FERME DE), c^{ne} de Montpellier, sect. G.

LASSOURS, 1856 ; RASSOURS, 1809, f. c^{ne} de la Salvetat. — *La Soux*, XVIIIe s^e (Cassini).

LASTILLES, f. c^{ne} de Ceilhes-et-Rocozels.

LATOUR, 1856 ; LA TOUR, 1840, f. c^{ne} de Montady.

LATOUR, f. près de Celleneuve, c^{ne} de Montpellier. — *Latour*, 1713-1723 (arch. de l'hôp. gén. de Montp. B 99).

LATOUR, f. c^{ne} de Nissan. — *La Tour*, 1667 (arch. dép. parch. S 8).

LATOUR, f. c^{ne} de Pérols.

LATOUR, h. chât. et mⁱⁿ sur l'Orb, c^{ne} de Boussagues. — *La Tor*, 1124 (arch. du chât. de Foix : H. L. II, pr. c. 427).

DÉPARTEMENT DE L'HÉRAULT.

Latour, m^{in} sur la Malou, c^{ne} de Villecelle, appartenait à l'ancienne c^{ne} de Mourcairol, réunie, en 1845, partie aux Aires, partie à Villecelle.

Latour, f. — Voy. Tour (La).

Lattes, c^{on} (2e) de Montpellier. — *Ultra sunt stagna Volcarium, Ledus flumen, castellum Latara* (Mel. II, c. 5). — *Stagnum L.* (Plin. Hist. nat. IX, 8). — *Civitas L.* (anonym. Raven. IV, 28; V, 3).

Cet ancien et célèbre port commercial de Montpellier se trouve indiqué dans nos dépôts publics sous une infinité de désignations, dont nous produisons les principales : — *Terminium de Latis*, 1114 (mss d'Aubaïs; H. L. II, c. 391). — *Palus cum molendinis*, 1121 (ibid. 414). — *Portus de Lat.* 1140 (arch. de l'Empire, tr. des ch. J 340; arch. municip. de Montp. Mém. des nobles, 20); 1180 (ch. fonds de Saint-Jean-de-Jérusalem). — *Ledda de Lat.* 1183 (Liv. noir, 218 v°). — *Sepes seu ramerie raterii de L.* 1253 (consuls de mer de Montp. B 47, fol. 2). — *Prata de L.* 1428 (ibid. 678 v°). — *Jurisdictio de L.* 1192 (cart. Magal. F 108); 1217 (ibid. C 95); 1237 (ibid. E 133); 1303 (ibid. C 190), etc. — *Castrum seu castellum, villa vulgo Latas*, 1177 (ch. fonds de Saint-Jean-de-Jérusalem); 1236 (cart. Magal. E 114; G. christ. VI, inst. c. 368); 1312 (consuls de mer de Montp. ibid. 49). — *Castr. portus Latarum*, 1292 (G. christ. VI, inst. c. 376); 1302 (consuls de mer de Montpellier, ibid. 21). — *Lates*, 1191 (Roger de Howden, Annal. part. II); 1543 (chambre des comptes de Montpellier, B 343); 1684 (pouillé). — *Lattes*, 1616-1656 (hôp. gén. de Montp. B 32); 1625 (pouillé); 1649 (ibid.); 1688 (vis. past. lett. du gr. sc.); xviiie s^e (carte de Cassini; tabl. des anc. dioc.).

La châtellenie et bailie de Lattes fut aliénée à Philippe de Valois par Jacques III, roi de Majorque, avec la seigneurie de Montpellier. — *Castrum et castellania seu bajulia de Latis*, 1278 (Arn. de Verd. ap. d'Aigrefeuille, II, 446); 1349 (arch. de l'Emp. sect. hist. cart. J 340, n° 39; arch. municipales de Montp. Grand Thalamus, 142, 153, 161; arm. dor. B 1). — Lattes s'est ainsi trouvé géographiquement dans la baronnie de Montpellier (pouillés de 1625 et 1649). — Le marquis de Grave était seigneur de Lattes (vis. past. de 1684 et 1688).

Église de Lattes. — *Prioratus de Latis*, 1333 (stat. eccl. Magal. 7 v°). — *Eccl. B. Mariæ de Lat.* 1536 (bull. Paul. III, transl. sed. Magal. vid. infr. *Exindrium*). — Dans le siècle suivant, cette église a pour patron titulaire *Saint Laurent*, 1684 (vis. past.). — Cure de Lattes, dans l'archiprêtré de Montpellier, 1756 (état offic. des églises du dioc.

de Montp.); 1760 (pouillé). — Lattes était une vicairie perpétuelle dépendante du chapitre cathédral de Montpellier.

Le voisinage des étangs avait aussi fait donner le nom de *Palus* à Lattes : *Castrum seu castellum de Palude*, 1140 (arch. de l'Emp. tr. des ch. J 340; arch. municip. de Montp. Mém. des nobles, 20; H. L. II, pr. c. 491); 1140, 1246 (Arn. de Verd. ap. d'Aigrefeuille, II, 430, 442).

Lattes est encore désigné quelquefois par le nom d'*Exindrium*, *Exindre*, hameau et étang voisins de Lattes et de la Magdeleine. D'après quelques auteurs, indépendamment du *Castrum de Palude vel Latarum*, il y avait un village de cabanes de chaume soutenues par des lattes : *Ex scindula* ou *ex scindulis* (cf. Du Cange, v° *Exendola*). De là *Exindrium*, *Ex indrio*, *Ex indre*, attribué à une partie de l'étang de Lattes ou de Méjan, au village et à l'église de Lattes. — *Stagnum Mejanum de Lattis*. xvie s^e (plan des arch. du chap. Saint-Sauveur). — *Villa de Exindrio*, ixe s^e (Arn. de Verd. ap. d'Aigrefeuille, II, 417), donnée à l'église de Maguelone par Louis le Jeune, 1155 (tr. des ch. Maguel. H. L. II, pr. c. 553; G. christ. VI, inst. c. 358). — *Stagneolum* (Estagnol) *de Ex.* 1160 (cart. Magal. E 150). — *Castra et villæ de Villanova et de Ex.* 1161 (ibid. E 97). — *Parochia B. Mariæ Magdalenæ de Ex.* 1168 (ibid. A 24); 1216 (ibid. F 124). — *Parochiæ S. Stephani de Villanova et S. Mariæ de Ex.* 1229 (ibid. A 52); v. 1100 (Arn. de Verd. ibid. 425); 1226 (cart. Magal. A 39); 1290 (ibid. C 137). — *De Sindrio*, 1265 (Arn. de Verd. ibid. 445). — Voy. Magdeleine (La) et Méjan.

Lattes fut placé, en l'an x, dans la deuxième section du canton de Montpellier, ce canton ayant été alors partagé en trois sections.

Lattes (Las), f. c^{be} de la Salvetat.

Latude, f. c^{ne} de Florensac.

Latude, h. c^{ne} de Sorbs. — Anc. dépendance de l'abb. de Saint-Guillem (Gellone) et non de celle d'Aniane, comme le disent les Bénédictins (Hist. de Lang. I, à la table, v° *La Tude*). — *Tuda Villar*, 804-6 (cart. Gell. 3; G. christ. VI, inst. c. 265). — *T. seu Tudn*, 987 (cart. Lod. ibid. 270). — *Ecclesia S. Mariæ de T.* (ibid.). — *Honor de Latudda*, 1123 (cart. Gell. 181 v°). — Ermengaud des Deux-Vierges donna ce qu'il possédait dans les deux mas de Tude et de Tadette à l'abbaye de Gellone : *In villis de Tuda et Tudeta*, 1134 (cart. Gell. 180; G. christ. VI, 589); 1141 (cart. Gell. 206). — *In duobus mansis de Tudeta* (Plant. chr. præs. Lod. 106). — Le Gall. christ. écrit mal *Tudela* (p. 265).

Lau, m^in sur l'Orb, c^ne de Saint-Nazaire-de-Ladarez.
Lau (Le), h. c^ne de Vieussan.
Laudebne, sommet d'un chainon du système du Salagou, entre Clermont-l'Hérault et Lodève; élévation : 340 mètres au-dessus du niveau de la mer.
Laucel, f. c^ne de Frontignan.
Laudou,-h. c^ne de Sauteyrargues-Lauret-et-Aleyrac.
Laulanel, h. c^ne de Saint-Nazaire-de-Ladarez. — *Alodium quod est in Lalica*, 1134 (cart. Gell. 180 v°).
Laulo, h. c^ne du Bosc.
Laumède, f. — Voy. Lomède.
Laumone, f. c^ne de Montesquieu.
Launac, f. c^ne de Fabrègues. — Ancien fief des chevaliers de Saint-Jean-de-Jérusalem, portant encore le titre de Saint-André-de-Launac. — *Villa dicta Larnag*, 996 (cart. Gell. 143 v°). — *Feudum de Launaco*, 1161 (cart. Magal. D 113); 1285 (*ibid*. A 272, D 265); 1166 (cart. Agath. 160). — *Parrochia S. Andreæ del Cogoil* (Cuculles), 1218 (arch. dép. ch. du fonds de Saint-Jean-de-Jérusalem). — *Villa seu garrigia de Lanaco*, 1281 (cart. Magal. F 194, 196, 221). — *Plaine de Launac*, 1751 (plan des chevaliers de Saint-Jean-de-Jérusalem; arch. de l'Hérault; carte de Cassini).
Launel, f. c^ne de Vieussan.
Laurenque, h. c^ne de Roquebrun. — *Laurenque*, 1778 (terr. de Roquebrun).
Laurenque, ruisseau qui a sa source dans la commune de Saint-Nazaire-de-Ladarez, traverse le territoire de Roquebrun, court pendant 5,800 mètres, arrose trois hectares, fait mouvoir un moulin à blé et deux moulins à huile et se rend dans l'Orb.
Laurens, c^on de Murviel. — *Castellum, villare de Laurano*, 1126 (chât. de Foix; H. L. II, pr. c. 442); 1132 (*ibid*. C 463); 1216 (bulle d'Honorius III; Livre noir, 110 v°). — *Rector de Laurensi*, 1323 (rôle des dîmes des égl. de Béz.). — *Laurens*, seigneurie de la viguerie de Béziers, 1525 (dom. de Montp. H. L. V, pr. c. 87). — Il faut remarquer que les auteurs de l'Hist. gén. de Lang. qui écrivent ici *Laurens*, comme ils ont écrit même tome, p. 379, orthographient *Laurent* à la p. 360 et *Lauran* à la table du volume. Il ne faudrait pas confondre ce dernier nom avec celui de *Lauran*, château dans le Minervois. — Les lettres du grand sceau de 1688 écrivent aussi *Lauran*. — *Laurens*, 1625 (pouillé); 1649 (*ibid*.). — Prieuré-cure, patr. *S. Joannes-Baptista*, dans l'archiprêtré de Cazouls-lez-Béziers, 1760 (pouillé); 1780 (état offic. des églises de Béz. tabl. des anc. dioc. Cassini).
Laurens appartint d'abord au canton de Magalas, lequel fut supprimé par un arrêté des consuls du 3 brumaire an x; cette commune fut alors placée dans le canton de Murviel.
Laurent, f. c^ne de Montpellier, sect. B.
Launès, f. c^ne de Saint-Geniès-de-Varensal, 1840.
Launès (Métairie), f. — Voy. Maury (Mas).
Launès (Les), m^in sur l'Hérault, c^ne de Paulhan.
Lauret, h. ancienne paroisse du diocèse de Montpellier, réuni en 1836, avec le hameau d'Aleyrac, à Sauteyrargues, pour former la commune de Sauteyrargues-Lauret-et-Aleyrac, canton de Claret. — *Castrum, villa de Laureto*, v. 1115 (Arn. de Verd. ap. d'Aigrefeuille, II, 430); 1154 (cart. Magal. F 299). — *Parrochia de L. de Valfennes* (Valflaunès), 1154 (*ibid*. E 299); 1155 (dom. de Montp. H. L. II, pr. c. 555); 1270 (cart. Magal. A 63); 1333 (stat. eccl. Magal. 17). — *Territorium de Laurata*, 1199 (cart. Gell. 214). — *Lauret*, 1625 (pouillé) 1649 (*ibid*.); 1684 (*ibid*.); 1688 (lett. du gr. sceau). — Prieuré-cure de l'archiprêtré de Tréviers, 1756 (état offic. des égl. de Montp.); 1760 (pouillé); sous le patron. de *Saint Brice*, 1780 (vis. past.).
Lauret (Jardin de), éc. c^ne de Pézenas, 1809.
Lauriol, f. — Voy. Loriol.
Lauriol, h. c^ne d'Olargues.
Lauriol (Mas de), f. c^ne de Saint-Geniès-des-Mourgues. — *Mansus de Laurillanicis*, 1153 (ch. de l'abb. du Vignogoul).
Lauriole, éc. c^ne de Saint-Pons.
Lauriole, f. c^ne de Siran.
Lauroux, c^on de Lodève. — *Vallis de Laurosio*, 824 (Plant. chr. præs. Lod. 30). — *Villa de Lauras*, 1162 (tr. des ch. H. L. II, pr. c. 588). — *De Lauros*, 1210 (bibl. reg. G. christ. VI, inst. c. 284). — *Laurous*, 1649 (pouillé). — *Lauroux*, 1625 (*ibid*.); 1688 (lett. du gr. sceau). — Cure, 1760 (pouillé; tableau des anc. dioc. carte de Cassini). — Il n'est pas inutile de faire observer que l'abbé Expilly, dans son Dictionnaire des Gaules, a confondu, comme tous ceux qui l'ont suivi, La Roux et Lauroux, en transportant ce dernier du diocèse de Lodève dans le diocèse du Puy-en-Vélay.
Lauroux appartint au canton de Soubès avant que ce canton fût supprimé par les consuls, le 3 brumaire an x. Cette commune fut placée alors dans le canton de Lodève.
Lauroux ou Lauzonnet, ruiss. qui a son origine au Roc-de-Label, c^ne de Lauroux, d'où il se rend dans les territoires de Poujols et de Lodève. Il fait mouvoir trois usines, arrose soixante et un hectares et, après un cours de 7,800 mètres, se jette dans la Lergue, affluent de l'Hérault. — La vallée secondaire du Lauroux a 8 kilomètres d'étendue.

Lauroux ou Mas d'Auroux, h. — Voy. Saint-Aunès-d'Auroux.
Laussel, m^{in} sur le Liron, c^{ne} de Puissergnier, 1809.
Lautié, j^{in}, c^{ne} de Béziers, 1809.
Lautier, f. c^{ne} de Pézenas. — Voy. Roquelune.
Lautier, f. c^{ne} de Ricussec.
Lautrec, j^{in}, c^{ne} de Bédarieux. — *De Lautregus*, 1146 (Livre noir, 165 v°).
Laux, f. — Voy. Camparines.
Laux (Mas de), f. c^{ne} de Magalas.
Lauze (La), f. c^{ne} de Saint-Jean-de-Védas. — Ancien fief des chevaliers de Saint-Jean-de-Jérusalem. — *Lauza*, 1183 (mss d'Aubaïs; H. L. III, pr. c. 155). — *Mansus Alausa*, 1191 (cart. Magal. E 326). — *Mansus de Lausa*, 1194 (*ibid.* 153); 1213 (*ibid.* C 190). — *De Lusentio*, 1213 (cart. Agath. 305). — *Lanzanum*, 1218 (ch. des chevaliers de Saint-Jean-de-Jérusalem).
Lauze (La), j^{in}, c^{ne} de Clermont. — *Laisanum villa*, 987 (cart. Lod. G. christ. VI, inst. c. 269). — *Lassinas*, 1060 (cart. Gell. 59 v°). — *Lizhac*, 1124 (*ibid.* 181 v°).
Lauzelle, ruiss. qui prend sa source au Praday, c^{ne} de Saint-Bauzille-de-la-Silve, qu'il laisse pour traverser celles de Popian et de Gignac. Son cours est de 5,500 mètres. Il fait mouvoir deux moulins à blé, arrose vingt et un hectares et se jette dans l'Hérault.
Lauzien, f. c^{ne} de Fraisse.
Lauzières, h. c^{ne} d'Octon. — Château qui, sous ce nom et sous celui d'*Euzières*, a été l'origine de *Lieusière* ou *Lieusère-Octon*, paroisse de l'ancien diocèse de Lodève. — *Terminium de Lentileiras*, 1072 (cart. Gell. 21 v°). — *Euzeria*, 1190 (*ibid.* 209). — *Elzeria castrum*, 1120 (tabul. Gell. G. christ. VI, inst. c. 276); 1130 (cart. Agath. 21); 1152 (Livre noir, 140 v°); 1162 (tr. des ch. H. L. II, pr. c. 588). — *Vulgò de Losieres*, 1187 (Plant. chr. præs. Lod. 95).— *Castrum de Leuceiras*, 1150 (chât. de Foix; H. L. *ibid.* c. 534). — *Lutheira*, 1167 (Livre noir, 220).—*Luseria*, *Luzeria*, 1338, 1348, 1350 (G. christ. *ibid.* 555, 556, 606, 607, et inst. c. 288). — Plantavit cite l'illustre famille de *Losieres*, d'où serait sorti N. de *Lozières*, maréchal de Thémines. Le même nom rappelle en effet les armes de Lozières : *une Yeuse*, en langage du pays, *Youse*, *Yousiera*, lieu planté d'yeuses. — *Luzière*, seigneurie de la viguerie de Gignac, 1529 (dom. de Montp. H. L. V, pr. c. 87). — *Lieuziere*, 1649 (pouillé). — *Leuzières*, 1688 (lett. du gr. sceau). — *Lauziere*, 1625 (pouillé); 1760 (*ibid.*).
L'église d'*Elzeria sive Losieres* fut érigée en paroisse en 1308 (Plant. *ibid.* 259). — Au xviiie s^e, le tabl. des anc. dioc. écrit *Lieusere-Acton* (Octon). — *Cure de Lauziere*, 1760 (pouillé). — *Lauzieres* (carte de Cassini et cartes diocésaines).
Lauzonnet, ruisseau. —Voy. Lauroux.
Lavagnac, chât. et h. c^{ne} de Montagnac. — *Lavania*, 804-6 (cart. Gell. Mabill. annal. II, 718; G. christ. VI, inst. c. 265). — *Levannachum*, 922 (cart. Gell. II). — *Mansus de Lavanna*, 1123 (*ibid.* 188). — *Villa de Lavainag et de Lovainag*, 1126 (cart. Anian. 72 v°). — *Eccl. S. Johannis de Liviniacho*, 1154 (bulle d'Adrien IV; ch. de l'abb. d'Aniane). — *Lavaina*, 1159 (cart. Agath. 151). — *Lavaniacum*, v. 1200 (*ibid.* 105). — *Lavagnac*, xviiie s^e (carte de Cassini et cartes diocésaines).
Lavagnes, h. c^{ne} de Saint-Guillem-du-Désert. — Ce hameau est aujourd'hui, comme au commencement du ixe siècle, divisé en deux parties. *In Lavania mansum unum, et in alia Lavania mansos duos*, 804-820 (G. christ. VI, inst. c. 265). — *Mansus qui vocatur Alavabre*, 1112 (cart. Gell. 115). — *Les Lavaignes*, xviiie siècle (carte de Cassini et cartes diocésaines).
Lavagnol, f. c^{ne} de Pégairolles-de-Buèges.
Lavaire (Mas), f. c^{ne} du Bosc.
Laval, f. c^{ne} d'Argelliers.
Laval, f. c^{ne} de Castelnau-lez-Lez.
Laval, f. c^{ne} de Caux.
Laval, f. c^{ne} de Saint-Gély-du-Fesc.
Laval, f. c^{ne} de Siran.
Laval, f. c^{ne} de Tourbes.
Laval, h. c^{ne} de Saint-Jean-de-Fos.
Laval de Nise, h. c^{ne} de Lunas. — *Lavania villa in parochia S. Genesii*, 804 (cart. Gell. 3).— *Lavarnia seu Haverna*, 987 (cart. Lod. G. christ. VI, inst. c. 270); 1123 (*ibid.* 278).—*Lavenaria*, 1160 (cart. Anian. 57 v°). — *Lavenerra*, 1198 (*ibid.* 56 v°). — *Laval de Nize*, xviiie s^e (carte de Cassini; Dict. des postes). — Voy. Nize.
Lavalette, c^{ne}. — Voy. Valette (La).
Lavarède ou Lavalède, f. c^{ne} de Lunas.
Laven, ruisseau. — Voy. Lecas.
Lavène, h. c^{ne} de Puéchabon. — *Avenna*, 1115 (G. christ. VI, 587). — *Lavene* (carte de Cassini). — Il faudrait écrire *l'Avenne*.
Lavérune, c^{on} (3e) de Montpellier. — *Castel. castrum de Veruna*, ixe s^e et v. 1100 (Arn. de Verd. ap. d'Aigrefeuille, II, 417, 425); 1095 (G. christ. VI, inst. c. 353); 1099 (mss d'Aubaïs; H. L. II, pr. c. 351); 1102, 1127 (cart. Gell. 61 v° et 119 v°); 1150 (ch. de l'abb. du Vignogoul); 1175 (ch. du fonds de Saint-Jean-de-Jérusalem). — *La Veruna*, 1156, 1162, 1164 (H. L. *ibid.* 559, 585, 600); 1175

(ch. des chevaliers de Saint-Jean-de-Jérusalem); 1336 (Lib. de memor.). — *Verunia*, 1154 (bulle d'Adrien IV, ch. de l'abb. d'Aniane). — *Veiruna*, 1159 (cart. Magal. E 150). — *La Veiruna*, 1103 (mss d'Aubais; H. L. II, pr. c. 363); 1181 (cart. Magal. A 45 v°). — *Castr. de Veyruna*, 1164 (cart. Magal. C 235); 1232 (*ibid.* E 237); 1333 (stat. eccl. Magal. 10, 17). — *La Verune*, seigneurie, 1455 (dom. de Montp. H. L. V, pr. c. 16; carte de Cassini). — Ce château, arrière-fief du marquisat de la Marquerose, fut échangé en 1692 par Charles de Pradel, évêque de Montpellier, contre la baronnie de Sauve, au prix de 129,000ᴴ (arch. de l'hôp. gén. de Montp. B 172). — *Laverune*, dans la rectorie de Montpellier, 1625 (pouillé); 1649 (*ibid.*); 1684 (*ibid.*); 1688 (lett. du gr. sc.); 1837 et 1860 (Dict. des postes).

Église de Lavérune. — *Ecclesia S. Felicis de Veruna*, 1095 (G. christ. *ibid.* 353). — *Ecclesia S. Eulalie de Veyruna*, 1101 (Arn. de Verd. ap. d'Aigrefeuille, II, 429). — *Eccl. S. Petri de Ver.* 1536 (bull. Paul. III; transl. sed. Magal.). — *La Verune*, paroisse de l'archiprêtré de Montpellier, 1756 (état offic. des égl. du dioc. de Montp.); 1760 (pouillé). — L'évêque de Montpellier était seigneur de Lavérune, 1684 (pouillé); le chapitre cathédral était prieur décimateur de cette église, dont le patron, au dernier siècle, comme au xvi°, était Saint Pierre aux Liens, 1777 (vis. past.).

Cette commune fut d'abord placée dans le canton de Saint-Georges-d'Orques, qui fut supprimé par arrêté des consuls du 3 brumaire an x. Elle fut alors comprise dans le canton (3°) de Montpellier.

Lavigne, f. cⁿᵉ de Pailhès.

Lavit, f. cⁿᵉ de Viols-en-Laval.

Lavitarelle, f. cⁿᵉ de Causses-et-Veyran.

Layole, f. cⁿᵉ de Vendres.

Layrac, h. — Voy. Aleyrac.

Layrole, f. cⁿᵉ de Roquebrun.

Lazaret, éc. cⁿᵉ de Cette.

Lèdes, f. cⁿᵉ de Fraisse.

Leboux (Le), h. cⁿᵉ de Saint-Matthieu-de-Tréviers, 1809. — *Le Leboux* (carte de Cassini).

Lecas, vulgairement Laven, ruisseau qui sépare les territoires des communes de Montpeyroux et de Saint-Jean-de-Fos et se perd dans l'Hérault par la Tongue. — La charte de fondation de Gellone le mentionne comme confront du fisc de Litenis : *Torrens Lacatis divergit in ipso flumine Araon*, 804 (cart. Gell. 64; Act. SS. Bened. sect. 4, part. I, 88). — *Licaz*, 1101 (cart. Gell. 67). — *Aquæ de Lecaz* (*ibid.* 136). — Voy. Lèque (La).

Ledès ou Laidès, f. cⁿᵉ de Villemagne.

Ledos, h. — Voy. Saint-Geniès-de-Ledos.

Léenhardt, deux ff. cⁿᵉ de Montpellier, sect. B.

Léenhardt, mⁱⁿ sur le Lez, cⁿᵉ de Montpellier, sect. D. — Voy. Bez (Le) et Poudrière (La).

Lendure, f. — Voy. Landure.

Lène ou Lenne, f. et mⁱⁿ sur le ruisseau du même nom, cⁿᵉ de Magalas, 1809. — *Laniata vel Lainata*, 1182 (cart. Anian. 53 v°); 1210 (cart. Magal. C 88). — *Mol. de Lenis*, 1341 (*ibid.* B 223).

Lène (La), ruiss. qui prend sa source à Fouzilhon, passe sur les territoires de Pouzolles, de Magalas, de Coulobres et de Servian, court pendant 7 kilomètres, fait aller un moulin à blé et se jette dans la Tongue, affluent de l'Hérault, par la rive droite. — *Flumen Lene*, 1197 (Livre noir, 183).

Leneyrac, f. — Voy. Saint-Pierre-de-Leneyrac.

Lenne (La), ruiss. qui commence au-dessus de Gabian, fait aller un moulin à blé dans son cours d'environ 1,340 mètres et se perd dans la Tongue, affluent de l'Hérault, par la rive gauche.

Lentnémic, h. cⁿᵉ de Cabrerolles.

Léonard, f. cⁿᵉ de Cette, 1809.

Léotard, chât. et f. — Voy. Liotard.

Léotard, f. cⁿᵉ de Saint-André-de-Sangonis, 1809.

Lepelletier, f. cⁿᵉ d'Agde.

Lepic. — Voy. Pin (Le), cⁿᵉ de Moulès-et-Baucels.

Lepot, f. cⁿᵉ de Montpellier, sect. G.

Léproseries. — Voy. Maladreries et Saint-Lazare.

Lèque (La), mⁱⁿ sur l'Hérault, cⁿᵉ de Gignac. — *Lichensis (vicaria) in comitatu Agathense*, 1048 (cart. Gell. 112). — *Lecha*, 1115 (*ibid.* 111). — *Molendini et aquæ de Lecaz*, 1125 (*ibid.* 136). — *Leucum*, 1133 (cart. Agath. 13). — *Lequa*, 1152 (*ibid.* 182). — *Lech*, 1160 (cart. Anian. 57 v°). — *Leca*, 984 (cart. Gell. 13). — *Molendini in flumine Eraurii in terminio de L. sive de Naveta* (Navas), 1127 (cart. Anian. 107 v°). — *Molinarium quod vocatur ad L. Sobeiranam*, 1173 (*ibid.* 110 v°). — Voy. Lecas.

Lercaro, f. — Voy. Lancade.

Lergue, jⁿ, cⁿᵉ de Clermont.

Lergue (La), rivière qui prend sa source aux Rives, près du Caylar. Son cours est de 38 kilomètres. Elle arrose trente-deux hectares, fait mouvoir vingt-quatre usines et se jette dans l'Hérault. La Lergue passe sur les territoires des communes des Rives, de Saint-Félix-de-l'Héras, Pégairolles, Soubès, Poujols, Fozières, Soumont, Lodève, Olmet-et-Villecun, du Puech, du Bosc, de Lacoste, de Clermont, Ceyras, Brignac, Saint-André. — *Fluvius Lirgo*, 934 (cart. Gell. 74 v°). — *Flumen quod vocatur*

Lerga, 1008 (cart. Gell. 14). — On estime l'étendue de la vallée secondaire de la Lergue à 4 myriamètres 9 kilomètres. — Il n'est pas superflu de dire que plusieurs écrivent à tort *l'Ergue.* — Voy. la Statistique de l'Hérault, 1824.

Lescau, m^in sur le Liron, c^ne de Puisserguier, 1809.

Lescurette, f. c^ne de la Salvetat.

Lésignan-de-la-Cèbe (de l'Oignon), c^on de Montagnac.
— Ancienne paroisse du diocèse de Béziers, qu'il ne faudrait pas confondre avec Lésignan de l'ancien diocèse de Narbonne, désigné dans le passage suivant : *Ipse mansus de Aqua Viva* (Aignes-Vives, c^ne de Saint-Chinian) *quod est in Lezateso remaneat Sancto Nazario sed. Bitter.* 977 (arch. de St-Paul de Narb. Marten. anecd. I, 95). — Nous retrouvons notre Lésignan dans *Lizianum,* 1065 (cart. de la cath. de Béz. H. L. II, pr. c. 249). — *Castrum, villa et ecclesia de Lizignano,* 1097 (Livre noir, 291 v°). — *Ecclesia S. Marie de Liziniano,* 1146 (cart. Anian. 35). — *De Lidiano,* 1154 (bulle d'Adrien IV, ch. de l'abb. d'Aniane). — *Eccl. de Lodozano,* 1178 (bull. Alexandr. III; G. christ. VI, inst. c. 140). — *Lodezanum,* 1185 (Livre noir, 58 v°). —*De Lozanis,* 1310 (cart. Magal. D 59).— *Prior et vicarius de Lezignano,* 1323 (rôle des dîm. des égl. de Béz.); 1325 (stat. eccl. Bitter. 91). — *Lesignan Cepe,* 1518 (pouillé).—*Vicairie perpétuelle de Lassignan de Ceppe* (ibid.).—*Lezignan de las Cebes,* 1625 (ibid.). — *Lezignan de la Cebe,* 1649 (ibid.). — *Lesignan la Cebe,* 1688 (lett. du gr. sceau; tabl. des anc. dioc.); 1760 (pouillé). — Cette paroisse, de l'archiprêtré du Pouget, avait pour patron *B. M. Virtut.* 1780 (état offic. des égl. de Béz.). — Cassini écrit *Lezignan la Cebe,* et la carte diocésaine, comme le Dictionnaire des postes de 1837, *Lésignan-la-Cèbe;* l'édition de 1840 porte *Lézignan-la-Cèbe.*—Une faute d'impression a fait écrire *Lezignan de l'Evesque prez la ville de Pezenas,* au lieu de *Nezignan de l'Evesque,* dans une lettre du vicomte de Joyeuse au connétable de Montmorency, gouverneur du Languedoc, tirée des manuscrits de Coaslin (Hist. de Lang. V, pr. c. 133). Par là les Bénédictins ont confondu (voy. la table du tome V) *Lésignan de la Cèbe* (dioc. de Béziers) avec *Nésignan de l'Évêque* (dioc. d'Agde).
La commune de Lésignan-de-la-Cèbe fit d'abord partie du canton de Fontès, qui fut supprimé par arrêté des consuls du 3 brumaire an x. Elle fut alors placée dans le canton de Montagnac.

Lesigno, Lésignan, 1840, f. c^ne de Béziers.

Lespignan, c^on (2e) de Béziers. — *Ecclesia S. Petri de Laspiniano,* 1156 (arch. de l'abb. de Cassan; G. christ. VI, inst. c. 139); 1323 (rôle des dîm. des égl. de Béz.). — *Laspinianum,* 1157, 1167, 1173 (Livre noir, foll. 55, 74 v°, 255 v°). — *Lespinianum,* 1222 (vill. de Narb. H. L. III, pr. c. 275); 1305 (stat. eccl. Bitt. 73 v°). — *Lespinha,* 1370 (Lib. de memor.); 1504 (chr. cons. de Béz. 22).— *De Lespignagno,* 1518 (pouillé). —*Lespignan,* seigneurie de la viguerie de Béziers, 1529 (dom. de Montp. H. L. V, pr. c. 87). — *L'Espignan,* 1635 (rég. des sépult. de Béz.); 1721 (terr. de Lespignan). — *Lespinhan,* 1649 (pouillé). — *Lespignan,* 1625 (ibid.); 1650(terr. de Lespignan); 1688 (lett. du gr. sc.); xviiie s^e (carte de Cassini; cartes diocés.). — Prieuré-cure, 1760 (pouillé); appartenait à l'archipr. de Cazouls et avait pour patron *S. Petrus ad Vincula,* 1780 (état offic. des égl. de Béz.).
Lespignan fut, en l'an x, placé dans la 2e section de Béziers, ce canton ayant été alors partagé en deux.

Lespitalet, f. c^ne de Mauguio.

Lessine, h. c^ne de la Caunette, 1809.

Lestang, f. — Voy. Cransac et Estang (L').

Lestinclières, anc. église. — Voy. Saint-Jean-de-Lestinclières.

Letellier, f. c^ne de Pézenas.

Leucate, f. c^ne du Soulié.

Leude (La), h. c^ne d'Hérépian. — *Ledra,* 1350 (cart. Magal. D 15).

Leune (La); la Lune, 1809, f. c^ne de Prémian.

Leuzière, f. — Voy. Lozière.

Levas, chât. et h. qui formaient, avant 1790, une paroisse du dioc. de Béziers; réunis à cette époque à Carlencas pour composer la commune de Carlencas-et-Levas, c^ne de Bédarieux. — *Alodium et ecclesia de Levaz,* 974 (arch. de l'égl. d'Alby; Marten. anecd. I, 126). — *Rector. eccl. de Levatio,* 1323 (rôle des dîm. des égl. de Béz.). — *Levates,* 1518 (pouillé). — *Levas,* 1625 (ibid.); 1649 (ibid.); xviiie s^e (carte de Cassini; cartes diocésaines; tabl. des anc. dioc.). — Prieuré-cure, 1760 (pouillé). — Patr. *S. Petrus,* 1780 (état offic. des égl. de Béz.).

Levat, chât. c^ne de Montpellier, sect. D.

Levès, f. c^ne de Prémian.

Leyrargues ou Lairargues, 1809, f. c^ne de Mauguio. —*L'Hairargues,* xviiie s^e (carte de Cassini). — *Eccl. de Aleyranicis,* 1280 (Arn. de Verd. ap. d'Aigrefeuille, II, 447). — Anc. cure du dioc. de Montp. archiprêtré de Baillargues, 1756 (état offic. des égl. du dioc. de Montp.); 1760 (pouillé). — *Lérargues* avait pour patron *S. Barthélemy,* et pour prieur décimateur le chapelain de Notre-Dame-du-Palais de Montpellier, 1779 (vis. past.).

Lez (Le), riv. qui prend sa source dans la commune de Saint-Clément, coule du nord au sud à travers les territoires de Saint-Clément, Montferrier, Castelnau, Montpellier, Lattes, se canalise au port Juvénal, coupe le canal des Étangs et débouche dans la mer par le grau du Lez ou de Palavas: d'où il suit que le canal du grau du Lez s'étend par 1,500 mètres de la croisière du canal des Étangs jusqu'à la mer. — Le cours du Lez est de 28 kilomètres; il arrose quatre cents hectares et fait marcher vingt-deux usines: moulins, minoteries, filatures, scieries, etc.

Ultra sunt stagna Volcarum, Ledus (Ledum) flumen (Pomp. Mela, II, 5): cet auteur est le plus ancien géographe qui en ait parlé. — L'opinion commune veut que le *Liria* de Pline (Hist. nat. III, 4) soit le Lez. Nous en doutons beaucoup, et nous pensons qu'il s'agit plutôt ici de l'une des deux rivières de Lers dans le haut Languedoc. — *Heledus (Ledus)* (Fest. Avien. Ora marit. v. 591). — *Ledus* (Sidon. Apoll. Panegyr. Majorian. v. 209; Theodulf. in Paræn. v. 105). — *A flumine Led. usque ad flumen Eraûri*, 1171 (mss d'Aubaïs; H. L. II, pr. c. 559). — *Molendini supra Laıum*, 1157 (cart. Magal. D 303). — *Molina duo infra ipsius fisci Juviniaci* (Juvignac) *terminum super flurium Lero*, 837 (arch. d'Aniane; Act. SS. Bened. sect. 4, part. I, 223); mais il faut lire *Leco*, comme on le voit dans le passage suivant: *Molina duo infra ipsius fisci terminum super fluvium Leco*, 853 (cart. Anian. et Vidimus de 1314; tr. des ch. H. L. I, pr. c. 101). — *Unum molinum qui est in flumine quod dicitur Lesus*, v. 1060 (cart. Gell. 49 v°); 1144 (ch. de Guillem VI, seigneur de Montp. Mém. des nobles, 70 v°); 1174 (ch. du fonds de Saint-Jean-de-Jérusalem); 1190 (mss d'Aubaïs; H. L. III, pr. c. 166). — *Lezum vetus*, le Lez Vieux, branche atterrie du Lez au-dessus de la robine de Lattes jusqu'à l'étang de même nom, 1129 (G. christ. VI, inst. c. 354 et plan du XVI° s° du chap. S¹-Sauveur, arch. de l'Hérault). — *De duobus molendinis bibalibus situatis in flumine Lez*. 1182 (cart. Magal. D 304). — *Molendinum de Roca* (moulin du Roc) *in flumine L*. 1242 (ibid. E 135). — *Concessio stagni de Lez. vet.* v. 1319 (ibid. A 18). — *Le Lez*, 1616-1656 (arch. de l'hôp. gén. de Montp. B 32). — *Lo Les*, XVIII° s° (carte de Cassini). — *La vallée du Lez* (1 myriam. 5 kilom.), *vallis Leuchensis in comitatu Sustantionense*, 1205 (cart. Anian. 65 v°).

Lézignan-la-Cèbe, cⁿᵉ. — Voy. Lésignan-de-la-Cèbe.

L'Hénas, cⁿᵉ. — Voy. Saint-Félix-de-l'Hénas.

Liagast, f. cᵇˢ du Causse-de-la-Selle, 1809.

Liausson, cⁿᵉ de Clermont. — *Leuciacum*, 1119 (cart. Gell. H. L. II, pr. c. 411). — *Liciacum*, 1170 (même cart. 204). — *Ecclesia de Laussono*, 1153 (Plant. chr. præs. Lod. 84). — *Municipium de Lauss. et de Moresio*, 1256 (ibid. 189). — *Anachoretæ seu heremitæ in cryptis montis de Lauss.* 1254 (ibid. 185). — *Liausson*, 1625 (pouillé); 1649 (ibid.); 1688 (lett. du gr. sceau). — *Lieusson*, XVIII° s° (carte de Cassini; tabl. des anc. dioc.).

Liausson, paroisse de l'ancien diocèse de Lodève, fut d'abord placée dans le canton d'Octon, supprimé par arrêté des consuls du 3 brumaire an x; elle passa dès lors dans le canton de Clermont.

Libounières, f. — Voy. Limounières (Les).

Libouyrac, 1856; Libouriac, 1831-1840; Libourac, 1809, f. cⁿᵉ de Béziers. — *Lyboiracum, Leboyracum*, 1305 (stat. eccl. Bitt. 73 v° et 157). — *Libouriac* (carte de Cassini).

Libron, éc. (poste sur le canal du Midi), cⁿᵉ de Vias.

Libron (Le), riv. dont les sources, à Faugères et aux Aires, se réunissent au-dessous de Laurens. Après avoir parcouru du nord au sud 41,500 mètres sur les territoires des communes de Laurens, Magalas, Puissalicon, Puimisson, Lieuran-lez-Béziers, Bassan, Boujan, Montblanc, Béziers, Vias, et fait mouvoir quatre usines, elle se jette dans la Méditerranée au-dessous de cette dernière commune. — *Juxta rio Lebrontis*, 972 (Livre noir, 307). — *Flumen Librontis*, 1151 (cart. Agath. 150). — *Libron*, 1166 (ibid. 140; carte de Cassini).

Lichtenstein, f. cⁿᵉ de Montpellier, sect. C.

Lieude (La), f. cⁿᵉ de Mérifons.

Lieuran-Cabrières, cⁿᵉ de Montagnac. — On a souvent confondu *Lieuran-de-Cabrières* avec *Lieuran-lez-Béziers*. Le premier est dans le canton de Montagnac, le second est dans le canton de Béziers. Au moyen âge, le nom de celui-ci ne s'est guère écarté de *Liuranum*, au lieu que le nom de *Lieuran-Cabrières* a été *Aureliacum*, ou du moins un mot qui en approche. L'un commence toujours par *L*, l'autre toujours par *A*. — *Aureliagum villa*, 918 (cart. de la cath. de Béz. H. L. II, pr. c. 58; cart. Anian. 22). — *Aureliacum villa in comitatu Bitterensi*, 816 (cart. Anian. 22); 993 (cart. de la cath. de Béz. II. L. ibid. pr. c. 152); 1110 (Livre noir, 151 et 151 v°). — *Terminium de villa Capralis aut Caprarlis vel de Aurel*. 993 (H. L. ibid.); 1158 (cart. Anian. 77 v°); 1184 (ibid. 157); 1185 (ibid. 60 v°). — *Aureliatis*, 1031 (cart. Gell. 33). — *Aurlac*, 1181 (cart. Anian. 54). — *Lieuran de Cabrieires*, 1625 (pouillé). — *Lieuran Cabreyres*, 1649 (ibid.). — *Lieuran Cabrairès*, 1760 (ibid.). — *Lieuran Cabrieres*, 1688 (lett. du gr. sc.); XVIII° s° (carte de Cassini).

Les tables des diocèses (dioc. de Béziers), même siècle, écrivent régulièrement *Lieuran de Cabrières*. Les Bénédictins, auteurs de l'Histoire de Languedoc, nomment ce lieu *Aureillan*, qu'on ne trouve pas ailleurs (voy. t. II à la table et pr. cc. 58 et 152). Ils ont sans doute voulu éviter la confusion de *Lieuran-lez-Béziers* avec *Lieuran-de-Cabrières*, confusion qui n'existait pas en latin. On lit, parmi les signatures d'un même acte, *de Liurano* et *de Aureliaco*, 1213 (cart. Anian. 48).

L'église de Lieuran-Cabrières, *ecclesia S. Martini de Aliurāno*, 1097 (Livre noir, 314 v°), — *de Aureliaco*, 1323 (rôle des dîmes des égl. de Béziers), était, au dernier siècle, placée dans l'archiprêtré du Pouget et avait pour patron *S. Baudilius*, 1780 (état offic. des égl. du dioc. de Béziers).

Lieuran-Cabrières était une justice royale et banneréte dans le ressort du sénéchal de Béziers. — Lors de la formation des départements, il fut placé dans le canton de Fontès, que supprima un arrêté des consuls du 3 brumaire an x. Cette commune fut alors introduite dans le canton de Montagnac.

LIEURAN-LEZ-BÉZIERS-ET-RIBAUTE, c°° (1ᵉʳ) de Béziers. — Nous signalons au commencement de l'article précédent la confusion qu'on a souvent faite de Lieuran-Cabrières avec Lieuran-lez-Béziers, fief et ancien château du diocèse de Béziers. — *Fiscum, villa Liuranum cum eccl. S. Petri*, 990 (abb. de S¹-Tibér. H. L. II, pr. c. 144; G. christ. VI, inst. c. 315); 1026 (Livre noir, 38; cart. Gell. 95); 1213 (cart. Anian. 48); 1323 (rôle des dîm. des égl. de Béz.). — *Luiranum*, 1154 (Livre noir, 279 v°).— *Leranum, Leyran*, 1435 (sénéch. de Nîmes; H. L. IV, pr. cc. 440 et 443). — *Liuran*, seigneurie de la viguerie de Béziers, 1529 (dom. de Montp. H. L. V, pr. c. 87). — Les Bénédictins disent *Lieuran* ou *Liuran*, château, dioc. de Béziers (*ibid.* IV, à la table); xvɪᵉ siècle (terr. de Lieurau). — *Lieuran les Beziers*, 1625 (pouillé); 1649 (*ibid.*); 1688 (lett. du gr. sc.); 1760 (pouillé; carte de Cassini; cartes du diocèse). — Cure, dans l'archiprêtré de Cazouls, patr. *S. Martinus*, 1780 (état offic. des égl. de Béziers).

Le hameau de Ribaute, qui avant 1790 formait à lui seul une paroisse du diocèse de Béziers, fut, à cette époque, réuni à Lieuran-lez-Béziers pour composer la commune qui est l'objet de cet article. — *Ripalta*, 1168 (mss d'Aubais; H. L. II, pr. c. 608). — Voy. Ribaute.

Cette commune fut, en l'an x, placée dans la première section du canton de Béziers, ce canton ayant été alors divisé en deux sections.

LIEUSÈRE-OCTON, anc. paroisse du dioc. de Lodève. — Voy. LAUZIÈRES.

LIEUSSAC, anc. égl. — Voy. SAINT-ÉTIENNE-DE-LIEUSSAC.

LIEUZÈDE, mont. chaînon du système du Salagou, entre Clermont-l'Hérault et Lodève. Le sommet du Lieuzède a 367 mètres d'élévation.

LIGNAN, c°° (1ᵉʳ) de Béziers. — *Lignanum villa cum ipsa turre*, 977, 1053 (cart. de la cath. de Béziers; H. L. II, pr. cc. 131 et 223); 1131 (év. de Béz. *ibid.* c. 461).— *In villa Lign. ecclesia S. Vincentii cum domo et vinea et duos ortos et ortolano cum uxori et tres infantes*, 1152 (Livre noir, 250 v°); 1154 (*ibid.* 51). — *Castrum Lign. cum ecclesiis et omnibus earum pertinenciis*, 1216 (*ibid.* 109). — *Linianum*. 1187 (mss d'Aubaïs; H. L. III, pr. c. 162); 1198 (cart. Agath. 296). — *Linha*, 1384 (Lib. de memor.). — *Lignan*, 1625 (pouillé); 1649 (*ibid.*). — Cure, 1760 (*ibid.*); 1778 (terr. de Lignan; carte de Cassini; cartes du diocèse; tabl. des anc. dioc.). — Dans l'archiprêtré de Cazouls; patr. *S. Vincentius*, 1780 (état offic. des égl. du dioc. de Béziers).

Lignan fut, en l'an x, placé dans la première section du canton de Béziers, ce canton ayant été alors partagé en deux sections.

LIGNÈRES-BASSES, f. c°ᵉ de la Salvetat.—*Lignères Basses*. 1777 (terr. de Fraisse).

LIGNÈRES-HAUTES ou LINIÈRES, f. c°ᵉ de Fraisse. — *Lignères-Hautes*, 1777 (terr. de Fraisse).

LIGNO, f. c°ᵉ de Riols. — *Linio*, xvɪɪɪᵉ siècle (carte de Cassini).

LIGNO (REC DE), f. c°ᵉ de Valros.

LIGNON, éc. (foulon, 1851), c°ᵉ de Saint-Pons.

LIGNON, h. c°ᵉ de Riols.

LIGURIE, nom qui, d'après Plutarque (*in Mario*), se serait étendu jusqu'au pays situé le long de la côte de Languedoc. Par conséquent les anciens habitants du territoire actuel du département de l'Hérault auraient pu être appelés *Liguriens transalpins*. (Cf. Hist. de Lang. I, 52 et sq.).— Voy. LION (GOLFE DE).

LIMBARDIÉ (LA), f. c°ᵉ et c°ⁿ de Murviel.

LIMOUNIÈRES (LES) ou LIDOUNIÈRES, f. c°ᵉ du Causse-de-la-Selle.

LIMOUSIN, chât. — Voy. BOUSSAIROLLES.

LIMOUSY, f. c°ᵉ de Ferrals.

LINA (LE), f. c°ᵉ de Saint-Pons.

LINAS, éc. tuilerie, c°ᵉ de Thézan.

LINIÈRE (LA), h. c°ᵉ de Vieussan.—*Eccl. S. Eulaliæ de Liniaco*, 1182 (G. christ. VI, inst. c. 88).

LINIÈRES, f. — Voy. LIGNÈRES-HAUTES.

LINQUIÈRE (LA), f. c°ᵉ de Villespassans, 1809.

LINQUIÈRE-HAUTE, f. c°ᵉ de Villespassans, 1809.

LIODRES, f. c°ᵉ de Valmascle.

DÉPARTEMENT DE L'HÉRAULT.

Lion (Golfe du): il s'étend depuis le cap Couronne, à environ 15 kilomètres au couchant de Marseille, jusqu'au cap de Creux et est divisé, sur la côte du département de l'Hérault, en deux autres golfes moindres par la montagne de Cette et par l'île de Brescou, comme le fait remarquer Strabon. Toutefois le golfe oriental, dans lequel le Rhône se décharge et qui, suivant cet historien, était le plus grand, se trouve aujourd'hui le plus petit, à cause des atterrissements. Γαλατικὸς κόλπος καὶ Μασσαλιωτικός, sinus Gallicus, golfe Gaulois ou de Marseille (Strab. IV). Mais il paraît que la partie orientale était plus particulièrement appelée golfe Gaulois, et que l'on nommait golfe Narbonnais la partie qui allait de Cette ou de Brescou aux Pyrénées. — On a pensé avec raison, mais non sans contradiction, que Guillaume de Nangis a voulu désigner le golfe du Lion quand il a dit (in Gestis S. Ludovici): Quod ideo nuncupatur mare Leonis, quod semper est asperum, fluctuosum et crudele (cf. Act. SS. April. I, 171). On ne pourrait donc faire remonter au delà du XIV° s° l'apparition de sinus Leonis, golfe de Léon, golfe du Lion. Était-ce pour des auteurs sérieux, et pour les Bollandistes eux-mêmes (ubi suprà), un motif de penser qu'il fallait écrire golfe de Lyon, à cause d'une ville qui en est à 400 kilomètres et qui ne s'est jamais appelée Leo? Ne pourrait-on pas d'ailleurs considérer l'appellation de golfe de Lion comme une contraction de κόλπος Λίγυς, golfe de Ligurie?

Liotard, 1856; Léotard, 1809-1841, chât. et f. c^{ce} de Valmascle.

Liquière (La), f. c^{ne} de Mas-de-Londres.

Liquière (La), h. c^{re} de Cabrerolles.

Linette, f. c^{ne} de Béziers.

Lironde (La), jⁱⁿ, c^{ne} de Puissalicon.

Lironde (La), riv. qui prend sa source dans la commune de Saint-Clément-des-Rivières, passe entre les territoires de Montferrier et de Montpellier et se jette dans le Lez entre Clapiers et Castelnau. Son cours, du N.-O. au S.-E., est de 6,900 mètres. Elle arrose cinq hectares.

Lirou, éc. tuilerie, 1851, c^{ne} de Puisserguier.

Lirou, f. et jⁱⁿ, c^{ne} de Béziers.

Lirou, h. c^{ne} de Guzargues.

Lirou (Le) ou Lihon, rivière qui a son origine dans la commune de Villespassans; de là son cours, de 20,800 mètres de l'O. à l'E., traverse les territoires de Creissan, Puisserguier, Maraussan, Maurcilhan et Béziers, où il se joint à l'Orb. Il fait mouvoir sept moulins à blé et arrose six hectares.

Lirou (Le), ruisseau qui naît dans la commune des Matelles, passe sur les territoires du Triadou et de Prades et se perd dans le Lez entre ces deux derniers villages. Son cours, de huit kilomètres, va de l'ouest à l'est.

Lissanca, source abondante dans le lit de la rivière d'Avène, à peu près à deux kilomètres au-dessus de son embouchure dans l'étang, c^{ne} de Balaruc. Voy. Astruc, Mém. pour l'Hist. nat. de Lang. 307 et 309. — Cette source fournit l'eau potable à la ville de Cette.

Lisson, h. c^{ne} d'Olargues.

Litenis, église rurale, aujourd'hui dédiée à saint Genès ou Geniès, c^{ne} de Saint-Jean-de-Fos. — Fisc royal donné à l'abbaye de Gellone par saint Guillem. Dans ce fisc sont comprises les deux églises de Saint-Jean et de Saint-Genès. Il confrontait l'Hérault et le ruisseau Lacatis (Lecas ou Laven), qui se jette dans le fleuve. — Fiscum Litenis cum ecclesiis S. Johannis et S. Genesii cum villis et villaribus, ch. de donation de saint Guillem, 804 (cart. Gell. 64; Act. SS. Bened. sect. 4, part. I, 88; H. L. I, pr. c. 31); 1123 (bulle de Calixte II; ch. de l'abb. de Saint-Guillem); 1146 (bulle d'Eugène III; G. christ. VI, inst. c. 280). — In episcopatu Lutevensi, 1172 (bulle d'Alexandre III, ch. du même fonds). — Ledenis, 806 (cart. Gell. 3; Mabill. Ann. II, 718; G. christ. VI, inst. c. 265; H. L. I, pr. c. 33); 1138 (G. christ. ibid. 280). — Paroch. de Ledos, 1162 (cart. Gell. G. christ. ibid. 282). Cependant nous lisons dans ce cart. eccl. S. Genesii de Ledens, 1153 (fol. 192 v°), et 2° cart. de Gell. 227 v°).

Livinière (La), c^{on} d'Olonzac. — Originairement château dans le Minervois (H. L. II, 230). — Lavineira castrum, 1069 (cart. de Foix; ibid. pr. c. 268). — Lavineira, 1126, 1161 (ibid. cc. 442, 579); 1145 (2° cart. de Narb. ibid. c. 509); 1176 (cart. de Foix, 101 v°). — Lazavineira, 1144 (cart. de Foix; ibid. c. 506). — Leveria, 1147 (cart. de la cath. de Béz. ibid. c. 519). — La Laveneira, 1132 (ch. de l'abb. d'Aniane). — Laveneira, 1150 (mss d'Aubaïs; H. L. ibid. c. 529). — Lavinaria, 1152 (cart. de Foix; ibid. c. 539). — Cast. de Liveriis, 1158 (cart. Anian. 85). — En voyant cette synonymie, on ne s'étonne plus si les auteurs de l'Hist. de Lang. ont donné à ce lieu, qui fut une baronnie, le nom de Lavineire ou de la Livinière (voy. table du t. II). — La Livigniere, 1625 (pouillé). — La Livineyre, 1649 (ibid.). — La Livineire, 1672 (terr. de Joncels). — La Liviniere, 1688 (lett. du gr. sc.) — Cure, 1760 (pouillé; carte de Cassini; cartes diocésaines). — Les tables des anc. diocèses de Languedoc ne font quelquefois qu'un seul mot du nom de cette anc. paroisse du dioc. de Saint-Pons.

DÉPARTEMENT DE L'HÉRAULT.

La Livinière, ville du dioc. de Saint-Pons, répondait, pour la justice, au sénéchal de Carcassonne, et elle était l'une des sept villes de son diocèse qui envoyaient par tour un député diocésain aux États provinciaux. Ses armes étaient *d'azur, à la lettre L d'or*.

A la formation des départements, en 1790, la Livinière devint le chef-lieu d'un canton comprenant, outre cette commune, celles de Cassagnolles, Félines, Ferrals, Siran. Mais ce canton, maintenu par la loi du 28 pluviôse an VIII, fut supprimé par arrêté consulaire du 3 brumaire an X; les communes de ce canton furent alors placées dans celui d'Olonzac.

Lixinié, f. — Voy. Exénié (L').

Lizagne, h. c^{ne} de Riols. — *Lizarne* (carte de Cassini).

Lodève, chef-lieu d'arrondissement. — *Lutevani qui et Foro-Neronienses* (Plin. Hist. nat. III, 4). — *Luteva, Loteva, Lodeva*, chez les Gaulois; *Forum-Neronis*, chez les Romains, d'après les Bénédictins (Hist. de Lang. I, 57). — Pline est le seul des anciens qui ait parlé des *Lutevani* et qui les ait appelés *Foro-Neronienses*; mais Ptolémée paraît placer le *Forum-Neronis* parmi les villes des *Memini* vers la Provence. Y aurait-il eu deux *Forum-Neronis*? Les textes de Pline ou de Ptolémée seraient-ils altérés? Nous adoptons l'opinion commune, qui est celle des Bénédictins.

La carte de Peutinger écrit *Loteva*. — *Pagus Ludovensis, Lutovensis, pagus Lutwensis*, 804 (arch. de Saint-Guillem; Act. SS. Bened. sect. 4, part. I, 88); 807 (*ibid.* et 90); 808 (ch. de l'abbaye de Saint-Guillem et cart. 91); 837 (cart. Anian. Act. SS. *ibid.* 223); 853 (*ibid.*) et Vidimus, 1314 (tr. des ch. H. L. I, pr. c. 100). — *Lodeva* et *Luteva*, dans tous les siècles postérieurs au IXe. — *Lodeva*, 1127 (cart. Gell. 61 et *passim*); 1190 (cart. Agath. 8 et *passim*); 1212 (Livre noir, 273 et *passim*); 1341 (Libr. de memor.). — *Luteva*, 1185 (Livre noir, 63 v°); 1203 (*ibid.* 273); 1187 (cart. Agath. 8). — *Lodova*, 1159 (*ibid.* 151); 1339 (Arm. dor. liasse M, n° 9); 1428 (lib. Rector. 149); XIIIe, XIVe, XVe s^{es} (ch. des arch. de Lodève). — *Villa Lod.* 1387 (ch. des arch. de Lodève). — *Lodove*, 1432 et *passim* (arch. de Lod. regist. de reconnaiss. 44). — *Lodesve*, 1564 (chambre des comptes de Montpellier, reg. B 348). — *Lodeve*, 1515 (parlement de Toulouse; H. L. V, pr. c. 78); 1584, 1587 (ch. des arch. de Lod.); 1625 (pouillé); 1649 (*ibid.*); 1688 (lett. du gr. sc.); 1760 (pouillé; tabl. des anc. dioc. cartes de Cassini et du diocèse).

L'église de Lodève regarde saint Flour comme son premier évêque; elle fait remonter son ancienneté au temps des apôtres (Catel. Mém. 994; Plant. chr. præs. Lod. 6 et ss.). — *Maternus episcopus civitatis Lutevensis*, 506 (Concil. Agath. Labb. IV, 1381 et s. Sirmond. I, 161). — *Luteba*, 569 (Aguirre, Concil. Hispan. II, 302). — *Episcopus Luthonensis* (*ibid.* 314). — *Episcopus civitatis Lutebensis*, 589 (*ibid.* 350 et 353). — *Luthuensis vel Luticensis*, 633 (*ibid.* 493). — *Lotoebensis vel Lotovensis*, 683 (*ibid.* 703). — *Episcopatus Lutovensis*, 1097 (ch. de l'abb. de Saint-Guillem). — L'abbaye de Saint-Sauveur de Lodève fut fondée vers 980 par saint Fulcran, alors évêque de cette ville (G. christ. 533). — *S. Salvator monasterium Leutevense*, 1120 (arch. de l'Hérault; ch. de Saint-Guillem). — *Eccl. episc. archid. Lodovensis*, 1162 (ch. de Louis le Jeune; H. L. II, pr. c. 588, etc.); 1181 (cart. Magal. A 46 v°). — *S. Fulcrand de Lodève*, 1714-1718 (reg. de l'état civil de la ville). — *Cure de S. Fulcran de L.* 1760 (pouillé).

Le diocèse de Lodève, *sedes, provincia Ludovensis et Lutevensis*, 975, 987 (G. christ. VI, inst. c. 267, etc.), était borné au nord par celui d'Alais, au nord-ouest par le Rouergue, à l'ouest et au sud par le diocèse de Béziers et à l'est par celui de Montpellier. Il comprenait cinquante-trois paroisses, faisant cinquante communautés : Arboras, Aubaignes-et-la-Vernède, le Bosc, Brenas, Brignac-et-Cambous, Canet, le Caylar ville, Celles, Ceyras, Clermont ville, la Coste, le Cros, Fozières ou Fouzières, la Garrigue (N.-D. de), Jonquières, Lauroux, Lauzière ou Lieusère-Octon, Liausson ou Licusson, Lodève ville sur la Lergue et la Solondre, Malavicille, Montpeyroux, Mourèze, Nébian, Olmet, Parlatges, Pégairolles, les Plans, Poujols, le Puech-d'Albaigues, les Ribes (les Rives), Salasc, Sommont (Soumont), Sorbs, Soubès, Saint-André ville, Saint-Étienne-de-Gourgas, Saint-Félix, Saint-Félix-de-l'Héras, Saint-Guillem-du-Désert, Saint-Guiraud, Saint-Jean-de-Fos, Saint-Jean-de-la-Blaquière ou de Pleaux, Saint-Martin-de-Castries, Saint-Martin-de-Combes, Saint-Maurice, Saint-Michel, Saint-Pierre-de-la-Fage, Saint-Privat, Saint-Saturnin, la Vacarié (la Vacquerie), la Valette, Usclas, Villacun. — La ville de Lodève et tout son diocèse étaient ressortables à la cour du sénéchal de Béziers (pouillé de 1649, fol. 12 v°); toutefois, nous voyons qu'en 1314 la ville épiscopale de Lodève, où on comptait 1,007 feux, ressortissait à la sénéchaussée de Carcassonne et dépendait de la viguerie de Gignac (Hist. de Lang. IV, 158).

Les évêques de Lodève prenaient le titre de *comte de Montbrun ou de Lodève*. — *Lodovensis episcopus* et *Montisbruni comes*, 1432 (arch. de Lod. reg. de reconn. 44). — Le château de Montbrun, situé sur une élévation à 500 pas de la ville, était le chef-lieu du comté ou de la vicomté de Lodève. Le titre du dernier fief appartenait aux comtes de Rodez, vassaux des comtes de Toulouse, bien que le droit de l'évêque, qu'il tenait des uns et des autres, remontât à 1225 ou plutôt à 1187. On ne connaît pas d'acte plus ancien que 1372 où l'évêque de Lodève se soit qualifié de comte; mais il est déjà question du comté et de la vicomté de Lodève dans les chartes du IX° s° (Plant. chr. præs. Lod. 24, 32, etc. 310, etc.). Ce comté est désigné par : *Pagus Lutuvensis vel Lutevensis*, 804, 807, 837 (vid. *supra*). — *Dotatio monasterii Gellonensis à Guillelmo comite*, 804 (G. christ. VI, inst. c. 263). — *Comitatus Lut.* 988, 1000, 1032, etc. (cart. Gell. cart. Anian. *passim*).

La ville de Lodève envoyait aux États provinciaux de Languedoc son premier consul et un autre député. Ses armes sont *d'azur, à la croix cantonnée d'une étoile, d'un croissant, d'un L et d'un D, le tout d'or. Deux palmes de sinople liées d'azur accompagnent l'écu et lui servent d'ornement extérieur.* — Clermont-Lodève était la seule ville de ce diocèse qui envoyât aux États de la province un député diocésain.

On appelait *plaine Lodevoise* la partie du diocèse qui est dans la plaine sur la rive droite de l'Hérault : de là *S. Johannes de plenis, S. Felix de plano*. — Voy. ces mots à Saint-Jean et à Saint-Félix. — Les notaires du pays s'intitulaient dans leurs actes : *Notarii totius plani Lodovensis*.

A l'époque de la formation des départements, en février 1790, Lodève fut l'un des quatre chefs-lieux de district de l'Hérault. Le district de Lodève comprenait 13 cantons, maintenus par la loi du 28 pluviôse an VIII : Lodève, Aniane, Aspiran, la Blaquière, le Caylar, Clermont, Gignac, Lunas, Montpeyroux, Octon, Saint-André, Saint-Pargoire, Soubès. Mais, d'après la loi du 8 pluviôse an x, un arrêté des consuls du 3 brumaire suivant supprima sept de ces cantons : Aniane, qui passa dans l'arrondissement de Montpellier avec ses communes; Aspiran, Montpeyroux, Octon, Saint-André, Saint-Jean-de-la-Blaquière, Saint-Pargoire, Soubès : d'où il résulte que l'arrondissement de Lodève comprend aujourd'hui 5 cantons, composés de 73 communes : le Caylar, Clermont, Gignac, Lodève, Lunas.

Le canton de Lodève ne compta d'abord que trois communes : Lodève, Olmet et les Plans; mais, par suite des suppressions de cantons en l'an x, celui de Lodève s'accrut de nouvelles communes et en comprit dix-neuf, nombre actuellement réduit à seize, Villecun ayant été réuni à Olmet en 1822; la Vacquerie à Saint-Martin-de-Castries et Aubagne à Saint-Étienne-de-Gourgas, en 1832. Ces seize communes sont : Lodève, le Bosc, Fozières, Lauroux, Olmet-et-Villecun, Parlatges, les Plans, Poujols, le Puech, Saint-Étienne-de-Gourgas-et-Aubagne, Saint-Jean-de-la-Blaquière, Saint-Privat, Soubès, Soumont, Usclas, la Vacquerie-et-Saint-Martin-de-Castries.

Logis-Neuf, f. c^{ne} de Combes.

Loinas, h. c^{ne} du Bosc. — *Ecclesia parœcialis S. Petri de Avoiratio*, 1236 (Plant. chr. præs. Lod. 146). — Donnée ou réunie à l'archidiaconé de Lodève, 1326 (*ibid.* 292).

Loly, f. — Voy. Huile (Mas de l').

Lombriasque, pêcherie à l'extrémité S.-E. de l'étang de Mauguio ou de l'Or, 1820 (arch. de l'Hérault, plan des étangs).

Lombrie, 1856; Nombril, 1841; Lombric, 1809, f. c^{ne} de Parlatges.

Lomède ou Laumède, f. c^{ne} du Pouget.

Londres, c^{nes}. — Voy. Mas-de-Londres, Notre-Dame-de-Londres, Saint-Martin-de-Londres.

Long-Bergen, montagne dolomitique au sud de la commune des Rives. Élévation : 835 mètres.

Longuet, f. c^{ne} d'Azillanet.

Longuet, f. c^{ne} de Capestang. — *Villa Longanianicos*. 1152 (Livre noir, 258).

Lonjon, f. c^{ne} de Montpellier, 1809.

Lor, étang. — Voy. Or (Étang de l').

Loriol ou Lauriol, f. c^{ne} de Cabrières.

Loubatières, f. c^{ne} de Pézenas. — *Lubataria et Lobataria*, 1013 (cart. Gell. 55). — *Honor de Loberias per mediam Cumbam usque ad fontem Carral, juxta stagnum, usque ad stratam S. Martini quæ ducit ad Palais.* 1127 (*ibid.* 134). — *Lo Batieras*, seigneurie de la viguerie de Béziers, 1529 (dom. de Montp. H. L. V, pr. c. 87).

Louis, éc. — Voy. Conrady.

Loumort, f. c^{ne} de Pardailhan.

Loupian, c^{on} de Mèze. — *Lupianum villa, castrum cum manso Poio (Podio)*, 990 (Marten. Anecd. I, 179); 1035 (cart. de Foix; H. L. II, pr. c. 195); 1115 (*ibid.* 396); 1134 (concil. Monspel.); 1140 (cart. Agath. 185); 1194 (cart. Magal. C 100); 1290 (ch. des arch. d'Agde, de Loupian et de Montagnac). — *De Lopianis*, 1002 (cart. de l'abb. de Conques: H. L. *ibid.* c. 161). — *Lopianum*, 1147 (cart. de la cath. de Béz. *ibid.* 519); 1152 (cart. Agath. 182). — *Lupian*, 1150 (cart. de Foix; H. L. *ibid.* c. 533). — *Lopian*, seigneurie, 1529 (dom. de Montpellier,

H. L. V, pr. c. 86). — *Loupian*, 1625 (pouillé); 1649 (*ibid.*); 1688 (lett. du gr. sc.).

L'église Sainte-Cécile de Loupian est désignée dans le cartulaire de Joncels : *Ecclesia S. Ceciliæ de Lopiano*, 1135 (G. christ. VI, inst. c. 135). Elle est aujourd'hui sous le vocable de *Saint-Hippolyte*. — Le pouillé de 1760 mentionne seulement la cure de Loupian, au diocèse d'Agde.

Loupian portait le titre de ville avant 1790. — A cette époque il fut compris, avec les autres communes du canton de Mèze, dans le district de Béziers; mais l'arrêté des consuls du 3 brumaire an x fit passer toutes les communes de ce canton dans l'arrondissement de Montpellier.

Loustalou, f. c^{oe} de Prémian.

Loustalou, f. c^{ne} de Saint-Pons, 1809.

Louvière (La), h. c^{ue} de Pardailhan.

Loys, f. c^{ne} de Montpellier, sect. C, 1809.

Lozière, 1856; Leuzière, 1851, f. c^{oe} de Saint-André-de-Buèges.

Luc, f. c^{ne} de Montpellier, 1809.

Lucannis, h. c^{ue} de Rieussec.

Lucas, éc. tuilerie, c^{ne} de Thézan, 1809.

Luch ou Lux, 1809, h. c^{oe} de Béziers.— *Villa de Lugo*, 971 (Livre noir, 193 v°). — *In comitatu Bitterensi villam vocabulo Luco cum ipsa ecclesia in honore S. Martini*, 933-969 (cart. de la cath. de Béz. H. L. II, pr. c. 119; G. christ. VI, inst. c. 128); 971 (Livre noir, 202); 1271 (stat. eccl. Bitt. 66); 1341 (*ibid.* 82).

Lucian, c^{ne}. — Voy. Saint-Saturnin-de-Lucian.

Luço, f. — Voy. Lussan.

Lucullus, éc. c^{ne} de Montpellier, sect. D).

Lugagne, jⁱⁿ, c^{ne} de Pézenas, 1840.

Lugné ou Lugnan, h. c^{oe} de Cessenon.

Luggigne, jⁱⁿ, c^{ne} de Pézenas, 1840.

Lumignago, h. — Voy. Rouvignac.

Lunaret, f. c^{ne} de Lieuran-Cabrières, 1840.

Lunaret, jⁱⁿ, c^{ne} de Béziers.

Lunas, arrond. de Lodève. — *Launates villa*, 804-806 (cart. Gell. 3). — *Villa Lunatis in pago Bitterensi*, 899 (abb. d'Aniane, H. L. II, pr. c. 41). — *Castrum Lunetense*, 909 (abb. de Psalmodi; Mabill. Annal. III, 696). — *Vicaria Lunatensis*, 987 (cart. Lod. G. christ. VI, inst. c. 270). — *Lunacium*, 1164 (Livre noir, 141); 1138 (abb. de Valmagne, H. L. II, pr. c. 484). — *Lunatium*, 1201 (cart. de Foix; *ibid.* III, c. 131). — *Lunosum*, 1152 (cart. de Foix, 80 v°). — *Lunaz*, 1191 (tr. des ch. H. L. II, pr. c. 420); 1163 (cart. de Foix, 28 v°). — *Launaz*, 1179 (Livre noir, 176 v°). — *Lunas*, 1073 (G. christ. *ibid.* c. 128); 1118 (cart. de Foix;

H. L. *ibid.* c. 404); seigneurie de la viguerie de Béziers, 1529 (dom. de Montp. H. L. V, pr. c. 87). — *Lunas et Caunas*, 1625 (pouillé); 1649 (*ibid.*); 1688 (lett. du gr. sceau); 1760 (pouillé); 1778 (terr. de Lunas).

Église de Lunas. — Nous croyons devoir rapporter le passage suivant, d'ailleurs fort obscur, à Lunas et Caunas, ancienne paroisse du diocèse de Béziers, plutôt qu'au hameau de Combejean, qui est trop éloigné de Lunas : *De Launatico; in comitatu Bitterensi in villa Leuniates vel villare que vocant Commiurano ecclesia vocabulo S. Genesii duas partes de ipsa tota ecclesia Cumexanos*, 959 (Livre noir, 103). — *Archidiaconatus Lunatensis*, 1194 (*ibid.* 112 v°): 1323 (rôle des dîmes des égl. de Béz.). — *Rector de Lunacio* (*ibid.*). — Le pouillé de 1760 porte *Lunas cura, Caunas* (ou *Conas*) *cure*; mais le tableau des anciens diocèses (Béziers) ne fait qu'une seule paroisse de Lunas et Caunas. — L'état offic. des égl. du dioc. de Béziers de 1780 les inscrit séparément l'une et l'autre, dans l'archiprêtré de Boussagues, en donnant pour patron à Lunas *S. Pancratius* et à Caunas *S. Saturninus*.

Pour l'abbaye de Saint-Pierre-de-Lunas, voy. Joncels.

La ville de Lunas est restée chef-lieu de canton depuis la création des départements en 1790; mais alors ce canton ne comptait que sept communes : Lunas, Avène, Ceilhes-et-Rocozels, Dio-et-Valquières, Joncels, Romiguières, Roquercdonde. Aujourd'hui ce canton comprend treize communes, par suite de l'addition faite en l'an x de cinq communes du canton d'Octon, alors supprimé : Brenas, la Valette, Saint-Martin-de-Combes, Mérifons, Octon, et de Saint-Martin-d'Orb ou de Clémensan, commune érigée en 1844.

Lune (La), f. — Voy. Leune (La).

Lunel, arrond. de Montpellier. — *Lunellum castrum*, villa, 1035 (cart. de Foix); 1060 (cart. Gell.); 1146 (mss d'Aubaïs; H. L. II, pr. cc. 195, 239, 512, etc.); 1153 (ch. du fonds de Saint-Jean-de-Jérusalem); 1236 (cart. Agath. 247); 1181 (cart. Magal. A 46 v°); 1341 (*ibid.* B 259); 1285 (grand chartrier de Montp. arm. A cass. VI, n° 5); 1489 (mandem. du sénéch. de Beaucaire; Ménard, Hist. de Nîmes, IV, pr. 50). — *Castrum Lunell*, 1116 (cart. Gell. 157). — *Lunel*, 1101 (arch. de Saint-Guillem; H. L. *ibid.* c. 356). — *L. ubi sanctus erat cœtus Israelitarum*, 1160 (d'après Benjamin de Tudèle); 1568 (sénéch. de Montp. arch. dép. B 16). — *Viguerie*, 1625 (pouillé); 1649 (*ibid.*); 1638 (lett. du gr. sc.).—*Lunel la ville*, 1684 (vis. past.);

1687 (dénombr. de Lang. arch. dép. B 7); 1760 (pouillé).

Église de Lunel. — *Parrochia de Lunello*, 1096 (cart. Anian. 74); 1161 (cart. Magal. E 46). — *Prioratus de Lunello novo*, 1333 (stat. eccl. Magal. 10 et 17); 1528 (pouillé). — *Eccl. B. Mariæ L. n.* 1536 (bull. Paul. III, transl. eccl. Magal.). — Lunel était une paroisse de l'archiprêtré de Baillargues, 1756 (état offic. des églises du diocèse de Montpellier). Le prévôt du chapitre cathédral de Montpellier en était le prieur décimateur, et la *sainte Vierge* la patronne, 1777 (vis. past.). Il semblerait toutefois, d'après la visite pastorale de 1684, que cette église aurait eu aussi *saint Michel* pour second patron titulaire.

Suivant le domaine de Montpellier, la ville et viguerie de Lunel, *vicaria Lunelli*, en la sénéchaussée de Beaucaire, comprenait 715 feux en 1370, 243 feux en 1387 et 1388. Cependant, aux mêmes dates, les actes de la sénéchaussée de Nîmes, *Summa antiq. et novor. focor. senescall. Bellicadri*, portent ce nombre à 2129 (H. L. IV, pr. cc. 304-306).

Lunel fut autrefois le chef-lieu d'une baronnie, *Dominus de Lunello*, 1368 (lett. pat. de Charles V, collect. Lang. t. X). Cette seigneurie renfermait douze paroisses appelées *villettes*, savoir : Lunel-Viel, Lansargues, Saint-Sériès, Saint-Brès, Saint-Nazaire, Peran ou Pesan-et-Saint-Just, Villetelle, Saturargues, Sainte-Colombe, Vérargues, Montels, Valergues, 1440 (lett. pat. de la sénéch. de Nîmes, VIII, 257 v°). — Dans l'inventaire des archives de Lunel, dressé en 1702, on lit les mêmes noms, sauf *Peran-et-Saint-Just* et *Sainte-Colombe*, à la place desquels on trouve *Saint-Denys d'Obilions* et *Moulines*, 1316 (page 12).

Le roi était seigneur de Lunel, dont la justice était par conséquent royale non ressortissante. Cette ville, l'une des sept cités du diocèse de Montpellier qui entraient par tour chaque année aux États provinciaux, représentées par leur premier consul comme diocésain, avait pour armes *d'azur, au croissant d'argent, accompagné en chef d'une étoile d'or*.

Le canton de Lunel, à la formation des départements, en 1790, n'était composé que de quatre communes : Lunel, Lunel-Viel, Saint-Just, Vérargues. Mais en l'an x, par suite de la suppression des cantons de Marsillargues et de Restinclières, il s'accrut des communes de Marsillargues, Boisseron, Saint-Christol, Saturargues, Saussines, Saint-Sériès, Villetelle. Enfin Saint-Nazaire, distrait du canton de Mauguio, lui fut donné en 1836, ce qui a porté à douze le nombre des communes du canton de Lunel.

LUNEL, f. c^{ne} de la Salvetat.

LUNEL (CANAL DE). — Ce canal, dont la direction est du nord au sud, établit des communications entre la ville de Lunel et le canal latéral de l'étang de Mauguio, au moyen d'un embranchement d'environ 2,200 mètres. Navigable jusqu'à l'endroit connu aujourd'hui sous le nom de *port de la Pérille* dès le règne de Philippe le Bel, il fut continué jusqu'aux murs de la ville sous celui de Charles V. Dans les lettres patentes de ce dernier roi, ce canal ou plutôt ce port est désigné sous le nom de *portus vocatus La Robina*, 1368 (12 août) (collect. de Lang. t. X).

LUNEL-VIEL, c^{on} de Lunel (ville). — *Lunellum vetulum*, 1128 (mss d'Aubaïs; H. L. II, pr. c. 446). — *Lunellum vetus*, ixe s^e, 1169 (Arn. de Verd. ap. d'Aigrefeuille, II, 417, 433); 1226 (reg. Cur. Fr. H. L. III, c. 817). — Ainsi nommé parmi les douze villettes de la baronnie de Lunel, 1440 (rec. de lett. pat. de la sénéch. de Nîmes, VIII, 257 v°). — *Decimaria de L. V.* 1198 (cart. Anian. 76 v°). — *Lunel Vieil*, 1684 (pouillé); 1688 (pouillé; lett. du gr. sc.). — *Lunel Viel*, xviiie s^e (tabl. des anc. dioc. carte de Cassini et cartes diocésaines).

Église de Lunel-Viel. — *Prioratus de Lunello veteri*, 1333 (stat. eccl. Magal. 7 et 17); 1528 (pouillé). — *Eccl. S. Vencentii de L. V.* 1536 (bull. Paul. III, transl. sed. Magal.). Cette église, dans l'archiprêtré de Baillargues, ayant pour patron *S. Vincent M.* avait pour prieur décimateur le chapitre cathédral de Montpellier, 1756 (état offic. des égl. du dioc. de Montp.) et 1777 (vis. past.).

Lunel-Viel a aussi porté le nom de *Cabrières*, et il serait assez difficile de distinguer ce nom de celui de la commune de Cabrières, si la synonymie et les circonstances locales ne tenaient pas suffisamment averti. — *Raimundus de Lunello* (Lunel ville) et *Bernardus de Cabreriis* (Lunel-Viel), 1151 (bibl. du R. H. L. II, pr. c. 536). — Le cartulaire de Maguelone est encore plus explicite : *De ecclesiis de Lunello et de Cabreriis aliter de Lunello veteri cum suis annexis*, 1161 (cart. Magal. D 291 et E 46).

La commune de Lunel-Viel a toujours fait partie du canton de Lunel.

LUNÈS (MAS DE), h. c^{ne} d'Aumelas. — *Mas de Lunes* (carte de Cassini).

LUNO, éc. salines, poste de douanes, c^{ne} d'Agde.

LUNO ou SAINT-MARTIN, petit étang entre la ville d'Agde et la mer (carte de Cassini; cartes diocésaines).

LUPEC, hameau, c^{ne} d'Olargues. — *Lupec* (carte de Cassini).

Lussac, f. c^ne de Montpellier, 1809.
Lussan ou Luço, f. 1809, c^ne de Puisserguier. — *Lussanum*, 1270 (arch. d'Agde; G. christ. VI, inst. c. 337). — *Liussan* (carte de Cassini). — C'était une dépendance de l'abbaye de Foncaude ou Fontchaud. 1760 (pouillé).
Lute (Mas de), f. c^ne de la Roque.
Lux, h. — Voy. Luch.

M

Madaille (La), f. — Voy. Médaille (La).
Madale, h. c^ne de Rosis; appartenait à la commune de Taussac-et-Douch avant 1809.—*Madallanum*, 1176 (Livre noir, 14 v°).
Madale, ruiss. qui prend naissance sur le territoire de Rosis, passe sur celui de Colombières, court pendant 7,800 mètres, arrose six hectares, fait mouvoir deux usines et se perd dans l'Orb. — *Madallanum*, 1176 (Livre noir, 14 v°).
Madalet, h. c^ne de Colombières.
Madame, f. c^ne d'Agel.
Madame, f. c^ne de Puimisson.
Madières, f. c^ne de Saint-Félix-de-l'Héras. — *Maderiæ*, 1181 (cart. Anian. 46).
Madières, h. sur la riv. de Vis, c^ne de Saint-Maurice. — *Maderi villa*, 804-6 (cart. Gell. 3; Mabill. Ann. II, 718; G. christ. VI, inst. c. 265). — *Terminium de Maderias et de flumine Virs*, 1060 (cart. Gell. 49 v°). — *Materias*, 1031, 1097, 1101, 1107, 1122 (ibid. 51, 60, 60 v°, 81, 153). — *Madieyras*, 1217 (Pet. Thalamus, chron. roman.). — *Castrum, villa de Maderiis*, 1181 (cart. Anian. 46); 1223, 1281 (Plant. chr. præs. Lod. 134 et 220); 1323 (rôle des dîmes des égl. de Béz.). — Une note des Bollandistes sur l'Histoire des miracles de Saint-Guillem porte *Mabuires*. — *Madieres*, cure du dioc. de Lodève, 1760 (pouillé; carte de Cassini; cartes diocésaines). — Voy. Navacelle.
Madone, f. — Voy. Amirat.
Madone (La); la Madoune, 1809, f. c^ne de Montagnac.
Maffre, f. c^ne d'Agde.
Magalas, c^on de Roujan. — *Magalatia*, 1089 (Livre noir, 3). — *Magalate*, 1153 (cart. Anian. 41 v°). — *Magualaz*, 1160 (ibid. 57 v°). — *Magalacium, Magalatium castrum*, 1134 (Livre noir, 82); 1154 (ibid. 1); 1160 (cart. Anian. 58); 1216 (bulle d'Honorius III; Livre noir, 109); 1298 (cart. Agath. 242); 1323 (rôle des dîmes des égl. de Béz.). — *Magalassium*, 1222 (stat. eccl. Bitt. 118 v°). — *Magalacie*, 1518 (pouillé).—*Magualas*, 1649 (ibid.). — *Magalaz*, 1132 (ch. de l'abb. d'Aniane); 1577 (Livre noir, 94).—*Magalas*, 1060 (cart. Gell. 96 v°); 1065 (arch. de St-Paul de Narb. H. L. II, pr. c. 250); 1127 (arch. de St-Tibér. G. christ. VI, inst. c. 318); 1505 (chron. cons. de Béz. 73); 1625 (pouillé); 1636 (terr. de Magalas); 1688 (lett. du gr. sc.); 1760 (pouillé; carte de Cassini; cartes diocésaines; tabl. des anc. dioc.).

Église de Magalas.—*Ecclesia de Magalacio*, 1271 (mss de Colb. H. L. III, pr. c. 602). — Cette paroisse, de l'archiprêtré de Cazouls-lez-Béziers, était sous le vocable de S. Laurent, *S. Laurentius*, 1780 (état offic. des égl. du dioc. de Béz.). — Cure de Magalas, 1760 (pouillé). — Il existait autrefois sur le territoire de Magalas six sanctuaires ruraux, dont les cimetières sont indiqués dans un compoix ou livre terrier communal de 1636 : *St-Nazaire de Volbes, St-Affanian (de Affaniano), St-Jean des Causses, St-Martin d'Agel, Ste-Madeleine d'Octavian, St-André de Prolian (de Proliano)*.—Indépendamment de ces sanctuaires détruits, il existe, à cinq ou six hectomètres du village, une église champêtre sous le vocable de *Sainte-Croix*. — Le prieuré de Magalas dépendait du chapitre de Saint-Nazaire de Béziers.

Magalas, ancienne baronnie de la viguerie de Béziers, a pendant plusieurs siècles fait partie des fiefs nombreux de la maison de Narbonne (le Père Anselme, Hist. gén. de France, VII); 1529 (dom. de Montp. H. L. V, pr. c. 87).

A la formation du département de l'Hérault, en 1790, Magalas devint le chef-lieu d'un canton composé de dix communes : Magalas, Autignac, Cabrerolles, Caussiniojouls, Coulobres, Espondeilhan, Fouzilhon, Laurens, Puimisson, Puissalicon. Mais, par une ordonnance des Cinq-Cents du 1er vendémiaire an VII, la commune de Coulobres fut réunie au canton de Servian; et, par arrêté des consuls du 3 brumaire an x, le canton même de Magalas fut supprimé. Magalas et Fouzilhon passèrent dans le canton de Roujan; Espondeilhan et Puissalicon furent ajoutées au canton de Servian; enfin Autignac, Cabrerolles, Caussiniojouls, Laurens et Puimisson furent comprises dans le canton de Murviel.

Maganel, m^in sur l'Ognon, c^ne de Félines-Hautpoul.
Magaranciac, anc. église. — Voy. Saint-Félix-de-Magaranciac ou de Margaussas.

Magasin (Le), éc. usine, distillerie d'eau-de-vie, c⁰ⁿ de Galargues.

Magdeleine (La), f. cⁿᵉ de Villeneuve-lez-Maguelone. — A peu de distance de la métairie est une grotte calcaire qui porte aussi le nom de *la Magdeleine*, dont on a cru voir la figure en une congélation placée dans une espèce de niche appendue aux parois de la voûte. Non loin de là une source minérale, dite *fontaine de la Magdeleine*, s'échappe en bouillonnant, fortement chargée d'acide carbonique.

Le nom de *la Magdeleine*, appliqué à ces divers lieux, est dû à l'ancienne chapelle fondée sous ce vocable près de Villeneuve par un habitant de Montpellier. *Instrumentum fundationis oratorii sive capelle S. Marie Magdalene situat. in suburbiis Montispessulani facte per Petrum Causiti burgens. Montispessulani*, 1328 (cart. Magal. E 36). — *La Magdelaine*. 1774 (terr. de Villeneuve). Il ne faudrait pas confondre cet oratoire ou chapelle avec l'église paroissiale de *Sainte-Marie-Magdelaine d'Exindre*, plus ancienne, dont nous avons parlé à l'article Lattes; d'Aigrefeuille s'y est mépris (Hist. de Montp. II, 38).

Magnien, 2 ff. cⁿᵉ de Montpellier, sect. K.
Magnol, f. cⁿᵉ de Montpellier, 1809.
Magrignan, f. cⁿᵉ de Gabian.

Maguelone, île, cⁿᵉ de Villeneuve-lez-Maguelone. — *Mesua collis incinctus mari penè undique, ac nisi quod angusto aggere, continenti annectitur, insula* (Pomp. Mela, l. II, c. 5). — *Metina* (Plin. Hist. nat. III, 5; Martianus Capella, VI). — *Mansa vicus?* (Fest. Avien. Ora marit. v. 613). — *Madalona* (Theodulf. in Parænesi, v. 133). — *Megalona, Magalona* (Anonym. Ravenn. IV, 28, et V, 3; Roger de Howden, ad ann. 1191). — On lit aussi *Oppidum Naustalo* dans Festus Avienus (loc. cit.); Astruc (Mém. pour l'Hist. nat. de Lang. 80) suppose qu'il faut lire *Magalo*. Nous n'admettons pas cette supposition (voy. notre Mém. sur *Mesua*, p. 23, Mém. de la Soc. archéol. de Montpellier, I, 56, et Annuaire de l'Hérault, 1843).

L'île de Maguelone eut des comtes dès le vIIIᵉ siècle. *Comes, comitatus Magalonensis, Madalonensis, Magdalonensis*, 752 (Vita S. Bened. Anian. Act. SS. Bened. sect. 4, part. I, 194); 791 (Concil. Narb. Marca, Concord. VI, 25); 812 (Annal. Anian. Hist. de Lang. I, pr. c. 19). — Le même comté, *civitas Magalonensium*, 636 (ibid. I. 60) est désigné par *pagus M.* 804, 815, 819, 820, 837, 853 (cart. Anian. H. L. I, pr. cc. 53, 54, 100; Act. SS. Bened. sect. 4, part. I, 88 et 223); 810, 813 (même cart. Arch. de l'abb. de Psalmodi, H. L. I, pr. c. 38);

820 (donation de Louis le Débonnaire; arch. département. ch. de l'abbaye d'Aniane). — Au xᵉ siècle, ces comtes sont plus connus sous la désignation de *comtes de Substantion* ou de *Melgueil*, et le nom de *Maguelone* se rapproche davantage du mot vulgaire, *Magalone*, 922 (cart. des comtes de Melgueil, H. L. II, pr. c. 61). — *Villa Magalonensis*, 960 (arch. de l'abb. de Montmajour, Mabill. ad ann. 960, n. 33). — *Villa Magalona*, 1079 (dans la donation du comte Pierre de Melgueil à l'église Saint-Pierre de Maguelone, cart. Magal. A 217, F 141). — En 1209, le pape Innocent III fit saisir par ses légats le comté de Melgueil et, par conséquent, celui de Maguelone, et les céda, moyennant une redevance annuelle de vingt marcs d'argent, à l'évêque de Maguelone.

L'église de Maguelone a son origine dans les premiers siècles du christianisme. La date la plus reculée de ses archives ne remonte pas au delà du milieu du xIᵉ siècle; mais on voit ses évêques aux plus anciens conciles d'Espagne. — *Magalona eccl.* 569 (Aguirre, Concil. II, 301-302, 314). — *Boetius Magalonensis episcopus sign.* 589 (ibid. 387). — *Genesius Magal. episc.* 597 (ibid. 416, 633, ibid. 493). — *Vincentius Magal. episc.* 683 (ibid. 702). — *Madolonensis episcopus*, 791 (Concil. Narb.). — *Ecclesia S. Petri Magalonensis, sedis Magalone*, 922 (cart. des comtes de Melgueil; mss d'Aubais; H. L. II, pr. c. 61); 961 (Mabill. Diplom. 572); et 1079 (acte de donation ci-dessus, cart. Magal. A 217, F 141, et G. christ. VI, inst. c. 349). — Le cartulaire de Maguelone en sept volumes, le Bullaire, le Censier et autres documents que nous devons à l'évêque de ce siége, Gaucelin de Deux, désignent constamment l'église de Maguelone par les mêmes mots, de 1055 à 1368. Ce nom a prévalu dans les actes des mêmes archives aux siècles suivants; toutefois, on lit *Vigaria Magdalonensis*, v. 996 (cart. Gell. 27). — *Magalone*, 1189 (Mém. des nobles, 37); 1174 (ch. fonds de Sᵗ-Jean-de-Jérusalem); 1230 (Chr. consul. de Béz. 30 v°); 1357 (Visitat. de Montp. liasse 5, n° 6); xIVᵉ-xVIᵉ sᵉˢ (Lib. rectorum). — *Magalonne*, 1397-1398 (grand chartrier de Montp. arm. H. cass. VI, n° 62; arch. de Lunel, parch. IV, arm. IV, pag. 15). — Le siége de l'évêché de Maguelone fut transféré à Montpellier par le pape Paul III, en 1536; la bulle de translation nomme cette église *Magalona*; *eccl. sedes, diœcesis Magalonensis*. — *Maguelonne*, 1587 (arch. de l'Hérault, ch. de l'évêché de Montp.) et dans tous les monuments des trois derniers siècles écrits ou imprimés en français, non moins souvent *Maguelone* (arch. de l'Hérault, délibérations, inventaire, etc. du chap. cathédral de Montp.), orthographe conforme à l'étymologie latine. La langue romane et vulgaire du pays l'appelle *Magalouna*. — Détruite en 737 par Charles Martel, reconstruite en 1037 par l'évêque Arnaud Ier, démantelée par ordre de Louis XIII en 1633, la cité de Maguelone est représentée aujourd'hui par les ruines de son église et la ferme d'un beau domaine. Nous donnons à l'article Montpellier la nomenclature des paroisses qui composaient le diocèse de Maguelone.

L'île de Maguelone (*Magalona*, 1528, pouillé), *tota insula in qua ipsa ecclesia sita est*, 1155 (cart. Magal. E 97), eut un port célèbre dans l'histoire de la province, et dont le nom encore connu, *port Sarrasin* ou *port des Sarrasins*, rappelle l'époque et la cause de sa destruction en 737. *Portus maris vocatus Sarracenus* (Verdale, in serie præsul. Magal. I; Bibl. Nov. mss P. Labbe). — Il y restait, au siècle dernier, une colonne ou tour qui en marquait l'entrée et que les sables ont depuis recouverte entièrement.

Le *grau de Maguelone* ou *des Étangs* entretint, non sans danger, le commerce du pays après la destruction du port. *Sarraceni ad ipsam ecclesiam Magalonensem per Gradus habebant refugium* (Verdale, *ubi suprà*). Ce grau fut comblé en 1037, et le même évêque Arnaud fit ouvrir un nouveau grau vis-à-vis de l'île dans l'étang de Maguelone : *Gradum claudere et obstruere festinavit*, etc. (ibid. ubi suprà). — *Portus qui dicitur Gradus aperiatur* (cart. Magal. E 97). — C'est le *grau* qu'on voit de nos jours et qui portait naguère le nom de grau Philippe (Dict. des Postes, 1837 et 1860).

L'étang de Maguelone est cette partie des eaux lacustres qui s'étend depuis l'étang de Vic jusqu'à la croisière du Lez, près de l'embouchure de cette rivière dans la mer.

Maius ou Magus, h. c^{ne} de Riols.

Maignet, f. c^{ne} de Pézenas, 1809.

Maignet (Mas de), f. c^{ne} de Villeneuve-lez-Maguelone.

Maillac, f. c^{ne} de Saint-Pons. — *Allod. de Malliaco*, 1182 (G. christ. VI, inst. c. 88).

Maillac, f. c^{ne} de Montpellier, 1809. — *Villa de Maliaco*, 1074 (cart. Agath. 138). — *De Malhaco*, 1293 (cart. Magal. F 4).

Maillac, h. c^{ne} de la Salvetat. — *Eccl. S. Mariæ et S. Juliani de Malliaco*, 1182 (G. christ. VI, inst. c. 88). — *Eccl. S. Mariæ de la Romegouze, alias Maliac*, 1612 (ibid. 98).

Mainau, f. — Voy. Mas-Neuf, c^{ce} de Pierrerue.

Mairan, f. c^{ne} de Puisserguier.

Maïne (La), éc. poste de douanes, c^{ne} de Sérignan, 1809.

Maïne (La), petite rivière qui prend sa source à Montady, passe sur les territoires de Colombiers et de Nissan, et, après un cours de 3,800 mètres, se jette dans l'étang de Capestang. Elle fait mouvoir un moulin à blé.

Maison-Forestière, éc. c^{ne} du Soulié.

Maison-Neuve (La), f. c^{ne} de Montoulieu.

Maisselle, f. c^{ne} de Montagnac. — *Maisonilium*. 1368 (stat. eccl. Bitt. 193 v°). — *Maizonilium*. 1386 (ibid. 97).

Majan, Méjan ou Homejan, anc. abb. — Voy. Villemagne.

Maladrerie, éc. et j^{in}, c^{ne} de Béziers. — *Ultrà pontem Biteris propè Mesellariam*, 1172 (Liv. noir. 27) : 1211 (cart. Agath. 66).

Maladreries (Anciennes), aujourd'hui *cimetière Saint-Lazare*, c^{ne} de Montpellier. — *Domus leprosorum, domus infirmorum*, 1138 (G. christ. VI, inst. c. 355). — *Mansus in terminio S. Felicis de Sustantione et de Malestar*, 1167 (cart. Magal. E 213); 1191 (ibid. D 48, et H. L. III, pr. c. 166). — Vulgairement *Maldouticiras*.

Malafosse, f. c^{ne} de Montpellier, 1809. — *Terminium de Malafossa*, 1161 (cart. Gell. 212 v°).

Malamort, f. c^{ne} de Puisserguier. — *Villa de Malamorte*, 1127 (cart. Agath. 48).

Malarive, f. c^{ne} de Teyran.

Malascanes, h. — Voy. Peyrescanes.

Malavialle, j^{in}, c^{ne} de Montpellier, sect. D.

Malavieille, h. c^{ne} de Mérifons. — *Malvilar*, 929 (cart. Gell. 20). — *Malvila*, xiiie s^e (cart. Agath. 75). — *Castrum de Malavetula*, 1098 (cart. Gell. 100); 1164 (Liv. noir, 141); 1223 (Plant. chr. præs. Lod. 133); 1226 (ibid. 139). — La seigneurie de *Malavieille*, viguerie de Gignac, 1529 (dom. de Montp. H. L. V, pr. c. 87), dépendait de l'évêque de Lodève, 1540 (Plant. ibid. 364). — *Malavielhe*. 1649 (pouillé). — *Malavieille*, 1625 (ibid.); 1688 (lett. du gr. sceau). — *Malevieille*, 1733 (H. L. II, à la table). — *Mallevieille* (carte de Cassini et 1809, recensement). — Il ne faudrait pas confondre le ham. de Malavieille, qui fut autrefois le centre d'une paroisse du dioc. de Lodève, avec *Clapiers de Mallevieille* du diocèse de Montpellier. — Voy. ce dernier nom.

Malbec, f. c^{ne} de Quarante.

Malbosc, h. c^{ne} du Soulié. — *Malbosse*, 1273 (inv. de la sénéch. de Nîmes, arch. dép. B 8). — *Villa de Malebosco seu de Malobosco*, 1321 (G. christ. VI, 498); 1536 (bull. Paul. III, transl. sedis Magal.).

— *Malbosc*, 1588 (inv. de la sénéch. de Montpellier, arch. dép. B 22).

MALDINÉ, f. c^{ne} de Fraisse.

MALDINÉ, f. c^{ne} de la Salvetat, 1809.

MALDINNAT ou JACQUELS, f. c^{ne} de Pézenas.

MALESCALIER, f. c^{ne} de Fraisse. — *Malescalier*, 1777 (terr. de Fraisse).

MALIBERT, f. c^{ne} de Saint-Chinian.

MALLAC, f. c^{ne} de Faugères, 1809. — *Villa de Mallaco*, 1185 (Livre noir, 62 v°).

MALOS ALBERGOS, anc. villa ou village, près de Mourèze ou d'Arboras, ou plutôt dans le voisinage du château des Deux-Vierges. — *Malos Albergos villa*, 804 (cart. Gell. 3 v°); 990, 1005 (*ibid.* 18 v° et 19).

MALOU (BAINS DE LA), h. c^{ne} de Villecelle. Ce hameau se divise en trois parties, d'après leur situation : *la Malou-le-Bas* ou *l'Ancien*, *la Malou-du-Centre* ou *de Capus*, *la Malou-le-Haut*. Les trois principales sources de ces eaux ferrugineuses, thermales et froides sont *la Vernière*, *Capus* et *la Veyrasse*, appelée improprement *Petit-Vichy*. — *Villa de Amalo*, 1204 (cart. Agath. 314). — Avant 1845, *la Malou* appartenait à la commune de Mourcairol, réunie, à cette époque, partie aux Aires, partie à Villecelle.

MALOU (LA), f. c^{te} de Rouet. — *Lamalou*, 1661 (terr. de Rouet).

MALOU (LA), h. c^{ne} d'Avène.

MALOU (LA), h. c^{ne} de Combes.

MALOU (' '), ruiss. qui a ses sources au-dessus de Rosis et de Taussac, dans le c^{on} de Saint-Gervais, passe sur le territ. de l'anc. c^{ne} de Mourcairol, court pendant 9 kilomètres, fait mouvoir deux moulins à blé, arrose cinquante ares et se jette dans l'Orb au-dessous de l'église de Saint-Pierre-de-Rèdes.

MALOU (LA), ruiss. qui prend sa source au ham. de Trassapau, c^{ne} de Joncels, quitte le territ. de cette localité pour parcourir celui de Ceilhes; dans son cours de 4,590 mètres, il arrose quinze hectares, fait mouvoir un moulin à blé et se perd dans l'Orb.

MALOU (LA), ruiss. qui a son origine dans la c^{ne} de Rouet, passe sur les territ. de Brissac, de Notre-Dame-de-Londres et de Saint-Martin-de-Londres. Son cours est de 17,300 mètres, pendant lequel il arrose dix hectares et fait mouvoir trois moulins à blé. Il se jette dans l'Hérault.

MALPAS, mont. c^{ne} de Colombiers, c^{on} (2e) de Béziers. Haut. 28 m. sur 614 m. de largeur. — C'est dans cette montagne qu'a été exécuté un des travaux les plus importants du canal des Deux-Mers, la *voûte du Malpas*, sous laquelle passe le canal dans toute la largeur de la montagne. — *Malpas*, 1160 (cart. de Foix, H. L. II, pr. c. 577); 1384 (terr. de Vendres).

— *De Malepago*, 1350 (cart. de Gorjan; G. christ. VI, inst. c. 291).

MALPAS (COL DE), montagne, c^{ne} des Matelles; hauteur : 295 mètres.

MALPERTRAT, ancien mans. entre ceux de Calages et de Peyrescanes, c^{ne} de Viols-en-Laval. — *Mansus de Malpertraich*, 1303 (cart. Magal. E 293); 1314 (*ibid.* 297). — *Malpertrat*, 1304 (*ibid.*).

MALTRE (LA), f. c^{ne} de Pégairolles, c^{on} de Saint-Martin-de-Londres, 1809.

MALVERT ou FONDARGUES, sommet au-dessus et au nord de la c^{ne} de Peret. — Voy. FONDARGUES.

MALVIÈS, f. c^{ne} de Quarante.

MALVIÉS, h. c^{ne} d'Olargues. — *Malviés*, 1778 (terr. de Saint-Julien).

MALVIÈS (LE), ruiss. qui commence au lieu de Calvel, c^{ne} d'Olargues, arrose sept hectares sur le territ. de cette commune, où il court pendant 2 kilomètres, et se joint au ruisseau de Rantely, avec lequel il se rend dans le Jaur, affluent de l'Orb.

MALVIÈS (PONT DE), éc. c^{ne} de Capestang.

MALVIEU, f. c^{ne} de Saint-Pons.

MALVINÈDE (LA), f. — Voy. PRADE (LA).

MAMMIER, f. c^{ne} de Juvignac. — *Mammianicis locus in comitatu Sustantionensi*, 960 (arch. de l'abb. de Montmajour; Mabill. ad ann. 960). — *Maimona*, 1130, 1146 (mss d'Aubais; H. L. II, pr. cc. 457 et 513).

MANCÈS, h. c^{ne} de Cassagnolles.

MANCILLON, h. c^{ne} de Montpellier, 1809.

MANDAGOST (CROS DE), c^{ne} de Montpeyroux, territoire qui doit son nom à la famille des Mandagot de Montpeyroux, laquelle a donné plusieurs prélats à l'Église, entre autres un cardinal et un évêque de Lodève. Paul de Mandagot reconnaît à l'abbé de Saint-Guillem le territoire dit *la Cros de Mandagost* et lui en cède toute la juridiction, 1280 (G. christ. VI, 594). — *De Mandagoto*, 1316 (Plant. chr. præs. Lod. 271).

MANELLY (MAS DE), f. c^{ne} de Saint-Drézéry.

MANGEOT, f. — Voy. ERMITAGE (L').

MANIÈRE (LA), h. c^{ne} de Puisserguier.

MANILLÈVE, f. c^{ne} d'Azillanet.

MANISSY, chât. et f. — Voy. CASTILLON et DEIDIER.

MANSE, f. c^{ne} de Caux.

MANSE, f. c^{ne} de Lattes. — Voy. SAINT-JEAN-DE-COCON.

MANSE, f. c^{ne} de Pézenas. — *Mansus* (arch. de Villemagne; G. christ. VI, inst. c. 145).

MANTE, chât. c^{ne} de Fabrègues.

MANZONIS, anc. église. — Voy. GIBRET.

MARAUSSAN-ET-VILLENOUVETTE, c^{ne} (2e) de Béziers. — *Maraucianum*, 1097 (Livre noir, 204). — *Morice-*

num, 1138 (abb. de Valmagne, H. L. II, pr. c. 484).
— *Rector de Maraussana*, 1323 (rôle des dîmes des égl. de Béziers). — *Maraussanum*, 1325 (stat. eccl. Bitt. 91 v° et 94 v°). — *Maraussa*, 1363 (Lib. de memor.). — *Maraussan*, 1625 (pouillé); 1649 (*ibid.*); 1688 (lett. du gr. sc.); 1685, 1728 (terr. de Maraussan); 1760 (pouillé). — Cette communauté était le siège d'une justice royale et bannerèle. — Comme église, elle avait pour patron S. *Symphorianus* et dépendait de l'archiprêtré de Cazouls-lez-Béziers. C'était une cure-prieuré de la mense du chap. de St-Nazaire de Béz. 1760 (pouillé); 1780 (état offic. des égl. de Béz.).

Le h. de *Villenouvette*, seigneurie de la viguerie de Béziers, 1529 (dom. de Montp. H. L. V, pr. c. 37), fut dès 1790 réuni à Maraussan pour former la commune actuelle, qui appartint d'abord au canton de Cazouls-lez-Béziers; mais ce canton ayant été supprimé par suite de l'arrêté consulaire du 3 brumaire an x, la commune de *Maraussan-et-Villenouvette* fut placée dans la 2e section de Béziers. — Voy. VILLENOUVETTE.

MARAVAL, f. c^{ne} d'Agde.
MARBLANC, éc. c^{ne} de Vérargues, 1809.
MARBOUSSIÈRE, f. — Voy. BOUSSIÈRE (MAS).
MARC, jⁱⁿ, c^{ne} de Vias.
MARC (PRÉ DE), f. c^{ne} de Saint-Pons.
MARCHE (LA), 1856; LAMARCHE, 1840; f. c^{ne} de Magalas.
MARÇO, f. c^{ne} d'Azillanet.
MARCOLIEU, f. c^{ne} de Villeveyrac, 1809.
MARCONITES, vill. détruit, c^{ne} d'Arboras : un tènement de la commune a gardé ce nom. — *Marcomitis*, 804 (cart. Gell. 64). — *In territorio Lutevensi, in parrochia S. Saturnini de Lucano, in villa Marecomitis*, 1067 (*ibid.* 26 v°). — On lit *Marconides*, 1060 (*ibid.* 79 v°). Les Bénédictins ont adopté cette dernière orthographe : *Marconitis* (H. L. I, à la table). Toutefois, ils ont bien écrit *in Marcomitis villa* dans la charte de donation du comte Guillaume à l'abbaye de Gellone, conformément au cart. précité (H. L. I, pr. c. 32, et act. SS. Bened. sect 4, part. 1, 88).
MARCOU, f. c^{ne} de Saint-Geniès-de-Varensal.
MARCOU, f. c^{ne} de Sauteyrargues-Lauret-et-Aleyrac.
MARCOU, f. c^{ne} de Servian.
MARCOULS, f. c^{ne} de la Salvetat.
MARCOUREL, f. c^{ne} de Montpellier, sect. K.
MARCOUNES, f. — Voy. MERCOURANT.
MARE, jⁱⁿ, c^{ne} d'Hérépian.
MARE (LA), riv. alimentée par plusieurs sources ou ruisseaux naissant les uns au-dessus des fermes d'Olquet

et d'Olquette ou d'Orquette, c^{ne} de Saint-Geniès-de-Varensal, les autres, sur la commune de Castanet-le-Haut. Ainsi formée avant d'arriver à Saint-Gervais-le-Vieux, cette rivière traverse les territoires de Saint-Gervais-Ville, Camplong, Boussagues, Rosis, Taussac, Villemagne et Hérépian. Son cours est de 25 kilomètres. Elle fait aller douze usines et arrose cent soixante et un hectares. — La vallée de la Mare, connue sous le nom de *vallon de Villemagne*, s'étend de 2 myriamètres du nord au sud.

MARÉCHAL, f. c^{ne} de Boisseron.
MARELLE (LA), ruiss. c^{ne} de Neffiès, qui se jette dans celui de Bayelle, affluent de la Peyne. — *Marella*, 990 (abb. de St-Tibéry, H. L. II, pr. c. 144).
MARENNES, chât. et jⁱⁿ, c^{ne} d'Aumes. — *Mairaneges*, 804 (cart. Gell. 4). — *Villa Mairanichos*, 961 (*ibid.* 6 v°). — *Mairanegues*, 1142 (*ibid.* 209 v°). — *Villa de Mairanichis*, 1136 (cart. Anian. 72 v°).
MARÈS, f. c^{ne} de Fabrègues.
MARÈS, jⁱⁿ, c^{ne} de Montpellier, sect. D.
MARETTE (LA), f. — Voy. MAZETTE (LA).
MARGAL, h. c^{ne} des Aires. — Ce hameau appartenait précédemment à la c^{re} de Mourcairol, supprimée en 1845 et réunie partie aux Aires, partie à Villecelle.
MARGAUSSAS, ancienne église. — Voy. SAINT-FÉLIX-DE-MAGARANCIAC.
MARGON, c^{on} de Roujan. — *Villa Margarania*, 804-806 (cart. Gell. Mabill. Ann. II, 718). — *De Margone*, 1080 (arch. de Cassan; H. L. II, pr. c. 307); 1148 (Livre noir, 12). — *De Margono*, 1174 (*ibid.* 271 v°). — *Margone*, 1123 (cart. Anian. 60 v°). — *De Margonchis*, 1178 (Livre noir, 22). — *Loc de Margune*, 1510 (dans un acte des arch. de cette c^{ne}); ce qui n'est que la traduction en langue vulgaire du latin qu'on trouve fréquemment, *de castro, de loco Marguncho*. — *Margon*, 1115 (chât. de Foix, arch. de Cassan, H. L. II, pr. c. 396); 1551 (dénombr. arch. de l'Hérault, B 7); 1625 (pouillé); 1649 (*ibid.*); 1688 (lett. du gr. sc.); 1760 (pouillé; carte de Cassini; carte diocésaine).

L'église de Margon eut aussi une page remarquable dans l'histoire. On nomme quatre chapelles qui ont complètement disparu : *Pelhan, Saint-Cérice, Saint-Martin-de-Margon* et *Saint-Vincent-de-Montarels*. Nous citons avec plus de certitude : *Ecclesia S. Christophori de Morgung*, 1153 (bulle d'Eugène III, Liv. noir, 153 v°). — *De Margune*, 1178 (bulle d'Alexandre III; G. christ. VI, inst. c. 140). — *De Margone*, 1216 (bulle d'Honorius III, Liv. noir, 109). — *Vicar. de Margunco*, 1323 (rôle des dîmes des égl. de Béziers). — La cure de Margon, 1760 (pouillé), dépendait de l'archipr. du Pouget, diocèse de Béziers, sous le patronage de *B. M. V.* 1780 (état offic. des égl. de Béz.).

La baronnie de Margon était une anc. seigneurie avec haute, moyenne et basse justice, *merum et mixtum imperium*. La succession chronologique des seigneurs remonte au xi° siècle. — *Petrus Alcherius de Margone*, 1080 (arch. du prieuré de Cassan déjà citées). — *Armandus Bernardus Margonensis*, 1123 (cart. Anian. 60 v°). — La seigneurie de Margon, dans la viguerie de Béziers, 1529 (dom. de Montp. H. L. V, pr. c. 87).

MARGUE (LA), ruisseau qui a son origine au lieu dit *la Comberègne*, c°° de Riols, parcourt 6 kilomètres sur le territoire de cette commune et sur celui de Saint-Pons, arrose seize hectares et se perd dans le Jaur, affluent de l'Orb.

MARGUERITE (LA), riv. qui prend sa source aux *plans d'Avinens*, c°° de Saint-Privat. Dans son cours de 12 kilomètres, elle fait aller cinq moulins à blé et arrose onze hectares. Elle passe sur les territoires des communes de Saint-Privat, de Saint-Jean-de-la-Blaquière et du Bosc et afflue dans la Lergue. — *Margaretæ rivus*, 1431 (Plant. chr. præs. Lod. 335). — Un château portait autrefois le nom de cette rivière, *castrum Margaritas*, 1121 (tr. des ch. H. L. II, pr. c. 419). — Il en était de même d'un bois situé près de Saint-Jean-de-la-Blaquière ou de Pleaux, *sylva Margarita* (*Marrarita*, par erreur typographique), 987 (cart. de Lod. G. christ. VI, inst. c. 270).

MARIANNE, f. c°° de Florensac.
MARIANNETTE, f. c°° des Matelles, 1809.
MARIE, moulin sur le ruisseau de la Tuillade, c°° de Saint-André-de-Sangonis.
MARIÉGE (LA), f. c°° de Cruzy.
MARIGNAN, h. — Voy. MAUREILHAN.
MARIMOND, f. c°° de Pézenas.
MARIN (MAS DE), f. c°° de Gignac, 1809.
MARION, f. c°° d'Agde.
MARION, f. c°° de Vias.
MARIOS (LES), f. c°° de Fraisse.
MARIOTTE, f. c°° de Lattes.
MARIOU (MAS DE), f. c°° de Saint-Hilaire.
MARO, f. c°° de Caux.
MAROT ou MAROC, f. c°° de Mauguio.
MAROU, h. et chât. c°° du Causse-de-la-Selle. — *Marjolas*, 804 (cart. Gell. 3). — *Mansus de Morario in valle Boia* (de Buèges), v. 989 (ibid. 29). — *Mansus de Maruiolo in comitatu Lutevense in parrochia S. Mauricii*, v. 1031 (ibid. 51). — *Marviol*, 1110 (ibid. 67 v°); *cum molinis*, 1207 (ibid. 211). — *Villa de Mareolis*, dioc. Magalon. vers 1154 (cart.

Anian. 42). — *Mareiol*, 1181, 1213 (ibid. 46 v°, 51 v°). — *Terminium de Mareiolo et de Aniana*, 1183 (ibid. 49 v°). — *Maroiol*, 1150 (ch. du fonds de Saint-Jean-de-Jérusalem). — *Marroiol*, 1213 (cart. Anian. 48). — *Mons asinarius in terminio de Maroiolo*, 1173 (cart. Anian. 87 v°). — *De Maroiolis*, 1202 (cart. Agath. 310). — *Mairois*, 1203 (ibid. 161). — Voy. MONS ASINARIUS et SAINT-SÉBASTIEN-DE-MAROU.

MARQUEROSE, fief de l'évêque de Montpellier qui s'étendait sur le littoral depuis Balaruc jusqu'au château de Carnon. Les incertitudes où nous ont laissés les historiens à cet égard nous obligent d'entrer ici dans quelques détails.

En vertu d'un acte de 1464 (Gariel, ser. præs. Magal. II, 151; G. christ. VI, inst. c. 387), l'évêque de Maguelone, en reconnaissant la suzeraineté du pape sur le comté de Melgueil, s'intitule : *Miseratione divina Magalonensis episcopus, comes Melgorii et Montisferrandi, dominus Salvii, Durisfortis, Marcherose et Brixiaci*, texte traduit postérieurement par ces mots : *Évêque de Montpellier, comte de Mauguio et de Montferrand, marquis de la Marquerose, baron de Sauve, Durfort et Salevois* (Gard). — Le comté de Melgueil et de Montferrand fut inféodé à l'évêque de Maguelone en 1215 par le pape Innocent III (G. christ. ibid. c. 367; acte de confirmat. 1294, 1299; Gariel, ibid. I, 424, 429; II, 151). — En 1293, l'évêque céda au roi Philippe le Bel la partie de Montpellier appelée *Montpellieret*, et reçut en échange la baronnie de Sauve, le château de Durfort, Sainte-Croix-de-Fontanès, avec la partie de la seigneurie de Poussan qui appartenait au roi. La baronnie de Sauve, réunie après un siècle de séparation à la mense épiscopale par l'évêque Bosquet en 1657, fut inféodée et échangée de nouveau en 1692, par l'évêque Charles de Pradel, contre le château de Lavérune. Reste le fief de *la Marquerose*.

Par testament du mois d'août 1181, Othon de Cournon donne à l'évêque de Maguelone le droit de pêche dans la partie de l'étang de Vic appartenant à ce seigneur et tous ses droits sur le château de Gigean et sur les salines de Villeneuve dans *la Marquerose* : *Volo et jubeo quod ecclesia Magalonensis possit Batudam* (et non *Bastidam* comme on a écrit dans le sommaire de la table du cartulaire de Maguelone) *habere sine omni usatico in mea parte stagni de Vico..... et de omni jure quod habebam in castro de Gijano et in salinis de Villanova in Mari croso*, 1181 (cart. Magal. A 45). En marge de cet acte, qu'on pourrait appeler le baptistaire de Marquerose, on lit *Marcarosa*. — *Marcharosa*, 1344, 1348 (lett. royaux de Mag. 57, 58 v° et 62). — *Baronia de Marqrosa*, 1369 (inv. de Mag. 221 v°); 1464 (G. christ. VI, inst. c. 387). — *Marquerose* (marquisat) dans les actes postérieurs de l'évêché. — *La Marqueroze*, 1587 (arch. de l'Hérault, charte de l'évêché de Montpellier). — On voit successivement dans ces textes la transformation de *in mari croso* de 1181, qui s'explique par la position basse, creuse, du fief sur le littoral par rapport à la partie montagneuse du terrain qui le borne au nord vers Montferrand, et par le nom d'*étang des Crozes* que portait autrefois l'étang de Palavas (hôpit. Saint-Éloi de Montp. B 5). Or, ces mots orthographiés par abréviation *Marcroso*, *Marqrosa*, comme on les trouve souvent écrits dans les actes de l'évêché de Maguelone, ont donné lieu à la dernière synonymie de *Marcarosa* et de *Marcharosa*, ainsi que le confirme la note marginale de l'instrument de 1181 cité plus haut : de là le nom du fief, seigneurie, baronnie, marquisat de *la Marcherose* ou *Marquerose*, auquel il serait difficile d'ailleurs de trouver une autre origine géographique ou historique.

Quant à la circonscription du fief, en combinant les noms qu'on lit dans le cartulaire, le bullaire et les lettres royaux concernant l'évêché de Maguelone, on voit qu'elle comprenait les localités suivantes : Lavérune, Murviel, Pignan, Saussan, Fabrègues, Launae, Cournonsec, Cournonterral, Villeneuve, Mireval, Vic, Montbazin, Gigean, Saint-Félix-de-Monceau, Poussan, Balaruc et Frontignan. — Le château du Terral peut être considéré comme le chef-lieu de cette terre, qu'il dominait et qui avait pris son nom de sa situation au pied des montagnes, au bord de la mer. Toutefois, il faut remarquer que la carte de Cassini indique à la fois le château du Terral et le *château de la Marquerose* qui n'existe plus.

Manquès, éc. poste de douanes, c^{ne} de Cette.
Manquès, f. c^{ne} de Montpellier, sect. H.
Marquet, f. c^{ne} de la Salvetat.
Marquisat (Le), f. c^{ne} d'Olonzac.
Marquit, f. c^{ne} de Saint-Pons.
Marre, f. c^{ne} de Clermont.
Marre (Mas), f. c^{ne} de Brignac.
Marréau, éc. — Voy. Rouquet.
Marréaud, j^{ias}, c^{ne} de Clermont.
Marréaud, m^{in} sur la Dourbie, c^{ne} de Nébian.
Marréaud (Mas), f. c^{ne} de Lacoste.
Marseillan, c^{on} d'Agde. — *Mercellanum*, 1145 (chât. de Foix; H. L. II, pr. c. 529); 1213 (cart. Anian. 48). — *Castrum et villa de Marcelliano*, 1098 (cart. Gell. 100); 1156 (bulle d'Adrien IV; cart. Agath. 1). — *Campus Marcilianus*, 1148 (Livre noir, 163). — *Messellianum*, 1153, 1208, 1220 (cart. Agath. 39, 51 et 273). — *Marcellan*, 1158 (H. L. ibid. 570). — *Pertinimentum de Mosan* (Moran) *et de Marcellian*, 1207 (cart. Agath. 307).— *Marcilianum castrum*, 1362, 1364 (charte des arch. de Marseillan); 1336, 1376 (arch. de l'Hérault, charte de l'évêché d'Agde). — *Marcellan*. 1625 (pouillé). — *Marseilhan*, 1649 (ibid.).— *Marseillan*, 1683-1690 (arch. de Marseillan; délib^{ons} du conseil de ville); 1731 (ibid. Lettre du card. de Fleury aux consuls de Marseillan); 1688 (lett. du gr. sc.); xvııı^e siècle (carte de Cassini; carte diocésaine). — Cure du dioc. d'Agde, 1760 (pouillé; tabl. des anc. dioc.). Marseillan était une seigneurie dépendante de l'évêque d'Agde, 1693 (arch. de l'Hérault, évêché d'Agde; lett. du viguier d'Aumes).

Marseille-Basse, Marseille-Haute, ff. c^{ne} de Servian. — *Marcella*, xıı^e s^e (cart. Agath. 199). — *Massilia*, 1124 (chât. de Foix; H. L. II, pr. c. 427); 1148 (Liv. noir, 13 v°); 1210 (cart. Agath. 162). — *Les Marseilles*, 1809 (recensement).

Marsillargues, c^{on} de Lunel. — *Villa Martecellos*, v. 900 (cart. Gell. 31). — *Villa que vocatur Marcinnicus*, v. 1031 (ibid. 28 v°). — *De Marcellanigis*, 1155 (dom. de Montp. H. L. II, pr. c. 555). — *Marcellencas*, 1226 (reg. cur. Franc. ibid. III, 317). — *De Massilhanicis*, 1258 (cart. Magal. A 157). — *De Massilhanicis*, 1271 (ibid. 147). — *Marsilhargues*. 1528 (chambre des comptes de Montp. B 342). — *Masscyliargues, viguerie de Masseillargues*, 1625 (pouillé). — *Massillargues*, 1649 (pouillé); 1688 (lett. du gr. sc.); cure, 1760 (pouillé). — Cette orthographe a généralement prévalu dans le xvııı^e s^e; les historiens du Languedoc, Expilly, les tables et les cartes diocésaines, la carte de Cassini, etc. l'ont adoptée. Néanmoins Saugrain écrit *Marsillargues*, 1709-1720 (dénombr. du royaume); Doisy, *Massilhargues*, 1753 (le Royaume de France), et Astruc, *Massiliargues, Massilianica*, 1737 (Mém. pour l'hist. nat. du Lang. 375).

Marsillargues, avant 1790, était le chef-lieu d'une viguerie et d'une paroisse du diocèse de Nîmes, bien qu'il répondit pour la justice au sénéchal de Montpellier, et l'une des cinq villes de ce diocèse qui envoyaient par tour un député aux États généraux de la province. Ses armes étaient *d'azur, à une M gothique d'argent enclose dans un orle de même*.

En 1790, cette ville forma à elle seule un canton; mais, en conséquence de l'arrêté consulaire du 3 brumaire an x, elle fut réunie au canton de Lunel.

Manso, h. c^{ne} de Riols.
Mantel, éc. c^{ne} de Soumont, 1841.

Martel, f. c^ne de Gabian, 1809.
Martel, 2 ff. c^ne de Montpellier, 1809.
Martel, j^in, c^ne de Bédarieux.
Martel (Mas), f. c^ne de Roujan.
Martelle (La), f. c^ne de Siran. — *Martaiolas*, 1123 (cart. Gell. 185).
Marthomis, h. c^ne de Saint-Pons. — *Villa Marthonius al. Marthomis*, 936 (G. christ. VI, inst. c. 77); 956 (arch. de l'église de Saint-Pons; Catel, Hist. des comtes de Toul. 88).
Marti (Mas), f. c^ne d'Aspiran, 1841.
Marti (Mas), f. c^ne de Canet, 1841.
Martin, château, c^ne de Montpellier, sect. J. — Voy. Piscine.
Martin, f. c^ne de Bédarieux, 1851.
Martin, f. c^ne de Montpellier, sect. A.
Martin, 2 ff. c^ne de Montpellier, sect. C.
Martin, f. c^ne de Montpellier, sect. K.
Martin, grange et j^in, c^ne de Villeneuve-lez-Béziers, 1809.
Martin, j^in, c^ne de Clermont.
Martin, j^in, c^ne de Montpellier, sect. D.
Martin (Mas de), f. c^ne de Saint-Bauzille-de-Montmel, 1809.
Martin (Mas de), f. c^ne de Saint-Jean-de-Védas.
Martin-Lacombe, f. c^ne de Montpellier, sect. B.
Martine (La), f. c^ne de Colombiers-lez-Béziers.
Martinet, h. c^ne de Colombières.
Martinet, m^in sur le Lez, c^ne de Castelnau-lez-Lez.
Martinet, m^in sur la Mausson, c^ne de Fabrègues.
Martinet, usine, éc. c^ne de Saint-Chinian, 1809.
Martinet, usine à foulon, éc. c^ne de Saint-Pons.
Martinier, f. c^ne de Montpellier, sect. K.
Martinis (Mas de), f. c^ne de Magalas, 1840.
Marty, f. c^ne de Montpellier, sect. E.
Mauty, j^in, c^ne de Bédarieux.
Mas, nom générique dérivé de *Mansus*. On le rencontre fréquemment en Languedoc et en Guyenne pour désigner une maison de campagne. Souvent il est seul; mais plus ordinairement il accompagne et précède le nom propre du lieu, comme on peut le remarquer dans plusieurs articles de ce dictionnaire et comme on le voit plus particulièrement dans les noms suivants qui commencent par ce mot.
Mas, éc. c^ne de Laurens, 1840.
Mas, j^in et tuilerie. — Voy. Hortes (Les).
Mas (Le), f. c^ne de Ferrals, 1809.
Mas (Le), f. c^ne de Torniès.
Mas-Bas, h. c^ne de Brenas.
Mas-Bas, h. c^ne de Carlencas-et-Levas.
Mas-Blanc, h. c^ne de Boussagues. — *Mas-Blanc*, cure dans l'archiprêtré de Boussagues, 1760 (pouillé).

sous le vocable de *S. Martinus*, 1780 (état offic. des égl. de Béz.).
Mas-de-la-Lèbre, f. c^ne de Mauguio.
Mas-de-l'Église, h. — Voy. Église (L') et Saint-Étienne-d'Albagnan.
Mas-de-Londres, c^on de Saint-Martin-de-Londres. — *Castrum Lundrense*, 1146 (cart. Gell. G. christ. VI, inst. col. 280). — *Castrum, villa de Londris*, 1186 (mss Colbert, *ibid.* 284); 1225 (cart. Magal. F 231; Arn. de Verd. ap. d'Aigrefeuille, II, 441); 1212, 1341, cart. Magal. E 221). — *Londres*, 1455 (dom. de Montp. H. L. V, pr. c. 15). — *Château de L.* en la viguerie de Sommières, 1625 (pouillé); 1649 (*ibid.*); 1688 (lett. du gr. sc.); xviiie s^e (tabl. des anc. dioc.). — *Mas-de-Londres*, officiellement depuis 1790 ou plutôt depuis l'an iv.

Le *Château de Londres* était une paroisse de l'anc. diocèse de Maguelone ou de Montpellier : *Capella S. Girardi de castro Lundrensi*, 1146 (cart. Gell. et G. christ. *ibid.* 280); 1172 (bulle d'Alexandre III; ch. de l'abb. de St-Guillem). — *Saint-Joseph-de-Londres*, 1760 (pouillé).
Mas-del-Novi, f. c^ne de Montagnac.
Mas-del-Pont, f. c^ne de Saint-Maurice.
Mas-del-Sol, f. c^ne de Castelnau-de-Guers.
Mas-Dieu, f. c^ne de Montarnaud. — *Mansus Dei situatus in parrochia de Montearnaudo*, 1320 (cart. Magal. A 5).
Mas-du-Chemin-de-Fer, éc. c^ne de Mireval.
Mas-du-Pont, f. — Voy. Sept-Portes.
Mas-Haut, f. c^ne de Brenas, 1841.
Mas-Haut, f. c^ne de Saint-Julien.
Mas-Nau, f. c^ne de Castries.
Mas-Nau, f. c^ne de Combaillaux, 1809.
Mas-Nau ou Mas-Neuf, f. c^ne de Mauguio.
Mas-Neuf, f. c^ne de Campagne, 1809.
Mas-Neuf, f. c^ne de Candillargues.
Mas-Neuf, f. c^ne de Cette.
Mas-Neuf, f. c^ne de Gorniès.
Mas-Neuf, f. c^ne de Moulès-et-Baucels.
Mas-Neuf, f. c^ne de Murles.
Mas-Neuf ou Mainau, f. c^ne de Pierrerue, 1809.
Mas-Neuf ou Mas-Nau, f. c^ne du Pouget, 1809.
Mas-Neuf, f. c^ne de Saint-Clément.
Mas-Neuf, f. c^ne de Saint-Nazaire.
Mas-Neuf, f. c^ne de Valflaunès.
Mas-Neuf, f. c^ne de Viols-le-Fort.
Mas-Neuf, h. c^ne de Roqueredonde.
Mas-Neuf, f. — Voy. Millargues.
Mas-Nôou, f. c^ne de Claret.
Mas-Rouge, f. c^ne de Castelnau-lez-Lez.
Mas-Rouge, f. c^ne de Lattes.

Mas-Rouge, f. c^ne de Mauguio. — Voy. Plauchude (La).

Masagut, f. c^ne de Mèze, 1809.

Masdon, f. c^ne de Montpellier, sect. C.

Mascla, f. c^ne de Notre-Dame-de-Londres. — *Masclas* (carte de Cassini).

Mascla, f. c^ne de Valflaunès. — *Mansus de Masclassio situatus in pertinenciis vallis Montisferrandi*, 1488 (cart. Magal. E 4).

Masclan, f. c^be de Rouet. — *Mansus de Clarenciaco*, 1331 (cart. Magal. E 305). — *Le Mas-Clar* (carte de Cassini).

Masnaguine, h. c^ne de Cassagnolles.

Massale (La), éc. usine, c^ne de Moulès-et-Baucels.

Massane, f. c^ne de Mauguio.

Massanes, f. c^ne de Montpellier, sect. G.

Massanne (Tuilerie de), f. c^ne de Grabels; connue aussi sous le nom de *Crespi* ou *Crespin*, mal écrit *Crepy* sur la carte de Cassini.

Massé, f. c^ne de Bédarieux.

Masse-Noire, f. c^ne de Saint-Gély-du-Fesc.

Massilian, orphelinat de Bon-Secours, éc. c^ne de Montpellier, sect. A.

Massillan (Le), ruiss. qui a son origine sur le territ. de Saint-Vincent-de-Barbeyrargues, qu'il quitte pour passer sur ceux d'Assas et de Teyran. Après 8 kilomètres de cours, il se perd dans le Salaison, qui afflue à l'étang de Mauguio.

Massios, f. c^ne de la Salvetat. — *Maciacum*, 1152 (Livre noir, 140 v°).

Massole (La), f. c^ne de Servian.

Mastargues, h. c^ne de Brissac. — *Mastaranum*, 1312 (cart. Magal. A 257).

Mastarquet, f. c^ne du Causse-de-la-Selle, 1809.

Matelettes, f. c^ne de Viols-le-Fort. — *Mateletes* (carte de Cassini).

Matelles (Les), arrond. de Montpellier. — *Mansus de Matellis*, 1309 (cart. Magal. D 107); 1341 (*ibid.* B 61). — *Matelles*, 1587 (arch. de l'Hérault, ch. de l'évêché de Montpellier); 1683 (arch. des Matelles; terrier de la commune, du XVIe siècle; délibérations du conseil de ville, BB 1). — *Les Matelles*, dans la rectorie de Montpellier, 1625 (pouillé); 1649 (*ibid.*); 1760 (pouillé; carte de Cassini; carte diocésaine). — *Mateles*, 1684 (vis. past.); 1767 (Armorial de Languedoc). — *Les Mattelles* (tabl. des anciens diocèses).

L'église des Matelles dépendait de l'ancien diocèse de Maguelone, postérieurement de Montpellier: *Ecclesia S. Matthæi de Matellis* (aujourd'hui *Saint-Matthieu-de-Tréviers*), 1331 (Arn. de Verd. ap. d'Aigrefeuille, II, 451). — Comprise dans l'archiprêtré de Tréviers, elle avait la *Sainte Vierge* pour patronne, 1684 (vis. past.); 1756 (état offic. des égl. du dioc. de Montp.). — L'évêque de ce diocèse était seigneur temporel des Matelles; l'église avait le titre de prieuré-cure, 1760 (pouillé).

Cette petite localité avait l'honneur d'être l'une des sept villes du diocèse qui entraient aux États provinciaux par tour chaque année. Ses armes étaient *d'or, à une M gothique de gueules, au chef de même, chargé de trois croisettes d'argent.*

Le canton des Matelles a été constamment formé, depuis l'origine, des 14 communes dont les noms suivent: les Matelles, Cazevieille, Combaillaux, Murles, Prades, Saint-Bauzille-de-Montmel, Saint-Clément, Sainte-Croix-de-Quintillargues, Saint-Gély-du-Fesc, Saint-Jean-de-Cuculles, Saint-Matthieu-de-Tréviers, Saint-Vincent-de-Barbeyrargues, le Triadou et Vailhauquès.

Matet, j^in, c^ne de Capestang.

Mathias (Le), f. c^ne de Saint-Pons. — *Mansus de Matas* 1123 (cart. Gell. 185).

Matou, f. c^ne de Grabels.

Matte (La), f. c^ne de Cessenon.

Matte (La), h. c^ne de Félines-Hautpoul.

Matte (La), h. c^ne de Vailhauquès. — *Mansus de Matalonga*, 1215 (cart. Magal. F 160); 1323 (*ibid.* E 286). — Le bois de la Matte attenant au bois de Valène: *Nemus vocatum de Mata*, 1260 (*ibid.* C 226). — *La Matte*, XVIIIe s^e (carte de Cassini).

Maubos, 1856; Boudon, 1809, f. c^ne de Montpellier.

Mauguio, arrond. de Montpellier. — Ancien château, chef-lieu du comté de Maguelone ou de Substantion. — *Melgorium castrum*, 996 (cart. Gell. 27); 1181 (cart. Magal. A 46); 1285 (gr. chartrier de Montp. arm. A, cass. VI, n° 5). — *Melgurium*, v. 1060 (cart. Agath. 224). — *Castrum Melgoriense*, 1132 (mss d'Aubais; H. L. II, pr. c. 464). — *Melgor*, par abréviation, 1103, 1130 (*ibid.* 363, 455 et *passim*). — *Morgorium*, 1156 (Spicil. III, 194). — *Malgouerium*, 1170 (chron. H. L. III, pr. c. 109). — *Malgoires*, 1200 (dom. de Montp. H. L. *ibid.* 189). — *Mulgares*, 1201 (cart. du chât. de Foix; *ibid.* 191). — *Melgueil*, 1557 (arch. de l'Hérault, sénéch. de Montp. B 13); 1559 (*ibid.* B 30); 1688 (vis. past.). — *Mauguel*, 1562 (mss de Coaslin; H. L. V, pr. c. 134). — *Melguel*, 1575 (arch. de l'Hérault, sénéch. B 35); 1587 (*ibid.* ch. de l'év. de Montp.). — Astruc donne *Mercurium* et *Mercurium*, sans citer ses autorités (Mém. pour l'Hist. nat. de Lang. 375). — *Mauguio*, dans la viguerie d'Aigues-Mortes, 1625 (pouillé); 1649 (*ibid.*); 1684 (vis. past.); 1688 (lett. du gr. sc.); 1756 (ét. offic. des égl. du dioc. de Montp.); 1760 (pouillé);

1770 (terr. de Mauguio; tabl. des anc. diocèses; carte de Cassini; carte diocésaine, etc.).

La ville de Melgueil compta plusieurs églises dans ses murs ou dans sa banlieue : *Ecclesia S. Romani de Melgorio*, v. 1100 (Arn. de Verd. ap. d'Aigrefeuille, II, 425). — *Eccl. S. Jacobi in Melgurio*, 1128 (mss d'Aubaïs; H. L. II, pr. c. 447). — *Villa Mocgarias vel Mobgarias cum eccl. S. Jacobi*, 987 (cart. Lod. G. christ. VI, inst. c. 270). — *Parrochia B. Mariæ et S. Jacobi de Melgorio*, 1343 (cart. Magal. B. 95). — *Paroisse de Mauguio*, dans l'archiprêtré de Baillargues, 1756 (ét. offic. des égl. du dioc. de Montp.). — *N.-D. de Maugicis curæ; S. Jacques de Mauguiès*, 1760 (pouillé). Ce dernier document indique, en outre, dans la même paroisse deux bénéfices sous les vocables de chapelles de *S. Pierre et S. André et de S¹ᵉ Catherine du Lauche*. — La visite pastorale de 1777 donne pour patrons à l'église de Mauguio *Notre-Dame* et *S. Jacques-Majeur*. L'évêque de Montpellier, déjà seigneur temporel de Mauguio, était prieur décimateur pour *Notre-Dame*, et le séminaire de Montpellier pour *S. Jacques*.

Le comté de Melgueil, originairement de Substantion, fut soumis à la suzeraineté du Saint-Siége depuis 1085. — *Comes, comitatus Melgoriensis, seu Melgorii* (acte de cession de 1085; cart. Magal. c. 70; H. L. II, pr. c. 321; G. christ. VI, inst. c. 349; Gariel, series præs. I, 118); 1099 (mss d'Aubaïs; H. L. ibid. 351); 1129 (chât. de Foix; ibid. 450). — Le traité entre Alphonse, comte de Toulouse, et Guillem V, seigneur de Montpellier, définit ainsi la modeste étendue du comté de Melgueil : *Castrum Melgoriense et omnis honor pertinens ad comitatum Melgoriensem, sicut publica via quæ peregrinorum caminus vocatur dividitur a ponte fiscali Viturli fluvii* (le Vidourle) *usque ad pontem Castelli Novi* (Castelnau), *et a ponte Castelli Novi usque ad Claperium Malæ Vetulæ* (Clapiers), *super caminum versus Montemferrarium* (Montferrier) *et subtus caminum versus Melgorium*, 1132 (mss d'Aubaïs; H. L. II, pr. c. 464). — *Castellania de Melg.* 1114, 1130 (ibid. 392 et 455); 1181 (cart. Magal. A 46); 1189 (ibid. 229); 1190 (ibid. E 122); 1187 (cart. Agath. 6). — Le comté de Melgueil fut inféodé en 1215 à l'évêque de Maguelone par le pape Innocent III : *Comitatus, castrum Melg.* 1215 (bull. Magal. 20 et 54; cart. Magal. A 221; B 15; grand chartrier de Montp. arm. E, cass. VII, n° 3; Grand Thalamus, 7 et 106 v°; Mémorial des nobles, 199); 1344, 1348, 1464 (lett. royaux pour l'év. de Mag. 57 et 58 v°; Gariel, ser. præs. I, 307 et 313; II, 151; G. christ. VI; inst. c. 367, 387, etc.). — Sur les comtes de Maguelone, de Substantion et de Melgueil, voy. Hist. de Lang. II, 613, et les Études hist. sur ces comtes, par Germain (Mém. de la Soc. arch. de Montp. III, 523).

La juridiction de Melgueil, *juridictio de Melgorio*, 1491 (cart. Magal. E 5), jouit pendant longtemps du privilége de battre une monnaie fort usitée au moyen âge et connue sous le nom de *monnaie melgorienne*. Tous nos actes du x⁴ au xiv⁴ s⁵ mentionnent les payements effectués en *sols melgoriens, solidorum melgoriensium, moneta melgoriensis, melgorii*, 1130, 1150, 1152 (chât. de Foix; H. L. II, pr. cc. 454, 531, 532, 539); 1175 (ch. de l'abb. du Vignogoul); 1176, 1177 (ch. du fonds de Saint-Jean-de-Jérusalem); 1180 (ch. du même fonds); 1261 (gr. chartrier de Montp. arm. E, cass. VII, n° 4; cart. Agath. *passim*). Cf. Mém. sur les anc. monnaies de Melgueil, par Germain (Mém. de la Soc. arch. de Montp. III, 133). — Tous les droits et priviléges du comté de Melgueil contenus dans le cartulaire de Maguelone embrassent la période de 1111 à 1491.

L'évêque de Montpellier, par suite de l'acte d'inféodation de 1215 et de l'acte de 1464, prenait, entre autres titres, celui de *comte de Mauguio*. Nous nous en sommes suffisamment expliqué à l'article ci-dessus de Manquerose. — L'ancienne importance de Melgueil avait valu à Mauguio l'honneur d'être une des sept villes du diocèse de Montpellier qui entraient aux États provinciaux de Languedoc par tour chaque année. Ses armes étaient *de gueules à la croix d'or, cantonnée de douze besants de même, trois à chaque canton*.

L'étang de Mauguio ou de l'Or s'étend depuis la limite de l'étang de Lattes, de Pérols ou de Méjan jusqu'à l'embouchure du canal de la Radelle et à la ligne qui sépare le département de l'Hérault de celui du Gard. — *Stagnum de Melgorio*, 1339 (cart. Magal. B 22). — L'ancien port de Melgueil n'était pas sur cet étang, mais sur la rivière de Salaison, à environ mi-chemin entre le village et l'étang, où des traces en existent encore.

Le canal latéral de l'étang de Mauguio est une continuation du canal des Étangs jusqu'aux canaux de la Radelle et de Beaucaire.

Le canton de Mauguio comprit dans l'origine six communes : Mauguio, Candillargues, Lansargues, Mudaison, Saint-Nazaire et Pérols. Il perdit cette dernière, qui passa dans la deuxième section de Montpellier en conséquence de l'arrêté des consuls du 3 brumaire an x. Une ordonnance royale du 20 décembre 1835 en détacha Saint-Nazaire pour placer cette commune dans le canton de Lunel, en sorte que le canton de Mauguio ne compte aujourd'hui, outre le chef-lieu, que trois communes : Candillargues, Lansargues et Mudaison.

Maumejean, f. c^ne de Ganges.

Maupeau, f. c^ne de Pézenas, 1809.

Mauramié ou Mounamié, h. c^ne de Cessenon, 1809.

Maure, f. c^ne d'Argelliers.

Maureilhan, h. c^ne de Vic. — Nous ne trouvons que le lieu de *Maureilhan* ou *Maurillan*, autrefois réuni à Vic pour former une paroisse du diocèse de Montpellier, auquel nous puissions rapporter le passage suivant : *In diœcesi Sustantionensi, apud Marignanum ecclesiam S. Christophori cum suis cellulis et aliis pertinentiis, videlicet ecclesia S. Johannis et ecclesia S. Eulaliæ et adjacentiis earum*, 1099 (G. christ. VI, inst. c. 187). — *Maurelanum*, 1159 (cart. Agath. 116). — *Maurelianum*, 1187 (ibid. 294). — *Vic et Maureillan*, dans la rectorie de Montpellier, 1625 (pouillé); 1649 (ibid.); 1688 (lett. du gr. sceau). — *Maurillan*, 1681 (terr. de Mireval). — *Vic et Maurillan*, xviiie s^e (tabl. des anc. dioc.). — *Maurilhan*, 1771 (terr. de Maureilhan ; carte de Cassini). — *Vic et Maureillan*, 1779 (vis. past.).

Maureilhan-et-Ramejan, c^on de Capestang. — *Maurellanum*, 804 (cart. Gell. 4). — *Maurelianum*, 1114 (tr. des ch. H. L. II, pr. c. 390); 1127 (chât. de Foix; ibid. 444); 1179 (Livre noir, 20); 1202 (ibid. 65 v°); *burgus de M.* 1173 (ibid. 254 v°). — *Morelianum*, 1148 (dom. de Montp. H. L. ibid. 521). — *Maurilhan*, seigneurie de la viguerie de Béziers (ibid. V, 87).—*Maureilhan*, 1625 (pouillé); 1649 (pouillé; carte de Cassini; cartes dioc.). — *Maureilhan*, 1760 (pouillé; tabl. des anc. dioc.).

Église de Maureilhan. — *Rector de Maureiliano*, 1323 (rôle des dîmes des églises de Béziers). — *Prieuré de Marelhan*, 1518 (pouillé). — *Cure de Maureillan*, archiprêtré de Cazouls-lez-Béziers, patr. *S. Baudilius*, 1760 (pouillé); 1780 (état offic. des égl. de Béziers).

Ramigacum vel Raynacum villa, 987 (cart. Lod. G. christ. VI, inst. c. 271). — *Rector de Remejano*, 1323 (rôle des dîmes des égl. de B.). — *Ramejan*, 1625 (pouillé); 1649 (ibid.). — *Cure*, 1760 (ibid.); dans l'archiprêtré de Cazouls-lez-Béziers, patron : *S. Petrus ad vincula*, 1780 (état offic. des égl. de Béziers; carte de Cassini).

Ces deux villages, réunis en 1790 pour ne former qu'une seule commune, furent placés dans le canton de Cazouls-lez-Béziers, supprimé par l'arrêté des consuls du 3 brumaire an x; ils furent alors ajoutés au canton de Capestang.

Mauri (Mas), f. c^ne de Canet, 1841.

Maurian, h. c^ne de Taussac-et-Douch. — Voy. Notre-Dame-de-Maurian.

Maurice (Mas), f. c^ne de Lattes.

Maurillan, h. — Voy. Maureilhan.

Maurin, 1856; Morin, 1851, éc. poste de douanes, c^ne de Frontignan.

Maurin, f. c^ne de Lattes. — Ancien prieuré dépendant de la mense de Maguelone : *Ecclesia S. Andreæ de Maurone*, 1095 (bull. Urban. II; G. christ. VI, inst. c. 353). — *Villa, terra de Maurino*, 1155 (tr. des ch. H. L. II, pr. c. 553); 1174 (ch. du fonds de Saint-Jean-de-Jérusalem). — *Parrochia S. Andr. de Maur.* 1225 (cart. Magal. F 231). — *Feudum, parrochia*, 1226 (ibid. A 39). — *Prioratus*, 1333 (stat. eccl. Magal. 21 v°). — *Terra Maurine*, 1177 (ch. du fonds de Saint-Jean-de-Jérusalem); 1100 1225 (Arn. de Verd. ap. d'Aigrefeuille, II, 425. 440). — *Maurin*, 1684, 1688 (vis. past.); xviiie s^r (carte de Cassini).

Maurin, f. — Voy. Diable (Mas du).

Maurin (Jasse de), f. c^ne de Lattes.

Maurines (Les), 1856; Michel, 1809, f. c^ne de Montpellier.

Mauroul, h. c^ne de Saint-Julien. — *Maurois*. 1177 (Livre noir, 139 v°).

Mauroul (Le), ruiss. qui naît au lieu appelé *la Foun frége*, c^ne de Saint-Julien, dont il parcourt le territ. ainsi que celui d'Olargues, pendant 6 kilomètres, fait aller un moulin à blé, arrose huit hectares et se joint au ruisseau de Cesse, qui le porte dans le Jaur, affluent de l'Orb. — *Maurois*, 1177 (Livre noir, 139 v°).

Maury, f. c^ne de Montpellier, sect. C.

Maury, j^in, c^ne de Gignac.

Maury (Causse de), montagne, c^ne de Nefliès. — Roches triasiques à l'extrémité sud-est du Causse: hauteur : 201^m,83.

Maury (Mas), autrement métairie Laurès, f. c^ne et c^on de Murviel.

Maury (Mas), f. c^ne de Saint-Pons-de-Mauchiens.

Maussac, f. c^ne de Villeneuve-lez-Béziers.

Mausse (Mas), h. c^ne de Berlou.

Mausson (La), chât. ruiné sur la rivière du même nom, près de Celleneuve, faubourg de Montpellier.—*Villa de Amansione*, 1155 (diplom. Ludovici VII; cart. Magal. E 97, reproduit par l'Hist. de Lang. II, pr. c. 553 et par le G. christ. VI, inst. c. 357). — *Villa de Amasone*, 1156 (dipl. du même roi; G. christ. ibid. 359). — *La Mausson*, 1694 (arch. de l'Hérault, reg. des affranch. I, 20). — Cassini écrit : *château de la Mosson*. — *La Mosson*, 1744 (catal. du cabinet de M. Bonnier de la Mosson).

Mausson (La) ou Mosson, riv. dont l'origine est dans la commune de Montarnaud. Son cours, de 39 kilomètres, fait aller dix usines et arrose trois cent vingt-cinq hectares sur les territoires de Montarnaud, Vailhauquès, Murles, Combaillaux, Grabels, Juvignac, Montpellier, Lavérune, Saussan, Saint-Jean-de-Védas, Fabrègues, Lattes, Villeneuve-lez-Maguelone. — *Fluvius Amansionis*, 1055 (égl. de Montp. G. christ. VI, inst. c. 348; H. L. II, pr. c. 227). — *Amancio*, 1121 (mss d'Aubaïs; *ibid.* 414). — *Fluvius et molendinus Amantionis*, 1154 (bulle d'Adrien IV; ch. de l'abb. d'Aniane). — *Amasio*, 1129 (G. christ. *ibid.* 354). — *Flumen Amaucionis*, 1187 (mss d'Aubaïs; H. L. III, pr. c. 161). — *Molendini duo in flumine Amansonis*, 1184 (cart. Magal. G. 171); 1205 (*ibid.* 174); 1243 (*ibid.* 177). — *Pons Amencionis*, 1345 (*ibid.* D 300). — *La Mausson*, 1630 (arch. de l'hôp. gén. de Montpellier, B 31). — *La Mosson R.* (carte de Cassini). — La vallée de la Mausson a une étendue de 2 myriam. 8 kilom.

Maux, f. c^{ne} de Tourbes.

Mauzonis, ancienne église. — Voy. Saint-Vincent-de-Mauzonis.

Mavit (Mas de), f. c^{ne} de Saint-Jean-de-Védas.

Maynard, mⁱⁿ sur le ruisseau de Laurenque, c^{ne} de Roquebrun.

Maynaud, f. c^{ue} de Fraisse.

Maynes (Mas de), f. c^{ne} d'Olmet-et-Villecun. — *Maynèse*, h. 1809; *Mayres*, 1841.

Mayonnettes, f. c^{ne} de Ceilhes-et-Rocozels.

Mayrannes, f. c^{ne} de Minerve.

Mayres, h. c^{ne} des Plans. — *Maires*, 1120 (cart. Gell. 77 v°). — Le *Gall. christ.* qui reproduit le document du cartulaire, écrit *Mairez* (VI, inst. c. 276).

Mazarié (La), h. c^{ne} de Saint-Vincent (c^{on} d'Olargues).

Mazassy, f. c^{un} de Corneilhan.

Mazel, f. c^{ne} de Cazilhac, 1809.

Mazel, f. c^{ne} d'Olmet-et-Villecun, 1809. — *Villa Masel*, 1060 (cart. Gell. 150).

Mazel, f. c^{ne} de Pézenas. — Voy. Saint-Jean-de-Bibian.

Mazel, jⁱⁿ, c^{ne} de Béziers (2e c^{on}).

Mazelet (Le), f. c^{ne} d'Hérépian.

Mazerac, f. c^{ne} de Béziers. — *Mazeran*, 1840. — *Jardin de Mazeran*, 1809.

Mazernes, anc. chât. dans le voisinage d'Aumelas et du Montcamel, c^{ne} de Gignac. — *Castellum de Mazernes*, 1114 (mss d'Aubaïs; H. L. II, pr. c. 391). — *Castrum de Mazairis* (*ibid.* 414).

Mazes (Les), h. c^{ne} de Boisseron.

Mazes (Les), h. c^{ne} de Lauroux.

Mazes (Les), h. c^{ne} de Mauguio. — *Villa quæ vocatur Memtes sub castro Melgorio*, 996 (cart. Gell. 27).

— *De Mansis*, 1536 (bull. Paul. III; transl. sed. Magal.). — *Mazes*, XVIIIe s^e (carte de Cassini).

Mazes (Les), h. c^{ne} de Montaud. — *Les Mas* (carte de Cassini).

Mazes (Les), h. c^{ne} de Montpeyroux. — Prieuré dépendant de l'abbaye d'Aniane. *Massacia cella*, 820 (cart. Anian. 14).

Mazes (Les), h. c^{ne} de Saint-Bauzille-de-Montmel. — *Les Mas* (carte de Cassini).

Mazes (Les), h. c^{ne} de Saint-Drézéry. — *Lous Masses* (carte de Cassini).

Mazet (Le), f. c^{ne} de Lattes. — Voy. Boirargues.

Mazet (Le), f. 1809, c^{ne} et c^{on} de Murviel.

Mazet (Le), f. c^{ne} de Vailhauquès. — Voy. Montlobre.

Mazet (Le), f. c^{ne} de Valflaunès.

Mazet (Le), f. c^{ne} de Vic.

Mazet (Le), f. c^{ne} de Viols-le-Fort.

Mazet (Le), h. c^{ne} de Gignac.

Mazet (Le), h. c^{ne} de la Roque.

Mazette, f. c^{ne} de Magalas.

Mazette (La) 1856; la Marette, 1840, f. c^{ne} et c^{on} de Murviel.

Meau, f. c^{ne} d'Agde.

Meaux (Mas de), f. c^{ne} de Ceilhes-et-Rocozels.

Mècle, h. c^{ne} de Saint-Gervais ville. — Avant 1809, c^{ne} de Saint-Gervais terre foraine. — *Mecle* (carte de Cassini).

Médaille (La), f. c^{ne} de Béziers.

Médaille (La); la Madaille, 1809, f. c^{ne} de Corneilhan.

Médellian ou Médaillan, f. c^{ne} de Vias. — *Metilianum*, 1128 (cart. Agath. 126). — *Eccl. S. Martini de Metalliano*, 1156 (bulle d'Adrien IV, *ibid.* 1). — *Terminium de Medelano*, 1159 (*ibid.* 150). — *Metellianum*, 1211 (*ibid.* 104 et passim). — *Medeille*, 1809 (recens.). — *Duvern*, 1851 (*ibid.*). — *Duverd* (Cassini).

Mèdes (Las), f. c^{ne} de Prémian.

Megen, f. et mⁱⁿ. — Voy. Hôpital (Mas de l').

Mécès, h. c^{ne} de la Salvetat.

Méguillou, montagne entre le hameau du Bousquet et la ville de Saint-Gervais; haut. 928 mètres.

Meillade, bourg, c^{ne} de Montpeyroux. — *La Meillade* (carte de Cassini).

Méjan ou de Lattes (Étang de); il porte aussi le nom de *Pérols*. Il s'étend entre l'étang de Maguelone et celui de Mauguio. — *Stagnum Mejanum de Lattis*, XVIe siècle (plan sur parch. du chapitre de Saint-Sauveur).

Méjan, f. c^{ne} de Montpellier, sect. F. — *Mejanum*, XVIe s^e (plan cité dans l'art. précédent).

Méjan. — Voy. Villemagne.

Méjan (Mas), f. cne de Teyran. — *Mejan*, 1694 (reg. des affranch. I, 14 v°).

Méjanel, h. cne de Pégairolles-de-Buéges. — La petite rivière de Buéges, qui donne son nom à plusieurs communes, sort de ce hameau. — *Mejanellum*, 804 (cart. Gell. 4). — *In comitatu Lutevensi villare quod vocatur Mejan*. 982 (*ibid.* 51 v°).

Méjanne (Mas de la), f. et jin, cne de Saint-Jean-de-Fos.

Méjean, f. cne de Montpellier, sect. B.

Méjean (Mas), f. anc. min sur l'Avèze, affluent de l'Hérault, cne de Ganges. — *Molendin. sit. in ripperia de Avesa vocat. lo moli Mejam*, 1273 (cart. Magal. A 281).

Méjean (Mas), f. cne de Pinet, 1840.

Mel, jin, cne de Pézenas.

Mélac, ruiss. qui prend sa source au lieu dit *Bougno*, cne de Joncels, dont il arrose dix hectares dans son cours de 2,850 mètres, et se perd dans le Gravaison, affluent de l'Orb.

Mélagou, f. cne de Cazouls-lez-Béziers.

Melgueil, anc. château. — Voy. Mauguio.

Mélière ou Ménic, min sur la riv. de Lagamas, cne de Lagamas. — *Millarium*, 804 (cart. Gell. Mabill. Ann. II, 718; G. christ. VI, inst. c. 265). — *Mallaria longa*, v. 996 (cart. Gell. 56 v°). — *Mansus de Molleria* (*ibid.* 60).

Mélon, f. et jin, cne de Florensac.

Melques (Mas de), 1841; Mulgue, 1809, f. cne de Gignac.

Ménard, éc. filature sur la Lergue, cne de Lodève.

Mendrerie, h. cne d'Avène. — *La Mendrarie* (carte de Cassini).

Mencadié, f. cne de Lattes.

Mercier, f. cne de Cette, 1809.

Mercières, f. cne de Castries.

Mercourant, f. cne de Béziers. — *Mercoren*, 1809; *Mercorant*, 1840; *Marcouren*, 1851 (recens.). — Cassini avait déjà écrit sur sa carte *Mercoran*.

Merdanson (Le), ruiss. qui naît sur le territ. de Cournonterral, passe sur celui de Fabrègues et, après avoir couru pendant 4 kilomètres, se jette dans la rivière de Coulezou, affluent de la Mausson.

Merdanson (Le), ruiss. que quelques personnes écrivent à tort *Verdanson*. Ce ruisseau ne quitte pas le territ. de Montpellier, où il prend son origine et où il se jette dans le Lez, après un cours d'environ 4 kilomètres. — *Merdansio, Merdancio, Merdantio*, 1138, 1146, 1196 (Mém. des Nobl. 23 v°, 46 v°, 75 et *passim*); 1272 (cart. Magal. E 119). — *Ribausson*, probablement pour *Ribanson*, 1285 (arch. de Montp. arm. dor. liasse 7, n. 3). — *Ribanson*, 1309 (petit Thalamus de Montp. chron.); 1320 (charte roy. Series præs. Magal. I, 453); 1353 (grand Thalamus, 131). — *Riperia del Merdanson*, 1531 (arch. de l'Hérault, fonds des Dominicains, cart. 8).

Merdanson (Le), ruiss. — Voy. Merdoux.

Merdeaux, min sur le Merdols, cne de Fontès, 1809.

Merdols ou Merderie, ruiss. qui afflue à la riv. de Boyne, laquelle se jette dans l'Hérault. Il arrose le territoire de Fontès et fait mouvoir un moulin à blé. Son cours est de 6,200 mètres. — *Merdanzio*, 1298 (cart. Agath. 61).

Merdoux ou Merdanson, ruiss. sur le territ. de Villemagne. Il court pendant 4 kilomètres, fait aller un moulin à huile et se perd dans la Thongue, affluent de l'Hérault. — *Reg de Merdanzione*, 1208 (cart. Agath. 61).

Ménic, min. — Voy. Mélière.

Ménifons, cne de Lunas. — *Merifons*, cure de l'ancien diocèse de Lodève, 1760 (pouillé; carte de Cassini; carte dioc.). — Mérifons fit d'abord partie du canton d'Octon; mais ce canton ayant été supprimé par suite de l'arrêté consulaire du 3 brumaire an x, cette commune passa dans celui de Lunas.

Mérigat, f. cne de la Salvetat, 1809.

Mérigous ou Ménigousés, f. cne de Cessenon.

Merlac, h. cne de Rieussec.

Merle, f. cne de Faugères, 1840.

Merle, f. — Voy. Trignan.

Merle, h. cne du Causse-de-la-Selle.

Merle (Mas de), f. cne de Saint-Martin-de-Londres.

Mermian, f. cne d'Agde. — *Villa de Mermiano*, 1156 (bulle d'Adrien IV; cart. Agath. 1); 1187 (*ibid.* G. christ. VI, inst. c. 332). — *Mermian* (carte de Cassini).

Mérou-le-Bas (Mas de), f. cne de Lodève.

Mérou-le-Haut (Mas de), f. cne de Lodève.

Mesouillac, h. cne de Riols.

Messier (Mas), h. cne de Saint-Félix-de-l'Héras.

Mestre, f. cne de Pézenas, 1809.

Métairie-Basse, f. cne de Fraisse.

Métairie-Neuve, f. cne du Soulié.

Métairie-Neuve ou la Borio-Nove, 1809, f. cne de Fraisse.

Metge, f. cne de Montpellier, sect. E.

Meunier, f. Michel, 1809, cne de Montpellier.

Meynes, f. cne de Ceilhes-et-Rocozels.

Meyrargues, h. cne de Vendargues. — *Villa de Mairanicis*, 1166 (cart. Agath. 77). — *Mairacum*, 1266 (*ibid.* 255). — *Villa de Mayranicis*, 1374 (arch. de Montp. reg. 7 de la 1re continuat. des titr. de Montp. arm. 5 des arch. du dom. de Lang.). — *Vendargues et Mariargues*, dans la baronnie de Montpellier,

1625 (pouillé); 1649 (*ibid.*); communauté de *Vendargues et Meyrargues*, 1695 (affranch. VII, 124). — *Meirargues* (carte de Cassini). — Dépendances du marquisat de Castries, ces deux localités formaient une paroisse de l'anc. dioc. de Montpellier, sous le vocable de *Saint-Théodoret*. Le chap. cathédral de Montpellier en était le prieur, 1779 (vis. past.). — La chapelle de *Mairargues* avait pour patron *saint Sébastien* (vis. past. de 1688).

Mèze, arrond. de Montpellier. — Nous avons toujours combattu la prétention de ceux qui veulent voir la ville de *Mèze* sur le continent, dans la *Mesua collis insula* de Pomp. Mela (II, 5), qui s'applique à Maguelone : voy. notre mémoire (Soc. arch. de Montpellier, 1, 51). Nous avons également repoussé (*ibid.*) la leçon de *Mesa*, au lieu de *Mansa*, dans Festus Avienus (Or. marit. v. 613), contre Astruc (Mém. pour l'hist. nat. de Lang. 72, 80 et 371), qui croit que *Mansa vicus* doit s'entendre de *Mèze*. — L'acte le plus ancien où il soit question de cette ville se trouve dans le cart. d'Agde, *Castrum de Mesoæ*, 843, reproduit dans l'Hist. de Lang. (I, pr. c. 77). — *Villa de Mesoa*, 990 (Martène, Anecd. I, 179). *Castellum vel castrum de M.* dans le xɪᵉ sᵉ, 1036, 1059, 1068 (chât. de Foix; H. L. II, pr. cc. 199, 231, 265 et *passim*); v. 1150 (Livre noir, 137); 1163 (charte de l'abb. du Vignogoul; 1206 (cart. de Foix, 245); 1229 (cart. Magal. A 52). — Les seigneurs châtelains de *Mèze* prennent le titre de vicomtes à la fin du xɪᵉ siècle et surtout dans le xɪɪᵉ. — *Vicecomes de M.* 1076, 1146, 1152, 1162, 1164, etc. (H. L. *ibid.* 291, 512, 546, 585, 600). — *Castrum de Mezoa*, 1147 (abb. de Valmag. *ibid.* 521). — *Castellum Messua*, 1152 (*ibid.* 538). — *Castrum et villa de Mezua*, 1156 (bulle d'Adrien IV, cart. Agath. 1); 1271 (stat. eccl. Bitt. 63 vᵒ). — *Mesea*, 1176 (Livre noir, 14 vᵒ); — *Meza*, 1176 (tr. des ch. H. L. III, pr. c. 139). — *Campus de Mesano*, 1173 (cart. d'Agde, reprod. G. christ. VI, inst. c. 329). — *Stagnum et villa de Mesoe*, 1181 (cart. Magal. A 46). — *Mezo*, 1354 (Lib. de memor.). — *Mezé*, 1625 (pouillé); 1649 (*ibid.*). — *Canonicat de Mezua*, 1760 (pouillé). — *Meze*, 1688 (lett. du gr. sc.). — La donation du lieu de Mèze faite par Charlemagne au diocèse d'Agde fut confirmée *in jus beneficiarium* par Charles le Chauve en 843 et par Louis le Jeune en 1170 (cart. Agath. H. L. I, pr. c. 77; Expilly, Dict. vᵒ *Mèze*). L'évêque d'Agde, qui prenait entre autres titres celui de baron de Mèze, était seigneur de la troisième partie de cette ville et de son territoire; 1693 (arch. dépˡᵉˢ; évêché d'Agde; lett. du viguier d'Aumes); cure de l'ancien diocèse d'Agde, 1760 (pouillé; carte dioc. carte de Cassini; tabl. des anc. dioc.). L'église de Mèze a pour vocable *Saint-Hilaire*.

Mèze, comprise en 1790 dans le district de Béziers, fut le chef-lieu d'un canton composé de 3 cᵛᵉˢ : Mèze, Loupian et Villeveyrac. Mais, d'après la loi du 8 pluviôse an x et l'arrêté des consuls du 3 brumaire de la même année, ce canton, auquel fut réuni celui de Poussan alors supprimé, passa dans l'arrondissement de Montpellier; en sorte que le canton de Mèze comprend aujourd'hui 7 communes : Mèze, Bouzigues, Gigean, Loupian, Montbazin, Poussan et Villeveyrac.

Mezeilles, h. cⁿᵉ de Vieussan. — *Meseille* (carte de Cassini).

Mézouls, f. cⁿᵉ de Mauguio. — *Mezol*, 1173 (cart. Anian. 70 vᵒ). — *De S. Marcello ad Medol*, 1177 (ch. fonds de Saint-Jean-de-Jérusalem). — *Parrochia S. Nazarii de Medullo*, 1177 (ch. du même fonds); 1280 (Arn. de Verd. ap. d'Aigrefeuille, II, 447). — *Villa et parrochia de Misanicis*, 1295 (cart. Magal. E 229). — *Mezouls* (carte de Cassini ; carte du dioc. de Montpellier).

Michel, f. cⁿᵉ de Montpellier, sect. E. — Voy. Maurines (Les) et Meunier.

Midi (Canal du). — Voy. Languedoc (Canal de).

Miégeville, jⁱᵒ, cⁿᵉ de Montpellier, sect. F.

Miellouane (La), f. cⁿᵉ du Soulié. — *La Miellouane* (carte de Cassini).

Mignard, f. cⁿᵉ de la Livinière.

Milhau, f. cⁿᵉ de Bédarieux, 1840. — Voy. Ouradou.

Milhau, f. cⁿᵉ de Cazouls-lez-Béziers, 1809.

Milhau, f. cⁿᵉ de Puisserguier.

Milhau (Mas de), f. cⁿᵉ de Gignac, 1809.

Miliac ou Milician, cⁿᵉ de Saint-Pargoire. — Fief, village et église qui ont totalement disparu. Le terroir qu'ils occupaient s'appelle aujourd'hui *Saint-Guillem*, nom qui rappelle la donation de ce fief au monastère de Gellone. — *Ecclesia S. Paragorii Mart. et omnia quæ ad ipsam pertinent Miliacinum videlicet et Campaniacum*, 804 (cart. Gell. G. christ. VI, inst. c. 265). — *Miliacus fiscus in pago Biderrense cum villa Miliciano*, 804 (testam. de Juliofroy; Mabill. Ann. II, 718); 806, 807 (cart. Gell. 3; G. christ. *ibid.* 266); 808 (charte de l'abb. de Sᵗ-Guill. cart. Gell. 91; cart. Anian. 14, 19); 822, 837, 853 (cart. Anian. 19; act. SS. Bened. sect. 4 part. 1, 90 et 223); 1123 (bulle de Calixte II; ch. de Sᵗ-Guill.). — *Miliacus vel Miliacum cum eccl. S. Guillelmi*, 1146 (bulle d'Eugène III; ch. de Sᵗ-Guill. G. christ. *ibid.* 280); 1162 (cart. Gell. G. christ. *ibid.* 282). — *Milcianum*, xɪɪɪᵉ sᵉ (cart. Agath. 74). — Voy. Saint-Pargoire.

MILLARGUES ou MAS-NEUF, f. c°¹ de Claret. — *Millarium villa*, 804 (cart. Gell. 3). — *Millenegues*, 1166 (ch. fonds de S¹-Jean-de-Jérus.). — *Millanegua, campus Millerius*, 1172 (ch. même fonds).

MILLAU, éc. c°ᵉ de Clermont, 1841.

MINA, éc. c°ᵉ de Saint-Pons.

MINARIA, anciennes mines argentifères près de Villemagne, 1197 (arch. de Villemagne; G. christ. VI, inst. c. 144). — Voy. MONETAS.

MINERVE, c°ⁿ d'Olonzac. — Anc. château dans le dioc. de Saint-Pons, qui a donné son nom au pays de *Minervois*. — *Castrum Menerba, kastrum, castellum Minerba*, 873 (abb. de Caunes; H. L. I, pr. cc. 124 et 125); 1002 (chât. de Foix; *ibid.* II, c. 160); 1095 (cart. eccl. Narb. *ibid.* 340); 1126 (cart. de Foix; *ibid.* 443); 1145 (cart. eccl. Narbon. *ibid.* 509); 1165 (*ibid.* 604, 605). — *Castrum, castell. de Minerva*, 1161 (chât. de Foix; *ibid.* 579); 1210 (Chron. de la guerre des Albigeois; *ibid.* III, pr. c. 25). — *Minerbe*, 1583 (*ibid.* V, pr. c. 284); 1625 (pouillé); 1649 (*ibid.*); 1688 (lett. du gr. sc.); 1641 (arch. de Minerve, reg. des naissances); 1703 (*ibid.* Livre terrier). — La plupart des documents anciens des archives communales écrivent également *Minerbe*. — Toutefois on lit *Minerve*, 1700 (reg. des naissances); 1703 (terr. de Minerve; tabl. des anc. dioc. carte de Cassini; carte diocés.).

Église de Minerve. — Un autel de marbre qu'on voit dans l'église de cette commune porte cette inscription dans son épaisseur : ✠ *Rusticus anno xxx optus F. F.* c'est-à-dire 460 (G. christ. VI, inst. c. 9). — *S. Maria, S. Protomartyr Stephanus ac S. Michael Minervæ*, 1135 (2ᵉ cart. de la cath. de Narbonne, H. L. II, pr. c. 480). — *Eccl. S. Steph. de Minerba*, 1165 (*id. ibid.* 605). — *Cure de Saint-Étienne à Minerbe*, 1760 (pouillé).

Pays de Minervois. — Il était situé partie dans le diocèse de Narbonne, partie dans le dioc. de Saint-Pons. — *Suburbium, pagus Minerbensis*, 843 (bibl. roy. Baluz. ch. des R. H. L. I, pr. c. 78); 873 (abb. de Caunes; Mabill. Diplom. 543); 877 (*id.* H. L. I, pr. c. 124); 899 (égl. de Narb. Martène, Anecd. I, 58); 1118 (H. L. dom. de Montp. *ibid.* 403); 1146 (chât. de Foix, *ibid.* 518) — *Minervensis*, 1161 (*ibid.* 579). — *Menerbez*, 1068 (arch. de Barcelone; Marca Hispan. 1134). — *Minerbesium*, 1110 (abb. de la Grasse, H. L. II, pr. c. 375).

Comté et vicomté. — *Alodium de Menerbense*, 1005 (arch. de l'égl. de Narb. *ibid.* 163). — *Comitatus Menerb.* 1068, 1070, 1071, etc. (arch. de Barcelone; Marca Hispan. 1137, 1153, 1154). — *Vicecomes de Minerba*, 1103 (cart. de l'égl. de Saint-Pons; H. L. II, pr. c. 365). — *Minerbesius vicecomitatus*, 1110 (abb. de la Grasse; *ibid.* 375). *Vicecomes Minerbensis vel Minervensis*, 1125 (*ibid.* 433); 1146, 1161 (chât. de Foix, *ibid.* 518, 579. etc.). — *Vicecomes Minerve*, 1135 (2ᵉ cart. de la cath. de Narb. *ibid.* 479).

D'après le dom. de Montp. la viguerie de Minervois, en la sénéch. de Carcassonne, contenait 2,371 feux en 1370 (H. L. IV, pr. c. 304); on n'y en comptait que 972 en 1387 et en 1388 (*ibid.* 305). — *Viguerye de Minerboix*, 1608 (arch. d'Olonzac. Livre terrier).

Minerve, diocèse de Saint-Pons, répondait pour la justice au sénéchal de Carcassonne, comme toutes les autres communautés de ce diocèse, à l'exception de la ville de Saint-Pons, qui avait l'option d'aller au sénéchal de Carcassonne ou à celui de Béziers. — Depuis 1790, la commune de Minerve a toujours fait partie du canton d'Olonzac.

MINERVE, grotte. — Voy. FAUZAN.

MINES (LES), éc. c°ᵉ de Minerve.

MINGAUD, éc. filature, c°ᵉ de Saint-Pons-de-Thomières.

MINISTRE (MAS DU) ou BELLEVUE, f. c°ᵉ de Mauguio.

MINJAC (GRANGE DE), éc. c°ᵉ d'Alignan-du-Vent, 1809.

MINOTERIE-DES-PRÉS, éc. c°ᵉ de Pézenas.

MION, f. c°ᵉ de Montpellier, sect. G.

MION-SERRES, f. c°ᵉ de Frontignan.

MIOU (MAS DE), f. c°ᵉ de Gignac.

MIQUELLE (LA¹), f. c°ᵉ de Béziers (2ᵉ c°ⁿ).

MIQUELLE (LA), f. c°ⁿ de Sauvian.

MIRABEL, f. c°ᵉ de Cournonsec.

MIRABEL, f. c°ᵉ de Pouzolles, 1840.

MIRANDE, f. c°ᵉ de Boussagues.

MIRANDE (LA), f. c°ᵉ de Castelnau-de-Guers.

MIREVAL, c°ⁿ de Frontignan. — *Miraval*, 1112 (cart. de Foix; H. L. II, pr. c. 388). — *Castr. de Marovilo*, 1119 (cart. Gell. 9 v°). — *Miravallis*, 1125 (cart. de Foix; *ibid.* 434). — *Ferum in valle S. Eulalie*, 1114 (mss d'Aubais; *ibid.* 391). — *Forcia de valle*, 1133 (cart. Agath. 13); 1187 (mss d'Aubais, H. L. III, pr. c. 161). — *Miravaux*, dans la baronnie de Montpellier, 1625 (pouillé); 1649 (*ibid.*); 1688 (*ibid.*); xvɪɪᵉ siècle (carte de Cassini; état officiel des églises du diocèse de Montpellier de 1756). Les Bénédictins qui ont écrit l'Hist. de Languedoc disent *Miraval* et *Miravaux*. — On trouve *Miravaux*, 1681 (terr. de Mireval); 1688 (lett. du gr. sc.); 1737 (Astruc, Mém. pour l'hist. nat. de Lang. 375; tabl. des anc. dioc.). — Les actes des archives communales de Mireval du xvɪɪᵉ et du xvɪɪɪᵉ siècle donnent *Miravaux* et *Mireval*.

L'église de Mireval était un prieuré dépendant de

la mense du chapitre cathédral de Montpellier. — *Pars eccl. parroch. S. Johannis que est in villa de S. Eulalia*, 1060 (cart. Anian. 70 v°). — *Domus militiæ S. Eul.* 1211 (cart. Agath. 66). — *Ecclesia SS. virginum Eul. et Leocadiæ de Valle*, 1095 (G. christ. VI, inst. c. 353); v. 1100 (Arn. de Verd. ap. d'Aigrefeuille, II, 425). — *SS. Eul. de Val. et (Leucadia-Leucadia) de Vico*, 1333 (stat. eccl. Magal. 7 v°; 22 et 72 v°). — *Parrochia de Miravalle*, 1213 (cart. Magal. A 25). — *Prioratus S. Eulalie de Mirisvallibus*, 1345 (*ibid.* B 241; *ibid.* F 155, 245, 252 et 257); 1536 (bulle de Paul III, transl. sed. Magal.). — *Ecclesia B. Marie de Maravals*, 1612 (bulle de Paul V, G. christ. VI, inst. c. 98). — *Miravaux*, dans l'archiprêtré de Frontignan, 1756 (état des égl. du dioc. de Montpellier). — *Cure de Mirevaux*, 1760 (pouillé). — *Prieuré de Sainte-Eulalie (ibid.)*; 1779 (vis. past.).

Mireval ou Mirevaux avait, avant 1790, le titre de ville. Le roi en était coseigneur.

La montagne de Mireval, près de ce village, a 248 mètres d'élévation.

MISTRAL, j^in, c^ne de Montpellier, sect. G.

MÔLE, éc. c^he d'Agde.

MOLINIÉ, éc. moulin à foulon, c^ne de Saint-Pons.

MOLINIÉ, j^in, c^he de Saint-Pons.

MOLINIER, éc. filature, c^he de Saint-Pons.

MOLINIEN, f. c^he de Saint-Jean-de-la-Blaquière.

MONCLAU (GRANGE DE), f. c^ne de Florensac.

MONEDAT, mont. c^ne de Saint-Martin-de-Castries. — *Monedat, Montana seu Mons*, 1217 (cart. Gell. 214).

MONÉMI, éc. atelier, c^ne de Soubès, 1841.

MONESTIERS, 1856; MONESTIÈS, 1840, f. c^ne de Boujan.

MONESTIÈS, 1851; MONESTIÈ, 1809, f. c^ne de Béziers.

MONETAS, anc. mines argentifères dans le voisinage de l'abbaye de Villemagne. — *Moneta*, 1152, 1167 (Livre noir, 33 et 249). — *Argentarias vel Minarias*, 1164 (cart. de Foix; H. L. II, pr. c. 601). — *Minaria et Monetas, homines et populus Minariorum et Monetatis*, 1197 (transaction entre l'abbé et les habitants de Villemagne et le seigneur de Faugères, G. christ. VI, inst. c. 144).

MON-FORMA (MAS), f. c^ne de Dio-et-Valquières.

MONIER, f. — Voy. MOUNIO.

MONNIER, mont. près de Colombiers, c^on de Castries. — Nom probablement corrompu du mot *monnaie, moneta*, comme on dit *cami de la Mouneda*, chemin de la Monnaie, dans le voisinage de cette montagne, et *Montana* ou *mons Monedat*, près de Saint-Martin-de-Castries. — Hauteur : 437 mètres.

MONPLAISIR, f. c^ne d'Alignan-du-Vent. — *Montplaisir* (carte de Cassini).

MONPLAISIR, f. c^ne de Bédarieux.

MONPLAISIR, f. c^ne de Béziers.

MONPLAISIR, f. c^ne de Castelnau (2e c^on de Montpellier).

MONPLAISIR, f. c^ne de Castelnau-de-Guers.

MONPLAISIR, f. c^ne de Lodève.

MONPLAISIR, f. c^ne de Mèze, 1809.

MONPLAISIR, f. c^ne d'Olmet-et-Villecun.

MONPLAISIR, f. c^ne d'Olonzac.

MONPLAISIR, f. c^ne de Pézenas, 1809.

MONPLAISIR, f. c^ne de Puissergier.

MONPLAISIR, f. c^ne du Soulié.

MONPLAISIR, f. c^ne de Tourbes, 1809.

MONS, c^on d'Olargues. — *Monast. S. Laurentii de Monte*, 1182 (bulle de Luce III, G. christ. VI, inst. c. 89). — *Montes*, 1226 (chât. de Foix, H. L. III, pr. c. 307). — *Mons*, 1270 (cart. d'Alph. comte de Toulouse, *ibid.* 589). — Seigneurie en la viguerie de Carcassonne, 1529 (dom. de Montp. *ibid.* V, pr. c. 85); XVIIIe s^e (carte de Cassini; carte dioc.).

MONS ASINARIUS, mont. dépendante du Causse-de-la-Selle. — Les Bénédictins qui ont écrit l'Hist. de Lang. ont mal lu, en citant les arch. d'Aniane, *villa de Monte Avinario* (II, pr. c. 41) pour *Asinario*. — *Villa q. vocant de Monte Asinario*, 899 (cart. Anian. 81 v°). — *Honor in territorio Magdalonense sub castro monte Calmense infra terminum de Monte Asin.* IXe s^e (*ibid.* 82). — *Mons Asin. in terminio de Maroiolo*, 1173 (cart. Anian. 87). — *Villa Asnarias (Asinarias)*, v. 983 (cart. Agath. 222). — Voy. MAROU.

MONSEIGNEUR (CHÂTEAU DE). — Voy. CHÂTEAU D'EAU.

MONSEIGNEUR (JARDIN DE), c^he de Béziers, 1809.

MONSIEUR, f. c^he de Bédarieux.

MONSIEUR, m^in. — Voy. CESSE.

MONSIEUR (MOULIN DE), sur le Lagamas, c^he de Montpeyroux.

MONSIEUR (MOULIN DE), sur la Tuillade, c^he de Saint-André-de-Sangonis.

MONSIEUR (PÊCHERIE DE), dans l'étang de Villeneuve-lez-Maguelone, 1820 (arch. départ. plan des étangs de l'Hérault).

MONT-CARVIELS, tènement. — Voy. SAINT-MARTIN-DE-PRUNET.

MONT-COMBEL, f. — Voy. PIOCHOBEL.

MONT-RAISIN, f. c^he de Bessan.

MONT-RAMUS, f. c^he de Bessan.

MONT-REGRET, éc. c^he de Vendargues.

MONT-SALÈBRE, f. c^he de Cesseras. — *Anc. chapelle de Moussoulens*, 1760 (pouillé). — *Montsalebre* (carte de Cassini).

MONT-VILLA, h. c^he de Teyran.

MONTADE-DEL-FÉAU, f. c^ne de Pézenas, 1809. — *Monthadol*, XIIe s^e (cart. Agath. 153). — *Ad Montezellos*,

1147 (*ibid.* 183).— *Juxta Mundadellos*, 1152 (*ibid.* 182). — *Montadel (ibid.).*

Montades (Les), h. c.^{ne} de Pézènes.

Montady, c^{on} de Capestang. — *Castrum de Montadino*, 1097 (Livre noir, 294); 1114 (tr. des ch. H. L. II, pr. c. 390). — *Montadin*, 1129 (Livre noir, 170).—*Castr. de Montaditi*, 1134 (dom. de Montp. H. L. ibid. 473). — Le *castrum* de *Monte-Adino* (des mss d'Aubaïs), 1156, que l'Hist. de Languedoc (*ibid.* 558) applique à *Montady* ou *Montadin*, appartient à *Montaud*. — *Montadi*, 1370 (Libr. de memor.); 1760 (pouillé); 1780 (état offic. des églises de Béz.).— *Montady*, 1625 (pouillé); 1649 (*ibid.*); 1688 (lett. du gr. sc.); xviiie s^e (terr. de Montady; carte de Cassini; cart. diocés.). — *Montadin* (tabl. des anc. dioc.).

Église de Montady, dans l'anc. dioc. de Béz. — *Prioratus de Montadino*, 1323 (rôle des dîmes de l'égl. de Béz.). — *Cura de Montadi*, 1760 (pouillé); dépendante de l'archiprêtré de Cazouls, patr. SS. Genesius et Genesius, 1780 (état offic. des égl. du dioc. de Béz.).

Avant 1790, Montady était le siège d'une justice royale et bannerette. — Quand le département de l'Hérault fut formé, cette commune fut comprise dans le canton de Béziers; en l'an x, elle passa dans le canton de Capestang.

Montagnac, arrond. de Béziers. — *Montanacum*, 990 (abb. de S. Tibér. G. christ. VI, inst. c. 316; H. L. II, pr. c. 145). — *Montaniacum, castrum et villa*, 1098 (cart. Geil. 100; ch. des arch. de Montagnac); 1185 (Livre noir, 59); 1215 (cart. Magal. B 213); 1156 (bull. Adrian. IV; cart. Agath. 2). — *Monteniacum* et *Montiniacum*, 1193 (chât. de Foix; H. L. III, pr. c. 173); 1340 (cart. Magal. B. 37). — *Montanac*, 1127 (arch. de S. Tibér. G. christ. VI, inst. c. 318). — *Montanhac*, 1341 (Libr. de memor.).— *Montignac*, 1518 (pouillé). — *Montaignac*, 1625 (*ibid.*); 1649 (*ibid.*); 1688 (lett. du gr. sceau). — *Montagnac*, 1760 (pouillé; carte de Cassini; cartes diocés. tabl. des anc. dioc.); 1787 (terr. de Montagnac).

Église de Montagnac. — *Eccl. S. Marie de Montaniaco*, 1173 (cart. Agath. 252; G. christ. inst. c. 327). — *Eccl. S. Johannis de M. alias de Faget*, 1612 (*ibid.* 98). — Prieuré-cure, 1760 (pouillé).

La ville de Montagnac avait le titre de châtellenie avec une justice royale non ressortissante.

A la formation du département de l'Hérault, en 1790, le canton de Montagnac ne comprenait que trois communes: Montagnac, Aumes et Saint-Pons-de-Mauchiens. Mais en l'an x, par suite de la suppression du canton de Fontès, les neuf communes qui composaient ce dernier canton furent ajoutées à celui de Montagnac, qui en compte douze depuis, à savoir : outre les trois anciennes communes, Adissan, Cabrières, Cazouls-d'Hérault, Fontès, Lésignan-de-la-Cèbe, Lieuran-Cabrières, Nizas, Peret et Usclas-d'Hérault.

Montagne (Grange de), f. c^{ne} de Liausson.

Montagne Noire, partie du Larzac, dans le canton de Lodève. — *In Monte nigro vinearium quod vocant Olivetum*, 804 (cart. Gell. 3, reprod. par Mabill. (Ann. II, 718; G. christ. VI, inst. c. 265; H. L. I. pr. c. 34).

Montagnes. — Les principales hauteurs du département sont : le Larzac, les Cévennes, l'Escandorgue, l'Espinouse. — Les autres montagnes, les pics, les cols, les rochers, ont dans ce Dictionnaire, comme les premières, des notices particulières que l'on peut consulter. Voy. aussi notre Introduction.

Montagnol, éc. c^{ne} de Saint-Martin-d'Orb.

Montahuc, f. c^{ne} de Cessenon. — *Villa de Monte acuto*. 1212 (cart. Agath. 16).

Montaigne (Mas de), ferme, c^{ne} de Montpellier, 1695 (affranch. V, 65).

Montalet, h. c^{ne} de Saint-Jean-de-Cuculles.

Montarbossier, ancien tènement, c^{ne} de Balaruc. — *Locus vocatus Montarbossier in terminio de Balazuco*. 1169 (cart. Magal. G 229).

Montarels, ferme, c^{ne} d'Alignan-du-Vent. — *Prieuré de Montarels*, 1760 (pouillé). — *Montarel* (carte de Cassini).

Montarnaud, c^{on} d'Aniane. — *Castrum seu castellum de Montarnaldo*, 1114 (mss d'Aubaïs; H. L. II, pr. c. 391). — *De Monte Arnaldo*, 1121, 1171 (*ibid.* 414 et 559); 1187 (cart. Agath. 6); 1263 (Arn. de Verd. ap. d'Aigrefeuille, II, 445). — *De Monte Arnaldi*, 1127 (cart. Gell. 61 v°); 1128 (G. christ. VI, c. 588); 1150 (cart. Anian. 66); 1156 (H. L. ibid. 558). — *De Monte Arnaudo*, 1194 (*ibid.* III. pr. 177); 1246 (cart. Magal. E 217). — *Montarnault*, 1625 (pouillé); 1649 (*ibid.*); 1688 (*ibid.*). — *Montarnaud*, 1673 (réformat. des bois, 66; arch. communales); 1687 (reg. des naiss. etc.); 1732 (délib. du conseil de la communauté); 1760 (pouillé; carte de Cassini; cartes diocés. tabl. des anc. dioc.).

Église de Montarnaud. — *Eccl. B. M. de Montearnaudo*, 1484-1501 (arch. de l'hôp. gén. de Montpellier, B 586). — Prieuré-cure de l'archiprêtré de Viols, 1756 (état offic. des égl. du dioc. de Montp.); 1760 (pouillé; sous le patronage de la *Sainte Vierge*, 1688, 1780 (vis. past.).

Cette commune, qui avant 1790 était comprise dans la baronnie de Montpellier, fut, à cette époque, placée dans le canton de Saint-Georges-d'Orques, lequel fut supprimé par suite de l'arrêté des consuls du 3 brumaire an x; Montarnaud fut alors ajouté au canton d'Aniane.

Montauberon, aujourd'hui Fabre, f. c^{ne} de Montpellier. — Ancien prieuré de l'ordre de Grandmont, fondé dans le Limousin par saint Étienne en 1076. La donation en fut faite au chapitre de Maguelone par l'évêque Godefroy et confirmée par une bulle du pape Urbain II en 1095. Ce prieuré, sous le vocable de *Notre-Dame-de-Montauberon*, fut réuni au temporel du séminaire de Montpellier par lettres patentes du mois d'octobre 1706. — *Eccl. S. Petri de Monte-Arbedone*, 1095 (bulle d'Urbain II; G. christ. VI, inst. c. 353); 1163 (ch. des chevaliers de Saint-Jean-de-Jérusalem). — *Eccl. S. Petri et S. Johannis de Mont. Arbed.* v. 1100, 1225, 1242 (Arn. de Verd. ap. d'Aigrefeuille, II, 425, 440, 442); 1186 (cart. Magal. F 56); 1226 (D 131); 1237 (E 133); 1310, 1333, 1340 (B 47, 178, 207); 1333 (stat. eccl. Magal. 7 v° et 10). — *De Monte Arbesone*, 1182 (mss d'Aubaïs; H. L. III, pr. c. 153). — *Montarbezon*, 1183 (*ibid.* 155). — *Monterbedon*, 1190 (*ibid.* 166). — *Monasterium B. M. de Monte-Albedone ordinis Grandismontis*, 1529 (arch. dép. fonds des PP. de l'Orat. de Montp.); 1536 (bulle de Paul III; transl. sed. Magal.). — *Montauberon*, 1684 (pouillé); 1688 (*ibid.*). — Cure, dans l'archiprêtré de Montpellier, 1756 (état offic. des égl. du dioc. de Montp.); 1760 (pouillé; carte de Cassini; cartes diocés.). — Le pouillé et la visite pastorale de 1684 donnent pour patrons titulaires à Montauberon *S. Pierre* et *S. Paul*; la visite pastorale de 1777 ne lui attribue que *S. Pierre*. — Le chapitre cathédral de Montpellier en était le prieur décimateur. — Montauberon était une dépendance du marquisat de Grave.

Montaud, c^{on} de Castries. — *Monteannum*, 1035 (chât. de Foix; H. L. II, pr. c. 195). — *Castr. de Monte Alto*, 1138 (arch. de la cath. de Toulouse; Catel, Comt. 195); 1155 (tr. des ch. H. L. *ibid.* 553). — *Castrum de Monte-Adino*, 1156 (mss d'Aubaïs; *ibid.* 558). — C'est par erreur que les Bénédictins ont appliqué (*loc. cit.*) ce texte à Montadin ou Montady, dans le canton de Capestang. — *Montaut*, 1231 (cart. Magal. D 253); 1684 (pouillé); 1688 (*ibid.* carte de Cassini; cartes dioc.). — *Monteaud*, 1688 (lett. du gr. sc.). — *Montaut*, 1756 (état offic. des égl. du dioc. de Montp.). — *Montaud*, 1760 (pouillé; tabl. des anc. dioc.).

Avant 1790, Montaud, réuni à Montlaur, formait une paroisse qui appartenait à l'ancien diocèse de Montpellier : voy. Montlaur. — *Eccl. S. Mariæ de Monte-Alto*, 1538 (bulle de Paul III; G. christ. VI, inst. c. 206). — Montlaur et Montaud, prieuré-cure compris dans l'archiprêtré de Restinclières, 1756 (état des égl. de Montpellier); 1760 (pouillé). — *La Sainte Vierge et sainte Marguerite* en étaient les patronnes, 1780 (vis. past.).

Cette localité, dépendante du marquisat de Montlaur avant 1790, fut d'abord placée dans le canton de Restinclières, supprimé par suite de l'arrêté des consuls du 3 brumaire an x; elle passa alors dans le canton de Castries.

Montaud, f. c^{ne} de la Livinière.

Montaudarié, h. c^{ne} de Fraisse. — *Alodium de Monte-Auruz*, 1100 (Spicil. X, 163). — *Montaïra*, 1160 (cart. Gelt. 201). — *Montaudarie*, 1777 (terr. de Fraisse).

Montaulou (Mas de), f. c^{ne} de Castelnau-de-Guers, 1809.

Montaury, f. c^{ne} de Lignan.

Montbazin, c^{on} de Mèze. — *Forum Domitii*, d'après J.-P. Thomas (Mém. hist. sur Montp. et le départ. de l'Hérault, 51; Ann. du départ. de 1820) : voy. Forum Domitii. — *Castrum, barroneria de Montebasenco*, 1102 (cart. Gell. 119); 1138 (arch. de Valmag. H. L. II, pr. c. 484). — *Castr. de Monbasen*, 1114 (mss d'Aubaïs; H. L. II, pr. c. 391). — *De Montabeseno*, 1121 (*ibid.* 415). — *Monsbasenus*, 1156 (*ibid.* 558); 1181 (cart. Magal. A 45 v°). — *Montbazen*, dans la baronnie de Montpellier, 1625 (pouillé); 1760 (*ibid.*). — *Montbazenc*, 1649 (*ibid.*). — *Monbazen*, 1684 (*ibid.*). — *Montbasin*, xviiie s^e (tabl. des anc. dioc.). — *Montbazin*, 1688 (lett. du gr. sc.); 1756 (état offic. des églises de Montpellier; carte de Cassini; cartes diocés.); 1774 (terr. de Montbazin).

Église de Montbazin. — *Ecclesia S. Petri de Montebaseno*, 1181 (cart. Magal. A 45 v°). — *Altare S. Mariæ de M.* (*ibid.*). — *Prioratus de M.* 1282 (Arn. de Verd. ap. d'Aigrefeuille, II, 447). — *Rector eccl. de Montebazenco*, 1304 (arch. dép. fonds de la Visitation, parchemin, arm. E, liasse V, n° 1). — *Prioratus eccl. de Montebasenco*, 1340 (cart. Magal. B 43). — *Eccl. S. Petri de M.* 1536 (bulle de Paul III, transl. sed. Magal.). — Le prieuré-cure de Montbazin, dans l'archiprêtré de Cournonterral, avait pour patron *S. Jean-Baptiste*. — L'abbaye de Gigean était cotitulaire du priorat, 1756 (état offic. des églises de Montpellier); 1760 (pouillé); 1777 (vis. past.).

Montbazin compris, en 1790, dans le canton de Poussan, dont la suppression fut la suite de l'arrêté des consuls du 3 brumaire an x, passa alors au canton de Mèze.

MONTBLANC, c⁻ᵃ de Servian. — *Mons Albus*, 1197 (Livre noir, 183); 1202 (cart. Agath. 63). — *Mons blancus*, 1197, 1210, 1216 (Livre noir, 109, 183 v°; reg. cur. Franc. H. L. III, pr. c. 222). — *Montblanc*, 1625 (pouillé); 1649 (*ibid.*); 1688 (lett. du gr. sc.); 1760 (pouillé; carte de Cassini; cartes dioc. tabl. des anc. dioc.); an II (terr. de Montblanc).

Église de Montblanc. — *Rector et operarius de Monte Albo*, 1323 (rôle des dîmes des égl. de Béz.). — La cure de Montblanc, dans l'ancien diocèse de Béziers, archiprêtré de Cazouls, avait pour patronne S. Eulalie, 1760 (pouillé); 1780 (état officiel des égl. de Béz.). — Ce prieuré-cure dépendait du chapitre cathédral de Saint-Nazaire de Béziers.

Montblanc était une justice royale et bannerette non ressortissante avant 1790; il a, depuis cette époque, fait constamment partie du canton de Servian.

MONTBLANC, h. c⁻ⁿ de la Salvetat.

MONTBRUN, anc. chât. chef-lieu du comté et de la vicomté de Lodève, à cinq cents pas de cette ville, donné en 1225 à l'évêque de Lodève par le roi Louis VIII, en reconnaissance des secours qu'il avait reçus de lui dans la guerre contre les Albigeois. — Rebâti en 1607, il n'en reste que des ruines. — *Castrum de Montebruno*, 1153 (cart. Gell. 193 v°); 1162 (tr. des ch. H. L. II, pr. c. 588). — *Comitatus Montis-Bruni*, 1225 (Plant. scr. præs. Lod. 136); 1270 (arch. d'Agde; G. christ. VI, inst. c. 338); 1323 (rôle des dîmes des égl. de Béz.); 1325 (stat. eccl. Bitt.). — *Lodovensis episcopus et M. B. comes*, 1432 (arch. de Lod. reg. de reconnaiss. 44). — *Arx M. B.* 1607 (Plant. *ibid.* 397).

Le nom de *Montbrun* est aussi resté à la montagne qui domine Lodève au midi. — Voy. LODÈVE.

MONTBRUN (GRANGE DE), f. c⁻ⁿᵉ de Florensac, 1809.

MONTCAL, f. c⁻ⁿᵉ de Magalas, 1809.

MONTCALMÈS, MONTCALM, MONTCAUMES, h. c⁻ᵘᵉ de Puéchabon. — Ancien château dans la chaîne du Montcamel, près de l'Hérault. Ce fut sous ce château que saint Benoît fonda l'abbaye d'Aniane. — *Castrum montis Calmensis*, 787 (arch. d'Aniane; G. christ. VI, inst. c. 341). — *Castrum quod dicitur de monte Calm. in pago Magdalonensi situm juxta fluvium Eraur cum ecclesia S. Hylarii*, 822 (cart. Anian. 19); 837 (act. SS. Bened. sect. 4, part. I, 223); 822, 853, 859 (arch. d'Aniane; H. L. I, pr. cc. 59, 100; II,

41). — *Moncalmes*, xvIIIᵉ s⁻ᵉ (carte de Cassini; cartes diocésaines).

Au-dessous du hameau, entre Saint-Guillem et Saint-Jean-de-Fos, le torrent de même nom se jette dans l'Hérault: *ubi ingreditur torrens Calmesus in flumine Arauro*, 996 (cart. Gell. 11).

MONTCAMEL, chaîne de collines longeant la rivière d'Hérault, au midi de Saint-Guillem-du-Désert, jusqu'à Aumelas et Saint-Paul-de-Montcamel. — Les Bénédictins parlent du *Mons Cameli*, le mont du Chameau, à la date de 672, et le citent comme un lieu fort (H. L. I, 351); toutefois ils ne donnent pour preuve que la charte de 822 indiquée dans notre article précédent (H. L. I, pr. c. 59). — *Mons Calmensis*, 787 (arch. d'Aniane; G. christ. VI, inst. c. 341); 820, 822, 1211 (cart. Anian. 14, 19, 52); 837 (act. SS. Bened. sect. 4, part. I, 223). — *Mons Camelus*, 1036 (chât. de Foix; H. L. II, pr. c. 199). — *Mont Carmels*, 1114 (mss d'Aubaïs, *ibid.* 391). — *Montes Cameli*, 1187 (*ibid.* III. c. 161). — *Mons Camels*, 1206 (cart. Anian. 66). — Cassini écrit *Montcamel*, de même que le pouillé de 1760 : *Prieuré d'Aumelas et de Montcamel*.

MONTCAMP, f. c⁻ⁿᵉ de Pardailhan.

MONTCARMEL, f. c⁻ⁿᵉ d'Aumelas, entre cette commune et celle de Saint-Paul-de-Montcarmel. — *Montcarmels*, 1114 (mss d'Aubaïs; H. L. II, pr. c. 391). — *Moncarmel* (carte de Cassini; cartes diocésaines).

MONTCAUMES, h. — Voy. MONTCALMÈS.

MONT-COMBEL, f. — Voy. PIOCHOBEL.

MONTEL, f. c⁻ⁿᵉ de Castelnau-lez-Lez.

MONTEL, f. c⁻ⁿᵉ de Montpellier, sect. D.

MONTELS, c⁻ⁿ de Capestang. — *Castrum de Montellis*. 1152 (Livre noir, 249); 1272 (dom. de Montp. H. L. IV, pr. c. 51). — *Montell*. 1170 (*ibid.* 124). — *Castrum de Montilio*, 1157 (G. christ. VI, inst. c. 43). — *De Montillo*, 1187 (cart. Agath. 294). — *De Montilliis*, 1164 (Livre noir, 109); 1222 (Hôtel de ville de Narb. H. L. III, pr. c. 274). — *Rector de Pesano (Capestang) et Montilliis*, 1323 (rôle des dîm. de l'égl. de Béz.). — *Prior de Monte Sell.* 1323 (*ibid.*). — *Monteilles*, 1518 (pouillé). — *Montelz*. 1649 (*ibid.*). — *Rectorie de Mouteils*, 1760 (*ibid.*). — *Montels*, 1062 (chât. de Foix; H. L. II, pr. c. 244); 1170 (cart. Anian. 109 v°); 1625 (pouillé); 1688 (lett. du gr. sc.); 1722 (terr. de Montels); xvIIIᵉ s⁻ᵉ (carte de Cassini; tabl. des anc. dioc.).

Montels, avant 1790, appartenait au diocèse de Narbonne et répondait pour la justice au sénéchal de Béziers.

MONTELS, f. c⁻ⁿ de Gabian. — *Montilios villa*, 804 (cart. Gell. 3; Mabill. Ann. II, 718; G. christ. VI, inst. c. 265). — *Villare q. vocatur Montilius*, 984 (cart. Gell. 13).

Montels, f. c^ne de Lunel. — L'une des douze villettes de la baronnie de Lunel et paroisse de l'ancien diocèse de Montpellier. — *Parroch. de Montiliis*, 1440 (lett. pat. de la sénéch. de Nîmes, VIII, 257 v°). — *S. Salvator de Montilis*, 1146 (Arn. de Verd. ap. d'Aigrefeuille, II, 431). — *Eleemosynaria de M.* 1536 (bulle de Paul III, transl. sed. Magal.). — *Saint-Sauveur-de-Montels*, 1684 (vis. past.); 1688 (vis. past.; lett. du gr. sceau). — Cette paroisse se trouvait dans l'archiprêtré de Baillargues, 1756 (état offic. des églises du dioc. de Montp.); 1760 (pouillé). — *Saint-Sauveur-de-Montels* avait pour prieur décimateur l'aumônier du chapitre cathédral de Montpellier. Le roi était seigneur de Montels, 1777 (vis. past.). — La carte de Cassini et la carte diocésaine écrivent *Montels près Lunel*.

Montels, f. c^ne de Montpellier. — Ancienne chapelle abandonnée. — *Villa, eccl. de Montelio*, IX° siècle (Arn. de Verd. ap. d'Aigrefeuille, II, 417-418); v. 1100 (*ibid.* 425). — *Eccl. S. Michaelis de Monteilio*, 1095 (bulle d'Urbain II, G. christ. VI, inst. c. 353). — *Decimaria S. Michael de Montillhis*, 1348 (cart. Magal. E 25). — *Montelz*, 1157 (ch. des chevaliers de St-Jean-de-Jérusalem). — *Paroisse S. Michel de M.* 1684 (vis. past.). — *S. Michael de Montellis*, 1181 (cart. Magal. A 46); 1452 (consuls de mer de Montp. B 43). — *S. Michel de Montels*, 1609 (*id.* B 39). — *Montels-lez-Montpellier* (archiprêtré de Montp.), 1756 (état offic. des égl. du dioc. de Montp.); 1760 (pouillé). — Sous le rapport ecclésiastique, c'était un prieuré dépendant du chapitre cathédral de Montpellier; au temporel, c'était une annexe de la baronnie de *Saint-Hilaire*, 1777 (vis. past.). — On lit *Montels* sur les cartes de Cassini et du dioc. de Montpellier. — Dans le recensement de 1809, ce lieu est appelé *Métairie-Coulet*.

Montels, f. — Voy. Dumas, Gourd, Peilhan.

Montels, h. c^ne de Saint-Jean-de-Buéges. — *Mansus de Montezellis in parrochia S. Johannis de Buia*, 1122 (cart. Gell. 130 v°). — *Territorium de Montilhs in decimaria de Bejanicis*, 1218 (cart. Magal. E 162). — *Locus vocatus Montilhets in parrochia de Bejanicis, sive de Teralheto*, 1279 (*ibid.* 302). — *Seigneurie de Montels*, 1455 (dom. de Montp. H. L. V, pr. c. 16).

Montels (Mas de), f. c^ne de Gignac. — *Villa de Montels*, v. 996 (cart. Gell. 22 v°). — *Mansus de Montells*, v. 1031 (*ibid.* 22).

Montesquieu, c^ne de Roujan. — *Montechivum*, 1162 (Livre noir, 179). — *Villa de Monteschivo*, 1209 (Nécrol. du prieuré de Cassan); 1236 (cart. Agath. 250); 1362 (G. christ. VI, inst. c. 91); 1402 (H. L. III, pr. c. 110). — *Villa de Monte Esquivo*, 1201, 1577 (Livre noir, 94 et 203 v°). — *Montesquiés*, 1679 (arch. de Roujan, quitt. du 8° denier ecclés.). — *Montesquieu*, seigneurie, 1529 (dom. de Montp. H. L. V, pr. c. 84); 1644 (arch. de Roujan; reconnaissance faite à la *charité comm^e*); 1667 (arch. de Fos, Livre terrier); 1625 (pouillé); 1649 (*ibid.*); 1688 (lett. du gr. sc. carte de Cassini; carte diocés. tabl. des anc. dioc.). — Montesquieu était, avant 1790, une paroisse de l'ancien diocèse de Béziers, sous le vocable de *Notre-Dame*. — L'église est détruite depuis longtemps, et le culte se célèbre dans le hameau de Paders : *S. Michael de Padernis :* voy. ce mot.

Cette commune fit d'abord partie du canton de Bédarieux; ce ne fut qu'en l'an x qu'elle passa dans celui de Roujan.

Montesquieu, f. c^ne de Ferrals.

Montferrand, château ruiné des évêques de Maguelone, sur la montagne de même nom, dominant Saint-Matthieu-de-Tréviers. Altitude : 469 mètres. — *Monsferrandus*, 1132 (mss d'Aubaïs; H. L. II, pr. c. 467). — *Monferran* (*id. ibid.* 470). — Le comté de Melgueil et de *Montferrand, comitatus Melgorii sive Montisferrandi*, inféodé à l'évêque de Maguelone par le pape Innocent III, en 1215 (G. christ. VI, inst. c. 367). — *Castrum M.* (*id. ibid.*). — Confirmation de cet acte, 1294, 1299 (Gariel, ser. præs. Magal. I, 424, 429; II, 151). — *Comitatus Melgorii et M.* 1243, 1318 (cart. Magal. E 249 et 316). — *Castellanus M.* 1245 (*ibid.* 241). — *Comes M.* 1344, 1348 (lett. royaux pour l'évêché de Maguelone, 57 et 58 v°). — *Montferant*, 1587 (charte de l'évêché de Montpellier). — On lit sur la carte de Cassini et sur la carte diocésaine de Montpellier : *Château de Montferrand*. — Voy. Marquerose.

Vallée. — *Vallis Montisferrandi*, 1325 (cart. Magal. E 303). — *Vallée de Montferrand*, 1554 (Livre terrier des Matelles; arch. comm. CC. 1 et 2).

Montferrier, c^ne (2°) de Montpellier. — *Monsferrarius, castrum, castellum Montisferrarii*, 1114 (mss d'Aubaïs; H. L. II, pr. c. 391); 1125, 1146, 1162, 1164 (*ibid.* 437, 512, 585, 600); 1145 (charte des chev. de St-Jean-de-Jérus.); 1160 (cart. Agath. 37); 1240 (Arn. de Verd. ap. d'Aigrefeuille, II, 441); 1243, 1245 (cart. Magal. E 217 et 241). — *Mansus vocatus Cremat de Podioferrario*, 1332 (*ibid.* E 311). — Seigneurie, 1455 (dom. de Montp. H. L. V, pr. c. 16). — *Montferrier*, dans la baronnie de

Montpellier, 1625 (pouillé); 1649 (*ibid.*); 1684 (*ibid.*); 1688 (pouillé et lett. du gr. sceau); 1760 (pouillé; carte de Cassini; cartes diocés. tabl. des anc. dioc.).

Montferrier était un prieuré-cure de l'archiprêtré de Montpellier, 1756 (état offic. des égl. de Montpellier); 1760 (pouillé). — Ce prieuré, par collation de l'évêque de Montpellier, était sous le vocable de *Saint-Étienne*.

La seigneurie (marquisat) de Montferrier fut, en 1790, une commune du canton indivis de Montpellier; il fut placé dans la 2ᵉ section de ce canton en l'an x.

La colline volcanique et basaltique sur laquelle le village est bâti s'élève d'environ 41 mètres au-dessus du niveau de la mer; mais la butte du vieux Montferrier a une altitude de 87 mètres. — La vallée de même nom, creusée par la rivière du Lez, se dirige du nord au midi.

MONTGAILLARD, j¹ⁿ, cⁿᵉ de Pézenas, 1840.

MONTGUILHEN, f. cⁿᵉ de Montoulieu.

MONTLAUR, h. cⁿᵉ de Montaud. — *Castrum de Montelauro*, 1119 (cart. Gell.); 1130, 1146, 1164 (mss d'Aubais; H. L. II, pr. cc. 411, 457, 512, 600); 1183 (Livre noir, 138); 1181 (cart. Magal. A 46); 1190 (cart. de Foix, 232); 1194, 1243, 1332 (*ibid.* E 315, 316, 317); 1233, 1235 (Arn. de Verd. ap. d'Aigrefeuille, II, 440, 441). — *M. aliter de Bretis*, 1349 (cart. Magal. E 319). — *Montlaur*, 1103, 1114 (mss d'Aubais; H. L. II, 363 et 390), dans la viguerie de Sommières, 1625 (pouillé); 1649 (*ibid.*); 1684 (*ibid.*); 1688 (*ibid.*). — *Château de Montlaur* (carte de Cassini; carte diocésaine de Montpellier). — La baronnie de *Montlaur* porta jadis le titre de marquisat, 1684, 1688, 1780 (vis. past.).

Montlaur, réuni à Montaud, formait une paroisse de l'ancien diocèse de Montpellier, sous le vocable de la *Sainte-Vierge* et de *Sainte-Marguerite*, 1780 (vis. past. tabl. des anc. dioc.).

MONTLOBRE ou LE MAZET, f. cⁿᵉ de Vailhauquès.

MONTLOUX ou MONTLOUS, h. cⁿᵉ de Saint-Martin-de-Londres. — *Monblos*, 1170, 1181 (cart. Anian. 46 v° et 110 v°). — *Castrum de Montebloso*, 1182 (*ibid.* 53 v°). — La carte de Cassini et la carte du diocèse de Montpellier portent *Monthoux*.

MONTMAIRES, mont. dans le cⁿᵉ de Saint-Gervais. — *A collo de Montmaires usque ad Maurianum* (Notre-Dame-de-Maurian), 1164 (chât. de Foix; H. L. II, pr. c. 601).

MONTMAJOU, f. source d'eaux minérales, cⁿᵉ de Cazouls-lez-Béziers.

MONTMAN ou MONTMAU, f. cⁿᵉ de Saint-Pons-de-Mauchiens.

MONTMARIN, f. cⁿᵉ de Montblanc.

MONTMAUR, montagne, cⁿᵉ de Montpellier nord-est. — Altitude du col, 85 mètres; du sommet du plateau, 87 mètres.

MONTOULIENS, cⁿᵉ de Saint-Chinian. — *Castrum de Monte olario*, 1182 (G. christ. VI, inst. c. 88). — *De Montollite*, 1518 (pouillé). — *Montoliers aliter S. Baudelius de Visan*, 1612 (G. christ. *ibid.* 98). — *Monthouliés*, 1625 (pouillé). — *Montholiés*, 1649 (*ibid.*). — *Montouliés*, xviiiᵉ siècle (carte de Cassini). — *Montouliers* (tabl. des anc. dioc.).

Son église: *Eccl. S. Baudelii de Monte-Olerio*, 940 (arch. de St-Pons-de-Tom. Mabill. Ann. III, 711). — *Eccl. S. Baudilii de Monte olario*, 1182 (G. christ. loc. cit.). — *Eccl. S. Baudelii de Lodoza*, 1101 (*ibid.* 82).

Montouliers, paroisse de l'ancien diocèse de Saint-Pons avant 1790, répondait pour la justice au sénéchal de Béziers. — En 1790 elle fut placée dans le canton de Cruzy, on supprima l'arrêté des consuls du 3 brumaire an x; alors elle forma une commune du canton de Saint-Chinian.

MONTOULIEU, cⁿᵉ de Ganges. — *Castrum de Monte-Olivo*, 1152 (cart. de Foix, 114 v°); 1156 (cart. Gell. 201 v°; Spicil. III, 194); 1205 (cart. Magal. E 143). — *Parrochia de M.* 1292 (*ibid.* D 101). — *Prior de M.* 1323 (rôle des dim. des égl. du dioc. de Béziers). — *Montolieu*, 1455 (Libr. de memor.). — Seigneurie, 1455 (dom. de Montp. H. L. V, pr. c. 15). — *Montolieu* et *Montaulieu*, 1527 (pouillé); 1673 (réformation des bois, 20); 1688 (lett. du gr. sceau); 1760 (pouillé; carte de Cassini; carte diocésaine; tabl. des anc. dioc.). — *Montoulieu*, 1625 (pouillé); 1649 (*ibid.*). — *Monthoulieu*, 1661 (terr. de Rouet).

Montoulieu appartenait primitivement au diocèse de Nîmes; il passa dans le diocèse d'Alais à la création de ce dernier diocèse en 1694. Compris dans le bailliage et viguerie de Sauve, il répondait toutefois, pour la justice, au sénéchal de Montpellier. Depuis 1790, il a toujours fait partie du canton de Ganges.

MONTOUZE (LA), f. cⁿᵉ de la Salvetat. — *Villa de Montusancicis*, 1312 (cart. Magal. D 71).

MONTPELLIER, chef-lieu du départ. — Seigneurie que Guillem reçoit en inféodation de Ricuin, évêque de Maguelone, moins le bourg appelé *Montpellieret*: voy. ce mot. — *Monspestellarius*, 975 (Verdal. ap. Lab. I, 794). — *In comitatu Substancionensi in parrochia S. Dionisii villa q. dicitur Monspistilla*, v. 1060 (cart. Gell. 49). Les Bénédictins ont écrit

Monspistillarius (H. L. II, 615). — *Monspislerius*, 1068 (arch. de Barcelone; Marca Hisp. 1134). — *Monspistellarius*, 1076 (mss d'Aubaïs; H. L. ibid. 291); 1103 (Mémor. des nobles, 27). — *Monspeller, Montpeslier*, 1090 (mss d'Aubaïs, ibid. 139, 327). — *Villa Montispessulani*, 1114, 1118, 1132 (H. L. II, pr. coll. 390, 404, 463). — *Monspessulus*, 1119, 1162 (ibid. cc. 411, 583). — *Montpesler*, 1068 (Marca Hisp. 1134); 1122, 1130 (H. L. ibid. 422, 458). — *Monspessulanus*, 1068 (Marca Hisp. 1137); 1160 (cart. Anian. 57 v°); 1138, 1158, 1167 (Livre noir, 39 v°, 108, 219 et passim); 1174, 1175, 1177, 1180 (chartes du fonds de Saint-Jean-de-Jérusalem; cart. de Foix, 242); 1189 (Mémorial des nobles, 37). — *Portus de Montepessulano qui dicitur Lates* (Roger de Howden, ann. 1191). — *Her ghdus, mons concussionis, montagne du tremblement*, ou plutôt *Her nâl, mons pessulo clausus, vocatus Monspessulanus, Montpesllier*, XII° s° (Itiner. Benj. Tudel.), ce qui répond au latin *Monspessulus, Monspistellarius*, et à la langue vulgaire : *Montpeilat, Montpesteilat, Montpesselat* (Gariel, ser. præs. Magal. I, 29; Idée de la ville de Montp. 126; Astr. Mém. pour l'Hist. nat. de Lang. 198).

La seigneurie de Montpellier fut réunie à la couronne d'Aragon et de Majorque par le mariage de Marie, fille unique de Guillem VIII, avec Pierre, roi d'Aragon, en 1204.— *Monspessulanus*, 1204 (grande charte de Pierre d'Aragon ; petit Thalamus de Montpellier) ; 1195, 1214, 1224 (concil. Monspeliens. Baluz. concil. Narb. 28, 38, 58). — *Monpeslier*, 1202 (chron. cons. de Béziers, 29 v°). — *Monspeylier*, 1207 (ibid.). — *Montpeylier, Montpelier*, 1209 (petit Thalamus; Chron. albig. H. L. III, pr. c. 7 ; arch. municip. de Montp. arm. dorée, liasse M, n° 9). — *Monspelius, Monspellerius*, 1210 (G. christ. VI, inst. c. 365). — Toutefois, *Monspessulanus* prévaut depuis la grande charte de 1204 sur toutes les autres formes latines du XIII° siècle et des suivants : 1213 (cart. Agath. 298); 1230 (ms Colbert; H. L. III, pr. c. 350); 1310 (arch. de Montp. grand chartrier, passim).

Bérenger de Frédol, évêque de Maguelone, cède à Philippe le Bel la partie de la ville appelée *Montpellieret* et tous ses droits sur l'autre partie de la seigneurie. *Permutatio partis episcopalis que vulgariter dicitur Monspessulanetus et feudi Montispessulani seu superioritatis ejusdem*, 1292-93 (lett. royaux pour l'évêché de Maguel. 4 et 8; cart. Magal. B 161; D 136; Arch. imp. sect. hist. cart. J 339, n° 12; 340, n° 36; tr. des ch. regist. XLV, n° 919; arch. de Montp. grand chartrier, arm. C, cassette XVIII, n° 1; cass. III, n° 1; cass. VII, n° 2). — *La vila de Monpeylier, Montpeylier*, 1336, 1340 (reg. des consuls de mer, B 174 et 193 v°).

Jayme III, roi de Majorque, branche cadette d'Aragon, aliène à Philippe de Valois la seigneurie de Montpellier avec la châtellenie de Lattes, 1349. — *Castrum seu palatium, villa et bajulia Montispessulani*, 1349 (Arch. imp. sect. hist. cart. J 340, n° 39; arch. de Montp. grand Thalamus, 142, 153, 161; arm. dorée, liasse B, n° 1); 1484 (Privileg. Univers. medic. Monsp. 36, 49 v°); XIV°-XVI° siècle (Liber Rectorum, passim); 1531 (arch. de l'Hérault, fonds des Dominicains, cart. 8). — *Monpeler*, 1341 (Lib. de memor.). — *Monpeylier*, 1364 (ibid.). — *Montpeylier* 1377 (inv. de la comm. clôtur. de Montpellier, 3 et 26). — *Montpellier*, 1495 (arch. de Montp. arm. H, cass. II, n° 7). — *Civitas Monspeliensis*, 1536 (bulle de Paul III, transl. sed. Magal.). — *Montpeillier*, 1587 (ch. de l'évêché de Montp.). — Enfin, le XVII° et le XVIII° siècle écrivent quelquefois *Monpelier, Montpelier*, comme Gariel, mais plus souvent *Montpellier*, orthographe définitivement adoptée en français : 1625 (pouillé); 1649 (ibid.); 1760 (pouillé; carte de Cassini; carte diocés. etc.).

D'après ce qui précède, on voit à Montpellier trois juridictions ou ressorts géographiques distincts, dont il importe de fixer la délimitation particulière. Les bases de cette délimitation se trouvent déjà dans l'accord fait entre le roi d'Aragon et de Majorque et l'évêque de Maguelone le 5 janvier 1272-3 (cart. Magal. E 118 v°, cf. Germain, Hist. de la comm. de Montp. I, 137; II, 315 et 381). Elle fut ensuite faite en commun par les commissaires du roi de France et du roi de Navarre, les 16 mai-16 juillet 1374 (arch. de Montp. reg. VII de la continuat. des titres, arm. S du dom. de Lang.). Nous l'avons revisée sur les pouillés de 1625 et de 1649.

1° *La Rectorie* (Montpellieret), *pars antiqua*, aliénée par l'évêque au roi de France. *Rector partis antique, curia partis antique*, 1272-3 (cart. Magal. E 118 v°); 1374 (arch. de Montp. reg. VII de la continuat. des titres de la ville, arm. S du dom. de Languedoc); 1484-1496 (Privileg. Univers. medic. Monspel. 36 et 49 v°). — Son ressort extérieur s'étendait de la porte de Lattes de la ville (place de la Comédie) à Sauret sur le Lez et le long du ruisseau du Merdanson, en passant derrière le couvent des Frères Mineurs, près du ruisseau des Aiguerelles, à la fontaine de Lattes et au pont Juvénal, continuant par le chemin de Saint-Marcel et la Croix de Pomessargues, les fourches de Soriech, les garennes de Grammont et l'ancienne métairie des sœurs de Saint-Gilles, d'où elle allait rejoindre, à Sauret et au pont des Augustins ou du Saint-Esprit sur le Merdanson, le district de la Baylie. — Ses annexes étaient : Agonès, Assas, Balaruc, Brissac et son mandement, Cazevieille, Combaillaux, Cournonterral, Fabrègues, Ganges et Cazilhac, Gigean, Grabels, Guzargues, Lavérune, les Matelles, Mujolan, Murles, Murviel, Poussan, Saint-Bauzille-de-Putois, Saint-Clément, Saint-Gély-du-Fesc, Saint-Jean-de-Cucuillés, Saint-Vincent, Soubeyrac, le Terral, Teyran, le Triadou, Tréviers, Vailhauquès, le Val-Montferrand, Vic-et-Maureilhan, Villeneuve, Viols-en-Laval.

2° *La Baylie, Bajulia Montispessulani*, 1272-3 (cart. Magal. F. 118 v°); 1374 (arch. de Montp. reg. VII déjà cité); 1484 (Privileg. Univ. med. Monspel. *ibid.*), vendue à Philippe de Valois par Jayme III, roi de Majorque, moins considérable que la rectorie, joignait celle-ci au pont du Merdanson, à l'entrée du chemin de Nîmes, descendait le cours de ce ruisseau jusqu'à Sauret, remontait celui du Lez et se dirigeait vers Montferrier : elle était bornée par les territoires des Matelles, de Celleneuve, du Terral, de Mireval, de Villeneuve et de Lattes ; mais elle possédait la plus grande partie de Montpellier.

3° *La Baronnie*, non comprise dans la vente faite par Jayme III à Philippe de Valois, fut introduite postérieurement dans l'acte de 1349 cité plus haut. *Comes de Montepessulano*, 1153, 1213 (cart. Agath. 39 et 298). — *Tertia pars est que vocatur baronia Montispessuli*, 1374 (arch. municip. de Montpellier, reg. VII de la 1ʳᵉ contin. des titres déjà mentionné). — Cette juridiction comprenait, dans la sénéchaussée de Beaucaire : Baillargues et Colombiers, Baillarguet, Boirargues, Castelnau, Castries, Clapiers, Cournonsec, le Crès et Salaizon, Frontignan, Grémian, Jacou, Juvignac, Lattes, Mireval, Montarnaud, Montbazin, Montferrier, Pignan, Rou, Saint-Georges, Saint-Gervais, Saint-Jean-de-Védas, Saint-Martin, Saint-Paul-de-Montcamel et Valmale, Saussan, Sussargues, Vundargues et Meyrargues, le Vignogoul, Villemale; dans la sénéchaussée de Carcassonne : Adissan, Aumelas, Cabrerolles, Paulhan, Plaissan, Popian, le Pouget, Pouzols, Saint-Amans, Saint-Bauzille-de-la-Silve, Tressan, Vendémian. — Cessenon, Servian et Thézan ne firent partie de la baronnie de Montpellier que durant la seigneurie de Charles le Mauvais, 1379 (Ordonnances des rois de France, VI, 414); ces trois localités rentrèrent aussitôt après dans la viguerie de Béziers.

En 1367, l'enceinte et les faubourgs de Montpellier comprenaient 4,520 feux, *foci* (arch. municip. de Montp. arm. D cass. XIV, n° 1). — D'après les archives du Domaine, en 1370, la ville, la rectorie et la baronnie comptent, en la sénéchaussée de Beaucaire, 4,421 feux (H. L. IV, pr. c. 304). — En 1373, le nombre des feux est réduit à 2,300 (arch. de Montp. *ibid.* cass. XIV, n° 2, et grand Thalamus, 88); en 1379, à 1,000 feux (*ibid.* n° 11 et grand Thalamus, 105). En 1387 et 1388, la rectorie avait 218 feux ; la ville et la baronnie, 976 et demi (H. L. *ibid.* c. 305). Le nombre des feux tombe à 800 en 1390 (arch. de Montp. *ibid.* n° 13) et à 334 en 1412 (*ibid.* arm. A, cass. XIV, n° 26). Ce chiffre si variable donne à entendre par *feu* une certaine portion de pays diversement ou arbitrairement étendue, suivant l'époque, pour l'assiette de l'impôt. Ainsi : *Rectoria Montispessulani. In Montepessulano*, 10,000 *foci*, 1387 et 1388 (H. L. *ibid.* 306). — *In villa Montispes. solebant esse ultra decem millia focorum*, 1395 (gr. Thalamus, 167). Enfin, dans les Lettres de Charles VIII, on lit : *Montpellier, grandement peuplée comme de 35 à 40,000 feux*. 1495 (arch. de Montp. arm. H, cass. II, n° 7).

Viguerie : *Vicaria Montispessulani*, 1103 (H. L. II, pr. c. 361). — *Vicarius*, viguier de la cour du Bayle, 1204 (grande charte de Pierre d'Aragon déjà citée). La vicairie ou viguerie de Montpellier fut supprimée par l'édit de Henri II, du mois d'octobre 1552, portant création d'un siége présidial à Montpellier qui réunit les anciens ressorts et appellations du gouvernement de cette ville, et, par un autre édit de juillet 1553, la nouvelle charge de viguier de robe courte, que ce roi avait créée en septembre 1551, fut unie à celle de premier consul jusqu'en 1693. Alors la justice du viguier fut définitivement incorporée au siége présidial. — La sénéchaussée de Montpellier ne peut remonter qu'à cette époque et à la création du présidial ; auparavant, la viguerie de Montpellier faisait partie de la sénéchaussée de Nîmes et Beaucaire (Basville, Mémoir. 130).

La juridiction de la sénéchaussée et gouvernement (présidial) de Montpellier, d'après les notes que nous avons extraites du pouillé de 1649, comprenait les localités suivantes : les villes et lieux du diocèse de Montpellier, sauf Aniane, la Boissière et Puéchabon, qui ressortissaient au présidial de Béziers; du bailliage de Sauve, au diocèse de Nîmes : Bauselz, Claret, Ferrières, Moles, Montelieu, Sauteyrargues, Vaquières; de la viguerie de Massillargues, au même diocèse : Massillargues, Gallargues-le-Montus; de la viguerie de Sommières, au même diocèse : Fontanès; du diocèse de Béziers : Belargua, Puechlacher; enfin, onze villages séquestrés du même diocèse qui allaient au gouvernement de Montpellier et parfois au siége de Béziers, quand bon leur semblait : Adissan, Aumelas, Paulian, Pleissan, le Pouget, Poupian, Pouzols, Saint-Amans, Saint-Bauzille-de-la-Silve, Tressan et Vendémian.

Montpellier, chef-lieu du bas Languedoc et de l'une des deux généralités de la province, embrassait dans son ressort, outre le pays des Cévennes, 12 diocèses : Agde, Alais, Béziers, Lodève, Mende, Montpellier, Narbonne, Nimes, le Puy, Saint-Pons, Uzès et Viviers; en tout, 1,582 paroisses. — Voy. l'Introduction.

L'église de Montpellier a ses origines dans l'église de Maguelone : voy. cet article. — L'évêché de Maguelone fut transféré à Montpellier en 1536. La bulle de translation, donnée par le pape Paul III, est datée du vi des calendes d'avril (27 mars). — *Ecclesia Monspellicnsis, diœcesis, episcopatus Montispessulanensis*, 1536 (arch. de l'Hérault; *Bulla transl. et secular. eccl. Magal. nunc Monspell.* G. christ. VI, inst. c. 389); 1607 (*ibid.* 411, etc.). Cette translation s'opéra par la sécularisation de l'église cathédrale de Saint-Pierre de Maguelone et par l'érection de l'église du monastère de *Saint-Benoît et Saint-Germain* de Montpellier en église cathédrale séculière, sous l'invocation de *saint Pierre*, apôtre : *Monasterium SS. Benedicti et Germani; eccl. cathedralis divi Petri Monspelii* (Bulla prædict.). — On a vu ci-dessus que les conciles du XII° et du XIII° siècle tenus à Montpellier se servaient du mot *Monspessulanus*.

Le diocèse de Montpellier était borné au nord par les diocèses d'Alais et de Nimes; au sud, par la mer Méditerranée; à l'est, par le diocèse de Nimes; à l'ouest, par ceux de Béziers et de Lodève, et au sud-ouest, enfin, par le diocèse d'Agde. Il comptait, au dernier siècle, 110 paroisses : Agonès, Aleyrac, Aniane *ville*, Argeliers, Assas, Aurous (S¹-Aunès d'), Baillargues-et-Colombiers, Baillarguet, Balaruc, Beaulieu, Boisseron, la Boissière, Brissac, Buzignargues, Campagne, Candillargues, Castelnau-le-Crès-et-Salezon, Castries, le Causse-de-la-Selle, Cazevieille, Cazilhac, Cellenneuve, Château (Mas)-de-Londres, Clapiers, Combaillaux, Cournonsec, Cournonterral ou Vignogoul, Fabrègues, Frontignan *ville*, Frouzet, Galargues, Ganges *ville*, Garrigues, Gigean, Grabels, Guzargues, Jacou, Juvignac, Lansargues, Lattes, Lauret, Lavérune, Lunel *ville*, Lunel-Viel, les Matelles, Mauguio *ville*, Mirevaux, Montarnaud, Montbazin, Montels, Montferrier, Montlaur-et-Montaud, Montpellier *ville*, Mudaison, Mujolan, Murles, Murviel, Notre-Dame-de-Londres, Pégairolles, dépendance de Saint-Jean-de-Buéges, Pérols, Pignan, Poussan, Prades, Puéchabon, Restinclières, la Roque-Ainier, Rouet, Saturargues, Saussan, Saussines, Soubeyras, Sussargues, Saint-André-de-Buéges, Saint-Banzile-de-Putois ou d'Hérault, Saint-Bauzile-de-Montmel, Saint-Brès, Saint-Christol, Saint-Clément, Sainte-Colombe, Sainte-Croix-et-Fontanès, Saint-Drézéry, Saint-Félix-de-Sinisdargues, Saint-Gély-du-Fesc, Saint-Geniès, Saint-Georges, Saint-Hilaire-de-Beauvoir, Saint-Jean-de-Buéges, Saint-Jean-de-Cuculés, Saint-Jean-de-Cornies, Saint-Jean-de-Rou, Saint-Jean-de-Védas, Saint-Just, Saint-Martin-de-Londres, Saint-Nazaire, Saint-Paul, Saint-Seriès, Saint-Vincent-de-Barbeyrargues, Teyran, Tréviers, le Triadou, Vailhauquès, Valergues, Valflaunès, Vendargues, Vérargues, Vic-et-Manreilhan, Villeneuve-lez-Maguelone *ville*, Villetelle, Viols-en-Laval, Viols-le-Fort.

Le diocèse de Montpellier comprenait 9 archiprêtrés, indépendamment des églises de la ville : Montpellier, Assas, Baillargues, Brissac, Cournonterral, Frontignan, Restinclières, Tréviers et Viols. En 1756, l'évêque François Renaud de Villeneuve divisa le diocèse en 5 départements composés chacun de deux archiprêtrés, sauf le cinquième, qui n'en avait qu'un, et de paroisses et chapelles *intra muros*. L'archiprêtré de Montpellier comptait 16 paroisses, chapelles ou prieurés : Castelnau, Cellenneuve, Grabels, Juviniac, Lattes, Lavérune, Montauberon, Montels-lez-Montpellier, Montferrier, Pérols, Saint-Georges, Saint-Hilaire-près-Montpellier, Saint-Jean-de-Védas, Saint-Marcel, Souriech et Villeneuve.

En 1801 (concordat), le diocèse de Montpellier comprenait les départements de l'Hérault et du Tarn. Au mois de mai 1823, en conséquence d'une bulle du 10 octobre 1822, le Tarn cessa de faire partie du diocèse de Montpellier, qui n'a depuis que les limites mêmes du département de l'Hérault. Ce diocèse, suffragant de Narbonne avant 1790, devint, à cette dernière époque, suffragant de l'archevêché d'Avignon.

A la formation des départements, Montpellier fut le siége du chef-lieu du département de l'Hérault et d'un district qui comprenait les cantons de Montpellier, Castries, Cette, Claret, Frontignan, Ganges, Lunel, Marsillargues, les Matelles, Mauguio, Pignan, Poussan, Restinclières, Saint-Georges-d'Orques et Saint-Martin-de-Londres. — Le canton de Montpellier se composait des communes de Montpellier,

Baillarguet, Castelnau, Lattes et Montferrier. Mais, d'après la loi du 8 pluviôse an x et un arrêté des consuls du 3 brumaire même année, les cantons de Marsillargues, Pignan, Poussan, Restinclières, Saint-Georges, furent supprimés; Aniane passa de l'arrondissement de Lodève dans celui de Montpellier; Mèze, de celui de Béziers dans l'arrondissement de Montpellier, et Montpellier fut divisé en 3 sections; en sorte qu'aujourd'hui cet arrondissement compte 14 cantons, au lieu de 15 qu'il avait dans l'origine, et 114 communes. — Les communes qui composent le canton de Montpellier sont : 1re section, Montpellier (centre de la ville); — 2e section, partie nord de Montpellier, Castelnau, Lattes, Montferrier, Palavas, Pérols; — 3e section, partie sud de Montpellier, Cournonsec, Cournonterral, Fabrègues, Grabels, Juvignac, Lavérune, Murviel, Pignan, Saint-Georges, Saint-Jean-de-Védas et Saussan.

Les armoiries de la ville de Montpellier, au moyen âge, représentaient la *sainte Vierge* assise sur un trône, tenant l'enfant Jésus sur ses genoux; un écusson sous ses pieds enserre une boule; d'un côté de la figure, A, de l'autre, Ω; d'autres fois, M; et la légende : *Virgo mater natum ora ut nos juvet omni hora* (arch. municip de Montp. *passim*).

Le sceau consulaire au XIIIe siècle avait, d'un côté, la configuration précédente, et, de l'autre côté, la cité sur un monticule, une main protectrice du haut du ciel; légende : *Sigillum duodecim consulum Montispessulani* (*ibid.*). On peut en voir la figure dans l'Histoire de la commune de Montpellier, par M. Germain (I, 300).

Les armoiries actuelles de la ville de Montpellier sont *d'azur, au trône antique d'or, une Notre-Dame de carnation, assise sur le trône, habillée de gueules, ayant un manteau du champ de l'écu, tenant l'enfant Jésus aussi de carnation, en chef à dextre un A et à senestre un M gothique d'argent* (ce qui signifie *Ave Maria*); *en pointe un écusson aussi d'argent, chargé d'un tourteau de gueules*, 1697 (arch. départ. brevet signé par d'Hozier; arch. municip. de Montp. lett. pat. données à Saint-Cloud le 29 mai 1826). — Le tourteau de gueules en champ d'argent est l'écu des armes des anciens Guillems de Montpellier. — L'écu des armoiries de la ville est *accolé de deux palmes de sinople liées par leurs tiges d'un lien d'azur.* — (Cf. Gastelier de la Tour, Armorial des États de Lang. 161.)

MONTPELLIERET, ancien bourg seigneurial de Montpellier : voy. sous ce dernier nom le ressort de Montpellieret. — Il appartenait à l'évêché de Maguelone : *Monspeslairetus, Monspeslaretus, Montpeslairet,* 1090 (mss d'Aubaïs; H. L. II, pr. c. 328).

— *Monpeslieretus,* 1114 (*ibid.* 391). — *Monspeyleretus,* 1152 (G. christ. VI, inst. c. 356). — *Villa S. Dionysii de Montepessulaneto,* 1155 (tr. des ch. H. L. *ibid.* 552; G. christ. *ibid.* 358); 1183 (cart. Magal. E 143). — Aliéné par l'évêque de Maguelone au roi de France, *rectoria de Montpellier; rectoria, curia partis antique,* 1272-73 (cart. Magal. E 118 v°); 1374 (arch. de Montp. reg. VII de la continuat. des titres, arm. S du dom. de Lang.). — *Montpelayret,* 1407 (petit Thalamus, chron. roman. 441). — *Montpellieret* est le nom actuel d'une rue de Montpellier.

Astruc est porté à croire que le bourg de Montpellieret a pu être le *castellum Latara* de Pomponius Mela (voy. LATTES), et qu'il était placé sur une colline appelée dans la suite *Havre de Saint-Denys*, où la citadelle de Montpellier serait aujourd'hui bâtie (Astruc, Mém. pour l'Hist. nat. de Lang. 35, cf. l'abbé de Longuerue, Descript. de la France, p. 253).

Saint-Denis-de-Montpellieret, ancienne paroisse de Montpellier. — *Ecclesia S. Dyonisii de Montepessulaneto,* 1090 (cart. Magal. E 111); 1155 (tr. des ch. H. L. II, *ibid.* 552). — *Eccl. S. Dyon. de Montepistellereto,* 1095 (G. christ. *ibid.* 353). — *S. Dyon. de Monpeslieretо,* 1114 (mss d'Aubais; H. L. *ibid.* 391).

MONTPÉNÈDE; MONTPINÈDE, 1840, f. cue de Marseillan. — *Montpenede* (carte de Cassini). — *Monponede* (carte du dioc. d'Agde).

MONTPENERY, f. cue de Servian. — *Montpencry* (carte de Cassini).

MONTPEYROUX, con de Gignac. — *Monspetrosus castellum,* 1097, 1110, 1129, 1157, 1165 (cart. Gell. 61, 66, 86, 86 v°); 1156 (mss d'Aubais; H. L. II. pr. c. 558); 1097 (ch. fonds de St-Guill.); 1164 (Livre noir, 141); 1213 (cart. Anian. 48); 1267 (cart. Magal. A 42). — *De Montepeiros,* 1150 (mss d'Aubais; H. L. *ibid.* 529). — *Montpeyrous,* 1625 (pouillé). — *Montpeïroux* (tabl. des anc. dioc.). — *Montpeyroux,* 1500, 1586 (terr. de Montpeyroux); 1649 (pouillé); 1688 (lett. du gr. sr.); 1760 (pouillé; carte de Cassini; carte diocés.).

Son église est : *Ecclesia S. Martini de Montepetroso,* 1110 (cart. Gell. 67); 1123 (bulle de Calixte II, ch. de l'abb. de St-Guill.); 1129 (cart. Anian. 86); 1146 (cart. Gell. 86; G. christ. VI, inst. c. 280). — *Cum capellis suis scilicet S. Petri de Montep. et S. Marie de Gairigua,* 1172 (bulle d'Alexandre III, ch. de l'abbaye de St-Guill.). — *Montpeyroux* était, avant 1790, une cure du diocèse de Lodève; 1760 (pouillé). — Seigneurie de la viguerie de Gignac,

1529 (dom. de Montp. H. L. V, pr. c. 87), où on lit *Pompeiroux* par une erreur typographique.

C'est à tort que la carte de l'arrondissement de Lodève dressée par les agents voyers fait de Montpeyroux un village. Montpeyroux est le nom de la -commune et de l'enceinte de murailles appelée *Castelas*. Les villages de *l'Adisse*, du *Barry* et de *l'Amelinde* constituent la commune de Montpeyroux.

Cette commune fut d'abord le chef-lieu d'un canton comprenant 6 communes : Montpeyroux, Arboras, Lagamas, Saint-Jean-de-Fos, Saint-Martin-de-Castries et la Vacquerie; mais, par suite de l'arrêté des consuls du 3 brumaire an x, ce canton fut supprimé : Montpeyroux, Arboras, Lagamas et Saint-Jean-de-Fos passèrent dans le canton de Gignac; la Vacquerie et Saint-Martin-de-Castries, réunies en une seule commune depuis 1832, furent incorporées au canton de Lodève.

Montpeyroux, f. c^{ne} de Causses-et-Veyran.

Montpézat, f. c^{be} de Pézenas.

Montpinède, f. — Voy. Montpénède.

Montplaisir, ff. — Voy. Monplaisir.

Montplo, f. c^{ne} de Cruzy.

Montredon, éc. c^{ne} de Combaillaux. — *Appendaria de Monterotundo*, 1122 (cart. Gell. 59 v°); 1132 (chât. de Foix; H. L. II, pr. c. 463); 1190 (cart. de Foix, 238). — *Podium q. vocatur Monsrotundus situm in parrochia S. Juliani de Grabellis*, 1222 (cart. Magal. E 284); 1321 (*ibid.* A 209; E 290); 1339 (*ibid.* B 35). — *Tour de Montredon*, xviiie s^e (carte de Cassini).

Montredon, f. c^{ne} de Castelnau-de-Güers.

Montredon, f. c^{ne} de Montagnac, 1809.

Montredon, f. c^{ne} de Saint-Pons-de-Mauchiens.

Montredon, f. c^{ne} de Tourbes.

Montredon-Boudort, f. c^{ne} de Pézenas, 1809.

Montrepos, f. c^{ne} de Bessan, 1809.

Montrose, f. c^{be} de Tourbes.

Montrouby, f. c^{ne} de Pomérols.

Monts (Les), f. c^{ne} de Saint-Thibéry. — *Eccl. S. Agathæ inter montes*, 990 (arch. de St-Thibéry; G. christ. VI, inst. c. 315; carte de Cassini; carte du dioc. d'Agde).

Montvert, anc. chât. c^{ne} de Guzargues. — *Castrum de Monteviridi*, 1267 (cart. Magal. E 300). — *Tour de Montvert*, xviiie siècle (carte de Cassini).

Moran, f. c^{ne} de Marseillan. — *Villa et eccl. de Morano*, 1156 (bulle d'Adrien IV, cart. Agath. 1). — *Pertinimentum de Mosan (Moran) et de Marcellian*, 1207 (cart. Agath. 307). — *Morans*, canonicat, 1760 (pouillé). — *Moran*, xviiie siècle (carte de Cassini). — Voy. Mouran.

Morie (La), riv. — Voy. Mort.

Moriès, j^{in}, c^{ne} de Bédarieux.

Morin, anc. paroisse de Castanet. — *Castrum de Castaneto cum parochia de Morin*, 1271 (mss de Colbert; H. L. III, pr. c. 602).

Morin, éc. — Voy. Maurin.

Mortiers, h. c^{ne} de Saint-Jean-de-Cuculles.

Mort (La) ou la Morie, petite riv. qui prend sa source dans les garrigues de Côte-Rouge et de Roquemol de Villeveyrac, passe sur les territoires de Loupian et de Mèze, fait mouvoir un moulin à blé et se jette dans l'étang de Tau, après avoir parcouru 8,500 mètres.

Mosson (La), chât. et riv. — Voy. Mausson (La).

Motte (La) ou la Mothe, 1809, f. c^{ne} de Mauguio.

Motte (La), f. c^{be} de Saint-Julien.

Motte-de-Cotieux, îlot bois. — Voy. Cotieux (Motte de).

Mouche (La), f. c^{ne} et c^{on} de Murviel.

Mougeire (La), ruiss. — Voy. Négacats (Le).

Mougères, h. — Voy. Notre-Dame-de-Mougères.

Mougno, f. — Voy. Mounio.

Moulières (Las) ou las Moulières, 1809, h. c^{ne} d'Aigne. — *Villa de Moleriis*, 1362 (G. christ. VI, inst. c. 91). — *Las Moulières* (carte de Cassini).

Moulès-et-Baucels, c^{on} de Ganges. — *In vicaria Agonense villa Mellancheda* (958, cart. Gell. 31 v°). — *Mollez*, 1156 (*ibid.* 201 v°). — *Mansus de Molesiis*, 1317 (cart. Magal. B 179). — *Moulès*, viguerie de Sauve, au diocèse de Nîmes, 1625 (pouillé); xviiie siècle (Cassini). — *Moles*, 1649 (pouillé). — *Bella cella super fluvium Agotis*, 820 (cart. Anian. 14). — *De Baucio*, 1151 (bibl. du R. H. L. II, pr. c. 536). — *De Baucellis*, 1293 (cart. Magal. F. 339 et 340). — *Église de Saint-Jean-Baptiste de Baussels* au diocèse d'Alais, 1693 (G. christ. VI, inst. c. 234); 1760 (pouillé). — *Bauzels*, 1625 (*ibid.*). — *Bauselz*, 1649 (*ibid.*). — *Bausels*, 1709-1720 (Saugrain, dénombr. du royaume). — *Ginestous ou Baucels* (carte de Cassini).

Ces deux hameaux, dans le bailliage de Sauve, au diocèse de Nîmes, furent réunis vers la fin du xviie siècle (1693-4) pour ne former qu'une seule paroisse du diocèse d'Alais : *Beaussels-et-Moulez* (tabl. des anc. diocèses). — Ils répondaient pour la justice au sénéchal de Montpellier. — En 1790, ils comptèrent pour deux communes dans le canton de Ganges. Enfin, en 1836, ils furent réunis pour ne faire qu'une commune du même canton.

Moulière, f. c^{ne} du Soulié.

Moulières, h. c^{ne} de Castanet-le-Haut. — *Ad Molarias*, 970 (Livre noir, 25). — *Molieres* (carte de Cassini).

Moulières ou la Mouline, h. c^ne de Lauroux. — *Vil. de Moleriis*, 1116 (cart. Gell. 135).

Moulières, h. c^ne de Saint-Jean-de-Cucnlles. — *Eccl. S. Andreæ de Molinis*, 1536 (bulle de Paul III; translat. sed. Magal.). — *Molières*, 1587 (charte, fonds de l'évêché de Montpellier.). — *Mouliere* (carte de Cassini; carte dioc. de Montp.).

Moulières, h. et ruiss. c^ne de la Salvetat. — *Molier*, 1100 (Spicil. X, 163). — *De Moleriis*, 1362 (G. christ. VI, inst. c. 91). — *Moliere* (carte de Cassini).

Moulières (Las), h. — Voy. Mouleires (Las).

Moulin (Le), m^in sur l'Hérault, c^ne de Bessan.

Moulin (Le) ou la Plaine, m^in sur le Vidourle, c^ne de Boisseron.

Moulin (Le), m^in sur l'Hérault, c^ne de Castelnau-de-Guers.

Moulin (Le), m^in sur le Brestalou, c^ne de Claret.

Moulin (Le), m^in sur le Gournier, c^ne de Ferrières.

Moulin (Le), m^in, c^ne de Gignac. — Voy. Lèque (La).

Moulin (Le), m^in sur la riv. de Soulondres, c^ne de Lodève. — Il appartenait au chapitre cathédral de Saint-Fulcran de Lodève, 1693 (affranch. 2e reg. 89 v°).

Moulin (Le), m^in sur la Maüsson, c^ne de Montarnaud, 1809.

Moulin (Le), m^in sur le Salagou, c^ne d'Octon.

Moulin (Le), m^in sur le Buéges, c^ne de Pégairolles-de-Buéges.

Moulin (Le), m^in sur la Soulondres, c^ne des Plans.

Moulin (Le), m^in sur le ruisseau du Puech, c^ne du Puech.

Moulin (Le), m^in sur le Fonclare, c^ne de Riols.

Moulin (Le), m^in sur la Malou, c^ne de Rouet.

Moulin (Le), m^in sur le Buéges, c^ne de Saint-Jean-de-Buéges.

Moulin (Le), m^in sur l'Hérault, c^ne de Saint-Jean-de-Fos. — *Paxeria Vetula que vocatur rivi Calmensis (Camel) ubi debent esse duo molendini de Gurgite nigro* (Saint-Jean-de-Fos), 922-996 (cart. Gell. 11 v°).

Moulin-à-Vent ou les Moulines, éc. c^ne de Caux.

Moulin-à-Vent, éc. c^ne de Cazouls-lez-Béziers, 1809.

Moulin-à-Vent, éc. c^ne de Montbazin, 1809.

Moulin-à-Vent, éc. c^ne de Nissan.

Moulin-à-Vent, éc. c^ne de Pouzolles.

Moulin-à-Vent, éc. c^ne de Sérignan.

Moulin-à-Vent, éc. c^ne de Vendres.

Moulin-à-Vent, f. c^ne de Lunel-Viel.

Moulin-à-Vent ou Moulin de Ratié, f. c^ne de Puimisson, 1809.

Moulin-à-Vent ou métairie Baron, f. c^ne de Vias.

Moulin-à-Vent, grange, c^ne de Pézènes.

Moulin Bas (Le), m^in sur la Bénovie, c^ne de Galargues.

Moulin Bas (Le), m^in sur le Liron, c^ne de Puisserguier.

Moulin Bas (Le), m^in sur la Dourbie, c^ne de Villeneuvette.

Moulin Blanc (Le), m^in sur la Bérange, c^ne de Saint-Brès.

Moulin-Cabanis, f. c^ne de Montesquieu.

Moulin de l'Hérault, m^in sur l'Hérault, c^ne d'Aniane.

Moulin des Prés, m^in sur l'Hérault, c^ne de Pézenas.

Moulin des Trois-Rodes ou des Trois-Roues, m^in sur le Lez, c^ne de Castelnau. — *Las Tres Rodas*, 1697 (affranch. reg. IX, 61 v°).

Moulin du Pont, m^in sur le Vidourle, c^ne de Lunel.

Moulin du Trou, m^in. — Voy. Toun (La).

Moulin Haut (Le), m^in sur le Ribansol, c^ne de Buziguargues.

Moulin Haut (Le), m^in sur le Brian, c^ne de Minerve.

Moulin Haut (Le), m^in sur le Liron, c^ne de Puisserguier.

Moulin Haut (Le), m^in sur la Dourbie, c^ne de Villeneuvette.

Moulin Neuf (Le), m^in sur le ruisseau de Brissac (l'Avèze), c^ne de Brissac.

Moulin Neuf (Le), m^in sur le Liron, c^ne de Cebazan.

Moulin Neuf (Le), m^in sur la Boyne, c^ne de Fontès.

Moulin Neuf (Le), m^in sur le Lez, c^ne de Prades. — *Molendinus vocatus novus in riperia Lani*, 1317 (cart. Magal. D 214).

Moulin Neuf (Le), m^in. — Voy. Moulins (Les).

Moulinas (Le), f. c^ne des Aires. — *Molinas*, 1088 (prieuré de Cassan; G. christ. VI, inst. c. 131).

Moulinas (Le), f. c^ne de Castries.

Moulinas (Le), f. c^ne de Caux.

Moulinas (Le), f. c^ne de Fraisse.

Moulinas (Le), f. c^ne de Mauguio. — *Molinas*, 1146 (mss d'Aubaïs; H. L. II, pr. c. 512).

Moulinas (Le), f. c^ne de Montoulieu.

Mouline (La), f. c^ne de Cessenon.

Mouline (La), f. c^ne de Pinet.

Mouline (La), f. c^ne de Saint-Félix-de-Lodez.

Mouline (La), f. c^ne de Saint-Vincent du c^on d'Olargues.

Mouline (La), f. c^ne de Salasc.

Mouline (La), h. — Voy. Moulières.

Mouline (La), m^in sur le Libron, c^ne de Licuran-lez-Béziers.

Mouline (La), m^in sur la Maire, c^ne de Nissan.

Mouline (La), m^in à foulon, c^ne de Saint-Pons.

Mouline (La), ruiss. qui prend sa source à Margon,

passe sur le territoire de Pouzolles, parcourt un kilomètre et se perd dans la Tongue, affluent de l'Hérault.

MOULINE (MAS DE LA), f. c^{ne} de Teyran.

MOULINE-BASSE (LA), h. c^{ne} de Fraisse.

MOULINE-DE-L'ÉTAU (LA), f. c^{ne} du Pouget, 1809.

MOULINES, f. c^{ne} de Mudaison.. — *Moulines*, 1316 (invent. des arch. de Lunel, 12). — Voy. LUNEL.

MOULINES (LES), éc. — Voy. MOULIN-À-VENT.

MOULINET (LE), h. c^{ne} du Soulié.

MOULINET (LE) ou LE MOULIN, m^{in} sur le Rieutor, c^{ne} de Saint-Martin-de-Londres.

MOULINET (LE), m^{in} sur le Laru, c^{ne} du Soulié.

MOULINETTE (LA), m^{in} sur le Rounel, c^{ne} de Cessenon.

MOULINIÉ, f. c^{ne} de Lattes.

MOULIMIER, *grange de Pioch*, f. c^{ne} de Fontès.

MOULINS (LES), m^{ins} sur l'Hérault, c^{re} de Florensac.

MOULINS (LES) OU LE MOULIN NEUF, m^{in} sur la Mory, c^{ne} de Mèze.

MOULINS (SOURCE DES), ruiss. — Voy. GABIAN.

MOULINS DE BAGNOLS, m^{ins} sur l'Orb. — Voy. BAGNOLS.

MOULINS DE CARLET, m^{ins} sur l'Orb. — Voy. CARLET.

MOULINS DE RÉALS, m^{ins} sur l'Orb, c^{ne} de Murviel, arrond. de Béziers. — *Moulins de Reals situés sur la rivière d'Orp*, 1694 (affranch. reg. II, 180).

MOULINS DE SAINT-PIERRE, m^{ins} sur l'Orb. — Voy. SAINT-PIERRE-D'APOUL.

MOULINS-NEUFS, j^{in}, c^{ne} de Béziers (2e sect.).

MOULINS NEUFS OU MOULINS DE LA VILLE, m^{ins} sur l'Orb, c^{ne} de Béziers (2e sect.). — *Guadus Franciscus*, villa et moulins, 1114 (tr. des ch. H. L. II, pr. c. 389). — *Totum ipsum locale quod est in fluvio Orbi super Molendinos de Gado Francischo*, 1162 (Livre noir, 254). — *Molendini de Vado Francisco; de villa Biterris ad Guadum Francischum... usque ad ripam fluminis Orbi*, 1178 (ibid. 21 et 22). — *De Guadono*, 1216 (ibid. 109).

MOUNÉDA (CAMI DE LA), *Chemin de la Monnaie*. — Voy. CAMI DE LA MOUNÉDA.

MOUNJO; MOUGNO, 1840; MONIER, 1809; f. c^{ne} de Roujan. — *Eccl. parrochialis de villa Munioni*, 990 (arch. de St-Paul de Narb. Martène, Anecd. I, 101). — Cassini avait écrit *Monier*, comme fait le recensement de 1809.

MOUNIS, f. c^{ne} de Causses-et-Veyran. — *Mansus de Monis*, 1271 (mss de Colbert; H. L. III, pr. c. 602).

MOUNTFO, f. c^{ne} de Magalas, 1809.

MOUNADES (LES), éc. station du chemin de fer, c^{ne} de Mauguio.

MOURAN, f. c^{re} d'Agde. — Le domaine de l'église de Moran ou Mouran se trouve aujourd'hui à la fois partie sur le territoire d'Agde et partie sur celui de Marseillan. — *Villa et eccl. de Moirano*, 1156 (bulle d'Adrien IV, cart. Agath. 1). — *Pertinimentum de Mosan* (Moran) *et de Marcellian*, 1207 (cart. Agath. 307). — *Canonicat de Morans*, 1760 (pouillé). — *Moran* (carte de Cassini). — Voy. MORAN.

MOURARIÉ, h. — Voy. MAURARIÉ.

MOURCAIROL, h. c^{bes} des Aires et de Villecelle. — *Mercariolo castrum cum ipsa ecclesia S. Petri*, 990 (Marlène, Anecd. I, 179). — *Mercoirols castellum*. 1036 (chât. de Foix; H. L. II, pr. c. 199). — *Mercoirol*, 1059, 1164 (ibid. 231, 601). — *Mercairol*, 1625 (pouillé). — *Mercayrol*, 1649 (ibid.). — *Morcairol*, 1112 (arch. de l'Hérault; invent. de la sénéch. de Carcassonne, B 9, fol. 1); 1688 (lett. du gr. sc.; tabl. des anc. dioc.). — *Morcairol* était une paroisse du diocèse de Béziers. En 1790, commune du canton du Poujol, elle passe, à la suppression de ce canton en l'an x, dans celui de Saint-Gervais; enfin, en 1845, Mourcairol cesse d'être une commune : partie du territoire du hameau est réunie aux Aires, partie à Villecelle.

MOURE, ruiss. — Voy. BRASSAC.

MOURE (LA), f. c^{ne} de Mauguio. — *Al puech de la Mora*, 1491 (cart. Magal. E 5).

MOURE (LA), f. c^{ne} de Montpellier, sect. G.

MOURE (LA), f. c^{ne} de Moulès-et-Baucels.

MOUREAU, f. — Voy. TADARIÈS.

MOUREIRE (LA), h. c^{ne} de Saint-Chinian. — *La Moureire* (carte de Cassini).

MOURES (LES GRANDS-), LES PETITS-MOURES, ff. c^{ne} de Villeneuve-lez-Maguelone. — *Cap des Moures*, dans l'étang de Villeneuve. — Cassini écrit : *les Mourres et les Mourres d'Aucelas*.

MOURET, h. c^{ne} de Cassagnolles.

MOURÈZE, c^{ne} de Clermont. — *Morazios villa*, 804 (cart. Gell. 4). — *Castrum Morecinum cum eccl. S. Marie*, 990 (abb. de St-Tibér. H. L. II, pr. c. 144; G. christ. VI, inst. c. 315). — *Castrum Moirenes*, v. 996 (cart. Gell. 58). — *Castellum de Murezes*, 1059 (chât. de Foix; H. L. ibid. 231). — *De Morese*, 1138 (G. christ. ibid. 279); 1145 (H. L. ibid. 507); 1181 (cart. Magal. A 46). — *Moreze*, 1153 (cart. Gell. 193); 1197 (cart. Agath. 57). — *Castell. de Moresio*, 1157 (Livre noir, 337); 1167 (cart. Agath. 334); 1187 (G. christ. ibid. 332); 1234 (tr. des ch. H. L. III, pr. c. 367). — *Castr. municipium de M.* 1256, reconnu à l'évêque de Lodève par le commandeur de Nébian (Plant. chr. præs. Lod. 189); 1285 (ibid. 236). — *De Morezio*, 1190 (cart. Agath. 9). — *Castr. de Morede*, 1144 (chât. de Foix; H. L. II, pr. c. 506); 1154, 1158 (Livre noir, 1 et 77); 1213 (cart. Anian. 50). —

Moredene, 1155 (Livre noir, 35 v°). — *Morezen*, 1157 (*ibid.* 45). — *Morezia*, 1164 (*ibid.* 141). — *Mourezé*, 1625 (pouillé). — *Moureze*, 1649 (*ibid.*); 1760, cure du diocèse de Lodève (pouillé; carte de Cassini). — La table des anciens diocèses écrit *Mouresc.*

Mourgis (Pic), mont. c^{ne} de Ceilhes-et-Rocozels, au nord-ouest de Ceilhes, à un quart d'heure de Rocozels. Hauteur : 750 mètres.

Mourgnier, bois, c^{ne} de Montoulieu, dans l'ancienne baronnie de Sauve (Réformation des bois de 1673, fol. 10).

Mourgou (La), f. c^{ne} de Saint-Pons, 1809.

Mourgue, f. c^{ne} de Marsillargues, 1809.

Mourgue, h. c^{ne} de Lunel. — *Mourgues* (carte de Cassini; carte diocésaine).

Mourgue, mont. c^{ne} de Saint-Bauzille-de-Montmel. Hauteur : 359 mètres.

Mourgues, f. c^{ne} de Montpellier, 1809.

Mourié (Mas de) ou Mouriez, f. c^{ne} de Roqueredonde. — *Moribaze*, 1127 (cart. Gell. 61 v°). — *Mas de Mourié*, par. du dioc. de Béziers, archipr. de Boussagues, patr. B. M. ad Nives, 1780 (état offic. des égl. du dioc. de Béziers; carte de Cassini; carte diocésaine). — La hauteur du mas de Mourié est de 617 mètres; celle du rocher, près du mas, de 825.

Mourier (Mas de) ou Mourié, f. c^{ne} de Joncels.

Mourre-de-Bouc, f. c^{ne} de Bessan.

Moussans, éc. verrerie, c^{ne} des Verreries-de-Moussans. — *Moucenum*, 1138 (cart. de Valmag. G. christ. VI, inst. c. 320). — *Mosanum villa*, 1182 (cart. Anian. 53 v°). — *Mocianum*, 1190, 1200, 1203 (Livre noir, 72, 86 v°, 230). — *Modanum (Mosanum)*, 1213 (cart. Anian. 48). — *Moussan* (carte de Cassini). — Cet écart a été, le 12 mars 1864, réuni aux Verreries (ham. de la c^{ne} de Saint-Pons), pour former une nouvelle commune sous le nom de Verreries-de-Moussans (voy. ce mot).

Mousse, f. c^{ne} de Siran.

Moussou, f. c^{ne} de Cassagnolles. — *Allod. de Monsaco*, 1182 (bulle de Luce III; G. christ. VI, inst. c. 88).

Moustachon, f. c^{ne} du Causse-de-la-Selle.

Moutone (La), f. c^{ne} de Vendres, 1809.

Mudaison, c^{on} de Mauguio. — *Locus de Mutationibus*, 1004 (abb. de Psalmodi; Mabill. ann. 1004); 1528 (pouillé). — *Mudasons*, 1625 (*ibid.*); 1688 (*ibid.*). — *Mudajoux*, 1649 (*ibid.*). — *Mudaizons*, 1684 (*ibid.*). — *Mudaisons*, 1688 (lettres du gr. sceau); 1733 (H. L. II, à la table). — *Mudazon* (tabl. des anc. diocèses). — *Mudazons*, 1760 (pouillé). — *Mudaison*, xviiie siècle (terr. de Mudaison; carte de Cassini; carte du dioc).

Son église : *Ecclesia S. Asciscli de Mutationibus videl. Mudesons*, 1099 (abb. de Psalmodi; G. christ. VI, inst. c. 187). — *Mudaisons*, dans l'archiprêtré de Baillargues, 1756 (état offic. des égl. du dioc. de Montp.). — *Vicairie-prieuré*, 1760 (pouillé); elle avait pour prieur le chapitre cathédral d'Alais et pour patrons *saint Asciscle* et *sainte Victoire*, 1779 (vis. past.).

D'après les pouillés de 1625 et de 1649, cette localité appartenait à la viguerie d'Aigues-Mortes, diocèse de Nîmes; mais l'évêque de Montpellier en était le seigneur temporel (vis. past. de 1684, 1688 et 1779).

Muette (La), f. c^{ne} de Montagnac.

Mujolan, h. c^{ne} de Fabrègues. — Ancien prieuré du dioc. de Montpellier. — *Mujulanum*, 1172 (charte du fonds de St-Jean-de-Jérusalem). — *Eccl. S. Michaelis de M.* 1184 (bulle de Luce III; G. christ. VI, inst. c. 362). — *Mujolanum*, 1190 (mss d'Aubaïs: H. L. III, pr. c. 167); 1344, 1347 (cart. Magal. E 292 et 318); 1362 (G. christ. *ibid.* 91). — *Devesium de M.* 1510 (arch. de l'hôp. gén. de Montp. liasse B 586); 1528 (pouillé). — *Mujalan*, dans la rectorie de Montpellier, 1625 (pouillé); 1649 (*ibid.*). — *Mujolan*, xviie siècle (carte de Cassini; carte dioc.); 1709-1720 (Saugrain, dénombr. du roy.). — *Montjoulan*, 1766 (Expilly, Dict. géograph. IV, 859). — *Mujolan*, 1776 (Livre terrier de Fabrègues; tabl. des anc. dioc.). — Le hameau de Mujolan avait pour seigneur temporel celui de Fabrègues. — Le prieuré était à la présentation de l'évêque de Montpellier; il avait *saint Michel* pour patron (vis. past. de 1684).

Mulgue, f. — Voy. Melques (Mas de).

Murat, montagne volcanique au sud de la commune des Rives. Hauteur : 897 mètres.

Murelle, éc. c^{ne} de Laurens.

Murène, f. c^{ne} de Pégairolles-de-Buéges. — *Perceptum regale de Murenate*, 820 (cart. Anian. 14).

Murles, c^{on} des Matelles. — *Murlas*, 1103, accord de Guill. de Montpellier avec Guill. Raymond, évêque de Nîmes (H. L. II, pr. c. 363). — *Castrum de Mvrlis*, 1120 (mss d'Aubaïs; *ibid.* 414); 1322 (cart. Magal. E 318, 324-5, etc.). — *Castrum de Murles*, 1161 (tr. des ch. *ibid.* 582); 1347 (cart. Magal. E 314); dans la rectorie de Montpellier, 1625 (pouillé); 1649 (*ibid.*); 1688 (pouillé; lettres du gr. sceau); 1760 (pouillé; carte de Cassini; carte dioc. tabl. des anc. dioc.).

Église de Murles. — *Parrochia S. Johannis de Murlis*, 1322 (cart. Magal. E 318, 324, 325, etc.). — Murles, prieuré-cure de l'archiprêtré de Viols, sous

Hérault. 17

le vocable de *Sainte-Croix*, au dernier siècle; 1756 (état des églises du diocèse de Montpellier); 1760 (pouillé); 1780 (vis. past.). — Murles était un marquisat.

Murles (Mas de), f. c^{ne} de Rouet.

Murles, mⁱⁿ sur l'Hérault, c^{ne} d'Aumes. — *Moulin Murles* (carte de Cassini).

Mursan, h. — Voy. Saint-Étienne-de-Mursan.

Murviel, arrond. de Béziers. — *Castrum de Muro Vetulo*, 1053 (cart. de la cath. de Béziers; H. L. II, pr. c. 222); 1130, 1132 (chât. de Foix, *ibid.* 452 et 463); 1131 (arch. de l'évêché de Béziers; *ibid.* 461); 1134 (Livre noir, 5 v°); 1180 (cart. Anian. 59 v°); 1198 (cart. Agath. 9). — *Castrum de Muroveteri*, 1129 (chât. de Foix; H. L. *ibid.* 451); 1138 (abb. de Valmag. *ibid.* 484); 1150, 1171 (mss d'Aubais, *ibid.* 528 et 559); 1187 (cart. Agath. 6); 1221 (Livre noir, 40 v°). — *Murvel*, 1117, 1154 (chât. de Foix; H. L. *ibid.* 397 et 551). — *Murvelium*, v. 1176 (Livre noir, 18). — *Murvielh*, 1354 (Lib. de memor.). — *Merviel*, 1501 (ch. des arch. de la commune); seigneurie de la viguerie de Béziers; baronnie, 1529 (dom. de Montp. H. L. V, pr. c. 87; Basville, Mémoires pour l'Hist. de Lang.). — *Murviel*, 1156 (mss d'Aubais; Spicil. III, 194); 1629 (reg. des sépult. de Béz.); 1625 (pouillé); 1649 (*ibid.*); 1760 (*ibid.* carte de Cassini; carte diocésaine; tableau des anciens diocèses).

Église de Murviel. — Murviel et Mus formaient, avant 1790, une paroisse du diocèse de Béziers, 1733 (terr. de Murviel); toutefois, il faut observer que *Murviel* était une cure et que *Mus* (voy. ce mot) était un prieuré dépendant du chap. de Saint-Nazaire de Béziers. — *In episcopatu Bilerensi, eccl. S. Johannis de Muro vetulo*, 1172 (bulle d'Alexandre III, ch. de l'abb. de St-Guillem). — *Vicaria de Muroveteri*, 1323 (rôle des dîmes des égl. de Béziers). — *Murviel*, dans l'archiprêtré de Cazouls, avait pour patron *saint Jean-Baptiste*, 1760 (pouillé); 1780 (état offic. des égl. du dioc. de Béz.).

Le canton de Murviel ne comprenait originairement que six communes : Murviel, Causses-et-Veyran, Pailhès, Saint-Geniès-le-Bas, Saint-Nazaire-de-Ladarez, Thézan; mais par suite de la suppression du canton de Magalas, le 3 brumaire an x, celui de Murviel s'accrut de cinq nouvelles communes prises dans le canton supprimé. Ces cinq communes sont : Autignac, Cabrerolles, Caussiniojouls, Laurens et Puimisson.

Murviel, c^{on} (3e) de Montpellier. — *In comitatu substantionensi in villa Murovetulo*, v. 1031 (cart. Gell. 32). — *Ad Murum Veterem*, 1150, 1155 (charte de l'abb. du Vignogoul). — *Ad Murum Veterum*, 1152 (charte de la même abbaye). — *Mons Vetus*, 1340 (cart. Magal. B 38). — *Merviel*, dans la rectorie de Montpellier, 1625 (pouillé); 1649 (*ibid.*); 1760 (*ibid.*). — *Murviel*, 1601 (terr. de Murviel); 1688 (lett. du gr. sc.); xviiie s^e (carte de Cassini: carte dioc. tabl. des anc. dioc.).

Son église : *Ecclesia S. Johannis de Muro Vetulo*, 1122 (cart. Gell. 60 v°); 1123 (bulle de Calixte II, charte de l'abbaye de St-Guill.); 1146 (*ibid.* G. christ. VI, inst. c. 280). — *Parrochia S. Joh. de Muroveteri*, v. 1100, 1214, 1251, 1286 (Arn. de Verd. ap. d'Aigrefeuille, II, 425, 439, 443, 447); 1276 (cart. Magal. E 178); 1340 (*ibid.* B 38, 58, 81). — *De Monteveteri*, 1340 (*ibid.* 38, et table du même cart. 98 v°). — Paroisse de *Merviel*, sous le vocable de *Saint-Jean-Baptiste*, 1684, 1782 (vis. past.). — C'était une vicairie perpétuelle à la nomination de l'évêque de Montpellier, seigneur temporel du lieu (*ibid.*); elle faisait partie de l'archiprêtré de Cournonterral, 1756 (état des églises du dioc. de Montpellier). — Le pouillé de 1760 dit *cure de Merviel*, au diocèse de Montpellier.

Murviel fut d'abord placé dans le canton de Saint-Georges-d'Orques, que supprima un arrêté des consuls du 3 brumaire an x. Cette commune fut alors comprise dans la troisième section du canton de Montpellier. — Voy. Altimurium.

Mus, chât. et h. c^{ne} et c^{on} de Murviel. — Mus, autrefois réuni à Murviel, formait une paroisse du diocèse de Béziers; c'était d'ailleurs un prieuré dépendant du chapitre cathédral de Saint-Nazaire de la même ville. — *Murus villa, de Muatis, diœc. Lod.* 987 (cart. Lod. G. christ. VI, inst. cc. 270 et 271). — *Eccl. de Murs*, 1153 (bulle d'Eugène III; Livre noir, 153 v°); 1182 (*ibid.* 314 v°). — *De Monario*, 1162 (*ibid.* 241). — *De Muris*, 1173 (G. christ. *ibid.* 140); 1123, 1166 (Livre noir, 5 v° et 35); 1216 (bulle d'Honorius III, *ibid.* 109). — *Rector de M.* 1323 (rôle des dîmes des égl. de Béz.). — *Mus*, xviiie s^e (carte de Cassini; carte dioc. tabl. des anc. dioc.). — Voy. Murviel, arrond. de Béziers.

Mussen (Mas de), f. c^{ne} de Teyran.

N

Nabes, f. c^{on} de Saint-Pons. — Voy. Naves.
Nabrigas, f. c^{ne} de Lunel-Viel. — *La Brigas* (carte de Cassini et carte dioc.).
Nadailhan, f. c^{ne} de Saint-Thibéry. — *Villa de Nadallan*, 1180 (cart. de Béz. G. christ. VI, inst. c. 142). — *Hermitage Nadaillan* (carte de Cassini). — Voy. Sainte-Marie-de-Nadailhan.
Naguiraudeta, f. c^{ne} de Sauteyrargues-Lauret-et-Aleyrac. — Voy. Caynols.
Naï (Mas de), f. c^{ne} de Joncels.
Najac, f. c^{ne} de Siran. — *Nezac*, 1197 (arch. de Villemag. G. christ. VI, inst. c. 146).
Naméringues, jⁱⁿ, c^{ne} de Bessan.
Namourou, f. c^{ne} de Siran.
Naquet, f. — Voy. Vidal-Naquet.
Narbonnaise (Gaule), ἡ ἐπαρχία τῆς Ναρβωνίτιδος (Strab. Geogr. l. IV); τῆς Ναρβωνησίας (Ptol. Geogr. l. II. c. 10). — *Gallia Braccata* (Mela, l. II, c. 5). — *Narbonnensis provincia, Braccata ante dicta*. (Pline, Hist. nat. l. III, c. 4; Martianus Capella, l. VI, etc.). — Suivant ces géographes, particulièrement Pomponius Mela, les bornes de cette province étaient la mer Méditerranée, les monts Gébenniques (*les Cévennes*), avec le cours du Rhône depuis le lac Léman ou de Genève jusqu'à Lyon, le Var, les Pyrénées; ce qui correspond aux anc. prov. de Roussillon, Languedoc, Provence, Dauphiné et Savoie. — Partagée en deux provinces vers la fin du IIIe siècle, *Narbonnaise Première* et *Viennoise*; comprise au IVe sous le nom général d'Aquitaine, divisée encore et sous-divisée au même siècle, elle fit partie du corps des cinq et des sept provinces des Gaules.
Province ecclésiastique. — En ne considérant que la métropole, la province de Narbonne comptait huit diocèses ou évêchés suffragants, savoir : *Caucoliberis* (Collioure), *Carcasona, Biterris, Agatha, Luteva, Magalona, Nemausus, Elena sive Elna* (Perpignan) (Loisa, in Notis ad concil. Lucence; Mariana, Rer. hisp. l. VI, c. 15). — Au dernier siècle elle en possédait dix : Carcassonne, Alet (dans l'Aude); Nîmes, Uzès, Alais (dans le Gard); *Montpellier, Béziers, Agde, Lodève, Saint-Pons-de-Tomières* (dans l'Hérault). — Voy. ces cinq derniers noms dans le Dictionnaire et l'Introduction.
Narbonne (Pont de), jⁱⁿ, c^{ne} de Béziers (2e section).
Narbonne (Route de), éc. c^{ne} de Béziers.
Nartoule, éc. c^{ne} du Soulié.

Natges (Les), h. c^{ne} de Saint-Maurice. — *Mansus de Naya*, 1325 (Plant. chr. præs. Lod. 292).
Nattes, f. c^{ne} de Saint-Thibéry, 1809). — *Natallia villa*, 990 (arch. de St-Thibéry; G. christ. VI, inst. c. 315). — *Nattes* (carte de Cassini).
Naubine (La), ruiss. qui prend sa source sur le territoire de Faugères, passe sur celui de Laurens, fait mouvoir à Faugères un moulin à blé, parcourt trois kilomètres et se perd dans le Libron.
Naud (La), f. c^{ne} de la Salvetat.
Nauton, f. c^{ne} de Montpellier, sect. K.
Navacelle, h. c^{ne} de Saint-Maurice. — *Villa Novacella*, v. 1000 (cart. Gell. 47 v° et 100); 1123 (ibid. 187 v°). — *Eccl. S. Marie de Nova Cella*, 1000 (ibid. 50); 1060 (ibid. 81). — *Erectio prioratus B. M. de Nova-Cella*, 1286 (Plant. chr. pr. Lod. 237) : c'est-à-dire qu'en cette année 1286, l'évêque de Lodève, Bérenger, constitua en paroisse, pour la commodité des habitants, l'antique chapelle de *Notre-Dame* existante en ce lieu. L'usage, auquel Cassini s'est conformé, est d'écrire *Navacelle*; mais il est évident qu'il faudrait dire *Novacelle*. — *Naracelle*, en la viguerie basse d'Uzès, 1625 (pouillé); 1649 (ibid.). — *Navacelle*, 1688 (lett. du grand sceau). — *Cure de Novacelles*, 1760 (pouillé). — *Madières-Naracelle* est aujourd'hui une succursale du canton du Caylar.
Navaret (Le) ou Baissan, ruiss. qui traverse les territoires de Béziers, de Sauvian et de Sérignan, reçoit le ruisseau de Fontvive et se perd dans l'Orb.
Navarre, f. c^{ne} de Montpellier, sect. G.
Navas, h. c^{ne} de Gignac. — *Navaz*, 1114 (cart. Gell. 83). — *Navas villa*, 1162 (tr. des ch. H. L. II, pr. c. 588; carte de Cassini).
Navat, f. c^{ne} de Saint-Pons.
Naves; Mas Navas, 1841; Nabes, 1809; f. c^{ne} de Mourèze. — *Naves*, 1210; (bibl. reg. G. christ. VI, inst. c. 284; Cassini). — *Villa de Nave*, 1213 (cart. Anian. 48).
Naveta, mⁱⁿ. — Voy. Lèque (La).
Navilas (Les) ou les Navinats, h. c^{ur} de Fraisse. — *Navinals* (carte de Cassini).
Navines, f. c^{ne} du Soulié.
Naviteau, mⁱⁿ sur le Lez, présentement Bonnier, c^{ne} de Castelnau. — *Navitaux*, 1696 (affranch. reg. VII, 124 v°). — Les cartes de Cassini et du diocèse de Montpellier portent *Moulin d'Inhabitou*.

NAYRAL, f. c^ne de Montpellier, 1809.

NAZARETH, chapelle. — Voy. SAINTE-MARIE-DE-NAZARETH.

NAZARETH (SOLITUDE DE), éc. maison pénitentiaire, c^ne de Montpellier, sect. C.

NAZOURE (LA), ruiss. qui prend sa source au lieu appelé Roque-Fourcade, sur le territoire de Cruzy, où il arrose vingt-cinq hectares, fait mouvoir quatre moulins à blé, et, après un cours de 19,400 mètres, se jette dans l'étang de Capestang. Cassini écrit l'*Anazoure*.

NÉBIAN, c^on de Clermont. — *Nibianum* et *Nebianum*, 990 (abb. de Saint-Thibéry; H. L. II, pr. c. 145; G. christ. VI, inst. c. 315). — *Nibianum*, 1122 (cart. Gell. 60); 1182 (cart. Anian. 53 v°); 1184 (cart. Agath. 44). — *Nebianum*, 1172, 1173 (Livre noir, 257 v°, 295); 1187 (cart. Anian. 47 v°); 1202 (cart. Agath. 133). — *Nebanianum*, 1275 (mss Colbert; H. L. IV, pr. c. 61). — *Nebian*, 1625 (pouillé); 1649 (*ibid.*); 1688 (lett. du gr. sceau); 1713, 1768, 1780 (arch. de Nébian; reg. des naiss. etc. Livres terriers; carte de Cassini; carte du diocèse de Lodève; tabl. des anc. dioc.).

Église de Nébian. — L'évêque de Lodève, Pierre, donna cette église aux pauvres de l'hôpital de Saint-Jean-de-Jérusalem : *ecclesia S. Juliani et S. Vincentii de Nebiano*, 1157 (Plant. chr. præs. Lod. 87). — *Parrochia S. Jul. de N.* 1207 (cart. Gell. 210). — Nébian avait le titre de vicomté et une commanderie de Saint-Jean-de-Jérusalem, dépendante de l'évêque de Lodève : *præceptoriam S. Joannis Hierosolymitani in oppidulo de N. sitam* (Plant. ibid. 4 et 5).

NEFFIÈS, c^ne de Roujan. — Guillaume, vicomte de Béziers, céda ou restitua la moitié de l'église, du château et du bourg de Neffiès à l'abbaye de Saint-Thibéry : *in castrum Nifiani mediatatem ecclesie, et mediatalem de ipso castro et de ipso bario usque in Marella* (le ruisseau de *la Marelle*), 990 (abb. de Saint-Thibéry; H. L. II, pr. c. 144). — Le *Gallia christ.* a écrit incorrectement dans la même charte *Nifrani* (VI, inst. c. 315). — *Castellum de Nifianis*, 1059 (chât. de Foix; H. L. ibid. 231). — *De Nefiana*, 1123 (G. christ. ibid. 276). — *Villa de Nephianis*, 1306 (Livre noir, 105 v°). — *De Neffiariis*, 1273 (arch. de Saint-Thibéry; G. christ. ibid. 338). — *De Nefiato*, 1295 (ch. de Pau; H. L. IV, pr. c. 104). — *De Nefianis*, 1667 (arch. de l'Hérault, parch. S 8). — *Neffiat*, seigneurie de la viguerie de Béziers (dom. de Montp. H. L. V, pr. c. 87). — On voit dans les archives de Roujan que cette seigneurie consistait en 28 sétérées de terre (7 hectares). — *Nefiés*, 1625 (pouillé). — *Neffies*,

1649 (*ibid.*); 1688 (lettres du gr. sceau); 1760 (pouillé). — *Neffian* ou *Neffiez*, 1733 (H. L. II, à la table). — *Neffiez* (carte de Cassini; carte du diocèse de Béziers; tabl. des anc. dioc.). — *Néfiés*, 1795-6 (tabl. des offic. municipaux, an IV). — La cure de Neffiès, dans l'archiprêtré du Pouget, diocèse de Béziers, avait pour patron saint Alban, *S. Albanus*, 1780 (état officiel des églises du diocèse de Béziers).

Le sommet du village de Neffiès a 132 mètres d'élévation au-dessus de la Méditerranée; — les roches du lias des environs, 201^m,85; — le *Roc* ou *Pioch-Nègre*, piton volcanique, 214^m,20; — les trois pitons volcaniques *Pioch* ou *Puy-Maury*, près et au nord du village, 234, 222 et 199 mètres.

NÉGACATS (LE), petit ruiss. dans le tènement de même nom ou de Mougeire, qui naît sous le château de Flaugergues, commune de Montpellier, passe sur le territoire de Lattes et sert de limite entre cette commune, Mauguio et Pérols. Il parcourt 5 kilomètres et se perd dans les garrigues de Pérols. — *Kaixanegos*, 804 (cart. Gell. 4). — *Nichiragas*, 1368 (archives des consuls de mer, charte B 59). — *Neguacatos*, 1166 (charte, fonds de Saint-Jean-de-Jérusalem). — *Neguecats*, 1751 (plan du même fonds).

NÈGRE, éc. c^ne de Thézan, 1809.

NÈGRE, f. c^ne de Montpellier, sect. C.

NÈGRE, j^in, c^ne de Montpellier, sect. D.

NÈGRE, j^in, c^ne de Saint-Pons, 1809.

NÈGRE, m^in, c^ne de Saint-Pons, 1809.

NÈGRE (LE), f. c^ne de Vendres.

NÈGRE (MAS DE), f. c^ne de Villeveyrac, 1809.

NEIRAS, j^in, c^ne de Lodève.

NENETTE, éc. c^ne du Soulié. — *Lunette* (carte de Cassini).

NEVET, f. et j^in, c^ne de Montpellier, sect. C.

NÉZIGNAN-L'ÉVÊQUE, c^en de Pézenas. — *Nasinianum villa*, 848 (cart. d'Agde; H. L. I, pr. c. 95). — *Castrum Nazinianum*, 1173, 1175 (cart. Agath. 47 et 252). — *Nasignanum*, 1173 (arch. d'Agde; G. christ. VI, inst. c. 327). — *Nezignan*, 1625 (pouillé); 1649 (*ibid.*). — *Nesignan*, 1688 (lett. du grand sceau); seigneurie de l'évêque d'Agde, 1693 (év. d'Agde; lettres du viguier d'Aumes). — *Nesignan de l'Évêque*, 1745 (H. L. V, à la table). Les auteurs de l'Histoire de Languedoc ont confondu *Nesignan-de-l'Évêque* avec *Lésignan-de-la-Cèbe* (voy. ce dernier nom). — *Nezignan*, prieuré-cure du dioc. d'Agde, 1760 (pouillé; tabl. des anc. dioc.). Les cartes de Cassini et du dioc. d'Agde écrivent, comme de nos jours, *Nezignan-l'Évêque*.

DÉPARTEMENT DE L'HÉRAULT.

Nicol, f. — Voy. Nicot.
Nicolas, f. c^{ne} de Frontignan.
Nicole (La), f. c^{ne} de Saint-Bauzille-de-Montmel.
Nicot ou Nicol, f. c^{ne} de Lunel.
Nicoulau, f. c^{ne} de Brissac.
Nières, mⁱⁿ sur la Mare, c^{ne} de Saint-Gervais terre foraine ou Rosis.
Nières (Les), h. — Voy. Saint-Laurent-des-Nières.
Nise, h. — Voy. Nize.
Nissan, c^{on} de Capestang. — *Anicianum*, 1199 (Livre noir, 11); 1230 (G. christ. VI, inst. c. 155). — *Aniscianum*, 1198 (cart. Agath. 296). — *Nissan*, 1625 (pouillé); 1649 (*ibid.*); 1667 (arch. de l'Hérault, parch. S 8); 1688 (lett. du grand sceau); 1760 (pouillé; carte de Cassini; carte diocésaine; tabl. des anc. dioc.). — L'église de Nissan, ancien diocèse de Narbonne, avait *saint Saturnin* pour patron : *ecclesia S. Saturnini de Nissan*, 1099 (bulle d'Urbain II; G. christ. *ibid.* 187). — *Rectoria de N.* 1760 (pouillé). — Bien qu'appartenant au diocèse de Narbonne, avant 1790, Nissan répondait pour la justice au sénéchal de Béziers. — C'était une des vingt-quatre villes du diocèse qui envoyaient, par tour, un député aux États de Languedoc. Ses armes étaient *d'azur au levrier d'or passant, accompagné en chef d'un croissant d'argent.* — En 1790, Nissan et le canton de Capestang, où il fut compris, passèrent dans le département de l'Hérault.
Nissergues, h. c^{ne} de Bédarieux. — *Nissergues cure*, 1760 (pouillé; carte de Cassini; carte diocés.). — *Nissergue*, dans l'archiprêtré de Boussagues, dioc. de Béziers, patr. *S. Joannes Baptista*, 1780 (état offic. des égl. de Béz.).
Nizas, c^{on} de Montagnac. — *Villa Aniciatis*, 949 (cart. Gell. 14). — *Castrum de Nizate*, 1162 (tr. des ch. H. L. II, pr. c. 588). — *Anizanum*, 1169 (cart. Anian. 57 v°). — *Castr. de Nizacio*, 1178 (*ibid.* 96 v°; Livre noir, 22). — *Nizatium*, 1305 (stat. eccl. Bitt. 153). — *Nesas*, 1208 (cart. Gell. 213). — *Nisas*, seigneurie de la viguerie de Béziers; marquisat; 1529 (dom. de Montp. H. L. V, pr. c. 87; Basville, Mém. pour le Langr.). — *De Nisacio*, 1667 (arch. de l'Hérault, parchem. S 8). — *Nizas*, 1162 (Livre noir, 90 v° et 91); 1213 (cart. Anian. 50); 1625 (pouillé); 1645 (arch. de Caussiniojouls, FF 1); 1649 (pouillé); 1688 (lett. du gr. sc.); 1760 (pouillé). — Le xviiie siècle écrit indifféremment *Nizas* et *Nisas*. — Cassini, la carte du diocèse de Béziers et les tableaux des anciens dioc. préfèrent *Nisas*. — *Nizas et Cissan*, dans l'archiprêtré du Pouget, formaient une cure de l'ancien diocèse de Béziers, sous le patronage de *S. Petrus ad Vincula*, 1760 (pouillé); 1780 (état offic. des égl. du dioc. de Béz.).

Les Bénédictins placent *Nizat*, *Castrum de Nizate*, dans le diocèse de Lodève, confondant sans doute *Nizas* avec *Saint-Julien-d'Avizaz*, *Fortia d'Anizate* (*Avizate*) (H. L. II, pr. c. 588 et à la table du même volume).

Nizas fut primitivement compris dans le canton de Fontès, supprimé par l'arrêté des consuls du 3 brumaire an x; cette commune fut alors placée dans le canton de Montagnac.

Nize ou Nise, h. c^{ne} de Lunas. — Prieuré : *ecclesia S. Mariae de Anisa*, 1135 (cart. de Joncels; G. christ. VI, inst. c. 135). — *Prior de Transiliaco et Eniza*, 1323 (rôle des dîmes des égl. de Béz.). — *Nizia*, 1518 (pouillé). — *Nize*, cure dans l'archiprêtré de Boussagues, diocèse de Béziers, patr. *Nativ. B. M. V.* 1760 (pouillé); 1780 (état officiel des égl. de Béz.). — *Notre-Dame-de-Nize* (carte de Cassini); 1778 (terr. de Lunas). — *Nise*, 1840 (Dict. des Postes). — Voy. Laval-de-Nise.

Nize (La), riv. qui prend sa source à Laval-de-Nise, c^{ne} de Lunas, arrose un hectare du territoire de cette commune, parcourt 4 kilomètres, fait mouvoir un moulin à blé et se jette dans le Gravaison, affluent de l'Orb.

Noals, *mansus* dépendant de la mense de l'évêque de Maguelone, près du château du Terral, commune de Saint-Jean-de-Védas. — *Hominium de Nevals*, 1114 (mss d'Aubaïs; H. L. II, pr. c. 391). — *Novitals*, 1198 (cart. Agath. 296). — *Mansus de Noals*, 1252 (cart. Magal. E 151).

Prieuré de la mense capitulaire de Maguelone ou de Montpellier. — *Prioratus de Noricio*, 1333 (stat. eccl. Magal. 22, 72 v° et *passim*). — *Bois de Noals*, 1673 (chap. cath. de Montp. invent. I, 532).

Noine, f. c^{ne} de Lunel.

Nombril, f. — Voy. Lombrie.

Nombrinquières (Le), ruiss. qui prend sa source à Dio, passe sur le territoire de Lunas, où il fait mouvoir un moulin à blé, parcourt 4,500 mètres et se perd dans l'Orb.

Nosserran (Hôpital de), c^{ne} du Cros, près de Saint-Michel. — Les chanoines de Lodève donnèrent l'église Saint-Martin-du-Caylar au commandeur de l'hôpital de Nosserran, qui venait d'être fondé auprès de Saint-Michel. — *Praeceptori Hospitalis de Nosserran*, 1189 (Plant. chr. praes. Lod. 97). — Il appartient à l'hospice de Lodève.

Notre-Dame. — Les lieux de surnom de *Notre-Dame* qui ne sont point à cet ordre se trouvent portés à leur nom propre.

Notre-Dame, éc. c^ne du Bosc.
Notre-Dame, faubourg, c^ne de la Livinière.
Notre-Dame, faubourg, c^ne de Péret.
Notre-Dame, f. c^ne de Puisserguier.
Notre-Dame, f. c^ne de Ronjan.
Notre-Dame, j^in, c^ne d'Agde.
Notre-Dame, j^in et f. c^ne de Béziers (2e c^on).
Notre-Dame-d'Aix ou des Eaux, c^ne de Balaruc. — Prieuré dépendant de la mense du chapitre cathédral de Montpellier. — *B. Maria de Aquis*, 1333 (stat. eccl. Magal. 17, 21 v°, 71 v° et 72 v°); 1340 (cart. Magal. B 80); 1536 (bulle de Paul III, transl. sed. Magal.). — *Notre-Dame-d'Aix*, 1587 (charte de l'évêché de Montpellier; carte de Cassini; carte diocésaine). — *Notre-Dame-des-Bains-de-Balaruc*, 1688 (vis. past.); 1760 (pouillé).
Notre-Dame-d'Autignaguet, h. — Voy. Autignaguet.
Notre-Dame-d'Ayde, ancien oratoire, c^ne de Cazouls-lez-Béziers. — *Hermitage de Notre-Dame-d'Ayde* (carte diocés. de Béziers et carte de Cassini).
Notre-Dame-de-Badones, éc. — Voy. Badonnes.
Notre-Dame-de-Bon-Secours, colonie agricole. — Voy. Notre-Dame-des-Champs.
Notre-Dame-de-Boullenas, ancien prieuré. — Voy. Saint-Pierre-la-Valette.
Notre-Dame-de-Capimont ou de Caprimont, éc. ermitage, c^ne de Villecelle. — Cet écart faisait partie de la commune de Mourcairol, qui a été réunie, en 1845, partie aux Aires, partie à Villecelle. — *Chanoinie de Capimont*, 1760 (pouillé). — *Notre-Dame-de-Capimont* (carte de Cassini). — Le nom de *Capimont* a prévalu dans le pays.
Notre-Dame-de-Caunas, h. — Voy. Caunas.
Notre-Dame-de-Centeilles, ancien prieuré. — Voy. Saint-Nazaire-de-Ventajou.
Notre-Dame-de-Gesteirargues, ancienne chapelle. — Voy. Sainte-Marie-de-Valcreuse.
Notre-Dame-de-Clans, ancienne succursale. — Voy. Clans (Les).
Notre-Dame-de-Corbian, ancien prieuré, diocèse d'Agde. — *Corbianum*, 1210, 1211 (cart. Agath. 71 et 188). — *Prieuré de Notre-Dame-de-Corbian*, 1760 (pouillé). — Voy. Saint-Martin-de-Corbian.
Notre-Dame-de-Douleurs, ancien oratoire, commune de Tourbes (cartes diocés. de Béziers et de Cassini).
Notre-Dame-de-Félines, anc. prieuré. — Voy. Saint-Nazaire-de-Ventajou.
Notre-Dame-de-Fozières, c^ne. — Voy. Fozières.
Notre-Dame-de-Fraisse, anc. oratoire, c^ne d'Alignan-du-Vent (cartes diocés. de Béziers et de Cassini).
Notre-Dame-de-Gau, ancien prieuré (cartes du dioc. de Saint-Pons et de Cassini).

Notre-Dame-de-Gignac, anc. couvent. — Voy. Gignac.
Notre-Dame-de-Grâces, f. c^ne de Montpellier, appartient à l'hôpital général de cette ville.
Notre-Dame-de-la-Boissière, anc. oratoire, c^ne de Péret (cartes du dioc. de Béziers et de Cassini).
Notre-Dame-de-la-Garrigue, anc. par. — Voy. Garrigue.
Notre-Dame-de-la-Nufe, h. — Voy. Salelles.
Notre-Dame-de-la-Providence, éc. c^ne de Maraussan. — *Hermitage de Notre-Dame-de-la-Providence* (carte de Cassini; carte diocés. de Béziers).
Notre-Dame-de-la-Roque, h. — Voy. Roques-Albes.
Notre-Dame-de-Londres, c^ne de Saint-Martin-de-Londres. — *Parochia S. Mariæ de Joindri (de Londris)*. 1121 (testament de Guillem V de Montpellier; H. L. II, pr. c. 415). — *Castrum, fortia, leuda, villa, parrochia S. Marie de Londris*, 1209 (cart. Magal. E 224); 1229 (ibid. 296); 1271 (ibid. 224); 1536 (bulle de Paul III, transl. sed. Magal.). — *Eccl. B. Mariæ de Lundris*, 1333 (stat. eccl. Magal. 21 v° et 72). — *Londres*, 1684 (vis. past.). — *Nostre-Dame-de-Londres*, dans la rectorie de Montpellier, 1625 (pouillé); 1649 (ibid.); 1688 (lett. du gr. sc.); cure, 1760 (pouillé; tabl. des anc. dioc. carte de Cassini; carte diocés.).
Cette paroisse de l'ancien diocèse de Montpellier prenait pour patron titulaire *la Nativité de Notre-Dame*. Le chapitre cathédral de Montpellier en était le prieur décimateur et en nommait le curé amovible. — Le seigneur temporel, marquis de Roquefeuil, 1684, 1779 (vis. past.).
Notre-Dame-de-Maurian, h. c^ne de Taussac-et-Douch. — Avant 1809, commune de Saint-Gervais terre foraine, qui en 1830 a pris le nom de Rosis. — *Villare Munbriago*, 933, 969 (cart. de la cathédrale de Béziers; G. christ. VI, inst. c. 128; H. L. II, pr. c. 119). — *Maurianum*, 1164 (chât. de Foix; H. L. ibid. 601); 1271 (mss Colbert, ibid. III, c. 602). — *Notre-Dame-de-Maurian* (carte de Cassini; carte diocés.).
Notre-Dame-de-Miséricorde, ermitage, c^ne de Nissan.
Notre-Dame-de-Montauberon, f. — Voy. Montauberon.
Notre-Dame-de-Montesquieu, château et chapelle ruinés, c^ne de Montesquieu.
Notre-Dame-de-Mougères (Chartreuse de), h. c^ne de Caux. — *Mogerias*, 1120 (cart. Agath. 205). — *Dominicains de Mougères*, 1760 (pouillé). — Le nom générique de *chartreuse* est resté à ce couvent, qui suivait toutefois la règle de saint Dominique.
Notre-Dame-de-Nazareth ou des Aires, anc. chapelle. — Voy. Sainte-Marie-de-Nazareth.
Notre-Dame-de-Nize, h. — Voy. Nize.
Notre-Dame-de-Parlatges, c^ne. — Voy. Parlatges.

NOTRE-DAME-DE-PITIÉ, ancienne église. — Voy. SAINT-MARTIN-DE-GRAZAN.

NOTRE-DAME-DE-PROUILLE, prieuré. — Voy. PROUILHE.

NOTRE-DAME-DE-PRUNET, maintenant LE CROS, c^{on} du Caylar. — *Municipium, eccl. B. M. de Pruneto*, 987 (cart. Lod. G. christ. VI, inst. c. 269); 1135 (cart. de Joncels, *ibid.* 135); 1204 (Plant. chr. præs. Lod. 104). — *La Gleia liöna*, l'*église éloignée*, est un métairie auprès de laquelle était l'ancienne église de *Notre-Dame-de-Prunet*. — Voy. CROS (LE).

NOTRE-DAME-DE-QUARANTE, abbaye. — Voy. QUARANTE.

NOTRE-DAME-DE-ROCOZELS, h. — Voy. ROCOZELS.

NOTRE-DAME-DE-ROUVIÈGES, h. — Voy. ROUVIÈGES.

NOTRE-DAME-DE-ROUVIGNAC, h. — Voy. ROUVIGNAC.

NOTRE-DAME-DE-SAINT-GUIRAUD, ancien sanctuaire. — Voy. SAINT-GUIRAUD.

NOTRE-DAME-DE-SAINT-TAILLE, anc. prieuré. — Voy. SAINT-NAZAIRE-DE-VENTAJOU.

NOTRE-DAME-DES-CHAMPS OU DE BON-SECOURS, c^{ne} des Matelles. — Colonie agricole de jeunes enfants fondée en 1848 par le vénérable abbé Soulas.

NOTRE-DAME-DES-DEUX-VIERGES, c^{ne} de Saint-Saturnin. — Nous avons suffisamment parlé, à l'article des DEUX-VIERGES, du château qui portait ce nom. Nous dirons ici que, le château détruit, la chapelle de *Notre-Dame*, qui était dans l'enceinte, fut conservée avec le vocable de *Notre-Dame-des-Deux-Vierges*, comme on le voit en 1500, 1600 et 1700, dans les Livres terriers, les Visites pastorales, les Actes des notaires, etc.

NOTRE-DAME-DES-NEIGES, chapelle ruinée, c^{ne} de Pailhès (cartes du dioc. de Béziers et de Cassini).

NOTRE-DAME-DES-PORTS, ancien port sur l'étang de Mauguio, près de Lunel. — *S. Maria de portu vel de portubus*, 897 (Baluz. Concil. fol. 1).

NOTRE-DAME-DES-PRÉS, prieuré. — Voy. PRADES.

NOTRE-DAME-DES-TABLES, anc. égl. de Montpellier, célèbre par ses miracles. — *S. Maria de Tabulis Cambitorum*, 1212-1216 (G. christ. VI, inst. c. 367, etc.).

NOTRE-DAME-DE-TRÉSONS, anc. chapelle. — Voy. SAINTE-MARIE-DE-TRÉSONS.

NOTRE-DAME-D'OURGAS, anc. chapelle, c^{ne} de Pézènes. — Succursale de l'ancien diocèse de Béziers, dans l'archiprêtré de Boussagues, sous le patronage de B. M. V. 1780 (stat. offic. des égl. de Béz.). — *Notre-Dame-d'Ourgas*, succursale (carte de Cassini).

NOTRE-DAME-DU-FIGUIER, anc. égl. reconstruite depuis peu d'années, c^{ne} de Saint-Saturnin. — *Nostra-Dona-de-la-Figuiera*, XVIe siècle (Livre terrier communal). — *Notre-Dame-du-Figuier* (*ibid.* et cahier des biens nobles).

NOTRE-DAME-DU-GRAU OU L'ORATOIRE, éc. c^{ne} d'Agde. — Chapelle sur le bord de la mer. — *Monasterium S. Mariæ de Gradu*, 990 (abb. de Saint-Thibéry; H. L. II, pr. c. 145; G. christ. VI, inst. c. 316). — *De Gradis ad Corbianum*, 1211 (cart. Agath. 71). — *Notre-Dame-du-Grau* (carte de Cassini; carte diocésaine).

NOTRE-DAME-DU-PALAIS, chapelle détr. c^{ne} de Montpellier. — *Capella regia Nostræ Dominæ de Castro villæ Montispessulani*, 1246-1511 (arch. dép. chambre des comptes de Montpellier, B 391, 158 v° et s.). — Cette église collégiale, consacrée en 1156, porta aussi le titre de *Notre-Dame-du-Château, de Castro*, parce qu'elle se trouvait près du château ou palais des seigneurs de Montpellier et des rois de Majorque et d'Aragon. Renversée durant les troubles religieux, elle fut remplacée par une autre chapelle que la Cour des comptes, aides et finances fit construire au XVIIe siècle. Cf. d'Aigrefeuille (II, 233).

NOTRE-DAME-DU-PEYROU, ermitage, c^{ne} de Clermont. — *Parrochia B. M. de Durbia*, 1401 (arch. de Lod. reg. de reconn. 27).

NOTRE-DAME-DU-SUC, h. et chapelle. — Voy. SUC (LE).

NOUGAIROL, f. c^{ne} de Castanet-le-Haut.

NOUGARET, f. c^{ne} de Lattes.

NOUGARET, f. c^{ne} de Montpellier, sect. A.

NOUGARET, f. c^{ne} de Montpellier, sect. B.

NOUGARET, f. c^{ne} de Montpellier, sect. K.

NOUGARET, h. c^{ne} de Roqueredonde.

NOUGUIER, f. c^{ne} de Montpellier, 1809.

NOUGUIER (MAS), h. c^{ne} de Valmascle.

NOVIGENS, f. — Voy. SAINT-ANDRÉ-DE-NOVIGENS.

NYSSARGUES, anc. église. — Voy. SAINTE-COLOMBE-DE-NYSSARGUES.

O

OBILION OU OBILLONS, fief, c^{ne} de Lunel. — *Obillan*, 1120 (mss d'Aubaïs; H. L. II, pr. c. 414). — *F. de Obilione*, 1125 (*ibid.* 437). — *Obillons*, 1226 (reg. cur. Franc. *ibid.* III, 317). — On trouve parmi les douze villettes de la baronnie de Lunel *Saint-Denys-d'Obilions* au lieu de *Saint-Just*, 1316 (inv. des arch. de Lunel de 1702, p. 12). — Cassini écrit *Saint-Pierre-d'Aubillon*.

Il ne faut pas confondre ce nom avec celui d'une porte et d'un quartier de Montpellier : *Portalis Obilionis*, 1216, 1272 (cart. Magal. E 119, 147); — *la porta de Hobilho*, 1377 (arch. de Montp. inv. de la comm. clôt.).

Octon, c^{on} de Lunas. — *Pagus Octavianis*, 893 (abb. d'Eysses; H. L. II, pr. c. 6). — *Terminium de Octabiano*, 1148 (Livre noir, 13 v°; cart. Agath. 220). — *Rector de Octobiano*, 1323 (rôle des dîmes des églises de Béziers). — *Eccl. S. Mariæ d'Octobian*, 1612 (bulle de Paul V, secul. eccl. cath. S. Pont. Thom. G. christ. VI, inst. c. 98). — *Octon cure*, 1760 (pouillé). — Le nom d'Octon paraît venir de la réunion de *huit* hameaux pour former cette c^{ne}.

Avant l'arrêté des consuls du 3 brumaire an x qui réduisit le nombre des cantons du département, Octon était le chef-lieu d'un canton comprenant onze communes, qui furent réparties à cette époque de la manière suivante : Octon, Brenas, Mérifons, Saint-Martin-des-Combes, la Valette, dans le canton de Lunas; Celles, Liausson, Salasc, Valmascle, dans le canton de Clermont; le Puech, Villecun, dans le canton de Lodève.

Ognon, rivière qui prend sa source sur les montagnes de Félines, traverse le territoire de cette commune et ceux de la Livinière, d'Olonzac et de Siran. Dans son cours de 18 kilomètres, elle arrose trente-cinq hectares et fait mouvoir quatre moulins à blé. Elle se jette dans l'Aude. La vallée de l'Ognon a 7 kilomètres d'étendue. — *Fluv. de Unione in territorio Minerbensi*, 1102 (arch. de l'église de Saint-Pons; H. L. II, pr. c. 357). — *De Vinone*, 1182 (G. christ. VI, inst. c. 88). — Ognon R. (cartes du dioc. de Saint-Pons et de Cassini).

Ognon (Pont d'), éc. c^{ne} d'Olonzac.

Olargues, arrond. de Saint-Pons. — *Olargium*, 1060 (cart. Agath. 315); 1199 (arch. de Villemag. G. christ. VI, inst. c. 147). — *Sainct Jullian de Ol.* 1518 (pouillé). — *Ollanum*, 1162, 1169, 1200 (Livre noir, II, 179, 183 v°). — *De Oleriis*, 1213 (cart. Anian. 48). — *Olla larga*, 1215 (reg. cur. Franc. H. L. II, pr. c. 249). — *Castellum de Olarge*, 1126 (chât. de Foix; *ibid.* 442). — *Olargue*, 1157 (cart. de l'abb. de Salvanez, *ibid.* 520); 1625 (pouillé); 1649 (*ibid.*). — *Olargues*, 1187 (mss d'Aubaïs; H. L. *ibid.* 162); 1649 à 1755, 1737 à 1785 (arch. d'Olargues, délibérations du conseil de la communauté; reg. de l'état civil); 1760 (pouillé; carte de Cassini; carte diocés. tabl. des anc. dioc.).

La ville d'Olargues, au diocèse de Saint-Pons, répondait pour la justice au sénéchal de Béziers. Elle était l'une des sept villes qui envoyaient, par tour, un député diocésain aux États de Languedoc. Ses armes étaient *d'azur au pot ayant une anse, le tout d'or;* on les voit sur le sceau de Frotard d'Olargues, 1226 (H. L. V, pl. vii, n° 104).

Le canton d'Olargues ne comprenait d'abord que sept communes, outre le chef-lieu : Colombières, Mons, Prémian, Saint-Étienne-d'Albagnan, Saint-Julien, Saint-Martin, Saint-Vincent; mais, par suite de la suppression du canton de Cessenon (3 brumaire an x), le canton d'Olargues fut augmenté de quatre communes : Berlou, Roquebrun, Vieussan, du canton de Cessenon, et Ferrières, distraite du canton de Saint-Chinian en échange de Cessenon.

Oli (Mas de l'), h. — Voy. Huile (Mas de l').

Olivet, h. c^{ne} d'Agonès.

Olivet (L'), f. c^{ne} de Villeveyrac. — *Olivetum villa*, 975 (arch. de l'église de Lodève; G. christ. VI, inst. c. 267; cart. Agath. 102); 1176 (ch. du fonds de St-Jean-de-Jérusalem). — *Olivedum*, 987 (cart. Lod. G. christ. *ibid.* 270). — *Olivanum*, 1164 (Liv. noir, 287 v°). — *Louilvet* (carte de Cassini).

Olivet (Mas d'), f. c^{ne} de Saint-Clément. — *Mansus de Oliveriis*, 1243 (cart. Magal. E 217).

Olivien, f. c^{ne} de Lavérune.

Olivier, f. c^{ne} de Montpellier, sect. E.

Olivier, f. c^{ne} de Montpellier, sect. F.

Olivier (L') ou les Oliviers, f. c^{ne} de Moulès-et-Baucels. — *Mansus de Oliverio*, 1346 (cart. Magal. E 306).

Olivier (Mas d'), f. c^{ne} de Gignac, 1809.

Oliviers (Mas des), f. — Voy. Planchénault.

Ollier, Enjalvin ou Barthès, f. c^{ne} de Montpellier, sect. H.

Olmet-et-Villecun, c^{ne} de Lodève. — *Ulmes villa*, *Ulmeda villa*, 804-6 (cart. Gell. 3 et 4; Mabill. Ann. II, 718; G. christ. VI, inst. c. 265). — *Villa de Ulmeriis*, 1120 (cart. Gell. 166 v°). — *De Ulmis*, 1123 (*ibid.* 188 v°); 1163, 1176 (ch. du fonds de Saint-Jean-de-Jérusalem); 1181 (cart. Magal. A 46). — *Fortia, munitio de Ulmeto*, 1162 (tr. des ch. H. L. II, pr. c. 588). Cette forteresse d'Olmet était une possession du chapitre cathédral de Lodève, 1160 (Plant. chr. præs. Lod. 87). — *Castrum et parœcia S. Petri de Ulm.* 1243 (*ibid.* 155). — *Villa Ortalis*, 1008 (cart. Gell. 14). — *Ortols*, 1031 (*ibid.* 20; 2e cart. Gell. 28). — *Villa ad Ortos*, v. 1116 (cart. Gell. 76). — Les Annales de Saint-Guillem portent, page 24, *Villa Ortalis prope Villecun.* La copie ou le deuxième cartulaire de Saint-Guillem dit, page 20, *Villa Ortalis, Ortous*, le long de la rivière de Lergue, à deux lieues de Lodève en descendant, est *Ortous*. Ces deux notes combinées ne peuvent se rapporter qu'à Olmet. Les pouillés de 1625 et de 1649, les lettres du grand sceau de 1688, les cartes de Cassini et du diocèse de Lodève, les tableaux des anciens diocèses, ne varient pas dans l'orthographe d'Olmet. — Voy. VILLECUN.

Olmet et Villecun formaient, avant 1790, deux paroisses distinctes du diocèse de Lodève. — Olmet a constamment fait partie du canton de Lodève. Villecun fut d'abord une commune du canton d'Octon, supprimé par suite de l'arrêté des consuls du 3 brumaire an x; alors cette commune passa dans celui de Lodève. Les deux communes ont été réunies en une seule en 1822.

OLONZAC, arrond. de Saint-Pons. — *Oronzac*, 1095 (2ᵉ cart. de la cath. de Narbonne; H. L. II, pr. c. 340); 1145 (*ibid.* 509). — *Olonzachum*, 1126 (cart. de Foix, *ibid.* 443); 1216 (Livre noir, 112). — *Olonzacum*, 1176 (cart. de Foix, 106). — *Olonziacum*, 1123 (Livre noir, 148 v°). — *Olonziachum*, 1166 (abb. de Salvanez; H. L. *ibid*. 605). — *Olorsiacum*, 1187 (cart. Agath. 295). — *Olorziacum*, 1197 (*ibid*. 296). — *Olonzag*, 1132 (ch. de l'abb. d'Aniane). — *Olonzac*, 1145 (H. L. II, pr. c. 340); 1608 et 1643 (arch. d'Olonzac, Livres terriers); 1609-1620 (*id.* délibérations du conseil de la communauté); 1625 (pouillé); 1649 (*ibid.*); 1688 (lett. du gr. sceau); cure, 1760 (pouillé; carte de Cassini; carte diocés. tabl. des anc. diocèses).

Olonzac était une paroisse du diocèse de Saint-Pons, sous le patronage de l'*Assomption de la Sainte Vierge*. — Quant à la justice, cette ville répondait au sénéchal de Carcassonne. Elle était l'une des sept cités qui envoyaient, par tour, un député diocésain aux États de Languedoc. Ses armes étaient *d'or, au pot ayant une anse, le tout de gueules, au chef de France*. Nous ne laisserons pas ces armoiries, si ressemblantes à celles d'Olargues, sans faire remarquer que le *pot* blasonné, *Olla*, figure le nom de l'une et de l'autre ville.

Le canton d'Olonzac ne comprenait originairement que huit communes : Olonzac, Aigne, Azillanet, Beaufort, la Caunette, Cesseras, Minerve et Oupia. Mais l'arrêté des consuls du 3 brumaire an x ayant supprimé le canton de la Livinière, les cinq communes qui le formaient furent ajoutées à celui d'Olonzac; ce sont : Cassagnolles, Félines-Hautpoul, Ferrals-lez-Montagnes, la Livinière et Siran.

OLQUE (MOULIN D'), f. cⁿᵉ de Castanet-le-Haut. — *Orca*, 990 (arch. de Saint-Thibéry; G. christ. VI, inst. c. 315).

OLQUET, h. — Voy. ORQUETTE.

OMBRIÉS, f. cⁿᵉ des Aires. — Avant 1845, cette ferme appartenait à la commune de Mourcairol, qui a été alors partagée entre la commune des Aires et celle de Villecelle.

OMELAS, cᵇᵉ et h. — Voy. AUMELAS et BASTIT.

ONDES (LES), f. cⁿᵉ de la Salvetat.

ONGLOUS (LES), éc. cⁿᵉ de Marseillan. — *Villa Anglona*, 825 (cart. Agath. 44). — *Agulos*, 1173 (*ibid*. 151). — *De Angulis*, 1187 (*ibid*. 295). — *Al cap dels Agalz juxta la via d'Agde*, xiiᵉ sᵉ (*ibid*. 199). — Les Onglous ont un petit port sur l'étang de Tau.

OPINIO, h. — Voy. AUPIGNO.

OR (ÉTANG DE L'). — Voy. MAUGUIO (ÉTANG DE).

ORATOIRE (L'), éc. — Voy. NOTRE-DAME-DU-GRAU.

ORB (L'), rivière qui prend sa source à l'est et au-dessus de Mézérens, commune de Romiguières, court, dans l'arrondissement de Lodève, sur les territoires de Romiguières, Roqueredonde, Avène, Joncels, Lunas, Dio et Valquières, et fait mouvoir dans cet arrondissement neuf moulins ou usines, pénètre dans l'arrondissement de Béziers, entre les cantons de Saint-Gervais et de Bédarieux, et serpente sur les communes de Camplong, Boussagues, Bédarieux, Mourcairol, Hérépian, le Poujol, où elle quitte cet arrondissement pour passer dans celui de Saint-Pons : elle y traverse Colombières, Saint-Martin-de-l'Arçon, Mons, Vieussan, Roquebrun, Cessenon, et y fait marcher dix usines; enfin, elle rentre dans l'arrondissement de Béziers, court sur les territoires de Murviel, Thézan, Cazouls-lez-Béziers, Lignan, Maraussan, Béziers, Sauvian, Sérignan. On compte trente-quatre usines sur cette rivière dans l'arrondissement de Béziers. — L'Orb arrose deux cent dix hectares, parcourt 117 kilomètres et se jette dans la Méditerranée par le *Grau de Sérignan*. — Voy. BAGNOLS, CARLET, SAINT-PIERRE-D'APOUL.

Cette rivière séparait les anciens diocèses de Narbonne et de Béziers. La vallée de l'Orb, dirigée du nord au sud comme la rivière, a une étendue de sept myriamètres.

Orbis (Mela l. II, c. 5); 1106 (Livre noir, 75 v°). — Ὄρβις (Ptol. Geogr. l. II, c. 10). — *Orobis* (Fest. Avien. Or. marit. v. 591). — *Orobs* (Anonym. Raven. l. IV, § 28). — *Orbus*, 791 (Concil. Narb.); 1178, 1185 (*ibid*. 21 v° et 70 v°). — *Orp*, 1694 (affranch. reg. II, 180). — *Orb*, 1471 (arch. de Béziers; lett. pat.); xviiiᵉ sᵉ (carte de Cassini; carte diocés. et tous les documents modernes).

OREILLE (MAS D'), f. cⁿᵉ de Guzargues.

ORIÉGES, f. — Voy. ARIÉGES.

Ornac, h. c^ne de Mons. — *Orlacum*, 1182 (cart. d'Aniane, 53 v°). — *Orlhacum*, 1212 (cart. Magal. E 240).

Ornovaïre (L'), f. c^de de Cessenon.

Orquette, h. c^ne de Castanet-le-Haut. — *Orcha*, 990 (arch. de Saint-Thibéry; G. christ. VI, inst. c. 315). — La carte de Cassini indique ici deux métairies voisines : *Olquet* et *Oulquette*. — Le nom d'Orquette vient aussi du voisinage de rochers à pic, énormes, boisés, semblables à des orgues immenses, qu'on appelle rochers de l'*Orque*, et par corruption de l'*Orgue*.

Ort-Neuf (L'), j^in, c^ne de Béziers.

Ortaliche (L'), f. c^de de Corneilhan, 1809.

Ortolanis, f. c^de de Montpellier, sect. E.

Ortus, chaîne de montagnes entre Valflaunès et Saint-Martin-de-Londres. — Hauteur : grand sommet, 525 mètres; petit sommet, 522 mètres.

Os, ancien village, entre les cantons de Lunas et de Lodève. — *Os villare*, 804-6 (cart. Gell. 3; 2e cart. Gell. 4; Mabill. Ann. II, 718; G. christ. VI, inst. c. 265).

Oulettes (Les), ruiss. qui arrose la commune de Poussan, court pendant 3 kilomètres et se jette dans la Vène, qui se perd dans l'étang de Balaruc.

Oupia, c^on d'Olonzac. — *Villa quæ Opinianus dicitur*, 936 (G. christ. VI, inst. c. 77). — *Opinianum, Opiniacum* (*ibid.* arch. de l'église de Saint-Pons; Catel, Comt. de Toul. 88). — *Opianum*, 1146 (cart. du chât. de Foix; H. L. II, pr. c. 518). — *Opian*, seigneurie de la viguerie de Carcassonne, 1529 (dom. de. Montpellier; *ibid.* V, 85). — *Oppia*, 1625 (pouillé). — *Oppya*, 1649 (*ibid.*). — *Opia* et *Oupia*, 1604, 1720, 1760, 1770 (arch. d'Oupia, Compoix ou Livres terriers; reg. de l'état civil). — *Oupia*, cure, 1760 (pouillé); xviie s^e, 1773, 1784 (terr. d'Oupia; carte de Cassini; carte diocés. tabl. des anciens diocèses). — *Opian*, aujourd'hui *Oupia*. paroisse de l'ancien diocèse de Saint-Pons, répondait pour la justice au sénéchal de Carcassonne.

Ouradou, f. c^ne de Bédarieux. Le recensement de 1809 porte *Grange d'Ouradou et Milhau*.

Ourgas, anc. chapelle. — Voy. Notre-Dame-d'Ourgas.

Oustalet (L'), f. c^ne de Claret.

Ozières, f. c^ne de Brissac. — *Parrochia de Osorio*. 1186 (cart. Magal. F. 56). — *Prioratus de Ozorio*, 1333 (stat. ecc. Magal. 10, 17, 71 v° et *passim*). Cette métairie est désignée sous le nom des *Angeres* sur la carte de Cassini et sous celui des *Augeres* sur la carte du diocèse de Montpellier.

P

Padeau, h. c^ne de Castanet-le-Haut.

Paché ou Pacheq, f. c^ne de Lunel.

Pacotte, f. c^ne de Mauguio.

Paderc, f. c^ne de Servian. — *Pader* (carte de Cassini).

Paders, h. c^ce de Montesquieu. — L'église de ce hameau dépend de la paroisse de Fos. — *Ecclesia S. Michaelis de Padernis*, 1156 (bulle d'Adrien IV; arch. de Cassan; G. christ. VI, inst. c. 139 et 269). — *Pader*, succ. (carte de Cassini).

Paders (Rieu), ruisseau qui prend sa source sur le territoire de Montesquieu, arrose cette commune et celle de Vailhan, parcourt 3 kilomètres et se jette dans la Thongue, affluent de l'Hérault.

Pagès, f. c^ne de la Salvetat.

Pagès, h. c^ne de Lunel-Viel.

Pagès (Pué de), f. c^de de la Salvetat.

Pagèze (La), f. c^ne d'Agde.

Pagézy, 2 ff. c^ne de Castelnau-lez-Lez.

Pagnerié, h. c^ne du Soulié.

Paguignan, h. c^ne d'Aigues-Vives. — *Paguinan* (carte de Cassini).

Pailhès, c^on de Murviel. — *Villa Gramacianicus que vocant Paliarius*, 960 (Livre noir, 308). — *Vallis Paliarensis* (*ibid.*). — *Villa de Paliars*, 1097 (*ibid.* 312). — *Villa de Pallearios*, 1124 (*ibid.* 52 et 52 v°). — *De Paleariis*, 1185 (*ibid.* 71); 1195 (*ibid.* 101); 1306 (*ibid.* 99 v°). — *Villa de Palleriis*, 1160 (cart. Anian. 57 v°); 1211 (cart. Agath. 163). — *De Paleriis*, 1178 (G. christ. VI, inst. c. 140); 1216 (Livre noir, 109). — *De Palheriis*, 1226 (chât. de Foix; H. L. III, pr. c. 307). — *Palhès*, 1625 (pouillé); 1649 (*ibid.*). — *Paillés*, 1688 (lett. du gr. sc. tabl. des anc. dioc.). — *Pailhés*, 1760 (pouillé; carte de Cassini; carte diocésaine; Expilly, Doisy, etc.); 1781 (terr. de Pailhès). — Saugrain écrit *Paillez*.

L'église de Pailhès était un prieuré dépendant du chap. de Saint-Nazaire de Béziers. Il avait été réuni à l'église de Tourreilles (voy. ce nom). — *Ecclesia de Pailleriis*, 1253 (stat. eccl. Bitt. 570). — *Vicaria de Palhenis*, 1323 (rôle des dîmes des églises de Béziers). — *Vicair. de Palhaires*, 1518 (pouillé). — *Cure*, 1760 (*ibid.*), dépendait de l'archiprêtré de Cazouls, pair. *S. Stephanus*, 1780 (état offic. de l'église de Béziers).

Pailhès, éc. — Voy. Bac de Castelnau.

Pailuez ou Pailhès, f. c^ne de Béziers.

Paillade (La) ou Dupin, 1809, f. c^ne de Montpellier. — *Terminium, mansus de Paleata*, 1130 (mss d'Aubaïs; H. L. II, pr. c. 457); 1135 (*ibid.* 478); 1217 (cart. Magal. C 95); 1275 (bulle de Grégoire X; *ibid.* F 170); 1484 (arch. de l'hôpital général de Montpellier, liasse B, 586).

Paillas, f. c^ne d'Argelliers.

Paillasse, f. c^on de Ganges.

Paille (La), éc. c^ne de Montpellier, sect. H.

Paille (Mas de la), f. c^ne de Pezènes.

Pailletrice, f. c^ve de Pérols. — *Parrochia S. Felicis de Paleria*, 1310 (cart. Magal. D 59).

Païssel (Le), f. c^ne de Saint-Vincent (c^on d'Olargues). — *Palissinctos mansus*, 936 (G. christ. VI, inst. c. 77; Catel, Comt. de Toul. 88).

Paissière (La), f. c^ne de Saint-Julien.

Paladilles, f. c^ne de Montpellier, sect. J.

Palagret ou Grange de Palagret, 1809, f. c^ne de Bédarieux.

Palais, ancienne église et ruisseau. — Voy. Pallas.

Palais Impérial, f. c^ne de Lunel.

Palat (Mas de), f. c^ne de Gignac.

Palavas, c^on (2e) de Montpellier. — Ce village, appelé *les Cabanes*, dépendait de la commune de Mauguio. Érigé en commune le 29 janvier 1850, il a formé son territoire avec une partie des terres et des eaux de Mauguio, Pérols, Lattes et Villeneuve. L'étang de Vic prend même le nom d'*étang de Palavas*. Ce nom, qui répond à celui de *Palus*, lui vient du grau qui sert aujourd'hui d'embouchure au Lez. — *Pavallanum villa*, 990 (Martène, Anecd. I, 179). — *Palus*, 1140 (tr. des ch. H. L. II, pr. c. 490). — Voy. Lattes.

Le *grau de Palavas*, avant la canalisation du Lez, était vis-à-vis de l'embouchure de cette rivière dans l'étang (Astruc, Mémoires pour l'histoire naturelle de Languedoc, 34). On l'a souvent confondu avec le grau de Balestras à l'est. Le grau de Palavas s'ouvrit en 1623, et le grau de Balestras se substitua à celui de Palavas en 1663 (Clerville, Discours sur les ouvertures vulgairement appelées *graus*, 1665, in-4°). On voit encore entre ces deux emplacements les restes d'une ancienne tour, connue sous le nom de *Redoute de Palavas* (carte de Cassini; carte diocésaine, etc.).

L'*étang de Palavas* ou de Vic, autrefois d'*Albian*, *stagnum Debebani* (sic), 1175 (charte du fonds de Saint-Jean-de-Jérusalem, liasse de Launac). — *Albianum*, 1190 (arch. de l'hôpital Saint-Éloi de Montpellier, B 5). — Il portait aussi le nom des *Crozes*, xviiie s^e (plan de l'étang de Vic, *ibid.*).

Palestine (La), f. c^ne de Villeveyrac, 1809.

Palignan, f. c^ne de Vias. — *Palignanum*, 1305 (stat. eccl. Bitt. 155).

Palisse (La), h. c^ne de Rosis. — Avant 1830, Rosis portait le nom de *Saint-Gervais terre foraine*.

Pallas ou Palais, ancienne église du diocèse d'Agde, commune de Mèze. — On trouve parmi les souscriptions du concile d'Agde de 506 *Episcopus de Palatio*, qui ne peut être que l'évêque de Maguelone, 1219 (Baluze, Portefeuille de Languedoc; H. L. III, pr. c. 255). — *Locus de Palhars cum villulis et aspicentiis suis super flurium Araur*, 853 (cart. d'Aniane; H. L. I, pr. c. 101). — *Alodium de Palaio*, 961 (Mabill. Dipl. 572). — *Villa Palas cum ipsa eccl. S. Marie*, 990 (Martène, Anecd. I, 179; cart. Agath. G. christ. VI, inst. c. 329). — *Palais vel Palaisum*, 1002 (cart. de l'abb. de Conques; H. L. II. pr. c. 161). — *Palaiz*, 1013 (*ibid.* 167); 1127 (cart. Gell. 134); 1178 (ch. de l'abb. du Vignogoul). — *Palacium*, 1163 (ch. de la même abbaye). — *Palaz*, 1161 (cart. Gell. 212 v°). — *Palea*, 1203 (cart. Agath. 61). — *Ecclesia S. Pauli de Palnes*, 1156 (bulle d'Adrien IV; cart. Agath. 2). — *De Palaiano, de Palajano*, 1138 (abb. de Valmagne, H. L. II, pr. c. 485).

Pallas, ruisseau qui prend sa source sur le territoire de Villeveyrac, traverse ceux de Loupian et de Mèze, fait aller un moulin à blé, arrose cinq hectares, et, après un cours de 4 kilomètres, se perd dans l'étang de Tau.

Palliers (Les); Pallier de Bastide, 1809, f. c^ne de la Salvetat. — *Mansi Pelludi*, 936 (arch. de l'église de Saint-Pons; Catel, Comt. de Toul. 88; G. christ. VI, inst. c. 77).

Paloquet, j^in, c^ne de Villeneuve-lez-Béziers.

Palus (La), f. c^ne de Marsillargues.

Palus (Les), chât. et marais, au diocèse de Maguelone, commune de Lattes. — Nous avons montré, à l'article de cette commune, que l'ancien château de Lattes avait également porté le nom de *Palus* à cause du voisinage des marais ou étangs salés : *Castrum de Palude vel Latarum; villa et palus quod vulgo dicitur Lates*, 1236 (cart. Magal. E 114, etc.) : voy. Lattes. Nous devons ajouter ici que les *Palus* désignaient et désignent encore plus précisément l'ensemble de ce voisinage marécageux. Ainsi, indépendamment du *castrum de Latis vel de Palude* qu'on trouve si fréquemment dans nos archives, 1121 (mss d'Aubaïs; H. L. II, pr. cc. 414, 416); 1140 (cart. Magal. C 130); 1156 (Spicil. III, 194, etc.); on rencontre aussi souvent : *Laborivum de la Paludella* (id. ibid.); *ad Maurinum et ad Paludes*, 1200 (cart. Magal. A 47, etc.).

Paméla (Mas de), jⁱⁿ, c^{ne} de Mèze.

Panpendut, jⁱⁿ, c^{ne} de Béziers.

Pànse, f. c^{ne} de Saint-Paul-et-Valmalle.

Papas, f. c^{ne} de Montpellier, sect. J.

Papeterie (La), 1809; Papeterie de Clairac, 1840, éc. c^{ne} de Boussagues.

Papeterie (La), éc. c^{ne} de Brissac.

Papeterie (La), h. c^{ne} de Soumont.

Papeterie-Neuve, éc. c^{ne} de Bédarieux, 1809.

Papiran, f. — Voy. Saint-Pierre-de-Papiran.

Parade ou Paradis, f. c^{ne} de Lunel.

Paran (Mas de), f. c^{ne} de Teyran.

Parc (Le), éc. c^{ne} de Villeneuve-lez-Béziers.

Parc (Le), f. c^{ne} de Pézenas.

Pardailhan, c^{on} de Saint-Pons. — *Pardellan*, 1216 (reg. cur. Fr. H. L. III, pr. c. 254). — *Pardelhanum*, 1362 (G. christ. VI, inst. c. 91). — *Pardailhanum*, 1442 (chron. de Bardin mss et H. L. IV, pr. c. 42). — *Pardailhan*, seigneurie (comté) de la viguerie de Narbonne, 1529 (dom. de Montpellier; ibid. V, 86). — *Pardaillan*, 1625 (pouillé; tabl. des anc. dioc.). — *Pardeillan*, 1737 (H. L. III, à la table). — *Pardeillan et Pardaillan*, 1742 (id. IV et V, ibid.). — *Pardelhan*, 1649 (pouillé). — Cure de Pardeilhan et Saint-Jean son annexe, 1760 (ibid.); 1768 (Expilly, Dict. des Gaules). — *Pardailhan*, dit *Pont-Guiraud*, est un hameau de la même commune (carte de Cassini et carte du diocèse de Saint-Pons) : voy. ce dernier nom.

Le pouillé de 1649 indique bien que Pardailhan répondait au sénéchal de Carcassonne; toutefois la seigneurie était une justice royale non ressortissante. — En 1790, cette commune fut placée dans le canton de Saint-Chinian; mais, en l'an x, elle fut transférée dans celui de Saint-Pons.

Pardailho, h. c^{ne} de Pardailhan. — Cassini écrit *Pardailhan*.

Pargoire, f. c^{ne} de Montagnac.

Parlatges, c^{on} de Lodève. — *Castrum de Parlagas*, 1162 (tr. des ch. H. L. II, pr. c. 588). — *De Parlatgis*, 1210 (cart. Gell. 61). — *Parliaiges*, 1210 (Bibl. reg. G. christ. VI, inst. c. 284). — *Parlages*, seigneurie de la viguerie de Gignac, 1529 (dom. de Montpellier; H. L. V, pr. c. 87). — *Parlatgez*, 1625 (pouillé). — *Parlatges*, 1649 (ibid.); 1688 (lett. du gr. sc.); cure, 1760 (pouillé; tabl. des anc. dioc. Expilly, Saugrain, Doisy, etc.). Les cartes de Cassini et du diocèse de Lodève écrivent *N. D. de Parlages*. Ce lieu devint un pèlerinage célèbre par ses miracles et par le concours des pèlerins au moyen âge : *inter loca pia nonnullis miraculis clara, et ab accolarum concursu et frequentia celebrata, sacellum B. Mariæ de Parlages* (Plant. chr. præs. Lod. 5).

Parlatges appartint d'abord au canton de Soubès; mais ce canton ayant été supprimé par l'arrêté des consuls du 3 brumaire an x, cette commune fut placée alors dans le canton de Lodève.

Parlatges, ruisseau qui court sur le territoire de la commune de même nom pendant 5,500 mètres, fait aller un moulin à blé et se perd dans la Brèze, affluent de la rivière de Lergue.

Parlier, f. c^{ne} de Montpellier, sect. D.

Parquet (Le), f. c^{ne} d'Agde.

Parry, f. c^{ne} de la Salvetat.

Partisous (Las), f. c^{ne} de la Salvetat.

Pas ou Patte-de-Bru, f. — Voy. Viguier (Le).

Pascal, f. c^{ne} de Joncels.

Pascal, f. c^{ne} de Montpellier, sect. G.

Pascal, f. c^{ne} de Pégairolles-de-Buéges.

Pascal, jⁱⁿ, c^{ne} de Lodève.

Pascale, f. c^{ne} de Saint-Brès.

Pascals (Les), h. c^{ne} de Lunas.

Pas-de-la-Lauze, f. c^{ne} de Rosis.

Pas-de-Loup, f. c^{ne} de Nissan.

Pas-du-Coulet, f. c^{ne} de Saint-Saturnin.

Pas-Ferrier, ruisseau qui prend sa source au lieu appelé *Poujouli*, près de la métairie de la Vabre, commune de Claret, court pendant 4,600 mètres sur le territoire de cette commune, fait aller un moulin à blé et se jette dans le Gorniès, affluent du Brestalou, tributaire du Vidourle.

Pasquié, jⁱⁿ. — Voy. Honts.

Pasquier, f. c^{ne} d'Aumelas.

Pasquier, jⁱⁿ, c^{ne} de Montpellier, sect. D.

Pasquière (La), f. c^{ne} de Béziers (2e sect.).

Passero, mⁱⁿ, c^{ne} de Lunas.

Passes, jⁱⁿ, c^{ne} de Nissan.

Pastissou (Lou), éc. c^{ne} de Béziers.

Pastourel, f. c^{ne} de Lattes.

Pastourel, f. c^{ne} de Saint-Pargoire.

Pastourel (Mas) ou Lalande, f. c^{ne} de Castelnau-lez-Lez.

Pastré, éc. filature, c^{ne} de Bédarieux.

Pastre, f. — Voy. Puech-Aussel.

Pastre (Baraque de), éc. c^{ne} de Faugères.

Pastre (Hort de), éc. c^{ne} de Pézenas, 1809.

Pastret, mⁱⁿ sur le Brestalou, c^{ne} de Sauteyrargues-Lauret-et-Aleyrac.

Pater (Mas de), f. c^{ne} de Pégairolles (c^{on} du Caylar).

Paul (Mas de), f. c^{ne} de Clapiers.
Paul-Thomas (Mas), f. c^{ne} de Mèze.
Paulhan, c^{on} de Clermont. — *Pauliacum*, 881 (arch. de l'église de Narbonne; Baluze, Concile de Narbonne, app. n. 2). — *Paulianum castrum seu castellum*, 990 (abb. de Saint-Thibéry; H. L. II, pr. c. 144); 1035, 1036 (chât. de Foix; *ibid.* 195, 199). — *Castellum de Paulio*, 1059 (*ibid.* 231). — *Polianum*, 1089 (Livre noir, 4 v°). — *Paulhanum*, 1140 (H. L. *ibid.* 493). — *Paulanum*, 1149 (cart. Agath. 89). — *Molendini et castellum de Paolan*, 1174 (abb. de Valmagne; H. L. III, pr. c. 133). — *De Paollano*, 1182 (mss d'Aubaïs; *ibid.* 154). — *Palianum*, 1311 (stat. eccl. Bitt. 115 v°). Seigneurie de *Polhan* dans la viguerie de Gignac, 1529 (dom. de Montpellier; H. L. V, pr. c. 87). — *Paulian*, 1625 (pouillé); 1649 (*ibid.*). — *Paulhan*, 1688 (lett. du gr. sc.). — *Paulhan*, 1760 (pouillé; tabl. des anc. dioc. carte de Cassini; carte diocés.).

L'église de Paulhan appartenait au diocèse de Béziers : *Eccl. S. Marie de Pauliano*, 990 (abb. de Saint-Thibéry; H. L. II, pr. c. 144, et G. christ. VI, inst. c. 315). — *Rectoria de Paolhano*, 1323 (rôle des dîmes des églises de Béziers). — *Cure de Paulhan*, 1760 (pouillé). — Cette église, dans l'archiprêtré du Pouget, avait pour patr. *B. M. Virtutum et Exaltatio S. Crucis*, 1780 (état officiel des églises de Béziers).

Paulhan, village séquestré du diocèse de Béziers, allait pour la justice au gouvernement de Montpellier, et parfois au siége présidial de Béziers, quand bon lui semblait. — En 1790, il fut compris dans le canton d'Aspiran, lequel fut supprimé par arrêté des consuls du 3 brumaire an x; cette commune passa dès lors dans le canton de Clermont.

Pauliac, éc. c^{ne} de Montpellier, sect. G.
Paulinian, anc. dom. c^{ne} de Coulobres, 881 (G. christ. VI, inst. c. 301).
Pause (La), f. c^{ne} de la Salvetat. — *Mansus de la Pausa*, v. 1060 (cart. Gell. 176).
Pauvian, f. c^{ne} de Lavérune.
Pauzelles (Les), f. c^{ur} de Saint-Pons.
Pavillon, f. c^{ne} de Montagnac.
Pech, éc. c^{ne} de Saint-Pons.
Pech (Le), f. c^{ne} d'Azillanet.
Pech (Le), f. c^{ne} de Minerve.
Pech-Aure, mans. et tènement, c^{ne} de Saint-André-de-Sangonis. — *Mansus et tenedo de Podio-Auri*, 1284 (Plant. chr. præs. Lod. 233).
Pech-Coucut, f. c^{ne} de Béziers. — *Podium cocutum*, 1169 (Livre noir, 10 v°). — *Jardin de Puech-Coucut* (recens. de 1809). — *Pied-Coucut* (recens. de 1851).

Pecu-de-Bade, f. c^{ce} de Siran.
Pêcheries. — Voy. Avranches, Lombriasque, Monsieur.
Pêcheurs (Mas des), f. c^{ne} de Villeneuve-lez-Maguelone.
Pégairolles, c^{on} du Caylar. — *Vallis de Pegueirollis*, 824 (Plant. chr. præs. Lod. 30). — *Vallis Pegarrensis*, 975 (arch. de l'église de Lodève; G. christ. VI, inst. c. 267). — *Villa de Pegarrolas*, 1162 tr. des ch. H. L. II, pr. c. 588). — *Castrum de Pegairolis*, 1210 (bibl. reg. G. christ. *ibid.* 284). — *Pegayrollas*, 1501 (ch. de Murviel, arrond. de Béziers). — *Pegairolles*, 1625 (pouillé); 1649 (*ibid.*); 1688 (lett. du gr. sc.). — *Cure*, 1760 (pouillé; tabl. des anc. dioc.). Cassini; Expilly, Doisy, etc. écrivent *Pegayrolles*.

Cette commune appartint d'abord au canton de Soubès, supprimé par l'arrêté des consuls du 3 brumaire an x; elle fut alors placée dans le canton du Caylar.

Pégairolles, c^{ce} de Saint-Martin-de-Londres. — *Villa Petrolianum et Petronianellum et Casellas campanias*, 855 (cart. Gell. 100 v°); 1162 (*ibid.* et G. christ. VI, inst. c. 282). — *Castrum Pegairolas*, 1110 (cart. Gell. 94 v°); 1122 (*ibid.* 130 v°). — *Castrum de Pegueirollis de Buegis diœcesis Magalonensis*, 1264 (Plant. chr. præs. Lod. 203). — *Dominus de Pegueyrollis de Bodia*, 1296 (*ibid.* 249). — *Pegairolles et Bueges*, dans la viguerie de Sommières, 1625 (pouillé). — *Pegairoles et Buejes*, 1649 (*ibid.*). — *Pegueirolles*, 1688 (lettres du gr. sceau; tabl. des anc. diocèses). — *Pegairolles*, 1760 (pouillé). — *Pegayrolles* (carte de Cassini).

On voit dans Plantavit que le *castrum de Pegueirollis*, au diocèse de Maguelone, appartenait en 1264 à l'évêque de Lodève (Chr. 203); mais, plus tard, cette église, réunie à *Saint-Jean-de-Buéges*, forma une paroisse du diocèse de Montpellier, dépendante de l'archiprêtré de Brissac, 1756 (état officiel des églises de Montpellier). Elle figure comme *cure* dans le pouillé de 1760. Le chapitre cathédral de Montpellier en était le prieur, et ses patrons étaient la *sainte Vierge* et *saint Vincent*, 1779 (vis. past.).

Le piton dolomitique du village de Pégairolles a 387 mètres d'élévation.

Pegan, c^{ne}. — Voy. Capestang.
Pégat, f. c^{ne} de Montpellier, 1809.
Pégat (Mas de), f. c^{ne} de Gignac.
Peilhan, h. c^{ne} de Roquebrun, 1809.
Peilhan, h. c^{ne} de Vieussan. — *Peyanum villa*, 899 (Spicil. XIII, 265). — *Pilianum villa*, 896 (Livre noir, 54 v°); 1152 (*ibid.* 250 v°). — *Pelianum*.

971 (*ibid.* 194 et 195 v°). — *Eccl. de Pellano*, 1213 (*ibid.* 268 v°). — *Prieuré de Peillan et Montels*, 1760 (pouillé).

PEILHES (LAS); PILE, 1841; h. c°° de Saint-Pargoire.

PEILLÉ (MAS), h. c°° de Bédarieux, 1809.

PELETIER (MAS DE), f. c°° de Gignac.

PELIFAN, anc. chapelle. — Voy. MANGON.

PÉLICANT, f. c°° de Gignac. — *Pelignanum villa in loco quem vocant Suricarias*, 933 (cart. de l'église de Béziers; H. L. II, pr. c. 70). — *Pilignanum*, 1080 (*ibid.* G. christ. VI, inst. c. 132); 1167 (Livre noir, 39); 1177 (*ibid.* 23); 1202 (*ibid.* 80 v°). — *Pelican* (carte de Cassini).

PELISSIER, éc. c°° de Laurens, 1840.

PELLET, f. c°° de Montpellier, sect. K.

PROUTAU (LA), h. c°° de la Salvetat.

PERAN ou PESAN, h. c°° de Saint-Nazaire (c°° de Lunel). — Ancienne paroisse du canton de Lunel, dépendante de la commune de Saint-Nazaire. C'était l'une des douze villettes de la baronnie de Lunel. — *Peranum*, 1440 (lett. pat. de la sénéchaussée de Nimes, VIII, 257 v°). — *Saint-Nazaire de Pesan* (carte de Cassini).

PÉRAS, éc. c°° de Castanet-le-Haut.

PÉRAS (LE), f. c°° d'Abeilhan.

PÉRAS (LE), h. c°° des Aires. — Ce hameau a fait partie de la commune de Mourcairol jusqu'en 1845, époque du partage de cette commune entre les Aires et Villecelle.

PERDIGAL, f. c°° d'Assas.

PERDIGUIER, chât. c°° de Maraussan. — *Perdiguer* (carte de Cassini).

PERDRIX, f. c°° de Mudaison, 1809.

PÉNÉGRAT, plateau, c°° de Valros. — Sommet du plateau : 94ᵐ,15; point extrême du plateau, près de Valros, en avant de la route de Béziers à Pézenas, 89ᵐ,45. Ce plateau se continue à l'est, et, à peu de chose près, avec le même niveau que celui de l'ouest.

PEREIRAL, f. c°° de Vieussan.

PÈRES (MAS DES), h. c°° de Mauguio.

PERET, c°° de Montagnac. — *Villaris, mansus Peretum*, 861 (bibl. reg. Baluze, ch. des R. H. L. I, pr. c. 107); 1138 (arch. de l'abb. de Valmagne, H. L. II, pr. c. 484). — *Mansus Pered*, 1060 (cart. Gell. 96). — *Villa de Peceto (Pereto)*, 1123 (G. christ. VI, inst. c. 278). — *Pezet (Peret)*, 1380 (Libr. de memor.). — *Mansus de Peret*, 1123 (cart. Gell. 184 v°); 1625 (pouillé); 1649 (*ibid.*); 1688 (lett. du gr. sc.); 1760 (pouillé).

Le prieuré de Peret, bien que situé dans le diocèse de Béziers, était une dépendance de l'abbaye de Saint-Sauveur de Lodève (arch. de l'hôp. gén. de Montp. B. 428). — *Prior. de Pereto*, 1323 (rôle des dîmes des égl. de Béz.). — *Vicair. de Perette*, 1518 (pouillé); *cure*, 1760 (*ibid.*). Il appartenait à l'archiprêtré du Pouget et avait pour patron *saint Félix*, 1780 (état officiel des églises de Béziers).

Peret était une justice royale non ressortissante. — En 1790, il fut compris dans le canton de Fontès; mais ce canton ayant été supprimé par suite de l'arrêté des consuls du 3 brumaire an x, il passa dès lors dans le canton de Montagnac.

PERET, f. c°° d'Assas.

PERET, f. c°° de Lodève.

PERGASANS (LES), f. c°° de Quarante. — *Peros-Gagans* (recens. de 1809). — *Spergazans* (recens. de 1840). — *L'Espergazan* (carte de Cassini).

PERGE (LA), h. c°° de Montoulieu.

PÉRIBIS, moulin sur le ruisseau de Brian, commune de Rieussec.

PÉRIDIER, f. c°° de Montpellier, sect. G.

PÉRIÉ, f. c°° d'Assas. — *Mas de Perier*, 1694 (affranch. II, 168 v°).

PÉRIEIS ou PÉRIEX, h. c°° de Nissan. — *Pareys*, 1080 (arch. du prieuré de Cassan; G. christ. VI, inst. c. 130). — *Castr. de Parietis* (*ibid.* 131); v. 1162 (Livre noir, 241 v°). — *Villa Parietes*, 1152 (*ibid.* 250 v°). — *Pericianum*, v. 1154 (*ibid.* 52). — *Castrum de Parietibus*, 1168 (*ibid.* 65); 1230 (G. christ. *ibid.* 152). — *Prior de Par.* 1323 (rôle des dîmes de l'église de Béziers). — *Honor ville de Pares*, 1216 (bulle d'Honorius III; Livre noir, 110 v°). — *Parez*, 1135 (*ibid.* 237 v°). — *Paredz*, 1577 (*ibid.* 94). — Périeis était un prieuré et une commanderie (carte de Cassini).

PÉRILLE, f. c°° de Pinet. — *Castr. de Parillano*, 1187 (mss d'Aubaïs; H. L. III, pr. c. 161). — *Mas de la Peirille*, 1695 (affranch. VII, 9; carte de Cassini).

PÉRILLE (PORT DE LA). — Voy. LUNEL (CANAL DE).

PERNET, anc. chapelle. - -Voy. SAINT-ÉTIENNE-DE-PERNET.

PERNOT (ENCLOS), éc. c°° de Pézenas, 1809.

PÉROLS, c°° (2°) de Montpellier. — *Perairolum*, 804 (cart. Gell. 4). — *Peroles*, 1130 (cart. Magal. C 74). — *Mansus de Podiolis*, 1175 (*ibid.* F 39); 1183 (*ibid.* 283). — *Mansus de Podio*, 1201 (*ibid.* 22). — *De Peyrolis vel Perolis*, 1333 (stat. eccl. Magal. 17 et 71 v°). — *Perolz* appartenait à la viguerie d'Aigues-Mortes, 1649 (pouillé); 1684 (*ibid.*). — *Peroles* ou *Perols* (Expilly, Dict. des Gaules). — *Perols*, 1164 (cart. Magal. C 235); 1181 (*ibid.* A 45 v°); 1625 (pouillé); 1688 (pouillé; lett. du gr. sc.); 1760 (pouillé; carte de Cassini; carte du diocèse de Montpellier; tabl. des anc. dioc. Doisy, le

DÉPARTEMENT DE L'HÉRAULT.

Roy. de Fr. etc.). — Astruc dit *Perols*, ou, comme on prononçait autrefois, *Pezols*, *Pediolum* (Mém. pour l'hist. nat. du Lang. 375). — *Pairola*, *Pairol* (ibid. 474).

Église de Pérols : *Eccl. S. Xisti de Perolis*, 1536 (bulle de Paul III, transl. sed. Magal.). — La cure de Pérols dépendait de l'archiprêtré de Montpellier, 1756 (état officiel des églises de Montpellier); 1760 (pouillé); le chapitre cathédral de Montpellier en était le prieur. L'église était sous le vocable de *Saint-Sixte*; néanmoins, vers 1100, on trouve *S. Salvator de Peyrols* (Arn. de Verd. ap. d'Aigrefeuille, II, 425). Enfin l'évêque et le chapitre de Montpellier étaient coseigneurs de Pérols, 1777 (vis. past.).

Cette commune fut d'abord comprise dans le canton de Mauguio; mais, par suite des mutations opérées dans les cantons en vertu de l'arrêté des consuls du 3 brumaire an x, elle fut placée dans la 2ᵉ section du canton de Montpellier.

L'étang de Pérols, entre l'étang de Mauguio et celui de Maguelone, prend aussi le nom d'*étang de Méjan* ou *de Lattes* : voy. ces noms.

Le grau de Pérols a été artificiellement ouvert en dernier lieu, à l'est de l'ancien grau de Carnon.

PEROS-GAGANS, f. — Voy. PERGASANS (LES).

PERPIGNAN, h. cⁿᵉ de Rosis. — Ce hameau, qui appartenait à la commune de Taussac-et-Douch, est passé en 1830 dans celle de Rosis.

PERRIEN, f. cⁿᵉ de Montpellier, sect. J.

PERRIEN, f. cⁿᵉ de Montpellier, sect. K.

PERRIÈRE, f. cᵛᵉ de Mons. — *Mansus de Piro quod vocant Monte-Cairoso* (*Mont-Caroux*), 987 (cart. Lod. G. christ. VI, inst. c. 269). — *De Peirono*, 1190 (Livre noir, 158).

PERRIN, f. cⁿᵉ de Montpellier, sect. K.

PERRY (MAS DE), f. cᵒᵉ de Murles.

PERTUS (LE), f. cⁿᵉ des Plans.

PESAN, h. — Voy. PERAN.

PESSEPLANE, f. cⁿᵉ de la Salvetat. — *Pesseplane* (carte de Cassini).

PESSES (LAS), h. cⁿᵉ de la Salvetat. — *Las Pesses* (carte de Cassini).

PESTOUS, h. cⁿᵉ de Saint-Vincent (cⁿᵒ d'Olargues). — *Pestous* (carte de Cassini).

PÉTAFFY ou PUTAFI, éc. cⁿᵉ de Faugères.

PETIT, f. cᵃᵉ de Béziers.

PETIT, 2 ff. cⁿᵉ de Montpellier, 1809.

PETIT, mⁱⁿ sur le Bérange, cⁿᵉ de Castries.

PETIT-PARIS (LE), f. cⁿᵉ de Cazilhac, 1809.

PETITOUNE, f. cⁿᵉ de Ferrals.

PETRA-JORNA, anc. villa, cᵒᵉ de Caux, 1173 (cart. Agath. G. christ. VI, inst. c. 329).

PETRO (LA), f. cⁿᵉ de la Salvetat. — *Loc. de Petrone*, 1127 (cart. Gell. 134). — *La Peutru* (carte de Cassini).

PÉTRUSSE-NEUF, t. cⁿᵉ de Mauguio.

PÉTRUSSE-VIEUX, f. cⁿᵉ de Mauguio. — *Manegueria de Pertus*, 1173 (cart. Anian. 70 v°). — *Petrusse* (carte de Cassini).

PEYNE (LE), riv. — *Penna-Varia*, 1230 (G. christ. VI, inst. c. 152). — *Peine* et *Pein*, 1768 (Expilly. Dict. des Gaules, V, 610 et 667). — *Peine*, riv. (carte de Cassini).

La rivière de Peyne prend sa source au-dessus de Pezènes, non loin de Carlencas, passe sur les territoires de Montesquieu, Vailhan, Roujan, Caux, Alignan-du-Vent, Pézenas, fait aller trois moulins à blé, parcourt 30,500 mètres et se jette dans l'Hérault.

La vallée de Peyne a une étendue d'un myriamètre 5 kilomètres.

PEYRADE (LA), f. — Voy. LAPEYRADE.

PEYRAL (LE), f. cⁿᵉ de la Salvetat. — *Le Peyrat* (carte de Cassini).

PEYRAL (LE), ruisseau qui naît sur le territoire de Bassan, passe sur celui de Servian, parcourt un demi-myriamètre et se perd dans le Libron.

PEYRALADE, h. cⁿᵉ de la Salvetat. — *Peyralade* (carte de Cassini).

PEYRAT, f. — Voy. PEYRIAC.

PEYNE, éc. cⁿᵉ de Montpellier, sect. D.

PEYRE, f. cⁿᵉ de Montpellier, sect. B.

PEYRE-BESSE, f. cⁿᵉ de la Salvetat. — *Hautes et basses Besses* (carte de Cassini).

PEYRE-BLANQUE, f. cⁿᵉ de Mauguio. — *Petra Alba*, 1031 (cart. Gell. 16). — *Peyre Blanque*, 1770 (terr. de Mauguio).

PEYRE-BRUNE, f. cⁿᵉ de Cazevieille. — *Castrum de Petrabruna*, 1190 (mss d'Aubaïs; H. L. III, preuves. c. 166).

PEYRE-FICHE, h. cⁿᵉ de Ferrals-lez-Montagnes. — *Allod. de Petra Forte*, 1177 (Livre noir, 246 v°). — *De Petra Forti*, 1182 (bulle de Luce III; G. christ. VI, inst. c. 88). — *Peyrefixe* (carte de Cassini).

PEYREGOUS, f. — Voy. GANDIL (LE).

PEYRE-GROSSE, f. cⁿᵉ de Saint-Clément.

PEYREMALE, f. cⁿᵉ de la Salvetat.

PEYREMALE; PEYROMALLES, 1809; h. cⁿᵉ de Saint-Geniès-de-Varensal. — *Peyremale* (carte de Cassini).

PEYREMALE (COL DE), montagne entre Rieussec et la Caunette. Hauteur : 528 mètres.

PEYRESCANES, h. cⁿᵉ de Viols-en-Laval. — *Mansus de Peyrascanas*, 1302 (cart. Magal. E 297). — *Peyrescanes* (carte de Cassini).

PEYRIAC; PEYRAT, 1809, f. c"* de Tourbes.
PEYROMALLES, h. — Voy. PEYREMALE.
PEYRONNET, f. c"* de Cette, 1809.
PEYROU, ermitage. — Voy. NOTRE-DAME-DU-PEYROU.
PEYROU (LE), anc. forum ou marché de Montpellier, aujourd'hui place et promenade publique. — *Forum seu mercatum Montispessuli de Peiron*, dans le contrat de mariage entre Guillem VII, seigneur de Montpellier, et Mathilde de Bourgogne, de 1156 (mss d'Aubaïs, n°° 25 et 82; Spicil. III, 194; H. L. II, pr. c. 556). — Voy. SAINT-CLÉMENT.
PEYROUDAÏLE, f. c"° de Ferrals. — *Peyrouau* (carte de Cassini). — *Peyraire*, ferme de la même carte, n'existe sur aucun recensement.
PEYROUTOU, f. c"° de Fraisse. — *Peyroutou* (carte de Cassini).
PEYTAVI; PEYTAVY, 1809-1840, f. c"° de Béziers. — *Mansus de Pictavi*, 1167 (Livre noir, 55 v°).
PEYTAVIN, f. c"° de Montpellier, sect. A.
PEYTAVY, f. c"° de Montpellier, 1809.
PEZ, hameau de la c"° de Pardailhan. — *Pes* (carte de Cassini).
PÉZENAS, arrond. de Béziers. — *Piscenœ* (Pline, Hist. nat. III, 4). — *Circa Piscenas provinciœ Narbonensis* (ibid. VIII, 48). Astruc serait porté à croire que les *Piscenœ* de Pline doivent plutôt s'entendre du village de Pezènes (Mém. 53); d'Anville combat cette opinion et préfère *Pézenas* avec raison (Not. de l'anc. Gaule, 522). — *Villa Pedinatis*, 990 (Martène, Anecd. I, 179). — *Castellum de Pedenatis*, 1059 (chât. de Foix; H. L. II, pr. c. 231). — *Villa de Pezenacis*, 1155 (G. christ. VI, inst. c. 358). — *Pezenatium*, 1147 (cart. de l'abb. de Valmagne; H. L. ibid. 521); 1211 (cart. Agath. 66). — *Pezenacium*, 1167 (Livre noir, 32 v°). — *Pedanazium*, 1160 (cart. d'Aniane, 57 v°). — *Pedenacium*, 1163 (Livre noir, 33). — *Pedenascium*, 1347 (charte des arch. de Pézenas). — *Pedenazium*, 1358 (charte de Pézenas). — *Castrum Pedenatii*, 1204 (cart. Agath. 314). — *Pezenx*, 1209 (nécrol. du prieuré de Cassan). — *Pedena*, 1193 (Livre noir, 261 v°). — *Pedenach*, 1131 (arch. de l'évêché de Béziers; H. L. ibid. 461). — *Pedenaz castellum*, 1036 (chât. de Foix; ibid. 199); 1151 (Livre noir, 301 v°). — *Pedenas*, 1076, 1118, 1119, 1132 (cart. de Foix, 37; H. L. ibid. 291, 404 et 463). — *Mezenas* (leg. *Pezenas*), 1164 (mss d'Aubaïs; H. L. ibid. 600). — *Pozenas*, 1341 (Libr. de memor.); 1608 (chr. consul. de Béziers); 1625 (pouillé); 1649 (ibid.); 1668-1673 (arch. de Colombiers-lez-Béziers; reg. du conseil général des habitants); 1688 (lett. du gr. sc.); 1760 (pouillé; tabl. des anciens diocèses; carte de Cassini; carte diocés. d'Agde; Saugrain, Doisy, Expilly, etc.).

Pézenas était une église du diocèse d'Agde. — *Ecclesia S. Petri Pedinatis*, 990 (Martène, Anecd. I, 179). — Église collégiale (d'Oratoriens), cure de Pézenas, 1760 (pouillé). Aujourd'hui, ses patrons sont S. Jean-Baptiste et S"° Ursule.

Ancienne châtellenie, Pézenas fut, en 1361, érigé en comté par le roi Jean en faveur de Charles d'Artois. Ce comté passa dans la maison de Montmorency (voy. GRANGE-DES-PRÉS), puis au prince de Condé, ensuite aux princes de Conti, cadets de Bourbon-Condé. — Pézenas et l'affouagement de la paroisse de Connas étaient une justice royale non ressortissante. — Commanderie : *Præceptor de Pedenaico*, 1274 (domaine de Montpellier, H. L. IV, pr. c. 61). — La ville d'Agde envoyait, comme siége d'évêché, deux députés aux États généraux de la province; mais Pézenas était la seule ville du diocèse qui envoyât un député diocésain. Ses armes portaient *d'or, à trois fasces de gueules, au franc-canton du champ, chargé d'un dauphin d'azur, au chef de France; l'écu accolé d'une branche de laurier et d'une palme de sinople, liées de gueules*.

Le canton de Pézenas comprenait d'abord six communes : Pézenas, Caux, Nézignan-l'Évêque, Saint-Thibéry, Tourbes et Valros; mais, par suite de l'arrêté des consuls du 3 brumaire an X, Tourbes et Valros passèrent dans le canton de Servian. Enfin une ordonnance royale du 4 mars 1834 rétablit Tourbes dans le canton de Pézenas. Ce canton est donc aujourd'hui composé de cinq communes.

PEZÈNES, c"° de Bédarieux. — *Pizanum*, 992 (Livre noir, 188 v°); 1173 (arch. d'Agde; G. christ. VI, inst. c. 327). — *Villa de Pedenis*, 1187 (cart. Agath. 6). — *Pezena*, 1518 (pouillé). — *Pezenne*, 1625 (ibid.); 1760 (pouillé; tabl. des anc. dioc.). — *Pezone*, 1649 (pouillé). — *Pezenes*, 1679 (arch. de Roujan; quittanc. du 8° denier; carte de Cassini; carte diocés. de Béziers). — La cure de Pezènes, sous le vocable de S. Salvator, faisait partie de l'archiprêtré de Boussagues, 1760 (pouillé); 1780 (état officiel des églises de Béziers). — Pezènes fut érigé en marquisat en 1750. (Voy. l'article précédent.)

PHARE (LE), éc. c"° d'Agde.
PHILIP, f. c"° de Bédarieux.
PHILIPPE (GRANGE DE), f. c"° de Clermont.
PIBOUS, f. c"° de Mons.
PICAREL, f. c"° de Fraisse. — *Picaret* (carte de Cassini).
PIÉ-FÉGUIÉ, montagne. — Voy. FÉGUIÉ (LOU PIÉ).

PIEAU, f. c^ue de Causses-et-Veyran, 1809.
PIED-COUCUT, f. — Voy. PECH-COUCUT.
PIED-GOUDÈS, f. c^ne de Magalas, 1809.
PIELLES (MAS DES), éc. c^ne de Frontignan.
PIERREDON, montagne entre Saussan et Fabrègues, 1673 (Réformat. des bois, 44; carte de Cassini et carte du dioc. de Montpellier).
PIERREMORTE, éc. c^ne de Saint-Chinian. — M^n Pierremorte (carte de Cassini).
PIERRERUE, c^on de Saint-Chinian. — *Peyrerue*, 1625 (pouillé); 1649 (*ibid.*). — *Pierrerue*, 1760 (pouillé; tabl. des anc. dioc. carte de Cassini; carte du dioc. de Saint-Pons). — Le pouillé de 1760, au diocèse de Saint-Pons, présente Pierrerue, Prades et Cazedarnes comme des annexes de la cure de Cessenon. — Dans le Dénombrement du Royaume de Saugrain, 1720, in-4°, on lit: «Cessenon, ville, châtellenie, seigneurie royale non ressortissante, et *Saint-Pierrerue*, seigneurie royale non ressortissante.» Nous ne connaissons que cet auteur et Doisy, son copiste, qui aient donné à cette localité le nom de *Saint-Pierrerue* et qui en aient fait une seigneurie non ressortissante, indépendante de la seigneurie de Cessenon. Dans le même Dénombrement de 1709, in-12, les deux seigneuries s'appellent simplement *Cessenon* et *Pierrerue*. — Quoi qu'il en soit, le pouillé de 1649 ne manque pas de faire remarquer que *Peyrerue*, au diocèse de Saint-Pons, répondait pour la justice au sénéchal de Béziers.
PIERRETTE, f. c^ne de Combaillaux.
PIEULE, f. — Voy. PIOULE (LA).
PIEUSSOURNE, f. c^ne de la Salvetat. — *La Pioustourne* (carte de Cassini).
PIEYRE, f. c^ne de Marsillargues.
PIGASSE, f. c^ne de Quarante.
PIGEAIRE, f. c^ne de Montpellier, sect. G.
PIGEONNIER (LE), f. c^ne d'Argelliers.
PIGEONNIER (LE), f. c^ne de Cabrerolles.
PIGEONNIER (LE), f. c^ne de Roujan.
PIGEONNIER (LE), f. c^ne de Saint-Pons, 1809.
PIGEONNIER (LE), f. c^ne de Vic.
PIGEONNIERS (LES), f. c^ne de Mèze.
PIGEONS (LES), éc. c^ne du Bosc.
PIGNAN, c^on (3e) de Montpellier. — *Pinianum castrum*, 1025 (abb. de Psalmodi; H. L. II, pr. c. 177); G. christ. VI, instr. c. 348); 1122, 1162, 1174 (mss d'Aubaïs; H. L. ibid. 422, 583; ibid. III, 133); 1139 (cart. Magal. C 239); 1161 (ibid. F 90); 1164 (Livre noir, 141 v°); 1150, 1152 (chartes de l'abb. du Vignogoul); 1176, 1218 (chartes du fonds de Saint-Jean-de-Jérusalem); 1218 (Arn. de Verd. ap. d'Aigrefeuille, II, 441); 1333 (stat. eccl. Magal. 17). — *Castrum de Pinnano*, 1121, 1146, 1156 (mss d'Aubaïs; H. L. II, pr. cc. 415, 512, 556). — *Piñanum*, 1151 (cart. Gell. 190). — *Piniacum*, 1156 (G. christ. ibid. 359). — *Pignanum*, 1116 (Livre noir, 301 v°); 1510 (arch. de l'hôpital général de Montpellier, liasse B 586). — *Pignan*, dans la baronnie de Montpellier, 1625 (pouillé); 1649 (*ibid.*); 1684 (*ibid.*); 1688 (lett. du gr. sceau); 1760 (pouillé; tabl. des anc. diocèses; carte de Cassini; carte diocésaine de Montpellier).

Église de Pignan: *Ecclesia S. Stephani de Pignano*, 1095 (bulle d'Urbain II; G. christ. VI, instr. c. 353). — *Eccl. de Pigniano*, vers 1100 (Arnaud de Verdale, *loc. cit.* 425). — *S. Steph. de Piniano*, 1150, 1152 (ch. de l'abbaye du Vignogoul). — *Eccl. B. Mariæ de Pignano*, 1536 (bulle de Paul III, transl. sedis Magal.). — La cure de Pignan était comprise dans l'archiprêtré de Cournonterral, 1756 (état officiel des églises de Montpellier). — Elle avait pour patronne la *sainte Vierge* et pour prieur décimateur le chapitre cathédral de Montpellier. — La seigneurie de Pignan appartenait à la maison de Turenne, 1777 (vis. past.).

Pignan fut d'abord le chef-lieu d'un canton composé, outre le chef-lieu, de cinq communes: Cournonsec, Cournonterral, Fabrègues, Saint-Jean-de-Védas, Saussan. Ce canton fut supprimé par l'arrêté des consuls du 3 brumaire an X, et toutes ces communes passèrent alors dans la 3e section du canton de Montpellier.

PIGNAS (LE), f. c^ne de Cazouls-lez-Béziers. — *In villa Pinus domus S. Marie*, 1152 (Livre noir, 250). — — *Villa de Pinu*, 1197 (arch. de Villemagne, G. christ. VI, instr. c. 146). — *De Pino*, v. 1154 (Livre noir, 52). — *De Pinis*, 1224 (G. christ. ibid. 337). — *Villa de Pinibus*, 1178 (G. christ. ibid. 140); 1216 (bulle d'Honorius III; Livre noir, 109). — *Vicaria de P.* 1323 (rôle des dîmes des églises de Béziers). — *Pignasse* (carte de Cassini).
PILE, h. — Voy. PEILHES (LAS).
PIN (GRANGE DU), f. c^ne de Saint-Clément. — *Mansus de Pinu*, 1239 (bulle de Grégoire IX; cart. Magal. F 28). — *Grangia de P.* 1247 (cart. Magal. E 185). — *Garrigiæ de P.* 1248 (Arn. de Verd. ap. d'Aigrefeuille, II, 443). — *La Grange du Pin* (carte de Cassini). — Voy. SAINT-SAUVEUR-DU-PIN.
PIN (LE), f. c^ne de Gabian.
PIN (LE) ou LEPIC, f. c^ne de Moulès-et-Baucels. — *Le Pin* (carte de Cassini).
PIN (LE), h. c^ne de Vieussan. — *Le Pin* (carte de Cassini).

Pinchinière (La), f. c^ne de Fraisse.
Pinède (La), f. c^ne de Boisseron. — *Lando* (recens. de 1851). — *La Pignede* (carte de Cassini).
Pinède (La), f. c^ne de Castelnau-de-Guers.
Pinet, c^on de Florensac. — *Pinetum villa, castrum*, 990 (arch. de l'abb. de Saint-Thibéry; H. L. II, 145); 1192 (Livre noir, 139); 1290 (ch. de l'évêché d'Agde). — *Pinet*, 1625 (pouillé); 1649 (*ibid.*); 1688 (lett. du gr. sc.); 1760 (pouillé; tableau des anc. dioc. carte de Cassini; carte diocés. d'Agde). L'église de Pinet, dans l'ancien dioc. d'Agde, ayant aujourd'hui pour patron *saint Roch*, était autrefois sous le vocable de *Saint-Siméon*. — *Villa et eccl. S. Simeónis de Pineto*, 1156 (bulle d'Adrien IV, cart. Agath. 1). — C'était en même temps une cure et une prébende canoniale du chapitre cathéd. d'Agde. Cure de Pinet, *Canonicat. de Pineto*, 1760 (pouillé).
Pioch, f. c^ne de Montpellier, 1809.
Pioch, m^in sur l'Orb, c^ne de Mons.
Pioch ou Puy-Mauny, pitons volcaniques, près et au nord de Nefliès. — Hauteur : 1er piton, 234 mètres; 2e piton, 222 mètres; 3e piton, 199 mètres.
Pioch ou Roc-Nègre, piton volcanique, c^ne de Nefliès. — Hauteur : 214^m,20.
Pioch (Grange de), f. — Voy. Moulinier.
Pioch (Le), f. c^ne de Fraisse. — *Le Pioch* (carte de Cassini).
Pioch (Mas de), f. c^ne de Saint-Bauzille-de-Putois.
Pioch-Bouquet, f. c^ne de Boisseron. — *Métairie d'Encontra* (recens. de 1851). — *Pied-Bouquet* (carte de Cassini).
Pioch-Camp, montagne entre Notre-Dame-de-Londres et Saint-Bauzille-de-Putois, au nord-est de la route, rive droite de l'Hérault. — Hauteur : 426 mètres.
Pioch-de-Bosse-Nègre, montagne voisine de celle de Pioch-Camp et faisant partie de la même chaîne. — Hauteur : 353 mètres.
Pioch-d'Escanri, montagne rapprochée de celles de Pioch-Camp et de Pioch-de-Bosse-Nègre et dépendant de la même chaîne. — Hauteur : 412 mètres.
Pioch-Ferrat (Mas de), f. c^ne de Lunel.
Piochobel ou Mont-Combel, f. c^ne de Vailhauquès.
Pioule (La) ou Pieule, f. c^ne de Béziers. — *Ad Pullum in terminio de Dunzano*, 1148 (Livre noir, 163). — *In terminio de Devizano* [Saint-Martin-de-Divisan] *condamina de Pullo*, 1174 (*ibid.* 270). — *La Pioule* (carte de Cassini).
Piquestelle, f. c^ne de la Salvetat.
Piquet (Tour de), anc. ruine, c^ne de Grabels. — Hauteur : 149 mètres.
Piquetalen, f. c^ne de Bessan. — *Piquetalen* (carte de Cassini).

Piquetalen, f. c^ne de Castelnau-de-Guers.
Piquetalen, Mas Crespi ou Mas Banal, f. c^ne de Teyran.
Pis, éc. c^ne de Saint-Nazaire-de-Ladarez. — *Pisanum villa*, vers 983 (cart. Agath. 294); 1156 (bulle d'Adrien IV; *ibid.* 2). — *Rec de Pisa*, xiie s^e (cart. Agath. 199).
Piscine, chât. c^ne de Montpellier, sect. J. — *Belleval*, 1809; *Martin*, 1851. Une inscription placée dans la cour de la ferme porte : *Has ædes fecit constans concordia fratrum*, 1672 ; ce sont en effet les frères de Belleval qui firent construire ce château. — *Mas de la Peissine*, 1694 (affranch. I, 18). — *La Piscine* (carte de Cassini).
Pistre, h. c^ne de la Salvetat. — *Pistre* (carte de Cassini).
Pivre, f. c^ne de Montpellier, sect. G.
Place (La), h. c^ne de Graissessac.
Plage (La), éc. c^ne de Marseillan.
Plage (La), f. c^ne de Saint-Bauzille-de-Putois. — *Mansus de Playa*, 1279 (cart. Magal. D 263).
Plage (Mas de la), éc. station du chemin de fer, c^ne de Frontignan.
Plagnol, f. c^ne de Cournonsec.
Plaine (La), éc. c^ne de Laurens, 1809.
Plaine (La), f. c^ne de Mas-de-Londres. — *Mansus de Planis in parroch. S. Martini de Lundris*, 1156 (cart. Gell. 201 v°).
Plaine (La), f. c^ne des Matelles.
Plaine (La) ou la Plane, f. c^ne de Montoulieu. — *La Plage* (carte de Cassini).
Plaine (La), f. c^ne de Mudaison. — *La Plane* (carte de Cassini).
Plaine (La), f. c^ne de Roquebrun.
Plaine (La), f. c^ne de Sauteyrargues-Lauret-et-Aleyrac.
Plaine (La), f. c^ne de Valflaunès.
Plaine (La), h. c^ne de Cazilhac. — *La Plane* (carte de Cassini).
Plaine (La), f. — Voy. Azam et Moulin (Le).
Plaines. — Voy. Vallées.
Plaisance, h. c^ne de Saint-Geniès-de-Varensal. — *Plaisance* (carte de Cassini).
Plaisance, j^in, c^ne de Gignac.
Plaisance ou Jardin Girard, c^ne de Claret.
Plaissan, c^on de Gignac. — *Plaxanum villa*, 826 (cart. Anian. 128). — *Plaisanum, Plaissanum*, 1171, 1187 (mss d'Aubaïs; H. L. III, pr. c. 161). — *Pleissan*, 1625 (pouillé); 1649 (*ibid.*). — *Plaisan*, 1760 (*ibid.*). — *Plaissan*, 1688 (lett. du gr. sceau; tabl. des anc. dioc.); xviiie s^e (terr. de Plaissan; carte de Cassini; cartes diocés.). — Expilly écrit *Plaissan* ou *Pleissan*.

DÉPARTEMENT DE L'HÉRAULT.

L'église de Plaissan, au diocèse de Béziers, *Prior de Pleyssano*, 1323 (rôle des dîmes des églises de Béziers), portait le titre de cure dans l'archiprêtré du Pouget; patrons : *SS. Petrus et Paulus*, 1780 (état officiel des églises de Béziers).

Plaissan était un de ces villages séquestrés du diocèse de Béziers qui répondaient pour la justice au gouvernement de Montpellier, et parfois au siége présidial de Béziers, quand bon leur semblait. — A la formation des départements, on en fit une commune du canton de Saint-Pargoire; mais ce canton ayant été supprimé par l'arrêté des consuls du 3 brumaire an x, elle fut alors incorporée au canton de Gignac.

PLANACAN, h. c^{ne} de la Salvetat. — *Planacan* (carte de Cassini).

PLANAS (LE) ou THÉNON, f. c^{ne} de Boisseron.

PLANCHÉNAULT ou MAS DES OLIVIERS, f. c^{ne} de Boisseron. — *Molendini de Planchameil*, 1170 (cart. Gell. 203 v°).

PLANE (LA), f. — Voy. PLAINE (LA), c^{ne} de Montoulieu.

PLANES (LES), h. c^{ne} d'Avène. — *Villa de Planis*, 1325 (stat. eccl. Bitt. 91). — *Les Planes* (carte de Cassini).

PLANÈS (MAS DE), éc. c^{ne} de Saint-Nazaire-de-Ladarez, 1809.

PLANESIÉ (LA), f. c^{ne} de Saint-Julien.

PLANPAOUSAT, j^{in}, c^{ne} de Paulhan.

PLANQUE (LA), éc. atelier, usine, c^{ne} de Ceyras.

PLANQUEFER, m^{in} sur le Jaur, c^{ne} de Saint-Pons.

PLANQUETTES (LES), f. c^{ne} de la Salvetat.

PLANS (LES), c^{on} de Lodève. — *Fortia de Planis*, 1162 (tr. des ch. H. L. II, pr. c. 588). — *De Plenis*, 1210 (bibl. reg. G. christ. VI, instr. c. 284). — *Lous Plans*, 1625 (pouillé); 1649 (*ibid.*). — *Cure des Plans*, au diocèse de Lodève, 1760 (pouillé; tabl. des anciens diocèses; cart. du diocèse de Lodève; Saugrain, Expilly, etc.). — *Les Plants* (carte de Cassini).

PLANTADE (LA), h. c^{ne} de Saint-Bauzille-de-Putois. — *La Plantade* (carte de Cassini).

PLANTADE DES MOULINS, éc. c^{ne} de Béziers.

PLANTEL, éc. c^{ne} de Montpellier, sect. D.

PLAUCHU, j^{in}, c^{ne} de Marsillargues.

PLAUCHUDE (LA), f. c^{ne} de Mauguio. — Reconnaissance des Frères Mineurs de Montpellier, au seigneur évêque de Maguelone, d'une métairie appelée *le Mas-Rouge*, 1491 (archives de l'Hérault; fonds des Pères de l'Observance de Montpellier). — *Le Mas-Roge*, 1491 (cart. Magal. E 51). — *Mas Rouge ou Mas de David-Plauchut*, 1693 (plan et titres du fonds de l'Observance). — *La Plauchude* (carte de Cassini et carte du dioc. de Montpellier).

PLAUDARY, 1851; PRADARY, 1809, f. c^{ne} d'Aigne.

PLAUSSENOUS, h. c^{ne} de Roquebrun.

PLAUSSENOUS, h. c^{ne} de Vieussan. — *Plaussenoux* (carte de Cassini).

PLAUTAYNOL (LE), f. c^{ne} de Gorniès.

PLEUS, c^{be}. — Voy. SAINT-JEAN-DE-LA-BLAQUIÈRE.

PLO (LE), f. c^{ne} de la Salvetat.

PLÔTS (LES), f. c^{ne} de Saint-Jean-de-Fos.

PODE (LA), f. c^{ne} de Cassagnolles. — *Podinuale*, 1149 (château de Foix; H. L. II, pr. c. 523).

POILHES, c^{on} de Capestang. — *Poalerium villa*, 1187 (cart. Agath. 293); 1203 (Livre noir, 86 v°); 1194 (*ibid.* 113). — *De Poalleriis*, 1207 (*ibid.* 161). — *De Podaleriis*, 1185 (*ibid.* 58 v°); 1222 (hôtel de ville de Narbonne; H. L. III, pr. c. 275). — *De Podalleriis*, 1193 (Livre noir, 60 v°). — *Villa de Podols*, 1187 (mss d'Aubaïs; H. L. *ibid.* 161). — *Poilheu*, 1317 (cart. Magal. D 215). — *Peillan et Monteilles*, 1518 (pouillé). — *Poleriæ, de Poleriis*, 1527 (*ibid.*). — *Polias*, seigneurie en la viguerie de Béziers, 1529 (H. L. V, pr. c. 87). — *Polhes*, au diocèse de Narbonne, 1625 (pouillé); 1649 (pouillé; carte de Cassini et carte diocésaine). — *Rectoria de Poilhes*, 1760 (pouillé). — Cette paroisse du dioc. de Narbonne répondait pour la justice au sénéchal de Béziers.

POITEVIN, f. c^{ne} d'Alignan-du-Vent, 1809.

POITEVIN-DE-BOUSQUET, f. c^{ne} de Montpellier, sect. G.

POMARÈDE, h. c^{ne} de Fraisse. — *Poumarede* (carte de Cassini).

POMARÈDE, h. c^{ne} de Saint-Martin-de-l'Arçon. — *La Poumarede*, xviie s^{e} et 1778 (terr. de Vieussan). — *La Pomarede* (carte de Cassini).

POMÉROLS, c^{on} de Florensac. — *Pomairols villa*, 990 (Martène, Anecd. I, 179); 1119 (cart. Gell. 107 v°); 1180 (ch. du fonds de Saint-Jean-de-Jérusalem); 1753 (Doisy, Roy. de Fr.); 1768 (Expilly, Dict. des Gaul.). — *Pomarol*, 990 (arch. de l'abb. de Saint-Thibéry; H. L. II, pr. c. 145; G. christ. VI, instr. c. 316). — *Pomairolum*, 1098 (cart. Gell. 100). — *Villa de Pomariolo*, 1160 (cart. Agath. 15). — *De Pomairolis*, 1174 (charte du fonds de Saint-Jean-de-Jérusalem); 1200 (Livre noir, 73). — *De Pomerolis*, 1187 (cart. Agath. 8). — *De Pomarolis*, 1210 (cart. Magal. A 290). — *Castrum de Pomerolis*, 1229 (reg. cur. Franc. H. L. III, pr. c. 346). — *Pomayrols*, 1154 (dom. de Montp. H. L. II (pr. c. 549). — *Pomeyrols*, 1518 (pouillé). — *Poumairols*, 1625 (*ibid.*). — *Pomairolz*, 1649 (*ibid.*). — *Poumeirols*, 1709-1720 (Saugrain,

Dénombr. du Roy.). — *Pomerols*, 1119 (cart. Gell. H. L. *ibid.* 411); 1136 (cart. Gell. 72 v°); 1688 (lettres du gr. sceau); 1760 (pouillé; tableau des anciens diocèses; carte de Cassini; carte du diocèse d'Agde).

Pomérols était un prieuré-cure du diocèse d'Agde. — *S. Quiricius de Pomariolis*, 1173 (Priviléges de Louis VII en faveur de l'Église d'Agde; cart. Agath. 252, reprod. par le G. christ. VI, instr. c. 327).
— Cette succursale a aujourd'hui pour patrons *S. Cyr et Ste Julitte*.

POMESSARGUES ou MAS-GALIÈRE, c^{ne} de Montpellier, sect. D. — *Crux de Palmassanicis*, 1272 (cart. Magal. E 119). — *Pomessargues* ou *mas de Galière*, 1751 (plans géom. de Saint-Jean-de-Jérusalem). — *Galières* ou *Vassas* (recens. de 1809).

POMPEIROUX, seigneurie de la viguerie de Gignac, 1529 (dom. de Montp. H. L. V, pr. c. 87).

POMPIGNANE, f. c^{ne} de Castelnau-lez-Lez.

PONCET, f. c^{ne} de Riols.

PONS, f. c^{ne} de Frontignan.

PONS, f. c^{ne} de Moulès-et-Baucels.

PONS (MAS DE), f. c^{ne} de Mèze.

PONS ÆMILIUS, ruines d'un pont romain sur la rivière du Lez, dans le voisinage de Substantion (c^{ne} de Castelnau). On voit encore, pendant les basses eaux, les attaches et les fondements de ce pont auquel on arrivait de Substantion par la voie qui porte sur ce point le nom de *Cami de la Mounéda*, *Via munita* : voy. ce dernier article et cf. Astruc, Mém. pour l'Hist. nat. de Lang. 94 et 210; D'Anville, Notice de l'anc. Gaule, 524.

PONSONNAILHE, f. c^{ne} de Servian.

PONSONNAILLE ou PONSONNAILHE, f. c^{ne} de Pézenas.

PONSSE, f. c^{ne} de Montpellier, sect. C.

PONT (LE), éc. c^{ne} de Canet. — *Locus de Ponto*, 1211 (cart. Anian. 52).

PONT (LE), éc. c^{ne} de Castelnau-lez-Lez.

PONT (LE), éc. c^{ne} de Saint-Jean-de-Védas.

PONT (LE), faubourg, c^{ne} de Béziers. — *Locus de Ponto*, 1213 (Livre noir, 253).

PONT (LE), faubourg, c^{ne} de la Salvetat.

PONT (LE), h. c^{ne} de Cazilhac.

PONT (LE) ou LE PONT-D'ORB, h. c^{ne} d'Hérépian. — *Le Pont* (carte de Cassini).

PONT (LE), h. c^{ne} du Soulié. — *Le Pont* (carte de Cassini).

PONT (MAS DU), f. — Voy. SEPT-PORTES.

PONT-AGOUT, h. c^{ne} de Saint-Julien.

PONT-D'ALZON, h. c^{ne} de Saint-Bauzille-de-Putois.

PONT-DE-CASTELNAU, éc. c^{ne} de Montpellier, sect. D.

PONT-DE-FOZIÈRES, éc. c^{ne} de Fozières.

PONT-DE-LUNEL, éc. c^{ne} de Lunel. — *Pont de Lunel* (carte de Cassini; carte du diocèse de Montpellier).

PONT-DE-SAINT-BRÈS, h. c^{ne} de Baillargues-et-Colombiers.

PONT-DE-SALAGOU, h. c^{ne} de Celles.

PONT-DES-MATELOTS, j^{in}, c^{ne} de Capestang.

PONT-D'ORB, h. c^{ne} de Lunas.

PONT-GUIRAUD, h. c^{ne} de Pardailhan. — La carte de Cassini et la carte diocésaine portent *Pardailhan dit Pont-Guiraut*.

PONT-JUVÉNAL, éc. c^{ne} de Montpellier. — *Vadum Juvenale*, 1272 (cart. Magal. E 119). — *Pont-Juvenal*, 1662 (archives de l'hôpital général de Montpellier, B 32).

PONT-NOUVEAU, j^{in}, c^{ne} de Bessan.

PONT-ROUGE, j^{in}, c^{ne} de Béziers (2e c^{on}). — *Pont-Rouge* (carte de Cassini).

PONT-SEPME, SEPTIME ou SERME, par corruption de *Pons Septimus*: ruines d'un pont établi par les Romains pour la communication de Narbonne à Béziers. La voie Domitienne suivant ici un terrain de quatre milles d'étendue fort bas et souvent exposé à être inondé, ils construisirent ce pont, ou plutôt cette chaussée, dont la septième partie, durant un mille, traversait le lac de Capestang et reçut le nom de *Pons Septimus*. — *Suburbium Sala super ponte Septimo in valle Gabiano*, 782 (archives de l'église de Narbonne; Baluze, H. L. I, pr. c. 25). — *Pounserme* (carte de Cassini). — Cf. Astruc (Mémoires pour l'histoire naturelle de Languedoc, 211).

PONT-TRINQUAT, f. c^{ne} de Montpellier. — *Métairie Chrestien* (recens. de 1809). — *Bourquenod et Caizergues* (recens. de 1851). — Cette métairie a pris son nom d'un pont jeté sur le Lez, qui resta longtemps ruiné, *Pons truncatus*. La partie de la rivière sur laquelle ce pont était situé s'appelait, au xvie siècle, *le Lez Trincat* (archives de l'Hérault; plan du fonds du chap. Saint-Sauveur). — *Pont-Trinquat*, 1662 (arch. de l'hôpital général de Montpellier, B 32).

PONT-VIEUX, j^{in}, c^{ne} de Bessan.

PONTEILS, h. c^{ne} de la Roque. — *Le Pontet* (carte de Cassini; carte du dioc. de Montpellier).

PONTIL (LE), éc. c^{ne} de Béziers (2e c^{on}).

POPIAN, c^{on} de Gignac. — *Popianum castrum*, 996 (cart. Gell. 11 et 56 v°); 1114, 1121, 1156, 1171 (mss d'Aubaïs; H. L. II, pr. cc. 391, 414, 559); 1150 (ch. du fonds de Saint-Jean-de-Jérusalem); 1152, 1155 (ch. de l'abbaye du Vignogoul).— En 1189, Raymond II, évêque de Lodève, autorisa Raymond de Popian à construire un ou plusieurs moulins à papier sur l'Hérault : *dedit in emphyteosim*

Raymundo de Pop. plenam potestatem extruendi in medio flumine Erauris pistrinum, vel plura pistrina ad conficiendam papyrum (Plant. chr. præs. Lod. 97); 1202 (Livre noir, 65); 1208 (cart. Agath. 61). — *Popian*, 1098 (cart. Gell. 87 v°); 1150 (mss d'Aubaïs; H. L. II, pr. c. 529). — Seigneurie de la viguerie de Gignac, 1529 (dom. de Montpellier; H. L. V, pr. c. 87); xviii° s° (tabl. des anciens diocèses; carte de Cassini; carte du dioc. de Béz.). — *Poupian*, 1625 (pouillé); 1649 (*ibid.*); 1688 (lett. du gr. sceau); 1760 (pouillé); 1778 (terr. de Popian).

On trouve : *Vallis Popianensis*, 804 (cart. Gell. 4); et *Castrum Popianense*, 1013 (Annal. Gell. 27).

Église de Popian : *Vicaria Pupianensis*, 968 (cart. d'Aniane; H. L. II, pr. c. 118); v. 1031 (ch. du fonds de l'abb. d'Aniane; testam. S. Fulc. Bolland. etc.). — *Parrochia S. Vincentii de Popiano*, 1098 (cart. Gell. 87 v°); 1170 (cart. Anian. 109 v°); 1127 (cart. Gell. 115 v°; 2° cart. Gell. 143 v°, 144 v°; Annal. Gell. 123 v°; G. christ. VI, 588); 1134 (Annal. Gell. 126); 1146 (cart. Gell. G. christ. *ibid.* instr. c. 280); 1172 (bulle d'Alexandre III; chartes du fonds de l'abb. de Saint-Guillem); 1205 (2° cart. Gell. 253 v°). — *Prioratus, vicaria*, 1323 (rôle des dîmes des égl. de Béziers). Le pouillé de 1760 distingue le prieuré d'avec la cure de Poupian. Cette église, de l'archiprêtré du Pouget, au diocèse de Béziers, avait pour patron *saint Vincent*, 1780 (état offic. des églises de Béziers).

Quant au ressort de justice, Popian était un village séquestré allant au gouvernement de Montpellier, et parfois au présidial de Béziers, quand bon lui semblait.

PORCARESSE (LA), f. — Voy. POURCARESSE (LA).

PORQUIÈRES ou POURQUIÈRE. — Ce nom, qui ne désigne plus guère aujourd'hui que l'étang du Grec, c^{nes} de Lattes et de Pérols, représentait autrefois le Grau de Coquillouse, un hameau, des salines, des bordigues, etc.

Porquières faisait partie du fief de la Marquerose, appartenant à l'évêque de Montpellier, et on a quelquefois confondu *Porcaria, Porcarias*, dans le diocèse de Maguelone, avec *Posquerias* près de Vauvert, dans le diocèse de Nîmes. — *Super fluvium Leco* (le Lez) *et inter mare et stagnum, locum qui vocatur Porcarias*, 799 (Acta ss. Bened. sec. 4, part. I, 222, 223); 853 (cart. Anian. et Vidim. 1314; tr. des ch. H. L. I, pr. c. 101). — *Porcaria*, 820 (cart. Anian. 14); 1065 (Livre noir, 114). — *Maisons et Salins de la Porquiere-lez-Perolz*, 1596 (arch. de l'hôp. gén. de Montp. liasse B 24).

PONT-JUVÉNAL, éc. c^{ne} de Montpellier; c'est là que commence le canal de Grave. — Voy. PONT-JUVÉNAL.

PONT-SARRASIN, anc. port de l'île de Maguelone, détruit en 737. — *Portus Sarracenus* (Verdal. in Serie præsul. Magal. I; Bibl. Nov. mss P. Labbe).

PORTAL, éc. c^{ue} de Laurens. — *Pourtal* (carte de Cassini).

PORTAL, f. c^{ne} de Gabian.

PORTAL, f. c^{te} de Lattes.

PORTAL (MAS), f. c^{ne} de Gignac. — *Portalis*, 1121 (Livre noir, 305); 1157 (*ibid.* 337 v°); 1162 (*ibid.* 179). — *Portol*, 1141 (*ibid.* 36 v°). — *Locus de Portale*. 1187 (cart. Anian. 47 v°).

PONTALÈS, f. c^{ne} de Montpellier, 1809.

PONTALÈS, h. — Voy. SAINT-ÉTIENNE-D'ISSENSAC.

PONTE-FAUGÈRES, faubourg, c^{ce} de Pézenas.

PONTES, f. c^{ne} et c^{eu} de Murviel, 1809.

PONTES, f. c^{ne} de Saint-Pons. — *Porte* (carte de Cassini).

PONTIER (MAS), f. c^{ne} de Soubès.

PORTIRAGNES. c^{ou} (1er) de Béziers. — *Porcairniacos* (leg. *Porcairaniacos*), 1035 (chât. de Foix; H. L. II, pr. c. 195). — *Castrum de Porcairanicis*, 1115 (cart. Agath. 157); 1134 (Livre noir, 81 v°). — *De Porcayranicis*, 1325 (stat. eccl. Bitt. 91). — *Porcairanegues, Poricairangues*, 1179 (Livre noir, 176 v°). — *Porcaraignes*, 1213 (*ibid.* 187). — *Pourcairanies*, 1625 (pouillé). — *Pourcairaignes*, 1649 (*ibid.*). — *Portiragnes*, 1760 (pouillé; tabl. des anc. dioc. carte de Cassini; cartes diocés.). — Expilly dit *Portiragnes* ou *Portiraignes*. Doisy adopte la première orthographe; Saugrain a préféré la seconde.

L'église de Portiragnes était un prieuré dépendant du chap. cathédral de Saint-Nazaire de Béziers. — *Ecclesia S. Felicis castri de Porcairanicis*, 1305 (arch. de l'év. de Béz. G. christ. VI, instr. c. 162). — *Rector de Porcayranicis*, 1323 (rôle des dîm. des égl. de Béz.). — *Prior. de P. et S. Cypriano* (*ibid.*). — *Cure de Portiragnes*, 1760 (pouillé). — Placée sous le patronage de *S. Félix*, elle faisait partie de l'archiprêtré de Cazouls, 1780 (état offic. des églises de Béziers).

Portiragnes a toujours fait partie du canton de Béziers. En l'an x, époque de la division du canton de Béziers en deux sections, cette commune fut placée dans la 1re section.

PONTS. — Voy. les articles : AGDE, CETTE, LATTES, MARSEILLAN, MÈZE, PONT-JUVÉNAL, PONT-SARRASIN.

POSTE AUX CHEVAUX, éc. c^{ne} de Fabrègues. — *Poste* (carte de Cassini; carte du dioc. de Montpellier).

POSTE DE LA TOUR, éc. et poste de douanes. — Voy. REDOUTE.

POSTE DE L'EST. — Voy. DOUANES.

Poste-Vieille, h. c^{ne} de Saint-Jean-de-Védas. — *La Vieille Poste* (carte de Cassini; carte dioc. de Montp.).

Postes de Douanes, éc. c^{ne} de Cette, 1809.

Pote, f. c^{ne} de Lunel. — *Castrum de Poteio*, 1190 (mss d'Aubaïs; H. L. III, pr. c. 166).

Poudrière (La) ou Léenhardt, mⁱⁿ sur le Lez, c^{ne} de Castelnau.

Pouges, f. — Voy. Pouzes.

Pouget (Chemin du), h. c^{or} de Pouzols.

Pouget (Général), f. c^{ne} de Montpellier, sect. G.

Pouget (Jardin), éc. c^{ne} de Pézenas, 1809.

Pouget (Le), c^{on} de Gignac. — *Poietum castrum*, 804 (cart. Gell. 4); 1114 (mss d'Aubaïs; H. L. II, pr. c. 391). — *Poietum de Inglino castellum*, 1036 (chât. de Foix; H. L. II, pr. c. 199). — *Castellum de Pojetlo Ingeleno*, 1059 (*ibid.* 231). — *Mansus de Poiolocco*, 1031 (cart. Gell. 19 v°). — *Pojetum*, 1171 (H. L. *ibid.* 559). — *Pogetum*, 1114 (cart. Gell. 82 v°); 1298 (cart. Magal. D 155). — *Pojet*, 1156 (H. L. *ibid.* 558). — *Poget*, 1121 (*ibid.* 414); 1122 (cart. Gell. 60). — *Seigneurie del Pouget*, dans la viguerie de Béziers, 1529 (dom. de Montp. H. L. V, pr. c. 87). — *Le Pouget*, 1625 (pouillé); 1649 (*ibid.*): 1688 (lett. du gr. sceau); 1760 (pouillé); 1780 (état offic. des égl. de Béz. carte de Cassini; cart. du dioc. de Béziers). — *Le Pouget et S. Amans* (tabl. des anc. dioc.).

Église du Pouget : *Ecclesia S. Albani que vocant Poiet*, 990 (abb. de St-Tibér. H. L. II, pr. c. 144; G. christ. VI, instr. c. 315). — L'église de Saint-Saturnin (voy. Saint-Saturnin-de-Lucian) avait emprunté son vocable de son voisinage du Pouget : *Parochia et terminium S. Saturnini de P.* 1153 (Livre noir, 249 v°). — *Parroch. et term. S. Sat. de P. et in terminio S. Amancii de Podolz*, 1153 (*ibid.* 251). — *S. Johannes de P.* 1230 (cart. Gell. 213 v°). — *Ecclesia de P.* 1323 (rôle des dîmes des égl. de Béz.). — *Cure*, 1760 (pouillé). — *Patr. S. Jacobus*, 1780 (état offic. des égl. de Béz.). — Le Pouget était le chef-lieu d'un archiprêtré du dioc. de Béziers, qui, suivant l'état que nous venons de citer, comprenait, sous leurs vocables respectifs, les paroisses suivantes : le Pouget, *S. Jacobus*; Aumelas, *Assumptio B. M. V.* Alignan-du-Vent, *S. Martinus*; Aspiran, *S. Julianus*; Adissan, *S. Adrianus*; Bélarga, *S. Stephanus*; Caux, *SS. Gervasius et Protasius*; Campagnan, *SS. Genesius et Genesius*; Cazouls-l'Hérault, *SS. Petrus et Paulus*; Cabrières, *S. Stephanus*; Cardonnet, *S. Martinus*; Cabrias et Causses-d'Amelas, *SS. Petrus et Paulus*; Fontès, *S. Hippolytus*; Fos, *S. Natalita*; Faugères, *S. Christophorus*; Fouzillon, *S. Stephanus*; Gignac, *S. Petrus ad Vincula*; Gabian, *S. Ju-*

lianus; Lésignan-de-la-Cèbe, *B. M. Virtut.* Lieuran-Cabrières, *S. Baudilius*; Margon, *B. M. V. Nizas.* *S. Petrus ad Vincula*; Nefliès, *S. Albanus*; Poupian, *S. Vincentius*; Plaissan, *SS. Petrus et Paulus*; Puilacher, *SS. Trinitas*; Pouzolles, *S. Martinus*; Paulian, *B. M. Virtutum et Exaltatio S. Crucis*; Peret. *S. Felix*; Pouzols, *S. Amantius*; Roujan, *S. Laurentius*; Roquessels, *B.M. V. Rouvièges*, *B.M.V.Tourbes*, *S. Saturninus*; Tressan, *S. Genesius*; Vendémian, *SS. Marcellinus et Petrus atque Erasmus*; Vaillan, *Assumptio B. M. V.* Usclas, *S. Bricius*; Teulet, *S. Amantius*; Silva, *S. Baudilius*; Bibian, *S. Joannes*; Sissan, *S. Ferreol*; Carcarès, *S. Martinus*; les Crozes, *S. Martinus*; Saint-Pargoire, *S. Pargorius*.

Le Pouget était un village séquestré du diocèse de Béziers, qui allait pour la justice au gouvernement de Montpellier, mais qui parfois, c'est-à-dire quand bon lui semblait, allait au siége présidial de Béziers.

Pouget (Le), f. c^{ne} de Saint-Julien.

Pouget (Le), f. c^{ne} de Vérargues. — *Château de Puget* (carte de Cassini; carte du dioc. de Montpellier).

Poujade (La), f. c^{ne} de Minerve. — *La Pujade* (carte de Cassini).

Poujol, f. c^{ne} de Cette, 1809.

Poujol, f. c^{ne} de Clermont, 1809.

Poujol, f. — Voy. Combes-de-Poujol. (Las).

Poujol (Le), c^{on} de Saint-Gervais. — *Podiolum*, 1060 (cart. Gell. 79). — *Castrum de Pojola*, 1164 (chât. de Foix; H. L. II, pr. c. 601). — *Mansus de Poiol*, 1170 (cart. Anian. 109 v°); 1174 (*ibid.* 99). — *Pujolium*, 1271 (mss de Colb. H. L. III, pr. c. 602). — *Pujol*, seigneurie en la viguerie de Béziers, 1529 (dom. de Montpell. *ibid.* V, 84). — *Terre foraine* (tabl. des anc. dioc. de Béz.). — *Le Pujol*, 1625 (pouillé); 1649 (*ibid.*); 1688 (lettres du gr. sc.). — L'état officiel des églises du diocèse de Béziers de 1780 place cette paroisse dans l'archiprêtré de Boussagues et lui donne pour patron *S. Petrus de Reddes*, Saint-Pierre de Rèdes (voy. ce nom). *Le Poujol*, 1760 (pouillé; carte de Cassini; carte du dioc. de Béz.). — Saugrain, Doisy, Expilly, ne font pas mention de cette localité.

Le Poujol fut d'abord le chef-lieu d'un canton composé de six communes : le Poujol, (Combes) Terre foraine du Poujol, Hérépian, Mourcairol, Taussac-et-Douch, Villemagne. Mais ce canton ayant été supprimé par suite de l'arrêté des consuls du 3 brumaire an x, toutes ces communes passèrent alors dans le canton de Saint-Gervais.

Poujol (Le), h. c^{ne} de Prémian. — *Le Pujol* (carte de Cassini).

Poujol (Mas de), éc. c^{ne} de Vic.

Poujolet, manse ruinée, c^{ne} de Montpeyroux.
Poujols, c^{on} de Lodève. — *Poiols*, v. 1100 (cart. Gell. 10 v°); 1012 (*ibid.* 53 v°). — *Locus de Pujolis*, 1435 (sénéch. de Nîmes, H. L. IV, pr. c. 443). — *Poujolz*, 1649 (pouillé). — *Poujols*, 1625 (*ibid.*); 1688 (lett. du gr. sc.). — *Cure*, 1760 (pouillé). — *Pujols* (carte de Cassini; carte du dioc. de Lodève). — *Poujol* (tabl. des anc. dioc.). — Doisy et Expilly écrivent, comme aujourd'hui, *Poujols*.

Poujols eut primitivement sa place dans le canton de Soubès, lequel fut supprimé par arrêté des consuls du 3 brumaire an x; il fut alors introduit dans le canton de Lodève.

Poujols, f. c^{ne} de Montpellier, sect. C.
Poujols, f. c^{de} de Saint-Bauzille-de-Putois.
Pourcaresse (La) ou la Poncaresse, f. c^{ne} de Saint-Martin-de-Londres. — *La Pourquaresse* (carte de Cassini; carte du dioc. de Montp.). — La montagne ou le col de la *Pourquaresse*, dans le voisinage de cette métairie, a une hauteur de 283 mètres.

Pourols, Prés-de-Pourols, f. c^{ne} de Saint-Matthieu-de-Tréviers. — *Mansus de Pozolis in parrochia S. Johannis de Bodia*, 1270 (cart. Magal. D 260, 261, 270). — Les cartes de Cassini et du dioc. de Montpellier portent *Pouderoux*.

Pourquier (Rec), ruisseau qui prend sa naissance à Taussac, passe sur le territoire d'Hérépian, court pendant 1 kilomètre, fait mouvoir un moulin à blé, arrose un hectare et se perd dans l'Orb. — *Porcellus grissus rivus*, v. 1154 (Livre noir, 52).

Pourquière, étang. — Voy. Ponquières.
Pourreau, mⁱⁿ sur le Vidourle, c^{on} de Lunel, 1809.
Pourtalès, h. c^{ne} de Brissac.
Pous (Le), f. c^{ne} de Notre-Dame-de-Londres. — *Le Pons, Bois du Pons* (carte de Cassini). — *Le Pous, Bois du Pous* (carte du dioc. de Montp.).
Pous-Combes, ancien nom de la Vacquerie. — Voy. Vacquerie (La).
Pouséranques (Las), ruiss. qui naît au-dessus du lieu appelé *Bdous de Marthomis* (Saint-Pons), parcourt 7 kilomètres sur le territoire de cette commune, fait mouvoir deux usines, arrose 20 hectares et se jette dans la rivière de Salesses, affluent du Jaur. — *De Biteris ad Pouarancas*, 1179 (Liv. noir, 20 v°).

Poussan, c^{on} de Mèze. — *Villa Porcianus, mansus et eccl.* (abb. de Montmajour; Mabill. ann. 960, n. 33). — *Castellum de P.* 1036 (cart. du chât. de Foix; H. L. II, pr. c. 199); v. 1185 (Livre noir, 72); 1577 (*ibid.* 94). — *Castrum de P. cum totis suis terminiis et totum quantum habemus de Eurano fluvio in ultra versus Orientem*, 1105 (cart. du chât. de Foix; *ibid.* 368). — *Villa de Portiano*, 990 (Marten. Anecd. I, 179). — *Castrum de Possano*, 1292 (Arn. de Verd. ap. d'Aigrefeuille, II, 448). — *Castrum de Porsano*, 1295 (cart. Magal. D 219); 1295 (*ibid.* F 233); 1302 (*ibid.* 126); 1319 (*ibid.* A 12); 1334 (*ibid.* B 180); 1354 (*ibid.* C 6); 1396 (G. christ. VI, instr. c. 386); 1528 (pouillé). — *Porssanum*, 1333 (stat. eccl. Magal. 17). — *Poussan*. 1587 (ch. de l'évêché de Montp.); 1588 (arch. de l'Hérault; reg. du sénéch. de Montp. B 22); dans la rectorie de Montpellier, 1625 (pouillé); 1649 (*ibid.*); 1684 (*ibid.*); 1688 (lettres du gr. sceau); 1760 (pouillé; tabl. des anc. dioc. carte de Cassini; cartes dioc. etc.).

L'église de Poussan était sous le vocable de *saint Pierre: Eccl. S. Petri de Porciano*, 960, 990 (Mabill. ad ann. 960, n. 33; Marten. Anecd. I, 179). — La visite pastorale de 1684 lui donne pour patron titulaire *S. Pierre* et pour la fête locale la *Nativité de la Sainte Vierge*. — Placé dans l'archiprêtré de Cournonterral, suivant l'état officiel des églises du diocèse de Montpellier dressé en 1756, le prieuré-cure de Poussan était une vicairie perpétuelle, ayant deux coprieurs: l'abbaye de la Chaise-Dieu et le curé, 1777 (vis. past.).

La seigneurie de cette localité était aussi partagée entre plusieurs titulaires. L'évêque de Montpellier était seigneur pour la moitié; deux coseigneurs laïques avaient chacun un quart, pour lequel ils faisaient foi et hommage à l'évêque, seigneur dominant, 1683 (arch. de l'Hérault, évêché de Montp. n. 94); 1684 (vis. past.). — Poussan avait l'honneur, avec six autres villes du diocèse de Montpellier, d'entrer *par tour* aux États généraux de Languedoc: le premier consul de chacun de ces lieux y était reçu comme *diocésain*. Poussan portait *de sable, au porc d'argent passant sur une terrasse de sinople*.

Cette localité fut d'abord le chef-lieu d'un canton comprenant quatre communes: Poussan, Bouzigues, Gigean et Montbazin; mais, par suite de l'arrêté des consuls du 3 brumaire an x, ces quatre communes furent placées dans le canton de Mèze.

Poussan-le-Bas, f. c^{ne} de Béziers. — *Terra Ponciana*. 994 (Livre noir, 77 v°). — *De Ponciano*, 1130 (Baluz. Auv. II, 488); 1147 (cart. de la cath. de Béz. H. L. II, pr. c. 519). — *Molin. in villa Ponciano*, 1152 (Livre noir, 250); 1093 (*ibid.* 176); 1161 (*ibid.* 238); 1190 (*ibid.* 66 v°); 1216 (*ibid.* 112). — *Rector de Possano*, 1323 (rôle des dîmes des égl. de Béz.). — *Poussan-le-Bas succurs.* (carte de Cassini; carte du dioc. de Béz.). — *Pousso-le-Bas* (recens. de 1809).

Poussan-le-Haut, f. et jⁱⁿ, c^{ne} de Béziers (2e cant.).

Poussarou, h. c^ie de Ferrières (c^on d'Olargues). — *Moulin de Poussarou* (carte de Cassini).

Poussarou, ruiss. qui prend sa source dans la commune de Saint-Chinian, arrose 8 hectares sur le territoire de cette commune et sur celui de Ferrières, fait mouvoir deux moulins à blé, parcourt 8,600 mètres, et se jette dans le Vernazoubres, affluent de l'Orb.

Poussaubi, h. c^te de Saint-Chinian, 1809. — *Castel de Poixairic*, 1126 (cart. du chât. de Foix; H. L. II, pr. c. 442). — *Poussaury dit Donadieu* (carte de Cassini).

Poussec ou Pouxec, f. c^ne de Faugères. — *Poussec* (carte de Cassini).

Pousselières, h. c^ne de Ferrières (c^on d'Olargues). — *Pousselieres* (carte de Cassini).

Poussines, h. c^ne du Soulié. — *Alode de Porcilis*, 974 (arch. de l'égl. d'Alby; Marten. Anecd. I, 126). — *Pousines* (carte de Cassini).

Poussou, f. c^ne de Montpellier, 1809.

Poussous (Les), pêcherie dans l'étang de Villeneuve-lez-Maguelone. — Voy. Verdinet.

Pousterne (Col de la), mont. entre les Matelles et Saint-Martin-de-Londres. — Hauteur, 305 mètres.

Poutingon, f. c^ne de Montpellier, sect. G.

Pouzac, f. c^ne de Servian. — *S. Saturninus de Pozag*, 1108 (Livre noir, 299 v°). — *Pozac, villa de Pozio*, 1165 (ibid. 181). — *Podag*, 1177 (ibid. 233 v°). — *Podas*, 1178 (G. christ. VI, instr. c. 141). — *Eccl. de Posas, rectoria de Posaco*, 1323 (rôle des dîmes des égl. du dioc. de Béz.). — *Pousac et Saint-Saturnin* (carte de Cassini et carte dioces. de Béz.).

Pouzes ou Pouges, 1840, f. c^ne de Pézènes. — *Podes* (bulle d'Honorius III; Livre noir, 109 v°). — *Rectoria de Posagolis*, 1323 (rôle des dîmes des égl. du dioc. de Béz.). — *Pousses* (carte de Cassini; cartes diocésaines).

Pouzol (Mas), j^in, c^ne de Saint-André-de-Sangonis.

Pouzolles, c^on de Roujan. — *Pozolas*, 1088 (arch. du prieuré de Cassan; G. christ. VI, instr. c. 131); 1204 (Livre noir, 323 v°). — *Cast. de Podolis*, 1159 (cart. Agath. 151); 1165 (Livre noir, 181). — *De Pozolis*, 1200 (ibid. 73 v°); 1208 (ibid. 80). — *Posolæ*, 1210 (reg. cur. Fr. H. L. III, pr. c. 222). — *Seigneurie de Pozoles*, 1544 (chron. consul. de Béz. 118 v°). — Elle fut constituée en baronnie au commencement du xvii° s°; au xviii°, le seigneur prenait le titre de marquis (Crouzat, Hist. de Roujan, 181). — *Pouzolles*, 1600 (terr. de Pouzolles); 1625 (pouillé); 1649 (ibid.); 1760 (pouillé; tabl. des anc. dioc. cartes de Cassini et du dioc. de Béziers). — Expilly confond *Pouzolles* avec *Pouzols* en écrivant *Puzoles* ou *Pouzols*.

Église de Pouzolles : *parochia de castello de Pozolas*, 1088 (testam. Petri Ermengaudi; G. christ. VI, instr. c. 131). — *Ecclesia de Posolas, Prior. de Posolis*, 1323 (rôle des dîmes des églises du dioc. de Béz.). — *Cure de Pouzolles*, 1760 (pouillé). — Elle était placée dans l'archiprêtré du Pouget, patron : S. Martinus, 1780 (état officiel des églises du dioc. de Béz.). — Voy. Saint-Martin-de-Grazan.

Pouzolles appartint primitivement au canton de Servian; mais, par suite des dispositions de l'arrêté des consuls du 3 brumaire an x, cette commune fut placée dans le canton de Roujan.

Pouzols, c^on de Gignac. — *Podola*, 1122 (cart. Gell. 60 v°); 1153 (Livre noir, 249). — *Posols*, 1190 (cart. Anian. 61 v°). — *De Pojolis*, 1238 (G. christ. VI, instr. c. 593). — *De Pozolibus*, 1527 (pouillé). — *Pouzols*, 1625 (ibid.); 1760 (pouillé; tabl. des anc. dioc. carte du dioc. de Béz.); 1782 (terr. de Pouzols). — *Pouzolz*, 1649 (pouillé). — *Pousols*, seigneurie, 1529 (dom. de Montp. H. L. V, pr. c. 85); 1688 (lett. du gr. sc. carte de Cassini). — Les Bénédictins écrivent *Pouzols* ou *Pozols* (H. L. III, à la table).

La cure de Pouzols, 1760 (pouillé), avait jadis, comme aujourd'hui, pour patron S. Amans; elle faisait partie de l'archiprêtré du Pouget, 1780 (état offic. des égl. du dioc. de Béz.). — *S. Amantius de Podolz*, 1153 (Livre noir, 251). — *Rector. S. Amantii de P.* 1253 (G. christ. ibid. 593).

Pouzols, village séquestré du diocèse de Béziers, allait pour la justice au gouvernement de Montpellier, et parfois, quand bon lui semblait, au siège présidial de Béziers.

Pradal (Le), c^on de Bédarieux. — *Pradinale*, 991 (Livre noir, 96). — *Pradel*, 1688 (lett. du gr. sc.). — *Pradal*, 1625 (pouillé); 1649 (pouillé; cartes de Cassini et du dioc. de Béz. Expilly, Dict. des Gaul.). — Cette localité ne figure pas dans les dénombrements de Saugrain, Doisy, tabl. des anc. diocèses; on ne la trouve pas non plus dans le grand pouillé de 1760.

Pradalarié, f. — Voy. Pratararié.

Pradals (Les), h. c^ne de Mons. — *Los Pradals*, 1778 (terr. de St-Julien; carte du dioc. de Saint-Pons et carte de Cassini).

Pradanine, f. c^ne de Causses-et-Veyran. — *Pradines*. (cartes de Cassini et du dioc. de Béz.).

Pradany, f. — Voy. Plaudany.

Pradas (Le), f. c^ne de Fraisse. — *Prata villa*, 936 (G. christ. VI, instr. c. 77).

Pradassés, f. c^ne de Cessenon.

Prade (La), f. c^ne de la Caunette.

PRADE (LA), f. c^{ne} de Cazouls-lez-Béziers.—Voy. PRADES.
PRADE (LA), f. c^{ne} de Fraisse.
PRADE (LA), f. c^{ne} de Montarnaud.
PRADE (LA) ou LA MALVINÈDE, f. c^{ne} de Portiragnes. — *Rivus de Malvineda*, 1163 (cart. Agath. 178). — *Malvinede* (cartes de Cassini et du dioc. de Béz.).
PRADE (LA), f. c^{ne} de Puissalicon. — *La Prade* (carte de Cassini; carte diocés.).
PRADE (LA), f. c^{ne} de Saint-Michel. — *Mansus de Parada*, 1204 (Plant. chr. præs. Lod. 104). — Ce mansus appartenait à l'évêque de Lodève. *La parade* ou *parata* était un droit épiscopal.
PRADE (LA), h. c^{ne} d'Aigne. — *La Prade* (carte de Cassini; carte diocés. de Saint-Pons). — Le recensement de 1809 porte *la Prade de Floris*.
PRADE (LA), jⁱⁿ, c^{ne} de Lodève.
PRADE (LA), jⁱⁿ, c^{ne} de Nissan.
PRADEL, f. c^{ne} de Montpellier, sect. C.
PRADELS, f. c^{ne} de Mérifons. — *Locus de Pradellis*, 804 (cart. Gell. 4). — *Pradels* (carte de Cassini; carte du dioc. de Saint-Pons).
PRADELS, h. c^{ne} de Saint-Vincent (c^{on} d'Olargues). — *Villa Pradellas*, v. 1000 (cart. Gell. 13 v°). — *Villa de Pradellis*, 1008 (ibid.). — *Pradels* (carte de Cassini; carte du dioc. de Saint-Pons).
PRADELS (LES), f. c^{ne} de Quarante. — *L'Espradets* [*Les Pradels*] (carte de Cassini). — *Les Pradels* (carte du dioc. de Narbonne).
PRADES, c^{on} des Matelles. — *Villa Pratis*, 804 (cart. Gell. 4). — *De Pratis*, IXe s^e (Arn. de Verd. ap. d'Aigrefeuille, II, 417); 1123 (cart. Gell. 185); 1181 (mss d'Aubaïs; H. L. III, pr. c. 161). — *Villa de Pradis*, 1185 (cart. Magal. E 211). — *Molendini siti in riperia Leni* (du Lez) *in parrochia de P.* 1308 (ibid. A 38). — *Prades*, 1115 (cart. Gell. 151); 1162 (mss d'Aubaïs; H. L. II, pr. c. 585); dans la viguerie de Sommières, 1625 (pouillé); 1649 (ibid.); 1684 (ibid); 1688 (lettres du gr. sceau; pouillé); 1760 (pouillé; carte de Cassini; carte du dioc. de Montpellier).

L'église de Prades avait autrefois, comme de nos jours, le vocable de *Saint-Jacques* : *Villa, parrochia S. Jacobi de Pratis ou de Pradis*, 1156 (G. christ. VI, instr. c. 359); 1185 (cart. Magal. E 211); 1308 (ibid. A 38); 1536 (bulle de Paul III, transl. sed. Magal.). On lit toutefois dans la chronique d'Arnaud de Verdale (ap. d'Aigrefeuille, II, 425) : *Eccl. de Cocone. Sancti Joannis de Pratis*; mais c'est une erreur, ou transposition typographique, pour *eccl. S. Joannis de Cocone; eccl. de Pratis*, qui sont deux églises distinctes. — Prades était une cure amovible du diocèse de Montpellier, à la nomination du chapitre cathédral, qui en était le prieur, 1684, 1688 (pouillés). La cure de Prades faisait partie de l'archiprêtré d'Assas, 1756 (état officiel des églises du diocèse de Montpellier); 1760 (pouillé). — En 1684 et 1688, le marquis de Toiras était seigneur de Prades; c'est le marquis de Murles dans la visite pastorale de 1780.

PRADES, éc. c^{ne} d'Agde. — *Notre-Dame-des-Prés*, prieuré, 1760 (pouillé). — Voy. SAINT-CHRISTOL et NOTRE-DAME-DES-PRÉS.
PRADES OU LA PRADE, f. c^{ne} de Cazouls-lez-Béziers. — *La Prade* (carte de Cassini; carte diocésaine).
PRADES, f. c^{ne} de Dio-et-Valquières. — *Prieuré de Prades*, 1760 (pouillé; cartes de Cassini et du dioc. de Béziers).
PRADES, h. c^{ne} de Cessenon. — *Parrochia S. Johannis de Pradas*, 1152 (Livre-noir, 140 v°). — *De Pradis*, 1205 (ibid. 261 v°). — *Ecclesia de Pratis*, 1323 (rôle des dîmes des églises de Béziers). — *Prades succurs.* (carte de Cassini; cartes diocés. de Saint-Pons et de Béziers). — Voy. TUILERIES-DE-PRADES.
PRADES, jⁱⁿ, c^{ne} de Bédarieux. — Voy. SICARD.
PRADIENS, éc. c^{ne} de Capestang, 1809.
PRADINES, f. c^{ne} d'Agde. — *Villa de Pradinis*, 1190 (cart. Agath. 188). — *Pradines* (carte de Cassini; carte du dioc. d'Agde).
PRADINES, f. c^{ne} de Causses-et-Veyran. — Voy. PRADANINE.
PRADINES, f. c^{ne} de Frontignan. — *Villa de Pradinis*, 1287 (cart. Magal. A 49).
PRADINES, f. c^{ne} de Montoulieu. — *Pradines* (carte de Cassini; carte du dioc. d'Alais).
PRADINES, f. c^{ne} de Saint-Pons-de-Mauchiens. — *Pradine* (carte de Cassini; carte diocés. d'Agde).
PRADINES, h. c^{ne} de Clermont. — *Villa Pradinas*, 1079 (cart. Gell. 108); 1211 (cart. d'Aniane, 64 v°). — *Pradines* (carte de Cassini; carte du diocèse de Lodève).
PRADINES, h. c^{ne} de Lauroux. — *Pradines* (carte de Cassini; carte diocés. de Lodève).
PRADINES-LE-BAS, f. c^{ne} de Béziers. — *Villa Pardinas que vocant villare Bellane seu de Bella*, 970 (Livre noir, 24). — *Terminium de Madinas* (leg. *Pradinas*), 990 (Martène, Anecd. I, 179). — *Villa de Pradinis*, 1193 (Livre noir, 83); 1305 (stat. eccl. Bit. 73 v°). — *Haut et Bas Pradines* (carte de Cassini; carte du dioc. de Béziers).
PRADINES-LE-HAUT, f. c^{ne} de Béziers. — Voy. PRADINES-LE-BAS.
PRAIGNAN (REC DE), ruisseau qui coule sur les territoires de Pouzoles et d'Abeilhan et se perd dans la Thongue, affluent de l'Hérault.

PRAIRIE (LA), j^{in}, c^{ne} de Nissan.
PRAT-DE-LA-FONT, f. c^{ne} de Riols.
PRAT-DEL-REY, f. c^{ne} de la Salvetat. — *Le Prat-del-Rey* (carte de Cassini; carte diocés. de Saint-Pons).
PRAT-DE-SÈBE, f. c^{ne} de Castanet-le-Haut.
PRAT-NOOU, f. c^{ne} de Fraisse.
PRAT-NOOU, f. c^{ne} de la Salvetat.
PRAT-TANCAT, f. c^{ne} de la Salvetat.
PRATADARIÉ, f. c^{ne} de Fraisse. — *Pradalarié* (recens. de 1809). — *Prat-Dalarié* (recens. de 1851).
PRATENJALIÉ, h. c^{ne} de Mons. — *Les Pradals* (carte de Cassini; carte diocés. de Saint-Pons).
PRATQUILLERAN, f. c^{ne} d'Azillanet. — *Praquilleran* (carte de Cassini; carte du dioc. de Saint-Pons).
PRATS, h. c^{ne} d'Argelliers.
PRATS (JARDIN DES), éc. c^{ne} de Pézenas, 1809.
PRATS (MAS DES), h. c^{ne} de Saint-André-de-Buéges. — *Mas-des-Prats*, 1696 (affranch. VIII, 65).
PRÉDELON (LE), h. c^{ne} de Colombières. — *Prat-de-Lou* (recens. de 1809). — *Prat-de-Long* (recens. de 1851).
PRÉ-DU-MOULIN, f. c^{ne} de la Salvetat.
PREIGNES-LE-NEUF, chât. c^{ne} de Vias.
PREIGNES-LE-VIEUX, h. c^{ne} de Vias. — *Villa de Guado-Peroso*, 990 (abb. de Saint-Thibéry; H. L. II, pr. c. 144; G. christ. VI, instr. c. 315). — *Villa Preissanum*, v. 804 (cart. Agath. 222). — *Prexanum*, 1155 (ibid. 20). — *Eccl. S. Mariæ de Preixano*, 1122 (ibid. 12). — *Prioratus ruralis B. Mariæ Magdalenes de P.* 1589 (ibid. 283). — *Eccl. S. Petri de Prunias*, 1133 (ibid. 13). — *Eccl. S. Petri de Prugnes*, 1156 (bulle d'Adrien IV, ibid. 1). — *Villa Prugnas*, 1173 (arch. d'Agde, G. christ. ibid. 327). — *Furcæ de Proguis* (leg. Prognis), 1219 (ibid. 335). — *Preignes* (carte de Cassini, carte du dioc. d'Agde).
PREMERLET, f. c^{ne} de Lodève, 1809.
PRÉMIAN, c^{on} d'Olargues. — *Purmianum*, 1135 (2e cart. de la cathédrale de Narbonne; H. L. II, pr. c. 480). — *Allodium de Premiano*, 1182 (bulle de Lucius III; G. christ. VI, instr. c. 88). — *Premian*, 1625 (pouillé); 1649 (ibid.); 1760 (pouillé; carte de Cassini; carte du dioc. de Saint-Pons; tabl. des anciens diocèses).

L'église de Prémian a constamment eu pour patron *saint Sébastien*: *Eccl. S. Sebastiani de Promiane*, 940 (arch. de Saint-Pons de Tom. Mabill. III, ann. 711). — *S. Sebastianus de Præmiano in valle Jauri*, 1102 (H. L. II, pr. c. 357). — Le prieuré de Prémian était uni à l'archidiaconé de Saint-Pons. Cette localité, dans le ressort du siége présidial de Béziers, était une seigneurie royale non ressortissante. — Voy. SAINT-SÉBASTIEN-DE-FRÉMIAN.

PRÉMIAN, ruisseau qui prend sa source au lieu dit *Estalabard*, ne quitte pas le territoire de la commune dont il porte le nom, y arrose quinze hectares, fait mouvoir un moulin à blé, et, après avoir parcouru 4 kilomètres, va se jeter dans le Jaur, affluent de l'Orb.
PRÈPE (GRANGE) ou PROPE, f. c^{ne} de Servian, 1809. — *La Grange-Proche* (carte de Cassini; carte du dioc. de Béziers).
PNÉS (LES), f. c^{ne} de Clermont.
PNÉS (LES), f. c^{ne} de Minerve.
PRESBYTÈRE (LE), éc. c^{ne} de Saint-Julien.
PRÉS-DE-POUROLS, f. — Voy. POUROLS.
PRÉSENTATION DE MANOSQUE, éc. couvent, c^{ne} de Lunel.
PRÉSIDENTE (LA), f. c^{ne} de Béziers. — *La Présidente* (carte de Cassini; carte diocés. de Béziers).
PRÉSIDENTE (LA), f. c^{ne} de Montagnac.
PRÉVÔT (ÉTANG DU), c'est-à-dire du prieur du chapitre cathédral de Montpellier; c'est le même que l'étang de Maguelone. Au lieu de *Prévôt*, on lit sur d'anciens plans de l'évêché du dernier siècle: *Parbot, Perbot, Posson*.
PRIEURÉ, éc. c^{ne} de Laurens.
PRIMELLE, ruiss. c^{ne} de Saint-Étienne-de-Gourgas. Réuni à celui d'Aubaigne, il donne naissance à la rivière de Brèze.
PRINCE (LE), f. c^{ne} de Ferrals.
PRIOU, h. c^{ne} de Pierrerue.
PROPE, f. — Voy. PRÈPE (GRANGE).
PROUDOUMETTE (LA), f. c^{ne} de Maureilhan.
PROUILHE, h. c^{ne} de Saint-Pons. — *Prulianum villa*, 804 (cart. Gell. 3). — *Prolianum*, 936 (arch. de l'église de Saint-Pons; Catel. Comt. 88; G. christ. VI, instr. c. 77); 1171, 1176 (Livre noir, 99 et 269 v°); xiie siècle (cart. Agath. 64). — *Prolanum*, 1124 (chât. de Foix; H. L. II, pr. c. 428). — *Prolhanum*, 1362 (G. christ. ibid. 91). — *Pralianum allod.* 1182 (ibid. 88). — *Prouille* (carte de Cassini; carte du dioc. de Saint-Pons).

Il ne faut pas confondre ce hameau avec le prieuré de *Notre-Dame-de-Prouille*, au dioc. de Narbonne, qui était une annexe du monastère de femmes de même nom dans le dioc. de Mirepoix.

PROUVÈRES, h. c^{ne} de Graissessac. — *Prouveres* (carte de Cassini).
PROVIDENCE (LA), f. c^{ne} de Montpellier, sect. H.
PROVINQUIÈRE (LA), f. c^{ne} de Capestang. — *La Provinquière* (carte de Cassini; carte diocés. de Narbonne).
PROVINQUIÈRE (LA), m^{in} sur la rigole de Saint-Pierre, c^{ne} de Capestang, 1809.
PROVINQUIÈRE (LA), m^{in} sur le Lirou, c^{ne} de Maureilhan.

PRUNAC (MAS DE), f. c^{ne} de Clermont.
PRUNARÈDE, f. c^{ne} de Saint-Maurice. — Autrefois fief seigneurial qui relevait de l'évêque de Lodève. — Vestiges de dolmens. — *Prunareda*, 1540 (Plant. chr. præs. Lod. 364). — *La Prunarede* (carte du dioc. de Lodève. — La carte de Cassini a mal écrit *La Prumarede*).
PRUNARÈDE (LA), bois sur le plateau du Larzac, au nord-ouest de Saint-Maurice, où se trouve un dolmen à la hauteur de 627 mètres.
PRUNET, f. c^{ne} de Montpellier, sect. J. — Voy. SAINT-MARTIN-DE-PRUNET.
PRUNET, f. c^{ne} de Puimisson. — *Villa de Pruneto*, 1155 (tr. des ch. H. L. II, pr. c. 552); 1156 (G. christ. VI, instr. c. 359); 1202 (Livre noir, 80); 1206 (*ibid.* 265); 1325 (stat. eccl. Bill. 91 v^c). — *Prunet* (carte de Cassini; carte diocés. de Béziers).
PRUNET (LE CROS), anc. prieuré. — Voy. NOTRE-DAME-DE-PRUNET.
PRUNETTE (LA), f. c^{ne} d'Agde. — *La Brune* (cartes de Cassini et du dioc. d'Agde).
PUCHAUROUX, f. c^{ne} de Claret. — *Puechaurous* (carte de Cassini; carte du dioc. de Nimes). — *Pichauroux* (recens. de 1809). — *Pissaroux* (recens. de 1851).
PUDISSIÉ, *manse ruinée*, c^{ue} de Montpeyroux. — *Villa Pedoxinis*, 1029 (cart. Gell. 8 v^c).
PUECH, éc. c^{ne} de Soumont.
PUECH, f. c^{ne} de Montpellier, sect. E.
PUECH (LE), par abréviation de SAINT-MICHEL-DU-PUECH-D'AUBAIGNES, c^{on} de Lodève. — *Villa Pauchiacum*, 804-806 (cart. Gell. Mabill. Ann. II, 718; G. christ. VI, instr. c. 265). — Le Puech est souvent désigné dans Plantavit de la Pause par *Castrum* ou *Podium de Alba Aqua*, à cause d'une source d'eau blanchâtre qu'on trouve dans le voisinage. — *Castrum de Podio Albæ Aquæ*, 1213 (Chr. præs Lod. 118). — *Paræcia S. Michaelis de Podio*, 1283 (*ibid.* 226); 1324 (*ibid.* 290). — Dans le même acte, sous le nom de *Castrum de Podio Albayga* (Aubaignes), qui emprunte son nom à la même source, mais qui doit être distingué du *Castrum de Alba Aqua*, du Puech: voy. AUBAGNE. — *Puy d'Albegua*, seigneurie de la viguerie de Gignac, 1529 (dom. de Montpellier, H. L. V, pr. c. 87). — *Le Puech*, 1625 (pouillé); 1649 (*ibid.*); 1688 (lett. du gr. sc.). — *Cure de Puech*, 1760 (pouillé; carte de Cassini; carte du dioc. de Lodève). — *Lepuech* (tabl. des anciens diocèses).
La commune du Puech fut d'abord placée dans le canton d'Octon, qui fut supprimé par arrêté des consuls du 3 brumaire an x; elle fut alors comprise dans le canton de Lodève.

PUECH (LE), éc. c^{ne} de Sorbs, 1809. — *Le Puech* (carte de Cassini; carte diocés. de Lodève).
PUECH-ARNAUD, f. c^{ne} de Fontanès.
PUECH-AUSSEL ou MÉTAIRIE LA GARRIGLE, f. c^{-e} et c^{ne} de Murviel. — *Pechausses-Haut*, *Pechausses-Bas* (recens. de 1840).
PUECH-AUSSEL ou MÉTAIRIE PASTRE, f. c^{ne} et c^{ne} de Murviel.
PUECH-AUSSEL ou MÉTAIRIE SERIN, f. c^{ne} et c^{on} de Murviel.
PUECH-BADIEU, f. c^{ne} de Mèze.
PUECH-BLANC, f. c^{ne} de Vendres. — *Puech-Blanc* (carte de Cassini; carte du dioc. de Narbonne).
PUECH-COUCUT, f. — Voy. PECH-COUCUT.
PUECH-D'AUBAIGNES, c^{ne}. — Voy. PUECH (LE).
PUECH-D'AZIROU, montagne, c^{ne} de Montpeyroux. Elle sépare cette commune de celle de la Vacquerie. — Cassini et la carte du diocèse de Lodève l'indiquent par la ferme *Azirou*. — La carte récemment levée par les agents voyers appelle mal cette montagne *Rocque-Marque*. — Le *Rocque-Marque* est une excroissance, une dent de rocher qui s'élève sur le flanc d'une montagne, et dont l'ombre marque l'heure à la campagne.
PUECH-DOUSSIER, f. c^{ne} de Pégairolles (c^{on} du Caylar). — La carte de Cassini porte *Puech-d'Oufiu*; la carte diocésaine de Lodève, *Puech-d'Oussien*; le recensement de 1809, *Puech d'Ouissou*; le recensement de 1841, *Pioch-Toussiou*.
PUECH-MANEL, f. c^{ne} de Quarante. — *Podium Milanum*, 1153 (cart. Gell. 193 v^c). — *Allodium de Pulminano*, 1182 (bulle de Lucius III; G. christ. VI. instr. c. 88). — *Pech-Manel* (carte de Cassini; carte du dioc. de Narbonne; recens. de 1840). — *Pech-Massal* (recens. de 1809).
PUECH-MAURELLE, f. c^{ne} de Bessan.
PUECH-MÉJAN, ruisseau qui naît dans la commune de Balaruc, passe sur le territoire de Frontignan, et, après un cours de 8 kilomètres, se perd dans l'étang de cette dernière commune. — *Podium Mejanum*, 1257 (Arn. de Verd. ap. d'Aigrefeuille, II, 444). — *Puech Mejan*, 1587 (ch. du fonds de l'év. de Montp.). — D'Aigrefeuille, *loc. cit.* écrit *Puy-Méjan*.
PUECH-REDOUN, PUECH-REDON, 1809; f. c^{ne} de Saint-Nazaire-de-Ladarez. — *Locus de Poio rodundo*, v. 1031 (cart. Gell. 27 v^c). — *Puech-Redon*, 1673 (réform. des bois, 58).
PUECH-THOMAS, f. c^{ne} de Cessenon.
PUÉCHABON, c^{on} d'Aniane. — *Castellum de Podio Abone*, 1088 (arch. de St-Guill.-du-Désert; H. L. II, pr. c. 298). — *De Podio Abonis*, 1109 (G. christ. VI, instr. c. 587). — *De Poinbono*, 1110 (cart. Gell. 94

v°). — *De Petro Abone*, 1140 (ch. H. L. II, pr. c. 493). — *De Podio Abono*, 1187 (cart. d'Aniane, 47 v°). — *Podium a bono*, 1194 (cart. Agath. 90). — *Podium bonum*, 1341 (cart. Magal. F 33). — *Abonanegues*, 1171 (mss d'Aubais; H. L. II, pr. c. 559). — *Castel. de Monte a bono*, 1181 (cart. d'Aniane, 46 et 52). — *De Monte bono*, 1178 (Livre noir, 22). — *Puechbon*, 1673 (réform. des bois, 161). — *Puychabon*, 1733 (H. L. II, à la table). — *Peuchabon*, 1760 (pouillé). — *Puesc bon* ou *Puechabon* (carte de Cassini). — *Puech-Bon* (cart. du dioc. de Montpellier). — *Puchebon*, 1709-1720 (Saugrain, dénombrement). — *Pechabon*, 1753 (Doisy, le Roy. de Fr.); 1768 (Expilly, Dict. des Gaules). — *Puechabon*, 1625 (pouillé); 1649 (*ibid.*); 1688 (lett. du gr. sceau); 1756 (état offic. des églises du diocèse de Montpellier; tableau des anciens diocèses).

Église de Puéchabon : *Eccl. de Podio Abone*, 1132 (ch. du fonds de l'abb. d'Aniane); 1150 (ch. du fonds de Saint-Jean-de-Jérusalem). — Le prieuré-cure de Puéchabon était une vicairie perpétuelle, dépendante de l'abbé d'Aniane (pouillés de 1684, 1688, 1760), comprise dans l'archiprêtré de Viols, 1756 (état officiel des églises du diocèse de Montpellier), sous le vocable de *Saint-Pierre-ès-Liens*, 1684, 1780 (vis. past.). — Voy. SAINT-PIERRE-DE-STIRPIA.

Puéchabon, quoique dans le diocèse de Montpellier, appartenait, comme Aniane et la Boissière, à la sénéchaussée de Carcassonne, 1625, 1649 (pouillés). Ces trois localités répondaient pour la justice au sénéchal de Béziers. — A la formation des départements, Puéchabon fut, comme aujourd'hui, compris dans le canton d'Aniane, qui dépendait alors de l'arrondissement de Lodève. Ce canton passa dans l'arrondissement de Montpellier en vertu de l'arrêté des consuls du 3 brumaire an x.

PUECHVILLA, chât. et f. — Voy. CHÂTEAU D'EAU.

PUILACHER, c^{on} de Gignac. — *Poium ad Alaires*, 804 (cart. Gell. 4). — *Poiglechier*, 1154 (cart. de Foix; H. L. II, pr. c. 550). — *Poglager*, 1207 (cart. d'Aniane, 116). — *Mons lacteus villa*, v. 1060 (cart. d'Aniane, 82). — *Puylacher*, 1753 (Doisy, le Roy. de Fr.). — *Puylachier*, 1624 (terr. de Puilacher); 1733 (H. L. II, à la table). — *Puilaché* (carte de Cassini). — *Puilacher*, 1625 (pouillé); 1649 (*ibid.*); 1688 (lettres du gr. sceau); 1760 (pouillé; Saugrain, dénombrement; tabl. des anc. diocèses; carte du dioc. de Béziers).

L'église de Puilacher, *Eccl. de Podiolacterio*, 1323 (rôle des dîmes des églises du dioc. de Béziers), était une cure dépendante de l'archiprêtré du Pouget, sous le vocable de la *Sainte Trinité*, 1760 (pouillé). — *S. Trinitas*, 1780 (état officiel des églises du dioc. de Béziers).

Puilacher allait pour la justice au sénéchal de Montpellier. — Cette commune fut primitivement placée dans le canton de Saint-Pargoire, supprimé par l'arrêté des consuls du 3 brumaire an x; alors elle passa dans le canton de Gignac.

PUIMISSON, c^{on} de Murviel. — *Castrum Podio Mincione*, 1097 (Livre noir, 42 v°); 1123 (*ibid.* 5); 1176 (*ibid.* 18). — *Castrum Podii Missionis*, 1182 (bulle de Lucius III; G. christ. VI, instr. c. 88). — *Castrum Podii Misonis*, 1210 (reg. cur. Fr. H. L. III. pr. c. 222). — *Puimisson et Puimuisson*, seigneurie de la viguerie de Béziers, 1529 (dom. de Montp. ibid. V, pr. c. 87). — *Puymisson*, 1649 (pouillé). — *Puimesson*, 1709-1720 (Saugrain, dénombrement). — *Puimisson*, 1625 (pouillé); 1688 (lett. du gr. sceau); 1760 (pouillé); 1673, 1779 (terr. de Puimisson; carte de Cassini; carte diocés. de Béziers; tabl. des anciens diocèses; Doisy, Expilly, etc.).

La cure de Puimisson, *Rectoria de Podiomissona*, 1323 (rôle des dîmes des églises du diocèse de Béziers), dépendait de l'archiprêtré de Cazouls et avait pour patron *S. Martinus*, 1780 (état officiel des églises du dioc. de Béziers).

Puimisson fit d'abord partie du canton de Magalas, qui fut supprimé par arrêté des consuls du 3 brumaire an x; cette commune passa alors dans le canton de Murviel.

PUISSALICON, c^{on} de Servian. — *Podium de Salicano*, 1114 (trésor des ch. H. L. II, pr. c. 389). — *De Podio Salico*, 1150 (mss d'Aubais, *ibid.* 529). — *De Podio Salitione*, 1154 (Livre noir, 1 v°). — *De Podio Salicono*, 1154 (*ibid.*); 1164 (cart. de l'abb. de Salvanez; H. L. II, pr. c. 599); 1199 (cart. de Foix, 243). — *De Podio Saliconis*, 1156 (cart. de Foix; *ibid.* 560). — *De Podio Salicone*, 1164 (cart. de l'abbaye de Salvanez; *ibid.* 599); 1210 (cart. Agath. 162). — *De Podio Saliano*, 1222 (stat. eccl. Bitt. 119). — *De Monte Salico*, 1202 (cart. Agath. 59). — *Puechsalicon*, seigneurie de la viguerie de Béziers, 1529 (dom. de Montpellier; H. L. V, pr. c. 87). — *Puysalicon*, 1733 (*ibid.* II, à la table); 1600 (terr. de Pouzolles). — *Puisalicon et Puissalicon*, 1753 (Doisy); 1768 (Expilly). — *Puisselicon*, 1709-1720 (Saugrain; tableau des anciens diocèses). — *Puissalicon*, 1625 (pouillé); 1649 (*ibid.*); 1688 (lettres du grand sceau); 1760 (pouillé; carte de Cassini; carte du diocèse de Béziers).

La cure de Puissalicon, vicaria de Podiosalicone, 1323 (rôle des dîmes des égl. du dioc. de Béz.), de Puysaliconne, 1518 (pouillé), dépendait de l'archiprêtré de Cazouls et avait pour patron S*t Étienne*, *S. Stephanus*, 1780 (état officiel des églises du dioc. de Béziers).

Puissalicon, qui avait un viguier, était une justice royale et bannerète, c'est-à-dire non ressortissante. Cette commune fut d'abord comprise dans le canton de Magalas; mais elle passa dans le canton de Servian quand celui de Magalas fut supprimé, en vertu de l'arrêté rendu par les consuls le 3 brumaire an x.

PUISSERGUIER, c*on* de Capestang. — *Castrum de Podio Serigario*, 1146 (Livre noir, 164 v°); 1202 (*ibid.* 65 v°); *de Podio Surugario*, 1171 (*ibid.* 63 v°). — *Podium Surigarium quondam vocatum de Petro Sigario*, 1171 (*ibid.*). — *Castrum de Podio Sorigario*, 1184 (*ibid.* 62); 1209 (cart. Agath. 69). — *De Podio Soriguer*, 1202 (Livre noir, 65). — *Podium Soriguerium*, 1202 (*ibid.* 64). — *Podium Sorigarii*, 1222 (hôtel de ville de Narb. H. L. III, pr. c. 274). — *Podium Sugarium*, 1527 (pouillé). — *Puech Serguier*, 1649 (*ibid.*). — *Puysarguier*, 1733 (H. L. II, à la table). — *Puisserguier*, 1529 (dom. de Montp. H. L. V, pr. c. 86); 1625 (pouillé); 1760 (pouillé; tableau des anc. diocèses; cartes de Cassini et du dioc. de Narbonne; Saugrain; Doisy; Expilly, etc.).

Puisserguier était une paroisse *rectorie* du dioc. de Narbonne, patr. *Conver. S. Pauli*, 1760 (pouillé). — Pour la justice, les habitants allaient au sénéchal de Béziers. — La seigneurie de Puisserguier relevait immédiatement de la Couronne. Elle appartint quelque temps au connétable de Montmorency. L'abbé Expilly (Dict. des Gaules, V, 1017) dit que Guillaume de Bermond du Caylar, maréchal de camp, gouverneur de Béziers, l'acheta au mois de mai 1591, et que sa postérité en a joui constamment. — Nous trouvons dans les archives du district de Béziers que les baronnie et châtellenie de Puisserguier furent vendues le 10 mars 1595, et que le contrat de vente fut passé, par les commissaires à ce députés, en faveur de Guillaume du Caylar d'Espondeilhan.

Puisserguier était l'un des vingt-quatre lieux du diocèse de Narbonne qui envoyaient par tour un député aux États provinciaux de Languedoc. Ses armes étaient *d'azur, au pélican d'argent avec sa piété de même, c'est-à-dire se becquetant la poitrine pour nourrir ses petits*.

La commune de Puisserguier fut d'abord comprise dans le canton de Cazouls-lez-Béziers. Ce canton ayant été supprimé, conformément à l'arrêté des consuls du 3 brumaire an x, elle passa dès lors dans le canton de Capestang.

PUITS-LAULT, f. c*ne* de Moulès-et-Baucels. — *Podium altum*, Puichault, v. 1031 (cart. Anian. 89 v°).

PUITS-NEUF (LE), éc. c*ne* de Magalas, 1809.

PUTAC, h. c*ne* de Ceilhès-et-Rocozels. — *Putac* (carte de Cassini; carte dioc. de Béz.).

PUTAFI, éc. — Voy. PÉTAFFY.

PUTEUS VALERIUS, anc. fief, c*ne* de Quarante, 1005 (arch. de l'égl. de Narb. H. L. II, pr. c. 162); 1124 (Livre noir, 53); 1160 (cart. Anian. 57 v°); 1305 (stat. eccl. Bitter. 73 v°).

PUY-MAURY, piton. — Voy. PIOCH-MAURY.

PY (LE), h. — Voy. DELPY (MAS).

Q

QUARANTE, c*on* de Capestang. — *Caranta*, 1156 (cart. Agath. 127). — *Quatraginta*, 1157 (Livre noir, 74 v°). — *Quaranta*, 1166 (arch. de l'abb. de Moissac; H. L. II, pr. c. 607). — *Quarante*, 1625 (pouillé); 1649 (*ibid.*); 1671 (terr. de Quarante); 1760 (pouillé; tabl. des anc. dioc. carte de Cassini; carte diocés. de Narbonne).

L'église de Quarante, au dioc. de Narbonne, apparaît dans les actes dès le x° siècle: *S. Maria de vico Quadraginta*, 902 (abb. de Quarante; Marten. Anecd. IV, 70). — *S. M. ad Quarante*, 961 (Mabill. Dipl. 572). — *S. M. de Quadr.* 990 (arch. de St-Paul de Narb. Marten. Anecd. I, 101); 1527 (pouillé). — L'abbaye d'hommes de *Notre-Dame de Quarante*, de l'ordre de Cîteaux, existait déjà au commencement du xii° siècle. Les religieux prenaient le titre de chanoines réguliers de l'ordre de Saint-Augustin de la congrégation de France, xvii° siècle (arch. de l'Hérault; titres de l'abb. de Quarante). Le pouillé de 1760 les appelle *Bernardins de Quarante*.

Les habitants de ce lieu répondaient pour la justice au sénéchal de Béziers.

QUARANTE, deux éc. c*ne* de Montpellier, sect. D.

QUARCI (MAS DE), f. c*ne* de Saint-Jean-de-Védas. — *Quarcianum*, 814 (cart. Anian. 84 v°).

QUATRE-CANAUX (LES), à la croisière du canal des Étangs et du canal de Grave, h. c^ne de Palavas.
QUATRE-PILAS, f. c^se de Murviel (c^on de Montpellier). — *Les quatre pilas* (carte de Cassini; carte du dioc. de Montpellier).
QUERELLES, f. c^ne de Sérignan.

QUETTON, f. c^ne de Montpellier, sect. G.
QUINTES (LES), f. c^ne de Taussac-et-Douch.
QUINTILLARGUES, anc. paroisse. — Voy. SAINTE-CROIX-DE-QUINTILLARGUES.
QUINZE-SOLS, f. c^ne de Poilhes.
QUINZIÈME (LE), éc. salines, c^ne d'Agde.

R

RABAUT (LE), f. c^ne de Prémian, 1809.
RABEJAC, f. c^ne du Puech, 1809. — *Rabejac* (carte de Cassini; carte du dioc. de Lodève).
RABEJAC, h. c^ne du Pouget. — *Riviniacum*, 1153 (Livre noir, 153 v°).
RABES, f. c^ne de Montels, 1809. — *Rabes* (carte de Cassini; carte diocés. de Narbonne).
RABIEUX, m^in sur la riv. de Lergue, c^ne de Ceyras.
RABIEUX, ruiss. qui prend sa source dans la montagne des Deux-Vierges, c^ne de Saint-Jean-de-la-Blaquière, parcourt 5 kilomètres sur le territoire de cette commune et se perd dans la Lergue. — Cassini écrit *Robieu*; la carte diocés. de Lodève, *Roubieu*.
RADEL, RADELLE ou RUDEL, partie du canal des Étangs qui va d'Aigues-Mortes à l'étang de Mauguio. Cassini écrit *Radel*; la carte du dioc. de Montpellier porte *canal de la Radele*.
L'ancien *canal de la Radelle*, dont on fait remonter la construction au règne de saint Louis, venait également d'Aigues-Mortes à l'étang de Mauguio, d'où l'on se rendait au port de Lattes par le canal de la Robine (lettres de la reine Blanche de 1250 et requête de 1346; arch. de Montp. Gr. Thalam. 59 v°, et arm. H, cass. V, n° 26).
RADEL (ÉTANG DU), partie de l'étang de Méjan, au-dessous de Pérols, joignant celui de Mauguio.
RAGOUST OU AUBAYGNES, autrement RIVIÈRE DU PUECH, ruiss. qui prend sa source au lieu dit *le Bosc*, c^ne de la Valette, parcourt les territoires de la Valette, d'Olmet-et-Villecun, du Puech. Son cours est de 11,200 mètres; il arrose trois hectares, fait mouvoir un moulin à blé et se jette dans la rivière de Lergue.
L'ancien nom de ce ruisseau est *Mazanus rivus in terminio ville que vocatur Valleta*, 1122 (cart. Gell. 60 v°); 1176 (Livre noir, 99). — *Ragoust* (carte de Cassini; carte diocés. de Lodève).
RAINARD, 1809; RAYNAUD, 1840, f. c^ne d'Agde. — *Raynaud* (carte de Cassini; carte diocés. d'Agde).
RAISSAC, f. c^ne de Boisset. — *Raissac* (carte de Cassini; carte du dioc. de Saint-Pons).

RAISSAC, j^in, c^ne de Béziers. — *Raixacum*, 1120 (cart. Agath. 123). — *Rixac*, 1184 (ibid. 121). — *Reissacum*, 1190 (Livre noir, 230). — *Reissac* (carte de Cassini; carte diocés. de Béziers).
RAJAL (LE), deux ff. c^ne de la Salvetat.
RAJAL (LE), h. c^ne du Soulié.
RAJALOUS, 1851; LE RAYAL, 1809, f. c^ne de Fraisse. — *Le Rajat* (carte de Cassini; carte diocés. de Saint-Pons).
RAJALS (LOUS), f. c^ne de la Salvetat.
RAMADIEN, f. c^ne de Montpellier, sect. F.
RAMEJAN, h. c^ne de Maureilhan. — *Ramigacum vel Raynacum villa*, 987 (cart. Lod. G. christ. VI, instr. c. 271). — *Remigianum*, 1132 (Livre noir, 124 v°). — *Rameianum castrum*, 1187 (cart. Agath. 294). — *Ramejan*, 1625 (pouillé); 1649 (ibid.); 1760 (pouillé; carte de Cassini; carte diocés. de Béziers).
Ramejan, avant 1790, était une cure du diocèse de Béziers: *Ecclesia de Remigiano*, 1129 (Livre noir, 303 v°). — *Rector de Remejano*, 1323 (rôle des dîmes des égl. du dioc. de Béz.). — La cure de Ramejan, dépendante de l'archiprêtré de Cazouls, avait pour patron *S. Petrus ad Vincula*, 1780 (état offic. des égl. du dioc. de Béz.).
Après sa réunion à Maureilhan en 1790, pour former la commune de *Maureilhan-et-Ramejan*, les deux villages furent placés dans le canton de Cazouls-lez-Béziers, lequel fut supprimé par arrêté des consuls du 3 brumaire an x. Ils passèrent alors dans le canton de Capestang.
RAMERAC, m^in sur la rivière de Lergue, c^ne des Rives. — *Remurat* (carte de Cassini; carte diocés. de Lod.).
RAMIÈRE (LA), f. c^ne d'Azillanet.
RAMPON, f. c^ne de Montpellier, 1809.
RAMUS, mont. c^ne de Saint-Thibéry; haut. 135^m,95.
RANC, f. c^ne de Saint-Maurice. — *Villa del Ranc*, vendue aux nobles frères de Ginestoux en 1599; mais l'évêque de Lodève en est reconnu seigneur dominant depuis quatre cents ans en 1601 (Plant. chr. præs. Lod. 393). — *Le Ram* (carte de Cassini). — *Le Rang* (carte diocés. de Lodève).

Randon ou Fabre, f. c^ne de Montpellier, 1809.
Rank, chât. — Voy. Del Rank.
Ranouas, f. c^ne de Saint-Maurice.
Ranquet (Le), f. c^ne de Saint-Maurice.
Ranteille, f. c^ne de la Salvetat.
Rantely, f. c^ne d'Olargues.
Rantely, ruiss. qui prend sa source au lieu dit *la Salle*, c^ne d'Olargues, parcourt le territoire de cette commune et celui de Saint-Vincent, arrose 12 hectares, fait mouvoir un moulin à blé et, après un cours de 5,400 mètres, se jette dans le Jaur, affluent de l'Orb.
Rascas (Grange de), f. c^ne de Vias, 1809.
Raspailhac, h. c^ne de Saint-Vincent (c^on d'Olargues). — *Respaillac* (carte de Cassini; carte du dioc. de Saint-Pons).
Rassoups, f. — Voy. Lassoups.
Rate (Mas de), f. c^ne de Gignac.
Ratié (Moulin de), f. — Voy. Moulin-à-Vent.
Ratiés, f. c^ne de Cessenon. — *Ratiés* (carte de Cassini; carte du dioc. de Saint-Pons).
Rattier, f. c^ne de Frontignan.
Rauroux (Mas de), f. c^ne de Puéchabon, 1809.
Raussié (La), f. c^ne de Fraisse.
Ravanes, f. — Voy. Aspiran-Ravanes.
Ravanières, j^in, c^ne de Saint-André-de-Sangonis.
Ravanières, ruiss. c^ne de Saint-André, où il arrose onze hectares, parcourt 4,800 mètres et se jette dans l'Hérault. — *Ravanieres* (carte de Cassini; carte du dioc. de Lodève).
Rax (Pont de), éc. c^ne de Saint-Pons.
Rax (Pont de), f. c^ne de Saint-Pons.
Rax (Pont de), j^in, c^ne de Saint-Pons.
Rayal (Le), f. — Voy. Rajalous.
Raynard (Mas de), f. c^ne de Vailhauquès.
Raynaud, f. c^ne d'Agde. — Voy. Rainard.
Raynaud, f. c^ne de Caux, 1809.
Raynaud, j^in, c^ne de Marsillargues.
Raynaud (Mas de), f. c^ne de Saturargues.
Réals, m^in sur le Rounel, c^ne de Cessenon. — *Moulin Reals* (carte de Cassini; carte dioces. de Saint-Pons).
Réals ou Béals, m^in sur le Cauron, c^ne et c^on de Murviel. — *Moulin Reals* (carte de Cassini). — *Moulin Real* (carte du dioc. de Béziers).
Rébeau (Le), j^in, c^ne de Béziers.
Reboul, f. c^ne de Castelnau-lez-Lez.
Reboul, f. c^ne de Cazilhac, 1809.
Reboul, deux ff. c^ne de Montpellier.
Reboul, f. c^ne de Saint-Pargoire.
Reboul ou Grange-d'Arnaud, 1809, f. c^ne de Thézan. — *Reboul* (carte de Cassini; carte du dioc. de Béziers).

Reboul, j^in, c^ne de Montpellier, sect. D.
Rec-d'Agout ou Rec-de-Rose, h. c^ne de Castanet-le-Haut. — *Req d'Agout*, 1778 (terr. de la Voulte). — *Rec d'Agout* (carte de Cassini; carte du dioc. de Castres). — Ce hameau, qui par corruption est désigné *Req d'Aoust* dans le recensement de 1809, appartenait à cette époque à la commune de Saint-Gervais-terre-foraine.
Rec-de-la-Combe (Le) ou le Req, 1809, f. c^ne de Fraisse. — *Le Rec* (carte de Cassini; carte du dioc. de Saint-Pons).
Rec-Grand, ruiss. qui prend son origine au Crouzet, c^ne de Mons, parcourt les territoires de cette commune et de celle de Saint-Julien, arrose vingt hectares, fait mouvoir un moulin à blé et, après un cours de 4,700 mètres, se perd dans le Jaur, affluent de l'Orb. — La carte manuscrite des ingénieurs porte *la Rech*.
Récollets (Les) ou le Séminaire, éc. c^ne de Montpellier. — Ancien couvent des PP. Récollets de Montpellier, converti en séminaire diocésain en 1805.
Recouly, f. c^ne de Mauguio.
Recouly, f. c^ne de Montpellier, 1809.
Recouly (Mas de), f. c^ne de Mireval.
Rèdes, h. — Voy. Saint-Pierre-de-Rèdes.
Redon ou Tuilerie Goudissard, éc. c^ne de Bessan. — *Rodons*, 1198 (cart. Agath. 52).
Redon, montagne, dans la vallée du Salagou, entre Clermont-l'Hérault et Lodève; hauteur, 299 mètres. — *In valle Redone*, 1187 (mss d'Aubais; H. L. III, pr. c. 161).
Redonde, f. c^ne de Montels. — *La Redoude* (carte de Cassini; carte du dioc. de Narbonne).
Redonnière (La) ou la Roudounière, f. c^ne de Béziers (2e c^on).
Redounelles, pic volcanique, c^ne de Grabels. — Ce pic, dont la hauteur est de 115 mètres, est au S. E. du hameau de Valmahargues. Une métairie voisine en avait pris le nom : *mansus de Redonello*, 1321 (cart. Magal. A 9, E 290).
Redoute-de-la-Tour, éc. poste de douanes, c^ne de Portiragnes. — *Coste de la Tour* (recens. de 1840). — *Poste de la tour de Roque Haute* (recens. de 1851). — *Redoute de Roque Haute* (carte de Cassini; carte du dioc. de Béziers). — La carte dioces. d'Agde écrit *Redoute de Roucaute*.
Redoutes ou Fortins. — Voy. Agde, Castelas (Le), Mauguio (Étang de), Palavas, Roque-Haute (Redoute de), Saint-Clair, Valleras, Vendres.
Refregé ou Refrégény, f. c^ne de la Livinière.
Réganard, f. c^ne de la Salvetat.
Réganel, f. c^ne des Matelles.

REGIMBEAUD, j¹ⁿ, cⁿᵉ de Gignac.
RÉGIMONT, f. cⁿᵉ de Poilhes. — *Régimont* (carte de Cassini; carte du dioc. de Narbonne).
RÈGUE, f. cⁿᵉ du Soulié. — *Regue* (carte de Cassini; carte du dioc. de Saint-Pons).
RELAIS, éc. cⁿᵉ de Fabrègues.
RELIGIEUSES (LES), j¹ⁿ, cⁿᵉ de Clermont.
RÉLY, f. cⁿᵉ de Lunel.
RENARD (LE), f. cⁿᵉ de Mas-de-Londres. — *Le Renard* (carte de Cassini; carte du dioc. de Montpellier). — *Reinard* (recens. de 1809).
RENARD (MAS DE), f. cⁿᵉ de Pignan.
RENARD (MAS DE), j¹ⁿ, cⁿᵉ de Saint-Geniès.
RENARDERIE (LA), f. cⁿᵉ de Saint-Nazaire-de-Ladarez. — *Regnautdeiras, Renaudieres*, 1232 (cart. Gell. 213 v°). — *La Reinardarië* (recens. de 1809). — *La Renardière* (recens. de 1840).
RENÉ, f. cⁿᵉ de Montpellier, sect. J.
RENGUE (LA), ruiss. qui naît au lieu dit *Fontenelles*, cⁿᵉ de Lunas, dont il arrose le territoire sur une étendue de 3 kilomètres. Il fait aller un moulin à blé et se jette dans l'Orb.
RENOUARD, mont. au S. E.ˡ de la métairie de Cazes, cⁿᵉ de Montpellier. — Hauteur, 84 mètres.
RÉOLS, h. — Voy. RIOLS (cⁿᵉ de Graissessac).
REQ. — Voy. REC.
REQ (LE), h. cⁿᵉ de la Salvetat. — *Le Rec* (carte de Cassini; carte du dioc. de Saint-Pons).
RESCLAUSE (LA), h. cⁿᵉ de la Salvetat. — *Villa de Resclausis*, 1279 (cart. Magal. C 209).
RESCLAUSE (LA), ruisseau qui prend sa naissance au lieu appelé *Guillon*, cⁿᵉ de la Salvetat, parcourt 2,500 mètres, arrose vingt hectares sur le territoire de cette commune et afflue dans l'Agout, tributaire du Tarn.
RESCLAUSE (LA), ruiss. qui naît et court sur le territoire de Nefliès, où, dans son cours de 5,700 mètres, il arrose neuf hectares et fait mouvoir cinq moulins à blé. Il se jette dans la rivière de Peyne, affluent de l'Hérault.
RESCOL, h. cⁿᵉ de Fraisse. — *Rescolle* (carte de Cassini). — *Rescols* (carte du dioc. de Saint-Pons).
RESCOL, ruiss. qui a son origine à la Baraque, cⁿᵉ de Fraisse. Dans son cours de 2 kilomètres, sur les terres de cette commune, il arrose cinq hectares et fait aller un moulin à blé. Il se perd dans l'Agout, affluent du Tarn.
RESSE (LA), éc. usine, cⁿᵉ du Soulié.
RESSE (LA), h. cⁿᵉ de Rieussec. — *La Resse* (carte de Cassini; carte du dioc. de Saint-Pons).
RESSE (LA), moulin sur la rivière de Mausson, cⁿᵉ de Fabrègues.

RESSE (LA), ruiss. qui prend son origine à la Boriotte, commune de la Salvetat, dont il ne quitte point le territoire. Dans son cours de 3,600 mètres, il arrose trente hectares et fait mouvoir un moulin à blé et un moulin à scie. Il se perd dans l'Agout, affluent du Tarn.
RESSES ou RESSEZ, f. cⁿᵉ de Gorniès. — *Resses* (carte de Cassini; carte du dioc. de Montpellier).
RESTINCLIÈRES, cⁿᵒⁿ de Castries. — *Locus de Restancleriis*, 1255 (cart. Magal. A 157). — *De Restrencleriis*, 1255 (*ibid.* A 292); 1330 (*ibid.* A 182); 1340 (*ibid.* F 167). — *De Restencleriis*, 1354 (*ibid.* C 10). — *Rastenclieres*, 1625 (pouillé); 1649 (*ibid.*). — *Restinclieres*, 1684 (*ibid.*); 1688 (pouillé; lett. du gr. sc.); 1760 (pouillé; carte de Cassini; carte du dioc. de Montp.). — *Restinclaires*, 1777 (terr. de Restinclières).

L'église de Restinclières était un prieuré-cure, chef-lieu d'un archiprêtré qui, suivant l'état officiel de 1756, comprenait les paroisses suivantes : Beaulieu, Boisseron, Buzignargues, Campagne, le Petit-Galargues Garrigues, Montaud, Saint-Christol, Saint-Drézéry, Saint-Geniès, Saint-Hilaire-de-Beauvoir, Saint-Jean-de-Cornies, Saint-Seriès, Saturargues, Saussines, Sussargues et Vérargues. — Cette église avait et a conservé pour patron *saint Césaire* (vis. past. de 1684, 1688 et 1779).

Restinclières, bien qu'appartenant au diocèse de Montpellier, était placée dans la viguerie de Sommières (dioc. de Nîmes). L'évêque de Montpellier en était le seigneur temporel. — A la formation des départements et des cantons, Restinclières devint le chef-lieu de canton de 18 communes : Restinclières, Beaulieu, Boisseron, Buzignargues, Campagne, Galargues, Garrigues, Guzargues, Montaud, Saint-Christol, Saint-Drézéry, Saint-Hilaire, Saint-Jean-de-Cornies, Saint-Seriès, Saturargues, Saussines, Sussargues et Villetelle. Mais par suite de l'arrêté des consuls du 3 brumaire an x, qui supprima ce canton, les communes qui le composaient passèrent dans les cantons de Castries, de Claret et de Lunel : les communes de Campagne et de Garrigues appartinrent au canton de Claret; celles de Boisseron, Saturargues, Saussines, Saint-Christol, Saint-Seriès, Villetelle, furent ajoutées à celui de Lunel; enfin les autres communes de l'ancien canton de Restinclières furent comprises dans le canton de Castries.

RESTINCLIÈRES, château, cⁿᵉ de Prades. — *Mansus de Restinclericis*, 1240 (Arn. de Verd. ap. d'Aigrefeuille, II, 441). — *Mansus de Restencleriis*, 1327 (cart. Magal. E 205); 1354 (*ibid.* C 10). — *Château de Restinclieres* (carte de Cassini; carte du dioc. de

DÉPARTEMENT DE L'HÉRAULT. 161

Montp.); hauteur, 59 mètres. — Le *col de Restinclières*, près du château, a 89 mètres d'altitude.
Restouble ou Despuech, f. c^ne de Montpellier, 1809.
Reveilhe, f. c^ne de Gabian, 1840.
Revel, f. c^ne de la Salvetat.
Revel (Mas de), f. c^ne de Saint-André-de-Sangonis.
Revieyroux, m^in sur le ruiss. de Riviérals, commune de Fraisse.
Revue, éc. c^ne du Soulié.
Rey, deux ff. c^ne de Montpellier, sect. K.
Rey, j^in, c^ne de Montpellier, sect. D.
Rey, j^in, c^ne de Villeneuve-lez-Béziers, 1809.
Rey (Le), f. c^ne de la Salvetat. — *Roy* (carte de Cassini). — *Roi* (carte dioc. de Saint-Pons).
Rey (Le), f. c^ne du Soulié. — *Le Rey* (carte de Cassini; carte du dioc. de Saint-Pons).
Rey (Le), h. c^ne de Valflaunès. — *Le Rey* (carte de Cassini; carte dioc. de Montpellier).
Rey-et-Crouzat, j^in, c^ne de Sérignan, 1840.
Reynaud, f. c^ne de la Salvetat.
Rhonel, ruisseau qui prend naissance près de l'ancien moulin de Foncaude, sur le territoire de Cazouls-lez-Béziers, arrose celui de Thézan, parcourt 8 kilomètres, fait mouvoir un moulin à blé et se jette dans l'Orb.
Rhonel, ruiss. qui naît sur le territoire de Clermont-l'Hérault, d'où il passe sur celui de Brignac. Dans son cours de 8 kilomètres, il arrose douze hectares et alimente de nombreuses tanneries et lavoirs de laine. Il afflue dans la rivière de Lergue, tributaire de l'Hérault.
Ribansol, ruiss. qui a son origine dans la commune de Montaud, arrose en outre les territoires de Saint-Hilaire, Buzignargues, Galargues, et, après 8 kilomètres environ de cours, se jette dans la Bénovie, affluent du Vidourle.
Ribaute, h. c^ne de Lieuran-lez-Béziers. — *Ripalta*, 1168 (mss d'Aubaïs; H. L. II, pr. c. 608). — *Ribaolta*, 1173 (cart. Agath. 252). — *Ribauta*, 1181 (cart. Magal. C 98). — *Ribaute*, 1625 (pouillé). — *Ribaute*, 1649 (pouillé); 1760 (pouillé; carte de Cassini; carte dioc. de Béz. Doisy, Expilly, etc.).
Ribaute, avant 1790, formait une paroisse du diocèse de Béziers. — *Vicaria de Ripa alta*, 1323 (rôle des dîmes des égl. du dioc. de Béz.). — *Cure*, 1760 (pouillé). — D'après l'état officiel des églises de Béziers, dressé en 1780, cette paroisse était dans le ressort de l'archiprêtré de Cazouls et avait pour patrons *SS. Julianus et Basilissa.*
La réunion de ce hameau à Lieuran-lez-Béziers forma, en 1790, la commune de *Lieuran-lez-Béziers-et-Ribaute.* — Voy. cet article.

Hérault.

Ribaute a donné son nom à un petit ruisseau qui coule sur le territoire du hameau et se perd dans le Libron, 1769 (arch. d'Abeilhan, regist. BB 3).
Ribaute, chât. c^ne de Lieuran-lez-Béziers.
Ribauts, h. c^ne de Saint-Julien.
Ribes (Cabane de), éc. c^ne de Saint-Nazaire.
Ribes (Les), h. c^ne de Sauteyrargues-Lauret-et-Aleyrac.
— *Les Ribes* (carte de Cassini; carte dioc. de Nîm.).
— *Pont de Ribes* (carte dioc. de Montp.).
Ricajouls, h. c^ne d'Octon. — *Ricazouls* (carte de Cassini; carte dioc. de Béz.).
Ricard, éc. c^ne de Nébian.
Ricard, f. c^ne de Montpellier, sect. J.
Ricard (V^e), j^in, c^ne de Montpellier, 1809.
Ricard-Paul, j^in, c^ne de Florensac, 1809.
Richard, f. c^ne de Montpellier, sect. E.
Richard, j^in, c^ne de Pézenas, 1840.
Richarde (La), f. c^ne de Ferrals.
Riche (Jardin de), éc. c^ne de Cazouls-lez-Béziers, 1809.
Richelieu, fortin, c^ne de Cette.
Ricome, f. c^ne de Montpellier, sect. K.
Ricome (Mas de), f. c^ne de Notre-Dame-de-Londres.
Riduès, f. c^ne de Villecelle.
Ridu, autrement Valedeau, f. c^ne de Montpellier, 1809.
Riéges, f. — Voy. Ariéges.
Riels, f. c^ne de Cessenon. — *Riels* (carte de Cassini; carte dioc. de Saint-Pons).
Rieu (Le), f. c^ne de Paulhan.
Rieu (Le), h. c^ne de la Salvetat. — *Le Rieu* (carte de Cassini; carte dioc. de Saint-Pons).
Rieu (Mas del), f. c^ne de Riols. — *Le mas d'Elrieu* (carte de Cassini).
Rieu (Mas du), h. c^ne de Saint-Vincent (c^au d'Olargues).
Rieu (Rec du), ruiss. c^ne d'Abeilhan. Il parcourt 1 kilomètre et se perd dans la Tongue, affluent de l'Hérault.
Rieuberlou, f. c^ne de Roquebrun. — *Roubignou* (carte de Cassini; carte dioc. de Saint-Pons).
Rieuberlou, ruiss. qui prend son origine dans la commune de Berlou, parcourt le territoire de cette localité et ceux de Roquebrun et de Cessenon, arrose huit hectares, fait mouvoir un moulin à blé et, après un cours de 10,800 mètres, se jette dans l'Orb.
Rieucoulon, éc. c^ne de Saint-Jean-de-Védas.
Rieucoulon, ruisseau qui naît dans la commune de Montpellier, qu'il sépare de celle de Saint-Jean-de-Védas, traverse le territoire de Lattes, court pendant 12 kilomètres et se perd dans la Mausson, affluent du Lez.
Rieucros, ruisseau qui a son origine dans les hameaux des Besses, commune de la Salvetat, parcourt 4,300 mètres sur le territoire de cette commune,

arrose quatre-vingts hectares, fait aller un moulin à blé et se rend dans l'Agout, affluent du Tarn.

Rieu-de-Lègue, f. c[ne] de la Salvetat.

Rieufalgous, f. c[ne] de Saint-Julien.

Rieufrex, ruisseau. — Voy. Rioufrex.

Rieugrand, f. c[ne] de Saint-Julien. — *Rieugrand*, 1778 (terr. de Saint-Julien).

Rieugrand, ruisseau qui prend sa naissance au Fajo, commune de Saint-Julien, où, dans son cours de 1,330 mètres environ, il arrose deux hectares et fait mouvoir un moulin à blé. Il se jette dans l'Agout, affluent du Tarn.

Rieumajou, f. c[ne] de Fraisse.

Rieumajou, deux ff. c[ne] de la Salvetat. — La carte de Cassini et la carte diocésaine de Saint-Pons n'indiquent qu'une seule métairie du nom de *Rieumajou*.

Rieumégé, f. c[ne] d'Olargues. — *Rumegé* (carte de Cassini). — *Rieumege* (carte dioc. de Saint-Pons). — Toutefois l'une et l'autre carte placent un peu au-dessous *moulin Rumegé*, sur le Jaur.

Rieupaders, ruisseau. — Voy. Padens (Rieu).

Rieupezigue, m[in] sur le ruiss. de Roupezigue, c[ne] de Clermont. — Voy. Roupezigue.

Rieussec, c[on] de Saint-Pons. — *Rivus siccus*, 1069 (cart. de Foix; H. L. II, pr. c. 267); 1151 (cart. Agath. 28); 1176 (Livre noir, 15 v°); 1203 (*ibid.* 69 v°). — *Rieussac*, 1649 (pouillé). — *Rieussec*, 1625 (*ibid.*). — *Cure du diocèse de Saint-Pons*, 1760 (pouillé; carte de Cassini; carte du diocèse de Saint-Pons). — Cette localité répondait pour la justice au sénéchal de Carcassonne.

Rieussec, f. c[ne] de Villeveyrac. — *Rieussec* (carte de Cassini; carte dioc. d'Agde).

Rieussec, h. c[on] de Pardailhan. — *Riusec* (carte de Cassini). — *Rieussec* (carte dioc. de Saint-Pons).

Rieusselat, j[in], c[ne] de Saint-Jean-de-Fos.

Rieuton, chât. c[ne] de Saint-Pargoire. — *Alod. castr. de Rivo-torto*, 990 (Marten. Anecd. I, 179); 1155 (Livre noir, 32); 1173 (*ibid.* 223 v°). — *Castellum de Rivotorio*, v. 1145 (cart. de Foix, 63 v°). — *Rieutor* (carte de Cassini).

Rieuton ou Rieutord, f. c[ne] de Cabrerolles.

Rieuton ou Rieutord, h. c[ne] de Mons.

Rieuton (Le), ruiss. qui prend sa source au domaine de la Liquière, commune de Mas-de-Londres, arrose vingt hectares sur les territoires de cette commune et de celle de Saint-Martin-de-Londres, fait mouvoir un moulin à blé, parcourt 6,500 mètres et se jette dans la Malou, affluent de l'Hérault. — *Rieutor* (carte de Cassini; carte dioc. de Montp.).

Rieutord (Le), ruiss. qui naît sur le territoire de Saint-Nazaire-de-Ladarez, arrose celui de Murviel, fait aller un moulin à blé, parcourt 16 kilomètres et se perd dans l'Orb. — *Rivus de Riotaraciaco*, 861 (Baluz. ch. du R. H. L. I, pr. c. 106). — *Rieutort R.* (carte de Cassini; carte du dioc. de Béz.).

Rieutord (Le), ruiss. qui a son origine au lieu dit *Théron*, commune de Gignac, parcourt 3,800 mètres sur le territoire de cette commune, y arrose un hectare et demi et se jette dans l'Hérault. — Ce ruisseau, souvent à sec, à peine indiqué sur les cartes, se rencontre fréquemment cité dans l'histoire locale. — *Rivus tortus*, 1079 (cart. Gell. 108); 1117 (*ibid.* 93). — *Honores a Rivo torto ad Arauris fluvium*, 1175 (G. christ. VI, 591).

Rieutort (Le) ou Torrent de Sumène, ruiss. qui prend son origine au-dessus de Sumène (Gard), entre dans le département de l'Hérault par la commune de Ganges, et arrose son territoire, puis ceux de Gazilhac et de la Roque; enfin, après un cours de 12 kilomètres, ce torrent, ordinairement aride, mais parfois furieux, se précipite dans l'Hérault.

Rigaille, f. c[ne] de Murviel.

Rigaille, f. c[nr] de Vias, 1809.

Rigal, f. c[ne] de Montpellier, sect. B.

Rigal, f. c[ne] de Montpellier, sect. K. — Voy. Gaillarde (La).

Rigal (Mas de), f. c[ne] de Gignac, 1809.

Rigal (Mas de), f. c[ne] de Saint-Clément.

Rigal (Mas de), f. c[ne] de Saint-Maurice.

Rigaud, f. c[ne] d'Agde. — *Rigaud* (carte de Cassini; carte dioc. d'Agde).

Rigaud, f. — Voy. Bonneterre.

Rigaud, m[in] sur l'Ognon, c[ne] de la Livinière. — *Moulin Rigot* (carte de Cassini; carte dioc. de Saint-Pons).

Rigaud (Mas), f. c[ne] de Valflaunès. — *Mansus de Rigaudo*, 1302 (cart. Magal. B 169).

Rigoula, f. c[ne] de Cazouls-lez-Béziers, 1809.

Rimassel (Le), ruiss. qui naît et court sur le territoire de la commune de Grabels pendant 2 kilomètres et se perd dans la Mausson, affluent du Lez.

Riolets, h. c[ne] de Riols. — *Riolet*, 936 (arch. de l'égl. de St-Pons; Catel, Comt. de Toul. 88; G. christ. VI, instr. c. 77). — *Rieulet* (carte de Cassini; carte du dioc. de Saint-Pons).

Riolets, ruiss. qui a son origine au lieu dit *Paroubert*, c[ne] de Riols, parcourt 1 kilomètre sur le territoire de cette commune, y arrose trois hectares et se jette dans le Jaur, affluent de l'Orb.

Riols, c[on] de Saint-Pons. — *Eccl. S. Petri de Riolos juxta fluvium quæ vocant Jauro*, 969 (cart. de la cath. de Narb. H. L. II, pr. c. 118). — *Ecclesia S. P. de Riols*, 940 (arch. de St-Pons de Tom. Mabill. Ann. III, 711); 1102 (*ibid.* H. L. II, pr. c. 357).

— *Eccl. de Riol*, 1182 (bulla Lucii III; G. christ. VI, instr. c. 88). — *Riolz*, 1649 (pouillé). — *Riols*, 1625 (*ibid.*). — *Cure*, 1760 (pouillé; carte de Cassini; carte du dioc. de Saint-Pons). — *Riols*, au diocèse de Saint-Pons, répondait pour la justice au sénéchal de Béziers.

Riols, f. c^{ne} de Boussagues.

Riols, h. c^{ne} de Graissessac. — *Riols* (carte de Cassini; carte dioc. de Castres). Cependant le plan fourni à l'Administration pour la formation de cette commune, en 1859, porte *Réols*.

Riols, ruiss. qui naît dans la commune de Castanet, passe sur le territoire de Rosis, arrose deux hectares, fait aller un moulin à blé et se jette dans la rivière de Mare, affluent de l'Orb.

Riols (Mas de), f. — Voy. Bau (Mas de).

Rioufrex ou Rieufrex, ruiss. qui prend sa naissance dans la commune de Nages (Tarn), coule sur le territoire de la Salvetat, arrose quarante hectares, fait aller deux moulins à blé et une scie et, après 3 kilomètres de cours, se mêle à la Vèbre, qui se rend dans l'Orb.

Ritus, f. c^{ne} de Montpellier, sect. B.

Rivage (Le), f. c^{ne} de Saint-Vincent-de-Barbeyrargues.

Rivanels, ruiss. qui a son origine au hameau d'Embayran, commune des Plans, court sur le territoire de Lodève, arrose quatre hectares et, après avoir parcouru 600 mètres, se perd dans la Soulondres, affluent de la Lergue.

Rive (La), éc. usine, c^{ne} de Saint-Chinian.

Rivefache, ruisseau qui naît au lieu portant le même nom, commune de Saint-Pons, parcourt 1 kilomètre sur le territoire de cette commune, où il arrose huit hectares, se joint au ruisseau de Cavenac et va se perdre enfin avec celui-ci dans la Salesse, affluent du Jaur.

Rivelin, f. c^{ne} de Grabels.

Rivernoux (Le), ruiss. qui prend sa source à l'ancien prieuré de Grammont, commune de Saint-Privat, passe sur le territoire du Bosc, arrose un hectare, parcourt 8 kilomètres et se jette dans la rivière de Lergue, affluent de l'Hérault.

Rives (Les), c^{on} du Caylar. — *Villa quam vocant Ripa*, 987 (testam. S. Fulcr. Bolland. II febr. p. 897; G. christ. VI, instr. c. 272); 1162 (tr. dés ch. du R. H. L. II, pr. c. 588); 1255 (Plant. chr. præs. Lod. 187). — *Ribadas*, 1137 (cart. Gell. 179). — *Rivus*, 1124 (chât. de Foix; H. L. ibid. 427); 1221 (Livre noir, 40 v°). — *De Rivis*, 1234 (cart. Agath. 269); 1335 (stat. eccl. Bitt. 117 v°); 1435 (sénéch. de Nim. H. L. IV, pr. c. 443). — *Les Ribes*, 1625 (pouillé); 1649 (*ibid.*); 1668 (arch. des Rives; terr. de la c^{té}); 1671 (*ibid.* regist. de l'état civil); 1688 (lett. du gr. sc.). — *Las Ribes*, xviiie siècle (tabl. des anc. dioc.). — *Les Rives*, 1668 (terr. des Rives); 1760 (pouillé; carte de Cassini; carte dioc. de Lodève).

Église des Rives: *Eccl. S. Salvatoris de Ripa*, 975 (arch. de l'égl. de Lod. G. christ. VI, instr. c. 267): v. 1031 (cart. Gell. 54 v°). — *Rector prioralis de R.* 1250 (Plant. chr. præs. Lod. 176). — *Cure des Rives*, 1760 (pouillé). — Aujourd'hui cette église prend pour patron *la Transfiguration de N. S.*

Il ne faudrait pas confondre celle-ci avec le monastère, de même nom, de moinesses de l'ordre de Saint-Augustin qui existait au xive siècle près de Fabrègues: *monasterium de Rippa prope castrum de Fabricis*, 1322 (cart. Magal. E 54). — *Monasterium Beate Marie de R. Magalon. diœc. ordinis S. Augustini*, 1323 (bulla Joan. XXII; ibid. 55).

Rives (Les), h. c^{ne} de Saint-André-de-Buéges. — *S. Johannes de Ripa*, 1101 (cart. Gell. 69 v°).

Riviérals, f. c^{ne} de Fraisse.

Riviérals, ruiss. qui prend sa source dans la commune de Fraisse, passe sur le territoire de Saint-Vincent, arrose vingt-cinq hectares, fait mouvoir deux moulins à blé, parcourt 3 kilomètres et se jette dans le Jaur, affluent de l'Orb.

Rivière, h. c^{ne} de Saint-Geniès.

Rivière (Rec de), ruiss. qui a son origine au hameau de Cantaussel, commune de Servian, arrose aussi le territoire d'Abeilhan, court pendant 2 kilomètres et se perd dans la Tongue, affluent de l'Hérault.

Rivières (Les), f. c^{ne} de Félines-Hautpoul.

Robert, f. c^{ne} de Cébazan.

Robin, f. c^{ne} de Lunel.

Robine, ancien canal qui conduisait les barques de l'étang de Mauguio au port de Lattes. — *Robina*, xiiie et xive siècles (actes du consulat de mer de Montp. arch. de l'Hérault, B 47).

Robine, f. c^{ne} de Vic.

Robine (Canal de la). — Voy. Lunel (Canal de) et Vic (Canal de).

Roc (Le), éc. c^{ne} de Rieussec.

Roc (Le), f. c^{ne} de Boisset.

Roc (Le), mⁱⁿ sur le Lez, c^{ne} de Montpellier. — Ce moulin appartenait, avant 1790, au séminaire de Montpellier. — *Molendinum de Roca quod est in flumine Lezi super pontem Castri novi*, 1242 (cart. Magal. E 135).

Roc-Nègre, piton volcanique. — Voy. Pioch-Nègre.

Rocares, seigneurie de la viguerie de Gignac, 1529 (dom. de Montp. H. L. V, pr. c. 87).

Roque, f. c^{ne} de Castelnau-lez-Lez.

ROCHELONGUE, éc. poste de douanes, c°° d'Agde. — *Rochelongue* (carte de Cassini; carte du dioc. d'Agde). — On donne aussi le nom de *Rochelongue* au cap formé dans la mer par les rochers à l'ouest du fort Brescou.

ROCHERS. — Nous avons fait connaître la situation et la hauteur des principaux rochers du département aux art. BISSONNE, CAYLAR (LE), CINQ-FRÈNES (LES), MAURY (CAUSSE DE), MOURIÉ (MAS DE), NEFFIÈS, ROQUEROLS, etc.

ROCHETA, villa. On lit dans un acte du cartulaire de Saint-Guillem, de 1032 : *Ego Siguinus de Rochafullo dono in comitatu Lutevense villam que vocant Rocheta et Dodosam* (fol. 52 v°). *Rocheta* répond assez bien à *la Rouquette* (voy. ce mot); quant à *Dodosa*, on ne trouve aucun lieu qui représente ce nom aux environs de la commune de Saint-Privat, où le hameau de la Rouquette est situé. Nous sommes donc porté à croire que *Dodosa* ne serait pas une villa différente de *Rocheta*, mais que ce mot, employé pour *dotosa*, serait mis ici pour *dotem, possessionem*, avec d'autant plus de raison que l'acte dont il s'agit ajoute, après *dodosam, de justa quantum ibi habeo vel habere debeo*. (Cf. Cang. verbis *Dodis* et *Dotosa*.)

ROCOZELS, h. c"° de Ceilhes. — *Castrum Rochosellum*, 1031 (cart. Gell. 54 v°). — *Mansus de Rocaelnosa*, 1112 (*ibid*. 84). — *El mas del Rocadel*, 1116 (*ibid*. 85). — *Mansus Rocoz*, 1123 (*ibid*. 185). — *Rocozellum*, 1220 (*ibid*. 215 v°). — *Rector de Rocosellis*, 1323 (rôle des dîmes des égl. du dioc. de Béziers). — *Roquesels*, 1625 (pouillé). — *Roqueselz*, 1649 (*ibid*.). — Dans le xvii° siècle, le tabl. des anc. dioc. porte *Ceilles et Roquezels*. Le tableau offic. des égl. du dioc. de Béz. de 1780 place cette paroisse dans l'archiprêtré de Boussagues et lui donne pour patron *S. Joannes*. — La carte de Cassini écrit *Rocosel prieuré*, et la carte du dioc. de Béziers, *Rocosels*.

Avant 1790, Ceilhes et Rocozels formaient une paroisse du dioc. de Béziers; depuis cette époque, ils constituent une commune du canton de Lunas.

ROCQUE, m¹ⁿ à foulon sur le Jaur, c"° de Saint-Pons, 1809.

RODE (LA), h. c"° de Ceilhes-et-Rocozels.

RODE-BASSE, h. c"° d'Avène. — *La Rode basse* (carte de Cassini; carte dioc. de Béziers).

RODIER, f. c"° de Montpellier, sect. A.

RODIER, m¹ⁿ sur l'Orb, c"° de Colombières.

RODOMOULS, h. c"° de Pardailhan. — *Rodomouls* (carte de Cassini). — *Redemouls* (carte dioc. de Saint-Pons).

RODOMOULS (COL DE), mont. c"° de Saint-Chinian. — Hauteur, 568 mètres.

ROGAS, anc. église. — Voy. SAINT-ÉTIENNE-DE-RONGAS.

ROGÉ, atelier. — Voy. CRÉMIEUX ET ROGÉ.

ROGER, éc. atelier de filature, c"° de Saint-Pons.

ROGER, f. c"° de Montpellier, sect. H.

ROGER, j¹ⁿ, c"° de Saint-Pons.

ROLLAND, éc. c"° de Saint-Pons.

ROLLAND, f. c"° de Montpellier, 1809.

ROLLAND (MAS), f. c"° de Ganges.

ROLLAND (MAS), h. c"° de Montesquieu. — *Mas Rolland* (carte de Cassini).

ROMIGUIÈRES, c°ⁿ de Lunas. — *Romegos*, 1124 (chât. de Foix; H. L. II, pr. c. 428). — *Romegons*, 1171 (*ibid*. G. christ. VI, instr. c. 84). — *Ronmiguieres*, 1625 (pouillé). — *Ronmiguieres*, 1649 (*ibid*.). — *Romiguieres*, 1688 (lett. du grand sceau; tabl. des anc. dioc.). — Ce nom, qui représente une paroisse de l'anc. dioc. de Béziers sur le tabl. des dioc. du Languedoc, dans le xviii° siècle, ne se trouve ni dans le pouillé de 1760, ni sur l'état offic. des égl. du dioc. de Béziers de 1780, ni sur les cartes de Cassini, du dioc. de Béziers, etc.

RONDELET, f. c"° de Lattes. — *Mas de Rondellet*, 1694 (2° regist. des affranch. 160 v°). — *Rondelet* (carte de Cassini; carte du dioc. de Montp.). — Cette métairie doit son nom au célèbre professeur Rondelet, que Rabelais appelle *Rondibilis*.

RONGAS, anc. église. — Voy. SAINT-ÉTIENNE-DE-RONGAS et SAINT-FÉLIX-DE-RONGAS.

RONGAS, h. c"° de Saint-Gervais. — *Rogaz*, 1176 (Livre noir, 14 v°). — *Ronnonaz*, 1176 (arch. de l'Hérault, ch. fonds de Saint-Jean-de-Jérusalem). — *Regutz*, 1271 (mss de Colb. H. L. III, pr. c. 602). — *Rougassium*, 1516 (pouillé). — *Rongas* (carte de Cassini; carte dioc. de Castres). — Voy. SAINT-MAURICE-DE-RONGAS.

RONGAS, m¹ⁿ sur la Mare, c"° de Saint-Gervais-terreforaine ou Rosis, 1809.

RONZIER, éc. atelier de filature, c"° de Lieuran-Cabrières, 1840.

ROOY, h. c"° de la Salvetat. — *Roy* (carte de Cassini). — *Roÿ* (carte dioc. de Saint-Pons).

ROOY-DE-BESSES, f. c"° de la Salvetat.

ROQUAM, f. c"° de Saint-Pons.

ROQUE, éc. — Voy. TUILERIES (LES).

ROQUE, f. c"° de Montpellier, 1809.

ROQUE (LA), f. c"° de Cazilhac, 1809. — *Mas de la Roque* (carte de Cassini; carte du dioc. de Montpellier).

ROQUE (LA), f. c"° de Florensac. — *Roca*, 1117 (arch. de S¹-Thibér. G. christ. VI, instr. c. 318).

ROQUE (LA), f. c"° de Fontanès. — *La Roque* (carte de Cassini; carte du dioc. de Montp.).

Roque (La), f. c^{ne} de Roquebrun. — *La Roque* (carte de Cassini; carte dioc. de Béziers).

Roque (La), f. c^{ne} de Riols. — *La Roque* (carte de Cassini; carte dioc. de Saint-Pons).

Roque (La), f. c^{ne} de Servian. — *La Roque* (carte de Cassini; carte dioc. de Béziers).

Roque (La), f. c^{ne} du Soulié.

Roque (La), h. c^{ne} de Fraisse. — *La Roque* (carte de Cassini; carte dioc. de Saint-Pons).

Roque (La), h. c^{ne} de Graissessac. — *Larroque* (carte de Cassini; carte dioc. de Béziers).

Roque (La), h. c^{ne} de Saint-Étienne-de-Gourgas. — *La Roque* (carte de Cassini; carte dioc. de Lodève).

Roque (La), jⁱⁿ de Vibrac, c^{ne} de Saint-Seriès.

Roque (La), moulin sur le Vidourle, c^{ne} de Saint-Seriès.

Roque-Aynier (La), c^{on} de Ganges. — *Laroca*, 1098 (cart. de l'égl. de Cahors; Spicil. VIII, 360). — *Castr. de la Rocha*, 1120 (tab. Gell. G. christ. VI, instr. c. 276); 1145 (chât. de Foix, *ibid.* 506); 1170 (cart. Anian. 100 v°). — *Roca de Leineriis*, 1140 (H. L. II, pr. c. 493). — *Castr. de R.* 1156 (cart. Gell. 201 v°). — *Molendin. de Ripa alta in flumine Arauris*, 1180 (cart. Anian. 49). — *Molendinus de Rocha*, 1203 (*ibid.* 93 v°). — *Molendini de Roca*, 1284 (cart. Magal. D 70). — *Rocharria*, 1257 (Bibl. du R. Baluz. H. L. III, pr. c. 529). — *De Rupe*, 1182 (cart. Anian. 53 v°). — *Castrum de Rupe Ayneria; molini vocati den Frezel de la Roca in riperia Erani*, 1289 (cart. Magal. F. 240); 1334 (*ibid.* B 180); 1339 (*ibid.* B 7). — *Castrum de Ruppe aneria*, 1303 (*ibid.* D 77). — *Laroque ainier*, 1625 (pouillé); 1649 (*ibid.*); 1760 (*ibid.*). — *La Roque* (tabl. des anc. dioc.). — *La Roque aynier* (carte de Cassini; carte du dioc. de Montpellier). — Saugrain (dénombr. 1709-1720) écrit *la Roque*; Doisy (le Roy. de France, 1753) et l'abbé Expilly (Dict. des Gaul. 1770) disent fautivement *la Roque aimier*.

L'église de *la Roque*, dans la viguerie de Sommières, était avant 1790 une paroisse du dioc. de Montpellier. — *Eccl. de Roca*, 1155 (cart. Magal. D 253). — Comprise dans l'archiprêtré de Brissac, d'après l'état offic. des égl. du dioc. de Montpellier de 1756, le pouillé de 1760 lui donne le titre de *prieuré-cure*. — Elle était, comme aujourd'hui, sous le patronage de *sainte Magdeleine*. — La maison de Roquefeuil avait la seigneurie temporelle de cette localité, 1779 (vis. past.).

Roque-Basse, f. c^{ne} de Portiragnes. — *Roque Basse* (carte de Cassini; carte dioc. de Béz.).

Roque-Haute, éc. poste de douanes, c^{ne} de Sérignan.

— *Poste des Employés* (carte de Cassini; carte dioc. de Béziers).

Roque-Haute, f. c^{ne} de Portiragnes. — *Rocha celsa*, 1110 (Livre noir, 152 v°). — *Roqaute*, 1211 (cart. Anian. 52). — *Roquaute*, bois, 1673 (regist. de la réform. des bois, par de Froidour, 58). — *Roque haute* (carte de Cassini; carte dioc. de Béziers). — *Roucaute* (carte dioc. d'Agde).

Roque-Haute, montagne volcanique, c^{ne} de Vias. — Hauteur, 72 mètres.

Roque-Haute, redoute. — Voy. Redoute-de-la-Tour.

Roque-Inarde, f. c^{ne} de Vias.

Roque-Plane, f. c^{ne} de Rieussec. — *Molend. de Rocabladeri*, 1135 (2e cart. de la cath. de Narb. H. L. II, pr. c. 480).

Roque-Plane (Mas), f. c^{ne} de Canet, 1841.

Roque-Toumbade, hauteur détachée du mont Ortus, c^{ne} de Saint-Martin-de-Londres; 153 mètres.

Roquebrun, c^{on} d'Olargues. — *Castellum Rocha-bruna*, 1036 (chât. de Foix; H. L. II, pr. c. 199). — *Rocabrun*, 1059 (*ibid.* c. 231). — *De Rocabruno*, 1069 (*ibid.* c. 268); 1158 (*ibid.* c. 569). — *Roquebrun*, 1625 (pouillé); 1649 (*ibid.*); 1688 (lettres du gr. sceau); 1760 (pouillé); 1778 (terrier de Roquebrun; carte de Cassini; carte dioc. de Béziers). — Les auteurs de l'Hist. de Lang. écrivent *Roquebrune*, 1733 (H. L. II, à la table); l'abbé Expilly a suivi cette orthographe, 1770 (Dict. des Gaules). — En l'an II, cette commune avait pris le nom de *Roc libre*.

Roquebrun était un prieuré-cure du dioc. de Béz. *prior de Rocabruna*, 1323 (rôle des dim. des égl. du dioc. de Béz.). — L'état offic. des égl. de ce dioc. de 1780 place la paroisse de *Roquebrun et Ceps* dans l'archiprêtré de Cazouls et donne pour patrons *S. Andreas* à Roquebrun, ce qui existe encore aujourd'hui, et *S. Pontianus* à Ceps. — Voy. Ceps.

Seigneurie roy. non ressort. c'est-à-dire justice royale et bannerète, avant 1790, Roquebrun, à la formation des départements et des cantons, fut comprise dans le canton de Cessenon, supprimé par l'arrêté des consuls du 3 brumaire an x. Cette commune passa alors dans le canton d'Olargues.

Roquecave, f. c^{ne} de Ferrals. — *Rocque cave* (carte de Cassini; carte dioc. de Saint-Pons).

Roquefeuil, chât. ruiné, c^{ne} de Brissac. — *Castell. de Rochafullo*, 1032 (cart. Gell. 52 v°); *de Rocafolio*, 1236 (tr. des ch. H. L. III, pr. c. 379). — *Mansus de R.* 1250 (cart. Magal. F 191); 1279 (*ibid.* C 210).

Roquelaure, f. c^{ne} de Saint-Félix-de-l'Héras. — *Roquelongue* (carte de Cassini; carte dioc. de Lodève).

Roquelune, 1856; métairie Lautier, 1851, f. c^{ne} de Pézenas. — *Mansus Rocholanus*, 1078 (cart. Gell. 80). — *Roquelunasse* (carte de Cassini; carte dioc. de Béziers).

Roquemengarde, m^{in} sur l'Hérault, c^{ne} de Saint-Pons-de-Mauchiens. — *Honor rupis Ermenguarde*, 1164 (cart..Gell. 209 v°). Aldiarde donne son fils au monastère de Gellone et avec lui le fief de Roquemengarde, donation reproduite ainsi par le Gall. christ.: *Aldiardis filium suum Richardo (abbati) monachum tradit et cum eo honorem rupis Ermengardæ* (G. christ. VI, c. 591). — *Moulin de Roquemengard* (carte de Cassini). — *Moulin de Roquemengarde* (carte dioc. de Béziers).

Roqueredonde-de-Tiendas, c^{on} de Lunas. — *Villa Roderanicas*, 974 (arch. de l'égl. d'Alby; Marten. Anecd. I, 126). — *Rocadun*, 1041 (cart. Gell. H. L. II, pr. c. 201). — *Eccl. S. Salvatoris de Roccarotunda*, 1135 (cart. de Joncels; G. christ. VI, instr. c. 135). — *Roqueredonde*, 1625 (pouillé); 1649 (pouillé; tabl. des anc. dioc.). — Doisy (Roy. de Fr. 1753) et l'abbé Expilly (Dict. des Gaul. 1770) écrivent *Roqueronde*.

Le nom de *Roqueredonde* ne se lit ni sur la carte du diocèse de Béziers, auquel cette paroisse appartenait, ni sur la carte de Cassini; mais on voit sur l'une et sur l'autre le hameau de *Tieudas*, que l'usage officiel a fait par corruption *Tiendas*. — *Eccl. S. Dalmatii de Telnodaz*, 1135 (cart. de Joncels; G. christ. VI, instr. c. 135).

Roquerols, écueil, dans l'étang de Tau, au-dessous de Bouzigues.

Roquerols, m^{in}. — Voy. Rouquerols.

Roques, éc. c^{ne} de Villeneuve-lez-Béziers, 1809.

Roques, f. — Voy. Baudou-Roques.

Roques, h. c^{ne} de Salasc. — *Roques* (carte de Cassini; carte dioc. de Lodève).

Roques-Albes, h. c^{ne} de Cabrerolles. — *N. D. de la Roque* (carte de Cassini; carte du dioc. de Béziers).

Roquessels, c^{on} de Roujan. — *Rochacedera*, 1076 (chât. de Foix; H. L. II, pr. 291). — *Roca-cederia*, 1112 (arch. de Carcass. chât. de Foix; Marten. Anecd. I, 334). — *Rocosellum*, 1185 (monast. de Beaumont; H. L. III, pr. c. 159); 1190 (Livre noir, 230); 1205 (épitaphe dans l'église du prieuré de Cassan); 1271 (mss de Colb. H. L. *ibid.* 606). — *Roquessels*, 1625 (pouillé). — *Roquessels*, 1649 (*ibid.*). — *Roquasselz, Roquesselz*, 1778 (terr. de Roquessels). — *Rocassels* (tabl. des anc. dioc.). — *Roquecels* (cartes du dioc. de Béziers et de Cassini). — Les auteurs de l'Hist. de Languedoc paraissent confondre *Rocozels* avec *Roquessels*, lorsqu'ils écrivent

Roquezel ou *Rocozel* (H. L. III, à la table). — L'abbé Expilly ne nomme que *Roquezels*, c'est-à-dire *Rocozels*, dépendance de Ceilhes.

L'église de Roquessels, au dioc. de Béziers, apparaît dans une bulle d'Adrien IV : *eccl. S. Mariæ de Rocasels*, 1156 (G. christ. VI, instr. c. 139). — *Prior de Rocacellis*, 1323 (rôle des dim. des égl. du dioc. de Béz.). — Cette église dépendait de l'archiprêtré du Pouget, sous le vocable *B. M. V.* 1780 (état offic. des égl. du dioc. de Béz.).

Roquessols, f. c^{ne} de Pézenas. — *Roquessol*, 1809. — Métairie Bonnet, 1851.

Roquessols, f. c^{ne} de Tourbes. — *Roquesol* (carte de Cassini; carte dioc. de Béziers).

Roquet, chât. c^{ne} des Matelles. — *Mansus de Roca*, 1339 (cart. Magal. B 29). — *Château de Roquet* (carte de Cassini; carte dioc. de Montp.).

Roquet ou Rouquet, h. c^{ne} de Saint-Gély-du-Fesc. — *Ferme de Roquet* (carte de Cassini; carte du dioc. de Montp.).

Roquet, montagne au N. de Saint-Gély-du-Fesc. — Hauteur, 168 mètres.

Roquet-le-Neuf, f. c^{ne} des Matelles.

Roquette (La), château ruiné, sur le mont Saint-Loup, c^{ne} de Saint-Martin-de-Londres. — *Castrum de Roqueta*, 1205 (cart. Magal. E 295); 1302 (*ibid.* B 167); 1354 (*ibid.* E 298). — *Cura du château de la Rouquette*, 1760 (pouillé). — *Château de la Roquette* (carte du dioc. de Montp.). — Suivant la visite pastorale de 1684, cette cure était une vicairie perpétuelle, dépendante du prieur de Saint-Martin-de-Londres, c'est-à-dire des Bénédictins de Saint-Guilhem; son patron titulaire était *saint Gérard, abbé*, et le seigneur temporel du lieu, le marquis de la Roquette, autrement la maison de Roquefeuil, depuis 1534. — Suivant la visite pastorale de 1739, le vocable de l'église est *S. Gérald*, et le seigneur du lieu, le comte de Vinczac.

Les ruines du château de la Roquette, vulgairement appelé *de Bibioures*, sont à une hauteur de 225 mètres.

Rose, h. — Voy. Rec-d'Agout.

Roses (Mas des), f. c^{ne} de Puéchabon. — *Les Roses* (carte de Cassini; carte dioc. de Montp.). — Voy. Sainte-Marie-du-Rosier.

Rosis, c^{on} de Saint-Gervais. — *Castellum Rosellum*, 1105 (arch. de la Grasse; H. L. II, pr. c. 367). — *De Roaxio*, 1226 (chât. de Foix; *ibid.* III, pr. c. 307). — *Rosis* (carte de Cassini; carte du dioc. de Castres).

Cette commune, formée des villages de *Saint-Gervais-le-Vieux*, sur la rivière de Mare, et de *Rosis* (mêmes cartes), appartint en 1790 au département du Tarn, sous le nom de *Saint-Gervais-sur-Mare terre foraine*; mais, par une disposition de l'arrêté des consuls du 3 brumaire an x, elle passa dans le département de l'Hérault avec le canton de Saint-Gervais-ville, en échange du canton d'Angles, qui fut cédé au Tarn. Elle a pris en 1830 le nom de *Rosis*.

Rosserie (La), f. c^{ne} de Pomérols. — *La Rousserie* (carte de Cassini; carte dioc. d'Agde).

Rou, f. c^{ne} de Castries. — *Rou*, dans la baronnie de Montp. 1625 (pouillé); 1649 (*ibid.*); XVIIIe siècle (carte de Cassini; carte dioc. de Montp.).

Rou, mⁱⁿ sur la Bérange, c^{ne} de Castries. — *Moulin de Rou* (carte de Cassini; carte dioc. de Montp.)

Rou (Saint-Jean-de-), anc. église. — Voy. Saint-Jean-de-Rou.

Rouaud, f. c^{ne} de Clermont, 1809.

Roubiac, h. c^{ne} de Cazevieille.

Roubialas, jⁱⁿ, c^{ne} de Capestang. — Les cartes de Cassini et du dioc. de Narbonne mentionnent seulement *l'aqueduc de Roubiolas*, sur le canal des Deux-Mers.

Roubié, f. c^{ne} de Pinet.

Roubignac, h. — Voy. Rouvignac.

Roubiliouze (La), f. c^{ne} de la Salvetat.

Roubillade, f. c^{ne} de la Livinière.

Rouby (Mas), éc. c^{ne} de Pézènes. — *Roubi* (carte de Cassini; carte dioc. de Béziers).

Roucairol, f. c^{ne} de Pézenas, 1840.

Roucairol, mⁱⁿ sur la Boyne, c^{ne} de Fontés, 1809.

Roucairol, mⁱⁿ sur le Lez. — Voy. Rouquerol.

Rouch (Mas), h. c^{ne} de Cabrières.

Roucher-Lajard, f. c^{ne} de Montpellier, 1809.

Roudanengue, f. c^{ne} de Pézènes.

Roudes, f. c^{ne} de Montpellier, sect. K.

Roudien, f. c^{ne} de Montpellier, sect. J.

Roudigou, f. c^{ne} de Béziers.

Roudounière (La), f. — Voy. Redonnière (La).

Rouel, autrement Gervais, f. c^{ne} de Montpellier, 1809.

Rouens, mont. dans la vallée du Salagou, entre Clermont-l'Hérault et Lodève. — Hauteur, 295 mètres.

Rouet, c^{on} de Saint-Martin-de-Londres. — *Rovetum villa*, 1123 (cart. Anian. 87); 1155 (tr. des ch. G. christ. VI, instr. c. 358; H. L. II, pr. c. 552). — *Rovoretum*, 1163 (arch. de l'Hérault, ch. fonds de l'abbaye du Vignogoul). — *Honor de Rovereto*, 1169 (cart. Magal. et G. christ. *ibid.* 361). — *Rouet*, 1625 (pouillé); 1649 (*ibid.*); 1661 (terr. de Rouet); 1688 (lett. du gr. sc. tabl. des anc. dioc. carte de Cassini; carte du dioc. de Montp.).

Le nom de *Rouet* ne se trouve ni sur le pouillé de 1760 ni dans le dénombrement de Saugrain de 1709-1720, etc. Tous ces documents indiquent seulement *Saint-Étienne de Gabriac*, vocable de l'égl. de Rouet. — *Ecclesia S. Stephani de Roreto*, 1041 (cart. Gell. 41). — Toutefois, Doisy (Roy. de Fr. 1753) et l'abbé Expilly (Dict. des Gaules, 1770), qui adopte la même nomenclature, écrivent *Rouet*, sans faire mention de *Saint-Étienne de Gabriac*.

Rouet, paroisse du dioc. de Montpellier, appartenait à la viguerie de Sommières (Gard); mais depuis 1790, elle fait partie du canton de Saint-Martin-de-Londres.

Rouet, f. c^{ne} de Valmascle. — *Rouet* (carte de Cassini; carte dioc. de Béz.).

Rouet, mont. *Causse de Rouet*, entre Péret et Villeneuvette. — Point culminant du Causse, 385^m,30; point culminant de la partie du Causse volcanique, 427^m,46.

Roueyre, f. c^{ne} de Quarante. — *Roerra alodium*, 1100 (Spicil. X, 163). — *Roua rubea*, 1180 (Livre noir, 224 v°). — *Prior de Ronegra*, 1323 (rôle des dim. des égl. du dioc. de Béz.). — *Rougeyras*, 1672 (arch. de l'Hérault, transact. fonds de l'abb. de Quarante). — *Rougeiras* (carte de Cassini; carte du dioc. de Narbonne). — *Rourire* (recens. de 1809). — *Rouyère* (recens. de 1840). — *Roulière* (recens. de 1851).

Rougas, anc. église. — Voy. Saint-Étienne-de-Rongas.

Rouge (La), éc. c^{ne} de Castelnau-lez-Lez.

Rouire, f. c^{ne} de Servian. — *Rouire*, 1777 (terr. de Servian). — *La grange de Rouyre* (carte de Cassini; cart. dioc. de Béz.).

Roujan, arrond. de Béziers. — *Castellum de Royano*, 1059 (chât. de Foix; H. L. II, pr. c. 231). — *Roianum, Rojanum*, 1158 (cart. Agath. 17); 1162 (mss d'Aubaïs; H. L. *ibid.* 583); 1174 (Livre noir, 271 v°); 1388 (arch. de Roujan; reg. des recettes et dépenses *ad calcem*); 1577 (Livre noir, 94). — *Roia*, 1122 (cart. Gell. 60, v°); 1379 (arch. de Roujan, reg. des reconn.). — *Rogiana*, 1172 (testam. Guillelmi VII; H. L. III, pr. c. 128). — *Roganum*, 1258 (arch. de Roujan; acte de vente à la léproserie de la comm.). — *Roujan*, 1625 (pouillé); 1649 (*ibid.*); 1688 (lett. du gr. sc.); 1760 (pouillé; tableau des anc. diocèses; carte de Cassini; carte dioc. de Béziers); 1637, 1779 (terr. de Roujan).

L'église de Roujan, au diocèse de Béziers, était un prieuré-cure sous le vocable de *S. Laurent*. — *Eccl. S. Laurentii de Roiano*, 1156 (bull. Adriani IV; arch. de Cassan; G. christ. VI, instr. c. 139); 1323 (rôle des dim. des égl. du dioc. de Béz.). — L'état officiel des églises de Béziers de 1780 place cette église dans l'archiprêtré du Pouget.

L'acte de 1059, cité plus haut, indique que la seigneurie de Roujan existait déjà à cette époque. Ce fut une justice royale non ressortissante, depuis 1230.

Le canton de Roujan ne fut d'abord composé que de 7 communes : Roujan, Alignan-du-Vent, Gabian, Margon, Neffiès, Roquessels et Vailhan ; mais, par suite des dispositions de l'arrêté des consuls du 3 brumaire an x, Alignan-du-Vent passa dans le canton de Servian en échange de Pouzolles, le canton de Bédarieux céda Fos et Montesquieu à celui de Roujan, enfin on prit du canton de Magalas, supprimé, Magalas et Fouzilhon : en sorte qu'aujourd'hui le canton de Roujan compte 11 communes.

Roujou (Mas de), h. c^{ne} de Lieuran-Cabrières. — *Mas de Roujan* (recens. de 1809).

Roulière, f. — Voy. Roueyre.

Roulio, h. c^{ne} de Riols.

Roumegas, jⁱⁿ, c^{ne} de Béziers, 1809. — *Rector de Roumhaco*, 1328 (rôle des dîmes des égl. du dioc. de Béziers).

Rounel, éc. c^{ne} de Cazouls-lez-Béziers, 1809.

Rounel, ruiss. qui naît et court pendant 2 kilomètres sur le territoire d'Autignac, où il fait aller un moulin à blé ; il se jette dans l'Orb.

Rounel, ruisseau qui a son origine et son cours dans la commune de Cessenon. Il parcourt 1 kilomètre, arrose deux hectares, fait mouvoir un moulin à blé et se perd dans l'Orb. — *Ronel* (carte du dioc. de Saint-Pons).

Rounel-Valliade, deux ff. c^{ne} de Cessenon. — *Ramanella alit. Kamanellum villar*. 990 (arch. de St-Paul de Narb. Marten. Anecd. I, 101). — Le recensement de 1809 porte : *Rounel d'Affre* et *Rounel de Fabre*. — La carte dioc. de Saint-Pons écrit simplement *Ronel*, et la carte de Cassini, *Rounel*.

Roupezigue, Rieupezigue ou Roupelingue, ruiss. qui prend naissance près de la limite des territoires de Lacoste et de Clermont, parcourt ces deux communes pendant 6 kilomètres environ, fait marcher cinq usines, arrose dix-sept hectares et se jette dans la Lergue, affluent de l'Hérault.

Rouquenol, anc. mⁱⁿ sur le Lez, c^{ne} de Castelnau. — *Molendini de Rocairol in flumine Lesi*, 1167 (cart. Magal. E 212).

Rouquenols ou Roquenols, mⁱⁿ sur l'Avène, c^{ne} de Balaruc. — *Molendinus de Rocarols in ripa Avene*, 1268 (cart. Magal. F 96). — *Moulin de Roqueirol* (carte du dioc. de Montpellier). — *Moulin de Roquerol* (carte de Cassini).

Rouquet, f. c^{ne} de Lacoste.

Rouquet, h. — Voy. Roquet.

Rouquet, Manneau et Devaux, éc. atelier de filature, c^{ne} de Lodève.

Rouquet (Mas), mⁱⁿ sur le ruiss. de Roupezigue, c^{ne} de Lacoste.

Rouquet (Mas de), f. c^{ne} de Pégairolles. — *Le Rouquet* (carte dioc. de Lodève ; carte de Cassini).

Rouquette, f. c^{ne} de Saint-Bauzille-de-Putois. — *La Rouquete* (carte de Cassini ; carte dioc. de Montp.).

Rouquette, f. c^{ne} de Tourbes. — *Rouquette* (carte dioc. de Béz. et carte de Cassini).

Rouquette, h. c^{ne} de Saint-Privat. — *Villa Rocheta*, 1032 (cart. Gell. 52 v°). — *El mas de la Roqueta*, 1116 (ibid. 85 v°). — L'investiture de ce hameau appartenait par moitié à l'évêque de Lodève et à l'abbé de Saint-Guillem : *investitura totius mansi de Rocheta*, 1275 (Plant. chr. præs. Lod. 216). — *La Rouquette* (carte du dioc. de Lodève ; carte de Cassini). — Voy. Rocheta.

Rouquette, mont. c^{ne} de Pégairolles, c^{on} du Caylar. — Hauteur, 599 mètres.

Rouquette (La), f. c^{ne} de Marseillan. — *La Rouquette* (carte dioc. d'Agde ; carte de Cassini).

Rouquette (La), f. c^{ne} de Villeveyrac, 1809. — *Rouquette* (carte dioc. d'Agde ; carte de Cassini).

Roussas, h. c^{ne} de Colombières. — *Locus de Rossonc*, 1177 (Livre noir, 139 v°). — *Roussas* (carte de Cassini ; carte dioc. de Béz.).

Roussel, f. c^{ne} de Montpellier, 1809.

Rousset, f. c^{ne} de Montpellier, 1809.

Roussières, h. c^{ne} de Viols-en-Laval (carte de Cassini ; carte dioc. de Montp.).

Roussigné, f. c^{ne} des Aires. — *Runsinatum*, 1216 (Livre noir, 109). — Ce hameau a fait partie de Mourcairol jusqu'à la suppression de cette commune en 1845.

Roussille (La), f. c^{ne} de la Salvetat. — *La Roussille* (carte de Cassini ; carte dioc. de Saint-Pons).

Roussolp-le-Grand, h. c^{ne} de la Salvetat.

Roussolp-le-Petit, h. c^{ne} de la Salvetat.

Rousson, f. c^{ne} de Cette.

Roussy, éc. c^{ne} de Montpellier, sect. D.

Rouvairic, mⁱⁿ sur la Maïre, c^{ne} de Nissan, 1809.

Rouvélane (La), f. c^{ne} de Cessenon.

Rouvials, h. c^{ne} de Prémian. — *Alodes de Rovilianicis*, 966 (arch. de St-Paul de Narb. Marten. Anecd. I, 85).

Rouvièges, h. c^{ne} de Puilacher. — Ancien prieuré-cure du diocèse de Béziers, sous le vocable de B. M. V. dans l'archiprêtré du Pouget, 1760 (pouillé) ; 1780 (état offic. des égl. du dioc. de Béz.). — *Ruveia*, 922 (cart. Gell. 56 v°). — *Rouviege* (carte du dioc. de Béz.). — *Rouvieze* (carte de Cassini).

DÉPARTEMENT DE L'HÉRAULT.

Rouviéges, ruisseau qui prend sa source au mas d'Ensabre, commune d'Aumelas, coule sur les territoires de Vendémian, Puilacher, Ploissan et Bélarga, parcourt 19 kilomètres, fait aller un moulin à blé et se jette dans l'Hérault. — *Ruveia fluv.* 922 (cart. Gell. 56 v°). — *Roubiege* (carte de Cassini). — *Rouvieze* (carte dioc. de Béziers).

Rouvière, f. c^{ne} de Ceyras. — *Mansus de Rovoria*, 804, 1031, 1122 (cart. Gell. 4, 34, 59 v°; 2° cart. de St-Guill. 5 v°); 999 (ann. Gell. 22); 1008 (*ibid.* 24). — *Boschus de Roboria*, v. 1035 (*ibid.* 40).

Rouvière (La), f. c^{ne} de Brissac. — *Mansus de Roveria in parrochia S. Nazarei de Brixiaco*, 1270 (cart. Magal. D 260 v°).

Rouvière (La), h. c^{ne} de Vailhauquès. — *Rivoire*, 1158 (cart. Anian. 88 v°). — *Mansus de Roveira in parrochia S. Saturnini de Vallauches*, 1190 (*ibid.* 61 v°); 1206 (*ibid.* 68). — *Mansus de Roveria*, 1158 (*ibid.* 88 v°); 1279 (cart. Magal. E 301). — *La Rouviere* (carte de Cassini; carte du dioc. de Montp.).

Rouvignac, chât. c^{ne} de Cazouls-lez-Béziers.

Rouvignac, f. c^{ne} de Pierrerue.

Rouvignac ou Roubignac, h. c^{ne} d'Avène. — *Robianum*, 1083 (prieuré de Cassan; G. christ. VI, instr. c. 130). — *Eccl. S. Petri de Rovinacco*, 1135 (cart. de Joncels; G. christ. *ibid.* 135). — *Roviniacum*, 1182 (cart. Agath. 84). — *Rovignac*, 1173 (cart. d'Agde; G. christ. *ibid.* 329); 1516 (pouillé). — *Rouvignac*, prieuré au diocèse de Béziers, 1760 (pouillé); il appartenait à l'archiprêtré de Boussagues sous le vocable de *S. Pierre*, 1780 (état offic. des égl. du dioc. de Béz.). — La carte de Cassini porte *Roubiniac succ.* la carte dioc. de Béziers, *Rouvignac succ.* — Voy. Ruissec.

Rouvignac ou Roubignac, h. c^{ne} d'Octon. — *Villa Rubia*, 804 (cart. Gell. 3 v°); 1006 (*ibid.* 23 v°). — *Eccl. S. Mariæ in villa Roviniaco vel de Lumignago* (*Rumignago*) (cart. Lod. G. christ. VI, instr. c. 270). — Les habitants du lieu devaient une albergue à l'évêque de Lodève, 1057 (Plant. chr. præs. Lod. 78). — *De Ruviaco vel Remugnaco*, 987 (cart. Lod. G. christ. *ibid.* 271). — *Robianum*, 996 (cart. Gell. 12). — Cette église devint rurale et les paroissiens furent soumis au prieuré de Lauzières : *Parœcianos curæ prioris de Elseria commisit.* 1308 (Plant. *ibid.*

259). — *Decimæ de castro R. provenientes mensæ epicospali unit.* 1324 (*ibid.* 291). — *Roubiniac succ.* (carte de Cassini). — *Roubignac succ.* (carte dioc. de Lodève).

Rouvigno, h. c^{ne} de Roquebrun. — *Roubignou* (carte de Cassini; carte dioc. de Béziers).

Rouviole, f. c^{ne} de Siran.

Roux, f. c^{ne} de Castelnau-lez-Lez.

Roux, f. c^{ne} de Montpellier, sect. A.

Roux, pic, au N. E. du mont Saint-Loup, c^{ne} de Saint-Matthieu-de-Tréviers. — Hauteur, 298 mètres.

Roux (Mas de), f. c^{ne} de Montaud.

Roux (Mas de), f. c^{ne} de Saint-Nazaire.

Rouyène, f. — Voy. Roueyre.

Roy-Fernéol, éc. c^{ne} de Saint-Martin-d'Orb.

Royer (Jardin de), éc. c^{ne} de Pézenas. — *Royere* (carte de Cassini; carte dioc. de Béziers).

Rozeillan, f. c^{ne} de Margon, 1809. — *Raureilhan* (carte de Cassini; carte dioc. de Béziers).

Rudel, canal. — Voy. Radel.

Ruffas, h. c^{ne} d'Octon. — *Rufiacum*, 1118 (cart. Agath. 141). — *Rofiacum*, 1118 (*ibid.* 159). — *Mas de Rufas* (carte de Cassini). — *Mas de Refas* (carte dioc. de Lodève).

Ruissec, h. c^{ne} d'Avène. — Ancienne succursale du diocèse de Béziers. — *Ecclesia S. Andreæ de Rucciniaco*, 990 (arch. de St-Tibér. G. christ. VI, instr. c. 316). — *De villa Ruviniaco*, 990 (Marten. Anecd. I, 179). — *Eccl. S. Andr. de Rominiaco*, 1116 (G. christ. *ibid.* 316). — *De Roviniaco*, 1216 (*ibid.* 333). — *Rector de Rivo sicco*, 1323 (rôle des dîm. des égl. du dioc. de Béziers). — *Cure d'Avène et Rieussec*, 1760 (pouillé). — *Saint-André-de-Rieussec* était compris dans l'archiprêtré de Boussagues, 1780 (état offic. des égl. du dioc. de Béz.). — *S. And. de Ruissec succ.* (carte de Cassini). — *S. And. de Riussec succ.* (carte du dioc. de Béz.). — Voy. Avène.

Ruissec, ruiss. qui prend sa source dans le département de l'Aveyron un peu au-dessus de la limite de celui de l'Hérault, passe sur le territoire d'Avène, où il parcourt 5 kilomètres, fait aller un moulin à blé et se perd dans l'Orb. — *Ruissec* (carte de Cassini; carte dioc. de Béziers).

Rumegé, mⁱⁿ sur le Jaur, c^{ne} d'Olargues. — *Rumegé* (carte de Cassini; carte du dioc. de Béziers).

S

Sabathié, f. c^{ne} de Poilhes, 1840.

Sabatier, éc. tuilerie, c^{ne} de Florensac, 1809.

Sabatier, f. c^{ne} de Gabian.

Sabatier ou métairie Delmas, f. c^{ne} de Montp. 1809.

Sabatier, f. c^{ne} de Montpellier, sect. K.
Sablas (Le), éc. c^{ne} de Castelnau-lez-Lez.
Sablière, f. c^{ne} de Saint-Étienne-de-Gourgas-et-Aubagne, 1809.
Sablières, f. c^{ne} de la Vacquerie.
Sadlou (Mas), f. c^{ne} de Roujan.
Sabo, h. c^{ne} de Saint-Pons. — *Sabo* (carte de Cassini; carte dioc. de Saint-Pons).
Sabronen, f. — Voy. Francs.
Sacassou, jⁱⁿ, c^{ne} de Capestang.
Sacristain-Neuf (Le), f. c^{ne} de Montagnac. — *Sacristain* (carte de Cassini). — *Le Sacristain* (carte du dioc. d'Agde).
Sacristain-Vieux (Le), f. c^{ne} de Montagnac. — Voy. Sacristain-Neuf (Le).
Sacristie (La), f. c^{ne} de Saint-Chinian. — *La Sacristie* (carte de Cassini; carte dioc. de Saint-Pons).
Sadde, f. c^{ne} de Lattes.
Sadde, h. c^{ne} d'Avène. — *Sadde* (carte de Cassini; carte dioc. de Béziers).
Sagnassols (Les), h. c^{ne} du Soulié.
Sagnes, f. c^{ne} de Béziers.
Sagnes (Les) ou la Sagne, h. c^{ne} de Saint-Julien. — *Las Saignes*, 1778 (terr. de Saint-Julien).
Sagnette (La), f. c^{ne} de Saint-Pons.
Sagnier (Mas), f. c^{ne} d'Aspiran, 1841.
Sahuc (Le), h. c^{ne} de Saint-Étienne-d'Albagnan. — *Le Sauch* (carte de Cassini). — *Le Souch* (carte dioc. de Saint-Pons).
Saigne-de-Gos, f. c^{ne} de la Salvetat.
Saigne-de-Nayriel, f. c^{ne} de la Salvetat.
Saigne-de-Pigasse, f. c^{ne} de la Salvetat.
Saigne-Verte, f. c^{ne} de la Salvetat.
Saint-Adrien ou Saint-Adrian, f. c^{ne} de Servian; anc. succursale. — *Rector de S. Adriano*, 1323 (rôle des dîm. des égl. du dioc. de Béz.). — *S. Adrian succ.* (carte de Cassini; carte dioc. de Béz.). — *Prieuré*, 1760 (pouillé).
Saint-Affanian, f. — Voy. Affaniès.
Saint-Aldan, h. c^{ne} du Bosc.
Saint-Aldan, église. — Voy. Neffiès.
Saint-Amadou, h. c^{ne} d'Avène.
Saint-Amans-de-Mounis, h. c^{ne} de Castanet-le-Haut. — *Mansus de Monis*, 1271 (mss de Colb. H. L. III, pr. c. 602). — *S. Amans de Mounis* (carte de Cassini; carte dioc. de Castres).
Saint-Amans-de-Pouzols, h. c^{ne} de Pouzols. — *Parroch. S. Amantii de Podols vel Posols*, 1112 (cart. Gell. 90). — *Terminium S. Amancii de Podolz*, 1153 (Livre noir, 251).
Saint-Amans-de-Teulet, h. c^{ne} du Pouget. — *Ecclesia S. Amancii de Boissa*, 1116 (cart. Gell. 76 v°). — *Eccl. S. Amantii de Teuleto*, 1146 (cart. Anian. 35, et ch. de l'abb. d'Aniane); 1154 (bull. Adriani IV; ch. de l'abb. d'Aniane). — *S. Amancius*, 1164, 1171 (mss d'Aubaïs; H. L. II, pr. cc. 559 et 600). — *Prioratus S. Am.* 1180 (cart. Anian. 59 v°). — *Prior, vicarius de Teuleto*, 1323 (rôle des dîm. des égl. du dioc. de Béziers). — *S. Amand de Theulet*, vicairie, 1518 (pouillé). — *Saint-Amans*, 1625 (ibid.); 1649 (ibid.). — *Saint-Amans de Teulet*, prieuré-cure, 1760 (pouillé; carte de Cassini; carte dioc. de Béziers). — *Le Pouget et Saint-Amans* (tabl. des anc. dioc.).

Le prieuré de Saint-Amans-de-Teulet, au diocèse de Béziers, dépendait de l'aumônerie du chapitre cathédral de Montpellier, 1760 (pouillé). — L'état officiel des églises de Béziers de 1780 porte simplement *Teulet*, patr. S. Amantius. — Saint-Amans, comme le Pouget, était un village séquestré qui allait pour la justice au gouvernement de Montpellier, et parfois au siège de Béziers, quand bon lui semblait. En 1790, il devint une commune du canton de Gignac, mais il cessa d'être commune par suite de l'arrêté des consuls du 3 brumaire an x.

Saint-Amans-de-Valthèse, h. — Voy. Authèze.
Saint-André, f. c^{ne} de Mèze. — *S. André* (carte de Cassini; carte dioc. d'Agde).
Saint-André, h. c^{ne} de Cassagnolles. — *S. André* (carte de Cassini; carte dioc. de Saint-Pons).
Saint-André-d'Agde, égl. et faubourg, c^{ne} d'Agde. Ce fut dans cette église que se tint le concile de 506. — *Villa et eccl. S. Andreæ*, 990 (Marten. Anecd. I, 179); 1064. (id. Collect. ampliss. I, 463); 1175 (cart. Agath. 49). — *Burgus (S. And.)*, 1194 (ibid. 55). — Voy. Agde.
Saint-André-d'Aubeterre, anc. égl. c^{ne} de Teyran. — *Parrochia, villa S. Andreæ de Albaterra*, 1167 (cart. Magal. E. 212); 1199 (ibid. 262); 1202 (ibid. 236). — *Prioratus*, 1287 (bull. Honor. IV; ibid. E 187); 1278, 1318 (arch. de l'Hérault, ch. du fonds de Saint-Jean-de-Jérusalem). — *Prata de Alb.* 1334 (cart. Magal. E 87). — Les cartes de Cassini et du diocèse de Montpellier indiquent *Aubeterre* par ces mots : *ancienne église*.
Saint-André-de-Bitinian, f. — Voy. Bétirac.
Saint-André-de-Buéges, c^{on} de St-Martin-de-Londres. — *In villa Rohas ecclesia S. Andreæ*, 804-6 (cart. Gell. 3; Mabill. ann. II, 718; G. christ. VI, instr. c. 265). Il y a réellement *Rohas* dans le cart. de Saint-Guilhem et dans la copie (p. 4 v°); mais les Bénédictins auraient pu avertir qu'il fallait lire *Bohas vel Boias*. — *Parrochia S. Andreæ de Boia*, 1122 (cart. Gell. 130 v°). — *Parroch. S. Andr. de Bodia*,

1304 (cart. Magal. C 212); 1333 (stat. eccl. Magal. 17); 1536 (bull. Pauli III; translat. sed. Magal.). — L'église de Saint-André-de-Buéges appartenait à l'archiprêtré de Brissac, 1756 (état offic. des égl. du dioc. de Montp.), et dépendait du sacristain du chap. cathédral de cette ville, 1779 (vis. past.). Le pouillé de 1760 écrit *Saint-André de Beüges*, cure au dioc. de Montpellier; le tabl. des anciens diocèses : *Saint-André de Buéges*; la carte de Cassini et la carte dioc. de Montpellier : *Saint-André de Buejes*.

SAINT-ANDRÉ-DE-CUCULLES, anc. commanderie, c^{ne} de Fabrègues. — *Parroch. S. Andree de Cogullis*, 1161 (cart. Magal. E 326); 1161 (*ibid*. F 90). — *De Cucullo*, 1184 (bull. Lucii III; G. christ. VI, instr. c. 362). — *De Cugulo*, 1226 (cart. Magal. D 219); 1267 (*ibid*. E 304). — *S. André de Cucules* (cartes du dioc. de Montp. et de Cassini); 1751 (plan des domaines du Grand et du Petit St-Jean de Montp.).

SAINT-ANDRÉ-DE-LAUNAC, f. c^{ne} de Fabrègues. — Voy. LAUNAC.

SAINT-ANDRÉ-DE-MAURIN, anc. prieuré. — Voy. MAURIN.

SAINT-ANDRÉ-DE-NOVICENS, f. c^{ne} de Guzargues; ancien prieuré de la mense capitul. de Montp. — *Novigens villa et eccl*. v. 815 (Arnaud de Verd. ap. d'Aigrefeuille, II, 417); v. 1100 (*ibid*. 425); 922 (cart. des comt. de Melg. mss d'Aubaïs; H. L. II, pr. c. 61; index cart. Magal. 80 v°). — *Villa Novogentis*, IXe siècle (cart. Magal. C 127 v°). — *Villa et ecclesia S. Andreæ de Novisgentibus*, 1333 (stat. eccl. Magal. 17, 63 et 73); 1528 (pouillé); 1536 (bull. Pauli III; transl. sed. Magal.). — *Saint-André-de-Novigens*, 1673 (inv. du chap. cathéd. de Montp. I, 722 et suiv.).

SAINT-ANDRÉ-DE-PROLIAN, anc. égl. c^{ne} de Magalas. — *S. Andreas de Proliano*, 1156 (arch. de Cassan; G. christ. VI, instr. c. 139). — *Prior de Prolhano*, 1323 (rôle des dim. des égl. du dioc. de Béz.). — *Prouilhan*, seigneurie de la viguerie de Béz. 1529 (dom. de Montp. H. L. V, pr. c. 87). — Le livre terrier de Magalas de 1636 indique le cimetière de cette ancienne église rurale.

SAINT-ANDRÉ-DE-ROUVIGNAC, h. — Voy. ROUVIGNAC.

SAINT-ANDRÉ-DE-RUISSEC, anc. église. — Voy. RUISSEC.

SAINT-ANDRÉ-DE-SANGONIS, c^{on} de Gignac. — *Terminium, villa de Sangonias*, 996 (cart. Anian. 89); 1031 (cart. Gell. 20). — Dans le même acte on lit : *villa Gangonnas*. — *Castrum de Gagone*, 1190 (mss d'Aubaïs; H. L. III, pr. c. 166). — *Castrum de S. Andrea de Sanguonensi*, 1270 (arch. de Lodève, ch.). — Cette église fut réunie à la mense épiscopale de Lodève en 1046. *Eccl. fani Andreæ de Sangonis*, 1046 (Plant. chr. præs. Lod. 76). — *Parroch. S. Andr. Sanguivomensis*, 934 (cart. Gell. 74 v°); 1019 (Livre noir, 98); 1092 (*ibid*. 88; G. christ. VI, instr. c. 133); 1116 (cart. Gell. 156 v°). — *Vicairie perpétuelle*, 1274 (Plant. *ibid*. 215). — *Saint-André*, au diocèse de Lodève, 1625 (pouillé); 1649 (*ibid*.); 1688 (lett. du gr. sc.). — *Cure*, 1760 (pouillé; tabl. des anc. dioc.).

Sous la première République, Saint-André-de-Sangonis fut un moment appelé *Beaulieu*. — Il fut aussi chef-lieu d'un canton composé de six communes : Saint-André, Ceyras, Jonquières, Saint-Félix-de-Lodez, Saint-Guiraud et Saint-Saturnin. Ce canton fut supprimé par l'arrêté des consuls du 3 brumaire an X : Ceyras et Saint-Félix-de-Lodez furent placées dans le canton de Clermont; les quatre autres communes passèrent dans celui de Gignac.

SAINT-ANDRÉ-DE-SAUGRAS, h. — Voy. SAUGRAS.

SAINT-ANDRÉ-DE-MOULIÈRES, h. — Voy. MOULIÈRES.

SAINT-ANDRÉ-DE-VALQUIÈRES, h. — Voy. VALQUIÈRES.

SAINT-ANDRÉ-DU-SESQUIER, f. — Voy. SESQUIER (LE).

SAINT-ANTOINE, f. c^{ne} de Mauguio. — Ancienne chapelle appartenant au chapitre cathédral de Montpellier. — *Saint-Antoine-de-Cadoule*, 1521 (arch. du chap. de Montp. cassett. paroiss. de Montp.). — *Commanderie*, 1760 (pouillé).

SAINT-APHRODISE, abb. c^{ne} de Béziers. — Cette abbaye, qui a gardé le nom de son fondateur, était dans un faubourg de Béziers; elle suivait la règle de Saint-Benoît. L'abbé avait toute juridiction temporelle sur le faubourg. — *S. Aphrodisus Biterris*, 974 (Marten. Anecd. I, 126). — *Eccl. collegiata S. Aphrodisii*, 990 (*ibid*. 179); 1175 (G. christ. VI, inst. c. 140 *et passim*); 1780 (état offic. des égl. du dioc. de Béz.). — *Abbatia S. Affrodisii*, 1131 (cart. de la cath. de Béziers, H. L. II, pr. c. 459 *et passim*); 1216 (Livre noir, 109 *et passim*). — *Abbaye de S. Aphrodise*, 1760 (pouillé).

SAINT-APOLIS, f. et jⁱⁿ, c^{ne} de Béziers, 1809.

SAINT-APOLIS ou SAINT-HIPPOLYTE, h. c^{ne} de Florensac.

SAINT-AUBIN-CAUSSE, f. c^{ne} de Lespignan.

SAINT-AUBIN-LE-BAS, f. c^{ne} de Lespignan. — *Saint-Aubin* (carte de Cassini; carte dioc. de Béz.). — *Chapelle*, 1760 (pouillé). — *Saint-Aubin-Rivière* (recens. de 1840).

SAINT-AUBIN-LE-HAUT, f. c^{ne} de Lespignan. — *Saint-Aubin-le-Haut* (carte de Cassini; carte du dioc. de Béziers).

SAINT-AUNÈS, f. c^{ne} de Saint-Matthieu-de-Tréviers. — *Saint-Aunès* (carte de Cassini; carte dioc. de Montpellier).

SAINT-AUNÈS (LE PETIT-), f. c^{ne} de Saint-Matthieu-de-Tréviers.

SAINT-AUNÈS-D'AUROUX, h. c^ne de Mauguio. — Ancienne paroisse du diocèse de Montpellier. — C'était une vicairie perpétuelle dépendante du chapitre collégial de la Sainte-Trinité de Montpellier, sous le patron. de *sainte Agnès*. *Eccl. S. Marie de Ozorio*, v. 1100 (Arn. de Verd. ap. d'Aigrefeuille, II, 425). — *Eccl. S. Agnetis de Menojol* (*ibid.*). — *Locus de S. Agnete*, 1343 (cart. Magal. E 308). — *Auroux*, 1684 (pouillé); 1688 (*ibid.*); 1760 (*ibid.*); 1779 (vis. past.). — Les cartes de Cassini et du diocèse de Montpellier écrivent *Saint-Aunès d'Auroux*. — L'état officiel des églises du diocèse de Montpellier place cette église dans l'archiprêtré de Baillargues.

SAINT-BARTHÉLEMY, j^in, c^ne de Clermont. — Le recensement de 1841 porte *Mas de Saint-Berthomieu*; les cartes de Cassini et du diocèse de Lodève, *Saint-Barthélemy*; église, 1760 (pouillé).

SAINT-BARTHÉLEMY, j^in, c^ne de Saint-Pons.

SAINT-BARTHÉLEMY-D'ARNOYE, h. c^ne d'Avène. — *Eccl. S. Bartholomæi de Arnosia*, 1135 (cart. de Joncels; G. christ. VI, inst. c. 135). — *Arnoyes*, seigneurie de la vig. de Béziers, 1529 (dom. de Montp. H. L. V, pr. c. 87). — *Saint-Barthélemy d'Arnoye*, cure du diocèse de Béziers, 1760 (pouillé). — *Arnoye*, dans l'archipr. de Boussagues, 1780 (état offic. des égl. du dioc. de Béz.).

SAINT-BAULÉRY, f. c^ne de Cébazan, 1809. — *Saint-Baulery* (carte de Cassini; carte dioc. de Saint-Pons).

SAINT-BAUZILLE, éc. c^ne d'Agde. — *S. Baudilius*, XIIe s^e (cart. Agath. 42).

SAINT-BAUZILLE, f. c^ne de Béziers, 1809.

SAINT-BAUZILLE, f. c^ne de Saint-Brès. — *Eccl. S. Baudilii que est juxta villam S. Briccii*, 1123 (cart. Anian. 74).

SAINT-BAUZILLE, j^in, c^ne d'Agde.

SAINT-BAUZILLE-DE-FOURCUES, f. c^ne de Faugères; anc. prieuré. — *S. Baudilius de Furchis*, 1323 (rôle des dim. des égl. du dioc. de Béz.). — *Saint-Bauzillé de F.* 1760 (pouillé). — Nous supposons qu'il s'agit ici de la seigneurie de *Blanhe* (sic) dépendante de la vicomté de Béziers, 1529 (dom. de Montp. H. L. V, pr. c. 87).

SAINT-BAUZILLE-DE-LA-SILVE, c^on de Gignac. — *Eccl. S. Baudilii*, 1122 (mss d'Aubais; H. L. II, pr. c. 422); 1110 (cart. Gell. 95); 1146 (cart. Anian. 35); 1212 (*ibid.* 74 v°); 1154 (bull. Adriani IV; ch. de l'abb. d'Aniane). — *Eccl. S. B. de Esclatiano*, 1177 (Livre noir, 251 v°); 1185 (*ibid.* 58 v°). — *Munitio S. B. de Selatrano*, 1216 (*ibid.* 109). — *Rector de S. B.* 1323 (rôle des dim. des égl. du dioc. de Béz.). — *Saint-Bausille*, 1592 (terr. de Saint-Bauzille). — *Saint-Bauzille*, 1625 (pouillé); 1649 (*ibid.*); 1688 (lett. du gr. sc.). — *Saint-Bauzille de Silva*, cure, 1760 (pouillé); dans l'archiprêtré du Pouget, 1780 (état offic. des égl. du dioc. de Béz.). — *Saint-Beauzille* (tabl. des anc. dioc. carte de Cassini). — *Saint-Beauzille de la Silve*, 1779, 1783 (terr. de Saint-Bauzille). — *Saint-Bauzile* (carte du dioc. de Béziers).

Saint-Bauzille-de-la-Silve était un village séquestré qui allait pour la justice au gouvernement de Montpellier, et parfois au siège présidial de Béziers, quand bon lui semblait.

SAINT-BAUZILLE-DE-MONTMEL, c^on des Matelles. — *Eccl. S. Baudilii de Montesevo*, 1153 (G. christ. VI, inst. c. 357). — *Unio monasterii S. Germani de Fornesio Magalon. diœc. eccl. S. B. de Monteceno prope Montemlaurum*, 1291 (cart. Magal. D 314). — *Saint-Bauzille de Montmel*, 1684 (vis. past.); 1688 (lett. du gr. sc.). — *Saint-Beauzille de M.* XVIIIe siècle (tabl. des anc. dioc.). — *Saint-Beausile de M.* (carte de Cassini). — *Saint-Beausille de M.* (carte dioc. de Montp.). — *Saint-Beauzely cure*, 1760 (pouillé). — L'église, dans l'archiprêtré de Saint-Matthieu-de-Tréviers, 1756 (état offic. des égl. du dioc. de Montpellier), patr. *saint Baudile*, était une vicairie perpétuelle, dont l'abbesse de Gigean était prieure, 1684 et 1780 (vis. past.). — Le lieu de *Saint-Bauzille-de-Montmel* dépendait du marquisat de Montlaur (*ibid.*).

SAINT-BAUZILLE-DE-MONTOULIERS ou DE VISAN, église. — Voy. MONTOULIERS.

SAINT-BAUZILLE-DE-PUTOIS ou D'HÉRAULT, c^on de Ganges. — *Podium S. Baudilii*, 1288 (cart. Magal. F 153). — *Eccl. S. Bausilii*, IXe siècle (Arn. de Verd. ap. d'Aigrefeuille, II, 417). — *Ecclesia, parrochia S. B. de Pedusio vel Pudesio*, 1154 (*ibid.* D 75); 1303 (*ibid.* 138); 1305 (*ibid.* 275); 1334, 1339 (*ibid.* B 7). — *De Peducio*, 1528 (pouillé); 1536 (bull. Pauli III, transl. sed. Magal.). — *Saint-Bauzille-de-Putois*, 1625 (pouillé); 1649 (*ibid.*); 1688 (lett. du gr. sc.). — *Saint-Beauzely cure*, 1760 (pouillé). — *Saint-Beauzille-de-Putois ou d'Hérault* (tabl. des anc. dioc.). — *Saint-Bauzile du P.* (carte de Cassini; carte dioc. de Montp.). — *Saint-Bauzille de P.* appartenait à la rectorie de Montpellier et, comme église, à l'archiprêtré de Brissac, 1625 (pouillé); 1756 (état des égl. du dioc. de Montp.). Sous le patronage de *S. Bauzile*, elle dépendait de l'évêque de Montpellier, seigneur temporel du lieu, 1779 (vis. past. et arch. de l'hôpital gén. de Montp. B. 242).

SAINT-BENOÎT-ET-SAINT-GERMAIN, abb. — Voy. MONTPELLIER.

Saint-Berthomieu, jardin. — Voy. Saint-Barthélemy (c^{ne} de Clermont).

Saint-Blaise, ancienne chapelle, c^{ne} de Caux. — *Saint-Blaise*, 1760 (pouillé).

Saint-Blaise, anc. prieuré. — Voy. Saint-Pierre-de-Clunezet.

Saint-Blaise, f. c^{ne} de Cessenon (carte dioc. de Saint-Pons; carte de Cassini).

Saint-Brès, c^{on} de Castries. — *Villa S. Bricii*, ixe s^e (Arn. de Verd. ap. d'Aigrefeuille, II, 417); 1123 (cart. Anian. 74); 1155 (G. christ. VI, inst. c. 358). — *Eccl. S. B.* v. 1100 (Arn. de Verd. *loc. cit.* 425). — *S. Britii*, v. 1118 (*ibid.* 430). — *Parrochia S. Briccii*, 1134 (cart. Anian. 78 v°); 1154 (*ibid.* 79). — *S. Brixius*, 1333 (stat. eccl. Magal. 22). — C'était l'une des douze villettes de la baronnie de Lunel, 1440 (lett. pat. de la sénéch. de Nîmes, VIII, 257 v°). — *Eccl. S. Brissii*, 1536 (bull. Pauli III ; transl. sed. Magal.). — *Saint-Brez*, 1625 (pouillé); 1684 (vis. past. tabl. des anc. diocèses). — *Saint-Bres*, 1688 (vis. past. lett. du gr. sc.); 1760 (pouillé; carte du dioc. de Montp. carte de Cassini).

Saint-Brès, viguerie de Lunel, appartenait au marquisat de Castries. — Son église, sous le vocable de *Saint-Brice*, était un prieuré, dans l'archiprêtré de Baillargues, dépendant du chapitre cathédral de Montpellier. — 1756 (état offic. des égl. du dioc. de Montp.); 1779 (vis. past.).

Saint-Cels, f. c^{ne} de Saint-Chinian.

Saint-Celse, anc. égl. c^{ne} d'Aniane; dépendance de l'abbaye d'Aniane. — *Eccl. S. Celsi*, 1102 (arch. de l'abbaye de Saint-Chinian; H. L. II, preuves, c. 357).

Saint-Cénice, église. — Voy. Mangon.

Saint-Charles, faub. c^{ne} de Péret.

Saint-Chinian, arrond. de Saint-Pons. — *Villa Vernodubrus* (Vernazoubres) *in loco qui dicitur Holatianus*, 826 (arch. de Saint-Chinian; Mabill. Annal. II, 724). — Cette ville doit son nom, souvent corrompu, *Saint-Agnan, Saint-Anian, Saint-Chignan* (voy. Hist. de Lang. I, II, III, aux tables), à une abbaye de l'ordre de Saint-Benoît, qui devait le sien à son patron, *saint Agnan*, évêque d'Orléans. La fondation de cette abbaye date de 826. On peut croire, d'après les textes cités plus bas, que l'abbaye de *Saint-Chinian* était la même que celle de *Saint-Laurent de Vernazoubres* ou *Vernosoubres*, du moins qu'elles étaient réunies à la fin du ixe siècle (899); car à cette époque, sous l'un et l'autre nom, il s'agit d'un seul monastère, situé sur la même rivière (Vernazoubres) et dans le même diocèse (Saint-Pons).

— *Monasterium S. Aniani*, 826 (arch. de Saint-Chinian; G. christ. VI, instr. c. 73); 897 (Livre noir, 97 v°). — *Monast. S. An. et S. Laurentii martyris*, 899 (Spicil. XIII, 265). — *S. Laurentii Vernaduprensis*, 897 (Baluz. Concil. Narb. 2 et 3) : voy. Saint-Laurent-de-Vernazoubres. — *S. An. Vernedubrio*, 974 (Marten. Anecd. I, 126). — *Monachi S. An.* 1129 (arch. de Saint-Chinian; H. L. II, pr. c. 448). — *Abbas S. An.* 1241 (Baluz. Bibl. du R. ibid. III, pr. c. 408); 1275 (mss de Colb. ibid. IV, 61). — *Sainct-Aignan*, 1518 (pouillé). — *Saint-Chinian de la Corne*, 1625 (ibid.). — *Saint-Chignan de la C.* 1745 (H. L. V, 369). — *Saint-Chinian*, 1649 (pouillé). — Cure, 1760 (ibid.): 1778 (terr. de Saint-Chinian; carte du dioc. de Saint-Pons; carte de Cassini).

Saint-Chinian, dans le diocèse de Saint-Pons, répondait pour la justice au sénéchal de Béziers. — Primitivement, le canton de Saint-Chinian ne comprit que six communes : Saint-Chinian, Assignan, Cébazan, Ferrières, Pardailhan et Pierrerue; mais par suite de l'arrêté des deux consuls du 3 brumaire an x, qui reforma et supprima plusieurs cantons, celui de Saint-Chinian perdit Ferrières et Pardailhan, qui passèrent dans les cantons d'Olargues et de Saint-Pons, et il reçut Agel, Aigues-Vives, Cruzy, Montouliers, Villespassans, qui formaient le canton de Cruzy, supprimé, et Cessenon, chef-lieu de canton également supprimé. Enfin, en 1850, le canton de Saint-Chinian a encore acquis la commune de Cazedarnes, formée de deux hameaux qui appartenaient à la commune de Cessenon. Ce canton renferme donc aujourd'hui onze communes.

Saint-Christol, c^{on} de Lunel. — *S. Chercrius*, 1226 (Reg. Cur. Franc. H. L. III, pr. c. 317). — *S. Christophorus*, 1222 (cart. Magal. A 224); 1226 (ibid. 226). — *Saint-Cristol*, 1625 (pouillé). — *Saint-Chrystol*, 1688 (ibid.). — *Saint-Christol*, 1649 (ibid.); 1688 (lett. du gr. sceau); 1772 (terr. de Saint-Christol; tabl. des anc. dioc.). — Commanderie (carte de Cassini; carte dioc. de Montp.).

Saint-Christol, viguerie de Sommières, était une paroisse du dioc. de Montpellier, dans l'archiprêtré de Restinclières, 1756 (état offic. des égl. du dioc. de Montp.), sous le patron. de *saint Christophle*. — 1779 (vis. past.). — Vicairie perpétuelle, elle dépendait du commandeur de Saint-Jean-de-Jérusalem, seigneur résident du lieu (chevalier de Suffren), 1777 (vis. past.).

Saint-Christol, faubourg, c^{ne} de Pézenas.

Saint-Christol, f. c^{ne} de Pézenas. — *Saint-Christol* (carte de Cassini; carte dioc. d'Agde).

SAINT-CHRISTOL, m^io sur le Vidourle, c^ne de Saint-Seriès. — Les cartes de Cassini et du diocèse de Montpellier portent *Moulin de Bes ou Saint-Christol*.

SAINT-CHRISTOL-ET-NOTRE-DAME-DES-PRÉS, prieuré, c^ne d'Agde, 1760 (pouillé). — Voy. PRADES, éc.

SAINT-CHRISTOPHE, ermitage, c^ne de Puisserguier. — Ancien prieuré, *prioratus de S. Christoforo*, 1323 (rôle des dîm. des égl. du dioc. de Béziers).

SAINT-CIRICE, ancienne église, c^ne de Margon. — *Eccl. S. Ciriaci*, 1178 (G. christ. VI, instr. c. 140); 1216 (Livre noir, 109). — *Rector de S. C.* 1323 (rôle des dîm. des égl. du dioc. de Béz.). — *Prieuré de Sainct Circe*, 1518 (pouillé).

SAINT-CLAIR, abbaye ruinée, c^ne de Gigean (carte du dioc. de Montp.).

SAINT-CLAIR, f. c^ne de Lunel.

SAINT-CLAIR, h. c^ne de Cette. — *Hermitage Saint-Clair* (carte de Cassini; cartes des dioc. d'Agde et de Montpellier), redoute: — *Pic Saint-Clair*; hauteur : 100 mètres.

SAINT-CLAUDE, f. — Voy. GUINARDE (LA).

SAINT-CLÉMENT-DE-RIVIÈRE, c^on des Matelles. — *Eccl. S. Clementis*, 1146 (cart. Anian. 35); 1154 (bull. Adriani IV, ch. de l'abb. d'Aniane); 1168 (mss d'Aubaïs; H. L. II, pr. c. 608); 1204 (cart. Agath. 314); 1243 (cart. Magal. E 217). — *Fons S. Cl.* 1298 (cart. Magal. E 310). — *La Rivière*, seigneurie, 1455 (dom. de Montpellier; H. L. V, pr. c. 16). — *Saint-Clemens*, 1625, 1649 (pouillés). — *Saint-Clément*, 1684 (pouillé); 1688 (*ibid.*). — *Cure*, 1760 (pouillé; tabl. des anc. dioc.). — *Saint-Clément-de-Rivière*, 1688 (lett. du gr. sc. carte de Cassini; carte dioc. de Montp.), dans la rectorie de Montpellier, dans l'archiprêtré d'Assas, 1756 (état offic. des égl. du dioc. de Montp.), était une vicairie perpétuelle, sous le vocable du saint de ce nom, dépendante de l'abbaye d'Aniane.—L'évêque de Montpellier était le seigneur temporel du lieu en 1684 (vis. past.); le marquis de Montferrier en 1780 (vis. past.).

Les cartes déjà citées distinguent et écrivent *Saint-Clément-de-Rivière* et *Saint-Clémens* : ce sont deux hameaux qui forment la commune objet de cet article.

SAINT-CÔME, anc. égl. c^ne de Montpellier, sect. A. — Cette église fut renversée durant les troubles religieux. — *Eccl. SS. Cosmi et Damiani*, v. 1100 (Arn. de Verd. ap. d'Aigrefeuille, II, 425).

SAINT-DENIS-DE-GINESTET, anc. égl. c^ne de Saint-Nazaire-de-Pesan. — *Villa S. Dionysii*, 1155 (G. christ. VI, inst. c. 358); 1226 (Reg. Cur. Fr. H. L. III, pr. c. 317). — *S. Dyonisius de Genesteto*, 1333 (stat. eccl. Magal. 10). — *Eccl. S. Dionysii de Ginesteto*, 1536 (bull. Paul. III, transl. sed. Magal.). — *Saint-Denis de Ginestet*, 1510, 1513 (invent. des titres du chap. cath. de Montp. 293); 1760 (pouillé). — — *Saint-Denis de Genestet* (carte de Cassini; carte du dioc. de Montp.). — *Saint-Denys d'Obilions*, 1316 (inv. des arch. de Lunel, 12).—Voy. LUNEL.

SAINT-DENIS-DE-MONTPELLIERET, anc. paroisse. — Voy. MONTPELLIERET.

SAINT-DRÉZÉRY, c^on de Castries. — *Eccl. S. Desiderii*, v. 1130 (Arn. de Verd. ap. d'Aigrefeuille, II, 430). — *S. D. villa aut ecclesia*, 1156 (G. christ. VI, instr. c. 359); 1166 (ch. du fonds de Saint-Jean-de-Jérusalem); 1263 (cart. Gell. 209 v°); 1333 (stat. eccl. Magal. 17); 1528 (pouillé); 1536 (bull. Pauli III, transl. sed. Magal.). — *Saint-Dresery*, 1625 (pouillé; tabl. des anc. dioc.). — *Saint-Dreseri*, 1688 (pouillé). — *Saint-Duzory*, prieuré-cure, 1760 (ibid.). — *Saint-Drezery*, 1649 (ibid.); 1688 (lett. du gr. sc.). — *Saint-Drezeri de Courbessac* (carte de Cassini; carte du dioc. de Montp.); 1789 (terr. de Saint-Drézéry).

Saint-Drézéry, dans la viguerie de Sommières (Gard), était une vicairie perpétuelle sous le patron. de *saint Didier*, diocèse de Montpellier, archiprêtré de Restinclières, 1756 (état offic. des égl. du dioc. de Montp.). Cette vicairie dépendait du prévôt du chapitre cathédral de Montpellier, qui était aussi seigneur temporel du lieu, 1684, 1779 (vis. past.).

SAINTE-AGATHE-DES-MONTS, f. — Voy. MONTS (LES).

SAINTE-BARBE, h. c^ne de Castanet-le-Haut.

SAINTE-BRIGITTE, h. c^ne de Saint-André-de-Sangonis; ancienne paroisse du diocèse de Lodève. — *Eccl. parœcia S. Brigittæ*, 1265 (Pl. chr. præsul. Lod. 204, 205); 1324 (*ibid.* 291). — *Prioratus*, 1311 (*ibid.* 263).

SAINTE-CÉCILE, f. c^ne de Gabian. — *Sainte-Cecille*, 1543 (arch. dép. chambre des comptes, B 343).

SAINTE-CHRISTINE, f. c^ne de Mauguio. — *Parroch. S. Cristine*, 1177 (ch. du fonds de Saint-Jean-de-Jérusalem). — *Mansus*, 1292 (cart. Magal. A 102, D 246); — *Mansus S. Crispine (Cristine) in territ. et jurisdict. Melgoriensi*, 1340 (*ibid.* B. 82).

SAINTE-COLOMBE, h. c^ne de Colombières. — *S. Columba*, 957 (Livre noir, 226). — *Eccl.* 990 (arch. de Saint-Thibéry; G. christ. VI, instr. c. 315; carte de Cassini; carte dioc. de Béziers).

SAINTE-COLOMBE, h. c^ne de Rieussec (carte de Cassini; carte dioc. de Saint-Pons).

SAINTE-COLOMBE-DE-NYSSARGUES, f. c^ne de Saint-Geniès-des-Mourgues; ancienne paroisse du diocèse de Montpellier. — *Eccl. de S. Columba*, 1090 (Arn.

de Verd. ap. d'Aigrefeuille, II, 429). — *S. C. de Nyssargues*, 1099 (G. christ. VI, instr. c. 187). — *Decimaria S. Col. de Nissanicis*, 1235 (cart. Magal. E 229); 1305 (*ibid.* C 60); 1335 (*ibid.* A 208). — C'était l'une des douze villettes de la baronnie de Lunel, réunie à Saint-Geniès, 1440 (lett. pat. de la sénéchaussée de Nîmes, VIII, 257 v°). — Les cartes de Cassini et du diocèse de Montpellier, ainsi que le tableau des anciens diocèses, portent simplement *Sainte-Colombe*; le pouillé de 1760 n'en fait pas mention.

SAINTE-CROIX, chapelle ruinée, c^{ne} de Gabian.

SAINTE-CROIX, égl. champêtre, c^{ne} de Magalas.

SAINTE-CROIX, f. c^{ne} de Montagnac.

SAINTE-CROIX-DE-QUINTILLARGUES. — *Mansus de Quintanello*, 1110 (cart. Gell. 156). — *Eccl. S. Crucis de Quintilanegues*, 1146 (cart. Anian. 35). — *Eccl. S. † de Quintillanegues*, 1154 (bulle d'Adrien IV, *ibid.* 35 v°). — *Villa S. C. de Quintilhanicis*, 1227 (cart. Magal. C 176). — *S. C. de Quintillianicis*, 1262 (Arn. de Verd. ap. d'Aigrefeuille, II, 444). — *Pedagium*, 1255 (cart. Magal. A 107). — *Castrum*, 1293 (*ibid.* A 144; D 236). — *Sancta Crux de Fontanesio*, 1263 (*ibid.* E 300); 1293 (*ibid.* A 144; D 236); 1310 (*ibid.* E 129). — *Sainte-Croix et Fontanès*, 1625 (pouillé); 1649 (pouillé; tabl. des anc. dioc.). — *Sainte-Croix*, 1760 (pouillé). — *Sainte-Croix de Quintillargues*, 1688 (lett. du gr. sceau); 1780 (vis. past. carte de Cassini; carte du dioc. de Montp.).

Cette paroisse du diocèse de Montpellier, viguerie de Sommières (Gard), était une vicairie perpétuelle, ayant pour patron l'*Exaltation de la Sainte Croix*, dans l'archiprêtré de Saint-Matthieu-de-Tréviers; elle dépendait des Bénédictins d'Aniane, ainsi que *Fontanès*, dont la réunion à *Sainte-Croix* ne formait, avant 1790, qu'une seule paroisse dans le même diocèse. L'évêque de ce siége était seigneur temporel de l'un et de l'autre lieu, 1684 (pouillé); 1756 (état offic. des égl. du dioc. de Montp.); 1780 (vis. past.).

SAINTE-EULALIE, f. c^{ne} de la Livinière (carte dioc. de Saint-Pons; carte de Cassini).

SAINTE-EULALIE, f. c^{ne} de Villeneuve-lez-Béziers. — *Eccl. S. Eulaliæ de Tomeio*, 1182 (bull. Lucii; G. christ. VI, instr. c. 88). — *Prior de S. Eulalia*, 1323 (rôle des dim. des égl. de Béziers). — *Sainte-Eulalie* (carte dioc. de Béziers; carte de Cassini).

SAINTE-EULALIE, mⁱⁿ sur la Nazoure, c^{ne} de Cruzy.

SAINTE-EULALIE-DE-LA-RECLUSE, église ruinée, c^{ne} d'Olmet. — *S. Eulalia de Padernis vel Paderino*, 987 (cart. Lod. G. christ. VI, instr. c. 269). — *Parœcia S. Eulaliæ de la Recluse*, 1283 (Plant. chr. præs. Lod. 226).

SAINTE-EULALIE-DE-MIREVAL, église. — Voy. MIREVAL.

SAINTE-EULALIE-DE-RIOLS, anc. chapelle, c^{ne} de Riols. — *Sancta Eulalia de Riols*, 940 (arch. de Saint-Pons de Tom. Mabill. Ann. III, 711). — *Cappella et castrum*, 1102 (arch. de l'église de Saint-Pons; H. L. II, pr. c. 357).

SAINTE-EULALIE-DE-SERCLAS, anc. église, c^{ne} de Saint-Julien. — *Eccl. S. Eulaliæ de Serclas*, 1102 (arch. de l'égl. de Saint-Pons; H. L. II, pr. c. 357).

SAINTE-FOI, f. c^{ne} d'Argelliers.

SAINTE-JULIE, f. c^{ne} de Montferrier.

SAINTE-MADELEINE-DE-MONIS, h. c^{ne} de Vieussan. — *Sainte-Magdelaine de Monis*, cure, au dioc. de Béz. 1760 (pouillé). — *S. Magdalena demonis*, 1780 (état offic. des égl. de Béziers). — *La Magdelaine* (carte dioc. de Béziers; carte de Cassini).

SAINTE-MAGDELEINE-D'OCTAVIAN, église ruinée, c^{ne} de Magalas. — *Sainte-Marie-Magdalene de Octobian*, 1518 (pouillé). — *S. M. M. d'Octavian*, 1760 (*ibid.*). — *La Magdelaine* (carte de Cassini; carte du dioc. de Béz.). — Voy. MAGALAS.

SAINTE-MARIE, f. c^{ne} de Maureilhan.

SAINTE-MARIE-D'ANNE-VIEILLE, ancienne chapelle, c^{ne} d'Aniane. — *S. Maria de Arnempdis*, 1146 (cart. Anian. 35). — *Eccl. S. M. de Arnendes*, 1154 (bulle d'Adrien IV, ch. de l'abb. d'Aniane). — *Parroch. S. M. de Andesanicis vel ad Andesanicas*, 1157 (ch. du fonds de Saint-Jean-de-Jérusalem).

SAINTE-MARIE-DE-BELLA, ancienne chapelle, c^{ne} de la Boissière. — *Eccl. S. Marie de Bella*, 1154 (cart. Anian. 35 v°). — Voy. BELLAURE.

SAINTE-MARIE-DE-CAIROU, anc. chapelle, c^{ne} d'Aumelas. — *Eccl. S. Marie de Cairano*, 1146 (cart. Anian. 35). — *De Cairana* (*ibid.* 35 v°); 1154 (bulle d'Adrien IV, ch. de l'abb. d'Aniane).

SAINTE-MARIE-DE-CORNILS, anc. monastère. — Voy. CORNILS.

SAINTE-MARIE-DE-FERRIÈRES, église. — Voy. FERRIÈRES (c^{ne} d'Olargues).

SAINTE-MARIE-DE-FRANGOUILLE, h. — Voy. FRANGOUILLE.

SAINTE-MARIE-DE-LA-BASTIDE, ancienne chapelle, c^{ne} de Rouet. — *Eccl. S. Marie de la Bastida*, 1146 (cart. Anian. 35); 1154 (bulle d'Adrien IV, ch. de l'abb. d'Aniane).

SAINTE-MARIE-DE-LA-GARRIGUE, anc. paroisse. — Voy. GARRIGUE (NOTRE-DAME-DE-LA-).

SAINTE-MARIE-DE-L'ÉTANG, anc. chapelle, c^{ne} du Pouget. — *Honor S. Marie de stagno*, 1022 (cart. Anian. 117). — *Lestang* (cart. du dioc. de Béz. carte de Cassini).

Sainte-Marie-de-l'Olivète, anc. chapelle, c^{ne} de Villeneuve-lez-Maguelone. — *Capella B. Marie de Oliveto*, 1536 (bull. Pauli III, transl. sed. Magal.).

Sainte-Marie-de-Lucian, anc. chapelle, c^{ne} de Saint-Saturnin. — *Eccl. S. Mariæ de Luciano*, 1182 (G. christ. VI, instr. c. 88).

Sainte-Marie-de-Nadailhan, anc. chapelle, c^{ne} de Saint-Thibéry. — *Eccl. S. Mariæ de Nataliano*, 990 (arch. de Saint-Thibéry; G. christ. VI, instr. c. 316); 1135 (cart. de Joncels, *ibid.* 135). — Voy. Nadailhan.

Sainte-Marie-de-Nazareth ou des Aines, anc. chapelle, c^{ne} de Saint-Chinian. — *Eccl. S. Mariæ de Nazareth, alit. de Areis*, 1101-1102 (arch. de l'abb. de Saint-Chinian; G. christ. VI, instr. c. 82; H. L. II, pr. c. 357). — *Hermitage de N.-D. de Nazareth* (carte de Cassini; carte dioc. de Saint-Pons).

Sainte-Marie-de-Prunet, c^{ue}. — Voy. Cros (Le), canton du Caylar, et Notre-Dame-de-Prunet.

Sainte-Marie-de-Robignac, église. — Voy. Rouvignac.

Sainte-Marie-de-Salses, anc. succursale, c^{ne} de Saint-Privat. — Voy. Salses (Les).

Sainte-Marie-des-Eaux, anc. prieuré. — Voy. Notre-Dame-d'Aix.

Sainte-Marie-des-Horts, anc. chapelle, c^{ne} du Pouget. — *Eccl. S. Marie d'Ortulis*, 1146 (cart. Anian. 35). — *De Ortilis*, 1154 (bulle d'Adrien IV, ch. de l'abb. d'Aniane). — *Saincte Marie de Ourtilh*, 1518 (pouillé). — Voy. Horts.

Sainte-Marie-de-Trésors, anc. chap. c^{ne} de Riols. — *Capella S. Mariæ de Tresors*, 940 (arch. de Saint-Pons de Tom. Mabill. Ann. III, 711). — *N. D. de Thresor* (carte du dioc. de Saint-Pons; carte de Cassini).

Sainte-Marie-de-Tuda, h. — Voy. Latude.

Sainte-Marie-de-Valcreuse, ancienne chapelle, c^{ne} de Saint-Paul-et-Valmalle. — *Eccl. S. Mariæ de Vallecrosa*, 1138 (arch. d'Aniane; G. christ. VI, instr. c. 356). — *N. D. de Cestoirargues* (carte de Cassini; carte dioc. de Montpellier).

Sainte-Marie-du-Causse, anc. chapelle, c^{ne} du Causse-de-la-Selle. — *Eccl. S. Marie de Cauoa*, 1146 (cart. Anian. 35). — *De Causa*, 1154 (bulle d'Adrien IV, ch. de l'abb. d'Aniane).

Sainte-Marie-du-Grau, chapelle. — Voy. Notre-Dame-du-Grau.

Sainte-Marie-du-Rosier, anc. chapelle, c^{ne} de Puéchabon. — *Eccl. S. Marie de rubo*, 1146 (cart. Anian. 35); 1154 (*ibid.* 35 v°; bulle d'Adrien IV, ch. de l'abb. d'Aniane). — Les cartes de Cassini et du dioc. de Montpellier écrivent *les Roses*.

Sainte-Marie-Madeleine, faubourg de Béziers. — *Burgus S. Marie Magdalene*, 1092 (Livre noir, 88); 1155 (*ibid.* 32).

Sainte-Marie-Madeleine-d'Octavian, église ruinée. — Voy. Sainte-Magdeleine-d'Octavian.

Sainte-Nathalie-de-Fos, église et ruiss. — Voy. Fos.

Sainte-Perpétue, anc. église, c^{ne} de Mauguio. — *Eccl. parrochialis S. Perpetuæ prope Melgorium*, 1282 (Arn. de Verd. ap. d'Aigrefeuille, II, 447).

Sainte-Réparate, église ruinée, c^{ne} de Saint-Guillem-du-Désert. — *Eccl. S. Reparatæ*, 989 (cart. de l'abb. de Saint-Guillem; H. L. II, pr. c. 142).

Saint-Esprit, c^{ne} de Béziers. — Ancienne abbaye de filles de l'ordre de Saint-Augustin, 1760 (pouillé).

Saint-Esprit, f. et jⁱⁿ, c^{ne} de Béziers, 1809.

Saint-Esprit, f. c^{ne} de Mèze.

Saint-Étienne-d'Agde, église, c^{ne} d'Agde. — *Ecclesia S. Stephani, parœc. diœc. Agathens.* 848, 872 (cart. Agath. *passim*); 990 (Marten. Anecd. I, 179; G. christ. VI, instr. *passim*; H. L. *passim*).

Saint-Étienne-d'Albagnan, c^{ne} d'Olargues. — *Albinianus villa*, 844 (Baluz. Capitul. II, 1444). — *De Albaniano*, 776 et 1300 (Livre noir, 73 v° et 231). — *Eccl. S. Stephani in Alba-aqua*, 987 (cart. Lod. G. christ. VI, instr. c. 270). — *Eccl. S. St. et eccl. S. Amantii de Albania in valle Jauri*, 1102 (arch. de l'église de Saint-Pons; H. L. II, pr. c. 357). — *Eccl. de Albignano*, 1178 (G. christ. *ibid.* 140). — *Saint-Étienne d'Albaignan*, annexe de Saint-Sébastien de Prémian, dioc. de Saint-Pons, 1760 (pouillé). — *Mas de l'Église* succ. (cartes du dioc. et de Cassini).

Saint-Étienne-d'Auroux, anc. chapelle. — Voy. Saint-Étienne-de-Pernet.

Saint-Étienne-de-Cella-Vinaria, anc. chapelle, c^{ne} de Cruzy. — *S. Stephanus de Cella-Vinaria, in territ. Minerbensi, cum capella castri S. Salvatoris*, 1102 (arch. de l'égl. de Saint-Pons; H. L. II, pr. c. 356); 1182 (*ibid.* G. christ. VI, instr. c. 88).

Saint-Étienne-de-Gabriac, h. — Voy. Gabriac.

Saint-Étienne-de-Ginestet, anc. prieuré, c^{ne} de Saint-Nazaire-de-Pesan. — *Eccl. S. Stephani de Ginesteto*, v. 1100 (Arn. de Verd. ap. d'Aigrefeuille, II, 425). — Voy. Saint-Denis-de-Ginestet.

Saint-Étienne-de-Gorjan, anc. abbaye, c^{ne} de Clermont. — Monastère de Bénédictines près des murs de Clermont, avec territoire adjacent qui a conservé le nom de *Gorjan*. Cette orthographe de *Gorjan* se trouve déjà au XIIe siècle (cart. Gell. 74 v°). — Vers la fin du même siècle, l'évêque de Lodève y fonda une collégiale pour quatre chanoines : *Eccl. S. Stephani de Gorjano*, 1289 (Plant. chr. præs. Lod. 242). — Mais la fondation du monastère pour huit religieuses, qui a subsisté jusqu'en 1791, date du milieu du XIVe siècle. — *Monasterium monialium ordinis S. Benedicti in territorio de Gorjano*, 1350 (*ibid.* 301; cart. de Gorjan; G. christ. VI, instr. c. 288). — Abbaye de Bénédictines de Gourjan, 1760 (pouillé). — L'abbé Expilly et ses copistes écrivent *Gorian, Gorianum*, 1764 (Dict. des Gaules).

Saint-Étienne-de-Gourgas-et-Aubagne, c^{on} de Lodève. — *Rector eccles. S. Stephani de Gorgatio*, 1252 (Plant. chr. præs. Lod. 178). — *Vallis de G.* 1303 (*ibid.* 257). — *Gorgas*, seigneurie de la viguerie de Gignac, 1529 (dom. de Montp. H. L. V, pr. c. 87). — *S. Esteve de G.* 1625 (pouillé); 1649 (*ibid.*). — *Saint-Étienne cure*, 1760 (*ibid.*). — *Saint-Étienne-de-Gourgas*, 1688 (lett. du gr. sceau; tabl. des anc. dioc. carte du dioc. de Lod. carte de Cassini). — *Aubagne, Albaiga*, voy. Aubagne.

Avant 1790, *Saint-Étienne-de-Gourgas* et *Aubaignes* formaient deux paroisses distinctes du dioc. de Lodève. — A la création des cantons, *Étienne-de-Gourgas* et *Aubagnes* devinrent deux communes du canton de Soubès, lequel fut supprimé par l'arrêté des consuls du 3 brumaire an x; elles passèrent alors dans le canton de Lodève. En 1832, elles furent réunies pour n'en former qu'une seule.

Saint-Étienne-de-la-Salvetat, c^{ne}. — Voy. Salvetat (La).

Saint-Étienne-de-Lieussac, anc. église, c^{ne} de Montagnac. — 1760 (pouillé). — Les cartes de Cassini et du dioc. d'Agde portent seulement *Lieussac*.

Saint-Étienne-de-Mursan, h. c^{ne} de Camplong. — *Eccl. S. Stephani*, v. 1150 (Livre noir, 52 v°). — *Rector de Mursano*, 1323 (rôle des dîm. des égl. du dioc. de Béziers). — *Mursan*, vicairie perpétuelle, 1518 (pouillé); cure, 1760 (*ibid.*). — *S. St. de Mursan*, 1780 (état offic. des égl. de Béziers). — *Saint-Étienne de Mursan* (carte de Cassini; carte du dioc. de Béz.).

Saint-Étienne-de-Pernet, ou d'Auroux, anc. chapelle, c^{ne} d'Aumelas. — *S. Stephanus de Perneto*, 1187 (mss d'Aubais; H. L. III, pr. c. 161). — *Saint-Étienne d'Auroux* (cartes de Cassini et dioc. de Béz.).

Saint-Étienne-de-Rongas, Rogas ou Rougas, ancienne église, c^{ne} de Clermont. — *Rongias vel Rogerias*, 1079 (cart. Gell. 108). — *Campus de Rogaz*, 1138 (G. christ. VI, instr. c. 279). — *Mansus S. Stephani*, 1181 (cart. Magal. A 45 v°). — L'abbé de Saint-Sauveur de Lodève obtint par échange, de l'abbesse de Nonnenques, l'église paroissiale de Saint-Étienne: *Eccl. parœcial. S. Stephani de Rogatio cum Oratorio S. Petri ei annexo*, 1275 (Plant. chr. præs. Lod. 215). — A cette église furent unies, en 1286, les chapelles *Saint-Jean* et *Saint-Barthélemy de la Coste* (*ibid.* 239).

Saint-Étienne-des-Herms, h. c^{ne} de Montpeyroux. — Cassini et la carte du diocèse de Lodève se trompent en écrivant *Saint-Étienne des Airs* succ. On lit *S. Stephanus de eremis, de hermis, des herms*, dans tous les actes (arch. de Montpeyroux; livres terriers, 1500, 1586, etc.).

Saint-Étienne-d'Issensac, h. c^{ne} de Brissac. — *S. Stephanus de Yssausaco*, 1333 (stat. eccl. Magal. 22, 72 v°). — Prieuré, dans l'archiprêtré de Brissac, dont le sacristain du chapitre cathédral de Montpellier était le prieur décimateur, 1756 (état offic. des égl. de Montp.); 1779 (vis. past.). — Cure, 1760 (pouillé; carte de Cassini; carte dioc. de Montp.). — Le recensement de 1856 porte *Saint-Étienne et Portalès*.

Saint-Étienne-du-Canal, anc. église, c^{ne} de la Salvetat. — *Eccl. S. Stephani de Cavall.* (*Canall.*), 940 (arch. de Saint-Pons de Tom. Mabill. Ann. III, 711). — *Eccl. S. St. de Canallo*, 1182 (G. christ. VI, instr. c. 88). — *Saint-Étienne* (carte de Cassini; carte du dioc. de Saint-Pons).

Saint-Eusèbe, anc. prieuré. — Voy. Campillergues.

Saint-Félix, f. c^{ne} et c^{on} de Murviel. — *Saint-Félix-le-Haut* et *Saint-Félix-le-Bas* (recens. de 1840). — Ancienne église: *Eccl. S. Felicis de Solaco*, 1123 (G. christ. VI, instr. c. 278).

Saint-Félix, f. c^{ne} de Saint-Seriès.

Saint-Félix, montagne. — Voy. Féguié (Lou Pié).

Saint-Félix-de-Joncels, anc. église, c^{ne} de Joncels. — *S. Felix Jerundensis*, 990 (arch. de Saint-Paul de Narb. Marten. Anecd. I, 101). — *Eccl. de S. F.* 1092 (Livre noir, 88). — *Eccl. S. F. Juncellensis*, 1135 (arch. de l'abb. de Joncels; G. christ. VI, instr. c. 135); 1385 (stat. eccl. Bitt. 129).

Saint-Félix-de-l'Héras ou d'Alajou, c^{ne} du Caylar. — *Castrum de Lerate*, 1138 (G. christ. VI, instr. c. 279). — *Eccl. S. Felicis de L.* 1146 (cart. Gell. G. christ. *ibid.* 280). — *De Leyratio*, 1144 (Plant. chr. præs. Lod. 83); 1569 (Plant. *ibid.* 378). — *De Lezara*, 1188 (*ibid.* 96). — *De Leraz*, 1210 (Bibl. reg. G. christ. *ibid.* 284). — *S. Felix*, 1688 (lettres du grand sceau). — Cure, 1760 (pouillé). — *Saint-Félix de l'Héras* (tabl. des anc. dioc. carte de Cassini; carte du dioc. de Lodève).

Tous les noms de *Saint-Félix de l'Héras, de Lergue, d'Alajou, de la Montagne*, distinguent cette commune de celle de Saint-Félix-de-Lodez, de Lodève, de la Plaine. — La tradition nomme un *saint Pons de La Raza*, voleur converti, dont *le château de la Raze* (ruines) domine les cimes de l'Escalette. Le village de *Saint-Félix* en est éloigné de 2 kilomètres.

SAINT-FÉLIX-DE-LODEZ, c^on de Clermont. — *Eccl. S. Felicis*, 804 (tabul. Gell. G. christ. VI, instr. c. 265); 806 (*id.* Mabill. Annal. II, 718); 807 (Diplom. Ludovici Pii; G. christ. *ibid.*); 1072 (cart. Gell. 21). — *Castrum*, 1270 (arch. de Lodève, ch.; Plant. chr. præs. Lod. 210). — *Dominus de S. Felice in Plano*, 1326 (*ibid.* 294). — *Magaranciaz villa*, 804 (cart. Gell. 3).— *Magarancia* (G. christ. *ibid.*). — *Villa Magaranciatis cum eccl. S. Felicis*, 807-808 (diplôme de Louis le Pieux, roi d'Aquitaine; cart. Gell. 91 v°; ch. de l'abb. de Saint-Guillem; Act. SS. Bened. sec. IV, part. I, 90 et 223; G. christ. *ibid.* 266); 1123 (bulle de Calixte II, ch. du fonds de Saint-Guillem). — *Magarancincum*, 820 (cart. Anian. 14). — *Villa Magarantiate in pago Lutevensi*, 822 (*ibid.* 19); 853 (vidim. 1314, tr. des ch. H. L. I, pr. c. 100). — *Magaritti*, 1131 (Livre noir, 108). — *Villa Maganraciacis cum eccl. S. F.* 1146, 1162 (cart. Gell. G. christ. *ibid.* 280 et 282). — *Saint-Félix*, seigneurie de la viguerie de Gignac, 1529 (dom. de Montp. H. L. V, pr. c. 87); au dioc. de Lodève, 1625 (pouillé) 1649 (*ibid.*); 1688 (lettr. du gr. sc.). — *Prieuré-cure*, 1760 (pouillé; tabl. des anc. dioc.). — *Saint-Félix de Lodez* (carte de Cassini; carte du dioc. de Lodève). — Voy. SAINT-FÉLIX-DE-RONGAS.

Cette localité prend, comme on l'a vu, le nom de *Lodez* (corrupt. de *Lodève*) ou *de la Plaine*, *de plenis*, *de plano* (dans les actes des anc. notaires), pour la distinguer de Saint-Félix-de-l'Héras ou de la Montagne. Le Dictionnaire des postes de 1837 l'appelle *Saint-Félix-de-Lodève*. Son patron, *saint Julien de Brioude*, a été transféré de *Saint-Julien-d'Avizas*, église voisine (voy. ce nom). — Quant à l'appellation de *Magaranciac, Margaussas, Margausse* (c^ne de Saint-Guiraud), elle accompagne presque toujours la désignation de l'église de *Saint-Félix* depuis le diplôme de Louis le Pieux, en 807-8, jusqu'au précepte de Louis VII, donné à Sauvigny, en présence du pape Alexandre III, en 1162.

Saint-Félix-de-Lodez fut primitivement placé dans le canton de Saint-André, supprimé par arrêté des consuls du 3 brumaire an x; cette commune passa dès lors dans le canton de Clermont.

SAINT-FÉLIX-DE-MAGARANCIAC, anc. église, c^ne de Saint-Félix-de-Lodez. — C'est la même église que celle de l'article précédent. Il faut seulement observer que *Magaranciac* ou *Margaussas* se trouvait sur le territoire de la commune de Saint-Guiraud, limitrophe, et que la juridiction de ce lieu appartenait à un autre seigneur qu'à celui de Saint-Guiraud.

SAINT-FÉLIX-DE-MONTSEAU, anc. abbaye, c^ne de Gigean. — Monastère de Bénédictines, dont la fondation remonte à Bermond de Levezon, évêque de Béziers en 1128; uni en 1749 aux religieuses de la Visitation de Montpellier (inv. des actes de l'abb. de Saint-Félix-de-Montseau, de 1695, et inv. de la Vis. de Montp. de 1775).— *S. Felix de Sustantione*, 1167, 1257 (cart. Magal. E 212, F 191). — *Monasterium S. F. de Monteceven*, 1163 (ch. de l'abb. de Gigean). — *De Montecenen*, 1181 (cart. Magal. A 45 v°). — *S. F. de Montesevo*, 1211 (cart. Agath. 73); 1238 (bull. Gregor. IX; cart. Magal. C 221); 1282 (Arn. de Verd. ap. d'Aigrefeuille, II, 447). — *De Montesalvio*, 1347 (ch. des arch. de Pézenas). — *Saint-Félix de Monceau* (carte de Cassini; carte du dioc. de Montp.). — *S. Michael de Villapaterna prope Gijanum*, 1282 (cart. Magal. F 98); 1339 (*ibid.* B 10). — *Monales S. Felicis de Vil. pat.* 1341 (*ibid.* 117). On voit encore, à 1 kilomètre à l'ouest de l'église de Saint-Félix, les ruines de cette villa, qui a conservé dans le langage vulgaire le nom de *las Gleizas de la Vila paterna* (d'Aigrefeuille, II, 298).— Voy. SAINT-GENIÈS-DES-MOURGUES et VILLA PATERNA.

SAINT-FÉLIX-DE-RONGAS, anc. chapelle, c^ne de Clermont. — *Saint-Félix de Rogaz*, v. 1060 (cart. Gell. 154). — Il est probable que c'est la même église que celle de *Saint-Félix-de-Lodez*.

SAINT-FÉLIX-DE-SINISDARGUES, h. c^ne de Saint-Seriès. — Anc. paroisse du dioc. de Montpellier. — *Saint-Félix de Sinistargues*, 1688 (lett. du gr. sc.). — *Saint-Félix*, 1625 (pouillé); 1649 (*ibid.*); 1760 (pouillé; tabl. des anc. dioc. carte de Cassini; carte dioc. de Montpellier). — *S. F. de Sinistrargues*, 1777 (terr. de Restinclières).

SAINT-FÉLIX-DE-TOURELLES, anc. église, c^ne de Portiragnes. — Prieuré dépendant du chapitre de Saint-Nazaire de Béziers. — Les cartes de Cassini et du diocèse de Béziers portent *Croix de Saint-Félix*.

SAINT-FERRÉOL, f. c^ne de Nizas. — Anc. succ. du dioc. de Béziers, archiprêtré du Pouget. — *Eccl. S. Ferreoli de Cinciano* (Cissan), 1146 (cart. Anian. 35); 1154 (bulle d'Adrien IV, ch. de l'abb. d'Aniane). — *Saint-Feriol cure*, 1760 (pouillé). — *Saint-Ferreol de Sissan*, 1780 (état offic. des égl. de Béz.). — *Saint-Ferreol* (carte de Cassini; cartes dioc. de Béziers et d'Agde).

SAINT-FRICUOUX, h. c^ne du Bosc.— Anc. prieuré, devenu église rurale au commencement du XIV° siècle. — *Eccl. S. Fructuosi*, 1308 (Plant. chr. præs. Lod. 259). — *Saint-Frichoux, cure*, 1760 (pouillé; carte de Cassini; carte dioc. de Lodève).

Saint-Fulcran de Lodève, église. — Voy. Lodève.
Saint-Gély-du-Fesc, c°" des Matelles. — *Locus de Fisco*, 1238 (G. christ. VI, instr. c. 370). — *Eccl. S. Egidii de F.* 1286 (cart. Magal. E 186); 1333 (stat. eccl. Magal. 21 v°); 1502 (Lib. Rectorum, 19 v°). — *Eccl. S. Ægidii de F.* 1536 (bulle de Paul III, transl. sed. Magal.). — *Saint-Gery du Fesc*, dans la rectorie de Montpellier, 1625 (pouillé). — *Saint-Gery du Fesq*, 1649 (ibid.). — *Saint-Gilles*, 1688 (ibid.). — *Saint-Gelly cure*, 1760 (ibid.). — *Saint-Gely du Fesq* (carte de Cassini; carte dioc. de Montp.). — *Saint-Gely du Fesc* (tabl. des anc. dioc.).

Saint-Gély-du-Fesc était une vicairie perpétuelle, dans l'archiprêtré d'Assas, patr. *saint Gilles*, à la nomination du chantre de la cathédrale de Montpellier, qui en était le prieur. L'évêque était seigneur temporel du lieu, 1684, 1780 (vis. past.); 1756 (état offic. des égl. du dioc. de Montp.).

Saint-Genès-des-Fours, anc. église. — Voy. Saint-Geniès-des-Fours.

Saint-Geniès, éc. poste de douanes, c"° de Sérignan.

Saint-Geniès, f. c"° de Béziers. — *Saint-Geniès* (carte de Cassini; carte dioc. de Béz.). — *Saint-Geniez* (recens. de 1809 et de 1840).

Saint-Geniès, f. c"° de Sérignan. — *S. Genesius qui est juxta mare*, 994 (Livre noir, 77 v°); 1054 (ibid. 206); 1221 (ibid. 40); 1220 (stat. eccl. Bitt. 159); 1297 (ibid. 143). — *Saint-Geniès*, cure, 1760 (pouillé; carte de Cassini et carte du dioc. de Béziers).

Saint-Geniès-de-Grezan ou Grazan, anc. monastère. — Voy. Grezan.

Saint-Geniès-de-Ledos, h. c"° de Saint-Jean-de-Fos. — Anc. église. Voy. Litenis. — La carte de Cassini, ainsi que celles du diocèse de Lodève, écrit *Saint-Genés*.

Saint-Geniès-de-Lodève, église, c"° de Lodève. — On confond quelquefois *Saint-Geniès-de-Lodève* avec *Saint-Geniès-de-Salasc*. Le premier désigne l'un des deux patrons de la commune : *Duos agnoscit patronos S. Genesium, Arelatensem martyrem, et S. Fulcrannum, suum præsulem*, dit Plantavit (chr. præs. Lod. 3). — *Eccl. S. G. sedis Lutevensis*, 975 (arch. de l'égl. de Lod. G. christ. VI, instr. c. 266). — *S. G. de Luteva*, 1211 (cart. Agath. 66). — La seconde appellation ne s'applique qu'à l'église de *Salasc* : *Eccl. S. Genesii quæ dicitur Salascum*, 975 (G. christ. ibid. 267).

Saint-Geniès-de-Salasc, église. — Voy. Salasc.

Saint-Geniès-des-Fours ou Saint-Genès, anc. église, c"° de Saint-Michel-d'Alajou. — Le testament de saint Fulcran porte un legs à *Saint-Geniès-des-Fours*: *Honor S. Genesii in villa quam dicunt Furnis*, 987 (cart. Gell. 4; Bolland. 11 februar. 897). — *Eccl. S. G. de Furnis cum oratorio S. Michaelis*, 1204 (Plant. chr. præs. Lod. 104). — *Municipium*, 1206 (ibid. 105). — Les cartes de Cassini et du dioc. écrivent simplement *Saint-Giniès*. — L'oratoire de Saint-Michel, de 1204, est l'église de Saint-Michel-d'Alajou; saint Genès était le patron de la paroisse.

Saint-Geniès-des-Mourgues, c°" de Castries. — Cette commune doit son nom *des Mourgues* à une abbaye de moinesses bénédictines, à laquelle fut réunie l'abbaye de Saint-Félix-de-Montseau en 1749; l'une et l'autre furent postérieurement unies au monastère de la Visitation de Sainte-Marie de Montpellier, 1779 (vis. past.). — *In comitatu Substantionense in loco qui vocatur Marcanicus atque alio vocabulo imponitur ei nomen Charus locus* (Cher lieu, d'Aigrefeuille, II, 295) *et est ibi ecclesia S. Genesii martyris*, 1019 (arch. dép. ch. de fondation de l'abbaye de Saint-Geniès: reproduite dans le G. christ. VI, instr. c. 346; H. L. II, pr. c. 171). — *Locus in comitatu Sustantionense diœcesis S. Petri civitatis Magalonensis S. G. M. titulatus nomine Marcianico*, 1025 (ch. de l'abb. de Gigean; reprod. H. L. II, pr. c. 177). — *Rudi vero vocabulo Carus*, 1042 (arch. de l'abb. de Saint-Geniès; H. L. ibid. 209). — *Locus de Marzanicis*, 1177 (ch. du fonds de Saint-Jean-de-Jérusalem). — *S. Genesius*, 1123 (bulle de Calixte II, ch. du fonds de Saint-Guillem); 1150 (ch. du fonds du Vignogoul). — *Villa et gentes ac monasterium S. G.* 1200 (cart. Magal. E 227); 1235 (ibid. 229); 1236 (ibid. 228). — *Abbatissa de S. G.* 1236 (Arn. de Verd. ap. d'Aigref. II, 441). — *Saint-Genieys*, 1625 (pouillé). — *Saint-Ginieys*, 1649 (pouillé; tabl. des anc. dioc.). — *Saint-Gignies*, 1684 (pouillé). — *Saint-Geniés*, 1688 (pouillé; lett. du gr. sc.). — *Saint-Giniés cure*, 1760 (pouillé). — *Saint-Geniez*, 1779 (vis. past.). — *Saint-Geniez-les-Mourgues*, 1786 (terr. de Saint-Geniès). — *Saint-Geniès des Mourgues* (carte dioc. de Montpellier et carte de Cassini).

Cette localité, au dioc. de Montp. appartenait à la viguerie de Sommières (Gard). L'abbesse de Saint-Geniès avait la seigneurie du lieu. L'église, comprise dans l'archiprêtré de Restinclières, 1756 (état offic. des égl. de Montp.), était une vicairie perpétuelle, ayant pour patr. *saint Genest mart.* à la nomination de la même abbesse, 1684, 1779 (vis. past.).

Saint-Geniès-de-Varensal ou le Haut, c"° de Saint-Gervais. — *Eccl. S. Genesii vel Genisii*, 966 (arch. de Saint-Paul de Narb. Marten. Anecd. I, 85). —

Saint-Genieys de Varensac, 1625 (pouillé). — *Saint-Geneys de V.* 1649 (*ibid.*). — *Saint-Geniés de Varansal*, 1688 (lett. du gr. sceau; tabl. des anciens diocèses; cartes de Cassini et du dioc. de Castres).

Saint-Geniès-de-Varensal appartenait, avant 1790, au diocèse de Castres. Il passa dans le département de l'Hérault, par suite de l'arrêté des consuls du 3 brumaire an x, avec le canton de Saint-Gervais, en échange du canton d'Angles, donné alors au département du Tarn.

SAINT-GENIÈS-LE-BAS, c^{on} de Murviel. — *Honor, ecclesia S. Genesii*, 843 (Bibl. reg. Baluz. H. L. I, pr. c. 78); 889 (cart. de l'égl. de Béz. ibid. II, pr. c. 25); 1147 (*ibid.* 519). — *Prioratus*, 1323 (rôle des dîm. des égl. de Béz.). — *Saint-Geniez*, seigneurie de la viguerie de Béziers, 1529 (dom. de Montp. H. L. V, pr. c. 8 1). — *Saint-Ginieys*, 1625 (pouillé). — *Saint-Genieys*, 1649 (*ibid.*). — *Saint-Giniés*, 1688 (lett. du gr. sc.). — *Saint-Giniéis* (tableau des anc. dioc.). — *Saint-Geniés*, 1760 (pouillé; cartes de Cassini et du dioc. de Béz.). — Dans l'archiprêtré de Cazouls, patr. *SS. Genesius et Genesius*, 1780 (état offic. des églises du dioc. de Béz.). — Voy. GREZAN.

SAINT-GEORGES-DE-TABAUSSAC, anc. prieuré, c^{ne} d'Aspiran. — *Tabaiga*, 990 (arch. de l'abb. de Saint-Tibér. H. L. II, pr. c. 145). — *Tabasqua* (id. G. christ. VI, instr. c. 316). — *Rector de Tabauciaco*, 1323 (rôle des dîm. des égl. de Béz.). — *Saint-Georges de Tabaussac*, 1760 (pouillé). — *Hermitage et prieuré de Saint-George* (cart. du dioc. de Béz.). — Hermitage Saint-George (carte de Cassini).

SAINT-GEORGES-D'ORQUES, c^{on} (3e) de Montpellier. — *S. Georgius*, 820 (cart. Anian. 14 v°); 1114 (mss d'Aubais; H. L. II, pr. c. 390); 1155 (ch. de l'abb. du Vignogoul); 1333 (stat. eccl. Magal. 22). — *Villa S. Jori*, 1150 (H. L. ibid. 528). — *Cella de Gordanico*, 1154 (bulle d'Adrien IV, ch. de l'abb. d'Aniane). — *Eccl. S. Georgii de Dorcas*, v. 1100 (Arn. de Verd. ap. d'Aigrefeuille, II, 425). — *De Orcas*, 1139 (arch. de l'abb. de Lezat; H. L. *ibid.* 487). — *De Gordanieis*, 1491 (Lib. Rectorum, 311). — *Jurisdictio de S. G. Dorques*, 1501 (arch. de l'hôp. gén. de Montp. liasse B 586). — *Eccl. S. G. de Dorgues*, 1536 (bulle de Paul III, transl. sed. Magal.). — *Saint-Jeorge*, dans la baronnie de Montp. 1625 (pouillé). — *Sainct-George*, 1649 (*ibid.*); 1684 (*ibid.*); 1688 (lett. du gr. sc. tabl. des anc. diocèses). — *Saint-Georges*, cure, 1760 (pouillé). — *Saint-George d'Orques* (cartes de Cassini et du diocèse de Montp.); dans l'archiprêtré de Montpellier, 1756 (état offic. des égl. de Mont-

pellier), ayant pour patron le saint du même nom. était un prieuré dépendant du chapitre cathédral de Montpellier.

Lors de la formation des cantons, Saint-Georges-d'Orques devint le chef-lieu d'un canton qui, en le comptant, comprit sept communes : Grabels, Juvignac, Lavérune, Murviel, Montarnaud, Saint-Paul. Mais ce canton ayant été supprimé par suite de l'arrêté des consuls du 3 brumaire an x, Montarnaud et Saint-Paul-et-Valmalle passèrent dans le canton d'Aniane; les autres communes furent placées dans la troisième section du canton de Montpellier.

SAINT-GERMAIN, f. c^{ne} de Cesseras. — Ancienne église : *Eccl. S. Germani*, 1362 (G. christ. VI, instr. c. 93). — *Saint-Germain*, cure, 1760 (pouillé; cartes de Cassini et du dioc. de Saint-Pons).

SAINT-GERMAIN-DE-FOURNEZ, f. c^{ne} de Saint-Bauzille-de-Montmel. — Anc. prieuré : *Monasterium S. Leoncii alias S. Germani de Fornes prope Montemlaurum dominar. monialium*, 1233 (cart. Magal. A 94); 1260 (*ibid.* c. 226). — *Unio monasterii S. Germani de Fornesio Magalonens. diœc. eccl. S. Baudilii de Monteceno prope Montemlaurum*, 1291 (*ibid.* D 314). — *Monaster. S. Leonis*, 1233 (Arn. de Verd. ap. d'Aigrefeuille, II, 440). — *Monaster. S. Germ. tunc existens in monte S. Leon.* (*ibid.* 442). — Les prieurés de *Saint-Germain* et de *Saint-Léon* ou *Léonce* furent réunis à l'abbaye de *Saint-Félix-de-Montseau* en 1429 (d'Aigrefeuille, II, 299). — *Saint-Germain de Fournez*, 1739 (d'Aigrefeuille, *loc. cit.*). — Les cartes du diocèse de Montpellier et de Cassini portent seulement *Saint-Léon, abb. ruinée*.

SAINT-GERMAIN-ET-SAINT-BENOIT, ancienne abbaye. — Voy. MONTPELLIER.

SAINT-GERVAIS, arrond. de Béziers. — *Eccl. S. Gervasii*, 966 (arch. de Saint-Paul de Narb. Marten. Anecd. I, 85); 1516 (pouillé). — *Saint-Gervais*, au dioc. de Castres, 1625 (*ibid.*); 1649 (*ibid.*); 1688 (lett. du gr. sc.). — *Saint-Gervais ville* (tabl. des anc. dioc. carte du dioc. de Castres; carte de Cassini).

Saint-Gervais était l'une des neuf villes du diocèse de Castres qui envoyaient par tour un député aux États généraux de Languedoc. Ses armes étaient *d'or, au trident renversé d'azur, la partie supérieure du manche potencée; ce trident accompagné de trois pattes de lion, celles en chef affrontées*, 1767 (Armorial des États de Lang. 195).

Lorsque la France fut divisée en départements, Saint-Gervais fut placé dans celui du Tarn; mais, par suite des dispositions de l'arrêté des consuls du 3 brumaire an x, il fut donné à l'Hérault en échange du canton d'Angles, qui fut cédé au Tarn. Il était alors composé des communes de Saint-Gervais ville, Castanet-le-Haut, Combes-terre-foraine-du-Poujol, Hérépian, Mourcairol, le Poujol, Saint-Geniès-de-Varensal, Saint-Gervais-sur-Mare-terre-foraine, qui, en 1830, a pris le nom de *Rosis*, Taussac-et-Douch, Villemagne. — En 1845, Mourcairol fut partagé en deux communes du même canton, ce sont les Aires et Villecelle; d'où il suit que le canton de Saint-Gervais compte aujourd'hui onze communes.

Saint-Gervais-sur-Mare-terre-foraine, h. c^{ne} de Rosis. — *Saint-Gervais-le-Vieux* (carte du dioc. de Castres et carte de Cassini). — Voy. Rosis.

Saint-Guillem-du-Désert, c^{on} d'Aniane. — Cette localité, que l'abbaye de Bénédictins de Gellone a rendue célèbre dès le commencement du ixe siècle, portait encore le nom de *villa Gellonensis vel Gellonæ* en 1100 (G. christ. VI, 586). *Gellona* est aussi le nom de la petite vallée, *vallis Gellonis*, où sont situés le village et le monastère de *Saint-Guillem*; ce village n'a pris cette dernière appellation que vers 1138. Le cartulaire de Saint-Guillem (804-1220) se sert constamment, dans tous les actes de donations faites au monastère, de la formule : *S. Salvatori Gellonensi Sanctoque Cruci sanctoq. Willelmo vel Guillelmo.* — *Gellonis monasterium, cella, Gellonense monasterium, cenobium*, 804, 806, 837, etc. (cart. Gell. *passim*; Act. SS. Benedict. sec. IV, part. 1, 88, 90, 223; Mabill. Annal. II, 718); 808, 1095, 1097 (ch. de l'abb. de Saint-Guillem, et cart. Gell. 91, etc.). — *Cellula in pago Ludovense*, 814, 822, 853 (cart. d'Aniane, 19, 20, 20 v°). — *Vallis* (*ibid.* arch. d'Aniane; H. L. 1, pr. c. 59, 71, 100, etc.); 1314 (*ibid.* 100). — *Monachi Gellonici*, 961 (cart. Gell. 7 v°). — *De Gelone*, 990 (Marten. Anecd. I, 179). — *Abbatia S. Guillelmi Gilionensis*, 1035 (chât. de Foix; H. L. II, pr. c. 195). — *Monast. Gell. alias vocatum S. Guillelmi de desertis seu de deserto* (Arn. de Verd. ap. d'Aigrefeuille, II, 429); 1097 (ch. de l'abb. de Saint-Guillem); 1175 (ch. de l'abb. du Vignogoul); 1267 (cart. Agath. 331); 1269 (mss de Colbert; H. L. III, pr. c. 585); 1323 (rôle des dîm. des égl. du dioc. de Béz.); 1349 (bulle de Clément VI; G. christ. VI, instr. c. 288). — *Saint-Guillem le dezert*, 1625 (pouillé). — *Saint-Guillem*, 1649 (*ibid.*). — *Saint-Guillem*, 1688 (lett. du gr. sc.). — *Saint-Guillen le dezert*, 1760 (pouillé). — *Saint-Guilhen* (tabl. des anc. diocèses). — *Saint-Guillem du desert* (carte du dioc. de Lodève; carte de Cassini). — Avant 1790, cette communauté prenait le titre de *ville*.

Saint-Guillem, ancien fief, c^{ne} de Saint-Pargoire. — Voy. Miliac et Saint-Pargoire.

Saint-Guiraud, c^{on} de Gignac. — *S. Geraldus*, 1101 (cart. Gell. 74); 1159 (cart. Agath. 116). — *Villa de S. Gerardo*, 1204 (Plant. chr. præs. Lod. 103). — *Castrum*, 1270 (*ibid.* 210). — *S. Gairaudus*, 1350 (cart. de Gorjan; G. christ. VI, instr. c. 291). — *Sacellum B. Mariæ de S. Ger. Notre-Dame de Saint-Guiraud*, est citée par Plantavit (*ibid.* 5) comme un des plus illustres pèlerinages du diocèse de Lodève. On y vénère encore *Notre-Dame-la-Noire*. — *Saint-Guiraud*, 1625 (pouillé); 1649 (*ibid.*): 1688 (lett. du gr. sc.). — *Cure*, 1760 (pouillé: tabl. des anc. diocèses; cartes du diocèse de Lodève et de Cassini); 1791 (terr. de Saint-Guiraud).

Cette commune, qui sous la République avait pris les noms de *Bel-Air* et de *Gairaud*, appartint primitivement au canton de Saint-André, supprimé par arrêté des consuls du 3 brumaire an x. Elle fut, à cette époque, comprise dans le canton de Gignac.

Saint-Hilaire, chât. et baronnie. — Voy. Châteaubon et Montels-lez-Montpellier.

Saint-Hilaire, f. c^{ne} de Montagnac. — *S. Hylarius*, 1152 (cart. Agath. 181).

Saint-Hilaire-de-Beauvoir, c^{on} de Castries. — *S. Hilarius de pulcro visu*, 1330 (cart. Magal. A 182). — *Saint-Hilaire de Beauvoir*, 1684 (pouillé); 1688 (*ibid.*); 1688 (lett. du gr. sc.); 1786 (terr. de Saint-Hilaire). — *Cure*, 1760 (pouillé). — *Saint-Hillaire* (tabl. des anc. diocèses). — *Saint-Hilaire-de-Beauvoir*, comme portent les cartes du diocèse de Montpellier et de Cassini, dans l'archiprêtré de Restinclières, 1684 (vis. past.); 1756 (état offic. des égl. de Montpellier); était un prieuré-cure, sous le patronage de *saint Hilaire*, à la nomination de l'évêque de Montpellier, 1684, 1779 (vis. past.). — Voy. Sauteyrargues-Lauret-et-Aleyrac.

Cette commune fit d'abord partie du canton de Restinclières, lequel fut supprimé par arrêté des consuls du 3 brumaire an x; elle fut alors ajoutée au canton de Castries.

Saint-Hilaire-de-Montcalm, anc. église, c^{ne} d'Aniane. — Église complétement ruinée près de la jonction de la commune d'Aniane et de celle de Puéchabon, à cinquante pas de la rive gauche de l'Hérault. Le monastère d'Aniane fut fondé *sub castro de Montecalmensi*, 822 (ch. de l'abb. d'Aniane; cart. Anian. 19, reprod. H. L. I, pr. c. 59). — *Eccl. S. Hylarii de Montecalmensi*, 814 (cart. Anian. 20; H. L. loc. cit.); 853 et *Vidim.* 1314 (*ibid.* 101).

Saint-Hilaire-sur-le-Lez, f. c^{ne} de Montpellier (2e c^{on}). — Anc. prieuré dépendant du chapitre cathédral de

Montpellier. — *Priorat. S. Ylarii*, 1333 (stat. eccl. Magal. 12, 16 v° et 22). — Placé dans l'archiprêtré de Montpellier, 1756 (état offic. des égl. de Montpellier). — *Prieuré-cure*, 1760 (pouillé); 1777 (vis. past.). — *Saint-Hilaire* (cartes du dioc. de Montp. et de Cassini).

Saint-Hippolyte, f. c^{ne} d'Agel. — *Saint-Hypolite* (cartes du dioc. de Saint-Pons et de Cassini).

Saint-Hippolyte, f. c^{ne} de Béziers.

Saint-Hippolyte, h. — Voy. Saint-Apolis.

Saint-Jacques, abbaye, c^{ne} de Béziers. — Cette abbaye était de l'ordre de Saint-Augustin et de la congrégation de Sainte-Geneviève. — *Eccl. S. Jacobi in burgo Biterrensi*, 969 (cart. de la cathédrale de Béziers; H. L. II, pr. c. 119); 1131 (*ibid*. 460).— *Abbacia S. J.* 1178 (Livre noir, 21); 1216 (*ibid.* 109 et *passim*). — *Saint-Jacques, abbaye*, 1760 (pouillé).

Saint-Jacques-de-Corts, anc. église près du Soulié, donnée par Aymeric, archevêque de Narbonne, à l'abbaye de Saint-Pons. — *Eccl. S. Jacobi de Corts*, 940 (arch. de Saint-Pons de Tom. Mabill. Ann. III, 711). Cette donation est confirmée par le pape Lucius III. — *S. Jac. de Courtz*, 1182 (G. christ. VI, instr. c. 88). — *Cors* (cartes de Cassini et du dioc. de Saint-Pons).

Saint-Jean, f. c^{ne} de Lansargues, 1809. — *La métairie de Saint-Jean* (cartes du dioc. de Montpellier et de Cassini).

Saint-Jean, f. c^{ne} de Lattes. — *Saint-Jean* (cartes du dioc. de Montpellier et de Cassini).

Saint-Jean, f. c^{ne} de Montblanc. — *Saint-Jean et Sainte-Eulalie*, prieuré, 1760 (pouillé). — *Métairie Saint-Jean* (cartes du dioc. de Béz. et de Cassini).

Saint-Jean, f. c^{ne} de Nizas. — *Hermitage Saint-Jean* (cartes du dioc. de Béziers et de Cassini).

Saint-Jean, f. c^{ne} du Pouget.

Saint-Jean, f. — Voy. Jasse (La).

Saint-Jean, h. c^{ne} de Pardailhan. — *Saint-Jean succ. Saint-Jean, f.* (cartes de Cassini et du diocèse de Saint-Pons).

Saint-Jean-d'Aureillan, h. c^{ne} de Béziers (2° c^{on}). — Anc. prieuré, dimerie du chapitre de Saint-Nazaire de Béziers. — *Saint-Jean d'Aurelia, village*, 815 (G. christ. II, 411). — *Saint-Jean d'Aureillan, cure*, 1760 (pouillé). — *S. Joannes d'Aureillan*, dans l'archiprêtré de Cazouls, 1780 (état offic. des égl. de Béziers). — *Saint-Jean d'Oreillan* (cartes du dioc. de Béziers et de Cassini).

Saint-Jean-d'Aureillan, f. c^{ne} de Liausson. — *Saint-Jean, prieuré*, 1760 (pouillé). — *Saint-Jean d'Aureillan* (cartes du dioc. de Lodève et de Cassini).

Saint-Jean-de-Bibian, f. c^{ne} de Pézenas. — Prieuré dépendant du chapitre de Saint-Nazaire de Béziers, dans l'archiprêtré du Pouget. — *Eccl. de Vibiano*, 1323 (rôle des dîm. de l'égl. de Béz.). — *Saint-Jean de Bibian*, 1697 (affranchiss. 9° reg. 120 v°). — *Cure*, 1760 (pouillé; cartes du dioc. de Béz. et de Cassini; recens. de 1809). — *Saint-Jean de Bebian. S. Joannes de Bibian*, 1780 (état offic. des égl. du dioc. de Béz.) — *De Babian* (recens. de 1840). — *De Bebian* (recens. de 1851). — *Métairie Mazel* (recens. de 1856).

Saint-Jean-de-Buéges, c^{ne} de Saint-Martin-de-Londres. — *Eccl. S. Johannis de Buia*, 1095 (bulle d'Urbain II; G. christ. VI, instr. c. 353); 1122 (cart. Gell. 130 v°). — *Eccl. prioratus S. Johannis de Bodia*, v. 1100 (Arn. de Verd. ap. d'Aigrefeuille, II, 425); 1270 (cart. Magal. D 259, 260, 261); 1332 (*ibid.* E 328); 1333 (stat. eccl. Magal. 7 v°. 10 et 17); 1536 (bulle de Paul III, transl. sed. Magal.). — *Saint-Jean de Bueges*, 1688 (lett. du gr. sc. tabl. des anc. dioc.). — *Saint-Jean de Benges*, 1760 (pouillé). — *Saint-Jean de Buejes* (cartes du dioc. de Montp. et de Cassini). — Cette paroisse, de l'archiprêtré de Brissac, sous le patron. de *saint Jean-Baptiste*, avait pour prieur décimateur le chapitre cathédral de Montpellier, 1756 (état offic. des égl. du dioc. de Montp.); 1779 (vis. past.).

Saint-Jean-de-Cocon, anc. petit port, église et village, dans le territoire de Lattes, sur l'étang de cette commune. — *Eccl. S. Johannis de Cucone*, 1095 (bulle d'Urbain II; G. christ. VI, instr. c. 353). — *Villa, eccl. de Cocone*, IX° siècle (Arn. de Verd. ap. d'Aigrefeuille, II, 417, 418); vers 1100 (*id. ibid.* 425); 1155 (tr. des ch. H. L. II, pr. c. 553; G. christ. *ibid.* 358); 1187 (cart. Agath. *ibid.* 332); 1161 (cart. Magal. F 90); 1225 (cart. Magal. F 231); 1231 (cart. Agath. 312). — *Prioratus de C.* 1333 (stat. eccl. Magal. 22 et *passim*). — *Parrochia S. Joh. de C.* 1161 (cart. Magal. E 326); 1162 (ch. du fonds de l'abb. du Vignogoul). — *Cocon*, 1176 (ch. du fonds de Saint-Jean-de-Jérusalem). — *Estognum de Cocullo*, 1175 (ch. du même fonds). — *S. Joh. de Cocono*, 1203 (Livre noir, 85 v°). — *Apud Coconum*, 1225 (Arn. de Verd. *ibid.* 440). — *Parroch. S. Martini et S. Johannis de Concono*, 1226 (cart. Magal. E 274). — *Mas de Couquon*, f. 1694 (affranchiss. regist. I, 26). — *Mas de Manse*, 1739 (d'Aigrefeuille, Hist. de Montp. II, 11). — *Manse* (carte du dioc. de Montpellier et carte de Cassini).

Saint-Jean-de-Combajargues, f. c^{ne} de Viols-le-Fort. — *Cumajacas*, 799 (tr. des ch. Act. SS. Bened.

sec. IV, part. I, 222). — *Comaiagas*, 820 (cart. Anian. 14); 837 (arch. d'An. Act. SS. Bened. ibid. 223); 1181 (cart. Anian. 46). — *Comaiacas seu Paliares*, 853 (ibid. 20 v°). — *Commajacas seu Paljares*, 853 (cart. Anian. et Vidim. 1314, tr. des ch. H. L. I, pr. c. 101). — *Eccl. S. Johannis de Comajagac*, 1154 (bulle d'Adrien IV; ch. de l'abb. d'Aniane). — *Eccl. S. Joh. de Cumajagas*, 1212 (cart. Anian. 35 v°). — *Capella S. Joh. de Conmerargas*, 1191 (cart. Magal. E 326). — *Saint-Jean de Combajargues* (cartes du dioc. de Montpellier et de Cassini).

SAINT-JEAN-DE-CORNIES, c^{on} de Castries. — *Eccl. S. Johannis apud locum de Corn*, 1099 (G. christ. VI, instr. c. 187). — *Locus S. Joh. de Cornis*, 1330 (cart. Magal. A 182). — *Saint-Jean de Corgnes*, 1688 (lett. du gr. sc.); 1760 (pouillé). — *Saint-Jean de Cornies*, 1688 (pouillé; cartes du dioc. de Montp. et de Cassini). — Le prieuré-cure de Cornies, dans l'archiprêtré de Restinclières, patr. *saint Jean-Baptiste*, était à la nomination de l'évêque de Montpellier; 1756 (état offic. des égl. du diocèse de Montpellier; 1779 (vis. past.).

Dépendance de l'ancien marquisat de Castries, Saint-Jean-de-Cornies fut, à la première formation des cantons, placé dans celui de Restinclières; mais ce canton ayant été supprimé par arrêté des consuls du 3 brumaire an x, cette commune fut alors ajoutée au canton de Castries.

SAINT-JEAN-DE-CUCULLES, c^{on} des Matelles. — *Parochia S. Joh. de Cullis*, 1121 (mss d'Aubaïs, H. L. II, pr. c. 415). — *Parroch. S. Joh. de Cogullis*, 1267 (cart. Magal. E 304). — *Eccl. parrochialis S. Joan. de Cucullis*, 1331 (Arn. de Verd. ap. d'Aigrefeuille, II, 451); 1536 (bulle de Paul III, transl. sed. Magal.). — *Saint-Jean de Coqulles*, dans la rectorie de Montpellier, 1625 (pouillé). — *Saint-Jean de Coqulle*, 1649 (ibid.). — *Saint-Jean de Cocaly*, cure, 1760 (ibid.). — *Saint-Jean de Cocullles* (tabl. des anc. dioc.); 1837 (Dict. des postes). — *Saint-Jean de Cucullles*, 1684 (pouillé); 1688 (lett. du gr. sc.); 1780 (vis. past. cartes du dioc. de Montp. et de Cassini).

Saint-Jean-de-Cuculles, dans l'archiprêtré de Saint-Matthieu-de-Tréviers, qui avait pour patron *saint Jean-Baptiste*, était une vicairie perpétuelle, à la nomination de l'évêque de Montpellier, seigneur temporel du lieu; 1684, 1780 (vis. past.); 1756 (état offic. des égl. de Montp.).

SAINT-JEAN-DE-FOS, c^{on} de Gignac. — *Locus de Gurgite nigro*, 996 (cart. Gell. 11 et 11 v°). — *De Gurgo nigro*, 1029 (ibid. H. L. II, pr. c. 185). — Louis VII permet de fortifier *Saint-Jean de Gurgite nigro*, d'y construire des murs et une tour, *fortia:* de là *Saint-Jean-du-Gourg*, de *Fors*, de *Fos*, 1119 (cart. Gell. 9 v°). — *Villa et fortia S. Johannis de Gurgite nigro*, 1162 (diplôme de Louis VII, G. christ. VI, instr. c. 282). — On lit sur la marge du cart. d'Aniane : *Antiquitus le pont Gellon ou de Saint-Guillem se nommait de Nigro Gurgite*, 1201 (cart. Anian. 19). — *Eccl. S. Johannis de Balmis*, 1154 (bulle d'Adrien IV, ch. de l'abb. d'Aniane et cart. Anian. 35 v° et 54). *S. Johannes de Fors*, 1210 (cart. Gell. 61). — Saint-Jean-de-Fos et Saint-Genès-de-Litenis ne faisaient qu'un seul fisc : *Fiscum Litenis cum ecclesiis S. Johannis et S. Genesii*, 804 (cart. Gell. 64; Act. SS. Bened. sec. IV, part. I, 88; H. L. I, pr. c. 31); 1146 (bulle d'Eugène III; Gall. christ. VI, instr. c. 280); 1172 (bulle d'Alexandre III, ch. du fonds de l'abbaye de Saint-Guillem). Voy. LITENIS. — Un moine de l'abbaye de Saint-Guillem fut établi pour curé *S. Joannis de Fortia*, 1284 (Plant. chr. præs. Lod. 231). — *Saint-Jean*, 1760 (pouillé). — *Saint-Jean-de-Fos*, dioc. de Lodève, 1625 (ibid.); 1649 (ibid.); 1688 (lettr. du gr. sc. cartes du dioc. de Lodève et de Cassini).

Cette localité, qui avait le titre de ville avant 1790, fut d'abord placée dans le canton de Montpeyroux, lequel fut supprimé par arrêté des consuls du 3 brumaire an x; alors elle passa dans le canton de Gignac.

SAINT-JEAN-DE-FRÉJORGUES, anc. prieuré, c^{ne} de Mauguio. — *Eccl. S. Johannis de Freganicis*, v. 1100 (Arn. de Verd. ap. d'Aigrefeuille, II, 425). — *Honor S. Joh. de Frejonicis*, 1163 (ch. de l'abb. de Gigean). — *Locus S. Joh. de Frejonicis*, 1333 (cart. Magal. B 245).

SAINT-JEAN-DE-GRAZAN, ancien monastère. — Voy. GREZAN.

SAINT-JEAN-DE-JÉRUSALEM, comm^{ris}, c^{ne} de Montpellier. — Il y avait le *Grand* et le *Petit-Saint-Jean*. Celui-ci était dans l'intérieur de la ville; une rue et un îlot de maisons en ont conservé le nom. — Le *Grand-Saint-Jean*, hors des murs, occupait une partie du faubourg actuel de la Saunerie, et a également laissé son nom à une rue et à un îlot du faubourg. Indépendamment des fiefs que cette commanderie possédait dans la juridiction de Montpellier, aux lieux nommés Montels, Lavanet, Sauret, Salicates, Pont-Juvénal, Puechpinson, Ayguelongue, Pissesaumes, etc. elle n'en avait pas de moins considérables à Mauguio, Lattes, Castelnau, Castries, Assas, Buzignargues, Saturargues, Vendargues, Marsillargues, Lunel-la-Ville, Lunel-Viel, Brissac, Montoulieu, Notre-Dame-de-Londres, Baucels, Pignan, Saussan, Fabrègues, notamment Launac et Saint-Jean-des-Clapasses, Villeneuve, Mireval, Vic, Saint-Georges-d'Orques, etc. 1751 (plan géomètr. des domaines de la comm^tie de Saint-Jean-de-Jérusalem de Montpellier).

SAINT-JEAN-DE-LA-BLAQUIÈRE, c^on de Lodève. — C'est le même que Saint-Jean-de-Planis, de Pleus, de Pleaux, si souvent nommé dans l'Histoire des évêques de Lodève. (Voy. SAINT-FÉLIX-DE-LODEZ.) — Pluias cum villis et molendinis, 804 (cart. Gell. 3 v°). — Commutavit (episcop. Lod.) villam de Subertio (Soubès) cum ecclesia S. Joannis de Plenis, vulgo de la Blaquière, 942 (Plant. chr. præs. Lod. 45). — Eccl. S. Joh. de Plenis, 987 (cart. Lod. G. christ. VI, instr. r. 270). — Villa Pleuvigios, Plebeggins, in vicaria Kadiniase, in comit. Bitter? 988 (cart. Anian. H. L. II, pr. c. 151). — Parrochia S. Joh. de Pleus, 1031; en marge S. Joannis de plenis, Blaquiere (cart. Gell. 23 et 52). — Fortia, 1162 (Tr. des ch. H. L. II, pr. c. 588). — Podium Plevenis, 1084 (cart. Gell. 80 v°). — Villa Plivegrs, 1107 (ibid. 81). — Villaris Plenegrins, 1152 (Liv. noir, 250 v°). — Blaqueria, 1171 (mss d'Auboïs; H. L. III, pr. c. 121). — Villa S. Joh. de Pleous, 1210 (bibl. reg. G. christ. VI, instr. c. 284). — Saint-Jean-de-Pleux, 1625 (pouillé); 1649 (ibid.). — Saint-Jean de Pleaux (tabl. des anc. dioc.). — Saint-Jean, cure, dioc. de Lodève, 1760 (pouillé). — Saint-Jean de la Blaquiere (cartes du dioc. de Lodève et de Cassini).

Sous le titre de la Blaquière, Saint-Jean d'abord fut le chef-lieu d'un canton composé de cinq communes, en y comprenant le chef-lieu, le Bosc, Saint-Privat, Soumont, Usclas; mais, ce canton ayant été supprimé par arrêté des consuls du 3 brumaire an x, toutes ces communes passèrent alors dans le canton de Lodève.

SAINT-JEAN-DE-LA-BUADE, f. c^ne de Tourbes. — Eccl. S. Johannis de Buata, 990 (arch. de Saint-Thibéry; G. christ. VI, instr. c. 315). — Saint-Jean (cartes du dioc. de Béz. et de Cassini). — Le recens. de 1809 écrit Saint-Jean de la Bécade.

SAINT-JEAN-DE-LAVAL, anc. succursale, c^ne de Gignac (cartes de Cassini et du dioc. de Béziers).

SAINT-JEAN-DE-LESTINCLIÈRES, anc. succurs. c^he de Nébian. — Parrochia S. Johannis de Lentileiras, 1072 (cart. Gell. 21 v°). — De Lentrisclerias, 1110 (ibid. 95). — Parœcia S. Johannis de Lestencleriis, 1288 (Plant. chr. præs. Lod. 242). — La carte dioc. de Lodève écrit Saint-Jean Destinclieres, et Cassini, Saint-Jean de Lantisclieres?

SAINT-JEAN-DE-LIBBON, h. c^ne de Béziers. — Saint-Jean de Libron (cartes du dioc. de Béz. et de Cassini).

SAINT-JEAN-DE-NOIX, h. c^ne de Lunel. — Eccl. S. Johannis de Nodet, anc. prieuré, 1157 (ch. du fonds de Saint-Jean-de-Jérus.). — Les cartes du dioc. de Montp. et de Cassini disent Saint-Jean de Noix. Le recens. de 1851 porte Métairies de Saint-Jean de Nax et de Nozet; celui de 1809, de Nozé (en languedocien, Noix). Nous avons adopté l'orthographe du Dict. des postes.

SAINT-JEAN-DE-ROU, église ruinée, c^ne de Castries. — Anc. paroisse du dioc. de Montp. — Eccl. de Monteregali, 1234 (cart. Magal. B 102). — Saint-Jean de Roux, église démolie; «MM. du chapitre (de Montp.) s'en sont accommodez avec M. de Castries,» disent les vis. past. de 1684. — Saint-Jean de Rou (cartes du dioc. de Montp. et de Cassini).

SAINT-JEAN-DES-CAUSSES, f. c^ne de Magalas. — Ancien sanctuaire, dont le cimetière est indiqué sur le livre terrier de 1636 (arch. de Magalas). — Moulin Saint-Jean (sur le Libron), recens. de 1809.

SAINT-JEAN-DES-CLAPASSES, f. c^ne de Fabrègues. — Saint-Jean d'Esclapas, 1746 (arch. dép. fonds de Saint-Jean-de-Jérusalem, liasse de Launac). — Saint-Jean des Clapasses, 1751 (plan des domaines de la même commanderie). — Saint-Jean (cartes du diocèse de Montp. et de Cassini).

SAINT-JEAN-DE-TABAUSSAC, anc. église, c^ne d'Alignan-du-Vent. — Taubassac, 1518 (pouillé). — De Tabaussac, 1760 (ibid.). — Saint-Jean de Tabeaussac (cartes du dioc. de Béz. et de Cassini).

SAINT-JEAN-DE-TUESSAN, anc. succurs. c^ne de Montady (cartes du dioc. de Béz. et de Cassini).

SAINT-JEAN-DE-THONGUE, f. c^ne d'Abeilhan. — Saint-Jean (cartes du dioc. de Béz. et de Cassini).

SAINT-JEAN-DE-VAREILLES, anc. orat. c^ne d'Adissan. — Sainct-Jehan de Vareilhe, 1518 (pouillé). — Herm. de Saint-Jean de Vareilles (cartes du dioc. de Béz. et de Cassini).

SAINT-JEAN-DE-VÉDAS, c^on (3e) de Montpellier. — Villa de Vedatio, ixe s^e (Arn. de Verd. ap. d'Aigrefeuille, II. 417, 418). — Eccl. S. Joannis de Vedacio, v. 1100 (ibid. 425); 1279 (cart. Magal. E 161). — Eccl. S. Joh. de Vadatio, 1165 (dom. de Montp. H. L. II, pr. c. 599). — Eccl. S. Joh. de Vedace, 1095 (bulle d'Urbain II; G. christ. VI, inst. c. 353). — Decimaria S. Joh. de Vedassio, 1255 (cart. Magal. E 160). — De Vedascio, 1284 (ibid. 164). — Mansus de Vedas, 1206 (cart. d'Aniane, 66 v°). — Saint-Jean de Vedas, dans la baronnie de Montp. 1625 (pouillé); 1649 (ibid.); 1684 (ibid.); 1688 (pouillé; lett. du gr. sc.); 1760 (pouillé; tabl. des anc. dioc. cartes du dioc. de Montp. et de Cassini). — Cette cure, dans l'archiprêtré de Montp. sous le patron. de saint Jean-

Baptiste, était une vicairie perpétuelle à la nomination de l'évêque de Montp. 1756 (état officiel des égl. de Montp.); 1684, 1777 (vis. past.).

Saint-Jean-de-Védas fut primitivement placé dans le canton de Pignan, supprimé par arrêté des consuls du 3 brumaire an x; on le comprit alors dans la 3ᵉ section de Montpellier.

Saint-Jean-d'Ognon, f. cᵘᵉ de la Livinière, anc. égl. — *Eccl. S. Johannis*, 1101 (G. christ. VI, instr. c. 82). — *S. Joannes de Unione in territorio Minerbensi cum ecclesiis suis S. Baudilii et S. Celsi*, 1102 (arch. de l'égl. de Saint-Pons; H. L. II, pr. c. 357). — *Eccl. S. Joh. de Vinone*, 1182 (G. chr. *ibid*. 88). — *Saint-Jean* (cartes du dioc. de Saint-Pons et de Cassini).

Saint-Jean-d'Oreillan, h. cᵘᵉ de Béziers. — Voy. Saint-Jean-d'Aureillan.

Saint-Jean-du-Soulié, cᵇˢ. — Voy. Soulié (Le).

Saint-Joseph, éc. cᵘᵉ de Montady.

Saint-Joseph, f. cᵘᵉ d'Agde.

Saint-Joseph, f. cᵘᵉ de Vias.

Saint-Joseph, h. cᵘᵉ de Cette (cartes du dioc. d'Agde et de Cassini).

Saint-Julian-de-Scafiac, anc. égl. cᵘᵉ de Cournonterral. — *Eccl. S. Juliani Descafiac*, 1121 (cart. Gell. 120 v°). — *Parrochia S. Juliani de Scafiaco in terminio de Cornoneterrallio*, 1211 (cart. Anian. 71). — *Saint-Julian* (cartes du dioc. de Montp. et de Cassini).

Saint-Julien, cᵒⁿ d'Olargues. — *S. Julianus*, 899 (Spicil. XIII, 265); 973 (cart. de Saint-Pons de Tom. H. L. II, pr. c. 125); 1102 (arch. de l'égl. de Saint-Pons, *ibid*. 357). — *Eccl. S. Eulaliæ de Serclas cum eccl. S. Jul.* (*ibid.*). — *Eccl. S. Juliani de Lapoza*, 1102 (arch. de l'abb. de Saint-Chinian, *ibid.* et G. christ. VI, instr. c. 82). — *Mansus de Lapausa*, 1060 (cart. Gell. 59). — *Sᵗ-Julien d'Olargues et Berlou son annexe, cure*, 1760 (pouillé). — *Saint-Julien d'Olargues*, 1778 (terr. de Saint-Julien; cartes du dioc. de Saint-Pons et de Cassini).

Saint-Julien, anc. prieuré, cᵘᵉ de Béziers. — Dépend. du chap. de Saint-Nazaire de Béziers. — *S. Julianus ultra pontem*, 1351 (stat. eccl. Bitt. 87). — *S. Julianus de capite pontis Bitteris*, 1385 (*ibid*. 129).

Saint-Julien, f. cᵘᵉ de Marsillargues. — *Saint-Julien, métairie* (cartes de Cassini et du dioc. de Nîmes).

Saint-Julien, h. cᵘˢ du Bosc (cartes du dioc. de Lod. et de Cassini).

Saint-Julien-d'Avizas, tènement et anc. église, cᵘᵉ de Saint-Félix-de-Lodez. — Station romaine assez importante, s'il faut en juger par les anciens débris de poterie élégante qu'on y trouve souvent. *Avinzan*, en écrivant comme les auteurs de l'*Histoire de Lang.* (II, à la table), qui en font un village du diocèse de Béziers, paraît être le même qu'*Avizas*, sur la limite des deux diocèses de Béziers et de Lodève. Il est certain que *Saint-Julien-d'Avizas* était une paroisse du diocèse de Lodève. *Saint-Julien* est même aujourd'hui le titulaire de *Saint-Félix*, et les habitants de cette commune vont tous les ans processionnellement, le jour de Pâques, faire une absoute sur le cimetière de l'ancienne église. Des fouilles récentes sur le mamelon où elle était située ont fait découvrir des ruines romanes et des monnaies melgoriennes. On lit dans un acte du règne de Lothaire, cité plus bas, une donation faite au monastère de Gellone, par le comte de Lodève, d'un alleu et d'une manse sur la paroisse de *Saint-Julien d'Avizas*, où est l'église de Saint-Félix.

Villa Avizatis, 804 (cart. Gell. 4). — *Avizaz*, 1031 (*ibid*. 20). — *Avezinas*, 1115 (*ibid*. 150 v°); 1072 (2ᵉ cart. de Saint-Guill. 31). — *Aviciacum*, 897 (cart. de la cath. de Béz. H. L. II, pr. c. 32). — *Avicianum*, 1132 (chât. de Foix; *ibid*. c. 463). — *Villa de Avisas*, 1032 (G. christ. VI, 583). — *Avidaz*, 1154 (cart. Anian. 36). — *Fortia de Anizate* (leg. *Avizate*), 1162 (tr. des ch. H. L. *ibid*. pr. c. 588). — *Fortia de Avizate*, 1210 (bibl. reg. G. chr. *ibid*. instr. c. 284). — *Castrum de Anisatio* (leg. *Avisatio*) 1270 (Plant. chr. præs. Lod. 210). — *Avissachum*, 1215 (cart. Anian. 52 v°). — *Ecclesia S. Juliani de villa Aviciatis*, 949 (cart. Gell. 14). — *Parrochia S. J. de Avizaz*, 1072 (*ibid*. 21; 2ᵉ cart. de Sᵗ-Guill. 30 et 31). — *Decimæ S. J. de Anisatio* (leg. *Avisatio*) 1248 (Plant. *ibid*. 173). — Les cartes du dioc. de Lodève et de Cassini écrivent *Saint-Julien Daviras*.

Saint-Julien-de-Bragalanque, anc. prieuré, cᵘᵉ de Saint-Pons-de-Mauchiens, au diocèse d'Agde. — *Eccl. S. Juliani de Bragalaunga, villa de Bragalanca*, 1060 (cart. Gell. 110). — *Eccl. parroch. S. Jul.* 1174 (cart. Gell. 206 v°); 1230 (cart. Agath. 325). — *S. Jul. de Bradalanca*, 1173 (arch. d'Agde; G. christ. VI, instr. c. 327). — *De Brondalanea*, 1173 (cart. Agath. 252). — *Saint-Julien de Bradaleusis*, 1760 (pouillé); *de Brandelonsis* (carte du dioc. d'Agde); *de Brandolousis* (carte de Cassini).

Saint-Julien-des-Molières, h. cᵘᵉ de la Livinière. — On trouve *usque in rivo Molier*, 1100 (Spicil. X, 163, et G. christ. VI, instr. c. 81). — *Saint-Julien* (cartes du dioc. de Saint-Pons et de Cassini). — *Saint-Julien de Molieres*, 1760 (pouillé).

Saint-Julien-lez-Pézenas, anc. prieuré, cᵘᵉ de Pézenas. — Cette église appartenait au dioc. de Béziers. — *Eccl. parroch. S. Juliani*, 1092 (Liv. noir, 88). — *Saint-Jul n prieuré*, 1760 (pouillé; cartes du dioc. de Béziers et de Cassini).

SAINT-JUST, c^{on} de Lunel. — *Castellum S. Justi*, 1173 (arch. de l'abb. de Franquevaux; H. L. II, pr. c. 508); 1226 (reg. cur. Franc. *ibid.* III, pr. c. 317). — *S. Juste*, 1688 (pouillé). — *S. Just*, 1625 (*ibid.*); 1649 (*ibid.*); 1688 (lett. du gr. sceau). — *Prieuré-cure*, 1760 (pouillé); 1771 (terr. et arch. de Saint-Just); 1775-1776 (reg. du conseil de la commune, BB 4; cartes du dioc. de Montp. et de Cassini). — Saint-Just, avec Saint-Nazaire-de-Pesan, était l'une des douze villettes de la baronnie de Lunel, 1775-1776 (arch. de Saint-Just, loc. cit. BB 4); conséquemment elle était comprise dans la viguerie de cette ville (pouillés de 1625 et de 1649). L'église était un prieuré-cure dans l'archiprêtré de Baillargues, dépendant de l'évêque de Montpellier. Elle avait pour patrons *saint Just* et *saint Pasteur*, 1756 (état offic. des égl. de Montp.); 1684, 1777 (vis. past.).

SAINT-JUST, f. c^{ne} de Creissan. — *S. Justus*, 1187 (cart. Agath. 6); 1271 (stat. eccl. Bitt. 63 v°).

SAINT-LAURENT, j^{ia}, c^{ne} de Capestang.

SAINT-LAURENT-DE-FEREYROLLES, anc. succursale, c^{ce} de Graissessac. — Voy. l'article suivant.

SAINT-LAURENT-DES-NIÈRES, h. c^{ne} de Graissessac. — *Villa de Neuro*, 1167 (Liv. noir, 55 v°). — *S. Laurentius*, 1271 (mss de Colbert; H. L. III, pr. c. 602). — *S. Laurentius de Ferreiroles*, archiprêtré de Boussagues, 1780 (état offic. des égl. du dioc. de Béziers). — Les cartes du dioc. de Béziers et de Cassini distinguent avec raison le hameau des *Nières* de la succursale *Saint-Laurent de Fereyrolles*. — Saint-Laurent-des-Nières appartenait au département du Tarn, comme le canton de Saint-Gervais, avant l'arrêté des consuls du 3 brumaire an x. Il fut une dépendance de Saint-Gervais-Ville jusqu'en 1859, époque de l'érection de Graissessac en commune.

SAINT-LAURENT-DE-VERNAZOUBRES, anc. abbaye, c^{ce} de Saint-Chinian, sur le ruisseau de Vernazoubres, au diocèse de Narbonne. — *Monast. S. Laurentii Vernaduprensis*, 791, 794, 897 (Baluz. concil. Narb. 2 et 3). — Cette abbaye fut unie à celle de Saint-Chinian vers la fin du IXe siècle, 898-899 (Spicil. XIII, 265). — *Eccl. S. Laurentii*, 1102 (arch. de l'abb. de Saint-Chinian; H. L. II, pr. c. 357). — Voy. SAINT-CHINIAN.

SAINT-LAZARE, éc. cimetière, c^{ne} de Montpellier, sect. D. — Voy. MALADRERIES (ANCIENNES).

SAINT-LÉON ou SAINT-LÉONCE, abb. ruinée. — Voy. SAINT-GERMAIN-DE-FOURNEZ.

SAINT-LÉONARD, f. c^{ne} de Saint-Geniès-des-Mourgues. — *S. Launardus*, 1166 (ch. du fonds de Saint-Jean-de-Jérus. cartes du dioc. de Montp. et de Cassini).

SAINT-LOUIS, faub. c^{ne} de Bédarieux.
SAINT-LOUIS, f. c^{ne} de Béziers.
SAINT-LOUIS, f. c^{ne} de Florensac.
SAINT-LOUIS, fort et phare, c^{ne} de Cette. — *Fort Saint-Louis* (cartes du dioc. d'Agde et de Cassini).

SAINT-LOUP, montagne, c^{ne} d'Agde. — *Vertex... Blasco* (Brescou) *propter insula est* (Fest. Avian. or. marit. vv. 598-600). — «Je crois, dit Astruc, qu'il s'agit là du *cap de Saint-Loup*, près de la ville d'Agde» (Mém. pour l'Hist. nat. de Lang. 76). Haut. 114 mètres. Phare sur le sommet du Saint-Loup, 128 mètres.

SAINT-LOUP, pic, c^{ne} de Saint-Martin-de-Londres. — Sommet, 659 mètres; haut. moyenne, 550 mètres; sommet au-dessus de la vallée de Mortier, 455 mètres; hauteur moyenne de la chaîne, 450 à 460 mètres. Base de calcaire oxfordien, 154 mètres; base de lias, 304 mètres; base de calcaire oolithique, 301 mètres. — *S. Luppus*, 1528 (pouillé).

SAINT-MACAIRE, f. c^{ne} de Servian. — *Saint-Macaire* (cartes du dioc. de Béz. et de Cassini).

SAINT-MARCEL, h. c^{ne} de Mèze.

SAINT-MARCEL-D'ADEILLAN, h. c^{ne} de Saint-Pargoire. — Ancien prieuré de Bénédictins, cédé par ceux de Villemagne à ceux de Saint-Guillem, en échange de Saint-Martin-de-Caux. — *Parroch. S. Marcelli de Adelliano*, 1137 (cart. Gell. 179 v°); 1171 (mss d'Aubais; H. L. II, pr. c. 559). — *De Adiliano*, 1154 (cart. Gell. 195 v°). — *De Aldellario*, 1220 (*ibid.* 215 v°). — *De S. Marcello*, 1146 (Livre noir, 288); 1158 (cart. Agath. 18). — *Capella S. Genesii do Adiliano*, 1182 (G. christ. VI, instr. c. 88). — *Rector de Adeliano*, 1323 (rôle des dîmes de l'égl. de Béz.). — *S. Marcel, S. Marsal*, au dioc. de Béz. 1760 (pouillé). — *S. Marcel* (cartes du dioc. de Béz. et de Cassini).

SAINT-MARCEL-DES-FRÈRES, f. c^{ne} de Mauguio. — Anc. prieuré : *Eccl. S. Marcelli de fratribus*, 1095 (G. christ. VI, instr. c. 353). — *Terminium*, 1150 (ch. du fonds de Saint-Jean-de-Jérusalem); 1163 (ch. du même fonds); 1177 (*ibid.*). — *S. Marc. de Ferrayrolis*, 1163 (cart. Magal. A 91); 1333 (stat. eccl. Magal. 17). — *Eccl. S. Marc. de Fraires sive de Frejorgues*, 1536 (bulle de Paul III, transl. sed. Magal.). — *S. Marcel cure*, 1688 (pouillé); 1760 (pouillé; cartes du dioc. de Montp. et de Cassini). — *Saint-Martial* (recens. de 1809). — Le prieuré de Saint-Marcel, archipr. de Montpellier, était une vicairie perpétuelle dépendante du chapitre cathédral de cette ville. L'évêque était seigneur temporel du lieu, 1756 (état offic. des égl. du diocèse de Montpellier); 1684, 1777 (vis. past.). — Voy. FRÉJORGUES.

Saint-Marcel-le-Bas, j^{ia}, c^{ue} de Béziers.
Saint-Marcel-le-Haut, f. c^{ne} de Béziers.
Saint-Martial, f. c^{ne} d'Alignan-du-Vent. — *Prioratus de S. Martiali*, 1216 (Livre noir, 112); 1323 (rôle des dîmes des égl. de Béziers). — *S. Martial* (cartes du dioc. de Béz. et de Cassini).
Saint-Martial, f. — Voy. Saint-Marcel-des-Frères.
Saint-Martial, h. c^{ue} de Pardailhan. — *S. Martial*, 1100 (Spicil. X, 163; cartes du dioc. de Saint-Pons et de Cassini).
Saint-Martian, f. c^{ne} de Tourbes (cartes du dioc. de Béz. et de Cassini).
Saint-Martin, éc. et ermitage, c^{ne} de Saint-Vincent (c^{on} d'Olargues).
Saint-Martin, égl. ruinée, c^{ne} de Lieuran-Cabrières. — *Terminium de S. Martino ad Ermum in valle quo dicitur Durbia* (la Dourbie), 996 (cart. Gell. 54 v°). — *Vicar. S. Mart.* 1323 (rôle des dîmes des égl. du dioc. de Béz.).
Saint-Martin ou Luno, étang, c^{te} d'Agde.—Voy. Luno.
Saint-Martin, f. c^{ne} d'Agde. — *Fiscus S. Martini*, 1013 (cart. Gell. 55). — *S. Mart. de Cabano*, 1173 (arch. d'Agde; G. christ. VI, instr. c. 327). — *Villa*, vers 1200 (cart. Agath. 106). — *S. Mart. de Borbor*, 1213 (*ibid.* 187). — *Saint-Martin* (cartes du dioc. d'Agde et de Cassini).
Saint-Martin, f. c^{ne} de Mauguio. — *Parroch. S. Martini*, 1225 (cart. Magal. F 231). — *Saint-Martin* (cartes du dioc. de Montp. et de Cassini).
Saint-Martin, f. c^{ue} de Montagnac. — *Saint-Martin* (cartes du dioc. d'Agde et de Cassini).
Saint-Martin, f. c^{ne} de Pignan. — *Saint-Martin* (cartes du dioc. de Montp. et de Cassini).
Saint-Martin, f. c^{ne} de Quarante. — *Saint-Martin* (cartes du dioc. de Narb. et de Cassini).
Saint-Martin, f. c^{ne} de Saint-Pargoire.
Saint-Martin, jⁱⁿ, c^{ne} de Béziers (2° c^{on}).
Saint-Martin, jⁱⁿ, c^{ne} de Paulhan.
Saint-Martin-d'Agel, f. c^{ne} de Magalas. — Anc. égl. *Rector de S. Martino de Agello*, 1323 (rôle des dîm. des égl. de Béz.). — *Saint-Martin d'Agel*, 1636 (Livre terrier des arch. de Magalas, où est indiqué le cimetière de cette ancienne église rurale); 1760 (pouillé; cartes du dioc. de Béz. et de Cassini).
Saint-Martin-d'Aumes, h. c^{ne} d'Aumes. — *Saint-Martin* (cartes du dioc. d'Agde et de Cassini).
Saint-Martin-d'Aurelles, égl. ruinée, c^{ue} de Brignac; appartenait à l'abb. de Saint-Guilhem. — *Saint-Martin* (cartes du dioc. de Lod. et de Cassini).
Saint-Martin-de-Beaufort, c^{ne}. — Voy. Beaufort.
Saint-Martin-de-Carcarès, anc. prieuré, c^{ne} de Gignac. — *Parrochia S. Martini Carcharensis*, 1031 (ch. de l'abb. d'Aniane). — *Parroch. S. Mart. de Carcurensi que appellatur Reganaz*, 1114 (cart. Anian. 84 v°); 1132 (*ibid.* 113). — *Eccl. S. Mart. de Carcares*, 1146 (*ibid.* 35); 1154 (bulle d'Adrien IV; ch. de l'abb. d'Aniane). — *Honor Carchariensis*, 1173 (cart. Anian. 113). — *Prior et vicarius de Carcaresio*, 1323 (rôle des dîmes des égl. de Béz.). — *Saint-Martin de Carcarés*, prieuré-cure, 1760 (pouillé); dans l'archiprêtré du Pouget, 1780 (état offic. des égl. de Béz.). — *Saint-Martin de Carcares* (cart. dioc. de Béz.). — *Saint-Martin de Carquares* (carte de Cassini).
Saint-Martin-de-Cardonnet, anc. prieuré dans l'archiprêtré du Pouget. — *Eccl. de Cardoneto*, 1323 (rôle des dîmes des égl. de Béz.). — *Saint-Martin de Cardonnet*, 1760 (pouillé). — *S. Martinus de Card.* 1780 (état offic. des égl. de Béz.).
Saint-Martin-de-Castries, hameau réuni en 1832 à la commune de la Vacquerie. — *Castrias cum ecclesia S. Martini*, 804-806 (cart. Gell. 3; Mabill. Ann. II, 718; G. christ. VI, instr. c. 265). — *Gastrias vulgare autem Castra pastura cum eccl. S. Mart.* 807-808 (arch. Gell. Act. SS. Bened. sec. IV, part. I, 90; ch. de l'abb. de Saint-Guillem; cart. Gell. 91); 822 (H. L. I, pr. c. 59; Act. SS. *ibid.* 223); 853 et vidim. 1314 (cart. Anian. H. L. *loc. cit.* 100); 1122 (cart. Gell. 60). — *Fiscus*, 1123 (bulle de Calixte II; ch. de l'abb. de Saint-Guillem). — *Saint-Martin de Castres*, 1625 (pouillé); 1649 (*ibid.*); 1688 (lettres du grand sceau). — *Saint-Martin cure*, 1760 (pouillé). — *Saint-Martin de Castries* (carte du diocèse de Lodève et carte de Cassini).
Saint-Martin-de-Caux, ancien prieuré. — Voy. Caux.
Saint-Martin-de-Ceilles, anc. prieuré, c^{ne} d'Adissan. — *Saint-Martin de Cilis*, 1760 (pouillé). — *Saint-Martin de Ceilles* (cartes du dioc. de Béziers et de Cassini).
Saint-Martin-de-Clémensan, c^{ne}. — Voy. Saint-Martin-d'Orb.
Saint-Martin-de-Colombe, anc. prieuré, c^{ue} de Fabrègues. — *Saint-Martin de Coulomb*, 1760 (pouillé). — *Saint-Martin de Colombe*, 1777 (vis. past.). — *Saint-Martin de Colombs* (cartes du dioc. de Montp. et de Cassini).
Saint-Martin-de-Combas, h. c^{ne} de Lodève. — *Eccl. S. Martini de Combas*, 987 (cart. Lod. G. christ. VI, instr. c. 269). — *Saint-Martin de Combas* (cartes du dioc. de Lodève et de Cassini).
Saint-Martin-de-Combes, c^{on} de Lunas. — *Eccl. S. Martini de Combis*, 1123 (bulle de Calixte II; G. christ. VI, instr. c. 278). — *Saint-Martin des Combes*, 1625

(pouillé); 1649 (pouillé; cartes du dioc. de Lod. et de Cassini). — *Saint-Martin cure*, 1760 (pouillé). — *Saint-Martin de Combes* (tabl. des anc. dioc.). — Cette commune fit d'abord partie du canton d'Octon, supprimé par arrêté des consuls du 3 brumaire an x; elle fut alors ajoutée au canton de Lunas.

SAINT-MARTIN-DE-CONAS, anc. église, c*e* de Pézenas. — *Eccl. S. Martini Colencianicis*, 1133 (cart. Agath. 13). — *Colnatium*, 1147, 1148 (*ibid.* 26 et 234). — *Colnaz*, 1147 (*ibid.* 233). — *Colnas*, 1173 (*ibid.* 31). — *S. Martinus de Colnar*, 1147, 1173 (*ibid.* 252; G. christ. VI, inst. c. 327). — Le Gall. christ. a écrit *S. Martii*; c'est *Martini* qu'il faut lire. — Les cartes du dioc. d'Agde et de Cassini indiquent seulement *Conas* : voy. ce mot.

SAINT-MARTIN-DE-CORBIAN, anc. prieuré, c*ne* de Saint-Thibéry. — D'après nos informations, ce prieuré, dont il ne reste plus de traces, bien qu'il portât le titre d'un canonicat de la cathédrale d'Agde, aurait été situé entre la Grange-des-Prés, le château de Florensac et l'abbaye de Saint-Thibéry. — *Eccl. S. Martini*, 971, 1111 (cart. Gell. 103 v°; H. L. II, pr. c. 123). — *S. Mart. de Vallevrages*, 1116 (arch. de Saint-Thibéry; G. christ. VI, inst. c. 316). — *Villa de Corbiano*, 1103 (cart. Magal. D 294); 1210, 1211 (cart. Agath. 71 et 188). — *De Gradis ad Corbianum*, 1211 (*ibid.* 71). — *Eccl. S. Mart. de Curbiano*, 1227 (*ibid.* 96). — *Prieuré, canonicat*, au dioc. d'Agde, 1760 (pouillé). — *Prieuré de N. D. de Corbian* (*ibid.*) : voy. NOTRE-DAME-DE-CORBIAN. — Les cartes du dioc. d'Agde et de Cassini indiquent simplement un *Saint-Martin* non loin de Saint-Thibéry.

SAINT-MARTIN-DE-DIVISAN, anc. égl. dans l'archiprêtré de Cazouls-lez-Béziers. — *Eccl. terminium, feudum S. Martini de Dunzano*, v. 959 (Livre noir, 103 v°); 1165 (*ibid.* 43); 1203 (*ibid.* 86); 1208 (*ibid.* 79 v°). — *De Donza*, 973 (arch. de Saint-Pons; H. L. II, pr. c. 125). — *Vicarius de Divisano*, 1323 (rôle des dim. des égl. du dioc. de Béz.). — *Saint-Martin de Divisan cure*, 1760 (pouillé). — *S. Martinus de D.* 1780 (état offic. des égl. de Béz.). — Les cartes du dioc. de Béziers et de Cassini écrivent simplement *Saint-Martin*.

SAINT-MARTIN-DE-GRAZAN, hameau ruiné et anc. église, c*ne* de Pouzolles. — *Eccl. S. Martini de Grazano quæ est parochia de castello de Pozolas*, 1088 (arch. du prieuré de Cassan; G. christ. VI, instr. c. 131). — *Eccl. S. Mart. de Gradano*, 1156 (*ibid.* 139). — L'acte de 1088 est le testament de Pierre Ermengaud, seigneur de Pouzolles, qui donne la moitié de la paroisse de *Saint-Martin-de-Grazan* au prieuré de Cassan. La chapelle du château était dédiée à *N. D. de Pitié* depuis la peste de 1556; elle devint postérieurement l'église actuelle du lieu et fut placée aussi sous le vocable de *Saint-Martin*. Les villages de Saint-Martin-de-Grazan et de Pouzolles étaient mis en communication par un pont constr. sur le Merdols en 1260 (Hist. de Roujan, par M. Crouzat, 184).

SAINT-MARTIN-DE-GREZAN, f. — Voy. GREZAN.

SAINT-MARTIN-DE-LA-GRENATIÈRE OU DE GRANOUILLERS, f. — Voy. GRENATIÈRE (LA).

SAINT-MARTIN-DE-LARÇON, c*on* d'Olargues. — *Eccl. S. Martini de Jauro*, 936 (arch. de l'église de Saint-Pons; Catel, Comtes, 88; G. christ. VI, inst. c. 77); 940 (Mabill. Ann. III, 711). — *Saint-Martin de Larson*, au dioc. de Saint-Pons, 1625 (pouillé; tabl. des anc. dioc.). — *S*t *Mart. de l'Arson*, 1649 (pouillé). — *Saint-Martin de Larçon cure*, 1760 (pouillé; carte dioc. de Saint-Pons; carte de Cassini). — Cette localité répondait pour la justice au sénéchal de Béziers.

SAINT-MARTIN-DE-LEZ, abbaye unie à celle de Saint-Pons en 1070. — *Eccl. S. Martini de Lenis*, 1070 (arch. de l'archevêché de Narbonne; H. L. II, pr. c. 271); 1182 (G. christ. VI, instr. c. 88).

SAINT-MARTIN-DE-L'HÉRAS OU DES AIRES, h. c*ne* du Caylar. — *Villa Heris cum eccl. S. Martini*, 804-806 (cart. Gell. 3); Mabillon et les Bénédictins du Gall. christ. ont écrit *Reys* (Mabill. Ann. II, 718; G. christ. VI, inst. c. 265). — *Eccl. S. Mart. de Areis*, 1536 (bulle de Paul III, transl. sed. Magal.). — *S. Martin*, 1760 (pouillé; cartes du dioc. de Lodève et de Cassini). — Nous croyons devoir rapporter à ce hameau et à son église l'anc. *villa de Balmis cum eccl. S. Martini*, également citée dans le cart. Gell. Mabill. Gall. christ. annis præd. — *Villa de Balmis*, 804-806 (tr. des ch. H. L. II, pr. c. 588). — *Balmas*, 987 (G. christ. *ibid.* 270; cart. Gell. 30 v°, et 32 v°). — *La Balma Auriol*, seigneurie de la viguerie de Gignac, 1529 (dom. de Montp. H. L. V, pr. c. 87).

SAINT-MARTIN-DE-LONDRES, arrond. de Montpellier. — *Villa, ecclesia S. Martini de Londres*, 1088 (arch. de Saint-Guill. H. L. II, pr. c. 298). — *Castrum S. Mart. de Londris*, 1090 (Arn. de Verd. ap. d'Aigrefeuille, II, 429). — *Parroch. S. Mart. de Lundris*, 1156 (cart. Gell. 201 v°). — *Eccl. S. Mart. de L. cum capella S. Geraldi de castro Lundrensi*, 1172 (bulle d'Alexandre III, ch. de l'abb. de Saint-Guill.). — *Castr. villa, fortia*, 1212 (cart. Magal. E 221); 1225 (*ibid.* F 231); 1229 (*ibid.* 222; E 296); 1246 (*ibid.* 217); 1341 (*ibid.* E 221); 1333 (stat. eccl. Magal. 22). — *Eccl. S. Mart. de Luntras*,

1101 (arch. de Saint-Guill. II. L. II, pr. c. 356).
— *Eccl. S. Mart. de Lundras*, 1110 (cart. Gell. 123; G. christ. VI, instr. c. 275); 1127 (cart. Gell. 61 v°). — *Eccl. S. Mart. de Drundras (Lundras)*, 1123 (bulle de Calixte II, ch. de l'abbaye de Saint-Guill.). — *Saint-Martin de Londres*, 1625 (pouillé); 1649 (*ibid.*); 1684 (*ibid.*); 1688 (lett. du gr. sc.); 1760 (pouillé; tabl. des anc. diocèses; cartes du dioc. de Montp. et de Cassini).

Saint-Martin-de-Londres appartenait à la viguerie de Sommières. Son église, sous le patronage de *saint Martin*, dans l'archiprêtré de Viols, était une vicairie perpétuelle de la dépendance des Bénédictins de Saint-Guillem.

Le canton de Saint-Martin-de-Londres a toujours été composé de dix communes : Saint-Martin-de-Londres, le Causse-de-la-Selle, Mas-de-Londres, Notre-Dame-de-Londres, Pégairolles, Rouet, Saint-André-de-Buéges, Saint-Jean-de-Buéges, Viols-en-Laval et Viols-le-Fort.

SAINT-MARTIN-DEL-PUECH, anc. prieuré, c^{ne} de Pézènes. — *S. Martinus de Podio*, 897 (Livre noir, 97); 1323 (rôle des dîmes des églises de Béziers). — *Saint-Martin del Puech*, 1760 (pouillé). — *S. Martinus*, 1780 (état offic. des égl. du dioc. de Béziers). — *Saint-Martin* (cartes du dioc. de Béz. et de Cassini).

SAINT-MARTIN-DE-LUC, h. — Voy. LUC.

SAINT-MARTIN-DE-MARGON, anc. chap. — Voy. MARGON.

SAINT-MARTIN-DE-PODIO, anc. prieuré, près du hameau des Monts, c^{ne} de Saint-Thibéry. — *S. Martinus de Podio* eccl. 1156 (bulle d'Adrien IV, cart. Agath. 1). — *Eccl. S. Mart. de monte*, 1229 (cart. Agath. 218). — *Saint-Martin de Podio*, prieuré au diocèse d'Agde, 1760 (pouillé). — *Saint-Martin* (cartes du dioc. d'Agde et de Cassini).

SAINT-MARTIN-DE-POLIGNAC, f. — Voy. SAINT-MARTIN-D'USCLADELS.

SAINT-MARTIN-DE-PRUNET, ténement, anc. église, c^{ne} de Montpellier. — *Villa de Prunesto*, IXe siècle (Arn. de Verd. ap. d'Aigrefeuille, II, 417). — *Eccl. de Pruneto*, v. 1100 (*ibid.* 425). — *Eccl. S. Martini de Pr.* 1095 (bulle d'Urbain II; G. christ. VI, instr. c. 353). — *Parochia S. M. de Pr. quæ villa nomine Prunetum est in terminio de Mont-Carviels*, 1114 (mss d'Aubaïs; H. L. II, pr. c. 391); 1159 (cart. Magal. E. 150); 1263 (*ibid.* 34). — *Saint-Martin*, 1760 (pouillé). — *Saint-Martin de Prunet* (cartes du dioc. de Montp. et de Cassini).

SAINT-MARTIN-DES-AIRES, h. — Voy. SAINT-MARTIN-DE-L'HÉRAS.

SAINT-MARTIN-DE-SCAFIAC, anc. prieuré, c^{ne} de Cournonterral. — *Eccl. S. Martini de Scafiaco*, 1146 (cart. Anian. 35). — *Eccl. S. Mart. de Scafiacho*, 1154 (bulle d'Adrien IV, ch. de l'abb. d'Aniane). — *Ecclesiæ rurales S. Sebastiani de Maroiol* (Marou pro eccl. *S. Mart. de Scaf. Magalon. diœc.* 1182 (cart. Magal. E 27). — *Saint-Martin* (cartes du dioc. de Montp. et de Cassini).

SAINT-MARTIN-DES-CHAMPS, f. e^t et c^{ns} de Murviel. — *Sanct Marti dels Camps*, 1501 (ch. des arch. mun. de Béziers et de Murviel). — *Saint-Martin-des-Champs*, prieuré, 1760 (pouillé; cartes de Cassini et du dioc. de Béziers).

SAINT-MARTIN-DES-CROZES, anc. église, c^{ne} de Cabrières. — *Eccl. S. Martini ad Crosos*, 990 (arch. de l'abb. de Saint-Thibéry; G. christ. VI, inst. c. 315; H. L. II. pr. c. 145). — *Eccl. de Crosis seu de Tincreto*, 1323 (rôle des dîm. des égl. du dioc. de Béz.). — *Saint-Martin des Crozes*, 1760 (pouillé). — *S. Martinus des Cr.* 1780 (état offic. des égl. de Béz.). — *Saint-Martin des Croses* (carte du dioc. de Béz. et carte de Cassini).

SAINT-MARTIN-DES-SALLES, h. c^{ne} de Béziers (2e c^{on}). — *Eccl. S. Martini de Saliente*, 1106 (cart. Anian. 31 v°). — *De Salencio* (*ibid.* 35). — *De Salenicio*, 1154 (bulle d'Adrien IV, ch. du fonds de l'abbaye d'Aniane). — La carte diocésaine de Béziers porte *Saint-Martin* (h.) et *Moulin d'Essalles* (sur l'Orb). — La carte de Cassini écrit *Saint-Martin d'Essalles*. mⁱⁿ et f. *d'Essalles*. Le recens. de 1809 dit seulement *Les Salles*.

SAINT-MARTIN-DE-TIBERO, f. c^{ne} de Caux. — *Saint-Martin* (cartes du dioc. de Béz. et de Cassini).

SAINT-MARTIN-DE-VALRAS, h. égl. c^{ne} de la Boissière. — *Eccl. S. Martini de Val retenes*, 1146 (cart. Anian. 35). — *De Valle resensi*, 1154 (bulle d'Adrien IV, ch. de l'abb. d'Aniane). — *De Valle retensi*, 1154 (cart. Anian. 35 v°). — *De Valle retense*, 1205 (*ibid.* 65 v°). — *Villa de Valrano*, 1160 (*ibid.* 58). — *S. Martinus de Valranis*, 1518 (pouillé). — *Valdras et Homelas* eccl. (*ibid.*) — La carte diocésaine de Montpellier indique simplement *l'église de la Boissière* séparée du village de *la Boissière*. — Le chap. de Saint-Nazaire de Béziers était prieur de Saint-Martin-de-Valras.

SAINT-MARTIN-DE-VILLEMAGNE. — Voy. VILLEMAGNE.

SAINT-MARTIN-D'ONCIRAC, f. c^{ne} d'Olonzac, égl. ruinée. *S. Martin ad Aigne*, 1760 (pouillé). — *S. Martin d'Oncirac* (carte du dioc. de Saint-Pons). — *S. Martin d'Oncira* (carte de Cassini).

SAINT-MARTIN-D'ORB ou SAINT-MARTIN-DE-CLÉMENSAN, ancien hameau de la commune de Lunas, qui a été érigé en commune en 1844. A cette époque, cette localité a quitté la dénomination de *Clémensan* pour prendre celle d'*Orb.* — *Eccl. S. Martini*, 969 (cart. de la cath. de Béziers; H. L. II, pr. c. 119). — *Eccl. S. Mart. de Canalibus*, 1122 (arch. de l'abbaye de Joncels; *ibid.* 420). — *Eccl. Rect. de Clementiano*, 1178 (Liv. noir, 109 et 143 v°; G. christ. VI, inst. c. 140); 1323 (rôle des dîmes des égl. de Béziers). — *De Clemantians*, 1518 (pouillé). — *S. Martin de Clemensan*, cure, 1760 (pouillé; cartes du diocèse de Béziers et de Cassini). — *De Clamessan*, 1778 (terr. de Lunas). — L'état officiel des églises du diocèse de Béziers de 1780 place *Clemensan* dans l'archiprêtré de Boussagues; patron, *S. Martinus*.

SAINT-MARTIN-DU-BOSC, h. c^{ne} du Bosc. — La commune du Bosc contient trois paroisses : 1° *Saint-Martin*, la plus considérable, *Saint-Martin Durceirolles* (carte dioc. de Lodève); 2° *Loiras*, *Saint-Pierre d'Avoiras*, 1760 (pouillé); et 3° *Salelles*, qui est *Saint-Vincent de Mauzonis*. Elle renferme, en outre, le village du Bosc *d'Avoiras*, ceux *d'Usclas* et de *Saint-Frichoux* et le hameau du *Viala.* — Voy. ces différents noms.

SAINT-MARTIN-DU-CRAU ou DE GARRIGUES, h. — Voy. GARRIGUES (MAS DE).

SAINT-MARTIN-DU-CRÈS, église. — Voy. CRÈS (LE).

SAINT-MARTIN-D'USCLADELS, f. c^{ne} d'Olonzac, égl. ruinée. — *Capella S. Martini de Uscadellas*, 940 (arch. de Saint-Pons de Tom. Mabill. Ann. III, 711). — *De Uscladellis*, 1362 (G. christ. VI, instr. c. 91). — *S. Martini Duscladeles*, 1612 (*ibid.* instr. c. 98). — *S. Martin d'Uscladelly* cure, 1760 (pouillé). — *S. Mart. de Polignac* (cartes du dioc. de Saint-Pons et de Cassini).

SAINT-MASSAL, f. c^{ne} et c^{on} de Murviel.

SAINT-MATTHIEU-DE-TRÉVIERS, c^{on} des Matelles. — *Eccl. S. Matthæi de Monte-Ferrando*, 1099, 1115 (bulles d'Urbain II et de Pascal II; G. christ. VI, inst. c. 187). — *S. Matt. de Matellis*, 1217 (cart. Magal. D 204). — *Eccl. de Tribus-Viis*, 1286 (Arnaud de Verdale, ap. d'Aigrefeuille, II, 447). — *Treguiés*, dans la rectorie de Montpellier, 1625 (pouillé). — *Trevies*, 1649 (*ibid.*). — *Saint-Mathien de Treviés*, 1688 (lett. du gr. sc.). — *Cure de Trevies*, 1760 (pouillé). — *Treviez*, 1756 (état offic. des égl. de Montpellier; tabl. des anc. dioces.). — *Saint-Mathieu de Treviers* (cartes du diocèse de Montp. et de Cassini). — Cette commune, au pied du Montferrand, se compose du village de *Tréviers* et de l'église séparée de *Saint-Matthieu*. L'église, nonobstant son vocable, avait, comme elle a encore aujourd'hui, pour patron *saint Martin*. L'évêque de Montpellier, seigneur du lieu, en était le prieur, 1780 (vis. past.). Cette église était le chef-lieu d'un archiprêtré composé des paroisses suivantes : Saint-Matthieu-de-Tréviers, Alayrac, Cazevieille, Fontanès, Lauret, les Matelles, Saint-Bauzille-de-Montmel, Sainte-Croix-de-Quintillargues, Saint-Jean-de-Cuculles, le Triadou, Vallaunès, 1756 (état officiel des égl. du diocèse de Montpellier).

SAINT-MAURICE, c^{on} du Caylar. — *Eccl. S. Mauricii*, v. 1000 (Act. SS. Bened. sec. IV, part. I, mirac. S. Guillel. n. 12); 1031, 1097 (cart. Gell. 17 v°, 33. 153); 1211 (cart. Anian. 52). — *Castrum et municipium de S. Mauritio*, 1280 (Plant. chr. præs. Lod. 219); 1324, 1325 (*ibid.* 291). — *S. Maurice*, 1625 (pouillé); 1649 (*ibid.*); 1760 (pouillé: cartes du dioc. de Lodève et de Cassini).

SAINT-MAURICE-DE-BALARUC, anc. église, c^{ne} de Balaruc-les-Bains. — C'est aujourd'hui l'église du village de Balaruc-le-Vieux. — *Eccl. S. Mauritii*, 957 (carte Agath. 228); 1130, 1146 (mss d'Aubais; H. L. II, pr. cc. 457 et 513). — *Eccl. S. Mauricii de Baladuc*, 1182 (G. christ. VI, instr. c. 89).

SAINT-MAURICE-DE-RONGAS, anc. église, c^{ne} de Saint-Gervais. — C'est encore l'église du hameau de Rongas. — Les Bénédictins ont fait deux *castra* de S. Maurice et de Rongas, en écrivant *de S. Mauricio, de Regatz cum mansis*. Nous pensons qu'il fallait dire *de S. Mauricio de Regatz*, 1271 (mss Colbert; H. L. III, pr. c. 602). — *Vicar. de Rongassio*, 1516 (pouillé).

SAINT-MEIN, f. c^{ne} de Saint-Pons.

SAINT-MEIN, jⁱⁿ, c^{ne} de Saint-Pons.

SAINT-MEIN, mⁱⁿ sur la Mare, c^{ne} de Villemagne.

SAINT-MICHEL, château en ruines, c^{ne} de Bédarieux, sur une montagne, près du chemin de Bédarieux à Béziers.

SAINT-MICHEL, f. c^{ne} d'Agde. — *S. Michael*, 1211 (cart. Agath. 306).

SAINT-MICHEL, f. c^{ne} de Siran, anc. prieuré dépendant des Chartreux de Castres (cartes du dioc. de Saint-Pons et de Cassini).

SAINT-MICHEL, jⁱⁿ. — Voy. HERMITE (JARDIN DE L').

SAINT-MICHEL-D'ALAJOU, c^{on} du Caylar. — *Capella S. Michaelis*, 1123 (G. christ. VI, instr. c. 278). — *Fortia*, 1204 (Plant. chr. præs. Lod. 104). — *Municipium*, 1206 (*ibid.* 105). — On voit dans le même ouvrage, aux mêmes dates, qu'il existait un autre municipe et un autre oratoire de ce nom à Saint-Genès-des-Fours, dans la même commune. — *Eccl. municip. S. Genesii de furnis cum oratorio S. Michaelis* (*ibid.* 104 et 105). — *Fanum*, 1255 (*ibid.* 187). — *S. Michel*, cure, 1760 (pouillé; tabl. des anc. dioc.). — *Saint-Michel d'Alajou*, 1625 (pouillé); 1649 (*ibid.*): 1688 (lett. du gr. sceau; cartes du diocèse de Lodève et de Cassini). — Voy. Alajou et Saint-Genès-des-Fours.

Saint-Michel-d'Alzonne, f. c^{ne} des Aires. — *Chapelle*, 1760 (pouillé). — *S. Michel* (cartes du dioc. de Béz. et de Cassini). — Cette métairie a appartenu à la commune de Mourcairol jusqu'à la suppression de celle-ci, en 1845.

Saint-Michel-de-Cadière, h. égl. ruinée, c^{ne} de Gigean. — *Villa Paderni et eccl. S. Michaelis de Monteilio*, 1095 (G. christ. VI, instr. c. 353). — *Villa Patornoga*, 1156 (*ibid.* 359). — *Villa S. Michaelis de Cadierra*, 1156 (*ibid.*). — *Villa S. Mich. de Cathedra aliter de Cruce*, 1230 (cart. Magal. D 237). — *Eccl. ruralis S. Mich. de Villa-Paterna prope Gigeanum*, 1282 (Arn. de Verd. ap. d'Aigrefeuille, II, 447). — Voy. Villa Paterna.

Saint-Michel-de-Damassan, h. c^{ne} de Nébian. — Anc. moulin et maisons adjacentes sur un petit ruisseau qui se perd dans l'Hérault, lesquels formaient autrefois une paroisse du diocèse de Lodève. Le tout fut réuni, en 1288, à Saint-Jean-de-Lestinclières. — *Incolæ moletrini S. Michaelis de Damassano et domorum circumjacentium, qui erant de parœcia dicti loci facti sunt parœciani S. Johannis de Lestencleriis*, 1288 (Plant. chr. præs. Lod. 241). — *Saint-Michel* (cartes du dioc. de Lod. et de Cassini). — *Prieuré*, 1760 (pouillé).

Saint-Michel-de-Grammont, anc. prieuré. — Voy. Grammont, c^{ne} de Saint-Privat.

Saint-Michel-de-Gremian, anc. prieuré. — V. Grémian.

Saint-Michel-de-Paders, église. — Voy. Paders.

Saint-Michel-du-Puech-d'Aubaigues, c^{on} de Lodève. — Cette commune est aujourd'hui appelée officiellement *le Puech*, et c'est ainsi qu'elle est désignée sur la carte diocésaine de Lodève et sur celle de Cassini. Son nom lui vient du petit ruisseau d'*Aubaigues*, indiqué dans la carte diocésaine, et sur lequel le village est situé. Il ne faudrait pas le confondre avec *Aubaigues* des mêmes cartes, dont l'usage a fait *Aubagno*, hameau réuni à Saint-Étienne-de-Gourgas dans le même canton, ni avec *Saint-Michel-d'Alajou*, dans le canton du Caylar. — Voy. ces différents noms.

Saint-Michel-le-Noir, f. c^{ne} de Saint-Pons-de-Mauchiens. — *Saint-Michel* (cartes du dioc. d'Agde et de Cassini).

Saint-Nazaire, f. c^{ne} de Capestang. — *Saint-Nazaire* (cartes du dioc. de Narb. et de Cassini).

Saint-Nazaire, f. c^{ne} de Magalas. — Dans le livre terr. de la commune de Magalas, de 1636, on trouve l'indication du cimetière de cette localité, qui fut un sanctuaire, sous la dénomination de *Saint-Nazaire-de-Volbes*. Il appartenait au chap. de Saint-Nazaire de Béziers : de là son vocable. Il y existe encore une croix de pierre fort ancienne.

Saint-Nazaire-de-Béziers, bourg, c^{ne} de Béziers. — Bien que l'on trouve fréquemment, sans désignation de lieu, *ecclesia canonica S. Nazarii*, nous ne croyons pas devoir citer ici les divers textes concernant cette cathédrale. Nous voulons seulement indiquer l'ancien bourg de ce nom. — *Locus clausus de S. Nazario infra term. de villa Columbario*, 991 (Liv. noir, 96). — *Burgus*, v. 1060 (*ibid.* 89); 1155 (*ibid.* 31 v°). — Donation par l'évêque de Béziers à Raymond Salomon du bourg de Saint-Nazaire, *ad feudum ipsos burgos S. Naz.* v. 1176 (*ibid.* 16).

Saint-Nazaire-de-Ladern, c^{on} de Murviel. — *Castellum de S. Nazario*, 1105 (chât. de Foix; H. L. II, pr. c. 15 v°); 1153 (arch. de la ville de Narb. *ibid.* 543); 1146, 1148 (Livre noir, 13 v°; 165 v°); 1187 (cart. Agath. 6). — *Eccl. S. Nazarii de Laudando*, v. 1180 (*ibid.* 314 v°). — *De Ludadano*, 1180 (*ibid.* 315). — *Castrum et eccl. S. Naz. de Lerades*, 1182 (G. christ. VI, inst. c. 88). — *Rector de S. Naz. Loradensi*, 1323 (rôle des dîmes des égl. du diocèse de Béziers). — *Saint-Nazare de Ladris*, 1518 (pouillé). — *S. Nazairy*, 1625 (*ibid.*). — *S. Nazary*, 1649 (*ibid.*). — *S. Nazaire* (cartes du dioc. de Béziers et de Cassini). — *Saint-Nazaire de Ladarés*, 1688 (lett. du gr. sceau); 1760 (pouillé; tableau des anc. dioc.). — Cette cure, dans l'archiprêtré de Cazouls, avait pour patrons SS. *Nazarius et Celsus*. 1780 (état offic. des églises du dioc. de Béziers).

Saint-Nazaire-de-Pesan ou Pezan, c^{on} de Lunel. — *S. Nazarius*, 1226 (reg. cur. Franc. H. L. III, pr. c. 317). — *S. Nasarius de Pezano*, 1440 (lett. pat. de la sénéch. de Nîmes, VIII, 257 v°, où l'on voit que *Saint-Nazaire-de-Pesan* était l'une des douze villettes de la baronnie de Lunel. — *S. Nazaire*, 1688 (pouillé; lett. du gr. sc.); 1760 (pouillé). — Saint-Nazaire était aussi une justice royale. — Son église, dans l'archiprêtré de Baillargues, avait pour patrons SS. *Nazaire et Celse*. C'était une vicairie perpétuelle dépendante du chapitre collégial de la Trinité de Montpellier, 1756 (état offic. des égl. du diocèse de Montpellier); 1684, 1779 (vis. past.).

Saint-Nazaire-de-Pesan appartint primitivement au canton de Mauguio. Elle en fut distraite en 1835 pour faire partie du canton de Lunel.

Saint-Nazaire-de-Ventajou et Notre-Dame-de-l'Élines, anc. prieuré, c^{ne} de Siran. — Ce sanctuaire n'est ainsi indiqué que dans le pouillé de 1760. — La carte du dioc. de Saint-Pons porte seulement *N. D. de Saint-Taille*, et la carte de Cassini, *N. D. de Centeilles*.

Saint-Nazaire-le-Neuf, f. c^{te} de Capestang.

Saint-Nicolas-de-Tapulsiac, f. c^{ne} de Castelnau-de-Guers. — *Tampunianum villa*, 937 (cart. de la cath. de Béziers; H. L. II, pr. c. 77). — Anc. prieuré. *Eccl. S. Nicolai de Talpuciaco*, 1106 (cart. Anian. 31 v°). — *Eccl. S. Nicholai de Talpuciacho*, 1154 (bulle d'Adrien IV, charte de l'abbaye d'Aniane). — *S. Nicolas de Tapulsiac*, 1760 (pouillé). — *Saint-Nicolas* (carte du diocèse d'Agde et carte de Cassini).

Sainton, f. c^{ne} d'Aumelas. — *Sentou* (cartes du dioc. de Béziers et de Cassini). — Voy. Centon.

Saint-Pal, f. — Voy. Saint-Paul, Viargues.

Saint-Palais, f. c^{ne} de Tourbes. — *Saint-Palcais* (carte de Cassini).

Saint-Pargoire, c^{on} de Gignac. — *Villa et eccl. S. Paragorii*, 804-808 (ch. de l'abbaye de St-Guillem; cart. Gell. 91; Mabill. Ann. II, 718; Act. SS. Bened. sec. IV, part. I, 90); 1314 (Vidim. tr. des chartes; H. L. I, pr. c. 100). — *Fiscus qui dicitur Miliacus in pago Bederense cum eccl. S. Par. et Militiano villa*, 814, 820, 822, 853 (cart. Anian. 14, 19, 20 et 20 v°). — Le cart. de St-Guill. ajoute en 808 *atque Campaniano*, et le cart. d'Aniane en 822, *Campaniacum*. — *S. Par. de Pojeto*, 1171 (mss d'Aubaïs; H. L. II, p. c. 559); 1122, 1137 (cart. Gell. 60 v° et 179 v°). — *Prior de S. Par.* 1323 (rôle des dim. des églises du dioc. de Béziers); 1518 (pouillé). — *Sant Paragori*, 1341 (Lib. de memor.). — *S. Pargoire*, 1625 (pouillé); 1649 (ibid.); 1688 (lett. du gr. sc.); 1760 (pouillé); 1779 (terr. de Saint-Pargoire), xviii° s^r (tabl. des anc. diocèses; cartes dioc. de Béziers et de Cassini). — Saint-Pargoire, patr. *S. Paragorius, S. Pargorius*, appartenait à l'archiprêtré du Pouget, 1780 (état offic. des égl. du dioc. de Béziers). — Voy. Campagnan et Miliac.

Cette localité fut d'abord le chef-lieu d'un canton qui comprenait six communes : Saint-Pargoire, Bélarga, Campagnan, Plaissan, Puilacher, Tressan; mais l'arrêté des consuls du 3 brumaire an x ayant supprimé ce canton, toutes ces communes passèrent alors dans le canton de Gignac.

Saint-Paul, f. c^{ne} d'Agde. — *S. Paulus*, 1156 (cart. Agath. 135).

Saint-Paul, f. c^{ne} de Lespignan. — *Locus de S. Paulo*, 1184, 1185 (Livre noir, 58 et 61 v°). — *S. Paul* (cartes du dioc. de Béz. et de Cassini).

Saint-Paul, f. c^{ne} de Maureilhan.

Saint-Paul, m^{in} sur le Liron, c^{ne} de Maureilhan. — *Moulin Saint-Pal* (cartes du diocèse de Béziers et de Cassini). — *La Mouline Saint-Paul* (recensement de 1809).

Saint-Paul-Albrand, f. c^{ne} de Mèze.
Saint-Paul-Beaumadier, f. c^{ne} de Mèze.
Saint-Paul-Bouliech, f. c^{ne} de Mèze.
Saint-Paul-Laurens, f. c^{ne} de Mèze.

Les quatre fermes dont les noms précèdent ne sont que des divisions du domaine *Saint-Paul* des cartes du diocèse d'Agde et de Cassini.

Saint-Paul-de-Cabrières, anc. église, c^{ne} de Lunel-Viel (Astruc, Mém. pour l'hist. nat. de Lang. 253). — Voy. Lunel-Viel.

Saint-Paul-et-Valmalle ou Saint-Paul-de-Montcamel, c^{on} d'Aniane. — *S. Paulus de Montibus-Camelis*, 1187 (mss d'Aubaïs; H. L. III, pr. c. 161); 1201 (cart. Magal. F. 22). — *S. Pol de Paucamel*, 1452 (Consuls de mer, B 43). — *S. Paulus de Montecamelo*, 1510 (arch. de l'hôp. gén. de Montpellier, liasse B 589). — *Bois de Saint-Paul* (reg. de la réform. des bois, 169). — *Vallis mala*, 1031, 1123 (cart. Gell. 16 et 185 v°); 1121, 1130 (mss d'Aubaïs; H. L. II, pr. c. 416, 456). — *Valmala*, 1135 (ibid. 478). — *S. Paul et Valmale*, dans la baronnie de Montpellier, 1625 (pouillé); 1649 (ibid.); 1688 (lett. du gr. sc.). — *S. Paul*, 1688 (pouillé); 1760 (ibid.). — La carte diocésaine de Montpellier écrit *Saint-Paul de Valmale*, bien qu'elle indique séparément le hameau de *Valmale*. — La carte de Cassini porte aussi les noms des deux localités : *Saint-Paul de Montcamel, Valmale*. — Le Dictionnaire des postes (1837) adopte *Saint-Paul-de-Valmalle* et *Saint-Paul-de-Montcamel*. — Le hameau de *Valmalle* était autrefois, comme aujourd'hui, réuni à *Saint-Paul-de-Montcamel* pour former une paroisse du diocèse de Montpellier. — L'église, qui avait et qui a encore pour patron la *Conversion de saint Paul*, était un prieuré primitif dans l'archiprêtré de Viols. — Le prieur avait la directe du lieu, et le seigneur d'Aumelas en avait la justice, 1756 (état offic. des égl. de Montp.); 1684, 1780 (vis. past.).

Primitivement, Saint-Paul-et-Valmalle fit partie du canton de Saint-Georges-d'Orques, qui fut supprimé par l'arrêté des consuls du 3 brumaire an x; c'est alors que cette commune fut incorporée au canton d'Aniane.

Saint-Peyre, f. c^{ne} de Cassagnoles.
Saint-Peyre, f. c^{ne} de Servian.
Saint-Pierre, chât. c^{ne} de Saint-André-de-Sangonis.
Saint-Pierre, éc. c^{ne} de Béziers. — *Eccl. S. Petri a Pullo*, 933 (cart. de l'église de Béziers; G. christ. VI, inst. c. 127; H. L. II, pr. c. 70). — *De S. Petro Apullo*, 959 (Livre noir, 56). — *Saint-Pierre* (carte dioc. de Béziers; carte de Cassini). — Voy. Saint-Pierre, m^{in}.

Saint-Pierre, éc. c^{ne} de Cers.
Saint-Pierre, écluse, c^{ne} de Béziers.
Saint-Pierre, faubourg, c^{ne} de Béziers.
Saint-Pierre, f. c^{ne} de Castelnau-lez-Lez.
Saint-Pierre, f. c^{ne} de Montagnac (cartes du diocèse d'Agde et de Cassini).
Saint-Pierre, f. c^{ne} de Puissalicon (cartes du dioc. de Béziers et de Cassini).
Saint-Pierre, fort, c^{ne} de Cette. — *Fort Saint-Pierre* (cartes du dioc. d'Agde et de Cassini).
Saint-Pierre, mⁱⁿ sur l'Orb, c^{ne} de Béziers. — Ce moulin appartenait au chap. de Saint-Nazaire de Béziers. — *Eccl. S. Petri a Pullo cum molino*, 933 (G. christ. VI, inst. c. 127; H. L. II, pr. c. 70). — Voy. Saint-Pierre, éc. c^{ne} de Béziers.
Saint-Pierre (Pont-), jⁱⁿ, c^{ne} de Béziers.
Saint-Pierre (Rigole de), ruisseau qui prend sa source et coule sur le territoire de Capestang pendant 2 kilomètres, fait aller un moulin à blé et se perd dans l'étang de Capestang.
Saint-Pierre-Apoul, anc. église. — Voy. Saint-Pierre, éc. c^{ne} de Béziers.
Saint-Pierre-d'Avoiras ou de Loiras, h. — Voy. Saint-Martin-du-Bosc.
Saint-Pierre-de-Bruculo, anc. église, c^{ce} de Boussagues. — *Eccl. S. Petri de Bruculo*, 1135 (cart. de Joncels; G. christ. VI, instr. c. 135). — *Saint-Pierre* (cartes du dioc. de Béziers et de Cassini).
Saint-Pierre-de-Cadrials, anc. église. — Voy. Cadrials.
Saint-Pierre-de-Clar, anc. église, c^{ne} de Saint-Pons-de-Thomières. — *Eccl. S. Petri de Clar*, 1102 (arch. de l'église de Saint-Pons; H. L. II, p. c. 357); 1182 (G. christ. VI, instr. c. 88).
Saint-Pierre-de-Clunezet, f. c^{ne} de Lattes, anc. prieuré. — *Prioratus S. Blasii aliter S. Petri de Clunezeto inter Montempessulanum et flumen Lezi*, 1324 (cart. Magal. E 45 v°). — *Saint-Pierre* (cartes du dioc. de Montpellier et de Cassini).
Saint-Pierre-de-Combour, anc. église, c^{ne} de Ferrières, c^{on} d'Olargues. — *Eccl. S. Petri de Combour*, 940 (arch. de St-Pons-de-Thom. Mabill. Ann. III, 711).
Saint-Pierre-de-Dignerac, f. c^{ne} de Ceyras (cartes du dioc. de Lod. et de Cassini). — Voy. Saint-Pierre-de-Leneyrac.
Saint-Pierre-de-Dransthilag, f. anc. prieuré, c^{ne} de la Livinière. — *Eccl. S. Petri de Dransthilag*, 1135 (cart. de Joncels; G. christ. VI, instr. c. 135). — *Saint-Pierre* (cartes du diocèse de Saint-Pons et de Cassini).
Saint-Pierre-de-Fernices, anc. église, c^{ne} de Fraisse. — *Eccl. S. Petri de Fernices*, 1182 (G. christ. VI, instr. c. 88).

Saint-Pierre-de-Figuières, f. ancien prieuré, c^{ne} d'Assignan. — *Eccl. S. Petri de Figueiras*, 940 (arch. de Saint-Pons-de-Thom. Mabill. Ann. III, 711). — *De Fideriis*, 973 (cart. de Saint-Pons; H. L. II, pr. c. 125). — *Saint-Pierre-de-Ferrat*, 1760 (pouillé). — *Saint-Pierre* (cartes du dioc. de Saint-Pons et de Cassini).
Saint-Pierre-de-Fontmars, f. anc. église, c^{ne} de Marseillan. — *Eccl. S. Petri de Fonte Martis in episcopatu Agathensi*, 1098 (cart. Gell. 100); 1123 (bulle de Calixte II, ch. de l'abbaye de St-Guillem); 1146 (cart. Gell. G. christ. VI, inst. c. 280); 1172 (bulle d'Alexandre III, ch. du fonds de St-Guillem). — *Eccl. S. P. de Fonte Martio*, 1213 (cart. Agath. 305). — *Cimiterium*, 1101 (cart. Gell. 109 v°). — *Saint-Pierre du Bagnas* (cartes du dioc. d'Agde et de Cassini).
Saint-Pierre-de-la-Fage, h. c^{ne} de Parlatges, anc. paroisse du diocèse de Lodève, à 685 mètres au-dessus du niveau de la mer. — *Mansus de Ilice val Decevre*, 987 (cart. Lod. G. christ. VI, instr. c. 270). — *Parrochia S. Petri de la Faia*, 1122 (cart. Gell. 60). — Reconnaissance de Guillaume de Parlatges à l'évêque de Lodève : *quidquid habebat in parœcia S. P. de Fagia*, 1263 (Plant. chr. præs. Lod. 201). — *S. Pierre cure*, 1760 (pouillé). — *Saint-Pierre de la Fage* (cartes du dioc. de Lod. et de Cassini).
Saint-Pierre-de-la-Salle, église. — Voy. Cesseson.
Saint-Pierre-de-Leneyrac, f. ermitage, c^{ne} de Ceyras, anc. oratoire, annexe de Saint-Étienne-de-Rongas. — *Eccl. parœcialis S. Stephani de Rogatio cum oratorio S. Petri ei annexo*, 1275 (Plant. chr. præs. Lod. 215). — Hommage du seigneur de Clermont à l'évêque de Lodève, *pro castro de Leneyraco*, 1286 (ibid. 238). — *S. Pierre prieuré*, 1760 (pouillé). — *S. Pierre de Dignerac* (cartes du dioc. de Lod. et de Cassini). — On voit encore une belle tour avec une église ruinée, ainsi que l'ermitage, vis-à-vis des restes de Cornils, sur la rive opposée de la Lergue.
Saint-Pierre-de-l'Espinouse, h. c^{ne} de Mons (cartes de Cassini et du dioc. de St-Pons; Dict. des postes).
Saint-Pierre-de-Loiras, h. — Voy. Saint-Martin-du-Bosc.
Saint-Pierre-de-Maguelone, anc. cathédrale, c^{ne} de Villeneuve-lez-Maguelone. — *Diœcesis S. Petri civitatis Magalonensis*, 1025 (ch. du fonds de l'abb. de Gigean). — Les ruines de cette église sont aujourd'hui tout ce qui reste de l'ancienne splendeur de ce siège épiscopal. — Voy. Maguelone.
Saint-Pierre-de-Montpellier, jadis sanctuaire de *Saint-Benoît et Saint-Germain*; cathédrale en 1536 substituée à *Saint-Pierre-de-Maguelone* (bulle de Paul III, transl. sed. Magal.). — Voy. Montpellier.

SAINT-PIERRE-DE-PAPIRAN, f. c^{ne} de Montblanc. — *Papiranum villa in comitatu Agathense*, 1097 (cart. Anian. 69 v°). — *S. Petrus de Papirano*, 1173 (cart. Agath. 252; G. christ. VI, instr. c. 327). — *Villa Pabeirani*, 1120 (cart. Anian. 71). — *Villa Pabirani*, 1123 (cart. Gell. 184 v°). — *Villa de Palvirano*, 1131 (cart. Anian. 72 v°). — *De Pabirano*, 1136 (*ibid.*); 1502 (Lib. rectorum, 19).

SAINT-PIERRE-DE-RÈDES, h. c^{ne} du Poujol. — *S. Petrus ad Rodas*, 961 (Mabill. Diplom. 572). — *S. P. de Rodas*, 1122 (G. christ. VI, instr. c. 89). — *De Redano*, 1130 (Livre noir, 142). — *De Retano* (*ibid.*). — *Redanum*, 1167 (cart. Agath. 41). — *Castellum Redas seu Reddas*, v. 1150 (cart. de Foix, 64 v°). — *Eccl. de Redis*, 1197 (arch. de Villemagne; G. christ. loc. cit. 147); v. 1180 (Livre noir, 314 v°); 1210 (arch. de l'église de Narb. G. christ. *ibid.* 151). — *De Redes*, 1216 (Livre noir, 109); 1178 (G. christ. *ibid.* 140). — *Prioratus de Redesio*, 1323 (rôle des dîmes des églises du dioc. de Béz.). — *Prieuré de Reddes*, 1516 (pouillé); 1760 (*ibid.*). — L'état officiel des églises de Béziers de 1780 indique *S. Petrus de R.* pour patron de la paroisse du Poujol. — *Saint-Pierre de Redes* suc. (cartes du dioc. de Béziers et de Cassini).

SAINT-PIERRE-DE-RIOLS, église. — Voy. RIOLS.

SAINT-PIERRE-DE-STIRPIA, anc. église, c^{ne} de Puéchabon. — *Eccl. S. Petri de Stirpi*, 1146 (cart. Anian. 35). *De Stirpia*, 1154 (bulle d'Adrien IV, ch. de l'abb. d'Aniane); 1212 (cart. Anian. 35 v°). — Voy. PUÉCHABON.

SAINT-PIERRE-DE-VALMASCLE, égl. — Voy. VALMASCLE.

SAINT-PIERRE-LA-VALETTE, anc. prieuré, c^{ne} de Joncels. — Ce prieuré, avec celui de Notre-Dame-de-Boullenas, appartenait à la mense capitulaire de Saint-Nazaire de Béziers. — *Rector de Valleta*, 1323 (rôle des dîmes des églises du dioc. de Béziers).

SAINT-PIERRE-LE-BAS, f. c^{ne} de Servian (cartes du dioc. de Béziers et de Cassini).

SAINT-PIERRE-LE-HAUT, f. c^{ne} de Servian (cartes du dioc. de Béziers et de Cassini).

SAINT-PIERRERUE, c^{ne}. — Voy. PIERRERUE.

SAINT-POMAT, fief de la viguerie de Béziers. — 1529 (dom. de Montpellier; H. L. V. pr. c. 87).

SAINT-PONS (MONT), montagne. — Voy. ARTENAC.

SAINT-PONS-DE-BARAUSAM, anc. église du dioc. de Béziers, donnée par Rodoald, évêque de ce diocèse à l'abbaye de Saint-Pons-de-Thomières. — *Eccl. S. Pontii de Barausam*, 940 (arch. de Saint-Pons-de-Thom. Mabill. Ann. III, 711).

SAINT-PONS-DE-MAUCHIENS, c^{ne} de Montagnac. — *Eccl. castel. castr. S. Pontii et villa quæ vocant Malos-canos cum ipso podio*, 977, 990 (Marten. Anecd. I, 179); 1046, 1059 (chât. de Foix; H. L. II, pr. cc. 213 et 231). — *Eccl. quæ est consecrata in honore S. Mariæ et S. Pontii des Masques*, 1101 (cart. Gell. 109 v°). — *Castrum de S. Poncio*, 1121, 1156, 1171 (mss d'Aubaïs; H. L. *ibid.* 391, 414, 558, 559); 1174 (cart. Gell. 206 v°); 1177 (cart. Agath. 67). — *Eccl. S. Pontii de Gorbiano*, 1182 (G. christ. VI, instr. c. 89). — *S. Pont. de Malis canibus*, 1287 (cart. Magal. A. 49). — *Saint-Pons de Mascas*, seigneurie, 1529 (dom. de Montpellier; H. L. V. pr. c. 86). — *S. Pons*, 1625 (pouillé); 1649 (*ibid.*); prieuré-cure, 1760 (*ibid.*). — *Saint-Pons de Mauxchiens* (tabl. des anc. dioc.). — *Saint-Pons de Mauchiens* (cartes du dioc. d'Agde et de Cassini). — L'église de Saint-Pons-de-Mauchiens fut donnée en 1100 au monastère de Saint-Guillem par Bernard, vicomte de Béziers (cart. Gell. 109 v°; G. christ. VI, 586). — L'étymologie de *Mauchiens* est certainement *de Malis canibus*, d'une ancienne légende de chiens qui dévorèrent leurs maîtres; mais on voit que le peuple n'est pas sans autorité, dès le xiie siècle, pour appeler cette localité *Saint-Pons-de-las-Mascas* (des Sorcières).

SAINT-PONS-DE-THOMIÈRES, ch.-l. d'arr. — *Sanctus Pontius Thomeriensis aut Thomieres*, 936 (arch. de Saint-Pons; Catel, Comtes, 88); 940 (Mabill. Ann. III, 711). — *S. Poncius ad Tomerias*, 961 (Mabill. Diplom. 572). — *S. Pontius Tomeriacensis*, 1061 (arch. de l'égl. de Saint-Pons; H. L. II, pr. c. 240). — *S. P. Tomeriensis*, 1082 (cart. de la cath. de Narbonne; *ibid.* 314). — *S. P. de Tomeras*, 973 (cart. de Saint-Pons; *ibid.* 125). — *S. P. Thomeriarum*, 1102 (arch. de l'abb. de Saint-Chinian, *ibid.* 357). — *S. Poncius de Jauro*, 1132, 1151 (Livre noir, 106, 168). — *San Pons de Thomeyras*, 1341 (Lib. de memor.). — *S. Pons de Thoumieres*, 1608 (Livre terr. des arch. d'Olonzac). — *S. Pons*, 1625 (pouillé); 1649 (pouillé; tabl. des anciens diocèses); 1760 (pouillé). — *S. Pons de Thomieres*, 1688 (lett. du grand sceau); 1703 (Livre terrier des arch. de Minerve; carte diocésaine de Saint-Pons; carte de Cassini).

Vallée de Thomières, vallis Tomeiras, 969 (cart. de la cath. de Narb. H. L. II, pr. c. 118).

L'église de Saint-Pons fut originairement une abbaye de l'ordre de Saint-Benoît, fondée en 936 par Raymond Pons, comte de Toulouse, c'est-à-dire 135 ans avant la fondation de la ville. Elle fut érigée en évêché en 1317-8 par le pape Jean XXII. — *Monasterium de S. Poncione q. vocant Tomerias*, 992 (Liv. noir, 188 v°). — *Eccl. et capitulus S. Poncii Tomeriarum*, 1342 (cart. Magal. B 88). Elle fut sécularisée par une bulle de Paul V, en 1612 (G. christ. VI, instr. c. 93). — L'évêque de ce siége avait le titre de comte de Saint-Pons.

Le diocèse de Saint-Pons était séparé, au nord, du diocèse de Castres par la montagne de l'Espinouse; il était situé entre ce dernier diocèse et ceux de Béziers, de Narbonne et de Lavaur. Suivant le tableau des anciens diocèses du Languedoc, au XVIII° siècle, celui de Saint-Pons comprenait quarante et une paroisses formant quarante communautés : Agel, Aigne, Aigues-Vives, Angles, Assignan, Azillanet, Beaufort, Berlou, Boisset, Cassagnolles, Cébazan, Cessenon, Cesseras, Cruzy, Félines, Ferrals, Ferrières, Fraisse, la Bastide-Rouvairouze, la Caunette, la Livinière, la Salvetat, la Voulte, le Soulier, Marniès, Minerve, Montouliers, Olargues, Olonzac, Oupia, Pardailhan, Pierrerue, Prémian, Rieussec, Riols, Saint-Chinian, Saint-Martin-de-Larson, Saint-Pons, Siran, Vélieux et Villespassans.

Le diocèse de Saint-Pons, indépendamment de son évêque, envoyait, par tour, aux États généraux de Languedoc un député élu par une des sept villes suivantes : Angles, Cessenon, Cruzy, la Salvetat, la Livinière, Olargues, Olonzac. — La ville de Saint-Pons envoyait deux députés, dont l'un était son premier consul. — Ses armes étaient *d'argent, à un orme de sinople fûté de sable, adextré d'une S et senestré d'un P de même; l'écu accolé de deux palmes du second émail, liées du champ.*

Quant à la juridiction de justice, la ville de Saint-Pons avait l'option d'aller au sénéchal de Carcassonne ou à celui de Béziers; mais, à cette exception près, les paroisses de ce diocèse répondaient au sénéchal de Carcassonne.

Le district de Saint-Pons fut d'abord composé de neuf cantons : Saint-Pons, Angles, Cessenon, Cruzy, la Livinière, la Salvetat, Olargues, Olonzac, Saint-Chinian. Un arrêté des consuls du 3 brumaire an X supprima quatre de ces cantons : Angles, qui fut cédé au département du Tarn, en échange du canton de Saint-Gervais, donné à l'arrondissement de Béziers; Cessenon, Cruzy, la Livinière; en sorte que l'arrondissement de Saint-Pons comprend aujourd'hui seulement cinq cantons : Saint-Pons, la Salvetat, Olargues, Olonzac, Saint-Chinian, et quarante-six communes.

Le canton de Saint-Pons ne compta d'abord que cinq communes : Saint-Pons, Boisset, Rieussec, Riols, Vélieux. La commune de Pardailhan, qui faisait partie du canton de Saint-Chinian, ne fut ajoutée à celui de Saint-Pons qu'en l'an X, et celle des Verreries-de-Moussans n'a été érigée qu'en 1864.

Saint-Privat, m^{in} sur la rivière de Cruzy, c^{ne} de Quarante. — *Moulin Saint-Privat* (cartes du diocèse de Narb. et de Cassini).

Saint-Privat, m^{in} sur le Libron, c^{ne} de Vias. — *Saint-Privat* (cartes du dioc. d'Agde et de Cassini).

Saint-Privat-de-Navas, ancienne église dont on ignore la place et que nous croyons dans la commune de Gignac, comme le hameau de *Navas;* mais il pourrait y avoir eu un autre *Saint-Privat-de-Navas* dans le voisinage de Lauzières et de Malavicille, au canton de Lunas. — *Eccl. S. Privati de Navas*, 1236 (Plant. chr. præs. Lod. 146).

Saint-Privat-des-Salses, c^{ne} de Lodève. — Le hameau de *Salses* est le chef-lieu de la commune. — *Municipium castri de S. Privato*, 1057 (Plant. chr. præs. Lod. 79); 1270 (*ibid.* 210); 1284 (*ibid.* 228); 1072 (cart. Gell. 21 v°); 1190 (mss. d'Aubais; H. L. II, pr. c. 167). — *Decimaria loci S. Privati de Salsis*, 1437 (Plant. *ibid.* 337). — *Saint-Privat*, 1625 (pouillé); 1649 (*ibid.*); 1688 (lettres du grand sceau); 1760 (pouillé; tabl. des anc. dioc.). — *Saint-Privat*, succ. (cartes du dioc. de Lodève et de Cassini).

Saint-Privat fit d'abord partie du canton de Saint-Jean-de-la-Blaquière, qui fut supprimé par arrêté des consuls du 3 brumaire an X. Cette commune fut alors comprise dans le canton de Lodève.

Saint-Roger, f. c^{ne} de Saint-Pons.

Saint-Romand, f. c^{ne} de Marsillargues. — *Territ. S. Romani*, 1347 (cart. Magal. D 287).

Saint-Rome ou Saint-Romain, anc. égl. c^{ne} d'Aniane. — *S. Romanus*, 1031 (cart. Anian. 67 v°); 1146 (*ibid.* 35); 1254 (bulle d'Adrien IV, ch. de l'abb. d'Aniane); 1216 (Livre noir, 109).

Saint-Rome-d'Aspiran, anc. prieuré. — Voy. Aspiran.

Saint-Saturnin-de-Ceyras, église. — Voy. Ceyras.

Saint-Saturnin-de-Lucian, c^{ne} de Gignac. — *Eccl. S. Saturnini*, 804 (arch. de l'abb. de St-Guillem; act. SS. Bened. sec. IV, part. I, 88). — *Creixella cella*, 804 (cart. Gell. 3; Mabill. Ann. II, 718; G. christ. VI, inst. c. 265). — *Parrochia S. Sat. de Lucano*, 1067 (cart. Gell. 26 v°). — *Eccl. parochialis S. Sat. de castro Cressel cum capella sua S. martyris Juliani*, 1123 (*ibid.* 136); 1092 (Livre noir, 88); 1148 (*ibid.* 11); 1216 (*ibid.* 109); 1351 (stat. eccl. Bitter. 87). — *Parroch. et terminium S. Sat. de Poioto seu Pogeto*, 1153 (Livre noir, 249 v° et 251). — *De Luciano*, 1236 (Plant. chr. præs. Lod. 147); 1249 (*ibid.* 174). — *S. Saturnin*, XVI° siècle (terr. de St-Saturnin); 1625 (pouillé); 1649 (*ibid.*); 1688 (lett. du gr. sc.); 1760 (pouillé; tabl. des anc. dioc.). — *Saint-Saturnin de Lucian* (cartes du dioc. de Lod. et de Cassini). Le chapitre de Saint-Nazaire de Béziers y percevait des dîmes particulières.

Cette commune fut primitivement placée dans le canton de Saint-André, supprimé par arrêté des consuls du 3 brumaire an x; elle fut alors ajoutée au canton de Gignac.

Saint-Saturnin-de-Pouzac, f. — Voy. Pouzac.

Saint-Saturnin-de-Tourbes, église. — Voy. Tourbes.

Saint-Sauveur, f. c^{ne} de Lattes. — *Métairie de Saint-Sauveur* (carte du dioc. de Montpellier et carte de Cassini).

Saint-Sauveur-d'Aniane, anc. abbaye fondée par saint Benoît. — Voy. Aniane.

Saint-Sauveur-de-Lodève, anc. abbaye fondée par saint Fulcran. — Voy. Lodève.

Saint-Sauveur-du-Pin, anc. prieuré, c^{ne} de Saint-Clément, près des sources du Lez. — *Eccl. S. Salvatoris d'inter aquis*, 1146 (cart. Anian. 35). — *Inter aquis*, 1154 (bulle d'Adrien IV, charte de l'abb. d'Aniane). — *Ecclesia S. Salv. de Pino*, 1146 (cart. d'Aniane, 35). — *Parrochia de Pinu*, 1240 (Arn. de Verd. ap. d'Aigrefeuille, II, 441). — *Garrigiæ de P.* 1248 (*ibid.* 443). — Voy. Pin (Grange du).

Saint-Sauveur-du-Puy ou de Graissessac, anc. prieuré, dans l'archiprêtré de Boussagues, c^{ne} de Graissessac. — *Poium rectum*, 804 (cart. Gell. 4). — *Eccl. S. Salvatoris de Podio in episcopatu Bitter.* 1135 (cart. de Joncels; G. christ. VI, inst. c. 135); 1323 (rôle des dîm. de l'égl. de Béz.). — *De Podio argentorio*, 1138, 1197 (abb. de Valmag. G. christ. *ibid.* 146, 320; H. L. II, pr. c. 484). — *Eccl. S. Salv. de Podio de Lodozano*, 1216 (Liv. noir, 109). — *Saint-Sauveur-Graissessac-et-Camplong*, 1760 (pouillé). — *S. Salvator de Graissessac*, 1780 (état offic. des égl. de Béz.) — *Saint-Sauveur* (cartes du dioc. de Béziers et de Cassini). — Voy. Graissessac.

Saint-Sébastien-de-Frémian, anc. égl. c^{ne} de Prémian. — Nous lisons *Ecclesia S. Sebastiani de Fræmiano*, 1102 (arch. de l'égl. de St-Pons; H. L. II, pr. c. 357) et *de Fromiaco*, 1195 (Livre noir, 101 v°). — Nous ne doutons nullement que ce ne soient de mauvaises leçons pour *Præmiano* et *Premiaco*, avec d'autant plus de raison que le vocable de l'église de Prémian est *Saint-Sébastien* et que le pouillé de 1760, au diocèse de Saint-Pons, porte parmi les cures *Saint-Sébastien de Prémian* et *Saint-Étienne d'Albaignan son annexe*. — Voy. Prémian.

Saint-Sébastien-de-Marou, f. c^{ne} d'Aniane. — *Eccl. ruralis S. Sebastiani de Maroiol*, 1182 (cart. Magal. E. 27). — *Villa S. Seb. de Marojol*, 1156 (G. christ. VI, inst. c. 359); 1213 (cart. d'Aniane, 49 v°). —

Saint-Sébastien (cartes du dioc. de Montpellier et de Cassini). — Voy. Marou.

Saint-Seriès, c^{on} de Lunel. — *Sanctus Soregius*, 1440 (lett. pat. de la sénéch. de Nîm. VIII, 257 v°). — *Saint-Seriés*, 1684 (pouillé); 1688 (pouillé; lett. du gr. sc.); 1760 (pouillé; tabl. des anc. dioc. cartes du dioc. de Montp. et de Cassini). — Saint-Seriès était l'une des douze villettes de la baronnie de Lunel. — Son église était un prieuré-cure de l'archiprêtré de Restinclières sous le vocable de *S. Arèse*, aujourd'hui remplacé par *S. Arige*. Ce prieuré était à la nomination de l'évêque de Montp. 1756 (état offic. des égl. de Montp.); 1684, 1777 (vis. past.). En 1684, l'évêque était seigneur temporel de ce lieu; c'était le roi en 1777.

Saint-Seriès fut primitivement compris dans le canton de Restinclières, que supprima l'arrêté des consuls du 3 brumaire an x; cette commune passa dès lors dans le canton de Lunel.

Saint-Sever, anc. abbaye, c^{ne} d'Agde. — Cette abbaye, célèbre par le nom qu'elle porte plus que par les monuments qu'elle nous a laissés, paraît avoir été fondée sous le règne de Charles le Chauve, sur le tombeau du saint son patron. Elle fut réunie à la mense épiscopale d'Agde, comme on le voit par la bulle d'Adrien IV de 1158 et les lettres de Louis VII de 1173 (G. christ. VI, 705-706). — *Abbatia S. Severi*, 990 (Marten. Anecd. I, 179); 1064 (*id.* Collect. ampl. I, 463); 1173 (cart. Agath. 252).

Saint-Silvestre-de-Brousses, f. anc. égl. c^{ne} de Puéchabon. — C'était une église rurale, romane. On appelle *Brousses* le ténement où était l'église, en latin *bruscia*, broussailles (Du Cange). — *Eccl. S. Silvestri de Bruciis*, 1146 (cart. Anian. 35); 1154 (bulle d'Adrien IV, ch. de l'abb. d'Aniane); 1183 (cart. Anian. 49 v°). — *Parroch. S. Silv. de Bruccis*, 1213 (*ibid.* 50) on lit en marge *de Brouces*. — *Parroch. S. Silv. de Montecalmense*, 1211 (*ibid.* 52). — *S. Silvestre* (cartes du dioc. de Montp. et de Cassini). — Voy. Fnouzet.

Saint-Siméon, f. c^{ne} de Pézenas, 1809. — *S. Siméon* (cartes du dioc. de Béz. et de Cassini).

Saint-Sixte-d'Avenas ou Saint-Xist, f. c^{ne} de Clermont. — *Église ruinée* entre Clermont et Lacoste. — *Eccl. S. Sixti de Avanasco*, 1236 (Plant. chr. præs. Lod. 147). — *S. Sixte* (cartes du dioc. de Lodève et de Cassini).

Saint-Sulpice-de-Thoron, anc. égl. c^{ne} de Poussan. — *Eccl. S. Supplicii et de Porsano*, 1339 (cart. Magal. B 9).

Saint-Thibéry, c^{on} de Pézenas. — Κεσσερώ (Ptol. Geogr. II, x). — *Cessero* (*Volcarum Tectosagum*) (Plin. Hist. nat. III, iv). — *Cessaro vel Cessaron mansio* (itiner. Burdigal.). — *Cessero sive Araura*, à cause du voisinage de l'Hérault (itiner. Anton. carte de Peutinger; vases du musée du collége romain; cf. Géogr. des Gaules de Walckenaer, tom. I, 191, et tom. III, itinéraire). — C'est au martyre des SS. Tibère, Modeste et Florence à Cessero qu'on doit les noms de *Saint-Thibéry* et de *Florensac*. — *In territorio Agathensi, in Cœsarione, aliter in Cesserone natale SS. Tiberii, Modestii et Florentiæ*, IX° s° (Adon. Martyrol). — *S. Tiberius, Cesarion*, 867 (arch. de l'abb. de S¹-Tib. Mabill. Dipl. 541). — *S. Tyberius castr.* (*ibid*. 572); 977, 990 (Marten. Anecd. I, 95 et 179); 1036, 1059 (chât. de Foix; H. L. II, pr. cc. 199, 231); 1134 (Concil. Monsp.); 1212 (cart. Agath. 16). — *Sant-Tiberi*, 1389 (Lib. de memor.). — *S. Thuberi*, 1562 (mss de Coustin; H. L. V, pr. c. 133). — *S. Hibery*, 1625 (pouillé); 1649 (*ibid*.). — *S. Tibery* (tabl. des anc. dioc.); 1698 (arch. de l'Hérault, liasse uniq. de l'abb. de S¹-Thibéry); 1785-1790 (registre unique de la même abbaye). — *S. Thibery* (carte du dioc. d'Agde; carte de Cassini); 1760 (pouillé).

L'*église de Saint-Thibéry* doit son principal lustre à l'abbaye de Bénédictins fondée au commencement du IX° siècle, réformée et unie à la congrégation de Saint-Maur en 1647. — *Eccl. S. Tiberii*, 1142 (chât. de Foix; H. L. II, pr. c. 494). — *Monasterium, cœnobium, abbadia de S. Tib.* 821 (cart. Anian. 13 v°), 906 (arch. de l'abb. de S¹-Victor de Marseille, H. L. II, not. 47); 1036 (chât. de Foix; *ibid*. II, pr. c. 199); 1127 (arch. de l'abb. de S¹-Tib. *ibid*. 423); 1193 (Livre noir, 61); 1212 (cart. Agath. 16); 1351 (stat. eccl. Bitter. 189). — *S. Tibery cure*, abb. 1760 (pouillé).

Pline nous apprend que *Cessero* jouissait du droit latin. Saint-Thibéry avait le titre de *Ville* avec justice royale (cf. G. christ. VI, 707; Hist. de Lang. *passim*; Astruc, Mém. pour l'Hist. nat. de Lang. p. 111; d'Anville, Not. des Gaules, 224).

Saint-Thibéry, f. c°° de Saint-Thibéry. — Métairie indiquée sur la carte du dioc. d'Agde et sur celle de Cassini.

Saint-Thibéry, mont. c°° de Saint-Thibéry. — Cette montagne, ou plutôt cet ancien volcan, a trois sommités, dont la plus élevée, qui est la plus rapprochée du village, a 148ᵐ,92; celle qui est la plus voisine de Bessan a 126ᵐ,70, et le mont *Ramus*, intermédiaire par rapport aux deux autres, 135ᵐ,95. — On voit dans l'intérieur du village, au-dessus des basaltes que couvrent les restes d'un camp romain, les ruines d'un *fort* dont la hauteur est de 110ᵐ,84 au-dessus de la Méditerranée.

Saint-Victor, f. c°° de Villeneuve-lez-Béziers. — Anc. prieuré: *Prioratus de S. Victore*, 994 (Liv. noir, 77 v°): 1097 (*ibid*. 42); 1323 (rôle des dîmes des églises de Béz.) — *Ermitage Saint-Victor* (cartes du dioc. de Béz. et de Cassini). — Prieuré, 1760 (pouillé).

Saint-Victor-Guanal, f. c°° de Mèze.

Saint-Vincent-de-Barbeyrargues, c°° des Matelles. — *Eccl. et mansus S. Vincentii*, 1132 (Gariel, ser. præs. Magal. 172). — *Villa S. Vinc. de Barbaranicis*, 1228 (cart. Magal. E. 187). — *De Barbairau*, 1124 (chât. de Foix; H. L. II, pr. c. 428). — *De Barbayrano*, 1149 (*ibid*. 522). — *Villa seu parroch. de Barberanicis*, 1185 (cart. Magal. E. 211). — *Eccl. S. Vincentiani*, v. 1100 (Arn. de Verd. ap. d'Aigrefeuille, II, 425); 1333 (stat. eccl. Magal. 12 et 17); 1536 (bulle de Paul III, transl. sed. Magal.). — *S. Vincens*, dans la rectorie de Montpellier, 1625 (pouillé); 1649 (*ibid*.). — *Saint-Vincent*, 1684 (*ibid*.); 1688 (lett. du gr. sceau); prieuré-cure, 1760 (pouillé; tabl. des anc. dioc. cartes du dioc. de Montpellier et de Cassini). — Ce prieuré simple, sous le vocable de *Saint-Vincent*, dépendait de l'archiprêtré d'Assas, 1756 (état offic. des égl. du dioc. de Montp.); 1684, 1780 (vis. past.).

Saint-Vincent-de-Jonquières, ruines d'une anc. église, c°° de Poussan.

Saint-Vincent-de-la-Goutte, f. c°° de Pégairolles-de-l'Escalette. — Égl. ruinée sur le Larzac. — *Gutta vel Goutlas villa*, 987 (cart. Lod. G. christ. VI, inst. c. 269). — *Eccl. S. Vincentii de Gutta*, 1123 (bulle de Calixte II; *ibid*. 278). — *Mansus de la Guttbertia*, 1205 (cart. Anian. 66). — *Eccl. parœcialis*, 1204 (Plant. chr. præs. Lod. 104). — *Municipium*, 1206 (*ibid*. 105). — *Eccl. ruralis*, 1308 (*ibid*. 259). — *Saint-Vincent* (cartes du dioc. de Lod. et de Cassini). — Voy. Barasques (Les).

Saint-Vincent-de-l'Escalette, piton volcanique, c°° de Pégairolles (c°° du Caylar). — Haut. 711 mètres.

Saint-Vincent-de-Mauzonis, anc. église, c°° du Bosc. — Elle se trouvait au pied du Gibret. Une croix de pierre en marquait naguère la place; la croix a disparu comme l'église, dont il ne reste plus de traces. Le titre patronymique a été transféré à Notre-Dame-de-la-Nufe du village de Salelles. — *Ecclesia quæ est fundata in honorem S. Vincentii cum ipsa villa quam vocant Majoriis (vel Masomas) et cum ipso castro quod vocant Gibreto*, 987 (Bolland. II, febr. 897; ex tab. Leutev. Gall. christ. VI, instr. c. 270). — *S. Vincentius*, 1157 (cart. Anian. 76 v°). — *Saint-Vincent prieuré*, 1760 (pouillé). — Les cartes du dioc. de Lodève et de Cassini disent simplement *Vieille église*. — Voy. Gibret.

Saint-Vincent-de-Montarels, anc. chap.—Voy. Mangon.

Saint-Vincent-d'Olargues, c^on d'Olargues. — *Eccl. S. Vincentii*, 1101 (G. christ. VI, inst. c. 82). — Les dîmes de cette église étaient perçues par le chap. de Saint-Nazaire de Béziers. — *Saint-Vincent* (cartes du dioc. de Saint-Pons et de Cassini).

Saint-Xist, h. c^ne de Boussagues. — Prieuré de l'archiprêtré de Boussagues : *San Sixt, patr. S. Quiritus et S. Julita*, 1780 (état offic. des égl. du dioc. de Béz.). — *S. Xist*, 1760 (pouillé; cartes du diocèse de Béz. et de Cassini).

Saint-Xist, f. — Voy. Saint-Sixte-d'Avenas.

Saisset, f. c^ne de Montpellier, sect. D.

Saisset, f. c^ne de Montpellier, sect. G.

Sajoles, h. c^ne de Combaillaux. — *Sajolle* (cartes du dioc. de Montp. et de Cassini).

Salabert, f. — Voy. Jalabert.

Salabert, h. c^ce de Saint-Chinian.

Salabert, ruiss. qui prend sa source à la Jasse de Trassénous, c^ne de la Salvetat, arrose vingt hect. sur le territ. de cette commune, et, après un cours de 3 kilomètres, se perd dans l'Agout, affluent du Tarn.

Salade (la), h. c^ne de Saint-Jean-de-Cucuiles. — *La Salade* (cartes du dioc. de Montp. et de Cassini).

Salagé, f. c^ne de Montpellier, sect. A.

Salagou, mont. entre Clermont et Lodève. — La hauteur moyenne de ce système est de 330 mètres. Les principaux sommets sont les chaînons *du Gèdre, de Lauberne, de Lieuzède et de Sévérou*. —Voy. ces noms.

Salagou, riv. qui a sa source au col de la Melquière, c^ne de Brénas; grossie des courants d'eau venant de Saint-Martin-des-Combes, d'Octon, de Liausson et de Salasc, elle arrose les territoires de Brénas, Saint-Martin-des-Combes, Octon, Celles, Lacoste, Clermont, fait mouvoir deux moulins à blé à Octon, et, après avoir parcouru 18 kilomètres, se jette enfin dans la Lergue. — L'étendue de la vallée du Salagou est de 1 myriamètre 3 kilomètres.

Salagou (Grange de), f. c^ne de Clermont.

Salaison, éc. c^se de Castelnau-lez-Lez.

Salaison, éc. c^ne de Vendargues. — *Salaron*, 996 (cart. Gell. 27). — *Saliron*, 1153 (charte du fonds du Vignogoul). — *Hospital. de Salarone*, 1226 (cart. Magal. E 46). — *Salazon*, 1625 (pouillé). — *Salazou*, 1649 (ibid.). — *Salezon* uni avec le Crès et Castelnau, 1688 (lett. du gr. sc.). — *Mas de Salaizon* (cartes du dioc. de Montp. et de Cassini).

Salaison ou Salaizon, riv. qui prend sa source dans la c^ne de Guzargues, traverse le territ. de Tréviers, Assas, Teyran, sépare les communes de Vendargues et de Castelnau, entre dans le territoire de Mauguio et se perd dans l'étang de cette commune. Son cours, de 16 kilomètres, arrose environ quatre hect. — *Riperia Salaronis*, 1195 (cart. Magal. A 287); 1272 (ibid. E 119). — *Molendini in riperia Salaironis* (ibid. et 1246, A 252). — *Sallazo*, 1528 (pouillé). — *Salezon*, 1640 (chambre des comptes de Montp. B 410).

Salamane, h. c^ne du Bosc. — *Feudum Salomoneus*. 1181 (cart. Anian. 117 v°).

Salante, f. c^ne de Gignac. — *Locus de Salientis*, 1108 (Livre noir, 300).—*Salente* (cartes du dioc. de Béz. et de Cassini).

Salasc, c^on de Clermont. — *Villa de Salasco*, 879 (Plant. chr. præs. Lod. 32). — *Eccl. S. Genesii quæ dicitur Salascum*, 975 (arch. de l'église de Lodève; G. christ. VI, instr. c. 267). — *Vicaria Salaschensis*, v. 996 (cart. Gell. 13 v°). — *Salas*, 1122 (ibid. 60 v°, 197 v°); 1162 (ibid.); 1115 (cart. Magal. A 21); 1150 (mss. d'Aubaïs; H. L. II; pr. c. 529); 1161, 1164 (chât. de Foix, ibid. 579, 601). — *Municipium*, 1154 (Plant. loc. cit. 86). — *Eccl. S. Genesii de Salasco*, 1187 (ibid. 97). — Fief donné par l'évêque de Lodève au seigneur de Clermont, 1209 (ibid. 109). — *Salasc*, 1625 (pouillé) 1649 (ibid.); 1688 (lett. du gr. sceau). — *Cure*, 1760 (pouillé; tabl. des anc. dioc. cartes du dioc. de Lodève et de Cassini).

Salasc fit d'abord partie du canton d'Octon, lequel fut supprimé par arrêté des consuls du 3 brumaire an x; cette commune fut alors ajoutée au canton de Clermont.

Salasc, m^in sur la Dourbie, c^ne de Lieuran-Cabrières.

Salelles, f. c^ne de Caux. — *Salella*, 1169 (Livre noir, 65 v°). — *Sallelles* (cartes du dioc. de Béziers et de Cassini).

Salelles, h. c^ne du Bosc. — *Locus de Salelles* donné par le roi Charles le Chauve à l'év. de Lodève, 880 (Plant. chr. præs. Lod. 39). — *Fisc. Salellas*, 990 (arch. de Saint-Tibéri; G. christ. VI, inst. c. 315); v. 1110 (cart. Gell. 95 v°); 1257 (cart. Magal. F 191). — *Eccl. S. Vincentii de Masonis vulgo de Salelles*, 1259 (G. christ. VI, 546). — *Salelles* cure, 1760 (pouillé; carte du dioc. de Lodève et carte de Cassini). — Le titre patronymique de Saint-Vincent de Mauzonis a été transféré à la chapelle de Notre-Dame-de-la-Nufe à Salelles, dont le patron est d'ailleurs saint Vincent. — Quant à Saint-Vincent-de-Mauzonis ou plutôt de Salelles, nous sommes porté à croire que c'est *Creixella cella* du cart. de Saint-Guillem, 804 (fol. 3), et *Castrum Cressel*, 1123 (ibid. 136). — Voy. Gibret, Saint-Martin-du-Bosc, Saint-Saturnin-de-Lucian et Saint-Vincent-de-Mauzonis.

Salesse (La), f. c^ne de Castanet-le-Haut.
Salesses, m^in sur la rivière de même nom, près du hameau de Courniou, c^ne de Saint-Pons.
Salesses, riv. qui naît au hameau de Courniou (c^ne de Saint-Pons), arrose dix hect. du territ. de cette ville, fait mouvoir un moulin à blé, parcourt 7,800 mètres et se jette dans le Jaur, affluent de l'Orb.
Salet (Mas), f. c^ne de Saint-André-de-Sangonis.
Salettes (Bas-), f. c^ne de Cassagnolles.
Salettes (Haut-), h. c^ne de Cassagnolles.
Salicate, m^in sur le Lez, c^ne de Montpellier, sect. D. — *Selicatas*, 1272 (cart. Magal. E 119). — *Salicate*, 1662 (arch. de l'hôp. gén. de Montp. B 32).
Saliés, f. c^ne de Quarante.— *Salies* (cartes du dioc. de Narb. et de Cassini).
Salin, éc. c^ne de Pérols.
Salines ou Salins. — Les principales fabrications de sel du département portent les noms de *Bagnas*, *Cette*, *Frontignan*, *Héricourt*, *Quinzième*, *Villeroi* : voy. ces articles. — *Salines* de la côte de Languedoc, *Salinæ*, 990 (Marten. anecd. I, 101); 1048 (cart. de la cath. de Narb. H. L. II, pr. c. 249).
Salines (Les) ou les Salins, éc. c^ne de Cette.
Salines (Les) ou les Salins, éc. c^ne de Frontignan.
Salines (Les), éc. c^ne de Mèze. — *De Mezoá ad Salinas*, 1152 (cart. Agath. 182).
Salines (Les) ou les Salins, éc. c^ne de Villeneuve-lez-Maguelone.
Salins (Château des), fortin, poste des douanes, c^ne de Cette.
Salle (La), f. c^ne de Cazilhac, 1809.
Salle (La), h. c^ne d'Olargues.
Salles, j^in, c^ne de Castelnau-de-Guers. — *Sala*, 1224 (G. christ. VI, instr. c. 337).
Salles, m^in sur l'Orb, c^ne de Sauvian.
Salles (Les), h. c^ne de Béziers. — Voy. Saint-Martin-des-Salles.
Salles (Les), h. c^ne de Saint-Gervais. — *Les Salles* (cartes du dioc. de Castres et de Cassini).
Salles (Mas de), f. c^ne de Montferrier.
Salles (Tours de), anc. chât. f. c^ne de Valflaunès. — Ce château, dont il reste deux petites tours carrées, et ceux de la Roquette et de Montferrand formaient un triangle arrosé par le petit ruisseau de *Salles*.
Sals, h. c^ne de Saint-Geniès-de-Varensal. — *Sals* (cartes du dioc. de Castres et de Cassini).
Salse (La), f. c^ne de Saint-Vincent (c^on d'Olargues). — *Salsias villa*, 936 (G. christ. VI, instr. c. 77). — *Salisceira*, 1100 (Spicil. X, 163).
Salses (Les), h. c^ne de Saint-Privat. — *Salices*, 799 (dipl. de Charlemagne, cart. Anian. 18 v°). — *Vallis Salses*, 1116 (cart. Gell. 76 v°). — *Parroch. S. Mariæ de Salsas*, 1122 (*ibid.* 60). — *Teutran de Salsis*, v. 1000 (Bolland. mirac. S. Guill.); 1236 (Plánt. chr. præs. Lod. 146). — Hommage à l'év. de Lodève, 1243 (*ibid.* 156). — *Salses* succ. (cartes du dioc. de Lodève et de Cassini). — *Salces* prieuré-cure, 1760 (pouillé).
Salson, f. c^ne de Pézenas, 1809. — *Salsxon* (cartes du dioc. de Béziers et de Cassini).
Salsou, f. c^ne de Pardailhan. — *Salsou* (cartes du dioc. de Saint-Pons et de Cassini).
Salva, f. c^ne de Montpellier, 1809.
Salva (Mas), f. c^ne de Lattes. — *Mare de Salvano*, 1266 (cart. Magal. F 53); 1289 (*ibid.* G 137).
Salvagnac, h. c^ne de Ceilhes-et-Rocozels. — *Salvaticos villa*, 804 (cart. Gell. 4). — *Salvanhac*, XVIe siècle (terr. de Joncels). — *Sauvagnac* (cartes du dioc. de Béz. et de Cassini). — Ce hameau et celui de la Blaquière faisaient partie de la commune de Joncels. Une même ordonnance des Cinq-Cents du 9 vendémiaire an VI réunit ces deux hameaux à la commune de Ceilhes-et-Rocozels.
Salvan, j^in, c^ne de Béziers (2e c^on).
Salvergues, h. c^ne de Mons. — *Simbergas*, 936 (G. christ. VI, instr. c. 77).
Salverguettes, f. c^ne de Mons.
Salvetat (La), arrond. de Saint-Pons. — *Eccl. S. Mariæ de Salvetad*, 1085 (G. christ. VI, instr. c. 24). — *Eccl. S. Stephani de Salvetas*, 1102 (arch. de l'égl. de Saint-Pons; H. L. II, pr. c. 357). — *Salvetat*, 1144 (ch. de Foix; *ibid.* 504). — *Castellum*, 1174 (cart. de Foix, III, v°). — *Burgus*, 1198 (Livre noir, 274). — *Priorissa de Salvetate*, 1516 (pouillé). — *La Salvetat*, 1625 (*ibid.*); 1649 (pouillé; tabl. des anc. dioc. carte du dioc. de Saint-Pons; carte de Cassini); 1783 (terr. de la Salvetat).
La Salvetat, au diocèse de Saint-Pons, répondait pour la justice au sénéchal de Carcassonne. — C'était l'une des sept villes du diocèse qui envoyaient par tour un député aux États généraux de Languedoc. Ses armes étaient *de gueules, à la tour d'argent, à trois donjons d'or, celui du milieu plus élevé; cette tour ouverte de sable et posée sur une rivière d'azur.* (Gastelier de La Tour, armorial de Lang. 199.)
Le canton de la Salvetat est resté constamment composé de trois communes seulement : la Salvetat, Fraisse et le Soulié.
Salvianet, anc. prieuré, dioc. de Béziers. — *Mansus de Salvianello*, 1089 (Livre noir, 3 v°). — *Rector de Salvianeto*, 1323 (rôle des dîm. des égl. de Béz.). — *Salvianet*, 1760 (pouillé).
Salze, f. c^ne de Montpellier, sect. B.
Salze, f. c^ne de Montpellier, sect. H.

SAMBUGUÈDE, f. c^ne de Pégairolles (c^on de Saint-Martin-de-Londres), 1809.
SAMSON, f. c^ne de Lagamas.
SANOUZEL, ruisseau qui a son origine au hameau de Mouret, c^ne de Cassagnolles. — Après avoir couru pendant 2 kilomètres et arrosé deux hectares sur le territ. de cette commune, il se perd dans le ruisseau de Singles, qui se jette dans la Cesse, affluent de l'Aude.
SANPAN, f. c^ne de Vic.
SANS, f. c^ne de Montpellier, 1809.
SANSAC, f. c^ne de Castanet-le-Haut. — *Sansac* (cartes du dioc. de Castres et de Cassini).
SANS-TERRE, f. c^ne de Boisseron.
SANTY, f. c^ne de Caux, 1809.
SAPORTA, f. c^ne de Lattes. — *Mas de Saporta*, 1695 (affranch. 5e Regist. 63).
SAPTE, station du ch^in de fer, c^ne de Mauguio.
SAPTE (MAS DE), f. c^ne de Mauguio. — *Satte* (cartes du dioc. de Montp. et de Cassini).
SARDAIGNE (GRANGE DE), f. c^ne de Coulobres, 1809. — *Sardaigne* (cartes du dioc. de Béz. et de Cassini).
SARBASI (MAS), f. c^ne de Cessenon.
SARRASIN (PORT), c^ne de Villeneuve-lez-Maguelone. — Ce port, détruit par Charles Martel, se trouvait dans l'île de Maguelone. C'est par là que se faisait le commerce maritime de Montpellier, même après cette destruction, avant que ce commerce passât au port de Lattes. *Le port Sarrasin* a longtemps gardé son nom, et on voyait naguère un débris de colonne ou de phare sur la plage, que les sables ont couvert et qui en indiquait l'entrée. — *Portus Sarracenus, Portus Sarracenorum* (Arn. de Verd. ap. d'Aigrefeuille, II, 410, 419 etc. id. ap. Labbe, *Bibl. nov. manusc.* I, ser. praes. Magal.). — Cf. Astruc. (Mém. pour l'Hist. nat. de Lang. 19, 380, 528).
SARRAUD, j^in, c^ne de Vias, 1840.
SARRAZO, f. c^ne de Pardailhan. — *Allod. de Sarzano*, 1182 (G. christ. VI, instr. c. 88).
SARNEMEGÉ, h. c^ne d'Olargues, 1809.
SARRET, f. c^ne de Lattes. — 1695 (affranch. V, 90).
SARRET (LE), h. c^ne de Saint-Vincent-d'Olargues. — *Locus de Sarreto*, 1133 (cart. Agath. 13). — *Le Sarret* (cartes du dioc. de Saint-Pons et de Cassini).
SARROU, éc. c^ne de Soubès, 1841.
SARROUZEL, h. c^ne de Cassagnolles. — *Sarrousel* (cartes du dioc. de Saint-Pons et de Cassini).
SARRUS, f. c^ne de Montpellier, sect. J.
SATURARGUES, c^on de Lunel. — *S. Maria de Sesteiranegues*, 1157 (cart. d'Aniane, 1205 (*ibid.* 66 v°). — *Scurdurenges*, 1226 (reg. cur. Franc. H. L. III. pr. c. 317). — *Eccl. S. M. de Saturanicis*, 1538 (G. christ. VI, instr. c. 206). — *Sauturargues*, 1684 (pouillé). — *Saturargues*, 1688 (pouillé); 1688 (lett. du gr. sc.); 1760 (pouillé: tabl. des anc. dioc. cartes du dioc. de Montp. et de Cassini).

Saturargues était l'une des douze villettes de la baronnie de Lunel, *villa de Saduranicis*, 1440 (lett. pat. de la sénéch. de Nîm. VIII, 257 v°). — Le roi était seigneur temporel du lieu. — Son église, sous le patronage de la *Sainte Vierge*, dépendait de l'archiprêtré de Restinclières. — C'était un prieuré-cure à la nomination de l'évêque de Montp. 1756 (état offic. des égl. du dioc. de Montp.); 1684, 1777 (vis. past.).

Cette commune appartenait primitivement au canton de Restinclières, supprimé par l'arrêté des consuls du 3 brumaire an x; elle fut alors ajoutée au canton de Lunel.

SAUCLET, ruisseau qui naît au lieu appelé *l'Usclade*, c^ne de Joncels, parcourt 1,065 mètres, arrose trois hectares sur le territoire de cette commune et se perd dans le Gravaison, affluent de l'Orb.
SAUCLIÈNES, éc. écluse, c^ne de Béziers (2e c^on).
SAUDADIEN, h. c^ne de Vailhan.
SAUGRAS, h. c^ne d'Argelliers, anc. monastère dépendant de l'abb. d'Aniane. — *Sogradus, Sograde, Asograde, Assogrado*, 799, 853, Vidim. 1314 (tr. des chartes; Act. SS. Bened. sec. IV, part. I, 222, 223). — *Locus qui dicitur Sogradus*, 799 (dipl. de Charlemagne, cart. Anian. 18 v°; dipl. de Charles le Débonnaire *ibid.* 20 v°). — *Eccl. S. Andree de Sugras*, 1154 (bulle d'Adrien IV, ch. de l'abb. d'Aniane; cart. d'Aniane, 35 v°). — *Saugras*, 1760 (pouillé; cartes du dioc. de Montpellier et de Cassini). — La vicairie perpétuelle de *Saugras*, sous le patron. de *S. André*, était dans l'archiprêtré de Viols. Le seigneur temporel du lieu était le marquis de Murles, 1756 (état offic. des égl. du dioc. de Montp.); 1684, 1780 (vis. past.).
SAUJAS, h. c^ne de la Salvetat.
SAUMADE, f. c^ne de Montpellier, sect. B.
SAUMAIL, mont. c^ne du Soulié. — Hauteur du sommet vis-à-vis *l'auberge du Saumail*, 949 mètres; haut. du plateau, mesuré près du *pont du Moulinet*, vis-à-vis le chemin du *hameau de Caudezaures*, 966 mètres — Le *mont Saint-Pons*, intermédiaire, 1036 mètres. Les cartes du diocèse de Saint-Pons et de Cassini indiquent *le Moulinet* et *Caudesaures*.
SAUREL, f. c^ne de Mas-de-Londres.
SAUREL, f. c^ne de Montpellier, sect. H.
SAURET, m^in, usine sur le Lez, c^ne de Montpellier, sect. D. — *Eccl. de Salzeto*, v. 1100 (Arn. de Verd. ap. d'Aigrefeuille, II, 425). — *Villa super flumen Lesi*, 1114 (mss. d'Aubais; H. L. II. pr. c. 391); 1129

(*ibid.* 448; ch. de Guill. VI, mémorial des nobles, 70 v°). — *Sauzetum*, 1272 (cart. Magal. E 119). — *Moulin de Sauret*, 1662 (arch. de l'hôpital gén. de Montp. B 32).

Saurine (La), ruisseau qui naît au lieu appelé *la Combe del rut*, c^{ne} de Riols, court pendant 4 kilomètres en arrosant trois hectares du territ. de cette commune et se perd dans le ruisseau de'Fonclare, affluent du Jaur. — *Syronis*, 977 (arch. de Saint-Paul de Narbonne; Marlène, Anecd. I, 95).

Saussan, c^{on} (3e) de Montpellier. — *Eccl. castrum de Salzano*, 1169 (Arn. de Verd. ap. d'Aigrefeuille, II, 433); 1218 (*ibid.* 441; Gariel, ser. præs. Magal. I, 320). — *Decimaria de Salsano*, 1226 (cart. Magal. D 219); 1299 (*ibid.* B 209); 1323 (*ibid.* D 241). — *Prioratus*, 1333 (stat. eccl. Magal. 21 v°). — *Seigneurie de Saulsan*, 1455 (dom. de Montp. H. L. V. pr. c. 16). — *De Sossan*, 1529 (*ibid.* 85). — *Saussan*, dans la baronnie de Montpellier, 1625 (pouillé); 1649 (*ibid.*); 1760 (*ibid.* tabl. des anc. diocèses; carte du diocèse de Montpellier; carte de Cassini). — *Saussan*, de l'archiprêtré de Cournonterral, avait pour patron. de *saint Jean-Baptiste*, était une vicairie perpétuelle, dépendante de la mense capitulaire de Montpellier, 1756 (état offic. des égl. du dioc. de Montp.); 1684, 1777 (vis. past.).

Saussan fit originairement partie du canton de Pignan, supprimé par arrêté des consuls du 3 brumaire an x. Cette commune fut alors comprise dans la 3e section du canton de Montpellier.

Saussenas, h. c^{ne} de la Livinière. — Les cartes du dioc. de Saint-Pons et de Cassini écrivent *Saissenac*.

Saussines, c^{on} de Lunel. — *Eccl. de Subinis*, 1090 (Arn. de Verd. ap. d'Aigrefeuille, II, 429). — *Eccl. S. Stephani de Subiniis*, 1099 (G. christ. VI, inst. c. 187). — *Parroch. de Sovolcinis*, 1177 (ch. du fonds de Saint-Jean-de-Jérus.). — *Prior de Solcinis*, 1219 (cart. Magal. A, 1290 v°, index 199); 1330 (*ibid.* A 182). — *Prioratus de Saucines*, 1693 (G. christ. *ibid.* 236). — *Saussinés*, 1625 (pouillé). — *Saussines*, 1649 (*ibid.*); 1688 (*ibid.* lett. du gr. sc.); 1760 (pouillé; tableau des anc. diocèses; cartes du dioc. de Montp. et de Cassini). — *Saussines*, au dioc. de Montpellier, dépendait de la viguerie de Sommières (Gard). — Son église, de l'archiprêtré de Restinclières, sous le patron. de *l'Invention de S. Étienne*, était une vicairie perpétuelle à la nomination du sous-chantre de la cathédrale d'Alais, qui en était le prieur décimateur, 1756 (état officiel des égl. de Montpellier); 1684, 1779 (vis. past.).

Saussines appartenait primitivement au canton de Restinclières, lequel fut supprimé par arrêté des consuls du 3 brumaire an x. Cette commune fut alors placée dans le canton de Lunel.

Saussol ou Sept-Fons, f. c^{ne} de Saint-Pons-de-Mauchiens.

Saut-de-l'Ane, f. c^{ne} de la Salvetat.

Saut-du-Lièvre, f. c^{ne} de Pégairolles, c^{on} du Caylar. — Hauteur : 755 mètres.

Sauteyrargues-Lauret-et-Aleyrac, c^{on} de Claret. — *Eccl. S. Hilarii de Centranegis*, 1095 (G. christ. VI, inst. c. 353). — *Centrairanegues*, 1119 (cart. Gell. 107 v°; H. L. II, pr. c. 411). — *Parroch. S. Ylarii de Centrairanicis*, 1174 (ch. du fonds de Saint-Jean-de-Jérusalem); 1175, 1180 (chartes du même fonds); 1110, 1125, 1128, 1130 (mss. d'Aubaïs; H. L. *ibid.* 331, 437, 446, 456); 1156 (Spicil. III. 194); 1180 (Livre noir, 224). — *De Centrayranicis*, v. 1100 (Arn. de Verd. ap. d'Aigrefeuille, II, 425). — *De Centreiranicis*, 1140 (H. L. II, pr. c. 493). — *De Centrarianicis*, 1164 (mss. d'Aubaïs; H. L. *ibid.* 600). — *De Centayranicis*, 1161 (cart. Magal. F. 90). — *De Centerinicis*, 1340 (*ibid.* A 58). — *Eccl. S. Martini de Santairanicis*, 1161 (cart. Magal. E 326); 1182 (*ibid.* C 125). — *De Santayranicis*, 1293 (*ibid.* A 151). — *De Sentayranicis*, 1161 (*ibid.* F 90); 1212 (*ibid.* C 125); 1263 (*ibid.* E 300). — *Villa S. Mart. de Saltairanicis*, 1156 (G. christ. VI, inst. c. 359). — *Castrum de Senteiranicis*, 1218 (Arn. de Verd. ap. d'Aigrefeuille, II, 441). — *De Senteranicis*, 1333 (stat. eccl. Magal. 12). — *De Sentrayranicis*, 1333 (*ibid.* 47 v°, 51, 62). — *Eccl. S. Hilarii de Sauteiranicis*, 1536 (bulle de Paul III, transl. sed. Magal.). — *Saturargues*, 1625 (pouillé). — *Sauturargues*, 1649 (*ibid.*). — *Sauteirargues*, 1688 (lett. du gr. sc.). — *Sauterargues*. xviiie s^e (tabl. des anc. dioc.). — *Sauteiragues* (cartes des dioc. de Nîmes et de Montp. et de Cassini). — *S. Martin de Sauteirargues*, 1760 (pouillé). — *Sauteyrargues*, 1715 (arch. de l'hôp. gén. de Montp. B 174; Dict. des postes, etc.). — *Centrairargues*, 1733 (Hist. de Lang. II, à la table); 1739 (d'Aigrefeuille, II, 441).

Sauteyrargues, du diocèse de Nîmes et du bailliage et viguerie de Sauve, répondait toutefois pour la justice au sénéchal de Montpellier (pouillé de 1649). — L'église de Saint-Hilaire paraît appartenir à *Saint-Hilaire-de-Beauvoir*, et le nom de *Sauteiranicis* n'être qu'une désignation de vicinalité, le vocable de Sauteyrargues étant *Saint-Martin*. — Lauret et *Aleyrac*, avant 1789, formaient deux paroisses distinctes du diocèse de Montpellier; la réunion de ces deux hameaux à Sauteyrargues, en 1836, a composé la commune de *Sauteyrargues-Lauret-et-*

Aleyrac. Précédemment chacune de ces localités comptait pour une commune dans le canton de Claret. — Voy. ALEYRAC et LAURET.

SAUVADOU (MAS), h. c⁰ᵉ de Pézenas, 1809. — *Sauvadou* (cartes du dioc. de Béz. et de Cassini).

SAUVAJOL, 1856. — *Sauvageot*, 1809, f. cⁿᵉ de Boujan. — *Sauvajot* (cartes du dioc. de Béz. et de Cassini).

SAUVANIÈRES, f. cⁿᵉ des Aires. — *Bois de la Sauvanière* (cartes du dioc. de Béz. et de Cassini).

SAUVEGARDE, f. cⁿᵉ de Capestang.

SAUVIAC, h. cⁿᵉ de Claret. — *Locus de Salignacio et Salignanello*, 813 (abb. de Psalmodi; H. L. I, pr. c. 38). — *Eccl. S. Vincentii de Salviniaco*, v. 1100 (Arn. de Verd. ap. d'Aigrefeuille, II, 425). — *Decimaria de Salvihaco*, 1155 (cart. Magal. D 251). — *Territ. de Salvinhaco*, 1155 (*ibid.* 252). — *Parroch. de Salinhaco*, 1156 (*ibid.*). — *Salviniacum*, 1173 (ch. de l'abbaye du Vignogoul); 1174 (ch. du fonds de Saint-Jean-de-Jérusalem). — *Sauviac* (cartes du dioc. de Montpellier et de Cassini; terrier de Claret).

SAUVIAN, cᵐ (2ᵉ) de Béziers. — *Castrum seu Castellum de Salviano*, 1070 (Marca Hisp. 1157); 1122 (chât. de Foix; H. L. II, pr. c. 422); 1123 (cart. Anian. 60 v°); 1132 (ch. de l'abb. d'Aniane); 1154 (ch. du même fonds); 1160 (cart. Agath. 111); 1182 (cart. Anian. 53 v°; G. christ. VI, inst. c. 86); 1123, 1148, 1182, 1216 (Livre noir, 5 v°, 30, 111, 134); 1225 (cart. Magal. E 129); 1380 (stat. eccl. Bitter. 10 v°). — *Salvinianum*, 1054 (cart. de l'égl. de Béziers; H. L. II, pr. c. 226). — *Sauvian*, 1625 (pouillé); 1649 (*ibid.*); 1688 (lett. du gr. sceau; terr. de Sauvian); 1760 (pouillé; tabl. des anc. diocèses; cartes du dioc. de Béz. et de Cassini).

Église de Sauvian : *Eccl. S. Cypriani de Salviano*, 1106, 1190 (cart. Anian. 31 v°, 61 v°). — *Capellæ S. Cipriani, S. Michaelis et S. Johannis in eccl. parroch. Salv.* 1190 (*ibid.*). — *S. Cornelius et Ciprianus cum castro de Salv.* 1146 (cart. Anian. 35); 1154 (bull. Adrian. IV, ch. de l'abb. d'Aniane; G. christ. VI, inst. c. 88 et 151). — *Prioratus, vicaria*, 1323 (rôle des dîmes des églises de Béz.). — L'état offic. des églises du diocèse de Béziers, 1780, dit simplement SS. *Cornelius et Cyprianus*, patrons de Sauvian; mais le pouillé de 1760 fait de cette église un prieuré dépendant de la mense capitulaire de Montpellier.

Sauvian a toujours fait partie du canton de Béziers. En l'an x, ce canton fut partagé en trois sections, et cette commune fut placée dans la deuxième.

SAUZANÈDE ou ENCONTRE, f. cⁿᵉ de Boisseron.

SAUZÈDE (LA), h. cⁿᵉ de Saint-Bauzille-de-Putois.

SAUZES, éc. cⁿᵉ de Castanet-le-Haut.

SAUZET, f. cⁿᵉ de Saint-Bauzille-de-Putois. — *Salzetum*, 1156 (cart. Gell. 201 v°); 1183 (cart. Anian. 49). — *Salzet*, 1213 (*ibid.* 136). — *Saudetum*, 1206, 1213 (*ibid.* 48, 66 v°). — *Mansus de Sauzeto*, 1333 (stat. eccl. Magal. 21 v°); 1347 (cart. Magal. A 251; E 13). — *Sauzet* (cartes du dioc. de Montp. et de Cassini).

SAVAGNAC, h. cⁿᵉ de Ceilhes-et-Rocozels. — Ce hameau appartenait primitivement à la cⁿᵉ de Joncels. Il en fut détaché par une ordonnance des Cinq-Cents du 9 vendémiaire an VI, ainsi que le hameau de *la Blaquière*, pour faire partie de la commune de Ceilhes-et-Rocozels. — *Savagnac* (cartes du dioc. de Béz. et de Cassini).

SAVIGNAC, hameau, cⁿᵉ de Cazouls-lez-Béziers. — *Saviniacum*, 1180, 1185 (Liv. noir, 58 v°, 166, 230). — *Savignac*, seigneurie de la vignerie de Béziers, 1529 (dom. de Montpellier; H. L. V, pr. c. 87; cartes du dioc. de Béziers et de Cassini).

SAVIGNAC-LE-BAS, f. cⁿᵉ de Cazouls-lez-Béziers. — Cette métairie, bien désignée par *Savignac le Bas*, au-dessous du hameau de Savignac, sur la carte du diocèse de Béziers, porte le nom de *Savignac le Haut* dans la carte de Cassini.

SAVIGNAC-LE-HAUT, f. cⁿᵉ de Cazouls-lez-Béziers. — *Le Haut Savignac* (carte du dioc. de Béziers). — *Jardin de Savignac le Bas* (carte de Cassini).

SAVOYE (LA), f. cⁿᵉ de Vendres.

SCABRILS (LES) ou ESCABRILS, f. cᵈᵒ de Joncels. — *Escabrilz*, XVIᵉ s° (terr. de Joncels). — *Les Cabrils* (cartes du dioc. de Béziers et de Cassini).

SCAFIAC, anc. église. — Voy. SAINT-JULIAN-DE-SCAFIAC.

SCIO, h. cⁿᵉ de Saint-Pons.

SÉBASTOPOL, f. cⁿᵉ de Saint-Drézéry.

SÈBE (ENCLOS DE), f. cⁿᵉ de Pézenas, 1809.

SÈBES, f. — Voy. CÈDES.

SEBESTIÈRE, ruisseau qui prend sa source à la métairie de la Gardiolle, au col de Mourgis, cⁿᵉ de Ceilhes-et-Rocozels, parcourt 5 kilomètres, fait mouvoir un moulin à blé, arrose douze hectares sur le territoire de cette commune et se jette dans l'Orb.

SECADOU, h. cⁿᵉ de Saint-Julien.

SECAT, f. cⁿᵉ de Mèze.

SEGUIEN, jⁿ, cⁿᵉ de Villeneuve-lez-Béziers, 1840.

SEGUINERIE (LA), h. cⁿᵉ de Saint-Martin-d'Orb. — *Mansus Sogovia*, 1184 (Livre noir, 133 v°). — *Segobia, Sogonia*, 1193 (*ibid.* 91). — *La Seguinorie* (cartes du dioc. de Béz. et de Cassini). — *La Seguinarié* (recens. de 1809 et de 1851). — *Seguinairié* (recens. de 1840). — Ce hameau appartenait à la cⁿᵉ de Camplong. Il en a été détaché en 1844 pour faire partie de Saint-Martin-d'Orb, érigé en commune à cette époque.

SEGUY, m^{in} sur la Maïre, c^{ne} de Nissan, 1809.

SEIGNEUR, f. c^{ne} de Montpellier, sect. D.

SEIGNEUR-DONNAT, j^{in}, c^{ne} de Béziers (2e c^{on}).

SEILLOLS (LES), h. c^{ne} de Colombières. — *Les Saillots* (cartes du dioc. de Béziers et de Cassini).

SELLE (LA), h. c^{ne} du Causse-de-la-Selle. — *Villa Sellatis*, 989 (cart. de St-Guill. H. L. II, pr. c. 142).

SELLICATE, m^{in}. — Voy. SALICATE.

SEMALEN, m^{in} sur le Lez, c^{ne} de Montpellier, sect. D. — *Molendini Samiulens*, 1191 (cart. Magal. C 172).

SEMÈGES, f. c^{ne} de Quarante. — *La Semege* (cartes du dioc. de Narb. et de Cassini).

SÉMINAIRE (LE), éc. — Voy. RÉCOLLETS (LES).

SÉNAS, h. c^{ne} de Rosis.

SÉNÉGAS, h. c^{ne} de la Salvetat. — *Senegacium*, 1176 (cart. de Foix, 239). — *Senegas* (cartes du dioc. de Saint-Pons et de Cassini).

SÉNÉGRA, h. c^{ne} de Boussagues. — *Feudum de Senescalera*, 1153 (Livre noir, 240). — *Senegra* (cartes du dioc. de Béziers et de Cassini).

SEPT-FAUX, h. c^{ne} du Soulié. — *Septfaux* (cartes du dioc. de Saint-Pons et de Cassini).

SEPT-FONS, f. c^{ne} d'Agde.

SEPT-FONS, f. — Voy. SAUSSOL.

SEPTIMANI ou vétérans de la 7e légion, qui peuplaient la colonie de Béziers. — *Bæterra Septumanorum* (Mela, II, 5). — *Bæterræ Septimanorum* (Plin. H. N. III, 4).

SEPTIMANIE ou GOTHIE. — *Septimania*, 473 (Sid. Apoll. l. III, ep. 1; H. L. V, 667, 674). — Voy. GOTHIE.

SEPT-PORTES ou MAS-DU-PORT, f. c^{ne} de Teyran.

SÉRANE, f. c^{ne} de Montpellier, sect. H.

SÉRANE (LA), f. c^{ne} de Gorniès. — *La Seranne* (cartes du dioc. de Montp. et de Cassini).

SÉRANES, chaîne de hauteurs qui sépare le lit de l'Hérault de celui de la Vis, depuis le confluent de ces deux rivières jusqu'à la réunion des Séranes au Larzac, au-dessous des communes de Pégairolles et de la Vacquerie. — Hauteur du confluent des deux rivières : 159 mètres. — Piton dolomitique de Pégairolles : 387 mètres. — Village de la Vacquerie : 608 mètres. — Les cartes du diocèse de Montpellier et de Cassini écrivent *Montagne de la Seranne*.

SÉRAYAC, f. c^{ne} de la Salvetat.

SERCLAS, anc. église. — Voy. SAINTE-EULALIE-DE-SERCLAS.

SÉRIÈGE, f. c^{ne} de Cruzy. — *Allod. de Serogia*, 1182 (G. christ. VI, inst. c. 88). — *Seriege succ.* (cartes du dioc. de Saint-Pons et de Cassini).

SERIEYS ou SERIÈS, h. c^{ne} de Lunas. — *Mansus de Sarreillam*, 1115 (cart. Gell. 151). — *Serieis* (cartes du dioc. de Béziers et de Cassini).

SÉRIGNAN, c^{on} (2e) de Béziers. — *Surignanus villa*, 990 (Martène, Anecd. I, 179). — *Serinan*, 1123 (cart. Anian. 60 v°). — *Surignanum*, 1074 (cart. Agath. 138). — *Sirinnacum*, 1144 (hôtel de ville de Nîmes; H. L. II, pr. c. 507). — *Sirignacum*, 1161 (cart. Agath. 91). — *Sirinianum*, 1161 (Livre noir, 239); 1222 (hôtel de ville de Narbonne; H. L. III, pr. c. 275). — *Sirignanum*, 1170 (Livre noir, 95). — *Serignanum*, 1182 (G. christ. VI, inst. c. 88). — *Sorinhanum*, 1163 (abb. de Quarante: H. L. II, pr. c. 597). — *Serignanum* (ibid.); 1162 (cart. Agath. 15); 1190 (cart. Anian. 61 v°); 1184, 1206 (Livre noir, 105, 132); 1305 (stat. eccl. Bitter. 73 v°). — *Serinha*, 1368 (Libr. de memor.). — *Villa Erignanus, de Erignano*, 1178 (G. christ. inst. c. 141); 1153 (Livre noir, 153 v°); 1203 (ibid. 272, 275); 1216 (ibid. 109). — *Serignan*, seigneurie de la viguerie de Béziers, 1529 (dom. de Montpellier; H. L. V, pr. c. 87); 1625 (pouillé); 1649 (ibid.); 1688 (lett. du gr. sc.); 1760 (pouillé; tabl. des anc. diocèses; carte dioc. de Béziers; carte de Cassini); 1776 (terr. de Sérignan).

Église de Sérignan : *Eccl. S. Mariæ de Sirignano*, 990 (arch. de l'abbaye de St-Tibér. H. L. II, pr. c. 145; G. christ. VI, inst. c. 316). — *Prior de Serignano*, 1323 (rôle des dîmes des égl. du dioc. de Béz.). — *Serignan*, cure, 1760 (pouillé). — *B. M. de Gratia* de Sérignan, archiprêtré de Cazouls; 1780 (état offic. des églises de Béziers).

La ville de *Sérignan*, aux derniers siècles, était un chef-lieu d'amirauté établi par le roi Louis XIII, en 1630.

Cette commune appartint toujours à la circonscription cantonale de Béziers. En l'an x, elle fut placée dans la 2e section de cette circonscription, alors divisée en deux cantons.

SÉRIGNAN (GRAU DE), embouchure de l'Orb au-dessous de cette commune.

SERIN, f. — Voy. PUECH-AUSSEL.

SERRE (LA), f. c^{ne} de Saint-Thibéry. — *Serra*, 1179 (Livre noir, 177 v°).

SERRE-LONGUE, f. c^{ne} de Roquebrun.

SERRES, f. c^{ne} de Lunas.

SERRES, f. — Voy. BERTIN (MAS DE) et MION-SERRES.

SERRES (MARCEL DE), chât. f. c^{ne} de Montpellier, sect. C. — Voy. BELLEVUE.

SERVAN, f. c^{ne} de Lattes.

SERVEILLÈNE (LA), h. c^{ne} de Saint-Chinian, 1809. — *La Servelière* (cartes du dioc. de Saint-Pons et de Cassini).

SERVIAN, arrond. de Béziers. — *Castrum de Cerviano*, 1065 (cart. de la cath. de Béziers; H. L. II, pr. c.

248); 1131 (évêché de Béziers; *ibid.* 461); 1132 (chât. de Foix; *ibid.* 463); 1190 (Livre noir, 30 v°); 1216 (*ibid.* 109); 1211 (cart. Agath. 72; cart. Anian. 52). — *Cirvianum*, 1070 (Marca Hispan. 1157); 1076 (mss. d'Aubaïs; H. L. *ibid.* 271). — *Cervian*, 1150 (*ibid.* 529). — *Cervia*, 1153 (cart. Gell. *ibid.* 549). — *Servias*, 1166 (dom. de Montp. H. L. III, pr. c. 116). — *Servellanum*, 1110 (cart. Gell. 9 v°). — *Servianum*, 1110 (abb. de la Grasse; H. L. II, pr. c. 375); 1201 (cart. de Foix, 223). — *Servihan*, 1518 (pouillé). — *Servian*, 1123 (cart. Anian. 60 v°); 1547, 1777 (terr. de Servian); 1625 (pouillé); 1649 (*ibid.*); 1688 (lett. du gr. sceau); 1760 (pouillé; tabl. des anc. dioc. cartes du dioc. de Béziers et de Cassini).

L'église de Servian était un prieuré dans l'archiprêtré de Cazouls, dont les dîmes particulières étaient perçues par le chapitre de Saint-Nazaire de Béziers. Ses patrons étaient SS. *Julianus et Basilissa*, 1780 (état offic. des églises du dioc. de Béziers). Le rôle des dîmes des églises du diocèse de 1323 désigne le prieur *Prior de Cerviano*. — Le lieu de Servian était le siége d'une justice royale et banneréte, dans le ressort du siége du sénéchal et présidial de Béziers.

Originairement, le canton de Servian ne comprenait que six communes : Servian, Abeilhan, Bassan, Coulobres, Montblanc et Pouzolles. Mais par suite des modifications apportées dans la composition des cantons, en conséquence de l'arrêté des consuls du 3 brumaire an x, Bassan passa dans le premier canton de Béziers et Pouzolles dans le canton de Roujan; d'autre part, le canton de Servian s'accrut des communes d'Espondeilhan et de Puissalicon, prises au canton de Magalas supprimé, d'Alignan-du-Vent, détachée du canton de Roujan, de Valros et de Tourbes, qui appartenaient au canton de Pézenas; enfin, par une ordonnance royale du 4 mars 1834, la commune de Tourbes fut distraite du canton de Servian et rendue à celui de Pézenas, d'où il suit que le canton de Servian compte aujourd'hui huit communes.

SERVIÈRES, f. c^ne du Caylar. — *Serviere* (cartes du dioc. de Lodève et de Cassini).

SERVIÈS, h. c^ne d'Avène. — *Servié* (cartes du dioc. de Béziers et de Cassini).

SERVINS (MAS DE), f. c^ne de Gignac.

SESARY-VIVARÈS, f. c^ne de Frontignan.

SESQUIER (LE), f. c^ne de Mèze, anc. église. — *Eccl. S. Andreæ de Setenarias*, 990 (arch. de St-Tibér. G. christ. VI, inst. c. 315). — *Locus de Sestario*, 1123 (abb. de St-Paul de Narb. H. L. II, pr. c. 427). — *Soissacum*, 1194 (G. christ. VI, inst. c. 143).

— *Seters*, 1234 (cart. Agath. 328). — Les auteurs de l'Hist. de Lang. disent *Setier* (tome II, à la table). — La carte du diocèse d'Agde et celle de Cassini indiquent *les Sesquiers* et *Saint-André*. — Le pouillé de 1760 porte *Saint-André de Sussanicis*, prieuré, au diocèse d'Agde.

SESQUIÈRE (LA), h. c^ne de Taussac-et-Douch. — *Cesquiere* (cartes du dioc. de Béz. et de Cassini).

SESQUIOS, f. c^ne de Pardailhan. — *Sexties* (cartes du dioc. de Saint-Pons et de Cassini).

SESSERAS, c^ne. — Voy. CESSENAS.

SÈTE, c^ne. — Voy. CETTE.

SETXO, f. c^ne de Roquebrun. — *Souydou* (cartes du dioc. de Béz. et de Cassini).

SÉVENNES, chaîne de montagnes. — Voy. CÉVENNES.

SÉVENOU, chaînon du système de montagnes du Salagou, entre Clermont et Lodève. — Sa hauteur est de 357 mètres.

SÉVIRAC, f. c^ne de Colombières. — *Locus de Seveniacho*, 1271 (mss. de Colbert; H. L. III, pr. c. 602). — *Severac* (cartes du dioc. de Béz. et de Cassini).

SIAU (MAS), f. c^ne d'Aspiran.

SIAU (MAS), f. c^ne de Villeveyrac, 1809.

SIAU, m^in sur le ruisseau de Gassac, c^ne d'Aniane.

SICARD, f. c^ne d'Agde.

SICARD, f. c^ne de Bédarieux.

SICARD, f. c^ne de Cébazan.

SICARD, f. c^ne de Montpellier, 1809.

SICARD, f. c^ne de Saint-Nazaire-de-Ladarez, 1840.

SICARD-ET-PRADES, éc. filature, c^ne de Bédarieux.

SICARDANIÉ, h. c^ne de Prémian.

SIÉGES (LES), h. c^ne de Lauroux.

SIÉGES (LES), h. c^ne des Rives. — *Siejes* (cartes du dioc. de Lodève et de Cassini). — *Les Siéges* (Dict. des postes).

SIÈNES (LAS), f. — Voy. SYÈNES.

SIEUILLES ou SIOLHES, f. c^ne de Cazevieille.

SIEUNE (LE), h. c^ne de la Caunette.

SIGAILLÈRES ou SIGALIÈRES, f. c^ne d'Azillanet. — *Sigaleires* (cartes du dioc. de Saint-Pons et de Cassini).

SIGALAS, f. — Voy. CAUSSE.

SIJAS, f. c^ne de Saint-Clément.

SIJAS, m^in sur le Lez, c^ne de Montferrier.

SIMON, f. c^ne de Brissac.

SIMON, f. c^ne de Lagamas.

SIMON, f. c^ne de Lunel-Viel.

SIMON, f. c^ne de Saint-Jean-de-Cornies.

SINGLES (LES), ruisseau qui naît au lieu dit *Teinteyne*, c^ne de Cassagnolles, arrose six hectares du territoire de cette commune et de celui de Ferrals, parcourt 4 kilomètres et se perd dans la Cesse, affluent de l'Aude.

SINISDARGUES, h. — Voy. SAINT-FÉLIX-DE-SINISDARGUES.
SIOLUES, f. — Voy. SIEUILLES.
SIRAN, c^on d'Olonzac. — *Siranum*, 1220 (arch. du chap. de St-Paul de Narbonne, H. L. III, pr. c. 337). — *Siran*, 1608 (arch. d'Olonzac, Liv. terrier); 1760 (pouillé). — *Siran* y est porté comme une cure du dioc. de Saint-Pons; 1625 (pouillé); 1649 (*ibid.*); 1688 (lett. du gr. sc. tabl. des anc. diocèses; cartes du dioc. de St-Pons et de Cassini). — *Siran* répondait pour la justice au sénéchal de Carcassonne. Les seigneurs de Siran n'étaient que des engagistes du domaine royal.

Cette commune fut d'abord placée dans le canton de la Livinière; mais, à la suppression de celui-ci par l'arrêté des consuls du 3 brumaire an x, elle fut comprise dans le canton d'Olonzac.

SIRAU, f. c^ne de Montpellier, sect. G.
SISSAN, h. — Voy. CISSAN.
SOLANCIER OU LA SOLENCIÈRE, h. c^ne de Saint-Thibéry; anc. prieuré. — *Parroch. de Soleissano*, 1173 (cart. Anian. 88). — *Prior de Caucio et de Solcysano*, 1323 (rôle des dîmes des églises de Béziers). — *Solencier* (recens. de 1840). — *La Solencière* (recens. de 1856). — *Solancier* (Dict. des postes).
SOLITUDE, éc. — Voy. NAZARETH (SOLITUDE DE).
SOLITUDE (LA), f. c^ne de Pézenas.
SOMMAIL, f. c^ne de Quarante.
SOMPAYRAC, éc. filature, c^ne de Saint-Pons.
SOMPAYRAC, j^ia, c^ne de Saint-Pons.
SORBS, c^on du Caylar. — *Villa Sorbes*, 804-6 (cart. Gell. 3; Mabill. ann. II, 718; G. christ. VI, inst. c. 265). — *Villa Sorcianicum*, v. 996 (cart. Gell. 52). — *Villa Sorbs*, 1032 (*ibid.* 52 v°). — *Parroch. S. Johannis de S.* 1093 (*ibid.* 86 et 86 v°). — *De Sorbis*, 1112 (*ibid.* 84). — *Municipium B. Joan. de Sobertio*, 1204; *S. Joan. de Sors*, 1206 (Plant. chr. præs. Lod. 104 et 105). — *De Sobertio* est aussi le nom de Soubès; mais le patron *S. Joannes* distingue *Sorbs* de *Soubès*, dont le patron est *S. Cyprianus*. — *Sors*, 1625 (pouillé). — *Sorts*, 1649 (*ibid.*). — *Sorbs*, 1688 (lett. du gr. sc.). — *Cure*, 1760 (pouillé; tabl. des anc. diocèses; carte du dioc. de Lodève; carte de Cassini).
SORES (LAS) OU MAS FERMAUD, f. c^ne de Montpellier, sect. G. — *Mansus de Sorigueiras*, 1153 (ch. de l'abb. du Vignogoul). — *Lessor* (cartes du diocèse de Montp. et de Cassini).
SORIECH, f. c^ne de Lattes, anc. prieuré, sous le vocable de *Saint-Étienne*, dépendant du chapitre cathédral de Montpellier. — *Villa Soregia in pago Magdalonense*, 804 (cart. Gell. 64 v°); Act. SS. Bened. sec. IV, part. I, 88). — *Villa de Suregio*, 1156 (G. christ. VI, inst. c. 359); 1158 (Livre noir, 220). — *De Soregio*, 1161 (cart. Magal. E 326, F 90); 1272 (*ibid.* E 119); 1176, 1180 (chartes du fonds de Saint-Jean-de-Jérus.); 1333 (stat. eccl. Magal. 17). — *Eccl. S. Stephani de S.* 1536 (bulle de Paul III, transl. sed. Magal.). — *Saint-Étienne de Souriah*, 1682 (arch. de l'hôp. gén. de Montpellier, B 586). — *Souriech*, 1684 (pouillé); 1688 (*ibid.*). — *Cure*, 1760 (*ibid.*). — *Soriech*, *Sories*, 1751 (plan des dom. de Saint-Jean-de-Jérusalem, commune de Montpellier). — Ce prieuré faisait partie de l'archiprêtré de Montpellier, 1756 (état offic. des églises de Montpellier); 1684, 1777 (vis. past.).
SOUBÈS, c^on de Lodève. — *Villa de Sobertio, de Suvertio*, 942 (Plant. chr. præs. Lod. 45). — Ce nom latin est fort souvent, dans les actes, donné à *Sorbs*. Pour distinguer les deux localités, on disait *S. Cyprianus de Sobertio* en parlant de Soubès et *S. Joannes de Sobertio* en désignant Sorbs. — *Villa Subbs*, 1032 (cart. Gell. 52 v°). — *Subs*, 1138 (G. christ. VI, c. 279) — *Castrum de Subers*, 1159 (cart. Agath. 151). — *De Sobers*, 1162 (Livre noir, 178 v°); tr. des chartes; H. L. II, pr. c. 588); 1210 (bibl. reg. G. christ. *ibid.* 284); 1249 (*ibid.* 593). — *Soubès*, seigneurie de la viguerie de Gignac, 1529 (dom. de Montpellier; H. L. V, pr. c. 87); 1625 (pouillé). — *Soubès*, 1549 (*ibid.*); 1688 (lett. du gr. sc.). — *Prieuré-cure*, 1760 (pouillé; tabl. des anc. dioc. carte du dioc. de Lodève; carte de Cassini).

Soubès devint d'abord le chef-lieu d'un canton qui comprenait huit communes : Soubès, Aubagne, Fozières, Lauroux, Parlatges, Pégairolles, Poujols et Saint-Étienne-de-Gourgas. Ce canton fut supprimé en vertu de l'arrêté des consuls du 3 brumaire an x, et les communes dont il était formé furent ajoutées au canton de Lodève, excepté la commune de Pégairolles, qui fut placée dans le canton du Caylar.

SOUBEYRAN ou SOUBEIRAS, f. c^ne de Gorniès, anc. chât. et anc. paroisse du dioc. de Montp. — *Sobeyran*, 1168 (cart. Magal. G. christ. VI, inst. c. 361). — *Castrum de Sobeiras*, 1216 (hôtel de ville de Nîmes: H. L. III, pr. c. 255). — *De Soberascio*, 1236 (tr. des chartes; *ibid.* 379). — *Castrum de Sobeyratio*, 1241 (cart. Magal. F. 162). — *De Sobeyracio*, 1266 (*ibid.* 162); 1345 (*ibid.* 210). — *Soubirrac*, dans la rectorie de Montpellier, 1625 (pouillé). — *Soubeyrac*, 1649 (*ibid.*). — *Soubeiras*, 1688 (lett. du gr. sceau; cartes du diocèse de Montpellier et de Cassini; tabl. des anciens diocèses). — *Soubeyrat*, 1753 (Doisy, le Royaume de France); 1770 (Expilly, Dict. des Gaules).

SOUBEYRAN, m^in. — Voy. LÈQUE (LA).

Soucarède (La), f. cne de Grabels. — *La Soucaredo* (cartes du dioc. de Montp. et de Cassini).

Souche, f. cne de Montpellier, 1809.

Souchou, f. cne du Causse-de-la-Selle.

Soudan, f. cne de Lodève, 1809-1841.

Souidou, f. cne de Saint-Nazaire-de-Ladarez. — *Souidon*, 1809. — *Souydou*, 1840 (cartes du dioc. de Béz. et de Cassini).

Soulage, f. cne de Saint-Pons. — *Soulache* (cartes du dioc. de Saint-Pons et de Cassini).

Soulages, h. cne des Plans. — *Salazo vel Solasno cum eccl. S. Salvatoris*, 987 (cart. Lod. G. christ. VI, inst. c. 270). — *Villa Solaticum*, v. 996 (cart. Gell. 24). — *Villa Solaticos*, v. 996 (ibid. 18). — *Villa et vallis Salvaticos*, v. 996 (ibid. 24 v°); 1031 (ibid. 33). — Les cartes du diocèse de Lodève et de Cassini indiquent *Soulages* et *Saint-Sauveur*. — *Soulatge* (recens. de 1841).

Soulagets, h. cne de Saint-Maurice. — *Villa Soladguc*, v. 1035 (cart. Gell. 26). — *Mansus de Solaidguet*, 1112 (ibid. 84). — *Solairguet*, 1122 (ibid. 60). — *Solatguet*, 1112, 1168 (ibid. 84 v° et 200). — *Soulatges* (carte du dioc. de Lodève). — *Soulages* (carte de Cassini).

Soulas, h. cne de Viols-le-Fort. — *Locus de Solario*, 1150 (ch. de l'abb. du Vignogoul).

Soulayrol, f. cne de Gorniès. — *Soulaire* (carte de Cassini).

Soulayrol, f. cne de Roqueredonde.

Soulié (Le), cne de la Salvetat. — *El Solier*, 1181 (cart. Anian. 54). — *Saint-Jean de Souilher*, cure, au dioc. de Saint-Pons, 1760 (pouillé). — *Le Soulier* (carte du dioc. de Saint-Pons; carte de Cassini). — *Le Soulié* (Dict. des postes).

Soulié (Mas), f. cne de Ganges.

Soulié (Mas), cne de Taussac-et-Douch.

Soulié-Bas, h. cne du Soulié. — *Le Soulier bas* (cartes du dioc. de Saint-Pons et de Cassini).

Soulier, jie, cne de Montpellier, sect. G.

Soulier (Le), h. cne de Sauteyrargues-Lauret-et-Aleyrac. — *Le Soulier* (cartes du dioc. de Montpellier et de Cassini).

Soulier (Mas), f. cne de Rosis; 1809.

Soulier (Mas), f. cne de Saint-Pargoire.

Soulières (Les), f. cne de Soumont.

Soulondres (La), rivière qui prend sa source à la métairie du Pertus, cne des Plans, traverse les territ. de cette commune et de celles d'Olmet-et-Villecun et de Lodève; fait mouvoir six usines, arrose soixante-cinq hectares, parcourt 10,500 mètres et se jette dans la Lergue, affluent de l'Hérault. La vallée de *Soulondres* a un myriamètre d'étendue. —

Secus fluviolum Solundrum, 1602 (Plant. chr. præs. Lod. 395).

Souloumiac, f. cne de Quarante. — *Souloumiac* (cartes du dioc. de Narb. et de Cassini).

Soult (Le), f. cne de la Salvetat. — *Le Soul* (cartes du dioc. de Saint-Pons et de Cassini).

Soumartre, f. cne de Pinet. — *Soumartre* (cartes du dioc. d'Agde et de Cassini).

Soumartre, h. cne de Faugères, anc. prieuré. — *Prior de Somadra*, 1323 (rôle des dîmes des églises du dioc. de Béziers). — *Soubz Martre*, 1518 (pouillé). — *Soumartre* cure, 1760 (ibid. carte du diocèse de Béziers; carte de Cassini). — Dans l'archiprêtré de Boussagues, sous le vocable de *Nostra Domina*, 1780 (état offic. des égl. du dioc. de Béziers).

Soumartre, jie, cne de Clermont. — *Soumartre* (cartes du dioc. de Lodève et de Cassini). — *Sous-Mastre* (recens. de 1809).— *Sous-Matthe* (recens. de 1851).

Soumont, cne de Lodève. — *S. Baudilius de Somonte*, 1194 (Plant. chr. præs. Lod. 99). — *Saulmond* 1625 (pouillé). — *Saumond*, 1649 (ibid.); 1688 (lett. du gr. sc.). — *Saumont* (carte du diocèse de Lodève; carte de Cassini). — *Soumont* cure, 1760 (pouillé). — Saugrain (dénombr. du royaume, 1709, 1720) écrit *Somont*; les tables des anciens diocèses, Doisy (le Royaume de France, 1753) et Expilly (Dict. des Gaules, 1770), *Sommont*.

Soumont fut originairement placé dans le canton de la Blaquière, qui fut supprimé par arrêté des consuls du 3 brumaire an x. Cette commune fut alors ajoutée au canton de Lodève.

Soupiens, jie, cne de Pinet, 1840.

Souquet ou le Suquet, f. cne de Fraisse. — *Le Suquet* (cartes du dioc. de Saint-Pons et de Cassini).

Sourille (La), h. — Voy. Fouille (La).

Sourlan, h. cne de Joncels. — *Sourlan* (cartes du dioc. de Béziers et de Cassini).

Sourlan, ruiss. qui prend sa source au Rec-del-Saut, cne de Joncels, arrose dix hectares sur le territ. de cette cne et, après avoir parcouru 2,450 mètres, se jette dans le Gravaison, affluent de l'Orb.

Sourteillo, f. cne de Saint-Chinian. — *Sortilianum*, 899 (G. christ. VI, inst. c. 76). — *Sourteillo* (cartes du dioc. de Saint-Pons et de Cassini).

Soustre, f. cne de Capestang. — *Soustre* (cartes du dioc. de Narb. et de Cassini).

Soustre, f. cne de Magalas, 1809. — *Soustre* (carte du dioc. de Béziers). — *Souffre* (carte de Cassini).

Sous-Vielle, f. — Voy. Aymard.

Souvairou, f. cne de Clapiers. — *Le Seyrou*, 1694 (affranch. regist. I, 28 v°). — *Souvairou* (cartes du dioc. de Montpellier et de Cassini).

Souydou, f. — Voy. Souidou.
Spalier, éc. c^{ne} de Montpellier, sect. D.
Spergazans, f. — Voy. Pergasans (Les).
Stagnol ou l'Estagnol, h. c^{ne} de Saint-Guilhem-du-Désert. — *Villaris Stagnole*, 804-806 (cart. Gell. 3 ; Mabill. annal. II, 718 ; G. christ. VI, inst. c. 265). — *Villa*, 1030-31 (cart. Gell. 3a v°; G. christ. inst. c. 583). — *L'Estaignol* (cartes du dioc. de Lodève et de Cassini).
Station du Chemin de Fer, éc. c^{ne} de Frontignan. — Voy. Plage (Mas de la).
Station du Chemin de Fer, éc. c^{ne} de Lunel-Viel. — Voy. Juge et Tour-de-Farges.
Station du Chemin de Fer, éc. c^{ne} de Valergues.
Station du Chemin de Fer, éc. c^{ne} de Vic.
Station du Chemin de Fer, éc. c^{ne} de Villeneuve-lez-Maguelone.
Substantion, ville gallo-romaine, ruines, c^{ne} de Castelnau. — *Sostantione mutatio* (*mansio*) (Itiner. Burdigal.). —*Serratione* (carte de Peutinger).— *Sextatio*, *Sextantio* (Itin. d'Antonin; Theodulf. in Parænesi ad Judices, v. 133). — *Sestantio* (Anonym. Raven. et Vases du Musée du collége romain).—Astruc écrit *Sostatio* (Mémoires pour l'hist. nat. de Languedoc, 145, 374, 451). — Cf. Walckenaer, qui donne à cet ancien bourg le nom de *Sostentio* (Géog. des Gaules, II, 183, et analyse des itinér. III). — *Substancium* 737 (chron. de Saint-Denis, L. 57, c. 27; Hist. de France, III, 112). — *Taverna da Sustancione*, 1083 (mss. d'Aubaïs; H. L. II, pr. c. 314). — *Substantio* 1130 (*ibid.*). — *Sostanzones*, 1189 (Mémorial des nobles, 37); 1190 (H. L. III, pr. c. 166). — *Pons castri novi* (*Substantionis*) *in flumine Lezi*, 1242 (cart. Magal. E 135); voy. Castelnau-lez-Lez. — *Sustentio*, 1333 (stat. eccl. Magal. 22). — *Sustantio* (*ibid*. 72 v°). — Gariel écrit *Serratio* (idée de la ville de Montpellier); *Sustantio* (series præs. Magal. I, 19; etc.). — D'Aigrefeuille, *Substantion* (Hist. de Montp. I, *in capit.* et II, 9 etc.). — M. Saint-Paul (mém. de la Soc. archéol. de Montpellier, I, 5) écrit aussi *Substantion*, comme d'Aigrefeuille et les Bénédictins (Hist. de Lang. I, 60); mais il repousse l'interprétation de *Sexta statio*, qu'on a donnée à ce nom.

Substantion fut originairement un *comté*, qui prit ensuite le nom de *Melgueil* (voy. Mauguio), et fut soumis à la suzeraineté du Saint-Siége depuis 1085. — Sur les comtes héréditaires de *Substantion* ou de Melgueil, voy. Hist. de Lang. II, 613. — *Comitatus, pagus, castellum Substantionensis*, 848 (cart. Agath. H. L. I, pr. c. 95); 898 (arch. de l'égl. de Narb. Baluze; ch. des rois; H. L. II, pr. c. 34); 960 (Mabill. ad ann. 960); 961 (cart. Gell. 7 v°);

996 (*ibid.* 27; cart. Anian. 27 v°); 1019, 1025, (ch. de l'abb. de Gigean); 1085 (Arn. de Verdale, ap. d'Aigrefeuille, II, 426 et *passim*). — *Comitatus Sustantionensis*, 1019 (arch. de l'abb. de Psalmodi; H. L. II, pr. c. 171; G. christ. VI, inst. c. 346); 1130, 1146 (mss d'Aubaïs; H. L. *ibid.* 458, 513). — *Feudum Sustansonez*, 1129 (dom. de Montpellier, *ibid.* 450). — *Suburbium, castrum*, 1042 (arch. de l'abbaye de Saint-Geniez; *ibid.* 209). — *Comes Melgorii et Sustancionis*, 1130 (cart. Magal. A 101; D 191). — *In toto Sustancionensi*, 1190 (Mém. des nobles, 38; Spicil. III, 556).

L'église de *Substantion* eut l'honneur de garder le siége épiscopal de Maguelone pendant trois siècles, de 737 à 1037, depuis la dévastation de l'île de Maguelone par Charles Martel jusqu'à sa restauration et au rétablissement de l'évêché dans l'île par l'évêque Arnaud Ier. — *Eccl. S. Felicis de Substantione*, II, 1100 (Arn. de Verdale, ap. d'Aigrefeuille, II, 425); 1263 (*ibid.* 445), 1120 (mss. d'Aubaïs: H. L. II, pr. c. 414). — *Decimaria S. Fel. de Sustancione*, 1257 (cart. Magal. F 191).

Suc (Le), éc. c^{ne} de Saint-Pons.
Suc (Le), h. c^{ne} de Brissac. — Ce hameau, sur la montagne de même nom, jouit d'une ancienne célébrité dans le pays, à cause de l'oratoire de *Notre-Dame-du-Suc*, sur la même élévation, où se rendent de nombreux pèlerins. — *Seigneurie du Suc*, 1710-1767 (arch. de l'hôp. gén. de Montp. B 506). — *Notre-Dame du Suc* (cartes du diocèse de Montp. et de Cassini).
Sueilhes, f. c^{ne} de Rouet.
Sumène (Torrent de). — Voy. Rieutort (Le).
Suque (La), f. c^{ne} de Saint-Nazaire-de-Ladarez.
Suquet (Le), f. — Voy. Souquet.
Suquet-Aigoin, f. c^{ne} de Montpellier, 1809. — Voy. Aigoin.
Sures (Mont), vallée du Salagou, entre Clermont et Lodève. —Hauteur : 320 mètres.
Sussargues, c^{on} de Castries. — *Eccl. de S. Martino que vocant Surcanico*, 1003 (cart. Gell. 53 v°). — *Eccl. S. Mart. de Surzanicis*, 1176 (ch. du fonds de Saint-Jean-de-Jérusalem) ; 1177 (ch. du même fonds). — *Sussargués*, dans la baronnie de Montpellier, 1625 (pouillé) ; 1684 (*ibid.*). — *Sussargues*, 1649 (*ibid.*) ; 1688 (*ibid.* lettres du gr. sceau) ; 1760 (pouillé ; tabl. des anc. diocèses ; cartes du diocèse de Montpellier et de Cassini).

Sussargues était une dépendance du marquisat de Castries. — Son église, sous le patronage de *saint Martin*, était une vicairie perpétuelle de la mense du chapitre collégial de Sainte-Anne de Montpellier, dans l'archiprêtré de Restinclières, 1756 (état offic. des églises du diocèse de Montpellier); 1684, 1779 (vis. past.).

Syènes, f. c^ne de Fraisse. — *Las Sières* (recens. de 1809).
Sylvestre (Mas de), f. c^ne de Montagnac.

T

Tabarié, f. c^he de Saint-André-de-Sangonis.
Tabariès ou Moureau, f. c^he de Montpellier, 1809.
Tabaussac, anc. prieuré. — Voy. Saint-Georges-de-Tabaussac et Saint-Jean-de-Tabaussac.
Table-Mise, f. c^ne de Marsillargues.
Tachou, m^in sur l'Orb, c^ne de Romiguières.
Taillade (La), éc. c^ne de la Boissière. — *Bois de la Taillade* (cartes du dioc. de Montpellier et de Cassini).
Taillade (La), f. c^ne de Castries.
Taillades, h. c^ne du Soulié.
Taillades (Les), bois, c^ne de Claret. — *Las Taillades*, 1673 (réform. 90).
Taillades (Les), ou la Taillade, bois, c^ne de Gignac. — *Los Taillades*, 1673 (réform. 154).
Taillades (Les), f. c^ne de Mons.
Taillefer, j^in, c^ne de Capestang, 1809.
Taillevent, h. c^ne de Lunas. — *Tailleven* (cartes du dioc. de Béziers et de Cassini).
Taillos, f. c^ne de Saint-Pons. — *Taillos* (cartes du dioc. de Béziers et de Cassini).
Taïx, f. c^ne de Servian, 1809.
Taïx, j^in, c^ne de Bédarieux.
Tali (Mas), f. c^ne de Ceilhes-et-Rocozels. — *Tellitum*, 936 (G. christ. VI, inst. c. 77). — *Telitum*, 936 (arch. de l'égl. de Saint-Pons; Catel, Comtes de Toul. 88). — *Telli*, 996 (cart. Gell. 58).
Talpusiac, f. — Voy. Saint-Nicolas-de-Tapulsiac.
Tamariguière, f. c^ne de Marsillargues.
Tamerlet, f. c^ne de Marsillargues.
Tandon ou Bosc, f. c^ne de Montpellier, 1809.
Tandon-Carbonnel, f. c^ne de Montpellier, 1809.
Tanelle (La), f. — Voy. Ténèle (La).
Tanne (Moulin-de-la-), h. c^ne de la Salvetat.
Tannes (Las), f. c^be de Montagnac.
Tantos (Le), f. c^ne de Saint-Pons, 1809.
Tapulsiac, f. — Voy. Saint-Nicolas-de-Tapulsiac.
Tarassac, h. c^ne de Mons. — *Decima de Tarausio*, v. 1154 (cart. Anian. 44).
Tarbourech, h. c^ne de Riols. — *Villa que dicitur Tarborerius*, 936 (arch. de l'égl. de Saint-Pons; Catel, Comtes de Toul. 88; G. christ. VI, inst. c. 77).
Tarbourech, m^in sur le Vernazoubres, c^ne de Saint-Chinian, 1809.
Tardassous, f. c^ne de Cazouls-lez-Béziers.

Tarré (Le), f. c^ne de Saint-Julien.
Tarteiron, f. c^ne de la Roque.
Tartuguière, f. c^ne de Lansargues. — *Tartuguieres* (cartes du diocèse de Montpellier et de Cassini).
Tartuyé, ruiss. qui commence au hameau de Fournes, c^ne de Siran, arrose un hectare du territoire de cette commune et, après 4 kilomètres de cours, se perd dans l'Espène, affluent de l'Ognon, qui à son tour débouche dans l'Aude.
Tasque ou Cadolle, f. — Voy. Cadolle (Mas de).
Tau, étang. — C'est le plus grand lac salé de France : il s'étend d'Agde à Frontignan sur la côte du département, c'est-à-dire sur 19 kilomètres de longueur. Sa largeur moyenne est de 5 kilomètres. — *Taurum paludem Gentiei vocant* (Fest. Avien. or. marit. v. 608). — Astruc (Mém. pour l'Hist. nat. de Lang. 79) fait observer avec raison que les Bénédictins (Hist. de Lang. I, 60) se sont servis d'une édition fautive de l'*Ora maritima*, où l'étang de *Taur* était appelé *Taerum* au lieu de *Taurum*; de même Vossius (Geogr. min. Oxford. t. IV), en faisant appeler cet étang *Taphron* par Avienus. — *Tavanum* (transaction de septembre, 1140, arch. de l'Empire, tr. des chartes, J 340; arch. municip. de Montp. Mém. des nobles, 20; H. L. II, 429 et pr. c. 491), où *Tavanum* est dénaturé en *Tavarum*. — *Stagnum de Tauro*, 1303 (Arn. de Verd. ap. d'Aigrefeuille, II, 449). — Aujourd'hui l'usage presque général est d'écrire *Thau* au lieu de *Tau*, adopté par Astruc, d'Anville (Notice de la Gaule, 636), etc.
Tauras, mont. près de l'entrée de la grotte des Demoiselles, c^ne de Saint-Bauzille-de-Putois. — Hauteur : 475 mètres.
Tauron, ruiss. qui naît à Cabrerolles, passe sur les territoires de cette commune, d'Autignac et de Murviel, court pendant 18,200 mètres, fait aller un moulin à blé et se perd dans l'Orb. — *Rivus de Tauron*, 1199 (arch. de Villemagne, G. christ. VI, inst. c. 147).
Taussac-et-Douch, c^un de Saint-Gervais. — *Taussina villa*, 936 (arch. de l'égl. de St-Pons, Catel, Comtes de Toul. 88). — *Alod. Ductos*, 966 (arch. de St-Paul de Narbonne, Marten. Anecd. I, 85). — *Dotz*, 1323 (rôle des dîmes du diocèse de Béziers). — *Tauxac*, 1688 (lett. du gr. sc.). — *Cure de Tauxac*, cure de

Douts, 1760 (pouillé; tabl. des anc. dioc.).—*Taussac*, 1625 (pouillé); 1649 (*ibid.*).—*Taussac, Douts* (cartes du dioc. de Béz. et de Cassini).— *Taussac et Douch*, avant 1789, formaient deux paroisses distinctes du diocèse de Béziers; elles étaient placées dans l'archi-prêtré de Boussagues. L'état officiel des églises de ce diocèse, dressé en 1780, porte : *Taussac*, patron *Assumpt. B. M. V.*; *Douts*, patron *Nostra-Domina.* Les deux villages ont chacun aujourd'hui *l'Assomption* pour fête patronale.

Taussac et Douch furent réunis en 1790 pour former une commune du canton du Poujol, supprimé par arrêté des consuls du 3 brumaire an x. Alors cette commune passa dans le canton de Saint-Gervais, qui fut donné à la même époque au département de l'Hérault, en échange du canton d'Angles, lequel fut cédé au Tarn.

Tautas (Le), f. c^{ne} de la Salvetat. — *Le Tautas* (cartes du dioc. de Saint-Pons et de Cassini).

Taverne (La), f. c^{ne} de la Salvetat.—*La Taverne* (cartes du dioc. de Saint-Pons et de Cassini).

Tectosages, anc. peuples. — Voy. Volces.

Teinteyne ou Tinteyne, h. c^{ne} de Cassagnolles. — *Tinteine* (cartes du dioc. de Saint-Pons et de Cassini).

Teinteyne, ruisseau, c^{ne} de Cassagnolles. — Il parcourt 3,500 mètres, arrose six hectares et se jette dans la Cesse, affluent de l'Aude. — *El Thedteira*, 996 (cart. Gell. 56 v°).

Teissèdre, deux fermes, c^{ne} de Montpellier, sect. G.

Teissenenc, éc. atelier de filature, c^{ne} de Lodève.

Teissenenc, deux fermes, c^{ne} de Lodève.

Teissier, f. c^{ne} de Moulès-et-Baucels.

Teklembourg, f. c^{ne} de Cette, 1809.

Télégraphe, éc. c^{ne} de Montpellier, sect. E.

Temple (Le), f. c^{ne} de Cabrières. — *Le Temple* (cartes du dioc. de Béziers et de Cassini).

Tenat, jⁱⁿ c^{ne} de Montpellier, sect. D.

Tendon (Le), f. c^{ne} de Pierrerue. — *Le Tendon* (cartes du dioc. de Saint-Pons et de Cassini).

Ténégal (Le), f. c^{ne} de la Salvetat.

Ténèle (La) ou la Tanelle, f. c^{ne} de la Salvetat.

Tenero, fief, dans le dioc. de Béziers, donné par le roi Louis d'Outremer à l'abbaye de Saint-Pons. — *Cedimus curtem nostram Jerra alit. Tenero in comitatu Bitterensi*, 939 (cart. de l'abb. de Saint-Pons; Catel, Comtes de Toul. 81).

Tenonnan, ruiss. qui naît au tènement de Gardies, c^{ne} de Roqueredonde, parcourt 2,500 mètres sur le territoire de cette commune et se perd dans le Thès, affluent de l'Orb.

Terraillet, f. c^{ne} de Saint-Jean-de-Védas. — *Villa de Terrallet*, 1156 (G. christ. VI, inst. c. 359).

Vicaria de Teratheto sive de Bejanicis, xive s^e (cart. Magal. c. 171 et 234). — *Bernesac* (cartes du dioc. de Montpellier et de Cassini). — Dépendance du château du Terral, chef-lieu de la Marquerose, fief de l'évêque de Montpellier. — *Terathetum*, dans l'index du cart. de Maguelone (123 v°) est compris sous la rubrique *de diversis Teralli*.

Terraillou (Jasse du), f. c^{ne} de la Salvetat. — *Allod. de Terralio*, 1182 (G. christ. VI, inst. c. 88).

Terral (Le), f. c^{ne} de Saint-Jean-de-Védas.— Château des évêques de Montpellier, chef-lieu de la Marquerose : voy. ce mot. — *Villa de Terraliis*, v. 820 (Arn. de Verd. ap. d'Aigrefeuille, II, 417, 418). — *Terral villa*, 1155 (tr. des chartes; H. L. II, pr. c. 552 ; G. christ. VI, inst. c. 358). — *Terrallum*, 1284 (cart. Magal. F 164); 1331, 1335 (*ibid.* B 143, 154); 1345 (*ibid.* E 167). — *Château du Terrail*, 1587 (ch. du fonds de l'évêché de Montpellier). — D'Aigrefeuille (*loc. cit.*) écrit *Terrail*; la carte du diocèse de Montpellier et celle de Cassini, *Château du Terral.*

Terral (Le), grange, c^{ne} d'Alignan-du-Vent, 1809.

Terraussié, h. c^{ne} de Prémian. — *Castr. de Taurizano*, 1260 (mss Colbert; H. L. III, pr. c. 551). — *Château de Taurisan* (*ibid.* III, 558). — *Taurissan* (table du même vol.). — *La Terraussier* (cartes du diocèse de Saint-Pons et de Cassini).

Terre-Blanche, faubourg, c^{ne} de Béziers.

Terrieu, ruisseau qui prend sa source dans la commune de Valflaunès, arrose les territoires de Saint-Matthieu-de-Tréviers, de Saint-Jean-de-Cuculles et du Triadou, et, après un cours d'environ 8 kilomètres, se jette au-dessous de cette dernière commune dans le Lirou, affluent du Lez. — *Terriou* (cartes du dioc. de Montp. et de Cassini).

Terrus (Mas), f. c^{ne} d'Aumelas.

Teules (Les), f. c^{ne} de Ceilhes-et-Rocozels. — *Villa Theulaias*, 804 (cart. Gell. 3 v°). — *Las Tiousses* (carte du dioc. de Béziers). — *Lastiouses* (carte de Cassini).

Teulet, h. — Voy. Saint-Amans-de-Teulet.

Teulon, f. c^{ne} de Montpellier, sect. B.

Teussines, f. c^{ne} de Saint-Pons. — *Villa Tausina*, 936 (G. christ. VI, inst. c. 77).

Teussinous (Bois-de-), f. c^{ne} de la Salvetat.

Teussinous (Jasse-de-), f. c^{ne} de la Salvetat.

Texier, jⁱⁿ, c^{ne} de Saint-Thibéry.

Teyran, c^{on} de Castries. — *Villa Ternantis*, 982 (cart. Gell. 33 v°). — *Eccl. de Altcyranicis*, v. 1100 (Arn. de Verd. ap. d'Aigrefeuille, II, 425). — *De Teneriis*, 1152 (mss d'Aubaïs; H. L. II, pr. c. 545). — *Castrum de Teyrano*, 1202 (cart. Magal. E 236). —

Planum de Theyrano, 1321 (cart. Magal. E. 196). — *Prioratus*, 1528 (pouillé). — *Teiran*, 1582 (sénéch. de Montp. B 34); 1684 (pouillé). — *Teyran*, dans la rectorie de Montpellier, 1625 (pouillé); 1649 (*ibid.*); 1688 (*ibid.* lett. du gr. sc.); 1760 (pouillé; tabl. des anc. diocèses; cartes du diocèse de Montpellier et de Cassini). — C'était un prieuré-cure, de l'archipr. d'Assas, sous le vocable de *Saint-André*, 1756 (état offic. des églises du diocèse de Montpellier); 1684, 1780 (vis. past.).

THADARD, f. c^{ne} de Montpellier, sect. G.

THAU, étang. — Voy. TAU.

THÉRIER, f. c^{ne} de Montpellier, sect. C.

THÉNON, f. c^{ue} de Caux.

THÉNON, f. c^{ie} et c^{on} de Murviel, 1809.

THÉNON, f. c^{ne} de Roquebrun, 1809.

THÉNON, f. c^{ne} de Saint-Pons, 1809.

THÉNON, f. c^{ne} de Siran.

THÉNON, f. — Voy. PLANAS (LE).

THÉNON (FONTAINE-DE-), f. c^{ne} de Clermont.

THÉRONDEL (LE), h. c^{ne} de Fozières. — *Le Therondel* (cartes de Cassini et du dioc. de Lodève).

THÉRONDELS-LEZ-CAVENAC, éc. c^{ne} de Saint-Pons.

THÉRONDELS-LEZ-COUSINES, éc. c^{ne} de Saint-Pons.

THÈS (LE), ruisseau qui commence au mas de Mourié, dans la commune de Roqueredonde, dont il arrose le territoire, ainsi que celui de Joncels, alimente neuf hectares et, après avoir couru pendant 14 kilomètres, va enfin se jeter dans l'Orb.

THÉZAN, c^{on} de Murviel. — *Mansus de Tesano*, 974 (arch. de l'égl. d'Alby; Marten. Thes. Anecd. I, 126); 1148 (dom. de Montpellier; H. L. II, pr. c. 521); 1154 (Livre noir, 1); 1209 (nécrologe du prieuré de Cassan). — *De Teciano*, 1105, 1122 (chât. de Foix; H. L. *ibid.* 368, 422); 1131 (évêché de Béz. *ibid.* 461); 1123 (Livre noir, 5 v°). — *Tedan*, 1123 (cart. Anian. 60 v°). — *Tedanum*, 1127 (arch. de Saint-Thibéry; G. christ. VI, inst. c. 318); 1128, 1148, 1178, 1185 (Livre noir, 13 v°, 22, 62, 100). — *Tesan*, 1168 (mss d'Aubaïs; H. L. II, pr. c. 609). — *Tezanum*, 1118 (Livre noir, 285); 1211 (cart. Agath. 67). — *Theza*, 1363 (Lib. de memor.). — *Thesanum*, 1230 (G. christ. VI, inst. c. 153); 1362 (*ibid.* 91); 1435 (sénéch. de Nîmes; H. L. IV, pr. c. 443). — *Tessan*, *Thesan*, *Thezan*, 1518 (pouillé). — *Thesan*, 1688 (lett. du gr. sceau). — *Thezan*, 1625 (pouillé); 1649 (*ibid.*); 1760 (*ibid.* tableau des anc. diocèses; carte du dioc. de Béziers; carte de Cassini); 1778 (terr. de Thézan).

L'église de Thézan était une cure de l'archiprêtré de Cazouls. — *Rector de Thezano*, 1323 (rôle des dîmes du dioc. de Béziers). — *Saint-Pierre de The-san*, 1518 (pouillé). — *Patr. SS. Petrus et Paulus*, 1780 (état offic. des égl. de ce diocèse).

THÉZANEL-LE-BAS, f. c^{ne} de Cazouls-lez-Béziers. — *Tezanel* (cartes du dioc. de Béziers et de Cassini).

THÉZANEL-LE-HAUT, f. c^{ne} de Cazouls-lez-Béziers. — *Jardin de Tezanel* (cartes du dioc. de Béziers et de Cassini).

THIBERELS, ruiss. qui naît à Cabrières, court pendant un kilomètre sur le territoire de cette commune, fait aller deux moulins à blé et se réunit au ruisseau des Crozes, avec lequel il va se perdre dans la Boyne, affluent de l'Hérault.

THIBERET, f. c^{ne} de Cabrières.

THIÈRES (LES), h. c^{ne} de Saint-Guillem-du-Désert. — *Las Tieiras*, 1217 (cart. Gell. 214).

THOLOMIENS, f. c^{ne} de la Livinière. — *Tholomies* (cartes du dioc. de Saint-Pons et de Cassini).

THOMAS, f. c^{ne} de Pézenas.

THOMASSY, f. c^{ue} de Montpellier, 1809.

THOMIÈRES, vallée, c^{ne} de Saint-Pons. — *Vallis Tomeiras*, 969 (cart. de la cath. de Narb. H. L. II, pr. c. 118). — La ville de Saint-Pons-de-Thomières a pris le nom de cette vallée. — Voy. SAINT-PONS-DE-THOMIÈRES.

THONGUE ou TONGUE (LA), riv. — Les nombreux ruisseaux qui donnent naissance à cette rivière viennent de Faugères, de Roquessels, de Pezènes, de Gabian, de Fos et de Montesquieu. Ainsi formée, elle passe sur les territoires de Pouzolles, Alignan-du-Vent, Abeilhan, Servian, Montblanc et Saint-Thibéry; là elle se jette dans l'Hérault, après avoir fait marcher six usines et parcouru 29,500 mètres. La vallée de la Thongue a une étendue d'un myriamètre 5 kilomètres. — *Tonga flumen*, 1116 (arch. de Saint-Thibéry; G. christ. VI, inst. c. 316); 1153 (Livre noir, 153 v°); 1157 (cart. Agath. 200). — Les cartes des diocèses d'Agde et de Béziers, ainsi que celle de Cassini, écrivent *Tongue R.*

THORÉ (LE), ruisseau qui prend sa source au lieu que l'on appelle *la Croix-du-Jubilé*, c^{ne} de Rieussec, arrose 35 hectares des terrains de cette commune et de celle de Saint-Pons, fait marcher deux usines et, après un cours de 5,200 mètres, va se perdre dans l'Agout, affluent du Tarn. — *Honor inter Agud et Tored* (dom. de Montpellier; H. L. II, pr. c. 404).

THONON, anc. église. — Voy. SAINT-SULPICE-DE-THONON.

THOU (LE), f. c^{ne} de Magalas. — *Thou* (cartes du dioc. de Béziers et de Cassini).

THOU (LE), f. c^{ne} de Sauvian. — *Villa de Tonneso*, 990 (Marten. Anecd. I, 179). — *Tonneus alodium*, 1061 (arch. de l'égl. de Saint-Pons; H. L. II, pr. c. 240). — *Allod. de Toneio et Gabaiel*, 1182 (G.

christ. VI, inst. c. 88). — *De Tono*, 1196 (cart. Agath. 317). — *Troncianum*, v. 1200 (Livre noir, 202 v°). — *Prior de Thonenis*, 1323 (rôle des dîmes du dioc. de Béz.). — *Le Thou* (cartes du dioc. de Béziers et de Cassini).

THOUREL, j^in, c^ne de Bédarieux, 1809.

THOUZELLIER, f. c^ne de Montpellier, sect. B.

THUBERT, f. c^ne de Castelnau-lez-Lez.

THUDÈS (JARDIN-DE-), f. c^be de Gignac, 1809.

THYÈRES (LES), f. — Voy. UYÈRES (LES).

TICAILLE, f. c^ne de Saint-Julien.

TIENDAS, h. c^ne de Roqueredonde. — *Eccl. S. Dalmatii de Telnodaz* (cart. de Joncels; G. christ. VI, inst. c. 135). — Ce hameau, dont le nom a été ajouté à celui de la commune de Roqueredonde (voy. ROQUEREDONDE-DE-TIENDAS), est écrit *Tieudas* sur la carte du dioc. de Béziers et sur celle de Cassini.

TIERS-NEGRÉ, f. c^ne de Félines-Hautpoul. — *Allod. de Tertiono*, 1182 (G. christ. VI, inst. c. 88).

TIEURONANT, m^in sur l'Engarrière, c^be de Roqueredonde-de-Tiendas. — *Thuronan* (recens. de 1809). — *Tirounant* (ibid. 1841). — *Turounal* (ibid. 1851). — *Tieuronant* ou *Theuronand* (ibid. 1856).

TINAL (LE), f. c^ne de Lattes.

TINDEL, f. c^ne de Montpellier, sect. A.

TINDEL (GRANGETTE-DE-), f. c^ne de Villeneuve-lez-Béziers, 1840.

TINERET, anc. église. — Voy. SAINT-MARTIN-DES-CROZES. — Indépendamment de l'église *de Tinereto*, le rôle des dîmes des églises du dioc. de Béziers de 1323 porte un autre prieuré, *eccl. de Tinerano*.

TINTEYNE, h. — Voy. TEINTEYNE.

TIRE-COS, f. c^ce de Saint-Julien. — *Tire-col* (recens. de 1809).

TISSIER, f. c^be de Montpellier, sect. J. — Voy. BIONNE.

TIVOLI, f. c^ne de Lunel.

TIVOLI, f. c^ne de Moulès-et-Baucels.

TIVOLI, h. c^be de Laroque.

TONGUE, éc. c^ne de Pouzolles.

TONGUE, riv. — Voy. THONGUE.

TONGUES ou TONGAS, 1809, f. c^be de Pézenas.

TONNEUS. — Voy. THOU (LE), f. c^be de Sauvian.

TORTEILLAN, h. c^ne de Combes. — *Tortoreira*, 1138 (abb. de Valmagne, H. L. II, pr. c. 484; G. christ. VI, inst. c. 320). — *Tourteillan* (cartes du dioc. de Béz. et de Cassini). — *Tourtelian* (recens. de 1809).

Tos (LES), f. c^ne de Canet.

TOUCHET, f. c^ne de Montpellier, sect. C.

TOUCHY, f. c^ne de Montpellier, sect. H.

TOUCOU, f. c^ne d'Octon. — *Tencou* (recens. de 1809).

TOUINOU, f. c^ne de Montagnac, 1809. — *Tovirac*, 1152 (Livre noir, 140 v°).

TOULE, f. c^ne de Mons. — *Tauladias villa*, 926 (cart. Gell. 7). — *Toule* (cartes du dioc. de Saint-Pons et de Cassini).

TOULOUSE, f. c^ne de Montpellier, 1809.

TOUR (LA), f. c^ne de Montarnaud. — *Tour de Goiraume* (cartes du dioc. de Montp. et de Cassini).

TOUR (LA), f. c^ne de Nébian. — *La Tour de Puchauge* (cartes du dioc. de Lodève et de Cassini).

TOUR (LA) ou MOULIN DU TROU, sur la Mausson, c^ce de Fabrègues.

TOUR (LA), éc. — Voy. REDOUTE-DE-LA-TOUR.

TOUR-DE-BEL-ARNAUD ou LA TOUR, f. c^ne de Pomérols.

TOUR-DE-FARGES, ferme et station du chemin de fer, c^ne de Lunel-Viel.

TOUR-DE-VALERNAU, f. c^ce de Mèze. — *Castrum nuncupatum Turrem*, 843 (cart. d'Agde, H. L. I, pr. c. 77). — *Castr. de Turre*, 1190 (cart. Agath. 9). — *La Tour de Valernau* (cartes du dioc. d'Agde et de Cassini).

TOURBES, c^m de Pézenas. — *Torves cum eccl. S. Saturnini*, 990 (arch. de l'abb. de Saint-Thib.; H. L. II, pr. c. 145). — *Eccl. S. Saturnini in Tornes*, 990 (id. G. christ. VI, inst. c. 315). — *Turreves*, 1090 (mss d'Aubaïs; H. L. II, pr. c. 327). — *De Turreventosa*, 1131 (év. de Béziers, H. L. ibid. 461). — *Castrum de Torves*, 1153 (Livre noir, 153 v°); 1216 (ibid. 109); 1201 (cart. de Foix, 223); 1213 (cart. Magal. A 309); XIVe siècle (ibid. 58). — *Vicairie de Turbiez*, 1518 (pouillé).—*Tourbes*, 1625 (ibid.); 1649 (ibid.); 1688 (lett. du gr. sceau); 1760 (pouillé; tabl. des anc. dioc. carte du dioc. de Béziers, carte de Cassini); 1778 (terr. de Tourbes). — Cette paroisse appartenait à l'archiprêtré du Pouget et avait pour patron saint Saturnin, 1780 (état offic. des égl. du dioc. de Béziers).

Tourbes fit d'abord partie du canton de Pézenas. Dans le remaniement des cantons qui eut lieu par suite de l'arrêté des consuls du 3 brumaire an x, cette commune passa dans le canton de Servian; enfin, elle revint dans celui de Pézenas en vertu d'une ordonnance royale du 4 mars 1834.

TOUREILLES, anc. égl. —Voy. SAINT-FÉLIX-DE-TOUREILLES.

TOURMAC, seign. de la viguerie de Gignac, 1529 (dom. de Montp. H. L. V, pr. c. 87). — Voy. JOURMAC.

TOURNALS (LES), éc. usine, c^ne de Prémian.

TOURNEFORT, f. c^ne de Marsillargues.

TOURNEL, f. c^ne de Montpellier, 1809. — Voy. VALETON.

TOUROULLE, f. anc. prieuré, c^ne de Bessan. — *Torola*, 990 (arch. de Saint-Thib. G. christ. VI, inst. c. 316). — *Torolla*, 1120 (tab. Gell. ibid. 276). — *Tolurla*, 1119 (cart. Gell. 107). — *Terminium S. Laurentii de Tor.* 1156 (bulle d'Adrien IV; cart. Agath. 1); 1173 (arch. d'Agde, G. christ. *ibid.* 327). — *S. Maria de Tor.* 1176 (cart. Agath. 25). — *Zagulla,* 1146 (*ibid.* 155). — *Torguolla,* 1177 (ch. du fonds de Saint-Jean-de-Jérusalem). — *Castrum de Thorolla,* 1229 (reg. cur. Franc. H. L. III, pr. c. 346). — *Touroulle* (carte du dioc. d'Agde; carte de Cassini).

TOURREAU, h. c^{ne} de Saint-Guillem-du-Désert.

TOURNEILLES, anc. prieuré, c^{ne} de Pailhès. — *Villæ Torriliæ,* 899 (G. christ. VI, inst. c. 76). — *Torrillias, de Torillis,* 1089 (Livre noir, 1 v°). — *Torellas,* 1161 (*ibid.* 239 v°). — *De Torreliis,* 1129 (*ibid.* 170 v°). — Ce prieuré fut réuni à l'église de Pailhès par le chapitre de Saint-Nazaire de Béziers, dont il dépendait: *eccl. de Torrellis unita fuit a capitulo, authoritate dni episc. ecclesiæ de Pailleriis,* 1253, 1342 (stat. eccl. Bitt. 57 v°, 82 v°). — Le même manuscrit porte en marge (57 v°): *Union de l'église de Torreilles à celle de Pailhers.*

TOURNEL, h. c^{ne} de Rosis. — *Loc. de Torrellis,* 1199 (arch. de Villemagne, G. christ. VI, inst. c. 147). — *Tourel* (cartes du dioc. de Béz. et de Cassini).

TOURNET, f. c^{ne} de Cette.

TOURNIÈRE, h. c^{ne} de Cazevieille. — *Nemus Taurier,* 1329 (cart. Magal. E 198).

TOURTOUREL, mⁱⁿ sur la Mausson, c^{ne} de Lavérune. — *Duo molendini de Tortorello,* 1184 (cart. Magal. G 171); 1193 (*ibid.* index, 106). — *Molendini de Tortorel in flumine Amantionis,* 1203 (*ibid.* G 226).

TRANSILIACUM, villa. — Voy. NIZE.

TRAOUC, mⁱⁿ sur l'Agout, c^{ne} de la Salvetat.

TRAPE (LA), f. c^{ne} de la Salvetat, 1809.

TRASSAPAU ou TRASSEPO, f. c^{ne} de Joncels. — *Trassapo* (cartes du dioc. de Béz. et de Cassini).

TRASSÉNOUS (JASSE-DE-), f. c^{ne} de la Salvetat.

TRAST (LE), f. c^{ne} de la Salvetat.

TRAVERSE (LA), f. c^{ne} de la Salvetat.

TRÉNOULINE, f. c^{ne} de Villecelle. — Avant 1845, cette métairie faisait partie de la commune de Mourcairol, supprimée à cette époque.

TRECH (LA), h. c^{ne} de Fraisse. — *Ladrex* (carte du dioc. de Saint-Pons). — *La Drech* (carte de Cassini).

TRÉGUIERS ou TRÉGUIENS, f. c^{ne} de Lodève. — *Treguier* (cartes du dioc. de Lodève et de Cassini).

TREILLE (LA), f. c^{ne} de Maraussan. — *Trela,* 1130 (cart. Agath. 21). — *Mansus de Trolio,* 1167 (Liv. noir, 55); 1199 (*ibid.* 78 v°). — *De Trulio,* 1183 (*ibid.* 218 v°). — *De Trollio,* 1243 (stat. eccl. Bitt. 148 v°). — *La Treille* (cartes du dioc. de Béz. et de Cassini).

TREILLE (LA), h. c^{ne} de Ferrières (c^{on} d'Olargues). — *La Treille* (cartes du dioc. de Saint-Pons et de Cassini).

TREILLE (LA), h. c^{ne} de Saint-Jean-de-Fos. — *Troillarcum,* 1116 (cart. Gell. 76 v°). — *Chapelle de la Treilhe,* 1518 (pouillé); 1760 (*ibid.*).

TREMBLES (LES), chaîne de montagnes, c^{ne} de Castelnau. — La base de cette petite chaîne, sur la rive droite du Lez, a 57^m,60 de hauteur.

TREMOULÈDES (LES), h. c^{ne} de Saint-Vincent (canton d'Olargues).

TRÉPOUS, éc. c^{ne} de Pouzolles. — *Loc de Trebontio,* 1138 (G. christ. VI, inst. c. 279).

TRÈS-FONS, château. — Voy. TROIS-FONTAINES.

TRÈS-SAIGNOTS, f. c^{ne} de la Salvetat.

TRÉSORIÈRE (LA), f. c^{ne} de Maureilhan. — *La Thresoriere* (cartes du dioc. de Béz. et de Cassini).

TRÉSONS, anc. chap. — Voy. SAINTE-MARIE-DE-TRÉSONS.

TRÉSOS, mⁱⁿ sur le ruisseau de Brian, c^{ne} de Vélieux.

TRESSAN, c^{on} de Gignac. — *Villa de Trenciano seu de Trinciano,* 990 (Marten. Anecd. I, 179). — *Terencianum,* v. 1130 (Livre noir, 250). — *Tercianum,* 1150 (*ibid.* 52); 1184 (*ibid.* 229); 1271 (mss de Colb. H. L. III, pr. c. 602). — *Trencianum,* 1255 (stat. eccl. Bitter. 116 v°). — *Treussanum,* 1231 (arch. de l'abb. de Caunes; H. L. III, pr. c. 357). — *Rector de Tressano,* 1323 (pouillé). — *Tressan,* seigneurie de la viguerie de Gignac, 1529 (dom. de Montp. H. L. V, pr. c. 87); 1625 (pouillé); 1649 (*ibid.*); 1688 (lett. du gr. sc.); 1760 (pouillé; tabl. des anc. dioc. carte du dioc. de Béz. carte de Cassini); 1770 (terrier de Tressan). — L'église de *Tressan,* au diocèse de Béziers, *S. Genesius de Tressan,* dépendait de l'archiprêtré du Pouget, 1780 (état offic. des égl. du dioc. de Béz.).

Tressan fit d'abord partie du canton de Saint-Pargoire. Ce canton ayant été supprimé par arrêté des consuls du 3 brumaire an X, la commune de Tressan fut alors ajoutée au canton de Gignac.

TRÉVIERS, h. qui a donné son nom à la commune de Saint-Matthieu-de-Tréviers. — *Eccl. de Tribus viis,* 1280 (Arn. de Verd. ap. d'Aigrefeuille, II, 447); 1229 (cart. Magal. E 302); 1267 (*ibid.* E 304); 1354 (*ibid.* C 10). — *Treguiés,* dans la rectorie de Montp. 1625 (pouillé). — *Trevies,* 1649 (*ibid.*). — *Saint-Mathieu de Trevies,* 1688 (lett. du gr. sc.). — *Cure,* 1760 (pouillé). — *Treviez,* 1756 (état offic. des égl. du dioc. de Montp. tabl. des anc. dioc.). — *Saint-Mathieu de Treviers* (cartes du dioc. de Montp. et de Cassini). — La cure de *Tréviers* était le chef-lieu d'un archiprêtré dont nous avons indiqué la juridiction à l'article SAINT-MATTHIEU-DE-TRÉVIERS; l'évêque en était le prieur, en même temps qu'il était seigneur temporel du lieu. Quant au vocable, nonobstant sa réunion à l'église de

Saint-Matthieu, Tréviers avait, comme il a encore aujourd'hui, *saint Martin* pour patron, 1756 (état offic. des égl. de Montp.); 1684, 1780 (vis. past.). — Voy. Saint-Matthieu-de-Tréviers.

Tréviers, éc. c^{ne} de Saint-Matthieu-de-Tréviers.

Triadou, éc. — Voy. Coste-Sèque.

Triadou (Le), c^{on} des Matelles. — *Triatorium*, 1193 (trésor des ch. H. L. III, pr. c. 174); 1317 (cart. Magal. D 214). — *Le Triadou*, dans la rectorie de Montp. 1625 (pouillé); 1649 (*ibid.*); 1688 (lett. du gr. sc.). — Prieuré cure, 1760 (pouillé; tabl. des anc. dioc. carte du dioc. de Montp. carte de Cassini). — Le prieuré du *Triadou*, dans l'archiprêtré de Tréviers, avait pour patron *saint Sébastien*. L'évêque de Montpellier était seigneur du lieu, 1756 (état offic. des églises du dioc. de Montp.); 1684, 1780 (vis. past.).

Triadou (Le), h. c^{ne} de Saint-Bauzille-de-Putois. — *Le Triadou* (cartes du dioc. de Montp. et de Cassini).

Trianon, f. c^{ne} des Plans. — *Trianon* (cartes du dioc. de Lodève et de Cassini).

Triballe, f. c^{ne} de la Vacquerie. — Nous avons vu dans un ancien manuscrit (*Hist. des abbés de Saint-Guillem*, appartenant à M. de Laurès, de Gignac), que cette métairie fut vendue en 1591 par le camérier de l'abbaye afin de payer la taxe à laquelle elle avait été imposée par le roi. — *La Tribale* (carte du dioc. de Lodève et carte de Cassini).

Trifont ou Trifoul, f. c^{ne} de Villemagne, 1809.

Trifontaine, f. — Voy. Boyer.

Trignan ou Merle, f. c^{ne} de Montpellier, 1809.

Trignan (Mas de), h. c^{ne} de Vailhan. — *Monasterium S. Stephani de Trignano in Capraciense cum ecclesiis S. Mariæ et S. Eusebii*, 990 (arch. de l'abb. de Saint-Thibéry; G. christ. VI, inst. c. 315).

Trincué, f. c^{ne} de Magalas.

Triol, f. c^{ne} de Marsillargues.

Triol, f. c^{ne} de Viols-le-Fort, 1809-1838. — *Le Triol* (cartes du dioc. de Montp. et de Cassini).

Trisse-Paille, vieux mⁱⁿ sur la Mausson, c^{ne} de Saussan, 1838.

Trivalle ou Moulin-de-la-Trivalle, f. c^{ne} de Montoulieu.

Trivalle (La), h. c^{ue} de Mons. — *La Triballe* (cartes du dioc. de Saint-Pons et de Cassini).

Trois-Fontaines ou Mas de Très-Fons, château, c^{ne} du Pouget.

Trompe-Pauvres ou Troumpo-Paurès, f. c^{ne} de Béziers.

Tronc (Mas de), f. c^{ne} de Roujan.

Tronquet, f. c^{ne} de Gabian, 1809.

Tros (Le), f. c^{ne} de Cessenon. — *Le Tros* (cartes du dioc. de Saint-Pons et de Cassini).

Trou (Moulin du). — Voy. Tour (La).

Troubadarès (Les), h. c^{ne} de Pierrerue. — *Eccl. de la Trobade*, 1343 (stat. eccl. Bitter. 83). — *Las Trouvadaries* (cartes du dioc. de Saint-Pons et de Cassini).

Trousseau, faubourg, c^{ne} de Bédarieux.

Troussellien, f. c^{ne} de Saint-Bauzille-de-Montmel, 1809. — *Trouselier* (cartes du dioc. de Montp. et de Cassini).

Truques, f. c^{ne} de Mauguio.

Truscas, h. c^{ne} d'Avène. — *Tructarium*, 897 (Livre noir, 97). — *Truscas* (cartes du dioc. de Béziers et de Cassini).

Tubeuf, montagne, c^{ne} de Castelnau, à la rive gauche du Lez. — Hauteur : 100 mètres.

Tude (La), h. — Voy. Latude.

Tudéry, h. c^{ne} de Saint-Chinian. — *Tudery* (cartes du dioc. de Saint-Pons et de Cassini).

Tudès (Mas de), f. c^{ne} de Vic.

Tuilerie (La), éc. c^{ne} de Cazouls-lez-Béziers, 1809.

Tuilerie (La), éc. c^{ne} de Maraussan, 1851.

Tuilerie (La), éc. c^{ne} de Pouzolles. — *Tuilerie* (cartes du dioc. de Béziers et de Cassini).

Tuilerie (La), éc. c^{ne} de Saint-Hilaire. — *Tuilerie* (cartes du dioc. de Montp. et de Cassini).

Tuilerie (La), faubourg, c^{ne} de Laurens.

Tuilerie (La), f. c^{ne} d'Agde.

Tuilerie (La) ou la Tuillère, f. c^{ne} d'Aspiran. — *Tuilerie* (cartes du dioc. de Lod. et de Cassini).

Tuilerie (La), f. c^{ne} de Bassan, 1840.

Tuilerie (La), f. c^{ne} de Caux.

Tuilerie (La), h. c^{ne} de Clermont. — *Tuilerie* (cartes du dioc. de Lodève et de Cassini).

Tuilerie (La), h. c^{ne} de Saint-Jean-de-Cornies. — *Tuilerie* (cartes du dioc. de Montp. et de Cassini).

Tuilerie-Basse, éc. c^{ne} de Cruzy.

Tuilerie-Haute, éc. c^{ne} de Cruzy.

Tuileries (Les) ou Tuilerie Cazals et Tuilerie Roque, éc. c^{ne} de Magalas. — *La Tuilerie* (cartes du dioc. de Béziers et de Cassini).

Tuileries (Les), h. c^{ne} de Saint-Bauzille-de-Putois.

Tuileries-de-Prades, f. c^{ne} de Cessenon. — *La Tuilerie* (cartes du dioc. de Saint-Pons et de Cassini).

Tuilière (La), f. c^{ne} de Mas-de-Londres. — *Mansus de Teuleria seu Theuleria*, 1193 (cart. Magal. F 124); 1204 (*ibid.* E 328). — *Tuleria*, 1226 (*ibid.* E 309).

Tuilière (La) ou la Tuillère, f. — Voy. Tuilerie (La).

Tuilières (Les), f. c^{ne} d'Aigne, 1809. — *Lastoulieres* (cartes du dioc. de Saint-Pons et de Cassini).

Tuillade (La), ruiss. qui prend sa source sur le territ. de Saint-André-de-Sangonis, dont il arrose quatre hectares et où il fait aller un moulin à blé, parcourt 1,800 mètres et se jette dans l'Hérault.

Tuniès, f. c⁰ⁿ de Saint-Julien. — *Tursarius*, 936 (arch. de l'égl. de Saint-Pons; Catel, Comt. de Toul. 88). — *De Turcio*, 1214 (cart. de Foix, 247 v°).

Tuniès, ruisseau qui naît dans la cⁿᵉ de Saint-Julien, d'où il passe sur les terres d'Olargues. Son cours de 2 kilomètres arrose deux hectares sur les territoires de ces communes. Il se perd dans le Jaur, affluent de l'Orb.

U

Ucla, f. cⁿᵉ de Montpellier, 1809.

Uclas (Mas d'), f. cⁿᵉ de Saint-Martin-de-Londres. — *Villa que vocatur Huglaz in comitatu Substantionense*, 1031 (cart. Gell. 32 v°). — *Villa Uglatis*, xiᵉ siècle (*ibid.* 30). — *Uglas* (cartes du dioc. de Montp. et de Cassini).

Umbranici, anc. peuple de la Gaule. — *Umbranici* (Plin. Hist. nat. III, iv). — *Umbranicia* (carte de Peutinger). — De Valois place ce peuple dans le Lauraguais (Not. Gall. 616). D'Anville croit qu'il était contigu aux Tectosages, sans en préciser la position (Not. de l'anc. Gaule, 712). — Astruc ne se décide ni pour le Languedoc, ni pour la Provence, ni pour le Dauphiné (Mém. pour l'Hist. nat. de Lang. 54). — Les Bénédictins placent les *Umbranici* dans le diocèse de Montpellier, où ils auraient formé une tribu où du moins un petit peuple compris soit parmi les Tectosages, soit parmi les Arécomiques (Hist. de Lang. I, 609). — Pour nous, dans un travail sur la position des Volces imprimé en 1836, nous avons cherché à établir que les *Umbranici* occupaient, à l'orient des Tectosages, quelques vallons et quelques escarpements boisés des Cévennes, entre les départements du Tarn, de l'Aveyron et de l'Hérault, vers la Caune, Pont-de-Camarès, Cornus et les sources de l'Orb (Mém. de la Soc. archéol. de Montp. I, 147).

Unio, anc. église. — Voy. Saint-Jean-d'Ognon.

Usclas (de Plaux, c'est-à-dire *de la Plaine*), cⁿ de Lodève. — *Usclatum villaris*, 987 (cart. Lod. G. christ. VI, inst. c. 270). — *Usclaz*, 1116 (cart. Gell. 135). — *Uclaz*, 1164 (*ibid.* 209 v°). — *Pagus de Usclatio*, 1197 (Plant. chr. præs. Lod. 97). — *Usclas*, 1625 (pouillé); 1649 (*ibid.*); 1688 (lettres du grand sceau); 1760 (pouillé). — *Usclas de Plaux* (carte du diocèse de Lodève et carte de Cassini).

Église d'Usclas : *Eccl. S. Ægidii de Usclato*, 987 (cart. Lod. G. christ. *ibid.*). — *Eccl. S. Egidii de Usclas*, 1159 (cart. Agath. 115); 1219 (cart. Gell. 215). — *Prieuré*, 1518 (pouillé). — *Cure*, 1760 (*ibid.*).

Aujourd'hui l'ancienne paroisse d'*Usclas* n'est qu'une annexe de celle de Loiras, laquelle a pour patron *saint Pierre-aux-Liens*.

Usclas fut primitivement placé dans le canton de Saint-Jean-de-la-Blaquière, supprimé par arrêté des consuls du 3 brumaire an x. Cette commune fut alors incorporée au canton de Lodève.

Usclas-d'Hérault, cⁿ de Montagnac. — *Villa de Sclatiano*, 956, 957 (Livre noir, 130 v°, 226 v°). — *De Usclatio*, 1203 (*ibid.* 318). — *Isclatianum*, 1204 (arch. de l'égl. de Narb. G. christ. VI, inst. c. 151). — *Usclanum*, 1323 (rôle des dîmes du dioc. de Béz.). — *Usclas*, 1625 (pouillé); 1649 (*ibid.*); 1688 (lett. du gr. sc.); 1760 (pouillé). — *Usclas d'Hérault*, command. (cartes du dioc. de Béziers et de Cassini). — *Usclas d'Heraud*, xviiᵉ siècle et 1776 (terr. d'Usclas).

Église d'Usclas-d'Hérault : *Rector de Uclua*, 1323 (rôle des dîmes des égl. de Béz.). — *S. Bricius de Usclas*, 1780 (état officiel des églises du diocèse de Béziers.)

Usclas-d'Hérault fit d'abord partie du canton de Fontès, qui fut supprimé par arrêté des consuls du 3 brumaire an x. Cette commune fut alors comprise dans le canton de Montagnac.

Usclats-le-Bas ou Usclax, h. cⁿᵉ de Saint-Pons. — *Usclax-le-Bas* (cartes du dioc. de Saint-Pons et de Cassini).

Usclats-le-Haut, h. cⁿᵉ de Saint-Pons. — *Usclax-le-Haut* (cartes du dioc. de Saint-Pons et de Cassini).

Usclats-les-Contes, h. cⁿᵉ de Saint-Pons. — *Les Contes* (cartes du dioc. de Saint-Pons et de Cassini).

Usclats-les-Crouzats, h. cⁿᵉ de Saint-Pons.

Usclax, f. cⁿᵉ de Fraisse.

Utes (Les), h. cⁿᵉ de la Vacquerie. — *Locus quem appellant Utas*, v. 1035 (cart. Gell. 26). — *Locus de Usde*, 1101 (*ibid.* 67). — *Nemus*, 1213 (Plant. chr. præs. Lod. 118). — *Mansus de Uta*, 1325 (Plant. *ibid.* 292). — *Mansus de Utis*, 1371 (G. christ. VI, 597). Les cartes du dioc. de Lodève et de Cassini écrivent mal *les Huttes*. Cette orthographe vicieuse et celle plus vicieuse encore, *les Ruttes*, se trouvent sur des cartes et des documents semi-officiels récents.

Uyènes (Les), f. c^{ne} de Quarante. — *Locus de Yersarolis, de Yersarcillis*, 1279, 1289 (cart. Magal. C 209, 210). — La carte du dioc. de Narbonne et celle de Cassini portent *les Ugnieres*. — *Les Hugnières* (recens. de 1809). — *Les Thyères* (recens. de 1840). — Plusieurs disent *les Yères*.

V

Vabre, h. c^{ne} de Sauteyrargues-Lauret-et-Aleyrac. — *Vabre* (cartes du dioc. de Montp. et de Cassini).

Vabre (La), f. c^{ne} de Claret.

Vacarié (La), h. c^{ne} de Saint-Étienne-d'Albagnan. — *Vacarié* (cartes du dioc. de Saint-Pons et de Cassini).

Vacayrials, h. c^{ne} de Riols. — *Vacairials* (cartes du dioc. de Saint-Pons et de Cassini).

Vache, f. c^{ne} de Lunel.

Vacquerie-et-Saint-Martin-de-Castries (La), c^{on} de Lodève. — *Villa Variatis*, 806 (cart. Gell. Mabill. Ann. II, 718). — *Vaccaria*, 1240-1248 (Plant. chr. præs. Lod. 152). — Là même, Plantavit nous apprend que ce lieu portait le nom de *Pous-Combes* : l'évêque de Lodève achète de Dulcia de Pous-Combes le village de *Pous-Combes alias de Vaccaria*, 1248 (ibid. 174). — *Villa*, 1250 (ibid. 175). — *Poscombes*, 1210 (cart. Gell. 61). — *La Vacquerie, prieuré*, 1518 (pouillé). — *La Vaquerié*, 1625 (ibid.). — *La Vaccarye*, 1649 (ibid.). — *Cure de Vacquerie*, 1760 (ibid.). — *La Vaquarié* (tabl. des anc. diocèses). — *La Vaquerie* (carte du dioc. de Lodève; carte de Cassini). — Voy. Saint-Martin-de-Castries.

La Vacquerie et Saint-Martin-de-Castries furent originairement deux communes distinctes dans le canton de Montpeyroux; à la suppression de ce canton par arrêté des consuls du 3 brumaire an x, elles furent ajoutées au canton de Lodève. Finalement, elles ont été réunies en 1832 pour ne former qu'une seule commune.

Vacquié, f. c^{ne} de la Salvetat.

Vacquières, c^{on} de Claret. — *Locus de Vacheriis*, 1151 (dom. de Montp. H. L. II pr. c. 538); 1153 (ch. de l'abbaye du Vignogoul). — *Castrum de Vaqueriis*, 1182 (cart. Magal. F 284); 1213 (ibid. G 175); 1323 (ibid. A 72). — *Prieuré de Vacquieres*, 1527 (pouillé); 1625 (ibid.); 1639 (terr. de Vacquières); 1649 (pouillé); 1688 (lettres du gr. sceau); 1760 (pouillé; cartes du dioc. de Nîmes et de Cassini). — *Vaquieres* (tabl. des anc. dioc.).

— Le prieuré de *Vacquières* avait pour patron *saint Bauzille*, 1760 (pouillé), aujourd'hui saint Baudile.

— Ce lieu, du diocèse de Nîmes et de la viguerie de Sauve, répondait toutefois pour la justice au sénéchal de Montpellier. Il fut, dès 1790, compris dans le département de l'Hérault et il a toujours appartenu au canton de Claret.

Vages, éc. — Voy. Verrerie (La).

Vailhan, c^{on} de Roujan. — *Castrum de Vallano*, 1178 (G. christ. VI, inst. c. 140); 1182 (cart. Anian. 53 v°). — *Vallan*, 1211 (cart. Gell. 211 v°). — *Eccl. de Valhano*, 1323 (rôle des dîmes des égl. du dioc. de Béz.). — *Prieuré de Valhan*, 1518 (pouillé); 1625 (ibid.); 1649 (ibid.). — *Cure de Vailhan*, 1760 (ibid. tabl. des anc. dioc.). — *Vailhan* (carte du dioc. de Béziers et carte de Cassini). — *Assumptio B. M. V. de Vailhan*, 1780 (état offic. des égl. du dioc. de Béz.). — L'évêque de Béziers était seigneur de Vailhan.

Vailhauquès, c^{on} des Matelles. — *Locus de Vallanicis*, 1096 (ch. des comptes de Montp. H. L. II pr. c. 340). — *De Vallauquesio seu de Vallauques*, 1090, 1099, 1146, 1164 (mss d'Aubaïs; ibid. 330, 351, 512, 600); 1110, 1127 (cart. Gell. 61, 67 v°); 1152 (cart. Agath. 181). — *Vallauques*, 1152 (chât. de Foix, H. L. pr. c. 539). — *Vallauchez*, 1125 (mss. d'Aubaïs, ibid. 437). — *Vallauches*, 1103 (ibid. 363); 1177 (ch. du fonds de Saint-Jean-de-Jérus.); 1183 (cart. Anian. 55). — *Paroch. S. Saturnini de Vaillauches*, 1100 (ibid. 68); *de Valleauquensi*, 1211 (ibid. 52). — *Castrum de Valhauquesio*, 1212 (cart. Magal. D 197); 1222, 1347 (ibid. E 284 et 318). — *Prior de Valeuquesio*, 1528 (pouillé). — *Vailauquès*, 1625 (ibid.). — *Vailhauquès*, 1649 (ibid.). — *Vailhauquès*, 1688 (ibid. et lett. du gr. sceau); 1760 (pouillé). — *Valiauques* (tabl. des anc. diocèses). — *Vailhauques* (cartes du dioc. de Montp. et de Cassini).

Vailhauquès, dans la baronnie de Montpellier, avait pour seigneur le marquis de Murles. — Son église, sous le patronage de *Sainte-Foi*, qu'elle a conservé jusqu'à ce jour, dépendait de l'archiprêtré de Viols, 1625, 1649, 1684 (pouillés); 1756 (état officiel des églises du dioc. de Montpellier); 1780 (vis. past.).

VAILHES (LES), c^{ne} de Celles. — *Les Vaillés* (carte du dioc. de Lodève). — *Les Vailhés* (carte de Cassini). — *Les Vailhes* (Dict. des postes).

VAILLAURE, ruisseau qui prend sa source au lieu dit *Regoun dal fé*, commune de Cassagnoles, arrose deux hectares sur le territoire de cette commune et sur celui de Ferrals, court pendant 4 kilomètres et se perd dans la Cesse, affluent de l'Aude.

VAILLÈNE, h. c^{ne} de la Salvetat. — *Valiere* (cartes du dioc. de Saint-Pons et de Cassini).

VAIRAC, f. — Voy. VEYRAC.

VAISSEPLEGADE, f. c^{ne} du Soulié. — *Vaiseplegade* (cartes du dioc. de Saint-Pons et de Cassini).

VAISSERIES, f. c^{ne} de Béziers. — *Vexerate*, 1152 (Livre noir, 250 v°). — *Baisseriés* (recens. de 1809). — *Baysseries* (recens. de 1851).

VAISSIÈRE, f. c^{ne} de Riols. — Voy. BASSIÈNE (REC DE).

VAISSIÈRE, h. c^{ne} du Soulié. — *Vaissiere* (cartes du dioc. de Saint-Pons et de Cassini).

VALADASSE, f. c^{ne} de Tourbes. — *Valada* (recens. de 1809).

VALADIÈRE, éc. c^{ne} de Juvignac. — *Villa de Valleredones*, 1202 (cart. Magal. E 81). — *Parrochia de Valleredonesio*, 1263 (Arn. de Verd. ap. d'Aigrefeuille, II, 445). Le même d'Aigrefeuille traduit par *Valredonez* (*ibid.*). — *Vicaria de Valeredonesia*, 1528 (pouillé).

VALANTIBUS (LE), ruiss. qui prend naissance sur la commune de Saint-Drézéry, en arrose le territoire et celui de Sussargues, parcourt 4 kilomètres et se perd dans le Bérange, affluent de l'étang de Mauguio.

VALARÈDES, h. c^{ne} de la Valette.

VALAT, mⁱⁿ à foulon sur le Vernazoubres, commune de Saint-Chinian, 1809.

VALAUSE, ham. c^{ne} de Saint-Étienne-d'Albagnan. — *Eccl. de Valesiis*, 1178 (G. christ. VI, inst. c. 140). — *Castr. de Valacco*, 1216 (Livre noir, 109). — *Valousse* (cartes du diocèse de Saint-Pons et de Cassini).

VALAUTRES (CHÂTEAU DE), f. c^{ne} de Saussan.

VALBOISSIÈRE, h. c^{ne} de Brissac. — *Locus de Valleboisseria*, 1252 (cart. Magal. F 214). — *De Vallebuxeria*, xive siècle (index cart. Magal. 111 et F 286). — *Valboussiere* (cartes du dioc. de Montp. et de Cassini).

VALBONNE, f. — Voy. BALBONNE.

VALBONNE ou CROUZAT, ruiss. qui naît près de la métairie de Contournet, commune de Saint-Julien, parcourt 1,350 mètres sur le territoire de cette commune, y arrose trois hectares, fait mouvoir un moulin à blé et se perd dans l'Agout, affluent du Tarn.

VALBOUSSIÈRE, f. c^{ne} de Cabrières (cartes du dioc. de Béz. et de Cassini).

VALCREUSE, vallée, c^{ne} de Saint-Paul-et-Valmalle. — *Vallis crosa*, 1138, 1153 (bull. Anast. IV; cart. Anian. 41; G. christ. VI, inst. c. 356); 1528 (pouillé). — Voy. SAINTE-MARIE-DE-VALCREUSE.

VAL-DURAND-ET-CROS-DE-HENRI, f. c^{ne} d'Arboras. — *Tenementum seu terminium Vallis Durantii et Crosi-Henrici parœciæ B. Mariæ de Salsis*, 1269 (Plant. chr. præs. Lod. 207). — L'évêque de Lodève y fit élever des fourches patibulaires, après avoir fait détruire celles qu'avaient érigées les gens du roi, 1308 (*ibid.* 259).

VALEDEAU, f. — Voy. RIDU.

VALÈNE, bois, entre les communes de Murles, Combaillaux, Saint-Gély-du-Fesc, les Matelles et Viols-en-Laval. — *Boscus, nemus de Valena*, 1190 (mss d'Aubais; H. L. III, pr. c. 166); 1215 (Arn. de Verd. ap. d'Aigrefeuille, II, 440); 1215 (cart. Magal. F 160); 1320 (*ibid.* B 197); 1354 (*ibid.* C 25); 1464 (G. christ. VI, inst. c. 388). — *Valene*, 1673 (réform. des bois, 27; cartes du dioc. de Montpellier et de Cassini).

VALÈNE, f. c^{ne} de Murles. — *Baraque de Valene* (cartes du dioc. de Montp. et de Cassini).

VALENQUAS, f. c^{ne} de Montpellier, sect. K.

VALENTIN (MAS DE), jⁱⁿ. — Voy. BERTHÉZÈNE.

VALERGUES, c^{on} de Castries. — *Eccl. S. Agathe apud Varequas*, 1099 (G. christ. VI, inst. c. 187). — *Eccl. S. Juliani de Valaregues* (Valergues) *et de Balanagues* (Baillargues), 1254 (cart. Anian. 35 et 35 v°). — C'était l'une des douze villettes de la baronnie de Lunel. — *Varergues*, 1440 (lett. pat. de la sénéch. de Nîmes, VIII, 257 v°). — *Prior de Varenicis*, 1528 (pouillé). — *Priorat. de Valergues*, 1693 (G. christ. *ibid.* 236); 1688 (pouillé; lett. du gr. sc.); 1760 (pouillé; tabl. des anc. diocèses; cartes du dioc. de Montpellier et de Cassini).

Valergues était une seigneurie royale. — Son église était un prieuré-cure de l'archiprêtré de Baillargues, sous le vocable de *Sainte-Agathe*. Enfin ce prieuré, vicairie perpétuelle, dépendait de la chantrerie d'Aigues-Mortes, 1756 (état offic. des égl. du dioc. de Montpellier); 1684, 1779 (vis. past.). — Un manuscrit du xviiie siècle des Arch. départem. (C 1114, p. 279) mentionne ce bénéfice comme une dépendance de la chantrerie du dioc. d'Alais.

VALERNAU, f. — Voy. TOUR-DE-VALERNAU.

VALET, f. c^{ne} et c^{on} de Murviel.

VALETON, autrement *métairie TOURNEL*, f. c^{re} de Montpellier, 1809.

VALETTE, jⁱⁿ, c^{ne} de Caux.

Valette, ruisseau qui a son origine au hameau d'Authèze, c`ne` de Ferrals, arrose quinze hectares sur le territoire de cette commune et sur ceux de Boisset et de la Livinière, fait aller deux moulins à blé, et, après un cours de 7,800 mètres, se jette dans la Cesse, affluent de l'Aude.

Valette (La), c`on` de Lunas. — *Valleta*, 804 (cart. Gell. 4); 1191 (cart. de Foix, 235 v°). — *Villa de V.* 1002 (cart. Gell. 12); 1071 (G. christ. VI, inst. c. 584); 1181 (cart. Anian. 54); 1210 (Bibl. reg. G. christ. *ibid.* 284); 1283 (Plant. chr. præs. Lod. 226). — *Eccl. S. Marie in villa Avalleta*, 987 (cart. Lod. G. christ. VI, inst. c. 270). — *Castr. de Valeta*, 1162 (tr. des chartes; H. L. pr. c. 588). — Seigneurie de *la Valete*, dans la viguerie de Gignac, 1529 (dom. de Montpellier; H. L. V. pr. c. 87). — *La Vallette*, 1625 (pouillé). — *La Valette*, 1649 (*ibid.*). — *Cure*, 1760 (pouillé; tableau des anc. diocèses; cartes du dioc. de Lodève et de Cassini).

Valette (La), anc. prieuré. — V. Saint-Pierre-la-Valette.

Valette (La), chât. c`ne` de Montpellier, sect. C. — *Territor. de Valeta*, 1223 (cart. Magal. D. 312); 1356 (*ibid.* E 129). — *La Vallette* (cartes du dioc. de Montpellier et de Cassini).

Valette (La), m`in`, usine, sur le Lez, c`ne` de Clapiers. — *Molendini de Valeta*, 1223 (cart. Magal. D. 312). — *Molendinus bladerius in territorio de V.* 1356 (*ibid.* E 129).

Valette (Mas), f. — Voy. Escalette.

Valette (Tuilerie-de-), éc. c`ne` de Cournonterral. — *Tuilerie* (cartes du dioc. de Montp. et de Cassini).

Valflaunès, c`on` de Claret. — *Castrum de Villaflorani*, 1099 (chât. de Foix; H. L. II, pr. c. 351). — *Castr. de Valfennes*, 1154 (cart. Magal. F 299). — *De Vallefennesia*, 1344 (*ibid.* B 256 et F 234). — *De Valeflaunesia*, 1528 (pouillé). — *Valfaunez*, 1756 (état offic. des égl. du dioc. de Montpellier). — *Valflaunes*, 1625 (pouillé); 1649 (*ibid.*); 1684 (*ibid.*); 1688 (lett. du gr. sc.); 1760 (pouillé; cartes du dioc. de Montpellier et de Cassini). — *Valflaunès*, 1715 (arch. de l'hôp. gén. de Montpellier, B 174; tabl. des anc. diocèses).

Église de Valflaunès: *Parroch. de Valfeunes*, 1154 (cart. Magal. E 299). — *De Valfennes*, 1209 (*ibid.* E. 224). — *Paroch. S. Felicis de V.* 1323 (*ibid.* C 123). — *De Vallefennesia*, 1344 (*ibid.* B 256; F 234). — *Prior de Valeflaunesia*, 1528 (pouillé). — L'église de Valflaunès, sous le vocable de *Saint-Pierre-aux-Liens*, était une vicairie perpétuelle dans l'archiprêtré de Tréviers, dépendante des Bénédictins d'Aniane, 1756 (état offic. des égl. de Montp.): 1684, 1780 (vis. past.).

Valflaunès, dans la baronnie de Montpellier, avait pour seigneur temporel l'évêque de ce siège, 1625 (pouillé); 1684, 1780 (vis. past.).

Valjoyeuse, ham. c`ne` de Montagnac. — *Val-Joyeuse* (cartes du dioc. d'Agde et de Cassini).

Vallat, f. c`ne` de Lodève.

Vallées. — Les principales vallées du département sont celles de l'Hérault, de l'Orb, du Vidourle, du Jaur, de la Mare. — Les vallées secondaires comprennent celles du Lez, de la Mausson, de la Vis, de Lergue, de Lauroux, de Soulondre, de Salagou, de Dourbie, de Boyne, de Peyne, de Tongue, d'Agout, de Verdus, de Lara, d'Ognon.

Nous avons fait connaître l'étendue de chacune de ces plaines ou vallées à son article respectif.

Vallenas, f. redonte, grau, c`ne` de Sérignan, embouchure de l'Orb dans la Méditerranée et ancienne communication de l'étang de Vendres avec la mer. — Voy. Orb et Vendres (Étang, Grau de).

Valles, anc. moulin sur l'Orb, c`ne` de Lignan. — *Molini de vallis qui sunt in flumine Orbis*, 1106 (Livre noir, 75 v°). — *De Vallibus*, 1152 (*ibid.* 247, 248 v°). — *De Valles*, 1163 (*ibid.* 33).

Vallet, h. c`ue` de Vailhan, 1840.

Vallirouse, f. c`ne` de Lacoste, 1809.

Valmagne, f. c`ne` de Villeveyrac. — *Vallis-Magnensis*, 977 (arch. de Saint-Paul de Narbonne; Marten. Anecd. I, 95). — Abbaye de Bénédictins, de l'ordre de Cîteaux, au diocèse d'Agde, fondée en 1138, sous la dépendance du monastère d'Ardorel, au diocèse de Castres, et l'institut du B. Geraud de Sales (H. L. II, 423; G. christ. I, inst. c. 202). — *Vallismagna*, 1138, 1147 (arch. de l'abb. de Valmagne; H. L. *ibid.* 483); 1175 (cart. Gell. 208); 1177 (cart. Agath. 67); 1213 (*ibid.* 187). — *Abbatia Val. M.* 1180 (Arn. de Verd. ap. d'Aigrefeuille, II, 433). — *Monasterium, conventus S. Marie de Val. M.* 1180, 1181 (cart. Magal. A 45 v°; E 8); 1347, 1358 (ch. des archives de Pézenas). — *Domus villæ Magnæ*, 1211 (cart. Agath. 66). — *Valmaigne*, 1625 (pouillé). — *Villemanne*, 1649 (*ibid.*). — Abbaye de Valmagne, 1518 (*ibid.*); 1760 (pouillé; tableau des anciens diocèses). — AB. R. (carte du diocèse d'Agde). — *Vallemagne*, AB. R. (carte de Cassini).

Valmaillargues ou Valmahangues, h. c`ne` de Grabels. — *Mansus de Valle Mallayca seu Mallanica*, 1257 (cart. Magal. E 284 et index, 69 v° et 72). — *De Valle Malmata* (*ibid.*). — *De Valle Manhaita seu Manhaica*, 1321 (*ibid.* A 9; E 290). — *Valmaliargues* (cartes du dioc. de Montp. et de Cassini).

— Ce hameau est à 95 mètres au-dessus du niveau de la mer. — Le pic volcanique de Redounelles, au sud-est de Valmahargues, a 115 mètres de hauteur.

VALMALLE, h. c^{ne} de Saint-Paul-et-Valmalle. — *Vallis mala*, 1031, 1123 (cart. Gell. 16 et 185 v°); 1121, 1130 (mss d'Aubaïs; H. L. II, pr. cc. 416, 456). —*Presbiter. de V.* 1158, 1507 (Livre noir, 93, 205). — *Valmala*, 1135 (H. L. ibid. 478). — *Saint-Paul-et-Valmale*, dans la baronnie de Montpellier, 1625 (pouillé); 1649 (*ibid.*); 1688 (lett. du gr. sc.). — *Valmale* (cartes du dioc. de Montp. et de Cassini). — *Valmalle* (Dict. des postes). — On voit qu'avant 1790, comme aujourd'hui, le hameau de *Valmalle* était réuni au village de *Saint-Paul-de-Montcamel* pour former une paroisse du dioc. de Montpellier. — Cette commune, et, par conséquent *Valmalle*, firent d'abord partie du canton de Saint-Georges; ils passèrent dans le canton d'Aniane en l'an x. — Voy. SAINT-PAUL-ET-VALMALLE.

VALMALLE (LA), f. c^{ne} de Bessan. — *La Valmale* (cartes du dioc. d'Agde et de Cassini).

VALMASCLE, c^{on} de Clermont. — *Eccl. de Vallemascla*, 1323 (rôle des dîmes du dioc. de Béz.). — *Prieuré de Valmesceiles*, 1518 (pouillé). — *Saint-Pierre de Valmascle*, au diocèse de Béziers, 1625 (*ibid.*); 1649 (*ibid.*); 1688 (lett. du gr. sc.). — *Cure*, 1760 (pouillé; tabl. des anc. diocèses; cartes du dioc. de Béziers et de Cassini). — *S. Petrus de Valmascle*, 1780 (état offic. des égl. du dioc. de Béziers).

Valmascle appartenait à la baronnie de Pezènes et de Montesquieu. — On trouve aux archives de Fos une quittance du huitième denier des biens ecclésiastiques aliénés, de 1679, où est mentionnée la seigneurie et baronnie de *Pezènes et de Montesquies*, *Veyrac et Valmascle*.

Cette commune eut d'abord sa place dans le canton d'Octon; mais, à la suppression de ce canton par arrêté des consuls du 3 brumaire an x, elle fut ajoutée à celui de Clermont.

VALOS, f. c^{ne} de Brenas. — *Villa de Valleso*, 804 (cart. Gell. 4). — *Villa de Valles*, v. 996 (*ibid.* 28). — *Vallos*, 1124 (*ibid.* 181 v°). — *Valos* (cartes du dioc. de Lodève et de Cassini).

VALOUSSIÈRE, f. c^{ne} d'Aumelas. — *Villa de Vallorserra*, 1096 (cart. Anian. 74). — *Valoussière* (cartes du dioc. de Béziers et de Cassini).

VALQUIÈRES, h. c^{ne} de Dio-et-Valquières. — *Locus de Visclariis vel de Vescleriis*, 1152 (Livre noir, 140 et 140 v°). — *Rector de Valcheriis*, 1323 (rôle des dîmes du dioc. de Béz.). — *Vachières*, 1518 (pouillé). — *Dio et Valquieres*, 1625 (*ibid.*). — *Die et Valq.* 1649 (*ibid.*); 1688 (lett. du gr. sceau). — *Cure de Valq.* ou *Valquares*, 1760 (pouillé). — *S. Andreas de Valquières*, 1780 (état offic. des égl. du dioc. de Béziers). — *Valquieres* (cartes du dioc. de Béziers et de Cassini). — Voy. DIO-ET-VALQUIÈRES.

VALRAC, h. c^{ne} d'Agonès. — *Valrac* (cartes du dioc. de Montp. et de Cassini).

VALRAS, f. c^{ne} de Balaruc. — *Als Valranas*, 1166 (cart. Agath. 134). — *Vaulras*, 1587 (ch. de l'évêché de Montpellier).

VALRAS, jⁱⁿ, c^{ne} de Béziers (2e c^{on}).

VALRAS, poste de douanes, éc. c^{ne} de Sérignan. — *Valras*, 1776 (terr. de Sérignan).

VALRAS-LE-BAS, f. c^{ne} de Béziers (2e c^{on}). — *Valras*, 990 (abb. de Saint-Thibéry; G. christ. VI, inst. c. 315). — *Locus de Valrano juxta mare*, 992 (Livre noir, 188). — *Rectoria*, 1323 (rôle des dîmes du dioc. de Béziers).

VALRAS-LE-HAUT, f. c^{ne} de Béziers (2e c^{on}). — *Terminium de Valrano in loco de Montada*, 1068 (Livre noir, 128 v°). — *De Valerias*, 1153 (bulle d'Eugène III, *ibid.* 153 v°). — *Honor de Valirano*, 1170 (Livre noir, 122 v°). — *Castrum de Valrano*, *de Valranis*, 1184 (*ibid.* 133 et 133 v°). — *Rector de Valr.* 1323 (rôle des dîmes du diocèse de Béziers). — *Eccl. de Valeriis*, 1216 (bulle d'Honor. III, *ibid.* 109). — *Valdras*, 1518 (pouillé). — *Valras*, (cartes du dioc. de Béziers et de Cassini). — *Valros* (recens. de 1840).

VALROS, c^{on} de Servian. — *Valeros*, 990 (abb. de Saint-Thibéry; H. L. II, pr. c 145). — *Valranum*, 1130 (cart. Agath. 21); 1177 (cart. de Foix, 243). — *Valros*, 1625 (pouillé); 1649 (*ibid.*); 1688 (lett. du gr. sc.). — *Cure*, 1760 (pouillé; cartes du dioc. de Béziers et de Cassini). — *S. Stephanus de V.* 1780 (état offic. des égl. du dioc. de Béziers; tabl. des anc. diocèses).

Valros était une seigneurie ou justice royale et bannerête, c'est-à-dire non ressortissante. D'abord commune du canton de Pézenas, cette localité, par suite des modifications dans les cantons ordonnées par l'arrêté des consuls du 3 brumaire an x, fut incorporée au canton de Servian.

VALS (LAS), ruisseau. — V. COUSTROUGUÈS.

VALUE, f. c^{ne} des Verreries-de-Moussans. — *Value* (cartes du dioc. de Saint-Pons et de Cassini).

VALUZIÈNES, f. c^{ne} de Montesquieu.

VALZ, f. c^{ne} des Plans. — *Vals* (cartes du dioc. de Lod. et de Cassini).

VAQUES (LES), anc. pêcherie dans l'étang de Carnon, c^{ne} de Pérols. — *Las Vaques*, 1751 (Atlas de la comm^{rie} de Saint-Jean-de-Jérusalem).

VAQUES (LES), anc. pêcherie dans l'étang de Froulignan. — *Vacheriæ insulæ in paroch. S. Pauli de Frontiniano*, 1202 (tr. des chartes; H. L. III, pr. c. 192).

Varailhac, f. c^{ne} de Causses-et-Veyran. — *Varaliac* (cartes du dioc. de Béz. et de Cassini). — *Varaillac* (recens. de 1851).

Vareilhes, h. c^{ne} de Saint-André-de-Buéges. — *Villa Varaiates*, 804-6 (cart. Gell. 3). — Les auteurs du G. christ. ont mal lu *Variatis* (VI, inst. c. 265). — *Villa de Varenis*, 1304 (cart. Magal. B 115). — *Vareilles* (cartes du dioc. de Montp. et de Cassini et recens. de 1851).

Vareilhes (Mas de), f. c^{ne} de Gignac. — *Rector de Valhelhiis*, 1323 (rôle des dimes du dioc. de Béz.). — *Prieuré de Vareilles*, 1760 (pouillé).

Vareilles, anc. orat. — Voy. Saint-Jean-de-Vareilles.

Varnac, f. c^{ne} de Mudaison, 1809. — *Valignac* (cartes du dioc. de Montp. et de Cassini).

Varlaques, f. c^{as} de Pégairolles, c^{on} de Saint-Martin-de-Londres, 1841.

Varnau, f. c^{ne} de Montpellier, sect. C.

Vasplongues, ruisseau qui naît au hameau de Vasplongues-le-Haut, parcourt 4 kilomètres sur le territoire de la commune de Lunas et se jette dans le Gravaison, affluent de l'Orb.

Vasplongues-le-Bas, h. c^{ne} de Lunas. — *Bas Vasplongues* (cartes du dioc. de Béz. et de Cassini).

Vasplongues-le-Haut, h. c^{ne} de Lunas. — *Haut Vasplongues* (cartes du dioc. de Béz. et de Cassini).

Vassas ou Galières, f. c^{ne} de Montpellier, sect. D, 1809. — Voy. Pomessargues.

Vauguières, h. c^{ne} de Mauguio. — *Tenementum de Valseria*, 1316, 1319 (cart. Magal. E 272, 274). — *Mansus de V.* 1340, 1347 (*ibid.* B 82; E 272). — *Vauguieres*, 1751 (Atlas des dom. de Saint-Jean-de-Jérusalem).

Vautes (Les), f. c^{ne} de Saint-Bauzille-de-Putois. — *La Voute* (cartes du dioc. de Montp. et de Cassini).

Vautes (Les), f. c^{ne} de Saint-Gély-du-Fesc. — *Loc. de Valteriis*, 1303 (cart. Magal. G 61); — *Las Voultes*, 1696 (affranch. VII, 140). — *Les Vautes* (cartes du dioc. de Montp. et de Cassini).

Vazeille, f. c^{ne} de Montpellier, sect. C.

Vèbre (La), rivière qui prend sa source dans les communes de Nages et de Murat (Tarn), parcourt sur le territoire de la Salvetat 5,600 mètres, fait aller un moulin à blé, arrose douze hectares et se jette dans le Tarn. — *Vebre*, 1783 (terr. de la Salvetat).

Vèbre (La), rivière sur le territoire de Bédarieux, où elle se joint au ruisseau de Boubals, parcourt 4,800 mètres, fait marcher quatre usines, arrose treize hectares et afflue dans l'Orb.

Védas, f. c^{ne} de Saint-Paul-et-Valmalle. — *Vedas* (cartes du dioc. de Montp. et de Cassini).

Védel, f. c^{ne} de Sauteyrargues-Lauret-et-Aleyrac.

Vedel (Le), ruisseau qui prend sa source dans la commune de Montaud, arrose son territoire et ceux de Saint-Hilaire et de Saint-Jean-de-Buéges et, après avoir couru pendant 6 kilomètres, se jette dans la Bénovie, affluent de l'étang de Mauguio.

Védel (Mas de), h. c^{ne} de Saint-Pargoire. — *Le Mas de Vedel* (cartes du dioc. de Béz. et de Cassini).

Véjande (La), h. c^{ne} de la Salvetat. — *La Vejande* (cartes du dioc. de Saint-Pons et de Cassini).

Vélieux, c^{on} de Saint-Pons. — *Vallelias*, 974 (arch. de l'égl. d'Alby; Marten. Anecd. 1, 126). — *Eccl. de Valleliis*, v. 1154 (cart. Anian. 42). — *Le Rectour de Villioux*, 1518 (pouillé). — *Velieux*, 1625 (*ibid.*); 1649 (*ibid.*); 1688 (lett. du gr. sc.). — *Cure de Vel. et Boisset son annexe*, 1760 (pouillé; cartes du dioc. de Saint-Pons et de Cassini). — *Vellieux* (tabl. des anc. diocèses). — *Vélieux*, au diocèse de Saint-Pons, répondait pour la justice au sénéchal de Carcassonne.

Vellaudes, f. c^{ne} de Causses-et-Veyran.

Vendargues, c^{on} de Castries. — *Villa Venranichos*, 961 (cart. Gell. 6 v°). — *Villa de Venranicis*, 1051 (*ibid.* 122 v°). — *Eccl. S. Theodoriti de Veranicis*, 1247 (Arn. de Verd. ap. d'Aigrefeuille, II, 443). D'Aigrefeuille se trompe en appliquant ce texte à Vérargues; 1333 (stat. eccl. Magal. 7 v° et 17). — *Prior eccl. S. Theodority de Vendranicis*, 1528 (pouillé). — *Eccl. S. Theodoriti de V.* 1536 (bulle de Paul III, transl. sed. Magal.). — *Vendargues et Mariargues*, dans le baronnie de Montpellier, 1527 (pouillé); 1625 (*ibid.*); 1649 (*ibid.*). — *Vendargués*, 1684 (pouillé); 1688 (pouillé; lett. du gr. sc.). — *Vendargues*, 1760 (pouillé; tabl. des anc. dioc. carte du dioc. de Montpellier; carte de Cassini).

La cure de *Vendargues et Meyrargues*, sous le vocable de S. Théodorit, dans l'archiprêtré de Baillargues, était un prieuré dépendant du chapitre cathédral de Montpellier. — Le marquis de Castries était seigneur du lieu, 1756 (état offic. des égl. du dioc. de Montp.); 1684, 1779 (vis. past.).

Vendémian, c^{on} de Gignac. — *Vendemianum*, 1171 (mss d'Aubaïs; H. L. II, pr. c. 559). — *Vindemianum*, 1187 (*ibid.* III, pr. c. 161). — *Eccl. de V.* 1323 (rôle des dimes du dioc. de Béziers). — *Vendemian*, 1625 (pouillé); 1649 (*ibid.*); 1688 (lett. du gr. sc.); 1760 (pouillé; tabl. des anc. dioc. cartes du dioc. de Béz. et de Cassini). — *Vendémian*, dans l'archiprêtré du Pouget, était un prieuré de la dépendance du chap. de Saint-Nazaire de Béziers. Il avait pour patrons

SS. Marcellinus et Petrus atque Erasmus, 1780 (état. offic. des égl. du dioc. de Béz.). — Quant au ressort de justice, ce lieu répondait au gouvernement de Montpellier, et parfois au siége de Béziers, quand bon lui semblait, 1649 (pouillé).

Vendres, c^on (2e) de Béziers. — *Terminium de Veneris*, 1140 (Livre noir, 266); 1148 (dom. de Montpellier; II. L. II, pr. c. 521). — *Portus Venere*, 1166 (hôtel de ville de Narbonne, *ibid.* III, pr. c. 113). — *Parochia et castrum novum de Venres*, 1230 (G. christ. VI, inst. c. 152). — *Vicaria de Venere*, 1323 (rôle des dîmes du dioc. de Béziers); 1384 (terr. de Vendres); 1450 (ch. de l'hospice de Béz.); 1511 (charte des mêmes arch.). — *Vicairie perpétuelle*, 1518 (pouillé). — *Vendres*, 1760 (*ibid.*). — *Vendres*, 1625 (*ibid.*); 1649 (*ibid.*); 1672 (terr. de Vendres); 1688 (lett. du gr. sceau; tabl. des anc. diocèses; cartes du dioc. de Béz. et de Cassini).

L'église de Vendres, dans l'archiprêtré de Cazouls, patron *S. Stephanus*, était un prieuré dépendant du chap. de Saint-Nazaire de Béziers, 1780 (état offic. des églises du dioc. de Béz.). — Le lieu de *Vendres* était une justice royale et bannerête, c'est-à-dire une justice royale non ressortissante. — La carte dioces. et la carte de Cassini indiquent au bord de l'étang de *Vendres* les restes du *temple de Vénus* qui a donné son nom à cette commune.

Vendres, placé dans le canton de Béziers, fut, par suite de l'arrêté des consuls du 3 brumaire an X, incorporé à la deuxième section de ce canton.

Vendres (Étang de). — Il est entièrement dans le territoire de la commune de Vendres. Sa surface est de 2,065 hect. — Alimenté par l'Aude et par le reflux de la mer, au grau de Valleras, il est encore plus ensablé et comblé par le limon qu'y entraîne ce reflux.

Vendres (Grau de), à l'embouchure de l'Aude dans la mer. — L'ancienne communication de l'étang de Vendres avec la Méditerranée, voisine de ce grau, portait le nom de *Grau de Valleras*. Ces deux graus sont encore bien distingués sur la carte du diocèse de Béziers et sur celle de Cassini.

Vèse, rivière. — Voy. Avène.

Ventajou, f. c^ne de Félines-Hautpoul. — Ancien château dans le Minervois. — *Castrum de Ventaione*, 1110 (abb. de la Grasse; H. L. II, pr. c. 375). — *Ventajon*, 1213 (cart. Anian. 51 v°). — *Castr. de Ventagione*, 1176 (cart. de Foix, 239); 1231 (abb. de Caunes; H. L. III, pr. c. 357). — *De Vantagione*, 1269 (dom. de Montp. *ibid.* 584). — La même histoire écrit *Ventajon*, 1737 (t. III, à la table).

Vérangues, c^on de Lunel. — *Eccl. S. Sebastiani de Veyranicis*, 1111 (cart. Magal. A 27); 1182 (*ibid.* D 303). — L'une des douze villettes de la baronnie de Lunel, 1440 (lett. pat. de la sénéch. de Nîmes, VIII, 257 v°). — *Prioratus*, 1528 (pouillé). — *De Vayranicis*, 1201 (cart. Magal. D 307). — *Eccl. S. Andreæ de Veranicis*, 1536 (bulle de Paul III, transl. sed. Magal.). — *Verargues*, 1684 (pouillé); 1688 (pouillé; lett. du gr. sc.); 1760 (pouillé; tabl. des anc. diocèses; carte du dioc. de Montpellier; carte de Cassini). — *Veirargues*, 1733 (Hist. de Lang. II, à la table).

Vérargues était une seigneurie royale. — Son église, dans l'archiprêtré de Restinclières, sous le vocable de *Saint-André*, apôtre, qu'elle a conservé, était un prieuré-cure dépendant de l'aumônerie du chapitre cathédral de Montpellier, 1756 (état offic. des églises du dioc. de Montpellier); 1684, 1777 (vis. past.).

Veray (Mas de), f. c^ne de Saint-Seriès.

Verdairoles, f. c^ne de Gabian.

Verdanson (Le), ruisseau. — Voy. Merdanson (Le).

Vendeille, éc. et papeterie, c^ne de Bédarieux.

Verdié (Bas et Haut), hameaux, c^e de Mons. — *Locus de Viridario*, 1146 (cart. Agath. 155); 1197 (Livre noir, 47 v°); 1204 (G. christ. VI, inst. c. 150). — *De Viridiario*, 1198 (Livre noir, 274). — *De Viridiano*, 1203 (*ibid.* 86 v°). — *Le Verdier* (carte du dioc. de Saint-Pons; carte de Cassini).

Verdié (Le), ruisseau qui prend sa source à Fonclare, commune de Prémian, arrose six hectares sur le territoire de cette commune et sur celui de Saint-Étienne-d'Albagnan et, après 8 kilomètres de cours, se perd dans le Jaur, affluent de l'Orb.

Verdier, enclos, c^ne de Ganges.

Verdier, f. c^ne de la Salvetat.

Verdier, h. c^ne de Brissac. — *Mansus de Viridario*, 1263 (cart. Magal. D 162). — *Dominus de V.* 1528 (pouillé). — *Le Verdier* (cartes du dioc. de Montp. et de Cassini).

Verdier (Le), f. c^ne de Cazedarnes. — Avant 1850, époque de l'érection en commune de Cazedarnes, cette métairie appartenait à la commune de Cessenon. — *Verdier* (cartes du dioc. de Saint-Pons et de Cassini).

Verdier (Pic), montagne, au N.-E. du mont Saint-Loup, commune de Saint-Martin-de-Londres. — Hauteur : 277 mètres.

Verdier (Pont du), martinet sur le ruisseau d'Arles, commune de Colombières. — Site très-remarquable du département.

Verdières, éc. c^ne de Saint-Pons.

Verdinet, anc. pêcherie dans l'étang de Villeneuve-lez-Maguelone, la même que *les Poussous*. — *Viri-*

darium, 1528 (pouillé). — *Verdinet* (cartes du dioc. de Montp. et de Cassini).

VERDUS ou VERDUN, ruines d'un château célèbre sur la montagne qui domine le monastère de Gellone, commune de Saint-Guillem-du-Désert. — *Castrum Virduni in pago Lutevensi juxta fluvium Araur, sacratum in honore D. et Salvat. nostri J. C. et S. Marie Sanctiq. Michaelis ac SS. apostol. Petri et Pauli et S. Andree omniumq. apostol. construct. a comite Guillelmo*, 807-808 (ch. du fonds du monastère de St-Guillem; cart. Gell. 91; G. christ. VI, inst. c. 265; Act. SS. Bened. sec. IV, part. 1, 90). — *Villa S. Guillelmi cum castro V. quod imminet ipsi villæ*, 1162 (ibid. inst. c. 282). — *Castellania de Castro de Verdun*, 1124 (G. christ. VI, 588). — *Bailia castri Verduni*, adjugée par Gaucelin de Montpeyroux à l'abbé Richard d'Arboras, 1158 (ibid. 590). — *Castrum Verdu*, 1162 (château de Foix; H. L. II, pr. c. 588). — *Verdunum*, 1402 (ibid. III, chron. pr. c. 110).

VERDUS, ruiss. qui naît et court pendant 4 kilomètres dans la c^{ne} de Saint-Guillem-du-Désert, où il fait aller quatre usines et arrose dix hectares. Après avoir traversé la vallée de Gellone ou de Saint-Guillem dans toute sa longueur, il se jette dans l'Hérault. — Il paraît qu'anciennement les actes des notaires appelaient ce ruisseau *Odorobio* ou *Dorobio*, réminiscence d'*Orbieu*. Les cartes du diocèse de Montpellier et de Cassini disent *Verdus R*. La vallée du Verdus a 5 kilomètres d'étendue. — *Vallis Gellonensis* (cart. Anian. 19, 20 et 20 v°).

VEREILLE, h. c^{ne} de Boussagues. — *Vereille* (carte du dioc. de Béziers et carte de Cassini).

VÉRÉNOUS, h. c^{ne} de Camplong.

VERGNAS (LE), f. c^{ne} de Fraisse.

VERGNE, f. c^{ne} de Fraisse.

VERGNE (LA), éc. c^{ne} de Saint-Pons.

VERGNE (LA), f. c^{ne} de Saint-Julien.

VERGNE (LA), f. c^{ne} de Saint-Pons.

VERGNE-LONGUE (LA), f. c^{ne} de Fraisse.

VERGNES, f. c^{ne} de Montpellier, 1809.

VERGNES, f. c^{ne} de Saint-Saturnin, 1809-1841.

VERGNES, f. c^{ne} de la Salvetat.

VERGNOLES, h. c^{ne} du Soulié.

VERGOGNAC, h. c^{ne} du Soulié. — *Vergouniac-Haut* (cartes du dioc. de Saint-Pons et de Cassini).

VERGOGNAC, mⁱⁿ sur le Larn, c^{ne} du Soulié. — *Vergouniac-Bas*, mⁱⁿ (cartes du dioc. de Saint-Pons et de Cassini).

VERNASSALE (MAS DE), h. c^{ne} de Mas-de-Londres.

VERNAZOBRE, ruisseau qui a son origine à la métairie de Salettes, commune de Cassagnolles, où il arrose quatre hectares dans son cours de 2 kilomètres. Il se perd dans le ruisseau de Thoré, qui se jette dans l'Agout, affluent du Tarn.

VERNAZOUBRES, h. — Voy. VERNEZOUBRES.

VERNAZOUBRES (LA), f. c^{ne} de Montagnac. — *Bernasobre* (carte du dioc. d'Agde et carte de Cassini).

VERNAZOUBRES, f. c^{ne} d'Avène. — *Bois de Bernasoubres* (carte du dioc. de Béziers et carte de Cassini).

VERNAZOUBRES, riv. qui prend sa source dans la c^{ne} de Saint-Chinian, fait mouvoir douze usines et arrose cent quarante hectares sur le territoire de cette commune et sur ceux de Pierrerue et de Cessenon, parcourt 20,700 mètres et se jette dans l'Orb. — *Vernodubrus, fl.* 826 (arch. Anian. G. christ. VI, inst. c. 73). — *Vernodoverus*, 844 (ibid. 74). — *Vernaduprensis*, 897 (Baluz. concil. Narb. pp. 2 et 3). — *Vernedubrio*, 974 (Marten. Anecd. I, 126). — *Vernazoubre*, 1101 (G. christ. VI, inst. c. 82). — *Fluv. Vernazoubro*, 1102 (abb. de Saint-Chinian; H. L. II, pr. c. 357). — *Bernasobres R.* (cartes du dioc. de Saint-Pons et de Cassini). — Voy. SAINT-CHINIAN et SAINT-LAURENT-DE-VERNAZOUBRES.

VERNECH, f. c^{ne} de la Salvetat. — *Vernex* (cartes du dioc. de Saint-Pons et de Cassini).

VERNÈDE (LA), f. c^{ne} de Brissac. — *Mansus de la Verneda*, 1150 (ch. du fonds de Saint-Jean-de-Jérusalem); 1279 (cart. Magal. C 155); 1299 (ibid. A. 278). — *La Vernede* (cartes du dioc. de Montpellier et de Cassini).

VERNÈDE (LA), f. c^{ne} de Nissan. — Voy. VERNETTE (LA).

VERNÈDE (LA), h. c^{ne} de Saint-Michel. — *La Verneda*, seigneurie de la viguerie de Gignac, 1529 (dom. de Montp. H. L. V, pr. c. 87). — *La Vernede* (cartes du dioc. de Lodève et de Cassini).

VERNES, f. — Voy. VERNETTE (LA).

VERNET, f. c^{ne} de Montpellier, sect. G.

VERNET, h. c^{ne} de Combes. — *Le Vernet* (cartes du dioc. de Béziers et de Cassini).

VERNET, mⁱⁿ sur le ruiss. du Vernet, c^{ne} de Combes.

VERNET (LE), ruisseau qui prend sa source au lieu dit Conseils, c^{ne} de Combes, parcourt 3 kilomètres sur le territoire de cette commune et va se perdre dans l'Orb.

VERNETTE (LA) ou LA VERNES, 1809, f. c^{ne} de Nissan. — *La Vernede* (cartes du dioc. de Narbonne et de Cassini).

VERNEZOUBRES ou VERNAZOUBRES, h. c^{ne} de Dio-et-Valquières.

VERNEZOUBRES, rivière qui commence à Vernezoubres, hameau de la commune de Dio-et-Valquières, arrose dix hectares sur le territoire de cette commune, fait aller trois moulins à blé, parcourt 8 kilomètres et se jette dans l'Orb. — *Vernedobre* vel *Virnedobre*, 987 (cart. Lod. G. christ. VI, inst. c. 270). — *Vernezoubres R.* (cartes du dioc. de Saint-Pons et de Cassini).

VERNIÈRE (LA), ham. c^{ne} des Aires. — Avant 1845, époque de la suppression de la commune de Mourcairol, ce hameau appartenait à cette dernière localité. — *La Vernière* (cartes du dioc. de Béziers et de Cassini).

VERNIÈRE (LA), source. — Voy. MALOU (BAINS DE LA).

VERNOUBRE, ruiss. qui a son origine à la Caune (Tarn), arrose dans la c^{ne} de la Salvetat quatre-vingt-dix hectares, fait mouvoir trois moulins à blé et une scierie, court 3,700 mètres et se perd dans l'Agout, affluent du Tarn. — *Rivulus Vernedupri*, 899 (Spicil. XIII, 265). —*Vernoubre R.* (carte du dioc. de Saint-Pons). — *Venoubre* (carte de Cassini).

VERNY (GRANGE DE), f. c^{ne} de Clermont.

VERRERIE (LA), écart, c^{ne} de Saint-Maurice. — *Vages-Verrerie* (cartes du dioc. de Lodève et de Cassini).

VERRERIE (LA), f. c^{ne} du Causse-de-la-Selle. — *Verrerie* (carte du dioc. de Montpellier; carte de Cassini).

VERRERIE-DU-BOUSQUET, h. c^{ne} de Saint-Martin-d'Orb. — *Le Bousquet* (cartes du dioc. de Béziers et de Cassini). — Voy. BOUSQUET (LE), h.

VERRERIES (LES), h. c^{ne} des Verreries-de-Moussans, avant 1864 c^{ne} de Rieussec. — *Les Verreries* (cartes du dioc. de Saint-Pons et de Cassini).

VERRERIES (LES), h. c^{ne} des Verreries-de-Moussans, avant 1864 c^{ne} de Saint-Pons. — *Cure des Verreries*, 1760 (pouillé; cartes du dioc. de Saint-Pons et de Cassini).

VERRERIES-DE-MOUSSANS (LES), c^{on} de Saint-Pons. — Érigée par une loi du 12 mars 1864, cette commune est formée de portions de territoire distraites des communes de Saint-Pons, de Rieussec et de Boisset. Le chef-lieu a été fixé au village des *Verreries*, réunion de deux hameaux des communes de Saint-Pons et de Rieussec, comme il est dit aux deux articles précédents.

A l'article MOUSSANS, que Cassini écrit *Moussan*, bien que la carte du diocèse de Saint-Pons orthographie *Moussans*, c^{ne} de Rieussec, nous avons indiqué les principales dénominations de ce lieu. Saint-Pons, au nord, a donné à la nouvelle commune, indépendamment des *Verreries*, les domaines de *Bardon* et de *Lina*; la commune de Rieussec, au centre, a cédé, outre *les Verreries* et *Moussans*, les terres de *Balagou*, *Borio-Crémade*, *Combesinières* ou *Combeginière*, *Gabach*, *Galinier*, *la Feuillade*, *la Resse*, *Lautier*, *l'Espinassier* ; enfin, Boisset, au sud, n'a fourni que le domaine de *Value*.

VERSAILLES, jⁱⁿ, c^{ne} de Lodève. — *P^t-Versailles* (cartes du dioc. de Lodève et de Cassini).

VENT (LE), ruiss. qui a son origine dans la commune de Saint-Julien, arrose, dans son cours de 2 kilomètres, un hectare sur le territoire de cette commune et sur celui d'Olargues et va se perdre dans le Jaur, affluent de l'Orb.

VENTEL ou VENTEIL, f. c^{ne} de Mauguio. — *Vertilium*, 1254 (mss d'Aubaïs; H, L. III, pr. c. 509). — *Verteils* (cartes du dioc. de Montp. et de Cassini).

VENTES-RUES, f. c^{ne} de Saint-Martin-de-Londres, 1838.

VÉRUNE (LA), c^{ne}. — Voy. LAVÉRUNE.

VESSAS, f. c^{ne} de Cessenon. — *Vezat*, 1179 (Livre noir, 277 v°).

VESSIEN, f. c^{ne} de Montpellier, sect. E.

VEYRAC ou VAIRAC, f. c^{ne} de Florensac, 1809. — *Vayrac* (cartes du dioc. d'Agde et de Cassini).

VEYRAC, f. c^{ne} de Villeveyrac. — *Vayrac* (cartes du dioc. d'Agde et de Cassini).

VEYRAC, mⁱⁿ sur le Lirou, c^{ne} de Puisserguier. — *Moulin Verac* (cartes du dioc. de Narb. et de Cassini).

VEYRAC, ruisseau, c^{ne} de Villeveyrac; il court pendant 4 kilomètres sur le territoire de cette commune, fait aller un moulin à blé et se jette dans la Morie, affluent de l'étang de Tau.

VEYRAN, h. c^{ne} de Causses-et-Veyran. — Les villages de *Causses* et de *Veyran* étaient déjà réunis avant 1790 pour former une paroisse du diocèse de Béziers, archiprêtré de Cazouls. Cette réunion fut maintenue depuis pour former la commune de Causses-et-Veyran, dans le canton de Murviel. — *Vernaneges*, 804 (cart. Gell. 4). — *Molinus de Avairano*, 922 (ibid. 20). — *Terminium de Averano*, 973 (cart. de Saint-Pons; H. L. II, pr. c. 125). —*Villa Vairago*, 990 (Marten. Anecd. I, 179). — *De Veiranicis*, 1156 (mss. d'Aubaïs; Spicil. III, 194). — *Eccl. S. Severi de Veyrano*, 1156 (arch. de l'abb. de Cassan; G. christ. VI, inst. c. 139). — *Castrum de Veranio*, 1182 (ibid. 88). — *Prior de Vayrano*, 1323 (rôle des dîmes du diocèse de Béziers). — *Vayra*, 1501 (ch. de Murviel). — *Causses et Vairan*, 1625 (pouillé); 1688 (lett. du gr. sceau; tabl. des anc. dioc.). — *Causses et Vayran*, 1649 (pouillé). — *Prieuré*, 1760 (ibid.). — *Succursale* (cartes du dioc. de Béziers et de Cassini). — Voy. CAUSSES-ET-VEYRAN.

VEYRASSE, source faussement appelée *Petit-Vichy*, c^{ne} de Villecelle. — Voy. MALOU (BAINS DE LA).

VEYRASSY, f. c^{ne} de Montpellier.

VEYRIEU (MAS DE), f. c^{ne} de Villeveyrac, 1809. — *Verieu* (cartes du dioc. d'Agde et de Cassini).

VÉZIAN, f. c^{ne} de Montpellier, 1809.

Viala, f. c^{ne} de Capestang. — Ce domaine appartenait au chap. de Saint-Nazaire de Béziers. — *Le Viala* (carte du dioc. de Narbonne). — *Vialan* (carte de Cassini).

Viala, f. c^{ne} de Cessenon.

Viala, f. c^{ne} de Lunel. — *Viala* (cartes du dioc. de Montpellier et de Cassini).

Viala, f. c^{ne} de Montpellier, sect. D.

Viala, f. c^{ne} de Saint-Maurice. — *Le Viala* (cartes du dioc. de Lodève et de Cassini).

Viala, mⁱⁿ sur le ruiss. de Lagamas, c^{ue} de Lagamas, 1809. — *Moulin de Biala* (cartes du dioc. de Lod. et de Cassini).

Viala (Le), f. c^{ne} de la Salvetat.

Viala (Le), h. c^{ne} du Bosc. — *La Viala* (cartes du dioc. de Lodève et de Cassini).

Viala (Le), h. c^{ne} de Rouet. — *Vialla* (cartes du dioc. de Montpellier et de Cassini).

Vialaïs, h. c^{ne} de Rosis. — *Vialais* (cartes du dioc. de Castres et de Cassini). — Le recensement de 1809 fait figurer ce hameau dans la commune de Taussac-et-Douch.

Vialanove, f. c^{ne} du Soulié. — *Vialanove* (cartes du dioc. de Saint-Pons et de Cassini).

Vialanove ou Villeneuve, h. c^{ne} de la Caunette, 1809.

Vialaret, h. c^{ne} du Causse-de-la-Selle. — *Vialaret* (cartes du dioc. de Montpellier et de Cassini).

Vialaret (Le), f. c^{ne} de Notre-Dame-de-Londres. — *Vialaret* (cartes du diocèse de Montpellier et de Cassini).

Vialla, f. c^{ne} de Lansargues. — *Viala* (cartes du dioc. de Montpellier et de Cassini).

Viallans ou Vialans, 3 ff. c^{ne} de Montpellier, sect. C, 1809.

Vialle (La), h. c^{ne} d'Octon. — *La Viale* (cartes du dioc. de Béziers et de Cassini).

Vialles, f. c^{ne} de Sauvian.

Vianne (Mas de), 1838; de Diane, 1851; f. c^{ne} des Matelles.

Viargues, f. c^{ne} de Béziers. — Le recensement de 1809 porte : *Viargues et Saint-Pol*. — *Saint-Paul* (carte du dioc. de Béziers; carte de Cassini).

Viargues (Bergerie de), éc. c^{ne} de Colombiers-lez-Béziers. — *Viargue* (cartes du dioc. de Béziers et de Cassini).

Vias, c^{on} d'Agde. — *Villa Aviatis*, 1118 (cart. Agath. 141). — *Aviaz*, 1128 (ibid. 126). — *Aviatum*, 1139 (ibid. 157 et passim). — *Aviats*, 1222 (hôtel de ville de Narb. H. L. III, pr. c. 275). — *Castr. de Aviacio*, v. 1108 (Livre noir, 210 et 211); 1229 (Reg. cur. franc. ibid. 346); 1311 (ch. de l'év. d'Agde). — *Vias*, 1625 (pouillé); 1649 (ibid.); 1688 (lett. du gr. sceau; tabl. des anc. diocèses; cartes du dioc. d'Agde et de Cassini).

L'église de Vias, archiprêtré d'Agde, a toujours eu *saint Jean-Baptiste* pour patron : *Eccl. S. Johannis Baptistæ de Aviatio*, 1156 (bulle d'Adrien IV; cart. Agath. 1); 1589 (ibid. 284). —*Vias vicairie*, 1518 (pouillé). — *Cure*, 1760 (ibid.).

A la formation des cantons, on appela cette commune *Vias-et-Preignes*; mais, après l'arrêté des consuls du 3 brumaire an x, elle conserva seulement le nom de *Vias*.

Viastres, f. c^{ne} de Valflaunès. — *Viastre* (cartes du dioc. de Montpellier et de Cassini).

Vibrac (de), jⁱⁿ. — Voy. Roque (La).

Vic, c^{on} de Frontignan. — *Mansa Vicus* (Fest. Avien. Ora marit. v. 613). — Astruc veut qu'on sépare ces deux mots par une virgule, et qu'on lise *Mesa, Vicus*, Mèze et Vic (Mém. pour l'Hist. nat. de Lang. 80 et 375). — Pour nous, dans un travail publié en 1835, en respectant le texte d'Avienus, nous avons pensé que *Vicus* n'était qu'une désignation commune du lieu de *Mansa* (Mém. de la Soc. arch. de Montp. I, 56). — *Villa de Vico*, ixe siècle (Arn. de Verd. ap. d'Aigrefeuille, II, 417); 1144 (hôtel de ville de Nîmes; H. L. II, pr. c. 507). — *Castrum*, 1289 (cart. Magal. B 127); 1303 (ibid. D. 23); 1340 (ibid. C 197). — *Vic et Maureillan*, dans la baronnie de Montpellier, 1625 (pouillé); 1649 (ibid.); 1649 (ibid.); 1688 (pouillé; lett. du gr. sceau; tableau des anc. dioc.). — *Vic* (carte du dioc. de Montpellier; carte de Cassini).

Église de Vic : *Eccl. S. Johannis de Vico*, 1106 (bulle de Pascal II; cart. Anian. 31 v°); 1146 (bulle d'Eugène III; ibid. 35); 1154 (bulle d'Adrien IV, ch. de l'abb. d'Aniane). — *Eccl. S. Leucadie (Leucadie) de V.* 1181 (cart. Magal. A 45 v°). — *Eccl. S. Leocadia de V.* 1536 (bulle de Paul III; transl. sed. Magal.). — L'église de *Vic et Maureillan*, sous le vocable de *Sainte-Léocadie*, dans l'archiprêtré de Frontignan, était un prieuré-cure qui dépendait du chapitre cathédral de Montpellier, 1756 (état officiel des églises du dioc. de Montpellier); 1760 (pouillé); 1684, 1779 (vis. past.). — Voy. Maureillan et Mireval.

On appelle *canal de la robine de Vic* le petit canal qui, dans la direction de l'ouest à l'est, va de la c^{ne} de Vic dans l'étang *de Vic ou de Palavas*. Il est alimenté par une source d'eau minérale, par les étangs et par la mer. — Pour l'étang de Vic, *stagnum de Vico* (cart. Magal. A 45 v°), voy. Palavas.

Le *grau de Vic* était une ouverture pratiquée dans l'étang de Lattes, qui faisait communiquer cet étang et les étangs adjacents avec la mer : *Gradus de Vico et de Cauquilhosa*, 1299 (enquête des commissaires de Philippe le Bel; arch. de l'Emp. tr. des ch. J 892).

Vic, f. c^ne de Magalas. — La carte dioc. de Béziers et celle de Cassini portent : *Tuilerie de la Roque de Vic.*

Vichy (Petit-) ou Veyrasse, source. — Voy. Malou (Bains de la).

Victoire (La), f. c^ne de Mas-de-Londres.

Vidal, f. c^ne de Gabian.

Vidal, f. c^ne de Montagnac.

Vidal, f. c^ne de Montpellier, sect. F.

Vidal, j^in, c^ne de Cazouls-lez-Béziers.

Vidal, j^in, c^ne de Pézenas.

Vidal, j^in. — Voy. Flamman.

Vidal, m^in sur le Vernet, c^ne de Combes.

Vidal-Naquet, f. c^ne de Castelnau-lez-Lez.

Vidal-Naquet, f. c^ne de Montpellier, sect. F.

Vidale (La), f. c^ne de Béziers, 1840. — *La Vidalle* (cartes du dioc. de Béziers et de Cassini).

Vidale (La), f. c^ne de Vendres. — *La Vidalle* (cartes du dioc. de Béziers et de Cassini).

Vidals, h. c^ne de la Salvetat. — *Vidals* (cartes du dioc. de Saint-Pons et de Cassini).

Vides, h. c^ne de Joncels. — *Locus de Vidacio*, 1148, 1179 (Livre noir, 13 v° et 21).

Vidourle (Le), rivière qui a ses sources dans les montagnes des Basses-Cévennes, près de Sauve (Gard). Elle sert de limite entre les départements de l'Hérault et du Gard, depuis la c^ne de Saussines (Hérault) jusqu'à la plage; elle borne également les territoires des c^nes de Saussines, Boisseron, Marsillargues, Saint-Seriès, Lunel, Saturargues et Villetelle. Son trajet, dans le département, est de 24,500 mètres. Elle fait aller neuf usines et arrose onze cent quatre-vingt-dix hectares. L'embouchure de cette rivière est dans la Méditerranée par deux branches, dont l'une se dirige vers Aigues-Mortes et l'autre vers le marais de Marsillargues, d'où elle s'écoule dans l'étang de Mauguio. — On trouve dans Festus Avienus : *Nec longe ab istis* (le Lez et l'Orb) *Thyrius alto evolvitur* (Ora marit. v. 594). Astruc corrige le texte d'Avienus et croit qu'il faut lire : *nec longe ab his Visturlus alto evolvitur* (Mém. pour l'Hist. nat. de Lang. 76 et 455). — *Vidurlus*, 1027 (abb. de Saint-Geniès; H. L. II, pr. c. 180). — *In fluvio Viturnello*, 1054 (mss d'Aubaïs; H. L. II, pr. c. 225). — *Flumen Vidorle*, 1123 (cart. Anian. 74). — *Viturlus fluv.* 1132 (mss d'Aubaïs; H. L. ibid. pr. c. 464); 1157 (charte du fonds de Saint-Jean-de-Jérusalem). — *Vidourle* (cartes des dioc. de Montp. et de Nîmes; carte de Cassini). — La vallée du *Vidourle* n'appartient qu'en partie au département de l'Hérault. Cette partie s'étend sur la rive droite de la rivière, depuis Sommières (Gard) jusqu'à la mer. Son étendue est d'un myriamètre.

Vié, éc. c^ne de Laurens, 1840.

Vie Mounarèze. — Voy. Voie Domitienne.

Vieau, éc. c^ne de Cazouls-lez-Béziers, 1809.

Viel (Mas), f. c^ne de Servian. — *Mas Viel* (cartes du dioc. de Béz. et de Cassini).

Vieille (La), h. c^ne de Montoulieu. — *Parroch. S. Felicis de Vetula*, 1293 (cart. Magal. A 151). — *La Vielle* (cartes du dioc. d'Alais et de Cassini).

Vieille (La), h. c^ne de Saint-Matthieu-de-Tréviers. — *La Vieille* (cartes du dioc. de Montp. et de Cassini).

Vielle (La), f. c^ne d'Agonès. — *La Vielle* (cartes du dioc. de Montp. et de Cassini).

Viels ou Viel, f. c^ne de Montpellier, sect. C.

Vieu ou Grange-Vieu, deux jardins, c^ne de Vias.

Vieulac ou Violac, h. c^ne de Minerve. — *Vieulac* (cartes du dioc. de Saint-Pons et de Cassini).

Vieules, éc. poste de douanes, c^ne d'Agde.

Vieulesse ou la Violesse, f. c^ne de Servian. — *Locus de Vianciliano*, 1179 (Livre noir, 20 v°). — *La Vieulesse* (cartes du dioc. de Béz. et de Cassini).

Vieussan, c^on d'Olargues. — *Locus de Vinciano*, 1168 (Livre noir, 65 et 65 v°); 1199 (arch. de Villemag. G. christ. VI, inst. c. 147); 1201 (cart. de Foix, 223). — *Rector de Viussano*, 1323 (rôle des dîmes du dioc. de Béz.). — *Prieuré de Vieussano*, 1518 (pouillé). — *Vieussan*, 1625 (ibid.); 1649 (ibid.); 1688 (lett. du gr. sceau); 1760 (pouillé; tabl. des anc. diocèses; carte du dioc. de Béziers; carte de Cassini); xvii° siècle et 1778 (terr. de Vieussan). — *Vieussan*, au dioc. de Béziers, archiprêtré de Cazouls, était une cure sous le vocable de Saint-Martin, *S. Martinus*, 1780 (état offic. des égl. du dioc. de Béziers).

Vieussan appartint d'abord au canton de Cessenon; mais ce canton ayant été supprimé par arrêté des consuls du 3 brumaire an x, cette commune fut alors placée dans le canton d'Olargues.

Vieussan, rivière qui sort d'une fontaine au pied de la montagne de Vieussan, à 2 kilomètres de Roquebrun, et se rend dans l'Orb (Catel, Mém. 171); Astruc (Mém. pour l'Hist. nat. de Lang. 397).

Vieux-Môle, nom conservé au vieux port de Cette, construit au pied de la montagne de cette ville. Astruc (Mém. pour l'Hist. nat. de Lang. 380-381).

Viganous, 2 ff. c^ne de Montpellier, 1809.

Vigié, moulin sur le Rieutor, c^ne de Saint-Martin-de-Londres.

Vignals (Les), h. c^ne de Pezènes. — *Les Vignals* (cartes du dioc. de Béz. et de Cassini).

Vignamont, f. cne d'Alignan-du-Vent, 1809.
Vignasse, f. che de Vieussan.
Vigne-de-Calas, f. cne de Saint-Pons, 1809.
Vigne-Plane, éc. cne de Saint-Nazaire-de-Ladarez, 1809.
Vignogoul (Le), f. anc. abbaye de Bénédictines, cne de Pignan. — D'Aigrefeuille n'a pas connu les titres de cette abbaye antérieurs à 1149 (Hist. de Montp. II, 64). — *Le Vizignios*, 804 du cart. Gell. (fol. 4), est douteux. — *Eccl. S. Marie Magdalene de Bono loco*, 1150 (ch. de l'abbaye du Vignogoul); 1152 (ch. du même fonds); 1153 (*ibid.*); 1162 (*ibid.*); 1173 (*ibid.*). — *Terra S. Martini de Vinovol*, 1153 (charte du même fonds). — *Parrochia S. Mart. de Vinozol*, 1162 (*ibid.*). — *Vinegolium, Domus del Viñovol*, 1211 (G. christ. VI, inst. c. 366). — *Monast. S. Mart. de Bono loco Magalon*. 1245 (bulle d'Innocent IV; G. christ. ibid. 370). — *Priorissa B. Marie de B. L. aliter de Vinogolo*, 1250 (cart. Magal. F 34). — *Monales eccl. B. M. de V. v.* 1286 (bulle d'Honorius IV, *ibid.* E 53). — *Abbatissa de Vignogulio*, 1528 (pouillé). — *Le Vignogue*, 1684 (*ibid.*). — AB. *de Vignogoul* (cartes du dioc. de Montp. et de Cassini). — On voit, d'après le registre des visites pastorales de 1684, que si l'abbaye était sous le patronage de *sainte Marie-Magdeleine*, l'église du *Vignogoul*, qui était une cure amovible, avait pour patron *saint Martin*.

Vignole (La), f. cne de Riols. — *La Vignole* (cartes du dioc. de Saint-Pons et de Cassini).

Vignole (La), ruisseau qui prend sa source au hameau de Mahus, cne de Riols, arrose douze hectares sur le territoire de cette commune, parcourt 3,800 mètres et se jette dans le Jaur, affluent de l'Orb.

Viguier, f. cne de Gabian, 1840.
Viguier (Le), f. cne de Béziers (2e con). — *Debru* (carte du diocèse de Béziers). — *Pas de Debru* (carte de Cassini). — *Patte de Bru et le Viguier* (recensem. de 1809). — *Pas de Bru* (recensem. de 1840).
Viguière (La), f. cne de Saint-Thibéry. — *La Viguiere* (cartes du dioc. d'Agde et de Cassini).
Vilars ou Bruel, f. cne de Saint-Julien. — *Bruel* (cartes du dioc. de Saint-Pons et de Cassini).
Vilatelle, f. cne de Gignac. — *Villa de Vilella*, xie se (cart. Gell. 63 v°). — *Villella*, 1101 (*ibid.* 144 et *passim*). — *Villatele* (cartes du dioc. de Béziers et de Cassini).
Villa, f. cne de Montpellier, sect. F.
Village, f. cne de Loupian. — *Villa de Vilars*, 1173 (cart. Agath. 252; G.-christ. VI, inst. c. 327); 1213 (cart. Anian. 51 v°). — *De Vilar*, 1179 (Livre noir, 21). — *De Vilario*, 1191 (*ibid.* 127). — *De Villare*, xiie se (cart. Agath. 154). — *Village* (cartes du dioc. d'Agde et de Cassini).

Villa-Paterna, villa ruinée, cne de Gignan. Nous avons, à l'article Saint-Michel-de-Cadière, parlé de cette ancienne villa, que la langue vulgaire appelle encore *Vila Paterna*, et qu'on voit à l'ouest de l'église de Saint-Félix-de-Montsceau. Nous croyons, par conséquent, inutile de répéter ici ce que nous avons déjà dit de ces ruines aux articles Saint-Michel et Saint-Félix. Mais il convient d'ajouter aux différentes appellations que nous en avons données celle que nous trouvons dans un registre de reconnaissances pour l'évêché de Maguelone, de 1376-1378 : *locus vocatus Villa paterna aliter le Pont d'Avene*. En 1282, l'évêque de Maguelone, Bérenger de Fredol, échangea avec la prieure et les religieuses de Saint-Félix l'église rurale de *S. Michel de Villa-Paterna* contre l'église paroissiale de *Sainte-Perpétue*, près de Melgueil ou Mauguio (Arn. de Verd. ap. d'Aigrefeuille, II, 447; G. christ. VI, 856).

Villared (Mas), f. cne de Ganges. — *Villa, mansus de Villareto*, v. 996 (cart. Gell. 39 v°); 1304 (cart. Magal. C 212). — *Mansus de Vilaret*, 1153 (cart. de Saint-Guill. H. L. II, pr. c. 548).

Villarel, chât. cne de Brissac. — *Vilarel* (cartes du dioc. de Montp. et de Cassini). — Les cartes n'indiquent qu'une ferme. Le château a été construit en 1862.

Villarel, h. cne de Gorniès.
Villaret, f. cne de Montpellier, 1809.
Villaret, f. cne de Moulès-et-Baucels.
Villebrux (Moulin de), f. cne de Saint-Nazaire-de-Ladarez, 1809.
Villecelle, cne de Saint-Gervais. — Commune formée en 1845 des sections A et B de l'ancienne commune de Mourcairol. — *Villecelle*, 1702 (terr. de Mourcairol; cartes du dioc. de Béziers et de Cassini).
Villecun, h. cne d'Olmet-et-Villecun. — *Villacunium*, 1015 (Plant. chr. præs. Lod. 75). — *Castrum et villa de Villaldegud*, v. 1150 (cart. de Foix, 77). — *Villatum (Villacum)*, 1162 (tr. des chartes; H. L. II, pr. c. 588). — *Castr. de Villacum*, 1210 (Bibl. reg. G. christ. VI, inst. c. 284). — Municipe et château pour lequel le propriétaire payait à l'évêque de Lodève quatre fers de cheval avec leurs clous, 1243 (Plant. *ibid.* 155). — *Seigneurie de Vilaqueil* dans la viguerie de Gignac, 1529 (dom. de Montpellier; H. L. V, pr. c. 87). — *Villaqueil*, 1625 (pouillé). — *Villacueil*, 1649 (*ibid.*). — *Villacun*, 1688 (lett. du gr. sc.); 1760 (pouillé; tabl. des anc. diocèses; carte du dioc. de Lodève; carte de Cassini).

Villecun, d'après Plantavit, appartenait au chapitre de Lodève en 1015 (Plant. *loc. cit.*). — Avant 1790, *Olmet* et *Villecun* formaient deux paroisses distinctes dans le dioc. de Lodève; à cette dernière époque, elles formèrent aussi deux communes séparées. *Villecun* appartint au canton d'Octon ; mais, à la suppression de ce canton par arrêté des consuls du 3 brumaire an x, elle passa dans celui de Lodève. Enfin ces deux communes furent réunies en une seule en 1822.

Villefranche, anc. bourg, c^{ne} de Montpellier. — *Villafranca*, 1238 (G. christ. VI, inst. c. 369).

Villemagne, c^{en} de Saint-Gervais. — Anc. abbaye de l'ordre de Saint-Benoît, qu'on trouve, dès le ixe s^e, sous les noms de *Cogne*, de *villa Majan*, *Homejan* et *Villemagne l'Argentière*, à cause des mines d'argent qui s'exploitaient dans le voisinage (cf. Hist. de Lang. II, 32). — *Homegianus fiscus*, 867 (arch. de Saint-Thibéry, G. christ. VI, inst. c. 314 ; H. L. I, pr. c. 118). — *Cum ante S. Majani adventum Cognense monasterium diceretur, nunc autem monasterium Vallismagnæ, post villæ Majani nominetur*, 893 (mss de l'abbé d'Eysses; Mabill. Act. SS. Bened. sæcul. iv, part. ii, 590; H. L. II, pr. c. 5). — *Majanum villa*, 990 (Marten. Anecd. I, 179). — *Cogna*, 1210 (arch. de l'égl. de Narbonne; G. christ. ibid. 150). — *Rector de Coiano*, 1323 (rôle des dîmes du dioc. de Béziers). — *Villamagna*, 966 (arch. de l'abb. de Saint-Paul de Narbonne; Marten. Anecd. I, 85); 977 (*ibid.* 95). — *S. Martinus de V. M.* 974 (arch. de l'égl. d'Alby; Marten. *ibid.* 126); 1092 (Livre noir, 89). — *S. Mart. Ville-Magne*, 1180 (*ibid.* 314); 1182 (*ibid.* 317); 1216 (bulle d'Honorius III, *ibid.* 109); 1164, 1201 (chât. de Foix, 224; H. L. II, pr. c. 601); 1323 (rôle des dîmes du dioc. de Béziers). — *Vicarius S. Gregorii V.* (*ibid.*). — *Villamanha*, 1380 (stat. eccl. Bitt. 101 v°). — *Villa Magnensis*, 966 (arch. de l'abb. de Saint-Paul de Narb. Marten. Anecd. I, 85). — *S. Ypolitus de Majano*, 1173 (cart. Agath. 252; G. christ. VI, inst. c. 327). — *De Megano*, 1173 (*ibid.* 329). — *Villa major*, 1210 (arch. de l'égl. de Narbonne; G. christ. *ibid.* 151). — *Burgum, S. Salvator de Villa-Magna, S. Martinus vetulus*, 1210 (*ibid.*). — *Villanhia, abbaye de Villemanche*, 1518 (pouillé). — *Villemaigne*, au dioc. de Béziers, 1516 (*ibid.*); 1625 (*ibid.*); 1649 (*ibid.*); 1688 (lett. du gr. sc.). — *Abbaye, cure de Villemagne*, 1760 (pouillé). — *S. Gregorius de V.* 1780 (état offic. des églises du dioc. de Béziers). — *Villemagne AB.* (cartes du dioc. de Béziers et de Cassini; tabl. des anc. diocèses). — *Villemagne l'Argentière*, 1778 (terr. de Villemagne).

La commune de Villemagne fit d'abord partie du canton du Poujol, qui fut supprimé par arrêté des consuls du 3 brumaire an x. Elle fut alors placée dans le canton de Saint-Gervais.

Villemarin, f. c^{ne} de Marseillan.
Villeneuve, anc. faubourg de Montpellier.
Villeneuve, f. c^{ne} de Montpellier, sect. G.
Villeneuve, h. — Voy. Vialanove.
Villeneuve, jⁱⁿ, c^{ne} de Montpellier, sect. G.
Villeneuve-lez-Béziers, c^{on} (1er) de Béziers. — *Villanova*, 1061 (arch. de l'égl. de Saint-Pons; H. L. II, pr. c. 240); 1124 (chât. de Foix; *ibid.* 428); 1174 (cart. Agath. 101); 1191 (cart. de Foix, 234 v°). — *Honor de Villa nova cremata*, 1097 (Livre noir, 41 v°). — *Castrum de V.* 1169 (*ibid.* 10 v°). — *Villenove*, 1600 (terr. de Pouzolles). — *Villeneufve*, 1518 (pouillé); 1625 (*ibid.*); 1649 (*ibid.*); 1688 (lett. du gr. sceau). — *Villeneuve*, 1760 (pouillé ; tabl. des anc. diocèses; cartes du dioc. de Béziers et de Cassini).

Église de Villeneuve-lez-Béziers : *Eccl. S. Stephani de Villanova*, 1106 (bulle de Pascal II ; cart. Anian. 31 v°); 1146 (bulle d'Eugène III ; *ibid.* 35). — *Prior, rector, vicaria de Villanova inferiori*, 1323 (rôle des dîmes des égl. du dioc. de Béz.). — *Vicairie perpétuelle de Saint-Étienne de Villeneufve*, 1518 (pouillé). — *Prieuré-cure de Villeneuve*, 1760 (*ibid.*). — *S. Steph. de V.* 1780, dans l'archiprêtré de Cazouls (état offic. des égl. du dioc. de Béziers).

Villeneuve a toujours fait partie du canton de Béziers. — Par suite des dispositions de l'arrêté des consuls du 3 brumaire an x, qui divisent le canton de Béziers en deux sections, cette commune a été placée dans la première section de ce canton.

Villeneuve-lez-Maguelone, c^{on} de Frontignan. — *Castellum, castrum de Villanova in territorio Magalonensi*, 819 (arch. de l'égl. de Maguelone, H. L. I, pr. c. 53); 1099, 1114, 1121, 1130, 1156 (mss d'Aubaïs; *ibid.* II, 351, 391, 414, 457, 558); 1155 (tr. des ch. *ibid.* 553); 1165, 1226 (cart. Magal. D 252; A 39); 1191 (Roger de Howden, Annal. part. II, ad ann. 1191). — *Munitio Castri V*, 1190 (Arn. de Verd. ap. d'Aigrefeuille, II, 433). — *Honores de V.* 1173 (cart. Magal. A 24); 1179 (*ibid.* B 211); 1207 (*ibid.* A 50 et F 30). — *Juridictio V.* 1213 (*ibid.* A 25 bis); 1321 (*ibid.* 10); 1357, 1358 (ch. des arch. de Pézenas). — *Salinæ de V.* 1181 (cart. Magal. A 45). — *Villenofve lez Montpeillier*, 1587 (ch. de l'évêché de Montp.); 1629 (reg. des sépultures de Béziers). — *Villeneufve*, dans la baronnie de Montp. 1625 (pouillé); 1649 (*ibid.*); 1688 (*ibid.* lett. du gr. sc.). — *Ville* neuve, 1760 (pouillé; tabl. des anc. dioc.). — *Villeneuve-les-Maguelone*, 1774 (terr. de Villeneuve; cartes du dioc. de Montp. et de Cassini).

Église de Villeneuve-lez-Maguelone : *Eccl. Villæ novæ*, IXe s[e] et v. 1100 (Arn. de Verd. ap. d'Aigrefeuille, II, 417 et 425). — *Eccl. S. Stephani Villanovani*, 1152 (G. christ. VI, inst. c. 356). — *Eccl. Parroch. S. Steph. de V.* 1154 (bulle d'Adrien IV; ch. de l'abb. d'Aniane); 1226, 1229 (cart. Magal. A 39, 52); 1333 (stat. eccl. Magal. 63). — *Vicaria*, 1528 (pouillé); 1536 (bulle de Paul III; transl. sed. Magal.). — *Villeneuve cure*, 1760 (pouillé). — Cette église, dans l'archiprêtré de Montpellier, était une vicairie amovible, sous le vocable de *Saint-Étienne, premier martyr*. Le chapitre cathédral de Montpellier en était le prieur. —Villeneuve-lez-Maguelone jouissait du titre de *ville et de baronnie*, et l'évêque de Montpellier en était le seigneur temporel, 1756 (état offic. des égl. du diocèse); 1684, 1777 (vis. past.).

En 1815, *Villeneuve-lez-Maguelone* changea son nom en celui de *Villeneuve-Angoulême*, qu'elle quitta en 1830 pour reprendre son ancienne dénomination.

Pour l'*étang de Villeneuve-lez-Maguelone*, voy. MAGUELONE.

VILLENEUVETTE, c[eh] de Clermont. — *Villa-Noveta*, 1161 (G. christ. VI, inst. c. 194). — *Villenouvette* succ. (cartes du dioc. de Lodève et de Cassini). — Cette commune a été créée en 1821.

VILLENOUVETTE, chât. c[ne] de Maraussan.

VILLENOUVETTE, f. c[ne] de Villeneuve-lez-Béziers. —*Villenouvette* (cartes du dioc. de Béziers et de Cassini). — Les recensements de 1809 et de 1840 portent également *Villenouvette*; celui de 1851, *Villeneuvette*.

VILLENOUVETTE, h. c[ne] de Maraussan. — *Eccl. S. Marie de Villanova Rechina*, 897 (Livre noir, 97); 1123 (ibid. 296, 296 v°, 352); 1148 (ibid. 297 v°). — *Decima de Villan. Richini*, 1175 (ibid. 299). — *Eccl. seu parroch. S. Marie de Villan. Requi*, 1271, en marge, *Villenouvette* (stat. eccl. Bitter. 66 v°); 1597 (terr. de Villenouvette). — *Vicaria de Villanova*, 1325 (ibid. 91 v°). — *Vicar. perpet. de Villenoveta*, 1518 (pouillé). — *Seigneurie de Villenouvette*, dans la viguerie de Béziers, 1529 (dom. de Montpellier; H. L. V, pr. c. 87); 1625 (pouillé); 1649 (ibid.); 1688 (lett. du gr. sc.). — *Cure*, 1760 (pouillé). — Dans l'archiprêtré de Cazouls, patr. *Nativ. B. M. V.* 1780 (état offic. des égl. du dioc. de Béziers; cartes du dioc. de Béziers et de Cassini). — Ce hameau fut, en 1790, réuni à Maraussan pour former la commune de Maraussan-et-Villenouvette, dans le canton de Cazouls-lez-Béziers. Ce canton ayant été supprimé par arrêté des consuls du 3 brumaire an x, la commune, et par conséquent le hameau, passa dans la deuxième section du canton de Béziers.

VILLEROY (CHÂTEAU-), éc. salines, poste de douanes, c[ne] de Cette.

VILLESPASSANS, c[on] de Saint-Chinian. — *Villaspassanz*, 1162 (chât. de Foix; H. L. II, pr. c. 589).— *Castr. de Villapassans*, v. 1180 (Livre noir, 316). — *De Villis-Passantibus*, 1199 (chât. de Foix; H. L. III, pr. c. 187). — *De Villapassantibus*, 1236 (cart. Agath. 247). — *Villespassans*, 1625 (pouillé); 1649 (ibid.). — *Cure*, 1760 (pouillé; tabl. des anc. diocèses; carte du dioc. de Saint-Pons). — *Villespassan* (carte de Cassini).

Villespassans, paroisse du diocèse de Saint-Pons, seigneurie royale non ressortissante, était dans la circonscription du siége présidial de Béziers, 1649 (pouillé). —Commune placée d'abord dans le canton de Cruzy; quand ce canton fut supprimé, conformément à l'arrêté des consuls du 3 brumaire an x, elle fut ajoutée à celui de Saint-Chinian.

VILLETELLE, c[on] de Lunel. — *Eccl. S. Guiraldi de Villetella*, 1156 (cart. de l'égl. de Nîmes; G. christ. VI, inst. c. 198).— *Vallacella* (*Vallatella*), 1226 (reg. cur. Franc. H. L. III, pr. c. 317). — C'était l'une des douze *villettes* de la baronnie de Lunel. — *Vilatela*, 1440 (lett. pat. de la sénéch. de Nîmes, VIII, 257 v°). — *Villetelle*, 1688 (lett. du gr. sceau; tableau des anc. diocèses; cartes du dioc. de Montpellier et de Cassini).

Villetelle appartint originairement au canton de Restinclières, et quand ce canton fut supprimé, en vertu de l'arrêté des consuls du 3 brumaire an x, elle fut placée dans le canton de Lunel.

VILLETELLE, f. c[ne] de Brenas. —*Villetelle* (cartes du dioc. de Béziers et de Cassini).

VILLETTES (LES), c[on] de Lunel : douze *mansus* ou *villæ*, anjourd'hui presque toutes communes, qui comprenaient la campagne de la baronnie de Lunel. Voici comment les désigne un acte de 1440 inséré au t. VIII, 257 v°, des lett. pat. de la sénéch. de Nîmes. *Homines, manentes et habitatores universitatis Villetarum de Lunello Veteri, de Lansanicis, de S. Soregio, de S. Bricio, de S. Nasario, de Pesano, de Vilatela, de Saduranicis, de S. Columba, de Veyranicis, de Montiliis et de Varergues, vulgariter vocatis las Vialettas de Lunel*. Ces localités sont indiquées sous le nom collectif de *Villettes* dans les pouillés de 1629, 1645, 1760, etc. — Voy. LUNEL.

VILLEVEYRAC, c⁽ᵒⁿ⁾ de Mèze. — *Vairacum, alodium et villa eccl. Sanct. Felicis in pago Agathensi*, 1034 (arch. de l'abb. de Valmagne; G. christ. I, inst. c. 53). — *Villa-Veira*, 1124 (chât. de Foix; H. L. II. pr. c. 427). — *De Variaco*, 1138 (cart. de Valmagne, G. christ. VI, inst. c. 320). — *Vicairie de Villavayrac*, 1518 (pouillé). — *Valmaigne*, 1625 (*ibid.*). — *Villemanne*, 1649 (*ibid.*). — *Villemagne*, 1688 (lett. du gr. sc.). — *Vairac*, 1733 (Hist. de Lang. II, à la table). — *Valmagne* (tabl. des anc. dioc.). — *Cure de Villeveyrac*, 1760 (pouillé). — *Villevayrac* (cartes du dioc. d'Agde et de Cassini).

L'abbaye de *Valmagne* a donné son nom et bien certainement naissance au village de *Villeveyrac*. Astruc, qui suppose que ce lieu n'est autre que *Forum Domitii*, l'appelle *Ville-Veiras* ou *Villemagne*; *Villa Vetus, Villa Magna* (Mém. pour l'Hist. nat. de Lang. 94 et 114). — Il est seulement vrai que *Villeveyrac* est l'abréviation de *Valmagne* ou *Villemagne* et *Veyrac*, f. et ruiss. — Voy. ces noms.

Villeveyrac a toujours été compris dans le canton de Mèze; mais ce canton, qui appartenait au district de Béziers, ne fait partie de l'arrondissement de Montpellier que depuis l'arrêté des consuls du 3 brumaire an x.

VILLODÈVE, éc. — Voy. FAULQUIER.

VINAIGRE, f. c⁽ⁿᵉ⁾ de la Salvetat.

VINAIGRE, h. c⁽ⁿᵉ⁾ de Mèze. — *La Vinaria*, 1187 (cart. Agath. 295).

VINAÏS, éc. c⁽ⁿᵉ⁾ de Thézan.

VINAS, h. c⁽ⁿᵉ⁾ d'Avène. — *Rector de Vinacio*, 1323 (rôle des dîmes du dioc. de Béziers). — *Vicair. perpét. de Vinosan*, 1518 (pouillé). — *Prieuré de Vinac et Rouvilhac* (*ibid.*). — *Cure de Vinac*, 1760 (*ibid.*). — *Parroch. patr. B. M. V.* 1780 (état offic. des égl. du dioc. de Béziers; carte du dioc. de Béziers; carte de Cassini).

VINAS, h. c⁽ⁿᵉ⁾ de Lodève. — *Villa Baias*, 804, 806, 1000 (cart. Gell. 3 et 4; Mabill. Ann. II, 718; Marten. Anecd. I, 101; G. christ. VI, inst. c. 265). — *Vallis Vinans*, 1102 (cart. Gell. 73 v°). — *Eccl. S. Genesii de Furnis cum monte Vinacoso*, 1123 (bulle de Calixte III; G. christ. VI, inst. c. 278). — *Vinas* (carte du dioc. de Lodève; carte de Cassini).

VINASSEL, f. c⁽ⁿᵉ⁾ de la Livinière. — *Villatzel*, 1182 (G. christ. VI, inst. c. 88).

VINAY, f. c⁽ⁿᵉ⁾ de Lunel, 1809.

VINCAINES, h. c⁽ⁿᵉ⁾ de Cruzy. — *Eccl. S. Petri de Venerio*, 1612 (G. christ. VI, inst. c. 98). — *Vignemaure* (cartes du dioc. de Narbonne et de Cassini).

VINCENT, f. c⁽ⁿᵉ⁾ de Bassan.

VINCHES, f. c⁽ⁿᵉ⁾ de Bassan.

VIOLAC, h. — Voy. VIEULAC.

VIOLÉS, h. c⁽ⁿᵉ⁾ des Aires. — *Violes* (recens. de 1809). — *Violés* (recens. de 1840 et de 1856). — Il appartenait à la commune de Mourcairol avant 1845, époque où cette c⁽ⁿᵉ⁾ a cessé d'exister.

VIOLESSE (LA), f. — Voy. VIEULESSE.

VIOLGUES, h. c⁽ⁿᵉ⁾ de Saint-Vincent (c⁽ᵒⁿ⁾ d'Olargues). — *Violgue* (cartes du dioc. de Saint-Pons et de Cassini).

VIOLS-EN-LAVAL, c⁽ᵒⁿ⁾ de Saint-Martin-de-Londres. — *Violes Laval*, dans la baronnie de Montpellier, 1625 (pouillé). — *Viol en Laval*, 1649 (*ibid.*). — *Viols en Laval*, 1688 (lett. du gr. sceau; tabl. des anc. dioc.). — *Laval* (carte du dioc. de Montpellier; carte de Cassini). — *Viols-en-Laval* et *Viols-le-Fort* formaient avant 1790, comme aujourd'hui, deux communautés distinctes dans le diocèse de Montpellier; mais ces deux localités n'étaient qu'une seule et même paroisse sous le patronage de l'*Invention de saint Étienne*. Toutefois, il y avait au château de *Cambous* une chapelle qu'on peut considérer comme l'église de *Viols-en-Laval*. — Voy. l'article suivant.

VIOLS-LE-FORT, c⁽ᵒⁿ⁾ de Saint-Martin-de-Londres. — *Eccl. S. Stephani de Volio*, 1146 (bulle d'Eugène III; cart. Anian. 35); 1154 (bulle d'Adrien IV; ch. de l'abb. d'Aniane); 1164 (cart. Anian. 46); 1276 (cart. Magal. E 295). — *Parroch. S. Petri de V.* 1323 (*ibid.* E 294). — *Villa de V.* 1208 (cart. Gell. 214); 1209 (cart. Magal. E 224); 1304 (*ibid.* E. 297). — *De Voliot*, 1213 (cart. Anian. 51 v°). — *S. Stephanus de Bejanicis* (Buèges), 1322 (cart. Magal. B 165). — *Viol*, dioc. de Montpellier, viguerie de Sommières, 1625 (pouillé); 1649 (*ibid.*); 1688 (*ibid.*); 1760 (*ibid.*). — *Viols le Fort*, 1688 (lett. du gr. sceau); 1648, 1696, 1677-1693 (terriers et regist. des naiss. de Viols; carte du dioc. de Montpellier; carte de Cassini; tabl. des anciens dioc.). — *Violz le Fort*, 1664 (terr. de Viols).

Viols était une vicairie perpétuelle sous le vocable de l'*Invention de saint Étienne*, à la nomination du prieur des Bénédictins d'Aniane, 1684, 1688, 1780 (vis. past.). — Chef-lieu d'archiprêtré, il avait dans son ressort les églises suivantes : Viols, Aniane, Argelliers, la Boissière, le château de la Roquette, Combaillaux, Montarnaud, Murles, Puéchabon, Saint-Étienne-de-Gabriac, Saint-Martin-de-Londres, Saint-Paul, Saugras et Vailhauquès; 1756 (état offic. des égl. du dioc. de Montp.).

VIPUN, f. c⁽ⁿᵉ⁾ de la Livinière.

VIRAC, f. c⁽ⁿᵉ⁾ de Brissac. — *Villa de Virag*, IX⁽ᵉ⁾ s⁽ᵉ⁾ (Arn. de

Verd. ap. d'Aigrefeuille, II, 417). — *Valrac* (cartes du dioc. de Montp. et de Cassini).

VIRANEL, f. c^{ne} de Cessenon. — *Viranelle* (cartes du dioc. de Saint-Pons et de Cassini).

VIREDONNE, ruiss. qui prend naissance dans la commune de Restinclières, passe sur celles de Saint-Geniès, Valergues, Lunel-Viel, Saint-Nazaire, arrose trois hectares, parcourt 14,700 mètres et se perd dans l'étang de Mauguio. — *Vallis Virencha*, 804, 1000 (cart. Gell. 4 et 50). — La carte du dioc. de Montp. et celle de Cassini écrivent *Verbron R.*

VIRGILE, f. c^{ne} de Caux, 1809. — *Borgelis* (carte du dioc. de Béziers). — *Bergetis* (carte de Cassini).

VIRIUS, f. c^{ne} de Saint-Pargoire.

VIROLIQUE, f. c^{ne} de Puissorguier. — *La Veronique* (cartes du dioc. de Narbonne et de Cassini).

VIS (LA), riv. qui a sa source à Lafoux (Gard), entre la commune de Vissec (Gard) et le hameau de Navacelle (Hérault), sillonne les territoires de Saint-Maurice, Saint-Jean-de-Buéges, Gorniès, sépare celui de Cazilhac d'avec celui de Ganges, limite les départements du Gard et de l'Hérault depuis Navacelle jusqu'à son embouchure dans l'Hérault, à Ganges. Elle parcourt 21 kilomètres, fait aller deux moulins à blé et arrose soixante hectares. — *Flumen Virs*, v. 1060 (cart. Gell. 49 v°). — *Rivus Vios*, 1300 (Plant. chr. præs. Lod. 251). — *Fluviolus Visii*, 1599-1601 (*id. ibid.* 393). — *Vis R.* (carte du dioc. de Montp. carte de Cassini). — La vallée de la Vis a une étendue de 2 myriamètres 6 kilomètres.

VISIGOTHS, anc. peuple. — Voy. GOTHIE.

VISSEC, f. c^{te} de Villeveyrac, 1809.

VISSEQ, f. c^{ne} de Saint-André-de-Sangonis, 1841.

VITALIS, f. c^{co} de Clermont.

VITARELLE, f. c^{ne} de Portiragnes. — *La Vitarelle* (cartes du dioc. de Béziers et de Cassini).

VIVARÈS, f. c^{ne} de Frontignan. — Voy. SESARY.

VIVIERS, château, c^{ne} de Capestang. — *Les Viviexe* (les Viviers) (cartes du dioc. de Narb. et de Cassini).

VIVIERS, h. c^{ne} de Jacou. — *Mansus de Vivers*, 1156 (G. christ. VI, inst. c. 359). — *Viviers*, 1096 (affranchiss. I, 1 v°). — *Le Vivier* (cartes du dioc. de Montp. et de Cassini).

VOIE DOMITIENNE. — Chemin militaire romain dont les vestiges traversent le département de l'Hérault dans toute sa longueur, depuis le pont Ambroix et le Vidourle jusqu'au delà de l'étang de Capestang. Il existait avant la conquête romaine et conduisait du Rhône à Empurias, en Espagne (Polyb. l. III, c. XXXIX). — Domitius Ænobarbus, vainqueur des Volces, le fit paver et réparer : de là son nom *Via Domitia*, *Via Domitii*, comme l'appelle Cicéron (*pro Man. Fonteio*). Auguste le rétablit vers l'an 735 de Rome. Astruc (Mém. pour l'Hist. nat. de Languedoc, 208) a donné la direction de cette voie depuis le pont de Beaucaire jusqu'au col de Pertus. Ses indications ont paru souvent inexactes. D'ailleurs, son erreur par rapport à l'emplacement de *Forum Domitii*, qui devait nécessairement se trouver sur cette voie, nous met dans le cas d'abandonner ses données pour en suivre de plus précises dans le département de l'Hérault.

En partant du *pont Ambroix*, sur le *Vidourle*, rivière qui forme au nord la limite du département du Gard, la voie Domitienne entre dans le département de l'Hérault par la commune de *Villetelle*, où elle fait un circuit de 500 pas autour d'une colline pour arriver sur la montagne. Elle se prolonge dans les c^{nes} de *Saturargues* et de *Vérargues*; passe à l'extrémité du territoire de *Saint-Geniès*, sur la limite entre cette commune et celles de *Valergues* et de *Saint-Brès*; continue sur les territoires de *Castries* et de *Vendargues*; arrive sur celui de *Castelnau*, en passant auprès du hameau du *Crès*, et aboutit à *Substantion*, *Sextatio* des anciens itinéraires. Très-variable dans sa largeur, elle a ici sa largeur primitive de 5 toises. Jusqu'à la rivière du *Lez*, elle est vulgairement appelée *lou Cami de la Mounéda*, le chemin de la Monnaie, par corruption de *Via munita seu militaris*, et même quelquefois chemin de *Brunehault*, de *Brunicheutz* (ancien compoix). Néanmoins, des chartes de nos archives de la fin du XIIe siècle il résulterait que ces dénominations ne finissaient qu'à *Lavérune*. La voie traversait le *Lez* sur un pont dont on découvre encore une partie des piles. Elle passe sur le territoire de *Montpellier*, en se dirigeant vers le faubourg de *Celleneuve*, aboutit au chemin de *Montferrier*, puis à celui de *Ganges*, coupe le chemin de *Grabels* et arrive à la *Mausson*. Là, elle reprend le nom vulgaire de *Carrière de la Mounéda*, *Vie Mounarèze*, *Chemin Moularès* (liv. terrier de 1600). Elle parcourt le territoire de *Juvignac*, s'avance vers ceux de *Lavérune*, de *Saussan*, de *Fabrègues*, sur les confins de *Cournonterral*, traverse le *Coulazou*, se prolonge sur les terres de *Cournonterral* et de *Cournonsec* et vient passer sous les murs de *Montbazin* ou *Forum Domitii* : aussi reçoit-elle dans ces localités le nom de *Cami Romiou*, *Cami das Romious*, chemin des Romains. A sa sortie de *Montbazin*, elle traverse les communes de *Poussan*, *Loupian*, *Mèze*. Dans le c^{on} de *Florensac* elle se bifurque : l'une de ses branches prend le nom de *Chemin romain nouveau*; l'autre, sous celui de *Chemin romieu vieux* ou *Chemin de la reine Juliette*, conduit de *Forum Domitii* à *Cessero*, c'est-à-dire de *Montbazin* à *Saint-Thibéry*. La réunion des deux branches opérée devant la partie sablonneuse des *Arenasses*, la voie, après l'avoir traversée, coupe la plaine de la rive gauche de l'Hérault entre *Florensac* et le hameau de *Saint-Apolis*, où un étroit embranchement peut faire penser qu'il existait là un *chemin allant de celui de la reine Juliette à Pézenas*. La voie-romaine traversait l'*Hérault* à *Saint-Thibéry*, entrait dans les terres de *Montblanc* et de *Béziers* par le *Libron* et se rendait à Narbonne en passant sur *l'étang de Capestang* au moyen du *Pons Septimus*, *Pont Septime*, *Pont Sepme*, *Pont Serme*, dont on aperçoit encore les ruines (Mém. de J.-P. Thomas, dans l'*Ann. de l'Hérault* de 1820).

VOLBES, anc. sanctuaire. — Voy. SAINT-NAZAIRE, f. c^{ne} de Magalas.

VOLCANS. Nous avons donné la notice des principaux volcans éteints du département aux articles de *Malvert* ou *Fondargues*, *Montferrier*, *Murat*, *Pioch-Maury*, *Pioch-Nègre*, *Redounelles*, *Roquehaute*, *Rouet*, *Saint-Loup d'Agde*, *Saint-Thibéry*, *Saint-Vincent-de-l'Escalette*, *Valmahargues*.

VOLCES, peuples celtes du haut et bas Languedoc, à l'époque de la conquête romaine. Divisés en deux nations principales, les *Tectosages* et les *Arécomiques*, les premiers avaient Toulouse pour capitale et les seconds se groupaient autour de Nîmes. Leur limite de jonction se trouvait dans le département de l'Hérault. Ce n'est pas ici le lieu de discuter la position de petites peuplades telles que les *Sardones*, les *Atacins*, les *Bébryces*, les *Cambolecti*, les *Convenæ*, les *Cadurces*, les *Umbranici* et d'autres, que les anciens ont faits voisins des Volces ou qu'ils ont confondus avec ceux-ci, mais dont l'existence géographique est au moins très-incertaine. Il importe seulement de faire connaître la ligne de division qui, dans notre département, séparait les Volces orientaux des Volces occidentaux. Astruc (Mém. pour l'Hist. nat. de Lang. 455), d'Anville (Not. de l'anc. Gaule, 716), les auteurs de l'Hist. gén. de Lang. (t. I, notes), ont fait connaître leurs conjectures sur la position de ces peuples. Nous avons dû nous en écarter quelquefois pour être plus exact. Voici le résultat de nos investigations, publiées en 1836 (Mém. de la Soc. arch. de Montp. t. I). — La ligne divisoire des *Tectosages* et des *Arécomiques* partait de l'étang de Tau, près d'Agde, et se continuait jusqu'au Vigan, en la menant à des distances à peu près égales de *Forum Domitii* ou *Montbazin* et de *Villeveyrac* ou *Valmagne*, l'un appartenant aux Volces arécomiques, l'autre dépendant des Volces tectosages. Cette ligne, du côté du dernier peuple, longera donc les lieux appelés de nos jours *Mèze*, *Loupian*, *Villeveyrac*, *Centon*, *Aumelas*, *Montcarmel*, *le bois de la Taillade*, *la Boissière*, *le bois de Puéchabon*, au-dessus duquel coule l'*Hérault*, *Pégairolles*, *la montagne des Séranes*, *Gorniès* et la campagne qui s'étend du nord des *Lutévains* aux limites des Arécomiques, au Vigan; et du côté des Arécomiques, la même ligne présentera les lieux nommés *Bouzigues*, *Poussan*, *Montbazin*, *Cournonterral*, *Cournonsec*, *Murviel*, *Montarnaud*, *Vailhauquès*, *Viols*, *Saint-Martin-de-Londres* et *Saint-Étienne-d'Issensac*, où l'Hérault quitte le pays des Arécomiques pour arroser les terres des Tectosages, *Brissac*, *Agonès*, *Cazilhac-Bas*, et le reste du pays jusqu'au Vigan.

Οὐωλκαὶ (Strab. IV). — Οὐόλκαι (Ptol. Geogr. II, x). — Οὐαλούσκοι (Diod. Sic. XI, xxxvii; XII, xxx). — Οὐάλσκοι (ibid. XIV, xi). — Στεκτορήνοι (?) (Pausan. X, xxvii). — *Volcæ*, *Bolcæ*, *Belgæ* (Cæs. De Bell. gall. I et De Bell. civil. Tite-Live, XXI, xxvi). — *Volcæ* (Mel. II, v; Plin. Hist. nat. III, v). — *Bolcæ*, *Belcæ* (Auson. in Narbon.). — Τεκτόσαγες (Strab. IV; Ptol. Geogr. II, x). — *Regio Volcarum Tectosagum* (Plin. III, v). — *Teutosagi* (Just. XXXII; Hieron. Præfat. ad Galat. Auson. in Narbon.). — Ἀρηκομισνοί (Strab. IV). — Ἀρηκόμιοι (Ptol. Geogr. II, x). — *Arecomici* (Cæs. loc. cit. Mel. II, v, etc.). — L'estimable continuateur de Malte-Brun s'est trompé en disant que le surnom d'*Arécomiques* a été donné aux *Volcæ* parce qu'ils étaient voisins des bords de l'*Arar* ou de la Saône (Précis de la géogr. univers. I, 329) : il a pris l'*Arar*, la Saône, pour l'*Araris* ou l'*Araris*, l'Hérault.

Étangs des Volces, *Stagna Volcarum* (Plin. Hist. nat. III, iv; IX, viii; Pomp. Mela, II, v; Fest. Avien. Or. marit. v. 608). — Voy. ÉTANGS.

VOULTE (LA), h. c^{ne} de Mons. — *Alodes de Volva*, 966 (abb. de Saint-Paul de Narbonne (Marten. Anecd. I, 85). — *La Voulte*, 1625 (pouillé); 1649 (ibid.); 1778 (terr. de la Voulte). — *Prieuré de Volve*, 1760 (pouillé). — *La Voute* (carte du dioc. de Saint-Pons; carte de Cassini; Dict. des postes de 1837). — Ce hameau répondait pour la justice au siége présidial de Béziers.

VOÛTE (LA), f. c^{ne} de Puisserguier. — *Volta*, 1189 (Livre noir, 128); 1271 (mss de Colb. H. L. III, pr. c. 602). — *La Voute*, seigneurie de la viguerie de Béziers, 1529 (dom. de Montp. H. L. V, pr. c. 87).

VOÛTES (LES), f. — Voy. VAUTES (LES).

VUIDE-BOUTEILLES, j^{in}, c^{ne} de Béziers, 1809.

W

Wagram, f. c^{ne} de la Livinière.
Walras, 2 ff. c^{nes} de Montpellier, sect. G.

Westphall, f. c^{he} de Montpellier, sect. C.

X

Xist, h. — Voy. Saint-Xist et Saint-Sixte.

Y

Yères (Les), f. — Voy. Uyènes (Les).

Yssensac, h. — Voy. Saint-Étienne-d'Issensac.

Z

Zalas, f. c^{ne} de Montpellier, 1809.

TABLE DES FORMES ANCIENNES.

Abaillan. *Abeilhan.*
Abeillan; Abeillanicæ; Abeillanum; Abelianum; Abelinum; Abellanum. *Abeilhan.*
Abilianum. *Abeilhan.*
Abolenicæ. *Bouloc.*
Abonanegues. *Puéchabon.*
Abrillanicæ. *Abeilhan.*
Abrinincum; Abroniacum. *Brignac.*
Abyssus. *Abysse.*
Acrimons. *Grammont* (Montpellier).
Ad aquas. *Aigne.*
Adelianum (xii° siècle). *Adillan.*
Adelianum (1323); Adellanum. *Saint-Marcel-d'Adeillan.*
Adicianum. *Adisse* (L').
Adilianum. *Saint-Marcel-d'Adeillan.*
Adillanum. *Adillan.*
Adissanum. *Adissan.*
Aoisse (L'). *Amelinde. Montpeyroux.*
Affanhan. *Affaniés.*
Affanian. *Fos.*
Affanianum. *Affaniés. Magalas.*
Affrianum. *Affaniés.*
Agaiz. *Onglous* (Les).
Agamancum. *Layamas*, m¹ⁿ, riv.
Agamancus. *Arboras.*
Agamas. *Lagamas* (cᵒⁿ de Gignac), m¹ⁿ, riv.
Agange. *Ganges.*
Agaoia. *Agnac.*
Aganthicum; Aganticum; Agantiquum. *Ganges.*
Agarelles. *Aygarelles.*
Agatæ. *Agde.*
Agatha; Agathe. *Agathæ; Agde;* Narbonnaise.

Ἀγάθη. *Agathe; Agde.*
Agathensis. *Agde. Lègue* (La). *Saint-Étienne-d'Agde. Saint-Pierre-de-Fontmars. Saint-Pierre-de-Papiran. Saint-Thibéry* (cᵒⁿ de Pézenas). *Villeveyrac.*
Agaunicum. *Agonès.*
Agda; Agde. *Agde.* Narbonnaise.
Agellum. *Agel.*
Agnana. *Aniane. Centon.*
Agnanensis. *Aniane.*
Agnes. *Aigne.*
Agonensis. *Agonès. Frouzet. Moulès.*
Agonesium; Agonnés. *Agonès.*
Agot. *Agout,* ruiss.
Agotis. *Agout,* ruiss. *Baucels. Moulès.*
Agounés. *Agonès.*
Agremont. *Grammont* (Montpellier).
Agres. *Agrès.*
Agricolæ. *Celleneuve. Juvignac.*
Agri inculti. *Garrigues* (cᵒⁿ de Claret).
Agrimons. *Grammont* (Montpellier).
Agud. *Agout,* riv. *Thoré* (Le).
Agulos. *Onglous* (Les).
Agusanicæ. *Figaret. Guzargues.*
Agusanum; Agusargues; *Aguzan; Aguzanicæ; Aguzanum. Guzargues.*
Aignan. *Aigne.*
Aignes. *Aigues.*
Aigue. *Aigne.*
Aiguebella; Aiguebelle. *Balaruc.*
Aiguevive. *Aigues-Vives.*
Airæ; Airas. *Aires* (Les) (cᵒⁿ de Saint-Gervais).
Airau; Airaut. *Hérault.*
Aire. *Agre.*
Aires. *Air. Aires* (Les). *Latour,* m¹ⁿ. *Sainte-Marie-de-Nazareth.*

Alairac; Alairacum; Alairanichos; Alairanicis; Alairanicos; Alairanicum; Alairargues. *Aleyrac.*
Alajou. *Caylar* (Le). *Saint-Félix-de-l'Héras.*
Alausa. *Lauze* (La), f.
Alavabre. *Lavagnes.*
Alayrac; Alayracum. *Aleyrac.*
Alba aqua. *Puech* (Le). *Saint-Étienne-d'Albagnan.*
Albaicum; Albaiga. *Aubagne.*
Albaignan, *Saint-Étienne-d'Albagnan.*
Albaigne; Albaigue; Albanegues; Albanhanicæ. *Aubagne.*
Albania; Albanianus. *Saint-Étienne-d'Albagnan.*
Albanicæ. *Aubagne.*
Albara. *Albairac.*
Albargna. *Aubagne.*
Albariæ. *Albe* (Saint-Thibéry).
Alba terra. *Saint-André-d'Aubeterre.*
Albayga. *Aubagne. Puech* (Le) (cⁿᵉ du Lodève).
Albegaria. *Albières* (Château des).
Albegua. *Aubagne; Gignac.*
Albegue. *Puech* (Le) (cᵒⁿ de Lodève).
Albehanicæ. *Albe* (Montpellier).
Albian; Albianum. *Palavas.*
Albières (Les). *Esparaso.*
Albignanus. *Saint-Étienne-d'Albagnan.*
Albilianum. *Abeilhan.*
Albinianum. *Albinian* (additions).
Albinianus. *Saint-Étienne-d'Albagnan.*
Albouis. *Al-Bouis.*
Alciacum. *Authèse.*
Aldellarium (1237). *Ardaillon.*
Aldellarium (1220). *Saint-Marcel-d'Adeillan.*

TABLE DES FORMES ANCIENNES.

Alegre. *Alègre* (Montpellier).
Aleirac. *Aleyrac.*
Aleyranicæ. *Leyrargues.*
Aleyrargues. *Aleyrac.*
Alignanum; Alinano; Alinanum; Alinin. *Alignan-du-Vent.*
Aliuranum. *Lieuran-Cabrières.*
Allecium. *Allissiers.*
Allignan du Vent. *Alignan-du-Vent.*
Almæ; Almas. *Aumes.*
Alleyranicæ. *Teyran.*
Altignacum; Altinalgas; Altiniacum. *Autignac.*
ALTIMURIUM. *Altimurium.*
Alt-pol; Alt-poll; Altum pullum. *Félines-Hautpoul.*
Alvernia. *Auverne.*
Alzanicum. *Alzon.*
Amalum. *Malou* (Bains de la).
Amancio; Amansio; Amanso. *Mausson (La).*
Amanlio. *Mausson (La). Tourtourel.*
Amantium. *Amans.*
Amasio; Amaso. *Mausson (La).*
Amatium. *Amans.*
Amaucio. *Mausson (La).*
Ambairan; Ambayranum; Ambeyran. *Embayran.*
Ambrosium; Ambrucix; Ambrusium; Ambrussum. *Ambroix.*
Amelas. *Cabrials* (Aumelas).
Amelaz. *Aumelas.*
Ameliacum. *Amilhac.*
AMÉLIADE (L'). *Montpeyroux.*
Amellan. *Aumelas.*
Amencio. *Mausson (La).*
Amenlarii. *Aumelas.*
Amilacum; Amiliacum; Amillacum; Amillarium. *Amilhac.*
ANAIA, ANAJA. *Anaia.*
Anania. *Aniane.*
Anazoure. *Nazoure (La).*
Anbilianum. *Abeilhan.*
Andabrum. *Andabre.*
Andesanicæ. *Sainte-Marie-d'Arnevieille.*
ANFORARIAS. *Anforarias.*
Angeres. *Ozières.*
Anglacæ; Anglares; Anglariæ; Anglars. *Anglas.*
Anglona. *Onglous (Les).*
ANGULI (804); Angulos. *Anguli.*
Anguli (1187). *Onglous (Les).*
Anhacum. *Agnac.*
Aniana. *Aniane; Marou.*
Anianensis; Anianum. *Aniane.*
Anicianum. *Nissan.*
Aniciatis. *Nizas.*
Anisa. *Nize,* ham.

Anisatium. *Saint-Julien-d'Avizas.*
Aniscianum. *Nissan.*
Anizanum. *Nizas.*
Anizas. *Saint-Julien-d'Avizas.*
Anizate. *Nizas.*
Antayracum; ANTHORA. *Anthora.*
Antonegues; Antonianum; Antonnanum; Antonnegre. *Antonègre.*
Antsabos. *Ausède.*
Anyana. *Aniane.*
Apullus. *Saint-Pierre* (Béziers).
Aquabella. *Aiguebelle.*
Aquæ. *Aigues.*
Aquæ vivæ. *Aigues-Vives* (Saint-Chinian).
Aqua viva. (782) *Aigues-Vives* (Saint-Chinian). (977) *Lésignan-de-la-Cèbe.* (1176) *Aigues-Vives* (Pézenas). (1213) *Aigues-Vives* (Aspiran).
Aquitania. *Aquitaine. Gothie.*
Ara Jovis. *Alajou.*
Araou. *Hérault. Lecas.*
Araris. *Hérault. Volces.*
Araur. *Aumelas. Avèzo, ruiss. Hérault. Pallas,* anc. égl. *Verdus, chât.*
Araura. *Hérault. Saint-Thibéry* (c^{on} de Pézenas).
Ἄραυραρις. *Hérault.*
Arauraris. *Hérault.*
Ἄραύριος; Ἄραύρις. *Hérault.*
Arauris. *Hérault. Caussine (La). Journac. Rieutord* (Gignac). *Roque-Aynier (La). Volces.*
Araurius. *Hérault.*
Araurum. *Aumelas. Hérault.*
Araurus. *Aumelas. Hérault. Montcalmès.*
Arboracæ; Arboracium; Arborascium; Arboratis. *Arboras* (c^{on} de Gignac).
ARBORAS (1193). *Arboras* (c^{on} de Gignac).
ARBORAS (1603); Arboratæ. *Arboras* (Lansargues).
Arboratium. (1224) *Arboras* (c^{on} de Gignac). (1328) *Lagamas,* mⁱⁿ.
Arboriacensis. *Arboras* (c^{on} de Gignac).
Arborles; Arbosserium; Arbossier. *Arboussier (L').*
Arbouras. *Arboras* (c^{on} de Gignac).
Arbuissellum; Arbuissollum. *Arbessous.*
Arcade (L'). *Larcade.*
Arciacium; Arciaz. *Assas.*
Ardallon. *Ardaillon.*
Areæ. Air. *Sainte-Marie-de-Nazareth.*
Area plana. *Hérépian.*
Arecomici. *Volces.*
Aregui; Areguum. *Ariéges* (Écluse d').

Aresquerii; ARESQUIENS; Aresquies; Aresquiez. *Aresquiers.*
Argelarios; Argeliers; Argeliés; Argeliés. *Argelliers.*
Argentarias. *Monetas.*
Argentiere. *Argentières.*
Argileriæ; Argilleriæ; Arguilbagueris. *Argelliers.*
Arguzac (1100). *Arguzac.*
Ἀρικομισκοί; Ἀρικόμιοι. *Volces.*
ARISDIUM (1283). *Arisdium* (baronia).
Arisdium (533); Arisitensis; Arisitum. *Larzac.*
Arnal; Arneir. *Arnel (L').*
Arnempdæ; Arnendes. *Sainte-Marie-d'Arnevieille.*
Arnerium. *Arnel (L').*
ARNET; Arnetum. *Arnet.*
Arnevieille. *Sainte-Marie-d'Arnevieille.*
Arnosia; Arnoye; Arnoyes. *Saint-Barthélemy-d'Arnoye.*
Arsacium; Arsads. *Assas.*
Arsat. *Larzac.*
Arsatium; Arssacium. *Assas.*
Arssaguez. *Larzac.*
Artsgum. *Arts.*
Arzacium; Arzas. *Assas.*
Asinarius, Asinarias mons. Mons Asinarius. *Marou.*
Asinianum. *Assignan.*
Asnarias. Mons Asinarius.
Asograde. *Saugras.*
Asperan; Aspiran-Ravanes. *Aspiran* (Thézan).
Asperos; Asperella. *Aspres.*
Aspira de Cabrayres. *Aspiran* (c^{on} de Clermont). *Cabrières* (c^{on} de Montagnac).
Aspiranum; Aspirianum; Aspirianus. *Aspiran* (c^{on} de Clermont).
Assas. *Assas. Saint-Jean-de-Jérusalem.*
Assigna; ASSIGNAN; Assinhacum. *Assignan.*
Assogrado. *Saugras.*
Assumptio B. M. V. *Aumelas. Boussagues. Olonzac. Pouget (Le). Taussacet-Doueh. Vailhan.*
Astella. *Estelle (L').*
Astrugas. *Astruc* (Grange d').
Atacini. *Volces.*
Ἄταξ; Atax; Attagus. *Aude.*
Aubagnes. *Saint-Étienne-de-Gourgas-et-Aubagne.*
Aubaigues. *Aubagne. Puech (Le)* (c^{on} de Lodève). *Saint-Étienne-de-Gourgas.*
Auberta; Auberte; Auberts. *Aubertes (Les).*

Aubillon. *Obilion.*
Augères. *Ozières.*
Aulacum; Aulanæ; Aulas; Aulatinm. *Aulas.*
Aulmes. *Agde. Aumes.*
AUMELAS. *Aumelas. Montcamel..*
Aumelaz; Aumellas. *Aumelas.*
Aupinio. *Aupigno* (Riols).
Aureilhan. *Béziers.*
Aureillon. *Liouran-Cabrières.*
Aureille. *Aureilhe.*
Aureliacum; Aureliagum; Aurelialis; Aurlac. *Liouran-Cabrières.*
Auriolæ. *Baume-Auriol* (La).
AUROUX. *Saint-Annès-d'Auroux. Saint-Étienne-de-Pernet.*
Auscitana; Auscitauia. *Languedoc.*
AUSÈDE; Ausedinense. *Ausède.*
Aussanicæ. *Daussargues* (Mas).
AUTHÈSE. *Ferrals-lez-Montagnes.*
AUTHÈZE. *Valette*, ruiss.
AUTIGNAGUET; Autignaguetum; Autignanct. *Autignaguet.*
Autiniacum. *Autignac.*
Avairanum. *Veyran.*
Avalleta. *Valette* (La) (c^{on} de Lunas).
Avanascum. *Saint-Sixte-d'Avenas.*
Avcilhan. *Abeilhan.*
Avena (1135); Avene. *Avène* (c^{on} de Lunas).
Avena (Avene) (1268). *Rouquerols.*
AVÈNE. *Avène*, riv. ruiss. *Avèze*, ruiss. *Ruissec*, ham. VILLA-PATERNA.
Avenna. *Avène* (c^{on} de Lunas). *Lavène.*
Avenne; Avenne (l'). *Avène* (c^{on} de Lunas). *Avène*, riv. *Lavène.*
AVENZA. *Avenza.*
Averanum. *Veyran.*
Avernum. *Averne* (L').
Avesa. *Avèze. Méjean* (Ganges).
AVÈZE. *Avène*, riv. ruiss. *Avèze.*
Avezinas. *Saint-Julien-d'Avizas.*
Aviacium; Aviatis; Aviatium; Avials; Aviatum; Aviaz. *Vias.*
Aviciacum; Avicias; Avidaz. *Saint-Julien-d'Avizas.*
Avinarius mons. *Mons Asinarius.*
Avinzon; Aviras; Avisas; Avisotium; Avissachum. *Saint-Julien-d'Avizas.*
Avisus. *Avèze*, ruiss.
Avizas; Avizatis; Avizaz. *Saint-Julien-d'Avizas.*
Avizate. *Nizas.*
Avoiras. *Loiras. Saint-Martin-du-Bosc.*
Avoiratium. *Loiras.*
Avysse. *Abysse.*
Aygarela. *Aygarelles.*
Aygre. *Agre.*

Ayguelongue. *Saint-Jean-de-Jérusalem.*
Aygues. *Aigues.*
Ayra. *Aire de Frézals.*
Ayraut. *Hérault.*
Ayrola. *Ayrolle* (L'), ham. éc.
Azilhanct. *Azillanet.*
Azinianum. *Assignan.*
Azirou. *Puech-d'Azirou.*

B

Babian. *Saint-Jean-de-Bibian.*
Baboira. *Babeau.*
Bachelery. *Bachelerie.*
Bacianum. *Bassan.*
Badonæ. *Badonnes.*
Badonas. *Conque* (La) (Saint-Nazaire-de-Ladarez).
Badones; Badonnæ; Bodonnus. *Badonnes.*
Bæterra Septumanorum; Bæterræ Septimanorum. *Béziers. Septimani.*
Bætiras. *Béziers.*
Bagensis; Bages (1041). *Bages.*
BAGNAS (1279). *Bagnas. Saint-Pierre-de-Fontmars.*
Bagueriæ. *Bannières.*
Bagnolas. *Bagnols*, ham. mⁱⁿ.
Boia. *Buéges* (Le).
Boias (1031). *Bages.*
Bais (804). *Vinas* (Lodève).
Bajas. *Buéges* (La).
BAILLARGUES (1649); Baillargues. *Baillargues.*
BAILLARGUET (1625). *Baillarguet.*
BAILLARONNE. *Bailheron.*
Baissanum. *Bessan.*
Baisseriés. *Vaisseries.*
Baïrappa; Baïrspa; Buitera; Baïrípat. *Béziers.*
Baixasis. *Baïsse* (La).
Bajanicæ. *Baillargues.*
Baladuc; Baladucum. *Balaruc.*
Balaneges. *Baillargues.*
Balaneques. *Bail'argues. Valergues.*
Balanicæ. *Baillargues.*
Balargo. *Bélarga.*
BALARUC. *Balaruc. Notre-Dame-d'Aix.*
Balarucum; Balarug; Balesucum; Balozuc. *Balaruc.*
Balazucum. *Aiguebelle. Montarbossier.*
BALEYRAC. *Balayrac.*
Balhanicæ. *Baillargues.*
Balharguetum. *Baillarguet.*
Baliargues; Ballauicæ. *Baillargues.*
Balluruc. *Balaruc.*
Balma (1031). *Baumes* (Ferrières, c^{on} de Claret).

Balma (990). *Beaume* (La) (le Causse-de-la-Selle).
Balma (1157). *Balme* (La) (Cossagnolles).
Balma Aureoli; Balma de Auriolis. *Baume-Auriol* (La).
Balma Auriol. *Baume-Auriol* (La). *Gignac. Saint-Martin-de-l'Héras.*
Balmæ (1181). *Balmes* (Les) (Aigues-Vives).
Balmæ (1303). *Baumes* (Lunel).
Balmæ (1154). *Saint-Jean-de-Fos.*
Balmæ (804). *Saint-Martin-de-l'Héras.*
Balmas (990). *Baumes* (Ferrières, c^{on} de Claret).
Balmas (987). *Saint-Martin-de-l'Héras.*
Balnea. *Bains* (Les) (Avène).
Balnialos. *Bayelle* (Caux).
Banars. *Bagnas* (Étang du).
Bañeyras; Bannerlæ. *Bannières.*
Bàou (Col de la). *Bau.*
Bàouma de las Fadas. *Demoiselles* (Grotte des).
Baous de Morthomis. *Pousérangues* (Las).
Baraciaco; Baraciacum. *Bégot-le-Bas.*
Baraille. *Brettes* (Riols).
Baraques; Barascas. *Barasques* (Les).
Barasquetes. *Barasquette.*
Barausam. *Saint-Pons-de-Barausam.*
Barbairan; Barbaranicæ; Barbayranum; Barbcranicæ. *Saint-Vincent-de-Barbeyrargves.*
Barbairanum. *Barbayrac.*
Barbeianum (1209). *Barbayrac.*
Barbeianum (990). *Bardejan.*
Barboussière. *Boussière.*
Barciacum. *Bégot-le-Bas.*
Bardas. *Bartusse* (La). *Barthas* (Le).
Bardicum; Bardineum. *Barry* (Le) (Montpeyroux).
BARNARIUM; BARNARIAS. *Barnarium.*
Barraque (La). *Rescol*, ruiss.
Barreria. *Barrière* (Colombières).
Barronarias. *Baruarium.*
Barry (Lo). *Barry. Montpeyroux.*
Barta. *Barthe* (La) (la Salvetat).
Basianum; Bassan; Bassanum. *Bassan.*
Bassélerie. *Bachelerie.*
Bassinum. *Cesseras.*
Bastida (1031). *Bastide* (Rouet). *Bastides* (Les) (la Roque).
Bastida (1210). *Bastide* (La) (Tourbes).
Bastida (La). *Sainte-Marie-de-la-Bastide*).
Batas. *Basses. Beautes* (Les).
Batieras (Lo). *Béziers. Loubatières.*
Bâtisse (La). *Bastide* (La) (Tourbes).

30.

Baturellas. *Bayelle* (Caux).
Baucellæ. *Baucels. Moulès.*
BAUCELS. *Baucels. Ginestous,* f. *Saint-Jean-de-Jérusalem.*
Baucium. *Baucels. Moulès.*
Banjan (Boujan). *Béziers.*
Bausels; Bauselz; Baussels; Bauzels. *Baucels. Moulès.*
Baxanum. *Bassan.*
Bayssan; Bayssanum. *Bessan.*
Baysseries. *Vaisseries.*
Bazaluch; Bazalucum. *Balaruc.*
Beata Maria Virgo. Voy. *Sancta-Maria.*
Beaucelz. *Baucels.*
Beaugrane. *Belgrane.*
Beaugros. *Baugros.*
BEAULIEU. *Beaulieu. Saint-André-de-Sangonis.*
Beaussels. *Baucels. Moulès.*
Beauvois. *Saint-Hilaire-de-Beauvoir.*
Bebani. *Palavas.*
Bebian. *Saint-Jean-de-Bibian.*
Bébryces. *Volces.*
Becanum. *Bessan.*
Becet. *Bissec.*
BEC-FRAISSE. *Bouairat,* ruiss.
Becianum. *Bessan.*
Bedaricum; Bedarrieus; Bedarrieux. *Bédarieux.*
Bedcirez. *Béziers.*
Bedeiriæ. *Bédarieux.*
Bederensis. *Béziers. Saint-Pargoire.*
Bederinæ. *Bedrines.*
Bederrez; Beders; Bedier; Bedras. *Béziers.*
Begola; Begolæ; Begolas. *Bayelle* (Caux). *Bayelle,* ruiss.
Begoneivas. *Bannières.*
Begosensis. *Bégot-le-Bas.*
Βηίτερρα. *Béziers.*
Bejnniem. (1218) *Montels* (Saint-Jean-de-Buéges). (XIVᵉ siècle) *Terraillet.* (1322) *Viols-le-Fort.*
BELAIR. *Bel-Air. Saint-Guiraud.*
Belarga; Belargæ. *Bélarga.*
Belargua. *Béziers.*
Belcæ. *Volces.*
Belergæ; Belesgar. *Bélarga.*
Belfort. *Beaufort.*
Bella (1177). *Bellas.*
Bella (970). *Pradines* (Béziers).
Bella (1154); *Sainte-Marie-de-Bella.*
Bella Cella. *Baucels. Moulès.*
Bellane. *Pradines* (Béziers).
Bella Vallis. *Belleval.*
Belloc; Bel-log. *Beaulieu.*
Bellum podium. *Beaulieu. Beauregard.*
Bellus fortis. *Beaufort.*

Bellus locus. *Beaulieu.*
Belorgarium. *Bélarga.*
Belveder; Belvedin. *Belvezé.*
BENECH. *Benech.*
Benedictus. *Benist* (Mas de).
Berbilius. *Barbarigue.*
Bergetis. *Virgile.*
BERLOU. *Berlou. Berlou. Saint-Julien-d'Olargues.*
Bernasobre. *Vernazobres* (La).
Bernasobres. *Vernazoubres.*
Bernasoubres. *Vernazoubr.*
BERNATIS. *Bernatis.*
Bernesac. *Terraillet.*
Bers. *Berthassade.*
Bertanagas. *Bernagues.*
BERTHASS.-DE. *Berthassade. Boissière* (La) (cᵐⁿ d'Aniane).
Bes. *Saint-Christol* (Saint-Seriès).
Besac. *Besac.*
Besangue. *Béranye* (Le).
Bosara; Bésers. *Béziers.*
BESSAN; Bessanum. *Bessan.*
BESSES. *Peyre-Besse, Rieucros.*
Bessianum. *Bessan.*
Bet; Bet-ar. *Béziers.*
Betarrivæ. *Bédarieux.*
Betenac. *Bétirac.*
Beteræ; Beterensis; Beteris; Beteroris; Beterræ; Βίτεῤῥα; Βητυῤῥάτων; Beterris. *Béziers.*
Bethanum. *Beaulies* (Les).
Betianum. *Bessan.*
Betignanum; Betinianum. *Bétirac.*
Beuges. *Saint-André-de-Buéges.*
Bez. *Bézis.*
Bezanicæ. *Buzignargues.*
Bezanum. *Bessan.*
Bezer; Bezerez; Bezers; Bezes. *Béziers.*
Bezet. *Boisset* (cᵐⁿ de Saint-Pons). *Béziers. Béziers.*
Béziers (Petit). *Bélarga.*
Bezzas. *Besses* (Las).
Biala. *Viala* (Layamas).
Biar. *Biard.*
Biusse (La). *Baïsse* (La).
Biaurum. *Biaures. Bibiour.*
Biaurus. *Brian.*
Bibioures. *Roquette* (La).
Bidanum de Aleriis. *Bédarieux.*
Biderensis. *Miliac.*
Bidrasch. *Béziers.*
Biliganum. *Bouzignes.*
Βιλτέρα. *Béziers.*
Bisancas. *Diraugues.*
Bisiganum. *Bouzignes.*
Bissona; Bis sonat. *Bissonne.*
Bitera. *Béziers.*

Biteræ. *Maladrerie. Pouséranques* (Las).
Biterensis. *Journac. Murviel* (Béziers).
Bitoris; Biterræ; Biterrensis. *Béziers.*
Biterris. *Béziers. Narbonnaise. Saint-Aphrodise.*
Bitignanum; Bitinianum (1053). *Bessan.*
Bitinianum (1165). *Bétirac.*
Bitoranda Silva. *Berthassade. Boissière* (La) (cᵐⁿ d'Aniane).
Bittera. *Béziers.*
Bitteræ. *Grezan. Moulins neufs* (sur l'Orb).
Bitterensis. *Luch. Lunas. Saint-Jean-de-la-Blaquière. Saint-Sauveur-du-Puy. Tenero.*
Bitteris. *Saint-Julien* (Béziers).
Bitterivæ. *Bédarieux.*
Blanhe. *Béziers. Saint-Bauzille-de-Fourches.*
Blaqueria. *Saint-Jean-de-la-Blaquière.*
Blaquiera (La). *Blaquière* (La) (Pradal).
BLAQUIÈRE (LA). *Coilhes-et-Rocozels. Joncels. Saint-Jean-de-la-Blaquière. Savagnac.*
Blaquira. *Blaquière* (La) (Coilhes-et-Rocozels).
Blasco. *Brescou. Saint-Loup* (Agde).
Βλάσκων; Blascon; Blascorum. *Brescou.*
Βλίτερα; Blitera; Bliterium; Bliterra; Bliterræ. *Béziers.*
Boccecas; Bociacas; Bociacæ. *Boussagues.*
Bociagas. *Boussagues.*
Bociassæ. *Clairac* (Boussagues).
Bociasse. *Boussagues.*
Bocigæ. *Bouzigues.*
Bodia. *Buèges* (La). *Pégairolles* (cᵐⁿ de Saint-Martin-de-Londres). *Saint-André-de-Buéges. Saint-Jean-de-Buéges.*
Bogeta. *Bougette.*
Bohas. *Saint-André-de-Buéges.*
Boia. *Buéges* (La). *Marou. Saint-André-de-Buéges.*
Boianum. *Boujan.*
Boins. *Saint-André-de-Buéges.*
Boire. *Borie.*
Boisedonum. *Boisserou.*
Boisetum. *Boisset* (cᵐⁿ de Saint-Pons).
Boissa. *Saint-Amans-de-Teulet.*
Boissoras (Las). *Boissière* (La) (Notre-Dame-de-Londres).
BOISSET (1610). *Boisset* (cᵐⁿ de Saint-Pons). *Vélieux.*
Boisset (1156). *Boisset* (Vailhaunès).

TABLE DES FORMES ANCIENNES.

Boissetum. *Boisset* (c^{on} de Saint-Pons).
Boissière (La). *Boissière* (La). *Saint-Martin-de-Valras.*
Boixeras; Buixeria. *Boissière* (La) (c^{on} d'Aniane).
Boja. *Buèges* (La).
Bojan. *Boujan.*
Bojanum. *Boujan. Garrisson.*
Bojat. *Besac.*
Bolcæ; Bolgæ. *Volces.*
Bolletarum. *Bouloc.*
Boloniacum. *Bellonnette* (La) (Servian).
Bona; Bonastre; Bonatias. *Bonnabou.*
Bonlieu. *Vignogoul.*
Bonnepose. *Bonnepause.*
Bonusfons. *Bonnefont*
Bonus locus. *Vignogoul.*
Boranum. *Borie. Bories* (La) (Saint-Nazaire-de-Ladarez). *Borio de Lagnos.*
Boraria. *Borie.*
Bordelæ. *Bourdolles* (Les).
Bonatœus. *Cette.*
Borgelis. *Virgile.*
Boria; Boriette; Borio. *Borie.*
Borio (Petite). *Boriette* (La) (Saint-Pons).
Borio de Mas. *Bories* (La). *Saint-Nazaire-de-Ladarez).*
Boriotte (La). *Besse* (La), ruiss.
Boronia. *Bouran.*
Borracæ. *Bouran. Bournac.*
Bosc (El). *Bosc* (Le) (c^{on} de Lodève).
Bosc (Le). *Bosc-d'Avoires* (Le). *Bosc* (Le) (c^{on} de Lodève). *Rayoust.*
Boscairolas. *Bouscarel.*
Bosc-Bas. *Bois-Bas.*
Bosc d'Avoiras. *Bosc-d'Avoiras* (Le) (Saint-Martin-du-Bosc).
Boscetus. *Bousquet* (Le) (Colombiers-lez-Béziers).
Bosc-Haut. *Bois-Haut.*
Boschet. *Bosc* (Logis du).
Boschetus. *Bousquet* (Le) (Saint-Martin-d'Orb).
Boschus (1151). *Bosc* (Le) (Capestang).
Boschus (1197). *Bosc* (Saint-Martin-d'Orb).
Bosciatæ. *Boussagues.*
Bosc-Nègre. *Bois-Nègre.*
Boscus (1102). *Bosc* (Saint-Martin-d'Orb).
Boscus (1076). *Bosque* (La).
Boscus (1112). *Bosc* (Le) (la Valette).
Boscus (1162). *Bosc* (Le) (c^{on} de Lodève).
Boscus (1297). *Bosc* (Le) (Capestang).

Boscus grossus. *Baugros.*
Boseira. *Boissière* (La) (Notre-Dame-de-Londres).
Bosigæ; Bosigiæ; Bosigue. *Bouzigues.*
Bosquetum. *Bosquet.*
Bosseiras. *Boissière* (La) (c^{on} d'Aniane).
Botanum. *Boutigué.*
Botenach. *Bautugrade* (La).
Botenacum. *Boutigué.*
Botonetum. *Boutonnet.*
Bougno. *Mélac.*
Bouisseron. *Boisseron.*
Bouisset. *Boisset* (c^{on} de Saint-Pons).
Bouissiere (La). *Boissière* (La) (c^{on} d'Aniane).
Bouriates; Bouriette; Bouriotte. *Borie.*
Bousigues. *Agde. Boussagues. Bouzigues.*
Bousquet (Le). *Bousquet* (La). *Verrerie du Bousquet.*
Boussiere (La). *Boissière* (La) (c^{on} d'Aniane).
Boxeria. *Boissière* (La) (c^{on} d'Aniane).
Boyssiacœ; Bozachus; Bozagas. *Boussagues.*
Bozasinæ; Boziæ; Bozygium. *Bouzigues.*
Braceata (Gallia). *Narbonnaise.*
Braciancum. *Brassac.*
Bradalanca; Bradalensis. *Saint-Julien-de-Bragalanque.*
Bradolla. *Boudelle* (La).
Bragalanca; Bragalaunga; Brandelonsis; Brandelousis. *Saint-Julien-de-Bragalanque.*
Brasca; Brasque. *Barasques* (Les).
Brassacum. *Brassac* (Saint-Pons).
Brassels (Lous). *Bassels* (Les).
Brassianum; Braxianum. *Brassac* (c^{on} de Saint-Pons).
Breisiac; Breissac; Breixac. *Brissac.*
Brenac. *Brenas. Gignac.*
Brenans; Brenas; Brenatinm; Brenaz. *Brenas.*
Brescon. *Agde. Brescou.*
Brescou. *Brescou. Saint-Loup* (Agde).
Bressac. *Brassac.*
Bretæ. *Montlaur.*
Bretas. *Brettes.*
Brézines (Les). *Brépines* (Les).
Brigas (La). *Nabrigas.*
Brignac; Brignacum; Brigniacum. *Brignac* (c^{on} de Clermont).
Briscou. *Brescou.*
Brissac. *Brissac. Saint-Jean-de-Jérusalem.*
Brissiacum; Brixægesium; Brixaguetum. *Brissac.*

Brixiacum. *Brissac. Cazalsequier. Murquerose. Rouvière* (La) (Brissac).
Broa. *Bouran.*
Brocia. *Brécou.*
Brocias; Brodelum. *Frouzet.*
Brom. *Broma.*
Brondalanca. *Saint-Julien-de-Bragalanque.*
Brouces; Brousses. *Saint-Silvestre-de-Brousses.*
Brouzet; Brozet; Brozethum; Brozetum. *Frouzet.*
Bru. *Viguier* (Le).
Bruceæ. *Saint-Silvestre-de-Brousses.*
Brucheria. *Bruguière.*
Brucie. *Frouzet. Saint-Silvestre-de-Brousses.*
Brucias. *Frouzet.*
Bruculus. *Saint-Pierre-de-Brucule.*
Brunet. *Vilaris.*
Brugeriæ; Brugueira; Brugueriæ. *Bruguière.*
Brunans; Brunante; Brunantum. *Brunant.*
Brune (La). *Prunette* (La).
Brusca. *Brusque.*
Bruscia. *Saint-Silvestre-de-Brousses.*
Bua; Buada (1178). *Biaude.*
Buada (983). *Buèges* (La).
Buat. *Bouat* (Saint-Pargoire).
Buata (990). *Biaude.*
Buata (1323). *Bouat* (Saint-Pargoire).
Bucharius. *Bouscarel.*
Buciacum; Buciagas. *Boussagues.*
Bucinianum. *Bouisse.*
Buegæ; Buegus. *Buèges* (La). *Peyrairolles* (c^{on} de Saint-Martin-de-Londres).
Buejes. *Peyrairolles* (c^{on} de Saint-Martin-de-Londres). *Saint-André-de-Buèges.*
Buia. *Buèges* (La). *Montels* (Saint-Jean-de-Buèges). *Saint-Jean-de-Buèges.*
Buianum. *Boujan.*
Buisseria. *Boissière* (La) (c^{on} d'Aniane).
Bujoulx. *Buèges* (La).
Bulionagum. *Bouloc.*
Bundilio. *Brousdoul.*
Burau. *Bureau,* ruiss.
Burgeria; Burgueriæ. *Bruguière.*
Burgus. *Saint-André-d'Agde.*
Burlarent. *Bouscarel.*
Busiacum. *Boussagues.*
Busiguargues; Buzignargues; Buzinhargues. *Buzignargues.*
Buxeria (1310). *Boissière* (La) (c^{on} d'Aniane).

Buxeria (1438). *Bonissière.*
Buxodon. *Boisseron.*
BUZIGNARGUES. *Buzignargues. Saint-Jean-de-Jérusalem.*
Buzingæ. *Boussagues. Bouzigues.*

C

Cabacia. *Cabanès.*
Cabakanes. *Cagakanes.*
Cabanæ. *Cabanes (Les)* (Brenas).
Cabanarium. *Cabanasses (Les).*
CABANES (LES). *Cabanes du Lez. Palavas.*
CABANIS. *Cabanis* (Fontanès).
Cabannæ. *Cabanes (Les)* (Brenas).
Cabestag; Cabestan; Cabestang. *Capestang.*
Cabrairola; Cobrairole. *Cabrerolles* (Espondeilhan).
Cabrairolles. *Cabrerolles* (Espondeilhan). *Cabrerolles* (c^{on} de Murviel).
Cabraresza. *Cabroulasse (La).*
Cabraria. *Cabrières* (c^{on} de Montagnac).
Cabrayres. *Aspiran. Cabrières* (c^{on} de Montagnac).
Cabreira. *Cabrières* (c^{on} de Montagnac).
Cabreiroles. *Cabrerolles.* (Espondeilhan).
Cabreirolles. *Cabrerolles* (c^{on} de Murviel).
Cabrella. *Cabrierettes.*
Cabreria. *Cabrières* (c^{on} de Montagnac).
Cabreriæ. *Lunel-Viel.*
Cabrerium (Podium). *Cabrières* (c^{on} de Montagnac).
Cabreyrolæ; Cabreyrolles. *Cabrerolles* (c^{on} de Murviel).
Cabrias. *Cabrials* (Aumelas).
Cabriera. *Cabrières* (c^{on} de Montagnac).
CABRIÈRES. *Cabrières. Lunel-Viel.*
Cabrierolles. *Cabrerolles* (c^{on} de Murviel).
Cabrieyra. *Cabrières* (c^{on} de Montagnac).
Cabril. *Cabrials* (la Salvetat). *Cabriols.*
Cabrilis. *Cabrials* (Aumelas).
Cabrils. *Cabrials. Scabrils (Les).*
Cabrioueræ. *Cabrials* (Béziers).
Cabrotte (La). *Cabroulasse (La).*
Cacianum; Cacianensis. *Cassan.*
Cadenat. *Coustando (La).*
Cadierra. *Saint-Michel-de-Cadière.*
Cadolla (1169). *Cadole (La). Cadolle.*
Cadolla (1296). *Cadoule (La).*
Cadurces. *Volces.*
Cæsarion. *Saint-Thibéry* (c^{on} de Pézenas).

CAGAKANES; Cagapanes; Cagapanies. *Cagakanes.*
Cagotium; Cagnago; Coguanonas. *Antignaguet.*
Cailar; Cailla; Cayla. *Caylar (Le).*
Cairana; Cairanum; Cairou. *Sainte-Marie-de-Cairou.*
Cairosus mons. *Caroux; Perrière.*
Cairou. *Cayrou* (Aumelas). *Sainte-Marie-de-Cairou.*
Caisanum. *Cassan.*
Caissaigne; Caissoinas. *Cassagnes.*
Caissanegues; Caissanigis; Caixanegos. *Coussergues.*
Calagerium; Calagium. *Caluge* (Mauguio).
Calatorium. *Calandes (Les).*
Calcadiza. *Calissa.*
Calcis; Calcium; Calcuni. *Caux.*
Calencatæ. *Carlencas-et-Levas.*
Calhan; Callanum; Calianum; Gullanum; Callianum. *Caillan.*
Calme; CALMES; Calmis. *Calmes.*
Calmensis mons. *Mons Asinarius. Montcalmès. Montcamel.* — C. rivus. *Moulin (Le) (Saint-Jean-de-Fos).*
Calmesus. *Montcalmès.*
CALMETTE (LA). *Calmette (La)* (Mons). *Hiric.*
CALMIDIOS. *Calmidios.*
Calobres; Calobrices; Calobricis. *Coulobres* (c^{on} de Servian).
Cals. *Caux.*
Calsanum. *Cassagnes. Caux.*
CALUMBO. *Calumbo.*
Calvates. *Carlencas-et-Levas.*
Calvaurola. *Calvélarié.*
Calvellum (990). *Calvet.*
CALVELLUM. (1340). *Calvellum.*
Calvenzing. *Calvet* (Ferrals).
Calvetum. *Calvet* (Bédarieux).
Cumbalholæ; Cambaliols. *Combaillaux.*
Camboleeti. *Volces.*
Cambona. *Cambou (Le).*
Cambonæ. *Cambon* (Saint-Julien).
Cambones; Cambonis; Cambonus. *Cambous (Saint-André-de-Sangonis).*
Cambos (1122). *Cambous (Saint-André-de-Sangonis).*
Cambus (1178); Camboux. *Cambous* (Viols-en-Laval).
CAMI DE LA MOUNÉDA. *Pons Ærarius. Voie Domitienne.*
Cami mounit; Cami munit. *Cami dé la Mounéda.*
CAMI ROUMIOU; Cami Romiou; Cami das Roumious. *Cami Roumiou. Voie Domitienne.*

Camollas. *Cancollas. Commeilho.*
Campagnac; CAMPAGNAN. *Campagnan.*
CAMPAGNE; Campagnes. *Campagne* (c^{on} de Claret).
Campognionum; Campagnan; Campaignanum. *Campagnan.*
Campaignes; Campaneæ. *Campagne* (c^{on} de Claret).
Campancolæ. *Campillergues.*
Camponhacum; Camponhan; Campanhanum. *Campagnan.*
Campaniacum. *Campagnan. Miliac.*
Campaniæ. *Campagne* (c^{on} de Claret).
Companianum. *Campagnan. Saint-Pargoire.*
Campanias (1162). *Campagne* (c^{on} de Claret).
Companias casellas (855). *Pégairolles* (c^{on} de Saint-Martin-de-Londres).
Campaniolas; Campanolas. *Campillergues.*
Campinacium. *Campausscls.*
CAMPLONG. *Camplong* (c^{on} de Bédarieux). *Graissessac.*
Camplont. *Camplong* (c^{on} de Bédarieux).
Camprinanum; Camprinnanum. *Camparines.*
Campus Atbrandi. *Camp-Atbrand.*
Campus longus. *Camplong* (c^{on} de Bédarieux).
Campus malus. *Cammal (Saint-Jean-de-Buèges).*
Campus miliarius. *Campemar.*
Campus novus. *Cannau.*
Campus rotundus. *Campredon* (Ferrals).
Camslonx. *Camplong* (Grange de).
Canales. *Saint-Martin-d'Orb.*
Canaonas. *Caunas.*
Cancionojolum. *Caussiniejouls.*
CANCOLLAS. *Cancollas. Commeilho.*
Candeianeges. *Candillargues.*
CANDEJAMAS. *Candejamas. Cumba putana.*
Candelacis; Candianiæ; Candianicum; Candilhanicæ; Candilhargues; CANDILLARGUES. *Candillargues.*
Caned; CANET; Canctum; Canned; Cunnet. *Canet* (c^{on} de Clermont).
Canneta. *Canet (La)* (Cessenon).
Cannetum. *Canet* (c^{on} de Clermont).
Canoa. *Sainte-Marie-du-Causse.*
Canoys. *Cannes.*
Canrouch; Canroupe. *Camprouch* (Pégairolles).
Cantalobre. *Coulobres* (c^{on} de Servian).
CANTALOUP. *Cantalupi. Cantaloup.*

TABLE DES FORMES ANCIENNES.

Cantaussel. *Rivière* (Rec de).
Cantillan; Cantillianicæ. *Candillargues.*
Cantober; Cantobre; Cantobrium. *Cou-lobres* (c^{on} de Servian).
Cap des Joncs. *Joncs* (Étang des).
Capelierie; Cappellière (La). *Capilière (La).*
Capestagnum; Capestan; Capestang. *Capestang.*
Capimont. *Notre-Dame-de-Capimont.*
Capitulum. *Capitou.*
Capolicyra. *Capilière (La).*
Caprairola. *Cabrerolles* (c^{on} de Murviel).
Capralis. *Lieuran-Cabrières.*
Capralonga. *Capralongue. Lagamas*, moulin.
Capranoila. *Cabrerolles* (c^{on} de Murviel).
Caprarecia; Caprarezia. *Cabroulasse (La).*
Capraria; Caprariæ. *Cabrières* (c^{on} de Montagnac).
Capraricia. *Cabroulasse (La).*
Caprariensis; Caprariense. *Cabrières* (c^{on} de Montagnac). *Trignan* (Mas de).
Caprariolas. *Cabrerolles* (c^{on} de Murviel).
Caprarium (Podium). *Cabrials* (Aumelas).
Caprarlis. *Lieuran-Cabrières.*
Capraroila. *Cabrerolles* (c^{on} de Murviel).
Caprelis. *Cabrials* (Béziers).
Capreolæ. *Cabrerolles* (c^{on} de Murviel).
Capreres; Capreria. *Cabrières* (c^{on} de Montagnac).
Capreriæ. *Cabrié.*
Caprieres. *Cabrières* (c^{on} de Montagnac).
Caprilis; Caprilz. *Cabrials* (Béziers).
Caprimont; Caprumianum. *Cabrières* (c^{on} de Montagnac). *Notre-Dame-de-Capimont.*
Capus. *Capus. Malou* (Bains de la).
Capusium. *Capus.*
Caput de Malles. *Cammal* (Villemagne).
Caput Doium; Caput Dolium. *Cap-Daniel.*
Caput Stagni; Caput Stagnum; Caput Stanio. *Capestang.*
Capuz. *Capus.*
Carabotæ. *Carabotes.*
Caragaulerium. *Cagarot.*
Carajacum. *Caraussanne.*
Caranta. *Quarante.*
Carascausas; Carascause. *Fourques.*

Caratier. *Curatier.*
Caravetæ; Caravetis. *Caravettes.*
Carcarensis; Carcares; Carcarés; Carcaresius. *Saint-Martin-de-Carcarés.*
Corcaus. *Fourques.*
Carchariensis. *Saint-Martin-de-Carcarés.*
Cardiliiac. *Cardilhac. Gignac.*
Cardonetum. *Saint-Martin-de-Cardonnet.*
Cariæ. *Cers.*
Cariscausis. *Fourques.*
Carletum. *Carlet.*
Carlincas; Carnencacium; Carnencando; Carnencas; Carnencaz. *Carlencas-et-Levas.*
Carno; Carnon. *Carnon. Coquillouse.*
Carquares. *Saint-Martin-de-Carcarés.*
Carral. *Carral (La). Loubatières.*
Carrelet. *Carlet.*
Carreria. *Carrière* (Murviel).
Carrumbellum. *Carrumbellum.*
Carsanum (1343). *Caraussanne.*
Carsanum (1116). *Cassan.*
Carsumaium. *Cazedarnes.*
Carturanis. *Cartouire.*
Carus. *Saint-Geniès-des-Mourgues.*
Casa; Casæ. *Caso.*
Casæ malæ. *Casas malas.*
Casales (1199). *Cazals* (Agde).
Casales (1288). *Cazalsequier.*
Casaliguiæ. *Combaillaux.*
Casalos. *Cassagnoles* (Saint-Vincent-d'Olargues).
Casanova. *Cazenove.*
Casasmalas. *Casasmalas.*
Casavelus. *Cazevieille.*
Casem. *Caze (La)* (Joncels).
Casellas (968). *Caselles.*
Casellas (1100). *Gazelles* (Agel).
Casellas (971). *Cazouls-d'Hérault.*
Casellas companias (855). *Pégairolles* (c^{on} de Saint-Martin-de-Londres).
Casellus. *Balaruc.*
Casilacum. *Cazilhac* (Pouzolles).
Casilhac. *Cazilhac* (c^{on} de Ganges).
Casilhacum; Casilincum (1174). *Cassillac* (Riols).
Casiliacum (1107). *Cazilhac* (c^{on} de Ganges).
Caslar; Coslarium (1138). *Caylar (Le).*
Coslarium (1179). *Caila.*
Caslarum. *Caylar (Le).*
Caslucium. *Cazalets (Les).*
Casols. *Cazouls-d'Hérault.*
Casouls. *Cazouls-lez-Béziers.*
Cassa. *Cassan.*

Cassagnolæ; Cassagnoles; Cassagnolles; Cassaignoles; Cassaignolles. *Cassagnolles.*
Cassanhacium. *Combaillaux.*
Cassanhacum. *Cazillac* (Viols-le-Fort).
Cassanhols. *Cassagnolles.*
Cassanoiolum. *Caissenols.*
Cassanolles. *Cassagnolles.*
Cassenas. *Coussenas.*
Cassianum. *Cassan.*
Cassignolles. *Cassagnolles.*
Cassilhac; Cassilhacum; Cassilhiac. *Cazilhac* (c^{on} de Ganges).
Cassiliacum. *Cassillac* (Riols).
Cassillac; Cassillacum; Cassilliac. *Cazilhac* (c^{on} de Ganges).
Castagnum. *Castanet-le-Bas.*
Castallium. *Castillonne (La).*
Castanerium. *Castagners* (Saint-Julien).
Castanet; Castanetum. *Castanet-le-Haut. Morin.*
Castel (El). *Castel* (Mas) (Vailhauquès).
Castelas. *Montpeyroux.*
Castellaro. *Castillonne (La).*
Castellarum. *Caylar (Le).*
Castellas. *Altimurium.*
Castellum novum (1083). *Castelnau* (Montpellier). *Mauguio.*
Castellum novum (1118). *Castelnau* (Vendres).
Castellum novum (1101). *Castelnau-de-Guers.*
Castelnau. *Castelnau* (Montpellier). *Castelnau-de-Guers. Crès (Lo)* (Castelnau). *Saint-Jean-de-Jérusalem.*
Castlar; Castlarium. *Caylar (Le).*
Castra; Castræ; Castras. *Castries.*
Castra pastura. *Saint-Martin-de-Castries.*
Castriæ; Castries (xie siècle). *Castries.*
Castrias (804). *Saint-Martin-de-Castries.*
Castries. *Castries. Crès (Le)* (Castelnau). *Saint-Jean-de-Jérusalem.*
Castrum bonum. *Châteaubon.*
Castrum (de Grabellis). *Château (Le)* (Grabels).
Castrum de Guers. *Castelnau-de-Guers.*
Castrum de Londris. *Château* (Mas-de-Londres).
Castrum novum. (1110) *Castelnau* (Montpellier). (1242) *Substantion. Roc (Lo),* mⁱⁿ.
Castrum novum (1069). *Castelnau-de-Guers.*
Castrum novum juxta mare. *Castelnau* (Vendres).

Casulæ (1053). *Cazouls-lez-Béziers.*
Casulæ (1173); Casules. *Cazouls-d'Hérault.*
Cathedra. *Saint-Michel-de-Cadière. Vada.*
Catianum. *Cassan.*
Catumbo. *Calumbo.*
CAUCALIÈRES. *Caucalières.*
Cauces; Cauchis; Cauchos; Cauchum. *Caux.*
Cauchaleria. *Calissa.*
Cauciana. *Causses-et-Veyran.*
Caucinum. *Causse-de-la-Selle.*
Caucionoiolo; Caucionojolx; Caucionojolum. *Caussiniojouls.*
Caucis. *Caux.*
Caucium. *Caux. Solancier.*
Coucos; Caucs; Caucx; Cautium; Cauxs. *Caux.*
Caudesaures. *Saumail.*
Caujan. *Coujan.*
Cauletum. *Chaulet.*
Caunacæ. *Caunas.*
CAUNAS. *Caunas. Lunas.*
Caunats. *Caunas.*
Caunelas; Caunellæ. *Caunelles.*
CAUNELLES. *Caunelles.* Colombié, ruiss. *Juvignac.*
Caunetta; CAUNETTE (LA). *Caunette (La).*
Cauquilhosa; Cauquilhoza. *Coquillouse. Vic (c^{en} de Frontignan).*
Causa. *Sainte-Marie-du-Causse.*
Causalon; Causalum. *Cassaderon.*
Caussa. *Causses-et-Veyran.*
Caussanatolium. *Cassagnolles.*
CAUSSE. *Causse (Bédarieux). Causse (Boisseron). Causse (Lattes). Causse (Laurens). Causse (Pézenas). Causse-de-la-Selle. Causses-et-Veyran.*
Causse de la Selle; CAUSSE DE LA SELLE; Causse de la Selle bas; Causse de la Figarède. *Causse-de-la-Selle.*
Causserez; Causses. *Causses-et-Veyran.*
Causses d'Amelaz. *Cabrials (Aumelas).*
Caussiniojouls; Caussigniojoulx. *Caussiniojouls.*
Caussignoles. *Cassagnolles.*
Caussiniogolum. *Caussiniojouls.*
CAUSSINIOJOULS. *Caussiniojouls.* Colombiers (c^{en} de Béziers).
Caussino. *Caussine (La).*
Cavallanum; Cavallanum. *Cacnéol.*
Cavairacum; Cavayracum. *Caveirac.*
Cavargues. *Caravettes.*
Caveinogulo. *Caussiniojouls.*
Cayla; CAYLAR (LE); Caylaris, Caylarium. *Caylar (Le).*

Cayret. *Cayrols.*
Cayssanum; Cozanum. *Cassan.*
Cazavicille. *Cazevieille.*
Cazelasse. *Gleizes, ruiss.*
Cazeneuve. *Cazenove.*
CAZEVIEILLE. *Cazevieille.*
CAZILHAC. *Cazilhac. Ganges.*
Cazillac; Cazillacum. *Cazilhac (c^{en} de Ganges).*
Cazottes. *Chazottes.*
CAZOULS. *Cazouls-lez-Béziers.*
Cazouls d'Heraud; CAZOULS D'HÉRAULT; Cazoux. *Cazouls-d'Hérault.*
Cazoulz. *Cazouls-lez-Béziers.*
Cazubianum. *Cazovieille.*
Cazullæ. *Cazouls-lez-Béziers.*
Cebenna. *Cévennes.*
Cecelecium; Cecellecium. *Cécélès.*
CEILHES. *Ceilhes. Rocozels.*
Ceilles. *Béziers. Ceilhes. Rocozels.*
Ceiracum. *Ceyras.*
Celesium. *Cécélès.*
Celianum. *Ceilhes-et-Rocozels.*
Cella; Cellæ. *Celles.*
Cella nova. *Celleneuve.*
Cellas. *Causse-de-la-Selle. Celles.*
Cella-Vinaria. *Saint-Étienne-de-Cella-Vinaria.*
CELLENEUVE; Cellenove. *Celleneuve.*
CELLES. *Celles.*
Cellim. *Ceilhes-et-Rocozels.*
Celliers (Les). *Collius (Les).*
Cemmenica. *Cévennes.*
Cencenno; Conceno; Cencenonum; Cencenum. *Cessenou.*
Centarinicæ; Centayranicæ. *Sauteyrargues.*
CENTON; Contones; Centou. *Centon.*
Centrairanegues; Centrairanicæ; Centrairargues; Centranegæ; Centrarianiæ; Contrayranicæ; Contrairaniæ. *Sauteyrargues.*
CEPS. *Ceps. Roquebrun.*
Ceraïrède; Cerarios. *Cercirède (La).*
Ceratium; Cerracium. *Ceyras.*
CERS. *Cers.*
CERSETUM. *Cersetum.*
Cervia; Cervian; Cervianum. *Servian.*
Cesaranus. *Cesseras.*
Cesarion. *Saint-Thibéry (c^{en} de Pézenas).*
Cesquiere. *Sesquière (La).*
Cossaro; Cossaron. *Saint-Thibéry (c^{en} de Pézenas).*
Cesseno. *Cossenon.*
CESSENON. *Cossenon. Pierrerue.*
Cesserad; CESSERAS; Cesseratæ; Cesseratis; Cesseratium; Cesserats. *Cesseras.*
Cessero. *Saint-Thibéry. Voie Domitienne.*
Cesseron. *Saint-Thibéry.*
Ceta; CETTE. *Cette.*
CEYRAS; Ceyratium. *Ceyras.*
Champlong. *Camplong (c^{en} de Bédarieux).*
Channetum. *Canet (c^{en} de Clermont).*
Chaptaurum. *Chappert.*
Charos. *Cers.*
Chartuissia; Chartunianensis. *Chartreuse (La).*
Charus locus. *Saint-Geniès-des-Mourgues.*
Chasaleis. *Causse-de-la-Selle.*
Chastelnau. *Castelnau-de-Guers.*
Château-de-Londres. *Mas-de-Londres.*
Château d'O. *Château d'eau.*
Château-Neuf. *Castelnau (Montpellier).*
Château-Saint-Hilaire. *Châteaubon.*
CHATUNIAN. *Chatunian.*
Chatunianensis. *Chatunian. Chartreuse (La).*
Chaucs. *Caux.*
CHAULET; Chauletum. *Chaulet.*
Chausineux. *Causse-de-la-Selle.*
Chauz. *Caux.*
CHEMIN de Brunehault; — de Brunichentz; — de la Monnaie; — de la reine Juliette; — des Romains; — Moularès; — Romieu. *Voie Domitienne.*
Cherlicæ. *Saint-Geniès-des-Mourgues.*
Churchuciacum. *Concous-le-Bas. Concous-le-Haut.*
Cimenice. *Cévennes.*
Cincianum. *Cissan. Saint-Ferréol.*
Cincinianum. *Cissan.*
Circium; Circum; Cirsum. *Cers.*
Cirvianum. *Servian.*
CISSAN. *Cissan. Nizas. Saint-Ferréol.*
Cissanum. *Cissan.*
Civata; Civate. *Encivade.*
CLAIRAC; Clairacum; Clairanum; Clairatum. *Clairac.*
Clamessan. *Saint-Martin-d'Orb.*
Clamosus fons. *Clamouso (Font).*
Claparedas (Las). *Claparèdes (Les).*
Clapariæ. *Clapiers (c^{en} de Castries).*
Claperium. *Clapiers. Mauguio.*
Clapers; Clapiæ; Clapiés. *Clapiers (c^{en} de Castries).*
CLAPIERS. *Clapiers. Malavieille.*
Clar. *Saint-Pierre-de-Clar.*
Claremont. *Clermont.*
Clarencia. *Clarence.*
Clarenciacum. *Clarence. Masclar.*

TABLE DES FORMES ANCIENNES. 241

Clarensac. *Clarence.*
CLARET; Claretum. *Claret.*
Clarmon; Clarmont; Clara mons; Clarus mons. *Clermont.*
Classius. *Coulezou.*
Clastrace (La). *Clastre (La)* (Saint-Martin-de-Londres).
Clausel. *Clauzel.*
Clavus. *Clot (Le).*
Clayracum. *Boussagues. Clairac* (Boussagues).
Clementianum. *Saint-Martin-d'Orb.*
CLERMONT. *Clermont.*
Cleucarias. *Clergues (Les).*
Clipiago; Clipiagum. *Clapiers* (c°ⁿ de Castries).
Clunezelum. *Saint-Pierre-de-Clunezet.*
Cobraz. *Coulobres* (c°ⁿ de Servian).
Cocaly. *Saint-Jean-de-Cuculles.*
Coccianegæ; Coccianeges. *Coussergues.*
Coceletis. *Cécélès.*
Coches. *Caux.*
Coco; Cocon; Coconum. *Prades. Saint-Jean-de-Cocon.*
Coculles. *Saint-Jean-de-Cuculles.*
Cocuilum. *Saint-Jean-de-Cocon.*
Codella. *Codouls (Les).*
Codicianicæ. *Coussergues.*
Cogna. *Villemagne.*
Cognatium. *Ceyras.*
Cognaz. *Conas (Pézenas).*
Cogne; Cognensis. *Villemagne.*
Coguilla. *Cougouille.*
Coguletum. *Cocul.*
Cogullæ.*Saint-André-de-Cuculles.Saint-Jean-de-Cuculles.*
Cohtsanegues. *Coussergues.*
Coianum. *Villemagne.*
Cojan. *Béziers. Cogne. Coujan.*
Cojanum. *Coujan.*
Colasius; Colasus. *Coulezou.*
Colencianicis. *Saint-Martin-de-Conas.*
Colnag. *Caunas.*
Colnar; Colnas. *Saint-Martin-de-Conas.*
Colnates. *Coulet* (Saint-Maurice).
Colnatium; Colnaz (1147). *Saint-Martin-de-Conas.*
Colnaz (922). *Coulet* (Saint-Maurice).
COLOBRE. *Embersac.*
Colobres. *Colobre.*
Colombier-la-Gaillarde. *Béziers.*
Colombière-la-Gaillarde. *Béziers. Colombières.*
COLOMBIÈRES; Colombières - la - Gailharde; Colombières - la - Gaillarde ; Colombiers - la - Gailharde. *Colombières.*
COLOMBIERS ; Colombics. *Colombiers*
(c°ⁿ de Béziers). *Colombiers* (Baillargues).
Colongas. *Coulondres* (Saint - Thibéry).
Columbaria; Columbariæ; Columbarios; Columbarium (1035). *Colombiers* (c°ⁿ de Béziers).
Columbarium.(1339) *Colombiers*(Baillargues). (991) *Saint-Nazaire-de-Béziers.*
Columberia; Columberiæ; Columbers; Columbies. *Colombiers* (c°ⁿ de Béziers).
Comaiacas; Comaiagas; Comajagac. *Saint-Jean-de-Combajargues.*
Combacium; Combæ (1107). *Combes* (terre foraine du Poujol).
Combæ (1123). *Saint - Martin - de - Combes.*
Comba grassa. *Combe-Grasse.*
COMBAILLAUX; Combailloux; Combaliols; Combaliolz; Combalioux. *Combaillaux.*
Combas (1107). *Combes* (terre foraine du Poujol).
Combas (1181). *Combes* (Mas de).
Combas (987). *Saint-Martin-de-Combas.*
Combatium. *Combes* (terre foraine du Poujol).
Combo del rut. *Saurine (La).*
COMBEJEAN. *Combejean. Lunas.*
Combe-lieu. *Cambasselieu.*
Combellæ. *Combelles* (Cazouls-lez-Béziers).
Combellasse. *Combelufe.*
Comberiæ de Gaillarde. *Colombières.*
COMBES. *Combes* (terre foraine du Poujol). *Saint-Martin-de-Combes.*
Combour. *Saint-Pierre-de-Combour.*
Commajacas. *Saint-Jean-de-Combajargues.*
Commiuranum. *Combejean. Lunas.*
CONAS. *Caunas. Conas* (Pézenas). *Lunas. Saint-Martin-de-Conas.*
Concæ. *Conque (La)* (Saint-Nazaire-de-Ladarez).
Concagatum. *Cagakanes.*
Conchæ (1344). *Conque (La)* (Saint-Martin-de-Londres).
Conchæ (1204). *Conques* (Saint - Michel).
Conconum. *Saint-Jean-de-Cocon.*
Condadas. *Condades.*
Condamina. *Condamines (Les)* (Lauroux).
Condamines (Las). *Condamines (Les)* (Ganges).

Condomna. *Condamines (Les)* (Lauroux).
Conmerargas. *Saint-Jean-de-Combajargues.*
Connas. *Agde. Conas. Pézenas.*
Conquas (Las); CONQUES. *Conques.*
Conquix. *Conquets (Les).*
Conseils. *Vernet (Le).*
Consilianum. *Consul.*
Contes (Les). *Usclats-les-Contes.*
CONTOURNET. *Valbonne.*
Convenæ. *Volcs.*
Conversion de Saint Paul. *Saint-Paul-et-Valmalle.*
Coqulle ; Coqulles. *Saint-Jean-de-Cuculles.*
Coranum. *Coutran.*
Corbaria; Corberia (1123). *Corbière (La)*, ruiss.
Corberia (1167). *Corbière (La)* (Pézenas).
Corbessaz. *Courbessac*, ham. ruiss.
Corbianum. *Notre - Dame - de - Corbian. Notre-Dame-du-Grau. Saint-Martin-de-Corbian.*
Corbigo; CORBIGON. *Corbigon.*
Corcon. *Baumes* (Ferrières).
Corgnes. *Saint-Jean-de-Cornies.*
Cormum (Cornium). *Cournon* (Argelliers).
Corn ; Cornies. *Saint-Jean-de-Cornies.*
CORNEILHAN; Cornciilan ; Corneillanum ; Cornclanum ; Cornelha; Cornelianum. *Corneilhan.*
Cornelium; Cornelius. *Cornils.*
Cornilianum; Cornilius (1162). *Corneilhan.*
Cornilium (1138). *Cornils.*
Cornio. *Courniou.*
Cornium. *Cournon* (Argelliers).
Corno (1099). *Cournonsec.*
Corno (1299). *Cournonterral.*
Corno (1333). *Galargues.*
Cornon (986). *Courniou.*
Cornon (1127). *Cournonsec.*
Cornon (1333). *Galargues.*
Cornonsec. *Cournonsec.*
Cornonterrail; Cornonterral. *Cournonterral.*
Cornonterrallium. *Saint-Julien-de-Seafiac.*
Cornosiccus. *Cournonsec.*
Cornoteralis; Cornoterralis; Cornoteralius ; Cornoterrallis ; Cornoterrallius; Cornoterrallus. *Cournonterral.*
Cornucium. *Cournut.*
Cornum. *Cournonsec.*

Hérault. 31

Corpoiranum ; Corpouiranum. *Cour-pouyran.*
Cors ; Corts. *Saint-Jacques-de-Corts.*
Cortizellas. *Courtès* (Saint-Nazaire-de-Ladarez).
Cosanegues. *Coussergues.*
Cosellarium. *Consul.*
Cossaneujols. *Caussiniojouls.*
Cossanicæ. *Coussergues.*
Cossenatium. *Coussenas.*
Cossonum. *Cessenon.*
Cossiniojouls. *Béziers.*
Costa (1158). *Coste* (Rosis).
Costa (1339); Costa (la) (1289). *Coste (La)* (Saint-Bauzille-de-Putois).
Costa (1199); Costæ. *Coste (La)* (Vailhauquès).
Costa (881). *La Coste* (c^en de Clermont).
Costa roumiva. *Costa-Roumiva.*
Cotcianicæ. *Coussergues.*
Cotnog (Colnag). *Caunas. Coulet* (Saint-Maurice).
Cotsanegues ; Cotsangues; Cotsanicæ; Cotssargas. *Coussergues.*
Cottius. *Cotieux* (Motte de).
Coufignet. *Confignet. Gache (La),* ruiss.
Couja ; Coya. *Causses-et-Veyran.*
Coulet. *Caunas. Coulet* (Saint-Maurice).
Coulobres (1586). *Colobre.*
Coulobres (1649). *Coulobres.*
Coulombières-la-Gaillarde. *Colombières.*
Coulombiers. *Colombiers* (c^en de Castries).
Coulombiez. *Colombiers* (c^en de Béziers).
Couloubres. *Coulobres.*
Coumeillo. *Commeilho.*
Coumoulette (La). *Comboulette (La).*
Couniac. *Counniac.*
Couponilar. *Courpouyran.*
Couquets. *Couquette.*
Conquon. *Saint-Jean-de-Cocon.*
Courbessac. *Courbessac,* ham. ruiss. Saint-Drézéry.
Courgnou. *Cathaïa* (Saint-Pons). *Courniou.*
Cournonsec. *Cournonsec.*
Cournontarral ; Cournonterrail ; Cournonterral. *Cournonterral.*
Courpoïran. *Courpouyran.*
Courtz. *Saint-Jacques-de-Corts.*
Courvezou. *Courbezou.*
Cousergues. *Coussergues.*

Coustans de treize vents. *Constande (La).*
Coustète (La). *Caustète (La).*
Couvillon. *Coubillon.*
Coyranum. *Couran.*
Coyticus ; Coytius. *Cotieux* (Motte de).
Crastinhanum. *Creissan.*
Crau. *Garrigues* (Mas de).
Creciantes. *Creissan.*
Crecium. *Crès (Le)* (Castelnau).
Creissan; Creixanum. *Creissan.*
Croixella. *Salelles* (le Bosc). *Saint-Saturnin-de-Lucian.*
Cremat de podio ferrario. *Montferrier.*
Crepy. *Massane* (Grabels).
Crès (Le). *Crès (Le).*
Cressanum. *Creissan.*
Cressel. *Salelles* (le Bosc). *Saint-Saturnin-de-Lucian.*
Cressium ; Cretium. *Crès (Le)* (Castelnau).
Creuzy. *Cruzy.*
Crexanum ; Creyssan ; Creyssanum. *Creissan.*
Crez (El) (1122). *Crès (Le)* (Rouet).
Crez (Le) (1684). *Crès (Le)* (Castelnau).
Croco. *Cros (Le)* (c^en du Caylar).
Crodunum. *Cros-Haut (Le).*
Croix de Saint-Félix. *Saint-Félix-de-Toureilles.*
Croix du Jubilé. *Thoré (Le).*
Cnos (Le); Cros d'Alajou (le). *Cros (Le)* (c^en du Caylar).
Crosets. *Croses (Lous).*
Crosi (de Crosis). *Saint-Martin-des-Crozes.*
Cros Londanum ; Crosus Longuenos. *Cros-Haut (Le).*
Crosos ; Crosus. *Cros (Le)* (c^en du Caylar).
Crosus Henrici. *Val-Durand.*
Crottas (Las). *Brunant.*
Crouste (La). *Crouste (La). Gignac. La Coste.*
Crouzet (Le). *Rec-Grand.*
Crouzette (La). *Crouzet* (Bédarieux).
Crozatum. *Crouzet (Le)* (Cessenon). *Cruzy.*
Crozes (Les). *Marquerose. Palavas. Saint-Martin-des-Crozes.*
Crozus. *Cros (Le)* (c^en du Caylar).
Crusi. *Cruzy.*
Crusy. *Béziers. Cruzy.*
Cruzi ; Cruzy. *Cruzy.*
Cuco. *Saint-Jean-de-Cocon.*
Cucules. *Saint-André-de-Cuculles.*
Cuculius (Mons). *Couquette.*

Cucullæ. *Saint-Jean-de-Cuculles.*
Cucullus. *Saint-André-de-Cuculles.*
Cuduxatis. *Cadé (Le)* (Magalas).
Cugucinchum. *Caussiniojouls.*
Cugulus. *Saint-André-de-Cuculles.*
Cullæ. *Saint-Jean-de-Cuculles.*
Cumajncas ; Cumajagas. *Saint-Jean-de-Combajargues.*
Cumba. *Loubatières.*
Cumba Alamandesca. *Cumba Alamandesca.*
Cumba putana. *Cumba putana.*
Cumbas de Grosa. *Combo-Grasse.*
Cumbellæ. *Combelles* (Cazouls-les-Béziers).
Cumexanos. *Combejean. Launas.*
Cuminjanum. *Combejean.*
Cuns (As). *Embruc* (Rec). *Favines. Gravaison.*
Curatié. *Curatier.*
Curbianum. *Saint-Martin-de-Corbian.*
Curcenas. *Coussenas.*
Curcionatis. *Caraussanne.*
Curcium ; Curcy. *Cruzy.*
Curiæ. *Cours.*
Cursualis. *Coural (Le).*
Curtes. *Courtès* (Saint-Nazaire-de-Ladarez).
Cyrta. *Hérault.*

D

Dagamas. *Lagamas* (c^en de Gignac).
Dagres. *Agrès.*
Dalmaria. *Dalmerie.*
Dalmerie. *Arnoy,* ruiss. *Dalmerie.*
Damassanum. *Saint-Michel-de-Damassan.*
Datsi. *Dausse.*
Daumas (Mas). *Daumas. Gassac (Le).*
Dauzzanum. *Dardaillon (Le). Dausse (Le).*
Davollanum. *Bandolles.*
Deas. *Dio-et-Valquières.*
Debebani. *Palavas.*
Debru. *Viguier (Le).*
Decengues. *Decengues.*
Decovre. *Ilice. Saint-Pierre-de-la-Fage.*
Demo (Demonis). *Sainte-Madeleine-de-Monis.*
Descosse. *Escougoussou.*
Destaurac. *Estaurac.*
Deux-Vierges (Les). *Deux-Vierges (Les).*
Devizanum. *Pioule.*
Deyssanum. *Adissan.*
Diane. *Vianne.*
Dianum ; Die. *Dio. Valquières.*
Dignerac. *Saint-Pierre-de-Loncyrac.*

TABLE DES FORMES ANCIENNES.

Dio. *Dio. Valquières.*
Disse (La). *Adisse (L').*
Divisanum. *Saint-Martin-de-Divisan.*
Dodosa. *Rocheta.*
Domergadure. *Ceyras.*
Dominus et Salvator. *Verdus*, chât.
Domus infirmorum; leprosorum. *Maladreries* (Montpellier).
Donadieu. *Poussauri.*
Donza. *Saint-Martin-de-Divisan.*
Dorbia. *Dourbie, riv.*
Dorbicta. *Dourbie* (Aspiran).
Dorcas; Dorgues. *Saint-Georges-d'Orques.*
Dorobio. *Verdus, ruiss.*
Dorques. *Saint-Georges-d'Orques.*
Dossinum (podium). *Doussiou* (pioch).
Dotosa. *Rocheta.*
Dotz. *Douch.*
DOURBIE. *Dourbie. Saint-Martin* (Lieuran-Cabrières).
Douts. *Douch. Taussac.*
Doutz. *Douch.*
DOUVIÈRES. *Devezel, ruiss. Douvières.*
Dransthilag. *Saint-Pierre-de-Dransthilag.*
Drech (La). *Trech (La).*
DRUNCHETA. *Druncheta. Jonquières.*
Drundras. *Saint-Martin-de-Londres.*
Duæ Casæ. *Doscares* (Assas).
Duæ Gigosæ; Duæ Guozæ. *Deux-Gigots.*
Duæ Virgines. *Deux-Vierges (Les).*
Ductos. *Douch. Taussac.*
Dunzanum. *Pioule. Saint-Martin-de-Divisan.*
Duraliola. *Drouille.*
Durbia. *Dourbie (La), riv. Saint-Martin* (Lieuran-Cabrières).
Durbienca. *Dourbie (La), riv. Géraud.*
Dureeirolles. *Saint-Martin-du-Bosc.*
Durisfortis. *Marquerose.*
Dusciadeles. *Saint-Martin-d'Uscladels.*
Duverd; Duvern. *Médcillan.*
Dysse (La). *Adisse (L').*

E

Ecclesiæ. *Église (L')* (Vailhan).
Edas. *Aude.*
Effinant. *Affaniès.*
Ega-Longa. *Aiguo-Longue.*
Église Léou. *Gleyse-Yone.*
Elauris; Elavris. *Hérault.*
Elvieu. *Rieu* (Mas del).
Elseria. *Rouvignac* (Octon).
Elzoria. *Lauzières.*
Embayran. *Rivanels.*

Embonnes; Emboures. *Ambonc.*
Emiès (Les). *Homies.*
En Civata. *Encivade.*
ENGARRAN; Engarrigas. *Engarran.*
Euglia. *Anguli.*
Eniza. *Nize* (Lunas).
Eusabre. *Rouviéges, ruiss.*
Eranus. *Coste (La)* (Saint-Bauzille-de-Putois). *Frèze (La). Hérault. Roque-Aynier (La).*
Erau; Eraud; Erault. *Hérault.*
Eraur. *Hérault. Montcalmès.*
Erauris. *Gassac (Le). Hérault. Popian.*
Eraurum. *Hérault. Lèque (La). Lez (Le).*
Eraut; Eraux; Eravus. *Hérault.*
Erepian. *Hérépian.*
Ergue (L'). *Lergue (La).*
Erhan; Erhaud. *Hérault.*
Erignanus; de Erignano. *Sérignan.*
Erisdium. *Larzac.*
Ermengarde; Ermenguarde (rupes). *Roquemengarde.*
Escabrilz. *Scabrils (Les).*
Escafiac. *Saint-Julian-de-Seafiac.*
Escaillo. *Escale* (Grange d').
Escaric. *Escary* (Combe de l').
Esclatianum (1069); Esclattanum. *Esclaps.*
Esclatianum (1177). *Saint-Bauzille-de-la-Silve.*
Escluone. *Esclavon.*
Esparro; ESPARROU. *Esparrou.*
Espergazan (L'). *Pergasans (Les).*
Espignan (L'). *Lespignan.*
Espinosa; ESPINOUSE (L'). *Espinouse (L').*
Espitalet. *Crémade (La)* (Béziers). *Hôpital-Mage.*
ESPONDEILHAN; Espondeilla; Espondeilan; Espondelhanum; Espondillan. *Espondeilhan.*
Espradets (Les). *Pradels (Les)* (Quarante).
Essalles. *Saint-Martin-des-Salles.*
ESTAGNOL. *Lattes.*
ESTAIGNEGUE. *Estaignegue.*
Estaignol (L'). *Stagnol.*
Estalabard. *Larech. Prémian, ruiss.*
Estang (L'). *Cransac. Sointe-Marie-de-l'Étang.*
ESTAURAC. *Estaurac.*
Estele. *Estelle.*
Euranus. *Hérault. Poussan.*
Euruginarii (fons). *Fondargues.*
Euzeria. *Lauzières.*
Euzeriæ. *Euzes (Les)* (Gorniès).
Euzetus. *Euzet* (Mas d').
Euzières. *Lauzières.*

Exaltatio Santæ Crucis. *Paulhan. Pouget (Le).*
Exaltation de la Sainte-Croix. *Sainte-Croix-de-Quintillargues.*
Exindre. *Lattes. Magdeleine (La).*
Exindrium. *Estagnol (L')* (Villeneuve-lez-Maguelone). *Lattes.*
Exita. *Euzèdes.*

F

Faberzanum. *Fabrègues* (Cabrerolles).
Fabre-Coujan. *Coujan.*
Fabregas. *Fabrègues* (3ᵉ cᵒⁿ de Montpellier).
FABRÈGUES. *Fabrègues.* (Aspiran). *Fabrègues* (3ᵉ cᵒⁿ de Montpellier). *Saint-Jean-de-Jérusalem.*
Fabricæ. *Fabrègues* (3ᵉ cᵒⁿ de Montpellier). *Rives (Les)* (cᵒⁿ du Caylar).
Fabricas; Fabriciæ; Fabricolæ; Fabrigas; Fabrigolas. *Fabrègues* (3ᵉ cᵒⁿ de Montpellier).
Faget. *Montagnac.*
Faia (1185). *Fajas (Le).*
Faia (La) (1122); Fagin. *Saint-Pierre-de-la-Fage.*
Faisneras; Faisenerias; Faixenerias. *Fayssas.*
FAJO. *Fajo. Riengrand, ruiss.*
Falgairoles; Falgueyrollæ. *Falgairolles.*
Fangeniu. *Fauzan.*
Fanians. *Feynes.*
Faniez; Fanis (de); Fanum. *Fos.*
Farrago. *Fargoussière.*
Farrieres. *Ferrières* (cᵒⁿ d'Olargues).
Farusciciras; Faruscicuras. *Frangouillo.*
FAUGÈNES. *Faugères. Fozières* (cᵒⁿ de Lodève).
Faugeriæ; Faugiere. *Faugères.*
Fausiere. *Fozières* (cᵒⁿ de Lodève).
Fauzans. *Fauzan.*
Faxatis; Faxenarias; Faxineriæ. *Fayssas.*
Faysen. *Fauzan.*
Fecyus (Mons). *Cette. Féguié.*
Fedaria. *Fabrerie.*
FÉGUIÉ. *Cette. Féguié.*
Feireras. *Ferrières* (cᵒⁿ d'Olargues).
Felgaras; Felgariæ; Felgarias; Felgarras; Felgeira; Felgeria; Felgeriæ; Felgueiras; Felgueres; Felgueriæ. *Faugères.*
Felinæ; Felines; Felinès; Fellinas. *Félines-Hautpoul.*
Fenoletum; Fenollettum; Fenoulhede. *Fenouillède* (Mons).

31.

Ferals. *Ferrals-lez-Montagnes.*
Fernices. *Saint-Pierre-de-Fernices.*
Ferrago. *Fargoussière.*
Ferrales; FERRALS; Ferralz. *Ferrals-lez-Montagnes.*
Ferran. *Farans.*
Ferrariæ; Ferroires; Ferreria; Ferreriæ (1312). *Ferrières* (c^{on} de Claret).
Ferrat. *Saint-Pierre-de-Figuières.*
Ferrayrolæ. *Fréjorgues. Saint-Marcel-des-Frères.*
Ferreriæ (1102). *Ferrières* (c^{on} d'Olargues).
Ferrerias. *Ferrières* (c^{on} de Claret).
Ferriere. *Béziers. Ferrières* (c^{on} de Claret).
Ferrieres (1527). *Ferrières* (c^{on} de Claret).
Ferrieres (1625). *Ferrières* (c^{on} d'Olargues).
Ferrocinctum; Ferroussat; Ferruciacum; Ferussacum. *Ferrussac.*
FESC. *Fesc* (*Le*). *Saint-Gély-du-Fesc.*
Fescalinus. *Frescaly.*
FESQUET. *Fesquet* (Mas).
Feviles. *Fouilho.*
Fezanum. *Fauzan.*
Ficheiras; Ficheras; Ficherias. *Figuières* (la Vacquerie).
Fideriæ; De Fideriis. *Saint-Pierre-de-Figuières.*
Figairol; Figairolas. *Figairolles* (Montpellier).
FIGAREDE. *Figarède.*
FIGARET; Figaretum (1266). *Figaret* (Guzargues).
Figaretum (1213). *Figaret* (Saint-André-de-Buèges).
Figariæ; Figueira. *Figuières* (la Vacquerie).
Figueiras. *Saint-Pierre-de-Figuières.*
Figueriæ (1156). *Figuières* (la Vacquerie).
Figueriæ (1323). *Figuières* (*Les*).
Filgariæ. *Faugères.*
Fiscum (1271). *Fesc* (*Le*).
Fiscum (1238). *Fesq* (*Le*) (Notre-Dame-de-Londres).
Fiscus. *Saint-Gély-du-Fesc.*
Flacheraud. *Fau* (*Le*), ruiss.
FLAISSIÈRE (LA); Flayssieyra. *Flaissière* (*La*). *Gravaison.*
Flocaria. *Fleucher.*
Floirachum. *Florensac.*
Floiranum. *Florence.*
Floqueria. *Fleucher.*
Florenciacum; Florencingum; Florencianum; FLORENSAC; Florensiacum; Florentiacum. *Florensac.*
Florranquum. *Flourence.*
Foderia. *Faugères. Fozières.*
Foderiæ; Foderias. *Fozières.*
Fodilio. *Fouzilhon.*
Folcherium. *Baumes* (Ferrières) (c^{on} de Claret).
Folcinianum; Folzerats. *Fitz-Gerald.*
Foncaude. *Fontchaud. Rhonel* (Cazouls-lez-Béziers).
Fonclare. *Verdié* (*Le*), ruiss.
FONMOURGUE. *Fonmourgue.*
Fons; Fontes; Fontés; Fonteses; Fontesium; Fontez. *Fontès.*
Fons Agricolæ. *Cellenouve.*
Fons Calidus (1220). *Foncaude* (Juvignac).
Fons Calidus (1269). *Fontchaud.*
Fons Cassius. *Fouscaïs.*
Fons Euruginarii. *Fondargues.*
Fons Frigidus. *Fontfroide.*
Fonsbilio. *Fouzilhon.*
Fons Martis; Fons Martius. *Saint-Pierre-de-Fontmars.*
Fontainæ. *Fonts* (*Las*) (la Salvetat).
Fontaleriæ; Fontalez. *Fontanès.*
Fontalium. *Font* (*La*) (Saint-Jean-de-Fos).
Fontanæ; Fontanes du Terral. *Fontanès.*
FONTANÈS; Fontanés. *Fontanès.* *Marqueroso. Sainte-Croix-de-Quintillargues.*
Fontanesium. *Fontanés. Sainte-Croix-de-Quintillargues.*
Fontaniæ. *Fontanès.*
Fontanier. *Gros* (Mas de).
Fontavillas (Fontanillas). *Fontenilles* (Saint-Julien).
Fontaynas. *Fontanès.*
Fontbelette. *Garonne* (*La*).
Fontcaude. *Foncaude* (Fraisse).
Fontenelles. *Rengue* (*La*).
Fontenes. *Fontanès.*
Fontes; LAS FONTS. *Fonts* (*Las*) (Saint-André-de-Sangonis).
Fonzillo; Fonzilo. *Fouzilhon.*
Forasvilla. *Foreville.*
Formit (Lo Mas de). *Formit.*
Fornelli; Fornels. *Fournels* (*Les*).
Foro Neronienses; Forum Neronis. *Lodève.*
Forovilla. *Foreville.*
Fors. *Saint-Jean-de-Fos.*
Forum Domitii. *Fabrègues* (Montpell.).
Forum Domitii. Montbazin. Villeveyrac. Voie Domitienne. Volces.

Fos. *Fos. Saint-Jean-de-Fos.*
Fosillon. *Fouzilhon.*
Fossa (La). *Fosse* (Mas de la).
Fosses. *Fos.*
Fougeres. *Faugères.*
Founfrèje. *Mauroul*, ruiss.
Fousieres. *Fozières.*
Fousillon. *Fouzilhon.*
Fousquays. *Fouscaïs.*
Foussilhan; Foussilhon. *Fouzilhon.*
Fouzers. *Fozières.*
Fouzieres. *Fozières. Gignac.*
Fouzilliou; Fouzillon; Fouzillou; Fouzilon. *Fouzilhon.*
Foz. *Fos.*
Fozaria. *Fozières.*
Fozcaniolios. *Fouscaïs.*
Fozeria. *Fozières.*
Fozière. *Béziers.*
Fozieres. *Faugères. Fozières.*
Fozillon; Fozillonum. *Fouzilhon.*
Fracxi. *Fraisse* (c^{on} de la Salvetat).
Fræmianum. *Saint-Sébastien-de-Frémian.*
Fraires. *Fréjorgues.*
FRAISSE; Fraissenæ; Fraisses. *Fraisse* (c^{on} de la Salvetat).
Fraissens. *Fraisse* (Combes).
Fraissetum. *Fraissinède* (*La*) (Saint-Martin-de-Londres).
Fraissinetum. *Fraissinède* (*La*) (Mas-de-Londres).
Fraixinetum. *Fraiss* (c^{on} de la Salvetat).
Francigenilacus. *Franc-Bouteille.*
Franconicas; Frangolanum; Frangoliu. *Frangouillo.*
Fratres; De Fratribus. *Fréjorgues.*
Fraxinum. *Fraisse* (c^{on} de la Salvetat).
Fraycetum. *Fraissinède* (*La*) (Saint-Martin-de-Londres).
Frayres. *Fréjorgues.*
Frays; Frayssa. *Fraisse* (c^{on} de la Salvetat).
Freganicæ. *Saint-Jean-de-Fréjorgues.*
Fregonicæ. *Frissac.*
Freionicæ; Frejonicæ (1333). *Saint-Jean-de-Fréjorgues.*
Frejac; Frejonies (1150). *Frissac.*
Frejorgues. *Fréjorgues. Saint-Marcel-des-Frères.*
Freskili. *Frescaly.*
Frezel de la Roca. *Roque-Aynier* (*La*). *Frèze* (*La*).
Frezols. *Frèze* (*La*).
Frigonicæ. *Frissac.*
Frodetum. *Frouzet.*

Fromiacum. *Saint-Sébastien-de-Frémian.*
Frons Stagni; Frontenha; FRONTIGNAN. *Frontinian.*
Frontinianum. *Beauregard. Frontignan. Vaques (Les).*
Frosetum; FROUZET; Frozethum; Frozetum. *Frouzet.*
Fuacum. *Fournaque (La).*
Furchæ. *Saint-Bauzille-de-Fourches.*
Furni (1123). *Vinas (Lodève).*
Furni (804); Furnus (1198). *Fournaque (La).*
Furnus (1213). *Fours.*
Fuscum. *Fouscais.*
Fuzeria. *Fozières.*

G

Gabaiel. *Thou (Le) (Sauvian).*
Gabarger. *Galargues.*
GABIAN; Gabiana; Gabianellum; Gabianum (1080). *Gabian (c^on de Roujan).*
Gabianum (782). *Pont-Sepme.*
GABRIAC. *Gabriac. Rouet (c^on de Saint-Martin-de-Londres).*
Gabriacum. *Gabriac.*
Gadus francischus. *Moulins-Neufs (sur l'Orb).*
Gagone. *Saint-André-de-Sangonis.*
Gailhargues le Montus. *Galargues.*
Gairacum; Gairald. *Guiraude (La).*
Gairoud. *Saint-Guiraud.*
Gairigæ. *Garrigues (c^on de Claret).*
Gairigua. *Garrigue (Notre-Dame-de-la-). Montpeyroux.*
Galadanicæ; GALARGUES (PETIT-); Galargués. *Galargues.*
Γαλατικὸς κόλπος. *Lion (Golfe du).*
Galazanicus; Galazigiæ; Galhiargo. *Galargues.*
Gallacum. *Gaillague (La).*
Gallargues. *Galargues.*
Gallia braccata. *Celtique. Narbonnaise.*
Gallicus sinus. *Lion (Golfe du).*
Gambolæ. *Gamboules (Les).*
Gange; GANGES. *Ganges.*
Gangonnas. *Saint-André-de-Sangonis.*
Gorciacum. *Gassac (Le).*
GARCIN. *Garcin.*
Garda; Gardia (1175). *Gardies.*
Gardia (1160). *Gardie (La).*
Gardiæ; Gardias. *Gardies.*
Gardiolæ; *Gardiol.*
GARDIOLLE. *Gardiolle. Sebestrière.*
Garengau. *Gareng.*

Gariga; Garigiæ. *Garrigues (c^on de Claret).*
Garitio. *Garrisson.*
Garneriæ. *Gorniès (c^on de Ganges).*
Garric; Garricæ; Garriga (1247). *Garrigues (c^on de Claret).*
Garriga (1162). *Garrigue (Notre-Dame-de-la-).*
Garriga (1173). *Garrigues (Mas de).*
GARRIGUE (LA). *Garrigue (Notre-Dame-de-la-).*
GARRIGUES. *Garrigues (c^on de Claret). Garrigues (Mas de).*
Garrissou; Gorrucio; Garrussanum; Garrutio. *Garrisson.*
GARSONES (LOS). *Garsones (Los).*
Gory. *Garit.*
Gasanus. *Gransagnes.*
Gaschiniolas. *Gasquinoy.*
Gasconnet. *Gasconet.*
GASSAC. *Gassac (Le).*
Gassonas (Las). *Garsones (Los).*
Gastrias. *Saint-Martin-de-Castries.*
Gebenna; Gebennæ; Gebennicæ. *Cévennes.*
Gello. *Saint-Guillem-du-Désert.*
Gellon. *Saint-Jean-de-Fos.*
Gellona; Gellone. *Saint-Guillem-du-Désert.*
Gellonensis. *Saint-Guillem-du-Desert. Verdus, ruiss.*
Gellonicus; Gelo. *Saint-Guillem-du-Désert.*
Genefredo; Genestado; Genestoga. *Ginestous (le Soulié)*
Genestars. *Ginestet (Castanet-le-Haut).*
Genestedum. *Ginestet (Mèze).*
Genestetum (1165). *Ginestet (Beaulieu).*
Genestetum (1333). *Saint-Denis-de-Ginestet.*
Genestos. *Ginestous (le Soulié).*
Geraldenchus. *Géraud.*
Gerard-Mont. *Grammont (Montpell.).*
Gibre; GIBRET. *Gibret.*
Gibretum. *Gibret. Saint-Vincent-de-Mauzonis.*
Giganum; GIGEAN; Gigeanum (1155). *Gigean.*
Gigeanum (1282). *Saint-Michel-de-Cadière.*
GIGNAC; Gignachum; Gignacum; Gigniachum; Gigniacum. *Gignac.*
Gija; Gijan. *Gigean.*
Gijanum. *Gijean. Marqueroso.*
Gilionensis. *Saint-Guillem-du-Désert.*
Gimianum; Gimios. *Aginios.*

Ginestars; GINESTET. *Ginestet (Castanet-le-Haut).*
Ginestetum (1100). *Saint-Étienne-de-Ginestet.*
Ginestetum (1536). *Saint-Denis-de-Ginestet.*
Ginestous. *Baucels. Moulès.*
Ginbacum; Giniacensis; Giniachum; Giniacum; Ginnac; Ginnachum; Ginniachum. *Gignac.*
Girunda. *Girondet.*
Gleia Liòna. *Gleyse-Yone. Notre-Dame-de-Prunet.*
Gleiza Fouzalo. *Église (Mas de l') (Liausson).*
Gocin. *Gothio.*
Goiraume (Tour de). *Tour (La) (Montarnaud).*
Golfe de Léon; = de Lyon; = de Marseille; = Gaulois; = Narbonnais. *Lion (Golfe du).*
Gora. *Gasse (La).*
Gorbianum. *Saint-Pons-de-Mauchiens.*
Gordanicæ; Gordanicus. *Saint-Georges-d'Orques.*
Gordanicum. *Cazenove.*
Gordo; Gordonum; Gordum. *Gourdou.*
Gorgas. *Gourgas. Saint-Étienne-de-Gourgas.*
Gorgatium. *Gourgas. Label (Lauroux). Saint-Étienne-de-Gourgas.*
Gorian; Gorianum. *Saint-Étienne-de-Gorjan.*
Gorneriæ; Gornerium; Gorniès; Gorniez. *Gorniès (c^on de Ganges).*
GOURGAS. *Gourgas. Saint-Étienne-de-Gourgas.*
Gourjan. *Saint-Étienne-de-Gorjan.*
Gournies. *Gorniès (c^on de Ganges).*
Goutias. *Saint-Vincent-de-la-Goutte.*
Goza. *Gasse (La).*
Grabellæ. *Château (Le) (Grabels). Grabels. Juvignac. Montredon (Combaillaux).*
Grabellum; GRABELS; Grabelz. *Grabels.*
Gracianellum; Gradanum (1085). *Grezan.*
Gradanum (1088). *Saint-Martin-de-Grazan.*
Gradi; de Gradis. *Notre-Dame-du-Grau.*
Gradus. *Balestras. Étangs salés. Grau. Maguelone.*
Graicessac. *Graissessac.*
Grains (Les). *Engril.*
Graissac. *Graissessac.*
GRAISSESSAC. *Graissessac. Saint-Sauveur-du-Puy.*

246 TABLE DES FORMES ANCIENNES.

Graissimo. *Cros (Le)* (c°° du Caylar).
Graixamarias; Graixanterias. *Graissessac.*
Gramacianicus. *Pailhès.*
GRAMMONT. *Grammont* (Montpellier et Saint-Privat). *Rivernoux.*
Gramont. *Grammont* (Saint-Privat).
Granarium. *Grenatière* (Marseillan).
Grandis Mons. *Grammont* (Montpell.). *Montauberon.*
Grandis Montensis. *Grammont* (Saint-Privat).
Grandmont. *Grammont* (Montpellier et Saint-Privat).
Grand-Saint-Jean. *Saint-Jean-de-Jérusalem.*
Grange des Preds. *Grange-des-Prés.*
Graniers. *Granier* (Mas de).
Granoleiriæ; Granoleiriæ (994). *Grenatière* (Marseillan).
Granoleriæ (1175). *Grämenet* (Lattes).
Granolheriæ. *Grenouillès.*
Granopiacum; GRANOUPIAC. *Granoupiac.*
Granularias. *Grenatière* (Marseillan).
Gra-Saccus. *Grasac.*
Grasanum. *Grézan.*
GRAU. *Grau. Étangs salés. Palavas.*
Grau-Philippe. *Maguelone.*
Graves (Les). *Fozières*, ruiss.
Grazan; Grazanum (1118). *Grézan.*
Grazanum (1088). *Saint-Martin-de-Grazan.*
Gredors (Els). *Grèses.*
GREMIAN. *Avène*, riv. *Grémian.*
Gremianum. *Grémian.*
Grenatière; Grenouillères. *Grenatière (La)* (Marseillan).
Gresan. *Grézan.*
Gressiacum. *Graissessac.*
Greze. *Grèses.*
Grimianum. *Grémian.*
Guadonus; Guadusfranciscus. *Moulins-Neufs* (sur l'Orb).
Guadus-Perosus. *Preignes-le-Vieux.*
Guardia. *Gardies.*
Guarelia. *Galargues.*
Guarringa. *Garrigue* (Notre-Dame-de-la-).
Guignard. *Guinarde (La).*
Guignardette (La). *Guinardette (La).*
Guilhoumes; GUILLEMS. *Guillems (Les).*
Guillon. *Resclause (La)*, ruiss.
Guithertus. *Gibret.*
Gurges niger. *Moulin (Le)* (Saint-Jean-de-Fos). *Saint-Jean-de-Fos.*
Gurgus niger. *Saint-Jean-de-Fos.*
Gusargues. GUZARGUES. *Guzargues.*

Gutta; Guttbertia. *Saint-Vincent-de-la-Goutte.*

H

Hairargues. *Leyrargues.*
Hault-Mar; Haute-Meure; Hauts-Murs. *Altimurium.*
Haverna. *Laval-de-Nize.*
Heledus. *Lez.*
Herau; Heraud; Heraut. *Hérault.*
Herepian. *Hérépian.*
Her gbàss; Her nàl. *Montpellier.*
HERS (Lous). *Hers (Les)*, ruiss.
Hobilho. *Obilon.*
HOLATIAN; Holatianus. *Holatian. Saint-Chinian.*
Homegianus; Homejan. *Villemagne.*
Homelas. *Aumelas. Saint-Martin-de-Valras.*
Hors (Les). *Horts (Les).*
HORTS. *Horts (Les). Sainte-Marie-des-Horts.*
Hospitale. *Hôpital* (Mas de l').
Huglaz. *Uglas.*
Huguières (Les). *Uyères (Les).*
Huttes (Les). *Utes (Les).*

I

Ilex; de Ilice. *Ilice. Saint-Pierre-de-la-Fage.*
Indrium. *Lattes* (Montpellier).
Ingelenum; Inglinum. *Pouget (Le).*
Inhabitau. *Navitoau.*
Inter Aquis. *Aigne.*
Invention de Saint-Étienne. *Viols-en-Laval. Viols-le-Fort.*
Inversa Aqua. *Embersac.*
Irinianum. *Joncels.*
Isclatianum. *Usclas-d'Hérault.*
Iseranum; Isiates; Isinianum. *Joncels.*

J

Jaca. *Jague (La).*
Jaco; Jacon; Jaconum; JACOU. *Jacou.*
Jancelletz. *Joncelets.*
Janselz. *Joncels.*
JAUR; Jauro. *Jaur (Le).*
Jauris. *Caussine (La).*
Jaurus. *Jaur (Le). Prémian* (c°° d'Olargues). *Riols* (c°° de Saint-Pons). *Saint-Étienne-d'Albagnan. Saint-Martin-de-Larçon. Saint-Pons-de-Thomières.*
Jausseletz. *Joncelets.*
Jaussels. *Béziers. Joncels.*

Jausselz. *Joncels.*
Jerra. *Tenero.*
Joco. *Jacou.*
Joindri. *Notre-Dame-de-Londres.*
Joncellos. *Joncels.*
JONCELS. *Joncels. Saint-Félix-de-Joncels.*
Jonqueriæ (1323). *Jonquières.*
Jonqueriæ (xvi° s°); Jonquerium; Jonquier; Jonquieres. *Joncs (Étang des).*
Jormacum. *Journac.*
Jourdou. *Al-Bouis.*
Jovennac. *Juvignac.*
Jubiniacum. *Gignac.*
Jubinianum. *Juvignac.*
JUDA (LA). *Juda (La). Gignac.*
Juncariæ. *Jonquières.*
Juncellæ; Juncellensis; Juncels. *Joncels.*
Junquiera. *Jonquières.*
Jurmachum; Jusmachum. *Journac.*
Juvenal (Pont); Juvenale (Vadum). *Pont-Juvénal.*
JUVIGNAC; Juvignacum; Juvigniacum Juvihacum; Juvinhacum; Juvinjac. *Juvignac.*
Juviniacum. *Celleneuve. Juvignac. Lez.*

K

Kadinias. *Chartreuse (La).*
Kadiniase. *Saint-Jean-de-la-Blaquière.*
Kadiniasis. *Chatunian.*
Kadola. *Cadolle.*
Kaixanegos. *Négacats.*
Kamanellum. *Roumel-Valhiade.*
Kartinias. *Chartreuse (La).*
Kastellum novum. *Castelnau* (Montpellier).
Κέμμενον (ὄρος). *Cévennes.*
Κεσσερά. *Saint-Thibéry* (c°° de Pézenas).

L

Labarra. *Barre (La).*
Label. *Lauroux*, ruiss.
Labellaria. *Label* (Lauroux).
Labouissière. *Boissière (La)* (c°° d'Aniane).
LABOUSSIERE. *Laboussière* (Mas de).
Lacatis. *Locas. Litonis.*
La Costa; LA COSTE; la Crouste. *Lacoste* (c°° de Clermont).
Ladevese. *Devèze (La).*
Ladrex. *Trech (La).*
Ladris (De). *Saint-Nazaire-de-Ladarez.*
LAFOUX. *Brestalou.*

Laigne. *Beulaigne.*
Laimeria. *Lambeyran.*
Lainago; Lainanum. *Autignaguet.*
Lainata. *Lène*, f. et m^{in}.
Loirac. *Aleyrac.*
Laisanum. *Lauze (La)* (Clermont).
Lalica. *Laulanel.*
Lamalou. *Malou (La)* (Ronet).
LAMOUROUX. *Lamouroux* (Mas de).
Lancergas. *Lansargues.*
Lancire; LANCYRE; Lancyros. *Lancyre.*
Landes. *Hers (Les)*, ruiss.
Landre. *Landure.*
Laniata. *Lène*, f. et m^{in}.
Lansanicæ. *Lansargues. Villettes.*
LANSANGUES. *Lansargues. Lunel.*
Lantisclieres. *Saint-Jean-de-Lestin-clières.*
Lanum. *Lez (Le). Moulin-Neuf* (Prades).
Lanus. *Lez (Le). Prades* (c^{on} des Matelles).
Lanzanum. *Lauze (La)* (Saint-Jean-de-Védas).
Lapausa; Lapoza. *Saint-Julien-d'Olargues.*
Laprariensis. *Fontès.*
La Raze. *Saint-Félix-de-l'Héras.*
Larga saxa. *Larzac.*
LARN. *Larn.*
LARNAN. *Larnan.*
Laroca; la Rocha; Laroque Ainier. *Roque-Aynier (La).*
Larroque. *Roque (La)* (Groissessac).
Larsat; LARZAC; Larzach. *Larzac.*
Lasconrd, Lascours. *Lascours-Aleyrac.*
Laspignanum; Lespinianum. *Lespignan.*
Lassignan de Ceppe. *Lésignan-de-la-Cèbe.*
Lassinas. *Lauze (La)* (Clermont).
Lasteulieres. *Tuilières (Les).*
Latæ; Lataræ. *Lattes* (Montpellier). *Palus (Les).*
Latara. *Lattes* (Montpellier).
Latare. *Montpellieret.*
Latas; Lates. *Lattes* (Montpellier).
LATOUR. *Latour* (Celleneuve).
Lattæ. *Lattes* (Montpellier). *Méjan* (Lattes).
LATTES. *Lattes* (Montpellier). *Pérols. Saint-Jean-de-Jérusalem.*
Latudda. *Latude* (Sorbs).
Lau. *Castagners*, ruiss.
Laudando (De). *Saint-Nazaire-de-Ladarez.*
LAUNAC. *Launac. Saint-Jean-de-Jérusalem.*
Launacum. *Launac.*

Launates; Launaticum; Launaz. *Lunas.*
Lauran; Lauranum. *Laurens.*
Lauras. *Lauroux* (c^{on} de Lodève).
Laurata. *Lauret* (Aleyrac).
LAURENQUE; *Laurenque* (Roquebrun).
LAURENS; Laurensis; Laurent. *Laurens.*
LAURET; Lauretum. *Lauret* (Aleyrac).
Laurillanicæ. *Lauriol* (Mas de).
Lauros; Laurosinm; Laurous; LAUROUX. *Lauroux* (c^{on} de Lodève).
Lausa. *Lauze (La)* (Saint-Jean-de-Védas).
Laussonum. *Liausson.*
Lautregus. *Lautrec.*
Lauza. *Lauze (La)* (Saint-Jean-de-Védas).
Lauzanicæ; Lauzargues. *Lansargues.*
Lauziere; Lauzieres. *Lauzières.*
LAVAGNAC. *Lavagnac.*
Lavaignes (Les). *Lavagnes.*
Lavaina; Lavainag; Lavania (804-6). *Lavagnac.*
Lavania (804-20). *Lavagnes.*
Lavaniacum; Lavanna. *Lavagnac.*
Laval. *Viols-en-Laval.*
Laval de Nize. *Laval-de-Nise.*
Lavanet. *Saint-Jean-de-Jérusalem.*
Lavania; Lavarnia. *Laval-de-Nise.*
La Veiruna. *Lavérune.*
Laven. *Lecas. Litenis.*
Lavenaria. *Laval-de-Nise.*
Lavene. *Lavène.*
Laveneira. *Livinière (La).*
Laveneria. *Laval-de-Nise. Livinière (La).*
La Veruna. *Lavérune.*
La Veruno; Laverune. *Lavérune. Marqueroso.*
Lavinaria; Lavineira; Lavineire; Lavineria. *Livinière (La).*
Lavolbe. *La Borie.*
Lazavineira. *Livinière (La).*
Lebosc; Lebosq. *Bosc (Le)* (c^{on} de Lodève).
Leboux (Le). *Lebous (Le).*
Leboyracum. *Libouyrac.*
Lebrons; LIBRON; Librons. *Libron.*
Leca. *Lèque (La).*
Lecas. *Litenis.*
Lecaz (1101). *Lecas.*
Lecaz (1125); Lech; Lecha. *Lèque (La).*
Leco. *Lez.*
Lecus. *Porquières.*
Ledenis; Ledens; Ledos. *Litenis.*
Ledra. *Loude (La).*
Ledum. *Lez.*
Ledus. *Lattes* (Montpellier). *Lez.*
Lena; Lene. *Lène (La)*, ruiss.

Lenæ. *Lène* (Magalas).
Leneyracum. *Saint-Pierre-de-Leneyrac.*
Lengadoc; Lengadoch. *Languedoc.*
Lengaran. *Engarran.*
Lenguadoc; Lenguedoc. *Languedoc.*
Lentileiras. *Lauzières. Saint-Jean-de-Lestinclières.*
Lentrisclerias. *Saint-Jean-de-Lestinclières.*
Leociacum. *Liausson.*
Leo; Léon; Leonis (Mare, Sinus). *Lion (Golfe du).*
Lepuech. *Puech (Le)* (c^{on} de Lodève).
Lequa. *Lèque (La).*
Leradensis; Lerades. *Saint-Nazaire-de-Ladarez.*
Leranum. *Lieuran-lez-Béziers.*
Lérargues. *Leyrargues.*
Lerate; Leroz. *Saint-Félix-de-l'Héras.*
Lerga. *Lergue (La).*
Lericium. *Larret.*
Lero; Lers; Les. *Lez.*
Lesignan Cepe; Lesignanum. *Lésignan-de-la-Cèbe.*
Lesignan la Cebe. *Lésignan-de-la-Cèbe. Nézignan-l'Évêque.*
LESPIGNAN; Lespignaguum. *Lespignan.*
Lespinasse. *Espinasse.*
Lespinha; Lespinhan; Lespinianum. *Lespignan.*
Lessor. *Sorcs (Las).*
Lestan; l'ESTANG. *Cransac.*
Lestang; l'Estang. *Estang (L')* (Fontès). *Sainte-Marie-de-l'Étang.*
Lestenclerim. *Saint-Jean-de-Lestinclières.*
Lesus. *Lez. Roquerol. Sauret.*
Leucadia; Leucatia de Vico. *Mireval.*
Leuceira. *Lauzières.*
Leuchensis. *Lez.*
Leucum. *Lèque (La).*
Leuniates. *Lunas.*
Leutevensis. *Lodève. Saint-Geniès-de-Lodève.*
Leuzieres. *Lauzières.*
Levannachum. *Lavagnac.*
LEVAS. *Carlencas. Levas.*
Levates; Levatium. *Levas.*
Levaz. *Carlencas. Levas.*
Leveria. *Livinière (La).*
Leyran. *Lieuran-lez-Béziers.*
Leyratium. *Saint-Félix-de-l'Héras.*
Lez. *Lez. Vidourle.*
Lezatesum; Lezignan de la Cebe; Lezignan de los Cebes; Lezignan la Cebe; Lezignan de l'Evesque. *Lésignan-de-la-Cèbe.*
Lez trincat. *Pont-Trinquat.*

TABLE DES FORMES ANCIENNES.

Lezum. *Lez.*
Lezum vetus. *Fitz-Gerald.*
Lezus. *Castelnau* (Montpellier). *Roc (Le)* (Montpellier). *Saint-Pierre-de-Clunezet. Substantion.*
Liandes. *Boyne.*
Liausson; Licusson. *Liausson.*
Libouriac. *Libouyrac.*
Licaz. *Lecas.*
Lichensis. *Lèque (La).*
Liciacum. *Liausson.*
Lidianum. *Lésignan-de-la-Cèbe.*
Lieuran Cabrairès; Lieuran Cabreyres; Lieuran-Cabrieres; Lieuran de Cabrieires; Lieuran de Cabrières. *Lieuran-Cabrières.*
Lieuran les Beziers; Lieuran lez Beziers. *Lieuran-lez-Béziers. Ribaute.*
Lieusere-Acton; Lieusère-Octon; Lieusière; Lieuziere. *Lauzières.*
LIGNAN; Lignanum. *Lignan.*
Lignieres Basses. *Lignères-Basses.*
Lignieres Hautes. *Lignères-Hautes.*
Ligures. *Cette.*
Ligurieus transalpins. *Ligurie.*
Λίγυς (πόλπος). *Lion (Golfe du).*
Lingua occitana. *Languedoc.*
Linha. *Lignan.*
Linbanum Venti. *Alignan-du-Vent.*
Liniacum. *Linière (La).*
Linianum. *Lignan.*
Linio. *Ligno.*
LIQUIÈRE (LA). *Ricutor, ruiss.*
Lirgo. *Lergue (La).*
Liria. *Lez.*
LITENIS. *Lecas. Litenis. Saint-Geniès-de-Ledos. Saint-Jean-de-Fos.*
Liuran; Liuranum. *Lieuran-Cabrières. Lieuran-lez-Béziers.*
Liussan. *Lussan.*
Liverio; Livigniere (la); Livineire (la). *Livinière (La).*
Liviniaeium. *Lavagnac.*
Liviniere (La); Livinieyre (la). *Livinière (La).*
Lizbac. *Lauze (La) (Clermont).*
Lizianum; Lizignanum; Lizinianum. *Lésignan-de-la-Cèbe.*
Lobataria; Loberia. *Loubatières.*
Lodesve; Lodeva. *Lodève.*
LODÈVE. *Narbonnaise.*
Lodevoise (Plaine). *Lodève.*
Lodezanum. *Lésignan-de-la-Cèbe.*
Lodova; Lodove. *Lodève.*
Lodovensis. *Lodève. Montbrun.*
Lodoza. *Montoulicrs.*
Lodozanum (1178). *Lésignan-de-la-Cèbe.*

Lodozanum (1216). *Saint-Sauveur-du-Puy.*
LOIRAS. *Saint-Martin-du-Bosc.*
Londræ (1186). *Mas-de-Londres.*
Londræ (1121). *Notre-Dame-de-Londres.*
Londræ (1090). *Saint-Martin-de-Londres.*
LONDRES.(1455) *Mas-de-Londres.* (1684) *Notre-Dame-de-Londres.* (1088) *Saint-Martin-de-Londres.*
Longanianicos. *Longuet.*
Lopian; Lopianæ; Lopianum; LOUPIAN. *Loupian.*
Losieres. *Lauzières.*
Loteva; Lotechensis; Lotovensis. *Lodève.*
Loulivet. *Olivet (L').*
Lovainag. *Lavagnac.*
Lozanum. *Lésignan-de-la-Cèbe.*
Lubataria. *Loubatières.*
Lucanum. *Marconites.*
Lucanus. *Saint-Saturnin-de-Lucian.*
Lucianus (1182). *Sainte-Marie-de-Lucian.*
Lucianus (1286). *Saint-Saturnin-de-Lucian.*
Luco. *Luch.*
Ludadanum. *Saint-Nazaire-de-Ladarez.*
Ludovensis. *Lodève. Saint-Guillem-du-Désert.*
Lugo. *Luch.*
Luiranum. *Lieuran-lez-Béziers.*
Lumignagum. *Rouvignac (Octon).*
Lunacium; Lunacum; LUNAS; Lunatensis; Lunatis; Lunatium; Lunaz. *Lunas.*
Lundræ (1833). *Notre-Dame-de-Londres.*
Lundræ (1156); Lundras. *Saint-Martin-de-Londres.*
Lundrensis. *Mas-de-Londres. Saint-Martin-de-Londres.*
LUNEL. *Lunel. Saint-Jean-de-Jérusalem. Villettes.*
Lunel la Ville; Lunell; Lunellum. *Lunel.*
Lunellum novum. *Lunel. Arboras (Lansargues).*
Lunellum vetulum. *Lunel-Viel.*
Lunellum vetus. *Lunel-Viel. Villettes.*
Lunel Vieil. *Lunel-Viel.*
LUNEL-VIEL. *Lunel. Lunel-Viel. Saint-Jean-de-Jérusalem.*
Lunes (Mas de). *Lunès.*
LUNÈS. *Dardaillon.*
Lunetensis. *Lunas.*

Lunette. *Nenette.*
LUNO. *Agde. Luno.*
Lunosum. *Lunas.*
Luntras. *Saint-Martin-de-Londres.*
Lupian; Lupianum. *Loupian.*
Lusentinm. *Lauze (La) (Saint-Jean-de-Védas).*
Luseria. *Lauzières.*
Lussanum. *Lussan.*
Luteba; Lutebensis. *Lodève.*
Luteva. *Lodève. Narbonnaise. Saint-Geniès-de-Lodève.*
Lutévains. *Volces.*
Lutevani. *Lodève.*
Lutovensis. *Lodève. Marconites. Marou. Méjanel. Saint-Félix-de-Lodez. Verdus (Saint-Guillem-du-Désert).*
Lutheira. *Lauzières.*
Luthonensis; Luthuensis; Luticensis; Lutovensis; Lutuvensis; Lutwensis. *Lodève.*
Lux. *Luch.*
Luzeria. *Lauzières.*
Luzieire. *Gignac. Lauzières.*
Lyboiracum. *Libouyrac.*
Lyon (Golfe de). *Lion (Golfe du).*

M

Mabuires. *Madières (Saint-Maurice).*
Maciacum. *Massies.*
Madallanum. *Madale (Rosis).*
Madalona; Madalonensis. *Maguelone.*
Maderi. *Madières (Saint-Maurice).*
Maderiæ. *Madières (Saint-Maurice).* *Madières (Saint-Félix-de-l'Héras).*
Maderias; Madieres; Madieyras. *Madières (Saint-Maurice).*
Madinas. *Pradines (Béziers).*
Madolonensis. *Maguelone.*
Magalacie; Magalacium; MAGALAS; Magalassium; Magalate; Magalatium; Magalaz. *Magalas.*
Magalo. *Maguelone.*
Magalona. *Maguelone. Narbonnaise.*
Magalone. *Maguelone.*
Magalonensis. *Maguelone. Marou. Marquerose. Pégairolles (c^on de Saint-Martin-de-Londres). Saint-Geniès-des-Mourgues. Saint-Germain-de-Fournez. Saint-Martin-de-Scafiac. Saint-Pierre-de-Maguelone. Vignogoul. Villeneuve-lez-Maguelone.*
Magalonne; Magalouna. *Maguelone.*
Magaranciac. *Saint-Félix-de-Lodez. Saint-Félix-de-Magaranciac.*
Magaranciacæ; Magaranciacum; Magarancias; Magaranciaz; Magara-

TABLE DES FORMES ANCIENNES.

nia; Magarantius; Magaritti. *Saint-Félix-de-Lodez.*
Magdalonensis. *Maguelone. Mons Asinarius. Montcalmès. Soriech.*
MAGDELEINE (LA). *Lattes* (Montpellier). *Magdeleine (La). Sainte-Madeleine-de-Monis. Sainte-Magdeleine-d'Octavian.*
Magualas; Magualaz. *Magalas.*
Maimona. *Mammier.*
Mairacum. *Meyrargues.*
Maironegues; Mairanegues. *Marennes.*
Mairanicæ. *Meyrargues.*
Mairanichis; Mairanichos. *Marennes.*
Mairargues. *Meyrargues.*
Maires; Mairez. *Mayres.*
Mairois. *Marou.*
Maisonilium; Maizonilium. *Maisselle.*
Majan; Majanum; Majanus. *Villemagne.*
Majoriæ. *Saint-Vincent-de-Mauzonis.*
Malafossa. *Malafosse.*
Malamors. *Malamort.*
Malàoutieïras. *Maladreries* (Montpellier).
Malavtula (1132). *Clapiers* (cᵒⁿ de Castries). *Mauguio.*
Malavtula (1098). *Malavieille.*
MALAVIEILLE; Malavielle. *Gignac. Malavieille.*
Malavielhe; Malavila. *Malavieille.*
MALBOSC; Malbosse; Maleboscus. *Malbosc.*
Malepagus. *Malpas*, mont.
MALESCALIER. *Malescalier.*
Malestar. *Maladreries* (Montpellier).
Malevieille. *Malavieille.*
Malhacum. *Maillac* (Montpellier).
Maliac. *Maillac* (la Salvetat).
Maliacum. *Maillac* (Montpellier).
Malis canibus (De). *Saint-Pons-de-Mauchiens.*
Mallacum. *Mallac.*
Mallanica vallis. *Valmaillargues.*
Mallaria. *Melière.*
Mallevieille. *Malavieille.*
Malliacum. *Maillac. Maillac* (la Salvetat).
Malmata vallis. *Valmaillargues.*
MALOS ALBERGOS. *Malos Albergos.*
Malos canos. *Saint-Pons-de-Mauchiens.*
MALPAS. *Malpas*, mont.
Malpertraich; MALPERTRAT. *Malpertrat.*
Malus boscus. *Malbosc.*
Molviés. *Malviés* (Olargues).
Malvilar. *Malavieille.*
Malvineda; Malvinede. *Prade (La).*
Mammianicis. *Mammier.*

Mandagost (Cros de); Mandagotum. *Mandagost.*
Manhaica vallis. *Valmaillargues.*
Mansa. *Maguelone. Mèze.*
Mansa Vicus. *Vic* (cᵒⁿ de Frontignan).
Manse. *Saint-Jean-de-Cocon.*
Mansi. *Mazes (Les)* (Mauguio).
Mansus. *Manse* (Pézenas).
Mansus Dei. *Mas-Dieu.*
Manzonis. *Gibret.*
Maraucianum; Marausanum; Maraussa. *Maraussan.*
MARAUSSAN. *Maraussan. Villenouvette* (Maraussan).
Maraussanum. *Maraussan.*
Maravals. *Mireval.*
Marcanicus. *Saint-Geniès-des-Mourgues.*
Marcarosa. *Marquerose.*
Marceillan; Marcellan. *Marsillan.*
Marcella. *Marseille.*
Marcellanigæ. *Marsillargues.*
Marcellanum. *Marseillan.*
Marcelleneus. *Marsillargues.*
Marcellian. *Marsillan. Moran. Mouran.*
Marcellianum. *Marsillan.*
Marcharosa; Marche rose. *Marquerose.*
Marcianicus. *Marsillargues. Saint-Geniès-des-Mourgues.*
Marcilianum; Marcilianus. *Marsillan.*
Marconitis; Marconides; MARCONITES; Marconitis. *Marconites.*
Marcory. *Aupinio. Cessière (La).*
Marcecomitis. *Marconites.*
Marᵉ crosum; Mare crosum. *Marquerose.*
Marciol; Marciolum. *Marou.*
Mare Leonis. *Lion* (Golfe du).
Marelhan. *Maureilhan.*
Marella. *Marelle. Neffiès.*
Marcolæ. *Marou.*
Margarania. *Margon.*
Margareta; Margarita; Margaritas. *Marguerite (La).*
Margaussas; Margausse. *Saint-Félix-de-Lodez. Saint-Félix-de-Magarancinc.*
Margo; MARGON; Margone; Margonchum; Margonensis; Margonum; Margune; Marguenchum; Marguncum; Margung. *Margon.*
Mariargues. *Meyrargues. Vendargues.*
Marignanum. *Maureilhan* (Vic).
Marjolas. *Marou.*
Maroiol. *Marou. Saint-Sébastien-de-Marou.*
Maroiolæ. *Marou.*
Maroiolum. *Marou. Mons Asinarius.*
Marojol. *Saint-Sébastien-de-Marou.*

Marovilum. *Mireval.*
Morq̃rosa; MARQUEROSE; Marqueroze. *Marquerose.*
Marrarita. *Marguerite (La).*
Marroiol. *Marou.*
Marseilhan; MARSEILLAN. *Marseillan.*
Marsilhargues. *Marsillargues.*
MARSILLARGUES. *Marsillargues. Saint-Jean-de-Jérusalem.*
Martaiolas. *Martelle (La).*
Martecellos. *Marsillargues.*
MARTHOMIS. *Marthomis. Pouzéranques (Las).*
Marthonius. *Marthomis.*
Maruiolum; Marujol. *Marou.*
Marzanicæ. *Saint-Geniès-des-Mourgues.*
Mas. *Boric.*
Mas (Les). *Mazes (Les)* (Montaud). *Mazes (Les)* (Saint-Bauzille-de-Montmel).
Mascas. *Saint-Pons-de-Mauchiens.*
Mas clar. *Masclar.*
Mosclas. *Mascla* (Notre-Dame-de-Londres).
Mosclassium. *Mascla* (Valflaunès).
Mas de David. *Plauchude (La).*
Mas de l'Église. *Église (L'). Saint-Étienne-d'Albagnan.*
Mas des Prats. *Prats* (Mas des).
Masel. *Mazel* (Olmet-et-Villecun).
Masomas. *Saint-Vincent-de-Mauzonis.*
Masonis (De). *Salelles* (le Bosc).
Masques. *Saint-Pons-de-Mauchiens.*
Mas roge; Mas rouge. *Plauchude (La).*
Massacia. *Mazes (Les)* (Montpeyroux).
Μασσαλιωτὸς κόλπος. *Lion* (Golfe du).
Masseillargues; Masseyliargues. *Marsillargues.*
Masses (Lous). *Mazes (Les)* (Saint-Drézéry).
Massilhaniæ; Massilhargues. *Marsillargues.*
Massilia. *Marseille.*
Massilianicæ; Massiliargues; Massilianicæ; Massillargues. *Marsillargues.*
Mastaranum. *Mastargues.*
Mata; Mata longa. *Matte (La)* (Vailhauquès).
Matas. *Mathas (Le).*
Mateles. *Matelles (Les).*
Mateletes. *Matelettes.*
Matellæ. *Matelles (Les). Saint-Matthieu-de-Tréviers.*
MATELLES. *Matelles (Les).*
Materias. *Madières* (Saint-Maurice).
MATTE (LA). *Matte (La)* (Vailhauquès).

TABLE DES FORMES ANCIENNES.

Matte des Abeilles. *Larn.*
Mattelles. *Matelles (Les).*
Maugiœ; Mauguel. *Mauguio.*
MAUGUIO. *Mauguio. Saint-Jean-de-Jérusalem.*
MAUREILHAN (1625). *Maureilhan. Ramejan.*
MAUREILHAN (1779). *Maureilhan* (Vic).
Maureillan (1760). *Maureilhan-et-Ramejan.*
Maureillan (1625). *Maureilhan* (Vic).
Maurelanum; Maurelianum (1187). *Maureilhan* (Vic).
Maurelianum (1114); Maurellanum. *Maureilhan-et-Ramejan.*
Maurianum. *Montmaires. Notre-Dame-de-Maurian.*
Maurilhan. *Maureilhan-et-Ramejan.*
Maurillan. *Maureilhan* (Vic).
MAURIN; Maurine. *Maurin.*
Maurinum. *Maurin. Palus (Les).*
Mauro. *Maurin.*
Maurois. *Mauroul.*
MAUSSON (LA). *Mausson (La)*, chât. et rivière.
Manzonis. *Salelles* (le Bosc). *Saint-Martin-du-Bosc.*
Mayranicœ. *Meyrargues.*
Mazains. *Mazernes.*
Mazanus. *Rayoust.*
Mazel, *Saint-Jean-de-Bibian.*
MAZERNES. *Mazernes.*
MAZES. *Mazes (Les)* (Mauguio).
Merle. *Mècle.*
Medaille; Medelanum. *Médeillan.*
Medol; Meduflum. *Mézouls.*
Megalona. *Maguelone.*
Meganum. *Villemagne.*
Megerius. *Hôpital* (Mas de l').
MEILLADE (LA). *Meillade.*
Meirargues. *Meyrargues.*
Mejan. *Avèze,* ruiss. Méjean (Mas) (Ganges).
MÉJAN. *Lattes* (Montpellier). Méjan (Mas). *Pérols.*
MÉJANEL. *Buèges (La). Méjanel.*
Mejanellum. *Méjanel.*
Mejanum. *Méjan* (Lattes, Montpellier).
Melgoncrium; Melgor. *Mauguio.*
Melgoriensis. *Mauguio. Sainte-Christine.*
Melgorium. *Marquerose. Mauguio. Mazes (Les)* (Mauguio). *Montferrand. Sainte-Perpétue. Substantion.*
Melgueil. *Maguelone. Mauguio. Substantion.*
Melguel; Melguoires; Melgurium. *Mauguio.*

Mellancheda. *Moulès.*
Memtes. *Mazes (Les)* (Mauguio).
Mendrarie (La). *Mendrarie.*
Menerba; Menerbensis; Menerbez. *Minerve.*
Menojol. *Saint-Annès-d'Auroux.*
Mercairol; Mercariolo; Mercayrol; Mercoirol; Mercoirols. *Mourcairol.*
Mercoran. *Mercourant.*
Mercorium; Mercurium. *Mauguio.*
Merdancio; Merdansio. *Merdanson* (Montpellier).
MERDANSON. *Merdanson* (Montpellier). *Merdoux.*
Merdantio. *Merdanson* (Montpellier).
Merdanzio. *Merdols. Merdoux.*
Mergorium. *Mauguio.*
Merifons. *Mérifons.*
MERMIAN; Mermianum. *Mermian.*
Merou. *Izarn.*
Mervieil. *Murviel* (Montpellier).
Merviel (1501). *Murviel* (Béziers).
Mervicl (1625). *Murviel* (Montpellier).
Mesa. *Mèze. Vic* (cⁿ de Frontignan).
Mesanum; Mesea. *Mèze.*
Meseille. *Mezeilles.*
Mesellaria. *Maladrerie* (Béziers).
Mesoa; Mesoac; Mesoe. *Mèze.*
Messellianum. *Marsillan.*
Messua. *Mèze.*
Mesua. *Maguelone. Mèze.*
Metallianum; Metellianum; Metilianum. *Médeillan.*
Metina. *Maguelone.*
Meuarium. *Mus.*
MEYRARGUES. *Meyrargues. Vendargues.*
Meza. *Mèze.*
Mezo. *Mèze. Vic* (cⁿ de Frontignan).
Mezé. *Mèze.*
Mezenas. *Pézenas.*
Mezo. *Mèze.*
Mezoa. *Mèze. Salines* (Mèze).
Mezol; Mezouls. *Mézouls.*
Mezua. *Mèze.*
Milcianum; Miliacum. *Miliac.*
Miliacus. *Miliac. Saint-Pargoire.*
Milicincum; Milicinnum. *Miliac.*
Militianus. *Saint-Pargoire.*
Millaneguа. *Millargues.*
Millarium. *Mélière. Millargues.*
Millarius. *Millargues.*
Minarbensis. *Anforarias.*
MINARIA. *Minaria. Monetas.*
Minarias. *Monetas.*
Minerba; Minerbe. *Minerve.*
Minerbensis. *Cesseras. Minerve. Ognon*, rivière. *Saint-Étienne-de-Colla-Vinaria. Saint-Jean-d'Ognon.*

Minerbesium. *Ansède. Minerve.*
Minerbesius; Minerboix; Minerva. *Minerve.*
MINERVE. *Coquille. Minerve.*
Minervensis; Minervois. *Minerve.*
Mirævalles; Miraval; Miravallis, Miravaux; Mirevaux. *Mireval.*
MIREVAL. *Mireval. Saint-Jean-de-Jérusalem.*
Misanicœ. *Mézouls.*
Mobgarias; Mocgarias. *Mauguio.*
Mocianum; Modanum. *Mousans.*
Mogerias. *Notre-Dame-de-Mougères.*
Moirenes. *Mourèze.*
Molariœ. *Moulières (Castanet-le-Haut).*
Molendinus novus. *Moulin-Neuf* (Prades).
Moleriœ (1362). *Mouleires (Las). Moulières (la Salvetat).*
Moleriœ (1116). *Moulières (Lauroux).*
Moles; Molesiœ. *Moulès.*
Molier. *Moulières* (la Salvetat). *Saint-Julien-des-Molières.*
Moliere. *Moulières* (la Salvetat).
Molieres (Cassini). *Moulières (Castanet-le-Haut).*
Molieres (1587). *Moulières (Saint-Jean-de-Cucuilles).*
Molières (1760). *Saint-Julien-des-Molières.*
Molinas (1088). *Moulinas* (les Aires).
Molinas (1146). *Moulinas* (Mauguio).
Molini. *Moulières* (Saint-Jean-de-Cucuilles).
Molleria. *Mélière.*
Mollez. *Moulès.*
Molranum. *Moran. Mouran.*
Monbasen; Monbazen. *Montbazin.*
Monblos. *Montloux.*
Moncalmes. *Montcalmès.*
Moncarmel. *Montcarmel.*
Monceau. *Saint-Félix-de-Montseau.*
MONEDAT (Mons). *Monedat. Monnier.*
Moneta; MONETAS. *Monetas. Monnier.*
Monferran. *Montferrand.*
Monier. *Mounio.*
Monis (De) (1271). *Mounis. Saint-Amans-de-Mounis.*
Monis (De) (1760). *Sainte-Madeleine-de-Monis.*
Monnaie. *Mounéda.*
Monpeler. *Montpellier.*
Monpenede. *Montpénède.*
Monpeslicr; Montpeylier. *Montpellier.*
Monpeslicretus. *Montpellieret.*
MONS (1182). *Montes. Mons.*
Mons (1229). *Saint-Martin-de-Podio.*
Mons à bono. *Puéchabon.*

TABLE DES FORMES ANCIENNES.

Monsacum. *Moussou.*
Mons-Adinus. *Montady. Montaud.*
Mons Albedo. *Grammont* (Montpellier). *Montauberon.*
Mons Albus. *Montblanc.*
Mons Altus. *Montaud.*
Mons-Arbedo; Mons Arbeso. *Montauberon.*
Mons Arnaldi; Mons Arnaldus. *Montarnaud.*
Mons Arnaudus. *Mas-Dieu. Montarnaud.*
Mons Asinarius. *Marou. Mons Asinarius.*
Mons Auctus. *Montahuc.*
Mons Auruz. *Montaudarié.*
Mons Avinarius. *Mons Asinarius.*
Mons basencus; Mons basenus; Mons bazencus. *Montbazin.*
Mons blancus. *Montblanc.*
Mons blosus. *Montloux.*
Mons bonus. *Puéchabon.*
Mons brunus. *Lodève. Montbrun* (Lodève).
Mons cairosus. *Caroux* (la Salvetat). *Perrière.*
Mons calmensis. *Mons Asinarius. Montcalmès. Montcamel. Saint-Hilaire-de-Montcalm. Saint-Silvestre-de-Brousses.*
Mons cameli. *Montcamel. Saint-Paul-et-Valmalle.*
Mons camels; Mons camelus. *Montcamel.*
Mons cenen. *Saint-Félix-de-Montseau.*
Mons cenus. *Saint-Bauzille-de-Montmel. Saint-Germain-de-Fournez.*
Mons ceven. *Saint-Félix-de-Montseau.*
Mons concussionis. *Montpellier.*
Mons cuculius. *Couquette.*
Mons esquivus. *Montesquieu.*
Mons ferrandus. *Gourdou. Marquerose. Mascla* (Valflaunès). *Montferrand. Saint-Matthieu-de-Tréviers.*
Mons ferrarius. *Clapiers* (c⁽ᵉ⁾ de Castries). *Mauguio. Montferrier.*
Mons lacteus. *Puilacher.*
Mons laurus. *Montlaur. Saint-Bauzille-de-Montmel. Saint-Germain-de-Fournez.*
Mons niger. *Montagne-Noire.*
Mons olarius; Mons olerius. *Montouliers.*
Mons olivus. *Montoulieu.*
Monspeliensis; Monspelius; Monspeller; Monspellerius. *Montpellier.*
Monspeslairetus; Monspeslaretus. *Montpellieret.*
Monspessolanus; Monspessulanensis. *Montpellier.*

Monspessulanetus. *Montpellier. Montpellieret.*
Monspessulanus. *Magdeleine* (La). *Montpellier. Notre-Dame-du-Palais. Saint-Pierre-de-Clunezet.*
Mons pessulo clausus. *Montpellier.*
Monspessulus. *Montpellier. Peyrou (Le).*
Monspestellarius. *Montpellier.*
Monspetrosus. *Montpeyroux.*
Monspeyleretus. *Montpellieret.*
Monspeylier; Monspislerius; Monspistellarius. *Montpellier.*
Monspistelleretus. *Montpellieret.*
Monspistilla; Monspistillarius. *Montpellier.*
Mons regalis. *Saint-Jean-de-Rou.*
Mons rotundus. *Montredon* (Combaillaux).
Mons salicus. *Puissalicon.*
Mons salvius. *Saint-Félix-de-Montseau.*
Mons sevus. *Saint-Bauzille-de-Montmel. Saint-Félix-de-Montseau.*
Mons vetus. *Murviel* (Montpellier).
Mons vinacosus. *Vinas* (Lodève).
Mons viridis. *Montvert.*
Montabasenum. *Montbazin.*
Montadel. *Montade-del-Féau.*
Montadi. *Montady.*
Montadin. *Montady. Montaud.*
Montadinum; Montaditi; Montadiu. *Montady.*
Montady. *Montady. Montaud.*
Montagnac; Montoignac. *Montagnac.*
Montagne du tremblement. *Montpellier.*
Montagut. *Béziers.*
Montaigne. *Montaigne* (Mas de).
Montaire. *Montaudarié.*
Montana. *Monnier.*
Montanac; Montanacum; Montaniacum; Montanhac. *Montagnac.*
Montarbezon. *Montauberon.*
Montarbossier. *Montarbossier.*
Montarel; Montarels. *Montarels.*
Montarnaldus, Montarnaud. *Montarnault. Montarnaud.*
Montaubenon. *Montauberon.*
Montaud. *Montady. Montaud.*
Montaudarie. *Montaudarié.*
Montaulieu, *Montoulieu.*
Montaut; Montcaud. *Montaud.*
Montbasin; Montbazen; Montbazenc; Montbazin. *Montbazin.*
Montcarmels. *Montcamel. Montcarmel.*
Mont-Carviels. *Saint-Martin-de-Prunet.*
Mont du Chameau. *Montcamel.*
Montcannum. *Montaud.*
Montechivum. *Montesquieu.*

Monteilium. *Montels* (Montpellier). *Saint-Michel-de-Cadière.*
Monteilles. *Montels* (c⁽ᵉ⁾ de Capestang). *Poilhes.*
Monteils. *Montels* (c⁽ᵉ⁾ de Capestang).
Montelium. *Montels* (Montpellier).
Montell; Montellæ (1152). *Montels* (c⁽ᵉ⁾ de Capestang).
Montellæ (1181). *Montels* (Montpell.).
Montells. *Montels* (Gignac).
Montels. (1440) *Lunel.* (1684) *Montels* (Lunel).
Montels (1170). *Montels* (c⁽ⁿ⁾ de Capestang).
Montels (996). *Montels* (Gignac).
Montels (1455). *Montels* (Saint-Jean-de-Buéges).
Montels (1760). *Peilhan* (Vieussan).
Montels-lez-Montpellier. *Montels* (Montp.). *Saint-Jean-de-Jérusalem.*
Montelz (1649). *Béziers. Montels* (c⁽ᵐ⁾ de Capestang).
Montelz (1157); Montilhæ. *Montels* (Montpellier).
Monteniacum. *Montagnac.*
Montepeiros. *Montpeyroux.*
Monterbedon. *Montauberon.*
Montes. *Monts* (Les).
Montescameli. *Montcamel. Saint-Paul-et-Valmalle.*
Monteschivum. *Montesquieu.*
Montesell. *Montels* (c⁽ᵉ⁾ de Capestang).
Montesquiès. *Montesquieu. Valmascle.*
Montezellæ. *Montels* (Saint-Jean-de-Buéges).
Montezelli (ad Montezellos). *Montade-del-Féau.*
Montferant. *Montferrand.*
Monthadol. *Montade-del-Féau.*
Monthaut. *Montaud.*
Montholiés; Monthouliés. *Montouliers.*
Monthoulieu. *Montoulieu.*
Monthoux. *Montloux.*
Montifferandus. *Gardiol.*
Montignac. *Montagnac.*
Montilæ. *Montels* (Lunel).
Montilhels; Montilhs. *Montels* (Saint-Jean-de-Buéges).
Montiliæ. *Montels* (Lunel). *Villettes.*
Montiliæ; Montilium; Montilliæ; Montillum. *Montels* (c⁽ᵉ⁾ de Capestang).
Montiliës; Montilius. *Montels* (Gabian).
Montiniacum. *Montagnac.*
Montjoulan. *Mujolan.*
Montlaur. *Montaud. Montlaur.*
Montmajres. *Montmaires.*
Montoliers. *Montouliers.*
Montolieu. *Montoulieu.*

32.

Montollites; Montouliers. *Montouliers.*
Montouliés. *Béziers. Montouliers.*
Montoulieu. *Montoulieu. Saint-Jean-de-Jérusalem.*
Montpeilat. *Montpellier.*
Montpeillier; Montpelier; Montpélier. *Montpellier.*
Montpeiroux. *Montpeyroux.*
Montpelayret. *Montpellieret.*
Montpellier. *Montpellier. Narbonnaise.*
Montpellieret. *Montpellier. Montpellieret.*
Montpenede. *Montpénède.*
Montpeslairet. *Montpellieret.*
Montpesler; Montpeslier; Montpessolat; Montpesteilat. *Montpellier.*
Montpeylier. *Jonc (Étang des). Montpellier.*
Montpeyrous; Montpeyroux. *Montpeyroux.*
Montplaisir. *Monplaisir (Alignan-du-Vent).*
Montsalebre. *Mont-Salèbre.*
Montusanicæ. *Montouze (La).*
Mora (Puech de la). *Mouro (La) (Mauguio).*
Moran. *Marseillan. Moran. Mouran.*
Morans. *Moran. Mouran.*
Morarium. *Marou.*
Morazios. *Mourèze.*
Morcairol. *Mourcairol.*
Morecinum; Moredo; Moredene. *Mourèze.*
Morelianum. *Maureilhan.*
Moresc. *Mourèze.*
Moresium. *Liausson. Mourèze.*
Moreze; Morezen; Morezia; Morezium. *Mourèze.*
Moribaze. *Mourié (Mas de).*
Moricenum. *Maraussan.*
Morin. *Morin (Castanet).*
Morro de Jones. *Jonc (Étang des).*
Mosan. *Marseillan. Moran. Mouran.*
Mosanum. *Moussans.*
Mosson (La). *Mausson (La), chât. riv.*
Mota. *Coticux (Motte de).*
Moucenum. *Moussans.*
Mougères, *Notre-Dame-de-Mougères.*
Moulés; Moulez. *Moulès.*
Mouliere. *Moulières (Saint-Jean-de-Cuculles).*
Moulin de Monsieur. *Cesse (Cesseras).*
Moulines. *Lunel. Moulines (Mudaison).*
Mounéda (Cami de la). *Monnier. Pons Ærarius.*
Mouncairol. *Mourcairol. Roussigné.*
Mouresc; Moureze; Mourezé. *Mourèze.*
Mournats. *Maurgis. Sebestrière.*

Mourgues. *Mourgue (Lunel).*
Mourié. *Mourié (Mas de). Thès (Lo).*
Mourres (Les). *Mourres d'Aucelas. Moures.*
Moussan. *Moussans. Verreries-de-Moussans (Les).*
Moussoulens. *Mont-Salèbre.*
Muatis. *Mus.*
Mudaison; Mudaisons; Mudaizons; Mudajoux; Mudasons; Mudazon; Mudazons; Mudesons. *Mudaison.*
Mujolan; Mujolan; Mujolanum; Mujoulan; Mujulanum. *Mujolan.*
Mulgares. *Mauguio.*
Munbriago. *Notre-Dame-de-Maurian.*
Muncio. *Mounio.*
Mundadelli. *Montade-del-Féan.*
Mureuate. *Muréne.*
Murezes. *Mourèze.*
Muri (de Muris). *Mus.*
Murlæ; Murlas; Murles. *Murles (cᵒⁿ des Matelles).*
Murs. *Mus.*
Mursanum. *Saint-Étienne-de-Mursan.*
Murus. *Mus.*
Murus Veterus; Murus Vetulus (1031); Murus Vetus (1150). *Murviel (Montpellier).*
Murus Vetulus (1053); Murus Vetus (1129). *Murviel (Béziers).*
Murvel; Murvelium; Murviel (1156); Murvielh. *Murviel (Béziers).*
Murviel (1601). *Murviel (Montpellier).*
Mus. *Murviel (Béziers). Mus.*
Mutationes (de Mutationibus). *Mudaison.*

N

Nadailhan. *Nadailhan. Sainte-Marie-de-Nadailhan.*
Nadaillan; Nadallan. *Nadailhan.*
Naguine. *Église (L'), ruiss.*
Naguiraudeta. *Cayrols.*
Naimeriga; Naimerigua. *Granoupiac.*
Ναρϐωνής; Ναρϐωνησία; Narbonnensis. *Narbonnaise.*
Nasignanum; Nasinianum. *Nésignan-l'Évêque.*
Natalianum. *Sainte-Marie-de-Nadailhan.*
Natollia. *Nattes.*
Nativitas B. M. V. *Boussagues. Cazouls-lez-Béziers. Nize (Lunas). Villenouvette (Maraussan).*
Nativité de la Sainte Vierge. *Poussan.*
Nativité de Notre-Dame. *Notre-Dame-de-Londres.*

Naustalo. *Maguelone.*
Navabet. *Font-Vive. Navaret.*
Navas; Navaz. *Navas. Saint-Privat-de-Navas.*
Navaselle. *Navacelle.*
Nave; Naves. *Naves.*
Naveta. *Lèque (La).*
Navinals. *Navilas (Les).*
Navitaux. *Naviteau.*
Naya. *Natges (Les).*
Nazareth. *Sainte-Marie-de-Nazareth.*
Nozinianum. *Nézignan-l'Évêque.*
Nebanianum; Nebian; Nebianum. *Nébian.*
Neguacatos; Neguecats; *Négacats.*
Neflian; Nefflat; Neffiariæ; Neffles; Neffiez; Nefianæ; Nefianum; Nefiatum; Nofiés; Néfiés; Nephianæ. *Neffiés.*
Nesas. *Nizas.*
Nesignan. *Agde. Nézignan-l'Évêque.*
Nesignan de l'Évêque. *Lésignan-de-la-Cèbe. Nézignan-l'Évêque.*
Neuron. *Saint-Laurent-des-Nières.*
Nevals. *Noals.*
Nezac. *Najac.*
Nézignan. *Nézignan-l'Évêque.*
Nezignan de l'Evesque. *Lésignan-de-la-Cèbe.*
Nibianum. *Nébian.*
Nichiragas. *Négacats.*
Nieres. *Saint-Laurent-des-Nières.*
Nifianæ; Niflanum; Nifranum. *Neffiés.*
Nisacium; Nisas. *Nizas.*
Nise; Nize; Nizia. *Nize (Lunas).*
Nissan. *Nissan.*
Nissanicæ. *Sainte-Colombe-de-Nyssargues.*
Nissergue; Nissergues. *Nissergues.*
Nizacium. *Nizas.*
Nizas. *Cissan. Nizas.*
Nizat; Nizate; Nizatium. *Nizas.*
Noals. *Noals.*
Nosserran. *Nosseran.*
Nostra Domina. *Boussagues. Douch. Soumartre (Faugères). Taussac-et-Douch.*
Nostra Domina de Castro. *Notre-Dame-du-Palais.*
Nostra Domina de Maugicis. *Mauguio.*
Nostra Dona de la Figuiera. *Notre-Dame-du-Figuier.*
Nostre Dame de Londres. *Notre-Dame-de-Londres.*
Notre-Dame. *Cros (Le) (cᵒⁿ du Caylor). Montesquieu. Montpellier. Navacelle.*
Notre-Dame-d'Aumelas. *Aumelas.*
Notre-Dame-d'Autignaguet. *Autignaguet.*

TABLE DES FORMES ANCIENNES.

Notre-Dame-de-Caprimont. *Notre-Dame-de-Capimont.*
Notre-Dame-de-Centeilles. *Centeilles. Saint-Nazaire-de-Ventajou.*
Notre-Dame-de-Cesteyrargues. *Sainte-Marie-de-Valcreuse.*
Notre-Dame-de-Clans. *Clans (Les).*
Notre-Dame-de-Félines. *Saint-Nazaire-de-Ventajou.*
Notre-Dame-de-Gignac. *Gignac.*
Notre-Dame-de-la-Garrigue. *Garrigue (Notre-Dame-de-la-).*
Notre-Dame-de-la-Nufe. *Saint-Vincent-de-Mauzonis. Salelles (le Bosc).*
Notre-Dame-de-la-Roque. *Roques-Albes.*
Notre-Dame-de-l'Assomption. *Galargues.*
NOTRE-DAME-DE-LONDRES. *Notre-Dame-de-Londres. Saint-Jean-de-Jérusalem.*
Notre-Dame-de-Nazareth. *Sainte-Marie-de-Nazareth.*
Notre-Dame-de-Nize. *Nize (Lunas).*
Notre-Dame-de-Parlages. *Parlatges (c^{on} de Lodève).*
Notre-Dame-de-Pitié. *Saint-Martin-de-Grazan.*
Notre-Dame-de-Prouille. *Prouilhe.*
Notre-Dame-de-Quarante. *Quarante.*
Notre-Dame-de-Saint-Guiraud. *Saint-Guiraud.*
Notre-Dame-de-Saint-Taille. *Centeilles. Saint-Nazaire-de-Ventajou.*
Notre-Dame-des-Bains-de-Balaruc. *Notre-Dame-d'Aix.*
Notre-Dame-des-Prés. *Prades (Agde).*
Notre-Dame-de-Thresor. *Sainte-Marie-de-Trésors.*
Notre-Dame-du-Château. *Notre-Dame-du-Palais.*
Notre-Dame-du-Suc. *Suc (Le).*
Notre-Dame-la-Noire. *Saint-Guiraud.*
Notre-Sauveur-de-Capestang. *Capestang.*
Nova cella (799). *Celleneuve. Juvignac.*
Nova cella (1000); Novacelle; Novacelles. *Navacelle.*
Novægentes; Novagens; NOVIGENS. *Saint-André-de-Novigens.*
Novicium; Novitals. *Noals.*
Nozedo. *Galargues.*
Nyssargues. *Sainte-Colombe-de-Nyssargues.*

O

Obilio; Obilious; Obillan; Obillons. *Obilion.*
Occitana; Occitania. *Languedoc.*
Octabianum. *Octon.*
Octavian. *Sainte-Marie-d'Octavian.*
Octavianis. *Octon.*
Octobian. (1518). *Sainte-Magdeleine-d'Octavian.*
Octobian (1612); Octobianum; OCTON. *Octon.*
Odorobio. *Verdus, ruiss.*
Olacianus. *Holatian.*
Olarge; Olargium; Olargue; OLARGUES; Oleriæ. *Olargues.*
Oli (Mas de l'). *Huile (Mas de l').*
Olivanum; Olivedum. *Olivet (L').*
Oliveriæ. *Olivet (Mas d').*
Oliverium *Olivier (L').*
Olivetum (804). *Montagne Noire.*
Olivetum (975). *Olivet (L').*
Olivetum (1536). *Sainte-Marie-de-l'Olivète.*
Ollalarga; Ollanum. *Olargues.*
OLMET. *Olmet. Villecun.*
OLONZAC; Olonzachum; Olonzacum; Olonzag; Olonziachum; Olonziacum; Olorsiacum; Olorziacum. *Olonzac.*
Olquet. *Mare, riv. Orquette.*
Olquetto. *Mare, riv.*
Omelacium; Omeladesium; Omelares; Omelas; Omelassium, Omelatz; Omelau; Omelaz; Omellacium; Omellas; Omellatæ; Omellatium. *Aumelas.*
Opia; Opian; Opianum; Opiniacum; Opinionum; Opinianus. *Oupia.*
Opinio. *Aupigno (Riols).*
Oppia; Oppya. *Oupia.*
Or (Étang de l'). *Mauguio.*
ORB. *Orb. Vidourle.*
Orbien. *Verdus, ruiss.*
Orbis. *Orb. Valles.*
Orbus. *Moulins-Neufs (sur l'Orb). Orb.*
Orca. *Olque.*
Orcas. *Saint-Georges-d'Orques.*
Orcha. *Orquette.*
Orlacum; Orlhacum. *Ornac.*
Ὀρόβις; Orobis; Orobs. *Orb.*
Oronzac. *Olonzac.*
Orp. *Moulins de Réals. Orb.*
Orque (Orgue). *Orquette.*
Orques. *Saint-Georges-d'Orques.*
ORQUETTE. *Mare, riv. Orquette.*
Ortalis; Ortols; Ortos; Ortous. *Olmet.*
Os. *Os.*
Osorium. *Ozières.*
Oulquette. *Orquette.*
Οὐόλκαι; Ὀυολούσκοι; Οὐόλσκοι; Οὐώλκαι. *Volces.*

OUPIA. *Oupia.*
Ozorium (1333). *Ozières.*
Ozorium (1100). *Saint-Aunès-d'Aurour.*

P

Pabeiranum; Pabiranum. *Saint-Pierre-de-Papiran.*
Pader. *Paderc. Paders (Montesquieu).*
Paderinum. *Sainte-Eulalie-de-la-Recluse.*
Padernæ (1156). *Montesquieu. Paders (Montesquieu).*
Padernæ (987). *Sainte-Eulalie-de-la-Recluse.*
Paderni (Villa); Padernum. *Saint-Michel-de-Cadière.*
Pagninan. *Paguignan.*
Pailhers. *Tourreilles.*
Pailhés. *Pailhès.*
Pailleriæ. *Pailhès. Tourreilles.*
Paillés. *Pailhès.*
Pairol; Pairola. *Pérols.*
Palacium; Palagium; Palaianum; Palaïs; Palaisium. *Pallas (Mèze).*
Palaiz. *Loubatières. Pallas (Mèze).*
Palajanum; Palas; Palatium; Palaz. *Pallas (Mèze).*
PALAVAS. *Balestras. Palavas. Vic (c^{on} de Frontignan).*
Palea. *Pallas (Mèze).*
Paleariæ. *Pailhès.*
Paleata. *Paillade.*
Paleria. *Pailletrice.*
Paleriæ. *Pailhès.*
Palhaires; Palhenæ; Palheriæ; Palhés. *Pailhès.*
Palhers. *Pallas (Mèze).*
Palianum. *Paulhan.*
Paliarensis. *Pailhès.*
Paliares. *Saint-Jean-de-Combajargues.*
Paliarius; Paliers. *Pailhès.*
Palignanum. *Palignan.*
Palissinetos. *Païssel.*
Palloavios; Palloriæ. *Pailhès.*
Palmassanicæ. *Pomessargues.*
Palnes. *Pallas (Mèze).*
Paludello; Paludes. *Palus (Les).*
Palus. *Lattes (Montpellier) Palavas. Palus (Les).*
Paolan; Paolhan; Paollanum. *Paulhan.*
Papiranum. *Saint-Pierre-de-Papiran.*
Parabirac. *Juze.*
Parada; Parade (la); Parata. *Prade (La) (Saint-Michel).*
Parbot. *Prévôt.*
PARDAILHAN. *Pardailhan. Pardailho. Pont-Guiraud.*

Pardailhanum; Pardaillan; Pardeilhan; Pardeillan; Pardelhan; Pardelhanum; Pardellan. *Pardailhan.*
Pardinas. *Pradines* (Béziers).
Paredz; Pares; Pareys; Parez; Parietes; Parietis. *Péricis.*
Parillanum. *Pérille* (Pinet).
Parlagas; Parlages; Parlatgæ; PABLATGES; Parlatgez; Parliaiges. *Parlatges* (c^{on} de Lodève).
Parouberl. *Riolets*, ruiss.
Pas de Bru; Pas de Debru. *Viguier* (Le).
PAS-FERRIER. *Gorniès* (Le), ruiss. *Pas-Ferrier.*
Paterna; Patornega (Villa). *Saint-Michel-de-Cadière.*
Patte de Bru. *Viguier* (Le).
Pauchiacum. *Puech* (Le) (c^{on} de Lodève).
Pauillan; Paulanum; PAULIAN; Paulhanum; Pauliacum; Paulhan.
Paulin. *Béziers. Paulhan.*
Paulianum; Paulium. *Paulhan.*
Paulinianum. *Paulinian* (additions).
Pausa (La). *Pause* (La).
Pavallanum. *Palavas.*
Pecetum. *Peret* (c^{on} de Montagnac).
Pechabon. *Puéchabon.*
Pechausses. *Puech-Aussel* (Murviel).
Pech-Manel; Pech-Massel. *Puech-Manel.*
Pedanazium. *Pézenas.*
Pedanum. *Capestang.*
Pedena; Pedenach; Pedenacium. *Pézenas.*
Pedenæ. *Pézenas.*
Pedenas; Pedenascium; Pedenatæ; Pedenatium; Pedenaz; Pedenazium; Pedinas; Pedinatis. *Pézenas.*
Pediolum. *Pérols.*
Pedoxinis. *Pudissié.*
Peducium; Pedusium. *Saint-Bauzille-de-Putois.*
Pegairolæ. *Pégairolles* (c^{on} du Caylar).
Pegairolas; Pegairoles. *Pégairolles* (c^{on} de Saint-Martin-de-Londres).
Pegairolles. *Pégairolles* (c^{on} du Caylar). *Pégairolles* (c^{on} de Saint-Martin-de-Londres).
Pegan; Peganum. *Capestang.*
Pegarronsis; Pegarrolas; Pegayrollæ. *Pégairolles* (c^{on} du Caylar).
Pegayrolles. *Pégairolles* (c^{on} de Saint-Martin-de-Londres). *Pégairolles* (c^{on} du Caylar).
Pegueirollæ (824). *Pégairolles* (c^{on} du Caylar).
Pegueirollæ de Buegis (1264); Pegueirolles; Pegueyrollæ de Bodia. *Pé-*

gairolles (c^{on} de Saint-Martin-de-Londres).
Peillan (1760). *Peilhan* (Vieussan).
Peillan (1518). *Poilhes.*
Pein; Peine. *Peyne.*
Peirillo. *Pérille* (Pinet).
Peiron. *Peyrou* (Le).
Peironum. *Perrière.*
Peissine (La). *Piscine.*
Pelhan. *Margon.*
Pelianum. *Peilhan* (Vieussan).
Pelican; Pelignanum. *Pélicant.*
Pellanum. *Peilhan* (Vieussan).
Pelludi. *Palliers* (Les).
Pencheniere. *Bureau*, ruiss.
Penna-Varia. *Peyne.*
Perairolum. *Pérols.*
PENAN. *Lunel. Peran.*
Peranum. *Peran.*
Perbot. *Prévôt.*
Perdiguer. *Perdiguier.*
Pered; PERET; Perette; Peretum. *Peret* (c^{on} de Montagnac).
Pericianum. *Péricis.*
Perier. *Péric.*
Periez. *Péricis.*
Pérille (Port de la). *Lunel* (Canal de).
Pernetum. *Saint-Étienne-de-Pernet.*
Perolæ; Peroles; Perols; Perolz. *Pérols.*
Pertus. *Pétrusse-Vieux.*
PERTUS (LE). *Pertus* (Le). *Soulondres*, riv.
Pes. *Pez.*
Pesan. *Lunel. Peran.*
Pesanum (1323). *Montels* (c^{on} de Capestang).
Pesanum (1440). *Peran. Villettes.*
Petit-Béziers. *Bédarieux.*
Petit-Saint-Jean. *Saint-Jean-de-Jérusalem.*
Petit-Vichy. *Malou* (Bains de la). *Veyrasse.*
Petra alba. *Peyre-Blanque.*
Petra bruna. *Peyre-Brune.*
Petra fortis. *Peyre-Fiche.*
PETRA JORNA. *Petra-Jorna.*
Petro; Petron. *Petro* (La).
Petrolianum; Petronianellum. *Pégairolles* (c^{on} de Saint-Martin-de-Londres).
Petrus Ahone. *Puéchabon.*
Petrus Sigarius. *Puisserguier.*
Petrusse. *Pétrusse-Vieux.*
Peuchabon. *Puéchabon.*
Peutru (La). *Petro* (La).
Peyanum. *Peilhan* (Vieussan).
Peyraire. *Peyroubaile.*
Peyrascanas. *Peyrescanes.*
Peyrat (Le). *Peyral* (Le).

PEYRE-BLANQUE. *Peyre-Blanque.*
Peyre fixe. *Peyre-Fiche.*
Peyrerue. *Béziers. Pierrerue.*
Peyrolæ; Peyrols. *Pérols.*
Peyrouau. *Peyroubaile.*
Pezena. *Pézenas.*
Pezenacæ; Pezenacium; Pezenatium. *Pézenas.*
Pezene; Pezenes; Pezenne. *Pézenas.*
PEZÈNES. *Pézenes. Valmascle.*
Pezenx. *Pézenas.*
Pezet. *Peret* (c^{on} de Montagnac).
Pezols. *Pérols.*
Picaret. *Picarel.*
Pichardoux. *Couque* (La), ruiss.
Pichauroux. *Puchauroux.*
Pic-Saint-Clair. *Cévennes. Saint-Clair.*
Pic-Saint-Loup. *Cévennes. Saint-Loup.*
Pictavi. *Peytavi.*
Pied-Bouquet. *Pioch-Bouquet.*
Pié-Feguié. *Cette. Feguié.*
PIGNAN. *Pignan. Saint-Jean-de-Jérusalem.*
Pignanum; Pignianum; Piñanum. *Pignan.*
Pignasse. *Pignas* (Le).
Pignede (La). *Pinède* (La).
Pilianum. *Peilhan* (Vieussan).
Pilignanum. *Pélicant.*
Pines; Pini; Pinu (De) (1197); Pinus (1152). *Pignas* (Le).
Pinetum. *Pinet.*
Piniacum; Pinianum; Pinnanum. *Pignan.*
Pinu (De) (1239-40); Pinus (1146, 1152). Pin (Grange du). *Saint-Sauveur-du-Pin.*
Pioch-Toussiou. *Puech-Doussier.*
Pioustourne (La). *Pieussourne.*
Pirum. *Perrière.*
Pisa; Pisanum. *Pis.*
Piscenæ. *Pézenas.*
Pissaroux. *Puchauroux.*
Pisse Saumes. *Saint-Jean-de-Jérusalem.*
Pizanum. *Pézenas.*
Plage (La). *Plaine* (La) (Montoulieu).
Plaisan; Plaisanum; Plaissanum. *Plaissan.*
Plana (1156). *Plaine* (La) (Mas-de-Londres).
Plana (1325). *Planes* (Les).
Plana (1162). *Plans* (Les). *Saint-Jean-de-la-Blaquière.*
Planchemeil. *Planchénault.*
Plane (La). *Plaine* (La) (Cazilhac). *Plaine* (La) (Mudaison).
Plans (Lous); Plants (les). *Plans* (Les).
Plouchut. *Plauchude* (La).

TABLE DES FORMES ANCIENNES.

Plaussenoux. *Plaussenous.*
Plaux. *Usclas-de-Plaux.*
Plaxanum. *Plaissan.*
Playa. *Plage (La)* (Saint-Bauzille-de-Putois).
Pleaux; Plenegias; Plenis (De); Pleous; Pleus. *Saint-Jean-de-la-Blaquière.*
Plebegius. *Saint-Jean-de-la-Blaquière.*
Pleissan. *Béziers. Plaissan.*
Plenæ. *Plans (Les).*
Pleuvigios. *Chartreuse (La). Saint-Jean-de-la-Blaquière.*
Pleux; Plevenis. *Saint-Jean-de-la-Blaquière.*
Pleyssanum. *Plaissan.*
Plivegs; Pluius. *Saint-Jean-de-la-Blaquière.*
Poalerium; Poalleriæ. *Poilhes.*
Podag; Podas. *Pouzag.*
Podaleriæ; Podalleriæ; Podels. *Poilhes.*
Podes. *Pouzes.*
Podinuale. *Pode (La).*
Podiolæ. *Pérols.*
Podiolum. *Poujol (Le)* (c^{on} de Saint-Gervais).
Podium (990). *Loupian.*
Podium (1201). *Pérols.*
Podium (897). *Saint-Martin-del-Puech.*
Podium (1156). *Saint-Martin-de-Podio.*
Podium (1135). *Saint-Sauveur-du-Puy.*
Podium Abone; = Abonis; = a Bono; = Abonum. *Puéchabon.*
Podium Altum. *Puits-Lault.*
Podium Argentorium. *Saint-Sauveur-du-Puy.*
Podium Auri. *Puech-Aure.*
Podium Bonum. *Puéchabon.*
Podium Cocutum. *Pech-Coucut.*
Podium de Lodozano. *Saint-Sauveur-du-Puy.*
Podium de Salicano. *Puissalicon.*
Podium ferrarium. *Montferrier.*
Podium lacterium. *Puilacher.*
Podium Mejanum. *Puech-Méjan.*
Podium Milanum. *Puech-Manel.*
Podium-Mincio; = Misonis; = Missionis; = Missonum. *Puimisson.*
Podium Salianum; = Salico; = Saliconis; = Saliconum; = Salicum; = Salitio. *Puissalicon.*
Podium Serigarium; = Sorigarii; = Sorigarium; = Soriguer; = Soriguerium; = Sugarium; = Surigarium; = Surugarium. *Puisserguier.*

Podolæ; Podoli. *Pouzolles.*
Podols. *Pouzols. Saint-Amans-de-Pouzols.*
Podolz. *Pouget (Le). Saint-Amans-de-Pouzols.*
Poget. *Pouget (Le).*
Pogetum. *Pouget (Le). Saint-Saturnin-de-Lucian.*
Poglager. *Puilacher.*
Poiabonum. *Puéchabon.*
Poiol. *Pouget (Le).*
Poietum. *Pouget (Le). Saint-Saturnin-de-Lucian.*
Poiglochier. *Puilacher.*
Poilheu. *Poilhes.*
Poilles. *Béziers.*
Poiol. *Poujol (Le)* (c^{es} de Saint-Gervais).
Poioloccum. *Pouget (Le).*
Poiols. *Poujols* (c^{on} de Lodève).
Poium. *Loupian.*
Poium ad Alaires. *Puilacher.*
Poium rectum. *Saint-Sauveur-du-Puy.*
Poium redundum. *Puech-Redoun.*
Poixairic. *Poussauri.*
Pojet; Pojetium; Pojetum. *Pouget (Le).*
Pojolæ; Pojoli. *Pouzols.*
Pojols. *Poujol (Le)* (c^{on} de Saint-Gervais).
Poleriæ. *Poilhes.*
Polhan. *Paulhan.*
Polhes. *Poilhes.*
Polianum. *Paulian.*
Polias. *Poilhes.*
Polignac. *Saint-Martin-d'Uscladels.*
Polygium. *Bouzigues.*
Pomairolæ; Pomairols; Pomairolum; Pomairolz. *Pomérols.*
POMARÈDE (LA). *Pomarède. Saint-Martin-de-l'Arçon.*
Pomariolæ; Pomariolum; Pomarol; Pomarolæ; Pomayrols; Pomeriolæ; Pomerolæ; Pomerols; Pomeyrols. *Pomérols.*
POMPEIROUX. *Gignac. Montpeyroux. Pompeiroux.*
Poncianum. *Poussan-le-Bas.*
Pons. *Pont (Le) (Canet).*
Pons (Le). *Pous (Le).*
PONS ÆRARIUS. *Cami de la Mounéda. Pons Ærarius.*
Pons septimus. *Capestang. Pont-Sepme. Voie Domitienne.*
Pons truncatus. *Pont-Trinquat.*
Pont d'Avene. *Villa-Paterna.*
Pontet (Le). *Ponteils.*
Pont-Guiraut. *Pardailhan. Pont-Guiraud.*

Pont-Juvenal. *Pont-Juvénal. Saint-Jean-de-Jérusalem.*
PONT SEPME (Pont septime); Pont serme. *Capestang. Pont-Sepme. Voie Domitienne.*
Pontus. *Pont (Le)* (Béziers).
Popianensis. *Journac. Popian.*
Popianum. *Popian.*
Porcairniacos; Porcairanegues; Porcairaniacos; Porcairanicæ; Porcairaignes. *Portiragnes.*
Porcaria; Porcarias. *Porquières.*
Porcayranicæ. *Portiragnes.*
Porcellus grissus. *Pourquier (Rec).*
Porcianus. *Poussan.*
Porcilæ. *Poussines.*
Poricairangues. *Portiragnes.*
Porquiere-lez-Perols. *Porquières.*
Porsanum. *Poussan. Saint-Sulpice.*
Porssanum. *Poussan.*
Portalès. *Saint-Étienne-d'Issensac.*
Portale; Portalis. *Portal (Mas).*
Porte. *Portes (Saint-Pons).*
Portianum. *Poussan.*
Portiraignes. *Portiragnes.*
Portol. *Portal (Mas).*
PORT-SARRASIN. *Maguelone. Port-Sarrasin.*
Portus de la Robina. *Lunel (Canal de).*
Portus Sarracenus. *Maguelone. Port Sarrasin.*
Posacum. *Pouzag.*
Posagolæ. *Pouzes.*
Posas. *Pouzag.*
Poscombes. *Vacquerie (La).*
Posolæ; Posolas. *Pouzolles.*
Pusols. *Pouzols. Saint-Amans-de-Pouzols.*
Possanum (1292). *Poussan.*
Possanum (1323). *Poussan-le-Bas.*
Possos. *Prévôt.*
Poste des Employés. *Roquehaute (Sérignan).*
Poteium. *Pote.*
Pouarancœ. *Pouscranques (Las).*
Pouciana; Poucianum. *Poussan-le-Bas.*
Pouderoux. *Pourols.*
POUGET (LE). *Pouget (Le). Saint-Amans-de-Teulet.*
Poujol; Poujolz. *Poujols* (c^{on} de Lodève).
Poujouli. *Pas-Ferrier.*
Poumairols. *Pomérols.*
Poumarede. *Pomarède* (Saint-Martin-de-l'Arçon).
Poumeirols. *Pomérols.*
Poun serme. *Pont-Sepme.*
Poupian. *Béziers. Popian.*

Pourcairaignes; Pourcairanies. *Porti-*
ragnes.
Pourquaresse (La). *Pourcaresse (La).*
Ponrtal. *Portal* (Laurens).
Pousac. *Pouzag.*
Pous-Combes. *Vacquerie (La).*
Pousines. *Poussines.*
Pousols. *Pouzols.*
POUSSAN. *Marquerose. Poussan.*
Poussaury. *Poussauri.*
Pousselieres. *Pousselières.*
Pousses. *Pouzes.*
Pousso-le-Bas. *Poussan-le-Bas.*
POUSSOUS (LES). *Poussous (Les). Verdi-*
net.
Pouzols. *Pouzolles.*
Pouzolz. *Pouzols.*
Pozac; Pozag; Pozium. *Pouzag.*
Pozolæ (1270). *Pouzols.*
Pozolæ (1200). *Pouzolles.*
Pozolas. *Pouzolles. Saint-Martin-de-*
Grazan.
Pozoles (de Pozolibus) (1527). *Pouzols.*
Pozoles (1544); Pozoli (1200). *Pou-*
zolles.
Pozoli (1270). *Pouzols.*
Pozols. *Pouzols.*
Pradæ (1185). *Prades* (c^{on} des Ma-
telles).
Pradæ (1205). *Prades* (Cessenon).
PRADAL. *Pradal.*
PRADALS (LES). *Pradals (Les). Praten-*
jalié.
PRADAS. *Pradas. Prades* (Cessenon).
Praday. *Lauzelle.*
Pradel. *Pradal (Le).*
Pradellæ (1008); Pradellas. *Pradels*
(Saint-Vincent-d'Olargues).
Pradellæ (804); Pradelli. *Pradels* (Mé-
rifons).
Pradets (Les). *Pradels (Les)* (Qua-
rante).
Pradinæ (1190). *Pradines* (Agde).
Pradinæ (1193). *Pradines* (Béziers).
Pradinæ (1287). *Pradines* (Fronti-
gnan).
Pradinale. *Pradal (Le).*
Pradinas (990). *Pradines* (Béziers).
Pradinas (1079). *Pradines* (Clermont).
Pradine. *Pradines* (Saint-Pons-de-Mau-
chiens).
Pradines. *Pradanine.*
Præmianum. *Prémian* (c^{en} d'Olargues).
Saint-Sébastien-de-Frémian.
Pralianum. *Prouilhe.*
Praquilleran. *Pratquilleran.*
Prata (936). *Prades (Le).*
Prata (1323). *Prades* (Cessenon).

Prata (IXe s^e); Pratis. *Prades* (c^{on} des
Matelles).
Prat-de-Loug; Prat-de-Lou. *Prédelon*
(Le).
PREIGNES. *Preignes. Vias.*
Preissanum; Preixanum. *Preignes-le-*
Vieux.
Premiacum. *Saint-Sébastien-de-Fré-*
mian.
Premian. *Prémian* (c^{en} d'Olargues).
Saint-Sébastien-de-Frémian.
PRÉMIAN. *Prémian* (c^{on} d'Olargues).
Saint-Étienne-d'Albagnan.
Premianum. *Prémian* (c^{on} d'Olargues).
Presidente (La). *Présidente (La).*
Prexanum. *Preignes-le-Vieux.*
Proche (Grange). *Prèpe.*
Proguis. *Preignes-le-Vieux.*
Prolanum; Prolhanum (1362); Pro-
lianum (1189). *Prouilhe.*
Prolhanum (1323). *Saint-André-de-*
Prolian.
Prolianum (1156-1636). *Magalas.*
Saint-André-de-Prolian.
Promiane. *Prémian* (c^{on} d'Olargues).
Prouilhan. *Béziers. Saint-André-de-*
Prolian.
Prouille. *Prouilhe.*
Prouveres. *Prouvères.*
Provinquiere (La). *Provinquière (La)*
(Capestang).
Prugnas; Prugnes. *Preignes-le-Vieux.*
Prulianum. *Prouilhe.*
Prunarede (La); Prunareda; Pruna-
rede (la). *Prunarède* (Saint-Mau-
rice).
Prunestum; Prunetum (1100). *Saint-*
Martin-de-Prunet.
Prunetum (1155). *Prunet* (Puimisson).
Prunetum (987). *Notre-Dame-de-Pru-*
net.
Prunias. *Preignes-le-Vieux.*
Puchauge (Tour de). *Tour (La)* (Né-
bian).
Puchebon. *Puéchabon.*
Pudesium. *Saint-Bauzille-de-Putois.*
PUECH (LE). *Ragoust.*
Puechabon. *Puéchabon.*
Puechaurous. *Puchauroux.*
Puechbon; Puech-bon. *Puéchabon.*
Puech-d'Aubaignes. *Puech (Le)* (c^{on} de
Lodève).
Puech de la Mora. *Moure (La)* (Mau-
guio).
Puech d'Onfiu; Puech d'Ouissou;
Puech d'Oussieu. *Puech-Doussieu.*
Puechlacher. *Béziers.*
Puech-Mejan. *Puech-Méjan.*

Puechpinson. *Saint-Jean-de-Jérusalem.*
Puechredon. *Puech-Redoun.*
Puechsalicon. *Puissalicon.*
Puechserguier. *Béziers. Puisserguier.*
Puech villa. *Château d'Eau.*
Puese bon. *Puéchabon.*
Puget. *Pouget (Le)* (Vérargues).
Puichault. *Puits-Lault.*
Puilaché. *Puilacher.*
Puimesson; Puimuisson. *Puimisson.*
Puisalicon; Puisselicon. *Puissalicon.*
Pujade (La). *Poujade (La).*
Pujol (1529); Pujol (le) (1625).
Poujol (Le) (c^{on} de Saint-Gervais).
Pujol (Le) (Cassini). *Poujol (Le)*(Pré-
mian).
Pujoli. *Poujols* (c^{on} de Lodève).
Pujolium. *Poujol (Le)* (c^{on} de Saint-
Gervais).
Pujols. *Poujols* (c^{on} de Lodève).
Pullus. *Pioule. Saint-Pierre* (Béziers).
Saint-Pierre (Moulin sur l'Orb).
Pulminanum. *Puech-Manel.*
Pupianensis. *Popian.*
Purmianum. *Prémian* (c^{on} d'Olargues).
PUTEUS-VALERIUS. *Puteus-Valerius.*
Puychabon. *Puéchabon.*
Puy d'Albegue. *Gignac. Puech (Le)*
(c^{on} de Lodève).
Puylachier; Puylachier. *Puilacher.*
Puy-Mejan. *Puech-Méjan.*
Puymisson. *Puimisson.*
Puysalicon; Puysaliconne; *Puissalicon.*
Puysarguier. *Puisserguier.*
Pzoles. *Pouzolles.*

Q

Quadraginta. *Couquette. Quarante.*
Quaranta; QUARANTE. *Quarante.*
Quarcianum. *Quarci.*
Quatraginta. *Quarante.*
Quintanellum; Quintilanegues; Quin-
tilhanicæ; Quintillanegues; Quin-
tillianicæ. *Sainte-Croix-de-Quintil-*
largues.

R

RADEL; Radele; Radelle. *Radel*, canal.
Raixacum. *Raissac* (Béziers).
Rajat (Le). *Rajalous.*
Ram (Le). *Ranc.*
Ramanella. *Ronnel-Valhiade.*
Rameianum. *Ramejan.*
RAMEJAN. *Maureilhan. Ramejan.*
Ramelière (La). *Fonclare*, ruiss.
Ramigaeum. *Maureilhan. Ramejan.*

TABLE DES FORMES ANCIENNES.

Ranc (el); Rang (le). *Ranc.*
Rantely. *Malviès* (Olargues).
Rastencliores. *Restinclières* (c^on de Castries).
Ῥαύραρις; Rauraris. *Hérault.*
Raureillan. *Rozeillan.*
Ravanieres. *Ravanières.*
Raynacum. *Maureilhan. Ramejan.*
Real. *Réals* (Murviel).
Reals. *Réals* (Cessenon et Murviel).
Rec (Le). *Rec-de-la-Combe. Req (Le)* (la Salvetat).
Rec d'Agout. *Agout*, riv. *Rec-d'Agout.*
Rec-del-Saut. *Sourlan*, ruiss.
Rech (La). *Rec-Grand.*
Reclausæ. *Resclause (La)* (la Salvetat).
Redæ; Redonum; Redas; Reddas; Reddes. *Saint-Pierre-de-Rèdes.*
Redemouls. *Rodomouls* (Pardailhan).
Redesium; Redesium. *Saint-Pierre-de-Rèdes.*
Redo; Redone. *Redon*, mont.
Redonellum. *Redounelles.*
Refos. *Ruffas.*
Reganaz. *Saint-Martin-de-Carcarès.*
Regatz. *Rongas. Saint-Maurice-de-Rongas.*
Regnaudeiras. *Renarderie (La).*
Regoun dal fé. *Vaillaure.*
Regue. *Règue.*
Reinard. *Renard (Le).*
Reinardarió (La). *Renarderie (La).*
Reisacum; Reissac. *Raissac.*
Remejanum. *Maureilhan. Ramejan.*
Remigianum. *Ramejan.*
Remugnacum. *Rouvignac* (Octon).
Remurat. *Ramerac.*
Renardière (La); Renaudières. *Renarderie (La).*
Réols. *Riols* (Graissessac).
Req d'Agout; Req d'Aoust. *Rec-d'Agout.*
Rescolhe; Rescols. *Rescol* (Fraisse).
Respailhac. *Raspailhac.*
Restanclerix; Restenclorix (1354). *Restinclières* (c^on de Castries).
Restenclerix (1327). *Restinclières* (Prades).
Restinclaires. *Restinclières* (c^on de Castries).
Restinclericæ; Restinclieres (Cassini). *Restinclières* (Prades).
Restinclieres (1684); Restrenclerix. *Restinclières* (c^on de Castries).
Reys. *Saint-Martin-de-l'Héras.*
Riba alta. *Ribaute* (Lieuran-lez-Béziers).
Ribadas. *Rives (Les)* (c^on du Caylar).

Ribanson. *Merdanson* (Montpellier).
Ribaulte. *Ribaute* (Lieuran-lez-Béziers).
Ribausson. *Merdanson* (Montpellier).
Ribauta. *Ribaute* (Lieuran-lez-Béziers).
Ribes (Les ou Las). *Rives (Les)* (c^on du Caylar).
Ricazouls. *Ricajouls.*
Riéges. *Ariéges* (Octon).
Rieulet. *Riolets* (Riols).
Rieumege. *Rieumégé.*
Rieussac. *Rieussec* (c^on de Saint-Pons).
Rieussec. *Ruissec* (Avène).
Rieutort. *Rieutord* (Saint-Nazaire-de-Ladarez).
Rigaudus. *Rigaud* (Mas) (Valflaunès).
Rigot. *Rigaud* (la Livinière).
Riol. *Riols* (c^on de Saint-Pons).
Riolet. *Riolets* (Riols).
Riolos. *Riols* (c^on de Saint-Pons).
Riols. *Riols* (c^on de Saint-Pons). *Sainte-Eulalie-de-Riols.*
Riolz. *Riols* (c^on de Saint-Pons).
Riotaraciacus. *Rieutord* (Saint-Nazaire-de-Ladarez).
Ripa (987). *Rives (Les)* (c^on du Caylar).
Ripa (1101). *Rives (Les)* (Saint-André-de-Buéges).
Ripa alta (1180). *Roque-Aynier (La).*
Ripa alta (1323); Ripalta. *Ribaute.*
Rippa. *Rives (Les)* (c^on du Caylar).
Rinsec. *Rieussec* (Pardailhan).
Riustaraciacus. *Rieutord* (Saint-Nazaire-de-Ladarez).
Riutor. *Rieutor (Le)*, ruiss.
Rives (Les); Rivi. *Rives (Les)* (c^on du Caylar).
Rivière (La). *Saint-Clément-de-Rivière.*
Riviniacum. *Rabejac* (le Pouget).
Rivoire. *Rouvière (La)* (Vailhauquès).
Rivus. *Rives (Les)* (c^on du Caylar).
Rivus siccus (1069). *Rieussec* (c^on de Saint-Pons).
Rivus siccus (1323). *Ruissec* (Avène).
Rivus torius; Rivus tortus (990). *Rieutord* (Saint-Pargoire).
Rivus tortus (1079). *Rieutord* (Gignac).
Rixac. *Raissac* (Béziers).
Roaxium. *Rosis.*
Robianum (1083). *Rouvignac* (Avène).
Robianum (996). *Rouvignac* (Octon).
Robieu. *Rabieux.*
Robina (xiiie et xive s^es). *Robine* (Mauguio).
Robina (La) (1368). *Lunel* (Canal de).
Roboria. *Rouvière* (Ceyras).

Roc (Le), m^in. *Lez (Le). Roc (Le)* (Montpellier).
Roca (1158, 1284). *Ganges. Roque-Aynier (La).*
Roca (1117). *Roque (La)* (Florensac).
Roca (1339). *Roquet* (Matelles).
Roca (La) (1289). *Frèze (La).*
Roca (Molendinus de) (1242). *Castelnau* (Montpellier). *Lez (Le). Roc (Le)* (Montpellier).
Rocabladori. *Roque-Plane* (Rieussec).
Rocabrun; Rocabruna; Rocabrunum. *Roquebrun.*
Roca-cederia; Rocacellæ. *Roquessels.*
Rocadel. *Rocozels.*
Roca de Leineriis. *Roque-Aynier (La).*
Rocadun. *Roqueredonde.*
Rocaelnosa. *Rocozels.*
Rocafolium. *Roquefeuil.*
Rocairol. *Rouquerol.*
Rocares. *Gignac. Rocares.*
Rocarols. *Rouquerols.*
Rocasels; Rocassels. *Roquessels.*
Rocca-rotunda. *Roqueredonde.*
Roc fourçat. *Cros (Le)*, ruiss.
Rocha; Rocha (la). *Roque-Aynier (La).*
Rocha-bruna. *Roquebrun.*
Rochacedera. *Roquessels.*
Roca celsa. *Roque-Haute* (Portiragnes).
Rochafullum. *Roquefeuil.*
Rocharria. *Roque-Aynier (La).*
Rocheta; Rochetum. *Rouquette* (Saint-Privat).
Rocholanus. *Roquelune.*
Rochosellum. *Rocozels.*
Roc libre. *Roquebrun.*
Rocosel; Rocosellæ. *Rocozels.*
Rocosellum. *Roquessels.*
Rocosels; Rocoz. *Rocozels.*
Rocozel. *Roquessels.*
Rocozellum. *Ceilhes. Rocozels.*
Rocozels. *Ceilhes-et-Rocozels. Roquessels.*
Rocque cave. *Roquecave.*
Rocque marque. *Pioch-d'Azirou.*
Rodas. *Saint-Pierre-de-Rèdes.*
Rodomouls. *Rodomouls* (Pardailhan).
Roderanicas. *Roqueredonde.*
Rodons. *Redon* (Bessan).
Roerra. *Roueyre.*
Rofiacum. *Ruffas.*
Roganum. *Roujan.*
Rogatium. *Saint-Étienne-de-Rongas. Saint-Pierre-de-Leneyrac.*
Rogaz. *Rongas* (Saint-Gervais). *Saint-Étienne-de-Rongas.*
Rogerias. *Saint-Étienne-de-Rongas.*
Rogianum. *Roujan.*

Rohas. *Saint-André-de-Buèges.*
Roi. *Rey (Le)* (la Salvetat).
Roia; Roianum; Rojanum. *Roujan.*
Romegons; Romegos; Romiguieres. *Romiguières.*
Rominiacum. *Ruissec* (Avène).
Rommiguieres. *Romiguières.*
Rondellot. *Rondelet.*
Ronegra. *Roucyre.*
Ronel. *Rounel,* ruiss. *Rounel-Valhiade.*
Rongas; Rongassium. *Rongas* (Saint-Gervais). *Saint-Maurice-de-Rongas.*
Rongias. *Saint-Étienne-de-Rongas.*
Ronnonaz. *Rongas* (Saint-Gervais).
Roqaute; Roquaute. *Roque-Haute* (Portiragnes).
Roquasselz. *Roquessels.*
Roque (La); Roque-Aimier (la). *Roque-Aynier (La).*
Roque (Notre-Dame-de-la-). *Cabrerolles* (c^{on} de Murviel).
Roquebrune. *Roquebrun.*
Roquecels. *Roquessels.*
Roque de Vic (La). *Vic (Magalas).*
Roquefourcade. *Cruzy,* riv.
Roque haute. *Redoute-de-la-Tour.*
Roqueirol. *Roquerols.*
Roquelongue. *Roquelaure.*
Roquelunasse. *Roquelune.*
Roquemengard. *Roquemengarde.*
Roquerol. *Roquerols.*
Roqueronde. *Roqueredonde.*
Roquesels; Roqueselz. *Ceilhes. Rocozels. Roquessels.*
Roquesol. *Roquessols* (Tourbes).
Roquesselz. *Roquessels.*
Roquessol. *Roquessols* (Pézenas).
Roqueta (1205). *Roquette (La).*
Roqueta (1116). *Rouquette* (Saint-Privat).
Roquezel. *Roquessels.*
Roquezels; Roquezelz. *Ceilhes. Rocozels. Roquessels.*
Rosellum. *Rosis.*
Roses (Los); Rosier. *Sainte-Marie-du-Rosier.*
Rosso (de Rossone). *Roussas.*
Roua rubea. *Roueyre.*
Roubi. *Rouby.*
Roubiege. *Rouviéges,* ruiss.
Roubieu. *Rabieux.*
Roubignou. *Rieuberlou* (Roquebrun). *Rouvigno.*
Roubiniac. *Rouvignac* (Avène). *Rouvignac* (Octon).
Ronbiolas. *Roubialas.*
Roucaute. *Redoute-de-la-Tour. Roque-Haute* (Portiragnes).

Roueire; Rougeiras; Rougeyras. *Roueyre.*
Roejan (Mas de). *Roujon.*
Roulière. *Roueyre.*
Roumbacum. *Roumegas.*
Roumiguieres. *Romiguières.*
Rounel-d'Affre; Rounel de Fabre. *Rounel-Valhiade.*
Rouquet (Le). *Rouquet* (Pégairolles).
Rouquete (La). *Rouquette* (Saint-Bauzille-de-Putois).
Rouquette. *Rouquette (La)* (Villeveyrac).
Rouquette (La) (1760). *Roquette (La)* (Saint-Martin-de-Londres).
Rouquette (La) (Cassini). *Rouquette* (Saint-Privat).
Rousserie (La). *Rosserie (La).*
Rouviege. *Rouviéges* (Puilacher).
Rouviere (La). *Rouvière (La)* (Vailhauquès).
Rouvieze. *Rouviéges,* ruiss.
Rouvilhac. *Vinas* (Avène).
Roux (La). *Lauroux* (c^{on} de Lodève).
Rouyère. *Roueyre.*
Rouyre. *Rouire.*
Roveira. *Rouvière (La)* (Vailhauquès).
Roveretum. *Rouet* (c^{on} de Saint-Martin-de-Londres).
Roveria (1158). *Rouvière (La)* (Vailhauquès).
Roveria (1270). *Rouvière (La)* (Brissac).
Rovetum. *Rouet* (c^{on} de Saint-Martin-de-Londres).
Rovignac. *Rouvignac* (Avène).
Rovilianicæ. *Rouvials.*
Rovinaccum; Roviniacum (1182). *Rouvignac* (Avène).
Roviniacum (987). *Rouvignac* (Octon).
Roviniacum (1216). *Ruissec* (Avène).
Rovoretum. *Rouet* (c^{on} de Saint-Martin-de-Londres).
Rovoria. *Rouvière* (Ceyras).
Roy. *Rey (Le)* (la Salvetat). *Rooy.*
Royanum. *Roujan.*
Royere. *Royer.*
Rubiu. *Rouvignac* (Octon).
Rubus. *Sainte-Marie-du-Rosier.*
Rucciniacum. *Ruissec* (Avène).
Rufas; Ruflacum. *Ruffas.*
Rumegé. *Rieumégé.*
Rumignagum. *Rouvignac* (Octon).
Runsinatum. *Roussigné.*
Rupes Ermenguarde. *Roquemengarde.*
Rupis (de Rupe); Rupis Ayneria; Ruppis Aneria. *Roque-Aynier (La).*
Ruttes (Les). *Utes (Les).*

Ruveia. *Bayelle* (Caux). *Rouviéges* (Aumelas). *Rouviéges* (Puilacher).
Ruviacum. *Rouvignac* (Octon).
Ruviniacum. *Ruissec* (Avène).

S

Sabaza. *Cebazan.*
Sabazan. *Béziers. Cebazan.*
Saduranicæ. *Saturargues. Villettes.*
Sælla. *Cellenueve.*
Saluc (al). *Farguc (La),* ruiss.
Saignes (Las). *Sagnes (Les).*
Saillots (Les). *Saillols (Les).*
Saint-Affanian. *Affaniès. Magalas.*
Saint-Agnan; Saint-Aignan; Saint-Chinian.
Saint-Amand-de-Theulet. *Saint-Amans-de-Teulet.*
Saint-Amans. *Pouget (Le). Pouzols.*
Saint-Amans-de-Valhèse. *Authèze.*
Saint-André. *Fos. Grate-Merle. Mauguio. Teyran. Vérargues.*
Saint-André-de-Beuges; = de Bueies. *Saint-André-de-Buèges.*
Saint-André-de-Cucules. *Saint-André-de-Cuculles.*
Saint-André-de-Launac. *Launac.*
Saint-André-de-Prolian. *Magalas.*
Saint-André-de-Ricussec. *Ruissec* (Avène).
Saint-André-de-Sussanicis. *Sesquier.*
Saint-Anian. *Saint-Chinian.*
Saint-Antoine. *Clapiers* (c^{on} de Castries).
Saint-Antoine-d'Adissan. *Adissan.*
Saint-Antoine-de-Cadoule. *Saint-Antoine.*
Saint-Arèse; Saint-Arige. *Saint-Sériès.*
Saint-Aubin-Rivière. *Saint-Aubin-le-Bas.*
SAINT-AUNÈS-D'AUROUX. *Baillargues. Saint-Aunès-d'Auroux.*
Saint-Barthélemy. *Baillarguet. Garrigues* (c^{on} de Claret). *Loyrargues. Saint-Barthélemy-d'Arnoye.*
Saint-Barthelemy. *Lacoste* (c^{on} de Clermont).
Saint-Barthélemy-de-la-Coste. *Saint-Étienne-de-Rongas.*
Saint-Baudile. *Saint-Bauzille-de-Montmel. Vacquières.*
Saint-Baulery. *Saint-Bauléry.*
Saint-Bausille; Saint-Bauzile. *Saint-Bauzille-de-la-Silve.*
Saint-Bauzile du Putois. *Saint-Bauzille-de-Putois.*
Saint-Bauzille. *Saint-Bauzille-de-la-Silve. Vacquières.*

Saint-Bauzille-de-Furchis. *Saint-Bauzille-de-Fourches.*
Saint-Bauzille de Silva. *Saint-Bauzille-de-la-Silve.*
Saint-Beausile; Saint-Beausille-de-Montmel; Saint-Beauzille-de-Montmel. *Saint-Bauzille-de-Montmel.*
Saint-Beauzely. *Saint-Bauzille-de-Putois. Saint-Bauzille-de-Montmel.*
Saint-Beauzille; Saint-Beauzille-de-la-Silve. *Saint-Bauzille-de-la-Silve.*
Saint-Beauzille de Putois ou d'Hérault. *Saint-Bauzille-de-Putois.*
Saint-Benoît et Saint-Germain. *Montpellier. Saint-Pierre-de-Montpellier.*
Saint-Blaise. *Candillargues.*
Saint-Bnès. *Lunel. Saint-Brès.*
Saint-Bres; Saint-Brez. *Saint-Brès.*
Saint-Brice. *Lauret. Saint-Brès.*
Saint-Celse. *Saint-Celse. Saint-Nazaire-de-Pesan.*
Saint-Cérice. *Margon.*
Saint-Césaire. *Restinclières.*
Saint-Chignan; Saint-Chinian-de-la-Corne. *Saint-Chinian.*
Saint-Christophle. *Cournonsec. Saint-Christol* (c^{on} de Lunel).
Saint-Chrystol. *Saint-Christol* (c^{en} de Lunel).
Saint-Circe. *Saint-Cirice.*
Saint-Clair. *Cévennes.*
Saint-Clément-de-Rivière. *Saint-Clément-de-Rivière.*
Saint-Côme et Saint-Damien. *Candillargues.*
Saint-Cristol. *Saint-Christol* (c^{on} de Lunel).
Saint-Cyr-et-Sainte-Julitte. *Pomérols.*
Saint-Damien. *Candillargues.*
Saint-Denis. *Montpellieret.*
Saint-Denis de Genestet. *Saint-Denis-de-Ginestet.*
Saint-Denys d'Obilions. *Lunel. Saint-Denis-de-Ginestet.*
Saint-Didier; Saint-Dreseri; Saint-Dresery; Saint-Dreseri-de-Courbessac; Saint-Drezery; Saint-Duzory. *Saint-Drézéry.*
Sainte-Agathe. *Valergues.*
Sainte-Agnès. *Saint-Aunès-d'Auroux.*
Sainte-Basilisse. *Combaillaux. Grabels.*
Sainte-Catherine-de-Lauche. *Mauguio.*
Sainte-Cécile. *Loupian. Sainte-Cécile.*
Sainte-Cecille. *Sainte-Cécile.*
Sainte-Colombe. *Lunel. Sainte-Colombe de-Nyssargues.*
Sainte-Crispine; Sainte-Cristine. *Sainte-Christine.*

Sainte-Croix. *Gabian* (c^{on} de Roujan). *Magalae. Murles* (c^{on} des Matelles).
Sainte-Croix-de-Fontanès. *Marquerose. Sainte-Croix-de-Quintillargues.*
Sainte-Croix-de-Quintillargues. *Fontanès. Sainte-Croix-de-Quintillargues.*
Sainte-Eulalie. *Mireval. Montblanc. Saint-Jean* (Lattes).
Sainte-Foi. *Vailhauquès.*
Sainte-Julitte. *Pomérols.*
Sainte-Léocadie. *Vic* (c^{on} de Frontignan).
Sainte-Madeleine d'Octavian. *Magalas.*
Sainte-Magdeleine. *Roque-Aynier (La).*
Sainte-Magdeleine de Monis. *Sainte-Madeleine de Monis.*
Sainte-Marguerite. *Montaud. Montlaur.*
Sainte-Marie. *Cros (Le)* (c^{on} du Caylar).
Sainte-Marie-de-Champlong. *Camplong* (c^{on} de Bédarieux).
Sainte-Marie-de-Ourtilh. *Sainte-Marie-des-Horts.*
Sainte-Marie-de-Prunet. *Cros (Le)* (c^{en} du Caylar).
Sainte-Marie-des-Aires. *Sainte-Marie-de-Nazareth.*
Sainte-Marie-Magdalene de Octobian. *Sainte-Magdeleine-d'Octavian.*
Sainte-Marie-Magdeleine. *Vignogoul.*
Sainte-Marie-Magdeleine d'Exindre. *Magdeleine (La).*
Sainte-Natalie; Sainte-Nathalie. *Fos.*
Saint-Esteve de Gorgas. *Saint-Étienne-de-Gourgas.*
Saint-Étienne. *Fontanès* (c^{on} de Claret). *Fouzilhon. Gabriac. Montferrier. Puissalicon. Saint-Étienne-du-Canal. Saussines. Villeneuve-lez-Maguelone.*
Saint-Étienne - d'Albaignan. *Saint-Étienne-d'Albagnan. Saint-Sébastien-de-Frémian.*
Saint-Étienne-d'Auroux. *Saint-Étienne-de-Pernet.*
Saint-Étienne de Gabriac. *Gabriac. Rouet* (c^{on} de Saint-Martin-de-Londres).
Saint-Étienne de Minerbe. *Minerve.*
Saint-Étienne des Airs. *Saint-Étienne-des-Horms.*
Saint-Étienne de Souriah. *Soriech.*
Saint-Étienne de Villeneufve. *Villeneuve-lez-Béziers.*
Saint-Étienne-et-Portalès. *Saint-Étienne-d'Issensac.*
Sainte-Trinité. *Capestang.*
Sainte-Ursule. *Pézenas.*
Sainte-Victoire. *Mudaison.*
Sainte-Vierge. *Lunel. Matelles (Les).*

Montarnaud. Montlaur. Montpellier. Pégairolles (c^{on} de Saint-Martin-de-Londres). *Pignan. Saturargues.*
Sainte-Vierge-et-Sainte-Marguerite. *Montaud.*
Saint-Félix d'Alajou; = de la Montagne. *Saint-Félix-de-l'Héras.*
Saint-Félix de la Plaine. *Saint-Félix-de-Lodez.*
Saint-Félix de Lergue; Saint-Félix de l'Héras. *Saint-Félix-de-l'Héras.*
Saint-Félix de Lodève. *Saint-Félix-de-Lodez.*
Saint-Félix de Lodez. *Saint-Félix-de-Lodez. Saint-Félix-de-Rougas. Saint-Julien-d'Avizas.*
Saint-Félix de Magaranciac; = de Margaussas; = de Margousse. *Saint-Félix-de-Lodez. Saint-Félix-de-Magaranciac.*
Saint-Félix de Monceau. *Saint-Félix-de-Montseau.*
Saint-Félix-de-Montseau. *Saint-Félix-de-Montseau. Saint-Geniès-des-Mourgues. Saint-Germain-des-Fournez.*
Saint-Félix-de-Sinistargues; = de Sinistrargues. *Saint-Félix-de-Sinisdargues.*
Saint-Feriol. *Saint-Ferréol.*
Saint-Ferreol. *(Pouget) (Le) (Cissan). Saint-Ferréol.*
Saint-Fricboux. *Saint-Martin-du-Bosc.*
Saint-Fulcrand de Lodève. *Lodève.*
Saint-Gelly; Saint-Gely-du-Fesc; Saint-Gely du Fesq. *Saint-Gély-du-Fesc.*
Saint-Genès. *Saint-Genès-de-Ledos. Saint-Geniès-des-Fours.*
Saint-Genès; Saint-Geniès de Litenis. *Litenis. Saint-Jean-de-Fos.*
Saint-Genest. *Saint-Geniès-des-Mourgues.*
Saint-Geneys-de-Varensac. *Saint-Geniès-de-Varensal.*
Saint-Geniés. *Saint-Geniès-le-Bas.*
Saint-Geniès; Saint-Geniès-des-Mourgues. *Saint-Geniès-des-Mourgues.*
Saint-Geniès-de-Salase. *Saint-Geniès-de-Lodève.*
Saint-Geniés-de-Varansal. *Saint-Geniès-de-Varensal.*
Saint-Genieys. *Saint-Geniès-des-Mourgues. Saint-Geniès-le-Bas.*
Saint-Genieys-de-Varensac. *Saint-Geniès-de-Varensal.*
Saint-Geniez. *Saint-Geniès* (Béziers). *Saint-Geniès-le-Bas.*
Saint-Geniez-les-Mourgues. *Saint-Geniès-des-Mourgues.*

Saint-George. *Saint-Georges-d'Orques. Saint-Georges-de-Tabaussac.*
SAINT-GEORGES-D'ORQUES. *Saint-Georges-d'Orques. Saint-Jean-de-Jérusalem.*
Saint-Gerald. *Roquette* (La).
Saint-Germain. *Montpellier. Saint-Pierre-de-Montpellier.*
Saint-Gervais-le-Vieux. *Rosis. Saint-Gervais-sur-Mare.*
SAINT-GERVAIS-SUR-MARE. *Rosis. Saint-Gervais-sur-Mare.*
Saint-Gery-du-Fesc; = du Fesq; Saint-Gilles. *Saint-Gély-du-Fesc.*
Saint-Gignies. *Saint-Geniés-des-Mourgues.*
Saint-Ginieis. *Saint-Geniés-le-Bas.*
Saint-Giniès. *Saint-Geniés-des-Fours. Saint-Geniés-des-Mourgues. Saint-Geniés-le-Bas.*
Saint-Ginieys. *Saint-Geniés-des-Mourgues. Saint-Geniés-le-Bas.*
Saint-Guilhen. *Saint-Guillem-du-Désert.*
SAINT-GUILLEM-DU-DÉSERT. *Miliac. Saint-Guillem-du-Désert. Saint-Jean-de-Fos.*
Saint-Guillem-le-Dezert; Saint-Guillen-le-Dozert. *Saint-Guillem-du-Désert.*
Saint-Hibery. *Saint-Thibéry* (c⁰ⁿ de Pézenas).
Saint-Hilaire. *Châteaubon. Mèze. Montels* (Montpellier). *Saint-Hilaire-sur-le-Lez.*
SAINT-HILAIRE-DE-BEAUVOIR. *Saint-Hilaire-de-Beauvoir. Sauteyrargues.*
Saint-Hillaire de Beauvoir. *Saint-Hilaire-de-Beauvoir.*
Saint-Hippolyte. *Loupian.*
Saint-Hypolite. *Saint-Hippolyte* (Agel).
Saint-Jacques. *Prades* (cⁿ des Matelles).
Saint-Jacques-Majeur. *Mauguio.*
Saint-Jean. *Lacoste* (cⁿ de Clermont). *Pardailhan. Saint-Jean-des-Caussss. Saint-Jean-des-Clapasses. Saint-Jean-de-Thongue.*
Saint-Jean-Baptiste. *Aniane. Montbazin. Murviel* (Béziers). *Murviel* (Montpellier). *Pézenas. Saint-Jean-de-Buéges. Saint-Jean-de-Cornies. Saint-Jean-de-Cucullcs. Saint-Jean-de-Védas. Saussan. Vias.*
Saint-Jean-Baptiste-de-Baussels. *Baucels. Moulès.*
Saint-Jean d'Aurelia. *Saint-Jean-d'Aureillan.*
Saint-Jean-de-Bebian. *Saint-Jean-de-Bibian.*

Saint-Jean-de-Beuges. *Saint-Jean-de-Buéges.*
Saint-Jean-de-Bueges. *Pégairolles* (cⁿ de Saint-Martin-de-Londres). *Saint-Jean-de-Buéges.*
Saint-Jean-de-Bucjes. *Saint-Jean-de-Buéges.*
Saint-Jean de Capestang. *Capestang.*
Saint-Jean de Cocaly; Saint-Jean de Cocullcs; Saint-Jean de Coquille; Saint-Jean de Coquilles. *Saint-Jean-de-Cucultes.*
Saint-Jean de Fors; Saint-Jean de gurgite nigro. *Saint-Jean-de-Fos.*
Saint-Jean-de-la-Bécade. *Saint-Jean-de-la-Bande.*
Saint-Jean-de-la-Blaquiere. *Saint-Jean-de-la-Blaquière.*
Saint-Jean-de-la-Coste. *Saint-Étienne-de-Rongas.*
Saint-Jean-de-Lantisclieres. *Saint-Jean-de-Lestinclières.*
Saint-Jean-de-Litenis. *Litenis.*
Saint-Jean-d'Oreillan. *Saint-Jean-d'Aureillan.*
Saint-Jean-de-Planis; = de Pleaux; = de Plens; = de Pleux. *Saint-Jean-de-la-Blaquière.*
Saint-Jean-de-Nax; Saint-Jean de Nozé; Saint-Jean de Nozet. *Saint-Jean-de-Noix.*
Saint-Jean-de-Roux. *Saint-Jean-de-Rou.*
SAINT-JEAN-DES-CAUSSES. *Magalas. Saint-Jean-des-Causses.*
Saint-Jean-d'Esclapas. *Saint-Jean-des-Clapasses.*
SAINT-JEAN-DES-CLAPASSES. *Saint-Jean-de-Jérusalem. Saint-Jean-des-Clapasses.*
Saint-Jean-de-Souilher. *Soulié* (Le).
Saint-Jean-Destinclieres. *Saint-Jean-de-Lestinclières.*
Saint-Jean-de-Vedas. *Saint-Jean-de-Védas.*
Saint-Jean-du-Gourg. *Saint-Jean-de-Fos.*
Saint-Jean-et-Sainte-Eulalie. *Saint-Jean* (Lattes).
Saint-Johan-de-Vareilhe. *Saint-Jean-de-Vareilles.*
Saint-Jeorge. *Saint-Georges-d'Orques.*
Saint-Joseph de Londres. *Mas-de-Londres.*
Saint-Julian. *Saint-Julian-de-Scaflac.*
Saint-Julian-et-Sainte-Basilisse. *Combaillaux.*
Saint-Julien. *Combaillaux.*

Saint-Julien-Daviras. *Saint-Julien-d'Avizas.*
SAINT-JULIEN-D'AVIZAS. *Saint-Félix-de-Lodez. Saint-Julien-d'Avizas.*
Saint-Julien-d'Avizaz. *Nizas.*
Saint-Julien-de-Bradaleusis; = de Brandelonsis; = de Brandelousis. *Saint-Julien-de-Brogalanque.*
Saint-Julien-de-Brioude. *Saint-Félix-de-Lodez.*
Saint-Julien-de-Molieres. *Saint-Julien-des-Molières.*
Saint-Julien-et-Sainte-Basilisse. *Grabels.*
Saint-Jullian-de-Olargio. *Olargues.*
SAINT-JUST. *Lunel. Obilions. Saint-Just.*
Saint-Juste; Saint-Just-et-Saint-Pasteur. *Saint-Just* (cⁿ de Lunel).
Saint-Laurent. *Fontanès* (cⁿ de Claret). *Lattes* (Montpellier).
Saint-Laurent-de-Vernazoubres. *Saint-Chinian.*
Saint-Leon; Saint-Léon; Saint-Léonce. *Saint-Germain-de-Fournez.*
SAINT-LOUP. *Cévennes. Saint-Loup* (Agde). *Saint-Loup* (Saint-Martin-de-Londres).
Saint-Marcellin. *Adissan.*
Saint-Marsal. *Saint-Marcel-d'Adeillan.*
Saint-Martial. *Assas. Saint-Marcel-des-Frères.*
Saint-Martin. *Coussenas. Garrigues* (Mas de). *Lansargues. Saint-Matthieu-de-Tréviers. Sussargues. Tréviers. Vieussan.*
Saint-Martin ad Aigne. *Saint-Martin-d'Oncirac.*
Saint-Martin-d'Adisse. *Barry* (Le).
SAINT-MARTIN-D'AGEL. *Magalas. Saint-Martin-d'Agel.*
Saint-Martin-d'Aguzan. *Guzargues.*
Saint-Martin-de-Carquares. *Saint-Martin-de-Carcarès.*
Saint-Martin-de-Castros. *Saint-Martin-de-Castries.*
Saint-Martin-de-Cilis. *Saint-Martin-de-Ceilles.*
Saint-Martin-de-Clamesson; = de Clemantians; = de Clemenson. *Saint-Martin-d'Orb.*
Saint-Martin-de-Colombs; = de Coulomb. *Saint-Martin-de-Colombo.*
SAINT-MARTIN-DE-DIVISAN. *Pioule. Saint-Martin-de-Divisan.*
Saint-Martin-de-Grenouillères. *Grenatière* (La) (Marseillan).
Saint-Martin-de-Larson; = de l'Arson. *Béziers. Saint-Martin-de-Larçon.*

TABLE DES FORMES ANCIENNES.

Saint-Martin de Margon. *Margon.*
Saint-Martin-de-Polignac. *Saint-Martin-d'Uscladels.*
Saint-Martin-de-Sauteirargues. *Sauteyrargues.*
Saint-Martin-des-Combes. *Saint-Martin-de-Combes.*
Saint-Martin-des-Croses. *Saint-Martin-des-Crozes.*
Saint-Martin-d'Essalles. *Saint-Martin-des-Salles.*
Saint-Martin-d'Oncira. *Saint-Martin-d'Oncirac.*
Saint-Martin-du-Crau. *Garrigues* (Mas de).
Saint-Martin-Durceirolles. *Saint-Martin-du-Bosc.*
Saint-Martin-d'Uscladelles. *Saint-Martin-d'Uscladels.*
Saint-Martin-du-Vignogue. *Vignogoul.*
Saint-Martin-entre-deux-Aignes. *Aigne. Béziers.*
Saint-Mathieu-de-Trevies; = de Treviers. *Saint-Matthieu-de-Tréviers. Tréviers.*
Saint-Mathieu-de-Treviès; = de Treviez. *Saint-Matthieu-de-Tréviers.*
SAINT-MATTHIEU-DE-TRÉVIENS. *Matelles. Saint-Matthieu-de-Tréviers.*
Saint-Michel. *Espéne*, riv. *Guzargues. Lunel. Montels* (Montpellier). *Mujolan.*
SAINT-MICHEL-D'ALAJOU. *Saint-Geniès-des-Fours. Saint-Michel-d'Alajou.*
Saint-Michel de Capestang. *Capestang.*
Saint-Michel-de-Grammont. *Grammont* (Saint-Privat).
SAINT-MICHEL-DU-PUECH-D'AUBAIGUES. *Puech* (Le) (c°ⁿ de Lodève). *Saint-Michel-du-Puech-d'Aubaigues.*
Saint-Nazaire. *Lunel. Saint-Nazaire-de-Pesan.*
Saint-Nazaire-de-Ladarès. *Saint-Nazaire-de-Ladarez.*
SAINT-NAZAIRE-DE-PESAN. *Peran. Saint-Just* (c°ⁿ de Lunel). *Saint-Nazaire-de-Pesan.*
Saint-Nazaire-de-Volbes. *Magalas. Saint-Nazaire* (Magalas).
Saint-Nazaire-et-Saint-Celse. *Saint-Nazaire-de-Pesan.*
Saint-Nazairy; Saint-Nazare-de-Ladris; Saint-Nazary. *Saint-Nazaire-de-Ladarez.*
Saint-Nicolas de Capestang. *Capestang.*
Saint-Pal. *Saint-Paul* (Maurcilhan).
Saint-Palcais. *Saint-Palais.*
Saint-Paragori. *Saint-Pargoire.*

Saint-Paul. *Montauberon. Viargues* (Béziers).
Saint-Paul-de-Montcamel. *Saint-Paulet-Valmalle. Valmalle* (Saint-Paul).
Saint-Paul-de-Valmale; = de Valmalle; Saint-Paul-et-Valmale. *Saint-Paul-et-Valmalle.*
Saint-Pierre. *Cournonterral. Fontès. Granoupiac. Lunas. Montpellier. Poussan.*
Saint-Pierre-Apoul. *Saint-Pierre* (Béziers). *Saint-Pierre*, moulin.
Saint-Pierre-aux-Liens. *Jacou. Lavérune. Usclas-de-Plaux. Valflaunès.*
Saint-Pierre-d'Aubillon. *Obilion.*
Saint-Pierre d'Aumelas. *Aumelas.*
Saint-Pierre-d'Avoiras. *Saint-Martin-du-Bosc.*
Saint-Pierre-de-Caprilz. *Cabrials* (Béziers).
Saint-Pierre-de-Dignerac. *Saint-Pierre-de-Lignerac.*
Saint-Pierre-de-Ferrat. *Saint-Pierre-de-Figuières.*
SAINT-PIERRE-DE-LA-FAGE. *Ilice. Saint-Pierre-de-la-Fage.*
Saint-Pierre-de-Lunas. *Joncels.*
Saint-Pierre-de-Maguelone. *Saint-Pierre-de-Montpellier.*
SAINT-PIERRE-DE-RÈDES. *Poujol* (Le) (c°ⁿ de Saint-Gervais). *Saint-Pierre-de-Rèdes.*
Saint-Pierre-de-Roubignac. *Rouvignac* (Avène).
Saint-Pierre de Thezan. *Thézan.*
Saint-Pierre de Valmasclo. *Valmasclo.*
Saint-Pierre-du-Bagnas. *Saint-Pierre-de-Fontmars.*
Saint-Pierre-ès-Liens. *Puéchabon.*
Saint-Pierre-et-Saint-André. *Maugnio.*
Saint-Pierre-et-Saint-Paul. *Montauberon.*
Saint-Pierrerue. *Pierrerue.*
Saint-Pol. *Viargues* (Béziers).
Saint-Pol-de-Montcamel. *Saint-Paulet-Valmalle.*
Saint-Pomat (Béziers).
Saint-Pons-de-Mascas; = de Mauxchions. *Saint-Pons-de-Mauchions.*
Saint-Pons-de-Thomieyras; = de Thoumieres. *Saint-Pons-de-Thomières.*
Saint-Pons-de-Tomières. *Narbonnaise.*
Saint-Roch. *Pinet.*
Saint-Rome. *Aspiran.*
Saint-Saturnin. *Arnet.*
Saint-Sauveur. *Montels* (Lunel). *Soulages.*

Saint-Sauveur-Camplong. *Saint-Sauveur-du-Puy.*
Saint-Sauveur-de-Lodève. *Lodève.*
Saint-Sauveur-Graissessac. *Graissessac. Saint-Sauveur-du-Puy.*
Saint-Sébastien. *Meyrargues. Triadou* (Le) (c°ⁿ des Matelles).
Saint-Sébastien-de-Prémian. *Saint-Étienne-d'Albagnan. Saint-Sébastien-de-Frémian.*
SAINT-SERIÈS; Saint-Seriès. *Lunel. Saint-Seriès.*
Saint-Sixt. *Saint-Xist.*
Saint-Sixte. *Pérols.*
Saint-Sylvestre. *Colombiers-lez-Béziers.*
Saint-Taille. *Centeilles.*
Saint-Théodoret. *Meyrargues.*
Saint-Theodorit. *Vendargues.*
Saint-Thiberi; Saint-Thuberi; Saint-Tibery. *Saint-Thibéry* (c°ⁿ de Pézenas).
Saint-Tibéry. *Béziers.*
Saint-Victor. *Brissac.*
Saint-Vincens. *Saint-Vincent-de-Barbeyrargues.*
Saint-Vincent. *Lunel-Viel. Pégairolles* (c°ⁿ de Saint-Martin-de-Londres).
Saint-Vincent-de-Manzonis. *Gibret.*
SAINT-VINCENT-DE-MAUZONIS. *Saint-Martin-du-Bosc. Salelles* (le Bosc).
Saint-Vincent-de-Montarels. *Margon.*
Saint-Vincent-de-Salelles. *Grammont* (Saint-Privat).
Saisacum. *Sansac.*
Saissenac. *Saussenas.*
Saisserns. *Cesseras.*
Saixacum. *Sansac.*
Sajolle. *Sajoles.*
Sala (782). *Pont-Sepme.*
Sala (1224). *Salles* (Castelnau-de-Guers).
Salairon. *Salaison*, riv.
Salaizon; Saluzon; Salazou. *Salaison* (Vendargues).
Salamonens. *Salamane.*
Salaron. *Salaison*, riv. *Salaison* (Vendargues).
Salas; Salaschensis. *Salasc.*
Salascum. *Saint-Geniès-de-Lodève. Salasc.*
Salazum. *Soulages.*
Salces. *Salces* (Les).
Salella. *Salelles* (Caux).
Salellas. *Salelles* (le Bosc).
SALELLES. *Saint-Martin du-Bosc. Salelles* (le Bosc).
Salenicium; Salenicium. *Saint-Martin-des-Salles.*
Salente. *Salante.*

Salettes. *Vernazobre*, ruiss.
Salezon. *Crès (Le)* (Castelnau). *Salaison*, riv. *Salaison* (Vendargues).
Salicates. *Saint-Jean-de-Jérusalem*.
Salices. *Salses (Les)*.
Saliens (1106). *Saint-Martin-des-Salles*.
Saliens (1108). *Salante*.
Salies. *Saliés*.
Salignacium; Salignanellum; Salinhacum. *Sauviac*.
Salinæ (822). *Cette*.
Salinæ (1152). *Salines* (Mèze).
Salinæ (990). *Salines. Salins*.
Saliscuira. *Salse (La)*.
Sallozo. *Salaison*, riv.
SALLE (LA). *Rantely*, ruiss. *Salle (La)* (Olargues).
Salicles. *Salelles* (le Bosc).
Sallelles. *Salelles* (Caux).
Salles (Les). *Saint-Martin-des-Salles*.
Salsæ (1000-1437). *Saint-Privat-des-Salses. Salses (Les)*.
Salsæ (1269). *Val-Durand*.
Salsanum. *Saussan*.
Salsas; SALSES. *Salses (Les)*.
Salsias. *Salse (La)*.
Salsson. *Salson*.
Saltairanicæ. *Sauteyrargues*.
Saltu (B. M. de). *Garrigue (Notre-Dame-de-la-)*.
Salvanhac. *Salvagnac*.
Salvanum. *Salva*.
Salvaticos (804). *Salvagnac*.
Salvaticos (996). *Soulages*.
Salvetad; Salvetas; Salvetat. *Salvetat (La)*.
Salvianellum; Salvianetum. *Salvianet*.
Salvianum. *Sauvian*.
Salvihacum; Salvinhacum; Salviniacum. *Sauviac.*
Salvinianum. *Sauvian*.
Salvium. *Marquerose*.
Salzanum. *Saussan*.
Salzet. *Sauzet*.
Salzetum (1100). *Sauret*.
Salzetum (1156). *Sauzet*.
Samiulens. *Semalen*.
Sancta Agatha apud Varequas. *Valergues*.
Sancta Agatha inter montes. *Monts (Les)*.
Sancta Agnes. *Aigne*.
Sancta Agnes de Menojol. *Saint-Aunès-d'Auroux*.
Sancta Basilissa. *Baillargues. Cazouls-lez-Béziers. Ribaute. Servian*.
Sancta Basilissa de Balhanicis. *Baillargues*.

Sancta Brigitta. *Sainte-Brigitte*.
Sancta Catharina d'Arboras. *Arboras* (Lansargues).
Sancta Cecilia. *Loupian*.
Sancta Columba (957). *Sainte-Colombe* (Colombières).
Sancta-Columba (1090-1440). *Sainte-Colombe-de-Nyssargues. Villettes*.
Sancta Columba de Nissanicis. *Sainte-Colombe-de-Nyssargues*.
Sancta Cristina. *Sainte-Christine*.
Sancta Crux. *Cournonterral*.
Sancta Crux de Cellanova. *Celleneuve*.
Sancta Crux de Fontanesio. *Fontanès* (c°⁰ de Claret). *Sainte-Croix-de-Quintillargues*.
Sancta Crux de Quintilanegues; = de Quintilhanicis; = de Quintillanegues; = de Quintillianicis. *Sainte-Croix-de-Quintillargues*.
Sancta Crux Gellonensis. *Saint-Guilhem-du-Désert*.
Sancta Eulalia. *Cazouls-lez-Béziers. Maureilhan* (Vic). *Montblanc*.
Sancta Eulalia de la Recluse. *Sainte-Eulalie-de-la-Recluse*.
Sancta Eulalia de Liniaco. *Linière (La)*.
Sancta Eulalia de Miris Vallibus. *Mireval*.
Sancta Eulalia de Paderino; = de Padernis. *Sainte-Eulalie-de-la-Recluse*.
Sancta Eulalia de Riols. *Sainte-Eulalie-de-Riols*.
Sancta Eulalia de Serclas. *Sainte-Eulalie-de-Serclas. Saint-Julien-d'Olargues*.
Sancta Eulalia de Tomeio. *Sainte-Eulalie* (Villeneuve-lez-Béziers).
Sancta Eulalia de Valle. *Mireval*.
Sancta Eulalia de Veyruna. *Lavérune*.
Sancta Fides de Ficheras; = de Ficheiras. *Figuières* (la Vacquerie).
Sancta Florentia. *Saint-Thibéry* (c°⁰ de Pézenas).
Sancta Julita. *Boussagues. Saint-Xist*.
Sancta Leocadia de Valle. *Mireval*.
Sancta Leocadia; Sancta Leucadia; Sancta Leucalia de Vico. *Vic* (c°⁰ de Frontignan).
Sancta Magdalena Demonis; = de Monis. *Boussagues. Sainte-Madeleine-de-Monis*.
Sancta Maria. *Aleyrac. Aumelas. Autignac. Autignaguet. Badones. Boussagues. Brenas. Camplong. Causse-de-la-Selle. Causses. Cazouls-lez-Béziers. Cros (Le)* (c°⁰ du Caylar). *Douch. Frangouille. Frouzet. Lunel. Margon.*

Mauguio. Montpellier. Notre-Dame-d'Ourgas. Pouget (Le). Roquessels. Rouviéges (Puilacher). *Verdus* (Saint-Guilhem-du-Désert). *Vinas* (Avène).
Sancta Maria ad Nives. *Boussagues. Mourié* (Mas de).
Sancta Maria Agathensis. *Agde*.
Sancta Maria Agnanensis. *Aniane*.
Sancta Maria de Affriano. *Affaniès*.
Sancta Maria de Altiniaco. *Autignac*.
Sancta Maria de Andesanicis; = ad Andesanicas. *Sainte-Marie-d'Arnevieille*.
Sancta Maria de Anisa. *Nize* (Lunas).
Sancta Maria de Aquis. *Notre-Dame-d'Aix*.
Sancta Maria de Areis. *Sainte-Marie-de-Nazareth*.
Sancta Maria de Arnempdis; = de Arnendes. *Sainte-Marie-d'Arnevieille*.
Sancta Maria de Avalleta. *Valette (La)*. (c°⁰ de Lunas).
Sancta Maria de Badonis. *Badonnes*.
Sancta Maria de Bella. *Bellaure. Sainte-Marie-de-Belle*.
Sancta Maria de Bello loco. *Beaulieu*.
Sancta Maria de Betiano. *Bessan*.
Sancta Maria de Bono loco. *Vignogoul*.
Sancta Maria de Bundilione. *Brousdoul*.
Sancta Maria de Cagatio. *Cagnago*.
Sancta Maria de Cairana; = de Cairano. *Sainte-Marie-de-Cairou*.
Sancta Maria de Candillargues. *Candillargues*.
Sancta Maria de Canoa. *Sainte-Marie-du-Causse*.
Sancta Maria de Carneccaz. *Carleneeas-et-Levas*.
Sancta Maria de Cassiano. *Cassan* (Roujan).
Sancta Maria de Castro novo. *Castelnau* (Montpellier).
Sancta Maria de Causa. *Sainte-Marie-du-Causse*.
Sancta Maria de Causses. *Causses-et-Veyran*.
Sancta Maria de Cazano. *Cassan* (Roujan).
Sancta Maria de Chartuissia. *Chartreuse (La)*.
Sancta Maria de Claperiis. *Clapiers* (c°⁰ de Castries).
Sancta Maria de Coccletis. *Cécolés*.
Sancta Maria de Cornelio; = de Cornilio. *Cornils*.

Sancta Maria de Durbia. *Notre-Dame-du-Peyrou.*
Sancta Maria de Exindrio. *Lattes* (Montpellier).
Sancta Maria de Feireras. *Ferrières* (c^{on} d'Olargues).
Sancta Maria de Foderias. *Fozières* (c^{on} de Lodève).
Sancta Maria de Fraissens. *Fraisse.* (Combes).
Sancta Maria de Frangolia. *Frangouille.*
Sancta Maria de Gairigua. *Montpeyroux.*
Sancta Maria de Garriga. *Garrigue* (*Notre-Dame-de-la-*).
Sancta Maria de Gornerio. *Gorniès* (c^{on} de Ganges).
Sancta Maria de Gradu. *Notre-Dame-du-Grau.*
Sancta Maria de Gratia. *Cazouls-lez-Béziers. Sérignan.*
Sancta Maria de Joindri. *Notre-Dame-de-Londres.*
Sancta Maria de la Bastida. *Sainte-Marie-de-la-Bastide.*
Sancta Maria de la Romegouze. *Maillac* (la Salvetat).
Sancta Maria de la Roque. *Cabrerolles* (c^{on} de Murviel). *Cazouls-lez-Béziers.*
Sancta Maria de Latis. *Lattes* (Montpellier).
Sancta Maria de Liziniano. *Lésignan-de-la-Cèbe.*
Sancta Maria de Londris. *Notre-Dame-de-Londres.*
Sancta Maria de Luciano. *Sainte-Marie-de-Lucian.*
Sancta Maria de Maravals. *Mireval.*
Sancta Maria de Minerva. *Minerve.*
Sancta Maria de Montaniaco. *Montagnac.*
Sancta Maria de Monte Albedone. *Grammont* (Montpellier). *Montauberon.*
Sancta Maria de Monte Alto. *Montaud.*
Sancta Maria de Monte Arnaudo. *Montarnaud.*
Sancta Maria de Montebaseno. *Montbazin.*
Sancta Maria de Morecino. *Mourèze.*
Sancta Maria de Nataliano. *Sainte-Marie-de-Nadailhan.*
Sancta Maria de Nazareth. *Sainte-Marie-de-Nazareth.*
Sancta Maria de Nova Cella. *Navacelle.*
Sancta Maria de Oliveto. *Sainte-Marie-de-l'Olivète.*

Sancta Maria de Ortilis. *Sainte-Marie-des-Horts.*
Sancta Maria de Ozorio. *Saint-Aunès-d'Auroux.*
Sancta Maria de Palas. *Pallas* (Mèze).
Sancta Maria de Parlages. *Parlatges* (c^{on} de Lodève).
Sancta Maria de Pauliano. *Paulhan.*
Sancta Maria de Pignano. *Pignan.*
Sancta Maria de Pinibus. *Cazouls-lez-Béziers. Espondeilhan.*
Sancta Maria de Portu. *Notre-Dame-des-Ports.*
Sancta Maria de Preixano. *Preignes-le-Vieux.*
Sancta Maria de Pruneto. *Calmels. Notre-Dame-de-Prunet.*
Sancta Maria de Quadraginta. *Quarante.*
Sancta Maria de Rippa. *Rives* (Les) (c^{on} du Caylar).
Sancta Maria de Rocasels. *Roquessels.*
Sancta Maria de Roviniaco. *Rouvignac* (Octon).
Sancta Maria de Rubo. *Sainte-Marie-du-Rosier.*
Sancta Maria de Salsas. *Salses* (Les).
Sancta Maria de Salsis. *Val-Durand.*
Sancta Maria de Saltu. *Garrigue* (*Notre-Dame-de-la-*).
Sancta Maria de Salvetad. *Salvetat* (La).
Sancta Maria de S. Gerardo. *Saint-Guiraud.*
Sancta Maria de Saturonicis; = de Sesteiranegues. *Saturargues.*
Sancta Maria de Sirignano. *Sérignan.*
Sancta Maria des Masques. *Saint-Pons-de-Mauchiens.*
Sancta Maria de Stagno. *Sainte-Marie-de-l'Étang.*
Sancta Maria de Tabulis. *Notre-Dame-des-Tables.*
Sancta Maria de Torolla. *Touroulle.*
Sancta Maria de Tresors. *Sainte-Marie-de-Trésors.*
Sancta Maria de Trignano. *Trignan* (Mas de).
Sancta Maria de Tuda. *Latude* (Sorbs).
Sancta Maria de Vallecrosa. *Sainte-Marie-de-Valcreuse.*
Sancta Maria de Vallemagna. *Valmagne.*
Sancta Maria de Villanova Rechina; = Requi; = Richini. *Villenouvette* (Maraussan).
Sancta Maria de Vinacio. *Vinas* (Avène).
Sancta Maria de Vinogolo. *Vignogoul.*
Sancta Maria d'Octobian. *Octon.*

Sancta Maria d'Ortulis. *Sainte-Marie-des-Horts.*
Sancta Maria et S. Julianus de Mailiaco. *Maillac* (la Salvetat).
Sancta Maria Magdalena. *Lattes* (Montpellier). *Magdeleine* (La). *Sainte-Marie-Madeleine* (Béziers).
Sancta Maria Magdalena de Bono loco. *Vignogoul.*
Sancta Maria Magdalena de Preixano. *Preignes-le-Vieux.*
Sancta Maria Pietatis. *Abeilhan. Cazouls-lez-Béziers.*
Sancta Maria Quadraginta. *Conquette.*
Sancta Maria Virtutum. *Lésignan-de-la-Cèbe. Paulhan. Pouget* (Le).
Sancta Natalia de Fano. *Fos.*
Sancta Natalita. *Fos. Pouget* (Le).
Sancta Perpetua. *Sainte-Perpétue.*
Sancta Reparata. *Sainte-Réparate.*
Sancta Susanna. *Florensac.*
Sancta Trinitas. *Pouget* (Le). *Poilhacher.*
Sanct Marti dels Camps. *Saint-Martin-des-Champs.*
Sanctus Adrianus. *Adissan. Pouget* (Le). *Saint-Adrien.*
Sanctus Adrianus de Adissano. *Adissan.*
Sanctus Ægidius de Fisco. *Saint-Gély-du-Fesc.*
Sanctus Ægidius de Usclato. *Usclas-de-Plaux.*
Sanctus Affrodisius. *Saint-Aphrodise.*
Sanctus Albanus. *Neffiès. Pouget* (Le).
Sanctus Albanus de Columbaria. *Colombiers* (c^{on} de Béziers).
Sanctus Albinus de Almis. *Aumes.*
Sanctus Albinus de Columbaria; = et S. Jacobus de Columberiis. *Colombiers* (c^{on} de Béziers).
Sanctus Alexander. *Bédarieux. Boussagues.*
Sanctus Amancius; Sanctus Amancius de Boissa. *Saint-Amans-de-Teulet.*
Sanctus Amancius de Podolz. *Pouget* (Le). *Saint-Amans-de-Pouzols.*
Sanctus Amantius. *Pouget* (Le). *Pouzols. Teulet.*
Sanctus Amantius de Albania. *Saint-Étienne-d'Albagnan.*
Sanctus Amantius de Podols. *Saint-Amans-de-Pouzols.*
Sanctus Amantius de Podolz. *Pouzols.*
Sanctus Amantius de Teuleto. *Saint-Amans-de-Toulet.*
Sanctus Andreas. *Boussagues. Campagnoles. Cazouls-lez-Béziers.* Dio- et-

TABLE DES FORMES ANCIENNES.

Valquières. Rieussec. Roquebrun. Saint-André-d'Agde. Valquières. Verdus (Saint-Guillem-du-Désert).
Sanctus Andreas de Agatho. Agde.
Sanctus Andreas de Albaterra. Saint-André-d'Aubeterre.
Sanctus Andreas de Boia. Saint-André-de-Buèges.
Sanctus Andreas de Campagnoles. Campagnoles.
Sanctus Andreas de Cogullis. Saint-André-de-Cuculles.
Sanctus Andreas de Maurone. Maurin.
Sanctus Andreas de Molinis. Moulières (Saint-Jean-de-Cuculles).
Sanctus Andreas de Novis Gentibus. Saint-André-de-Novigens.
Sanctus Andreas de Proliano. Saint-André-de-Prolian.
Sanctus Andreas de Rohas. Saint-André-de-Buèges.
Sanctus Andreas de Rominiaco. Ruissec (Avène).
Sanctus Andreas de Roquebrun. Ceps.
Sanctus Andreas de Rucciniaco. Ruissec (Avène).
Sanctus Andreas de Saugonis; = de Sanguonensi. Saint-André-de-Sangonis.
Sanctus Andreas de Setenarias. Sesquier.
Sanctus Andreas de Sugras. Saugras.
Sanctus Andreas de Valquieres. Valquières.
Sanctus Andreas de Veranicis. Vérargues.
Sanctus Andreas Sanguivomensis. Bages, Saint-André-de-Sangonis.
Sanctus Anianus Vernedubrio. Saint-Chinian.
Sanctus Aphrodisius; Sanctus Aphrodisus. Saint-Aphrodise.
Sanctus Aphrodisius Laprariensis. Fontès.
Sanctus Ascisclus de Mutationibus. Mudaison.
Sanctus Bartholomæus. Boussagues. Ermitage (L') (Saint-Guillem-du-Désert).
Sanctus Bartholomæus d'Albanegues. Aubagne.
Sanctus Bartholomæus de Arnosia. Saint-Barthélemy-d'Arnoye.
Sanctus Baudelius de Lodoza; = de Visan. Montouliers.
Sanctus Baudilius. Cazouls-lez-Béziers. Licuran-Cabrières. Maureilhan. Pouget (Le). Saint-Bauzille (Agde). Saint-Bauzille-de-la-Silve.
Sanctus Baudilius de Briccio. Saint-Bauzille (Saint-Brès).
Sanctus Baudilius de Esclatiano. Saint-Bauzille-de-la-Silve.
Sanctus Baudilius de Furchis. Saint-Bauzille-de-Fourches.
Sanctus Baudilius de Monteceno. Saint-Bauzille-de-Montmel. Saint-Germain-de-Fournez.
Sanctus Baudilius de Montesevo. Saint-Bauzille-de-Montmel.
Sanctus Baudilius de Podusio. Coste (La) (Saint-Bauzille-de-Putois). Hérault. Saint-Bauzille-de-Putois.
Sanctus Baudilius de Pudesio. Saint-Bauzille-de-Putois.
Sanctus Baudilius de Selatrano. Saint-Bauzille-de-la-Silve.
Sanctus Baudilius de Somonte. Soumont.
Sanctus Baudilius et S. Celsus. Saint-Jean-d'Ognon.
Sanctus Bausilius. Saint-Bauzille-de-Putois.
Sanctus Benedictus de Gorjano. Saint-Étienne-de-Gorjan.
Sanctus Benedictus et S. Germanus. Montpellier.
Sanctus Blasius. Saint-Pierre-de-Clanezet.
Sanctus Briccius. Saint-Bauzille (Saint-Brès). Saint-Brès. Villottes.
Sanctus Bricius. Pouget (Le). Saint-Brès.
Sanctus Bricius de Usclas. Usclas-d'Hérault.
Sanctus Brissius; = Britius; = Brixius. Saint-Brès.
Sanctus Celsus. Cazouls-lez-Béziers. Saint-Celse. Saint-Jean-d'Ognon. Saint-Nazaire-de-Ladarez.
Sanctus Chererius. Saint-Christol (c^{on} de Lunel).
Sanctus Christoforus. Saint-Christophe.
Sanctus Christoforus de Asperas. Aspres (Mas des).
Sanctus Christophorus. Faugères. Maureilhan (Vic). Pouget (Lô). Saint-Christol (c^{on} de Lunel).
Sanctus Christophorus de Folgeriis. Faugères.
Sanctus Christophorus de Margung. Margon.
Sanctus Ciprianus de Salviano. Sauvian.
Sanctus Ciriacus. Saint-Cirice.
Sanctus Ciricius. Castelnau (c^{on} de Montpellier).
Sanctus Clemens. Saint-Clément-de-Rivière.
Sanctus Cornelius de Salviano. Sauvian.
Sanctus Cornelius et S. Cyprianus. Cazouls-lez-Béziers. Sauvian.
Sanctus Cosmus et S. Damianus. Saint-Côme.
Sanctus Cyprianus. Cazouls-lez-Béziers. Sauvian. Sorbs.
Sanctus Cyprianus de Porcayranicis. Portiragnes.
Sanctus Cyprianus de Salviano. Sauvian.
Sanctus Cyprianus de Sobertio. Soubès.
Sanctus Dalmatius de Telnodaz. Roqueredonde. Tiendas.
Sanctus Damianus. Saint-Côme.
Sanctus Desiderius. Saint-Drézéry.
Sanctus Dionisius. Montpellier.
Sanctus Dionysius de Ginesteto. Saint-Denis-de-Ginestet.
Sanctus Dionysius de Montepessulaneto. Montpellicret.
Sanctus Dius de Seta. Cette.
Sanctus Dyonisius de Genesteto. Saint-Denis-de-Ginestet.
Sanctus Dyonisius de Montepessulaneto. Montpellicret.
Sanctus Egidius d'Arboras. Arboras (Lansargues).
Sanctus Egidius de Fisco. Saint-Gély-du-Fesc.
Sanctus Egidius de Fratribus. Fréjorgues.
Sanctus Egidius de Usclas. Usclas-de-Plaux.
Sanctus Erasmus. Pouget (Le). Vendémian.
Sanctus Eusebius. Boussagues. Campillergues.
Sanctus Eusebius de Campaneolis. Campillergues.
Sanctus Eusebius de Trignano. Trignan (Mas de).
Sanctus Felix. Cazouls-lez-Béziers. Peret (c^{on} de Montagnac). Portiragnes. Pouget (Le).
Sanctus Felix de Baxano. Bassan.
Sanctus Felix de Capite Stagni. Capestang.
Sanctus Felix de Lerate; = de Leraz; = de Leyratio. Saint-Félix-de-l'Héras.
Sanctus Felix de Montecenen; = de Monteceven; = de Montesalvio; =

TABLE DES FORMES ANCIENNES.

de Montesevo. *Saint-Félix-de-Montseau.*
Sanctus Felix de Paleria. *Pailletrice.*
Sanctus Felix de Plano. *Lodève. Saint-Félix-de-Lodez.*
Sanctus Felix de Plenis. *Saint-Félix-de-Lodez.*
Sanctus Felix de Porcairanicis. *Portiragnes.*
Sanctus Felix de Rogaz. *Saint-Félix-de-Rougas.*
Sanctus Felix de Solaco. *Saint-Félix* (Murviel).
Sanctus Felix de Substantione; = de Sustancione. *Substantion.*
Sanctus Felix de Sustantione. *Maladreries* (Montpellier). *Saint-Félix-de-Montseau.*
Sanctus Felix de Vairaco. *Villeveyrac.*
Sanctus Felix de Valfennes. *Valflaunès.*
Sanctus Felix de Veruna. *Lavérune.*
Sanctus Felix de Vetula. *Claret* (arrond. de Montpellier). *Vieille (La)* (Montoulieu).
Sanctus Felix de Villa Paterna. *Saint-Félix-de-Montseau.*
Sanctus Felix in Plano. *Saint-Félix-de-Lodez.*
Sanctus Felix Jeruudensis. *Saint-Félix-de-Joncels.*
Sanctus Felix Juncellensis. *Joncels. Saint-Félix-de-Joncels.*
Sanctus Ferreolus de Cinciano. *Saint-Ferréol.*
Sanctus Fructuosus. *Saint-Frichoux.*
Sanctus Fulcrannus. *Saint-Geniès-de-Lodève.*
Sanctus Gairaudus. *Saint-Guiraud.*
Sanctus Genesius. *Fontès. Laval-de-Nise. Pouget (Le). Saint-Geniès-des-Mourgues. Saint-Geniès-de-Varensal. Saint-Geniès-le-Bas. Tressan.*
Sanctus Genesius Arelatensis. *Saint-Geniès-de-Lodève.*
Sanctus Genesius de Adiliano. *Saint-Marcel-d'Adeillan.*
Sanctus Genesius de Campaniano. *Campagnan.*
Sanctus Genesius de Commiurano; = de Cumexanos. *Lunas.*
Sanctus Genesius de furnis. *Fournaque (La). Saint-Geniès-des-Fours. Saint-Michel-d'Alajou. Vinas* (Lodève).
Sanctus Genesius de Gigeano. *Gigean.*
Sanctus Genesius de Grazano. *Grezan.*
Sanctus Genesius de Ledens. *Litenis.*
Sanctus Genesius de Litenis. *Litenis. Saint-Jean-de-Fos.*

Sanctus Genesius de Lutova. *Saint-Geniès-de-Lodève.*
Sanctus Genesius de Salasco; = de Sulasco. *Salasc.*
Sanctus Genesius de Tressano. *Tressan.*
Sanctus Genesius et S. Genesius. *Campagnan. Cazouls-lez-Béziers. Cers. Montady. Pouget (Le). Saint-Geniès-le-Bas.*
Sanctus Genesius juxta Mare. *Saint-Geniès* (Sérignan).
Sanctus Genesius Leutevensis; = Salascum. *Saint-Geniès-de-Lodève.*
Sanctus Genisius. *Saint-Geniès-de-Varensal.*
Sanctus Georgius. *Saint-Georges-d'Orques.*
Sanctus Georgius de Busiaco. *Boussagues.*
Sanctus Georgius de Cornone sicco. *Cournonsec.*
Sanctus Georgius de Dorcas; = de Orcas. *Saint-Georges-d'Orques.*
Sanctus Geraldus. *Saint-Guiraud.*
Sanctus Geraldus Lundrensis. *Saint-Martin-de-Londres.*
Sanctus Gerardus. *Saint-Guiraud.*
Sanctus Germanus. *Montpellier. Saint-Germain.*
Sanctus Germanus de Fornes. *Saint-Germain-de-Fournez.*
Sanctus Germanus de Fornesio. *Saint-Bauzille-de-Montmel. Saint-Germain-de-Fournez.*
Sanctus Gervasius. *Saint-Gervais.*
Sanctus Gervasius de Caucio. *Caux.*
Sanctus Gervasius de Grabellis. *Grabels. Juvignac.*
Sanctus Gervasius de Jovennac. *Juvignac.*
Sanctus Gervasius et Sanctus Protasius. *Caux. Juvignac. Pouget (Le).*
Sanctus Girardus de Castro Lundre. *Mas-de-Londres.*
Sanctus Gregorius. *Boussagues.*
Sanctus Gregorius Villæ Magnæ. *Villemagne.*
Sanctus Guillelmus. *Verdus* (Saint-Guillem-du-Désert).
Sanctus Guillelmus de Desertis; = de Deserto. *Saint-Guillem-du-Désert.*
Sanctus Guillelmus de Miliciaco. *Miliac.*
Sanctus Guillelmus Gellonensis; = Gilionensis. *Saint-Guillem-du-Désert.*
Sanctus Guiraldus de Villatella. *Villetelle* (c^{on} de Lunel).
Sanctus Hilarius de Centarinicis; =

de Centayranicis; = de Centairanegues; = de Centrairanicis; = de Centranegis; = de Centrarianicis; = de Centrayranicis; = de Centrairanicis. *Sauteyrargues.*
Sanctus Hilarius de Pulcro Visu. *Saint-Hilaire-de-Beauvoir.*
Sanctus Hilarius de Sauteiranicis. *Sauteyrargues.*
Sanctus Hipolitus. *Fontès.*
Sanctus Hylarius. *Montcalmès. Saint-Hilaire* (Montagnac).
Sanctus Hylarius de Montecalmensi. *Saint-Hilaire-de-Montcalm.*
Sanctus Hypolitus. *Fontès. Pouget (Le).*
Sanctus Jacobus. *Fabrègues* (c^{on} de Montpellier). *Pouget (Le).*
Sanctus Jacobus Biterrensis. *Saint-Jacques-de-Béziers.*
Sanctus Jacobus de Bocigis. *Bouzigues.*
Sanctus Jacobus de Columberiis. *Colombiers* (2e c^{on} de Béziers).
Sanctus Jacobus de Cors; = de Corts; = de Courtz. *Saint-Jacques-de-Corts.*
Sanctus Jacobus de Pratis. *Prades* (c^{on} des Matelles).
Sanctus Jacobus in Melgurio. *Maugnio.*
Sanctus Joannes. *Boussagues. Cazouls-lez-Béziers. Pouget (Le). Rocozels. Saint-Jean-d'Aureillan. Saint-Jean-de-Bibian.*
Sanctus Joannes Baptista. *Boussagues. Cazouls-lez-Béziers. Ceilles. Laurens. Murviel* (c^{ne} et c^{on}). *Nissergues.*
Sanctus Joannes d'Aureillan. *Saint-Jean-d'Aureillan* (Béziers et Liausson).
Sanctus Joannes de Babian; = de Bebian; = de Bibian. *Saint-Jean-de-Bibian.*
Sanctus Joannes de Buata. *Barnarium.*
Sanctus Joannes de Cocone. *Prades* (c^{on} des Matelles).
Sanctus Joannes de Cucullis. *Saint-Jean-de-Cuculles.*
Sanctus Joannes de Fortia. *Saint-Jean-de-Fos.*
Sanctus Joannes de Grazano. *Grézan.*
Sanctus Joannes de la Blaquiere. *Saint-Jean-de-la-Blaquière.*
Sanctus Joannes de Lestencleriis. *Saint-Jean-de-Lestinclières.*
Sanctus Joannes de Monte-Arbedone. *Montauberon.*
Sanctus Joannes de Plenis; = de Plens. *Saint-Jean-de-la-Blaquière.*
Sanctus Joannes de Pratis. *Prades* (c^{on} des Matelles).

Hérault.

Sanctus Joannes de Sobertio. *Soubès.*
Sanctus Joannes de Unione. *Saint-Jean-d'Ognon.*
Sanctus Joannes de Vedacio. *Saint-Jean-de-Védas.*
Sanctus Johannes. *Maurcilhan* (Vic). *Saint-Jean-d'Ognon.*
Sanctus Johannes Baptista de Aviatio. *Vias.*
Sanctus Johannes Baptista de Silias. *Ceilhes-et-Rocozels.*
Sanctus Johannes d'Aniana. *Aniane.*
Sanctus Johannes de Balmis. *Saint-Jean-de-Fos.*
Sanctus Johannes de Bodia. *Pourols. Saint-Jean-de-Buéges.*
Sanctus Johannes de Buata. *Saint-Jean-de-la-Buade.*
Sanctus Johannes de Buia. *Montels* (Saint-Jean-de-Buéges). *Saint-Jean-de-Buéges.*
Sanctus Johannes de Castro novo. *Castelnau-de-Guers.*
Sanctus Johannes de Cocone; = de Cocono. *Saint-Jean-de-Cocon.*
Sanctus Johannes de Cogullis. *Saint-Jean-de-Cuculles.*
Sanctus Johannes de Comajagae; = de Conmerargues. *Saint-Jean-de-Combajargues.*
Sanctus Johannes de Concono. *Saint-Jean-de-Cocon.*
Sanctus Johannes de Corgnes; = de Corn; = de Cornis. *Saint-Jean-de-Cornies.*
Sanctus Johannes de Couquon; = de Cucone. *Saint-Jean-de-Cocon.*
Sanctus Johannes de Cullis. *Saint-Jean-de-Cuculles.*
Sanctus Johannes de Cumajagas. *Saint-Jean-de-Combajargues.*
Sanctus Johannes de Ferreires. *Ferrières* (c^{ne} de Claret).
Sanctus Johannes de Fors. *Saint-Jean-de-Fos.*
Sanctus Johannes de Fraxino. *Fraisse* (c^{ne} de la Salvetat).
Sanctus Johannes de Fregonicis. *Saint-Jean-de-Fréjorgues.*
Sanctus Johannes de Frejonicis.*Frissac.*
Sanctus Johannes de Grabols. *Grabels.*
Sanctus Johannes de Gurgite nigro. *Saint-Jean-de-Fos.*
Sanctus Johannes de Juviniaco. *Juvignac.*
Sanctus Johannes de Lentileiras; = de Lentrisclerias. *Saint-Jean-de-Lestinclières.*

Sanctus Johannes de Lestencleriis. *Saint-Jean-de-Lestinclières. Saint-Michel-de-Damassan.*
Sanctus Johannes de Litenis. *Litenis.*
Sanctus Johannes de Liviniacho. *Lavagnac.*
Sanctus Johannes de Montaniaco. *Montagnac.*
Sanctus Johannes de Murlis. *Murles* (c^{on} des Matelles).
Sanctus Johannes de Muro Veteri. *Murviel* (3e c^{on} de Montpellier).
Sanctus Johannes de Muro Vetulo. *Murviel* (arrond. de Béziers).
Sanctus Johannes de Nodel. *Saint-Jean-de-Noix.*
Sanctus Johannes de Plouis. *Lodève.*
Sanctus Johannes de Plcous. *Saint-Jean-de-la-Blaquière.*
Sanctus Johannes de Pojeto.*Pouget*(Le).
Sanctus Johannes de Pradas. *Prades* (Cessenon).
Sanctus Johannes de Ripa. *Rives* (Les) (Saint-André-de-Buéges).
Sanctus Johannes de Salviano. *Sauvian.*
Sanctus Johannes de Sobertio; = de Sorbis; = de Sorbs; = de Sors. *Sorbs.*
Sanctus Johannes de Vadatio; = de Vedace; = de Vedascio; = de Vedassio. *Saint-Jean-de-Védas.*
Sanctus Johannes de Vico. *Vic* (c^{on} de Frontignan).
Sanctus Johannes de Vinone. *Saint-Jean-d'Ognon.*
Sanctus Johannes Duraliola. *Drouille.*
Sanctus Johannes et Sanctus Petrus et Sancta Susanna. *Florensac.*
Sanctus Johannes Hierosolymitanus. *Nébian.*
Sanctus Johannes in villa de Sancta Eulalia. *Mireval.*
Sanctus Jorus. *Saint-Georges-d'Orques.*
Sanctus Julianus. *Aspiran. Combaillaux. Gabian* (c^{on} de Roujan). *Pouget* (Le). *Saint-Julien-d'Olargues. Saint-Julien-lez-Pézenas. Saint-Saturnin-de-Lucian.*
Sanctus Julianus Avicialis. *Saint-Julien-d'Avizas.*
Sanctus Julianus de Antonegues. *Antonègre.*
Sanctus Julianus de Aspiriano. *Aspiran.*
Sanctus Julianus de Balanegues. *Baillargues. Valergues.*
Sanctus Julianus de Bradalanca; = de Bragalanca; = de Bragalaunga. *Saint-Julien-de-Bragalaunque.*

Sanctus Julianus de Capite pontis. *Saint-Julien* (Béziers).
Sanctus Julianus de Fellinas. *Félines-Hautpoul.*
Sanctus Julianus de Grabellis. *Grabels. Montredon* (Combaillaux).
Sanctus Julianus de Lapausa; = de Lapoza. *Saint-Julien-d'Olargues.*
Sanctus Julianus de Malliaco. *Maillac* (la Salvetat).
Sanctus Julianus Descafiac; = de Scafiaco. *Saint-Julien-de-Scafiac.*
Sanctus Julianus de Volanegues et de Balanegues. *Baillargues. Valergues.*
Sanctus Julianus et Sancta Basilissa. *Baillargues. Cazouls-les-Béziers. Ribaute*(Licuran-lez-Béziers). *Servian.*
Sanctus Julianus et Sanctus Vincentius. *Nébian.*
Sanctus Julianus ultra pontem. *Saint-Julien* (Béziers).
Sanctus Justus. *Saint-Just* (c^{on} de Lunel. *Saint-Just* (Creissan).
Sanctus Launardus. *Saint-Léonard.*
Sanctus Laurentius. *Boisseron. Boussagues. Cazouls-lez-Béziers. Ferreiroles. Magalas. Pouget* (Le). *Roujan. Saint-Chinian. Saint-Laurent-des-Nières.*
Sanctus Laurentius de Ferreiroles. *Saint-Laurent-des-Nières.*
Sanctus Laurentius de Monte. *Mons.*
Sanctus Laurentius de Roiano. *Roujan.*
Sanctus Laurentius de Torolla. *Touroulle.*
Sanctus Laurentius Vernadupronsis. *Saint-Chinian. Saint-Laurent-de-Vernazoubres.*
Sanctus Leo; Sanctus Leoncius. *Saint-Germain-de-Fournez.*
Sanctus Leoncius de Corneliano. *Corneilhan.*
Sanctus Leontius. *Cazilhac. Cazouls-lez-Béziers. Corneilhan.*
Sanctus Leontius de Corneliano. *Corneilhan.*
Sanctus Luppus. *Saint-Loup*, pic.
Sanctus Majanus. *Villemagne.*
Sanctus Marcellinus et SS. Petrus et Erasmus. *Pouget* (Le). *Vendémian.*
Sanctus Marcellus de Adeliano; = de Adellano; = de Adiliano; = de Aldellario. *Saint-Marcel-d'Adoillan.*
Sanctus Marcellus de Ferrayrolis. *Saint-Marcel-des-Frères.*
Sanctus Marcellus de Fraires; = de Fratribus; = de Frejorgues. *Fréjorgues. Saint-Marcel-des-Frères.*

TABLE DES FORMES ANCIENNES.

Sanctus Marcellus de Medol. *Mézouls.*
Sanctus Martial. *Saint-Martial* (Pardailhan).
Sanctus Martial de Seisseria. *Cesseras.*
Sanctus Martialis. *Boussagues.* Hérépian. *Saint-Martial* (Alignan-du-Vent).
Sanctus Martinus. *Alignan-du-Vent. Autignac. Avène. Boissière (La). Boussagues. Campagne* (c^{on} de Claret). *Carlencas. Caussos. Cazouls-lez-Béziers. Coussenas. Coussergues. Creissan. Crès (Le)* (Castelnau). *Crozes (Les), Lieuran-lez-Béziers. Loubatières. Mas-Blanc. Pouget(Le). Pouzolles. Puimisson. Saint-Martin* (Agde). *Saint-Martin* (Mauguio). *Saint-Martin-de-Carcarès. Saint-Martin-de-Cardonnet. Saint-Martin-de-Clémensan. Saint-Martin-de-Divisan. Vieussan.*
Sanctus Martinus ad Aigue; = ad Aquas; = de inter Aquis. *Aigne.*
Sanctus Martinus ad Crosos. *Saint-Martin-des-Crozes.*
Sanctus Martinus ad Ermum. *Saint-Martin* (Lieuran-Cabrières).
Sanctus Martinus Carchariensis. *Saint-Martin-de-Carcarès.*
Sanctus Martinus Colencianicis. *Saint-Martin-de-Conas.*
Sanctus Martinus de Adiciano. *Adisse (L').*
Sanctus Martinus de Agello. *Saint-Martin-d'Agel.*
Sanctus Martinus de Aliniano. *Alignan-du-Vent.*
Sanctus Martinus de Aliurano. *Lieuran-Cabrières.*
Sanctus Martinus de Arcis. *Saint-Martin-de-l'Héras.*
Sanctus Martinus de Avena. *Avène.*
Sanctus Martinus de Bello forti. *Beaufort.*
Sanctus Martinus de Bonoloco. *Vignogoul.*
Sanctus Martinus de Borbor. *Saint-Martin* (Agde).
Sanctus Martinus de Brusca. *Brusque.*
Sanctus Martinus de Cabano. *Saint-Martin* (Agde).
Sanctus Martinus de Callano. *Cailan.*
Sanctus Martinus de Campaniaco. *Campagnan.*
Sanctus Martinus de Canolibus. *Saint-Martin-d'Orb.*
Sanctus Martinus de Carcarensi; = de Carcares. *Saint-Martin-de-Carcarès.*

Sanctus Martinus de Cardoneto. *Saint-Martin-de-Cardonnet.*
Sanctus Martinus de Casello. *Balaruc.*
Sanctus Martinus de Caslaro. *Caylar (Le).*
Sanctus Martinus de Castrias. *Saint-Martin-de-Castries.*
Sanctus Martinus de Cauchos. *Caux.*
Sanctus Martinus de Caussos. *Caussex-et-Veyran.*
Sanctus Martinus de Caux. *Caux.*
Sanctus Martinus de Cavairaco. *Caveirac.*
Sanctus Martinus de Caystario. *Caylar (Le).*
Sanctus Martinus de Chauz. *Caux.*
Sanctus Martinus de Clementiano. *Saint-Martin-d'Orb.*
Sanctus Martinus de Colnar. *Saint-Martin-de-Conas.*
Sanctus Martinus de Combas. *Saint-Martin-de-Combas.*
Sanctus Martinus de Combis. *Saint-Martin-de-Combes.*
Sanctus Martinus de Concono. *Saint-Jean-de-Cocon.*
Sanctus Martinus de Corbiano; = de Curbiano. *Saint-Martin-de-Corbian.*
Sanctus Martinus de Donza. *Saint-Martin-de-Divisan.*
Sanctus Martinus de Drundras. *Saint-Martin-de-Londres.*
Sanctus Martinus de Dunzano. *Saint-Martin-de-Divisan.*
Sanctus Martinus de Fenoleto. *Fenouillède* (Mons).
Sanctus Martinus de Gastrias. *Saint-Martin-de-Castries.*
Sanctus Martinus de Gradano. *Saint-Martin-de-Grazan.*
Sanctus Martinus de Granularias. *Grenatière (La)* (Marseillan).
Sanctus Martinus de Grazano. *Saint-Martin-de-Grazan.*
Sanctus Martinus de Heris. *Saint-Martin-de-l'Héras.*
Sanctus Martinus de Jauro. *Saint-Martin-de-Larzou.*
Sanctus Martinus de Lenis. *Saint-Martin-de-Lez.*
Sanctus Martinus de Londres; = de Londris. *Saint-Martin-de-Londres.*
Sanctus Martinus de Luco. *Luch.*
Sanctus Martinus de Lundras. *Saint-Martin-de-Londres.*
Sanctus Martinus de Lundris. *Plaine (La). Saint-Martin-de-Londres.*

Sanctus Martinus de Luntras. *Saint-Martin-de-Londres.*
Sanctus Martinus de Metalliano. *Medeillan.*
Sanctus Martinus de Monte. *Saint-Martin-de-Podio.*
Sanctus Martinus de Montepetroso. *Montpeyroux.*
Sanctus Martinus de Podio. *Saint-Martin-del-Puech. Saint-Martin-de-Podio.*
Sanctus Martinus de Pruneto. *Saint-Martin-de-Prunet.*
Sanctus Martinus de Sabaza. *Cebazan.*
Sanctus Martinus de Salencio ; = de Salenicio; — de Saliente. *Saint-Martin-des-Salles.*
Sanctus Martinus de Saltairanicis; = de Santairanicis ; = de Santayranicis. *Sauteyrargues.*
Sanctus Martinus de Scaliacho; = de Scaliaco. *Saint-Martin-de-Scafiac.*
Sanctus Martinus des Crozes. *Saint-Martin-des-Crozes.*
Sanctus Martinus de Seutayranicis. *Sauteyrargues.*
Sanctus Martinus de Surcanico; = de Surzanicis. *Sussargues.*
Sanctus Martinus de Uscadellas; = de Uscladellis. *Saint-Martin-d'Uscladels.*
Sanctus Martinus de Valdras; = de Valle resensi; = de Valle retense, = de Valle retensi; = de Valranis; = de Val retenes *Saint-Martin-de-Valras.*
Sanctus Martinus de Vallevrages. *Saint-Martin-de-Corbian.*
Sanctus Martinus de Villamagna. *Villemagne.*
Sanctus Martinus de Vinovol ; = de Vinozol. *Vignogoul.*
Sanctus Martinus Uscladeles. *Saint-Martin-d'Uscladels.*
Sanctus Martinus Vetulus. *Villemagne.*
Sanctus Martius. *Saint-Martin-de-Conas.*
Sanctus Matthæus de Coceletis. *Cécelès.*
Sanctus Matthæus de Matellis. *Matelles (Les). Saint-Matthieu-de-Tréviers.*
Sanctus Matthæus de Monteferrando; = de Tribus viis. *Saint-Matthieu-de-Tréviers.*
Sanctus Mauricius. *Marou. Saint-Maurice* (c^{on} du Caylar). *Saint-Maurice-de-Rougas.*
Sanctus Mauricius de Baladuc. *Balaruc. Saint-Maurice-de-Balaruc.*

34.

Sanctus Mauricius de Colnates. *Coulei* (Saint-Maurice).
Sanctus Mauricius de Regatz. *Saint-Maurice-de-Rouyas*.
Sanctus Mauritius. *Saint-Maurice* (c^{on} du Caylar). *Saint-Maurice-de-Baluruc.*
Sanctus Micahel de Bañeyras. *Bannières.*
Sanctus Michael. *Aires (Les)*. *Boussagues*. *Cazouls-lez-Béziers*. *Clairac* (Cazouls-lez-Béziers). *Clergues (Les)*.
Sanctus Michael de Aguzanicis. *Guzargues.*
Sanctus Michael de Bagneriis. *Bannières.*
Sanctus Michael de Cadierra; = de Cathedra. *Saint-Michel-de-Cadière.*
Sanctus Michael de Circo. *Cers.*
Sanctus Michael de Cruce. *Saint-Michel-de-Cadière.*
Sanctus Michael de Damassano. *Saint-Michel-de-Damassan.*
Sanctus Michael de Furnis. *Saint-Geniès-des-Fours.*
Sanctus Michael de Grimiano. *Grémian.*
Sanctus Michael de Minerva. *Minerve.*
Sanctus Michael de Monteilio. *Montels* (Montpellier). *Saint-Michel-de-Cadière.*
Sanctus Michael de Mujulano. *Mujolan.*
Sanctus Michael de Padernis. *Montesquieu. Paders* (Montesquieu).
Sanctus Michael de Podio. *Puech (Le)* (c^{on} de Lodève).
Sanctus Michael de Salviano. *Sauvian.*
Sanctus Michael de Villa paterna. *Saint-Félix-de-Montceau.*
Sanctus Michael et SS. Petrus et Paulus. *Verdus* (Saint-Guillem-du-Désert).
Sanctus Michael Grandimontensis. *Grammont* (Saint-Privat).
Sanctus Michael Juncellensis. *Joncels.*
Sanctus Modestius. *Saint-Thibéry* (c^{on} de Pézenas).
Sanctus Nasarius. *Villettes.*
Sanctus Nazareus de Brixiaco. *Rouvière (La)* (Brissac).
Sanctus Nazarius Bitterensis. *Lespignan-de-la-Cèbe. Saint-Nazaire-de-Béziers.*
Sanctus Nazarius de Ladris; = de Laudando; = de Lerades; = de Ludadano; = Leradensis. *Saint-Nazaire-de-Ladarez.*
Sanctus Nazarius de Medullo. *Mézouls.*

Sanctus Nazarius de Pezano. *Saint-Nazaire-de-Pesan.*
Sanctus Nazarius et S. Celsus. *Cazouls-lez-Béziers. Saint-Nazaire-de-Ladarez.*
Sanctus Nicholaus de Talpuciacho; = S. Nicolaus de Talpuciaco. *Saint-Nicolas-de-Tapulsiac.*
Sanctus Pancratius. *Boussagues. Lunas.*
Sanctus Paragorius de Miliciano. *Miliac.*
Sanctus Paragorius de Pojeto. *Saint-Pargoire.*
Sanctus Pargorius. *Pouget (Le). Saint-Pargoire.*
Sanctus Paulus. *Cabrials* (Aumelas). *Cazouls-d'Hérault. Cazouls-lez-Béziers. Plaissan. Pouget (Le). Puissergnier. Saint-Paul* (Agde). *Saint-Paul* (Lespignan). *Thézan. Verdus* (Saint-Guillem-du-Désert).
Sanctus Paulus de Frontiniano. *Vaques (Les)* (Frontignan).
Sanctus Paulus de Monte Camelo; = de Montibus Camelis. *Saint-Paul-et-Valmalle.*
Sanctus Paulus de Palmes. *Pallas* (Mèze).
Sanctus Petrus. *Boussagues. Cabrials* (Aumelas). *Colombières. Cros (Le)* (c^{on} du Caylar). *Fabrègues* (c^{on} de Montpell.). *Florensac. Levas. Plaissan. Pouget (Le). Rouvignac. Saint-Étienne-de-Rougas. Saint-Geniès-des-Mourgues. Valmascle. Vendémian.*
Sanctus Petrus ad Amenlarios. *Aumelas.*
Sanctus Petrus ad Rodas. *Saint-Pierre-de-Rèdes.*
Sanctus Petrus ad Vincula. *Bassan. Beaulieu. Boussagues. Cazouls-lez-Béziers. Coulobres. Gignac. Joncels. Lespignan. Maureilhan-et-Ramejan. Nizas. Pouget (Le). Ramejan.*
Sanctus Petrus à Pullo. *Saint-Pierre* (Béziers). *Saint-Pierre*, m^{in}.
Sanctus Petrus Apullus. *Saint-Pierre* (Béziers).
Sanctus Petrus de Abeliano. *Abeilhan.*
Sanctus Petrus de Agantico. *Ganges.*
Sanctus Petrus de Avoiratio. *Loiras.*
Sanctus Petrus de Beciano. *Bessan.*
Sanctus Petrus de Boscho. *Bosc* (Saint-Martin-d'Orb).
Sanctus Petrus de Brucuto. *Saint-Pierre-de-Brucuto.*
Sanctus Petrus de Bulionago. *Bouloc.*

Sanctus Petrus de Calobricis. *Coulobres* (c^{on} de Servian).
Sanctus Petrus de Cambonis. *Cambon* (Saint-Julien).
Sanctus Petrus de Caprelis. *Cabrials* (Béziers).
Sanctus Petrus de Cencero. *Cessenon.*
Sanctus Petrus de Clar. *Saint-Pierre-de-Clar.*
Sanctus Petrus de Clunezeto. *Saint-Pierre-de-Clunczet.*
Sanctus Petrus de Combour. *Saint-Pierre-de-Combour.*
Sanctus Petrus de Cornone. *Cournonsec.*
Sanctus Petrus de Dransthilag. *Saint-Pierre-de-Dransthilag.*
Sanctus Petrus de Fagin. *Saint-Pierre-de-la-Fage.*
Sanctus Petrus de Fernices. *Saint-Pierre-de-Fornices.*
Sanctus Petrus de Ferrals. *Ferrals-lez-Montagnes.*
Sanctus Petrus de Ferreriis. *Ferrières* (c^{on} d'Olargues).
Sanctus Petrus de Fideriis; = de Figueiras. *Saint-Pierre-de-Figuières.*
Sanctus Petrus de Fonte Martio; = de Fonte Martis. *Saint-Pierre-de-Fontmars.*
Sanctus Petrus de Ginniacho. *Gignac.*
Sanctus Petrus de Granopiaco. *Granoupiac.*
Sanctus Petrus de Iriniano; = de Isiniano; = de Juncellos. *Joncels.*
Sanctus Petrus de Fagin; = de la Fain. *Saint-Pierre-de-la-Fage.*
Sanctus Petrus de la Sale. *Cessenon.*
Sanctus Petrus de Laspiniano. *Lespignan.*
Sanctus Petrus de Liurano. *Lieuran-lez-Béziers.*
Sanctus Petrus de Mercariolo. *Mourcairol.*
Sanctus Petrus de Monte-Arbedone. *Montauberon.*
Sanctus Petrus de Montebaseno. *Montbazin.*
Sanctus Petrus de Montepetroso. *Montpeyroux.*
Sanctus Petrus de Papirano. *Saint-Pierre-de-Papiran.*
Sanctus Petrus de Porciano. *Poussan.*
Sanctus Petrus de Prugnes; = de Prunias. *Preignes-le-Vieux.*
Sanctus Petrus de Redas; = de Redano; = de Reddas. *Saint-Pierre-de-Rèdes.*

Sanctus Petrus de Reddes. *Boussagues. Poujol (Le). Saint-Pierre-de-Rèdes.*
Sanctus Petrus de Redes; = de Redesio; = de Redis; = de Retano. *Saint-Pierre-de-Rèdes.*
Sanctus Petrus de Riolos. *Riols* (c^{ne} de Saint-Pons).
Sanctus Petrus de Rodas. *Saint-Pierre-de-Rèdes.*
Sanctus Petrus de Rogatio. *Saint-Pierre-de-Leneyrac.*
Sanctus Petrus de Rovinacco. *Rouvignac (Avène).*
Sanctus Petrus Descosse. *Escougrousson.*
Sanctus Petrus de Stirpi; = de Stirpia. *Saint-Pierre-de-Stirpia.*
Sanctus Petrus de Ulmeto. *Olmet.*
Sanctus Petrus de Vallefennesia. *Gourdon.*
Sanctus Petrus de Valmasele. *Valmascle.*
Sanctus Petrus de Venerio. *Vincaires.*
Sanctus Petrus de Veruna. *Lavérune.*
Sanctus Petrus de Volio. *Figuières (Les) (Argelliers). Viols-le-Fort.*
Sanctus Petrus et S. Paulus. *Cabrials (Aumelas). Cazouls-d'Hérault. Cazouls-lez-Béziers. Plaissan. Pouget (Le). Thézan. Verdus (Saint-Guillem-du-Désert).*
Sanctus Petrus Magalonensis. *Maguelone. Saint-Pierre-de-Maguelone.*
Sanctus Petrus Pedinatis. *Pézenas.*
Sanctus Poncio Tomerias. *Saint-Pons-de-Thomières.*
Sanctus Poncius. *Saint-Pons-de-Mauchiens.*
Sanctus Poncius ad Tomerias. *Saint-Pons-de-Thomières.*
Sanctus Poncius de Jouro. *Jaur. Saint-Pons-de-Thomières.*
Sanctus Poncius Tomeriarum. *Saint-Pons-de-Thomières.*
Sanctus Pontianus. *Cazouls-lez-Béziers. Ceps. Roquebrun.*
Sanctus Pontius de Barausam. *Saint-Pons-de-Barausam.*
Sanctus Pontius de Gorbiano; = de Malis Canibus; = de Malos Canos; = des Masques. *Saint-Pons-de-Mauchiens.*
Sanctus Pontius de Tomeras; = Thomeriarum;=Thomeriensis;=Thomieres; = Tomeriacensis; = Tomeriensis. *Saint-Pons-de-Thomières.*
Sanctus Privatus de Navas. *Saint-Privat-de-Navas.*
Sanctus Privatus de Salsis. *Saint-Privat-des-Salses.*

Sanctus Protasius. *Ceaux. Juvignac. Pouget (Le).*
Sanctus Quiricius. *Pomérols.*
Sanctus Quiritus. *Saint-Xist.*
Sanctus Quiritus et Sancta Julita. *Boussagues. Saint-Xist.*
Sanctus Romanus. *Saint-Rome.*
Sanctus Romanus de Aspirano. *Aspiran.*
Sanctus Romanus de Melgorio. *Mauguio.*
Sanctus Salvator. *Boussagues. Fontès. Graissessac. Pézénas. Saint-Étienne de Cella-Vinaria.*
Sanctus Salvator Agnanensis. *Aniane.*
Sanctus Salvator de Agnana. *Canton.*
Sanctus Salvator de Anania. *Aniane.*
Sanctus Salvator de Graissessac. *Saint-Sauveur-du-Puy.*
Sanctus Salvator de Montilis. *Montels (Lunel).*
Sanctus Salvator de Peyrols. *Pérols.*
Sanctus Salvator de Pino. *Saint-Sauveur-du-Pin.*
Sanctus Salvator de Podio; = de Podio Argentario; = de Podio de Lodozono. *Saint-Sauveur-du-Puy.*
Sanctus Salvator de Ripa. *Rieus (Les)* (c^{on} du Caylar).
Sanctus Salvator de Rocca-rotunda. *Roqueredonde.*
Sanctus Salvator de Salazo. *Soulages.*
Sanctus Salvator de Villa-magna. *Villemagne.*
Sanctus Salvator Gellonensis. *Saint-Guillem-du-Désert.*
Sanctus Salvator inter Aquis. *Saint-Sauveur-du-Pin.*
Sanctus Salvator Leutevensis. *Lodève.*
Sanctus Satorninus de Torves. *Tourbes.*
Sanctus Saturninus. *Boussagues. Caunas. Cazouls-lez-Béziers. Clairac. Nissan. Pouget (Le). Tourbes.*
Sanctus Saturninus de Agonesio. *Agonès.*
Sanctus Saturninus de Campaniano. *Campagnan.*
Sanctus Saturninus de Casulis. *Cazouls-lez-Béziers.*
Sanctus Saturninus de Caunas. *Cannas. Lunas.*
Sanctus Saturninus de Clairaco. *Clairac (Boussagues).*
Sanctus Saturninus de Lucano. *Marconites. Saint-Saturnin-de-Lucian.*
Sanctus Saturninus de Luciano; = de Pogeto; = de Poieto. *Saint-Saturnin-de-Lucian.*

Sanctus Saturninus de Pozag. *Pouzag.*
Sanctus Saturninus de Sedratis; = de Seiracio; = de Seiraz. *Ceyras.*
Sanctus Saturninus de Vaillauches. *Vailhauquès.*
Sanctus Saturninus de Vaillauches. *Rouvière (La) (Vailhauquès).*
Sanctus Saturninus in Tornes. *Tourbes.*
Sanctus Saturninus Juncellensis. *Joncels.*
Sanctus Sebastianus de Fræmiano; = de Fromiaco. *Saint-Sébastien-de-Frémian.*
Sanctus Sebastianus de Maroiol; = de Marojol. *Saint-Martin-de-Scafiar. Saint-Sébastien-de-Maron.*
Sanctus Sebastianus de Præmiano; = de Promiano. *Prémian* (c^{on} d'Olargues).
Sanctus Sebastianus de Vayranicis; = de Veiranicis; = de Veyranicis. *Vérargues.*
Sanctus Severus. *Saint-Sever.*
Sanctus Severus de Vayrano; = de Veyrano. *Causses-et-Veyran. Veyran.*
Sanctus Silvester de Bruccis. *Saint-Silvestre-de-Brousses.*
Sanctus Silvester de Bruciis. *Frouzet. Saint-Silvestre-de-Brousses.*
Sanctus Silvester de Montecalmense. *Saint-Silvestre-de-Brousses.*
Sanctus Simeo. *Pinet.*
Sanctus Sixtus de Avanasco. *Saint-Sixte-d'Avenas.*
Sanctus Soregius. *Saint-Sériès. Villettes.*
Sanctus Stephanus. *Bélarga. Boujan. Boussagues. Cabrières. Caussiniojouls. Cazouls-lez-Béziers. Dio-et-Valquières. Fouzillon. Gabriac. Pailhès. Pignan. Pouget (Le). Puissalicon. Saint-Étienne de Cella-Vinaria. Saint-Étienne-de-Mursan. Valros. Vendres. Villeneuve-lez-Béziers.*
Sanctus Stephanus Agathensis. *Agde. Saint-Étienne-d'Agde.*
Sanctus Stephanus de Argilleriis. *Argelliers.*
Sanctus Stephanus de Bejanicis. *Viols-le-Fort.*
Sanctus Stephanus de Bezanicis. *Buzignargues.*
Sanctus Stephanus de Boiano. *Boujan.*
Sanctus Stephanus de Campolongo. *Camplong* (c^{on} de Bédarieux).
Sanctus Stephanus de Canali; = de Canallo. *Saint-Étienne-du-Canal.*
Sanctus Stephanus de Caprimont. *Cabrières.*

Sanctus Stephanus de Castriis. *Castries.*
Sanctus Stephanus de Caussiniojouls. *Caussiniojouls.*
Sanctus Stephanus de Covall. *Saint-Étienne-du-Canal.*
Sanctus Stephanus de Eremis. *Saint-Étienne-des-Herms.*
Sanctus Stephanus de Fontanes. *Fontanès.*
Sanctus Stephanus de Ginesteto. *Saint-Étienne-de-Ginestet.*
Sanctus Stephanus de Gorgatio. *Saint-Étienne-de-Gourgas.*
Sanctus Stephanus de Gorjano. *Saint-Étienne-de-Gorjan.*
Sanctus Stephanus de Hermis. *Saint-Étienne-des-Herms.*
Sanctus Stephanus de Minerva. *Minerve.*
Sanctus Stephanus de Mursano. *Saint-Étienne-de-Mursan.*
Sanctus Stephanus de Perneto. *Saint-Étienne-de-Pernet.*
Sanctus Stephanus de Rogatio. *Saint-Étienne-de-Rongas. Saint-Pierre-de-Leneyrac.*
Sanctus Stephanus de Roveto. *Bastide (Rouet). Rouet (c^{on} de Saint-Martin-de-Londres).*
Sanctus Stephanus de Salvetas. *Salvetat (La).*
Sanctus Stephanus de Soregio. *Soricch.*
Sanctus Stephanus de Subiniis. *Saussines.*
Sanctus Stephanus de Trignano. *Trignan (Mas de).*
Sanctus Stephanus de Valros. *Valros.*
Sanctus Stephanus de Villanova. *Lattes (Montpellier). Villeneuve-lez-Béziers. Villeneuve-lez-Maguelone.*
Sanctus Stephanus de Volio. *Gardiol. Viols-le-Fort.*
Sanctus Stephanus de Yssausaco. *Saint-Étienne-d'Issensac.*
Sanctus Stephanus in Alba-aqua. *Saint-Étienne-d'Albagnan.*
Sanctus Stephanus Villanovanus. *Villeneuve-lez-Maguelone.*
Sanctus Sulpicius de Castro-novo. *Castelnau-de-Guers.*
Sanctus Supplicius. *Saint-Sulpice.*
Sanctus Sylvester. *Cazouls-lez-Béziers. Colombiers-lez-Béziers.*
Sanctus Symphorianus. *Cazouls-lez-Béziers. Maraussan.*
Sanctus Theodoritus de Veranicis; = de Vendranicis. *Vendargues.*

Sanctus Tiberius; S. Tyberius. *Saint-Thibéry (c^{on} de Pézenas).*
Sanctus Uricus de Bezet. *Boisset (c^{on} de Saint-Pons).*
Sanctus Victor. *Saint-Victor (Villeneuve-lez-Béziers).*
Sanctus Vincentianus. *Saint-Vincent-de-Barbeyrargues.*
Sanctus Vincentius. *Barasques (Les). Cazouls-lez-Béziers. Lignan. Nébian. Popian. Pouget (Le). Saint-Vincent-de-la-Goutte. Saint-Vincent-d'Olargues.*
Sanctus Vincentius de Barbairan; = de Barbaranicis; = de Barbayrano; = de Barberanicis. *Saint-Vincent-de-Barbeyrargues.*
Sanctus Vincentius de Fonte-Cassio. *Fouscaïs.*
Sanctus Vincentius de Gutta. *Saint-Vincent-de-la-Goutte.*
Sanctus Vincentius de Junceriis. *Jonquières.*
Sanctus Vincentius de Lunello Veteri. *Lunel-Viel.*
Sanctus Vincentius de Majoriis; = de Masomas. *Saint-Vincent-de-Mauzonis.*
Sanctus Vincentius de Mazonis. *Salelles (le Bosc).*
Sanctus Vincentius de Salviniaco. *Sauviac.*
Sanctus Willelmus Gellonensis. *Saint-Guillem-du-Désert.*
Sanctus Xistus de Perolis. *Pérols.*
Sanctus Ylarius. *Saint-Hilaire-sur-le-Lez.*
Sanctus Ylarius de Centrairanicis. *Sauteyrargues.*
Sanctus Ypolitus de Majano; = de Megano. *Villemagne.*
Sangonæ; Sangonias; Sangonis; Sanguivomensis; Sanguonensis. *Saint-André-de-Sangonis.*
Sansixt. *Boussagues. Saint-Xist.*
Santairanicæ; Santayranicæ. *Sauteyrargues.*
Sardones. *Volces.*
Sarracenus, Sarracenorum portus. *Sarrasin (port).*
Sarreillan. *Sorieys.*
Sarretum. *Sarret (Le).*
Sarrousel. *Sarrouzel.*
Sarzanum. *Sarrazo.*
Satte. *Saple.*
Saturanicæ. *Saturargues.*
SATURARGUES. *Lunel. Saint-Jean-de-Jérusalem. Saturargues. Sauteyrargues.*

Saturatis. *Ceyras.*
Sauch (Le). *Sahuc (Le).*
Saucinee. *Saussines.*
Saudetum. *Sauzet.*
Saulsan. *Saussan.*
Saumond; Saumont. *Soumont.*
SAURET. *Saint-Jean-de-Jérusalem. Sauret.*
SAUSSAN. *Saint-Jean-de-Jérusalem. Saussan.*
Saussinés. *Saussines.*
Sauteiragues; Sauteiranicæ; Sauteirargues; Souterargues; Sauturargues. *Sauteyrargues.*
Sauturarguès. *Saturargues.*
Sauvagnac. *Salvagnac. Savagnac.*
Sauvajot. *Sauvajol.*
Sauvanière (La). *Sauvanières.*
Sauzetum (1273). *Sauret.*
Sauzetum (1335). *Sauzet.*
SAVAGNAC. *Ceilhes-et-Rocozels. Joncels. Savagnac.*
SAVIGNAC. *Béziers. Savignac.*
Saviniacum. *Savignac.*
Scafiachum. *Saint-Martin-de-Scafiac.*
Scafiacum. *Saint-Julien-de-Scafiac. Saint-Martin-de-Scafiac.*
Scalæniæ; Scaleriæ. *Escalette (L') (Pégairolles).*
Sclatianum. *Usclas-d'Hérault.*
Sebazan. *Cebazan.*
Seberascium. *Soubeyran.*
Sedratis. *Ceyras.*
Segobia. *Seguinerie (La).*
Seguinairié; Seguinarié (la). *Seguinerie (La).*
Seirac; Seiracium. *Ceyras.*
Seiras. *Ceyras. Gignac.*
Seiraz. *Ceyras.*
Seissacum. *Sesquier.*
Scisseria. *Cessoras.*
Sclatranum. *Saint-Bauzille-de-la-Silve.*
Solicatus. *Salicate.*
Sellatis. *Selle (La).*
Selles. *Celles.*
Semega (La). *Semèyes.*
Senegacium; Senegas. *Sénégas.*
Senegra; Senesencra. *Sénégra.*
Sentayranicæ; Senteiranicæ; Senteranicæ. *Sauteyrargues.*
Sentou. *Centon. Senton.*
Sentrayranicæ. *Sauteyrargues.*
Septa. *Cette.*
SEPTIMANI. *Béziers. Septimani.*
Septimania. *Jonquières. Septimanie.*
Septumani. *Septimani.*
Seranne (La). *Sérane (La).*
Serclas. *Sainte-Eulalie-de-Serclas. Saint-Julien-d'Olargues.*

TABLE DES FORMES ANCIENNES.

Seregia. *Sériége.*
Sergine. *Engarrière.*
Seriege. *Sériége.*
Sericis. *Serieys.*
Serignanum; Serignan; Serignanum; Seriuan; Serinha; Serinhanum. *Sérignan.*
Serra. *Serre (La).*
Serramb. *Ceyras.*
Serratio. *Substantion.*
Sers. *Cers.*
Serveliere (La). *Servcillère (La).*
Servellanum; Servianum; Servias. *Servian.*
Servié. *Serviés.*
Serviere. *Servières.*
Servihan. *Servian.*
Sesquiers (Les). *Sesquier.*
Sesseraz. *Cesseras.*
Sestantio; Sextantio; Sexta Statio. *Substantion.*
Sestarium. *Sesquier.*
Sesteiraneguas. *Saturargues.*
Seta; Sète. *Cette.*
Setenarias; Seters. *Sesquier.*
Setiena (Arx). *Cette.*
Setier. *Sesquier.*
Σήτιον ὄρος; Setius Mons; Sette. *Cette.*
Seurdurenges. *Saturargues.*
Seveninchum; Severac. *Sévirac.*
Sextatio. *Substantion. Voie Domitienne.*
Sexties. *Sesquios.*
Seyras. *Ceyras.*
Seyrau (Le). *Souvairou.*
Siejes. *Sièges (Les).*
Sières (Las). *Syères.*
Sigaleires. *Sigaillères.*
Σίγιον ὄρος; Sigius Mons. *Cette.*
Siliæ; Silias. *Ceilhes-et-Rocozels.*
Simbergas. *Salvergues.*
SIMON. *Lagamas*, riv. Simon (Lagamas).
Sindrium. *Lattes (Montpellier).*
Sinus Gallicus; Sinus Leonis. *Lion (Golfe du).*
Siranum. *Siran.*
Sirignaeum; Sirignanum; Sirinianum; Sirinnaeum. *Sérignan.*
Sissan. *Cissan. Saint-Ferréol.*
Sita; Σίτιον ὄρος. *Cette.*
Sobeirana Leca. *Lèque (La).*
Sobeiras. *Soubeyran.*
Sobers; Sobertium (942). *Soubès.*
Sobertium (1204). *Sorbs.*
Sobeyracium; Sobeyran; Sobeyratium. *Soubeyran.*
Sogonia; Sogovia. *Seguinerie (La).*
Sograde; Sogradus. *Saugras.*

Soladgue; Solaidguet; Solairguet. *Soulagets.*
Solarium. *Soulas.*
Solasnum. *Soulages.*
Solalguet. *Soulagets.*
Solaticos; Solaticum. *Soulages.*
Solcinæ. *Saussines.*
Soleissanum; Solencier; Solencière (la); Soleysanum. *Solancier.*
Solier (El). *Soulié (Le).*
Solundrus. *Soulondres (La).*
Somadra. *Soumartre (Faugères).*
Sommont; Somons; Somont. *Soumont.*
Sorbæ; Sorbes; Sorbis (De). SONRS (1032). *Sorbs.*
Sorbs. *Soubès.*
Sorcianicum; Sors; Sorts. *Sorbs.*
Soregia; Soregium. *Soriech.*
Soregius. *Villettes.*
Sorigueiras. *Sores (Las).*
Sortilianum. *Sourteille.*
Sostantio; Sostanzones; Sostatio; Sostentio. *Substantion.*
Soubeiras. *Soubeyran.*
Sounès; Soubés. *Saint-Jean-de-la-Blaquière. Sorbs. Soubès.*
Soubeyrac; Soubeyrat. *Soubeiran.*
Soubez. *Soubès.*
Soubirrac. *Soubeyran.*
Soubz Martre. *Soumartre (Faugères).*
Soucarede (La). *Soucarède (La).*
Souch (Le). *Saluc (Le).*
Souffre. *Soustre (Magalas).*
Souidon. *Sonidon.*
Souilher. *Soulié (Le).*
Soul (Le). *Soult (Le).*
Soulache. *Soulage.*
Soulages. *Soulagets.*
Soulaire. *Soulayrci-du-Vignogoul.*
Soulatge. *Soulages.*
Soulatges. *Soulagets.*
Soulier (Le). *Soulié (Le).*
Soulier Bas (Le). *Soulié-Bas.*
Souriah; Souriech. *Soriech.*
Sous-Mastre; Sous-Matthe. *Soumartre (Clermont).*
Soux (La). *Lassoubs.*
Sonydon. *Setxo. Souidon.*
Sovolcinæ. *Saussines.*
Spondeilanum; Spondeilhan; Spondeillan; Spondelianum; Spondilhan. *Espondeilhan.*
Stagna Volcarum. *Étangs salés, Lez (Le).*
Stagneolum. *Estagnol (L') (Villeneuve-lez-Maguelone).*
Stagnolo. *Stagnol.*
Stampiæ. *Cadolle (Mas de).*

Στεκτορῆνοι. *Volces.*
Stirpi (De); Stirpia. *Saint-Pierre-de-Stirpia.*
Subbs; Subers. *Soubès.*
Subertium. *Saint-Jean-de-la-Blaquière. Soubès.*
Subiniæ. *Saussines.*
Subs. *Soubès.*
Substancium; Substantio. *Substantion.*
SUBSTANTION. *Maguelone. Maugnio. Substantion.*
Substantionensis. *Juvignac. Montpellier. Marviel (3e cen de Montpellier). Saint-Geniès-des-Mourgues. Substantion. Uglas.*
Sugras. *Saugras.*
Sulascum. *Salasc.*
Sulsinæ (de Sulsinis). *Saussines.*
Surcanicum. *Sussargues.*
Suregium. *Soriech.*
Suricarias. *Pélicant.*
Surignanum; Surignanus. *Sérignan.*
Surzanicæ. *Sussargues.*
Sussanicæ. *Sesquier.*
Sussargués. *Sussargues.*
Sustancio; Sustancionensis; Sustansonez. *Substantion.*
Sustantio. *Maladreries (Montpellier). Saint-Félix-de-Montseau. Substantion.*
Sustantionensis. *Lez (Le). Mamnier. Saint-Geniès-des-Mourgues. Substantion.*
Sustentio. *Substantion.*
Syronis. *Saurine (La).*
Syth. *Cette.*

T

Tabaiga; Tabasque; Tabanciacum. *Saint-Georges-de-Tabaussac.*
Tabeaussac. *Saint-Jean-de-Tabaussac.*
Tacrum. *Tau.*
TAILLADE (LA). *Coulezou, riv. Taillades (Les) (Gignac).*
Taillades (Las). *Taillades (Les) (Claret).*
Tailleven. *Taillevent.*
Talpuciachum; Talpuciacum; Tampunianum. *Saint-Nicolas-de-Tapulsiac.*
Taphron. *Tau.*
Tarausium. *Tarassac.*
Tarborerius. *Tarbouriech (Riols).*
Tartuguieres. *Tartuguière.*
Tasque. *Cadolle (Mas de).*
Taubassac. *Saint-Jean-de-Tabaussac.*
Tauladias. *Toule.*
Taur. *Tau.*

Tourier. *Tourrière.*
Taurisan; Taurissan; Taurizanum. *Terraussié.*
TAURON. *Tauron.*
Taurum; Taurus. *Tau.*
Tausina. *Toussines.*
Taussina; Tauxac. *Taussac-et-Douch.*
Tavanum; Tavarum. *Tau.*
Tecianum. *Thézan.*
Τεκτόσαγες. *Volces.*
Tectosages. *Saint-Thibéry* (Pézenas). *Volces.*
Tectosagi. *Volces.*
Tedan; Tedanum. *Thézan.*
TEINTEYNE. *Singles (Les). Teinteyne.*
Teiran. *Teyran.*
Telitum; Telli; Tellitum. *Tali.*
Telnodaz. *Roqueredonde. Tiendas.*
Toncou. *Toucou.*
Teneriæ. *Teyran.*
TENERO. *Tenero.*
Teralhetum. *Montels (Saint-Jean-de-Buèges). Terraillet.*
Terallum. *Terraillet.*
Tercianum; Terencianum. *Tressan.*
Ternans; Ternantis. *Teyran.*
Terra grassa. *Combe-Grasse.*
Terral (1688). *Fontanès (c⁽ⁿ⁾ de Claret).*
TERRAL (1155); Terrail; Terraliæ; Terrallum. *Terral.*
Terralium. *Terraillon.*
Terrallet. *Terraillet.*
Terraussier (La). *Terraussié.*
Terriou. *Terrieu.*
Tesan; Tesanum; Tessan. *Thézan.*
Teuleria. *Tuilière (La) (Mas-de-Londres).*
Teuletum. *Saint-Amans-de-Teulet.*
Teulieres (Las). *Tuilières (Les).*
Teyranum. *Teyran.*
Tezanel. *Thézanel-le-Bas. Thézanel-le-Haut.*
Tezanum. *Thézan.*
Thau. *Tau.*
Thaurac. *Demoiselles (Grotte des).*
Thedteira (El). *Teinteyne, ruiss.*
Théron. *Ricutord (Gignac).*
Therondel (Le). *Thérondel (Le).*
Thesan; Thesanum; Theza; Thezan. *Thézan.*
Theulains. *Teules (Les).*
Theuleria. *Tuilière (La) (Mas-de-Londres).*
Theulet. *Saint-Amans-de-Teulet.*
Theuronant. *Ticuronant.*
Theyranum. *Teyran.*
THIBERELS. *Crozes (Les), ruiss. Thiberels.*

Tholomies. *Tholomiers.*
Thomeriæ; Thomeriensis; Thomieres; Thomieyras. *Saint-Pons-de-Thomières.*
Thouenæ; Thonenis (De). *Thou (Le) (Sauvian).*
Thorolla. *Touroulle.*
Thoumieres. *Saint-Pons-de-Thomières.*
Thresoriere (La). *Trésorière (La).*
Thurounan. *Ticuronant.*
Thyères (Les). *Uyières (Les).*
Thyrius. *Vidourle.*
Ticiras (Las). *Thières (Les).*
Tiendas. *Roqueredonde-de-Tiendas.*
Tiertionum. *Tiers-Negré.*
Tieudas. *Roqueredonde. Tiendas.*
Tineranum; Tineretum. *Tineret.*
Tinteine. *Teinteyne (Cassagnolles).*
Tiousses (Les). *Teules (Les).*
Tire-Col. *Tire-Cos.*
Tolurla. *Touroulle.*
Tomciras. *Saint-Pons-de-Thomières. Thomières.*
Tomeium. *Sainte-Eulalie (Villeneuve-lez-Béziers).*
Tomeras; Tomeriacensis; Tomeriæ; Tomerias; Tomeriensis. *Saint-Pons-de-Thomières.*
Toncius. *Thou (Le) (Sauvian).*
Tonga. *Thongue.*
Tonnerus; Tonneus; Tonus. *Thou (Le) (Sauvian).*
Tor (La). *Latour (Boussagues).*
Tored. *Thoré (Le).*
Torellas. *Tourrelles.*
Torguolla. *Touroulle.*
Torillæ. *Tourreilles.*
Tornes. *Tourbes.*
Torola; Torolla. *Touroulle.*
Torreilles; Torreliæ; Torrellæ (1253). *Tourreilles.*
Torrellæ (1199). *Tourrel.*
Torriliæ; Torrillias. *Tourreilles.*
Tortoreira. *Torteillan.*
Tortorel; Tortorellus. *Tourtourel.*
Torves. *Tourbes.*
TOUR (LA) (1667). *Latour (Nissan).*
TOUR (LA) (1840). *Redoute-de-la-Tour.*
Tour de Goiraume. *Tour (La) (Montarnaud).*
Tour de Puichauge. *Tour (La) (Nébian).*
Tourcilles. *Saint-Félix-de-Tourcilles.*
Tourcl. *Tourrel.*
TOURMAC (Journac). *Gignac. Tourmac.*
Tourne (La). *Cabalet.*
Tourrette. *Gignac.*

Tourteillan; Tourtelian. *Torteillan.*
Tovirac. *Touiron.*
Transfiguration de N. S. *Rives (Les) (c⁽ⁿ⁾ du Caylar).*
Transiliacum. *Nize (Lunas).*
TRASSÉNOUS. *Salabert, ruiss. Trasséuous.*
Trebontium. *Trépous.*
Treguier. *Tréguiès.*
Treguiés. *Saint-Matthieu-de-Tréviers. Tréviers.*
Treilhe (La). *Treille (La) (Saint-Jean-de-Fos).*
Trela. *Treille (La) (Maraussan).*
Trencianum. *Tressan.*
Tres Rodas (Las). *Moulin des Trois-Roues.*
Tressanum. *Tressan.*
Tres Viæ (De Tribus Viis). *Clarence. Saint-Matthieu-de-Tréviers. Tréviers.*
Treussanum. *Tressan.*
Trevies; Treviés; Treviez. *Saint-Matthieu-de-Tréviers. Tréviers.*
Triatorium. *Triadon (Le) (c⁽ⁿ⁾ des Matelles).*
Tribale (La). *Triballe.*
Triballe (La). *Trivalle (La) (Mons).*
Tribus Viis (De). *Clarence. Saint-Matthieu-de-Tréviers. Tréviers.*
Trignanum. *Trignan (Mas de).*
Trincianum. *Tressan.*
Triol (Le). *Triol (Viols-le-Fort).*
Trobade (La). *Troubadariès (Les).*
Troillarcum. *Treille (La) (Saint-Jean-de-Fos).*
Trolium; Trollium. *Treill (La) (Maraussan).*
Tronchcta. *Jonquières.*
Troncianum. *Thou (Le) (Sauvian).*
Trouselier. *Trousselier.*
Trouvadaries (Las). *Troubadariès (Les).*
Tructarium. *Truscas.*
Trulium. *Treille (La) (Maraussan).*
Tuda; Tude (La). *Latude (Sorbs).*
Tudery. *Tudéry.*
Tudeta; Tudette; Tudu. *Latude (Sorbs).*
TUILERIE. *Tuilerie (La) (Aspiran); (Clermont); (Pouzolles); (Saint-Hilaire); (Saint-Jean-de-Cornies). Tuileries (Les) (Magalas). Tuileries-de-Prades. Valetto (Tuilerie de).*
Tuleria. *Tuilière (La) (Mas-de-Londres).*
Turbiez. *Tourbes.*
Tureium. *Turiès, f.*
Turounal. *Ticuronant.*
Turreves; Turreventosa (de). *Tourbes.*
Turris. *Tour-de-Valernan.*

TABLE DES FORMES ANCIENNES.

Turris Ventosa. *Tourbes.*
Tursarius. *Turiès.*

U

Uclaz. *Usclas-de-Planx.*
Uclua. *Usclas-d'Hérault.*
Uglatis. *Uglas.*
Uguieres (Les). *Uyères (Les).*
Ulmeda; Ulmeriæ; Ulmes; Ulmetum; Ulmi. *Olmet.*
UMBRANICI. *Umbranici. Volces.*
Umbranicia. *Umbranici.*
Unio. *Ognon*, riv.
Urbio. *Dourbie*, riv.
Urceirolles. *Saint-Martin-du-Bosc.*
Urganicæ. *Ariéges* (Octon).
Uscadellas; Uscladeles; Uscladellæ; Uscladelly. *Saint-Martin-d'Uscladels.*
Usclanum. *Usclas-d'Hérault.*
USCLAS. *Douch-d'Usclas*, ruiss. *Saint-Martin-du-Bosc.*
Usclas (1159). *Usclas-de-Planx.*
Usclas (1625); Usclas d'Herault; = d'Heraut; Usclatium (1203). *Usclas-d'Hérault.*
Usclatium (1197); Usclatum; Usclaz. *Usclas-de-Planx.*
Usclax-le-Bas. *Usclats-le-Bas.*
Usclax-le-Haut. *Usclats-le-Haut.*
Usde; Uta; Utæ; Utas. *Utes (Les).*

V

Vacairials. *Vacayrials.*
Vaccaria; Vaccarye (la). *Vacquerie (La).*
Vacheriæ (1151). *Vacquières.*
Vacheriæ (1202). *Vaques (Les)* (Frontignan).
Vachieres. *Valquières.*
Vacquarié (La); Vacquerie. *Vacquerie (La).*
Vacquieres. *Vacquières.*
Vadalium. *Saint-Jean-de-Védas.*
Vadus Franciscus. *Moulins Neufs* (sur l'Orb).
Vages-Verrerie. *Verrerie (La)* (Saint-Maurice).
Vailauqués; Vailhauques. *Vailhauqués.*
Vailhés. *Vailhes (Les).*
Vaillan. *Vailhan.*
Vaillauches; Vaillauqués; Vaillauques. *Vailhauqués.*
Vaillés. *Vailhes (Les).*
Vairac; Vairacum. *Villeveyrac.*
Vairago; Vairan. *Causses-et-Veyran. Veyran.*
Vaiseplegade. *Vaisseplegade.*

Vaisseria (1087). *Bessière* (Fraisse).
Vaisseria (1106). *Boissière (La)* (c^{on} d'Aniane).
Vaissiere. *Bassière* (Rec de). *Vaissière.*
Valaceum. *Valause.*
Valada. *Valadasse.*
Valanegues. *Baillargues. Valergues.*
Valboussiere. *l'alboissière.*
Valcheriæ. *Valquières.*
Valcreuse. *Sainte-Marie-de-Valcreuse.*
Valeros. *Valros.*
Valdras. *Aumelas. Saint-Martin-de-Valras. Valras-le-Haut.*
Valeflaunesia. *Valflaunès.*
Valena; Valenc. *Valène*, bois et f.
Valeredonesia. *Valadière.*
VALERGUES. *Lunel. Valergues.*
Valeriæ; Valerius. *Valras-le-Haut.*
Valesiæ. *Valause.*
Valeta (1223). *Valette (La)* (Montpellier). = (Clapiers).
Valeta (1162); Valeto (la); VALETTE (LA). *Valette (La)* (c^{on} de Lunas).
Valette. *Alzon* (Montoulieu).
Valenquesium. *Vailhauqués.*
Valfaunez. *Valflaunès.*
Valfennes. *Lauret* (Aleyrac). *Valflaunès.*
Valfeunes; Valflaunes. *Valflaunès.*
Valhan; Valhanum. *Vailhan.*
Valhauquesium. *Vailhauqués.*
Valhelhiæ. *Varcilhes* (Gignac).
Valiauqués. *Vailhauqués.*
Valière. *Vaillère.*
Valignac. *Vargnac.*
Valiranum. *Valras-le-Haut.*
Vallacella; Vallatella. *Villetelle* (, ? de Lunel).
Vallæ. *Valles.*
Vallan; Vallanum. *Vailhan.*
Vallauicæ. *Vailhauqués.*
Vallarucum. *Balaruc.*
Vallauches. *Rouvière (La)* (Vailhauqués). *Vailhauqués.*
Vallauchez; Vallauques; Vallauquesium; Vallauquez; Valle Auquense (De). *Vailhauqués.*
Valleliæ; Vallelius. *Vélieux.*
Vallemagne. *Valmagne.*
VALLERAS. *Valleras. Vendres*, étang et grau.
Valleredones; Valleredonesium. *Valadière.*
Valles (1152). VALLES.
Valles (996); Vallesum. *Valos.*
Valleta (1323). *Saint-Pierre-la-Valette.*
Valleta (804); Vallette (la) (1625). *Valette (La)* (c^{on} de Lunas).

Vallette (La) (Cassini). *Valette (La)* (Montpellier).
Vallevrages. *Saint-Martin-de-Corbian.*
Vallis. *Mireval.*
Vallis (De). *Valles.*
Vallis Auquensis. *Vailhauqués.*
Vallis Bella. *Belleval.*
Vallis Boisseria; Vallis Buxeria. *l'alboissière.*
Vallis Crosa. *Sainte-Marie-de-Valcreuse. Valcreuse.*
Vallis Durantii. *Val-Durand.*
Vallis Fennesia. *Gourdon. Valflaunès.*
Vallis Gellonensis. *Verdus*, ruiss.
Vallis Magna (893). *Villemagne.*
Vallis Magna (1138); Vallis Magnensis. *Valmagne.*
Vallis Mala. *Saint-Paul. Valmalle.*
Vallis Mallanica; = Mallayca; = Malmata; = Manhaica; = Manhaita. *Valmaillargues.*
Vallis Mascla. *Valmascle.*
Vallis Ressensis; = Retentis. *Saint-Martin-de-Valras.*
Vallongue. *Gournier (Le).*
Vallorserra. *Valoussière.*
Vallos. *Valos.*
VALMAGNE. *Valmagne. Villeveyrac. Volces.*
Valmaigne. *Valmagne. Villeveyrac.*
Valmala; Valmale. *Saint-Paul. Valmalle.*
Valmale (La). *Valmalle (La)* (Bessan).
Valmaliargues. *Valmaillargues.*
Valmesceiles. *Valmascle.*
Valouse. *Valause.*
Valquares. *Valquières.*
Valquieres. Dio. *Valquières.*
Valrac. *Virac.*
Valranæ (1518); Valranum (1160). *Saint-Martin-de-Valras.*
Valranæ (1184); Valranum de Montada (1068). *Valras-le-Haut.*
Valranas (Als). *Valras* (Balaruc).
Valranum (1130). *Valros.*
Valranum (992); Valras. *Valras-le-Bas.*
Valredonez. *Valadière.*
Valretenes. *Saint-Martin-de-Valras.*
VALROS. *Valras-le-Haut. Valros.*
Vals. *Valz.*
Valseria. *Vauguières.*
Valthesa. *Authezé.*
Vantagio. *Ventajou.*
Vaqueriæ; Vaquieres. *Vacquières.*
Vaquerie (La); Vaquerié (la). *Vacquerie (La).*
Vaques (Las). *Vaques (Les)* (Carnon).
Varailhac; Varaliac. *Varailhac.*
Vareilles (1760). *Varcilhes* (Gignac).

TABLE DES FORMES ANCIENNES.

Vareilles (Cassini); Varenæ. *Vareilhes* (Saint-André-de-Buéges).
Varenicæ; Varequæ. *Valergues.*
Varergues. *Valergues. Villettes.*
Variacum. *Villeveyrac.*
Variotes; Variatis. *Vacquerie* (*La*). *Vareilhes* (Saint-André-de-Buéges).
Vatteriæ. *Vautes* (*Les*) (Saint-Gély-du-Fesc).
Vauguieres. *Vauguières.*
Vaulras. *Valras* (Balaruc).
Vayra. *Veyran.*
Vayrac. *Veyrac* (Florensac). *Veyrac* (Villeveyrac).
Vayran. *Causses-et-Veyran. Veyran.*
Vayranicæ. *Vérargues.*
Vayranum. *Causses-et-Veyran. Veyran.*
Vebro. *Vèbre* (*La*) (Nages).
Vedas. *Saint-Jean-de-Védas. Védas.*
Vedascium; Vedassium; Vedatium; Vedax (de Vedace). *Saint-Jean-de-Védas.*
Vedel. *Védel* (Saint-Pargoire).
Veiran. *Causses-et-Veyran.*
Veiranicæ. *Causses-et-Veyran. Veyran.*
Veirargues. *Vérargues.*
Veiruna; Veiruna (la). *Lavérune.*
Vejande; Véjande (*La*).
Velieux; Vellieux. *Vélieux.*
VENDARGUES. *Saint-Jean-de-Jérusalem. Vendargues.*
Vendargués. *Vendargues.*
Vendemian; Vendemianum. *Vendémian.*
Vendranicæ. *Vendargues.*
Vendrés; Venera; Venere; Veneris. *Vendres.*
Venerium. *Vincaires.*
Vennaschum. *Bescaume* (*Le*).
Venoubre. *Vernoubre.*
Venranegos. *Causses-et-Veyran. Veyran.*
Venranicæ; Venranichos. *Vendargues.*
Venres. *Vendres.*
Ventagio; Ventaio; Ventaione (de); Ventajon. *Ventajon.*
Venus. *Vendres.*
Verac. *Veyrac* (Puissorguier).
Veranicæ (1247). *Vendargues.*
Veranicæ (1536). *Vérargues.*
Veranium. *Causses-et-Veyran. Veyran.*
VÉRARGUES. *Lunel. Vendargues. Vérargues.*
Verbron. *Viredonne.*
Vercleriæ. *Dio-et-Valquières.*
Verdanson. *Merdanson* (Montpellier).
Verdier. *Verdier* (*Le*) (Cazedarnes).
Verdier (Le). *Verdié* (Mons). *Verdier* (Brissac).
Verdinel. *Verdinet.*

Verdu; Verdun; Verdunum. *Verdus* (Saint-Guillem-du-Désert).
Vergouniac-Bas. *Vergognac*, moulin.
Vergouniac-Haut. *Vergognac*, ham.
Verieu. *Veyrieu.*
Vernaduprensis. *Saint-Chinian. Saint-Laurent-de-Vernazoubres.*
Vernazoubre; Vernazoubres; Vernazoubro. *Vernazoubres.*
Verneda (La) (1150). *Vernède* (*La*). (Brissac).
Verneda (La) (1529). *Vernède* (*La*) (Saint-Michel).
Vernede (La). *Vernède* (*La*) (Brissac). *Vernède* (*La*) (Saint-Michel). *Vernette* (*La*).
Vernedobre. *Vernezoubres*, riv.
Vernedubrio. *Vernazoubres.*
Verneduprum. *Vernoubre.*
Vernet (Le). *Vernet* (Combes).
Vernex. *Vernech.*
Vernière (La). *Malou* (Bains de la).
Vernodoverus. *Vernazoubres.*
Vernodubrus. *Saint-Chinian. Vernazoubres.*
Vernosoubres. *Saint-Chinian.*
Veronique (La). *Virolique.*
Verrerie. *Verrerie* (*La*) (Causse-de-la-Selle).
Versailles (Petit-). *Versailles.*
Verteils; Vertilium. *Vertel.*
Veruna; Verune (la); Verunia. *Lavérune.*
Vescleriæ. *Valquières.*
Vetula (1190). *Clapiers* (cⁿᵉ de Castries).
Vetula (1293). *Claret* (arrond. de Montpellier). *Vieille* (*La*) (Montoulieu).
Vexerate. *Vaisseries.*
Veyrac. *Valmasclo.*
Veyranicæ. *Vérargues. Villettes.*
Veyranum. *Veyran.*
VEYRASSE (LA). *Malou* (Bains de la). *Veyrasse* (*La*).
Veyruna. *Lavérune.*
Vezanum. *Bonnabou.*
Vezol. *Vessas.*
Vezuæ. *Bessilles.*
Via Domitia; Via Domitii. *Voie Domitienne.*
VIALA. *Saint-Martin-du-Bosc. Viala* (Lunel). *Vialla.*
Viala (La). *Viala* (*Le*) (le Bosc).
Viala (Le). *Viala* (Capestang). *Viala* (Saint-Maurice).
Vialais. *Vialais.*
Vialan. *Viala* (Capestang).
Viale (La). *Vialle* (*La*).

Vialettæ. *Villettes.*
Vialla. *Viala* (*Le*) (Bouet).
Via Militaris. *Cami de la Mounéda. Voie Domitienne.*
Via Monetæ. *Cami de la Mounéda.*
Via Munita. *Cami de la Mounéda. Pons Ærarius. Voie Domitienne.*
Viancilianum. *Vieulesse.*
Viargue. *Viargues* (Colombiers-lez-Béziers).
Viastre. *Viastres.*
Vibianum. *Saint-Jean-de-Bibian.*
Vic. *Maurcilhan* (Vic). *Saint-Jean-de-Jérusalem. Vic.*
Vichy (Petit). *Malou* (Bains de la). *Veyrasse.*
Vicus. *Coquillouse. Maguelone. Marquerose. Mèze. Mireval. Vic.*
Vidacium. *Vides.*
Vidalle (La). *Vidale* (*La*) (Béziers). *Vidale* (*La*) (Vendres).
Vidorle. *Vidourle.*
Vidurlus. *Galargues. Vidourle.*
Vielle (La). *Vieille* (*La*) (Montoulieu).
Vieussanum. *Vieussan.*
Vignemaure. *Vincaires.*
Vignogolium; Vignogue. *Vignogoul.*
Vignolles. *Cournonterral.*
Viguiere (La). *Viguière* (*La*).
Vila Paterna. *Villa-Paterna.*
Vilaqueil. *Gignac. Villecun.*
Vilar. *Village.*
Vilarel. *Villarel* (Brissac).
Vilaret. *Villared.*
Vilarium; Vilars. *Village.*
Vilatela. *Villetelle* (cⁿᵉ de Lunel). *Villettes.*
Vilella. *Vilatello.*
Villacueil; Villacum; Villacunium. *Villecun.*
Villacun. *Olmet. Villecun.*
Villæ Passantes. *Villespassans.*
Villaflorani. *Valfaunès.*
Villafort. *Castelfort.*
Villafranca. *Villefranche.*
Villaldegud. *Villecun.*
Villa Magna (1211). *Valmagne. Villeveyrac.*
Villa Magna (966); Villa Magnensis; Villa Majan; Villa Majani; Villa Major; Villa Manba; Villanhia. *Villemagne.*
Villa Nova (1061). *Villeneuve-lez-Béziers.*
Villa Nova (1325). *Villenouvette* (Maraussan).
Villa Nova Cremata; Villa Nova Inferior. *Villeneuve-lez-Béziers.*

TABLE DES FORMES ANCIENNES.

Villa Nova Magalonensis (819). *Lattes* (Montpellier). *Marquerose. Villeneuve-lez-Maguelone.*
Villanova Rechina; = Requi; = Richini. *Villenouvette* (Maraussan).
Villa Noveta. *Villeneuvette.*
Villa Paderni. *Saint-Michel-de-Cadière.*
Villa Passantes; Villa Passantibus (de). *Villespassans.*
VILLA PATERNA. *Saint-Félix-de-Montscan. Saint-Michel-de-Cadière. Villa-Paterna.*
Villa Patornoga. *Saint-Michel-de-Cadière.*
Villaqueil. *Villecun.*
Villarelum. *Villared.*
Villaris. *Village.*
Villaspassans; Villaspassanz. *Villespassans.*
Villatela. *Vilatelle.*
Villatum. *Villecun.*
Villatzel. *Vinassel.*
Villavayrac; Villa Veira; Villa Vetus. *Villeveyrac.*
Villella. *Vilatelle.*
VILLEMAGNE. *Marc*, riv. *Villereyrac. Villemagne.*
Villemagne-l'Argentière; Villemagne; Villemanche. *Villemagne.*
Villemale. *Montpellier.*
Villemanne. *Valmagne. Villeveyrac.*
Villeneufve (1518). *Villeneuve-lez-Béziers.*
Villeneufve (1625). *Villeneuve-lez-Maguelone.*
VILLENEUVE-ANGOULÊME; Villeneuve-les-Maguelonne. *Saint-Jean-de-Jérusalem. Villeneuve-lez-Maguelone.*
Villeneuvette. *Villenouvette* (Villeneuve-lez-Béziers).
Villenefve-lez-Montpellier. *Villeneuve-lez-Maguelone.*
Villenouvette (1529). *Villenouvette* (Maraussan).
Villenouvette (Cassini). *Villeneuvette.*

Ville nove. *Villeneuve-lez-Béziers.*
Ville noveta; Ville novette. *Villenouvette* (Maraussan).
Villespassan. *Villespassans.*
Villetæ. *Villettes.*
Villetella. *Villetelle* (c^{ne} de Lunel).
VILLETELLE. *Lunel. Villetelle.*
VILLETTES. *Lunel. Villettes.*
Ville Vayrac; Ville Veiras. *Villeveyrac.*
Villioux. *Vélieux.*
Villis Passantibus (De). *Villespassans.*
Vinac; Vinacium. *Vinas* (Avène).
Vinacosus (Mons); Vinans. *Vinas* (Lodève).
Vinaria (La). *Vinaigre.*
Vincellis; Vincellensis. *Joncels.*
Vincianum. *Vicussan.*
Vindemianum. *Vendémian.*
Vinegolium. *Vignogoul.*
Vino. *Ognon*, riv. *Saint-Jean-d'Ognon.*
Vinogolum. *Vignogoul.*
Vinosan. *Vinas* (Avène).
Vinovol; Vinozol. *Vignogoul.*
Viol. *Viols-le-Fort.*
Viol en Laval. *Viols-en-Laval.*
Violes. *Violès.*
Violes Laval. *Viols-en-Laval.*
Violgne. *Violgues.*
Violz. *Viols-le-Fort.*
Virag. *Virac.*
Viranelle. *Viranel.*
Virclariæ. *Dio-et-Valquières.*
Virdunum. *Verdus*, chât.
Virencha (Vallis). *Diranques. Viredonne.*
Viridarium (1146). *Verdié* (Mons).
Viridarium (1263). *Verdier* (Brissac).
Viridarium (1528). *Verdinet.*
Viridianum; Viridiarium. *Verdié* (Mons).
Virnedobre. *Vernozoubres*, riv.
Virs. *Madières* (Saint-Maurice). *Vis* (La).
Visan. *Montouliers.*
Visclariæ. *Valquières.*

Visitation de Sainte-Marie. *Saint-Geniès-des-Mourgues.*
Visius. *Vis* (La).
Visturlus. *Vidourle.*
Vitarelle (La). *Vitarelle.*
Viturlus. *Mauguio. Vidourle.*
Viturnellus. *Vidourle.*
Vinsanum. *Vicussan.*
Vivers; Vivier (le). *Viviers* (Jacou).
Viviers (Les); Viviexe (les). *Viviers* (Capestang).
Vize (La). *Avèze.*
Vizignios. *Vignogoul.*
VOIE DOMITIENNE. *Cami Roumiou. Voie Domitienne.*
Volbes. *Saint-Nazaire* (Magalas).
Volcæ. *Lez. Volces.*
Volcæ Tectosages. *Saint-Thibéry. Volces.*
Voliot. *Viols-le-Fort.*
Volium. *Figuières* (Les) (Argelliers). *Gardiol. Viols le-Fort.*
Volta. *Voûte* (La).
Voltoreira; Voltureyras. *Bouayral.*
Volva; Volve. *Voulte* (La).
Voute (La) (1529). *Béziers. Voûte* (La).
Voute (La) (dioc. de Montpellier). *Vautes* (Les) (Saint-Bauzille-de-Putois).
Voute (La) (dioc. de Saint-Pons). *Voulte* (La).
Vouttes (Las). *Vautes* (Les) (Saint-Gély-du-Fesc).

Y

Yères (Les). *Uyères* (Les).
Yerle. *Larzac.*
Yersarcillæ; Yersarolæ. *Uyères* (Les).
Yssausacum. *Saint-Étienne-d'Issensac.*

Z

Zagulla. *Touroulle.*
Zebezon. *Cebazan.*
Zeuta. *Cette.*

ADDITIONS ET CHANGEMENTS.

INTRODUCTION.

P. xiii. 331 communes = 332 communes, par suite de l'érection en commune des *Verreries-de-Moussans*, en 1864.
P. xvii. 45 communes = 46 communes.
P. xviii. 6 communes = 7 communes.
    Ajouter aux communes du canton de Saint-Pons *les Verreries-de-Moussans*.
P. xxi. Ligne 16. *Villa* = ou *Vallis*.

DICTIONNAIRE.

P. 4. ALBINIAN, anc. dom. c^{ne} de Vias. — *Albinianum*, 881 (G. christ. VI, instr. c. 301).
P. 12. BALAGOU, f. c^{te} de Rieussec = c^{ne} des *Verreries-de-Moussans*.
P. 13. BARDOU, h. c^{ne} de Saint-Pons = c^{ne} des *Verreries-de-Moussans*.
P. 22. BORIO-CRÉMADE, h. c^{ne} de Rieussec = c^{ne} des *Verreries-de-Moussans*.
P. 43. La directe de la châtellenie de *Cessenon* s'étendait sur les lieux de Cessenon, Causses, Ferrières, la terre de Fraisse, Mus, Pierrerue, Prémian, Roquebrun, Saint-Nazaire-de-Leredes (Ladarez), Servian, Thézan, Vayran, Vieussan.
P. 48. COLOMBIERS, c^{on} de Béziers = c^{on} (2e) de Béziers.
P. 49. COMBESINIÈRES ou COMBEGINIÈRE, f. c^{ne} de Rieussec = c^{ne} des *Verreries-de-Moussans*.
P. 60. ESPINASSIER (L'), h. c^{ne} de Rieussec = c^{ne} des *Verreries-de-Moussans*.
P. 64. FEUILLADE (LA), h. c^{ne} de Rieussec = c^{ne} des *Verreries-de-Moussans*.
P. 70. GABACH (LE), f. c^{ue} de Rieussec = c^{ne} des *Verreries-de-Moussans*.
P. 71. GALINIER, h. c^{ne} de Rieussec = c^{ne} des *Verreries-de-Moussans*.
P. 91. LAUTIER, f. c^{ne} de Rieussec = c^{ne} des *Verreries-de-Moussans*.
P. 95. LINA (LE), f. c^{ne} de Saint-Pons = c^{ne} des *Verreries-de-Moussans*.
P. 111. MAURIN, c^{ne} de Lattes. = *Villa Maurini*, 1192 (cart. de Foix, 229).
P. 118. NEUDANSON, ruiss. qui prend sa source dans la commune de Moulès-et-Baucels, traverse celle de la Roque et, après un cours de 5 à 6 kilomètres, se jette dans l'Hérault.
P. 116. ligne 20. Le roi était coseigneur = de Mireval avec le seigneur de Vic et de Maureilhan.
P. 119. MONTBLANC, c^{on} de Servian. — *Sainte-Eulalie*. = *Saint-Jean et Sainte-Eulalie*, prieuré.

P. 137. Or (Étang de l'.) = ou Ort (Étang de l') ou Lort (Étang de).
P. 141. Paulinian, anc. dom. c^{ne} de Coulobres. = Paulinianum, 881 (G. christ. VI, instr. c. 301).
P. 160. Resse (La), h. c^{ne} de Rieussec = c^{ne} des *Verreries-de-Moussans*.
P. 165. Roque-Aynier (La). — *Castrum de Rupe Ayneria* = 1662 (terrier de la Roque).
P. 182. Saint-Jean, c^{ne} de Montblanc. — Effacez Saint-Jean et Sainte-Eulalie, prieuré, 1760 (pouillé), et reportez ces mots à Montblanc, c^{on} de Servian. — Voy. ci-dessus (additions), p. 119.
P. 200. Sansac, f. c^{ne} de Castanet-le-Haut. = *Saisacum*. 1188 (cart. de Foix, 227 v°). — *Saixacum*, 1190 (*ibid.* 230 v°).

www.ingramcontent.com/pod-product-compliance
Lightning Source LLC
Chambersburg PA
CBHW071512160426
43196CB00010B/1496